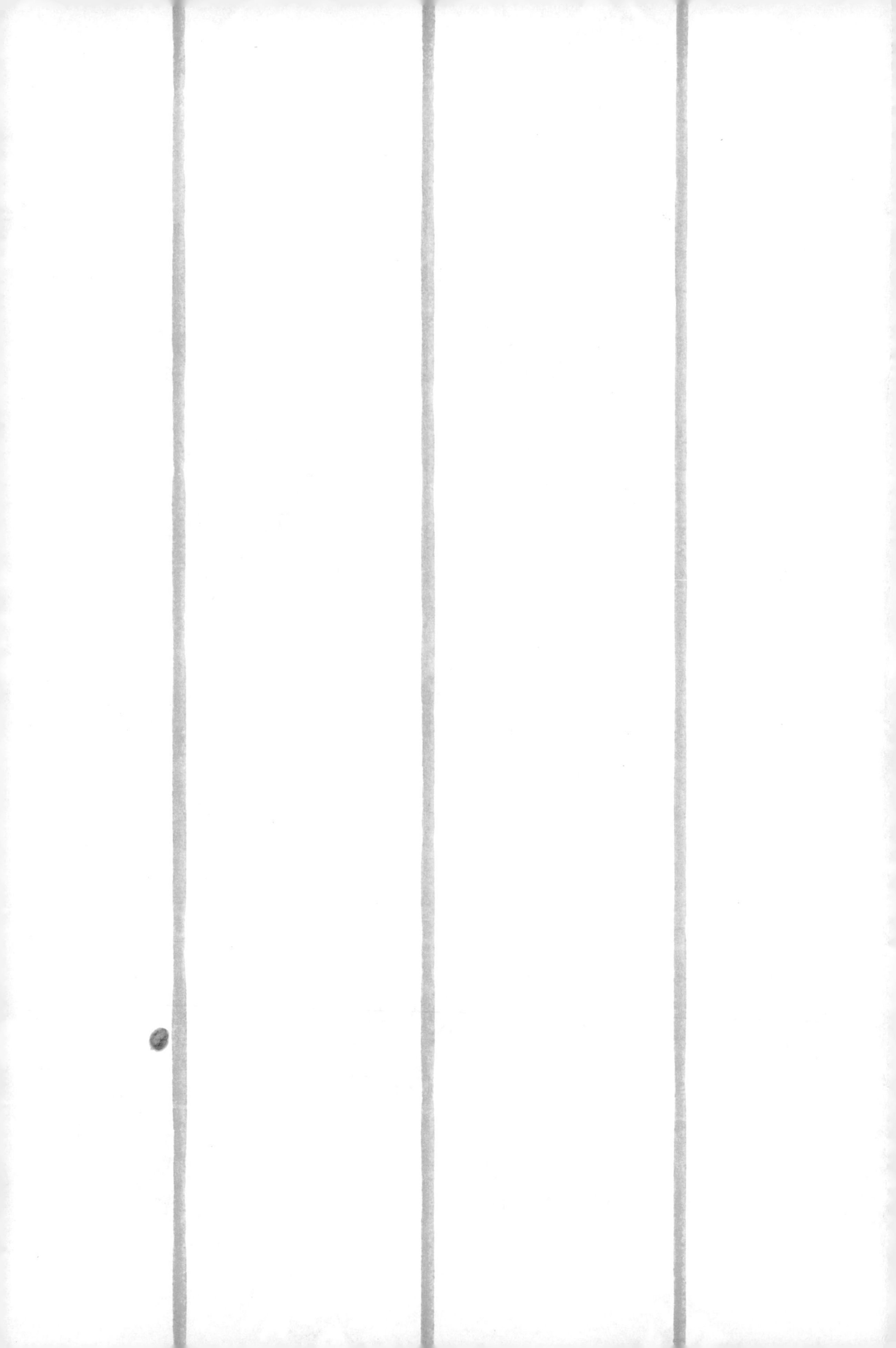

住房和城乡建设领域专业人员岗位培训考核系列用书

质量员专业管理实务
（设备安装）

江苏省建设教育协会　组织编写

中国建筑工业出版社

图书在版编目(CIP)数据

质量员专业管理实务（设备安装）/江苏省建设教育协会组织编写. —北京：中国建筑工业出版社，2014.4
住房和城乡建设领域专业人员岗位培训考核系列用书
ISBN 978-7-112-16721-0

Ⅰ.①质… Ⅱ.①江… Ⅲ.①建筑工程-质量管理-岗位培训-教材②房屋建筑设备-设备安装-质量管理-岗位培训-教材 Ⅳ.①TU712

中国版本图书馆CIP数据核字(2014)第072979号

本书是《住房和城乡建设领域专业人员岗位培训考核系列用书》中的一本，供设备安装专业质量员学习专业管理实务知识使用。全书共分13章，内容包括：建筑工程质量管理，建筑工程施工质量验收统一标准，优质建筑工程质量评价，住宅工程质量通病控制，住宅工程质量分户验收，建筑给水排水及供暖工程，自动喷水灭火系统工程，建筑电气工程、建筑物防雷工程、通风与空调工程、电梯工程、智能建筑工程、建筑节能工程。本书可作为设备安装专业质量员岗位考试的指导用书，又可作为施工现场相关专业人员的实用手册，也可供职业院校师生和相关专业技术人员参考使用。

责任编辑：刘　江　岳建光　万　李
责任设计：张　虹
责任校对：姜小莲　刘　钰

住房和城乡建设领域专业人员岗位培训考核系列用书
质量员专业管理实务
(设备安装)
江苏省建设教育协会　组织编写
*
中国建筑工业出版社出版、发行（北京西郊百万庄）
各地新华书店、建筑书店经销
北京科地亚盟排版公司制版
北京富生印刷厂印刷
*
开本：787×1092毫米　1/16　印张：39　字数：948千字
2014年9月第一版　2014年9月第一次印刷
定价：**92.00**元
ISBN 978-7-112-16721-0
(25341)

住房和城乡建设领域专业人员岗位培训考核系列用书

编审委员会

出版说明

为加强住房城乡建设领域人才队伍建设，住房和城乡建设部组织编制了住房城乡建设领域专业人员职业标准。实施新颁职业标准，有利于进一步完善建设领域生产一线岗位培训考核工作，不断提高建设从业人员队伍素质，更好地保障施工质量和安全生产。第一部职业标准——《建筑与市政工程施工现场专业人员职业标准》（以下简称《职业标准》），已于2012年1月1日实施，其余职业标准也在制定中，并将陆续发布实施。

为贯彻落实《职业标准》，受江苏省住房和城乡建设厅委托，江苏省建设教育协会组织了具有较高理论水平和丰富实践经验的专家和学者，以职业标准为指导，结合一线专业人员的岗位工作实际，按照综合性、实用性、科学性和前瞻性的要求，编写了这套《住房和城乡建设领域专业人员岗位培训考核系列用书》（以下简称《考核系列用书》）。

本套《考核系列用书》覆盖施工员、质量员、资料员、机械员、材料员、劳务员等《职业标准》涉及的岗位（其中，施工员、质量员分为土建施工、装饰装修、设备安装和市政工程四个子专业），并根据实际需求增加了试验员、城建档案管理员岗位；每个岗位结合其职业特点以及培训考核的要求，包括《专业基础知识》、《专业管理实务》和《考试大纲·习题集》三个分册。随着住房城乡建设领域专业人员职业标准的陆续发布实施和岗位的需求，本套《考核系列用书》还将不断补充和完善。

本套《考核系列用书》系统性、针对性较强，通俗易懂，图文并茂，深入浅出，配以考试大纲和习题集，力求做到易学、易懂、易记、易操作。既是相关岗位培训考核的指导用书，又是一线专业人员的实用手册；既可供建设单位、施工单位及相关高、中等职业院校教学培训使用，又可供相关专业技术人员自学参考使用。

本套《考核系列用书》在编写过程中，虽经多次推敲修改，但由于时间仓促，加之编者水平有限，如有疏漏之处，恳请广大读者批评指正（相关意见和建议请发送至JYXH05@163.com），以便我们认真加以修改，不断完善。

本书编写委员会

主　编：金孝权

副主编：冯　成

前　言

为贯彻落实住房城乡建设领域专业人员新颁职业标准，受江苏省住房和城乡建设厅委托，江苏省建设教育协会组织编写了《住房和城乡建设领域专业人员岗位培训考核系列用书》，本书为其中的一本。

质量员（设备安装）培训考核用书包括《质量员专业基础知识（设备安装）》、《质量员专业管理实务（设备安装）》、《质量员考试大纲·习题集（设备安装）》三本，反映了国家现行规范、规程、标准，并以国家质量检查和验收规范为主线，不仅涵盖了现场质量检查人员应掌握的通用知识、基础知识和岗位知识，还涉及新技术、新设备、新工艺、新材料等方面的知识。

本书为《质量员专业管理实务（设备安装）》分册。本书根据《建筑工程施工质量验收统一标准》及现行相关专业规范和众多技术标准编写，对工程质量验收的检验批、分项、分部（子分部）工程如何划分、如何检查作了较为详尽的介绍；以相关标准的条文为主线，并结合涉及的有关标准，逐条逐项进行分析，为质量检查验收提供了方便；同时对工程创优、治理质量通病、住宅工程的分户验收、建筑给水排水及供暖工程、自动喷水灭火系统工程、建筑电气工程、建筑防雷工程、通风与空调工程、电梯工程、智能建筑工程、建筑节能工程等作了详尽的介绍。

本书中采用楷体字的内容为标准的条款，黑体字为强制性条文，宋体字为相关资料。

本书既可作为质量员（设备安装）岗位培训考核的指导用书，又可作为施工现场相关专业人员的实用手册，也可供职业院校师生和相关专业技术人员参考使用。

目　　录

第一章　建筑工程质量管理

新中国成立以来，我国建设工程质量经历了曲折的发展过程。一方面伴随我国经济建设的发展，国家就建设工程程序、工程建设技术标准和规范、队伍建设、组织管理、科学施工、质量监督检查等诸方面作出了一系列具体规定，使建设工程质量在法制建设的轨道上得到不断发展，水平逐步提高，并建成了一大批适用、安全、经济、质量上乘的建设项目，为我国经济和社会的发展奠定了基础。另一方面工程建设受各种因素的干扰和影响，有关规章制度得不到实施，致使一段时期、一些地区、一部分工程质量低劣，工程质量事故频繁发生，造成严重的后果。纵观 60 多年的发展历程，全国建设工程质量状况有过几次比较大的起伏：

第一阶段，1958 年以后一段时期，我国经济建设实现“大跃进”，在极左思想严重干扰下，“一五”时期建立起来的有关工程质量的规章制度遭到破坏，有的被明令废除。工程建设不讲基建程序，搞“快速施工”、“放卫星”，呈现瞎指挥和盲目蛮干的局面。在此时期，因工程质量事故造成的人员伤亡和国家财产损失严重。例如，1958 年杭州半山钢铁厂厂房整体倒塌，造成 18 人死亡的重大恶性事故，对此，国务院领导高度重视，陈云同志主持召开工程质量现场会，强调必须恢复和建立保证工程质量的各项制度，这对于遏制当时工程建设事故频繁发生的局面起到了重要的作用。

第二阶段，1966 年“文化大革命”开始后，我国工程建设一度处于无政府状态，重大恶性事故不断发生。1972 年湖北襄樊五机部一工厂厂房倒塌；湖南浏阳轻工机械厂一车间 1974 年建成，1975 年倒塌，经修复后，1976 年再次发生倒塌。仅就 1973～1976 年 4 年的不完全统计，全国共发生重大质量事故 18000 多起，仅报废的工程就损失 6 亿多元人民币。1976 年粉碎“四人帮”后，国家建委狠抓工程质量，要求建设工程战线开展全面质量管理，全国大打工程质量翻身仗，使新时期的工程质量得到恢复性的发展。

第三阶段，1979 年以后的一段时期，由于建设规模的迅速扩大，大量农村建筑队伍涌入建筑市场，这批人员业务素质较差，在施工中忽视操作规程，导致工程质量下滑，不少工程留下严重质量隐患。一些被评为“全优”的工程，墙不直、地不平、门不严，到处“跑、冒、滴、漏”，社会舆论讥之为“全忧”工程。统计资料表明，1980～1985 年 6 年间，全国发生坍塌事故 524 起，直接造成 635 人死亡。面对全国严峻的工程质量形势，国家建设主管部门陆续采取果断措施，对质量管理体制进行改革，开展政府对工程质量的监督工作，并提出对工程建设质量进行综合治理的对策措施，使全国工程质量好转并呈稳步上升趋势，合格率逐年提高，重大工程倒塌事故减少，贯彻治理整顿方针取得预期效果。

进入 20 世纪 90 年代，我国经济建设处于“两个根本转变”的重要时期，各行各业提出“质量兴业”的重要方针，工程建设坚持高质量严要求，许多大中型建设项目，由于各级领导重视，建设过程中实施严格的管理和监督，精心设计，精心施工，工程质量提高较快，有的已达到相当高的水平。但就全国建设领域而言，工程质量仍存在整体水平较差的状况。

针对工程质量现状，国家建设主管部门提出“工程质量要治差”的方针和政策。但是在实践中，由于一些地区、部门和单位忽视工程质量，建设市场混乱，执法监督不严，腐败现象严重，工程质量问题得不到根治，而且连续发生屋倒、路陷、桥坍等恶性工程质量事故。福建莆田某公司在单层食堂上加建3层宿舍，建成后使用一年半，四层一塌到底，造成32人死亡、78人受伤的特大事故；1998年九江城防大堤因工程质量低劣，抵不住洪峰袭击，造成决口，是典型的“豆腐渣工程”；浙江钱塘江标准海塘工程，作为抗击洪水屏障的470多只海塘沉井，按设计应在底部浇筑3.6m厚的混凝土，而施工时严重掺假，实际施工的混凝土厚度普遍在1.6m以下，部分沉井居然被灌入烂泥，成为名闻一时的“烂泥工程”；全长72km，投资3.77亿元的云南昆禄公路，建成后18天，就发现路基沉陷、不均匀沉降、边缘坍塌、路面悬空、纵向开裂等严重质量问题，不得不再投入1亿元进行修复，造成重大经济损失；1996年建成的重庆市綦江县跨江人行桥，投入使用不到3年，于1999年1月4日整体垮塌，造成死亡40人的惨祸。这些恶性事故的频繁发生及酿成的恶果，无不令人震惊，也充分反映了建设工程质量问题的严重性，值得深思。

第四阶段，2000年以后。20世纪90年代后期九江防洪大堤、綦江彩虹桥等一批“豆腐渣工程”引发的建设工程质量又一次滑坡后，国务院落实朱镕基总理关于“改革、整顿、规范建设市场确保工作质量”的指示，于2000年1月发布了《建设工程质量管理条例》，工程质量管理进入了全新的发展时期：工程管理的法律法规、技术标准不断完善；国家发布了质量、安全、勘察设计、建筑节能等多个条例，各地、各部出台多个管理规章及质量管理规范性文件；各责任主体、责任体系进一步落实，管理力量不断增强、监督队伍不断充实、监督体制和方法不断改进，科技水平不断提高，精品工程不断涌现，青藏铁路、三峡枢纽、长江润扬等大桥、“鸟巢”体育馆、世博中国馆等一大批工程无论规模、技术难度、工程质量，都代表着当今世界先进水平，工程质量管理迈入了科学、规范、可持续发展的轨道。

在上述四阶段的发展历程中，工程质量的管理不断涌现时代发展所带来的不可避免的新问题，国家随之出台新的法规、规范、管理条例等予以约束，与时俱进，不断更新和完善质量管理体系，使得建设工程质量管理的动态发展进一步法制化、规范化、科学化，但还是不可避免地存在不少问题。工程质量的表现目前还不尽如人意，在工程建设规模不断扩大的同时，工程质量事故仍不断发生。

2009年6月27日清晨5时30分左右，上海闵行区莲花南路、罗阳路口西侧“莲花河畔景苑”小区一栋在建的13层住宅楼全部倒塌，所幸由于倒塌的高楼尚未竣工交付使用，事故并没有酿成特大居民伤亡事故，但造成1名施工工人死亡，该质量事故被曝光后，被网友戏称为“楼脆脆”。

2009年7月中旬的一场大雨后，成都市校园春天小区6号楼和7号楼的一些住户忽然发现，他们两栋楼之间的距离比以往近了很多，两栋斜靠在一起，楼越向上贴得越近；靠得最近的地方，相邻的阳台窗户已经无法打开。经测量，两栋楼相邻的墙壁已经呈20°夹角，事故被曝光后，被网友戏称为“楼歪歪”。

2010年1月27日下午2时30分许，广东惠州市区水口同福北路104号一栋5层楼高的住宅楼在加固过程中发生意外，整个楼体下沉，楼体倾斜，与水平地面呈70°，危及邻近的几栋楼房。据调查，事故原因是地基承载力不够。

2012年12月16日，浙江省宁波市江东区徐戎三村2号已建成23年的6层楼突然倒塌。

2014年4月4日早上九点，位于浙江省宁波奉化市大成路居敬小区29幢5层居民房发生倒塌。该楼于1994年7月竣工，砖混结构，共有40户住户，坍塌的是西边一个半单元，共15户。

在工程质量管理上，不能掉以轻心，工程质量管理人员必须认真贯彻执行标准、规范和相关法规，以保证工程质量。

第一节　质量管理的发展

质量管理的发展已经过一个世纪，系统地考察历史会发现，每20年，质量管理会发生一次重大的变革。

在工业生产发展初期，可以说操作者本身就是质量管理者，一个工人或者几名工人负责加工制造整个产品，实际上每一个工人都是产品质量的控制者，这是19世纪末所谓操作者的质量管理阶段。随后质量管理的发展经历了以下几个阶段：

一、质量检验阶段

1. 质量检查制度形成

20世纪初，质量管理演变到工长的质量管理，这一时期，现代工厂大量出现，在工厂中，执行相同任务的人划为一个班组，以工长为首进行指挥，于是，演变到工长对工人进行质量负责的阶段。在第一次世界大战期间，制造工业复杂起来，生产工长负责管理的工人人数增加，于是，第一批专职的检验人员就从生产工人中分离出来，从而走上质量管理正规的第一阶段，即质量检验阶段。

2. 检验制度的缺陷

1）“事后检验”制度。主要是产品生产之后，将不合格的废品从产品中挑选出来，形成较大的浪费，无法补救。

2）检验的产品为100％的逐个检验，造成人力、物力的浪费，在生产规模逐渐扩大的情况下，这种检验是不合理的。

3. 质量检验的特点

1）质量检验所验证的是确定质量是否符合标准要求，含义是静态的符合性质量。

2）质量检验的主要职能：把关、报告（信息反馈）。

3）质量检验的基本环节：测量（度量）比较、判断和处理。

4）质量检验的基本方式：全数检验和抽样检验。随着科学技术水平的提高，先进的检测手段的出现和广泛应用，使得质量检验的职能、环节和方式发生了很大的变化。

4. 检验职能中的预防和报告职能得到加强

在现代生产方式下，质量事故带来的损失越来越大，防止事故的再发生十分重要，因此，依靠检验信息的反馈进行预防措施十分重要。在提高把关的同时，预防和报告职能也有很大提高。

5. 检验环节集成度和检验水平有显著的提高

随着生产过程的自动化，自动检测技术水平提高，检验的集成化水平提高。自动生产、自动检验、自动判断以及自动反馈往往在短时间内完成，具有很高的时效性，大大简化了管理工作。

6. 检验方式的多样化

传统的检验方式是全检和抽检，在保证质量和节约检验费用的前提下，许多发达国家在生产过程中使用无序检验方式。统计过程控制的贯彻和工人自己管理，为无序检验方式提供了可靠的保证。

二、统计质量控制阶段

1. 统计质量控制的形成

到了第二次世界大战，由于大量生产（特别是军需品）的需要，企业的质量检验的弱点逐渐显示出来，质量检验成了生产中最薄弱的环节，生产企业无法预先控制质量，检验工作量很大。军火常常不能发出，影响前线的需要。休哈特于 1924 年首创工序控制图，巴奇与罗米特提出统计抽检检验原理和抽检表，取代了原始的质量检验方法。主要标准有《质量控制指南》(Z1.1)、《数据分析用的控制图法》(Z1.2)、《生产中质量管理用的控制方法》(Z1.3)。这三套标准为质量管理中最早的标准。

质量统计方法给企业带来了巨额利润。战后很多企业运用这一方法，20 世纪 50 年代达到高峰。在联合国教科文组织的赞助下，通过国际统计学会等一些国际性专业组织的努力，很多国家（日本、墨西哥、印度、挪威、瑞典、丹麦、西德、荷兰、比利时、法国、意大利、英国等）都积极开展统计质量控制活动，并取得成效。

2. 统计质量控制阶段的特点

1）利用数理统计原理对质量进行控制；

2）将事后检验转变为事前控制；

3）将专职检验人员的质量控制活动转移给专职质量控制工程师和技术人员来承担；

4）改变最终检验为每道工序之中的抽样检验。

3. 统计质量控制的不足

统计质量控制使质量控制水平提高了一大步。但是，统计质量控制也有其弱点：

1）过分强调质量控制而忽视其组织管理工作，使人们误认为统计方法就是质量管理；

2）因数理统计是比较深奥的理论，致使人们误认为质量管理是统计学家们的事情，对质量管理感到高不可攀。

尽管有一些弱点，但是，统计方法仍为质量管理的提高做出了显著的成绩。质量控制理论也从初期发展到成熟。

4. 质量控制理论的基本出发点就是产品质量的统计观点

在大量产品生产过程中，产品质量存在波动和变异是客观存在的，产品的质量应允许产品在合格的标准以上或允许的质量标准范围内进行正常波动，产品的质量会因为生产的环境、条件、设备、人员、操作方法、测量等各种因素所影响。对于造成产品不合格的因素要进行消除，而对于产品正常波动的因素应该视为不可消除因素。

5. 对产品的质量控制是通过对工序质量的控制来进行

工序质量能够反映产品质量，产品质量也是工序质量的最终结果。

在工序质量控制时，主要研究工序质量的稳定，不要存在异常的影响产品合格质量的因素。同时，要限定工序质量在质量标准允许的范围内进行波动。

6. 工序质量控制的实施

工序质量控制的实施主要是借助于控制图及工序标准化活动来实现的。

7. 质量控制理论面临新的挑战，但也存在新的机遇

市场变化大，产品多样化，传统的统计理论受到冲击，电子计算机的出现给统计理论又带来了新的生机，计算机可将大量的数据在较短的时间内统计计算出结果，为统计学开辟了新的领域。

控制手段和控制方法也不断创新，在实践中运用事前控制、过程控制、工序控制、反馈控制等多种形式，制定控制方案和控制计划，使控制理论在实践中不断深化和提高。

三、全面质量管理阶段

全面质量管理理论始于20世纪60年代，在现阶段仍在不断完善和发展，全面质量管理理论的主要特点是：

(1) 执行质量职能是全体人员的责任。应该使全体人员都有质量的概念和参与质量管理的要求。

(2) 全面质量管理不排除检验质量管理和统计质量管理的方法。

(3) 进一步采用现代生产技术，对一切与生产产品有关的因素进行系统管理，在此基础上，保证建立一个有效的、确保质量提高的质量体系。

全面质量管理理论提出后，很快被各国接受，最有成效的是日本。20世纪50年代日本向美国学习，引进了美国的先进经验，日本叫做全公司质量管理，全面引进管理技术，在工业产品质量方面迅速提高，有些产品（汽车、家用电器）一跃达到世界一流水平。

但是，全面质量管理也有其弱点：

(1) 随着世界经济的迅猛发展，各国之间的质量标准不尽统一，全面质量管理无力解决。

(2) 在世界经济市场的激烈竞争中，低价竞争愈演愈烈，使质量管理面临一个新的课题。

虽然全面质量管理有不足，但是，全面质量管理的出现使仅仅依赖质量检验和运用统计方法的管理成为全体人员的质量管理，使全体人员都参加到质量管理之中，企业的各职能部门、管理层、操作层和每一个人都与质量管理密切相连，建立起从产品的研究、设计、生产到服务全过程的质量保障体系。把过去的事后检验和最后把关，转变为事前控制，以预防为主，把分散管理转变为全面系统的综合管理，使产品的开发、生产全过程都处于受控状态，提高了质量，降低了成本，使企业获得丰厚的经济效益。

四、质量管理和质量保证阶段

国际标准化组织质量管理和质量保证技术委员会（ISO/TC 176），在多年协调努力的基础上，总结了各国质量管理和质量保证经验，经过各国质量管理专家近10年的努力工作，于1986年6月15日正式发布《质量——术语》（ISO 8402）标准，1987年3月正式发布ISO 9000～9004系列标准。

ISO 9000系列标准的发布，使世界主要工业发达国家的质量管理和质量保证的概念、原则、方法和程序统一在国际标准的基础上，它标志着质量管理和质量保证走向规范化、程序化的新高度。自ISO 9000系列标准发布以来，已有60多个国家等效和等同采用。标准化组织在各国迅速发展质量认证制度，以实现ISO 9000系列标准为共同目标。

回顾质量管理的发展史，可以清醒地看到质量管理发展的过程是与社会的发展、科学技术的进步和生产力水平的提高相适应的，随着世界经济的发展，新技术产业的崛起，人类会面临新的挑战，人类会进一步研究质量管理理论，将质量管理推进到一个更新的发展阶段。

第二节　工程质量法律法规和验收规范

本节主要介绍建设工程质量管理条例、房屋建筑和市政基础设施工程质量监督管理规定、房屋建筑和市政基础设施工程施工图设计文件审查管理办法、房屋建筑和市政基础设施竣工验收规定、实施工程建设强制性标准监督规定中与工程质量密切相关的部分，企望质量员对工程质量的法律法规有所了解，同时介绍国家建筑工程施工质量验收规范目录，具体的施工质量验收规范在以后各章中介绍，要注意的是验收规范不断在修订，使用时须核对规范的版本，一般规范、标准超过10年均应进行修订。

一、建设工程质量管理条例

中华人民共和国国务院令第279号，经2000年1月10日国务院第25次常务会议通过，2000年1月30日发布起施行。条例共九章八十二条。

《建设工程质量管理条例》规定在中华人民共和国境内从事建设工程的新建、扩建、改建等有关活动及实施对建设工程质量监督管理的，必须遵守条例的规定。

条例所称建设工程，是指土木工程、建筑工程、线路管道和设备安装工程及装修工程。

第三条　建设单位、勘察单位、设计单位、施工单位、工程监理单位依法对建设工程质量负责。

第十一条　建设单位应当将施工图设计文件报县级以上人民政府建设行政主管部门或者其他有关部门审查。施工图设计文件审查的具体办法，由国务院建设行政主管部门会同国务院其他有关部门制定。

施工图设计文件未经审查批准的，不得使用。

第十三条　建设单位在领取施工许可证或者开工报告前，应当按照国家有关规定办理工程质量监督手续。

第十四条　按照合同约定，由建设单位采购建筑材料、建筑构配件和设备的，建设单位应当保证建筑材料、建筑构配件和设备符合设计文件和合同要求。建设单位不得明示或者暗示施工单位使用不合格的建筑材料、建筑构配件和设备。

第十五条　涉及建筑主体和承重结构变动的装修工程，建设单位应当在施工前委托原设计单位或者具有相应资质等级的设计单位提出设计方案；没有设计方案的，不得施工。

房屋建筑使用者在装修过程中，不得擅自变动房屋建筑主体和承重结构。

第十六条 建设单位收到建设工程竣工报告后，应当组织设计、施工、工程监理等有关单位进行竣工验收。

建设工程竣工验收应当具备下列条件：

（一）完成建设工程设计和合同约定的各项内容；

（二）有完整的技术档案和施工管理资料；

（三）有工程使用的主要建筑材料、建筑构配件和设备的进场试验报告；

（四）有勘察、设计、施工、工程监理等单位分别签署的质量合格文件；

（五）有施工单位签署的工程保修书。建设工程经验收合格的，方可交付使用。

第十七条 建设单位应当严格按照国家有关档案管理的规定，及时收集、整理建设项目各环节的文件资料，建立、健全建设项目档案，并在建设工程竣工验收后，及时向建设行政主管部门或者其他有关部门移交建设项目档案。

第二十六条 施工单位对建设工程的施工质量负责。

施工单位应当建立质量责任制，确定工程项目的项目经理、技术负责人和施工管理负责人。

建设工程实行总承包的，总承包单位应当对全部建设工程质量负责；建设工程勘察、设计、施工、设备采购的一项或者多项实行总承包的，总承包单位应当对其承包的建设工程或者采购的设备的质量负责。

第二十七条 总承包单位依法将建设工程分包给其他单位的，分包单位应当按照分包合同的约定对其分包工程的质量向总承包单位负责，总承包单位与分包单位对分包工程的质量承担连带责任。

第二十八条 施工单位必须按照工程设计图纸和施工技术标准施工，不得擅自修改工程设计，不得偷工减料。

施工单位在施工过程中发现设计文件和图纸有差错的，应当及时提出意见和建议。

第二十九条 施工单位必须按照工程设计要求、施工技术标准和合同约定，对建筑材料、建筑构配件、设备和商品混凝土进行检验，检验应当有书面记录和专人签字；未经检验或者检验不合格的，不得使用。

第三十条 施工单位必须建立、健全施工质量的检验制度，严格工序管理，作好隐蔽工程的质量检查和记录。隐蔽工程在隐蔽前，施工单位应当通知建设单位和建设工程质量监督机构。

第三十一条 施工人员对涉及结构安全的试块、试件以及有关材料，应当在建设单位或者工程监理单位监督下现场取样，并送具有相应资质等级的质量检测单位进行检测。

第三十二条 施工单位对施工中出现质量问题的建设工程或者竣工验收不合格的建设工程，应当负责返修。

第三十三条 施工单位应当建立、健全教育培训制度，加强对职工的教育培训；未经教育培训或者考核不合格的人员，不得上岗作业。

第三十九条 建设工程实行质量保修制度。

建设工程承包单位在向建设单位提交工程竣工验收报告时，应当向建设单位出具质量保修书。质量保修书中应当明确建设工程的保修范围、保修期限和保修责任等。

第四十条 在正常使用条件下，建设工程的最低保修期限为：

（一）基础设施工程、房屋建筑的地基基础工程和主体结构工程，为设计文件规定的该工程的合理使用年限；

（二）屋面防水工程、有防水要求的卫生间、房间和外墙面的防渗漏，为5年；

（三）供热与供冷系统，为2个供暖期、供冷期；

（四）电气管线、给排水管道、设备安装和装修工程，为2年。

其他项目的保修期限由发包方与承包方约定。建设工程的保修期，自竣工验收合格之日起计算。

第四十一条 建设工程在保修范围和保修期限内发生质量问题的，施工单位应当履行保修义务，并对造成的损失承担赔偿责任。

第四十三条 国家实行建设工程质量监督管理制度。

国务院建设行政主管部门对全国的建设工程质量实施统一监督管理。国务院铁路、交通、水利等有关部门按照国务院规定的职责分工，负责对全国的有关专业建设工程质量的监督管理。

县级以上地方人民政府建设行政主管部门对本行政区域内的建设工程质量实施监督管理。县级以上地方人民政府交通、水利等有关部门在各自的职责范围内，负责对本行政区域内的专业建设工程质量的监督管理。

《建设工程质量管理条例》还对建设单位、设计单位、监理单位的质量责任和义务进行了明确，规定了违反《建设工程质量管理条例》的处罚条款。

二、房屋建筑和市政基础设施工程质量监督管理规定

国务院发布的《建设工程质量管理条例》明确了建设工程质量实行监督制度，住房和城乡建设部以第5号令发布了《房屋建筑和市政基础设施工程质量监督管理规定》，明确了建设工程质量监督机构的法律地位、基本结构和权利、责任、监督内容等要求。

第四条 本规定阶称工程质量监督管理，是指主管部门依据有关法律法规和工程建设强制性标准，对工程实体质量和工程建设、勘察、设计、施工、监理单位（以下简称工程质量责任主体）和质量检测等单位的工程质量行为实施监督。

本规定所称工程实体质量监督，是指主管部门对涉及工程主体结构安全、主要使用功能的工程实体质量情况实施监督。

本规定所称工程质量行为监督，是指主管部门对工程质量责任主体和质量检测等单位履行法定质量责任和义务的情况实施监督。

第五条 工程质量监督管理应当包括下列内容：

（一）执行法律法规和工程建设强制性标准的情况；

（二）抽查涉及工程主体结构安全和主要使用功能的工程实体质量；

（三）抽查工程质量责任主体和质量检测等单位的工程质量行为；

（四）抽查主要建筑材料、建筑构配件的质量；

（五）对工程竣工验收进行监督；

（六）组织或者参与工程质量事故的调查处理；

（七）定期对本地区工程质量状况进行统计分析；

（八）依法对违法违规行为实施处罚。

第六条 对工程项目实施质量监督，应当依照下列程序进行：

（一）受理建设单位办理质量监督手续；

（二）制订工作计划并组织实施；

（三）对工程实体质量、工程质量责任主体和质量检测等单位的工程质量行为进行抽查、抽测；

（四）监督工程竣工验收，重点对验收的组织形式、程序等是否符合有关规定进行监督；

（五）形成工程质量监督报告；

（六）建立工程质量监督档案。

第七条 工程竣工验收合格后，建设单位应当在建筑物明显部位设置永久性标牌，载明建设、勘察、设计、施工、监理单位等工程质量责任主体的名称和主要责任人姓名。

第八条 主管部门实施监督检查时，有权采取下列措施：

（一）要求被检查单位提供有关工程质量的文件和资料；

（二）进入被检查单位的施工现场进行检查；

（三）发现有影响工程质量的问题时，责令改正。

第十条 县级以上地方人民政府建设主管部门应当将工程质量监督中发现的涉及主体结构安全和主要使用功能的工程质量问题及整改情况，及时向社会公布。

工程质量监督在工程建设中是政府对工程质量监督管理的重要的一个环节，工程建设中各个质量责任主体必须履行质量义务，接受政府监督，保证工程质量符合设计和验收规范的要求。

三、房屋建筑和市政基础设施工程施工图设计文件审查管理办法

2013年4月27日住房和城乡建设部修订发布了第13号令《房屋建筑和市政基础设施工程施工图设计文件审查管理办法》，于2013年8月1日施行。

第三条 国家实施施工图设计文件（含勘察文件，以下简称施工图）审查制度。

本办法所称施工图审查，是指施工图审查机构（以下简称审查机构）按照有关法律、法规，对施工图涉及公共利益、公众安全和工程建设强制性标准的内容进行的审查。施工图审查应当坚持先勘察、后设计的原则。

施工图未经审查合格的，不得使用。从事房屋建筑工程、市政基础设施工程施工、监理等活动，以及实施对房屋建筑和市政基础设施工程质量安全监督管理，应当以审查合格的施工图为依据。

第九条 建设单位应当将施工图送审查机构审查。但审查机构不得与所审查项目的建设单位、勘察设计企业有隶属关系或者其他利害关系。送审管理的具体办法由省、自治区、直辖市人民政府住房城乡建设主管部门按照“公开、公平、公正”的原则规定。

建设单位不得明示或者暗示审查机构违反法律法规和工程建设强制性标准进行施工图审查，不得压缩合理审查周期、压低合理审查费用。

第十一条 审查机构应当对施工图审查下列内容：

（一）是否符合工程建设强制性标准；

（二）地基基础和主体结构的安全性；

（三）是否符合民用建筑节能强制性标准，对执行绿色建筑标准的项目，还应当审查是否符合绿色建筑标准；

（四）勘察设计企业和注册执业人员以及相关人员是否按规定在施工图上加盖相应的图章和签字；

（五）法律、法规、规章规定必须审查的其他内容。

第十四条 任何单位或个人不得擅自修改审查合格的施工图。确需修改的，凡涉及本办法第十一条规定内容的，建设单位应当将修改后的施工图送原审查机构审查。

第十五条 勘察设计企业应当依法进行建设工程勘察、设计，严格执行工程建设强制性标准，并对建设工程勘察、设计的质量负责。

审查机构对施工图审查工作负责，承担审查责任。施工图经审查合格后，仍有违反法律、法规和工程建设强制性标准的问题，给建设单位造成损失的，审查机构依法承担相应的赔偿责任。

根据《房屋建筑和市政基础设施工程施工图设计文件审查管理办法》的要求，首先要取得设计审查合格证书。施工图应有图审机构盖章。

国家规定的施工图审查是对施工图涉及公共利益、公众安全和工程建设强制性标准内容进行的审查，不是全面审查，因此在工程施工前设计单位应向施工单位进行全面的技术交底，施工单位应先熟悉图纸，检查下列内容，然后进行图纸会审：

1. 设计的图纸必须是具有相应资质设计单位正式设计的图纸，所标的图签内容应符合规定要求。

2. 设计计算的假定和采用的处理方法是否符合实际情况；当套用标准图时是否同工程实际相适应，有无漏洞。

3. 地震设防烈度是否符合当地要求，抗震结构是否符合抗震需求。

4. 设计的施工图纸中规定采用的特殊材料是否有现行的质量标准；无标准时，图纸中是否给予了质量指标，其他材料是否能代换等。

5. 应查看总平面图与施工图的几何尺寸、平面位置、标高是否一致。

6. 建筑结构与建筑图的平面尺寸、标高是否一致，表示方法是否清楚；建筑结构与各专业图纸是否存在差错和矛盾。

7. 应审查土建和设备安装图纸是否矛盾，各种预留孔洞的位置、尺寸是否统一，施工时又如何交叉衔接。

8. 施工图中所列的各种标准图在当地是否适用。

9. 消防、防火是否符合有关要求和规定。

在审查过程中，发现地质勘察报告和施工图中有不符合质量标准和要求的，要立即通知建设单位或设计单位进行修正，否则不能施工。

四、房屋建筑和市政基础设施工程竣工验收规定

2013 年 12 月 2 日住房和城乡建设部印发了《房屋建筑和市政基础设施工程竣工验收规定》（建质［2013］171 号），对竣工验收的程序、要求、内容作出了规定。

第四条 工程竣工验收由建设单位负责组织实施。

第五条 工程符合下列要求方可进行竣工验收：

（一）完成工程设计和合同约定的各项内容。

（二）施工单位在工程完工后对工程质量进行了检查，确认工程质量符合有关法律、法规和工程建设强制性标准，符合设计文件及合同要求，并提出工程竣工报告。工程竣工报告应经项目负责人和施工单位有关负责人审核签字。

（三）对于委托监理的工程项目，监理单位对工程进行了质量评估，具有完整的监理资料，并提出工程质量评估报告。工程质量评估报告应经总监理工程师和监理单位有关负责人审核签字。

（四）勘察、设计单位对勘察、设计文件及施工过程中由设计单位签署的设计变更通知书进行了检查，并提出质量检查报告。质量检查报告应经该项目勘察、设计负责人和勘察、设计单位有关负责人审核签字。

（五）有完整的技术档案和施工管理资料。

（六）有工程使用的主要建筑材料、建筑构配件和设备的进场试验报告，以及工程质量检测和功能性试验资料。

（七）建设单位已按合同约定支付工程款。

（八）有施工单位签署的工程质量保修书。

（九）对于住宅工程，进行分户验收并验收合格，建设单位按户出具《住宅工程质量分户验收表》。

（十）建设主管部门及工程质量监督机构责令整改的问题全部整改完毕。

（十一）法律、法规规定的其他条件。

第六条 工程竣工验收应当按以下程序进行：

（一）工程完工后，施工单位向建设单位提交工程竣工报告，申请工程竣工验收。实行监理的工程，工程竣工报告须经总监理工程师签署意见。

（二）建设单位收到工程竣工报告后，对符合竣工验收要求的工程，组织勘察、设计、施工、监理等单位组成验收组，制定验收方案。对于重大工程和技术复杂工程，根据需要可邀请有关专家参加验收组。

（三）建设单位应当在工程竣工验收7个工作日前将验收的时间、地点及验收组名单书面通知负责监督该工程的工程质量监督机构。

（四）建设单位组织工程竣工验收。

1. 建设、勘察、设计、施工、监理单位分别汇报工程合同履约情况和在工程建设各个环节执行法律、法规和工程建设强制性标准的情况；

2. 审阅建设、勘察、设计、施工、监理单位的工程档案资料；

3. 实地查验工程质量；

4. 对工程勘察、设计、施工、设备安装质量和各管理环节等方面作出全面评价，形成经验收组人员签署的工程竣工验收意见。

参与工程竣工验收的建设、勘察、设计、施工、监理等各方不能形成一致意见时，应当协商提出解决的方法，待意见一致后，重新组织工程竣工验收。

第七条 工程竣工验收合格后，建设单位应当及时提出工程竣工验收报告。工程竣工验收报告主要包括工程概况，建设单位执行基本建设程序情况，对工程勘察、设计、施工、监理等方面的评价，工程竣工验收时间、程序、内容和组织形式，工程竣工验收意见等内容。

工程竣工验收报告还应附有下列文件：

（一）施工许可证。

（二）施工图设计文件审查意见。

（三）本规定第五条（二）、（三）、（四）、（八）项规定的文件。

（四）验收组人员签署的工程竣工验收意见。

（五）法规、规章规定的其他有关文件。

第八条 负责监督该工程的工程质量监督机构应当对工程竣工验收的组织形式、验收程序、执行验收标准等情况进行现场监督，发现有违反建设工程质量管理规定行为的，责令改正，并将对工程竣工验收的监督情况作为工程质量监督报告的重要内容。

第九条 建设单位应当自工程竣工验收合格之日起15日内，依照《房屋建筑和市政基础设施工程竣工验收备案管理办法》（住房和城乡建设部令第2号）的规定，向工程所在地的县级以上地方人民政府建设主管部门备案。

五、实施工程建设强制性标准监督规定

《建筑工程施工质量验收统一标准》（GB 50300—2013）及相应的专业验收规范均规定了强制性条文，用黑体字表示，强制性条文是必须严格执行的条文，无论工程质量如何，违反强制性条文的都应按2000年8月25日建设部令第81号《实施工程建设强制性标准监督规定》进行处罚（以下各章的强制性条文均按此要求）。《实施工程建设强制性标准监督规定》如下：

第一条 为加强工程建设强制性标准实施的监督工作，保证建设工程质量，保障人民的生命、财产安全，维护社会公共利益，根据《中华人民共和国标准化法》、《中华人民共和国标准化法实施条例》和《建设工程质量管理条例》，制定本规定。

第二条 在中华人民共和国境内从事新建、扩建、改建等工程建设活动，必须执行工程建设强制性标准。

第三条 本规定所称工程建设强制性标准是指直接涉及工程质量、安全、卫生及环境保护等方面的工程建设标准强制性条文。

国家工程建设标准强制性条文由国务院建设行政主管部门会同国务院有关行政主管部门确定。

第四条 国务院建设行政主管部门负责全国实施工程建设强制性标准的监督管理工作。

国务院有关行政主管部门按照国务院的职能分工负责实施工程建设强制性标准的监督管理工作。

县级以上地方人民政府建设行政主管部门负责本行政区域内实施工程建设强制性标准的监督管理工作。

第五条 工程建设中拟采用的新技术、新工艺、新材料，不符合现行强制性标准规定的，应当由拟采用单位提请建设单位组织专题技术论证，报批准标准的建设行政主管部门

或者国务院有关主管部门审定。

工程建设中采用国际标准或者国外标准，现行强制性标准未作规定的，建设单位应当向国务院建设行政主管部门或者国务院有关行政主管部门备案。

第六条 建设项目规划审查机关应当对工程建设规划阶段执行强制性标准的情况实施监督。

施工图设计文件审查单位应当对工程建设勘察、设计阶段执行强制性标准的情况实施监督。

建筑安全监督管理机构应当对工程建设施工阶段执行施工安全强制性标准的情况实施监督。

工程质量监督机构应当对工程建设施工、监理、验收等阶段执行强制性标准的情况实施监督。

第七条 建设项目规划审查机关、施工图设计文件审查单位、建筑安全监督管理机构、工程质量监督机构的技术人员必须熟悉、掌握工程建设强制性标准。

第八条 工程建设标准批准部门应当定期对建设项目规划审查机关、施工图设计文件审查单位、建筑安全监督管理机构、工程质量监督机构实施强制性标准的监督进行检查，对监督不力的单位和个人，给予通报批评，建议有关部门处理。

第九条 工程建设标准批准部门应当对工程项目执行强制性标准情况进行监督检查。监督检查可以采取重点检查、抽查和专项检查的方式。

第十条 强制性标准监督检查的内容包括：

（一）有关工程技术人员是否熟悉、掌握强制性标准；

（二）工程项目的规划、勘察、设计、施工、验收等是否符合强制性标准的规定；

（三）工程项目采用的材料、设备是否符合强制性标准的规定；

（四）工程项目的安全、质量是否符合强制性标准的规定；

（五）工程中采用的导则、指南、手册、计算机软件的内容是否符合强制性标准的规定。

第十一条 工程建设标准批准部门应当将强制性标准监督检查结果在一定范围内公告。

第十二条 工程建设强制性标准的解释由工程建设标准批准部门负责。

有关标准具体技术内容的解释，工程建设标准批准部门可以委托该标准的编制管理单位负责。

第十三条 工程技术人员应当参加有关工程建设强制性标准的培训，并可以计入继续教育学时。

第十四条 建设行政主管部门或者有关行政主管部门在处理重大工程事故时，应当有工程建设标准方面的专家参加；工程事故报告应当包括是否符合工程建设强制性标准的意见。

第十五条 任何单位和个人对违反工程建设强制性标准的行为有权向建设行政主管部门或者有关部门检举、控告、投诉。

第十六条 建设单位有下列行为之一的，责令改正，并处以20万元以上50万元以下的罚款：

（一）明示或者暗示施工单位使用不合格的建筑材料、建筑构配件和设备的；

（二）明示或者暗示设计单位或者施工单位违反工程建设强制性标准，降低工程质量的。

第十七条 勘察、设计单位违反工程建设强制性标准进行勘察、设计的，责令改正，并处以10万元以上30万元以下的罚款。

有前款行为，造成工程质量事故的，责令停业整顿，降低资质等级；情节严重的，吊销资质证书；造成损失的，依法承担赔偿责任。

第十八条 施工单位违反工程建设强制性标准的，责令改正，处工程合同价款2%以上4%以下的罚款；造成建设工程质量不符合规定的质量标准的，负责返工、修理，并赔偿因此造成的损失；情节严重的，责令停业整顿，降低资质等级或者吊销资质证书。

第十九条 工程监理单位违反强制性标准规定，将不合格的建设工程以及建筑材料、建筑构配件和设备按照合格签字的，责令改正，处50万元以上100万元以下的罚款，降低资质等级或者吊销资质证书；有违法所得的，予以没收；造成损失的，承担连带赔偿责任。

第二十条 违反工程建设强制性标准造成工程质量、安全隐患或者工程事故的，按照《建设工程质量管理条例》有关规定，对事故责任单位和责任人进行处罚。

第二十一条 有关责令停业整顿、降低资质等级和吊销资质证书的行政处罚，由颁发资质证书的机关决定；其他行政处罚，由建设行政主管部门或者有关部门依照法定职权决定。

第二十二条 建设行政主管部门和有关行政主管部门工作人员，玩忽职守、滥用职权、徇私舞弊的，给予行政处分；构成犯罪的，依法追究刑事责任。

第二十三条 本规定由国务院建设行政主管部门负责解释。

第二十四条 本规定自发布之日起施行。

强制性条文背景

1. 我国的工程建设强制性标准

我国工程建设标准规范体系总计约3600本规范标准中的绝大多数（97%）是强制性标准；其中有关房屋建筑的内容，总计约15万条。这样多的条文给监督和管理带来诸多不便。而且，这些标准尽管是强制性的，但其中也掺杂了许多选择性和推荐性的技术要求。例如，在标准规范中表达为“宜”和“可”的规定就完全不具备强制性质。加上强制性标准数量多、内容杂，在实际执行时往往冲击了真正应该强制的重要内容，反而使“强制”逐渐失去了其威慑力，淡化了其作为强制性要求的作用。

2. 强制性条文编制

建设部在北京集中了我国有关房屋建筑重要强制性标准的主要负责专家150人，从各自管理的强制性标准规范的十余万条技术规定中，经反复筛选比较，挑选出重要的，对建筑工程的安全、环保、健康、公益有重大影响的条款1500条，编制成《工程建设强制性条文（房屋建筑部分）》。经有关专家、领导审查鉴定，2000年5月《工程建设标准强制性条文》正式公布。2000年8月又公布了《实施工程建设强制性标准监督规定》，对其执行作出规定。

3. 强制性条文的作用

强制性条文具备法律性质。

违反强制性条文，不管是否发生工程质量事故，一经查出都要追究责任。这就如同交通规则一样，由于其是法律，只要违反，不管是否肇事都必须处罚。强制性条文就具有类似的法律性质。

违反强制性条文的处罚力度远大于违反一般的强制性标准。

与其相比，一般的强制性标准不具备法律性质。即使违反，只要不出事故一般也不会追究。只有在追查工程质量事故时，才会根据强制性标准的有关条款判断有关的责任，且处罚力度也小得多，因为其只是技术问题，还不具备法律性质。相比之下，强制性条文的法律性质是显而易见的。

六、工程质量验收规范

对建筑物的质量要求，就在于以符合适用、可靠、耐久、美观等各项要求和符合当前经济上最优条件所制定的各项工程技术标准、定额和管理标准来最大限度地满足人们日益增长的生产和生活的需要。因此，制定建筑业的各类工程技术标准和管理标准，就成为确保工程质量和衡量经济效益的基础。而这些工程标准的制定都是通过科研和生产实践，制定合理的指标，通过鉴定、审批，在不同范围内，以国家标准、行业标准、地方标准和企业标准的形式，颁布实施。

工程标准依其作用的不同，可分为基础标准、控制标准、方法标准、产品标准、管理标准五大类。名词术语、图例符号、模数、气象参数等为基础标准；满足安全、防火、卫生、环保要求以及工期、造价、劳动、材料定额等为控制标准；试验检测、设计计算、施工操作、安全技术、检查、验收、评定等为方法标准；确定工程材料、构配件、设备、建筑机具、模具等性能为产品标准；计划管理、质量管理、成本管理、技术管理、安全管理、劳动管理、机具管理、物料管理、财务管理等为管理标准。

为了确保工程质量，取得最大经济效益，上述这些技术标准和管理标准，不仅是咨询、勘察、设计、施工企业据以生产的标准，也是国家据以进行工程质量监督、检查和评价的标准。而这些标准的编修颁发工作，不是一劳永逸，它随着生产的发展、技术的进步、生活水平的提高，不断地充实、完善和更新。所以每一个标准、规范等技术、管理文件，都由编制管理单位长期管理，收集反馈信息，及时进行修订，才能为确保工程质量、提高工程经济效益奠定良好的基础。

现行工程质量验收标准以建筑工程施工质量的验收方法、质量标准、检验数量和验收程序以及建筑工程施工现场质量管理和质量控制为体系，提出了检验批质量检验的抽样方案的要求，规定了建筑工程施工质量验收中子单位和子分部工程的划分，涉及建筑工程安全和主要使用功能的见证取样及抽样检测，并确定了必须严格执行的强制性条文。自2001年7月，陆续发布了工程质量验收规范，2010年开始时有关验收规范进行了修订，现行验收规范主要由以下标准组成，同时还有一些应用技术规程中规定了一些验收要求：

《建筑工程施工质量验收统一标准》(GB 50300—2013)

《建筑地基基础工程质量验收规范》(GB 50202—2002)

《砌体结构工程施工质量验收规范》(GB 50203—2011)

《混凝土结构工程施工质量验收规范》(GB 50204—2002)(2010年版)
《钢结构工程施工质量验收规范》(GB 50205—2001)
《木结构工程施工质量验收规范》(GB 50206—2012)
《屋面工程质量验收规范》(GB 50207—2012)
《地下防水工程质量验收规范》(GB 50208—2011)
《建筑地面工程施工质量验收规范》(GB 50209—2010)
《建筑装饰装修工程质量验收规范》(GB 50210—2001)
《建筑给水排水及采暖工程施工质量验收规范》(GB 50242—2002)
《通风与空调工程施工质量验收规范》(GB 50243—2002)
《建筑电气工程施工质量验收规范》(GB 50303—2002)
《电梯工程施工质量验收规范》(GB 50310—2002)
《民用建筑工程室内环境污染控制规范》(GB 50325—2010)(2013年版)
《智能建筑工程质量验收规范》(GB 50339—2013)
《建筑节能工程施工质量验收规范》(GB50411—2007)

第三节　建筑工程质量计划

质量计划实际上是质量管理计划，是施工组织设计的一部分，质量管理计划的编制和审批应包含在施工组织设计中，并应符合国家标准《建筑施工组织设计规范》(GB/T 50502—2009)的规定。质量管理计划是指保证实现项目施工质量目标的管理计划。包括制定、实施、评价所需的组织机构、职责、程序以及采取的措施和资源配置等。

《建筑施工组织设计规范》(GB/T 50502—2009)第7.3.1条规定：

质量管理计划可参照《质量管理体系要求》(GB/T 19001)，在施工单位质量管理体系的框架内编制。

施工单位应按照《质量管理体系要求》(GB/T 19001)建立本单位的质量管理体系文件，也称质量管理手册，质量管理体系文件是指导施工单位进行质量管理的重要文件，只要按照质量管理体系文件进行管理，就能明确责任，各司其职。但我们有些施工单位虽然进行了质量体系论证，但没有真正按照质量管理体系文件的规定进行管理，只做表面文章，质量管理体系文件做出来是给别人检查用的，不是对单位进行管理的，有的质量管理体系文件没有针对性，几乎与本单位无关，流于形式。对质量管理体系文件的基本要求可用八个字来概括："做你所写，写你所做"。"做你所写"就是把你应该做的、需要做的形成制度、形成文件、形成标准、形成规程，然后你按已写下来的来做。"写你所做"就是把你所做的用记录的方式写下来，如施工过程中的各种验收记录、试验记录、旁站记录、见证记录等。所以编制质量计划要在质量管理体系的框架内进行编制。

质量计划虽然是施工组织设计的一部分，但在编制时可独立编制，也可以在施工组织设计中合并编制质量计划的内容。《建筑施工组织设计规范》(GB/T 50502—2009)第7.3.2条规定：

质量管理计划应包括下列内容：

1　按照项目具体要求确定项目目标并进行目标分解，质量目标应具有可测量性；

2 建立项目质量管理的组织机构并明确职责；

3 制定符合项目特点的技术保障和资源保障措施，通过可靠的预防控制措施，保证质量目标的实现；

4 建立质量过程检查制度，并对质量事故的处理做出相应的规定。

本条规定了质量管理计划的一般内容。

1. 应制定具体的质量目标，质量目标首先不应低于工程合同约定的内容。通常质量目标分为合格、优质、市级优质工程奖、省级优质工程奖、国家级优质工程奖。目前工程质量等级分为合格和优质，合格工程的质量标准由国家工程质量验收规范规定，优质工程的评价标准则由地方或企业自己规定，而各种优质工程奖没有统一标准，由各评奖主管部门制定有关评定办法，评审专家进行评审，由评审委员会审查报主管部门批准确定。在制定质量目标时，施工单位也可提高合同约定的质量等级。质量目标一旦确定，应在质量计划中将质量目标层层分解到分部工程、分项工程，以保证质量目标的最终实现。

2. 应明确质量管理组织机构中各个岗位的职责，与质量有关的各岗位人员应具备与职责要求相适应的知识、能力、和经验，而知识、能力、和经验的认定往往是通过岗位证书、资格证书来体现的，因此当法律、法规或技术标准要求持有岗位证书或资格证书上岗时必须持证上岗。

3. 质量目标制定后，应采取各种有效措施，确保质量目标的实现，这些措施包含但不限于：原材料、构配件、机具的要求和检验，主要的施工工艺、主要的质量标准和检验方法，夏季、冬季和雨天施工的技术措施，各个工序的质量保证措施，成品、半成品的保护措施，工作场所环境及劳动力和资金的保障措施等。

4. 在质量计划的实施过程中，将各项活动和相关资源作为过程进行管理，建立质量过程检查、验收以及质量责任制等相关制度，对质量检查和验收标准作出规定，当达不到验收标准时，采取有效的纠正和预防措施，保障各工序和过程的质量达到质量目标的要求。

第四节 建筑工程质量控制

一、影响建筑工程质量的因素

（一）人员素质

参与工程建设各方人员按其作用性质可划分为：

1. 决策层。参与工程建设的决策者。

2. 管理层。决策意图的执行者，包含各级职能部门、项目部的职能人员。

3. 作业层。工程实施中各项作业的操作者，包括技术工人和辅助工。

人员素质的概念是指参与建设活动的人群的决策能力、管理能力、作业能力、组织能力、公关能力、经营能力、控制能力及道德品质的总称。对不同层次人员有不同的素质要求。

人员素质直接影响工程质量目标的成败。通常情况下，人员素质的高低是工程质量好坏的决定性因素，决策层的素质更是关键，决策失误或指挥失误，对工程质量的危害更大。重庆綦江彩虹桥倒塌事故，原因之一就是有关领导人员玩忽职守、渎职造成的。职能部门管理人员的能力素质高低直接影响到他们的工作质量，尤其是一些专业技术岗位，必须具有高素质的技术管理知识和实际工作能力。

作业人员素质不仅应具有一定的技术水平，还应具有良好的心理状态和职业道德品质。常常见到一种不良倾向，就是在混凝土施工中，操作人员为图操作方便，在经试验确定的配合比拌合的混凝土中任意加水，造成混凝土强度的波动，成为质量缺陷，就是素质缺陷的反映。

因此控制工程质量重要的是从控制人员素质抓起，管理者和操作者都应该是有“资格”的行家，严禁不懂基本专业知识和操作技能的人员上岗。

（二）工程材料

工程材料泛指构成工程实体的各类建筑材料、构配件、半成品等，种类繁多，规格成千上万，不胜枚举。

各类工程材料是工程建设的物质条件，因而材料的质量是工程质量的基础。工程材料选用是否合理，产品是否合格，材质是否经过检验，保管使用是否得当等，都将直接影响建设工程的结构，影响工程外表及观感，影响工程使用功能，影响工程的使用寿命。

构配件和半成品的优劣同工程材料一样会直接影响建设工程的结构强度和稳定性，对工程使用功能及使用寿命都有影响。

对工程材料质量，主要是控制其相应的力学性能、化学性能、物理性能，必须符合标准规定。为此，进入现场的工程材料必须有产品合格证或质量保证书，性能检测报告，并应符合设计标准要求；凡需现场抽样检测的建材必须检测合格才能使用；使用进口的工程材料必须符合我国相应的质量标准，并持有商检部门签发的商检合格证书；严禁易污染、易反应的材料混放，造成材性蜕变。同时，还要注意设计、施工过程对材料、构配件、半成品的合理选用，严禁混用、少用、多用，以避免造成质量失控。

（三）机具设备

机具设备可分为两类，一是指组成工程实体配套的工艺设备和各类机具，如电梯、泵机、通风设备等（简称工程用机具设备）。它们的作用是与工程实体结合，保证工程形成完整的使用功能。二是施工机具设备，是指施工过程中使用的各类机具设备，包括大型垂直与横向移动建筑物件的运输设备，各类操作工具，各种施工安全设施，各类测量仪器、计量器具等（以上简称施工机具设备）。

施工机具的选用也很重要，如高层建筑混凝土结构选用混凝土泵进行输送、浇筑，将有利于改善混凝土的质量；又如选用测量仪器精度不准，会使建筑物定位或允许偏差超标。

（四）工艺技术

工艺技术是指施工现场在建设参与各方配合下采用的施工方案、技术措施、工艺手段、施工方法。

一定的工艺技术水平，对质量有一定的影响。采用先进合理的工艺、技术，依据操作规程、工艺标准和作业指导书施工，必将对组成质量因素的产品精度、清洁度、平整度、密封性等物理、化学特性方面起良性推进作用。例如钢筋连接用焊接工艺或机械连接替代人工绑扎，不仅提高了作业效率，更利于提高连接质量。在砌砖工程中，采用不同的砂浆铺设方法和砖块搭接形式，都会对砌体的整体强度产生不同的影响。

（五）环境条件

环境条件是指对工程质量特性起重要作用的环境因素，如工程地质、水文、气象等工程技术环境，施工现场作业面大小、劳动设施、光线和通信条件等作业环境，以及邻近工程的地下管线、建（构）筑物等周边环境等。

环境条件往往对工程质量有一定的影响。如良好的安全作业环境，对材料和构配件、设备有良好的保护措施，有利于保证工程的文明施工和产品保护。恶劣的气候条件，将使保证工程质量增加许多困难。如在地下水位高的地区，在雨季进行基坑开挖，遇到连续暴雨或排水困难，会引起基坑塌方或地基受水浸泡影响承载力等；在未经干燥条件下进行沥青防水层施工，容易产生大面积空鼓；冬季寒冷地区工程措施不当，工程会受冻融而影响质量。因此，加强环境管理，改进作业条件，把握好技术环境，辅以必要的措施，是控制环境对质量影响的重要保证。

（六）其他影响因素

工程勘察设计对工程质量有一定影响，还有下列因素也影响工程质量：

1. 施工工期

工期是指建设工程从正式开工至竣工交付的全过程所花的时间，常用天数表示。

合理的工期反映了工程项目建设过程必要的程序及其规律性，为此，国家制定了各类工程的工期定额，实施工期管理，目的是通过制定合理的工期，使建设施工能合理安排施工进度，科学管理，保证工程质量。

工期目标不合理，盲目压工期，抢速度，将打乱建筑施工正常的节奏，导致蛮干，打乱了合理的工序搭接以及工程产品形成过程中必要的停止点，如混凝土、砂浆养护期，回填土或砌体的沉降稳定期，涂料的凝固干燥期，各种检测、试验的必需时间被挤占，正常施工秩序受到干扰，必然影响工程质量。

2. 工程造价

在建设实施阶段通常把建筑安装费称之为工程造价。也有把实施招标工程的中标价称为合同造价。工程造价一般由工程成本、利润和税金组成。

价格是价值的体现。工程建设的造价、工期和质量三者之间存在相互依存与制约的关系。在一定的技术方案和工期、质量的条件下，工程所需的人工、材料和机械费用等成本是相对固定的，因而降低造价费用的空间是有限的。任意压低造价，将造成建设各方盲目压缩必需的质量成本及质量投入，从而使工程质量得不到充分的物质保证，影响质量目标的实现。

工程建设必须尊重客观规律，在一定的技术前提下，一定的工期条件下，需要有一定的质量成本，该花钱的就应该花钱。通过优化管理，可以减少消耗，降低成本，但过低的成本是无法实现工程质量的。所以，严禁工程盲目压价，工程招投标中严禁任意分包、层层转包、层层压价，应成为造价控制的要点。

3. 市场准入

市场准入是指各建设市场主体，包括发包方（业主），承包方（勘察、设计、施工及设备材料供应单位）、中介方（工程咨询、监理单位、检测单位），只有具备符合规定的资质和条件，才能参与建设市场活动，建立承发包关系。这是建设市场管理的一项重要制度。

市场准入制度与工程质量有密切的关系。如业主招标发包工程应具有一定的能力和条件，承包方参与投标要有相应的资质等级，设备材料应有合格证性能检测报告，否则就不准参与建设市场交易。市场准入不仅有利于建设市场秩序管理，而且对参与建设各方从总体素质上予以控制，对保证工程质量有重要的影响。建设市场准入把关不严，存在无证设计、无证施工、借证卖照，资质挂靠、越级和超越规定范围承包，或逃避市场管理，搞私下交易等情况，必然对建设工程质量构成严重威胁。不少工程发生重大质量事故，往往同参与建设各方违反市场准入规定有关。因此严格市场准入管理，是保证工程质量不可忽视的重要环节。

二、质量员控制工程质量的职责

质量员是施工企业内部质量保证体系的重要成员，是保证工程质量的卫士，是质量控制的主要实施者，每个分项工程检验批都要在班组自检、交接检的基础上，由质量员进行检查评定。质量员在保证施工质量上起着重要的把关作用，因此，施工企业应十分重视质量员的培训工作，使其具备岗位工作能力。

质量员应具备的基本素质：

1. 能掌握分项工程检验批的检验方法和验收标准，正确地进行检查验收，能熟练填写各种检查表格。

2. 能正确地判定各分项工程检验批检验结果，了解原材料主要物理（化学）性能。

3. 能提出工程质量通病的防治措施，制定新工艺新技术的质量保证措施。

4. 了解和掌握发生质量事故的一般规律，具备对一般事故的分析、判断和处理能力。

5. 熟悉国家和省有关工程质量验收的标准。

6. 能使用工程质量评价软件，用电脑整理工程资料。

7. 掌握住宅工程质量分户验收的内容。

质量员不仅应具有岗位工作能力，而且还要有很好的政治素质，对工作有高度的责任心。质量员必须做到：坚持原则，严格标准，认真负责，一丝不苟，不讲情面，实事求是。其主要职责：根据国家有关技术标准、规范和设计文件，严格把好每一道工序质量关，在质量上有否决权，坚持做到上道工序不合格、下道工序就不能继续施工，该整修的整修，该返工的返工，绝不能迁就照顾，在施工的全过程中真正起到检查把关作用。

《建筑与市政工程施工现场专业人员职业标准》（JGJ/T 250—2011）称质量检查员为质量员，使质量检查员提高了一个档次，不仅负责质量检查工作，还担负企业的质量管理工作，质量员的工作职责宜符合表 1.4.1 的规定。

质量员的工作职责　　表 1.4.1

项次	分类	主要工作职责
1	质量计划准备	(1) 参与进行施工质量策划 (2) 参与制定质量管理制度
2	材料质量控制	(3) 参与材料、设备的采购 (4) 负责核查进场材料、设备的质量保证资料，监督进场材料的抽样复验 (5) 负责监督、跟踪施工试验，负责计量器具的符合性审查

续表

项　次	分　类	主要工作职责
3	工序质量控制	(6) 参与施工图会审和施工方案审查 (7) 参与制定工序质量控制措施 (8) 负责工序质量检查和关键工序、特殊工序的旁站检查，参与交接检验、隐蔽验收、技术复核 (9) 负责检验批和分项工程的质量验收、评定，参与分部工程和单位工程的质量验收、评定
4	质量问题控制	(10) 参与制定质量通病预防和纠正措施 (11) 负责监督质量缺陷的处理 (12) 参与质量事故的调查、分析和处理
5	质量资料管理	(13) 负责质量检查的记录，编制质量资料 (14) 负责汇总、整理、移交质量资料

注：本表摘自《建筑与市政工程施工现场专业人员职业标准》(JGJ/T 250—2011)。

1. 施工质量计划是质量管理的一部分，是指制定质量目标并规定必要的运行过程和相关资源的活动。质量策划由项目负责人主持，质量员参与。

2. 材料和设备的采购由材料员负责。质量员参与采购，主要是参与材料和设备的质量控制，以及材料供应商的考核。这里材料指工程材料，不包括周转材料；设备指建筑设备，不包括施工机械。

进场材料的抽样检验由材料员负责，质量员监督实施。进场材料和设备的质量保证资料包括：

1) 产品清单（规格、产地、型号等）；

2) 产品合格证、质保书、准用证等；

3) 检验报告、复检报告；

4) 生产厂家的资信证明；

5) 国家和地方规定的其他质量保证资料。

施工试验由施工员负责，质量员进行监督、跟踪。施工试验包括：

1) 砂浆、混凝土的配合比，试块的强度、抗渗、抗冻试验；

2) 钢筋（材）的强度、疲劳试验、焊接（机械连接）接头试验、焊缝强度检验等；

3) 土工试验；

4) 桩基检测试验；

5) 结构、设备系统的功能性试验；

6) 国家和地方规定需要进行试验的其他项目。

计量器具符合性审查主要包括：计量器具是否按照规定进行送检、标定；检测单位的资质是否符合要求；受检器具是否进行有效标识等。

3. 工序质量是指每道工序完成后的工程产品质量。工序质量控制措施由项目技术负责人主持制定，质量员参与。

关键工序指施工过程中对工程主要使用功能、安全状况有重要影响的工序。特殊工序指施工过程中对工程主要使用功能不能由后续的检测手段和评分方法加以验证的工序。

4. 质量通病、质量缺陷和质量事故统称为质量问题。质量通病是建筑与市政工程中经常发生的、普遍存在的一些工程质量问题，质量缺陷是施工过程中出现的较轻微的、可以修复的质量问题，质量事故则是造成较大经济损失甚至一定人员伤亡的质量问题。

质量通病预防和纠正措施由项目技术负责人主持制定，质量员参与。

质量缺陷的处理由施工员负责，质量员进行监督、跟踪。

对于质量事故，应根据其损失的严重程度，由相应级别住房和城乡建设行政主管部门牵头调查处理，质量员应按要求参与。

5. 质量员在资料管理中的职责是：

1）进行或组织进行质量检查的记录；

2）负责编制或组织编制本岗位相关技术资料；

3）汇总、整理本岗相关技术资料，并向资料员移交。

质量员应具备表 1.4.2 规定的专业技能。

质量员应具备的专业技能 **表 1.4.2**

项次	分类	专业技能
1	质量计划准备	（1）能够参与编制施工项目质量计划
2	材料质量控制	（2）能够评价材料、设备质量 （3）能够判断施工试验结果
3	工序质量控制	（4）能够识读施工图 （5）能够确定施工质量控制点 （6）能够参与编写质量控制措施等质量控制文件，实施质量交底 （7）能够进行工程质量检查、验收、评定
4	质量问题处置	（8）能够识别质量缺陷，并进行分析和处理 （9）能够参与调查、分析质量事故，提出处理意见
5	质量资料管理	（10）能够编制、收集、整理质量资料

注：本表摘自《建筑与市政工程施工现场专业人员职业标准》（JGJ/T 250—2011）。

1. 质量计划是针对特定的产品、项目或合同规定专门的质量措施、资源和活动顺序的文件。质量计划通常是策划的一个结果。

2. 要求质量员能够根据质量保证资料和进场抽样检验资料，对材料和设备质量进行评价；能够根据施工试验资料，判断相关指标是否符合设计和有关技术标准要求。

质量员应具备表 1.4.3 规定的专业知识。

质量员应具备的专业知识 **表 1.4.3**

项次	分类	专业知识
1	通用知识	（1）熟悉国家工程建设相关法律法规 （2）熟悉工程材料的基本知识 （3）掌握施工图识读、绘制的基本知识 （4）熟悉工程施工工艺和方法 （5）熟悉工程项目管理的基本知识
2	基础知识	（6）熟悉相关专业力学知识 （7）熟悉建筑构造、建筑结构和建筑设备的基本知识 （8）熟悉施工测量的基本知识 （9）掌握抽样统计分析的基本知识

续表

项　次	分　类	专业知识
3	岗位知识	（10）熟悉与本岗位相关的标准和管理规定 （11）掌握工程质量管理的基本知识 （12）掌握施工质量计划的内容和编制方法 （13）熟悉工程质量控制的方法 （14）了解施工试验的内容、方法和判定标准 （15）掌握工程质量问题的分析、预防及处理方法

注：本表摘自《建筑与市政工程施工现场专业人员职业标准》（JGJ/T 250—2011）。

三、建筑工程施工质量控制

《建筑工程施工质量验收统一标准》（GB 50300—2013）第3.0.3条规定：

建筑工程的施工质量控制应符合下列规定：

1　建筑工程采用的主要材料、半成品、成品、建筑构配件、器具和设备应进行进场检验。凡涉及安全、节能、环境保护和主要使用功能的重要材料、产品，应按各专业工程施工规范、验收规范和设计文件等规定进行复验，并应经监理工程师检查认可。

2　各施工工序应按施工技术标准进行质量控制，每道施工工序完成后，经施工单位自检符合规定后，才能进行下道工序施工。各专业工种之间的相关工序应进行交接检验，并应记录。

3　对于监理单位提出检查要求的重要工序，应经监理工程师检查认可，才能进行下道工序施工。

1. 各专业工程施工规范、验收规范和设计文件未规定抽样检测的项目不必进行检测，但如果对其质量有怀疑时需进行检测。

2. 为保障工程整体质量，应控制每道工序的质量。目前各专业的施工技术规范正在编制，并陆续实施，考虑到企业标准的控制指标应严格于行业和国家标准指标，鼓励有能力的施工单位编制企业标准，并按照企业标准的要求控制每道工序的施工质量。施工单位完成每道工序后，除了自检、专职质量检查员检查外，还应进行工序交接检查，上道工序应满足下道工序的施工条件和要求；同样相关专业工序之间也应进行交接检验，使各工序之间和各相关专业工程之间形成有机的整体。

3. 工序是建筑工程施工的基本组成部分，一个检验批可能由一道或多道工序组成。根据目前的验收要求，监理单位对工程质量控制到检验批，对工序的质量一般由施工单位通过自检予以控制，但为保证工程质量，对监理单位有要求的重要工序，应经监理工程师检查认可，才能进行下道工序施工。

第五节　试验与检测

工程质量检测试验是确认工程质量的一个重要手段，检测试验报告是判断工程质量的一个重要依据，每一个工程检测试验都是必不可少的。

一、检测报告

1. 型式检验报告

型式检验报告是对产品所有指标进行检测的报告。一般在产品开盘时应做一个型式检验，然后按照产品标准的规定在相隔一定时间（一般为两年）的有效期内做一次型式检验。如果验收标准要求材料进场时提供型式检验报告，则材料生产厂家或材料供应商在提供材料质量证明文件时同时提供型式检验报告，如果验收标准没有要求提供型式检验报告，材料进场时不必要求提供型式检验报告。

2. 系统耐候性检测报告

系统耐候性检测报告是指建筑节能系统应用于工程之前对其耐候性进行检测的报告，当耐候性满足要求时，该系统方可用于工程，检查耐候性检测报告方要检查现场所用的材料是否和做耐候性检测时所用的材料一致，如果不一致，应禁止使用。

3. 产品检测报告

产品检测报告是产品出厂时按照产品标准要求的检验批次和检测项目进行检测而根据其检测结果出具的检测报告，该检测报告所检测的项目应和产品标准规定的出厂检测项目一致，不一定是产品的全部检测项目，其检测项目和检测结果只要符合产品标准中规定的出厂检测要求就可以了。

4. 材料进场抽样检测报告

材料、设备、半成品进场后应按设计或相关专业验收规范的要求进行抽样检测，由具有检测资质的第三方检测机构根据检测结果出具的检测报告为进场抽样检测报告，也称复验报告。《建筑工程施工质量验收统一标准》（GB 50300—2013）、国家专业验收规范对材料进场抽样检测的说法不一致，一种说法叫复验，一种说法叫进场抽样检测。

5. 现场实体检测报告

现场实体检测报告主要依据《混凝土结构工程施工质量验收规范》（GB 50204）和《建筑节能工程施工质量验收规范》（GB 50411）两个专业规范的要求，对混凝土强度、钢筋保护层厚度、保温材料的厚度、外窗气密性进行检测的报告。

6. 热工性能检测报告

依据《建筑节能工程施工质量验收规范》（GB 50411）的规定，当具备热工性能检测条件时，应提供热工性能检测报告。

7. 系统节能性能检测报告

依据《建筑节能工程施工质量验收规范》（GB 50411）的规定，对空调、电气安装等系统应进行检测，检测结果提供系统节能性能检测报告。

二、见证检验

见证检验是指在建设单位或工程监理单位人员的见证下，由施工单位的现场试验人员对工程中涉及结构安全的试块、试件和材料在现场取样，并送至有资质的检测机构进行检测。《建筑工程施工质量验收统一标准》（GB 50300—2013）第3.0.6条第四款规定：对涉及结构安全、节能、环境保护和主要使用功能的试块、试件及材料，应在进场时或施工中按规定进行见证检验。其中“按规定进行见证检验”，这个规定是什么呢？原建设部141号令《建设工程质量检测管理办法》中对见证检测的项目、数量做了规定（见本书第二章第三节），但各地执行的情况不一致，有其地方规定，因此“按规定进行见证检验”应执行国家《建设工程质量检测管理办法》或各地的规定执行。

三、抽样复验、试验方案

《建筑工程施工质量验收统一标准》(GB 50300—2013) 第3.0.4条规定：

符合下列条件之一时，可按相关专业验收规范的规定适当调整抽样复验、试验数量，调整后的抽样复验、试验方案应由施工单位编制，并报监理单位审核确认。

1 同一项目中由相同施工单位施工的多个单位工程，使用同一生产厂家的同品种、同规格、同批次的材料、构配件、设备。

2 同一施工单位在现场加工的成品、半成品、构配件用于同一项目中的多个单位工程。

3 在同一项目中，针对同一抽样对象已有检验成果可以重复利用。

在工程施工前，应制定抽样复验、试验方案，这个方案编制的依据是设计文件或专业验收规范或相关应用技术规程规定的现场抽样检测、现场检测的批次、抽样数量、检测参数，当单位工程之间使用同一批次的材料或不同专业之间对同一抽样对象都要求检测时，施工单位在编制方案时应考虑这些因素，不必重复抽样检测，方案编制完成后报监理单位审核确认。

1. 相同施工单位在同一项目中施工的多个单位工程，使用的材料、构配件、设备等往往属于同一批次，如果要求每一个单位工程分别进行抽样检验势必会造成重复，形成浪费，因此适当调整抽样检验的数量是可行的，但总的批量要求不应大于相关专业验收规范的规定。

2. 施工现场加工的成品、半成品、构配件等抽样检验，可用于多个工程。但总的批量应符合相关标准的要求，对施工安装后的工程质量应按分部工程的要求进行检测试验，不能减少抽样数量，如结构实体混凝土强度检测、钢筋保护层厚度检测等。

3. 同一专业内或不同专业之间对同一对象有时都有抽样检测的要求，例如装饰装修工程和建筑节能工程中对门窗的气密性试验等，此时只需要做一次试验。因此本条规定可避免对同一对象的重复检验，可重复利用检验成果。

第六节 建筑工程质量检查验收与评定

建筑工程的质量检查验收与评定由四个层次组成：分项工程检验批、分项工程、分部工程、单位工程，四个层次的验收组织人、参加人、验收方法、验收程序均有不同，在《建筑工程施工质量验收统一标准》(GB 50300) 和专业规范中都有规定，本节作一个简单的介绍，各项验收程序关系对照见表1.6.1。

各项验收程序关系对照表 **表1.6.1**

序号	验收表的名称	质量自检人员	质量检查评定人员		质量验收人员
			验收组织人	参加验收人员	
1	施工现场质量管理检查记录表	项目负责人	项目负责人	项目技术负责人 分包单位负责人	总监理工程师
2	检验批质量验收记录	班组长	项目专业质量检查员	班组长 分包项目技术负责人 项目技术负责人	监理工程师（建设单位项目专业技术负责人）

续表

序号	验收表的名称	质量自检人员	质量检查评定人员		质量验收人员
			验收组织人	参加验收人员	
3	分项工程质量验收记录表	班组长	项目专业技术负责人	班组长项目技术负责人 分包项目技术负责人 项目专业质量检查员	监理工程师（建设单位项目专业技术负责人）
4	分部、子分部工程质量验收记录表	项目负责人 分包单位项目负责人	项目负责人	项目专业技术负责人 分包项目技术负责人 勘察、设计单位项目负责人 建设单位项目专业负责人	总监理工程师（建设单位项目负责人）
5	单位、子单位工程质量竣工验收记录	项目负责人	建设单位	项目负责人 分包单位项目负责人 设计单位项目负责人 企业技术、质量部门 总监理工程师	建设单位项目负责人
6	单位、子单位工程质量控制资料核查记录表	项目技术负责人	项目负责人	分包单位项目负责人 监理工程师 项目技术负责人 企业技术、质量部门	总监理工程师（建设单位项目负责人）
7	单位、子单位工程安全和功能检验资料核查及主要功能抽查记录表	项目技术负责人	项目负责人	分包单位项目负责人 项目技术负责人 监理工程师 企业技术、质量部门	总监理工程师（建设单位项目负责人）
8	单位、子单位工程观感质量检查记录表	项目技术负责人	项目负责人	分包单位项目负责人 项目技术负责人 监理工程师 企业技术、质量部门	总监理工程师（建设单位项目负责人）

一、检验批工程质量检查验收与评定

检验批应由专业监理工程师组织施工单位项目专业质量检查员、专业工长等进行验收。

验收记录表使用《建筑工程施工质量验收统一标准》(GB 50300—2013) 规定的表格，见本书第二章表 2.5.3。该表由质量检查员填写，并应做好下列工作：

1. 核对各工序中所用的原材料、半成品、成品、设备质量证明文件。

2. 检查各工序中所用的原材料、半成品、成品、设备是否按专业规范和试验方案进行现场抽样检测，检测结果是否符合要求，检测结果不符合要求的不得用于工程。

3. 检查主控项目是否符合要求。

4. 检查一般项目是否符合要求，允许偏差项目实测实量。

5. 填写检验批表格，随着国家对信息化的重视，建立工程电子档案是必然趋势，因此应使用符合要求的工程资料软件，有的省已制定工程资料管理规范，明确资料软件和建立电子档案的要求，对有要求的省份，应按要求使用资料软件，建立电子档案。

1）表头的填写。使用资料软件的表头中的相关内容应自动生成，未使用资料软件的表头应按实填写，要注意的是“施工执行标准名称及编号”一栏，该栏填写的是施工执行的标准如施工规范、操作规程、工法等操作标准，而不是验收规范，操作标准是约束操作行为，验收标准是约束验收行为，操作标准有的要求应高于验收标准，两者是有原则区别的，不能填写验收标准的名称及编号。

2）“验收规范的规定”一栏可填写主要内容，不必把全部条款均录入，但应反映主要规定。

3）“施工、分包单位检查记录”一栏，填写的内容应能反映工程质量状况，如所用材料的主要规格型号、质量证明文件、现场抽样检测报告等基本情况，现场实测的有允许偏差要求的应填写实测的偏差，资料软件要求填写实测值的按资料软件的设置填写。

4）“施工、分包单位检查结果”一栏，使用资料软件的将检查记录输入资料软件后，应自动计算允许偏差合格率，自动评价检验批检查结果，建立电子档案；未使用资料软件不能自动评价的应在施工、分包单位检查结果中填写检查结果，检查结果应明确合格（优质）和不合格。不合格的应按不合格工程的处理程序进行处理后重新评定，不合格工程的处理程序见第二章。当符合验收要求时，项目专业质量检查员签字提交给监理工程师。

6. 监理工程师收到检验批验收记录表格后，应核查每一项内容，如真实、有效，应在“监理单位验收记录”栏中签署验收意见。在“监理单位验收结论”签署结论性意见，专业监理工程师签字。如使用资料软件，监理工程师在资料软件上签名确认，建立完整电子档案。

二、分项工程质量检查验收与评定

分项工程应由监理工程师组织施工单位项目专业技术负责人等进行验收。验收记录表使用《建筑工程施工质量验收统一标准》（GB 50300—2013）规定的表格，见本书第二章表 2.5.4，验收记录表应由专业技术负责人填写签字，质量检查员协助，并应做好下列工作：

1. 核对分项工程中各检验批验收记录，验收程序是否正确、验收内容是否齐全、验收记录是否完整、验收部位是否正确、验收时间是否准确、验收签字是否合法；

2. 填写分项工程验收记录表。

1）填写表头，使用资料软件应自动生成表头。

2）“检验批名称、部位、区段”每一个检验批占一行，按实填写。

3）“施工、分包单位检查结果”将检验批验收记录中的检查结果填入。

4）“监理单位验收结论”将检验批验收记录中的验收结论填入。

5）“施工单位检查结果”一栏，根据分项工程质量验收标准评定分项工程的检查结果。项目专业技术负责人签字后提交给监理工程师。

3. 监理工程师收到分项工程质量验收记录表格后，经核查属实后在“监理单位验收结论”签署结论性意见，专业监理工程师签字。如使用资料软件，该表格应能自动生成，监理工程师在资料软件上签名确认，建立完整电子档案。

三、分部工程质量检查验收与评定

分部工程应由总监理工程师组织施工单位项目负责人和项目技术、质量负责人等进行验收。勘察、设计单位项目负责人和施工单位技术、质量部门负责人应参加地基与基础分部工程的验收。设计单位项目负责人和施工单位技术、质量部门负责人应参加主体结构、节能分部工程的验收。验收记录表使用《建筑工程施工质量验收统一标准》(GB 50300—2013)规定的表格，见本书第二章表2.5.5，验收记录表应由项目负责人填写签字，质量检查员协助，并应做好下列工作：

1. 核对分部工程中各分项工程质量验收记录，验收划分是否正确、验收内容是否齐全、验收记录是否完整、验收时间是否准确、验收签字是否合法；

2. 核查质量控制资料。《建筑工程施工质量验收统一标准》(GB 50300—2013)第5.0.3条中明确分部工程的质量控制资料应完整，但具体内容未做明确的规定，只是在单位工程质量验收时对质量控制资料提出了明确要求，见第二章表2.5.7，分部工程验收时，针对表2-5-7中内容进行核查，凡涉及的内容都应该完整。

3. 核查有关安全及功能的检验和抽样检测结果。《建筑工程施工质量验收统一标准》(GB 50300—2013)第5.0.3条中明确“地基与基础、主体结构和设备安装等分部工程有关安全及功能的检验和抽样检测结果应符合有关规定”，具体内容见第二章表2-5-8，分部工程验收时，应针对表2.5.8中内容进行核查，尽可能在分部工程验收前完成相关检测。

4. 核查观感质量。《建筑工程施工质量验收统一标准》(GB 50300—2013)第5.0.3条中规定“观感质量应符合要求”，观感质量是通过观察和必要的测试所反映的工程外在质量和功能状态。所以应是能够观察到的地方。各分部工程的观感质量在相应的专业规范中有相应的要求，主要是一般项目中可观察到的项目的质量要求，虽然《建筑工程施工质量验收统一标准》(GB 50300—2013)第5.0.5条第三款规定“分部工程观感质量验收记录应按相关专业验收规范的规定填写”，但有的专业验收规范并没有观感质量验收记录的规定，操作上可按第二章表2.5.9的项目为主进行细化、检查，做好观感质量验收记录，作为分部工程质量验收记录的附件。

5. 对分项工程进行汇总，在“分项工程名称”、“检验批数”、“施工、分包单位检查结果”、“验收结论”栏中填写汇总情况，按实填写。

6. “综合验收结论”应明确下列事项：共几个分项工程、质量控制资料核查结果、安全和功能检验结果、观感质量验收意见。此处的“综合验收结论”是经各单位认可的结论，可能和前面填写的内容一致，但意义不一样，前面应是施工单位先填写好的。

7. 形成一致意见后，参加验收的各单位项目负责人和监理单位总监现场签字。

四、单位工程质量检查验收与评定

单位工程完工后，施工单位应组织有关人员进行自检。总监理工程师应组织各专业监理工程师对工程质量进行竣工预验收。存在施工质量问题时，应由施工单位及时整改。整改完毕后，由施工单位向建设单位提交工程竣工报告，申请工程竣工验收。

建设单位收到工程竣工报告后，应由建设单位项目负责人组织监理、施工、设计、勘察等单位项目负责人进行单位工程验收。

验收记录表使用《建筑工程施工质量验收统一标准》（GB 50300—2013）规定的表格，见本书第二章表 2.5.6，验收记录由施工单位填写，验收结论由监理单位填写。综合验收结论经参加验收各方共同商定，由建设单位填写，应对工程质量是否符合设计文件和相关标准的规定及总体质量水平做出评价。

1. 表头的填写。开工日期和完工日期填写实际开工和完工日期，不是计划日期，其他按实填写。

2. 核对各分部工程质量验收记录，检查工程实体质量，验收划分是否正确、验收内容是否齐全、验收记录是否完整、验收时间是否准确、验收签字是否合法；

3. 质量控制资料核查。《建筑工程施工质量验收统一标准》（GB 50300—2013）第 5.0.4 条中明确质量控制资料应完整，并对质量控制资料核查的内容提出了明确要求，见第二章表 2.5.7，针对表 2.5.7 中内容进行核查，凡涉及的内容都应该完整。当部分资料缺失时，应委托有资质的检测机构按有关标准进行相应的实体检验或抽样试验。此项工作应在工程验收前完成，否则验收无法进行，在填写表格时，应如实填写资料缺失的份数，在验收结论中明确缺失的资料已通过实体检验或抽样试验，其质量是否达到标准要求。

4. 核查有关安全及功能的检验和抽样检测结果。《建筑工程施工质量验收统一标准》（GB 50300—2013）第 5.0.4 条中明确“所含分部工程中有关安全、节能、环境保护和主要使用功能的检验资料应完整”，具体内容见第二章表 2.5.8，应针对表 2.5.8 中内容进行核查，单位工程验收前应完成相关检测。表格中“共核查项，符合规定项，共抽查项，符合规定项，经返工处理符合规定项”核查的项目应按《建筑工程施工质量验收统一标准》（GB 50300—2013）附录 H（本书第二章表 2.5.8）全数核查检测、试验报告和有关记录，填写总项目和符合规定的项目。抽查的项目是在核查的基础上，在现场进行抽查，便于抽查的项目比较少，抽查几项算几项，按实填写。经返工处理符合规定的项目从核查或抽查的结果中可得知，如果没有就填写“0”。

5. 核查观感质量。《建筑工程施工质量验收统一标准》（GB 50300—2013）第 5.0.4 条中规定“观感质量应符合要求”，附录 H 表 H.0.1-4（第二章本书表 2.5.9）明确了观感感的检查项目，按该表的要求检查、记录。对于观感质量的检查结果，是一个定性的概念，没有定量的要求，不需进行相关的计算。

6. “综合验收结论”应明确下列事项：共几个分部工程、质量控制资料核查结果、安全和功能检验结果、观感质量验收意见。此处的“综合验收结论”是经验收各方商量的结论，可能和前面填写的内容一致，但意义不一样，前面的验收记录由施工单位填写，验收结论由监理单位填写，而“综合验收结论”是经参加验收各方共同商定，由建设单位填写。

7. 形成一致意见后，参加验收的各单位项目负责人和监理单位总监现场签字，相关单位应盖单位法人印章，本验收记录是单位工程验收的法定文件。

在单位工程验收时，还应执行 2013 年 12 月 2 日住房和城乡建设部印发的《房屋建筑和市政基础设施工程竣工验收规定》，本章第二节对主要内容作了介绍。

第七节　建筑工程质量事故处理

2010 年 7 月 20 日住房城乡建设部印发了《关于做好房屋建筑和市政基础设施工程质

量事故报告和调查处理工作的通知》（建质〔2010〕111号），对工程质量事故、事故等级划分、事故报告、事故调查、事故处理等作出了规定。

1. 工程质量事故

是指由于建设、勘察、设计、施工、监理等单位违反工程质量有关法律法规和工程建设标准，使工程产生结构安全、重要使用功能等方面的质量缺陷，造成人身伤亡或者重大经济损失的事故。

2. 事故等级划分

根据工程质量事故造成的人员伤亡或者直接经济损失，将工程质量事故分为4个等级：

（1）特别重大事故，是指造成30人以上死亡，或者100人以上重伤，或者1亿元以上直接经济损失的事故；

（2）重大事故，是指造成10人以上30人以下死亡，或者50人以上100人以下重伤，或者5000万元以上1亿元以下直接经济损失的事故；

（3）较大事故，是指造成3人以上10人以下死亡，或者10人以上50人以下重伤，或者1000万元以上5000万元以下直接经济损失的事故；

（4）一般事故，是指造成3人以下死亡，或者10人以下重伤，或者100万元以上1000万元以下直接经济损失的事故。

本等级划分所称的“以上”包括本数，所称的“以下”不包括本数。

3. 事故报告

工程质量事故发生后，事故现场有关人员应当立即向工程建设单位负责人报告；工程建设单位负责人接到报告后，应于1小时内向事故发生地县级以上人民政府住房和城乡建设主管部门及有关部门报告。

情况紧急时，事故现场有关人员可直接向事故发生地县级以上人民政府住房和城乡建设主管部门报告。

住房和城乡建设主管部门接到事故报告后，应当依照下列规定上报事故情况，并同时通知公安、监察机关等有关部门：

（1）较大、重大及特别重大事故逐级上报至国务院住房和城乡建设主管部门；一般事故逐级上报至省级人民政府住房和城乡建设主管部门，必要时可以越级上报事故情况。

（2）住房和城乡建设主管部门上报事故情况，应当同时报告本级人民政府；国务院住房和城乡建设主管部门接到重大和特别重大事故的报告后，应当立即报告国务院。

（3）住房和城乡建设主管部门逐级上报事故情况时，每级上报时间不得超过2小时。

（4）事故报告应包括下列内容：

1）事故发生的时间、地点、工程项目名称、工程各参建单位名称；

2）事故发生的简要经过、伤亡人数（包括下落不明的人数）和初步估计的直接经济损失；

3）事故的初步原因；

4）事故发生后采取的措施及事故控制情况；

5）事故报告单位、联系人及联系方式；

6）其他应当报告的情况。

（5）事故报告后出现新的情况，以及事故发生之日起 30 日内伤亡人数发生变化的，应当及时补报。

在施工过程中，有时发生一些质量问题而构不成质量事故，造成工程质量不合格，对于工程质量不合格的情况，其处理应按照《建筑工程施工质量验收统一标准》（GB 50300—2013）第 5.0.6 条的规定（本书第二章）。

第八节　工程资料收集与整理

工程档案资料是在工程勘察、设计、施工、验收等建设活动中直接形成的反映工程管理和工程实体质量，具有归档保存价值的文字、图表、声像等各种形式的历史记录。

工程文件资料是在勘察、设计、施工、验收等阶段形成的有关管理文件、设计文件、原材料、设备和构配件的质量证明文件、施工过程检验验收文件、竣工验收文件等反映工程实体质量的文字、图片和声像等信息记录的总称，是工程质量的组成部分。

一、基本要求

1. 工程档案资料的形成应符合国家相关的法律、法规、工程建设标准、工程合同与设计文件等的规定。

2. 工程文件资料应真实有效、完整及时、字迹清楚、图样清晰、图表整洁并应留出装订边。工程文件资料的填写、签字应采用耐久性强的书写材料，不得使用易褪色的书写材料。

3. 工程文件资料应使用原件，当使用复印件时，提供单位应在复印件上加盖单位印章，并应签字、注明日期，提供单位应对资料的真实性负责。

4. 建设、监理、勘察、设计、施工等单位工程项目负责人应对本单位工程文件资料形成的全过程负总责。建设过程中工程文件资料的形成、收集、整理和审核应符合有关规定，签字并加盖相应的资格印章。

5. 施工单位的工程质量验收记录应由工程质量检查员填写，质量检查员必须在现场检查和资料核查的基础上填写验收记录，应签字和加盖岗位证章，对验收文件资料负责，并负责工程验收资料的收集、整理。其他签字人员的资格应符合《建筑工程施工质量验收统一标准》（GB 50300—2013）的规定。

6. 单位工程、分部工程、分项工程和检验批验收程序和记录的形成应符合房屋建筑、市政基础设施工程现行规范、标准的规定。

7. 工程资料员负责工程文件资料、工程质量验收记录的收集、整理和归档工作。

8. 移交给城建档案馆和本单位留存的工程档案应符合国家法律、法规的规定，移交给城建档案馆的纸质档案由建设单位一并办理，移交时应办理移交手续。

9. 工程档案资料宜实行数字化管理，使用满足现行验收标准要求的资料软件，建立电子档案。

二、工程资料管理职责

1. 建设单位的职责

（1）项目负责人应负责建设单位工程文件资料的管理工作，并对建设单位的文件资料收集、整理和归档负责。

（2）应按规定向参与工程建设的勘察、设计、施工、监理等单位提供相关文件资料。

（3）由建设单位采购的工程材料、构配件和设备，建设单位应向施工单位提供完整、真实、有效的质量证明文件。

（4）应负责监督和检查勘察、设计、施工、监理等单位工程档案资料管理工作。

（5）组织竣工图的编制工作。

2. 勘察、设计单位的职责

（1）勘察、设计单位应按有关规定收集整理相关文件资料。

（2）应按规范和合同要求提供勘察、设计文件。

（3）对必须由勘察、设计单位签认的工程文件资料应及时签署意见。

（4）工程竣工验收前，应及时向建设单位出具工程勘察、设计质量检查报告。

（5）应协助建设单位对竣工图进行审查。

（6）勘察设计单位应当在任务完成时，将形成的有关工程档案资料移交建设单位。

3. 监理单位的职责

（1）监理单位负责监理文件资料的收集、整理和归档工作。

（2）应监督检查施工档案资料并协助建设单位监督检查勘察、设计文件档案资料的形成、收集、组卷和归档。

（3）对必须由监理单位签认的工程文件资料和“工程档案资料管理系统”中的资料应及时签署意见。

（4）监理人员应负责现场检查记录和监理文件资料的填写，并作为输入资料管理系统的原始记录。

（5）在工程竣工验收前，应完成监理文件资料的整理、汇总工作。

（6）应负责竣工图的核查工作。

4. 施工单位的职责

（1）总承包单位负责施工档案资料的收集、整理和归档工作，监督检查分包单位施工档案资料的形成过程。

（2）分包单位应收集和整理其分包范围内施工档案资料，并对其真实性、完整性和有效性负责。分包单位竣工验收前应及时向总包单位移交纸质档案，并向总包单位报告数字化档案完成情况。

（3）对必须由施工单位签认的工程文件资料，应及时签署意见。工程质量检查员应负责现场检查记录的填写，并作为建立电子档案的依据。

（4）在工程竣工验收前，应完成施工档案资料的整理、汇总工作。

（5）宜使用“资料软件”形成数字化档案。

（6）应负责竣工图的编制工作。

（7）列入城建档案馆归档保存的纸质施工档案资料应及时移交建设单位，并向建设单位报告数字化档案完成情况，由建设单位确认后统一向城建档案馆办理移交手续。

三、工程文件资料形成

1. 工程文件资料按组卷单位应分为建设单位工程文件资料、监理文件资料、施工文件资料三类。

2. 建设单位工程文件资料分为决策立项文件、建设用地文件、勘察设计文件、工程招投标文件及其他承包合同文件、工程开工文件、商务文件、工程竣工验收及备案文件、其他文件八类。

3. 监理文件资料分为监理管理资料、进度控制资料、质量控制资料、造价控制资料、合同管理资料和竣工验收文件资料六类。

4. 施工文件资料可分为施工与技术管理资料、工程质量控制资料、工程质量验收记录、竣工验收文件资料、竣工图五类。

5. 房屋建筑工程施工文件资料建议按下列内容分别组卷：土建部分、桩基子分部、钢结构子分部、幕墙子分部、建筑给水排水及供暖分部、建筑电气分部、智能建筑分部、通风与空调分部、建筑节能分部、电梯分部、竣工验收资料、竣工图部分。

四、竣工图的编制

竣工图的编制及审核应符合下列规定：

1. 新建、改建、扩建的工程均应编制竣工图。

2. 竣工图的专业类别应与施工图对应。

3. 当施工图没有变更时，可直接在施工图上加盖并签署竣工图章形成竣工图。

4. 凡一般性图纸变更，编制单位必须标明变更修改依据，可在施工图上直接改绘，加盖并签署竣工图章。

5. 凡结构形式、工艺、平面布置、项目等有重大改变或图面变更超过1/3的，应该重新绘制竣工图。竣工图应依据审核后的施工图、图纸会审记录、设计变更通知单、工程洽商记录、工程测量记录等编制，并应真实反映竣工工程的实际情况。

五、工程文件资料组卷与归档

工程文件资料的组卷应符合下列规定：

1. 工程文件资料可根据工程实际情况组成一卷或多卷。

2. 建设单位工程文件资料可按建设项目或单位工程进行组卷。

3. 施工文件资料应按单位工程进行组卷，专业承包单位形成的施工资料应由专业承包单位负责，并应单独组卷。

4. 监理文件资料按单位工程进行组卷。

5. 竣工图可按单位工程或专业分类组卷。

6. 工程文件资料组卷应制作封面、卷内目录及备考表，其格式及填写要求应符合《建设工程文件归档整理规范》(GB/T 50328) 的规定。

7. 工程文件资料应编制页码，并与目录的页码相对应。

工程文件资料归档应符合下列规定：

1. 工程文件中文字材料幅面尺寸规格应为A4幅面 (297mm×210mm)。图纸宜采用国家标准图幅。

2. 工程文件的纸张应采用能够长期保存的韧力大、耐久性强的纸张。图纸一般采用蓝晒图，竣工图应是新蓝图。不得使用蓝晒图或计算机出图的复印件。

3. 当外来文件大于 A4 时应折叠；小于 A4 应粘贴。

归档保存的工程文件资料一般应长期保存，具体各类文件保存时间除应符合《建设工程文件归档整理规范》（GB/T 50328）的规定外，还应满足下列要求：

1. 建设单位归档保存的工程文件资料，保存期限应满足工程维护、修缮、改造、加固等使用的需要。

2. 监理单位归档保存的工程文件资料，保存期限应满足工程质量追溯的需要。

3. 施工单位归档保存的工程文件资料，保存期限应满足工程质量保修及质量追溯的需要。

4. 电子档案中的资料应永久保存。

六、工程资料软件

工程资料软件国家没有强制性要求，没有相应的规范，目前市场上大多为电子表格，不具有软件的功能，以光盘为主，由于验收规范不断更新，新材料、新工艺、新技术不断出现，新的验收标准也不断出现，所以必须有相应的资料软件并进行有效的维护，才能有效、及时地执行标准、建立电子档案，实行数字化管理，有的省如江苏省就发布了地方标准《房屋建筑和市政基础设施工程档案资料管理规范》（DGJ32/TJ 143—2012），明确了“工程档案资料管理系统”即资料软件至少应具备下列功能：

1. 编制目录，自动生成页码；

2. 工程质量评定时，按相关标准自动计算，自动评定；

3. 资料扫描，导入导出；

4. 汇编成册，页码联动；

5. 扫描件打印或原件书面插入；

6. 通过互联网上传相关信息；

7. 根据《建筑工程施工质量验收统一标准》（GB 50300）及市政基础设施工程质量验收规范的规定，设置建设单位、施工单位和监理单位验收人员使用“工程档案资料管理系统”的权限，并进行扫描签名；

8. 资料未通过互联网实施相关联动警告；

9. 施工档案资料与监理档案资料关联；

10. 建设单位、监理单位和施工单位均使用同一个“工程档案资料管理系统”；

11. 常用方案、计划等示范文本；

12. 随时增加分项工程及检验批；

13. 数据信息修改应有记录；

14. 系统自动升级；

15. 工程档案资料备份和异地备份，保证数字信息永久保存；

16. 工程质量监管部门在线随时查阅工程资料，了解工程进度；

17. 城建档案管理部门对电子档案进行验收；

18. 建设行政主管部门对“工程档案资料管理系统”的管理；

19. 使用单位能在线或离线操作；

20. 内容应可输出打印。

资料软件中使用的各种表格应符合国家法律、法规和有关标准的规定，并应根据有关标准及时更新升级。使用资料软件的最终目的是规范工程资料的收集、整理，建立电子档案，实行数字化管理，这方面的要求有待国家进一步规范。

第二章　建筑工程施工质量验收统一标准

建筑工程施工质量验收应执行现行国家标准《建筑工程施工质量验收统一标准》（GB 50300—2013）及相配套的各专业验收规范，同时还应执行地方标准。《建筑工程施工质量验收统一标准》（GB 50300—2013）规定了建筑工程质量验收的划分、合格条件、验收程序和组织。该标准共分6章、8个附录，并有2条强制性条文。《建筑工程施工质量验收统一标准》（GB 50300—2013）在2001年版规范的基础上主要对下列内容进行了修订：（1）增加符合条件时，可适当调整抽样复验、试验数量的规定。（2）增加制定专项验收要求的规定。（3）增加检验批最小抽样数量的规定。（4）增加建筑节能分部工程，增加铝合金结构、地源热泵系统等子分部工程。（5）修改主体结构、建筑装饰装修等分部工程中的分项工程划分。（6）增加计数抽样方案的正常检验一次、二次抽样判定方法。（7）增加工程竣工预验收的规定。（8）增加勘察单位应参加单位工程验收的规定。（9）增加工程质量控制资料缺失时，应进行相应的实体检验或抽样试验的规定。（10）增加检验批验收应具有现场验收检查原始记录的要求。

第一节　总　　则

1.0.1　为了加强建筑工程质量管理，统一建筑工程施工质量的验收，保证工程质量，制订本标准。

1.0.2　本标准适用于建筑工程施工质量的验收，并作为建筑工程各专业验收规范编制的统一准则。

《建筑工程施工质量验收统一标准》（GB 50300—2013）适用于施工质量的验收，设计和使用中的质量问题不属于《建筑工程施工质量验收统一标准》（GB 50300—2013）约束的范畴。

1.0.3　建筑工程施工质量验收，除应符合本标准外，尚应符合国家现行有关标准的规定。

建筑工程的质量验收的有关规定，主要包括：

1. 建设行政主管部门发布的有关规章。
2. 施工技术标准、操作规程、管理标准和有关的企业标准等。
3. 试验方法标准、检测技术标准等。
4. 施工质量评价标准等。

第二节　术　　语

2.0.1　建筑工程　building engineering

通过对各类房屋建筑及其附属设施的建造和与其配套线路、管道、设备等的安装所形成的工程实体。

2.0.2 检验 inspection

对被检验项目的特征、性能进行量测、检查、试验等，并将结果与标准规定的要求进行比较，以确定项目每项性能是否合格的活动。

2.0.3 进场检验 site inspection

对进入施工现场的建筑材料、构配件、设备及器具，按相关标准的要求进行检验，并对其质量、规格及型号等是否符合要求作出确认的活动。

2.0.4 见证检验 evidential testing

施工单位在工程监理单位或建设单位的见证下，按照有关规定从施工现场随机抽取试样，送至具备相应资质的检测机构进行检验的活动。

2.0.5 复验 repeat test

建筑材料、设备等进入施工现场后，在外观质量检查和质量证明文件核查符合要求的基础上，按照有关规定从施工现场抽取试样送至试验室进行检验的活动。

2.0.6 检验批 inspection lot

按相同的生产条件或按规定的方式汇总起来供抽样检验用的，由一定数量样本组成的检验体。

2.0.7 验收 acceptance

建筑工程质量在施工单位自行检查合格的基础上，由工程质量验收责任方组织，工程建设相关单位参加，对检验批、分项、分部、单位工程及其隐蔽工程的质量进行抽样检验，对技术文件进行审核，并根据设计文件和相关标准以书面形式对工程质量是否达到合格作出确认。

2.0.8 主控项目 dominant item

建筑工程中对安全、节能、环境保护和主要使用功能起决定性作用的检验项目。

2.0.9 一般项目 general item

除主控项目以外的检验项目。

2.0.10 抽样方案 sampling scheme

根据检验项目的特性所确定的抽样数量和方法。

2.0.11 计数检验 inspection by attributes

通过确定抽样样本中不合格的个体数量，对样本总体质量作出判定的检验方法。

2.0.12 计量检验 inspection by variables

以抽样样本的检测数据计算总体均值、特征值或推定值，并以此判断或评估总体质量的检验方法。

2.0.13 错判概率 probability of commission

合格批被判为不合格批的概率，即合格批被拒收的概率，用α表示。

2.0.14 漏判概率 probability of omission

不合格批被判为合格批的概率，即不合格批被误收的概率，用β表示。

2.0.15 观感质量 quality of appearance

通过观察和必要的测试所反映的工程外在质量和功能状态。

2.0.16 返修 repair

对施工质量不符合标准规定的部位采取的整修等措施。

2.0.17 返工 rework

对施工质量不符合标准规定的部位采取的更换、重新制作、重新施工等措施。

第三节 基本规定

3.0.1 施工现场应具有健全的质量管理体系、相应的施工技术标准、施工质量检验制度和综合施工质量水平评定考核制度。施工现场质量管理可按本标准附录A的要求进行检查记录。

附录A规定施工现场质量管理检查记录应由施工单位按表A（本书表2.3.1）填写，总监理工程师进行检查，并做出检查结论。

施工现场质量管理检查主要是检查施工企业的质量管理水平，首先应根据工程实际情况制定施工企业必要的管理制度和准备有关资料。

施工单位在填写该表格时应逐条检查、按实填写，并应有资料备查，总监理工程师（未委托监理的由工程建设单位项目负责人）应对该表的内容逐条核查，并应核查原始资料。

施工现场质量管理检查记录 **表2.3.1**

开工日期：

<table>
<tr><td>工程名称</td><td colspan="2"></td><td>施工许可证号</td><td colspan="2"></td></tr>
<tr><td>建设单位</td><td colspan="2"></td><td>项目负责人</td><td colspan="2"></td></tr>
<tr><td>设计单位</td><td colspan="2"></td><td>项目负责人</td><td colspan="2"></td></tr>
<tr><td>监理单位</td><td colspan="2"></td><td>总监理工程师</td><td colspan="2"></td></tr>
<tr><td>施工单位</td><td></td><td>项目负责人</td><td></td><td>项目技术负责人</td><td></td></tr>
<tr><td>序 号</td><td colspan="2">项 目</td><td colspan="3">主要内容</td></tr>
<tr><td>1</td><td colspan="2">项目部质量管理体系</td><td colspan="3"></td></tr>
<tr><td>2</td><td colspan="2">现场质量责任制</td><td colspan="3"></td></tr>
<tr><td>3</td><td colspan="2">主要专业工种操作岗位证书</td><td colspan="3"></td></tr>
<tr><td>4</td><td colspan="2">分包单位管理制度</td><td colspan="3"></td></tr>
<tr><td>5</td><td colspan="2">图纸会审记录</td><td colspan="3"></td></tr>
<tr><td>6</td><td colspan="2">地质勘察资料</td><td colspan="3"></td></tr>
<tr><td>7</td><td colspan="2">施工技术标准</td><td colspan="3"></td></tr>
<tr><td>8</td><td colspan="2">施工组织设计、施工方案编制及审批</td><td colspan="3"></td></tr>
<tr><td>9</td><td colspan="2">物资采购管理制度</td><td colspan="3"></td></tr>
<tr><td>10</td><td colspan="2">施工设施和机械设备管理制度</td><td colspan="3"></td></tr>
<tr><td>11</td><td colspan="2">计量设备配备</td><td colspan="3"></td></tr>
<tr><td>12</td><td colspan="2">检测试验管理制度</td><td colspan="3"></td></tr>
<tr><td>13</td><td colspan="2">工程质量检查验收制度</td><td colspan="3"></td></tr>
<tr><td>14</td><td colspan="2"></td><td colspan="3"></td></tr>
<tr><td colspan="3">自检结果：

施工单位项目负责人： 年 月 日</td><td colspan="3">检查结论：

总监理工程师： 年 月 日</td></tr>
</table>

注：本表摘自《建筑工程施工质量验收统一标准》（GB 50300—2013）附录A。

（一）项目部质量管理体系

施工现场应有一个管理班子，这个管理班子由项目部全体人员组成。

质量管理体系的建立主要是明确质量责任，明确上下级关系，明确目标，可以用框图来表示，质量管理框图参考图 2.3.1。

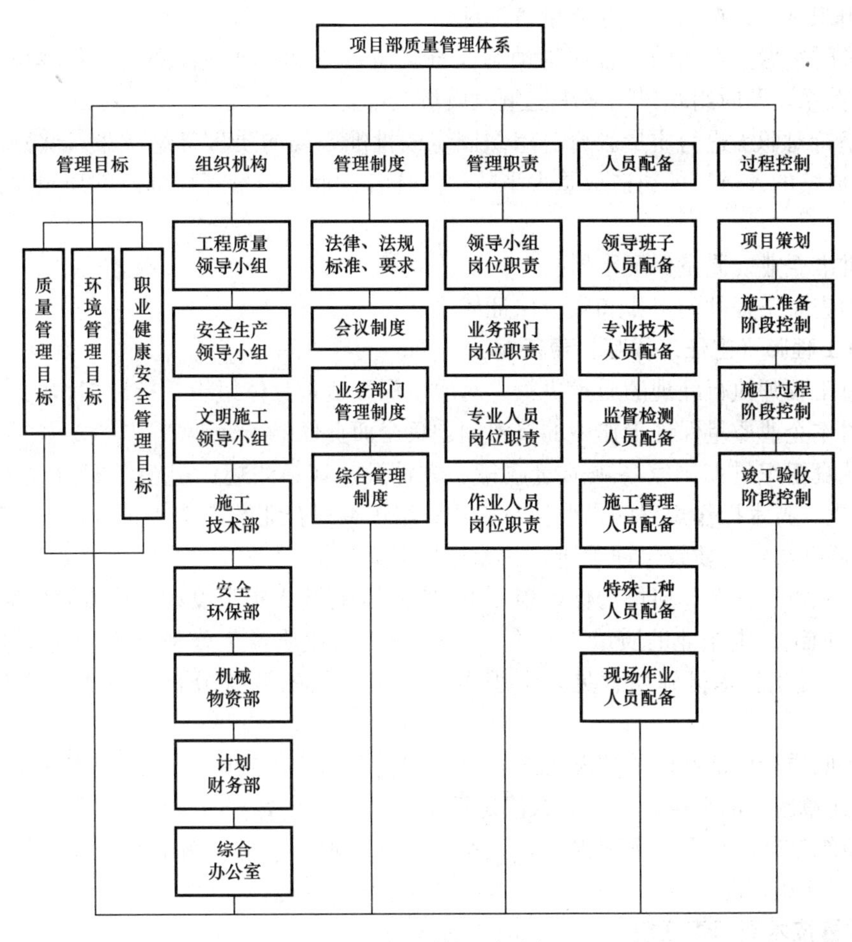

图 2.3.1　质量管理参考框图

在检查项目部质量管理体系时，主要检查下列内容：

1. 质量管理组织机构（图）；
2. 分项工程施工过程控制框图；
3. 质量管理检查制度；
4. 技术质量管理奖罚制度；
5. 质量管理例会制度；
6. 质量事故报告制度等。

（二）现场质量责任制

1. 企业经理责任制

建筑工程虽然实行的是项目负责人制，但企业经理对于每个工程项目来说，是总负责，具有企业管理的决策权，担负企业经营的策划、运作、决策、管理，虽然管理要灵活，但也不能随心所欲，必须有制度约束。

1）经理是企业质量保证的最高领导者和组织者，对本企业的工程质量负全面责任。

2）贯彻执行国家的质量法律、法规、政策、方针，并批准本企业具体贯彻实施的办法、细则。

3）组织有关人员制定企业质量目标计划。

4）及时掌握全企业的工程质量动态及重要信息情报，协调各部门、各单位的质量管理工作的关系，及时组织讨论或决定重大质量决策。

5）坚持对职工进行质量教育。组织制定或批准必要的质量奖惩政策，奖励质量工作取得显著成绩的人员，惩罚造成重大事故的责任者，审批质量管理部门的质量奖惩意见或报告。

6）批准企业《质量保证手册》。

7）检查总工程师的工作和质量保证体系。

2. 总工程师（主任工程师）责任制

1）总工程师执行经理的质量决策，对质量保证负责具体组织、指导工作。

2）对本企业质量保证工作中的技术问题负全面责任。

3）认真组织贯彻国家各项质量政策、方针及法律、法规；组织做好有关国家标准、规范、规程、技术操作规程的贯彻执行工作；组织编写企业的工法、企业标准、工艺规程等具体措施和组织《质量保证手册》的编写与实施。

4）组织审核本企业质量指标计划，审查批准工程施工组织设计并检查实施情况。

5）参加组织本企业的质量工作会议，分析本企业质量工作倾向及重大质量问题的治理决策，提出技术措施和意见，组织重大质量事故的调查分析，审查批准处理实施方案。

6）听取质量保证部门的情况汇报，有权制止任何严重影响质量的决定的实施。有权制止严重违章施工的继续，乃至有权决定返工。

7）组织推行新技术，不断提高企业的科学管理水平。组织制定本企业新技术的运用计划并检查实施情况。

3. 质量技术部门责任制

1）对本企业质量保证的具体工作负全面责任。

2）贯彻执行上级的质量政策、规定，经理、总工程师关于质量管理的意见及决策，组织企业内各项质量管理制度、规定和质量手册的实施。

3）组织制定保证质量目标及质量指标的措施计划，并负责组织实施。

4）组织本系统质量保证的活动，监督检查所属各部门、机构的工作质量，对发现的问题，有权处理解决。

5）有权及时制止违反质量管理规定的一切行为，有权提出停工要求或立即决定停工，并上报经理和总工程师。

6）分析质量动态和综合质量信息，及时提出处理意见并上报经理和总工程师。

7）负责组织本企业的质量检查，参加或组织质量事故的调查分析及事故处理后的复查，并及时提出对事故责任者的处理意见。

8）执行企业质量奖惩政策，定期提出企业内质量奖惩意见。

9）对于工程质量不合格交工或因质量保证工作失误造成严重质量问题，应负管理责任。

4. 项目负责人（建造师）责任制

1）项目负责人（建造师）是单位工程施工现场的施工组织者和质量保证工作的直接领导者，对工程质量负有直接责任。

2）组织施工现场的质量保证活动，认真落实《质量保证手册》及技术、质量管理部门下达的各项措施要求。

3）接受质量保证部门及检验人员的质量检查和监督，对提出的问题应认真处理或整改，并针对问题性质及工序能力调查情况进行分析，及时采取措施。

4）组织现场有关管理人员开展自检和工序交接的质量互检活动，开展质量预控活动，督促管理人员、班组做好自检记录和施工记录等各项质量记录。

5）加强基层管理工作，树立正确的指导思想，严格要求管理人员和操作人员按程序办事，坚持质量第一的思想，对违反操作规程，不按程序办事而导致工程质量低劣或造成工程质量事故的应予以制止，并决定返工，承担直接责任。

6）发生质量事故后应及时上报事故的真实情况，并及时按处理方案组织处理。

7）组织开展有效活动（样板引路、无重大事故、消除质量通病、QC小组攻关、竣工回访等），提高工程质量。

8）加强技术培训，不断提高管理人员和操作者的技术素质。

5. 项目技术负责人责任制

1）对工程项目质量负技术上的责任。

2）依据上级质量管理的有关规定、国家标准、规程和设计图纸的要求，结合工程实际情况编制施工组织设计、施工方案以及技术交底等具体措施。

3）贯彻执行质量保证手册有关质量控制的具体措施。

4）对质量管理中工序失控环节存在的质量问题，及时组织有关人员分析判断，提出解决办法和措施。

5）有权制止不按国家标准、规范、技术措施要求和技术操作规程施工的行为，及时纠正。已造成质量问题的，提出处理意见。

6）检查现场质量自检情况及记录的正确性及准确性。

7）对存在的质量问题或质量事故及时上报，并提出分析意见及处理方法。

8）组织工程的分项、分部工程质量评定，参加单位工程竣工质量评定，审查施工技术资料，做好竣工质量验收的准备。

9）协助质量检查员开展质量检查，认真做好测量放线、材料、施工试验、隐蔽预检等施工记录。

10）指导QC小组活动，审查QC小组活动成果报告。

6. 专职质量检查员责任制

1）严格按照国家标准、规范、规程进行全面监督检查，持证上岗，对管辖范围的检查工作负全面责任。

2）严把材料检验、工序交接、隐蔽验收关，审查操作者的资格和技术熟练情况，审查检验批工程评定及有关施工记录，漏检漏评或不负责任的，追究其质量责任。

3）对违反操作规程、技术措施、技术交底、设计图纸等情况，应坚持原则，立即提出或制止，可决定返修或停工，通过项目负责人或行政负责人并可越级上报。

4）负责区域内质量动态分析和事故调查分析。

5）做好分项工程检验批的验收工作。

6）协助技术负责人、质量管理部门做好分项、分部（子分部）工程质量验收、评定工作，做好有关工程质量记录。

7）做好工程验收资料的记录、汇总工作。

7. 专业工长、施工班（组）长责任制

1）专业工长和施工班（组）长是具体操作的组织者，对施工质量负直接责任。

2）认真执行上级各项质量管理规定、技术操作规程和技术措施要求，严格按图施工，切实保证本工序的施工质量。

3）组织班组自检，认真做好记录和必要的标记。施工质量不合格的，不得进行下道工序，否则追究相应的责任。

4）接受技术、质检人员的监督、检查，并为检查人员提供相应的条件和数据。

5）施工中发现使用的建筑材料、构配件有异变，及时反映，拒绝使用不合格的材料。

6）对出现的质量问题或事故要实事求是地报告，提供真实情况和数据，以利事故的分析和处理，隐瞒或谎报的，追究工长和班组长的责任。

8. 操作者责任制

1）施工操作人员是直接将设计付诸实现，在一定程度上，对工程质量起决定作用的责任者，应对工程质量负直接操作责任。

2）坚持按技术操作规程、技术交底及图纸要求施工。违反要求造成质量事故的，负直接操作责任。

3）按规定认真做好自检和必备的标记。

4）在本岗位操作做到三不：不合格的材料、配件不使用；上道工序不合格不承接；本道工序不合格不交出。

5）接受质量检查员和技术人员的监督检查。出现质量问题主动报告真实情况。

6）参加专业技术培训，熟悉本工种的工艺操作规程，树立良好的职业道德。

除部门、人员质量责任制以外，还应有以下制度：

1. 技术交底制度

技术部门应针对特殊工序编制有针对性的作业指导书。每个工种、每道工序施工前要组织进行各级技术交底，包括项目工程技术人员对工长的技术交底，工长对班组长的技术交底，班组长对作业班组的技术交底。

交底应形成制度，形成程序，层层有交底，步步有记录，每次交底要有人负责。

2. 施工挂牌制度

主要工种如钢筋、混凝土、模板、砌体、抹灰等，施工过程中要在现场实行挂牌制，注明管理者、操作者、施工日期，并做相应的图文记录，作为重要的施工档案保存。因现场不按规范、规程施工而造成质量事故的，要追究有关人员的责任。

3. 过程三检制度

实行自检、交接检、专职检制度，自检要作文字记录。隐蔽工程要由工长组织项目技术负责人、质量检查员、班组长作检查验收，并做出较详细的文字记录。自检合格后报现场监理工程师签字确认，《建设工程质量管理条例》规定：隐蔽工程在隐蔽前，施工单位应当通知建设单位和建设工程质量监督机构。

4. 质量否决制度

对不合格分项、子分部、分部和单位工程必须进行处理。不合格分项工程流入下道工序，要追究班组长的责任；不合格分部工程流入下道工序，要追究工长和项目负责人的责任；不合格工程流入社会，要追究公司经理和项目负责人的责任。

5. 成品保护制度

应当像重视工序的操作一样重视成品保护。项目管理人员应合理安排施工工序，减少工序的交叉作业。上下工序之间应做好交接工作，并做好记录。如下道工序的施工可能对上道工序的成品造成影响时，应征得上道工序操作人员及管理人员的同意，并避免破坏和污染，否则，造成的损失由下道工序操作及管理人员负责。

6. 竣工服务承诺制度

工程竣工后应在建筑物醒目位置镶嵌标牌，注明建设单位、设计单位、施工单位、监理单位以及开竣工的日期，这是一种纪念，更是一种承诺。施工单位要主动做好回访工作，按有关规定或约定实行工程保修制度，对建筑物结构安全在合理使用寿命年限内终身负责。

7. 培训上岗制度

工程项目所有管理及操作人员应经过业务知识技能培训，并持证上岗。因无证指挥、无证操作造成工程质量不合格或出现质量事故的，除要追究直接责任者外，还要追究企业主管领导的责任。

8. 工程质量事故报告及调查制度

工程发生质量事故，施工单位要马上向当地质量监督机构和建设行政主管部门报告，并做好事故现场抢险及保护工作，建设行政主管部门要根据事故的等级逐级上报，同时按照“三不放过”的原则，按照调查程序的有关规定负责事故的调查及处理工作。对事故上报不及时或隐瞒不报的要追究有关人员的责任。

（三）主要专业工种操作上岗证书

建筑施工队伍的管理者和操作者，是建筑工程施工的主体，是工程产品形成的直接创造者，人员的素质高低及质量意识的强弱都直接影响到工程产品的优劣。所以，要认真抓好操作人员的素质教育，不断提高操作者的生产技能。我国建筑工程的勘察、设计、施工、监理、检测、造价等均实行准入制度，一方面，对管理者和从事技术的专业人员实行注册或持证上岗制度，另一方面对操作者实施持证上岗制度，因此在施工过程中要严格控制操作者的岗位资格。原建设部 2002 年印发了《关于建设行业生产操作人员实行职业资格证书制度有关问题的通知》（建人教［2002］73 号），要求按照《招用技术工种从业人员规定》（劳动保障部令第 6 号）和《建筑业企业资质管理规定》（建设部令第 87 号）（编者注：第 87 号令已作废，现行为 159 号令）对生产作业人员的持证上岗要求，实行就业准入和持证上岗制度。根据《招用技术工种从业人员规定》及其附件《持职业资格证书就业的工种（职业）目录》，建筑业的主要技术工种焊工、手工木工、精细木工、土石方机械操作工、砌筑工、混凝土工、钢筋工、架子工、防水工、装饰装修工、电气设备安装工、管工、起重装卸机械操作工。根据《建筑业企业资质管理规定》劳务分包企业资质标准，要求相关技术工种为木工、砌筑工、抹灰工、石制作工、油漆工、钢筋工、混凝土工、架子工、模板工、焊接工、水暖、电工、钣金工、架线作业工。

(四) 分包单位管理制度

总承包单位对单位工程的全部工程质量向建设单位负责。按有关规定进行工程分包的，总承包单位对分包工程进行全面质量控制，分包单位对其分包工程施工质量向总承包单位负责。《中华人民共和国建筑法》规定：总承包单位和分包单位就分包工程对建设单位承担连带责任。禁止总承包单位将工程分包给不具备相应资质条件的单位，禁止分包单位将其承包的工程再分包。

总承包单位应制定对分包单位的管理制度，管理制度应包括下列内容：

1. 分包单位必须按照甲方工程进度要求，服从总包单位进度计划制定相应的进度计划并负责实施。

2. 承包单位必须服从总包单位的日常管理，承担对分包工程的质量、安全、进度的连带责任；分包单位在分包范围内承担管理主要责任。

3. 项目实施过程中分包单位和分包单位之间的工作协调由总包单位负责。

4. 分包单位编制的专项施工方案应由总包单位总工程师审批后报监理单位建设单位。

5. 分包单位的进度付款申请、工程结算单首先由总承包单位签署意见后方可上报审批。

6. 分包单位应向总包单位缴纳 $n\%$ 的总包管理费，该笔费用由建设单位直接从分包单位工程款中扣除（明确总承包单位提供的各种条件）。

7. 分包单位用于工程的材料、部品应按规定报验、现场抽样检测。

8. 分包单位施工的分部、分项工程、检验批质量验收，应通过总包单位验收后报监理单位或建设单位。

9. 分包单位负责其施工工程成品的保护工作，直至所施工的工程验收。

10. 分包单位施工的工程资料必须与工程同步，符合相关标准的要求，及时向总承包单位汇总。

(五) 图纸会审记录

首先明确对什么图纸进行会审。设计院签章齐全的图纸行吗？回答是否定的，因为我国实行的是设计图纸审查制度，只有当图纸经过具有图纸审查资质的机构审查并取得审查合格证后，该图纸才是合法有效的图纸。

图纸会审是在施工企业已熟悉设计文件后对设计文件有不理解、不清楚或对设计文件有什么建议或者需要沟通时召集的一个专门会议，这个会议是由建设单位组织，是一项技术准备工作，它的正常做法是按设计单位先技术交底、后会审的次序进行。技术交底是设计单位向施工单位全面介绍设计思想的基础上，对新结构、新材料、新工艺、重要结构部位和易被施工单位忽视的技术问题，进行技术上的交代，并提出确保施工质量方面的具体技术要求。在此基础上由建设单位（或监理单位）和施工单位对施工图进行阅图和自审，然后由建设单位组织设计、施工单位进行图纸的会审。通过技术交底、自审和会审，将有利于施工单位对图纸结构的加深理解，并提出施工图设计中的问题和矛盾及技术事项，共同制定修正方案。

对图纸会审记录的审查，就是对会审时记录的内容、签证等项目的审查。审查的内容有：

1. 会审或交底的时间、地点和参加会审或交底的单位、人员等。

2. 会审或交底的工作程序。

3. 会审和交底的内容。建设单位（监理单位）或施工单位对设计单位提出的各项问题和要求，对图纸中出现的问题要求修改的内容，以及会审或交底时所讨论的其他内容。

4. 会审或交底时所决定的事项。也就是根据图纸所提出的问题达成最终的决定。

5. 所遗留下来的问题及解决的时间和任务的分工。

6. 各单位在会审记录上的签证。

（六）地质勘察资料

工程地质勘察是为建设项目查明建设场地的工程地质、水文地质条件而进行的测试、勘探，并进行综合评定和可行性研究的工作。

工程项目的地质勘察报告，是为了查明建设地址的地形、地貌、地层土壤、岩石特性、地质构造、水文条件和各种自然地质现象等进行测量、测绘、测试、地质调查、勘探、鉴定和综合评价等系列工作。地质勘察分为选择场地勘察阶段、初步勘察阶段和详细勘察阶段。

在核查勘察报告时，首先核查勘察单位是否具备勘察资质，勘察使用的标准是否现行有效，勘察的质量是否符合有关规定。

勘察报告至少包括以下各阶段的内容：

1. 建筑物范围内的地层结构、岩石和土质的物理力学性质，并有对地基稳定性及承载能力作出正确评价的内容。

2. 对不良地质作出科学的防治措施。

3. 地下水的埋藏条件和侵蚀性；必要的时候，还应有地层的渗透性、水位变化幅度及规律。

4. 地基岩石和土及地下水在建筑物施工和使用过程中可能产生变化及影响的判断分析及防治措施。

5. 建筑物场地关于氡浓度是否符合标准的说明。

关于氡浓度也可以专门进行检测。

（七）施工技术标准

国家《建筑工程施工质量验收统一标准》（GB 50300—2013）的落实和执行，还需要有关标准规范的支持，专业验收规范国家已经制订，是工程施工质量验收的依据，而不是施工技术标准。施工企业在工程施工时，每一个工序都应有操作依据，操作依据称为操作标准，如：工法、工艺标准、操作规程、企业标准、工作标准、管理标准、优良工程评优标准，每一个工种、每一个分项工程都应有相应的标准作为指导，以上内容均可作为施工技术标准。验收规范不是施工技术标准，不约束施工操作行为。

施工操作标准是施工操作的依据，约束操作行为，其要求应高于或等于验收标准。验收规范是工程质量验收的依据，约束验收行为，其要求不会高于施工操作标准的质量要求。

(八) 施工组织设计编制及审批

施工组织设计的编制和审批应符合国家标准《建筑施工组织设计规范》(GB/T 50502—2009)的规定。施工组织设计按编制对象，可分为施工组织总设计、单位工程施工组织设计和施工方案。施工组织设计是指以施工项目为对象编制的，用以指导施工的技术、经济和管理的综合性文件。施工组织总设计是指以若干单位工程组成的群体工程或特大型项目为主要对象编制的施工组织设计，对整个项目的施工过程起统筹规划、重点控制的作用。单位工程施工组织设计指以单位（子单位）工程为主要对象编制的施工组织设计，对单位（子单位）工程的施工过程起指导和制约作用。施工方案是指以分部（分项）工程或专项工程为主要对象编制的施工技术与组织方案，用以具体指导其施工过程。施工组织设计应包括编制依据、工程概况、施工部署、施工进度计划、施工准备与资源配置计划、主要施工方法、施工现场平面布置及主要施工管理计划等基本内容。施工组织设计的编制和审批应符合下列规定：

1. 施工组织设计应由项目负责人主持编制，可根据需要分阶段编制和审批；

2. 施工组织总设计应由总承包单位技术负责人审批；单位工程施工组织设计应由施工单位技术负责人或技术负责人授权的技术人员审批；施工方案应由项目技术负责人审批；重点、难点分部（分项）工程和专项工程施工方案应由施工单位技术部门组织相关专家评审，施工单位技术负责人审批；

3. 由专业承包单位施工的分部（分项）工程或专项工程的施工方案，应由专业承包单位技术负责人或技术负责人授权的技术人员审批；有总包单位时，应由总承包单位项目技术负责人核准备案；

4. 规模较大的分部（分项）工程和专项工程的施工方案应按单位工程施工组织设计进行编制和审批。

《建设工程监理规范》(GB 50319—2013) 第 3.2.1 条规定总监理工程师的职责有组织审查施工组织设计、(专项) 施工方案。注意审查不是审批。

(九) 物资采购管理制度

施工企业应建立合格材料供应商的档案，并从列入档案的供应商中采购材料。施工企业对其采购的建筑材料、构配件和设备的质量承担相应的责任，材料进场必须进行材料产品外观质量的检查验收和材质复核检验，同时要检查厂家或供应商提供的“质保书”、“准用证（规定有要求的)”、“检测报告”，不合格的材料不得使用在工程上。当工程质量验收规范或应用技术规程有要求进行现场抽样检测的，未经现场抽样检测或抽样检测不合格的，不得用于工程。施工企业应建立物资采购管理制度。

(十) 施工设施和机械设备管理制度

施工设施和机械设备管理制度至少应包括下列内容：

1. 机械设备档案的建立。

2. 机械设备的保管。

3. 机械设备的使用及使用记录。

4. 机械设备的维护保养。

5. 机构设备的维修。

6. 机械设备的报废。

（十一）计量设备配备

计量设备配备，事关工程质量，如混凝土搅拌系统的计量配备，目前大多数大中城市已集中使用商品（预拌）混凝土，但尚有一些小城市采用现场拌制混凝土的方法，其配合比对混凝土强度的影响至关重要，其配合比设计应满足强度、工作性、耐久性、经济性等要求，而在混凝土搅拌计量时其计量标准与否对混凝土的性能有着十分大的影响。施工现场应有计量设备配备表，将计量设备登记造册，载明计量设备的检定日期、检定有效期、计量精度、量程等内容。计量设备还应建立设备档案，设备档案中留存购置合同、设备使用说明书、计量设备检定证明或校验记录、设备维修记录等。

（十二）检测试验管理制度

本条所述的检测试验管理制度，主要包括但不限于以下管理制度：

1. 材料进场抽样检测、现场实体检测、热工性能检测、系统节能性能检测方案的制定。

2. 检测取样、送样的规定。

3. 见证取样检测的规定。

4. 检测试验报告核查的规定。

5. 检测结果应用的规定。

6. 检测结果不合格的处理规定。

（十三）工程质量检查验收制度

施工企业按国家、地方有关标准、规范进行工程质量检查验收，既作为工程质量的记录，也作为工程量核算及操作人员考核的依据。对于隐蔽工程，在工程隐蔽前，需要进行隐蔽工程验收。

工程质量检查验收制度应包括下列主要内容：

1. 用于建筑工程的材料、成品、半成品、建筑构配件、器具和设备进行现场验收和按规定进行现场抽样检测制度。

2. 施工的各道工序应按施工技术标准进行质量控制，每道工序完成后，应进行工序交接检验的制度。

3. 专职质量检查员检查制度，专职质量检查员检查时要有质量一票否决权，专职质量检查员检查发现工程质量不合格而需要返工的必须进行返工，返工的工程不计操作者的工作量，要与操作者的工作业绩挂钩。

4. 班组检验、操作者检验制度，操作者对自己施工的工程质量必须进行检查，可以以个人为单位，可以以班组为单位进行检查，制定与其工程量挂钩的制度。

5. 各专业工程之间，应进行中间交接检验，明确质量责任。

3.0.2 未实行监理的建筑工程，建设单位相关人员应履行本标准涉及的监理职责。

根据《建设工程监理范围和规模标准规定》（建设部令第 86 号），对国家重点建设工程、大中型公用事业工程等必须实行监理。对于该规定包含范围以外的工程，也可由建设单位完成相应的施工质量控制及验收工作。

3.0.3 建筑工程的施工质量控制应符合下列规定：

1 建筑工程采用的主要材料、半成品、成品、建筑构配件、器具和设备应进行进场检验。凡涉及安全、节能、环境保护和主要使用功能的重要材料、产品，应按各专业工程施工规范、验收规范和设计文件等规定进行复验，并应经监理工程师检查认可；

2 各施工工序应按施工技术标准进行质量控制，每道施工工序完成后，经施工单位自检符合规定后，才能进行下道工序施工。各专业工种之间的相关工序应进行交接检验，并应记录；

3 对于监理单位提出检查要求的重要工序，应经监理工程师检查认可，才能进行下道工序施工。

1. 各专业工程施工规范、验收规范和设计文件未规定抽样检测的项目不必进行检测，但如果对其质量有怀疑时需进行检测。

2. 为保障工程整体质量，应控制每道工序的质量。目前各专业的施工技术标准正在编制，并陆续实施，有的省如江苏省已制定了施工操作规程，施工单位可按照执行。考虑到企业标准的控制指标应严格于行业和国家标准指标，鼓励有能力的施工单位编制企业标准，并按照企业标准的要求控制每道工序的施工质量。施工单位完成每道工序后，除了自检、专职质量检查员检查外，还应进行工序交接检查，上道工序应满足下道工序的施工条件和要求；同样相关专业工序之间也应进行交接检验，使各工序之间和各相关专业工程之间形成有机的整体。

3. 工序是建筑工程施工的基本组成部分，一个检验批可能由一道或多道工序组成。根据目前的验收要求，监理单位对工程质量控制到检验批，对工序的质量一般由施工单位通过自检予以控制，但为保证工程质量，对监理单位有要求的重要工序，应经监理工程师检查认可，才能进行下道工序施工。

什么叫重要工序，没有统一的定义，由监理单位根据工程状况确定。

3.0.4 符合下列条件之一时，可按相关专业验收规范的规定适当调整抽样复验、试验数量，调整后的抽样复验、试验方案应由施工单位编制，并报监理单位审核确认。

1 同一项目中由相同施工单位施工的多个单位工程，使用同一生产厂家的同品种、同规格、同批次的材料、构配件、设备；

2 同一施工单位在现场加工的成品、半成品、构配件用于同一项目中的多个单位工程；

3 在同一项目中，针对同一抽样对象已有检验成果可以重复利用。

1. 相同施工单位在同一项目中施工的多个单位工程，使用的材料、构配件、设备等往往属于同一批次，如果要求每一个单位工程分别进行抽样检验势必会造成重复，形成浪费，因此适当调整抽样检验的数量是可行的，但总的批量要求不应大于相关专业验收规范的规定。

2. 施工现场加工的成品、半成品、构配件等抽样检验，可用于多个工程。但总的批量应符合相关标准的要求，对施工安装后的工程质量应按分部工程的要求进行检测试验，不能减少抽样数量，如结构实体混凝土强度检测、钢筋保护层厚度检测等。

3. 在工程实践中，同一专业内或不同专业之间对同一对象有重复检验的情况，并需分别填写验收资料。例如装饰装修工程和建筑节能工程中对门窗的气密性试验等。因此本条规定可避免对同一对象的重复检验，可重复利用检验成果。调整抽样检验数量或重复利用已有检验成果应有具体的实施方案，实施方案应符合各专业验收规范的规定，并事先报监理单位认可。施工或监理单位认为必要时，也可不调整抽样复验、试验数量或不重复利用已有检验成果。

3.0.5 当专业验收规范对工程中的验收项目未作出相应规定时，应由建设单位组织监理、设计、施工等相关单位制定专项验收要求。涉及安全、节能、环境保护等项目的专项验收要求应由建设单位组织专家论证。

为适应建筑工程行业的发展，鼓励“四新”技术的推广应用，保证建筑工程验收的顺利进行，本条规定对国家、行业、地方标准没有具体验收要求的分项工程及检验批，可由建设单位组织制定专项验收要求，专项验收要求应符合设计意图，包括分项工程及检验批的划分、抽样方案、验收方法、判定指标等内容，监理、设计、施工等单位可参与制定。为保证工程质量，重要的专项验收要求应在实施前组织专家论证。

3.0.6 建筑工程施工质量应按下列要求进行验收：

1 工程质量验收均应在施工单位自检合格的基础上进行；

2 参加工程施工质量验收的各方人员应具备相应的资格；

3 检验批的质量应按主控项目和一般项目验收；

4 对涉及结构安全、节能、环境保护和主要使用功能的试块、试件及材料，应在进场时或施工中按规定进行见证检验；

5 隐蔽工程在隐蔽前应由施工单位通知监理单位进行验收，并应形成验收文件，验收合格后方可继续施工；

6 对涉及结构安全、节能、环境保护和使用功能的重要分部工程，应在验收前按规定进行抽样检验；

7 工程的观感质量应由验收人员现场检查，并应共同确认。

为了搞好建筑工程质量的验收，建筑工程质量验收规范从编写到应用，对一些重要环节和事项提出要求，以保证工程质量验收工作的质量。所以，这一条是对建筑工程质量的验收全过程提出的要求，包括各专业质量验收规范，其要求体现在各程序及过程之中。是保证建筑工程质量正确验收，提高其验收结果可比性的重要基础。

（一）内容解释

本条文规定了7款内容，都是建筑工程质量验收的重要环节和事项，将这些环节的工作搞好，有利于保证建筑工程质量验收的工作质量。

1.“工程质量验收均应在施工单位自检合格的基础上进行”。这款应说明三个问题，一是分清责任，施工单位应对检验批、分项、分部（子分部）、单位（子单位）工程按操作依据的标准（企业标准）等进行自行检查评定。待检验批、分项、分部（子分部）、单位（子单位）工程符合要求后，再交由监理工程师、总监理工程师进行验收。以突出施工单位对施工的工程质量负责。二是企业应按不低于国家验收规范质量指标的企业标准来操作和自行检查评定。监理或总监理工程师应按国家验收规范验收。三是验收应形成资料，由企业项目专业质量检查员和监理单位的监理工程师和总监理工程师在相应的表格上签字认可。

2. 检验批、分项工程质量的验收应为监理单位的监理工程师，施工单位的则为专业质量检查员、项目技术负责人；分部（子分部）工程质量的验收应为监理单位的总监理工程师；勘察、设计单位的单位项目负责人；分包单位、总包单位的项目负责人；单位（子单位）工程质量的验收应为监理单位的总监理工程师、施工单位的单位项目负责人、设计单位的单位项目负责人、建设单位的单位项目负责人。单位（子单位）工程质量控制资料核查与单位（子单位）工程安全和功能检验资料核查和主要功能抽查，应为监理单位的总监理工程师；单位（子单位）工程观感质量检查应由总监理工程师组织三名以上监理工程师和施工单位（含分包单位）项目负责人等参加。各有关人员应按规定资格持上岗证上岗。

由于各地的情况不同，工程的内容、复杂程序不同，对专业质量检查员、项目技术负责人、项目负责人等人员，不能规定死，非要求什么技术职称才行，标准只提一个原则要求，具体的由各地建设行政主管部门去规定，但有一点一定要引起重视，施工单位的质量检查员是掌握企业标准和国家标准的具体人员，他是施工企业的质量把关人员，要给他充分的权力，给他充分的、独立的质量否决权。各企业以及各地都应重视质量检查员的培训和选用。这个岗位一定要持证上岗。

3. “检验批的质量应按主控项目和一般项目验收”。这里包括两个方面的意思，一是验收规范的内容不全是验收的内容，除了检验批的主控项目、一般项目外，还有总则、术语及符号、基本规定、一般规定等，对其施工工艺、过程控制、验收组织、程序、要求等的辅助规定。辅助规定除了黑体字的强制性条文应作为强制执行的内容外，其他条文不作为验收内容。二是检验批的验收内容，只按主控项目、一般项目的条款来验收，只要这些条款达到规定后，检验批就应通过验收。不能随意扩大内容范围和提高质量标准。如需要扩大内容范围和提高质量标准时，应在承包合同中规定，并明确增加费用及扩大部分的验收规范和验收的人员等事项。

这些要求既是对执行验收的人员做出的规定，也是对各专业验收规范编写时的要求。

4. “对涉及结构安全、节能、环境保护和主要使用功能的试块、试件及材料，应在进场时或施工中按规定进行见证检验”。为了加强工程结构安全的监督管理，保证建筑工程质量检测工作的科学性、公正性和准确性。建设部 2005 年以 141 号令发布了《建设工程质量检测管理办法》，规定的见证取样项目为：

1）水泥；

2）钢筋；

3）砂、石；

4）混凝土、砂浆强度；

5）简易土工；

6）掺加剂；

7）沥青、沥青混合料；

8）预应力钢绞线、锚夹具。

141 号令正在修订中，《建筑节能工程施工质量验收规范》GB 50411 也规定了见证取样项目。见证检验不等于现场抽样复验，现场抽样复验的项目及参数应符合各专业规范的要求，本书均有介绍。

5. “隐蔽工程在隐蔽前应由施工单位通知监理单位进行验收，并应形成验收文件，验收合格后方可继续施工”。本款与原标准区别在于原标准规定施工单位应对隐蔽工程先进行检查，符合要求后通知建设单位、监理单位、勘察设计单位和质量监督机构等。现行标准虽未规定施工单位先进行检查验收，但在实际操作中，建议施工单位先填好验收表格，并填上自检的数据、质量情况等，然后再由监理工程师验收、并签字认可，形成文件。监理可以旁站或平行监理，也可抽查检验，这些应在监理方案中明确。

值得注意的是，2001年1月30日国务院令第279号《建设工程质量管理条例》第三十条规定："隐蔽工程在隐蔽前，施工单位应当通知建设单位和建设工程质量监督机构"，该条款并未废止，建设单位委托监理的应由监理工程师验收签字，未委托监理的工程由建设单位项目负责人验收签字，建设工程质量监督机构接通知后可到现场也可不到现场，到现场后发现问题向施工单位提出，没有问题可验收，不必签字。

6."对涉及结构安全、节能、环境保护和使用功能的重要分部工程，应在验收前按规定进行抽样检验"。本款中的重要分部工程并没界定，在执行中，仍然按照相关专业规范的要求进行实体检测。如钢筋位置，绑扎完钢筋检查，位置都是符合要求的，但将混凝土浇筑完，钢筋的位置是否保持原样，就不好判定了，就需要验证检测。还有混凝土强度的实体检测、防水效果检测、管道强度及畅通的检测等，都需要验证性的检测。这样对正确评价工程质量很有帮助。这些项目在分部（子分部）工程中给出，可以由施工、监理、建设单位等一起抽样检测，也可以由施工方进行，请有关方面的人员参加。监理、建设单位等也可自己进行验证性抽测。但抽测范围、项目应严格控制，以免增加工程费用。建议以验收规范列出的项目为准，不宜再扩大和增加。

7."工程的观感质量应由验收人员现场检查，并应共同确认"。观感质量可通过观察和简单的测试确定，观感质量的综合评价结果应由验收各方共同确认并达成一致。对影响观感及使用功能或质量评价为差的项目应进行返修。由于观感质量受人为及评价人情绪的影响较大，对不影响安全、功能的装饰等外观质量，只评出好、一般、差。而且规定并不影响工程质量的验收。好、一般都没有什么可说，通过验收就完了；但对差的评价，能修的就修，不能修的就协商解决。其评好、一般、差的标准，原则就是各分项工程检验批的主控项目及一般项目中的有关部分，由验收人员综合考虑。故提出通过现场检查，并应共同确定。现场检查，房屋四周尽量走到，室内重要部位及代表性房间尽量看到，有关设备能运行的尽可能要运行。验收人员以监理单位为主，由总监理工程师组织，不少于3个监理工程师参加，并有施工单位的项目负责人、技术、质量部门的人员及分包单位项目负责人及有关技术、质量人员参加，其观感质量的好、一般、差，经过现场检查，在听取各方面的意见后，由总监理工程师为主导和监理工程师共同确定。

这样做既能将工程的观感质量进行一次宏观全面评价，又不影响工程的结构安全和使用功能的评价，突出了重点，兼顾了一般。

（二）贯彻的措施和判定

这一条措施是对整个建筑工程施工质量验收而设立的，面广、宏观，对贯彻其所采取的措施就更宏观了，在贯彻落实中应执行，统一标准本身应执行，各专业规范也应执行。在一定意义上，本条本身就是一个贯彻落实建筑工程施工质量验收规范，保证建筑工程施工质量验收质量的措施。

同时，为保证本条的贯彻落实，提出了相应的措施。

1."工程质量验收均应在施工单位自检合格的基础上进行"。其落实措施应包括三个方面：

1）在施工中应执行操作标准，也就是相应的操作规程或操作规范，国家正在制定施工操作规范，江苏省已制定相关操作规程，按规范或规程进行培训、交底和具体操作，在分项、分部（子分部）、单位（子单位）工程的交付验收前，必须自行检查评定，达到质量指标，同时应符合国家施工质量验收统一标准和相应施工质量验收规范的要求，才能交监理或建设单位进行验收。

2）当地建设行政主管部门有健全的监督检查制度，对施工单位不经自行组织检查评定合格，或不经检查评定，不执行操作标准和国家质量验收规范，将不合格的工程［含检验批、分项、分部（子分部）、单位（子单位）工程］交出验收的，要进行处罚或给予不良行为记录。同时，对监理单位（或建设单位）不按国家工程质量验收规范验收，将达不到合格的工程验收，应对监理（或建设）单位进行处罚或给予不良行为记录。

3）应保证工程质量施工企业先检查评定合格，再验收的基本程序的贯彻落实。

判定：各项验收记录表各方按程序签认，即为正确。

2．“参加工程施工质量验收的各方人员应具备规定的资格”。国家对相关人员的技术职称没有具体的规定，但大多数岗位国家已实施注册制度，具体要求应符合国家、行业和地方有关法律、法规的规定，尚无规定时可由参加验收的单位协商确定。

判定：主要的有关人员符合国家、行业和地方有关法律、法规的规定即为正确。

3．“检验批的质量应按主控项目和一般项目验收”。其落实措施按规定使用检验批验收表并按条款及时进行验收。

判定：按条款及时验收，即为正确。

4．“对涉及结构安全、节能、环境保护和主要使用功能的试块、试件及材料，应在进场时或施工中按规定进行见证检验”。抽测的项目已在各专业验收规范分部（子分部）工程中做出的了规定，为保证其抽样及时，在材料进场时应进行抽样。

判定：按规定的项目检测，结果符合要求，即为正确。

5．隐蔽工程的验收落实措施重点是施工企业要建立隐蔽工程验收制度，在施工组织设计中，对隐蔽验收的主要部位及项目列出计划，与监理工程师进行商量后确定下来。这样的好处，一是落实隐蔽验收的工作量及资料数量；二是使监理等有关方面心中有数，到了一定的部位就可主动安排时间，施工单位一通知，就能马上到；三是督促了施工单位必要的部位要按计划进行隐蔽验收。通知可提前一定的时间，但也应是自行验收合格后，再请监理工程师验收。隐蔽工程验收前还应通知建设单位和工程质量监督机构。

判定：该监理到的能及时到场验收，即为正确。

6．“对涉及结构安全、节能、环境保护和使用功能的重要分部工程，应在验收前按规定进行抽样检验”。重要分部工程并未界定，功能性检测时，应尽量在分部（子分部）工程验收前抽测，不要等到单位工程验收时才检测。为保证其规范性，施工单位应在施工开始就制订质量检验制度，明确检测项目、检测时间、使用的方法标准、检测单位等，提高检测的计划性。保证检测项目的及时进行。

其落实措施是：

1）功能性检测的项目应符合相关专业验收规范的要求，并在相关章节中进行介绍。

2）功能性检测的单位应具有相应的资质。

3）检测人员应具备相应的检测能力并取得岗位证书。

4）见证人员应对见证试样的代表性和真实性负责。见证人员应作见证记录，并归入施工技术档案。

判定：以上条款基本做到，即为正确。

7．“工程的观感质量应由验收人员现场检查，并应共同确认”。其落实措施是由总监理工程师负责，在监理计划中写明并实施到位。

判定：通过到现场的程序即可。

3.0.7　建筑工程施工质量验收合格应符合下列规定：

1　符合工程勘察、设计文件的要求；

2　符合本标准和相关专业验收规范的规定。

此条明确了工程质量验收的依据。

（一）内容解释

本条文规定了两款内容，都是建筑工程质量验收的依据，不满足这款要求的不得验收。

1．“符合工程勘察、设计文件的要求”。这条是本系列质量验收规范的一条基本规定。包括两个方面的含义，一是施工依据设计文件进行，按图施工这是施工的常规。勘察是对设计及施工需要的工程地质提供地质资料及现场资料情况的，是设计的主要基础资料之一。设计文件是将工程项目的要求，经济合理地将工程项目形成设计文件，设计符合有关技术法规和技术标准的要求，条款中所述的设计文件是经过施工图设计文件审查机构的审查才是合法有效的施工图设计文件。施工符合设计文件的要求是确保建设项目质量的基本要求，是施工必须遵守的。二是工程勘察还应为施工现场地质条件提供地质资料，在进行施工总平面规划、地下施工方案的制订以及判定桩基施工过程的控制效果等，工程勘察报告将起到重要作用。

2．“符合本标准和相关专业验收规范的规定”。这款说明三个层次的问题。一是建筑工程施工质量验收有统一要求，同时，规定了单位工程的验收内容，就是说单位工程的验收由统一标准来完成。这个验收规范体系是一个整体。二是建筑工程质量验收其质量指标是一个对象只有一个标准，没有别的标准要求。施工单位施工的工程质量达到这个标准，就是合格的工程，就是完成了任务。建设单位应按这个标准来验收工程，不应降低这个标准。三是这个规范体系只是质量验收的标准，仅规范验收行为，不规范操作行为，不规定完成任务的施工方法，这些方法由操作规范来规定、约束，尽管质量指标是一个，但完成这个指标的方法是多种多样的，施工企业可去自由发挥。

（二）贯彻的措施和判定

质量验收时应依据本条规定的两个条款进行，不应降低标准也不应随意增加验收内容。

1．“符合工程勘察、设计文件的要求”。其落实措施要做到三点：

1）按照《建设工程质量管理条例》落实质量责任制，按图施工是施工企业的重要原则，必须先做好自身的工作，尽到自己的责任。

2）制定出修改设计文件的制度和程序，施工中不得随意改变设计文件。如必须修改时，应按程序由原设计单位进行修改，并出正式手续，涉及主要结构、地基基础、建筑节能的变更应重新进行图纸审查。

3）在制定施工组织设计时，必须首先阅读工程勘察报告，根据其对施工现场提供的地质评价和建议，进行施工现场的总平面设计，制定地基开挖措施等有关技术措施，以保证工程施工的顺利进行。

判定：按图施工，设计变更符合程序要求，即为正确。

2.“符合本标准和相关专业验收规范的规定”。其落实措施的重点是强调这是一个系列标准，一个单位工程的质量验收，是由统一标准和相关专业验收规范共同完成的，在统一标准第一章（本书本章第一节）总则中已明确了，第1.0.2条、第1.0.3条都说明了这个原则。在各专业验收规范的第一章总则中，都做出了明确规定。这是保证这个系列规范统一协调的基础。

同时，其落实措施最具体的是推出检验批、分项工程、分部（子分部）工程、单位（子单位）工程的整套验收表格，来具体落实统一标准和各专业验收规范共同验收一个单位工程的质量。

判定：只要按制定的表格逐步验收，签字齐全就是正确的。

3.0.8 检验批的质量检验，可根据检验项目的特点在下列抽样方案中选取：

1 计量、计数或计量-计数的抽样方案；

2 一次、二次或多次抽样方案；

3 对重要的检验项目，当有简易快速的检验方法时，选用全数检验方案；

4 根据生产连续性和生产控制稳定性情况，采用调整型抽样方案；

5 经实践证明有效的抽样方案。

计数检验是指在抽样的样本中，记录每一个体有某种属性或计算每一个体中的缺陷数目的检查方法。

计量检验是指在抽样检验的样本中，对每一个体测量其某个定量特性的检查方法。

对于检验项目的计量、计数检验，可分为全数检验和抽样检验两大类。

对于重要的检验项目且可采用简易快速的非破损检验方法时，宜选用全数检验。对于构件截面尺寸或外观质量等检验项目，宜选用考虑合格质量水平的生产方风险α和使用方风险β的一次或二次抽样方案，也可选用经实践检验有效的抽样方案。

在各专业规范中，已经根据统一标准的要求，确定了抽样方案，在工程验收时，按各专业规范规定的抽样方案执行。

3.0.9 检验批抽样样本应随机抽取，满足分布均匀、具有代表性的要求，抽样数量应符合有关专业验收规范的规定。当采用计数抽样时，最小抽样数量应符合表3.0.9（本书表2.3.2）的要求。明显不合格的个体可不纳入检验批，但应进行处理，使其满足有关专业验收规范的规定，对处理的情况应予以记录并重新验收。

检验批最小抽样数量 **表2.3.2**

检验批的容量	最小抽样数量	检验批的容量	最小抽样数量
2～15	2	151～280	13
16～25	3	281～500	20
26～90	5	501～1200	32
91～150	8	1201～3200	50

本条规定了检验批的抽样要求。目前对施工质量的检验大多没有具体的抽样方案，样本选取的随意性较大，有时不能代表母体的质量情况。因此本条规定随机抽样应满足样本分布均匀、抽样具有代表性等要求。

对抽样数量的规定依据国家标准《计数抽样检验程序第 1 部分：按接收质量限（AQL）检索的逐批检验抽样计划》（GB/T 2828.1—2003），给出了检验批验收时的最小抽样数量，其目的是要保证验收检验具有一定的抽样量，并符合统计学原理，使抽样更具代表性。最小抽样数量有时不是最佳的抽样数量，因此本条规定抽样数量尚应符合有关专业验收规范的规定。检验批中明显不合格的个体主要可通过肉眼观察或简单的测试确定，这些个体的检验指标往往与其他个体存在较大差异，纳入检验批后会增大验收结果的离散性，影响整体质量水平的统计。同时，也为了避免对明显不合格个体的人为忽略情况，本条规定对明显不合格的个体可不纳入检验批，但必须进行处理，使其符合规定。

3.0.10 计量抽样的错判概率 α 和漏判概率 β 可按下列规定采取：

1 主控项目：对应于合格质量水平的 α 和 β 均不宜超过 5%；

2 一般项目：对应于合格质量水平的 α 不宜超过 5%，β 不宜超过 10%。

对于所给出的 α 和 β 的概念，虽然在工业产品生产中早已应用，在 GB 50300—2001 中也提出了该概念，但是对我国建筑施工企业应用似有一定困难。统一标准将其引出，主要是引导建筑工程质量验收应逐步向采用数理统计原理的科学抽样方法过渡，使检查验收更趋于科学化。在实践中，我们应对上述概念尽量理解和应用。

为了了解上述基本规定，我们需要简要学习关于抽样方案中的几个主要概念：

1. 合格质量：指抽样检查中对应于一个确定的较高接受概率的被认为满意的质量水平，以不合格品率或每单位平均缺陷数表示。

2. 极限质量：抽样检查中对应于较低接受概率的被认为不容许更劣的批质量水平。

3. 错判概率 α 为生产方风险：质量为合格质量的批之拒收概率。

4. 漏判概率 β 为使用方风险：质量为极限质量的批之接收概率。

通俗地讲，关于合格质量水平的生产方风险 α，是指合格批被判为不合格的概率，即合格批被拒收的概率；所谓使用方风险 β，则是不合格批被判为合格批的概率，即不合格批被误收的概率。

在实践中，抽样检验必然存在这两类风险，要求抽样检验中的所有检验批 100%合格既不合理，也不可能。在抽样检验中，两类风险一般控制范围是：对于主控项目，其 α、β 均不宜超过 5%；对于一般项目，α 不宜超过 5%，β 不宜超过 10%。

对于住宅工程，业主（住户）不愿意承担使用方风险，经常出现业主投诉事件，因此，目前已推广竣工验收前的分户质量验收。

第四节 建筑工程质量验收的划分

4.0.1 建筑工程施工质量验收应划分为单位工程、分部工程、分项工程和检验批。

施工质量验收时，将建筑工程划分为单位工程、分部工程、分项工程和检验批的方式已被采纳和接受，在建筑工程验收过程中应用情况良好，已沿用多年，继续使用。

4.0.2 单位工程应按下列原则划分：

1 具备独立施工条件并能形成独立使用功能的建筑物或构筑物为一个单位工程；

2 对于规模较大的单位工程，可将其能形成独立使用功能的部分划分为一个子单位工程。

随着经济发展和施工技术进步，大量建筑规模较大的工程项目和具有综合使用功能的建筑物，几万平方米以上建筑物已不鲜见。这些建筑物的施工周期长，受多种因素影响，诸如后期建设资金不足，部分停建、缓建，对已建成并具备使用条件的部分，拟需投入使用，因此，设定了子单位工程进行验收的规定。

4.0.3 分部工程应按下列原则划分：

1 可按专业性质、工程部位确定；

2 当分部工程较大或较复杂时，可按材料种类、施工特点、施工程序、专业系统及类别将分部工程划分为若干子分部工程。

建筑工程中分部工程的划分，考虑了发展和特点以及材料、设备、施工工艺的较大差异，便于施工和验收，当分部工程量很大且较复杂时，将其中相同部分的工程或能够形成独立专业系统的工程划分为子分部工程，子分部工程成一个体系，对施工和验收更能准确的判定其工程质量水平。

建筑物内部设施也越来越多样，按建筑的重要部位和安装专业划分的分部工程已不适应要求，为此，又增设了子分部工程，有利于正确评价工程质量和验收。

4.0.4 分项工程可按主要工种、材料、施工工艺、设备类别进行划分。

4.0.5 检验批可根据施工、质量控制和专业验收的需要，按工程量、楼层、施工段、变形缝进行划分。

检验批是工程质量正常验收过程中的最基本单元，分项工程划分成检验批进行验收有助于及时纠正施工中出现的质量问题，确保工程质量，也符合施工实际需要。根据检验批划分原则，通常多层及高层建筑工程中主体分部的分项工程可按楼层或施工段来划分检验批，单层建筑工程中的分项工程可按变形缝等划分检验批；地基基础分部工程中的分项工程视施工情况划分检验批，有地下室的基础工程可按不同地下室划分检验批；屋面分部工程中的分项工程不同楼层屋面可划分为不同的检验批；其他分部工程中的分项工程，一般按楼层划分检验批；对于工程量较少的分项工程可统一划分为一个检验批。安装工程一般按一个设计系统或设备组别划分为一个检验批。室外工程统一划分为一个检验批。散水、台阶、明沟等含在地面检验批中。

地基基础中的土石方、基坑支护子分部工程及混凝土工程中的模板工程，虽不构成建筑工程实体，但它是建筑工程施工不可缺少的重要环节和必要条件，其施工质量如何，不仅关系到能否施工和施工安全，也关系到建筑工程的质量，因此将其列入施工验收内容是应该的。对这些内容的验收，更多的是过程验收。

4.0.6 建筑工程的分部工程、分项工程划分宜按本标准附录B（本书表2.4.1）采用。

建筑工程分部工程、分项工程划分 **表 2.4.1**

序号	分部工程	子分部工程	分项工程
1	建筑给水排水及供暖	室内给水系统	给水管道及配件安装，给水设备安装，室内消火栓系统安装，消防喷淋系统安装，防腐，绝热，管道冲洗、消毒，试验与调试
		室内排水系统	排水管道及配件安装，雨水管道及配件安装，防腐，试验与调试
		室内热水系统	管道及配件安装，辅助设备安装，防腐，绝热，试验与调试
		卫生器具	卫生器具安装，卫生器具给水配件安装，卫生器具排水管道安装，试验与调试
		室内供暖系统	管道及配件安装，辅助设备安装，散热器安装，低温热水地板辐射供暖系统安装，电加热供暖系统安装，燃气红外辐射供暖系统安装，热风供暖系统安装，热计量及调控装置安装，试验与调试，防腐，绝热
		室外给水管网	给水管道安装，室外消火栓系统安装，试验与调试
		室外排水管网	排水管道安装，排水管沟与井池，试验与调试
		室外供热管网	管道及配件安装，系统水压试验，土建结构，防腐，绝热，试验与调试
		建筑饮用水供应系统	管道及配件安装，水处理设备及控制设施安装，防腐，绝热，试验与调试
		建筑中水系统及雨水利用系统	建筑中水系统、雨水利用系统管道及配件安装，水处理设备及控制设施安装，防腐，绝热，试验与调试
		游泳池及公共浴池水系统	管道及配件系统安装，水处理设备及控制设施安装，防腐，绝热，试验与调试
		水景喷泉系统	管道系统及配件安装，防腐，绝热，试验与调试
		热源及辅助设备	锅炉安装，辅助设备及管道安装，安全附件安装，换热站安装，防腐，绝热，试验与调试
		监测与控制仪表	检测仪器及仪表安装，试验与调试
2	通风与空调	送风系统	风管与配件制作，部件制作，风管系统安装，风机与空气处理设备安装，风管与设备防腐，旋流风口、岗位送风口、织物（布）风管安装，系统调试
		排风系统	风管与配件制作，部件制作，风管系统安装，风机与空气处理设备安装，风管与设备防腐，吸风罩及其他空气处理设备安装，厨房、卫生间排风系统安装，系统调试
		防排烟系统	风管与配件制作，部件制作，风管系统安装，风机与空气处理设备安装，风管与设备防腐，排烟风阀（口）、常闭正压风口、防火风管安装，系统调试
		除尘系统	风管与配件制作，部件制作，风管系统安装，风机与空气处理设备安装，风管与设备防腐，除尘器与排污设备安装，吸尘罩安装，高温风管绝热，系统调试
		舒适性空调系统	风管与配件制作，部件制作，风管系统安装，风机与空气处理设备安装，风管与设备防腐，组合式空调机组安装，消声器、静电除尘器、换热器、紫外线灭菌器等设备安装，风机盘管、变风量与定风量送风装置、射流喷口等末端设备安装，风管与设备绝热，系统调试
		恒温恒湿空调系统	风管与配件制作，部件制作，风管系统安装，风机与空气处理设备安装，风管与设备防腐，组合式空调机组安装，电加热器、加湿器等设备安装，精密空调机组安装，风管与设备绝热，系统调试
		净化空调系统	风管与配件制作，部件制作，风管系统安装，风机与空气处理设备安装，风管与设备防腐，净化空调机组安装，消声器、静电除尘器、换热器、紫外线灭菌器等设备安装，中、高效过滤器及风机过滤器单元等末端设备清洗与安装，洁净度测试，风管与设备绝热，系统调试
		地下人防通风系统	风管与配件制作，部件制作，风管系统安装，风机与空气处理设备安装，风管与设备防腐，过滤吸收器、防爆波活门、防爆超压排气活门等专用设备安装，系统调试

续表

序号	分部工程	子分部工程	分项工程
2	通风与空调	真空吸尘系统	风管与配件制作，部件制作，风管系统安装，风机与空气处理设备安装，风管与设备防腐，管道安装，快速接口安装，风管与滤尘设备安装，系统压力试验及调试
		冷凝水系统	管道系统及部件安装，水泵及附属设备安装，管道冲洗，管道、设备防腐，板式热交换器，辐射板及辐射供热、供冷地埋管，热泵机组设备安装，管道、设备绝热，系统压力试验及调试
		空调（冷、热）水系统	管道系统及部件安装，水泵及附属设备安装，管道冲洗，管道、设备防腐，冷却塔与水处理设备安装，防冻伴热设备安装，管道、设备绝热，系统压力试验及调试
		冷却水系统	管道系统及部件安装，水泵及附属设备安装，管道冲洗，管道、设备防腐，系统灌水渗漏及排放试验，管道、设备绝热
		土壤源热泵换热系统	管道系统及部件安装，水泵及附属设备安装，管道冲洗，管道、设备防腐，埋地换热系统与管网安装，管道、设备绝热，系统压力试验及调试
		水源热泵换热系统	管道系统及部件安装，水泵及附属设备安装，管道冲洗，管道、设备防腐，地表水源换热管及管网安装，除垢设备安装，管道、设备绝热，系统压力试验及调试
		蓄能系统	管道系统及部件安装，水泵及附属设备安装，管道冲洗，管道、设备防腐，蓄水罐与蓄水槽、罐安装，管道、设备绝热，系统压力试验及调试
		压缩式制冷（热）设备系统	制冷机组及附属设备安装，管道、设备防腐，制冷剂管道及部件安装，制冷剂灌注，管道、设备绝热，系统压力试验及调试
		吸收式制冷设备系统	制冷机组及附属设备安装，管道、设备防腐，系统真空试验，溴化锂溶液加灌，蒸汽管道系统安装，燃气或燃油设备安装，管道、设备绝热，试验及调试
		多联机（热泵）空调系统	室外机组安装，室内机组安装，制冷剂管路连接及控制开关安装，风管安装，冷凝水管道安装，制冷剂灌注，系统压力试验及调试
		太阳能供暖空调系统	太阳能集热器安装，其他辅助能源、换热设备安装，蓄能水箱、管道及配件安装，防腐，绝热，低温热水地板辐射采暖系统安装，系统压力试验及调试
		设备自控系统	温度、压力与流量传感器安装，执行机构安装调试，防排烟系统功能测试，自动控制及系统智能控制软件调试
3	建筑电气	室外电气	变压器、箱式变电所安装，成套配电柜、控制柜（屏、台）和动力、照明配电箱（盘）及控制柜安装，梯架、支架、托盘和槽盒安装，导管敷设，电缆敷设，管内穿线和槽盒内敷线，电缆头制作，导线连接和线路绝缘测试，普通灯具安装，专用灯具安装，建筑照明通电试运行，接地装置安装
		变配电室	变压器、箱式变电所安装，成套配电柜、控制柜（屏、台）和动力、照明配电箱（盘）安装，母线槽安装，梯架、支架、托盘和槽盒安装，电缆敷设，电缆头制作，导线连接和线路绝缘测试，接地装置安装，接地干线敷设
		供电干线	电气设备试验和试运行，母线槽安装，梯架、支架、托盘和槽盒安装，导管敷设，电缆敷设，管内穿线和槽盒内敷线，电缆头制作，导线连接和线路绝缘测试，接地干线敷设

续表

序号	分部工程	子分部工程	分项工程
3	建筑电气	电气动力	成套配电柜、控制柜（屏、台）和动力配电箱（盘）安装，电动机、电加热器及电动执行机构检查接线，电气设备试验和试运行，梯架、支架、托盘和槽盒安装，导管敷设，电缆敷设，管内穿线和槽盒内敷线，电缆头制作，导线连接和线路绝缘测试
		电气照明	成套配电柜、控制柜（屏、台）和照明配电箱（盘）安装，梯架、支架、托盘和槽盒安装，导管敷设，管内穿线和槽盒内敷线，塑料护套线直敷布线，钢索配线，电缆头制作，导线连接和线路绝缘测试，普通灯具安装，专用灯具安装，开关、插座、风扇安装，建筑照明通电试运行
		备用和不间断电源	成套配电柜、控制柜（屏、台）和动力、照明配电箱（盘）安装，柴油发电机组安装，不间断电源装置及应急电源装置安装，母线槽安装，导管敷设，电缆敷设，管内穿线和槽盒内敷线，电缆头制作，导线连接和线路绝缘测试，接地装置安装
		防雷及接地	接地装置安装，防雷引下线及接闪器安装，建筑物等电位连接，浪涌保护器安装
4	智能建筑	智能化集成系统	设备安装，软件安装，接口及系统调试，试运行
		信息接入系统	安装场地检查
		用户电话交换系统	线缆敷设，设备安装，软件安装，接口及系统调试，试运行
		信息网络系统	计算机网络设备安装，计算机网络软件安装，网络安全设备安装，网络安全软件安装，系统调试，试运行
		综合布线系统	梯架、托盘、槽盒和导管安装，线缆敷设，机柜、机架、配线架安装，信息插座安装，链路或信道测试，软件安装，系统调试，试运行
		移动通信室内信号覆盖系统	安装场地检查
		卫星通信系统	安装场地检查
		有线电视及卫星电视接收系统	梯架、托盘、槽盒和导管安装，线缆敷设，设备安装，软件安装，系统调试，试运行
		公共广播系统	梯架、托盘、槽盒和导管安装，线缆敷设，设备安装，软件安装，系统调试，试运行
		会议系统	梯架、托盘、槽盒和导管安装，线缆敷设，设备安装，软件安装，系统调试，试运行
		信息导引及发布系统	梯架、托盘、槽盒和导管安装，线缆敷设、显示设备安装，机房设备安装，软件安装，系统调试，试运行
		时钟系统	梯架、托盘、槽盒和导管安装，线缆敷设、设备安装，软件安装，系统调试，试运行
		信息化应用系统	梯架、托盘、槽盒和导管安装，线缆敷设、设备安装，软件安装，系统调试，试运行
		建筑设备监控系统	梯架、托盘、槽盒和导管安装，线缆敷设，传感器安装，执行器安装，控制器、箱安装，中央管理工作站和操作分站设备安装，软件安装，系统调试，试运行
		火灾自动报警系统	梯架、托盘、槽盒和导管安装，线缆敷设，探测器类设备安装，控制器类设备安装，其他设备安装，软件安装，系统调试，试运行
		安全技术防范系统	梯架、托盘、槽盒和导管安装，线缆敷设、设备安装，软件安装，系统调试，试运行

续表

序号	分部工程	子分部工程	分项工程
4	智能建筑	应急响应系统	设备安装，软件安装，系统调试，试运行
		机房	供配电系统，防雷与接地系统，空气调节系统，给水排水系统，综合布线系统，监控与安全防范系统，消防系统，室内装饰装修，电磁屏蔽，系统调试，试运行
		防雷与接地	接地装置，接地线，等电位联接，屏蔽设施，电涌保护器，线缆敷设，系统调试，试运行
5	建筑节能	围护系统节能	墙体节能，幕墙节能，门窗节能，屋面节能，地面节能
		供暖空调设备及管网节能	供暖节能，通风与空调设备节能，空调与供暖系统冷热源节能，空调与供暖系统管网节能
		电气动力节能	配电节能，照明节能
		监控系统节能	监测系统节能，控制系统节能
		可再生能源	地源热泵系统节能，太阳能光热系统节能，太阳能光伏节能
6	电梯	电力驱动的曳引式或强制式电梯	设备进场验收，土建交接检验，驱动主机，导轨，门系统，轿厢，对重，安全部件，悬挂装置，随行电缆，补偿装置，电气装置，整机安装验收
		液压电梯	设备进场验收，土建交接检验，液压系统，导轨，门系统，轿厢，对重，安全部件，悬挂装置，随行电缆，电气装置，整机安装验收
		自动扶梯、自动人行道	设备进场验收，土建交接检验，整机安装验收

注：本表摘自《建筑工程施工质量验收统一标准》（GB 50300—2013）附录B建筑节能和安装部分，土建部分见《质量员专业管理实务（土建施工）》。

4.0.7　施工前，应由施工单位制定分项工程和检验批的划分方案，并由监理单位审核。对于附录B（本书表2.4.1）及相关专业验收规范未涵盖的分项工程和检验批，可由建设单位组织监理、施工等单位协商确定。

随着建筑工程领域的技术进步和建筑功能要求的提升，会出现一些新的验收项目，并需要有专门的分项工程和检验批与之相对应。对于本标准附录B及相关专业验收规范未涵盖的分项工程、检验批，可由建设单位组织监理、施工等单位在施工前根据工程具体情况协商确定，并据此整理施工技术资料和进行验收。

4.0.8　室外工程可根据专业类别和工程规模按本标准附录C（本书表2.4.2）的规定划分子单位工程、分部工程和分项工程。

室外工程的划分　　**表2.4.2**

单位工程	子单位工程	分部工程
室外设施	道路	路基、基层、面层、广场与停车场、人行道、人行地道、挡土墙、附属构筑物
	边坡	土石方、挡土墙、支护
附属建筑及室外环境	附属建筑	车棚，围墙，大门，挡土墙
	室外环境	建筑小品，亭台，水景，连廊，花坛，场坪绿化，景观桥

注：本表摘自《建筑工程施工质量验收统一标准》（GB 50300—2013）附录C。

对于室外工程，目前国家没有专门的质量验收标准，其验收可参照相关分项工程的质量标准。

第五节　建筑工程质量验收

建筑工程质量验收时一个单位工程划分为四个层次进行验收，即：单位、分部、分项、检验批。

由于楼层、施工段、变形缝等的影响，或者由于进场时间、进场批次的不同，同一种样本有可能划分为一个或多个检验批。

对于每个验收层次的验收，国家标准只给出了合格的条件，没有给出优良条件，也就是说现行国家质量验收标准作为强制性标准，对于工程质量验收只设合格一个质量等级，如果在工程质量验收合格之后，希望评定更高的质量等级可以按照另行制定的优质工程标准进行验收。

5.0.1　检验批质量验收合格应符合下列规定：

1　主控项目的质量经抽样检验均应合格；

2　一般项目的质量经抽样检验合格；当采用计数抽样时，合格点率应符合有关专业验收规范的规定，且不得存在严重缺陷；对于计数抽样的一般项目，正常检验一次、二次抽样可按本标准附录D（本书表2.5.1、表2.5.2）判定；

3　具有完整的施工操作依据、质量验收记录。

检验批虽然是工程验收的最小单元，但它是分项工程乃至整个建筑工程质量验收的基础。检验批是施工过程中条件相同并具有一定数量的材料、构配件或施工安装项目的总称，由于其质量基本均匀一致，因此可以作为检验的基础单位组合在一起，按批验收。

按照上述规定，检验批验收时应进行资料检查和实物检验。

资料检查主要是检查从原材料进场到检验批验收的各施工工序的操作依据、质量检查情况以及控制质量的各项管理制度等。由于资料是工程质量的记录，所以对资料完整性的检查，实际是对过程控制的检查确认，是检验批合格的前提。

实物检验，应检验主控项目和一般项目。其合格指标在各专业质量验收规范中给出，本书中将详细介绍。对具体的检验批来说，应按照各专业质量验收规范对各检验批主控项目、一般项目规定的指标，逐项检查验收。

检验批的合格质量主要取决于对主控项目和一般项目的检验结果。主控项目是对检验批的质量起决定性影响的检验项目，因此必须全部符合有关专业工程验收规范的规定。这意味着主控项目不允许有不符合要求的检验结果，即主控项目的检查结论具有否决权。如果发现主控项目有不合格的点、处、构件，必须修补、返工或更换，最终使其达到合格。

标准附录D.0.1规定：对于计数抽样的一般项目，正常检验一次抽样可按表D.0.1-1（本书表2.5.1）判定，正常检验二次抽样可按表D.0.1-2（本书表2.5.2）判定。标准附录D.0.2规定：样本容量在表D.0.1-1或表D.0.1-2给出的数值之间时，合格判定数可通过插值并四舍五入取整确定。

依据《计数抽样检验程序第1部分：按接收质量限（AQL）检索的逐批检验抽样计

划》（GB/T 2828.1—2003）给出了计数抽样正常检验一次抽样、正常检验二次抽样结果的判定方法。举例说明表 D.0.1-1（本书表 2.5.1）和表 D.0.1-2（本书表 2.5.2）的使用方法：对于一般项目正常检验一次抽样，假设样本容量为 20，在 20 个试样中如果有 5 个或 5 个以下试样被判为不合格时，该检测批可判定为合格；当 20 个试样中有 6 个或 6 个以上试样被判为不合格时，则该检测批可判定为不合格。对于一般项目正常检验二次抽样，假设样本容量为 20，当 20 个试样中有 3 个或 3 个以下试样被判为不合格时，该检测批可判定为合格；当有 6 个或 6 个以上试样被判为不合格时，该检测批可判定为不合格；当有 4 或 5 个试样被判为不合格时，应进行第二次抽样，样本容量也为 20 个，两次抽样的样本容量为 40，当两次不合格试样之和为 9 或小于 9 时，该检测批可判定为合格，当两次不合格试样之和为 10 或大于 10 时，该检测批可判定为不合格。表 D.0.1-1（本书表 2.5.1）和表 D.0.1-2（本书表 2.5.2）给出的样本容量不连续，对合格判定数和不合格判定数有时需要进行取整处理。例如样本容量为 15，按表 D.0.1-1（本书表 2.5.1）插值得出的合格判定数为 3.571，不合格判定数为 4.571，取整可得合格判定数为 4，不合格判定数为 5。检验批质量验收是整个工程质量验收的基础，检验批质量验收记录规定由专业质量检查员填写，专业质量检查员必须取得省建设主管部门颁发的岗位证书，无岗位证书即无资格验收签字。根据强制性条文的有关规定，无资格人员签字可处工程合同价款 2%以上、4%以下的罚款。

检验批的质量验收记录由施工项目专业质量检查员检查填写，监理工程师（建设单位项目专业技术负责人）组织项目专业质量检查员等进行验收，并按表 2.5.3 记录。

一般项目正常检验一次抽样判定 **表 2.5.1**

样本容量	合格判定数	不合格判定数	样本容量	合格判定数	不合格判定数
5	1	2	32	7	8
8	2	3	50	10	11
13	3	4	80	14	15
20	5	6	125	21	22

一般项目正常检验二次抽样判定 **表 2.5.2**

抽样次数	样本容量	合格判定数	不合格判定数	抽样次数	样本容量	合格判定数	不合格判定数
(1)	3	0	2	(1)	20	3	6
(2)	6	1	2	(2)	40	9	10
(1)	5	0	3	(1)	32	5	9
(2)	10	3	4	(2)	64	12	13
(1)	8	1	3	(1)	50	7	11
(2)	16	4	5	(2)	100	18	19
(1)	13	2	5	(1)	80	11	16
(2)	26	6	7	(2)	160	26	27

注：(1) 和 (2) 表示抽样次数，(2) 对应的样本容量为两次抽样的累计数量。

检验批质量验收记录 **表 2.5.3**

______检验批质量验收记录 编号：______

<table>
<tr><td colspan="2">单位（子单位）
工程名称</td><td></td><td>分部（子分部）
工程名称</td><td></td><td>分项工程
名称</td><td></td></tr>
<tr><td colspan="2">施工单位</td><td></td><td>项目负责人</td><td></td><td>检验批容量</td><td></td></tr>
<tr><td colspan="2">分包单位</td><td></td><td>分包单位项目
负责人</td><td></td><td>检验批部位</td><td></td></tr>
<tr><td colspan="2">施工依据</td><td colspan="2"></td><td>验收依据</td><td colspan="2"></td></tr>
<tr><td rowspan="7">主控项目</td><td colspan="2">验收项目</td><td>设计要求及
规范规定</td><td>最小/实际
抽样数量</td><td>检查记录</td><td>检查结果</td></tr>
<tr><td>1</td><td></td><td></td><td></td><td></td><td></td></tr>
<tr><td>2</td><td></td><td></td><td></td><td></td><td></td></tr>
<tr><td>3</td><td></td><td></td><td></td><td></td><td></td></tr>
<tr><td>4</td><td></td><td></td><td></td><td></td><td></td></tr>
<tr><td>5</td><td></td><td></td><td></td><td></td><td></td></tr>
<tr><td>6</td><td></td><td></td><td></td><td></td><td></td></tr>
<tr><td rowspan="5">一般项目</td><td>1</td><td></td><td></td><td></td><td></td><td></td></tr>
<tr><td>2</td><td></td><td></td><td></td><td></td><td></td></tr>
<tr><td>3</td><td></td><td></td><td></td><td></td><td></td></tr>
<tr><td>4</td><td></td><td></td><td></td><td></td><td></td></tr>
<tr><td>5</td><td></td><td></td><td></td><td></td><td></td></tr>
<tr><td colspan="3">施工单位
检查结果</td><td colspan="4">专业工长：
项目专业质量检查员：
年　月　日</td></tr>
<tr><td colspan="3">监理单位
验收结论</td><td colspan="4">专业监理工程师：
年　月　日</td></tr>
</table>

注：本表摘自《建筑工程施工质量验收统一标准》（GB 50300—2013）附录 E。

表 2.5.3 中“施工执行标准名称及编号”系指施工操作执行的施工工艺标准，它可以是工法、工艺标准、操作规程、企业标准，而不是工程质量验收规范，无论什么分项工程，施工操作必须有依据，并将依据填入表格中相应栏目。

1. 主控项目。主控项目的条文是必须达到的要求，是保证工程安全和使用功能的重要检验项目，是对安全、卫生、环境保护和公众利益起决定性作用的检验项目，是确定该检验批主要性能的。如果达不到规定的质量指标，降低要求就相当于降低该工程项目的性能指标，就会严重影响工程的安全性能；如果提高要求就等于提高性能指标，就会增加工程造价。如混凝土、砂浆的强度等级是保证混凝土结构、砌体工程强度的重要性能。所以要求必须全部达到要求。

主控项目包括的内容主要有：

1）重要材料、构件及配件；成品及半成品；设备性能及附件的材质；技术性能等。检查出厂证明及检测报告，如水泥、钢材的质量；预制楼板、墙板、门窗等构配件的质量；风机等设备的质量。检查出厂证明，其技术数据、项目符合有关技术标准规定。

2）结构的强度、刚度和稳定性等检验数据、工程性能的检测。如混凝土、砂浆的强度；钢结构的焊缝强度；管道的压力试验；风管的系统测定与调整；电气的绝缘、接地测试；电梯的安全保护、试运转结果等。检查测试记录，其数据及项目要符合设计要求和验收规范规定。

对一些有龄期要求的检测项目，在其龄期不到，不能提供数据时，可先将其他评价项目先评价，并根据施工现场的质量保证和控制情况，暂时验收该项目，待检测数据出来后，再填入数据。如果数据达不到规定数值，以及对一些材料、构配件质量及工程性能的测试数据有疑问时，应进行复试、鉴定及现场检验。

2. 一般项目。一般项目是除主控项目以外的检验项目，其条文也是应该达到的，只不过对少数条文可以适当放宽一些，也不影响工程安全和使用功能的。有些条文虽不像主控项目那样重要，但对工程安全、使用功能，观感质量都有较大影响的。这些项目在验收时，绝大多数抽查的处（件），其质量指标都必须达到要求，其余20%虽可以超过一定的指标，也是有限的，通常不得超过规定值的50%，即最大偏差不得大于1.5倍允许偏差，此项规定服从各专业验收规定。与“验评标准”比，这样就对工程质量的控制更严格了，进一步保证了工程质量。

一般项目包括的内容主要有：

1）允许有一定偏差的项目，而放在一般项目中，用数据规定的标准，可以有允许偏差范围，并有不到20%的检查点可以超过允许偏差值，但对偏差值有一定限制，应符合相应规范的要求。

2）对不能确定偏差值而又允许出现一定缺陷的项目，则以缺陷的数量来区分。如砖砌体预埋拉结筋，其留置间距偏差；混凝土钢筋露筋，露出一定长度等。

3）一些无法定量的而采用定性的项目。如碎拼大理石地面颜色协调，无明显裂缝和坑洼；油漆工程中，中级油漆的光亮和光滑项目、卫生器具给水配件安装项目，接口严密，启闭部分灵活；管道接口项目，无外露油麻等。这些就要靠监理工程师来掌握了。

5.0.2 分项工程质量验收合格应符合下列规定：

1 所含检验批的质量均应验收合格；

2 所含检验批的质量验收记录应完整。

分项工程的验收在检验批的基础上进行。一般情况下，两者具有相同或相近的性质，只是批量的大小不同而已。因此，将有关的检验批汇集构成分项工程。分项工程合格质量的条件比较简单，只要构成分项工程的各检验批的验收资料文件完整，并且均已验收合格，则分项工程验收合格。

分项工程质量应由监理工程师（建设单位项目专业技术负责人）组织项目专业技术负责人等进行验收，并按表2.5.4记录。

分项工程质量验收记录 **表 2.5.4**

__________分项工程质量验收记录　　　　　　　　编号：______

<table>
<tr><td colspan="2">单位（子单位）
工程名称</td><td colspan="2"></td><td>分部（子分部）
工程名称</td><td colspan="3"></td></tr>
<tr><td colspan="2">分项工程数量</td><td colspan="2"></td><td>检验批数量</td><td colspan="3"></td></tr>
<tr><td colspan="2">施工单位</td><td colspan="2"></td><td>项目负责人</td><td></td><td>项目技术
负责人</td><td></td></tr>
<tr><td colspan="2">分包单位</td><td colspan="2"></td><td>分包单位
项目负责人</td><td></td><td>分包内容</td><td></td></tr>
<tr><td>序号</td><td>检验批
名称</td><td>检验批
容量</td><td>部位/区段</td><td>施工单位检查结果</td><td colspan="3">监理单位验收结论</td></tr>
<tr><td>1</td><td></td><td></td><td></td><td></td><td colspan="3"></td></tr>
<tr><td>2</td><td></td><td></td><td></td><td></td><td colspan="3"></td></tr>
<tr><td>3</td><td></td><td></td><td></td><td></td><td colspan="3"></td></tr>
<tr><td>4</td><td></td><td></td><td></td><td></td><td colspan="3"></td></tr>
<tr><td>5</td><td></td><td></td><td></td><td></td><td colspan="3"></td></tr>
<tr><td>6</td><td></td><td></td><td></td><td></td><td colspan="3"></td></tr>
<tr><td>7</td><td></td><td></td><td></td><td></td><td colspan="3"></td></tr>
<tr><td>8</td><td></td><td></td><td></td><td></td><td colspan="3"></td></tr>
<tr><td>9</td><td></td><td></td><td></td><td></td><td colspan="3"></td></tr>
<tr><td>10</td><td></td><td></td><td></td><td></td><td colspan="3"></td></tr>
<tr><td>11</td><td></td><td></td><td></td><td></td><td colspan="3"></td></tr>
<tr><td>12</td><td></td><td></td><td></td><td></td><td colspan="3"></td></tr>
<tr><td>13</td><td></td><td></td><td></td><td></td><td colspan="3"></td></tr>
<tr><td>14</td><td></td><td></td><td></td><td></td><td colspan="3"></td></tr>
<tr><td>15</td><td></td><td></td><td></td><td></td><td colspan="3"></td></tr>
<tr><td colspan="8">说明：</td></tr>
<tr><td colspan="3">施工单位
检查结果</td><td colspan="5">项目专业技术负责人：
年　月　日</td></tr>
<tr><td colspan="3">监理单位
验收结论</td><td colspan="5">专业监理工程师：
年　月　日</td></tr>
</table>

注：本表摘自《建筑工程施工质量验收统一标准》(GB 50300—2013）附录 F。

5.0.3　分部工程质量验收合格应符合下列规定：

1　所含分项工程的质量均应验收合格；

2　质量控制资料应完整；

3　有关安全、节能、环境保护和主要使用功能的抽样检验结果应符合相应规定；

4　观感质量应符合要求。

首先，分部工程的各分项工程必须已验收合格且相应的质量控制资料文件必须完整，质量控制资料的项目按本标准要求进行检查，这是验收的基本条件。此外，由于各分项工程的性质不尽相同，因此作为分部工程不能简单地组合加以验收，尚须增加以下两类检查。

涉及有关安全、节能、环境保护和主要使用功能的抽样检验结果符合相关规定，对于主要使用功能并没有明确的界定，但本条要求符合相关规定，这个规定是在各个专业验收规范中，也就是本书各个章节中有相应的要求，因此可理解为要求抽样检验的为主要功能。

关于观感质量验收，这类检查往往难以定量，只能以观察、触摸或简单量测的方式进行，并由个人的经验和主观印象进行判断，显然，这种检查结果给出“合格”或“不合格”的结论是不科学、不严谨的，而只应综合给出质量评价。对于“差”的检查点应通过返修处理等补救。

分部（子分部）工程质量应由总监理工程师组织施工项目负责人和有关勘察、设计单位项目负责人进行验收，并按表 2.5.5 记录。

分部工程质量验收记录 **表 2.5.5**

________分部工程质量验收记录 编号______

<table>
<tr><td colspan="2">单位（子单位）
工程名称</td><td colspan="3"></td><td colspan="2">子分部工程
数量</td><td></td><td colspan="2">分项工程
数量</td><td></td></tr>
<tr><td colspan="2">施工单位</td><td colspan="3"></td><td colspan="2">项目负责人</td><td></td><td colspan="2">技术（质量）
负责人</td><td></td></tr>
<tr><td colspan="2">分包单位</td><td colspan="3"></td><td colspan="2">分包单位
负责人</td><td></td><td colspan="2">分包内容</td><td></td></tr>
<tr><td>序号</td><td>子分部工
程名称</td><td colspan="2">分项工
程名称</td><td>检验批
数量</td><td colspan="3">施工单位检查结果</td><td colspan="3">监理单位验收结论</td></tr>
<tr><td>1</td><td></td><td colspan="2"></td><td></td><td colspan="3"></td><td colspan="3"></td></tr>
<tr><td>2</td><td></td><td colspan="2"></td><td></td><td colspan="3"></td><td colspan="3"></td></tr>
<tr><td>3</td><td></td><td colspan="2"></td><td></td><td colspan="3"></td><td colspan="3"></td></tr>
<tr><td>4</td><td></td><td colspan="2"></td><td></td><td colspan="3"></td><td colspan="3"></td></tr>
<tr><td>5</td><td></td><td colspan="2"></td><td></td><td colspan="3"></td><td colspan="3"></td></tr>
<tr><td>6</td><td></td><td colspan="2"></td><td></td><td colspan="3"></td><td colspan="3"></td></tr>
<tr><td>7</td><td></td><td colspan="2"></td><td></td><td colspan="3"></td><td colspan="3"></td></tr>
<tr><td>8</td><td></td><td colspan="2"></td><td></td><td colspan="3"></td><td colspan="3"></td></tr>
<tr><td colspan="5">质量控制资料</td><td colspan="3"></td><td colspan="3"></td></tr>
<tr><td colspan="5">安全和功能检验结果</td><td colspan="3"></td><td colspan="3"></td></tr>
<tr><td colspan="5">观感质量检验结果</td><td colspan="3"></td><td colspan="3"></td></tr>
<tr><td>综合验收结论</td><td colspan="10"></td></tr>
<tr><td colspan="3">施工单位
项目负责人：
年 月 日</td><td colspan="3">勘察单位
项目负责人：
年 月 日</td><td colspan="3">设计单位
项目负责人：
年 月 日</td><td colspan="2">监理单位
总监理工程师：
年 月 日</td></tr>
</table>

注：本表摘自《建筑工程施工质量验收统一标准》（GB 50300—2013）附录 G。

分部、子分部工程的验收内容、程序都是一样的，在一个分部工程中只有一个子分部工程时，子分部就是分部工程。当不是一个子分部工程时，可以一个子分部一个子分部地进行质量验收，然后，应将各子分部的质量控制资料进行核查；对有关安全、节能、环境保护和主要使用功能的抽样检验结果的资料核查；观感质量评价结果的综合评价。其各项内容的具体验收：

1. 分部（子分部）工程所含分项工程的质量均应验收合格的检查。实际验收中，这项内容也是项统计工作，在做这项工作时注意三点：

1）检查每个分项工程验收是否正确；

2）注意查对所含分项工程，有没有漏、缺，或有没有进行验收；

3）注意检查分项工程的资料完整不完整，每个验收资料的内容是否有缺漏项，以及分项验收人员的签字是否齐全及符合规定。

2. 质量控制资料应完整的核查。这项验收内容，实际也是统计、归纳和核查，主要包括三个方面的资料：

1）核查和归纳各检验批的验收记录资料，查对其是否完整。

2）在检验批验收时，其应具备的资料应准确完整才能验收。在分部、子分部工程验收时，主要是核查和归纳各检验批的施工操作依据、质量检查记录，查对其是否配套完整，包括有关的试验资料的完整程度。一个分部、子分部工程能否具有数量和内容完整的质量控制资料，是验收规范指标能否通过验收的关键，但在实际工程中，资料的类别、数量会有欠缺，不够完整，这就要靠我们验收人员来掌握其程度，具体操作可参照单位工程的做法。

3）注意核对各种资料的内容、数据及验收人员的签字是否规范等。

3. 有关安全、节能、环境保护和主要使用功能的抽样检验结果应符合相应规定的检查。

这项验收内容，包括安全及功能两方面的检测资料。抽测其检测项目在各专业质量验收规范中已有明确规定，在验收时应注意三个方面的工作：

1）检查各规范中规定的检测的项目是否都进行了验收，未进行检测的项目应该查清原因并做出处理，确保质量。

2）检查各项检测记录（报告）的内容、结果是否符合要求，包括检测项目的内容，所遵循的检测方法标准、检测结果的数据是否达到规定的标准。

3）核查资料是否由有资质的机构出具，其检测程序、有关取样人、审核人、试验负责人，以及盖章、签字是否齐全等。

4. 观感质量验收应符合要求的检查。分部（子分部）工程的观感质量检查，是经过现场工程的检查，由检查人员共同确定评价等级的好、一般、差，在检查和评价时应注意以下几点：

1）分部（子分部）工程观感质量评价是2001年系列验收规范修订新增加的，目的有两个。一是现在的工程体量越来越大、越来越复杂，等单位工程全部完工后再检查，有的项目已看不见了，看了还应修的修不了，只能是既成事实。另一方面竣工后一并检查，由于工程的专业多，而检查人员又不能太多，专业不全，不能将专业工程中的问题看出来。再就是有些项目完工以后，工地上就没有事了，其工种人员就撤出去了，即使检查出问题来，再让其来修理，用的时间也长。二是新建筑企业资质就位后，分层次有了专业承包公司，对这些企业分包承包的工程，完工以后也应该有个评价，也便于这些企业的监管。这样可克服上述的一些不足，同时，也便于分清质量责任，提高后道工序对前道工序的成品保护。

2）在进行检查时，检查人员一定要在现场，将工程的各个部位全部看到，能操作的应操作，观察其方便性、灵活性或有效性等；能打开观看的应打开观看，不能只看“外观”，应全面了解分部（子分部）的实物质量。

3）评价方法，由于标准没有将观感质量放在重要位置，只是一个辅助项目，其评价内容只列出了项目，其具体标准没有具体化。基本上是各检验批的验收项目，多数在一般项目内。检查评价人员宏观掌握，如果没有较明显达不到要求的，就可以评一般；如果某些部位质量较好，细部处理到位，就可评好；如果有的部位达不到要求，或有明显的缺陷，但不影响安全或使用功能的，则评为差。

有影响安全或使用功能的项目，不能评价，应修理后再评价。

评价时，施工企业应先自行检查合格后，由监理单位来验收，参加评价的人员应具有相应的资格，由总监理工程师组织，不少于三位监理工程师来检查，在听取其他参加人员的意见后，共同作出评价，但总监理工程师的意见应为主导意见。在作评价时，可分项目评价，也可分大的方面综合评价，最后对分部（子分部）作出评价。

5.0.4　单位工程质量验收合格应符合下列规定：

1　所含分部工程的质量均应验收合格；

2　质量控制资料应完整；

3　所含分部工程中有关安全、节能、环境保护和主要使用功能的检验资料应完整；

4　主要使用功能的抽查结果应符合相关专业验收规范的规定；

5　观感质量应符合要求。

单位工程质量竣工验收记录应按附录 H（本书表 2.5.6）填写。

由谁来填写验收表格，本统一标准附录 H 作出了明确的规定：

验收记录由施工单位填写，验收结论由监理单位填写。综合验收结论经参加验收各方共同商定，由建设单位填写，应对工程质量是否符合设计文件和相关标准的规定及总体质量水平做出评价。

表 2.5.6 中的验收记录一栏的填写要有依据，质量控制资料检查栏中应根据单位（子单位）工程质量控制资料检查记录中的项数，逐项检查，检查时注意是否有漏项。安全和主要使用功能检查及抽查结果一栏中应根据单位（子单位）工程安全和功能检验资料检查及主要功能抽查记录填写，检查系指该工程中应有的全部项目，并不得缺项，抽查结果系指工程质量验收时验收组协商确定抽查的项目，该抽查可以是验收组现场抽查，也可是委托检测单位检测。

单位（子单位）工程质量验收是“统一标准”的主要内容之一，这部分内容只在“统一标准”中有，其他专业质量验收规范中没有。这部分内容是单位（子单位）工程的质量验收，是工程质量验收的最后一道把关，是对工程质量的一次总体综合评价，所以，标准规定为强制性条文，列为工程质量管理的一道重要程序。

单位工程质量竣工验收记录 表 2.5.6

<table>
<tr><td colspan="2">工程名称</td><td></td><td>结构类型</td><td></td><td>层数/
建筑面积</td><td></td></tr>
<tr><td colspan="2">施工单位</td><td></td><td>技术负责人</td><td></td><td>开工日期</td><td></td></tr>
<tr><td colspan="2">项目负责人</td><td></td><td>项目技术负责人</td><td></td><td>完工日期</td><td></td></tr>
<tr><td>序号</td><td colspan="2">项目</td><td colspan="2">验收记录</td><td colspan="2">验收结论</td></tr>
<tr><td>1</td><td colspan="2">分部工程验收</td><td colspan="2">共　分部，经查符合设计及标准规定　分部</td><td colspan="2"></td></tr>
<tr><td>2</td><td colspan="2">质量控制资料核查</td><td colspan="2">共　项，经核查符合规定　项</td><td colspan="2"></td></tr>
<tr><td>3</td><td colspan="2">安全和使用功能
核查及抽查结果</td><td colspan="2">共核查　项，符合规定　项，共抽查　项，符合规定　项，经返工处理符合规定　项</td><td colspan="2"></td></tr>
<tr><td>4</td><td colspan="2">观感质量验收</td><td colspan="2">共核查　项，达到“好”和“一般”的　项，经返修处理符合要求的　项</td><td colspan="2"></td></tr>
<tr><td colspan="3">综合验收结论</td><td colspan="4"></td></tr>
<tr><td rowspan="2">参加验收单位</td><td>建设单位</td><td>监理单位</td><td>施工单位</td><td>设计单位</td><td colspan="2">勘察单位</td></tr>
<tr><td>（公章）
项目负责人：
年　月　日</td><td>（公章）
总监理工程师：
年　月　日</td><td>（公章）
项目负责人：
年　月　日</td><td>（公章）
项目负责人：
年　月　日</td><td colspan="2">（公章）
项目负责人：
年　月　日</td></tr>
</table>

注：本表摘自《建筑工程施工质量验收统一标准》(GB 50300—2013) 附录 H 表 H.0.1-1。

为加深理解单位工程的合格条件，分别进行叙述。

1. 所含分部工程的质量均应验收合格

这项工作，总承包单位应事前进行认真准备，将所有分部、子分部工程质量验收的记录表，及时进行收集整理，并列出目次表，依序将其装订成册。在核查及整理过程中，应注意以下几点：

1）核查各分部工程所含的子分部工程是否齐全。

2）核查各分部、子分部工程质量验收记录表的质量评价是否完善，有分部、子分部工程质量的综合评价、有质量控制资料的评价、地基与基础、主体结构和设备安装分部、子分部工程规定的有关安全及功能的检测和抽测项目的检测记录，以及分部、子分部观感质量的评价等。

3）核查分部、子分部工程质量验收记录表的验收人员是否是规定的有相应资质的技术人员，并进行了评价和签认。

2. 质量控制资料应完整

单位（子单位）工程质量控制资料检查的项目应按表 2.5.7 要求，并应按表 2.5.7 填写检查记录。

单位工程质量控制资料核查记录 表 2.5.7

工程名称				施工单位			
序号	项目	资料名称	份数	施工单位		监理单位	
				核查意见	核查人	核查意见	核查人
1	给水排水与供暖	图纸会审记录、设计变更通知单、工程洽商记录					
2		原材料出厂合格证书及进场检验、试验报告					
3		管道、设备强度试验、严密性试验记录					
4		隐蔽工程验收记录					
5		系统清洗、灌水、通水、通球试验记录					
6		施工记录					
7		分项、分部工程质量验收记录					
8		新技术论证、备案及施工记录					
1	通风与空调	图纸会审记录、设计变更通知单、工程洽商记录					
2		原材料出厂合格证书及进场检验、试验报告					
3		制冷、空调、水管道强度试验、严密性试验记录					
4		隐蔽工程验收记录					
5		制冷设备运行调试记录					
6		通风、空调系统调试记录					
7		施工记录					
8		分项、分部工程质量验收记录					
9		新技术论证、备案及施工记录					
1	建筑电气	图纸会审记录、设计变更通知单、工程洽商记录					
2		原材料出厂合格证书及进场检验、试验报告					
3		设备调试记录					
4		接地、绝缘电阻测试记录					
5		隐蔽工程验收记录					
6		施工记录					
7		分项、分部工程质量验收记录					
8		新技术论证、备案及施工记录					
1	智能建筑	图纸会审记录、设计变更通知单、工程洽商记录					
2		原材料出厂合格证书及进场检验、试验报告					
3		隐蔽工程验收记录					
4		施工记录					
5		系统功能测定及设备调试记录					
6		系统技术、操作和维护手册					
7		系统管理、操作人员培训记录					
8		系统检测报告					
9		分项、分部工程质量验收记录					
10		新技术论证、备案及施工记录					

续表

<table>
<tr><td>工程名称</td><td colspan="3"></td><td colspan="2">施工单位</td><td colspan="3"></td></tr>
<tr><td rowspan="2">序号</td><td rowspan="2">项目</td><td rowspan="2">资料名称</td><td rowspan="2">份数</td><td colspan="2">施工单位</td><td colspan="2">监理单位</td></tr>
<tr><td>核查意见</td><td>核查人</td><td>核查意见</td><td>核查人</td></tr>
<tr><td>1</td><td rowspan="9">建筑节能</td><td>图纸会审记录、设计变更通知单、工程洽商记录</td><td></td><td></td><td rowspan="9"></td><td></td><td rowspan="9"></td></tr>
<tr><td>2</td><td>原材料出厂合格证书及进场检验、试验报告</td><td></td><td></td><td></td></tr>
<tr><td>3</td><td>隐蔽工程验收记录</td><td></td><td></td><td></td></tr>
<tr><td>4</td><td>施工记录</td><td></td><td></td><td></td></tr>
<tr><td>5</td><td>外墙、外窗节能检验报告</td><td></td><td></td><td></td></tr>
<tr><td>6</td><td>设备系统节能检测报告</td><td></td><td></td><td></td></tr>
<tr><td>7</td><td>分项、分部工程质量验收记录</td><td></td><td></td><td></td></tr>
<tr><td>8</td><td>新技术论证、备案及施工记录</td><td></td><td></td><td></td></tr>
<tr><td></td><td></td><td></td><td></td><td></td></tr>
<tr><td>1</td><td rowspan="9">电梯</td><td>图纸会审记录、设计变更通知单、工程洽商记录</td><td></td><td></td><td rowspan="9"></td><td></td><td rowspan="9"></td></tr>
<tr><td>2</td><td>设备出厂合格证书及开箱检验记录</td><td></td><td></td><td></td></tr>
<tr><td>3</td><td>隐蔽工程验收记录</td><td></td><td></td><td></td></tr>
<tr><td>4</td><td>施工记录</td><td></td><td></td><td></td></tr>
<tr><td>5</td><td>接地、绝缘电阻试验记录</td><td></td><td></td><td></td></tr>
<tr><td>6</td><td>负荷试验、安全装置检查记录</td><td></td><td></td><td></td></tr>
<tr><td>7</td><td>分项、分部工程质量验收记录</td><td></td><td></td><td></td></tr>
<tr><td>8</td><td>新技术论证、备案及施工记录</td><td></td><td></td><td></td></tr>
<tr><td></td><td></td><td></td><td></td><td></td></tr>
<tr><td colspan="8">结论：

施工单位项目负责人：　　　　　　　　　　　　　　　　　　总监理工程师：
年　月　日　　　　　　　　　　　　　　　　　　　　　　年　月　日</td></tr>
</table>

注：本表摘自《建筑工程施工质量验收统一标准》（GB 50300—2013）附录表 H. 0. 1-2 建筑节能和安装部分，建筑与结构部分在《质量员专业管理实务（土建施工）》中介绍。

总承包单位将各分部、子分部工程应有的质量控制资料进行核查，图纸会审及变更记录，定位测量放线记录、施工操作依据、原材料、构配件等质量证书、按规定进行检验的检测报告、隐蔽工程验收记录、施工中有关施工试验、测试、检验等，以及抽样检测项目的检测报告等，由总监理工程师进行核查确认，可按单位工程所包含的分部、子分部分别核查，也可综合抽查。其目的是强调建筑结构、设备性能、使用功能方面主要技术性能的检验。每个检验批规定了“主控项目”，并提出了主要技术性能的要求，检查单位工程的质量控制资料，对主要技术性能进行系统的核查。如一个空调系统只有分部、子部分工程才能综合调试，取得需要的数据。

1）工程质量控制资料的作用

施工操作工艺、企业标准、施工图纸等设计文件，工程技术资料、工程施工的依据和施工过程的见证记录，是企业管理重要组成部分。因为任何一个基本建设项目，只有在运营上满足它的使用功能要求，才能充分发挥它的经济效益。只有工程符合社会需要，才能使它的劳动消耗得到承认，才能使它的经济价值和使用价值得以实现，这才算是有了真正的经济效益。

因此，确保建设工程的质量，将是整个基本建设工作的核心。为了证明工程质量，证明各项质量保证措施的有效运行，质量保证资料将是整个技术资料的核心。从工程质量管理出发可将技术资料分为：工程质量验收资料、工程质量资料、施工技术管理资料和竣工图等。

建筑工程质量控制资料是反映建筑工程施工过程中，各个环节工程质量状况的基本数据和原始记录；反映完工项目的测试结果和记录。这些资料是反映工程质量的客观见证，是评价工程质量的主要依据。工程质量资料是工程的“合格证”和技术证明书。由于工程质量整体测试，只能在建造的施工过程中分别测试、检验或间接的检测。由于工程的安全性能要求高，所以工程质量资料比产品的合格证更重要。从广义质量来说，工程质量资料就是工程质量的一部分，同时，工程质量资料是工程技术资料的核心，是企业经营管理的重要组成部分，更是质量管理的主要方面，是反映一个企业管理水平高低的重要见证。通过资料的定期分析研究，能帮助企业改进管理。在贯彻执行 ISO 9000 质量管理体系系列标准中，资料是其一项重要内容，是证明管理有效性的重要依据，资料也是质量管理体系的重要组成部分，是评价管理水平的重要见证标准。从质量体系要素中的质量体系文件来看，一般包括四个层次：

（1）质量手册。主要内容是阐述某企业的质量方针、质量体系和质量活动的文件。有企业的质量方针；企业的组织机构及质量职责；各项质量活动程序；质量手册的管理办法。

（2）程序文件。是落实质量管理体系要素所开展的有关活动的规章制度和实施办法。按性质分为管理和技术性程序文件。管理性程序文件，包括有关规章制度、管理标准和工作标准，质量活动的实施办法等；技术性程序文件，包括技术规程、工艺规程、检验规程和作业指导书等。

（3）质量计划。包括应达到的质量目标；该项目各个阶层中责任和权限的分配；采用的特定程序、方法和作业指导书；有关试验、检验、验证和审核大纲；随项目的进展而修改和完善质量计划的方法；为达到质量目标必须采取的其他措施。

（4）质量记录。是证明各阶段产品质量是否达到要求和质量体系运行有效的证据。包括设计、检验、试验、审核、复审的质量记录和图表等，这些质量记录都是质量管理体系活动执行情况达到规定的质量要求，并验证质量体系运行是否具有效性的证据。

在验收一个分部、子分部工程的质量时，为了系统核查工程的结构安全和它的重要使用功能，虽然在分项工程验收时，已核查了规定提供的技术资料，但仍有必要再进行复核，只是不再像验收检验批、分项工程质量那样进行微观检查，而是从总体上通过核查质量控制资料来评价分部、子分部工程的结构安全与使用功能。但目前由于材料供应渠道中的技术资料不能完全保证，加上有些施工企业管理不健全等情况，因此往往使一些工程中资料不能达到完整，当一个分部、子分部工程的质量控制资料虽有欠缺，但能反映其结构安全和使用功能，是满足设计要求的，则可以认定该工程的质量控制资料为完整。如钢材，按标准要求既要有出厂合格证，又要有试验报告，即为完整。实际中，如有一批用于非重要构件的钢材没有出厂合格证，但经法定检测单位检验，该批钢材物理及化学性能均符合设计和标准要求，则可以认为该批钢材的技术资料是完整。再如砌筑砂浆的试块应按规范要求的频率取样，在施工过程中，个别少量部位由于某种原因而没有按规定频率取样，但从现场的质量管理状况及有的试块强度检验数据，反映具有代表性时，也可认为是完整。

由于每个工程的具体情况不一，因此什么是完整，要视工程特点和已有资料的情况而定。总之，有一点要掌握，即验收或核验分部、子分部工程质量时，核查的质量控制资料，看其是否可以反映和达到上述要求，即使有些欠缺也可认为是完整。

工程质量的控制资料，是从众多的工程技术资料中，筛选出的直接关系和说明工程质量状况的技术资料。多数是提供实施结果的见证记录、报告等文件材料。对于其他技术资料，由于工程不同或环境不同，要求也就不尽相同。各地区应根据实际情况增减。所以作为一个企业的领导，应该时刻注意管理措施的有效性，研究每一项资料的作用，有效的保留，作用小的改进，无效的去掉，劳而无功的事不干。有效的质量资料是工程质量的见证，少一张也不行，无用的多一张也不要。对非要不可的见证资料，一定要做到准、实、及时，对不准不实的资料宁愿不要，也要不充数。

对一个单位工程全面进行技术资料核查，还可以防止局部错漏，从而进一步加强工程质量的控制。对结构工程及设备安装系统进行系统的核查，便于同设计要求对照检查，达到设计效果。

2）单位（子单位）工程质量控制资料的判定

质量控制资料对一个单位工程来讲，主要是判定其是否能够反映保证结构安全和主要使用功能是否达到设计要求，如果能够反映出来，即或按标准及规范要求有少量欠缺时，也可以认可。因此，在标准中规定质量控制资料应完整。但在检验批时都应具备完整的施工操作依据、质量检查资料。对单位工程质量控制资料完整的判定，通常情况下可按以下三个层次进行判定：

（1）该有的资料项目有了。

在表2.5.7中，应该有的项目的资料有了，如给水排水与供暖项目中，共有8项资料。如果没有使用新材料、新工艺，该第8项的资料可以没有。其该有的项目为7项就行了。

（2）在每个项目中该有的资料有了。

表2.5.7中应有的项目中，应该有的资料有了，没有发生的资料应该没有，对工程结构、功能及有关质量不会出现影响其性能的资料，有缺点的也可以认可。如给水排水分供暖项目中第2项中的钢材，按规定既要有质量合格证，也应有试验报告为完整。但有个别非重要部位用的钢材，由于多方原因没有合格证，经过有资质的检测单位检验，该批钢材物理及化学性能符合设计和标准要求，也可以认为该批钢材的材料是完整的。

（3）在每个资料中该有的数据有了。

在各项资料中，每一项资料应该有的数据有了。资料中应该证明的材料、工程性能的数据就是有这样的资料，也证明不了该材料、工程的性能，也不能算资料完整，如水泥复试报告，通常其安定性、强度、初凝、终凝时间必须有确切的数据及结论。再如钢筋复试报告，通常应有力学性能的数据及结论，符合设计及钢筋标准的规定。这样可判定其应有的数据有了。

由于每个工程的具体情况不一，因此什么是资料完整，要视工程特点和已有资料的情况而定，总之，有一点验收人员应掌握的，看其是否可以反映工程的结构安全和使用功能，是否达到设计要求。如果资料保证该工程结构安全和使用功能，则可认为是完整。

3. 所含分部工程中有关安全、节能和环境保护和主要使用功能的检验资料应完整。

所含分部工程中有关安全、节能和环境保护和主要使用功能的检验项目应符合表2.5.8的规定，并应按表2.5.8填写检查记录。

单位工程安全和功能检验资料核查及主要功能抽查记录 **表 2.5.8**

工程名称			施工单位			
序号	项目	安全和功能检查项目	份数	核查意见	核查结果	核查（抽查）人
1	给水排水与供暖	给水管道通水试验记录				
2		暖气管道、散热器压力试验记录				
3		卫生器具满水试验记录				
4		消防管道、燃气管道压力试验记录				
5		排水干管通球试验记录				
6		锅炉试运行、安全阀及报警联动测试记录				
1	通风与空调	通风、空调系统试运行记录				
2		风量、温度测试记录				
3		空气能量回收装置测试记录				
4		洁净室洁净度测试记录				
5		制冷机组试运行调试记录				
1	建筑电气	建筑照明通电试运行记录				
2		灯具固定装置及悬吊装置的载荷强度试验记录				
3		绝缘电阻测试记录				
4		剩余电流动作保护器测试记录				
5		应急电源装置应急持续供电记录				
6		接地电阻测试记录				
7		接地故障回路阻抗测试记录				
1	智能建筑	系统试运行记录				
2		系统电源及接地检测报告				
3		系统接地检测报告				
1	建筑节能	外墙节能构造检查记录或热工性能检验报告				
2		设备系统节能性能检查记录				
1	电梯	运行记录				
2		安全装置检测报告				
结论： 施工单位项目负责人： 年 月 日				总监理工程师： 年 月 日		

注：1 抽查项目由验收组协商确定。

2 该表摘自《建筑工程施工质量验收统一标准》(GB 50300—2013) 附录 H.0.1-3 建筑节能和安装部分，建筑与结构部分在《质量员专业管理实务（土建施工）》中介绍。

安全和功能检验的目的是确保工程的安全和使用功能。在分部、子分部工程提出了一些检测项目，在分部、子分部工程检查和验收时，应进行检测来保证和验证工程的综合质量和最终质量。检验应由施工单位来检测，检测过程中可请监理工程师或建设单位有关负责人参加监督检测工作，达到要求后，并形成检测记录签字认可。在单位工程、子单位工程验收时，监理工程师应对各分部、子分部工程应检测的项目进行核对，对检测资料的数量、数据及使用的检测方法标准、检测程序进行核查，以及核查有关人员的签认情况等。核查后，将核查的情况填入表 2.5.8 需要检测机构检测的项目应委托检测机构进行检测，核查后对表 2.5.8 的各项内容做出通过或通不过的结论。

4. 主要功能项目的抽查结果应符合相关专业质量验收规范的规定

主要功能抽测是现行验收规范的特点之一，目的主要是综合检验工程质量能否保证工程的功能，满足使用要求。这项抽查检测多数还是复查性的和验证性的。

主要功能抽测项目已在各分部、子分部工程中列出，有的是在分部、子分部完成后进行检测，有的还要待相关分部、子分部工程完成后试验检测，有的则需要等单位工程全部完成后进行检测。这些检测项目应在单位工程完工，施工单位向建设单位提交工程验收报告之前，全部进行完毕，并将检测报告写好。至于在建设单位组织单位工程验收时，抽测什么项目，可由验收委员会（验收组）来确定。但其项目应在表 2.5.8 中，不能随便提出其他项目。如需要检测表 2.5.8 没有的检测项目时，应进行专门研究来确定。

通常主要功能抽测项目，应为有关项目最终的综合性的使用功能，如室内环境检测、建筑节能检测、屋面淋水检测、照明全负荷试验检测、智能建筑系统运行等。只有最终抽测项目效果不佳，或其他原因，必须进行中间过程有关项目的检测时，要与有关单位共同制定检测方案，并要制订成品保护措施，采取完善的保护措施后进行，总之，主要功能抽测项目的进行，不要损坏建筑成品。

主要功能抽测项目进行，可对照该项目的检测记录逐项核查，可重新做抽测记录表，也可不形成抽测记录，在原检测记录上注明签认。

住宅工程质量分户验收时，还应按《住宅工程质量分户验收规程》（DGJ32/J 103—2010）的规定对建筑外窗进行现场抽测（江苏省地标，其他省市可参考）。

5. 观感质量验收应符合要求

观感质量评价是工程的一项重要评价工作，是全面评价一个分部、子分部、单位工程的外观及使用功能质量，促进施工过程的管理、成品保护，提高社会效益和环境效益。观感质量检查绝不是单纯的外观检查，而是实地对工程的一个全面检查，核实质量控制资料，核查分项、分部工程验收的正确性，及对在分项工程中不能检查的项目进行检查等。如工程完工，绝大部分的安全可靠性能和使用功能已达到要求，但出现不应出现的裂缝和严重影响使用功能的情况，应该首先弄清原因，然后再评价。地面严重空鼓、起砂、墙面空鼓粗糙、门窗开关不灵、关闭不严等项目的质量缺陷很多，就说明在分项、分部工程验收时，掌握标准不严。分项分部无法测定和不便测定的项目，在单位工程观感评价中，给予核查。如建筑物的全高垂直度、上下窗口位置偏移及一些线角顺直等项目，只有在单位工程质量最终检查时，才能了解得更确切。

系统地对单位工程检查，可全面地衡量单位工程质量的实际情况，突出对工程整体检验和对用户着想的观点。分项、分部工程的验收，对其本身来讲虽是产品检验，但对交付使用一幢房子来讲，又是施工过程中的质量控制。只有单位工程的验收，才是最终建筑产品的验收。所以，在标准中，既加强了施工过程中的质量控制（分项、分部工程的验收），又严格进行了单位工程的最终评价，使建筑工程的质量得到有效保证。

观感质量的验收方法和内容与分部、子分部工程的观感质量评价一样，只是分部、子分部的范围小一些而已，只是一些分部、子分部的观感质量，可能在单位工程检查时已经看不到了。所以单位工程的观感质量是更宏观一些的。

其内容按各有关检验批的主控项目、一般项目有关内容综合掌握，给出好、一般、差的评价。

检查时应将建筑工程外檐全部看到，对建筑的重要部位、项目及有代表性的房间、部位、设备、项目都应检查到。对其评价时，可逐点评价再综合评价；也可逐项给予评价；也可按大的方面综合评价。评价时，要在现场由参加检查验收的监理工程师共同确定，确定时，可多听取被验收单位及参加验收的其他人员的意见。并由总监理工程师签认，总监理工程师的意见应有主导性。

观感质量检查应按表 2.5.9 填写。

单位工程观感质量检查记录　　表 2.5.9

工程名称			施工单位	
序号	项目		抽查质量状况	质量评价
1	给水排水与供暖	管道接口、坡度、支架	共检查　点，好　点，一般　点，差　点	
2		卫生器具、支架、阀门	共检查　点，好　点，一般　点，差　点	
3		检查口、扫除口、地漏	共检查　点，好　点，一般　点，差　点	
4		散热器、支架	共检查　点，好　点，一般　点，差　点	
1	通风与空调	风管、支架	共检查　点，好　点，一般　点，差　点	
2		风口、风阀	共检查　点，好　点，一般　点，差　点	
3		风机、空调设备	共检查　点，好　点，一般　点，差　点	
4		管道、阀门、支架	共检查　点，好　点，一般　点，差　点	
5		水泵、冷却塔	共检查　点，好　点，一般　点，差　点	
6		绝热	共检查　点，好　点，一般　点，差　点	
1	建筑电气	配电箱、盘、板、接线盒	共检查　点，好　点，一般　点，差　点	
2		设备器具、开关、插座	共检查　点，好　点，一般　点，差　点	
3		防雷、接地、防火	共检查　点，好　点，一般　点，差　点	
1	智能建筑	机房设备安装及布局	共检查　点，好　点，一般　点，差　点	
2		现场设备安装	共检查　点，好　点，一般　点，差　点	
1	电梯	动行、平层、开关门	共检查　点，好　点，一般　点，差　点	
2		层门、信号系统	共检查　点，好　点，一般　点，差　点	
3		机房	共检查　点，好　点，一般　点，差　点	
观感质量综合评价				
结论： 施工单位项目负责人： 年　月　日			总监理工程师： 年　月　日	

注：1　质量评价为差的项目，应进行返修。

2　观感质量现场检查原始记录应作为本表的附件。

3　本表摘自《建筑工程施工质量验收统一标准》（GB 50300—2013）附录表 H.0.1-4 建筑节能和安装部分，建筑与结构部分在《质量员专业管理实务（土建施工）》中介绍。

5.0.5 建筑工程施工质量验收记录可按下列规定填写：

1 检验批质量验收记录可按本标准附录E（本书表2.5.3）填写，填写时应具有现场验收检查原始记录；

2 分项工程质量验收记录可按本标准附录F（本书表2.5.4）填写；

3 分部工程质量验收记录可按本标准附录G（本书表2.5.5）填写；

4 单位工程质量竣工验收记录、质量控制资料核查记录、安全和功能检验资料核查及主要功能抽查记录、观感质量检查记录应按本标准附录H（本书表2.5.6～表2.5.9）填写。

建筑工程质量验收记录是工程档案资料的主要内容，它反映了工程质量状况，是工程质量的一部分，验收记录应做到下列几个方面：验收程序正确、验收内容齐全、验收记录完整、验收部位正确、验收时间及时、验收签字合法。

5.0.6 当建筑工程施工质量不符合要求时，应按下列规定进行处理：

1 经返工或返修的检验批，应重新进行验收；

2 经有资质的检测机构检测鉴定能够达到设计要求的检验批，应予以验收；

3 经有资质的检测机构检测鉴定达不到设计要求、但经原设计单位核算认可能够满足安全和使用功能的检验批，可予以验收；

4 经返修或加固处理的分项、分部工程，满足安全及使用功能要求时，可按技术处理方案和协商文件的要求予以验收。

本条是当质量不符合要求时的非正常验收办法。一般情况下，不合格现象在最基层的验收单位——检验批时就应发现并及时处理，否则将影响后续检验批和相关的分项工程、分部工程的验收。因此所有质量隐患必须尽快消灭在萌芽状态，这也是标准以强化验收促进过程控制原则的体现。

非正常情况的处理有以下四种情况：

第一种情况，是指在检验批验收时，其主控项目不能满足验收规范规定或一般项目超过偏差限值的子项不符合检验规定的要求时，应及时进行处理的检验批。其中，严重的缺陷应推倒重来；一般的缺陷通过翻修或更换器具、设备予以解决，应允许施工单位在采取相应的措施后重新验收。如能够符合相应的专业工程质量验收规范，则应认为该检验批合格。

第二种情况，是指个别检验批发现试块强度等不满足要求等问题，难以确定是否验收时，应请具有资质的法定检测单位检测。当鉴定结果能够达到设计要求时，该检验批仍应认为通过验收。

第三种情况，如经检测鉴定达不到设计要求，但经原设计单位核算，仍能满足结构安全和使用功能的情况，该检验批可以予以验收。一般情况下，规范标准给出了满足安全和功能的最低限度要求，而设计往往在此基础上留有一些余量。不满足设计要求和符合相应规范、标准的要求，两者并不矛盾。

如果某项质量指标达不到规范的要求，多数也是指留置的试块失去代表性，或是因故缺少试块的情况，以及试块试验报告有缺陷，不能有效证明该项工程的质量情况，或是对该试验报告有怀疑时，要求对工程实体质量进行检测。经有资质的检测单位检测鉴定达不到设计要求，但这种数据距达到设计要求的差距有限，差距不是太大。经过原设计单位进行验算，认为仍可满足结构安全和使用功能，可不进行加固补强。如原设计计算混凝土强度应达到 26MPa，故只能选用 C30 混凝土，经检测的结果是 26.5MPa，虽未达到 C30 的要求，但仍能大于 26MPa，是安全的。又如某五层砖混结构，一、二、三层用 M10 砂浆砌筑，四、五层为 M5 砂浆砌筑。在施工过程中，由于管理不善等，其三层砂浆强度最小值为 7.4MPa，没达到规范的要求，按规定应不能验收，但经过原设计单位验算，砌体强度尚可满足结构安全和使用功能，可不返工和加固，由设计单位出具正式的认可证明，有注册结构工程师签字，并加盖单位公章。由设计单位承担质量责任。因为设计责任就是设计单位负责，出具认可证明，也在其质量责任范围内，可进行验收。

以上三种情况都应视为是符合规范规定质量合格的工程。只是管理上出现了一些不正常的情况，使资料证明不了工程实体质量，经过对实体进行一定的检测，证明质量是达到了设计要求或满足结构安全要求，给予通过验收是符合规范规定的。

第四种情况，更为严重的缺陷或者超过检验批的更大范围内的缺陷，可能影响结构的安全性和使用功能。若经法定检测单位检测鉴定以后认为达不到规范标准的相应要求，即不能满足最低限度的安全储备和使用功能，则必须按一定的技术方案进行加固处理，使之能保证其满足安全使用的基本要求。这样会造成一些永久性的缺陷，如改变结构外形尺寸，影响一些次要的使用功能等。为了避免社会财富更大的损失，在不影响安全和主要使用功能条件下可按处理技术方案和协商文件进行验收，但责任方应承担相应的经济责任，这一规定，给问题比较严重但可采取技术措施修复的情况一条出路，不能作为轻视质量而回避责任的一种理由，这种做法符合国际上“让步接受”的惯例。

这种情况实际是工程质量达不到验收规范的合格规定，应算在不合格工程的范围。但在《建设工程质量管条例》的第二十四条、第三十二条等条都对不合格工程的处理做出了规定，根据这些条款，提出技术处理方案（包括加固补强），最后能达到保证安全和使用功能，也是可以通过验收的。为了维护国家利益，不能出了质量事故的工程都推倒报废。只要能保证结构安全和使用功能的，仍作为特殊情况进行验收。是一个给出路的做法，不能列入违反《建设工程质量管理条例》的范围。但加固后必须达到保证结构安全和使用功能。例如，有一些工程出现达不到设计要求，经过验算满足不了结构安全和使用功能要求，需要进行加固补强，但加固补强后，改变了外形尺寸或造成永久性缺陷。这是指经过补强加大了截面，增大了体积，设置了支撑，加设了牛腿等，使原设计的外形尺寸有了变化。如墙体强度严重不足，采用双面加钢筋网灌喷豆石混凝土补强，加厚了墙体，缩小了房间的使用面积等。

造成永久性缺陷是指通过加固补强后，只是解决了结构性能问题，而其本质并未达到原设计要求的，均属造成永久性缺陷。如某工程地下室发生渗漏水，采用从内部增加防水层堵漏，满足了使用要求，但却使那部分墙体长期处于潮湿甚至水饱和状态；又如工程的空心楼板的型号用错，以小代大，虽采用在板缝中加筋和在上边加铺钢筋网等措施，使承载力达到设计要求，但总是留下永久性缺陷。

上述情况，工程的质量虽不能正常验收，但由于其尚可满足结构安全和使用功能要求，对这样的工程质量，可按协商验收。

5.0.7 工程质量控制资料应齐全完整，当部分资料缺失时，应委托有资质的检测机构按有关标准进行相应的实体检验或抽样试验。

实际工程中偶尔会遇到因遗漏检验或资料丢失而导致部分施工验收资料不全的情况，

使工程无法正常验收。对于遗漏检验或资料丢失标准给出了出路，第一种情况可有针对性地进行工程质量检测，采取实体检测或抽样试验的方法确定工程质量状况。此项工作应由有资质的检测机构完成，检测报告可用于施工质量验收。第二种情况当然可以用前述方法，但最佳方法还是建立电子档案，防止资料的丢失。

5.0.8 经返修或加固处理仍不能满足安全或重要使用要求的分部工程及单位工程，严禁验收。

本条为强制性条文。

1. 列为强制性条文的目的

这条规定是确保使用安全的基本要求。在实际中，总还是有极少数、个别的工程，质量达不到验收规范的规定。就是进行返工或加固补强也难达到保证安全的要求，或是加固代价太大，不值得，或是建设单位不同意。这样的工程必须拆掉重建，不能保留。为了保证人民群众的生命财产安全、社会安定，政府工程建设主管部门必须严把这个关，这样的工程不能允许流向社会。同时，对造成这些劣质工程的责任主体，要进行严格的处罚。

2. 内容解释

这种情况是在对工程质量进行鉴定之后，加固补强技术方案制定之前，就能进行判断的情况，由于质量问题的严重，使用加固补强效果不好，或是费用太大不值得加固处理，加固处理后仍不能达到保证安全、功能的情况。这种工程不值得再加固处理了，应坚决拆除。

3. 措施及判定

就是用检测手段取得有关数据，特别要处理好检测手段的科学性、可靠性，检测机构要有相应的资质，人员要有相应的责任，持证上岗。召开专家论证会来确定是否有加固补强的意义，如能采取措施使工程发挥作用的，尽可能挽救。否则，必须坚决拆除。这条作为强制性条文，必须坚决执行。

第六节　建筑工程质量验收的程序和组织

6.0.1　检验批应由专业监理工程师组织施工单位项目专业质量检查员、专业工长等进行验收。

6.0.2　分项工程应由监理工程师组织施工单位项目专业技术负责人等进行验收。

1. 检验批和分项工程验收突出了监理工程师和施工者负责的原则。

《建设工程质量管理条例》第三十七条规定："……未经监理工程师签字……施工单位不得进行下一道工序的施工"。施工过程的每道工序，各个环节每个检验批的验收对工程质量起到把关的作用，首先应由施工单位的项目技术负责人组织自检评定，符合设计要求和规范规定的合格质量，项目专业质量检查员和项目专业技术负责人，分别在检验批和分项工程质量检验记录中相关栏目签字，此时表中有关监理的记录和结论暂时先不填，然后提交监理工程师或建设单位项目技术负责人进行验收。

2. 监理工程师拥有对每道施工工序的施工检查权，并根据检查结果决定是否允许进行下道工序的施工。对于不符合规范和质量标准的验收批，有权并应要求施工单位停工整改、返工。

施工企业的质量检查人员（包括各专业的项目质量检查员），将企业检查评定合格的检验批、分项工程、分部（子分部）工程、单位（子单位）工程，填好表格后及时交监理单位，对一些政策允许的建设单位自行管理的工程，应交建设单位。监理单位或建设单位的有关人员应及时组织有关人员到工地现场，对该项工程的质量进行验收。可采取抽样方法、宏观检查的方法，必要时进行抽样检测，来确定是否通过验收。由于监理人员或建设单位的现场质量检查人员，在施工过程中是进行旁站、平行或巡回检查，根据自己对工程质量了解的程度，对检验批的质量，可以抽样检查或抽取重点部位或是认为有必要查的部位进行检查。

在对工程进行检查后，确认其工程质量符合标准规定，监理或建设单位人员要签字认可，否则，不得进行下道工序的施工。

如果认为有的项目或地方不能满足验收规范的要求时，应及时提出，让施工单位进行返修。

3. 分项工程施工过程中，应对关键部位随时进行抽查。所有分项工程施工，施工单位应在自检合格后，填写分项工程评定表。属隐蔽工程，还应将隐检单报监理单位，监理工程师必须组织施工单位的工程项目负责人和有关人员严格按每道工序进行检查验收。合格者，签发分项工程验收记录。

6.0.3 分部工程应由总监理工程师组织施工单位项目负责人和项目技术负责人等进行验收。

勘察、设计单位项目负责人和施工单位技术、质量部门负责人应参加地基与基础分部工程的验收。

设计单位项目负责人和施工单位技术、质量部门负责人应参加主体结构、节能分部工程的验收。

由于地基与基础、主体结构工程要求严格，技术性强，关系到整个工程的安全，为保证质量，严格把关，规定勘察、设计单位的项目负责人应参加地基与基础分部工程的验收。设计单位的项目负责人应参加主体结构、节能分部工程的验收。施工单位技术、质量部门的负责人也应参加地基与基础、主体结构、节能分部工程的验收。

1. 分部工程是单位工程的组成部分，因此分部工程完成后，由施工单位项目负责人组织检验评定合格后，向监理单位提出分部工程验收的报告，其中地基基础、主体工程、幕墙等分部，还应由施工单位的技术、质量部门配合项目负责人做好检查评定工作，监理单位的总监理工程师组织施工单位的项目负责人和技术、质量负责人等有关人员进行验收。工程监理实行总监理工程师负责制。总监理工程师享有合同赋予监理单位的全部权力，全面负责受监委托的监理工作。因为地基基础、主体结构和幕墙工程的主要技术资料和质量问题归技术部门和质量部门掌握，所以规定施工单位的项目技术、质量负责人参加验收是符合实际的。目的是督促参建单位的技术、质量负责人加强整个施工过程的质量管理。

2. 鉴于地基基础、主体结构等分部工程在单位工程中所处的重要地位，结构、技术性能要求严格，技术性强，关系到整个单位工程的建筑结构安全和重要使用功能，规定这些分部工程的勘察、设计单位工程项目负责人和施工单位的技术、质量部门负责人也应参加相关分部工程质量的验收。

6.0.4 单位工程中的分包工程完工后，分包单位应对所承包的工程项目进行自检，并应按本标准规定的程序进行验收。验收时，总包单位应派人参加。分包单位应将所分包工程的质量控制资料整理完整，并移交给总包单位。

由于《建设工程承包合同》的双方主体是建设单位和总承包单位，总承包单位应按照承包合同的权利义务对建设单位负责。分包单位对总承包单位负责，亦应对建设单位负责。因此，分包单位对承建的项目进行检验时，总承包单位应参加，检验合格后，分包单位应将工程的有关资料整理完整后移交给总承包单位，建设单位组织单位工程质量验收时，分包单位负责人应参加验收。

6.0.5 单位工程完工后，施工单位应组织有关人员进行自检。总监理工程师应组织各专业监理工程师对工程质量进行竣工预验收。存在施工质量问题时，应由施工单位整改。整改完毕后，由施工单位向建设单位提交工程竣工报告，申请工程竣工验收。

单位工程完成后，施工单位应首先依据验收规范、设计图纸等组织有关人员进行自检，对检查结果进行评定并进行必要的整改。监理单位应根据《建设工程监理规范》的要求对工程进行竣工预验收。符合规定后由施工单位向建设单位提交工程竣工报告和完整的质量控制资料，申请建设单位组织竣工验收。建设单位应根据国家规定及时将验收人员、验收时间、验收程序提前一个星期报当地工程质量监督机构。预验收是2013年修订统一标准提出的要求，施工企业必须使自己施工的产品应达到国家标准的要求，才算完成了一个施工企业的基本任务，这是一个企业立业之本，用数据、事实来证明自己企业的成果，当建设单位组织验收时。施工企业及监理企业自己要有底，已进行了预验收。

预验收包括两个方面的内容，一是实体质量，要保证达到或超过国家验收规范的要求；二是工程验收资料，《中华人民共和国建筑法》第六十条规定："交付竣工验收的建筑工程，必须符合规定的建筑工程质量标准，有完整的工程技术资料……"。这就要求施工单位在单位工程完工后，首先要依据建筑工程质量标准、设计图纸等组织有关人员进行自检，并对检查结果进行评定，符合要求后，形成质量检验评定资料。

6.0.6 建设单位收到工程竣工报告后，应由建设单位项目负责人组织监理、施工、设计、勘察等单位项目负责人进行单位工程验收。

本条为强制性条文。

单位工程质量验收应由建设单位项目负责人组织，由于勘察、设计、施工、监理单位都是责任主体，因此各单位项目负责人应参加验收，施工单位项目技术、质量负责人和监理单位的总监理工程师也应参加验收。

在一个单位工程中，对满足生产要求或具备使用条件，施工单位已自行检验，监理单位已预验收的子单位工程，建设单位可组织进行验收。由几个施工单位负责施工的单位工程，当其中的子单位工程已按设计要求完成，并经自行检验，也可按规定的程序组织正式验收，办理交工手续。在整个单位工程验收时，已验收的子单位工程验收资料应作为单位工程验收的附件。

1. 本条列为强制性条文的目的

这条也是一个程序性条文，也是明确建设单位的质量责任，以维护建设单位的利益和国家利益，在工程投入使用前，进行一次综合验收，以确保工程的使用安全和合法性。

2. 内容解释

这条规定是体现建设单位对建设项目质量负责的条文，建设单位应组织有关人员按设计、施工合同要求，全面检查工程质量，作出验收不验收的决定。这是建设单位应进行的程序，用强制性标准条文规定下来，便于建设单位的质量行为进行检查。也是建设单位对工程的一次全面评价检查，对工程项目进行总结的一个重要部分。

3. 措施及判定

建设单位应制定工程管理制度，将工程竣工验收作为一项重要内容，是要求监理单位协助做好有关技术工作和具体事项。按规定，在接到施工单位提交的工程质量验收报告后，在规定时间内，组织竣工验收。在实际工作中，不一定等施工单位的报告，可同时进行准备竣工验收事项，报告只是一个程序而已。按验收程序及工程质量验收规范的规定，逐项进行检查、评价。技术工作应由监理单位提供有关资料。在综合验收的基础上，最后给出通过或不通过的综合验收结论。对不按程序、不按验收规范规定进行验收，或将不合格项目验收为合格等都是违法的。

单位工程（包括子单位工程）竣工后，组织验收和参加验收的单位及必须参加验收的人员，《建设工程质量管理条例》第十六条规定“建设单位……应当组织设计、施工、工程监理等有关单位进行竣工验收”。这里规定设计、施工单位负责人或项目负责人及施工单位的技术、质量负责人和工程监理单位的总监理工程师参加竣工验收，目的是突出了参建单位领导人及技术、质量负责人都要关心工程质量状况和质量水平，督促本单位各部门正确执行技术法规和质量标准。

在一个单位工程中，可将能满足生产要求或具备使用条件，施工单位已预验，监理工程师已初验通过的某一部分，建设单位可组织进行子单位工程验收。由几个施工单位负责施工的单位工程，当其中的施工单位所负责的子单位工程已按设计完成，并经自行检验评定，也可组织正式验收，办理交工手续。在整个单位工程进行全部验收时，对已验收的子单位工程验收资料作为单位工程验收的附件而加以说明。

2013 年 12 月 2 日住房和城乡建设部印发了《房屋建筑和市政基础设施工程竣工验收规定》对竣工验收的程序、要求、内容作出了规定。主要内容见本书第一章第二节。2009 年 7 月住房和城乡建设部以第 2 号令发布了关于修改《房屋建筑工程和市政基础设施工程竣工验收备案管理暂行办法》的决定，建设单位在竣工验收后 15 日内应到备案机关对已验收的工程进行备案。

第三章　优质建筑工程质量评价

《优质建筑工程施工质量验收评定标准》（DGJ32/TJ 04—2004）为江苏省工程建设标准，属地方标准，于2004年7月12日发布，发布之日实施。2010年江苏省建设工程质量监督总站组织人员对该标准进行了修订，修订后的代号为DGJ32/TJ 04—2010。

在江苏省范围内，创优工程应执行此标准，不创优可不执行此标准，不符合本标准要求，不能称为优质工程。

本章主要介绍《优质建筑工程施工质量验收评定标准》（DGJ32/TJ 04—2010）中的安装部分，土建部分及优质结构工程的评定见本书土建施工专业分册，本册不作介绍。安装部分的条款号仍按《优质建筑工程施工质量验收评定标准》（DGJ32/TJ 04—2010）的条款号编排，但是节按本书顺序编排。

第一节　总　　则

1.0.1　为加强建筑工程质量管理，规范优质建筑工程施工质量的验收评定，促进建筑工程质量水平提高，制定本标准。

随着社会发展和人们生活质量的提高，人们对工程质量的要求也相应提高。工程质量管理不仅要创造条件促进施工企业把工程质量做好，保证结构安全，而且要使工程质量符合人们审美观的需要。由于《建筑工程施工质量验收统一标准》（GB 50300—2013）及配套的工程质量验收规范虽对工程质量验收提出了要求，但未做等级规定，因此，制定本标准对优质建筑工程的质量进行验收评定。

1.0.2　本标准适用于江苏省行政区域内新建、改建、扩建建筑工程的优质结构工程和优质单位工程的施工质量验收评定。

优质结构工程和优质单位工程的施工质量验收评定的均应执行本标准。

1.0.3　按本标准要求验收评定为优质结构工程和优质单位工程的，尚可申报各类工程质量奖项。

优质结构工程或优质单位工程的验收评定是工程质量奖项认定的重要基础。

1.0.4　优质结构工程和优质单位工程的施工质量验收评定除执行本标准外，还应符合国家、行业和江苏省现行有关法规、标准的规定。

第二节　术　　语

2.0.1　优质建筑工程　excellent quality building engineering

对建筑工程施工质量进行验收评定并符合本标准规定的工程，包括优质结构工程和优质单位工程。

在1988年颁布的国家规范体系中，工程质量等级分为不合格、合格、优良，2001年颁布的国家规范体系中分为不合格、合格。2011年系列规范陆续进行了修订，质量等级仍为合格，不符合要求的为不合格。为鼓励参建单位积极创优，2004年，江苏省颁布了《优质建筑工程施工质量验收评定标准》（DGJ32/TJ 04—2004），2010年又进行了修订，在2001年颁布的国家规范体系的基础上，对质量好的工程进行评定和肯定。为了与1988年颁布的国家规范体系中优良的概念相区别，编制组将质量好的工程定为优质建筑工程，并分为两个层次，即主体结构阶段的优质结构工程和工程竣工后的优质单位工程。

2.0.2 优质建筑工程施工质量验收评定 acceptance and evaluating for constructional quality of excellent quality building engineering

建筑工程施工质量验收时，同时按照本标准规定进行的优质结构工程和优质单位工程质量验收评定工作。

优质建筑工程施工质量验收评定应在执行现行规范、标准验收的基础上，增加本标准的内容，对工程质量进行验收评定，不对工程进行单独评定优质工程。

2.0.3 优质结构工程 excellent quality structural engineering

单位工程中地基与基础、主体结构分部工程施工质量均符合本标准规定的结构工程。

2.0.4 优质单位工程 excellent quality unit engineering

按照本标准规定对单位工程施工质量进行验收评定，并达到本标准规定的单位工程。

第三节 基本规定

3.0.1 施工单位应制定创建优质结构工程和优质单位工程的目标和措施，经监理单位审核后报建设单位审批。

优质工程评价标准是在现行验收规范体系基础上的增加和提高。为便于标准操作且符合实际情况，创建优质结构工程和优质单位工程必须在现行规范、标准验收的基础上进行，所以标准的实施主体仍是工程参建单位，工程参建单位在对工程质量验收评定的过程中，工程质量监督机构实施监督。

3.0.2 对有创优目标和措施的工程，监理（建设）单位在组织主体结构验收、建设单位在组织竣工验收时，应同时按照本标准的规定进行优质结构工程和优质单位工程的验收评定。工程质量监督机构应对优质结构工程的验收评定进行抽查，对优质单位工程验收评定进行监督，并提出明确的监督意见。

优质建筑工程的评定指优质结构工程和优质单位工程的评定，参建单位对工程质量进行验收评定时必须按《建筑工程施工质量验收统一标准》（GB 50300）和优质工程评价标准的规定进行，根据2010年9月1日实施的中华人民共和国住房和城乡建设部令第5号《房屋建筑和市政基础设施工程质量监督管理规定》，工程质量监督机构对工程实体质量、工程质量责任主体进行抽查，对竣工验收进行监督是法定程序。

3.0.3 单位（子单位）工程、分部工程（子分部工程）、分项工程、检验批的划分应符合《建筑工程施工质量验收统一标准》（GB 50300）的规定。

优质结构工程和优质单位工程的验收评定过程中，单位（子单位）工程、分部工程（子分部工程）、分项工程、检验批的划分原则上执行GB 50300，但在现行修订的规范中有的已调整了检验批的划分，如屋面工程，调整的幅度较大，应执行现行标准。

3.0.4 对有创优目标和措施的工程，单位（子单位）工程、分部工程（子分部工程）、分项工程、检验批的验收记录在《建筑工程施工质量验收统一标准》（GB 50300）的规定基础上应增加本标准规定的内容。

创建优质建筑工程的验收记录表，按照《建筑工程施工质量验收统一标准》（GB 50300）规定的记录表格式，在表内增加优质标准的内容，统一了验收资料，不必专门整理优质工程的评定资料，方便了工程资料的整理。

关于工程资料，“江苏工程档案资料管理系统”（网址：http：//www.jsgcda.com）是通过江苏省住房和城乡建设厅评审的用于建立电子档案的系统，该系统中已按本条要求建立了优质工程验收的程序。

相关资料表格齐全。

3.0.5 分项工程检验批优质标准应符合下列规定：

1 主控项目的质量符合设计要求和现行国家、行业和江苏省标准及本标准的要求。

2 一般项目按现行验收规范要求，应全数检查的项目和本标准规定的项目应90%以上（含90%）符合要求，抽样检查的允许偏差应有90%以上（含90%）的检查点（处）符合质量验收规范规定的要求，其他检查点（处）不得有影响使用功能的缺陷，测点最大偏差值不得大于允许偏差值的1.5倍，并不得大于国家、行业和江苏省标准的规定。

工程质量验收的最基本层次是检验批，对于检验批中允许偏差的检查项目，验收规范中规定有80%及以上在允许偏差范围内，优质工程评价标准规定的允许偏差项目不提高验收规范允许的偏差数值，仅提高了在允许偏差范围内的数量。

关于在允许偏差范围外超差值，现行规范中有的给予了限制，本标准对此提出了要求，即测点最大偏差值不得大于允许偏差值的1.5倍，并不得大于国家现行验收规范的规定。如《钢结构工程施工质量验收规范》（GB 50205—2001）第3.0.5条规定偏差最大值不应超过其允许偏差值的1.2倍。

3.0.6 分项工程优质标准应符合下列规定：

1 分项工程所含检验批均应符合验收规范的规定。

2 分项工程所含检验批60%以上（含60%）达到检验批优质标准的规定。

3.0.7 分部（子分部）工程优质标准应符合下列规定：

1 分部（子分部）工程所含分项工程均应符合验收规范的规定。

2 分部（子分部）工程所含分项工程有60%以上（含60%）达到分项工程优质标准的规定。

3 分部工程所含子分部工程有60%以上（含60%）达到子分部优质标准的规定，其中主体结构分部所含子分部工程100%达到子分部优质标准的规定。

4 质量控制资料应齐全完整。

5 有关安全及使用功能的抽样数量和检测结果应符合有关规定。

6 有观感质量要求的分部工程观感质量评定应为“好”。

本条第4款和第5款的要求，在本书第二章中有说明。

3.0.8 单位（子单位）工程优质标准应符合本标准第5.10.2条的要求。

3.0.9 创优工程的分部工程质量验收时，应按本标准的观感质量要求进行观感质量检查，检查方法、检查数量应符合本标准第5.10节的要求，并按附录A的要求进行记录。

国家工程质量验收规范要求分部工程的观感质量验收应符合要求，由于观感质量难以定量检查，但也不能随意性过大，本标准除地基基础分部工程、建筑节能分部工程外，其他分部工程都提出了观感质量要求，检查项目按各分部工程质量的要求进行。

本书略去附录A，完整的记录表格在“江苏省工程档案资料管理系统”（网址：http：//www.jsgcda.com）中，使用该系统即可。

第四节 优质单位工程验收评定

本节原标准第四章优质结构工程，第五章土建部分地基与基础、主体结构、建筑装饰装修、建筑屋面工程土建施工专业分册作了介绍，本册不作介绍，本节序号仍按《优质建筑工程施工质量验收评定标准》（DGJ32/TJ 04—2010）的条款号编排，与标准一致。

5.4 建筑节能

主控项目

5.4.1 外墙防火水平隔离带设置间距、几何尺寸及构造做法应符合设计文件和有关规定要求；防护层应将保温材料完全覆盖。

检查方法：观察检查。

检查数量：全数检查。

为了增强外墙外保温系统的防火性能，提高建筑外墙防火工程的质量，依据公安部与住房和城乡建设部颁发的《民用建筑外墙保温系统及外墙装饰防火暂行规定》，制定本条规定。

5.4.2 幕墙节能工程使用的保温材料，其厚度不应有负偏差；安装牢固、无松脱；热桥部位的断热措施应符合设计文件要求，断热节点的链接必须牢固。

检查方法：测量、观察检查。

检查数量：每检验批不少于5处。

5.4.3 伸缩缝、沉降缝、抗震缝的保温或密封做法应符合设计文件要求，且无渗漏、冷凝现象。

检查方法：对照设计文件观察检查。

检查数量：全数检查。

5.4.4 风管与变风量末端装置应经动作试验，符合设计文件要求后方可安装。

检查方法：观察检查。

检查数量：按总数抽查15%，且不少于3台。

变风量末端装置是变风量空调系统的重要部件，只有通过动作试验后，才能保证变风量空调系统正常的运行及良好的节能效果。

5.4.5 冷却塔安装区域内不应有降低冷却效果的遮挡物。

检查方法：对照安装说明书观察检查。

检查数量：全数检查。

冷却塔的安装区域应符合安装说明书的要求。如在冷却塔安装区域内进行建筑外装修、立广告牌等，会对系统的冷却效果造成不利影响，导致冷却能力下降，冷水机组达不到设计制冷要求。本条是为确保冷却塔的使用功效而提出的要求。

5.4.6 空调保冷管道绝热层外设置的隔汽层和保护层应完整、封闭良好。

检查方法：观察检查。

检查数量：全数检查。

空调保冷管道绝热层外的隔汽层是防止凝露、保证绝热效果的有效手段。保护层用来保护隔汽层，如果有缝隙，空气中的水蒸气易从缝隙中流入隔热层而产生凝结水，使绝热性能降低，冷量损失加大。

5.4.7 公共建筑中设置的集中空调系统，冷热量计量装置应齐全，并应实行智能控制。

检查方法：观察检查。

检查数量：全数检查。

5.5 建筑给水、排水及供暖

主控项目

5.5.1 高层建筑明敷塑料排水管的阻火圈应采用金属膨胀螺栓固定，固定件数量应齐全、安装牢固。

检查方法：观察和尺量检查。

检查数量：抽查10%，且不少于10处。

高层建筑中明设排水塑料管道，在楼板下设阻火圈或防火套管，是防止发生火灾时塑料管被烧坏后火势穿过楼板，使火灾蔓延到其他层。工程实际发现有用塑料膨胀管、射钉固定，有的甚至不固定，遇到火情时，阻火圈将不起作用。

5.5.2 太阳能热水器系统集热器之间的连接应密封可靠，无泄漏，无扭曲变形；水泵、电磁阀、阀门的安装排列整齐，形式一致，进出水方向正确。

检查方法：现场观察、测量和用扳手检查。

检查数量：全数检查。

本条是室内热水供应系统太阳能热水器安装分项工程的补充内容。不同厂家生产的集热器连接方式可能不同，实际安装中，容易出现水泵、电磁阀、阀门安装方向不正确的现象，因此，制定本条加以规定。

5.5.3 卫生器具不应有破损，成排器具和感应器或手动（脚踏）冲洗阀的间距、标高应一致，安装应采用预埋螺栓或膨胀螺栓固定。

检查方法：观察检查。

检查数量：抽查10%，且不少于5组。

5.5.4 沟槽式连接横管支吊（托）架应设置在三通、四通、弯头、异径管等管道、管件上下游连接接头的两侧。支吊（托）架与接头净间距不应小于150mm，且不应大于300mm。支吊（托）架排列应整齐，与管子接触应紧密。

检查方法：观察，尺量检查。

检查数量：不少于10件（处）。

管道支吊（托）架是建筑给水管道系统的组成部分，沟槽式连接的管道系统的支吊（托）架不但支承管道重量，还要承受管道试压和常年工作状态下由水压和温度变化产生的轴向力和位移，因此，支、吊（托）架的设备位置、间距必须符合要求。

5.5.5 建筑给水、排水及采暖工程除按国家验收规范进行系统性能试验外，还应对下列系统进行检测，检测结果应符合设计文件和规范的要求。

1　采暖系统，采暖期内与热源进行调试、试运行的检测报告。

2　太阳能热水系统性能检验报告。

检查方法：检查检测报告。

检查数量：采暖系统，采暖期内与热源进行调试、试运行的检测报告应全数检查；太阳能热水系统性能检测报告应按系统检查，且不少于50%。

本条所称的检测报告是指由建设单位委托的有相应资质的第三方检测机构出具的检测报告。

一般项目

5.5.6　建筑给水、排水及采暖工程观感质量应符合表5.5.6（本书表3.4.1）的要求，并应对下列部位进行检查：地下室、水泵房、设备层、管道井、厨房、卫生间、屋面。

建筑给水、排水及采暖工程观感质量要求　　**表3.4.1**

序号	项目名称		观感质量要求
1	室内给水排水与供暖	管道接口、坡度、支架	镀锌钢管表面镀锌层完整，螺纹清洁无损伤，螺纹处防腐无漏涂；管道接口无渗漏，焊接口焊缝宽度和高度均匀，法兰的紧固螺栓规格相同，PP-R管熔接圈均匀 支架形式和间距一致，安装牢固，位置合理，排列整齐，支架与管子接触紧密，塑料管道与金属支架间的隔垫齐全、完整，设置正确 管井内管道排列有序，过楼板处套管与管道间隙均匀一致，封堵密实。管道与建筑物交接处应严密无渗漏
2		卫生器具、支架、阀门	卫生器具表面应清洁无破损，卫生器具的支、托架防腐良好，安装平整、牢固，与器具接触紧密、平稳。卫生器具给水配件完好无损伤，接口严密，启闭部分灵活
3		检查口、清扫口、地漏	检查口、清扫口朝向合理，便于清通和检修。排水栓和地漏的安装平正、牢固，低于排水表面，周边无渗漏
4		散热器、支架	散热器表面洁净，肋片整齐无翘曲。支架排列整齐，与散热设备接触紧密
5		防腐、绝热	管道、金属支架和设备的防腐和涂漆附着良好，无脱皮、起泡、流淌、漏涂及污染 保温管壳的粘贴牢固，铺设平整，无滑动、松弛及断裂；防潮层紧密粘贴在保温层上，封闭良好，没有虚粘、气泡、褶皱、裂缝等缺陷；阀门及法兰部位的保温层结构严密，且能单独拆卸，并不得影响其操作功能
6		设备	泵房设备排列整齐、美观，固定牢固，减振装置齐全有效；设备上的配件应安装齐全，朝向合理，便于观察和操作；设备、管道及附件标识齐全、醒目，管道标识有介质流向和介质名称

5.6　建筑电气

主控项目

5.6.1　开关、插座、电缆（线）进场后应抽样进行复验，复验结果应符合产品标准的要求。

检查方法：检查复试报告。

检查数量：按同一生产厂家同类产品不少于2个规格。

5.6.2　埋设在墙体内或混凝土结构内的电导管应选用重型、超重型绝缘导管。

检查方法：观察和尺量检查。

检查数量：按进场批量检查。

5.6.3　开关、插座、风扇安装应符合下列要求：

1　卫生间和阳台应采用防溅型电源插座，空调、洗衣机、电热水器的电源插座应带开关。

2　同一插座回路接地线连接应采用T形接头。接头并线可采用纹接搪锡之后引出单根线插入接线孔中固定，或选用质量好的压线帽压接牢固。

检查方法：观察和尺量检查。

检查数量：按总数抽查5%，且不少于5个。

一般项目

5.6.4　建筑电气工程观感质量应符合表5.6.4（本书表3.4.2）的要求，并应对下列部位进行检查：配电室、机房、配电竖井、设备层、地下室、屋面、标准层等。

建筑电气工程观感质量要求　　**表3.4.2**

序号	项目名称	观感质量要求
1	配电箱、盘、板、接线盒	箱体开孔与导管管径适配，导管锁紧螺母安装牢固贴合，暗装配电箱的盖紧贴墙面，标高一致，无扭曲变形，箱（盘）油漆完整，箱体内外清洁；标志牌齐全 箱、柜（盘）内接线整齐美观，无铰接；导线绝缘层颜色选择正确，各线端回路标志清晰、标记，不易脱落；跨接地线材质和规格符合要求；导线连接紧密，不伤芯线，不断股；同一端子上连接不多于2根；箱（盘）内开关及漏电保护装置动作灵活可靠；零线和保护线经零线（N）和保护地线（PE线）汇流排配出，接地可靠 防水、防潮电气设备的接线盒盖有密封处理
2	设备、器具、开关、插座	灯具安装整齐美观，灯具及其支架安装位置正确、牢固，吊杆垂直，吊链灯双链平行，软电线编叉在吊链内 灯具接线牢固；室外壁灯防水可靠 接线箱（盒）内清洁，护口齐全 开关断开相线，开关的通断位置一致，操作灵活，接触可靠 各类操作面板紧贴墙面，四周无缝隙，安装牢固，表面整洁，无碎裂、无划伤，配件齐全
3	防雷、接地	针、网带及室内接地干线横平竖直，支架间距均匀，位置正确，与建筑物外形顺直一致，连接方式符合要求，焊接外观成型好，防腐完整 接地线涂以黄色和绿色相间的条纹，且条纹清晰，间距一致 过变形缝时有补偿措施。接地线在穿越墙壁、楼板和地坪处应加钢套管或其他坚固的保护套管，钢套管应与接地线作电气连通 接地测试点位置正确，防护盖板齐全，标志正确、明显 等电位连接的端子排厚度和连接可靠符合规定要求 电动机、电加热水器及电动执行机构的可接近裸露导体应接地或接零可靠

5.7　智能建筑

主控项目

5.7.1　安全防范系统的视频图像显示应清晰、连续，能清晰地辨别人物脸部特征。

检查方法：观察检查。

检查数量：抽查总数10%的探测点，不少于2个探测点。

5.7.2　建筑智能系统检测应符合《智能建筑工程质量验收规范》（GB 50339）的要求，检测单位应具备智能建筑检测资质。

检查方法：检查检测报告。

检查数量：符合《智能建筑工程质量验收规范》（GB 50339）的要求。

智能建筑工程的试运报告和检测结论是工程竣工验收的重要依据。

一般项目

5.7.3　建筑智能工程观感质量应符合表5.7.3（本书表3.4.3）的要求。

建筑智能工程观感质量要求　　表 3.4.3

序号	项目名称	观感质量要求
1	设备及仪器仪表	机房设备布局合理，排列有序，机房环境符合规范要求 设备与设施安装位置留有操作维护空间 仪表及接线盒安装应牢固、平整，配件适用，传感器安装位置正确，执行器安装便于观察、操作和维护，传动灵活、无卡涩，信息插座安装位置正确，排列整齐、牢固，与面层贴合严密
2	综合布线	在线槽、桥架内缆线敷设应顺直，机柜内线缆敷设应绑扎牢固，各回路标识清晰准确
3	支架	支架安装应固定牢固、横平竖直、整齐美观，金属导管、桥架及设备外壳接地可靠

5.8 通风与空调

主控项目

5.8.1 成品、半成品非金属复合风管应提供释放有害气体或风管粘结胶料的型式检验报告。有异议时，应送有资质的检测单位进行复验。

检查方法：按批查验合格证、型式检验报告。

检查数量：全数检查。

民用建筑室内环境污染直接影响人体健康，应进一步明确成品和半成品非金属复合风管释放有害气体浓度和风管粘结胶料性能的要求，不合格产品严禁投入使用。

5.8.2 通风、空调系统综合效能应经有资质的检测单位检测，检测结果应符合设计文件和规范的要求。

检查方法：检查检测报告。

检查数量：全数检查。

调试报告是施工单位质量保证体系中的一个测试程序和手段，在此基础上，为加强质量监督管理，确保满足重要使用功能，以强化其内容。由有法定检测资质的机构对其进行检测，使其更具科学性、公正性、权威性。

综合效能是否符合设计文件要求和规范的规定，应委托有资质的检测机构对系统进行检测，并出具相应的检测报告。

一般项目

5.8.3 通风与空调安装工程的观感质量要求应符合表 5.8.3（本书表 3.4.4）的要求。

通风与空调安装工程观感质量要求　　表 3.4.4

序号	项目名称	观感质量要求
1	风管、管道	风管与配件的宽度一致；翘角平直，圆弧均匀，两端平行，表面应平整；角钢、加固筋、楞筋或楞线的加固、排列规则，间隔均匀，板面平顺 焊接平整，无裂纹、凸瘤、夹渣、气孔等缺陷 可伸缩性软风管无死弯或塌凹 非金属风管焊缝应饱满，焊缝排列整齐，无焦黄和断裂、扭曲现象；风管表面无气泡、分层、裂纹、泛霜现象 管道坡度符合设计或规范的要求；镀锌钢管表面镀锌层完整，螺纹清洁无损伤，螺纹处防腐无漏涂；管道接口无渗漏，焊接口焊缝宽度和高度均匀，法兰的紧固螺栓规格相同 管道排列整齐，标识齐全

续表

序号	项目名称	观感质量要求
2	支吊架（风管、空调水系统）	机械加工开孔下料平直无毛刺，焊缝均匀完整，吊杆平直，螺纹完整，管卡圆弧均匀一致，支吊架受力均匀，与风管按触紧密；支吊架安装位置、轴线、标高正确，埋设牢固，安装顺直，悬吊风管按规定设置防晃吊架 管道与设备连接处需设独立支架；冷热水、冷却水系统管道在机房内的总管的支吊架采用承重防晃管架，绝热（保温）衬垫，其厚度不应小于绝热（保温）层厚度，宽度应大于支承面的宽度；衬垫的表面应平整，绝热（保温）材料填充密实
3	风口	风口与风管的连接应严密、牢固；与装饰面相紧贴，不变形；调节部件灵活，固定可靠；排列整齐，平整美观
4	风机、空调设备、水泵、冷却塔	设备进出口方向及连接正确，标识齐全；固定设备的支脚螺栓露牙一致，防松动措施完整 隔振钢支吊架，其结构形成和外观尺寸一致；焊接牢固，焊缝饱满、均匀 设备的隔振器安装位置正确，各个隔振器的压缩量应均匀一致 冷却塔风机叶片端部与塔体四周的径向间隙均匀，冷却塔本体稳固，无异常振动，连接部件采用热镀锌或不锈钢螺栓
5	阀门	调节风阀、止回阀结构牢固，启闭灵活，关闭严密。安装位置进出口方向正确，间距标高一致，整齐美观，标识齐全
6	空调（风管、水）系统绝热、防潮、防腐	防潮层与绝热层应结合紧密，封闭良好，不得有虚粘、气泡、褶皱、裂缝等缺陷 防潮层的立管应由管道的低端向高端敷设，环向搭接缝应朝向低端，并顺水纵向搭接缝应位于管道的侧面 金属保护壳应紧贴绝热层，无脱壳、褶皱等现象。接口的搭接应顺水，并有凸筋加强 采用自攻螺丝固定时，螺钉间距应匀称一致，并不得刺破防潮层 喷、涂油漆的漆膜应均匀

5.9 电梯

主控项目

5.9.1 电力驱动的曳引式或强制式电梯下半轿壁是玻璃体的轿厢，玻璃面不得固定扶手，必须另外独立固定设置，扶手设备形式、所用材质应符合设计要求。

检查方法：观察和尺量检查，检查安装记录、合格证。

检查数量：全数检查。

轿厢下部为玻璃体时，为确保载人客梯的运行安全，既要保证扶手的安装设置，又要保证固定牢固可靠。

5.9.2 电力驱动的曳引式或强制式电梯机房噪声：速度小于4m/s的电梯，不应大于75dB（A）；速度大于4m/s电梯，不应大于80dB（A）。

液压电梯机房噪声不应大于80dB（A）。

检查方法：检查测试记录。

检查数量：全数检查。

噪声控制是保证电梯安装工程质量的重要指标之一，也是反映整机安装后质量的具体体现。规定噪声的限值，可更进一步促进提高电梯安装质量。

5.9.3 当自动扶梯、自动人行道出现电路接地的故障、无控制电压、过载情况时，应能自动停止运行。

检查方法：实际运行检查。

检查数量：全数检查。

一般项目

5.9.4 电梯观感质量应符合表5.9.4（本书表3.4.5）的要求。

电梯观感质量要求 **表3.4.5**

序号	项目名称	观感质量要求
1	运行	电梯启动、运行和停止，轿厢内无较大振动和冲击
2	平层	指令、召唤、开车、截车、停车、平层准确无误
3	开关门	轿门带动层门开、关运行，门扇与门扇、门扇与门套、门扇与门楣、门扇与门口处轿壁、门扇下端与地坎应无刮碰现象
4	层门	门扇与门扇、门扇与门套、门扇与门楣、门扇与门口处轿壁、门扇下端与地坎之间各自的间隙在整个长度上应基本一致
5	信号系统	声光信号清晰正确
6	机房井道	机房、导轨与支架、底坑、轿顶、轿门、层门、地坎等部位无杂物，表面清洁
7	自动扶梯	上行和下行自动扶梯、自动人行道、梯级、踏板或胶带与围裙板之间应无刮碰现象（梯级、踏板或胶带上的导向部分与围裙板接触除外），扶手带外表应无刮痕 对楼级（踏板或胶带）、梳齿板、扶手带、护壁板、围裙板内外盖板、前沿板及活动盖板等部位的外表面应清理

观感质量检查绝不是单纯的外观检查，而是实地对工程进行的一个全面检查，以核实质量控制资料和核查分项、分部工程验收的正确性以及对分项工程中未能检查的项目进行检查。如工程完工，绝大部分的安全可靠性能和使用功能已达到要求，但出现了不应出现的裂缝和严重影响使用功能的情况，应该首先弄清楚原因，然后再评定。若地面严重空鼓、起砂，墙面空鼓粗糙，门窗开关不灵、关闭不严等项目的质量缺陷很多，就说明在分项、分部工程验收时掌握标准不严。分项分部无法测定和不便测定的项目，在单位工程观感评定中应给予核查。如建筑物的全高垂直度、上下窗口位置偏移及一些线角顺直等项目，只有在单位工程质量最终检查时才能了解得更确切。

系统地检查单位工程，可全面衡量单位工程质量的实际情况，突出对工程整体的检验和为用户着想的观点。

《优质建筑工程施工质量验收评定标准》(DGJ32/TJ 04—2010) 列出了分部的观感质量内容和要求，单位工程的观感质量要求并未列出。在检查单位工程观感质量时，主要依据分部工程的观感质量要求、验收评定人员的经验和审美观来进行评定。在实施评定时，应将建筑工程外观全部看到，对建筑的重要部位、项目及有代表性的房间、部位、设备、项目都应检查到。

5.10 优质单位工程评定

5.10.1 优质单位工程验收评定与单位工程竣工验收一并进行。

优质单位工程的验收评定和竣工验收同时进行，使用“江苏省工程档案资料管理系统”(网址：http://www.jsgcda.com)，建立电子档案，相关表格系统中齐全，程序方法符合要求。

5.10.2 单位（子单位）工程的优质标准应符合下列要求：

1 所含分部工程均应符合国家施工质量验收规范的规定。

2 所含分部工程有60%以上（含60%）达到分部工程的优质标准，其中地基与基础分部工程、主体结构分部工程、装饰装修分部工程必须优质。

3 质量控制资料应齐全完整。

4 安全及使用功能的检验结果和抽样检测的数量应符合有关规定。

5 观感质量综合评定为“好”。

关于单位（子单位）工程的优质标准要求：

1. 单位（子单位）工程评为优质的基础条件是首先应符合施工质量验收规范的规定，这也是工程质量的最低要求。

2. 本条规定了单位（子单位）工程中必须有60%以上（含60%）达到分部工程的优质标准，其中明确地基与基础分部工程、主体结构分部工程、装饰装修分部工程必须优质。

3. 质量控制资料应齐全完整，主要按《建筑工程施工质量验收统一标准》（GB 50300）中单位（子单位）工程质量控制资料核查记录表进行检查。质量控制资料对一个单位工程来讲，主要是判定其是否能够反映保证结构安全和主要使用功能是否达到设计要求，如果能够反映出来，即使标准及规范要求有少量欠缺，也可以认可，因此质量控制资料应完整。在检验批施工时，都应具备完整的施工操作依据、质量检查资料。

5.10.3 优质单位工程验收评定资料应并入《建筑工程施工质量验收统一标准》（GB 50300）规定的工程质量检验评定资料，检验批、分项工程、分部工程、单位工程验收记录应使用同一张验收记录。

5.10.4 单位（子单位）工程观感质量应按《建筑工程施工质量验收统一标准》（GB 50300）规定的“单位（子单位）工程观感质量检查记录”表检查并记录。

5.10.5 观感质量检查的数量应符合下列要求：

1 外墙面、屋面应全数检查，一个单位工程的室外和屋面宜各分为8处进行检查；室内按有代表性的自然间抽查10%。

2 建筑给水、排水及采暖分部工程地下室、水泵房、设备层、屋面应全数检查，管道井、厨房、卫生间应抽查1%，且各不少于3（处）间。

3 建筑电气分部工程中配电室、机房、设备层、地下室、屋面应全数检查；配电竖井、标准层应抽查1%，且各不少于3（处）间。

4 建筑智能分部工程观感质量应按通信网络系统、信息网络系统、建筑设备监控系统、火灾自动报警及消防联动系统、安全防范系统、综合布线系统不同设置，抽查10%，每类系统应不少于2处。

5 通风与空调安装分部工程观感质量应抽查空调设备用房、标准房、大厅、走廊间、屋面、管道井及吊顶内。各类系统按数量抽查10%；设备全数检查。

5.10.6 观感质量应按下列方法进行评定：

1 符合本标准各分部工程规定的观感质量要求的检查点（处）为“好”，记录符号为“○”。

2 低于标准各分部工程规定的观感质量要求，但不妨碍观感的检查点（处）为“一般”，记录符号为“△”。

3 低于本标准各分部工程规定的观感质量要求，妨碍观感或影响安全、功能的检查点（处）为“差”，记录符号为“×”。

4 观感质量的抽查结果应及时记录在观感质量检查记录表相应项目的质量状况栏中。

5.10.7 观感质量检查记录表中每个项目抽查质量状况中如有一个及以上检查处（点）评为“差”的，观感质量评定为“差”。80%及以上检查处（点）评为“好”的，观感质量评定为“好”。其他的评为“一般”。观感质量检查项目有80%以上（含80%）评为好的，观感质量综合评定为“好”。

5.10.8 有创优目标和措施的单位工程质量验收时，应按附录D“单位（子单位）工程质量竣工验收记录表”填写验收评定记录。

附录D的表格为统一的验收记录表格，见第二章表2.5.4。

第四章　住宅工程质量通病控制

为控制住宅工程质量通病，江苏省建设工程质量监督总站组织编制了《住宅工程质量通病控制标准》，并经江苏省建设厅审定发布为江苏省工程建设强制性标准，代号为DGJ32/J 16—2005，该标准共17章，为江苏省地方标准，应认真贯彻执行。

地基基础工程、地下防水工程、砌体工程、混凝土工程、楼地面工程、装饰装修工程、屋面工程在土建施工专业分册中已作了介绍，本册不作介绍，只介绍安装部分，条款号仍按江苏省工程建设标准《住宅工程质量通病控制标准》（DGJ32/J 16—2005）的条款号编排，节名按本书顺序编排。

DGJ32/J 16—2006已在修编，估计2014年将实施修编后的标准，请注意新标准的实施时间。

第一节　总　　则

1.0.1　为提高住宅工程质量水平，控制住宅工程质量通病，依据国家有关法规和规范，结合江苏省实际情况，特制定本标准。

多年来，江苏省各地为防治住宅工程质量通病，制定出台了一些文件、手册、指南、导则等，对做好住宅工程质量通病防治工作起到了积极作用。但由于缺乏规范性和强制性，往往在具体执行中得不到落实，致使一些质量通病不能得到有效防治，不仅导致群众投诉，影响社会和谐与稳定，而且不利于工程质量水平的提高。因此，从江苏省乃至全国情况来看，很有必要编制一个标准。这对于进一步强化和规范住宅工程质量通病防治工作，有力促进住宅工程质量水平提高，具有重要的作用。

1.0.2　本标准适用于江苏省住宅工程质量通病的控制，其他工程质量通病的控制可参照本标准规定执行。

明确标准适用范围主要是江苏省行政区域内的住宅工程，包括新建、改建、扩建等住宅工程，同时也明确其他工程可参照执行。

1.0.3　本标准控制的住宅工程质量通病范围，以工程完工后常见的、影响安全和使用功能及外观质量的缺陷为主。

明确本标准控制范围，但施工过程中易出现的质量问题、事故，并在施工过程中可以处理，工程完工后不产生影响的质量通病不在本标准控制范围之内。

1.0.4　住宅工程质量通病的控制方法、措施和要求除执行本标准外，还应执行国家、省相关建筑工程标准、规范。

明确住宅工程质量通病控制方法、措施和要求必须执行国家、省相关标准、规范的范围。

第二节 术 语

2.0.1 住宅工程

供人们居住使用的建筑。

2.0.2 住宅工程质量通病

住宅工程完工后易发生的、常见的、影响安全和使用功能及外观质量的缺陷。

本条给住宅工程质量通病下了定义，在施工过程中易发生一些质量问题，应在施工进程中加以控制，使之被消灭在施工过程中，本标准未对其实施控制。

2.0.3 住宅工程质量通病控制

对住宅工程质量通病从设计、材料、施工、管理等方面进行的综合有效防治方法、措施和要求。

第三节 基本规定

3.0.1 建设单位负责组织实施住宅工程质量通病控制，并不得随意压缩住宅工程建设的合理工期；在组织实施中应采取相关管理措施，保证本标准的执行。

明确建设单位是住宅工程质量通病控制的第一责任人，并规定不得随意压缩住宅工程建设的合理工期，为确保本标准的执行，应采取相关管理措施。根据实践经验做法，建设单位应采取以下具体管理措施：

1. 在工程开工前下达《住宅工程质量通病控制任务书》。

2. 批准施工单位提交的《住宅工程质量通病控制方案和施工措施》。

3. 定期召开工程例会，协调和解决住宅工程质量通病控制过程中出现的问题。

4. 应将住宅工程质量通病控制列入工程检查验收内容，并明确奖罚措施。

3.0.2 设计单位在住宅工程设计中，应采取控制质量通病的相应设计措施，并将通病控制的设计措施和技术要求向相关单位交底。

设计单位在住宅工程设计中的责任，主要有两条：一是在住宅工程设计中，应采取控制住宅工程质量通病的相应设计措施；二是应将住宅工程通病控制的设计措施和技术要求向相关单位交底。

3.0.3 施工单位应认真编写《住宅工程质量通病控制方案和施工措施》，经监理单位审查、建设单位批准后实施。

规定施工单位的责任，一是要认真编写《住宅工程质量通病控制方案和施工措施》，二是要报监理单位审查和建设单位批准。根据实践经验做法，施工单位具体实施时，还应做好以下工作：

1. 原材料、构配件和工序质量的报验工作。

2. 在采用新材料时，除应有产品合格证、有效的新材料鉴定证书外，还应进行必要检测。

3. 记录、收集和整理通病控制的方案、施工措施、技术交底和隐蔽验收等相关资料。

4. 根据批准的《住宅工程质量通病控制方案和施工措施》，对作业班组技术交底，样板引路。

5. 专业分包单位应提出分包工程的通病控制措施，由总包单位核准，监理单位审查，建设单位批准后实施。

6. 工程完工后，总包单位应总结住宅工程质量通病控制的经验。

3.0.4 监理单位应审查施工单位提交的《住宅工程质量通病控制方案和施工措施》，提出具体要求和监控措施，并列入《监理规划》和《监理细则》。

规定监理单位的责任，即审查施工单位提交的《住宅工程质量通病控制方案和施工措施》，并提出具体要求和监控措施，列入《监理规划》和《监理细则》。根据实践经验做法，监理单位在具体实施时还应做好以下工作：

1. 隐蔽工程和工序质量的验收，上道工序不合格时，不允许进入下一道工序施工。

2. 配备常规的便携式检测仪器，加强对工程质量的平行检验，发现问题及时处理。

3. 工程完工后，应认真总结住宅工程质量通病控制的经验。

3.0.5 施工图设计文件审查机构应将住宅工程质量通病控制的设计措施列入审查内容。

施工图设计文件审查机构应从源头上把好关。

3.0.6 工程质量监督机构应将住宅工程质量通病控制列入监督重点。

工程质量监督机构应强化对住宅工程质量通病控制的监督。

3.0.7 住宅工程质量通病控制所发生的费用应列入招投标文件和工程概预算。

住宅工程质量通病控制所发生的相关费用有了解决办法，具体执行时应与招标投标和造价管理机构协调。

3.0.8 住宅工程竣工验收时除提供现行法律、法规和工程技术标准所规定的资料以外，还应提供住宅工程质量通病控制的相关资料。

本条主要规定住宅工程竣工验收时除执行现行法律、法规和工程技术标准所规定的以外，还应提供相关资料：

1. 由参建各方会签《住宅工程质量通病控制任务书》。

2. 施工单位住宅工程质量通病验收有关资料。

3. 监理单位《住宅工程质量通病控制工作总结报告》。

3.0.9 本标准检查方法除有明确要求外，涉及建筑材料的要检查材料出厂合格证、检测报告，施工质量验收规范或本标准规定材料进场需复验的要检查复验报告。

本条主要是对住宅工程质量通病控制的检查方法内容作出了规定。

3.0.10 住宅工程中使用的新技术、新产品、新工艺、新材料，应经过省建设行政主管部门技术鉴定，并应制定相应的技术标准。

住宅工程应用“四新技术”，其依据是《建设工程勘察设计管理条例》第二十九条：“建设工程勘察、设计文件中规定采用的新技术、新材料，可能影响建设工程质量和安全，又没有国家技术标准的，应当由国家认可的检测机构进行试验、论证，出具检测报告，并经国务院有关部门或省、自治区、直辖市人民政府有关部门组织的建设工程技术专家委员会审定后，方可使用。”和《实施工程建设强制性标准监督规定》第五条：“工程建设中拟采用的新技术、新工艺、新材料，不符合现行强制性标准规定的，应当由拟采用单位提请建设单位组织专题技术论证，报批准标准的建设行政主管部门或者国务院有关主管部门审定。工程建设中采用国际标准或者国外标准，现行强制性标准未作规定的，建设单位应当向国务院建设行政主管部门或者国务院有关行政主管部门备案”。

第四节　给水排水及供暖工程

11.1　给水排水及供暖管道系统渗漏

11.1.1　设计

1　室内给水、热水及采暖系统采用工程塑料管时，其明敷和非直埋敷设的管道，应明确伸缩补偿装置及支承的结构型式、设置数量和坐标位置。

由于塑料给水管道伸缩装置设置不合理导致管段变形和渗漏，影响正常使用和观感质量，所以，设计应明确伸缩装备及支架的结构型式、设置数量、安装位置。

2　采暖、给水及热水供应系统应注明管材、部件的温度特性参数、连接方式及规格。

为了便于施工操作和施工工艺的一致性，管材、部件的温度特性、物理力学性能、连接方式、规格（管道公称直径和壁厚）必须在设计图纸上标注清楚，当采用PP-R管、排水用芯层发泡硬聚氯乙烯管材时，应特别注明管材系列及管道公称直径和壁厚或环刚度等级。

3　采暖、给水及热水供应系统必须明确系统工作压力，排水系统应明确试验类别。

在塑料管道系统试压的过程中，各项试验的工艺参数施工现场随意确定，竣工交付后经常有渗漏的投诉。验收规范中试压标准是根据工作压力来确定的。为此，强调在设计文件上必须明确给水、供暖管道系统的工作压力。对于给水供暖管道试验压力、排水管道系统的灌水、盛水和给水排水管道系统通水试验等各项试验参数、试压方法和合格条件，应在施工方案中加以明确。

4　热水、采暖系统的供回水干管宜选用热镀锌钢管等金属材料。

供暖系统的供回水干管选用热镀锌钢管等金属材料对抗变形、抗老化有利。

11.1.2　材料

1　生活给水系统的管材、管件、接口填充材料及胶粘剂，必须符合饮用水卫生标准的要求。

生活给水的水质是关系到民众饮用水安全的大事，除管材和管件必须符合饮用水卫生指标外，对连接管道和管件所用的填充料或胶粘剂同样也要达到饮用水卫生标准，同时还要求提供省级以上卫生防疫检验部门出具的最近两年的卫生检验合格报告。

2　给水、排水及采暖管道的管材、管件产品质保书上的规格、品牌、生产日期等内容与进场实物上的标注必须一致。

进场的材料实物要与厂商提供的质量保证书及检测报告进行核对。

3　管材、管件进场后，应按照产品标准的要求对其外观、管径、壁厚、配合公差进行现场检验，塑料排水管道与室外塑料雨水管道用材应区别检查、验收；同时，按照同品牌、同批次不少于两个规格的要求进行见证取样，委托有资质的检测单位复试，合格后方可使用。

本条比国家规范提高了标准。要求监理、施工人员在管材以及部件进场时不仅共同对外观、管径、壁厚、配合公差进行检查，对材料的物理性能实行现场见证取样后，送有资质的检测机构复试。为防止室外雨水管破损及雨水管与室内排水管混用，规定雨水管与室内排水管区别检查验收。雨水管材与室内排水管材执行的标准也有所不同，《建筑排水用硬聚氯乙烯（PVC-U）管材》（GB/T 5836.1—2006）本部分适用于建筑物内排水用管材。在考虑材料的化学性和耐热性的条件下，也可用于工业排水用管材，而《建筑用硬聚氯乙烯雨落水管材及管件》（QB/T 2480）仅适用于雨水。

4 用于管道熔接连接的工艺参数（熔接温度、熔接时间）、施工方法及施工环境条件应能够满足管道工艺特性的要求。

虽然熔接的工艺和专用工具均由管件生产厂家提供，但施工现场对施工工艺要控制不能影响管道熔接质量。

5 同品牌、同批次进场的阀门应对其强度和严密性能进行抽样检验，抽检数量为同批进场总数的10%，且每一个批次不少于两只。安装在主干管上起切断作用的闭路阀门，应逐个做强度和严密性检验，有异议时，应见证取样委托有资质的检测单位复试。

阀门进场抽测规范已有规定，但施工中把关不严，致使阀门渗漏现象经常发生，这里强调阀门进场必须抽检，对抽测的数量由原规范的不少于一个增加到不少于两个。

11.1.3 施工

1 给水管道系统施工时，应复核冷、热水管道的压力等级和类别；不同种类的塑料管道不得混装，安装时，管道标记应朝向易观察的方向。

由于塑料制品难以从外观上判定其温度特性的差异，本条主要强调在安装前要核对管材的质保资料，确认管材的温度特性和管道系统对介质温度的要求，防止管材用错或混用。

2 引入室内的埋地管其覆土深度，不得小于当地冻土线深度的要求。管沟开挖应平整，不得有突出的尖硬物体，塑料管道垫层和覆土层应采用细砂土。

引入室内的管道埋设周围环境复杂，往往因管道埋深不够或回填土硬质块状物较多、回填压实度不够等原因直接导致管道受损而产生渗漏。埋地敷设管道垫层处理好坏对塑料管道的安全使用影响更大，为此，强调塑料管道垫层应采用砂土垫层，同时要求管沟底砂土垫层厚度不小于100mm，回填应采用细砂土回填至管顶300mm处，并且分层夯实后回填原土。

3 给水排水管道穿越基础预留洞时，给水引入管管顶上部净空一般不小于100mm；排水排出管管顶上部净空一般不小于150mm。

为了防止建筑物沉降不均而损坏管道。

4 室内给水系统管道宜采用明敷方式，不得在混凝土结构层内敷设。确需暗敷时，直埋在地坪面层内及墙体内的管道，不得有机械式连接管件；塑料供暖管暗敷不应有接头。

塑料给水管道系统的暗敷在混凝土结构中损坏而难以修理，机械式连接接口处容易产生渗漏。

江苏省建设工程质量监督总结2006年9月13日对该条款作了说明：“该款主要针对塑料给水管道和螺纹接头的金属管提出的敷设要求，对目前建筑给水管道采用的薄壁不锈钢管道的卡压式连接，可按照中国工程建设标准化协会标准《建筑给水薄壁不锈钢管道工程技术规程》的相关要求执行。”

5 管道暗敷设时，管道固定应牢固，楼地面应有防裂措施，墙体管道保护层宜采用不小于墙体强度的材料填补密实，管道保护层厚度不得小于15mm，在墙表面或地表面上应标明暗管的位置和走向，管道经过处严禁局部重压或尖锐物体冲击。

当管道沿墙体或地面敷设时，在找平层内其外径不宜超过25mm，且中间不得有机械式连接管件。必要时，可根据土建施工的要求铺贴钢丝网，以防止墙体或地面开裂。如果成排管沿同一方向敷设时，管道外壁之间应空开5cm的距离，否则管直径应视为成排管道所有管道直径的总和。为防止住户在使用装修时破坏了暗埋管线，规定施工单位在工程施工验收前，必须把住宅内所有管线标识清楚，在工程质量保修书中予以注明，并以此作为向业主交接的依据。

6 当给水排水管道穿过楼板（墙）、地下室等有严格防水要求的部位时，其防水套管的材质、形式及所用填充材料应在施工方案中明确。安装在楼板内的套管顶部必须高出装饰地面20mm，卫生间或潮湿场所的套管顶部必须高出装饰地面50mm，套管与管道间环缝间隙宜控制在10～15mm之间，套管与管道之间缝隙应采用阻燃和防水柔性材料封堵密实。

为了消除给水排水管道在穿过楼板（墙）处的渗漏，提出了管道在穿过楼板（墙）时设置套管的做法，同时，对套管的材质、封堵材质均提出了要求。卫生间或潮湿场所的管洞填堵具体的做法宜为：现浇混凝土板预留孔洞口成上大下小型，填充前应清洗干净，套管周边间隙应均匀一致并进行毛化和刷胶处理；填充应分两次浇筑，首先把掺入防渗剂的细石混凝土填入2/3处，管洞待混凝土凝固达到7d强度后进行4h的蓄水试验，无渗漏后，用抗渗水泥砂浆或防水油膏填满至洞口。管道全部安装完成后，对管洞填堵部位进行24h的蓄水试验检查。

7 管道在穿过结构伸缩缝、抗震缝及沉降缝时，管道系统应采取如下措施：

1）在结构缝处应采取柔性连接。

2）管道或保温层的外壳上、下部均应留有不小于150mm可位移的净空。

3）在位移方向按照设计要求设置水平补偿装置。

建筑物不均匀沉降和伸缩时对穿过结构伸缩缝、抗震缝及沉降缝的管道产生破坏，易导致管道系统渗漏。

8 水平和垂直敷设的塑料排水管道伸缩节的设置位置、型式和数量必须符合设计及相关规范的要求。顶层塑料排水立管必须安装伸缩节，管道出屋面处应设固定支架。塑料排水管伸缩节预留间隙可控制为：夏季，5～10mm；冬季，15～20mm。

对塑料排水系统伸缩节设置的位置与固定支架及滑动支架之间的关系，国标图集和省标图集上都有明确的规定，但实际工程施工时很少执行，因此要求施工时对两个固定支架之间的伸缩节伸缩量的控制和伸缩节与固定支架及滑动支架的选型应严格执行设计图纸、国标图集和省标图集要求。排水塑料管必须按设计要求及位置装设伸缩节，如设计无要求时，伸缩节间距不得大于4m，横管伸缩节宜采用锁紧式橡胶圈管件。伸缩节预留间隙应按照季节和温度不同进行预留，在管道外壁做出伸缩节预留间隙的明显标记。可根据苏南和苏北地区温度特点，对冬季的温度划分范围为11月20日～2月20日；对夏季的温度划分范围为：6月5日～9月20日。各地可根据当地气象条件加以调整。

9 塑料雨水管道系统伸缩节应参照室内排水系统伸缩节设置要求设置。

由于雨水管道安装往往由土建人员施工，对塑料雨水管道伸缩节的设置和安装相对比较混乱，本条主要是对塑料雨水管道伸缩节设置要求加以强调。

10 埋地及所有可能隐蔽的排水管道，应在隐蔽或交付前做灌水试验并合格。

住宅工程交付后，住户可能会将排水管道隐蔽在吊顶内或管道井内，所以，各楼层中的排水立管和横管也应进行灌水试验。

11.2 消防隐患

11.2.1 材料

防火套管、阻火圈本体应标有规格、型号、耐火等级和品牌，合格证和检测报告必须齐全有效。

防火套管和阻火圈等产品应有消防产品许可证和检测报告。

11.2.2 施工

1 消火栓箱的施工图设置坐标位置，施工时不得随意改变，确需调整，应经消防部门认可。

施工过程中，经常发现暗装消火栓箱位置与结构有冲突，无法预留孔洞；明装消火栓箱影响通道正常通行，交付后损坏严重，因此，强调在施工前各专业应校核消火栓箱的安装位置。确需调整，应经消防部门认可。

2 消火栓箱中栓口位置应确保接驳顺利。

3 管道井或穿墙洞应按消防规范的规定进行封堵。

11.3 管道及支吊架锈蚀

11.3.1 施工

1 镀锌钢管当采用法兰连接时，镀锌钢管与法兰的焊接处应进行二次镀锌。室内直埋给水管道（塑料管道和复合管道除外）应做防腐处理。

因为焊接破坏了镀锌层不进行二次镀锌会影响管道使用寿命。

2 室外金属支吊架宜采用热镀锌或经设计认可的有效防腐措施；室内明装钢支吊架应除锈，且刷二度防锈漆和二度面漆。

经调查金属支、吊架使用两年后的锈蚀情况就很严重，施工时必须防腐有效。

11.4 卫生器具不牢固和渗漏

11.4.1 施工

1 卫生器具与相关配件必须匹配成套，安装时，应采用预埋螺栓或膨胀螺栓固定，陶瓷器具与紧固件之间必须设置弹性隔离垫。卫生器具在轻质隔墙上固定时，应预先设置固定件并标明位置。

在选用节水型大便器、卫生器具以及相关配件时必须匹配成套供应。在轻质隔墙上安装卫生器具，必须预先设置加固件或采取加固措施，以保证器具安装牢固、稳定。

2 卫生器具安装接口填充料必须选用可拆性防水材料，安装结束后，应做盛水和通水试验。

卫生器具安装结束后，必须立即进行必要的盛水和通水试验，避免卫生器具与管道接口处产生堵塞和渗漏，也是防止卫生器具及五金件不匹配产生卫生器具漏水或影响使用寿命，保证卫生器具的密封性能和冲洗性能，同时考虑可拆卸性。

3 带有溢流口的卫生器具安装时，排水栓溢流口应对准卫生器具的溢流口，镶接后排水栓的上端面应低于卫生器具的底部。

溢水不通畅是卫生器具安装的一个质量通病，对精装修房要加以重视。

11.5 排水系统水封破坏，排水不畅

11.5.1 设计

1 室内的排水系统在受水口处，应注明水封的位置和选用的水封部件类型。

要求设计图纸对每一个受水口提出水封部件类型。

2 屋顶水箱溢流管和疏水管应设置空气隔断和防止污染的措施，并不得与排水管及雨水管相连。

屋顶水箱溢流管和疏水管与排水立管的通气管、阳台的雨水立管相连会造成水封破坏。

11.5.2 材料

地漏和管道S弯、P弯等起水封作用的管道配件，必须满足相关产品标准要求。

经调研，目前市场上供应的绝大部分水封式地漏水封高度不能达到50mm，因此，应慎用水封式地漏。在地漏水封高度不能达到设计要求时，必须采取措施或采用管道水封管件。

11.5.3 施工

1 排水管道应确保系统每一个受水口的水封高度满足相关规范的要求。当地漏水封高度不能满足50mm时，应设置管道水封，并禁止在一个排水点上设置两个或两个以上的水封装置。洗面盆排水管水封宜设置在本层内。

排水系统不仅要满足水封要求，也不能引起排水不畅。对在地面上的面盆排水管水封管件暂时不装的，应在相关的工程资料和交接文件中明确补给用户。

2 排水通气管不得与风道或烟道连接，严禁封闭透气口。

严禁业主和建设单位擅自改动和破坏通气管及透气口被用户封闭，导致整条排水管线排水不畅和水封不起作用。

3 地漏安装应平整、牢固，低于排水地面5～10mm，地漏周边地面应以1%的坡度坡向地漏，且地漏周边应防水严密，不得渗漏。

地漏安装及地面坡水不够常造成地面积水和排水不畅。

11.6 保温（绝热）不严密，管道结露滴水

11.6.1 设计

1 给水排水管道系统敷设在可能出现结露场所时，应明确防结露的措施。

在苏南地区的有些季节里湿度很高，为有效防止因管道外表面结露，造成吊顶和管道井壁受潮的现象发生，特提出苏南地区对隐蔽的管道系统必须进行保温，考虑到江苏省南北气候差异较大，苏北地区可参照苏南地区的做法执行。

2 室外明敷管道保温（绝热）应明确防雨、防晒的措施，潮湿区域的管道保温（绝热）应明确防潮措施。

潮湿区域的管道保温（绝热）应考虑防潮措施，而室外管道保温（绝热）除考虑防雨和防潮外，还应考虑太阳光对保温层的破坏，提高管道使用寿命。

3 应明确保温（绝热）材料的材质、规格、密度、厚度以及耐火等级，并且能够满足环境卫生的要求。

由于设计对材料的材质、规格、密度以及耐火等级等重要技术参数的标注不清，导致施工选材、监理对进场材料的检查以及抽检要求不一致，尤其是环境卫生质量指标达不到，在起火燃烧后会产生毒气，将严重影响人身安全。

11.6.2 材料

1 各类保温（绝热）材料耐火等级必须符合设计要求。材料进场后应对其材质、规格、密度和厚度以及阻燃性能进行抽检，同品牌、同批次抽检不得少于两个规格，有异议时，应见证取样委托有资质的检测单位复试。

2 保温（绝热）管（板）的胶粘剂、封裹材料的阻燃和防潮性能应符合设计要求，封闭保温（绝热）管材（板材）的胶带或粘胶应选用符合环保要求的产品。

进场材料必须进行抽检，检验的方法可以采用外观检查和点燃试验的方法进行抽检，有异常可理解为外观检查有瑕疵，即可见证取样委托有资质的检测单位进行复试。

11.6.3 施工

1 保温（绝热）管（板）的结合处不得出现裂缝、空隙等缺陷，管道保温（绝热）材料在过支架和洞口等处，应连续并结合紧密。阀门和其他部件应根据部件的形状选用专用保温（绝热）管壳，确保阀门、部件与保温（绝热）管壳能够结合紧密。

绝热材料材质首先要符合环保的要求，其次，粘结牢固。管道可采用定型管壳，而阀门应尽量采用专用阀门管壳。

2 室外管道保温必须防水性能良好，搭接应顺水，防潮层的叠合不得少于35mm。

室外管道保温要考虑防水性能良好，要求接缝处必须防水严密。

11.7 供暖效果差

11.7.1 设计

1 应明确不同采暖区域的设计温度。

2 住宅工程内的热水采暖系统宜采用共用立管的分户独立系统型式，分户独立系统入户装置应包括供回水锁闭调节阀、户用热量表，热量表前应设过滤器。

3 共用立管和分户独立系统入户装置应设在公共部位。

在设计热水供暖系统时，应考虑施工、运行管理和检修的需要。

11.7.2 施工

1 采暖水平管与其他管道交叉时，其他管道应避让采暖管道，当采暖管道被迫上下绕行时，应在绕行高点安装排气阀。水平管变径时应采用顶平异径管。

2 采暖系统安装结束、系统联动调试后，必须进行采暖区域内的温度场测定。

随着人们对生活环境质量要求的提高，供暖系统的冷热不均现象将被重视，而供暖系统的联动调试过去也被忽视，特别强调供暖系统必须连续运行8h后，才能进行供暖区域温度场的温度检测。

第五节 电气工程

12.1 防雷、等电位联结不可靠，接地故障保护不安全

12.1.1 设计

1 住宅电气工程接地故障保护应采用TN-C-S、TN-S或TT接地保护形式。在各区

域电源进线处应设置总等电位联结，各区域的总等电位联结装置宜通过建筑物地下结构内设置的等电位联结装置（带）连接，并作用于全建筑物。

TN-C-S、TN-S或TT接地保护形式是目前较为常见的供电故障接地保护形式，由于各地对其做法有差异，为了保证接地连接的安全可靠，本条作出统一的要求。

2 设有洗浴设备的卫生间应预设局部等电位联结板（盒）做局部等电位联结，并应在设计平面图中标明所有外露、外部可导电部分与其联结。

本条主要针对目前各地毛坯房交付的实际状况，各地住宅工程局部等电位箱均已设置，而本地的保护接地线（PE）没有接入，设计也没有明确交代，住宅交付时也没有告之用户。

3 在卫生间0-2防护区域内，不应有与洗浴设备无关的配电线路敷设，防护区域的墙上不应装设与配电箱等无关的用电设施。

4 有裸露金属部分的灯具距地面高度低于2.4m时，应设置（PE）线保护。

5 设有地下人防的居住建筑，各防护区域内电源系统至少保证一路独立；当电源线路穿越其他防护单元时应有防护措施。

12.1.2 材料

1 等电位联结端子板宜采用厚度不小于4mm的铜质材料，当铜质材料与钢质材料连接时，应有防止电化学腐蚀措施。

2 当设计无要求时，防雷及接地装置中所使用材料应采用经热浸镀锌处理的钢材。

对土壤层内埋设和明敷安装的防雷、接地网（带）等材料强调采用热镀锌，是为了提高防腐要求，延长使用寿命。

12.1.3 施工

1 防雷、接地网（带）应根据设计要求的坐标位置和数量进行施工，焊缝应饱满，搭接长度应符合相关规范的要求。

防雷带和接地网的坐标和数量不能随便改变，焊接也应该可靠，才能保证安全。

2 房屋内的等电位联结应按设计要求安装到位，设有洗浴设备的卫生间内应按设计要求设置局部等电位联结装置，保护（PE）线与本保护区内的等电位联结箱（板）连接可靠。

在江苏省地方标准《等电位联结设计与安装》（苏D01）中对局部等电位和总等电位的做法均有严格的要求。对于全装修房更应严格执行；如果是毛坯房，要针对在竣工验收时的实际状况，完成设计图规定的等电位施工内容，并在《住宅使用说明书》中注明等电位要求。

3 金属电缆桥架及其支架和引入或引出的金属电缆导管必须接地（PE）或等电位联结线连接可靠。金属电缆桥架及其支架全长应不少于两处与接地（PE）或等电位联结装置相连接；非镀锌电缆桥架间连接板的两端跨接铜芯连接线，其最小允许截面积不小于$4mm^2$；镀锌电缆桥架间连接板的两端不跨接连接线，但连接板两端不应少于两个有防松螺帽或防松垫圈的连接固定螺栓。金属桥架（线槽）不应作为设备接地（PE）的接续导体。

金属电缆桥架及其支架和引入或引出的金属电缆导管必须接地（PE）或等电位联结线连接可靠，符合相关规范的要求。

4 在金属导管的连接处，管线与配电箱体、接线盒、开关盒及插座盒的连接处应连接可靠。可挠柔性导管和金属导管不得作为保护线（PE）的接续导体。

为保证安全，可挠柔性电导管本身没有导电能力，所以不得作为接地（接零）的接续导体。

12.2 电导管引起墙面、楼地面裂缝，电导管线槽及导线损坏

12.2.1 材料

埋设在墙内或混凝土结构内的电导管应选用中型及中型以上的绝缘导管；金属导管宜选用镀锌管材。

防止电导管变形引起墙体和楼板裂缝，如果设计是金属导管，最好选用镀锌管材，抗腐蚀性能会增强。

12.2.2 施工

1 严禁在混凝土楼板中敷设管径大于板厚1/3的电导管，对管径大于40mm的电导管在混凝土楼板中敷设时应有加强措施，严禁管径大于25mm的电导管在找平层中敷设。混凝土板内电导管应敷设在上下层钢筋之间，成排敷设的管距不得小于20mm，如果电导管上方无上层钢筋布置，应参照土建要求采取加强措施。

2 墙体内暗敷电导管时，严禁在承重墙上开长度大于300mm的水平槽；墙体内集中布置电导管和大管径电导管的部位应用混凝土浇筑，保护层厚度应大于15mm。

防止电导管在墙体敷设时引起墙面、楼地面裂缝而采取的措施。如果预埋管成排布置时没有留一定的间距，这时管道直径应指所有成排管道直径的累加。

3 电导管和线槽在穿过建筑物结构的伸缩缝、抗震缝和沉降缝时，应设置补偿装置。

为防止建筑物沉降变形导致损坏了电导管线槽及导线。

12.3 电气产品无安全保证，电气线路连接不可靠

12.3.1 材料

1 进场的开关、插座、配电箱（柜、盘）、电缆（线）、照明灯具等电气产品必须具有3C标记，随带技术文件必须合格、齐全有效。电气产品进场应按规范要求验收。对涉及安全和使用功能的开关、插座、配电箱以及电缆（线）应见证取样，委托有资质的检测单位进行电气和机械性能复试。

2 安装高度低于1.8m的电源插座必须选用防护型插座，卫生间和阳台的电源插座应采用防溅型，洗衣机、电热水器的电源插座应带开关。

强调进场的开关、插座、配电箱（柜、盘）、电缆（线）、照明灯具等电气产品除提供相关资料和检测报告外，国标要求进行3C认证的电气产品必须提供相应认证资料，还应该在现场见证取样复试，对见证取样复试项目，各地区可根据当地试验条件有计划地分阶段、分步骤实施。

12.3.2 施工

1 芯线与电器设备的连接应符合下列规定：

1）截面积在10mm^{2}及以下的单股铜芯线直接与设备、器具的端子连接。

2）截面积在2.5mm^{2}及以下的多股铜芯线拧紧搪锡或接续端子后与设备、器具的端子连接。

3）截面积大于2.5mm^{2}的多股铜芯线，除设备自带插接式端子外，接续端子后与设

备或器具的端子连接；多股铜芯线与插接式端子连接前，端部拧紧搪锡。

4）每个设备和器具的端子接线不多于2根电线；不同截面的导线采取接续端子后方可压在同一端子上。

5）接线应牢固并不得损伤线芯。导线的线径大于端子孔径时，应选用接续端子与电气器具连接。

2 配电箱（柜、盘）内应分别设置中性（N）和保护（PE）线汇流排，汇流排的孔径和数量必须满足N线和PE线经汇流排配出的需要，严禁导线在管、箱（盒）内分离或并接。配电箱（柜、盘）内回路功能标识齐全准确。

配电箱（柜、盘）内中性（N）和保护（PE）线汇流排的设置及各路线经汇流排配出的做法，是为了保证线路安全。

3 同一回路电源插座间的接地保护（PE）线不得串联连接。插座处连接应采用如下措施：

1）“T”型或并线铰接搪锡后，引出单根线插入接线孔中固定。

2）选用质量可靠的压接帽压接连接。

各插座间不得串接是国家规范严格要求的，但是施工实际操作有一些难度，经过广泛的了解，本条提出的做法比较可行、安全可靠，又能与国家规范相一致。

12.4 照明系统未进行全负荷试验

照明系统通电连续试运行必须不少于8h，所有照明灯具均应开启，且每2h记录运行状况1次，连续试运行时段内无故障。

对规范的进一步强调，对不安装照明灯具的毛坯房，应用临时灯具进行照明系统全负荷试验，以确保今后住户用电安全可靠。

第六节 通风与排烟工程

13.1 风管系统泄漏、系统风量和风口风量偏差大

13.1.1 设计

1 通风与排烟系统设计应明确系统设计总风量，每个送风口的送风量和回风量，风管系统应做阻力平衡计算。

大多数设计单位在通风与排烟工程设计图纸中都不标明系统设计总风量，每个送风口的送风量和回风量，每个排风口的排风量，不作风管系统阻力平衡计算，使得工程竣工调试时无有效依据。

2 排烟系统应明确每个系统开启风口的数量和每个排风口的排烟量。

排烟系统设计明确每个系统开启风口的数量和每个排风口的排烟量，才能在工程竣工调试和正常使用时有据可依。

13.1.2 施工

1 风管法兰结合应紧密，翻边一致，风管的密封应以板材连接的密封为主，密封胶的性能应适合使用环境的要求，密封面宜设在风管的正压侧。

2 风管应按照规范要求进行漏风量（漏光）检验。

对于采用砖砌体风道，要注意做好表面粉刷，才能在漏风量（漏光）检验中达到

要求。

13.1.3　风管系统调试

通风与排烟工程安装完毕，应进行设备单机试运转及调试和系统无生产荷载下的联合试运转及调试。

通风与排烟系统完成，并在单机试运转符合有关规范要求后，必须进行检测，按照设计和规范规定的内容进行调试，直至系统运行正常。

13.1.4　检测

通风与排烟工程竣工验收前，应由有通风空调检测资质的检测单位检测，并出具检测报告，检测结果不合格的应进行调试，直至合格。

空调房间不能调温、不能关闭经常出现在宾馆、饭店，要保证空调系统的正常运行，必须通过法定检测单位的检测，来规范空调调试。

第七节　电 梯 工 程

14.1　电梯导轨码架和地坎焊接不饱满

14.1.1　施工

1　高强度螺栓埋设深度应符合要求，张拉牢固可靠，锚固应符合要求。

2　门固定采用焊接时严禁使用点焊固定，搭接焊长度应符合要求。

为保证电梯安装工程安全，此条建筑施工单位应加以重视。

14.2　电控操作和功能安全保护不可靠

14.2.1　施工

1　电梯接地干线宜从接地体单独引出，机房内所有正常不带电的金属物体应单独与总接地排连接。

2　所有电气设备及导管、线槽的外露、外部可导电的部分必须与保护（PE）线可靠连接。接地支线应分别直接接至接地干线，不得串联连接后再接地。绝缘导线作为保护接地线时必须采用黄绿相间双色线。

3　型钢应防腐处理并做接地，配电柜（箱）接线整齐，箱内无接头，导线连接应按电气要求进行。回路功能标识齐全准确。

4　电缆头应密封处理，电缆按要求挂标志牌，控制电缆宜与电力电缆分开敷设。

5　层门强迫关门装置必须动作正常，层门锁钩必须动作灵活，在证实锁紧的电气安全装置动作之前，锁紧元件的最小啮合长度为7mm。

6　动力电路、控制电路、安全电路必须配有与负载匹配的短路保护装置；动力电路必须有过载保护装置。

本条是对施工质量验收规范要求的进一步强调。由于该部分是由质量技术监督部门完成检测，并且出具相应的检验报告，这里提出的项目和检验内容是要求工程监理、施工总包、质量监管工作人员在阅读检验报告后，重点关注和核查的内容。必要时，可以就本条要求的内容到施工现场进行抽检和实测。

第八节　智能建筑工程

15.1　系统故障，接地保护不可靠

15.1.1　设计

1　应明确接地形式以及保护接地电阻值。

2　进入机房内的各种系统线路应设计防雷电入侵设施。

建筑物中各智能化系统防雷电波入侵措施，系指 LPZ0A 区及 LPZ0B 区与后续防雷区界面间全部智能化系统的电源线路和信号、控制线路防电涌元件的设置。对于防雷区(LPZ),《建筑物防雷设计规范》(GB 50057) 中的定义为：

LPZ0A 区：本区内的各物体都可能遭到直接雷击和导走全部雷电流，本区内的电磁场强度没有衰减。

LPZ0B 区：本区内的各物体不可能遭到大于所选滚球半径对应的雷电流直接雷击，但本区内的电磁场强度没有衰减。

15.1.2　材料

建筑智能化系统保护接地必须采用铜质材料。如果是异种材料连接时，应采取措施防止电化学腐蚀。有线电视线缆宜选用数字电视屏蔽电缆。

电视线经常有不采用非屏蔽电缆线路，容易形成电视观感质量不符合要求。

15.1.3　施工

1　金属导管、线槽应接地可靠。

2　机房地板（地毯）的防静电、室内温度和湿度应满足设计和相关规范要求。

本条的要求与建筑电气施工质量的要求基本一致。

15.2　系统功能可靠性差，调试和检验偏差大

15.2.1　设计

1　电源线与智能化布线系统线缆应分隔布放，明确智能化线缆与电源线、其他管线之间的距离。

2　应明确各系统技术参数、使用功能、检测方法。

设计参数应齐全，避免工程验收时无据可依。

15.2.2　材料

1　家庭多媒体信息箱、语音、数据、有线电视的线缆、信息面板等合格证明文件，应齐全、有效，应对同批次、同牌号的家庭多媒体信息箱以及线缆进行进场检验。

2　进场的缆线应在同品牌、同批次和同规格的任意三盘中各抽 100m，见证取样后送有资质的检测单位复试，合格后方可投入使用。

本条是强调进场的部件和线缆必须检查的内容及复试要求。

15.2.3　施工

1　施工单位应具有相应的施工资质。

2　智能化布线系统线缆之间及与其他管线之间的最小间距应符合设计要求。

施工应保证智能化布线系统线缆之间及与其他管线之间的最小间距。

3 导线连接应按智能电气要求进行，线路分色符合规范。接线模块、线缆标志清楚，编号易于识别。机房内系统框图、模块、线缆标号齐全、清楚。

质量要求与建筑电气施工质量的要求基本一致。

15.2.4 系统检测

1 检测单位应有相应的检测资质。

2 系统检测项目及内容应符合验收规范的要求，检测前应编制相应检测方案，经监理（建设）单位确认后实施。

3 系统调试、检验、评测和验收应在试运行周期结束后进行。

建筑智能化系统检测专业性很强，采用的检测仪器没有统一的量程、规格和仪器型号，测量范围不一致，导致检测结果差异较大，甚至无法判定该系统的参数是否符合有关规范的要求。为此，强调由有检测资质的检测单位进行检测，检测方案必须经审核批准后方可实施。

15.2.5 验收交付

各系统功能、操作指南及安全事项等基本信息应载入《住宅使用说明书》。

在《住宅使用说明书》中注明智能建筑的相关信息，便于住户使用。

第九节 质量通病控制专项验收

17.1 工程资料

17.1.1 使用全省统一规定的《建筑工程施工质量验收资料》或《建筑工程质量评价验收系统》软件。

在对质量验收资料进行检查时，发现不少施工单位的工程质量验收资料不真实、不准确、不齐全、不规范。工程质量验收资料是工程技术资料不可缺失的内容，必须真实、准确、齐全、规范，随着科学技术的不断发展，特别是网络、软件技术的发展，江苏省建设工程质量监督总站和江苏省城建档案办公室编制了《房屋建筑和市政基础设施工程档案资料管理规范》(DGJ32/TJ 143—2012)，本册第十四章做了介绍。

17.1.2 质量通病控制专项验收资料一并纳入建筑工程施工质量验收资料。

住宅工程质量通病控制专项验收资料的有关表格在《江苏省工程档案资料管理系统》已有体现，本标准作为质量通病的控制措施，理应进行验收，并将验收资料纳入到建筑工程施工质量验收资料中。

17.2 住宅工程质量通病控制专项验收

17.2.1 设计图纸审查机构对设计文件按附录B（本书表4.9.1）进行专项审查。

工程施工中，施工单位无法对设计质量进行验收，而有些设计单位的设计图纸本身深度不够，对本标准的执行可能会不到位，因此，规定由设计图纸审查机构对设计文件进行专项审查。

施工企业质量检查人员应查看已经审查的住宅工程质量通病控制设计专项审查表，未见此表应向建设单位提出。

住宅工程质量通病控制设计专项审查表 **表 4.9.1**

工程名称		建设单位		
设计单位		项目负责人		
项目	审查记录			审查人
地基基础工程				
地下防水工程				
砌体工程				
混凝土结构工程				
楼地面工程				
装饰装修工程				
屋面工程				
给水排水及供暖工程				
电气工程				
通风与排烟工程				
电梯工程				
智能建筑工程				
建筑节能				
审查人:		图纸审查机构负责人:		

注：本表摘自江苏省工程建设标准《住宅工程质量通病控制标准》(GBJ32/J 16—2005) 附录 B。

17.2.2 施工质量通病控制应按检验批、地基基础与主体结构工程、竣工验收进行专项验收，验收程序应符合下列规定：

1 施工企业工程质量检查员、监理单位监理工程师在检验批验收时，应按本标准对工程质量通病控制情况进行检查，并在检验批验收记录的签字栏中，作出是否对质量通病进行控制的验收记录。

2 地基基础工程、主体结构工程和竣工工程验收时，应对质量通病控制进行专项验收，并按附录 C 的验收表格填写验收记录。

3 对未执行本标准或不按本标准规定进行验收的工程，不得组织竣工验收。

如何对施工质量通病控制进行验收是一个难题，在每个检验批验收时进行专项验收，表格众多，最终可能流于形式；按分部工程验收，又失去了过程控制；不填写表格，又失去了手段。因此，本条规定在检验批验收时，同时对质量通病控制的情况进行验收，并在检验批验收记录的签字栏中，作出是否执行本标准的验收记录。在基础、主体分部工程验收时，对照表 C.0.1（土建部分内容，本册略）内容如实填写，竣工工程验收时对照表 C.0.2（本书表 4.9.2）内容如实填写，作出验收记录。

本标准是江苏省地方强制性标准，必须执行，故作出第 3 款规定。

表 4.9.2 的填写主要是施工单位根据检验批的验收情况对照《住宅工程质量通病控制标准》(DGJ32/J 16—2005) 和设计要求进行原则填写，填写时一定要有依据，如实填写。监理单位进行核查。

关于检验批表格中对质量通病控制的验收记录，“江苏省工程档案资料管理系统”

（http://www.jsgcda.com）中相关检验批进行了完善。

竣工工程质量通病控制专项验收记录表　　表 4.9.2

工程名称		建设单位	
施工单位		项目经理	
分包单位		项目经理	
子分部工程	施工单位验收记录		监理单位验收记录
楼地面工程			
装饰装修工程			
屋面工程			
给水排水及供暖工程			
电气工程			
通风与排烟工程			
电梯工程			
智能建筑工程			
建筑节能			
施工单位 质量检查员： 项目经理：	监理单位 监理工程师：	设计单位 项目负责人：	建设单位 项目负责人：

注：本表摘自《住宅工程质量通病控制标准》（DGJ32/J 16—2005）附录 C。

第五章　住宅工程质量分户验收

江苏省建设厅以苏建质〔2006〕448号文印发了《关于印发〈江苏省住宅工程质量分户验收规则〉的通知》，该规则由江苏省建设工程质量监督总站编制，于2007年1月1日实施，实施后取得了很好的效果，为使住宅工程质量分户验收更加规范化，江苏省住房和城乡建设厅出台了《住宅工程质量分户验收规程》(DGJ32/T 103—2010)，该规程由江苏省建设工程质量监督总站主编，为江苏省工程建设标准，得到了社会的认可和好评，自2010年7月1日起实施。其中，第7.2.1、第8.0.4、第11.0.6条为强制性条文，必须严格执行，本章主要介绍《住宅工程质量分户验收规程》(DGJ32/J 103—2010）安装部分的内容。条款号按《住宅工程质量分户验收规程》(DGJ32/J 103—2010）的条款号编排，不另行排号，节名按本书顺序排。室内地面、室内墙面、顶棚抹灰工程、空间尺寸、门窗、护栏和扶手、玻璃安装、橱柜工程在土建施工专业分册中已介绍，本册不作介绍。

第一节　总　　则

1.0.1　为加强住宅工程质量管理，保证住宅工程使用功能和观感质量，维护住户的合法权益，制定本规程。

实施住宅工程分户验收有利于提高住户对住宅工程质量满意度、促进和谐人居环境的建设。因此，通过编制规程，从验收内容、质量要求、检查方法、检查数量等方面强化和规范住宅工程质量的分户验收工作很有必要。

1.0.2　本规程适用于江苏省行政区域内新建、改建、扩建住宅工程和商住楼工程中住宅部分的质量分户验收及其监督管理。

1.0.3　住宅工程质量分户验收及监督管理工作，除执行本规程的规定外，尚应符合国家、行业和江苏省现行标准规范的规定。

明确规程质量控制及执行标准的范围，强调了规程中规定的验收标准为住宅工程验收最低控制标准，当设计文件高于规程的要求时，还应满足设计文件的要求。

第二节　术　　语

2.0.1　住宅工程质量分户验收　acceptance for unit quality of housing engineering

住宅工程竣工验收前，建设单位组织施工单位、监理单位对住宅工程的每一户及其公共部位，主要涉及使用功能和观感质量进行的专门验收。

2.0.2　推算值　presumed value

根据设计文件，由建筑设计层高、轴线等尺寸减去结构构件和装修层等尺寸计算得出的数值。

2.0.3 偏差 deviation

实测值与推算值之差。

2.0.4 极差 extreme error

同一自然间内实测值中最大值与最小值之差。

2.0.5 分户验收检查单元 check unit of house to house acceptance

分户验收过程中划分的最小检查单位。

2.0.6 空间尺寸 space size

住宅工程户内自然间内部净空尺寸，主要包括净开间、净进深和净高度尺寸。

2.0.7 积水 siltation of water

自然排水后残留水最深超过5mm的水体。

规程给出的7个术语主要是从规程的角度赋予其涵义，其中2.0.1条明确了分户验收实施的时间段及检查内容、检查重点。分户验收是在施工单位提交工程竣工报告后，单位工程竣工验收前一段时间内由分户验收小组完成的专项验收工作。在此之前有关检查工作和结果可供分户验收参考。

第三节 基本规定

3.0.1 分户验收应具备下列条件：

1 工程已完成设计和合同约定的工作量；

2 所含分部（子分部）工程的质量均验收合格；

3 工程质量控制资料完整；

4 主要功能项目的抽查结果均符合要求；

5 有关安全和功能的检测资料应完整。

《建筑工程施工质量验收统一标准》（GB 50300）规定了建筑工程质量验收的有关要求，本条主要对住宅工程分户验收的条件进行了规定。有关结构安全等方面的验收情况，在工程施工过程中应进行验收和质量控制，不作为分户验收内容，但作为分户验收的前提条件。施工过程出现的质量问题、事故应在施工过程中处理并验收完毕。

3.0.2 分户验收前应做好下列准备工作：

1 建设单位负责成立分户验收小组，组织制定分户验收方案，进行技术交底。

2 配备好分户验收所需的检测仪器和工具，并经计量检定合格。

3 做好屋面、厕浴间、外窗等有防水要求部位的蓄水（淋水）试验的准备工作。

4 在室内标识好暗埋的各类管线走向区域和空间尺寸测量的控制点、线；配电控制箱内电气回路标识清楚，并且暗埋的各类管线走向应附图纸。

5 确定检查单元。

6 建筑物外墙的显著部位镶刻工程铭牌。

本条明确了分户验收前参验单位应做的一系列准备工作，这些工作是分户验收工作规范、有序进行的保障。

3.0.3　分户验收人员应具备下列条件：

1　建设单位参加验收人员应为项目负责人、工程建设专业技术人员；

2　施工单位参加验收人员应为项目经理、质量检查员、施工员；

3　监理单位参加验收人员应为总监理工程师、相关专业的监理工程师、监理员。

参加分户验收的建设、施工、监理单位人员资格应符合要求。

3.0.4　分户验收应符合下列规定：

1　检查项目应符合本规程的规定。

2　每一检查单元计量检查的项目中有90%及以上检查点在允许偏差范围内，最大偏差应在允许偏差的1.2倍以内。

3　分户验收记录完整。

分户验收主要考虑两个方面：(1) 检查项目；(2) 分户验收资料。每一个项目均应进行检查，其质量要求、检查方法、检查数量等应符合规程要求，它对控制分户质量起决定性影响，从严要求是必需的。分户验收资料完整，是指按规程第3.0.5条的要求填写相关表格，内容真实齐全，结论明确，手续完善，如实反映验收情况。

3.0.5　分户验收时应形成下列资料：

1　分户验收过程中应按本规程附录A填写《住宅工程质量分户验收记录表》；

2　分户验收结束后应按本规程附录B填写《住宅工程质量分户验收汇总表》。

分户验收资料应单独整理、组卷，随施工技术资料一并归档。

分户验收时应形成验收资料，资料不得后补，内容应真实齐全，资料的整理、存档应符合本条的要求。

3.0.6　住宅工程质量分户验收不符合要求时，应按下列规定进行处理：

1　施工单位制订处理方案报建设单位审核后，对不符合要求的部位进行返修或返工。

2　处理完成后，应对返修或返工部位重新组织验收，直至全部符合要求。

3　当返修或返工确有困难而造成质量缺陷时，在不影响工程结构安全和使用功能的情况下，建设单位应根据《建筑工程施工质量验收统一标准》（GB 50300—2001）第5.0.6条的规定进行处理，并将处理结果存入分户验收资料。

规程明确了分户验收质量不符合要求时的处理方法。

当分户验收时发现影响使用功能的渗漏、裂缝等缺陷时，必须进行返修或返工，返修或返工部位重新组织验收，直至全部符合要求。个别项目如层高低于规程的规定，又无法整改，为避免社会财富的损失，在不影响工程结构安全和使用功能的情况下，单位工程可按《建筑工程施工质量验收统一标准》（GB 50300）规定进行验收，是否影响结构安全和使用功能应由设计单位认可。工程验收之前已预售的住宅，建设单位应书面通知住户。竣工以后出售的住宅，建设单位应在售房时书面告知住户。使住户对住宅具有知情权，是维护住户合法权益的一种方式。

第四节　给水排水工程

9.1　给水管道安装工程

9.1.1　室内给水管道及配件安装质量要求：

1 管道位置、标高正确，支架、吊架安装平稳牢固，间距、接口连接应符合《建筑给水排水及供暖工程施工质量验收规范》(GB 50242—2002) 的要求，严密无渗漏。

2 冷、热水管道上下平行安装时热水管应在冷水管上方；垂直平行安装时热水管应在冷水管左侧。

3 阀门安装位置、方向正确，启闭灵活。

4 安装在楼板内的套管，其顶部应高出装饰地面 20mm；安装在卫生间及厨房内的套管，其顶部应高出装饰地面 50mm。穿过楼板的套管与管道之间缝隙宜用阻燃密实材料填实，且端面应光滑。管道的接口不得设在套管内。

检查方法：观察、尺量检查。

检查数量：全数检查。

9.1.2 室内各用水点放水通畅，水质清澈。

检查方法：通水冲洗后观察检查卫生器具、阀门及给水管管道及接口部位。

检查数量：全数检查。

9.2 排水管道安装工程

9.2.1 室内排水管道及配件安装应符合下列要求：

1 管材、管件规格、型号符合设计及有关标准的要求。

2 用于室内排水的水平管道与立管应采用 45°三通、45°四通、90°斜三通、90°斜四通等配件连接。立管与排出管端部应采用两个 45°弯头连接。

3 排水塑料管必须按设计要求及位置设置伸缩节。

4 管道坡度必须符合设计及规范要求，不应有倒坡或平坡现象。

5 生活污水管道上设置的检查口或清扫口应符合要求。

6 高层建筑中明设排水塑料管的，应按设计要求设置阻火圈或防火套管。

7 排水通气管不得与风道或烟道连接，且应符合下列规定：

1) 通气管应高出屋面 300mm；

2) 在通气管出口 4m 范围以内有门、窗时，通气管应高出门、窗顶 600mm 或引向无门、窗一侧；

3) 上人屋面通气管应高出屋面 2m。

检查方法：观察和尺量检查。

检查数量：全数检查。

对于住宅工程排水塑料管道应每层设伸缩节，伸缩节应与固定支架配套设置，两个固定支架之间设一个伸缩节。当排水管道穿过楼板没有设套管而是管道与楼板间直接采用混凝土封堵固定时，管道洞封堵处就充当了一个固定支架，在两楼板之间只能设滑动支架，才不会影响伸缩节的正常动作。室内塑料雨水管道也应按室内生活污水排水管道要求设置伸缩节；支、吊架安装间距按《建筑给水排水及采暖工程施工质量验收规范》(GB 50242—2002) 要求检查；排水管道的坡度可用水平管测量。

9.2.2 地漏低于地面高度，位置合理，满足排水要求；水封高度不小于 50mm。

检查方法：观察检查；插入地漏尺量存水高度。

检查数量：全数抽查。

9.2.3 排水管道系统通水应畅通，管道及接口无渗漏。

检查方法：通水后同时打开该户所有用水点，对排水管道及接口部位进行通水检查。

检查数量：全数抽查。

该条实际上要求室内排水管道在分户验收前需进行灌水试验。

9.3 卫生器具安装工程

9.3.1 卫生器具安装应符合下列要求：

1 卫生器具安装尺寸、接管及坡度应符合设计及规范要求，固定牢固，接口封闭严密；器具表面无污染，无损伤划痕；支架、托架等金属件防腐良好。

2 卫生器具给水配件应完好无损伤，接口严密，启闭灵活。

检查方法：观察、尺量检查。

检查数量：全数检查。

9.3.2 卫生器具满水后各连接件不渗不漏，排水畅通。

检查方法：通水试验。

检查数量：全数检查。

第五节 室内供暖系统

10.0.1 管道及管配件安装应符合下列要求：

1 供回水水平干管宜采用热镀锌钢管，镀锌层破坏处应做防腐处理；保温层应完整无缺损，材质、厚度、平整度符合要求。

2 当散热器支管长度大于1.5m时，应设管卡固定。

3 穿过墙壁和楼板的管道应设置金属或塑料套管。安装在楼板内的金属套管，其顶部宜高出装饰地面20mm；安装在卫生间及厨房内的套管，其顶部应高出装饰地面50mm，底部应与楼板底面相平。套管与管道之间用柔性防水阻燃材料填实。

4 供、回水管道应有明显标识。

检查方法：观察、尺量检查。

检查数量：全数检查。

由于供暖系统在一定的温度和压力下需要周期运行，材料的长期耐温、耐压性能是确保安全使用的首要条件，所以，管材、管件、阀门的材质、规格、型号、公称压力应符合相关要求。

室内供暖管道一般采用镀锌钢管、塑料管材和铜管。保温材料的质量将直接影响保温的效果，其材质、厚度、接口形式应符合要求。供回水的坡度可以用目测观察，无返坡现象。

管道暗装区域进行标记，可以方便维修，防止二次装修时破坏。

10.0.2 分、集水器应符合下列要求：

1 分、集水器材质宜为铜质，成型良好，规格、型号、公称压力值应符合设计及有关标准的要求。

2 安装位置、高度应符合设计要求。

3 固定牢靠，阀门及接头连接应严密，无渗漏。

检查方法：观察、尺量检查。

检查数量：全数检查。

分、集水器不应有裂缝、砂眼、冷隔、夹渣、凹凸不平等缺陷。

10.0.3　散热器应符合下列要求：

1　散热器防腐及面漆附着良好，色泽均匀。

2　散热器背面与装饰后的内墙面安装距离宜为30mm，支架、托架埋设牢固，安装位置正确。

检查方法：观察检查。

检查数量：全数检查。

第六节　电气工程

11.0.1　分户配电箱安装应符合下列要求：

1　插座回路应设置动作电流不大于30mA、动作时间不大于0.1s的剩余电流保护装置，剩余电流保护应做模拟动作试验。

2　回路功能标识齐全、准确。

3　导线分色应符合《建筑电气工程施工质量验收规范》（GB 50303—2002）的要求，配线整齐，无铰接。导线不伤芯、不断股，端子接线不多于2根。PE干线直接与PE排连接，零线和PE线经汇流排配出。

4　导线连接紧密。

检查方法：

1　用漏电测试仪测量插座回路保护动作参数。

2　通过开关通、断电试验检查回路功能标识。

3　观察检查导线分色、内部配线、接线。

检查数量：全数检查。

按照规范、设计图纸检查配电系统图，是否有影响安全和使用功能的缺陷。

端子排的螺钉数量、机械强度应满足导线连接的要求。当配电箱内采用能同时断开相线和零线的保护断路器，零线严禁经汇流排配出。

导线连接应紧密。当多股线与柱式接线端子连接须拧紧搪锡或采用端子；多股线用闭口接线端子与螺钉型接线端子排连接；不同截面导线采用接续端子后，方可压在同一端子下。

11.0.2　开关、插座安装应符合下列要求：

1　开关安装位置距门框边150～200mm。

2　安装高度在1.8m以下的电源插座应采用安全型插座；卫生间电源插座、非封闭阳台插座应采用防溅裂插座；洗衣机、电热水器、空调电源插座应带开关。

3　面板安装紧贴墙面，面板四周无缝隙。

检查方法：

1　对照规范和设计图纸检查开关、插座型号。

2　核查插座安全门。

3　通电后用插座相位检测仪检查接线。

4　打开插座面板查看 PE 线连接。

检查数量：打开插座面板抽查不少于 2 处。

入户开关距门过远，操作不方便，影响使用功能。高度低于 1.8m 的插座选用安全型插座是国家规范规定的，主要是防止儿童意外伤害。《家用和类似用途插头插座　第一部分：通用要求》（GB 2099.1—2008）第 10.5 条规定用探针试插带安全门的插座，现场可以用钥匙、螺丝刀等单根异物检查安全门质量。

11.0.3　单股导线连接采用标准绕接、搪锡和绝缘处理；或用质量合格的压线帽顺直插入，填塞饱满，压接牢固。

检查方法：打开导线连接处检查。

检查数量：每户抽查不少于 2 处，并做已查标记。

BV 导线连接常见有两种做法，一是绕接搪锡后先用塑料带、后黑胶布双层胶带绝缘处理，这种做法连接电阻小，避免锈蚀和松动，抗腐蚀和耐久性好，优先使用。二是压线帽压接，顺直插入，填充塞满后压接牢固，绝缘护套无破损。做法参照《江苏省建筑安装工程施工技术操作规程·电气分册》（DGJ 32/40—2006）。

11.0.4　设洗浴设备的卫生间应做等电位联结；并联结卫生间范围内的建筑物钢筋和插座 PE 线；端子排铜质材料厚度应不小于 4mm。异种材料搭接面应有防止电化学腐蚀措施。

检查方法：观察、尺量检查。

检查数量：全数检查。

洗浴过程中，人体电阻下降。为防止出现电击事故，在卫生间范围内将建筑物钢筋与插座 PE 线等金属联结，以减小接触电压对人体的伤害。

11.0.5　灯具安装应符合下列要求：

1　灯具及其配件齐全，无机械损伤、变形、涂层剥落、灯罩破裂。

2　灯具距地面高度小于 2.4m 时，灯具的可接近裸露导体必须可靠接地（PE）或接零（PEN）。

检查方法：观察检查，尺量检查。

检查数量：全数检查。

灯具的配件是否完善，灯具外形的观感质量是否符合要求，是灯具安全使用的重要措施。为保证人身安全，对于人伸臂可能触及的金属部件必须接地或接零可靠。

11.0.6　插座接线应符合下列规定：

1　单相两孔插座，面对插座的右孔或上孔与相线连接，左孔或下孔与零线连接；单相三孔插座，面对插座的右孔与相线连接，左孔与零线相接。

2　单相三孔、三相四孔及三相五孔插座的接地（PE）或接零（PEN）线接在上孔。插座的接地端子不与零线端子连接。同一场所的三相插座，接线的相序一致。

3　接地（PE）或接零（PEN）线在插座间不串联连接。

检查方法：检测仪检查；打开插座面板查看相位接线方式。

检查数量：每户至少检查 2～3 个回路。

本条为强制性条文，摘自《建筑电气工程施工质量验收规范》（GB 50303—2002）第 22.1.2 条。

第七节　智能建筑

12.0.1　多媒体箱安装应符合下列要求：

1　每套住宅应设置多媒体箱。

2　语音、数据、电视器件接口、进线（管）齐全。

3　弱电线缆符合设计要求。

检查方法：1　观察检查。

2　核查弱电线缆、标记、型号。

检查数量：全数检查。

多媒体箱是安装在室内实现语音、数据、多媒体、高质量音频等通信业务接入的配线箱，《江苏省住宅设计标准》（DGJ32/J 26—2006）中的弱电设计对此提出了具体要求。

12.0.2　信息插座面板安装应符合下列要求：

1　在主卧室、起居室应设置网络通信、CATV终端，符合设计要求。

2　线缆与信息插座面板连接可靠，与墙面贴合严密。

检查方法：观察检查；打开信息面板查看接线情况。

检查数量：全数检查，接线抽查不少于2处，并做好已查标记。

信息插座面板设计数量应符合《江苏省住宅设计标准》（DGJ32/J 26—2006）要求，性能测试条件具备时应有测试方案和法定检测单位进行。

12.0.3　CATV、网络通信等传输导线应符合下列要求：

1　CATV、网络通信等传输导线应通长布置，中间不得有接头。

2　CATV、网络通信等传输导线信号畅通。

3　CATV、网络通信等传输导线与多媒体信息箱的接线正确、牢固。

检查方法：检查智能化系统功能检测报告；打开多媒体信息箱查看接线。

检查数量：全数检查。

CATV、网络通信是住宅中智能化使用最广泛的内容，其信号质量与用户使用方式关系密切，单凭现场检查难以判别和验收。在进行住宅工程质量分户验收时配备专门检测仪器和检测人员不现实，业主应在进行住宅工程质量分户验收前落实有检测资质的检测单位检测，并向验收人员提交合格的检测报告。

12.0.4　安全防范系统安装应符合下列要求：

1　住宅内访客对讲系统安装位置正确，信号畅通，并与物业联动；门锁控制装置使用方便；按系统要求预留管线。

2　开启防盗门应灵活。

3　语音、视频信号应清晰。

检查方法：观察检查；模拟操作，试验不少于3次。

检查数量：全数检查。

《江苏省住宅设计标准》（DGJ32/J 26—2006）第10.1.8条第4款对访客对讲系统提出了要求，是提高住宅安全防范能力的重要设施。

12.0.5　报警及联动应及时、准确、无误。

检查方法：机房一人，户内一人，模拟报警3次观察检查。

检查数量：全数检查。

第八节 通风与空调工程

13.0.1 外墙空调洞节点处理应符合设计要求。

检查方法：观察检查。

检查数量：全数检查。

13.0.2 送风、制冷、制热功能应符合下列要求：

1 出风口风量应不低于设计排风量的85%。

2 房间温度与设计温度相差不大于2℃。

检查方法：检查检测报告。

检查数量：全数检查。

13.0.3 控制开关应无损伤损坏，功能键操作正常。

检查方法：观察检查。

检查数量：全数检查。

第九节 分户验收的组织及程序

15.0.1 住宅工程分户验收应由建设单位组织施工单位、监理单位组成验收小组，验收小组人员不应少于4人，其中安装人员不少于1人。验收人员应符合本规程第3.0.3条要求。已选定物业公司的，物业公司宜参与住宅工程分户验收工作。

住宅工程质量分户验收的组织者及参加验收的相关单位和人员，规程做出了明确的规定，强调了有关责任单位、责任人必须参加验收。对已选定物业管理公司的，物业公司派员参加有利于以后物业的管理和住宅维修。

15.0.2 住宅工程质量分户验收应按以下程序及要求进行：

1 依照分户验收要求的验收内容、质量要求、检查数量合理分组，成立分户验收组，并依据本规程第3.0.2条要求做好分户验收前的准备工作。

2 分户验收过程中，验收人员应按本规程附录A现场填写、签认《住宅工程质量分户验收记录表》。

3 单位工程分户验收后，应按本规程附录B填写《住宅工程质量分户验收汇总表》。

4 每户验收符合要求后，应按本规程附录C在户内醒目位置张贴《住宅工程质量分户验收合格证》。

5 验收小组应对不符合要求的部位当场标注并记录。施工单位应按本规程第3.0.6条进行处理。

分户验收前不做准备工作，到现场后将无法进行验收。验收过程中现场填写《住宅工程质量分户验收记录》，完善签字手续。验收合格后应将有验收人员签名的分户验收合格证置于室内显著位置。这样做直观、直接，明确了工程质量的责任单位、分户验收的责任人，同时要求验收人员必须认真检查，严格把关，如实反映情况，能经得起住户的复查。

分户验收过程中出现不符合要求的应及时记录、现场标注，处理后再行验收，当出现规程 3.0.6 条第 3 种情况时，不影响结构安全和使用功能，仍属质量合格的范畴。

单位工程所含分户验收合格后，参加分户验收的各单位应签章形成汇总记录，证明该单位工程已全部通过分户验收。

15.0.3 住宅工程竣工验收前，建设单位应将包含验收的时间、地点及验收组名单的《单位工程竣工验收通知书》，连同《住宅工程质量分户验收汇总表》报送该工程的质量监督机构。

分户验收是工程竣工验收重要条件之一。《住宅工程质量分户验收汇总表》在工程竣工验收申报时应报送当地工程质量监督机构审查，未进行分户验收或不按规程规定进行分户验收的单位工程不得进行竣工验收。《住宅工程质量分户验收汇总表》等可进入“江苏省工程档案资料管理系统”建立电子档案，质量监督站可直接查阅。

中华人民共和国住房和城乡建设部第 5 号令《房屋建筑和市政基础设施工程质量监督管理规定》第六条规定工程质量监督的程序，《住宅工程质量分户验收》作为江苏省地方标准，规定其为竣工验收之前的必经程序，应接受监督机构的监督。

15.0.4 住宅工程竣工验收时，竣工验收组应通过现场抽查的方式复核分户验收记录，核查分户验收标记。工程质量监督机构对验收组复核工作予以监督，每单位工程抽查不宜少于 2 户。

住宅工程竣工验收复核发现验收条件不符合相关规定、分户验收记录内容不真实或存在影响主要使用功能的严重质量问题时，应终止验收，责令改正，符合要求后重新组织竣工验收。

住宅工程竣工验收时，对分户验收工作质量复核检查是切实保障分户验收工作在施工现场有效落实的一项重要措施。通过对一定户数及公共部位单元分户验收情况的复核，一些验收不负责任、弄虚作假的工程将会被终止验收。被抽取进行复核的分户及检查单元，验收小组应根据规程要求重新进行一次分户验收，工程质量监督机构在工程竣工验收监督时对复核的全过程进行监督。复核数量由各地方质量监督机构根据当地具体情况做具体规定。核查分户验收标记，是指核查规程所要求的标记。

15.0.5 住宅工程交付使用时，建设单位应按本规程附录 C 向住户提供《住宅工程质量分户验收合格证》。建设单位保存的《住宅工程质量分户验收记录表》供有关部门和住户查阅。

实施分户验收制度后，住宅交付时建设单位应提供一份《住宅工程质量分户验收合格证》提供给住户。如同其他产品，合格建筑产品应具合格证书，这更强调了住宅质量分户验收的重要性、公开性。住宅合格证的出具要有依据，这便是通过分户验收。需要明确的是，合格的工程不等同零缺陷的工程，尤其是使用新型墙体材料、整体现浇楼面的住宅工程，容易出现墙体、楼面裂缝。按规程第 3.0.6 条或《建筑工程施工质量验收统一标准》(GB 50300—2001) 第 5.0.6 条规定进行验收，存在上述裂缝等瑕疵的工程仍属质量合格的范畴。这与严格执行标准并不矛盾，政府主要控制工程的结构安全和使用功能，任何危害结构安全和使用功能的工程，均不得进行验收。

附录 A“住宅工程质量分户验收记录表”、附录 B“住宅工程质量分户验收汇总表”和附录 C“住宅工程质量分户验收合格证”在“江苏省工程档案资料管理系统”(网址：http://www.jsgcda.com) 中有配套的表格，按照江苏省住房和城乡建设厅的要求，参建各方都要进入该系统建立电子档案，进入系统后可直接使用该表格，故本书略去记录表格。

第六章　建筑给水排水及供暖工程

本章主要依据《建筑给水排水及采暖工程施工质量验收规范》(GB 50242—2002)(以下简称本规范)来编写。本规范是根据建设部要求，由辽宁建设厅为主编部门，沈阳市城乡建设委员会为主编单位，会同有关单位共同对《建筑给水排水及采暖工程施工及验收规范》(GBJ 242—82)和《建筑采暖卫生与煤气工程质量检验评定标准》(GB 302—88)修订而成的。2002年4月1日起实施。

第一节　总　　则

1.0.1　为了加强建筑工程质量管理，统一建筑给水、排水及采暖工程施工质量的验收，保证工程质量，制定本规范。

1.0.2　本规范适用于建筑给水、排水及采暖工程施工质量的验收。

1.0.3　建筑给水、排水及采暖工程施工中采用的工程技术文件、承包合同文件对施工质量验收的要求不得低于本规范的规定。

1.0.4　本规范应与国家标准《建筑工程施工质量验收统一标准》(GB 50300)配套使用。

1.0.5　建筑给水、排水及采暖工程施工质量的验收除应执行本规范外，尚应符合国家现行有关标准、规范的规定。

第二节　术　　语

2.0.1　给水系统　water supply system

通过管道及辅助设备，按照建筑物和用户的生产、生活和消防的需要，有组织的输送到用水地点的网络。

2.0.2　排水系统　drainage system

通过管道及辅助设备，把屋面雨水及生活和生产过程所产生的污水、废水及时排放出去的网络。

2.0.3　热水供应系统　hot water supply system

为了满足人们在生活和生产过程中对水温的某些特定要求而由管道及辅助设备组成的输送热水的网络。

2.0.4　卫生器具　sanitary fixtures

用来满足人们日常生活中各种卫生要求，收集和排放生活及生产中的污水、废水的设备。

2.0.5　给水配件　water supply fittings

在给水和热水供应系统中，用以调节、分配水量和水压，关断和改变水流方向的各种管件、阀门和水嘴的统称。

2.0.6 建筑中的水系统 intermediate water system of building

以建筑物的冷却水、沐浴排水、盥洗排水、洗衣排水等为水源，经过物理、化学方法的工艺处理，用于厕所冲洗便器、绿化、洗车、道路浇洒、空调冷却及水景等的供水系统为建筑中水系统。

2.0.7 辅助设备 auxiliaries

建筑给水、排水及采暖系统中，为满足用户的各种使用功能和提高运行质量而设置的种种设备。

2.0.8 试验压力 test pressure

管道、容器或设备进行耐压强度和气密性试验规定所要达到的压力。

2.0.9 额定工作压力 rated working pressure

指锅炉及压力容器出厂时所标定的最高允许工作压力。

2.0.10 管道配件 pipe fittings

管道与管道或管道与设备连接用的各种零、配件的统称。

2.0.11 固定支架 fixed trestle

限制管道在支撑点处发生径向和轴向位移的管道支架。

2.0.12 活动支架 movable trestle

允许管道在支撑点处发生轴向位移的管道支架。

2.0.13 整装锅炉 integrative boiler

按照运输条件所允许的范围，在制造厂内完成总装整台发运的锅炉，也称快装锅炉。

2.0.14 非承压锅炉 boiler without bearing

以水为介质，锅炉本体有规定水位且运行中直接与大气相通，使用中始终与大气压强相等的固定式锅炉。

2.0.15 安全附件 safety accessory

为保证锅炉及压力容器安全运行而必须设置的附属仪表、阀门及控制装置。

2.0.16 静置设备 still equipment

在系统运行时，自身不做任何运动的设备，如水箱及各种罐类。

2.0.17 分户热计量 household-based heat metering

以住宅的户（套）为单位，分别计量向户内供给的热量的计量方式。

2.0.18 热计量装置 heat metering device

用以测量热媒的供热量的成套仪表及构件。

2.0.19 卡套式连接 compression joint

由带锁紧螺帽和丝扣管件组成的专用接头而进行管道连接的一种连接形式。

2.0.20 防火套管 fire-resisting sleeves

由耐火材料和阻燃剂制成的，套在硬塑料排水管外壁可阻止火势沿管道贯穿部位蔓延的短管。

2.0.21 阻火圈 firestops collar

由阻燃膨胀剂制成的，套在硬塑料排水管外壁可在发生火灾时将管道封堵，防止火势蔓延的套圈。

第三节 基本规定

3.1 质量管理

3.1.1 建筑给水、排水及采暖工程施工现场应具有必要的施工技术标准、健全的质量管理体系和工程质量检测制度，实现施工全过程质量控制。

3.1.2 建筑给水、排水及采暖工程的施工应按照批准的工程设计文件和施工技术标准进行施工。修改设计应有设计单位出具的设计变更通知单。

按《建设工程质量管理条例》精神，施工图设计文件必须经过审查批准方可施工使用的要求。

3.1.3 建筑给水、排水及采暖工程的施工应编制施工组织设计或施工方案，经批准后方可实施。

按《建筑工程施工质量验收统一标准》（GB 50300—2013）要求，事实证明，施工组织设计或施工方案对指导工程施工和提高施工质量，明确质量验收标准确有实效，同时监理或建设单位审查利于互相遵守。

3.1.4 建筑给水、排水及采暖工程的分部、分项工程划分见附录A。

关于分项工程的划分，《建筑工程施工质量验收统一标准》（GB 50300—2013）已做了规定，具体可参照本书第二章。

3.1.5 建筑给水、排水及采暖工程的分项工程，应按系统、区域、施工段或楼层等划分。分项工程应划分成若干个检验批进行验收。

该条提出了结合本专业特点，分项工程应按系统、区域、施工段或楼层等划分。又因为每个分项有大有小，所以增加了检验批。如：一个30层楼的室内给水系统，可按每10层或每5层一个检验批。这样既便于施工划分，也便于检查记录。如：一个5层楼的室内排水系统，可以按每单元一个检验批进行验收检查。

3.1.6 建筑给水、排水及采暖工程的施工单位应当具有相应的资质。工程质量验收人员应具备相应的专业技术资格。

按《条例》精神，结合调研发现建筑工程中，给水、排水或供暖工程的施工单位，有很多小包工队不具备施工资质，没有执行的技术标准，建设单位或总包单位为了降低成本，有意肢解发包工程，所以增加此条，加强建筑市场的管理。调研中还了解到验收人员中行政管理人员居多，专业技术人员太少或技术资格不够，故增加此内容。

3.2 材料设备管理

3.2.1 建筑给水、排水及采暖工程所使用的主要材料、成品、半成品、配件、器具和设备必须具有中文质量合格证明文件，规格、型号及性能检测报告应符合国家技术标准或设计要求。进场时应做检查验收，并经监理工程师核查确认。

该条符合《建设工程质量管理条例》精神，经多年实用可行。按现行市场管理体制，增加了适应国情的中文质量证明文件及监理工程师核查确认。

3.2.2 所有材料进场时应对品种、规格、外观等进行验收。包装应完好，表面无划痕及外力冲击破损。

进场材料验收对提高工程质量是非常必要的，在对品种、规格、外观加强验收的同时，应对材料包装表面情况及外力冲击进行重点检验。

3.2.3　主要器具和设备必须有完整的安装使用说明书。在运输、保管和施工过程中，应采取有效措施防止损坏或腐蚀。

进场的主要器具和设备应有安装使用说明书是抓好工程质量的重要一环。调研中了解到器具和设备在安装上不规范、不正确的安装满足不了使用功能的情况时有出现，运行调试不按程序进行导致器具或设备损坏，所以增加此内容。在运输、保管和施工过程中对器具和设备的保护也很重要，措施不得当就有损坏和腐蚀情况的发生。

3.2.4　阀门安装前，应作强度和严密性试验。试验应在每批（同牌号、同型号、同规格）数量中抽查10%，且不少于一个。对于安装在主干管上起切断作用的闭路阀门，应逐个作强度和严密性试验。

目前国内小型阀门厂很多，但质量问题也很多，国内大企业或合资企业的阀门质量相对较好。

3.2.5　阀门的强度和严密性试验，应符合以下规定：阀门的强度试验压力为公称压力的1.5倍；严密性试验压力为公称压力的1.1倍；试验压力在试验持续时间内保持不变，且壳体填料及阀瓣密封面无渗漏。阀门试压的试验持续时间应不少于表3.2.5（本书表6.3.1）的规定。

阀门试验持续时间　　表6.3.1

公称直径 *DN*（mm）	最短试验持续时间（s）		
	严密性试验		强度试验
	金属密封	非金属密封	
≤50	15	15	15
65～200	30	15	60
250～450	60	30	180

阀门规格型号符合设计要求，阀体铸造规范，表面光洁、无裂纹，开关灵活、关闭严密，填料密封完好无渗漏，手轮完整、无损坏。

3.2.6　管道上使用冲压弯头时，所使用的冲压弯头外径应与管外径相同。

非标准部压弯头有使用现象，缩小了管径，外观也不美观，故增加此条。

3.3　施工过程质量控制

3.3.1　建筑给水、排水及采暖工程与相关专业之间，应进行交接质量检验，并形成记录。

按《条例》和《统一标准》精神，增加了此条，主要是解决相关各专业间的矛盾，落实中间过程控制。

3.3.2　隐蔽工程应隐蔽前经验收各方检验合格后，才能隐蔽，并形成记录。

隐蔽工程出现的问题较多，处理较困难，给使用者、用户和管理者带来很多麻烦。

3.3.3　地下室或地下构筑物外墙有管道穿过的，应采取防水措施。对有严格防水要求的建筑物，必须采用柔性防水套管。

此条为强制性条文，如果忽略了此条内容或不够重视将造成严重的后果。应按设计要求选择防水套管，常见防水套管有两种：一种是柔性防水套管，另一种为刚性防水套管。

3.3.4 管道穿过结构伸缩缝、抗震缝及沉降缝敷设时，应根据情况采取下列保护措施：

1 在墙体两侧采取柔性连接。

2 在管道或保温层外皮上、下部留有不小于150mm的净空。

3 在穿墙处做成方形补偿器，水平安装。

有些工程项目在伸缩缝、抗震缝及沉降缝处的管道安装，由于处理不当，使用中出现变形破裂现象，对建筑物造成影响，应有相应保护措施。

3.3.5 在同一房间内，同类型的采暖设备、卫生器具有管道配件，除有特殊要求外，应安装在同一高度上。

3.3.6 明装管道成排安装时，直线部分应互相平和。曲线部分：当管道水平或垂直并行时，应与直线部分保持等距；管道水平上下并行时，弯管部分的曲率半径应一致。

3.3.7 管道支、吊、托架的安装，应符合下列规定：

1 位置正确，埋设应平整牢固。

2 固定支架与管道接触应紧密，固定应牢靠。

3 滑动支架应灵活，滑托与滑槽两侧间应留有3～5mm的间隙，纵向移动量应符合设计要求。

4 无热伸长管道的吊架、吊杆应垂直安装。

5 有热伸长管道的吊架、吊杆应向热膨胀的反方向偏移。

6 固定在建筑结构上的管道支、吊架不得影响结构的安全。

管道支架制作安装检查：

1. 管道支架、支座的制作应按照图样要求进行施工，代用材料应取得设计的同意；支吊架的受力部件，如横梁、吊杆及螺栓等的规格应符合设计及有关技术标准的规定。管道支吊架的下料、钻孔应采用专业的机具加工，不得采用氧炔焰下料、吹孔。管道支吊架、支座及零件的焊接应遵守结构件焊接工艺。焊缝高度不应小于焊件最小厚度，并不得有漏焊、夹渣或焊缝裂纹等缺陷，制作合格的支吊架，应进行防腐处理并妥善保管。

2. 管道支架的放线定位。首先根据设计要求定出固定支架和补偿器的位置；根据管道设计标高，把同一水平面直管段的两端支架位置画在墙上或柱上。根据两点间的距离和坡度大小，算出两点间的高度差，标在末端支架位置上；在两高差点拉一根直线，按照支架的间距在墙上或柱上标出每个支架位置。如果土建施工时，在墙上如预留有支架孔洞或在钢筋混凝土构件上预埋了焊接支架的钢板，应采用上述方法进行拉线校正，然后标出支架的实际安装位置。

3. 支吊架安装的一般要求：支架横梁应牢固地固定在墙、柱或其他结构上，横梁长度方向应水平。顶面应与管中心线平行；固定支架必须严格地安装在设计规定位置，并使管子牢固地固定在支架上。在无补偿器、有位移的直管段上，不得安装一个以上的固定支架。活动支架不应妨碍管道由于热膨胀所引起的位移，其安装位置应从支承面中心向位移反向偏移，偏移值为位移之半；无热位移的管道吊架的吊杆应垂直安装，吊杆的长度应能调节；有热位移的管道吊杆应斜向位移相反的方向，按位移值的一半倾斜安装。补偿器两侧安装1～2个多向支架，使管道在支架上伸缩时不会偏移中心线。管道支架上管道离墙、柱及管子中间的距离应按设计图纸要求敷设。在墙上预留孔洞埋设支架时，埋设前应检查校正孔洞标高位置是否正确，深度是否符合设计要求和有关标准图的规定要求，无误后清除孔洞内的杂物灰尘，并用水将洞周围浇湿，将支架埋入，用1∶3水泥砂浆填充饱满。在钢筋混凝土构件预埋钢板上焊接支架时，先校正支架焊接的标高位置，清除预埋钢板上的杂物，校正后施焊，焊缝必须满焊。焊缝高度不得少于焊接件最小厚度。在混凝土梁、柱上用膨胀螺栓固定支架时，其膨胀螺栓的规格应符合设计文件及有关标准图集要求。各种管材安装支撑控制间距如表6.3.2～表6.3.4所示。

4. 管道支架安装检查：支架结构多为标准设计。可按国标图集《给水排水标准图集》要求集中预制。现场安装中，托架安装工序较为复杂。结合实际情况可以选择栽埋法、膨胀螺栓法、射钉法、预埋焊接法、抱柱法安装。

1）栽埋法：适用于墙上直形横梁支架的安装。在已有的安装坡度线上，画出支架定位的十字线和打洞的方块线，即可打洞、浇水（用水壶嘴往洞顶上沿浇水，直至水从洞下沿流出，浇水可冲洗洞口杂物，并保证混凝土的强度）、填实砂浆直至抹平洞口，插栽支架横梁。埋栽横梁必须拉线（即将坡度线向外引出），使横梁端部U形螺栓孔中心对准安装中心线，即对准挂线后，填塞碎石挤实洞口，在横梁找平找正后，抹平洞口处灰浆表面。

2）膨胀螺栓法：适用于角形横梁在墙上的安装。按坡度线上支架定位十字线向下测量，画出上下两膨胀螺栓安装位置十字线后，用电钻钻孔。孔径等于套管外径，孔深为套管长度加15mm并与墙面垂直。清除孔内灰渣，套上锥形螺栓并拧上螺母，打入墙孔直至螺母与墙齐平，用扳手拧紧螺母直至胀开套管后，打横梁穿入螺栓，并用螺母紧固在墙上，螺栓需垂直、牢固。

3）射钉法：多用于角形横梁在混凝土结构上安装。按膨胀螺栓法定出射钉位置十字线，用射钉枪射入直径为8～12mm的射钉，用螺纹射钉紧固角形横梁。

4）预埋焊接法：在预埋的钢板上，弹上安装坡度线，作为焊接横梁的端面安装标高控制线，将横梁垂直焊在预埋钢板上，并使横梁端面与坡度线对齐，先电焊，校正后焊牢，焊缝饱满，清除焊渣表面，并有防腐措施。

5）抱柱法：管道沿柱子安装时，可用抱柱法安装支架。把柱上的安装坡度线用水平尺引至柱子侧面，弹出水平线作为抱柱托架端面的安装标高线，用两条双头螺栓把托架紧固于柱子上，托架安装一定要保持水平，螺母应紧固。

3.3.8 钢管水平安装的支、吊架间距不应大于表3.3.8（本书表6.3.2）的规定。

钢管管道支架的最大间距 **表6.3.2**

公称直径（mm）		15	20	25	32	40	50	70	80	100	125	150	200	250	300
支架的最大间距（m）	保温管	2	2.5	2.5	2.5	3	3	4	4	4.5	6	7	7	8	8.5
	不保温管	2.5	3	3.5	4	4.5	5	6	6	6.5	7	8	9.5	11	12

3.3.9 采暖、给水及热水供应系统的塑料管及复合管垂直或水平安装的支架间距应符合表3.3.9（本书表6.3.3）的规定。采用金属制作的管道支架，应在管道与支架间加衬非金属垫或套管。

塑料管及复合管管道支架的最大间距　　表 6.3.3

管径（mm）			12	14	16	18	20	25	32	40	50	63	75	90	110
最大间距（m）	立管		0.5	0.6	0.7	0.8	0.9	1.0	1.1	1.3	1.6	1.8	2.0	2.2	2.4
	水平管	冷水管	0.4	0.4	0.5	0.5	0.6	0.7	0.8	0.9	1.0	1.1	1.2	1.35	1.55
		热水管	0.2	0.2	0.25	0.3	0.3	0.35	0.4	0.5	0.6	0.7	0.8		

3.3.10　铜管垂直或水平安装的支架间距应符合表 3.3.10（本书表 6.3.4）的规定。

铜管垂直或支架的最大间距　　表 6.3.4

公称直径（mm）		15	20	25	32	40	50	65	80	100	125	150	200
支架的最大间距（m）	垂直管	1.8	2.4	2.4	3.0	3.0	3.0	3.5	3.5	3.5	3.5	4.0	4.0
	水平管	1.2	1.8	1.8	2.4	2.4	2.4	3.0	3.0	3.0	3.0	3.5	3.5

3.3.11　供暖、给水及热水供应系统的金属管道立管管卡安装应符合下列规定：

1　楼层高度小于或等于 5m，每层必须安装 1 个。

2　楼层高度大于 5m，每层不得少于 2 个。

3　管卡安装高度，距地面应为 1.5～1.8m，2 个以上管卡应匀称安装，同一房间管卡应安装在同一高度上。

3.3.12　管道及管道支墩（座），严禁铺设在冻土和未经处理的松土上。

3.3.13　管道穿过墙壁和楼板，应设置金属或塑料套管。安装在楼板内的套管，其顶部高出装饰地面 20mm；安装在卫生间及厨房内的套管，其顶部应高出装饰地面 50mm，底部应与楼板底面相平；安装在墙壁内的套管其两端与饰面相平。穿过楼板的套管与管道之间缝隙应用阻燃密实材料和防水油膏填实，端面光滑。穿墙套管与管道之间缝隙宜用阻燃密实材料填实，且端面应滑。管道的接口不得设在套管内。

3.3.14　弯制钢管，弯曲半径应符合下列规定：

1　热弯：应不小于管道外径的 3.5 倍。

2　冷弯：应不小于管道外径的 4 倍。

3　焊接弯头：应不小于管道外径的 1.5 倍。

4　冲压弯头：应不小于管道外径。

3.3.15　管道接口应符合下列规定：

1　管道采用粘接接口，管端插入承口的深度不得小于表 3.3.15（本书表 6.3.5）的规定。

管端插入承口的深度　　表 6.3.5

公称直径（mm）	20	25	32	40	50	75	100	125	150
插入深度（mm）	16	19	22	26	31	44	61	69	80

塑料管粘接质量检查：

1）将管材切割为所需长度，两端必须平整，最好使用割管机进行切割。用中号钢锉刀将毛刺去掉并倒成 2×45°角，并在管子表面根据插口长度作出标识。

2）用干净的布清洁管材表面及承插口内壁，选用浓度适宜的胶粘剂，使用前搅拌均匀，涂刷胶粘剂时动作迅速，涂抹均匀。涂抹胶粘剂后，立即将管子旋转推入管件，旋转角度不大于 90°，应避免中断，一直推入到底，根据管材规格的大小轴向推力保持数秒到数分钟，然后用棉纱蘸丙酮擦掉多余的胶粘剂，把盖子盖好，防止渗漏和挥发，用丙酮或其他溶剂清洗刷子。

3）立管和横管按规定设置伸缩节，横管伸缩节应采用锁紧式橡胶管件。当管径大于或等于 100mm 时，横干管宜采用弹性橡胶密封圈连接形式，当设计对伸缩节无规定时，管端插入伸缩节处。预留的间隙：夏季为 5～10mm，冬季为 15～20mm。管端插入伸缩节前，可在管端上作标记或在管端上设置固定卡。

4）粘接面必须保持干净，严禁在下雨或潮湿的环境下进行粘接；不使用脏的刷子或不同材料使用过的刷子进行粘接操作；不能用脏的或有油的棉纱擦管子和管件接口部分；不能在接近火源或有明火的地方进行操作。

2 熔接连接管道的结合面应有一均匀的熔接圈，不得出现局部熔瘤或熔接圈凸凹不匀现象。

塑料给水管道热熔连接检查：

1）将热熔工具接通电源，工作温度指示灯亮后方能开始操作。

2）切割管材时，必须使端面垂直于管轴线。管材切断一般使用管子割刀或管道切割机，必要时可使用锋利的钢锯，切割后管材断面应去除毛边和毛刺。

3）管材与管件连接端面必须清洁、干燥、无油。

4）用卡尺和合适的笔在管端测量并标绘出热熔深度，热熔深度应符合表 6.3.6 的规定。

热熔连接技术要求 **表 6.3.6**

公称外径（mm）	热熔深度（mm）	加热时间（s）	加工时间（s）	冷却时间（min）
20	14	5	4	3
25	16	7	4	3
32	20	8	4	4
40	21	12	6	4
50	22	18	6	5
63	24	24	6	5
75	26	30	10	8
90	32	40	10	8
110	38.5	50	15	10

注：1 本表摘自 DGJ32/J 39—2006 表 6.2.7-2。
2 若环境温度小于 5℃，加热时间延长 50%。

5）熔接弯头或三通时，按设计图纸要求，应注意其方向，在管件和管材的直线方向上，用辅助标志标出位置。

6）连接时，应旋转地把管端导入加热套内，插入到所标志的深度，同时，无旋转地把管件推到加热头上，到达规定标识处。加热时间必须满足表 6.3.6 的规定（也可按热熔工具生产厂家的规定）。

7）达到加热时间后，立即把管材与管件从加热套的加热头上同时取下，迅速地、无旋转地、直线均匀地插入到所标示的深度，使接头处形成均匀凸缘。在规定的加工时间内，刚熔接好的接头还可校正，但严禁旋转。

8）在整个熔接区周围，必须有均匀环绕的溶液瘤；熔接过程中，管子和管件平行移动；所有熔接连接部位必须完全冷却；正常情况下规定，最后一个熔接过程结束，1h后才能进行压力试验；对熔接管工必须经过培训；严格控制加热时间、冷却时间、插入深度及加热温度；管子和管件必须应用有吸附能力的。

3　采用橡胶圈接口的管道，允许沿曲线敷设，每个接口的最大偏转角不得超过2°。

4　法兰连接时衬垫不得凸入管内，其外边缘接近螺栓孔为宜。不得安放双垫或偏垫。

5　连接法兰的螺栓，直径和长度应符合标准，拧紧后，突出螺母的长度不应大于螺杆直径的1/2。

法兰连接质量检查：

1）安装法兰连接前的检查：法兰的各部分加工尺寸应符合标准或设计要求，法兰表面应光滑，不得有砂眼、裂纹、斑点、毛刺等降低法兰强度和连接可靠性的缺陷。法兰垫片是成品时应检查核实其材质，尺寸应符合标准和设计要求，软垫片质地柔韧，无老化变质现象，表面不应有折损皱纹缺陷，法兰垫片无成品时，应现场根据需要自行加工，加工方法有手工剪制和工具刃割两种。手工剪制时，常剪成手柄式，以便安装调整垫片位置。法兰垫片安装时应根据管道输送的介质、温度、压力选用符合设计及标准要求的软垫片，不可在法兰间同时垫两块垫片。螺栓及螺母的螺纹应完整，无伤痕、无毛刺等缺陷，螺栓、螺母应配合良好，无松动和卡塞现象。

2）法兰连接安装检查：法兰与管子组装前对管子端面进行检查，管口端面倾斜尺寸不得大于1.5mm；法兰与管子组装时要用角尺检查法兰的垂直度，法兰连接的平行度偏差尺寸当设计无明确规定时，则不应大于法兰外径的1.5mm，且不应不大于2mm；法兰与法兰对接时，密封面应保持平衡，见表6.3.7。

法兰密封面的平行度及平行度允许偏差值　　　　表6.3.7

法兰公称直径 DN（mm）	在下列标称压力下的允许偏差（最大间隙-最小间隙）（mm）		
	PN<1.6MPa	1.6≤PN≤6.0MPa	PN>6.0MPa
≤100	0.2	0.10	0.05
>100	0.3	0.15	0.06

注：本表摘自DGJ32/J 39—2006表6.2.7-1。

为了便于装拆法兰紧固螺栓，法兰平面距支架和墙面的距离不应小于200mm；拧紧螺栓时应对称成十字交叉进行，以保障垫片各处受力均匀，拧紧后螺栓露出丝扣的长度不应大于螺栓直径的一半，并不应小于2mm。

6　螺栓连接管道安装后的管螺纹根部应有2～3扣的外露螺纹，多余的麻丝应清理干净并做防腐处理。

螺纹连接过程质量检查：

管螺纹连接时，一般均用填料。螺纹加工和连接方法要正确。不论是手工或机械加工，加工后的管螺纹都应端正、清楚、完整、光滑。断丝和缺丝总长不得超过全螺纹长度的10%。螺纹连接时，应在管端螺纹外面敷上填料，用手拧入2～3扣，再用管子钳一次装进，不得倒回。装紧后应留有螺尾。管道连接后，应把挤到螺栓外面的填料清除掉。填料不得挤入管道，以免阻塞管路。一氧化铅与甘油混合后，需要在10min内完成，否则就会硬化，不得再用。各种填料在螺纹里只能使用一次，若螺纹拆卸，重新装紧时，应更换填料。螺纹连接应选用合适的管钳，不得在管子钳的手柄上加套管增长手柄来拧紧管子。

7 承插口采用水泥捻口时，油麻必须清洁、填塞密实，水泥应捻入并密实饱满，其接口面凹入承口边缘的深度不得大于2mm。

8 卡箍（套）式连接两管口端应平整、无缝隙，沟槽应均匀，卡紧螺栓后管道应平直，卡箍（套）安装方向应一致。

3.3.16 各种承压管道系统和设备应做水压试验，非承压管道系统和设备应做灌水试验。

本条为强制性条文，提出试压加灌水的总体要求。

第四节 室内给水系统安装

4.1 一般规定

4.1.1 本章适用于工作压力不大于1.0MPa的室内给水和消火栓系统管道安装工程的质量检验与验收。

为适应当前高层建筑室内给水和消火栓系统工作压力的需求，经调研和组织专家论证，将其工作压力限定在不大于1.0MPa是合适的。

4.1.2 给水管道必须采用与管材相适应的管件。生活给水系统所涉及的材料必须达到饮用水卫生标准。

本条为强制性条文。目前市场上可供选择的给水系统管材种类繁多，每种管材均有自己的专用管道配件及连接方法，故强调给水管道必须采用与管材相适应的管件，以确保工程质量。为防止生活饮用水在输送中受到二次污染，也强调了生活给水系统所涉及的材料必须达到饮用水卫生标准。

管道的配件应采用与管材相应的材料，其工作压力与管道相匹配。管道的管件须与管道配套一起供应。塑料管与配水器具连接应采用镶嵌金属材料的注塑件或经增强处理的塑料管件，不得采用纯塑料内螺纹管件。铜管与钢制设备的连接应采用铜合金配件。严禁在薄壁不锈钢管上套丝，对允许偏差不同的管材、管件，不得互换使用。

材料外观质量检查：

1. 镀塑镀锌碳素钢管及管件规格种类应符合设计要术，管壁内外镀锌均匀，无锈蚀、飞刺。管件无偏扣、乱扣、丝扣不全或角度不准等现象。

2. 使用的钢材（型材）外观整洁、平滑，不得有影响其使用功能的缺陷存在。

3. 聚乙烯类给水管、复合管及管件应符合设计要求，管材和管件内外壁应光滑、平整，无裂纹、脱皮、气泡，无明显的痕迹、凹痕和严重的冷斑，管材轴线不得有扭曲或弯曲，其直线度偏差应不小于1%，且色泽一致；管材端口必须垂直于轴线，并且平整；合模缝、浇口应平整，无开裂。管件应完整，无缺损、变形；管材和管件的壁厚偏差不得超过14%；管材的外径、壁厚及其公差应满足相应的技术要求。

4. 建筑给水铜管应采用TP2牌号铜管，并宜采用硬态铜管。当管径不大于*DN*25时，可采用半硬态铜管。

5. 铜及铜合金管、管件内外表面应光滑、清洁，不得有裂缝、起层、凹凸不平、绿锈等现象。

6. 管材、管件接口的尺寸应相匹配。弯头宜采用半径 R（R 不包括承口深度）等于公称直径 DN 的大曲率半径弯头。

室内给水管材、管件检查：

1. 室内给水镀锌钢管应符合《低压流体输送用焊接钢管》GB/T 3091 标准。

镀锌钢管是室内给水工程中常用的管材，按其壁厚不同分为薄壁管、普通管和加厚管三种。薄壁管不宜输送介质，普通管工作压力 PN＝1.0MPa，加厚管工作压力 PN＝1.6MPa。

2. 给水硬聚氯乙烯（PVC-U）管材、管件必须符合《给水用聚氯乙烯（PVC-U）管材》（GB/T 10002.1）标准和《给水用硬聚氯乙烯管件》（GB/T 10002.2）要求。给水聚丙烯（PPR）管应符合《冷热水用聚丙烯管道系统第 1 部分：总则》（GB/T 18742.1）、《冷热水用聚丙烯管道系统第 2 部分：管材》（GB/T 18742.2）、《冷热水用聚丙烯管道系统 第 3 部分：管件》（GB/T 18742.3）和给水聚乙烯类管（PE、PE-X、PE-RT）必须符合《给水用聚乙烯（PE）管材》（GB/T 13663）、《冷热水用交联聚乙烯（PE-X）管道系统》（GB/T 18992）、《冷热水用耐热聚乙烯（PE-RT）管道系统》（CJ/T 175），也应符合《冷热水用耐热聚乙烯（PE-RT）管道系统第 1 部分：总则》（GB/T 28799.1）、《冷热水用耐热聚乙烯（PE-RT）管道系统第 2 部分：管材》（GB/T 28799.2）、《冷热水用耐热聚乙烯（PE-RT）管道系统第 3 部分：管件》（GB/T 28799.3），管件由生产厂家配套供应：

1）硬聚氯乙烯管适用于温度不大于 45℃，给水系统工作压力不大于 0.6MPa 的给水管道。

2）聚乙烯管（PE 管）管道长期工作温度不大于 40℃；交联聚乙烯（PE-X）管道长期工作温度不大于 90℃；耐热聚乙烯（PE-RT）管道长期工作温度不大于 82℃。

3）聚丙烯管材（PPR 管）是聚丙烯树脂经挤出成型而得，按压力分为Ⅰ、Ⅱ、Ⅲ型，其常温工作压力下：Ⅰ型为 0.4MPa，Ⅱ型为 0.6MPa，Ⅲ型为 0.8MPa。

除上述几种塑料管外，还有聚丁烯（PB）管，HDPE 管、管材和管件配合良好，并配套齐全、无毒，也可用于室内外给水系统。

3. 给水金属塑料复合管应符合《钢塑复合管》GB/T 28897 标准，管件则由生产厂家配套供应。

4. 铜管分拉制铜管和挤制铜管，应分别符合《铜及铜合金拉制管》（GB/T 1527）和《铜及铜合金挤制管》（YS/T662）标准规定。

5. 给水系统使用的薄壁不锈钢管。

采用卡压式连接的管件与管材。其内、外径允许偏差应分别符合现行国家标准《不锈钢卡压式管件组件第 1 部分：卡压式管件》（GB/T 19228.1）和《不锈钢卡压式管件第 2 部分：连接用薄壁不锈钢管》（GB/T 19228.2）的规定。其他连接方式的允许偏差应符合国家现行有关标准的规定。

4.1.3 管径小于或等于 100mm 的镀锌钢管应采用螺纹连接，套丝扣时破坏的镀锌层表面及外露螺纹部分应做防腐处理；管径大于 100mm 的镀锌钢管应采用法兰或卡套式专用管件连接，镀锌钢管与法兰的焊接处应二次镀锌。

在给水系统使用镀锌钢管时，$DN \leqslant 100$mm 镀锌钢管丝扣连接较多，同时使用中发现由于焊接破坏了镀锌层产生锈蚀十分严重，故要求管径小于或等于 100mm 的镀锌钢管应采用螺纹连接，并强调套丝后被破坏的镀锌层表面及外露螺纹部分应做防腐处理，以确保工程质量。管径大于 100mm 的镀锌钢管套丝困难，安装也不方便，故规定应采用法兰或卡箍（套）式等专用管件连接，并强调了镀锌钢管与法兰的焊接处应二次镀锌，防止锈蚀，以确保工程质量。

4.1.4 给水塑料管和复合管可以采用橡胶圈接口、粘接接口，热熔连接、专用管件连接及法兰连接等形式。塑料管和复合管与金属管件、阀门等的连接应使用专用管件连接，不得在塑料管上套丝。

综合目前市场上出现的各种塑料管和复合管生产厂家管道连接方式，列出室内给水管道可采用的连接方法及使用范围。

4.1.5 给水铸铁管管道应采用水泥捻口或橡胶圈接口方式进行连接。

给水铸铁管连接方式很多，本条列出的两种连接方式安装方便，问题较少，能保证工程质量。

4.1.6 铜管连接可采用专用接头或焊接，当管径小于 22mm 时宜采用承插或套管焊接，承口应迎介质流向安装；当管径大于或等于 22mm 时宜采用对口焊接。

调研时了解到，铜管安装连接时，普遍做法是参照制冷系统管道的连接方法。限制承插连接管径为 22mm，以防管壁过厚易裂。

4.1.7 给水立管和装有 3 个或 3 个以上配水点的支管始端，均应安装可拆卸的连接件。

给水立管和装有 3 个或 3 个以上配水点的支管始端，要求安装可拆的连接件，主要是为了便于维修，拆装方便。

立管安装检查：

1. 立管明装：每层从上至下统一吊线安装卡件，将预制好的立管按编号分层排开，顺序安装。支管甩口均加好临时丝堵。立管阀门安装朝向应便于操作和修理。安装完后用线坠吊直找正，配合土建堵好楼板洞。

2. 立管暗装：竖井内立管安装的卡件宜在管井口设置型钢，上下统一吊线安装卡件。安装在墙内的立管应在结构施工中预留管槽，立管安装后吊直找正，用卡件固定。支管的甩口应露明并加好临时丝堵。

支管安装检查：

1. 支管明装：将预制好的支管接口依次逐段进行安装，根据管道长度适当加好临时固定卡，核定不同卫生器具的接口高度，并加好临时封堵。支管装有水表，水表位置先装上连接管，试压后在交工前拆下连接管，换装水表。

2. 支管暗装：确定支管高度后画线定位，剔出管槽，将预制好的支管敷在槽内，找平、找正定位后用勾钉固定。卫生器具的冷热水接口要做在明处，加好封堵。

4.1.8 冷、热水管道同时安装应符合下列规定：

1 上、下平行安装时热水管应在冷水管上方。

2 垂直平行安装时热水管应在冷水管左侧。

冷、热水管道同时安装，主要防止冷水管安装在热水管上方时冷水管外表面结露；垂直安装时热水管应在冷水管左侧，主要是便于管理、维修。

4.2 给水管道及配件安装

主控项目

4.2.1 室内给水管道的水压试验必须符合设计要求。当设计未注明时，各种材质的给水管道系统试验压力均为工作压力的1.5倍，但不得小于0.6MPa。

检验方法：金属及复合管给水管道系统在试验压力下观测10min，压力降不应大于0.02MPa，然后降到工作压力进行检查，应不渗不漏；塑料管给水系统应在试验压力下稳压1h，压力降不得超过0.05MPa，然后在工作压力的1.15倍状态下稳压2h，压力降不得超过0.03MPa，同时检查各连接处不得渗漏。

强调室内给水管道试压必须按设计要求且符合规范规定，列为主控项目。检验方法分两档：金属及复合管。给水管道系统试压则参照CECS 18：90及各塑料给水管生产厂家的有关规定，制定本条以统一检验方法。

管道试压：

室内给水管道试验压力为工作压力的1.5倍，且不应小于0.6MPa。铺设、暗装保温的给水管道在隐藏前做好水压试验。管道系统安装完成后再进行整件水压试验。水压试验时放净空气充满水后进行加压，当压力升到规定要求时停止加压。进行检查。如各接口和阀门均无渗漏，持续到规定时间，观察其压力下降在允许范围内，通知有关人员验收。办理交接手续。

然后把水泄净，遭破损的镀锌层和外露丝扣处做好防腐处理，再进行隐蔽工作。

4.2.2 给水系统交付使用前必须进行通水试验并做好记录。

检查方法：观察和开启阀门、水嘴等放水。

为保证使用功能，强调室内给水系统在竣工后或交付使用前必须通水试验，并做好记录，以备查验。

4.2.3 生活给水系统管道在交付使用前必须冲洗和消毒，并经有关部门取样检验，符合国家《生活饮用水标准》方可使用。

检验方法：检查有关部门提供的检测报告。

本条为强制性条文。

为保证水质、使用安全，强调生活饮用水管道在竣工后或交付使用前必须进行吹洗，除去杂物，使管道清洁，并经有关部门取样化验，达到国家《生活饮用水标准》是防止水质污染保证人身健康所采取的必要措施。

管道冲洗、消毒：

管道在试压完成后即可作冲洗，冲洗应用自来水连续进行，应保证充足的流量，并应进行消毒，经有关部门取样检验，符合国家《生活饮用水标准》方可使用。冲洗洁净、消毒后办理验收手续。

4.2.4 室内直埋给水管道（塑料管道和复合管道除外）应做防腐处理。埋地管道防腐层材质和结构应符合设计要求。

检验方法：观察或局部解剖检查。

为延长使用寿命，确保使用安全，规定除塑料管和复合管本身具有防腐功能可直接埋地敷设外，其他金属给水管材埋地敷设均应按规定进行防腐处理。

管道的防腐：

给水管道铺设与安装部分防腐均按设计要求及国家验收规范进行施工，所有型钢支架及管道镀锌层破损处和外露丝扣要补刷防锈漆。

管道保温：

给水管道明装、暗装的管道保温有三种形式：管道防冻保温、管道防热损失保温、管道防结露保温。其保温材质及厚度均按设计要求，质量达到国家验收规范标准。

一般项目

4.2.5　给水引入管与排水排出管的水平净距不得小于1m。室内给水与排水管道平行敷设时，两管间的最小水平净距不得小于0.5m；交叉铺设时，垂直净距不得小于0.15m。给水管应铺在排水管上面，若给水管必须铺在排水管下面时，给水管应加套管，其长度不得小于排水管管径的3倍。

检验方法：尺量检查。

给水管与排水管上、下交叉铺设，规定给水管应铺设在排水管上面，主要是为防止给水水质不受污染。如因条件限制，给水管必须铺设在排水管下面时，给水管应加套管，为安全起见，规定套管长度不得小于排水管管径的3倍。

各种埋地管道的平面位置，不得上下重叠，并尽量减少和避免互相间的交叉。给水管严禁在雨、污水检查井及排水管渠内穿越。

管道之间的平面净距检查：

1. 满足管道敷设、砌筑阀门井、检查井等所需的距离。

2. 满足使用后维护管理及更换管道时，不损坏相邻的地下管道、建筑物和构筑物的基础。

3. 管道损坏时，不会冲刷、侵蚀建筑物及构筑物基础或造成生活用水管被污染，不会造成其他不良的后果。

4.2.6　管道及管件焊接的焊缝表面质量应符合下列要求：

1　焊缝外形尺寸应符合图纸和工艺文件的规定，焊缝高度不得低于母材表面，焊缝与母材应圆滑过渡。

2　焊缝及热影响区表面应无裂纹、未熔合、未焊透、夹渣、弧坑和气孔等缺陷。

检验方法：观察检查。

4.2.7　给水水平管道应有2‰～5‰的坡度坡向泄水装置。

检验方法：水平尺和尺量检查。

给水水平管道设置坡度坡向泄水装置是为了在试压冲洗及维修时能及时排空管道的积水，尤其在北方寒冷地区，在冬季未正式供暖时管道内如有残存积水易冻结。

4.2.8　给水管道和阀门安装的允许偏差应符合表4.2.8（本书表6.4.1）的规定。

管道和阀门安装的允许偏差和检验方法　　**表6.4.1**

项次	项目			允许偏差（mm）	检验方法
1	水平管道纵横方向弯曲	钢管	每米全长25m以上	1≯25	用水平尺、直尺、拉线和尺量检查
		塑料管 复合管	每米全长25m以上	1.5≯25	
		铸铁管	每米全长25m以上	2≯25	

续表

项次	项目			允许偏差（mm）	检验方法
2	立管垂直度	钢管	每米 5m 以上	3≯8	吊线和尺量检查
		塑料管 复合管	每米 5m 以上	2≯8	
		铸铁管	每米 5m 以上	3≯10	
3	成排管段和成排阀门		在同一平面上间距	3	尺量检查

按使用要求选择不同类型的阀门（水嘴），一般按下列原则选择：

1. 管径不大于 50mm 时，宜采用截止阀，管道大于 50mm 时宜采用闸阀、蝶阀；

2. 需调节流量、水压时宜采用调节阀、截止阀；

3. 要求水流阻力小的部分（如水泵吸水管上），宜采用闸板阀、球阀、半球阀；

4. 水流需双向流动的管段上应采用闸阀，不得使用截止阀；

5. 安装空间小的部分宜采用蝶阀、球阀；

6. 在经常启闭的管段上，宜采用截止阀；

7. 口径较大的水泵出水管上应采用多功能阀。

4.2.9 管道的支、吊架安装应平整牢固，其间距应符合本规范第 3.3.8 条、第 3.3.9 条或第 3.3.10 条的规定。

检查方法：观察、尺量及手扳检查。

管道支架应外观平整，结构牢固，间距应符合规范规定，属一般控制项目。

其立管管卡安装检查：

管卡安装高度，距地面应为 1.5～1.8m，两个以上管卡应匀称安装，同一个房间的管卡应安装在同一高度。

支吊架相关部位检查：

1. *DN* 小于等于 25mm 可采用塑料管卡；当采用金属管卡或吊架时，金属管卡与管道之间应采用塑料带或橡胶等软物隔垫。

2. 在给水栓及配水点处必须采用金属管卡或吊架固定，管卡或吊架宜设置在距配件 40～80mm 处。

3. 金属管卡与管道之间应采用塑料带或橡胶等隔垫，在金属管配件与给水聚丙烯管道连接部位，管卡应设在金属管配件一端。

4. 冷、热水管功用支、吊架时其间距应按照热水管要求确定。

活动支吊架不得支承在管道配件上，支承点距配件不宜小于 80mm。

伸缩接头的两侧应设置活动支架，支架距接头承口边不宜小于 80mm。

阀门和给水栓处应设支承点。

固定支架应采用金属件。紧固件应衬橡胶垫，不得损伤管材表面。

5. 管道应采用表面经过耐腐蚀处理的金属支承件，支承件应设在管道附件 50～100mm 处。

6. 管卡与管道表面应为面接触，且宜采用橡胶垫隔离。管道的卡箍、卡件与管道紧固部位不得损伤管壁。

7. 横管的任何两个接头之间应有支承。

8. 不得支承在接头上。

9. 沟槽式连接管道，无须考虑管道因热胀冷缩的补偿。

10. 配水点两端应设支承固定，支承件离配水点中心距不得大于150mm。

11. 管道折角转弯时，在折转部位不大于500mm的位置应设支承固定。

12. 立管应在距地（楼）面1.6～1.8m处设支承。穿越楼板处应作为固定支承点。

当采用钢件支架时，管道与支架间应设软隔垫。隔垫不得对管道产生腐蚀。

管道的固定支架设置的检查：

1）PVC-U管：当直线管段大于18m时，应采取补偿管道伸缩的措施。采用弹性橡胶圈接口的给水管可不装设伸缩节。下列场合也应设固定支架：立管每层设一个固定支架（立管穿越楼板和屋面处视为固定支承点）；在管道安装阀门或其他附件、两个伸缩节之间、管道接出支管和连接用水配件处均应设固定支架；弹性橡胶圈密封柔性连接的管道，必须在承口部位设置固定支架，干管水流改变方向的位置也应设。

2）建筑给水聚乙烯类管道（PE、PE-X、PE-RT）：承插式柔性连接的管道，承口部位必须设固定支承，转弯管段的转弯部位双向应设栏墩，系统可不设伸缩补偿。管道穿越楼板时穿越部位宜设固定支承。立管距地1.2～1.4m处应设支承。管道与水表、阀门等金属管道附件连接时附件两端应设固定支承件。管道系统分流处应在干管部位一侧增设固定支承件。固定支承件应采用专用管件或利用管件固定。在计算管道伸缩量时，其计算管段长度宜取8～12m（计算管段两端应设置固定支承）。

3）PVC-C管：立管接出的横支管、横干管接出的立管和横支管接出的分支管均应偏置。偏置的自由臂与接出的立管、横干管、支管的轴线间距不得小于0.2m。

当直线管段较长时，可设置相应专用伸缩器，伸缩器的压力等级应与管道设计压力匹配，且管段的最大伸缩量应小于伸缩器的最大补偿器。

4）铝塑复合管（PAP管）：无伸缩补偿装置的直线管段，固定支承件的最大间距不宜大于6m，采用管道伸缩补偿器的直线管段，固定支承件的间距应经计算确定，管道伸缩补偿器应设在两个固定支承件的中间部位。公称外径不大于32mm的管道，不计算温度变化引起的管的轴向伸缩补偿。公称外径不小于40mm的管道，当按间距不大于6.0m设置固定支承时，可不设置管道伸缩器。公称外径不小于40mm的管道系统，应尽量利用管道转弯，以悬臂段进行伸缩补偿；其最小自由臂长度应计算确定。在采用管道折角进行伸缩补偿时，悬臂端长度不应大于3.0m，自由臂长度不应小于300mm。

5）给水钢塑复合压力管：管道穿越楼板时，管道立管下端的水平转角部位应设固定支架。管道配水点两端应固定支架，支承件离配水点中心间距不得大于150mm，管道折角转弯时，应在折转部位不大于500mm的位置设固定支架。

6）建筑给水铜管：铜管的固定支架应采用铜套管式固定支架，管道固定支架的间距应根据管道伸缩量，伸缩接头由允许伸缩量等因素确定。固定支架宜设置在变径、分支、接口处及所穿越的承重墙与楼板的两侧，垂直安装的配水干管应在其底部设置固定支架。

4.2.10　水表应安装在便于检修、不受曝晒、污染和冻结的地方。安装螺翼式水表，表前与阀门应有不小于8倍水表接口直径的直线管段。表外壳距墙表面净距为10～30mm；水表进水口中心标高按设计要求，允许偏差为±10mm。

检验方法：观察和尺量检查。

为保护水表不受损坏，兼顾南北方气候差异限定水表安装位置。对螺翼式水表，为保证水表测量精度，规定了表前与阀门间应有不小于8倍水表接口直径的直线管段。水表外壳距墙面净距应保持安装距离。

水表规格应符合设计要求，表壳铸造规范，无砂眼、裂纹，表玻璃无损坏，铅封完整。

应检查下列区域部位：

1. 小区的引入管。

2. 居住建筑和公共建筑的引入管。

3. 住宅和公寓的进户管。

4. 综合建筑的不同功能分区（如商场、餐饮等）或不同用户的进水管。

5. 浇洒道路和绿化用水的配水管上。

6. 必须计量的用水设备（如锅炉、水加热器、冷却塔、游泳池、喷水池及中水系统等）的进水管或补水管上。

7. 收费标准不同的应分设水表。

水表安装检查：

1. 旋翼式水表和垂直螺翼式水表应水平安装；水平螺翼式和容积式水表可根据实际情况确定水平、倾斜或垂直安装；当垂直安装时水流方向必须自下而上。

2. 水表前后直线管段的最小长度，应符合水表的产品样本的规定，一般可按下列要求确定：

1）螺翼式水表的前端应有8～10倍水表公称直径的直管段；

2）其他类型水表前后，宜有不小于300mm的直管段。

4.3 室内消火栓系统安装

主控项目

4.3.1 室内消火栓系统安装完成后应取屋顶层（或水箱间内）试验消火栓和首层取二处消火栓做试射试验，达到设计要求为合格。

检验方法：实地试射检查。

室内消火栓给水系统在竣工后均应做消火栓试射试验，以检验其使用效果，但不能逐个试射，故选取有代表性的三处：屋顶（北方一般在屋顶水箱间等室内）试验消火栓和首层取两处消火栓。屋顶试验消火栓试射可检验两股充实水柱同时到达本消火栓应到达的最远点的能力。

一般项目

4.3.2 安装消火栓水龙带，水龙带与水枪和快速接头绑扎好后，应根据箱内构造将水龙带挂放在箱内的挂钉、托盘或支架上。

检查方法：观察检查。

施工单位在竣工时往往不按规定把水龙挂在消火栓箱内挂钉或水龙带卷盘上，而将水龙带卷放在消火栓箱内交工，建设单位接管后必须重新安装，否则失火时会影响使用。

4.3.3 箱式消火栓的安装应符合下列规定：

1 栓口应朝外，并不应安装在门轴侧。

2 栓口中心距地面为1.1m，允许偏差±20mm。

3　阀门中心距箱侧面料 140mm，距箱后内表面为 100mm，允许偏差±5mm。

4　消火栓箱体安装的垂直度允许偏差为 3mm。

检验方法：观察和尺量检查。

箱式消火栓的安装，其栓口朝外并不应安装在门轴侧主要是取用方便；栓口中心距地面为 1.1m 符合现行防火设计规范规定。控制阀门中心距侧面及后内表面距离，规定允许偏差，给出箱体安装的垂直度允许偏差均是为了确保工程质量和检验方便。

4.4　给水设备安装

主控项目

4.4.1　水泵就位前的基础混凝土强度、坐标、标高、尺寸和螺栓孔位置必须符合设计规定。

检验方法：对照图纸用仪器和尺量检查。

为保证水泵基础质量，对水泵就位前的混凝土强度、坐标、标高、尺寸和螺栓孔位置按设计要求进行控制。

1. 基础的平面尺寸（长、宽）可按下列方式确定：

1）水泵和电机共用底盘的机组：

基础长度按底盘长度加 0.2～0.3m 计算；

基础宽度按底盘螺孔间距（在宽度方向）加不小于 0.3m 计。

2）无底盘的机组：

基础长度按水泵和电机最外端螺孔间距加 0.4～0.6m 并长于水泵加电机的总长；

基础宽度按水泵和电机最外端螺孔间距（取其宽者）加 0.4～0.6m。

2. 基础的厚度应按计算确定，但不应小于 0.5m，且应大于地脚螺栓埋入长度加 0.1～0.5m。地脚螺栓埋入基础长度应为 20 倍螺栓直径；螺栓叉尾长大于 4 倍螺栓直径。

3. 为了便于水泵机组的安装，一般采用预留地脚螺栓孔方式。根据技术资料提供的地脚螺栓的平面尺寸设置螺栓孔（一般为 100mm×100mm 或 150mm×150mm）。螺栓孔中心距基础边缘大于 150～200mm，螺栓孔边缘与泵基础边缘相距不得小于 100～150mm，螺栓孔深度要大于螺栓埋入总长 30～50mm。预留孔在地脚螺栓埋入后用 C20 细混凝土填灌固结。

4. 基础重量一般应大于 2.5～4.5 倍机组重量。基础顶面一般要高出地坪 0.1～0.2m。

4.4.2　水泵试运转的轴承温升必须符合设备说明书的规定。

检验方法：温度计实测检查。

为保证水泵运行安全，其试运转的轴承温升值必须符合设备说明书的限定值，《风机、压缩机、泵安装工程施工及验收规范》（GB 50275—2010）规定。

4.4.3　敞口水箱的满水试验和密闭水箱（罐）的水压试验必须符合设计与本规范的规定。

检验方法：满水试验静置 24h 观察，不渗不漏；水压试验在试验压力下 10min 压力不降，不渗不漏。

敞口水箱是无压的，做满水试验检验其是否渗漏即可。而密闭水箱（罐）是与系统连在一起的，其水压试验应与系统相一致，即以其工作压力的 1.5 倍做水压试验。

一般项目

4.4.4　水箱支架或底座安装，其尺寸及位置应符合设计规定，埋设平整牢固。

检验方法：对照图纸，尺量检查。

为使用安全，水箱的支架或底座应构造正确，埋设平整牢固，其尺寸及位置应符合设计规定。

4.4.5 水箱溢流管和泄放管应设置在排水地点附近但不得与排水管直接连接。

检验方法：观察检查。

水箱的溢流管和泄放管设置应引至排水地点附近是满足排水方便；不得与排水管直接连接，一定要断开是防止排水系统污物或细菌污染水箱水质。

建筑物的生活用水低位贮水池（箱），其外壁与建筑本体结构墙面或其他池壁之间的净距，应满足施工或装配的需要。无管道的侧面，净距不宜小于 0.7m；安装管道的侧面，净距不宜小于 1.0m，且管道外壁与建筑本体墙面之间的通道宽度不宜小于 0.6m；设有人孔的池顶，顶板面与建筑本体楼板的净空一般不宜小于 1.5m，因条件所限，最小不应小于 0.8m；高位水箱箱壁与水箱间墙壁及箱顶与水箱间顶面的净距也应符合上述要求；其箱底与水箱地面的净距，当有管道敷设时不宜小于 0.8m。水箱布置间距应符合表 6.4.2 的要求。

水箱布置间距（m） **表 6.4.2**

给水水箱形式	箱外壁至墙面的净距		水箱之间的距离	箱顶至建筑结构最低点的距离	人孔盖顶至房间顶板的距离	最低水位至水管止回阀的距离
	有阀门一侧	无阀门一侧				
圆形	0.8	0.5	0.7	0.6	1.5（0.8）	0.8
矩形	1.0	0.7	0.7	0.6	1.5（0.8）	0.8

注：本表摘自《全国民用建筑工程设计技术措施给水排水》表 2.8.8。

水池（箱）设置溢流管时，溢流管的管径应按排泄最大入流量确定，一般比进水管大一级；溢流管宜采用水平喇叭口集水，喇叭口下的垂直管段不宜小于 4 倍溢流管管径，溢水口应高出最高水位不小于0.1m。溢流管上不得装阀门。

水池（箱）泄水管的管径应按水池（箱）泄空时间和泄水受体的排泄能力确定，小区或建筑物的低位水池（箱）一般可按 2h 内将池内存水全部泄空计算，也可按 1h 内放空池内 500mm 的贮水深度计。但管径最小不得小于 100mm。高位水箱的泄水管，当无特殊要求时，其管径可比进水管管径缩小 1～2 级，但不得小于 50mm。泄水管上应设阀门，阀门后可与溢水管相连，并应采用间接排水方式。

泄水管一般宜从池（箱）底接出，若因条件不许可泄水管必须从侧壁接出时，其管内底应和池（箱）底最低处平。当贮水池的泄水管不可能自流完全泄空水池或无法设置泄水管时，应设置移动或固定的提升装置。

4.4.6 立式水泵的减振装置不应采用弹簧减振器。

检验方法：观察检查。

因弹簧减振器不利于立式水泵运行时保持稳定，故规定立式水泵的减振装置不应采用弹簧减振器。

水泵机组隔振应根据水泵型号规格、水泵机组转速、系统质量和安装位置、荷载值、频率比要求等因素选用隔振元件。立式水泵宜采用橡胶隔振器。

管道隔振检查：

1. 管内压力、流速均按规定选用，防止因压力过大、流速过快而引起噪声，当放噪声要求高时，配水支管与卫生器具配水件的连接宜采用软管连接，配水管起端设置水锤吸纳装置。

2. 管道不宜穿过有较高安静要求的房间，如卧室、病房、录音室、阅览室等。

3. 当卫生间紧贴卧室等需要安静的房间时其管道应布置在不靠卧室的墙角。旅馆客房的卫生间其立管应布置在门朝走廊的管井内。

4. 管道穿越楼板和墙处，管道外壁与洞口之间填充弹性材料。

5. 敷设在墙槽内的管道，宜在管道外壁缠绕厚度不小于10mm的毛毡或沥青毡。

6. 管道的支吊架应考虑隔振要求，宜在管道外壁与卡环之间衬垫厚度不小于5mm的橡胶或其他弹性材料。对隔振要求高的地方应采用隔振支架。

4.4.7 室内给水设备安装的允许偏差应符合表4.4.7（本书表6.4.3）的规定。

室内给水设备安装的允许偏差和检验方法 **表6.4.3**

项次	项目			允许偏差（mm）	检验方法
1	静置设备	坐标		15	经纬仪或拉线、尺量
		标高		±5	用水准仪、拉线和尺量检查
		垂直度（每米）		5	吊线和尺量检查
2	离心式水泵	立式泵体垂直度（每米）		0.1	水平尺和塞尺检查
		卧式泵体水平度（每米）		0.1	水平尺和塞尺检查
		联轴器同心度	轴向倾斜（每米）	0.8	在联轴器互相垂直的四个位置上用水准仪、百分表或测微螺钉和塞尺检查
			径向位移	0.1	

4.4.8 管道及设备保温层的厚度和平整度的允许偏差应符合表4.4.8（本书表6.4.4）的规定。

管道及设备保温的允许偏差和检验方法 **表6.4.4**

项次	项目		允许偏差（mm）	检验方法
1	厚度		$+0.1\delta$ -0.05δ	用钢针刺入
2	表面平整度	卷材	5	用2m靠尺和楔形塞尺检查
		涂抹	10	

注：δ为保温层厚度。

第五节 室内排水系统安装

5.1 一般规定

5.1.1 本章适用于室内排水管道、雨水管道安装工程的质量检验与验收。

5.1.2 生活污水管道应使用塑料管、铸铁管或混凝土管（由成组洗脸盆或饮用喷水器到共用水封之间的排水管和连接卫生器具的排水短管，可使用钢管）。

雨水管道宜使用塑料管、铸铁管、镀锌和非镀锌钢管或混凝土管等。

悬吊式雨水管道应选用钢管、铸铁管或塑料管。易受振动的雨水管道（如锻造车间等）应使用钢管。

5.2 排水管道及配件安装

主控项目

5.2.1 隐蔽或埋地的排水管道在隐蔽前必须做灌水试验，其灌水高度应不低于底层卫生器具的上边缘或底层地面高度。

检验方法：满水 15min 水面下降后，再灌满观察 5min，液面不降，管道及接口无渗漏为合格。

隐蔽或埋地的排水管道在隐蔽前做灌水试验，主要是防止管道本身及管道接口渗漏。灌水高度不低于底层卫生器具的上边缘或底层地面高度，主要是按施工程序确定的，安装室内排水管道一般均采取先地下后地上的施工方法。从工艺要求，铺完管道后，经试验检查无质量问题，为保护管道不被砸碰和不影响土建及其他工序，必须进行回填。如果先隐蔽，待一层主管做完再补做灌水试验，一旦有问题，就不好查找是哪段管道或接口漏水。

5.2.2 生活污水铸铁管道的坡度必须符合设计或本规范表 5.2.2（本书表 6.5.1）的规定。

检验方法：水平尺、拉线尺量检查。

生活污水铸铁管道的坡度 **表 6.5.1**

项次	管径（mm）	标准坡度（‰）	最小坡度（‰）
1	50	35	25
2	75	25	15
3	100	20	12
4	125	15	10
5	150	10	7
6	200	8	5

5.2.3 生活污水塑料管道的坡度必须符合设计或本规范表 5.2.3（本书表 6.5.2）的规定。

检验方法：水平尺、拉线尺量检查。

生活污水塑料管道的坡度 **表 6.5.2**

项次	管径（mm）	标准坡度（‰）	最小坡度（‰）
1	50	25	12
2	75	15	8
3	110	12	6
4	125	10	5
5	160	7	4

5.2.4 排水塑料管必须按设计要求及位置装设伸缩节。如设计无要求时，伸缩节间距不得大于 4m。

高层建筑中明设排水塑料管道应按设计要求设置阻火圈或防火套管。

检验方法：观察检查。

高层建筑中明设排水管道在楼板下设阻火圈或防火套管是防止发生火灾时塑料管被烧坏后火势穿过楼板使火灾蔓延到其他层。

建筑排水塑料管道穿越楼层防火墙或管井时，应根据建筑物性质、管径和设置条件以及穿越部位防火等级要求设置阻火装置。

1. 高层建筑内公称外径大于或等于110m的塑料排水管道，应在下列部位采取设置阻火圈、防火套管或阻火胶带等防止火势蔓延的措施：

1）不设管道井或管窿的立管在穿越楼层的贯穿部位。

2）横管穿越防火分区隔墙和防火墙的两侧。

3）横管与管道井或管窿内立管连接时穿越管道井或管窿的贯穿部位。

2. 公共建筑的排水立管宜设在管道井内，当管道井的面积大于1m^{2}时，应每隔2～3层结合管道井的封堵采取设置阻火圈或防火套管等防延燃措施。

3. 阻火装置的耐火极限不应小于贯穿部位的建筑构建的耐火极限。

5.2.5 排水主立管及水平干管管道均应做通球试验，通球球径不小于排水管道管径的2/3，通球率必须达到100%。

检查方法：通球检查。

根据对排水工程质量常见病的调研，保证工程质量要求排水立管及水平干管均应做通球试验；通球率必须达到100%；球径以不小于排水管径的2/3为宜。

一般项目

5.2.6 在生活污水管道上设置的检查口或清扫口，当设计无要求时应符合下列规定：

1 在立管上应每隔一层设置一个检查口，但在最底层和有卫生器具的最高层必须设置。如为两层建筑时，可仅在底层设置立管检查口；如有乙字弯管时，则在该层乙字弯管的上部设置检查口。检查口中心高度距操作地面一般为1m，允许偏差±20mm；检查口的朝向应便于检修。暗装立管，在检查口处应安装检修门。

2 在连接2个及2个以上大便器或3个及3个以上卫生器具的污水横管上应设置清扫口。当污水管在楼板下悬吊敷设时，可将清扫口设在上一层楼地面上，污水管起点的清扫口与管道相垂直的墙面距离不得小于200mm；若污水管起点设置堵头代替清扫口时，与墙面距离不得小于400mm。

3 在转角小于135°的污水横管上，应设置检查口或清扫口。

4 污水横管的直线管段，应按设计要求的距离设置检查口或清扫口。

检验方法：观察和尺量检查。

检查口为带有可开启检查盖的配件，装设在排水立管及较长水平管段上，可作检查和双向清通管道之用。并需检查如下部位：

1. 铸铁排水立管上检查口之间的距离不宜大于10m（塑料排水立管宜每六层）。特殊情况采用机械清通时，距离为15m。

2. 地下室立管上设置检查口时，检查口应设置在立管底部之上。通气立管汇合时，必须在该层设置检查口。

3. 立管上检查口的检查盖应面向便于检查清扫的方位，横干管上检查口的检查盖应垂直向上。

4. 生活污、废水横管的直线管段上检查口之间的最大距离应符合表6.5.3的规定。

横管的直线管段上检查口的最大距离（m）　　表 6.5.3

管道管径（mm）	生活废水	生活污水
50～75	15	12
100～150	20	10
200	25	20

清扫口装设在排水横管上，用于单向清通排水管道的维修口。

清扫口应根据卫生器具数量、排水管长度和清通方式检查：

1. 采用塑料排水管道时，在连接 4 个及以上的大便器的污水横管上宜设置清扫口。

2. 在水流偏转角大于 45°的排水横管上，应设清扫口（或检查口）。

3. 在排水横管上设置清扫口，宜将清扫口设置在楼板或地坪上，应与地面相平。排水管起点的清扫口与排水横管相垂直的墙面的距离不得小于 0.2m。排水管起始端设置堵头代替清扫口时，堵头与墙面应有不小于 0.4m 的距离。可利用带清扫口弯头配件代替清扫口。

4. 管径小于 100mm 的排水管道上设置清扫口，其尺寸应与管道同径；管径等于或大于 100mm 的排水管道上可设置 100mm 直径的清扫口。

5. 排水横管连接清扫口的连接管管件应与清扫口同径，应采用 45°斜三通组合管件或 90°斜三通，倾斜方向应与清通和水流方向一致。

6. 从排水立管或排出管上的清扫口至室外检查井中心的最大长度，应按表 6.5.4 确定。

排水立管或排出管上的清扫口至室外检查井中心的最大长度　　表 6.5.4

管径（mm）	50	75	100	100 以上
最大长度（m）	10	12	15	20

注：本表摘自《建筑给排水设计规范》（GB 50015—2003）（2009 版）。

5.2.7　埋在地下或地板下的排水管道的检查口，应设在检查井内。井底表面标高与检查口的法兰相平，井底表面应有 5%坡度，坡向检查口。

检验方法：尺量检查。

主要为了便于检查清扫。井底表面设坡度，是为了使井底内不积存脏物。

检查井的设置：

1. 生活排水管道不宜在建筑物内设检查井，当必须设置时，应采取密闭措施。井内宜设置直径不小于 50mm 的通气管，接至通气立管或伸顶通气管。

2. 塑料检查井井座规格应根据所连接排水管的数量、管径、管底标高及在检查井处交汇角度等因素确定。检查井的内径应根据所连接的管道、管径、数量和埋设深度确定：混凝土井深小于或等于 1.0m 时，井内径可小于 0.7m，但不得小于 0.45m；井深大于 1.0m 时，其内径不宜小于 0.7m（井深系指盖板顶面至井底的深度，方形检查井的内径指内边长）。

3. 生活排水检查井底部应做导流槽（塑料检查井应采用有流槽的井座）。

5.2.8　金属排水管道上的吊钩或卡箍应固定在承重结构上。固定件间距：横管不大于 2m；立管不大于 3m。楼层高度小于或等于 4m，立管可安装 1 个固定件。立管底部的弯管处应设支墩或采取固定措施。

检验方法：观察和尺量检查。

金属排水管道较重，要求吊钩或卡箍固定在承重结构上是为了安全。固定件间距要求立管底部的弯管处设支墩，主要防止立管下沉，造成管道接口断裂。

5.2.9 排水塑料管道支、吊架间距应符合表5.2.9（本书表6.5.5）的规定。

检验方法：尺量检查。

排水塑料管道支、吊架最大间距（m） **表6.5.5**

管径（mm）	50	75	110	125	160
立管	1.2	1.5	2.0	2.0	2.0
横管	0.5	0.75	1.10	1.30	1.6

建筑排水塑料管道支、吊架设置检查：

1. 立管穿越楼板部位应结合防渗漏水技术措施，设置固定支承。在管道井或管窿内楼层贯通位置的立管，应设固定支承，其间距不应大于4m。

2. 采用热熔连接的聚烯烃类管道，应全部设置固定支架。

3. 横管采用弹性密封圈连接时，在承插口的部位（承口下游）必须设置固定支架，固定支架之间应按支吊架间距规定设滑动支架。

柔性接口建筑排水铸铁管的支、吊架检查：

1. 上段管道重量不应由下段承受，立管管道重量应由管卡承受，横管管道重量应由支（吊）架承受。

2. 立管应每层设支架固定在建筑物可承重的柱、墙楼板上，固定支架间距不应超过3m。两个固定支架间应设滑动支架。

3. 立管支架应靠近接口处，卡箍式柔性接口的支架应位于接口处卡箍下方，承插式柔性接口的支架应位于承口下方，且与接口间的净距不宜大于300mm。

4. 立管底部弯头和三通处应设支墩或支架等固定措施。立管底部转弯处也可采用鸭脚支撑弯头并设置支墩或固定支架。

5. 横管支（吊）架应靠近接口处，卡箍式柔性接口不得将管卡套在卡箍上，承插式柔性接口应位于承口一侧，且与接口间的净距不宜大于300mm。

6. 横管支（吊）架与接入立管或水平管中心线的距离宜为400～500mm。

7. 横管支（吊）架间距不宜大于1.2m，不得大于2m。横管起端和终端应设防晃支（吊）架固定。横干管较长时，直线管段防晃支（吊）架距离不应大于12m。横管在平面转弯时，弯头处应增设支（吊）架。

管卡应根据不同的管材相应选定，柔性接口建筑排水铸铁管应采用金属管卡，塑料排水管道可采用金属管卡或增强塑料管卡。金属管卡表面应经防腐处理。当塑料排水管使用金属管卡时，应在金属管卡与管材或管件的接触部位衬垫软质材料。

5.2.10 排水通气管不得与风道或烟道连接，且应符合下列规定：

1 通气管应高出屋面300mm，但必须大于最大积雪厚度。

2 在通气管出口4m以内有门、窗时，通气管应高出门、窗顶600mm或引向无门、窗一侧。

3 在经常有人停留的平屋顶上，通气管应高出屋面 2m，并应根据防雷要求设置防雷装置。

4 屋顶有隔热层从隔热层板面算起。

检验方法：观察和尺量检查。

通气立管不得接纳器具污水、废水和雨水，不得与风道和烟道连接。通气管和排水管的连接，应遵守下列要求：

1. 器具通气管应设在存水弯出口端。环形通气管应在横支管上最始端的两个卫生器具间接出，并应在排水支管中心线以上与排水支管呈垂直或 45°向上连接。

2. 底层排水单独排出且需设通气管时，通气管宜在排出管上最下游的卫生器具之后接出，并应在排出管中心线以上与排出管呈垂直或 45°向上连接。

3. 器具通气管、环形通气管应在卫生器具上边缘以上不小于 0.15m 处按不小于 0.01 的上升坡度与通气立管相连。

4. 专用通气立管和主通气立管的上端可在最高层卫生器具上边缘或检查口以上与排水立管的伸顶通气部分以斜三通连接。下端应在最低排水横支管以下与排水立管以斜三通连接。

5. 专用通气立管应每层或隔层、主通气立管宜每隔不超过 8 层设结合通气管与排水立管连接。

6. 结合通气管下端宜在排水横支管以下与排水立管以斜三通连接；上端可在卫生器具上边缘以上 0.15m 处与通气立管以斜三通连接。

7. 当采用 H 管件替代结合通气管时需检查：

1）H 管与通气管的连接点应在卫生器具上边缘以上不小于 0.15m。

2）当污水立管与废水立管合用一根通气立管时，H 管配件可隔（错）层分别与污水立管和废水立管连接。但最低横支管连接点以下应设结合通气管。

8. 通气横管应按不小于 0.01 的上升坡度敷设，不得出现下弯。

9. 采用自循环通气时需检查：

1）专用通气立管与主通气立管的顶端应在卫生器具上边缘以上不小于 0.15m 处采用两个 90°弯头与排水立管顶端相连。

2）专用通气立管与主通气立管的底部应采用倒顺水三通或倒斜三通与排水横干管或排出管相连。

3）采用设置主通气立管和环形通气管方式的自循环通气排水系统，应每层加设从排水支管下游端接出的环形通气管，并在高出卫生器具上边缘以上不小于 0.15m 处与主通气立管连接。

4）设置自循环通气的排水系统，应在其室外接户管的起始检查井上设置管径不小于 100mm 的通气管。

高出屋面的通气管设置需检查：

1. 通气管顶端应装设风帽或网罩。

2. 通气管口不宜设在建筑物挑出部分如屋檐檐口、阳台和雨篷等的下面。

侧墙通气管口的通气面积不应小于通气管断面积，通气帽形式应能有效避免室外风压导致通气管道压力波动对排水系统的不利影响。

自循环通气系统室外接户管起始检查井的通气管的设置检查：

通气管的管材和管径：通气管的管材，可采用塑料管和柔性接口机制排水铸铁管等。通气管的管径，应根据排水管排水能力、管道长度及排水系统通气形式确定，其最小管径不宜小于排水管管径的1/2，可按表6.5.6确定。

通气管最小管径 **表6.5.6**

通气管名称	排水管管径（mm）							
	32	40	50	75	90	100	125	150
器具通气管	32	32	32	—	—	50	50	—
环形通气管	—	—	32	40	50	50	50	—
通气立管	—	—	40	50	—	75	100	100

注：1 表6.5.6中通气立管系指专用通气立管、主通气立管、副通气立管。
2 自循环通气排水系统的通气立管管径应与排水立管管径相同。
3 表6.5.6中排水管管径90为塑料排水管公称外径，排水管管径100、150的塑料排水管公称外径分别为110mm、160mm。
4 本表摘自《全国民用建筑工程设计措施给水排水》表4.10.2。

通气立管长度大于50m时，其管径应与排水立管管径相同。

通气立管长度不大于50m时，且两根及两根以上排水立管同时与一根通气立管相连，应以最大一根排水立管确定通气立管管径，且管径不宜小于其余任何一根排水立管管径，伸顶通气部分管径应与最大一根排水立管管径相同。

当通气立管管径不大于排水立管管径时，结合通气管的管径不宜小于与其连接的通气立管管径；当通气立管管径大于排水立管管径时，结合通气管的管径不得小于与其连接的排水立管管径。

当两根或两根以上排水立管的通气管汇合连接时，汇合通气管的断面积应为最大一根通气管的断面积加其余通气管断面积之和的0.25倍。

伸顶通气管管径不应小于排水立管管径。在最冷月平均气温低于－13℃的地区，伸顶通气管应在室内平顶或吊顶以下0.3m处将管径放大一级，通气管顶端应采用伞形通气帽。当采用塑料管材时，最小管径不宜小于110mm，且应设清扫口。

5.2.11 安装未经消毒处理的医院含菌污水管道，不得与其他排水管道直接连接。

检验方法：观察检查。

主要防止未经灭菌处理的废水带来大量病菌排入污水管道进而扩散。

5.2.12 饮食业工艺设备引出的排水管及饮用水水箱的溢流管，不得与污水道直接连接，并应留出不小于100mm的隔断空间。

检验方法：观察和尺量检查。

主要为了防止大肠杆菌及有害气体沿溢流管道进入设备及水箱污染水质。

5.2.13 通向室外的排水管，穿过墙壁或基础必须下返时，应采用45°三通和45°弯头连接，并应在垂直管段顶部设置清扫口。

检验方法：观察和尺量检查。

主要为了便于清扫，防止管道堵塞。

5.2.14 由室内通向室外排水检查井的排水管，井内引入管应高于排出管或两管顶相平，并有不小于90°的水流转角，如跌落差大于300mm可不受角度限制。

检验方法：观察和尺量检查。

主要为了保证室内排水畅通，防止外管网污水倒流。

5.2.15 用于室内排水的水平管道与水平管道、水平管道与立管的连接，应采用45°三通或45°四通和90°斜三通或90°斜四通。立管与排出管端部的连接，应采用两个45°弯头或曲率半径不小于4倍管径的90°弯头。

检验方法：观察和尺量检查。

5.2.16 室内排水管道安装的允许偏差应符合表5.2.16（本书表6.5.7）的相关规定。

室内排水和雨水管道安装的允许偏差和检验方法 **表 6.5.7**

项次	项目			允许偏差（mm）	检验方法
1	坐标			15	用水准仪（水平尺）、直尺、拉线和尺量检查
2	标高			±15	
3	横管纵横方向弯曲	铸铁管	每1m	≯1	
			全长（25m以上）	≯25	
		钢管	每1m 管径小于或等于100mm	1	
			每1m 管径大于100mm	1.5	
			全长（25m以上） 管径小于或等于100mm	≯25	
			全长（25m以上） 管径大于100mm	≯38	
		塑料管	每1m	1.5	
			全长（25m以上）	≯38	
		钢筋混凝土管、混凝土管	每1m	3	
			全长（25m以上）	≯75	
4	立管垂直度	铸铁管	每1m	3	吊线和尺量检查
			全长（25m以上）	≯15	
		钢管	每1m	3	
			全长（5m以上）	≯10	
		塑料管	每1m	3	
			全长（5m以上）	≯15	

5.3 雨水管道及配件安装

主控项目

5.3.1 安装在室内的雨水管道安装后应做灌水试验，灌水高度必须到每根立管上部的雨水斗。

检验方法：灌水试验持续1h，不渗不漏。

主要为了保证工程质量。因雨水管有时是满管流，要具备一定的承压能力。

5.3.2 雨水管道如采用塑料管，其伸缩节安装应符合设计要求。

检验方法：对照图纸检查。

塑料排水管要求每层设伸缩节，作为雨水管也应按设计要求安装伸缩节。

5.3.3 悬吊式雨水管道的敷设坡度不得小于5‰；埋地雨水管道的最小坡度应符合表5.3.3（本书表6.5.8）的规定。

地下埋设雨水排水管道的最小坡度 **表 6.5.8**

项次	管径（mm）	最小坡度（‰）	项次	管径（mm）	最小坡度（‰）
1	50	20	4	125	6
2	75	15	5	150	5
3	100	8	6	200～400	4

检验方法：水平尺、拉线尺量检查。

主要为使排水通畅。

一般项目

5.3.4 雨水管道不得与生活污水管道相连接。

检验方法：观察检查。

主要防止雨水管道满水后倒灌到生活污水管，破坏水封造成污染并影响雨水排出。

5.3.5 雨水斗管的连接应固定在屋面承重结构上。雨水斗边缘与屋面相连处应严密不漏。连接管管径当设计无要求时，不得小于100mm。

检验方法：观察和尺量检查。

雨水斗的连接管应固定在屋面承重结构上，主要是为了安全、防止断裂；雨水边缘与屋面相连处应严密不漏，主要防止接触不严漏水。*DN*100是雨水斗的最小规格。

雨水斗设置检查：

1. 在不能以伸缩缝或沉降缝为屋面雨水分水线时，应在缝的两侧各设雨水斗。
2. 雨水斗不宜设在天沟内的转弯处。
3. 大坡度屋面的雨水斗应设置在天沟或边沟内。

5.3.6 悬吊式雨水管道的检查口或带法兰堵口的三通的间距不得大于表5.3.6（本书表6.5.9）的规定。

悬吊管检查口间距 **表 6.5.9**

项次	悬吊管直径（mm）	检查口间距（m）	项次	悬吊管直径（mm）	检查口间距（m）
1	≤150	≯15	2	≥200	≯20

检验方法：拉线、尺量检查。

5.3.7 雨水管道安装的允许偏差应符合本规范表5.2.16（本书表6.5.7）的规定。

5.3.8 雨水钢管管道焊接的焊口允许偏差应符合表5.3.8（本书表6.5.10）的规定。

钢管管道焊口允许偏差和检验方法 **表 6.5.10**

<table>
<tr><th>项次</th><th colspan="3">项目</th><th>允许偏差</th><th>检验方法</th></tr>
<tr><td>1</td><td>焊口平直度</td><td colspan="2">管壁厚10mm以内</td><td>管壁厚1/4</td><td rowspan="3">焊接检验尺和游标卡尺检查</td></tr>
<tr><td rowspan="2">2</td><td rowspan="2">焊缝加强面</td><td colspan="2">高度</td><td rowspan="2">+1mm</td></tr>
<tr><td colspan="2">宽度</td></tr>
<tr><td rowspan="3">3</td><td rowspan="3">咬边</td><td colspan="2">深度</td><td>小于0.5mm</td><td rowspan="3">直尺检查</td></tr>
<tr><td rowspan="2">长度</td><td>连续长度</td><td>25mm</td></tr>
<tr><td>总长度（两侧）</td><td>小于焊缝长度的10%</td></tr>
</table>

主要为检验焊接质量。

第六节　室内热水供应系统安装

6.1　一般规定

6.1.1　本章节适用于工作压力不大于1.0MPa，热水温度不超过75℃的室内热水供应管道安装工程的质量检验与验收。

6.1.2　热水供应系统的管道应采用塑料管、复合管、镀锌钢管和铜管。

为保证卫生热水供应的质量，热水供应系统的管道应采用耐腐蚀、对水质无污染的管材。

6.1.3　热水供应系统管道及配件安装应按本规范第4.2节的相关规定执行。

热水供应系统管道及配件安装应与室内给水系统管道及配件安装要求相同。

热水供应系统的管道，应根据使用要求，检查下列管段上装设的阀门：

1）与配水、回水干管连接的分干管上。

2）配水立管和回水立管上。

3）居住建筑和公共建筑中从立管接出的支管上。

4）室内给水热水管道向住户、公用卫生间等接出的配水管的起端。

5）加热设备、贮水器、自动温度调节器和疏水器等的进、出水管上。

热水供应系统的管道在下列管段上，应设止回阀：

1）水加热器、贮水器的冷水供水管上。

2）机械循环的第二循环系统回水管上。

3）加热水箱与冷水补充水箱的连接管上。

4）混合器的冷、热水供水管上。

5）有背压的疏水器后面的管道上。

6）循环水泵的出水管上。

6.2　管道及配件安装

主控项目

6.2.1　热水供应系统安装完毕，管道保温之前应进行水压试验。试验压力应符合设计要求。当设计未注明时，热水供应系统水压试验压力应为系统顶点的工作压力加0.1MPa，同时在系统顶点的试验压力不小于0.3MPa。

检验方法：钢管或复合管道系统试验压力下10min内压力降不大于0.02MPa，然后降至工作压力检查，压力应不降，且不渗不漏；塑料管道系统在试验压力下稳压1h压力降不得超过0.05MPa，然后在工作压力1.15倍状态下稳压2h，压力降不得超过0.03MPa，连接处不得渗漏。

热水供应系统安装完毕，管道保温前进行水压试验，主要是防止运行后漏水不易发现和返修。

6.2.2　热水供应管道应尽量利用自然弯补偿热伸缩，直线段过长则应设置补偿器。补偿器型式、规格、位置应符合设计要求，并按有关规定进行预拉伸。

检验方法：对照设计图纸检查。

为保证使用安全，热水供应系统管道热伸缩一定要考虑。补偿器部分沿用《验评标准》第4.1.4条，主要防止施工单位不按设计要求位置安装和不做安装前的预拉伸，致使补偿器达不到设计计算的伸长量，导致管道或接口断裂漏水漏气。

6.2.3 热水供应系统竣工后必须进行冲洗。

检验方法：现场观察检查。

要求进行冲洗，只是可以不消毒，不必完全达到国家《生活饮用水标准》。

一般项目

6.2.4 管道安装坡度应符合设计规定。

检验方法：水平尺、拉线尺量检查。

为保证热水供应系统运行安全，有利于管道系统排气和泄水。

6.2.5 温度控制器及阀门应安装在便于观察和维护的位置。

检验方法：观察检查。

温度控制器和阀门是热水制备装置中的重要部件之一，其安装必须符合设计要求，以保证热水供应系统的正常运行。

6.2.6 热水供应管道和阀门安装的允许偏差符合本规范表4.2.8（本书表6.4.1）的规定。

6.2.7 热水供应系统管道应保温（浴室内明装管道除外），保温材料、厚度、保护壳等应符合设计规定。保温层厚度和平整度的允许偏差应符合本规范表4.4.8（本书表6.4.4）的规定。

为保证热水供应系统水温质量，减少无效热损失。

6.3 辅助设备安装

主控项目

6.3.1 在安装太阳能集热器玻璃前，应对集热排管和上、下集管作水压试验，试验压力为工作压力的1.5倍。

检验方法：试验压力下10min内压力不降，不渗不漏。

太阳能热水器的集热排管和上、下集管是受热承压部分，为确保使用安全，在装集热玻璃之前一定要做水压试验。

6.3.2 热交换器应以工作压力的1.5倍作水压试验。蒸汽部分应不低于蒸汽供汽压力加0.3MPa；热水部分应不低于0.4MPa。

检验方法：试验压力下10min内压力不降，不渗不漏。

热交换器是热水供应系统的主要辅助设备，其水压试验应与热水供应系统相同。

6.3.3 水泵就位前的基础混凝土强度、坐标、标高、尺寸和螺栓孔位置必须符合设计要求。

检验方法：对照图纸用仪器和尺量检查。

主要为保证水泵基础质量。

6.3.4 水泵试运转的轴承温升必须符合设备说明书的规定。

检验方法：温度计实测检查。

主要为保证水泵安全运行。

6.3.5 敞口水箱的满水试验和密闭水箱（罐）的水压试验必须符合设计与本规范的规定。

检验方法：满水试验静置24h，观察不渗不漏；水压试验在试验压力10min压力不降，不渗不漏。

要求水箱安装前做满水和水压试验，主要避免安装后漏水不易修补。

一般项目

6.3.6 安装固定式太阳能热水器，朝向应正南。如果受条件限制时，其偏移角不得大于15°。集热器的倾角，对于春、夏、秋三个季节使用的，应采用当地纬度为倾角；若以夏季为主，可比当地纬度减少10°。

检验方法：观察和分度仪检查。

根据各地经验及各太阳能热水器生产厂家的安装使用说明书综合编写。

6.3.7 由集热器上、下集管接往热水箱的循环管道，应有不小于5‰的坡度。

检验方法：尺量检查。

主要为避免循环管路集存空气影响水循环。

6.3.8 自然循环的热水箱底部与集热器上集管之间的距离为0.3～1.0m。

检验方法：尺量检查。

为了保持系统有足够的循环压差，克服循环阻力。

6.3.9 制作吸热钢板凹槽时，其圆度应准确，间距应一致。安装集热排管时，应用卡箍和钢丝紧固在钢板凹槽内。

检验方法：手扳和尺量检查。

为防止吸热板与采热管接触不严而影响集热效率。

6.3.10 太阳能热水器的最低处应安装泄水装置。

检验方法：观察检查。

为排空集热器内的集水，防止严寒地区不用时冻结。

6.3.11 热水箱及上、下集管等循环管道均应保温。

检验方法：观察检查。

为减少集热器损失。

6.3.12 凡以水作介质的太阳能热水器，在0℃以下地区使用，应采取防冻措施。

检验方法：观察检查。

为避免集热器内载热流体被冻结。

6.3.13 热水供应辅助设备安装的允许偏差应符合本规范表4.4.7的规定。

6.3.14 太阳能热水器安装的允许偏差符合表6.3.14（本书表6.6.1）的规定。

太阳能热水器安装的允许偏差和检验方法 **表6.6.1**

项目			允许偏差	检验方法
板式直管太阳能热水器	标高	中心线距地面（mm）	±20	尺量
	固定安装朝向	最大偏移角	不大于15°	分度仪检查

第七节 卫生器具安装

7.1 一般规定

7.1.1 本章适用于室内污水盆、洗涤盆、洗脸（手）盆、盥洗槽、浴盆、淋浴器、大便器、小便器、小便槽、大便冲洗槽、妇女卫生盆、化验盆、排水栓、地漏、加热器、煮沸消毒器和饮水器等卫生器具安装的质量检验与验收。

7.1.2 卫生器具的安装应采用预埋螺栓或膨胀螺栓安装固定。

用预埋螺栓或膨胀螺栓固定卫生器具仍是目前最常用的安装方法。

7.1.3 卫生器具安装高度如设计无要求，应符合表7.1.3（本书表6.7.1）的规定。

卫生器具的安装高度 **表6.7.1**

项次	卫生器具名称			卫生器具安装高度（mm）		备注
				居住和公共建筑	幼儿园	
1	污水盆（池）	架空式		800	800	
		落地式		500	500	
2	洗涤盆（池）			800	800	自地面至器具上边缘
3	洗脸盆、洗手盆（有塞、无塞）			800	500	
4	盥洗槽			800	500	
5	浴盆			≯520		
6	蹲式大便器	高水箱		1800	1800	自台阶面至高水箱底
		低水箱		900	900	自台阶面至低水箱底
7	坐式大便器	高水箱		1800	1800	自地面至高水箱底
		低水箱	外露排水管式	510		自地面至低水箱底
			虹吸喷射式	470	370	
8	小便器	挂式		600	450	自地面至下边缘
9	小便槽			200	150	自地面至台阶面
10	大便槽冲洗水箱			≮2000		自台阶面至水箱底
11	妇女卫生盆			360		自地面至器具上边缘
12	化验盆			800		自地面至器具上边缘

7.1.4 卫生器具给水配件的安装高度，如设计无要求时，应符合表7.1.4（本书表6.7.2）的规定。

卫生器具给水配件的安装高度 **表6.7.2**

项次	给水配件名称		配件中心距地面高度（mm）	冷热水龙头距离（mm）
1	架空式污水盆（池）水龙头		1000	—
2	落地式污水盆（池）水龙头		800	
3	洗涤盆（池）水龙头		1000	150
4	住宅集中给水龙头		1000	—
5	洗手盆水龙头		1000	—
6	洗脸盆	水龙头（上配水）	1000	150
		水龙头（下配水）	800	150
		角阀（下配水）	450	—
7	盥洗槽	水龙头	1000	150
		冷热水管上下并行其中热水龙头	1100	150

续表

项次	给水配件名称		配件中心距地面高度（mm）	冷热水龙头距离（mm）
8	浴盆	水龙头（上配水）	670	150
9	淋浴器	截止阀	1150	95
		混合阀	1150	
		淋浴喷头下沿	2100	—
10	蹲式大便器（台阶面算起）	高水箱角阀及截止阀	2040	
		低水箱角阀	250	—
		手动式自闭冲洗阀	600	—
		脚踏式自闭冲洗阀	150	—
		拉管式冲洗阀（从地面算起）	1600	—
		带防污助冲器阀门（从地面算起）	900	—
11	坐式大便器	高水箱角阀及截止阀	2040	—
		低水箱角阀	150	—
12	大便槽冲洗水箱截止阀（从台阶面算起）		≮2400	—
13	立式小便器角阀		1130	—
14	挂式小便器角阀及截止阀		1050	—
15	小便槽多孔冲洗管		1100	—
16	实验室化验水龙头		1000	—
17	妇女卫生盆混合阀		360	—

注：装设在幼儿园的洗手盆、洗脸盆和盥洗槽水嘴中心离地面安装高度应为700mm，其他卫生器具给水配件的安装高度，应按卫生器具实际尺寸相应减少。

7.2 卫生器具安装

主控项目

7.2.1 排水栓和地漏的安装应平整、牢固，低于排水表面，周边无渗漏。地漏水封高度不得小于50mm。

检验方法：试水观察检查。

地漏的分类和适用场所见表6.7.3。

地漏的分类和适用场所 **表6.7.3**

名称	功能特点	常用规格	使用场所
直通式地漏	排除地面积水，出水口垂直向下，内部不带水封	*DN*50～*DN*150	需要地面排水的卫生间、盥洗室、车库、阳台等
密闭式地漏	带有密闭盖板，排水时其盖板可人工打开，不排水时可密闭，可以内部不带水封	*DN*50～*DN*100	需要地面排水的洁净车间、手术室、管道技术层、卫生标准高及不经常使用地漏的场所
带网框地漏	内部带有活动网框，可用来拦截杂物，并可取出倾倒，可以内部不带水封	*DN*50～*DN*150	排水中挟有易于堵塞的杂物时，如淋浴间、理发室、公共浴室、公共厨房
防溢地漏	内部设有防止废水排放时冒溢出地面的装置，可以内部不带水封	*DN*50	用于所接地漏的排水管有可能从地漏口冒溢之处
多通道地漏	可接纳地面排水1～2个器具排水，内部带水封	*DN*50	用于水封易丧失，利用器具排水进行补水或需接纳多个排水接口

续表

名称	功能特点	常用规格	使用场所
侧墙式地漏	箅子垂直安装，可侧向排除地面水，内部不带水封	DN50～DN150	需同层排除地面积水或地漏下面不允许敷管
直埋式地漏	安装在垫层里，横排水管不穿越楼层，内部带水封	DN50	

注：本表摘自《全国民用建筑工程设计措施给水排水》(2009版) 表4.12.7。

为保证排水栓和地漏的使用安全，排水栓和地漏安装应平整、牢固，低于排水表面，这是最基本的要求。其周边的渗漏往往被人们所忽视，是一大隐患。强调周边做到无渗漏。规定水封高度，保证地漏使用功能。并对以下部位实施检查：

1. 住宅套内应按洗衣机位置设洗衣机专用地漏（或洗衣机存水弯），用于洗衣机排水的地漏宜采用箅面具有专供洗衣机排水管插口的地漏，排水管道不得接入室内雨水管道。

2. 应优先采用具有防干涸功能的地漏。

3. 在对于有安静要求和设置器具通气的场所，不宜采用多通道地漏。

4. 公共食堂、公共厨房和公共浴室等排水宜设置网框式地漏。

5. 严禁采用钟罩（扣碗）式地漏。

地漏的分类和适用场所见表6.7.3。

地漏的规格及排水能力：

1. 地漏规格应根据所处场所的排水量和水质情况来确定。一般卫生间为DN50；空调机房、公共厨房、车库冲洗排水不小于DN75。淋浴室当采用排水沟排水时，8个淋浴器可设置一个DN100的地漏；当不设地沟排水时，淋浴室地漏规格见表6.7.4。

淋浴室的地漏直径 **表6.7.4**

地漏直径（mm）	淋浴器数量（个）
50	1～2
75	3
100	4～5

注：本表摘自《全国民用建筑工程设计技术措施给水排水》(2009版) 表4.12.8-1。

2. 各种规格地漏的排水能力见表6.7.5。

地漏排水能力 **表6.7.5**

规格 DN（mm）	用于地面排水（L/s）	接器具排水（L/s）
50	1.0	1.25
75	1.7	—
100	3.8	
125	5.0	
150	10.0	

注：本表摘自《全国民用建筑工程设计技术措施给水排水》(2009版) 表4.12.8-2。

7.2.2 卫生器具交工前应做满水和通水试验。

检验方法：满水后各连接件不渗不漏；能通水试验给、排水畅通。

经调研，很多卫生器具如洗面盆、浴盆等不做满水试验，其溢流口、溢流管是否畅通无从检查。所有的卫生器具均应做通水试验，以检验其使用效果。

一般项目

7.2.3 卫生器具安装的允许偏差应符合表7.2.3（本书表6.7.6）的规定。

卫生器具安装的允许偏差和检验方法　　表6.7.6

项次	项目		允许偏差（mm）	检验方法
1	坐标	单独器具	10	拉线、吊线和尺量检查
		成排器具	5	
2	标高	单独器具	±15	
		成排器具	±10	
3	器具水平度		2	用水平尺和尺量检查
4	器具垂直度		3	吊线和尺量检查

7.2.4 有饰面的浴盆，应留有通向浴盆排水口的检修门。

检验方法：观察检查。

7.2.5 小便槽冲洗管，应采用镀锌钢管或硬质塑料管。冲洗孔应斜向下方安装，冲洗水流向同墙面成45°角。镀锌钢管钻孔后应进行二次镀锌。

检验方法：观察检查。

主要是保证冲洗水质和冲洗效果。要求镀锌钢管钻孔后进行二次镀锌，主要是防止因钻孔氧化腐蚀，出水腐蚀墙面并减少冲洗管的使用寿命。

7.2.6 卫生器具的支、托架必须防腐良好，安装平整、牢固，与器具接触紧密、平稳。

检验方法：观察和手扳检查。

主要为了保证卫生器具安装质量。

7.3 卫生器具给水配件安装

主控项目

7.3.1 卫生器具给水配件应完好无损伤，接口严密，启闭部分灵活。

检验方法：观察及手扳检查。

对卫生器具给水配件质量进行控制，主要是保证外观质量和使用功能。

一般项目

7.3.2 卫生器具给水配件安装标高的允许偏差符合表7.3.2（本书表6.7.7）的规定。

卫生器具给水配件安装标高的允许偏差和检验方法　　表6.7.7

项次	项目	允许偏差（mm）	检验方法
1	大便器高、低水箱角阀及截止阀	±10	尺量检查
2	水嘴	±10	
3	淋浴器喷头下沿	±15	
4	浴盆软管淋浴器挂钩	±20	

7.3.3 浴盆软管淋浴器挂钩的设计，如设计无要求，应距地面1.8m。

检验方法：尺量检查。

7.4 卫生器具排水管道安装

主控项目

7.4.1 与排水横管连接的各卫生器具的受水口和立管均应采取妥善可靠的固定措施；管道与楼板的接合部位应采取牢固可靠的防渗、防漏措施。

检验方法：观察和手扳检查。

卫生器具排水管道与楼板的接合部位一向是薄弱环节，存在严重质量通病，最容易漏水。故强调与排水横管连接的各卫生器具的受水口和立管均应采取妥善可靠的固定措施；管道与楼板的接合部位应采取牢固可靠的防渗、防漏措施。

7.4.2 连接卫生器具的排水管道接口应紧密不漏，其固定支架、管卡等支撑位置应正确、牢固，与管道的接触应平整。

检查方法：观察及通水检查。

主要为了杜绝卫生器具漏水，保证使用功能。

一般项目

7.4.3 卫生器具排水管道安装的允许偏差应符合表7.4.3（本书表6.7.8）的规定。

卫生器具排水管道安装的允许偏差及检验方法 **表6.7.8**

项次	检查项目		允许偏差（mm）	检验方法
1	横管弯曲度	每1m长	2	用水平尺量检查
		横管长度≤10m，全长	<8	
		横管长度>10m，全长	10	
2	卫生器具的排水管口及横支管的纵横坐标	单独器具	10	用尺量检查
		成排器具	5	
3	卫生器具的接口标高	单独器具	±10	用水平尺和尺量检查
		成排器具	±5	

7.4.4 连接卫生器具的排水管管径和最小坡度，如设计无要求时，应符合表7.4.4（本书表6.7.9）的规定。

连接卫生器具的排水管道管径和最小坡度 **表6.7.9**

项次	卫生器具名称		排水管管径（mm）	管道的最小坡度（‰）
1	污水盆（池）		50	25
2	单、双格洗涤盆（池）		50	25
3	洗手盆、洗脸盆		32～50	20
4	浴盆		50	20
5	淋浴器		50	20
6	大便器	高低、水箱	100	12
		自闭式冲洗阀	100	12
		拉管式冲洗阀	100	12
7	小便器	手动、自闭式冲洗阀	40～50	20
		自动冲洗水箱	40～50	20
8	化验盆（无塞）		40～50	25
9	净身器		40～50	20
10	饮水器		20～50	10～20
11	家用洗衣机		50（软管为30）	

检验方法：用水平尺和尺量检查。

第八节 室内供暖系统安装

8.1 一般规定

8.1.1 本章适用于饱和蒸汽压力不大于0.7MPa，热水温度不超过130℃的室内采暖系统安装的质量检验与验收。

根据国内供暖系统目前普遍使用的蒸汽压力及热水温度的现状，对本章的适用范围作出了规定。

8.1.2 焊接钢管的连接，管径小于或等于32mm，应采用螺纹连接；管径大于32mm，采用焊接。镀锌钢管的连接见本规范第4.1.3条。

管径小于或等于32mm的管道多用于连接散热设备立支管，拆卸相对较多，且截面较小，施焊时易使其截面缩小，因此参照各地习惯做法规定，不同管径的管道采用不同的连接方法。

此外，根据调查，供暖系统近年来使用镀锌钢管渐多，增加了镀锌钢管连接的规定。

8.2 管道及配件安装

主控项目

8.2.1 管道安装坡度，当设计未注明时，应符合下列规定：

1 气、水同向流动的热水采暖管道和汽、水同向流动的蒸汽管道及凝结水管道，坡度应为3‰，不得小于2‰；

2 气、水逆向流动的热水采暖管道和汽、水逆向流动的蒸汽管道，坡度不应小于5‰；

3 散热器支管的坡度应为1%，坡向应利于排气和泄水。

检验方法：观察，水平尺、拉线、尺量检查。

热水供暖系统干管顺力排出空气和蒸汽供暖系统干管顺力排出凝结水，管道安装坡度是确保供暖系统正常运行，实现设计意图的关键环节。

8.2.2 补偿器的型号、安装位置及预拉伸和固定支架的构造及安装位置应符合设计要求。

检验方法：对照图纸，现场观察，并查验预拉伸记录。

为妥善补偿供暖系统中的管道伸缩，避免因此而导致的管道破坏，本条规定补偿器及固定支架等应按设计要求正确施工。

8.2.3 平衡阀及调节阀型号、规格、公称压力及安装位置应符合设计要求。安装完后应根据系统平衡要求进行调试并作出标志。

检验方法：对照图纸查验产品合格证，并现场查看。

在调研中发现，热水供暖系统由于水力失调导致热力失调的情况多有发生。为此，系统中的平衡阀及调节阀，应按设计要求安装，并在试运行时进行调节、作出标志。

8.2.4 蒸汽减压和管道及设备上安全阀的型号、规格、公称压力及安装位置应符合设计要求。安装完毕后应根据系统工作压力进行调试，并做出标志。

检验方法：对照图纸查验产品合格证及调试结果证明书。

规定目的在于保证蒸汽供暖系统安全正常的运行。

8.2.5 方形补偿器制作时，应用整根无缝钢管煨制，如需要接口，其接口应设在垂直臂的中间位置，且接口必须焊接。

检验方法：观察检查。

主要从受力状况考虑，使焊口处所受的力最小，确保方形补偿器不受损坏。

8.2.6 方形补偿器应水平安装，并与管道的坡度一致；如其臂长方向垂直安装必须设排气及泄水装置。

检验方法：观察检查。

避免因方形补偿器垂直安装产生“气塞”造成的排气、泄水不畅。

一般项目

8.2.7 热量表、疏水器、除污器、过滤器及阀门的型号、规格、公称压力及安装位置应符合设计要求。

检验方法：对照图纸查验产品合格证。

热量表、疏水器、降污器、过滤器及阀门等，是供暖系统的重要配件，为保证系统正常运行，安装时应符合设计要求。

下列情况下设置疏水器：

1）用蒸汽作热媒间接加热的水加热器、开水器的凝结水回水管上应每台单独设疏水器。

2）蒸汽管向下凹处的下部、蒸汽立管底部应设疏水器，以及时排掉管中积存的凝结水。

疏水器前应设过滤器以确保其正常工作。

疏水器处一般不装旁通阀，但在下列情况下应在疏水器后装止回阀：

1）疏水器后有背压或凝结水管有抬高时。

2）不同压力的凝结水接在一根母管上时。

疏水器宜靠近用气设备并便于维修的地方装设。

用气设备的疏水器后的凝结水应回收利用，蒸汽管下凹处下部、蒸汽立管底部的疏水器后的少量凝结水直接排放时，应将泄水管引至排水沟等有排水设施的地方。

8.2.8 钢管管道焊口尺寸的允许偏差应符合本规范表5.3.8的规定。

8.2.9 采暖系统入口装置及分户热计量系统入户装置，应符合设计要求。安装位置应便于检修、维护和观察。

检验方法：现场观察。

集中供暖建筑物热力入口及分户热计量户内系统入户装置，具有过滤、调节、计量及关断等多种功能，为保证正常运转及方便检修、查验，应按设计要求施工和验收。

8.2.10 散热器支管长度超过1.5m时，应在支管上安装管卡。

检验方法：尺量和观察检查。

为防止支管中部下沉，影响空气或凝结水的顺利排除，作此规定。

8.2.11 上供下回式系统的热水干管变径应顶平偏心连接，蒸汽干管变径应底平偏心连接。

检验方法：观察检查。

为保证热水干管顺利排气和蒸汽干管顺利排除凝结水，以利系统运行。

8.2.12　在管道干管上焊接垂直或水平分支管道时，干管开孔所产生的钢渣及管壁等废弃物不得残留管内，且分支管道在焊接时不得插入干管内。

检验方法：观察检查。

调研发现，供暖系统主干管道在垂直或水平的分支管道连接时，常因钢渣挂在管壁内或分支管道本身经开孔处伸入干管内，影响介质流动。为避免此类事情发生，规定此条。

8.2.13　膨胀水箱的膨胀管及循环管上不得安装阀门。

检验方法：观察检查。

防止阀门误关导致膨胀水箱失效或水箱内水循环停止的不良后果。

8.2.14　当采暖热媒为110～130℃的高温水时，管道可拆卸件应使用法兰，不得使用长丝和接头。法兰垫料应使用耐热橡胶板。

检验方法：观察和查验进料单。

高温热水一般工作压力较高，而一旦渗漏危害性也要高于低温热水，因此规定可拆件使用安全度较高的法兰和耐热橡胶板做垫料。

8.2.15　焊接钢管管径大于32mm的管道转弯，在作为自然补偿时应使用煨弯。塑料管及复合管除必须使用直角弯头的场合外应使用管道直接弯曲转弯。

检验方法：观察检查。

室内供暖系统的安装，当管道焊接连接时，较多使用冲压弯头。由于其弯曲半径小，不利于自然补偿。因此本条规定，在作为自然补偿时，应使用煨弯。同时规定，塑料管及铝塑复合管除必须使用直角弯头的场合，应使用管道弯曲转弯，以减少阻力和渗漏的可能，特别是隐蔽敷设时。

8.2.16　管道、金属支架和设备的防腐和涂漆应附着良好，无脱皮、起泡、流淌和漏涂缺陷。

检验方法：现场观察检查。

保证涂漆质量，以利防锈和美观。

8.2.17　管道和设备保温的允许偏差应符合本规范表4.4.8的规定。

8.2.18　采暖管道安装的允许偏差应符合表8.2.18（本书表6.8.1）的规定。

采暖管道安装的允许偏差和检验方法　　表6.8.1

项次	项目			允许偏差	检验方法
1	横管道纵、横方向弯曲（mm）	每1m	管径≤100mm	1	用水平尺、直尺、拉线和尺量检查
			管径>100mm	1.5	
		全长（25m以上）	管径≤100mm	≯13	
			管径>100mm	≯25	
2	立管垂直度（mm）	每1m		2	吊线和尺量检查
		全长（5m以上）		≯10	
3	弯管	椭圆率 $\frac{D_{max}-D_{min}}{D_{max}}$	管径≤100mm	10%	用外卡钳和尺量检查
			管径>100mm	8%	
		折皱不平度（mm）	管径≤100mm	4	
			管径>100mm	5	

注：D_{max}，D_{min}分别为管子最大外径及最小外径。

8.3 辅助设备及散热器安装

主控项目

8.3.1 散热器组对后，以及整组出厂的散热器在安装之前应作水压试验。试验压力如设计无要求时应为工作压力的 1.5 倍，但不小于 0.6MPa。

检验方法：试验时间为 2～3min，压力不降且不渗不漏。

散热器在系统运行时损坏漏水，危害较大。因此规定组对后的整组出厂的散热器在安装之前应进行水压试验，并限定最低试验压力为 0.6MPa。

8.3.2 水泵、水箱、热交换器等辅助设备安装的质量检验与验收应按本规范第 4.4 节和第 13.6 节的相关规定执行。

随着大型、高层建筑物兴建，很多室内供暖系统中附设有热交换装置、水泵及水箱等，因此作本条规定。

一般项目

8.3.3 散热器组对应平直紧密，组对后的平直度应符合表 8.3.3（本书表 6.8.2）规定。

为保证散热器组对的平直度和美观，对其允许偏差作出规定。

组对后的散热器平直度允许偏差　　表 6.8.2

项次	散热器类型	片数	允许偏差（mm）
1	长翼型	2～4	4
		5～7	6
2	铸铁片式 钢制片式	3～15	4
		16～25	6

检验方法：拉线和尺量检查。

8.3.4 组对散热器的垫片应符合下列规定：

1 组对散热器垫片应使用成品，组对后垫片外露不应大于 1mm。

2 散热器垫片材质当设计无要求时，应采用耐热橡胶。

检验方法：观察和尺量检查。

为保证垫片质量，要求使用成品并对材质提出要求。

8.3.5 散热器支架、托架安装，位置应准确，埋设牢固。散热器支架、托架数量，应符合设计或产品说明书要求。如设计未注明时，则应符合表 8.3.5（本书表 6.8.3）的规定。

散热器支架、托架数量　　表 6.8.3

项次	散热器型式	安装方式	每组片数	上部托钩或卡架数	下部托钩或卡架数	合计
1	长翼型	挂墙	2～4	1	2	3
			5	2	2	4
			6	2	3	5
			7	2	4	6
2	柱型 柱翼型	挂墙	3～8	1	2	3
			9～12	1	3	4
			13～16	2	4	6
			17～20	2	5	7
			21～25	2	6	8

续表

项次	散热器型式	安装方式	每组片数	上部托钩或卡架数	下部托钩或卡架数	合计
3	柱型 柱翼型	带足落地	3～8	1	—	1
			8～12	1	—	1
			13～16	2	—	2
			17～20	2	—	2
			21～25	2	—	2

检验方法：现场清点检查。

本条目的为保证散热器挂装质量。对于常用散热器支架及托架数量也作出了规定。

8.3.6 散热器背面与装饰后的墙内表面安装距离，应符合设计或产品说明书要求。如设计未注明，应为30mm。

检验方法：尺量检查。

散热器的传热与墙表面的距离相关。过去散热器与墙表面的距离多以散热器中心计算。由于散热器厚度不同，其背面与墙表面距离即使相同，规定的距离也会各不相同，显得比较繁杂。本条规定，如设计未注明，散热器背面与装饰后的墙内表面距离应为30mm。

8.3.7 散热器安装允许偏差应符合表8.3.7（本书表6.8.4）的规定。

为保证散热器安装垂直和位置准确，规定了允许偏差。

散热器安装允许偏差和检验方法 **表 6.8.4**

项　次	项　目	允许偏差（mm）	检验方法
1	散热器背面与墙内表面距离	3	尺量
2	与窗中心线或设计定位尺寸	20	
3	散热器垂直度	3	吊线和尺量

8.3.8 铸铁或钢制散热器表面的防腐及面漆应附着良好，色泽均匀，无脱落、起泡、流淌和漏涂缺陷。

检验方法：现场观察。

保证涂漆质量，以利防锈和美观。

8.4 金属辐射板安装

主控项目

8.4.1 辐射板在安装前应作水压试验，如设计无要求时试验压力应为工作压力的1.5倍，但不得小于0.6MPa。

检验方法：试验压力下2～3min压力不降且不渗不漏。

保证辐射板具有足够的承压能力，利于系统安全运行。

8.4.2 水平安装的辐射板应有不小于5‰的坡度坡向回水管。

检验方法：水平尺、拉线和尺量检查。

保证泄水和放气的顺畅进行。

8.4.3 辐射板管道及带状辐射板之间的连接，应使用法兰连接。

检验方法：观察检查。

为便于拆卸检修，规定使用法兰连接。

8.5 低温热水地板辐射供暖系统安装

主控项目

8.5.1 地面下敷设的盘管埋地部分不应有接头。

检验方法：隐蔽前现场查看。

地板敷设供暖系统的盘管在填充层及地面内隐蔽敷设，一旦发生渗漏，将难以处理，本条规定的目的在于消除隐患。

8.5.2 盘管隐蔽前必须进行水压试验，试验压力为工作压力的1.5倍，但不小于0.6MPa。

检验方法：稳压1h内压力降不大于0.05MPa且不渗不漏。

隐蔽前对盘管进行水压试验，检验其应具备的承压能力和严密性，以确保地板辐射供暖系统的正常运行，温度正常。

8.5.3 加热盘管弯曲部分不得出现硬折弯现象，曲率半径应符合下列规定：

1 塑料管：不应小于管道外径的8倍。

2 复合管：不应小于管道外径的5倍。

检验方法：尺量检查。

盘管出现硬折弯情况，会使水流通面积减小，并可能导致管材损坏，弯曲时应予以注意，曲率半径不应小于本条规定。

一般项目

8.5.4 分、集水器型号、规格、公称压力及安装位置、高度等应符合设计要求。

检验方法：对照图纸及产品说明书，尺量检查。

分、集水器为地面辐射供暖系统盘管的分路装置，设有放气阀及关断阀等，属重要部件，应按设计要求进行施工及验收。

8.5.5 加热盘管管径、间距和长度应符合设计要求。间距偏差不大于±10mm。

检验方法：拉线和尺量检查。

作为散热部件的盘管，在供回水温度一定的条件下，其散热量取决于盘管的管径及间距。为保证足够的散热量，应按设计图纸进行施工和验收。

8.5.6 防潮层、防水层、隔热层及伸缩缝应符合设计要求。

检验方法：填充层浇灌前观察检查。

为保证地面辐射供暖系统在完好和正常的情况下使用，防潮层、防水层、隔热层及伸缩缝等均应符合设计要求。

8.5.7 填充层强度标号应符合设计要求。

检验方法：作试块抗压试验。

填充层的作用在于固定和保护散热盘管，使热量均匀散出。为保证其完好和正常使用，应符合设计要求的强度，特别在地面负荷较大时，更应注意。

8.6 系统水压试验及调试

主控项目

8.6.1 采暖系统安装完毕，管道保温之前应进行水压试验。试验压力应符合设计要求。当设计未注明时，应符合下列规定：

1　蒸汽、热水采暖系统，应以系统顶点工作压力加 0.1MPa 作水压试验，同时在系统顶点的试验压力不小于 0.3MPa。

2　高温热水采暖系统，试验压力应为系统顶点工作压力加 0.4MPa。

3　使用塑料管及复合管的热水采暖系统，应以系统顶点工作压力加 0.2MPa，作水压试验，同时在系统顶点的试验压力不小于 0.4MPa。不渗、不漏。

检验方法：使用钢管及复合管的采暖系统应在试验压力下 10min 内压力降不大于 0.02MPa，降至工作压力后检查，不渗、不漏；使用塑料管的采暖系统应在试验压力下 1h 内压力降不大于 0.05MPa，然后降至工作压力的 1.15 倍，稳压 2h，压力降不大于 0.03MPa，同时各连接处不渗、不漏。

塑料管和复合管其承压能力随着输送的热水温度升高而降低。供暖系统中此种管道在运行时，承压能力较水压试验时有所降低。因此，与使用钢管的系统相比，水压试验值规定得稍高一些。

8.6.2　系统试压合格后，应对系统进行冲洗并清扫过滤器及除污器。

检验方法：现场观察，直至排出水不含泥沙、铁屑杂质，且水色不浑浊为合格。

为保证系统内部清洁，防止因泥沙等积存影响热媒的正常流动。系统充水、加热，进行试运行和调试是对供暖系统功能的最终检验，检验结果应满足设计要求。若加热条件暂不具备，应延期进行该项工作。

8.6.3　系统冲洗完毕应充水、加热，进行试运行和调试。

检验方法：观察、测量室温应满足设计要求。

系统充水、加热，进行试运行和调试是对供暖系统功能的最终检验，检验结果应满足设计要求。若加热条件暂不具备，应延期进行该项工作。

第九节　室外给水管网安装

9.1　一般规定

9.1.1　本章适用于民用建筑群（住宅小区）及厂区的室外给水管网安装工程的质量检验与验收。

界定本章条文的适用范围。

9.1.2　输送生活给水的管道应采用塑料管、复合管、镀锌钢管或给水铸铁管。塑料管、复合管或给水铸铁管的管材、配件，应是同一厂家的配套产品。

规定输送生活饮用水的给水管道应采用塑料管、复合管，镀锌钢管或给水铸铁管是为保证水体不在输送中受污染。强调管材、管件应是同一厂家的配套产品是为了保证管材和管件的匹配公差一致，从而保证安装质量，同时也是为了让管材生产厂家承担管材质量的连带责任。

9.1.3　架空或在地沟内敷设的室外给水管道其安装要求按室内给水管道的安装要求执行。塑料管道不得露天架空铺设，必须露天架空铺设时应有保温和防晒等措施。

室外架空或在室外地沟内铺设给水管道与在室内铺设给水管道安装条件和办法相似，故其检验和验收的要求按室内给水管道相关规定执行。但室外架空管道是在露天环境中，温度变化波动大，塑料管道在阳光的紫外线作用下会老化，所以要求室外架空铺设的塑料管道必须有保温和防晒等措施。

地下管道回填时为防止管道中心线偏位和损坏管道应用人工先在管子周围填土夯实并应在管道两边同时进行，直至管顶0.5m以上时，在不损坏管道的情况下，方可采用蛙式打夯机夯实。

9.1.4 消防水泵接合器及室外消火栓的安装位置、型式必须符合设计要求。

室外消防水泵接合器及室外消火栓的安装位置及形式是设计后，经当地消防部门综合当地情况按消防法规严格审定的，故不可随意改动。

9.2 给水管道安装

主控项目

9.2.1 给水管道在埋地敷设时，应在当地的冰冻线以下，如必须在冰冻线以上铺设时，应做可靠的保温防潮措施。在无冰冻地区，埋地敷设时，管顶的覆土埋深不得小于50mm，穿越道路部位的埋深不得小于700mm。

检验方法：现场观察检查。

要求将室外给水管道埋设在当地冰冻线以下，是为防止给水管道受冻损坏。调查时反映，一些特殊情况，如山区，有些管道必须在冰冻线以上铺设，管道的保温和防潮措施由于考虑不周出了问题，因此要求凡在冰冻线以上铺设的给水管道必须制定可靠的措施才能进行施工。

据资料介绍，地表0.5m以下的土层温度在一天内波动非常小，在此深度以下埋设管道，其中蠕变可视为不发生。另考虑到一般小区给水管道内压及外部可能的荷载，考虑到各种管材的强度，在汇总多家意见的基础上，规定在无冰冻地区给水管道管顶的覆土埋深不得小于500mm，穿越道路（含路面下）部位的管顶覆土埋深不得小于700mm。

9.2.2 给水管道不得直接穿越污水、化粪池、公共厕所等污染源。

检验方法：观察检查。

为使饮用水管道远离污染源，界定此条。

9.2.3 管道接口法兰、卡扣、卡箍等应安装在检查井或地沟内，不应埋在土壤中。

检验方法：观察检查。

法兰、卡扣、卡箍等是管道可拆卸的连接件，埋在土壤中，这些管件必然要锈蚀，挖出后再拆卸已不可能。即或不挖出不作拆卸，这些管件的所在部位也必然成为管道的易损部位，从而影响管道的寿命。

球墨铸铁管接口连接检查：

1. 管节及管件的产品质量应符合要求。

检查方法：检查产品质量保证资料，检查成品管进场验收记录。

2. 承插接口连接时，两管节中轴线应保持同心，承口、插口部位无破损、变形、开裂；插口推入深度应符合要求。

检查方法：逐个观察；检查施工记录。

3. 法兰接口连接时，插口与承口法兰压盖的纵向轴线一致，连接螺栓终拧扭矩应符合设计或产品使用说明要求；接口连接后，连接部位及连接件应无变形、破损。

检查方法：逐个接口检查，用扭矩扳手检查；检查螺栓拧紧记录。

4. 橡胶圈安装位置应准确，不得扭曲、外露；沿圆周各点应与承口端面等距，其允许偏差应为±3mm。

检查方法：观察，用探尺检查；检查施工记录。

钢筋混凝土管、预（自）应力混凝土管、预应力钢筒混凝土管接口连接检查：

1. 管及管件、橡胶圈的产品质量应符合要求。

检查方法：检查产品质量保证资料；检查成品管进场验收记录。

2. 柔性接口的橡胶圈位置正确，无扭曲、外露现象；承口插口无破损、开裂；双道橡胶圈的单口水压试验合格。

检查方法：观察、用探尺检查；检查单口水压试验记录。

3. 刚性接口的强度符合设计要求，不得有开裂、空鼓、脱落现象。

检查方法：观察；检查水泥砂浆、混凝土试块的抗压强度试验报告。

化学建材管接口连接检查：

1. 管节及管件、橡胶圈等的产品质量应符合要求。

检查方法：检查产品质量保证资料；检查成品管进场验收记录。

2. 承插、套筒式连接时，承口、插口部位及套筒连接紧密，无破损、变形、开裂等现象；插入后胶圈应位置正确，无扭曲等现象；双道橡胶圈的单口水压试验合格。

检查方法：逐个接口检查；检查施工方案及施工记录，单口水压试验记录；用钢尺、探尺量测。

3. 聚乙烯管、聚丙烯管接口熔焊连接检查。

1）焊缝应完整，无缺损和变形现象；焊缝连接应紧密，无气泡、鼓泡和裂缝；电熔连接的电阻丝不裸露。

2）熔焊焊缝焊接力学性能不低于母材。

3）热熔对接连接后应形成凸缘，且凸缘形状大小均匀一致，无气孔、鼓泡和裂缝；接头处有沿管节圆周平滑对称的外翻边，外翻边最低处的深度不低于管节外表面；管壁内翻边应铲平；对接错边量不大于管材壁厚的10%，且不大于3mm。

检查方法：观察；检查熔焊连接工艺试验报告和焊接作业指导书，检查熔焊连接施工记录、熔焊外观质量检验记录、焊接力学性能检测报告。

检查数量：外观质量全数检查；熔焊焊缝焊接力学性能试验每200个接头不少于1组；现场进行破坏性检验或翻边切除检验（可任选一种）时，现场破坏性检验每50个接头不少于1个，现场内翻边切除检验每50个接头不少于3个；单位工程中接头数量不足50个时，仅做熔焊焊缝焊接力学性能试验，可不做现场检验。

4. 卡箍连接、法兰连接、钢塑过渡接头连接时，应连接件齐全、位置正确、安装牢固，连接部位无扭曲、变形。

检查方法：逐个检查。

9.2.4 给水系统各种井室内的管道安装，如设计无要求，井壁距法兰或承口的距离：管径小于或等于450mm时，不得小于250mm；管径大于450mm时，不得小于350mm。

检验方法：尺量检查。

尺寸是从便于安装和检修考虑确定的。

9.2.5 管网必须进行水压试验，试验压力为工作压力的1.5倍，但不得小于0.6MPa。

检验方法：管材为钢管、铸铁管时，试验压力下10min内压力降不应大于0.05MPa，然后降至工作压力进行检查，压力应保持不变，不渗不漏；管材为塑料管时，试验压力下，稳压1h压力降不大于0.05MPa，然后降至工作压力进行检查，压力应保持不变，不渗不漏。

对管网进行水压试验，是确保系统能正常使用的关键，条文中规定的试验压力值及不同管材的试压检验方法是依据多年的施工实践，在广泛征求各方意见的基础上综合制定的。

检查水压试验采用的设备、仪表规格及其安装检查：

1. 采用弹簧压力计时，精度不低于1.5级，最大量程宜为试验压力的1.3～1.5倍，表壳的公称直径不宜小于150mm，使用前经校正并具有符合规定的检定证书。

2. 水泵、压力计应安装在试验段的两端部与管道轴线相垂直的支管上。

水压试验前准备工作检查：

1. 试验管段所有敞口应封闭，不得有渗漏水现象；

2. 试验管段不得用闸阀作堵板，不得含有消火栓、水锤消除器、安全阀等附件；

3. 水压试验前应清除管道内的杂物。

9.2.6 镀锌钢管、钢管的埋地防腐必须符合设计要求，如设计无规定时，可按表9.2.6（本书表6.9.1）的规定执行。卷材与管材间应粘贴牢固，无空鼓、滑移、接口不严等。

检验方法：观察和切开防腐层检查。

管道防腐层种类 **表6.9.1**

防腐层层次	正常防腐层	加强防腐层	特加强防腐层
（从金属表面起） 1	冷底子油	冷底子油	冷底子油
2	沥青涂层	沥青涂层	沥青涂层
3	外包保护层	加强包扎层	加强保护层
		（封闭层）	（封闭层）
4		沥青涂层	沥青涂层
5		外保护层	加强包扎层
6			（封闭层）
			沥青涂层
7			外包保护层
防腐层厚度不小于（mm）	3	6	9

本条文中镀锌钢管系指输送饮用水所采用的热镀锌钢管，钢管指输送消防给水用的无缝或有缝钢管。镀锌钢管和钢管埋地铺设时为提高使用年限，外壁必须采取防腐蚀涂料，有沥青漆、环氧树脂漆、酚醛树脂漆等，涂覆方法可采用刷涂、喷涂、浸涂等。条文的表9.2.6中给定的是多年沿用的老方法，但因其价格低廉、易操作、适用性好等特点仍采用，表中防腐层厚度可供涂覆其他防腐涂料时参考（对球墨铸铁给水管要求外壁必须刷沥青漆防腐）。

9.2.7 给水管道在竣工后，必须对管道进行冲洗，饮用水管道还要在冲洗后进行消毒，满足饮用水卫生要求。

检验方法：观察冲洗水的浊度，查看有关部门提供的检验报告。

给水管道冲洗与消毒检查：

1. 给水管道严禁取用污染水源进行水压试验、冲洗，施工管段处于污染水水域较近时，必须严格控制污染水进入管道；如不慎进入污染管道，应由水质检测部门对管道污染水进行化验，并按其要求在管道并网运行前进行冲洗与消毒，满足饮用水卫生要求。

2. 管道冲洗与消毒应编制实施方案。

3. 施工单位应在建设单位、管理单位的配合下进行冲洗与消毒。

4. 冲洗时，应避开用水高峰，冲洗流速不小于1.0m/s，连续冲洗。

给水管道冲洗消毒准备工作检查：

1. 用于冲洗管道的清洁水源已经确定；

2. 消毒方法和用品已经确定，并准备就绪；

3. 排水管道已安装完毕，并保证畅通、安全；

4. 冲洗管段末端已设置方便、安全的取样口；

5. 照明和维护等措施已经落实。

管道冲洗与消毒检查：

1. 管道第一次冲洗应用清洁水冲洗至出水口水样浊度小于3NTU为止，冲洗流速应大于1.0m/s。

2. 管道第二次冲洗应在第一次冲洗后，用有效氯离子含量不低于20mg/L的清洁水浸泡24h后，再用清洁水进行第二次冲洗直至水质检测、管理部门取样化验合格为止。

对输送饮用水的管道进行冲洗和消毒是保证人们饮用到卫生水的两个关键环节，要求不仅要做到而且要做好。

一般项目

9.2.8 管道的坐标、标高、坡度应符合设计要求，管道安装的允许偏差应符合表9.2.8（本书表6.9.2）的规定。

本条是在既实际可行又能起到控制质量的情况下给出的。

室外给水管道安装的允许偏差和检验方法　　表6.9.2

<table>
<tr><th>项次</th><th colspan="3">项目</th><th>允许偏差（mm）</th><th>检验方法</th></tr>
<tr><td rowspan="4">1</td><td rowspan="4">坐标</td><td rowspan="2">铸铁管</td><td>埋地</td><td>100</td><td rowspan="4">拉线和尺量检查</td></tr>
<tr><td>敷设在沟槽内</td><td>50</td></tr>
<tr><td rowspan="2">钢管、塑料管、复合管</td><td>埋地</td><td>100</td></tr>
<tr><td>敷设在沟槽内或架空</td><td>40</td></tr>
<tr><td rowspan="4">2</td><td rowspan="4">标高</td><td rowspan="2">铸铁管</td><td>埋地</td><td>±50</td><td rowspan="4">拉线和尺量检查</td></tr>
<tr><td>敷设在地沟内</td><td>±30</td></tr>
<tr><td rowspan="2">钢管、塑料管、复合管</td><td>埋地</td><td>±50</td></tr>
<tr><td>敷设在地沟内或架空</td><td>±30</td></tr>
<tr><td rowspan="2">3</td><td rowspan="2">水平管纵横向弯曲</td><td>铸铁管</td><td>直段（25m以上）起点～终点</td><td>40</td><td rowspan="2">拉线和尺量检查</td></tr>
<tr><td>钢管、塑料管、复合管</td><td>直段（25m以上）起点～终点</td><td>30</td></tr>
</table>

9.2.9 管道和金属支架的涂漆应附着良好，无脱皮、起泡、流淌和漏涂等缺陷。

检验方法：现场观察检查。

钢材的使用寿命与涂漆质量有直接关系。也是人们的感观要求，故刷油质量必须控制好。

9.2.10 管道连接应符合工艺要求，阀门、水表等安装位置应正确。塑料给水管道上的水表、阀门等设施其重量或启闭装置的扭矩不得作用于管道上，当管径≥50mm时必须设独立的支承装置。

检验方法：现场观察检查。

目前给水塑料管的强度和刚度大都比钢管和给水铸铁管差，调查中发现，管径≥50mm的给水塑料管道由于其管道上的阀门安装时没采取相应的辅助固定措施，在多次开启或拆卸时，多数引起了管道破损漏水的情况发生。

9.2.11 给水管道与污水管道在不同标高平行敷设，其垂直间距在500mm以内时，给水管管径小于或等于200mm的，管壁水平间距不得小于1.5m；管径大于200mm的，不得小于3m。

检查方法：观察和尺量检查。

从便于检修操作和防止渗漏污染考虑预留的距离。

9.2.12 铸铁管承插捻口连接的对口间隙应不小于3mm，最大间隙不得大于表9.2.12（本书表6.9.3）的规定。

铸铁管承插捻口的对口最大间隙 **表6.9.3**

管径（mm）	沿直线敷设（mm）	沿曲线敷设（mm）
75	4	5
100～250	5	7～13
300～500	6	14～22

检验方法：尺量检查。

9.2.13 铸铁管沿直线敷设，承插捻口连接的环型间隙应符合表9.2.13（本书表6.9.4）的规定；沿曲线敷设，每个接口允许有2°转角。

铸铁管承插捻口的环型间隙 **表6.9.4**

管径（mm）	标准环型间隙（mm）	允许偏差（mm）
75～200	10	+3，−2
250～450	11	+4，−2
500	12	+4，−2

检验方法：尺量检查。

9.2.14 捻口用的油麻填料必须清洁，填塞后应捻实，其深度应占整个环型间隙深度的1/3。

检验方法：观察和尺量检查。

给水铸铁管采用承插捻口连接时，捻麻是接口内一项重要工作，麻捻压的虚和实将直接影响管接口的严密性。提出深度占整个环形间隙深度的1/3是为进行施工过程控制时参考。

9.2.15 捻口用水泥强度应不低于32.5MPa，接口水泥应密实饱满，其接口水泥面凹入承口边缘的深度不得大于2mm。

检验方法：观察和尺量检验。

铸铁管的承插接口填料多年来一直采用石棉水泥或膨胀水泥，但石棉水泥因其中含有石棉绒，这种材料不符合饮用水卫生标准要求，故这次将其删除，推荐采用硅酸盐水泥捻口，捻口水泥的强度等级不得低于32.5级。

9.2.16 采用水泥捻口的给水铸铁管，在安装地点有侵蚀性的地下水时，应在接口处涂抹沥青防腐层。

检验方法：观察检查。

目的是防止有侵蚀性水质对接口填料造成腐蚀。

9.2.17 采用橡胶圈接口的埋地给水管道，在土壤或地下水对橡胶圈有腐蚀的地段，在回填土前应用沥青胶泥、沥青麻丝或沥青锯末等材料封闭橡胶圈接口。橡胶圈接口的管道，每个接口的最大偏转角不得超过表9.2.17（本书表6.9.5）的规定。

主要为保护橡胶圈接口处不受腐蚀性的土壤或地下水的侵蚀性损坏。条文还综合有关行标对橡胶圈接口最大偏转角度进行了限定。

橡胶圈接口最大允许偏转角 **表6.9.5**

公称直径（mm）	100	125	150	200	250	300	350	400
允许偏转角度	5°	5°	5°	5°	4°	4°	4°	3°

检验方法：观察和尺量检查。

球墨铸铁管橡胶圈柔性接口检查：

管节及管件的规格、尺寸公差、性能应符合国家有关标准规定和设计要求，进入施工现场时其外观质量检查：

1. 管节及管件表面不得有裂纹，不得有妨碍使用的凹凸不平的缺陷；

2. 采用橡胶圈柔性接口的球墨铸铁管，承口的内工作面和插口的外工作面应光滑、轮廓清晰，不得有影响接口密封性的缺陷。

目前由于球墨铸铁管的抗腐蚀性能、耐久性能优越，接口形式为橡胶圈接口。

管节及管件下沟槽前，应清除承口内部的油污、飞刺、铸砂及凹凸不平的铸瘤；柔性接口铸铁管及管件承口的内工作面、插口的外工作面应修整光滑，不得有沟槽、凸脊缺陷；有裂纹的管节及管件不得使用。

沿直线安装管道时，宜选用管径公差组合最小的管节组对连接，确保接口的环向间隙应均匀。

采用滑入式或机械式柔性接口时，橡胶圈的质量、性能、细部尺寸，应符合国家有关球墨铸铁管及管件标准的规定。

橡胶圈安装经检验合格后，方可进行管道安装。

安装滑入式橡胶圈接口时，推入深度直达到标记环，并复查与其相邻已安好的第一至第二个接口推入深度。

滑入式（对单推入式）橡胶圈接口安装时，推入深度应达到标记环，应复查与其相邻已安好的第一至第二个接口推入深度，防止已安好的接口拔出或错位；或采用其他措施保证已安好的接口不发生变位。

安装机械式柔性接口时，应使插口与承口法兰压盖的轴线相重合；螺栓安装方向应一致，用扭矩扳手均匀、对称地紧固。

9.3 消防水泵接合器及室外消火栓安装

主控项目

9.3.1 系统必须进行水压试验，试验压力为工作压力的1.5倍，但不得小于0.6MPa。

检验方法：试验压力下，10min内压力降不大于0.05MPa，然后降至工作压力进行检查，压力保持不变，不渗不漏。

根据调研及多年的工程实践，统一规定试验压力为工作压力的1.5倍，但不得小于0.6MPa。这样既便于验收时掌握，也能满足工程需要。

9.3.2 消防管道在竣工前，必须对管道进行冲洗。

检验方法：观察冲洗出水的浊度。

消防管道进行冲洗的目的是为保证管道畅通，防止杂质、焊渣等损坏消火栓。

9.3.3 消防水泵接合器和消火栓的位置标志应明显，栓口的位置应方便操作。消防水泵接合器和室外消火栓当采用墙壁式时，如设计未要求，进、出水栓口的中心安装高度距地面为1.10m，其上方应设有防坠落物打击的措施。

检验方法：观察和尺量检查。

消防水泵接合器和消火栓的位置标志应明显，栓口的位置应方便操作，是为了突出其使用功能，确保操作快捷。室外消防水泵接合器和室外消火栓当采用墙壁式时，其进、出水栓口的中心安装高度距地面为1.1m也是为了方便操作。因栓口直接设在建筑物外墙上，操作时必然紧靠建筑物，为保证消防人员的操作安全，故强调上方必须有防坠落物打击的措施。

一般项目

9.3.4 室外消火栓和消防水泵接合器的各项安装尺寸应符合设计要求，栓口安装高度允许偏差为±20mm。

检验方法：尺量检查。

为了统一标准，保证使用功能。

9.3.5 地下式消防水泵接合器顶部进水口或地下式消火栓的顶部出水口与消防井盖底面的距离不得大于400mm，井内应有足够的操作空间，并设爬梯。寒冷地区井内应做防冻保护。

检验方法：观察和尺量检查。

为了保证实用和便于操作。

9.3.6 消防水泵接合器的安全阀门及止回阀安装位置和方向应正确，阀门启闭应灵活。

检验方法：现场观察和手扳检查。

消防水泵接合器的安全阀应进行定压（定压值应由设计给定），定压后的系统应能保证最高处的一组消火栓的水栓能有10～15m的充实水柱。

9.4 管沟及井室

主控项目

9.4.1 管沟的基层处理和井室的地基必须符合设计要求。

检验方法：现场观察检查。

管沟的基层处理好坏，井室的地基是否牢固直接影响管网的寿命，一旦出现不均匀沉降，就有可能造成管道断裂。

9.4.2 各类井室的井盖应符合设计要求，应有明显的文字标识，各种井盖不得混用。

检验方法：现场观察检查。

强调井盖上必须有明显的中文标志是为便于查找和区分各井室的功能。

9.4.3 设在通车路面下或小区道路下的各种井室，必须使用重型井圈和井盖，井盖上表面应与路面相平，允许偏差为±5mm。绿化带上和不通车的地方可采用轻型井圈和井盖，井盖的上表面应高出地坪50mm，并在井口周围以2%的坡度向外做水泥砂浆护坡。

检验方法：观察和尺量检查。

有的小区的井圈和井盖在使用时轻型和重型不分，特别是用轻不用重，造成井盖损坏，给行车行人带来安全隐患，应引起重视。

9.4.4 重型铸铁或混凝土井圈，不得直接放在井室的砖墙上，砖墙上应做不小于80mm厚的细石混凝土垫层。

检验方法：观察和尺量检查。

强调重型铸铁或混凝土井圈，不得直接放在井室的砖墙上，砖墙上应做不小于80mm厚的细石混凝土垫层，垫层与井圈间应用高强度等级水泥砂浆找平，目的是为保证井圈与井壁成为一体，防止井圈受力不均时或反复冻胀后松动，压碎井壁砖导致井室塌陷。

一般项目

9.4.5 管沟的坐标、位置、沟底标高应符合设计要求。

检验方法：观察、尺量检查。

管沟的施工标准及应遵循的依据原则。

9.4.6 管沟的沟底层应是原土层，或是夯实的回填土，沟底应平整，坡度应顺畅，不得有尖硬的物体、块石等。

检验方法：观察检查。

要求管沟的沟底应是原土层或是夯实的回填土，目的是为了管道铺设后，沟底不塌陷，要求沟底不得有尖硬的物体、块石，目的是为了保护管壁在安装过程中不受损坏。

9.4.7 如沟基为岩石、不易清除的块石或为砾石层时，沟底应下挖100～200mm，填铺细砂或粒径不大于5mm的细土，夯实到沟底标高后，方可进行管道敷设。

检验方法：观察和尺量检查。

针对沟基下为岩石、无法清除的块石或沟底为砾石层时，为了保护管壁在安装过程中及以后的沉降过程中不受损坏采取的措施。

9.4.8 管沟回填土，管顶上部200mm以内应用砂子或无块石及冻土块的土，并不得用机械回填；管顶上部500mm以内不得回填直径大于100mm的块石和冻土块；500mm以上部分回填土中的块石或冻土块不得集中。上部用机械回填时，机械不得在管沟上行走。

检验方法：观察和尺量检查。

此规定是为了确保管道回填土的密实度和在管沟回填过程中管道不受损坏。

9.4.9 井室的砌筑应按设计或给定的标准图施工。井室的底标高在地下水位以上时，基层应为素土夯实；在地下水位以下时，基层应打100mm厚的混凝土底板。砌筑应采用水泥砂浆，内表面抹灰后应严密不透水。

检验方法：观察和尺量检查。

系对井室砌筑的施工要求。检查时建议可参照有关土建专业施工质量验收规范进行。

9.4.10 管道穿过井壁处，应用水泥砂浆分两次填塞严密、抹平，不得渗漏。

检验方法：观察检查。

调查时发现，管道穿过井壁处，采用一次填塞易出现裂纹，二次填塞基本保证能消除裂纹，且表面也易抹平，故规定此条文。

第十节 室外排水管网安装

10.1 一般规定

10.1.1 本章适用于民用建筑群（住宅小区）及厂区的室外排水管网安装工程的质量检验与验收。

界定本章条文的适用范围。

10.1.2 室外排水管道应采用混凝土管、钢筋混凝土管、排水铸铁管或塑料管。其规格及质量必须符合现行国家标准及设计要求。

住宅小区的室外排水工程大部分还应用混凝土管、钢筋混凝土管、排水铸铁管，用的也比较安全，反映也较好，故条文中将其列入。以前常用的缸瓦管因管壁较脆，易破损，多数地区已不用或很少用，所以条文中没列入。近几年发展起来的各种塑料排水管如聚氯乙烯直壁管、环向（或螺旋）加肋管、双壁波纹管、高密度聚乙烯双重壁缠绕管和非热塑性夹砂玻璃管等已大量问世，由于其施工方便、密封可靠、美观、耐腐蚀、耐老化、机械强度好等优点已被多数用户所认可。

10.1.3 排水管沟及井池的土方工程、沟底的处理、管道穿井壁处的处理、管沟及井池周围的回填要求等，均参照给水管沟及井室的规定执行。

排水系统的管沟及井室的土方工程，沟底的处理，管道穿井壁处的处理，管沟及井池周围的回填要求等与给水系统的对应要求相同，因此确定执行同样规则。

10.1.4 各种排水、池应按设计给定的标准图施工，各种排水井和化粪池均应用混凝土做底板（雨水井除外），厚度不小于100mm。

要求各种排水井和化粪池必须用混凝土打底板是由其使用环境所决定，调查时发现一些井池坍塌多数是由于混凝土底板没打或打的质量不好，在粪水的长期浸泡下出的问题。故要求必须先打混凝土底板后再在其上砌井室。

10.2 排水管道安装

主控项目

10.2.1 排水管道的坡度必须符合设计要求，严禁无坡或倒坡。

检验方法：用水准仪、拉线和尺量检查。

坡度与管道连接接口质量有直接重要关系，对连接的质量要重点检查。

管道连接检查：

1. 承插式柔性连接、套筒（带或套）连接、法兰连接、卡箍连接等方法采用的密封件、套筒件、法兰、紧固件等配套管件，必须由管节生产厂家配套供应；电熔连接、热熔连接应采用专用电器设备、挤出焊接设备和工具进行施工。

2. 管道连接时必须对连接部位、密封件、套筒等配件清理干净，套筒（带或套）连接、法兰连接、卡箍连接用的钢制套筒、法兰、卡箍、螺栓等金属制品应根据现场土质并参照相关标准采取防腐措施。

3. 承插式柔性接口连接宜在当日温度较高时进行，插口端不宜插到承口底部，应留出不小于10mm的伸缩空隙，插入前应在插口端外壁做出插入深度标记；插入完毕后，承插口周围空隙均匀，连接的管道平直。

4. 电熔连接、热熔连接、套筒（带或套）连接、法兰连接、卡箍连接应在当日温度较低或接近最低时进行；电熔连接、热熔连接时电热设备的温度控制、时间控制、挤出焊接时对焊接设备的操作等，必须严格按接头的技术指标和设备的操作程序进行；接头处应有沿管节圆周平滑对称的外翻边，内翻边应铲平。

5. 管道与井室宜采用柔性连接，连接方式符合设计要求；设计无要求时，可采用承插管件连接或中介层做法。

6. 管道系统设置的弯头、三通、变径处应采用混凝土支墩或金属卡箍拉杆等技术措施；在消火栓及闸阀的底部应加垫混凝土支墩；非锁紧型承插连接管道，每根管节应有3点以上的固定措施。

7. 安装完的管道中心线及高程调整合格后，即将管底有效支撑角范围用中粗砂回填密实，不得用土或其他材料回填。

电熔连接、热熔连接应采用专用电器设备、挤出焊接设备和工具进行施工。据调研，目前建筑市场的实际情况是一般施工单位并不具备符合要求的连接设备和专业焊工，为保证施工的质量，本条规定应由管材生产厂家直接安装作业或提供设备并进行连接作业的技术指导。连接需要的润滑剂等辅助材料，宜由管材供应厂家配套提供。

找好坡度直接关系到排水管道的使用功能，故严禁无坡或倒坡。

10.2.2　管道埋设前必须做灌水试验和通水试验，排水应畅通，无堵塞，管接口无渗漏。

检验方法：按排水检查井分段试验，试验水头应以试验段上游管顶加1m，时间不少于30min，逐段观察。

排水管道中虽无压，但不应渗漏，长期渗漏处可导致管基下沉、管道悬空，因此要求在施工过程中，在两检查井间管道安装后，即应做灌水试验。通水试验是检验排水管道使用功能的手段，在从上游不断向下游做灌水试验的同时，也检验了通水的能力。

一般项目

10.2.3　管道的坐标和标高应符合设计要求，安装的允许偏差应符合表10.2.3（本书表6.10.1）的规定。

室外排水管道安装的允许偏差和检验方法　　**表6.10.1**

项次	项目		允许偏差（mm）	检验方法
1	坐标	埋地	100	拉线尺量
		敷设在沟槽内	50	
2	标高	埋地	±20	用水平仪、拉线和尺量
		敷设在沟槽内	±20	
3	水平管道纵横向弯曲	每5m长	10	拉线尺量
		全长（两井间）	30	

10.2.4　排水铸铁管采用水泥捻口时，油麻填塞应密实，接口水泥应密实饱满，其接口面凹入承口边缘且深度不得大于2mm。

检验方法：观察和尺量检查。

排水铸铁管和铸铁管在安装程序上、过程控制的内容上相似，施工检查可参照给水铸铁管承插接口的要求执行，但在材质上，通过的介质、压力上又不同，故应承认差别。但必须要保证接口不漏水。

10.2.5　排水铸铁管外壁在安装前应除锈，涂二遍石油沥青漆。

检验方法：观察检查。

刷两遍石油沥青漆是为了提高管材抗腐蚀能力，提高管材使用年限。

10.2.6　承插接口的排水管道安装时，管道和管件的承口应与水流方向相反。

检验方法：观察检查。

承插接口的排水管道安装时，要求管道和管件的承口应与水流方向相反，是为了减少水流的阻力，提高管网使用寿命。

10.2.7　混凝土管或钢筋混凝土管采用抹带接口时，应符合下列规定：

1. 抹带前应将管口的外壁凿毛、扫净，当管径小于或等于500mm时，抹带可一次完成；当管径大于500mm时，应分二次抹成，抹带不得有裂纹。

2. 钢丝网应在管道就位前放入下方，抹压砂浆时应将钢丝网抹压牢固，钢丝网不得外露。

3. 抹带厚度不得小于管壁的厚度，宽度宜为80～100mm。

检验方法：观察和尺量检查。

为确保抹带接口的质量，使管道接口处不渗漏。

刚性接口的钢筋混凝土管道，钢丝网水泥砂浆抹带接口材料检查：

1. 选用粒径0.5～1.5mm，含泥量不大于3%的洁净砂；

2. 选用网格10mm×10mm、丝径为20号的铜丝网；

3. 水泥砂浆配比满足设计要求。

刚性接口的钢筋混凝土管道施工检查：

1. 抹带前应将管口的外壁凿毛、洗净。

2. 钢丝网端头应在浇筑混凝土管座时插入混凝土内，在混凝土初凝前，分层抹压钢丝网水泥砂浆抹带。

3. 抹带完成后应立即用吸水性强的材料覆盖，3～4h后洒水养护。

4. 水泥砂浆填缝及抹带接口作业时落入管道内的接口材料应清除，管径大于或等于700mm时，应采用水泥砂浆将管道内接口部位抹平、压光；管径小于700mm时，填缝后应立即拖平。

10.3　排水管沟及井池

主控项目

10.3.1　沟基的处理和井池的底板强度必须符合设计要求。

检验方法：现场观察和尺量检查，检查混凝土强度报告。

如沟基夯实和支墩大小、尺寸、距离、强度等不符合要求，待管道安装上，土回填后必将造成沉降不均，管道或接口处将受力不均而断裂。如井池底板不牢，给管网带来损坏。因此必须重视排水沟管基的处理和保证井池的底板强度。

10.3.2 排水检查井、化粪池的底板及进、出水管的标高，必须符合设计，其允许偏差为±15mm。

检验方法：用水准仪及尺量检查。

检查井、化粪池的底板及进出水管的标高直接影响水系统的使用功能，一处变动迁动多处。故相关标高必须严格控制好。

一般项目

10.3.3 井、池的规格、尺寸和位置应正确，砌筑和抹灰符合要求。

检验方法：观察及尺量检查。

由于排水井池长期处在污水浸泡中，故其砌筑和抹灰等要求应比给水检查井室要严格。

10.3.4 井盖选用应正确，标志应明显，标高应符合设计要求。

检验方法：观察、尺量检查。

排水检查井是住宅小区或厂区中数量最多的一种检查井，其井盖混用情况也最严重，损坏也最严重，甚至由于井盖损坏造成行人伤亡事件时有发生，故在通车路面下或小区管道下的排水池也必须严格执行规范的规定。

第十一节 室外供热管网安装

11.1 一般规定

11.1.1 本章适用于厂区及民用建筑群（住宅小区）的饱和蒸汽压力不大于0.7MPa、热水温度不超过130℃的室外供热管网安装工程的质量检验与验收。

根据国内供暖系统蒸汽压力及热水温度的现状，对本章的适用范围作出了规定。

11.1.2 供热管网的管材应按设计要求。当设计未注明时，应符合下列规定：

1 管径小于或等于40mm时，应使用焊接钢管。

2 管径为50～200mm时，应使用焊接钢管或无缝钢管。

3 管径大于200mm时，应使用螺旋焊接钢管。

对供热管网的管材，首先应按规定要求，对设计未注明时，规定中给出了管材选用的推荐范围。

11.1.3 室外供热管道连接均应采用焊接连接。

为保证管网安装质量，尽量减少渗漏可能性，采用焊接。

11.2 管道及配件安装

主控项目

11.2.1 平衡阀及调节阀型号、规格及公称压力应符合设计要求。安装后应根据系统要求进行调试，并作出标志。

检验方法：对照设计图纸及产品合格证，并现场观察调试结果。

在热水供暖的室外管网中，特别是枝状管网，装设平衡阀或调节阀已成为各用户之间压力平衡的重要手段。本条规定，施工与验收应符合设计要求并进行调试。

11.2.2 直埋无补偿供热管道预热伸长及三通加固应符合设计要求。回填前应注意检查预制保温层外壳及接口的完好性。回填应按设计要求进行。

检验方法：回填前现场验核和观察。

供热管道的直埋敷设渐多并已基本取代地沟敷设。本条文对直埋管道的预热伸长、三通加固及回填等的要求作了规定。

11.2.3　补偿器的位置必须符合设计要求，并应按设计要求或产品说明书进行预拉伸。管道固定支架的位置和构造必须符合设计要求。

检验方法：对照图纸，并查验预拉伸记录。

补偿器及固定支架的正确安装，是供热管道解决伸缩补偿，保证管道不出现破损所不可缺少的，本条文规定，安装和验收应符合设计要求。

11.2.4　检查井室、用户入口处管道布置应便于操作及维修，支、吊、托架稳固，并满足设计要求。

检验方法：对照图纸，观察检查。

供暖用户装置设于室外者很多。用户入口装置及检查应按设计要求施工验收，以方便操作与维修。

11.2.5　直埋管道的保温应符合设计要求，接口在现场发泡时，接头处厚度应与管道保温层厚度一致，接头处保护层必须与管道保护层成一体，符合防潮防水要求。

检验方法：对照图纸，观察检查。

与地沟敷设相比，直埋管道的保温构造有着更高的要求，接地处现场发泡施工时更须注意，本条规定应遵照设计要求。

一般项目

11.2.6　管道水平敷设其坡度应符合设计要求。

检验方法：对照图纸，用水准仪（水平尺）、拉线和尺量检查。

坡度应符合设计要求，以便于排气、泄水及凝结水的流动。

11.2.7　除污器构造应符合设计要求，安装位置和方向应正确。管网冲洗后应清除内部污物。

检验方法：打开清扫口检查。

为保证过滤效果，并及时清除脏物。

11.2.8　室外供热管道安装的允许偏差应符合表11.2.8（本书表6.11.1）的规定。

室外供热管道安装的允许偏差和检验方法　　表 6.11.1

项次	项目			允许偏差	检验方法
1	坐标（mm）	敷设在沟槽内及架空		20	用水准仪（水平尺）、直尺、拉线
		埋地		50	
2	标高（mm）	敷设在沟槽内及架空		±10	尺量检查
		埋地		±15	
3	水平管道纵、横方向弯曲（mm）	每1m	管径≤100mm	1	用水准仪（水平尺）、直尺、拉线和尺量检查
			管径>100mm	1.5	
		全长（25m以上）	管径≤100mm	≯13	
			管径>100mm	≯25	

续表

项次	项目			允许偏差	检验方法
4	弯管	椭圆率 $\frac{D_{max}-D_{min}}{D_{max}}$	管径≤100mm	8%	用外卡钳和尺量检查
			管径>100mm	5%	
		折皱不平度（mm）	管径≤100mm	4	
			管径 125～200mm	5	
			管径 250～400mm	7	

11.2.9　管道焊口的允许偏差应符合本规范表 5.3.8（本书表 6.5.10）的规定。

11.2.10　管道及管件焊接的焊缝表面质量应符合下列规定：

1　焊缝外形尺寸应符合图纸和工艺文件的规定，焊缝高度不得低于母材表面，焊缝与母材应圆滑过渡；

2　焊缝及热影响区表面应无裂纹、未熔合、未焊透、夹渣、弧坑和气孔等缺陷。

检验方法：观察检查。

11.2.11　供热管道的供水管或蒸汽管，如设计无规定时，应敷设在载热介质前进方向的右侧或上方。

检查方法：对照图纸，观察检查。

为统一管道排列和便于管理维护。

11.2.12　地沟内的管道安装位置，其净距（保温层外表面）应符合下列规定：

与沟壁　　100～150mm；

与沟底　　100～200mm；

与沟顶（不通行地沟）　　50～100mm；

（半通行和通行地沟）　　200～300mm。

检验方法：尺量检查。

11.2.13　架空敷设的供热管道安装高度，如设计无规定时，应符合下列规定（以保温层外表面计算）：

1　人行地区，不小于 2.5m。

2　通行车辆地区，不小于 4.5m。

3　跨越铁路，距轨顶不小于 6m。

检验方法：尺量检查。

主要在设计无要求时为保证和统一架空管道有足够的高度，以免影响行人或车辆通行。

11.2.14　防锈漆的厚度应均匀，不得有脱皮、起泡、流淌和漏涂等缺陷。

检验方法：保温前观察检查。

11.2.15　管道保温层的厚度和平整度的允许偏差应符合本规范表 4.4.8 的规定。

11.3　系统水压试验及调试

主控项目

11.3.1　供热管道的水压试验压力应为工作压力的 1.5 倍，但不得小于 0.6MPa。

检验方法：在试验压力下 10min 内压力降不大于 0.05MPa，然后降至工作压力下检查，不渗不漏。

11.3.2　管道试压合格后，应进行冲洗。

检验方法：现场观察，以水色不浑浊为合格。

为保证系统管道内部清洁，防止因泥沙等积存影响热媒正常流动。

11.3.3　管道冲洗完毕应通水、加热，进行试运行和调试。当不具备加热条件时，应延期进行。

检验方法：测量各建筑物热力入口处供回水温度及压力。

对于室外供热管道功能的最终调试和检验。

11.3.4　供热管道作水压试验时，试验管道上的阀门应开启，试验管道与非试验管道应隔断。

检验方法：开启和关闭阀门检查。

为保证水压试验在规定管段内正常进行。

第十二节　建筑中水系统及游泳池水系统安装

12.1　一般规定

12.1.1　中水系统中的原水管道管材及配件要求按本规范第5章执行。

因中水水源多取自生活污水及冷却水等，故原水管道管材及配件要求应同建筑排水管道。

12.1.2　中水系统给水管道及排水管道检验标准按本规范第4、5两章规定执行。

建筑中水供水及排水系统与室内给水及排水系统仅水质标准不同，其他均无本质区别，完全可以引用室内给水排水有关规范条文。

12.1.3　游泳池排水系统安装、检验标准等按本规范第5章相关规定执行。

游泳池排水管材及配件应由耐腐蚀材料制成，其系统安装与检验要求与室内排水系统安装及检验要求应完全相同，故可引用规范相关内容。

12.1.4　游泳池水加热系统安装、检验标准等均按本规范第6章相关规定执行。

游泳池水加热系统与热水供应加热系统基本相同，故系统安装、检验与验收应与规范相关规定相同。

12.2　建筑中水系统管道及辅助设备安装

主控项目

12.2.1　中水高位水箱应与生活高位水箱分设在不同的房间内，如条件不允许只能设在同一房间时，与生活高位水箱的净距离应大于2m。

检验方法：观察和尺量检查。

为防止中水污染生活饮用水，对其水的设置作出要求，以确保使用安全。

12.2.2　中水给水管道不得装设取水水嘴。便器冲洗宜采用密闭型设备和器具。绿化、浇洒、汽车冲洗宜采用壁式或地下式的给水栓。

检验方法：观察检查。

为防止误饮、误用。

12.2.3　中水供水管道严禁与生活饮用水给水管道连接，并应采取下列措施：

1　中水管道外壁应涂浅绿色标志；

2　中水池（箱）、阀门、水表及给水栓均应有“中水”标志。

检验方法：观察检查。

为防止中水污染生活饮用水的几项措施。

12.2.4　中水管道不宜暗装于墙体和楼板内。如必须暗装于墙槽内时，必须在管道上有明显且不会脱落的标志。

检验方法：观察检查。

为方便维修管理，也是防止误接、误饮、误用的措施。

一般项目

12.2.5　中水给水管道管材及配件应采用耐腐蚀的给水管管材及附件。

检验方法：观察检查。

中水供水需经过化学药物消毒处理，故对中水供水管道及配件要求为耐腐蚀材料。

12.2.6　中水管道与生活饮用水管道、排水管道平行埋设时，其水平净距离不得小于0.5m；交叉埋设时，中水管道应位于生活饮用水管道下面，排水管道的上面，其净距离不应小于0.15m。

检验方法：观察和尺量检查。

12.3　游泳池水系统安装

主控项目

12.3.1　游泳池的给水口、回水口、泄水口应采用耐腐蚀的铜、不锈钢、塑料等材料制造。溢流槽、格栅应为耐腐蚀材料制造，并为组装型。安装时其外表面应与池壁或池底面相平。

检验方法：观察检查。

因游泳池水多数都循环使用且经加药消毒，故要求游泳池的给水、排水配件应由耐腐蚀材料制成。

12.3.2　游泳池的毛发聚集器应采用铜或不锈钢等耐腐蚀材料制造，过滤筒（网）的孔径应不大于3mm，其面积应为连接管截面积的1.5～2倍。

检验方法：观察和尺量计算方法。

毛发聚集器是游泳池循环水系统中的主要设备之一，应采用耐腐蚀材料制成。

12.3.3　游泳池地面，应采取有效措施防止冲洗排水流入池内。

检验方法：观察检查。

防止清洗、冲洗等排水流入游泳池内而污染池水的措施。

一般项目

12.3.4　游泳池循环水系统加药（混凝剂）的药品溶解池、溶液池及定量投加设备应采用耐腐蚀材料制作。输送溶液的管道应采用塑料管、胶管或铜管。

检验方法：观察检查。

因游泳池循环水需经加药消毒，故其循环管道应由耐腐蚀材料制成。

12.3.5　游泳池的浸脚、浸腰消毒池的给水管、投药管、溢流管、循环管和泄空管应采用耐腐蚀材料制成。

检验方法：观察检查。

加药、投药和输药管道也应采用耐腐蚀材料制成，保证使用安全。

第十三节　供热锅炉及辅助设备安装

13.1　一般规定

13.1.1　本章适用于建筑供热和生活热水供应的额定工作压力不大于1.25MPa、热水温度不超过130℃的整装蒸汽和热水锅炉及辅助设备安装工程的质量检验与验收。

根据目前锅炉市场整装锅炉的炉型，吨位和额定工作压力等技术条件的变化及城市供暖向集中供热发展的趋势，以及绝大多数建筑施工企业锅炉安装队伍所具有的施工资质等级的情况，将本章的适用范围规定为“锅炉额定工作压力不大于1.25MPa、热水温度不超过130℃的整装蒸汽和热水锅炉及级辅助设备”的安装。属于现场组装的锅炉（包括散装锅炉和组装锅炉）的安装应暂按行业标准《工业锅炉安装工程施工及验收规范》(JBJ 27)规定执行。

适用于燃气供暖和供热水整装锅炉及辅助设备的安装工程的质量检验与验收。

13.1.2　适用于本章的整装锅炉及辅助设备安装工程的质量检验与验收，除应按本规范规定执行外，尚应符合现行国家有关规范、规程和标准的规定。

供热锅炉安装工程不仅应执行建筑施工质量检验和验收的规范规定，同时还应执行国家环保、消防及安全监督等部门的有关规范、规程和标准的规定，以保证锅炉安全运行和使用功能。

本规范未涉及的燃油锅炉的供油系统、燃气的供气系统，输煤系统及自控系统等的安装工程的质量检验和验收应执行相关行业的质量检验和验收规范及标准。

13.1.3　管道、设备和容器的保温，应在防腐和水压试验合格后进行。

主要为防止管道、设备和容器未经试压和防腐就保温，不易检查管道、设备和容器自身和焊口或其他形式接口的渗漏情况和防腐质量。

13.1.4　保温的设备和容器，应采用黏结保温钉固定保温层，其间距一般为200mm。当需采用焊接勾钉固定保温层时，其间距一般为250mm。

为便于施工，并防止设备和容器的保温层脱落，规定保温层应采用钩钉或保温钉固定，其间距是根据调研中综合大多数施工企业目前施工经验而规定的。

13.2　锅炉安装

主控项目

13.2.1　锅炉设备基础的混凝土强度必须达到设计要求，基础的坐标、标高、几何尺寸和螺栓孔位置应符合表13.2.1（本书表6.13.1）的规定。

锅炉辅助设备基础的允许偏差和检验方法　　表6.13.1

项次	项目	允许偏差（mm）	检验方法
1	基础坐标位置	20	经纬仪、拉线和尺量
2	基础各不同平面的标高	0，－20	水准仪、拉线尺量
3	基础平面外形尺寸	20	尺量检查
4	凸台上平面尺寸	0，－20	
5	凹穴尺寸	＋20，0	

续表

项次	项目		允许偏差（mm）	检验方法
6	基础上平面水平度	每米	5	水平仪（水平尺）和楔形塞尺检查
		全长	10	
7	竖向偏差	每米	5	经纬仪或吊线和尺量
		全高	10	
8	预埋地脚螺栓	标高（顶端）	+20，0	水准仪、拉线和尺量
		中心距（根部）	2	
9	预留地脚螺栓孔	中心位置	10	尺量
		深度	−20，0	
		孔壁垂直度	10	吊线和尺量
10	预埋活动地脚螺栓锚板	中心位置	5	拉线和尺量
		标高	+20，0	
		水平度（带槽锚板）	5	水平尺和楔形塞尺检查
		水平度（带螺纹孔锚板）	2	

为保证设备基础质量，规定了对锅炉及辅助设备基础进行工序交接验收时的验收标准。表13.2.1参考了国家标准《混凝土工程施工及验收规范》（GB 50204—92）和《验评标准》的有关标准和要求。

13.2.2　非承压锅炉，应严格按设计或产品说明书的要求施工。锅筒顶部必须敞口或装设大气连通管，连通管上不得安装阀门。

检验方法：对照设计图纸或产品说明书检查。

近几年非承压热水锅炉（包括燃油、燃气的热水锅炉）被广泛采用，各地技术监督部门已经对非承压锅炉的安装和使用进行监管。非承压锅炉的安装，如果忽视了它的特殊性，不严格按设计或产品说明书的要求进行施工，也会造成不安全运行的隐患。非承压锅炉最特殊的要求之一就是锅筒顶部必须敞口或装设大气连通管。

13.2.3　以天然气为燃料的锅炉的天然气释放管或大气排放管不得直接通向大气，应通向贮存或处理装置。

检查方法：观察和手扳检查。

因为天然气通过释放管或大气排放管直接向大气排放是十分危险的，所以不能直接排放，规定必须采取相应的处理措施。

13.2.4　两台或两台以上燃油锅炉共用一个烟囱时，每一台锅炉烟道上均应配备风阀或挡板装置，并应具有操作调节和闭锁功能。

检验方法：观察和手扳检查。

燃油锅炉是本规范新增的内容，参考美国《燃油和天然气单燃器锅炉炉膛防爆法规》（NFPA85A—82）的有关规定，为保证安全运行而增补了此条规定。

13.2.5　锅炉的锅筒和水冷壁的下集箱及后棚管的后集箱的最低处排污阀及排污管道不得采用螺纹连接。

检验方法：观察检查。

主要是为了保证阀门与管道、管道与管道之间的连接强度和可靠性，避免锅炉运行事故，保证操作人员人身安全。

13.2.6 锅炉的汽、水系统安装完毕后，必须进行水压试验。水压试验的压力应符合表 13.2.6（本书表 6.13.2）**的规定。**

水压试验压力规定 **表 6.13.2**

项次	设备名称	工作压力 P（MPa）	试验压力（MPa）
1	锅炉本体	$P<0.59$	$1.5P$ 但不小于 0.2
		$0.59\leqslant P\leqslant 1.18$	$P+0.3$
		$P>1.18$	$1.25P$
2	可分式省煤器	P	$1.25P+0.5$
3	非承压锅炉	大气压力	0.2

注：1 工作压力 P 对蒸汽锅炉指锅筒工作压力，对热水锅炉指锅炉额定出水压力。
2 铸铁锅炉水压试验同热水锅炉。
3 非承压锅炉水压试验压力为 0.2MPa，试验期间压力应保持不变。

检验方法：1. 在试验压力下 10min 内压力降不超过 0.02MPa；然后降至工作压力进行检查，压力不降，不渗、不漏。

2. 观察检查，不得有残余变形，受压元件金属壁和焊缝上不得有水珠和水雾。

根据《蒸汽锅炉安全技术监察规程》和《热水锅炉安全技术监察规程》的规定，参考了《工业锅炉验收规范》做了适当修改。为保证非承压锅炉的安全运行，对非承压锅炉本体及管道也应进行水压试验，防止渗、漏。其试验标准按工作压力小于 0.6MPa 时，试验压力不小于 $1.5P+0.2$MPa 的标准执行，因其工作压力为 0，所以应为 0.2MPa。

13.2.7 机械炉排安装完毕后应做冷态运转试验，连续运转时间应少于 8h。

检验方法：观察运转试验全过程。

经多年实践本条是实用的，能保证锅炉安全可靠地运行。

13.2.8 锅炉本体管道及管件焊接的焊缝质量应符合下列规定：

1 焊缝表面质量应符合本规范第 11.2.10 条的规定。

2 管道焊口尺寸的允许偏差应符合本规范表 5.3.8 的规定。

3 无损探伤的检测结果应符合锅炉本体设计的相关要求。

检验方法：观察和检验无损探伤检测报告。

“锅炉本体管道”是指锅炉“三阀”（主汽阀或出水阀、安全阀、排污阀）之内的与锅炉锅筒或集箱连接的管道。

本条第 3 款所规定的“无损探伤的检测结果应符合锅炉本体设计的相关要求”，是指探伤数量和等级要求，为了保证安装焊接质量不低于锅炉制造的焊接质量。

一般项目

13.2.9 锅炉安装的坐标、标高、中心线和垂直度的允许偏差应符合表 13.2.9（本书表 6.13.3）的规定。

主要为保证工程质量，控制锅炉安装位置。

锅炉安装的允许偏差和检验方法 **表 6.13.3**

项次	项目		允许偏差（mm）	检验方法
1	坐标		10	经纬仪、拉线和尺量
2	标高		±5	水准仪、拉线和尺量
3	中心线垂直度	卧式锅炉炉体全高	3	吊线和尺量
		立式锅炉炉体全高	4	吊线和尺量

13.2.10 组装链条炉排安装允许偏差应符合表 13.2.10（本书表 6.13.4）的规定。

组装链条炉排安装的允许偏差和检验方法 **表 6.13.4**

项次	项目		允许偏差（mm）	检验方法
1	炉排中心位置		2	经纬仪、拉线和尺量
2	墙板的标高		±5	水准仪、拉线和尺量
3	樯板的垂直度，全高		3	吊线和尺量
4	墙板间两对角线的长度之差		5	钢丝线和尺量
5	墙板框的纵向位置		5	经纬仪、拉线和尺量
6	墙板顶面的纵向水平度		长度 1/1000 且≯5	拉线、水平尺和尺量
7	墙板间的距离	跨距≤2m	+3，0	钢丝线和尺量
		跨距＞2m	+5，0	
8	两墙板的顶面在同一水平面上相对高差		5	水准仪、吊线和尺量
9	前轴、后轴的水平度		长度 1/1000	拉线、水平尺和尺量
10	前轴和后轴和轴心线相对标高差		5	水准仪、吊线和尺量
11	各轨道在同一水平面上的相对高差		5	水准仪、吊线和尺量
12	相邻两轨道间的距离		±2	钢丝线和尺量

参照《工业锅炉验收规范》及《链条炉排技术条件》（JBJ 3271—83）的有关规定，主要为检验锅炉炉排组装后或运输过程中是否有损坏或变形，控制炉排组装质量，保证锅炉安全运行。

13.2.11 往复炉排安装的允许偏差应符合表 13.2.11（本书表 6.13.5）的规定。

往复炉排安装的允许偏差和检验方法 **表 6.13.5**

项次	项目		允许偏差（mm）	检验方法
1	两侧板的相对标高		3	水准仪、吊线和尺量
2	两侧板间距离	跨距≤2m	+3，0	钢丝线和尺量
		跨距＞2m	+4，0	
3	两侧板的垂直度，全高		3	吊线和尺量
4	两侧板间对角线的长度之差		5	钢丝线和尺量
5	炉排片的纵向间隙		1	钢板尺量
6	炉排两侧的间隙		2	

参考《工业锅炉验收规范》的有关标准，主要为控制炉排安装偏差，保证锅炉可靠运行。

13.2.12 铸铁省煤器破损的肋片数不应大于总肋片数的5%，有破损肋片的根数不应大于总根数的10%。

铸铁省煤器支承架安装的允许偏差应符合表13.2.12（本书表6.13.6）的规定。

铸铁省煤器支承架安装的允许偏差和检验方法 **表6.13.6**

项次	项目	允许偏差（mm）	检验方法
1	支承架的位置	3	经纬仪、拉线和尺量
2	支承架的标高	0，－5	水准仪、吊线和尺量
3	支承架的纵、横向水平度（每米）	1	水平尺和塞尺检查

参考了原《规范》和《工业锅炉质量分等标准》（JB/DQ 9001—87）的规定，将原规定每根管肋片破损数不得超过总肋片数的10%修改为5%，提高了对省煤器的质量要求。

13.2.13 锅炉本体安装应按设计或产品说明书要求布置坡度并坡向排污阀。

检验方法：用水平尺或水准仪检查。

主要为便于排空锅炉内的积水和脏物。

13.2.14 锅炉由炉底送风的风室及锅炉底座与基础之间必须封、堵严密。

检验方法：观察检查。

根据整装锅炉安装施工的质量通病而规定，减少锅炉送风的漏风量。

13.2.15 省煤器的出口处（或入口处）应按设计或锅炉图纸要求安装阀门和管道。

检验方法：对照设计图纸检查。

根据《蒸汽锅炉安全监察规程》和《热水锅炉安全监察规程》规定，省煤器的出口处或入口处应安装安全阀、截止阀、止回阀、排气阀、排水管、旁通烟道、循环管等，而有些设计者在设计时或者标注不全，或者笼统提出按有关规程处理，而施工单位则往往疏忽，造成锅炉运行时存在安全隐患。

13.2.16 电动调节阀门的调节机构与电动执行机构的转臂应在同一平面内动作，传动部分应灵活、无空行程及卡阻现象，其行程及伺服时间应满足使用要求。

检验方法：操作时观察检查。

由于电动调节阀越来越普遍地使用，为保证确实发挥其调节和经济运行功能而规定的条款。

13.3 辅助设备及管道安装

主控项目

13.3.1 辅助设备基础的混凝土强度必须达到设计要求，基础的坐标、标高、几何尺寸和螺栓孔位置必须符合本规范表13.2.1的规定。

13.3.2 风机试运转，轴承温升应符合下列规定：

1 滑动轴承温度最高不得超过60℃。

2 滚动轴承温度最高不得超过80℃。

检验方法：用温度计检查。

轴承径向单振幅应符合下列规定：

1 风机转速小于 1000r/min 时，不应超过 0.10mm；

2 内机转速为 1000～1450r/min 时，不应超过 0.08mm。

检验方法：用测振仪表检查。

为保证风机安装的质量和安全运行，参考了《工业锅炉验收规范》的有关规定。

13.3.3 分汽缸（分水器、集水器）安装前应进行水压试验，试验压力为工作压力的 1.5 倍，但不得小于 0.6MPa。

检验方法：试验压力下 10min 内无压降、无渗漏。

为保证压力容器在运行中的安全可靠性，因此予以明确和强调。

13.3.4 敞口箱、罐安装前应做满水试验；密闭箱、罐应以工作压力的 1.5 倍作水压试验，但不得小于0.4MPa。

检验方法：满水试验满水后静置 24h 不渗不漏；水压试验在试验压力下 10min 内无压降，不渗不漏。

在调研中反映，有的施工单位对敞口箱、罐在安装前不做满水试验，结果投入使用后渗、漏水情况发生。为避免通病，故规定满水试验应静置 24h，以保证满水试验的可靠性。

13.3.5 地下直埋油罐在埋地前应做气密性试验，试验压力降不应小于 0.03MPa。

检验方法：试验压力下观察 30min 不渗、不漏，无压降。

参考美国《油燃烧设备的安装》(NFPA 31) 中的同类设备的相关规定而制定的条款，主要是为保证储油罐体不渗、不漏。

13.3.6 连接锅炉及辅助设备工艺管道安装完毕后，必须进行系统的水压试验，试验压力为系统中最大工作压力的 1.5 倍。

检验方法：在试验压力 10min 内压力降不超过 0.05MPa，然后降至工作压力进行检查，不渗不漏。

为保证管道安装质量，所以作为主控项目予以规定。

13.3.7 各种设备的主要操作通道的净距如设计不明确时不应小于 1.5m，辅助的操作通道净距不应小于 0.8m。

检验方法：尺量检查。

主要为便于操作人员迅速处理紧急事故以及操作和维修。

13.3.8 管道连接的法兰、焊缝和连接管件以及管道上的仪表、阀门的安装位置应便于检修，并不得紧贴墙壁、楼板或管架。

检验方法：观察检查。

根据调研，一些施工人员随意施工，常有不符合规范要求和不方便使用单位管理人员操作和检修的情况发生。本条规定是为了引起施工单位的重视。

13.3.9 管道焊接质量应符合本规范第 11.2.10 条的要求和表 5.3.8 的规定。

一般项目

13.3.10 锅炉辅助设备安装的允许偏差应符合表 13.3.10（本书表 6.13.7）的规定。

锅炉辅助设备安装的允许偏差和检验方法　　表 6.13.7

项次	项目			允许偏差（mm）	检验方法
1	送、引风机	坐标		10	经纬仪、拉线和尺量
		标高		±5	水准仪、拉线和尺量
2	各种静置设备（各种容器、箱、罐等）	坐标		15	经纬仪、拉线和尺量
		标高		±5	水准仪、拉线和尺量
		垂直度（1m）		2	吊线和尺量
3	离心式水泵	泵体水平度（1m）		0.1	水平尺和塞尺检查
		联轴器同心度	轴向倾斜（1m）	0.8	水准仪、百分表（测微螺钉）和塞尺检查
			径向位移	0.1	

13.3.11　连接锅炉及辅助设备的工艺管道安装的允许偏差应符合表 13.3.11（本书表 6.13.8）的规定。

工艺管道安装的允许偏差和检验方法　　表 6.13.8

项次	项目		允许偏差（mm）	检验方法
1	坐标	架空	15	水准仪、拉线和尺量
		地沟	10	
2	标高	架空	±15	水准仪、拉线和尺量
		地沟	±10	
3	水平管道纵、横方向弯曲	$DN \leqslant 100$mm	2‰，最大 50	直尺和拉线检查
		$DN > 100$mm	3‰，最大 70	
4	立管垂直		2‰，最大 15	吊线和尺量
5	成排管道间距		3	直尺尺量
6	交叉管的外壁或绝热层间距		10	

13.3.12　单斗式提升机安装应符合下列规定：

1　导轨的间距偏差不大于 2mm。

2　垂直式导轨的垂直度偏差不大于 1‰；倾斜式导轨的倾斜度偏差不大于 2‰。

3　料斗的吊点与料斗垂心在同一垂线上，重合度偏差不大于 10mm。

4　行程开关位置应准确，料斗运行平稳，翻转灵活。

检验方法：吊线坠、拉线及尺量检查。

为保证锅炉上煤设备的安装质量和安全运行而制定的验收标准。参考了《连续输送设备安装工程施工及验收规范》（JBJ 32—96）的有关内容而规定的。

13.3.13　安装锅炉送、引风机，转动应灵活无卡碰等现象；送、引风机的传动部位，应设置安全防护装置。

检验方法：观察和启动检查。

参考了原《规范》的有关规定，并根据《电工名词术语·固定锅炉》（GB 2900·48—83）的统一提法，将过去的习惯用语锅炉“鼓风机”改为“送风机”。

13.3.14　水泵安装的外观质量检查：泵壳不应有裂纹、砂眼及凹凸不平等缺陷；多级泵的平衡管路应无损伤或折陷现象；蒸汽往复泵的主要部件、活塞及活动轴必须灵活。

检验方法：观察和启动检查。

为防止水泵由于运输和保管等原因将泵的主要部件、活塞、活动轴、管路及泵体损伤，故规定安装前必须进行检查。

13.3.15　手摇泵应垂直安装。安装高度如设计无要求时，泵中心距地面为800mm。

检验方法：吊线和尺量检查。

主要为统一安装标准，便于操作。

13.3.16　水泵试运转，叶轮与泵壳不应相碰，进、出口部位的阀门应灵活。轴承温升应符合产品说明书的要求。

检验方法：通电、操作和测温检查。

主要为保证安装质量和正常运行。

13.3.17　注水器安装高度，如设计无要求时，中心距地面为1.0～1.2m。

检验方法：尺量检查。

统一安装标准，便于操作。

13.3.18　除尘器安装应平衡牢固，位置和进、出口方向应正确。烟管与引风机连接时应采用软接头，不得将烟管重量压在风机上。

检验方法：观察检查。

为保证除尘器安装质量和正常运行，同时为使风机不受重压，延长使用寿命，规定了“不允许将烟管重量压在风机上”。

13.3.19　热力除氧器和真空除氧器的排气管通向室外，直接排入大气。

检验方法：观察检查。

为避免操作运行出现人身伤害事故，故予以硬性规定。

13.3.20　软化水设备罐体的视镜应布置在便于观察的方向。树脂装填的高度应按设备说明书要求进行。

检验方法：对照说明书，观察检查。

为便于操作、观察和维护，保证经软化处理的水质质量而规定的。

13.3.21　管道及设备保温层的厚度和平整度的允许偏差应符合本规范表4.4.8的规定。

保留《验评标准》有关条款而制定。

13.3.22　在涂刷油漆前，必须清除管道及设备表面的灰尘、污垢、锈斑、焊渣等物。涂漆的厚度应均匀，不得有脱皮、起泡、流淌和漏涂等缺陷。

检验方法：现场观察检查。

为保证防腐和油漆工程质量，消除油漆工程质量通病而制定。

13.4　安全附件安装

主控项目

13.4.1　锅炉和省煤器安全阀的定压和调整应符合表13.4.1（本书表6.13.9）**的规定。锅炉上装有两个安全阀时，其中的一个按表中较高值定压，另一个按较低值定压。装有一个安全阀时，应按较低值定压。**

安全阀定压规定　　　　表 6.13.9

项次	工作设备	安全阀开启压力（MPa）
1	蒸汽锅炉	工作压力+0.02MPa
		工作压力+0.04MPa
2	热水锅炉	1.12 倍工作压力，但不少于工作压力+0.07MPa
		1.14 倍工作压力，但不少于工作压力+0.10MPa
3	省煤器	1.1 倍工作压力

检验方法：检查定压合格证书。

主要为保证锅炉安全运行，一旦出现超过规定压力时，通过安全阀将锅炉压力泄放，使锅炉内压力降到正常运行状态，避免出现锅炉爆裂等恶性事故。故列为强制性条文。

13.4.2　压力表的刻度极限值，应大于或等于工作压力的 1.5 倍，表盘直径不得小于 100mm。

检验方法：现场观察和尺量检查。

为保证压力表能正常计算和显示，同时也便于操作管理人员观察。

13.4.3　安装水位表应符合下列规定：

1　水位表应有指示最高、最低安全水位的明显标志，玻璃板（管）的最低可见边缘应比最低水位低 25mm；最高可见边缘应比最高安全水位高 25mm。

2　玻璃管式水位表应有防护装置。

3　电接点式水位表的零点应与锅筒正常水位重合。

4　采用双色水位表时，每台锅炉只能装设一个，另一个装设普通水位表。

5　水位表应有放水旋塞（或阀门）和接到安全地点的放水管。

检验方法：现场观察和尺量检查。

为保证真实反映锅炉及压力容器内水位情况，避免出现缺水和满水的事故。对各种形式的水位表根据其构造特点做出了不同的规定。

13.4.4　锅炉的高低水位报警器和超温、超压报警器及联锁保护装置必须按设计要求安装齐全和有效。

检验方法：启动、联动试验并作好试验记录。

为保证对锅炉超温、超压、满水和缺水等安全事故及时报警和处理，因此上述报警装置及联锁保护必须齐全，并且可靠有效。此条列为强制性条文。

13.4.5　蒸汽锅炉安全阀应安装通向室外的排汽管。热水锅炉安全阀泄水管应接到安全地点。在排汽管和泄水管上不得装设阀门。

检验方法：观察检查。

一般项目

13.4.6　安装压力表必须符合下列规定：

1　压力表必须安装在便于观察和吹洗的位置，并防止受高温、冰冻和振动的影响，同时要有足够的照明。

2　压力表必须设有存水弯管。存水弯管采用钢管煨制时，内径不应小于 10mm，采用铜管煨制时，内径不应小于 6mm。

3　压力表与存水弯管之间应安装三通旋塞。

检验方法：观察和尺量检查。

为保证锅炉安全运行，反映锅炉压力容器及管道内的真实压力，考虑到存水弯管要经常冲洗，强调要求在压力表和存水弯管之间应安装三通旋塞。

13.4.7 测压仪表取源部件在水平工艺管道上安装时，取压口的方位应符合下列规定：

1 测量液体压力的，在工艺管道的下半部与管道的水平中心线成0°～45°夹角范围内。

2 测量蒸汽压力的，在工艺管道的上半部或下半部与管道水平中心线成0°～45°夹角范围内。

3 测量气体压力的，在工艺管道的上半部。

检验方法：观察和尺量检查。

随着科学技术的发展，对锅炉安全运行的监控水平的不断提高，热工仪表得到广泛应用，该条是参照原《工业自动化仪表工程施工及验收规范》（GBJ 93—86）制定，现该规范现已作废。

13.4.8 安装温度计应符合下列规定：

1 安装在管道和设备上的套管温度计，底部应插入流动介质内，不得装在引出的管段上或死角处。

2 压力式温度计的毛细管应固定好并有保护措施，其转弯处的弯曲半径不应小于50mm，温包必须全部浸入介质内。

3 热电偶温度计的保护套管应保证规定的插入深度。

检验方法：观察和尺量检查。

规定不得将套管温度计装在管道及设备的死角处，保证温度计全部浸入介质内和安装在温度变化灵敏的部位，是为了测量到被测介质的真实温度。

13.4.9 温度计与压力表在同一管道上安装时，按介质流动方向温度计应在压力表下游处安装，如温度计需在压力表的上游安装时，其间距不应小于300mm。

检验方法：观察和尺量检查。

为避免或减少测温元件的套管所产生的阻力对被测介质压力的影响，取压口应选在测温元件的上游安装。

13.5 烘炉、煮炉和试运行

主控项目

13.5.1 锅炉火焰烘炉应符合下列规定：

1 火焰应在炉膛中央燃烧，不应直接烧烤炉墙及炉拱。

2 烘炉时间一般不少于4d，升温应缓慢，后期烟温不应高于160℃，且持续时间不应少于24h。

3 链条炉排在烘炉过程中应定期转动。

4 烘炉的中、后期应根据锅炉水水质情况排污。

检验方法：计时测温、操作观察检查。

第1款规定是为了防止炉墙及炉拱温度过高，第2款规定是为了防止烟气升温过急、过高，两种情况都可能造成炉墙或炉拱变形、爆裂等事故，参考《工业锅炉验收规范》的相关规定，将后期烟温规定为不应高于160℃；第3款规定是为防止火焰在不变位置上燃烧，烧坏炉排；第4款规定是为减少锅炉和集装箱内的沉积物，防止结垢和影响锅炉自身的水循环，避免爆管事故。

13.5.2 烘炉结束后应符合下列规定：

1 炉墙经烘烤后没有变形、裂纹及塌落现象。

2 炉墙砌筑砂浆含水率达到7%以下。

检验方法：测试及观察检查。

为提高烘炉质量，参考了有关的资料及一些地方的操作规程，将目前一些规程中砌筑砂浆含水率应降到10%以下规定修改为7%以下，以提高对烘炉的质量要求。本条又增加了对烘炉质量检验的宏观标准。

13.5.3 锅炉在烘炉、煮炉合格后，应进行48h的带负荷连续试运行，同时应进行安全阀的热状态定压检验和调整。

检验方法：检查烘炉、煮炉及试运行全过程。

锅炉带负荷连续48h试运行，是全面考核锅炉及附属设备安装工程的施工质量和锅炉设计、制造及燃料适用性的重要步骤，是工程使用功能的综合检验，因此列为强制性条文。

一般项目

13.5.4 煮炉时间一般应为2～3d，如蒸汽压力较低，可适当延长煮炉时间。非砌筑或浇注保温材料保温的锅炉，安装后可直接进行煮炉。煮炉结束后，锅筒和集箱内壁应无油垢，擦去附着物后金属表面应无锈斑。

检验方法：打开锅筒和集箱检查孔检查。

为保证煮炉的效果，必须保证煮炉的时间。规定了非砌筑和浇筑保温材料保温的锅炉安装后应直接进行煮炉的规定，目的在于强调整装的燃油、燃气锅炉安装后要进行煮炉，经由除掉锅炉及管道中的油垢和附锈等。

13.6 换热站安装

主控项目

13.6.1 热交换器应以最大工作压力的1.5倍作水压试验，蒸汽部分应不低于蒸汽供汽压力加0.3MPa；热水部分应不低于0.4MPa。

检验方法：在试验压力下，保持10min压力不降。

为保证换热器在运行中安全可靠，因而将此条作为强制性条文。考虑到相互隔离的两个换热部分内介质的工作压力不同，故分别规定了试验压力参数。

13.6.2 高温水系统中，循环水泵和换热器的相对安装位置应按设计文件施工。

检验方法：对照设计图纸检查。

在高温水系统中，热交换器应安装在循环水泵出口侧，以防止由于系统内一旦压力降低产生高温水汽化现象。作出此条规定，突出强调，以保证系统的正常运行。

13.6.3 壳管式热交换器的安装，如设计无要求时，其封头与墙壁或屋顶的距离不得小于换热管的长度。

检验方法：观察和尺量检查。

主要是为了保证维修和更换热管的操作空间。

一般项目

13.6.4 换热站内设备安装的允许偏差应符合本规范表13.3.10的规定。

13.6.5 换热站内的循环泵、调节阀、减压器、疏压器、疏水器、除污器、流量计等安装应符合本规范的相关规定。

规定了热交换站内的循环泵、调节阀、减压器、疏水器、除污器、流量计等安装与本规范其他章节相应设备及阀、表的安装要求的一致性。

13.6.6 换热站内管道安装的允许偏差应符合本规范表13.3.11的规定。

13.6.7 管道及设备保温层的厚度和平整度的允许偏差应符合本规范表4.4.8的规定。

第十四节 分部（子分部）工程质量验收

14.0.1 检验批、分项工程、分部（或子分部）工程质量的验收，均应在施工单位自检合格的基础上进行。并应按检验批、分项、分部（或子分部）、单位（或子单位）工程的程序进行验收，同时做好记录。

1 检验批、分项工程的质量验收应全部合格。

检验批质量验收见附录B。

分项工程质量验收见附录C。

2 分部（子分部）工程的验收，必须在分项工程验收通过的基础上，对涉及安全、卫生和使用功能的重要部位进行抽样检验和检测。

子分部工程质量验收见附录D。

建筑给水、排水及供暖（分部）工程质量验收见附录E。

关于工程验收记录的表格，《建筑工程施工质量验收统一标准》（GB 50300）均已作了规定，参照第二章，本章省略附录的验收记录表格格式。根据江苏省住房和城乡建设厅《省住房和城乡建设厅关于做好全省建设工程电子档案编报工程的通知》（苏建函档〔2013〕81号）的要求，江苏省城建档案研究会组织研制了“江苏省工程档案资料管理系统”（网址：http://www.jsgcda.com），该系统中的工程验收的具体表格中都比较齐全。

检验批质量验收表由施工单位项目专业质量检查员填写，监理工程师（建设单位项目专业技术负责人）组织施工单位质量（技术）负责人等进行验收。

14.0.2 建筑给水、排水及供暖工程的检验和检测应包括下列主要内容：

1 承压管道系统和设备及阀门水压试验。

2 排水管道灌水、通球及通水试验。

3 雨水管道灌水及通水试验。

4 给水管道通水试验及冲洗、消毒检测。

5 卫生器具通水试验，具有溢流功能的器具满水试验。

6 地漏及地面清扫口排水试验。

7 消火栓系统测试。

8 供暖系统冲洗及测试。

9 安全阀及报警联动系统动作测试。

10 锅炉48h负荷试运行。

重点突出了安全、卫生和使用功能的内容。

14.0.3 工程质量验收文件和记录中应包括下列主要内容：

1 开工报告。

2 图纸会审记录、设计变更及洽商记录。

3 施工组织设计或施工方案。

4 主要材料、成品、半成品、配件、器具和设备出厂合格证及进场验收单。

5 隐蔽工程验收及中间试验记录。

6 设备试运转记录。

7 安全、卫生和使用功能检验和检测记录。

8 检验批、分项、子分部、分部工程质量验收记录。

9 竣工图。

保留原《规范》第12.0.3条，增加了技术质量管理内容和使用功能内容。

附录A 建筑给水排水及供暖工程分部、分项工程划分

建筑给水排水及采暖工程的分部、子分部分项工程可按附表A（本书表A）划分。

建筑给水、排水及采暖工程分部、分项工程划分表 **表A**

分部工程	序号	子分部工程	分项工程
建筑给水、排水及采暖工程	1	室内给水系统	给水管道及配件安装、室内消火栓系统安装、给水设备安装、管道防腐、绝热
	2	室内排水系统	排水管道及配件安装、雨水管道及配件安装
	3	室内热水系统	管道及配件安装、辅助设备安装、防腐、绝热
	4	卫生器具	卫生器具安装、卫生器具给水配件安装、卫生器具排水管道安装
	5	室内采暖系统	管道及配件安装、辅助设备及散热器安装、金属辐射板安装、低温热水地板辐射采暖系统安装、系统水压试验及调试、防腐、绝热
	6	室外给水管网	给水管道安装、消防水泵接合器及室外消火栓安装、管沟及井室
	7	室外排水管网	排水管道安装、排水管沟与井池
	8	室外供热管网	管道及配件安装、系统水压试验及调试、防腐、绝热
	9	建筑中水系统及雨水利用系统	建筑中水系统管道及辅助设备安装、游泳池水系统安装
	10	供热锅炉及辅助设备安装	锅炉安装、辅助设备及管道安装、安全附件安装、烘炉、煮炉和试运行、换热站安装、防腐、绝热

附录B 检验批质量验收

检验批质量验收表由施工单位项目专业质量检查员填写，监理工程师（建设单位项目专业技术负责人）组织施工单位项目质量（技术）负责人等进行验收，并按附表B填写验

收结论。

附表B为检验批验收通用表格，本书略。

附录C　分项工程质量验收

分项工程的质量验收由监理工程师（建设单位项目专业技术负责人）组织施工单位项目专业质量（技术）负责人等进行验收，并按附表C填写。

附表C为通用表格，本书略。

附录D　子分部工程质量验收

子分部工程质量验收由监理工程师（建设单位项目专业负责人）组织施工单位项目负责人、专业项目负责人、设计单位项目负责人进行验收，并按附表D填写。

附表D为通用表格，本书略。

附录E　建筑给水排水及供暖（分部）工程质量验收

附表E由施工单位填写，验收结论由监理（建设）单位填写。综合验收结论由参加验收各方共同商定，建设单位填写，填写内容对工程质量是否符合设计和规范要求及总体质量作出评价。

附表E为通用表格，本书略。

第七章　自动喷水灭火系统工程

本章是依据《自动喷水灭火系统施工及验收规范》（GB 50261—2005）编制的，本规范是根据建设部要求由公安部四川消防研究所会同有关单位对1996年国家标准《自动喷水灭火系统施工及验收规范》（GB 50261）进行了全面修订。2005年7月1日起实施。其中，第3.1.2、3.2.3、5.2.1、5.2.2、5.2.3、6.1.1、8.0.1、8.0.13条为强制性条文。

第一节　总　　则

1.0.1　为保障自动喷水灭火系统（或简称系统）的施工质量和使用功能，减少火灾危害，保护人身和财产安全，制定本规范。

自动喷水灭火系统是目前人们在生产、生活和社会活动的各个主要场所中最普遍采用的一种固定灭火设备。国内外应用实践证明，自动喷水灭火系统具有灭火效率高、不污染环境、寿命长、经济适用、维护简便等优点。尤其是当今世界，环境污染日趋严重，自动喷水火火系统就更加突出了它的优点。所以自动喷水灭火系统问世近200年来，至今仍处于兴盛发展状态，是人们同火灾作斗争的主要手段之一。近200年来，世界各国尤其是一些经济发达的国家，在自动喷水灭火系统产品开发、标准制定、应用技术及规范方面做了大量的研究试验工作，积累了丰富的技术资料和成功的经验，为该项技术的发展和应用提供了有利的条件；目前许多国家仍把该项技术研究作为消防技术方面重要的研究项目，集中了较大的财力和技术力量从事研究工作，为使该项技术尽快达到“高效、经济、可靠、智能化”的目标而努力。不少国家，如美、英、日、德等，制定了设计安装规范，对系统的设计、安装、维护管理等方面的技术要求和工作程序做了较详细的规定，并根据研究成果和应用中的经验及提出的问题随时进行修订，一般一两年就修订一次。不少宝贵经验值得我们借鉴。

近二十余年来，我国自动喷水灭火技术发展很快，尤其是国家标准《自动喷水灭火系统》（GB 5135）和《自动喷水灭火系统设计规范》（GB 50084）发布实施以后，技术研究和推广应用出现了突飞猛进的新局面。在自动喷水灭火系统产品开发、制定技术标准、应用技术研究诸方面，取得了不少适合国情、具有应用价值的成果；生产厂家已近百家，仅洒水喷头年产量就达1000万只以上，且系统产品已形成配套，产品结构及质量接近国际先进水平，基本上可满足国内市场需要。应用方面，从初期主要集中在一些新建高层涉外宾馆中使用，到如今在一些火灾危险性较大的生产厂房、仓库、汽车库、商场、文化娱乐场所、医院、办公楼等地上、地下场所都较普遍选用自动喷水灭火系统，应用日趋广泛。

已安装的自动喷水灭火系统在人们同火灾作斗争中已发挥了重要作用，及时扑灭了火灾，有效地保护了人民生命和财产安全。像辽宁科技中心、深圳国贸大厦等多处发生在高层建筑物内的火灾，如没有自动喷水灭火系统及时启动扑灭，其后果是不堪设想的。人们永远不会忘记天鹅饭店、大连饭店、唐山林西商场、阜新艺苑歌舞厅、克拉玛依友谊宾馆、珠海前山纺织城等火灾造成的惨剧。可以说，在凡是能用水进行灭火的场所都普遍地采用自动喷水灭火系统，一些群死群伤的惨剧是完全可以避免的。

在自动喷水灭火系统的推广应用中，还存在一些亟待解决的问题，如工程施工、竣工验收、维护管理等影响自动喷水灭火系统功能的关键环节，目前还无章可循，致使一些已安装的系统不能处于正常的准工作状态，个别系统发生误动、火灾发生后灭火效果不佳，有的系统甚至未起作用，造成一些不必要的损失。从首次调查收集的国内1985年以来安装的自动喷水灭火系统建筑火灾案例看，23起中，成功的14起，占61%；不成功的9起，其中水源阀被关的3起、维护管理不善的3起、未设专用水源的1起、设计不符合规范要求和安装错误的2起。从灭火效果来看，与它本身应达到的目标距离还很大。国内已安装的自动喷水灭火系统的现状更令人担忧，从调查情况看，存在问题还是相当严重的。某省对394幢高层建筑消防设施检查结果：合格占7.6%，基本合格占13.8%，水消防系统合格率约为20%；某市对83幢高层建筑消防设施检查结果：全面符合消防要求的占20%；其中消火栓系统合格率为31.75%，自动喷水灭火系统合格率为27.78%。此种状态，其他地区也较普遍存在，只是程度不同而已。火灾案例和调查发现的问题，究其原因，除一些属于产品质量和设计不符合规范要求外，大都属于系统工程施工质量不佳、竣工验收不严、维护管理差所致。

主要表现在：

一是施工队伍素质差，工程质量难以确保系统功能，在施工中造成系统关键部件损伤的现象也时有发生；

二是竣工验收无统一的、科学的程序和标准，大多数工程验收是采用参观、听汇报、评议等一般做法，缺乏技术依据，故难以把好验收关；

三是维护管理差，大多数工程交付使用后，无维护管理制度，更谈不上日常维护管理，有的虽有管理人员，但大多数不懂专业，既发现不了隐患，更谈不上排除隐患和故障。

本规范的编制，为施工、使用单位和消防机构提供了一本科学的、统一的技术标准；为解决自动喷水灭火系统应用中存在的问题，以确保系统功能，使其在保护人身和财产安全中发挥更大作用，具有重要的意义。

1.0.2 本规范适用于工业与民用建筑中设置的自动喷水灭火系统的施工、验收及维护管理。

其适用范围与国家标准《自动喷水灭火系统设计规范》（GB 50084）规定基本一致，不同的是，本规范未强调不适用范围，主要考虑了以下几方面的因素：

本规范是一本专业技术规范，主要对自动喷水灭火系统工程施工、竣工验收、维护管理三个主要环节中的技术要求和工作程序做了规定，不涉及使用场所等问题。

自动喷水灭火系统是一门较成熟的技术，用于不同场所的主要系统类型，其结构、性能特点、使用要求已经定型，短期内不会有大的变化；规范编制中根据目前应用的系统类型的结构特点、工作原理归纳分类，既掌握了其共同点又突出了个性，就工程施工、竣工验收、维护管理中对系统功能影响较大的主要技术问题都做了明确规定，实施时，对同一类型系统来讲，不同应用场所对其效果没有多大影响，只要按本规范执行，就能确保系统功能，达到预期目的。就目前掌握的资料，尚无必要和依据对其不适用范围做明确规定。

1.0.3 自动喷水灭火系统的施工、验收及维护管理，除执行本规范的规定外，尚应符合国家现行的有关标准、规范的规定。

本条阐明本规范是与国家标准《自动喷水灭火系统设计规范》(GB 50084) 配套的一本专业技术法规，在建筑物或构筑物设置自动喷水灭火系统，其系统工程施工、竣工验收、维护管理应按本规范执行。至于系统设计，应按国家标准《自动喷水灭火系统设计规范》(GB 50084) 执行；相关问题还应按国家标准《建筑设计防火规范》(GB 50016)、《高层民用建筑设计防火规范》(GB 50045)、《汽车库、修车库、停车场设计防火规范》(GB 50067)、《人民防空工程设计防火规范》(GB 50098) 等有关规范执行。另外，由于自动喷水灭火系统组件中应用其他定型产品较多，如消防水泵、报警控制装置等，在本规范制定中是针对整个系统的功能而统一考虑的，与专业规范相比，只是原则性要求，因而在执行中遇到问题还应按国家现行标准及规范，如国家标准《工业金属管道工程施工规范》(GB 50235)、《火灾自动报警系统施工验收规范》(GB 50166)、《机械设备安装工程施工及验收通用规范》(GB 50231)、《压缩机、风机、泵安装工程施工及验收规范》(GB 50275) 等专业规范执行。

第二节 术　语

2.0.1 准工作状态 condition of standing by

自动喷水灭火系统性能及使用条件符合有关技术要求，发生火灾时能立即动作、喷水灭火的状态。

2.0.2 系统组件 system components

组成自动喷水灭火系统的喷头、报警阀组、压力开关、水流指示器、消防水泵、稳压装置等专用产品的统称。

2.0.3 监测及报警控制装置 equipments for supervisery and alarm control services

对自动喷水灭火系统的压力、水位、水流、阀门开闭状态进行监控，并能发出控制信号和报警信号的装置。

2.0.4 稳压泵 pressure maintenance pumps

能使自动喷水灭火系统在准工作状态的压力保持在设计工作压力范围内的一种专用水泵。

2.0.5 喷头防护罩 sprinkler guards and shields

保护喷头在使用中免遭机械性损伤，但不影响喷头动作、喷水灭火性能的一种专用罩。

2.0.6 末端试水装置 end water-test equipments

安装在系统管网或分区管网的末端，检验系统启动、报警及联动等功能的装置。

2.0.7 消防水泵 fire pump

是指专用消防水泵或达到国家标准《消防泵性能要求和试验方法》(GB 6245) 的普通清水泵。

《消防泵性能要求和试验方法》(GB 6245) 已作废，现行标准为《消防泵》(GB

6245—2006)

第三节 基本规定

3.1 质量管理

3.1.1 自动喷水灭火系统的分部、分项工程应按本规范附录A划分。

按自动喷水灭火系统的特点，对分部、分项工程进行划分。

关于分项工程的划分验收记录的表格，《建筑工程施工质量验收统一标准》（GB 50300）均已作了规定，参照第二章，本章省略附录的验收记录表格格式。根据江苏省住房和城乡建设厅《省住房和城乡建设厅关于做好全省建设工程电子档案编报工程的通知》（苏建函档〔2013〕81号）的要求，江苏省城建档案研究会组织研制了“江苏省工程档案资料管理系统”（网址：http：//www.jsgcda.com），该系统中的工程验收的具体表格中都比较齐全。

3.1.2 自动喷水灭火系统的施工必须由具有相应等级资质的施工队伍承担。

本条对施工企业的资质要求作出了规定。

近年来，随着自动喷水灭火系统的应用日渐广泛，消防工程施工企业发展很快，近二十年来，我们调查了解的情况是：由于施工企业的管理水平较差，施工专业技术人员的素质不高，以及大多数施工企业根本不重视技术，造成工程质量差的问题较多。已安装的系统不能开通；有的因安装工人不懂产品结构和技术性能，安装中造成关键性部件损伤，致使系统发生误动；有的因安装质量差而发生水害，有的又未能及时修理、排除故障，而被迫关闭整个系统，等等。根据消防工程的特殊性，对系统施工队伍的资质要求及其管理问题作统一的规定是必要的，因此在总结各方面实践经验和参考相关规范的基础上拟定了本条规定。

施工队伍的素质是确保工程施工质量的关键，这是不言而喻的。强调专业培训、考核合格是资质审查的基本条件，要求从事自动喷水灭火系统工程施工的技术人员、上岗技术工人必须经过培训，掌握系统的结构、作用原理、关键组件的性能和结构特点、施工程序及施工中应注意的问题等专业知识，确保系统的安装、调试质量，保证系统正常可靠地运行。

3.1.3 系统施工应按设计要求编写施工方案。施工现场应具有必要的施工技术标准、健全的施工质量管理体系和工程质量检验制度，并应按本规范附录B的要求填写有关记录。

施工方案对指导工程施工和提高施工质量，明确质量验收标准很有效，同时监理或建设单位审查利于互相遵守，故对它提出要求。

按照《建设工程质量管理条例》精神，结合《建筑工程施工质量验收统一标准》（GB 50300），抓好施工企业对项目质量的管理，所以施工单位应有技术标准和工程质量检测仪器、设备，实现过程控制。

3.1.4 自动喷水灭火系统施工前应具备下列条件：

1 平面图、系统图（展开系统原理图）、施工详图等图纸及说明书、设备表、材料表等技术文件应齐全；

2 设计单位应向施工、建设、监理单位进行技术交底；

3 系统组件、管件及其他设备、材料，应能保证正常施工；

4 施工现场及施工中使用的水、电、气应满足施工要求，并应保证连续施工。

本条规定了系统施工前应具备的技术、物质条件。

拟定本条时，参考了国家标准《建筑给水排水及采暖工程施工质量验收规范》（GB 50242）和《工业金属管道工程施工规范》（GB 50235）的相关内容，总结了国内近年来一些消防工程公司在施工过程中的一些实际做法和经验教训，进行了全面的综合分析。这些规定是施工前应具备的基本条件。还规定了施工图及其他技术文件应齐全，这是施工前必备的首要条件。条文中其他有关技术文件没有列出相关名称，主要考虑到目前各地做法和要求尚难以统一，这些文件包括：产品明细表、施工程序、施工技术要求、工程质量检验制度等，现在作原则性的规定有利于执行。技术交底过去未引起足够的重视，有的做了也不太严格、仔细，施工质量得不到保证，本条规定向监理（建设）单位技术交底，便于对施工过程进行监督，保证施工质量。施工的物质准备充分、场地条件具备，与其他工程协调得好，可以避免一些影响工程质量的问题发生。

3.1.5 自动喷水灭火系统工程的施工，应按照批准的工程设计文件和施工技术标准进行施工。

为保证工程质量，强调施工单位无权任意修改设计图纸，应按批准的工程设计文件和施工技术标准施工。

3.1.6 自动喷水灭火系统工程的施工过程质量控制，应按下列规定进行：

1 各工序应按施工技术标准进行质量控制，每道工序完成后，应进行检查，检查合格后方可进行下道工序；

2 相关各专业工种之间应进行交接检验，并经监理工程师签证后方可进行下道工序；

3 安装工程完工后，施工单位应按相关专业调试规定进行调试；

4 调试完工后，施工单位应向建设单位提供质量控制资料和各类施工过程质量检查记录；

5 施工过程质量检查组织应由监理工程师组织施工单位人员组成；

6 施工过程质量检查记录按本规范附录C的要求填写。

较具体规定了系统施工过程质量控制的主要方面：

一是按施工技术标准控制每道工序的质量。二是施工单位每道工序完成后除了自检、专职质量检查员检查外，还强调了工序交接检查，上道工序还应满足下道工序的施工条件和要求；同样相关专业工序之间也应进行中间交接检验，使各工序和各相关专业之间形成一个有机的整体。三是工程完工后应进行调试，调试应按自动喷水灭火系统的调试规定进行。

3.1.7 自动喷水灭火系统质量控制资料按本规范附录D的要求填写。

3.1.8 自动喷水灭火系统施工前，应对系统组件、管件及其他设备、材料进行现场检查，检查不合格者不得使用。

对系统组件、管件及其他设备、材料进行现场检查，对提高工程质量是非常必要的，检查不合格者不得使用是确保工程质量的重要环节，故在此加以要求。

3.1.9 分部工程质量验收应由建设单位项目负责人组织施工单位项目负责人、监理工程师和设计单位项目负责人等进行，并按本规范附录E的要求填写自动喷水灭火系统工程验收记录。

对分部工程质量验收的人员加以明确，便于操作。同时提出了填写工程验收记录要求。

3.2　材料、设备管理

3.2.1　自动喷水灭火系统施工前应对采用的系统组件、管件及其他设备、材料进行现场检查，并应符合下列要求：

1　系统组件、管件及其他设备、材料，应符合设计要求和国家现行有关标准的规定，并应具有出厂合格证或质量认证书。

检查数量：全数检查。

检查方法：检查相关资料。

2　喷头、报警阀组、压力开关、水流指示器、消防水泵、水泵接合器等系统主要组件，应经国家消防产品质量监督检验中心检测合格；稳压泵、自动排气阀、信号阀、多功能水泵控制阀、止回阀、泄压阀、减压阀、蝶阀、闸阀、压力表等，应经相应国家产品质量监督检验中心检测合格。

检查数量：全数检查。

检查方法：检查相关资料。

本条规定了施工前应对自动喷水灭火系统采用的喷头、阀门、管材、供水设施及监测报警设备等进行现场检查。

从近十年系统应用的实际情况看，自动喷水灭火系统产品生产厂家存在送检取证与实际生产销售的产品质量不一致，劣质产品流行，个别厂家甚至买合格产品去送检，以及个别用户因考虑经济或其他原因而随意更换设计选用产品等现象屡有发生，因产品质量问题而造成系统误喷、误动作，影响到系统的可靠性和灭火效果。因此，系统选用的各种组件和材料到达施工现场后，施工单位和建设单位还应主动认真地进行检查验收，把隐患消灭在安装前，这样做对确保系统功能是至关重要的。

对系统选用的一般组件和材料，如各种阀门、压力表、加速器、空气压缩机、管材管件及稳压泵、消防气压给水设备等供水设施提出了一般性的质量保证要求和规定，现场应检查其产品是否与设计选用的规格、型号及生产厂家相符，各种技术资料、出厂合格证等是否齐全。

把消防水泵、稳压泵、水泵接合器列入系统组件；并把近年来在不少系统工程中设计采用的自动排气阀、信号阀、多功能水泵控制阀、止回阀、减压阀、泄压阀等配件也列入了质量监督的内容。主要是根据应用中的自动喷水灭火系统的总体、合理的结构；并根据这些产品在系统中的作用两方面因素来确定的。

消防水泵、水泵接合器是给自动喷水灭火系统提供灭火剂——水的设备，稳压泵是保持系统在准工作状态下符合设计水压要求的专用设备，把它们列为系统组件并规定相应要求是合理的。这里应特别强调的是，消防水泵一是指专用消防水泵，二是指达到国家标准《消防泵》(GB 6245) 要求的普通清水泵。过去没有引起消防界的重视，一贯的认为和做法是普通清水泵就可以作消防水泵，这种错误认识必须纠正。消防水泵在性能上特别强调的是它的可靠性和稳定性及启动的灵敏性。消防水泵一般是平时备而不用，一旦使用场所发生火灾，它就应灵敏启动、并快速达到额定工作压力和流量要求的工作状态。国内外的自动喷水灭火系统工程，因为供水不能达到要求而致使系统在火灾时不起作用或灭火效果不佳的教训很多。

3.2.2 管材、管件应进行现场外观检查，并应符合下列要求：

1 镀锌钢管应为内外壁热镀锌钢管，钢管内外表面的镀锌层不得有脱落、锈蚀等现象；钢管的内、外径应符合现行国家标准《低压流体输送用焊接钢管》（GB/T 3091）或现行国家标准《输送流体用无缝钢管》（GB/T 8163）的规定。

2 表面应无裂纹、缩孔、夹渣、折叠和重皮。

3 螺纹密封面应完整、无损伤、无毛刺。

4 非金属密封垫片应质地柔韧、无老化变质或分层现象，表面应无折损、皱纹等缺陷。

5 法兰密封面应完整光洁，不得有毛刺及径向沟槽；螺纹法兰的螺纹应完整、无损伤。

检查数量：全数检查。

检查方法：观察和尺量检查。

本条对自动喷水灭火系统采用的管材、管件安装前应进行现场外观检查进行了规定，系参考国家标准《工业金属管道工程施工规范》（GB 50235）有关条文改写。该规范中的管材及管件的检验一章，涉及的是高、中、低压及各种材质的管材管件的检验，而自动喷水灭火系统涉及的只是低压，且大多是镀锌钢管，故根据自动喷水灭火系统的基本要求，结合国家标准《工业金属管道工程施工规范》（GB 50235）的有关规定，对系统选用的管材、管件提出了一般性的现场检查要求。本条规定镀锌钢管要使用热镀锌钢管是为了与设计规范一致；同时也提醒有关单位的工程技术人员，系统中采用冷镀锌钢管是不允许的。目前市场上销售的一些管材，尺寸不能满足要求，因此对钢管的内外径提出了要求。

3.2.3 喷头的现场检验应符合下列要求：

1 喷头的商标、型号、公称动作温度、响应时间指数（RTI）、制造厂及生产日期等标志应齐全。

2 喷头的型号、规格等应符合设计要求。

3 喷头外观应无加工缺陷和机械损伤。

4 喷头螺纹密封面应无伤痕、毛刺、缺丝或断丝现象。

5 闭式喷头应进行密封性能试验，以无渗漏、无损伤为合格。试验数量宜从每批中抽查1%，但不得少于5只，试验压力应为3.0MPa；保压时间不得少于3min。当两只及两只以上不合格时，不得使用该批喷头。当仅有一只不合格时，应再抽查2%，但不得少于10只，并重新进行密封性能试验；当仍有不合格时，亦不得使用该批喷头。

检查数量：抽查符合本条第5款的规定。

检查方法：观察检查及在专用试验装置上测试，主要测试设备有试压泵、压力表、秒表。

本条对喷头在施工现场的检查提出了要求。总的原则是既能保证系统采用喷头的质量，又便于施工单位实施的基本检查项目。国家标准《自动喷水灭火系统第1部分：洒水喷头》（GB 5135.1），对喷头的检验提出了19条性能要求，23项性能试验，包括喷头的外观检查、密封性能、布水性能、流量特性系数、功能试验、水冲击试验、振动试验、高低温试验、静态动作温度试验、SO_2 腐蚀、应力腐蚀、盐雾腐蚀、工作荷载、框架强度、热敏感元件强度，溅水盘强度、疲劳强度、热稳定性能、机械冲击、环境温度试验以及灭火试验等。尽管3.2.1条中对喷头提出了严格的质量要求，要求采用经国家消防产品质量监督检验中心检测合格的喷头，但这仅仅是对生产厂家按国家标准《自动喷水灭火系统第1部分：洒水喷头》（GB 5135.1）的规定所做的型式试验的送检产品而言，多年来喷头的实际生产、应用表明，由于生产厂家在喷头出厂前未严格进行密封性能等基本项目的检测试验或因运输过程的振动碰撞等原因造成的隐患，致使喷头安装后漏水或系统充水后热敏元件破裂造成误喷等不良后果，为避免这类现象发生，本款要求施工单位除对喷头进行外观检查外，还应对喷头做一项最重要最基本的密封性能试验。这条规定是必要而且可行的。其试验方法按国家标准《自动喷水灭火系统第1部分：洒水喷头》（GB 5135.1）的规定，喷头在一定的升压速率条件下，能承受3.0MPa静水压3min，无渗漏。为便于施工单位执行，本条未对升压速率作规定，仅要求喷头能承受3.0MPa静水压3min，在喷头密封件处无渗漏即为合格。条文中“每批”是指同制造厂、同规格、同型号、同时到货的同批产品。

3.2.4 阀门及其附件的现场检验应符合下列要求：

1 阀门的商标、型号、规格等标志应齐全，阀门的型号、规格应符合设计要求。

2 阀门及其附件应配备齐全，不得有加工缺陷和机械损伤。

3 报警阀除应有商标、型号、规格等标志外，尚应有水流方向的永久性标志。

4 报警阀和控制阀的阀瓣及操作机构应动作灵活、无卡涩现象，阀体内应清洁、无异物堵塞。

5 水力警铃的铃锤应转动灵活、无阻滞现象；传动轴密封性能好，不得有渗漏水现象。

6 报警阀应进行渗漏试验。试验压力应为额定工作压力的2倍，保压时间不应小于5min。阀瓣处应无渗漏。

检查数量：全数检查。

检查方法：观察检查及在专用试验装置上测试，主要测试设备有试压泵、压力表、秒表。

主要是与相应的产品国家标准《自动喷水灭火系统第1部分：洒水喷头》（GB 5135.1），《自动喷水灭火系统第2部分：湿式报警阀、延迟器、水力警铃》（GB 5135.2）和《自动喷水灭火系统第5部分：雨淋报警阀》（GB 5135.5）保持一致，更便于执行。本条对阀门及其附件，尤其是报警阀门及其附件在施工现场的检验作出了规定。阀门及其附件系指报警阀、水源控制阀、止回阀、信号阀、排气阀、闸阀、电磁阀、泄压阀以及水力警铃、延迟器、水流指示器、压力开关、压力表等，为了保证这些零配件的安装质量，施工前必须按标准逐一检查，对其中的重要组件报警阀及其附件，因为由厂家配套供应，且零配件很多，施工单位安装前除检查其配套齐全和合格证明材料外，还应逐个进行渗漏试验，以保证报警阀安装后的基本性能。试验方法按照国家标准《自动喷水灭火系统第2部分：湿式报警阀、延迟器、水力警铃》（GB 5135.2）的规定，除阀门进、出水口外，堵住阀门其余各开口，阀瓣关闭，充水排除空气后，在阀瓣系统侧加2倍额定工作压力的静水压，保持5min，根据置于阀下面的纸是否有湿痕来判断是否渗漏，无渗漏为合格。

3.2.5 压力开关、水流指示器、自动排气阀、减压阀、泄压阀、多功能水泵控制阀、止回阀、信号阀、水泵接合器及水位、气压、阀门限位等自动监测装置应有清晰的铭牌、安全操作指示标志和产品说明书；水流指示器、水泵接合器、减压阀、止回阀、过滤器、泄压阀、多功能水泵控制阀尚应有水流方向的永久性标志；安装前应进行主要功能检查。

检查数量：全数检查。

检查方法：观察检查及在专用试验装置上测试，主要测试设备有试压泵、压力表、秒表。

根据近年来在系统工程中进一步完善了系统的结构，采用了不少有利于确保系统功能的新产品、新技术；认真分析了收集到的技术资料和各地公安消防部门、工程设计和工程建设应用单位的意见，对系统使用的自动监测装置和电动报警装置提出了现场的检查要求。这些装置包括自动监测水池水箱的水位，干式喷水灭火系统的最高、最低气压，预作用喷水灭火系统的最低气压，水源控制阀门的开闭状况以及系统动作后压力开关、水流指示器、自动排气阀、减压阀、多功能水泵控制阀、止回阀、信号阀、水泵接合器的动作信号等，所有监测及报警信号均汇集在建筑物的消防控制室内，为了安装后不致发生故障或者发生故障时便于查找，施工前应检查水流指示器、水泵接合器、多功能水泵控制阀、减压阀、止回阀这些装置的各种标志，并进行主要功能检查，不合格者不得安装使用。

第四节　供水设施安装与施工

4.1　一般规定

4.1.1　消防水泵、消防水箱、消防水池、消防气压给水设备、消防水泵接合器等供水设施及其附属管道的安装，应清除其内部污垢和杂物。安装中断时，其敞口处应封闭。

本条主要对消防水泵、水箱、水池、气压给水设备、水泵接合器等几类供水设施的安装作出了具体的要求和规定，目前自动喷水灭火系统主要采用这几类供水方式。

由于施工现场的复杂性，浮土、麻绳、水泥块、铁块等杂物非常容易进入管道和设备中。因此自动喷水灭火系统的施工要求更高，更应注意清洁施工，杜绝杂物进入系统。例如1985年，某设计研究院曾在某厂做雨淋系统灭火强度试验，试验现场管道发生严重堵塞，使用了150t水冲洗都冲洗不净。最后只好重新拆装，发现石块、焊渣等物卡在管道拐弯处、变径处，造成水流明显不畅。因此本条强调安装中断时敞口处应做临时封闭，以防杂物进入未安装完毕的管道与设备中。

4.1.2　消防供水设施应采取安全可靠的防护措施，其安装位置应便于日常操作和维护管理。

本条对消防供水设施的防护措施和安装位置提出了要求。在实际工程中存在消防泵泵轴未加防护罩等不安全因素；水泵房没有排水设施或排水设施排水能力有限、通风条件不好等因素，这些因素对于供水设施的操作和维护都有影响。

4.1.3　消防供水管直接与市政供水管、生活供水管连接时，连接处应安装倒流防止器。

规定消防用水直接与市政或生活供水连接时，为了防止消防用水污染生活用水，应安装倒流防止器。

倒流防止器分为不带过滤器的倒流防止器和带过滤器的倒流防止器，前者由进水止回阀、出水止回阀和泄水阀三部分组成，后者由带过滤装置的进水止回阀、出水止回阀和泄水阀三部分组成。倒流防止器上有特定的弹簧锁定机构，泄水阀的“进气-排水”结构可以预防背压倒流和虹吸倒流污染。

4.1.4 供水设施安装时，环境温度不应低于5℃；当环境温度低于5℃时，应采取防冻措施。

对供水设施安装时的环境温度作了规定，其目的是为了确保安装质量、防止意外损伤。供水设施安装一般要进行焊接和试水，若环境温度低于5℃，又未采取保护措施，由于温度剧变、物质体态变化而产生的应力极易造成设备损伤。

4.2 消防水泵安装

主控项目

4.2.1 消防水泵的规格、型号应符合设计要求，并应有产品合格证和安装使用说明书。

检查数量：全数检查。

检查方法：对照图纸观察检查。

对消防水泵安装前的要求作出了规定。为确保施工单位和建设单位正确选用设计中选用的产品，避免不合格产品进入自动喷水灭火系统，设备安装和验收时注意检验产品合格证和安装使用说明书及其产品质量是非常必要的。

4.2.2 消防水泵的安装，应符合现行国家标准《机械设备安装工程施工及验收通用规范》(GB 50231)、《压缩机、风机、泵安装工程施工及验收规范》(GB 50275) 的有关规定。

检查数量：全数检查。

检查方法：尺量和观察检查。

规定的消防水泵安装要求，是直接采用现行国家标准《机械设备安装工程施工及验收通用规范》(GB 50231)、《压缩机、风机、泵安装工程施工及验收规范》(GB 50275) 的有关规定。

4.2.3 吸水管及其附件的安装应符合下列要求：

1 吸水管上应设过滤器，并应安装在控制阀后。

2 吸水管上的控制阀应在消防水泵固定于基础上之后再进行安装，其直径不应小于消防水泵吸水口直径，且不应采用没有可靠锁定装置的蝶阀，蝶阀应采用沟槽式或法兰式蝶阀。

检查数量：全数检查。

检查方法：观察检查。

3 当消防水泵和消防水池位于独立的两个基础上且相互为刚性连接时，吸水管上应加设柔性连接管。

检查数量：全数检查。

检查方法：观察检查。

4 吸水管水平管段上不应有气囊和漏气现象。变径连接时，应采用偏心异径管件并应采用管顶平接。

检查数量：全数检查。

检查方法：观察检查。

吸水管及其附件安装不应采用没有可靠锁定装置的蝶阀，其理由是一般蝶阀的结构，阀瓣开、关是用蜗杆传动，在使用中受振动时，阀瓣容易变位，改变其规定位置，带来不良后果。考虑到蝶阀在国内工程中应用较多，且有诸如体积小、占用空间位置小、美观等特点，只要克服其原结构不能锁定的问题，有可靠锁定装置的蝶阀，用于自动喷水灭火系统应允许。本条修订是符合国情的。关于蝶阀的选用，从目前已做好的工程反馈回来的情况看，对夹式蝶阀在管道充满水后存在很难开闭甚至无法开闭的情况，这与对夹式蝶阀的构造有关，可能给系统造成隐患，故不允许使用对夹式蝶阀。

消防水泵吸水管的正确安装是消防水泵正常运行的根本保证。吸水管上应安装过滤器，避免杂物进入水泵。同时该过滤器应便于清洗，确保消防水泵的正常供水。

吸水管上安装控制阀是便于消防水泵的维修。先固定消防水泵，然后再安装控制阀门，以避免消防水泵承受应力。

当消防水泵和消防水池位于独立基础上时，由于沉降不均匀，可能造成消防水泵吸水管受内应力，最终应力加在消防水泵上，将会造成消防水泵损坏。最简单的解决方法是加一段柔性连接管（图 7.4.1）。

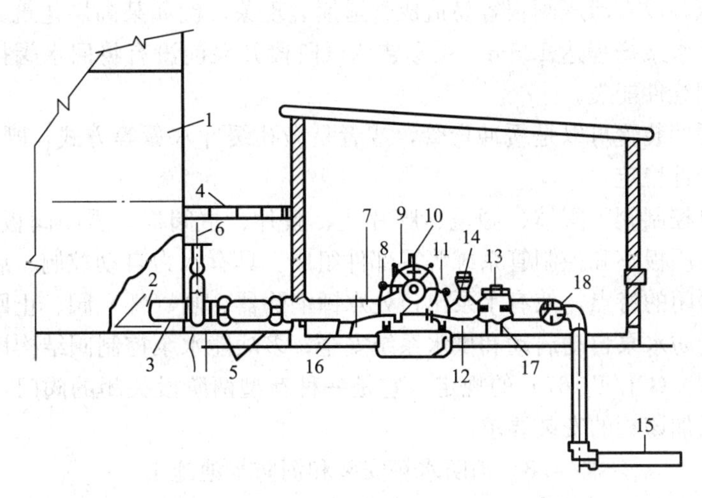

图 7.4.1　消防水泵消除应力的安装示意图（摘自 NFPA 20）

1—消防水池；2—进水弯头 1.2m×1.2m 的方形防涡流板，高出水池底部距离为吸水管径的 1.5 倍，但最小为 152mm；3—吸水管；4—防冻盖板；5—消除应力的柔性连接管；6—闸阀；7—偏心异径接头；8—吸水压力表；9—卧式泵体可分式消防泵；10—自动排气装置；11—出水压力表；12—渐缩的出水三通；13—多功能水泵控制阀或止回阀；14—泄压阀；15—出水管；16—泄水阀或球形滴水器；17—管道支座；18—指示性闸阀或指示性蝶阀

消防水泵吸水管安装若有倒坡现象则会产生气囊，采用大小头与消防水泵吸水口连接，如果是同心大小头，则在吸水管上部有倒坡现象存在。异径管的大小头上部会存留从水中析出的气体，因此应采用偏心异径管，且要求吸水管的上部保持平接（图 7.4.2）。

美国 NFPA 20 第 2.9.6 条也明确规定：吸水管应当精心敷设，以免出现漏气和气囊现象，其中任何一种现象均可严重影响消防水泵的运转。

4.2.4　消防水泵的出水管上应安装止回阀、控制阀和压力表，或安装控制阀、多功能水泵控制阀和压力表；系统的总出水管上还应安装压力表和泄压阀；安装压力表时应加设缓冲装置。压力表和缓冲装置之间应安装旋塞；压力表量程应为工作压力的 2～2.5 倍。

检查数量：全数检查。

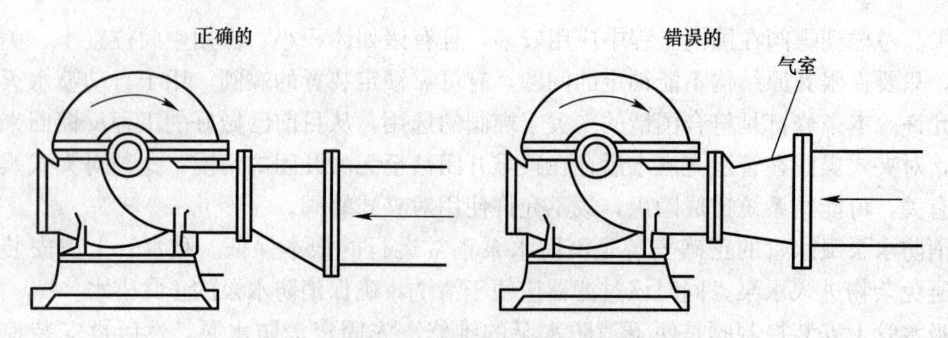

图 7.4.2　正确和错误的水泵吸水管安装示意图

检查方法：观察检查。

对消防水泵出水管的安装要求作了规定。消防水泵组的总出水管上强调安装泄压阀，主要考虑了自动喷水灭火系统在日常维护管理中，消防水泵启停和系统试验较频繁，经常发生非正常承压，没有泄压阀很容易造成管道崩裂现象。例如某高层建筑，高压自动喷水灭火系统的消防水泵扬程达 125m，在安装调试阶段开泵前没有将回水阀打开，结果造成系统底部的钢制管件崩裂。

压力表的缓冲装置可以是缓冲弯管，或者是微孔缓冲水囊等方式，既可保护压力表，也可使压力表指针稳定。

多功能水泵控制阀由阀体、阀盖、膜片座、膜片、主阀板、缓闭阀板、衬套、阀杆、主阀板座、缓闭阀板座和控制管系统等零部件组成。具有水力自动控制、启泵时缓开、停泵时先快闭后缓闭的特点，兼有水泵出口处水锤消除器、闸（蝶）阀、止回阀三种产品的功能，有利于消防水泵自动启动和供水系统安全；多功能水泵控制阀结构性能应符合《多功能水泵控制阀》(CJ/T 167）的规定，它是一种新型两阶段关闭的阀门，现实际工程中应用很多，故增加该阀的安装要求。

4.3　消防水箱安装和消防水池施工

主控项目

4.3.1　消防水池、消防水箱的施工和安装，应符合现行国家标准《给水排水构筑物施工及验收规范》(GBJ 141)、《建筑给水排水及供暖工程施工质量验收规范》(GB 50242）的有关规定。

检查数量：全数检查。

检查方法：尺量和观察检查。

《给水排水构筑物施工及验收规范》(GBJ 141）原代号为 GBJ 141—1990，该标准已作废，现行标准为《给水排水构筑物施工及验收规范》(GB 50141—2008)。

4.3.2　钢筋混凝土消防水池或消防水箱的进水管、出水管应加设防水套管，对有振动的管道应加设柔性接头。组合式消防水池或消防水箱的进水管、出水管接头宜采用法兰连接，采用其他连接时应做防锈处理。

检查数量：全数检查。

检查方法：观察检查。

消防水备而不用，尤其是消防专用水箱，水存的时间长了，水质会慢慢变坏，增加杂质。除锈、防腐做得不好，会加速水中的电化学反应，最终造成水箱锈损，因此本条作了相应的规定。

一般项目

4.3.3 消防水箱、消防水池的容积、安装位置应符合设计要求。安装时，池（箱）外壁与建筑本体结构墙面或其他池壁之间的净距，应满足施工或装配的需要。无管道的侧面，净距不宜小于0.7m；安装有管道的侧面，净距不宜小于1.0m，且管道外壁与建筑本体墙面之间的通道宽度不宜小于0.6m；设有人孔的池顶，顶板面与上面建筑本体板底的净空不应小于0.8m。

检查数量：全数检查。

检查方法：对照图纸，尺量检查。

消防水池、消防水箱安装完毕后应有供检修用的通道，通道的宽度与现行国家标准《建筑给水排水设计规范》(GB 50015）一致。日常的维护管理需要有良好的工作环境。本条提出的水池（箱）间的主要通道、四周的检修通道是保证维护管理工作顺利进行的基本要求。

4.3.4 消防水池、消防水箱的溢流管、泄水管不得与生产或生活用水的排水系统直接相连，应采用间接排水方式。

检查数量：全数检查。

检查方法：观察检查。

消防水池、消防水箱的溢流管、泄水管排出的水应间接流入排水系统。规范组调研时曾发现有的施工单位将溢流管、泄水管汇集后，没有采取任何隔离措施直接与排水管连接。正确施工是将溢流管、泄水管排出的水先直接排至水箱间地面，再通过地面的地漏将水排走。而使用单位为使地面不湿，用软管一端连接溢流管、泄水管，另一端直接插入地漏，这种不正确的使用现象屡见不鲜。所以本条单独列出，以引起施工单位及使用单位的重视。

4.4 消防气压给水设备和稳压泵安装

主控项目

4.4.1 消防气压给水设备的气压罐，其容积、气压、水位及工作压力应符合设计要求。

检查数量：全数检查。

检查方法：对照图纸，观察检查。

4.4.2 消防气压给水设备安装位置、进水管及出水管方向应符合设计要求；出水管上应设止回阀，安装时其四周应设检修通道，其宽度不宜小于0.7m，消防气压给水设备顶部至楼板或梁底的距离不宜小于0.6m。

检查数量：全数检查。

检查方法：对照图纸，尺量和观察检查。

一般项目

4.4.3 消防气压给水设备上的安全阀、压力表、泄水管、水位指示器、压力控制仪表等的安装应符合产品使用说明书的要求。

检查数量：全数检查。

检查方法：对照图纸，观察检查。

4.4.4 稳压泵的规格、型号应符合设计要求，并应有产品合格证和安装使用说明书。

检查数量：全数检查。

检查方法：对照图纸，观察检查。

4.4.5 稳压泵的安装应符合现行国家标准《机械设备安装工程施工及验收通用规范》(GB 50231)、国家标准《压缩机、风机、泵安装工程施工及验收规范》(GB 50275) 的有关规定。

检查数量：全数检查。

检查方法：尺量和观察检查。

4.5 消防水泵接合器安装

主控项目

4.5.1 组装式消防水泵接合器的安装，应按接口、本体、连接管、止回阀、安全阀、放空管、控制阀的顺序进行，止回阀的安装方向应使消防用水能从消防水泵接合器进入系统；整体式消防水泵接合器的安装，按其使用安装说明书进行。

检查数量：全数检查。

检查方法：观察检查。

规定主要强调消防水泵接合器的安装顺序，尤其重要的是止回阀的安装方向一定要保证水通过接合器进入系统。

规范编制组曾在北京地区调研，据北京市消防局火调处、战训处介绍，发现数例将消防水泵接合器中的止回阀安装反，造成无法向系统内补水的事例。主要原因是安装人员和基层的管理人员不清楚消防水泵接合器的作用造成的。因此强调安装顺序和方向是很有必要的。

随着消防水泵接合器新产品的不断涌现且被采纳，此条文不完全适用于现阶段各种产品的使用，增加“整体结构的消防水泵接合器”的安装要求。

4.5.2 消防水泵接合器的安装应符合下列规定：

1 应安装在便于消防车接近的人行道或非机动车行驶地段，距室外消火栓或消防水池的距离宜为15～40m。

检查数量：全数检查。

检查方法：观察检查。

2 自动喷水灭火系统的消防水泵接合器应设置与消火栓系统的消防水泵接合器区别的永久性固定标志，并有分区标志。

检查数量：全数检查。

检查方法：观察检查。

3 地下消防水泵接合器应采用铸有“消防水泵接合器”标志的铸铁井盖，并在附近设置指示其位置的永久性固定标志。

检查数量：全数检查。

检查方法：观察检查。

4 墙壁消防水泵接合器的安装应符合设计要求。设计无要求时，其安装高度距地面宜为0.7m；与墙面上的门、窗、孔、洞的净距离不应小于2.0m，且不应安装在玻璃幕墙下方。

检查数量：全数检查。

检查方法：观察检查和尺量检查。

消防水泵接合器主要是消防队在火灾发生时向系统补充水用的。火灾发生后，十万火急，由于没有明显的类别和区域标志，关键时刻找不到或消防车无法靠近消防水泵接合器，不能及时准确补水，造成不必要的损失，这种实际教训是很多的，失去了设置消防水泵接合器的作用。

墙壁消防水泵接合器安装位置不宜低于0.7m是考虑消防队员将水龙带对接消防水泵接合器口时便于操作提出的，位置过低，不利于紧急情况下的对接。国家标准图集《消防水泵接合器安装》(99S 203)中，墙壁式消防水泵接合器离地距离为0.7m，设计中多按此预留孔洞，本次修订将原来规定的1.1m改为0.7m是为了协调统一。

为与国家标准《建筑设计防火规范》(GB 50016)相关条文适应，消防水泵接合器与门、窗、孔、洞保持不小于2.0m的距离，主要从两点考虑：一是火灾发生时消防队员能靠近对接，避免火舌从洞孔处燎伤队员；二是避免消防水龙带被烧坏而失去作用。

4.5.3 地下消防水泵接合器的安装，应使进水口与井盖底面的距离不大于0.4m，且不应小于井盖的半径。

检查数量：全数检查。

检查方法：尺量检查。

地下消防水泵接合器接口在井下，太低不利于对接，太高不利于防冻。0.4m的距离适合1.65m身高的队员俯身后单臂操作对接。太低了则要到井下对接，不利于火场抢时间的要求。冰冻线低于0.4m的地区可由设计人员选用双层防冻室外阀门井井盖。

一般项目

4.5.4 地下消防水泵接合器井的砌筑应有防水和排水措施。

检查数量：全数检查。

检查方法：观察检查。

规定阀门井应有防水和排水设施是为了防止井内长期灌满水，阀体锈蚀严重，无法使用。

第五节 管网及系统组件安装

5.1 管网安装

主控项目

5.1.1 管网采用钢管时，其材质应符合现行国家标准《输送流体用无缝钢管》(GB/T 8163)、《低压流体输送用焊接钢管》(GB/T 3091)的要求。当使用铜管、不锈钢管等其他管材时，应符合相应技术标准的要求。

检查数量：全数检查。

检查方法：查验材料质量合格证明文件、性能检测报告，尺量、观察检查。

对系统管网选用的钢管材质作了明确的规定，是根据国内在工程施工时因管材随意选用，造成质量问题而提出的。

随着人民生活水平的提高，有的自动喷水灭火系统工程中使用了铜管、不锈钢管等其他管材，它们的性能指标、安装使用要求应符合相应技术标准的要求，在注中加以说明。

5.1.2 热镀锌钢管安装应采用螺纹、沟槽式管件或法兰连接。管道连接后不应减小过水横断面面积。

检查数量：抽查20%，且不得少于5处。

检查方法：观察检查。

规定主要研究了国内外自动喷水灭火系统管网连接技术的现状及发展趋势、规范实施后各地反映出的系统施工管网安装中出现的问题、国内新管件开发应用情况等，同时考虑了与设计规范内容保持一致。管网安装是自动喷水灭火系统工程施工中，工作量最大，也是工程质量最容易出现问题和存在隐患的环节。管网安装质量的好坏，将直接影响系统功能和系统使用寿命。对管道连接方法的规定，是从确保管网安装质量、延长使用寿命出发，在充分考虑国内施工队伍素质、国内管件质量、货源状况的基础上，尽量提高要求。

取消焊接，不仅是因为焊接直接破坏了镀锌管的镀锌层，加速了管道锈蚀；而且是不少工程采用焊接，不能保证安装质量要求，隐患不少，为确保系统施工质量，必须取消焊接连接方法。本规定增加了沟槽式管件连接方法，沟槽式管件是我国1998年开发成功并及时投放市场的新型管件，它具有强度高、安装维护方便等特点，适合用于自动喷水灭火系统管道连接。

5.1.3 管网安装前应校直管道，并清除管道内部的杂物；在具有腐蚀性的场所，安装前应按设计要求对管道、管件等进行防腐处理；安装时应随时清除管道内部的杂物。

检查数量：抽查20%，且不得少于5处。

检查方法：观察检查和用水平尺检查。

对管网安装前对其主要材料管道进行校直和净化处理作了规定。

管网是自动喷火灭火系统的重要组成部分，同时管网安装也是整个系统安装工程中工作量最大、较容易出问题的环节，返修也是较繁杂的部分。因而在安装时应采取行之有效的技术措施，确保安装质量，这是施工中非常重要的环节。本条规定的目的是要确保管网安装质量。未经校直的管道，既不能保证加工质量和连接强度，同时连成管网后也会影响其他组件的安装质量，管网造型布局既困难也不美观，所以管道在安装前应校直。在自动喷水灭火系统安装工程中因未作净化处理而致使管网堵塞的事例是很多的，因此规定在管网安装前应清除管材、管件内的杂物。

管道的防腐工作，一般工程是在管网安装完毕且试压冲洗合格后进行，但在具有腐蚀性物质的场所，对管道的抗腐蚀能力要求较高，安装前应按设计要求对管材、管件进行防腐处理，增强管网的防腐蚀能力，确保系统寿命。

5.1.4 沟槽式管件连接应符合下列要求：

1 选用的沟槽式管件应符合《沟槽式管接头》(CJ/T 156)的要求，其材质应为球墨铸铁，并符合现行国家标准《球墨铸铁件》(GB/T 1348)的要求；橡胶密封圈的材质应为EPDN(三元乙丙胶)，并符合《金属管道系统快速管接头的性能要求和试验方法》(ISO 6182—12)的要求。

2 沟槽式管件连接时，其管道连接沟槽和开孔应用专用滚槽机和开孔机加工，并应做防腐处理；连接前应检查沟槽和孔洞尺寸，加工质量应符合技术要求；沟槽、孔洞处不得有毛刺、破损性裂纹和脏物。

检查数量：抽查20%，且不得少于5处。

检查方法：观察和尺量检查。

3 橡胶密封圈应无破损和变形。

检查数量：抽查20%，且不得少于5处。

检查方法：观察检查。

4 沟槽式管件的凸边应卡进沟槽后再紧固螺栓，两边应同时紧固，紧固时发现橡胶圈起皱应更换新橡胶圈。

检查数量：抽查20%，且不得少于5处。

检查方法：观察检查。

5 机械三通连接时，应检查机械三通与孔洞的间隙，各部位应均匀，然后再紧固到位；机械三通开孔间距不应小于500mm，机械四通开孔间距不应小于1000mm；机械三通、机械四通连接时支管的口径应满足表5.1.4（本书表7.5.1）的规定。

采用支管接头（机械三通、机械四通）时支管的最大允许管径（mm） **表7.5.1**

主管直径 *DN*		50	65	80	100	125	150	200	250
支管直径 *DN*	机械三通	25	40	40	65	80	100	100	100
	机械四通	—	32	40	50	65	80	100	100

检查数量：抽查20%，且不得少于5处。

检查方法：观察检查和尺量检查。

6 配水干管（立管）与配水管（水平管）连接，应采用沟槽式管件，不应采用机械三通。

检查数量：抽查20%，且不得少于5处。

检查方法：观察检查。

7 埋地的沟槽式管件的螺栓、螺帽应做防腐处理。水泵房内的埋地管道连接应采用挠性接头。

检查数量：全数检查。

检查方法：观察检查或局部解剖检查。

沟槽式管件连接是管道连接的一种新型连接技术，过去在外资企业的自动喷水灭火工程中引进国外产品已开始应用。我国1998年开发成功沟槽式管件，很快在工程中被采用。把该种连接技术写入规范，是因为该种连接方式具有施工、维修方便，强度高，密封性能好，美观等优点；工程造价与法兰连接相当。

沟槽式管件连接施工时的技术要求，主要是参考生产厂家提供的技术资料和总结工程施工操作中的经验教训的基础上提出的。沟槽式管件连接施工时，管道的沟槽和开孔应用专用的滚槽机、开孔机进行加工，应按生产厂家提供的数据，检查沟槽和孔口尺寸是否符合要求，并清除加工部位的毛刺和异物，以免影响连接后的密封性能，或造成密封圈损伤等隐患。若加工部位出现破损性裂纹，应切掉重新加工沟槽，以确保管道连接质量。加工沟槽发现管内外镀锌层损伤，如开裂、掉皮等现象，这与管道材质、镀锌质量和滚槽速度有关，发现此类现象可采用冷喷锌罐进行喷锌处理。

机械三通、机械四通连接时，干管和支管的口径应有限制的规定，如不限制开孔尺寸，会影响干管强度，导致管道弯曲变形或离位。

5.1.5 螺纹连接检查：

1 管道宜采用机械切割，切割面不得有飞边、毛刺；管道螺纹密封面应符合现行国家标准《普通螺纹基本尺寸》（GB/T 196）、《普通螺纹公差》（GB/T 197）、《普通螺纹管路系列》（GB/T 1414）的有关规定。

2 当管道变径时，宜采用异径接头；在管道弯头处不宜采用补芯，当需要采用补芯时，三通上可用 1 个，四通上不应超过 2 个；公称直径大于 50mm 的管道不宜采用活接头。

检查数量：全数检查。

检查方法：观察检查。

3 螺纹连接的密封填料应均匀附着在管道的螺纹部分；拧紧螺纹时，不得将填料挤入管道内；连接后，应将连接处外部清理干净。

检查数量：抽查 20%，且不得少于 5 处。

检查方法：观察检查。

对系统管网连接的要求中首先强调为确保其连接强度和管网密封性能，在管道切割和螺纹加工时应符合的技术要求。施工时必须按程序严格要求、检验，达到有关标准后，方可进行连接，以保证连接质量和减少返工。其次是对采用变径管件和使用密封填料时提出的技术要求，其目的是要确保管网连接后不至于增大系统管网阻力和造成堵塞。

5.1.6 法兰连接可采用焊接法兰或螺纹法兰。焊接法兰焊接处应做防腐处理，并宜重新镀锌后再连接。焊接应符合现行国家标准《工业金属管道工程施工规范》（GB 50235）、《现场设备、工业管道焊接工程施工及验收规范》（GB 50236）的有关规定。螺纹法兰连接应预测对接位置，清除外露密封填料后再紧固、连接。

检查数量：抽查 20%，且不得少于 5 处。

检查方法：观察检查。

修订特别强调的是焊接法兰连接，焊接法兰连接，焊接后要求必须重新镀锌或采用其他有效防锈蚀的措施，法兰连接推荐采用螺纹法兰；焊接后应重新镀锌再连接，因焊接时破坏了镀锌钢管的镀锌层，如不再镀锌或采取其他有效防腐措施进行处理，必然会造成加速焊接处的腐蚀进程，影响连接强度和寿命。螺纹法兰连接，要求预测对接位置，是因为螺纹紧固后，工程施工经验证明，一旦改变其紧固状态，其密封处，密封性将受到影响，大都在连接后，因密封性能达不到要求而返工。

一般项目

5.1.7 管道的安装位置应符合设计要求。当设计无要求时，管道的中心线与梁、柱、楼板等的最小距离应符合表 5.1.7（本书表 7.5.2）的规定。

管道的中心线与梁、柱、楼板的最小距离　　表 7.5.2

公称直径（mm）	25	32	40	50	70	80	100	125	150	200
距离（mm）	40	40	50	60	70	80	100	125	150	200

检查数量：抽查 20%，且不得少于 5 处。

检查方法：尺量检查。

规定是为了便于系统管道安装、维修方便而提出的基本要求，其具体数据与国家标准

《自动喷水灭火系统设计规范》(GB 50084) 相关条文说明中列举的相同。

5.1.8 管道支架、吊架、防晃支架的安装应符合下列要求：

1 管道应固定牢固；管道支架或吊架之间的距离不应大于表 5.1.8（本书表 7.5.3）的规定。

管道支架或吊架之间的距离 **表 7.5.3**

公称直径 (mm)	25	32	40	50	70	80	100	125	150	200	250	300
距离 (m)	3.5	4.0	4.5	5.0	6.0	6.0	6.5	7.0	8.0	9.5	11.0	12.0

检查数量：抽查 20%，且不得少于 5 处。

检查方法：尺量检查。

2 管道支架、吊架、防晃支架的型式、材质、加工尺寸及焊接质量等，应符合设计要求和国家现行有关标准的规定。

3 管道支架、吊架的安装位置不应妨碍喷头的喷水效果；管道支架、吊架与喷头之间的距离不宜小于 300mm；与末端喷头之间的距离不宜大于 750mm。

检查数量：抽查 20%，且不得少于 5 处。

检查方法：尺量检查。

4 配水支管上每一直管段、相邻两喷头之间的管段设置的吊架均不宜少于 1 个，吊架的间距不宜大于 3.6m。

检查数量：抽查 20%，且不得少于 5 处。

检查方法：观察检查和尺量检查。

5 当管道的公称直径等于或大于 50mm 时，每段配水干管或配水管设置防晃支架不应少于 1 个，且防晃支架的间距不宜大于 15m；当管道改变方向时，应增设防晃支架。

检查数量：全数检查。

检查方法：观察检查和尺量检查。

6 竖直安装的配水干管除中间用管卡固定外，还应在其始端和终端设防晃支架或采用管卡固定，其安装位置距地面或楼面的距离宜为 1.5～1.8m。

检查数量：全数检查。

检查方法：观察检查和尺量检查。

对管道的支架、吊架、防晃支架安装有关要求的规定，主要目的是为了确保管网的强度，使其在受外界机械冲撞和自身水力冲击时也不至于损伤；同时强调了其安装位置不得妨碍喷头布水而影响灭火效果。本规定中的技术数据与国家标准《自动喷水灭火系统设计规范》(GB 50084) 条文说明中推荐的数据要求相同，其他的一些规定参考了 NFPA 13 等有关技术资料。

5.1.9 管道穿过建筑物的变形缝时，应采取抗变形措施。穿过墙体或楼板时应加设套管，套管长度不得小于墙体厚度，穿过楼板的套管其顶部应高出装饰地面 20mm，穿过卫生间或厨房楼板的套管，其顶部应高出装饰地面 50mm，且套管底部应与楼板底面相平。套管与管道的间隙应采用不燃材料填塞密实。

检查数量：抽查 20%，且不得少于 5 处。

检查方法：观察检查和尺量检查。

规定主要是为了防止在使用中管网不至于因建筑物结构的正常变化而遭到破坏，同时为了检修方便，参考了国家标准《工业金属管道工程施工规范》（GB 50235）相关条文的规定。

5.1.10　管道横向安装宜设0.002～0.005的坡度，且应坡向排水管；当局部区域难以利用排水管将水排净时，应采取相应的排水措施。当喷头数量小于或等于5只时，可在管道低凹处加设堵头；当喷头数量大于5只时，宜装设带阀门的排水管。

检查数量：全数检查。

检查方法：观察检查，水平尺和尺量检查。

规定考虑了干式、雨淋等系统动作后应尽量排净管中的余水，以防冰冻致使管网遭到破坏。对其他系统来说日久需检修或更换组件时，也需排净管网中余水，以利于工作。

5.1.11　配水干管、配水管应做红色或红色环圈标志。红色环圈标志，宽度不应小于20mm，间隔不宜大于4m，在一个独立的单元内环圈不宜少于2处。

检查数量：抽查20%，且不得少于5处。

检查方法：观察检查和尺量检查。

规定的目的是为了便于识别自动喷水灭火系统的供水管道，着红色与消防器材色标规定相一致。在安装自动喷水灭火系统的场所，往往是各种用途的管道排在一起，且多而复杂，为便于检查、维护，作出易于辨识的规定是必要的。规定红圈的最小间距和环圈宽度是防止个别工地仅做极少的红圈，达不到标识效果。

5.1.12　管网在安装中断时，应将管道的敞口封闭。

检查数量：全数检查。

检查方法：观察检查。

规定主要目的是为了防止安装时异物进入管道、堵塞管网的情况发生。

5.2　喷头安装

主控项目

5.2.1　喷头安装应在系统试压、冲洗合格后进行。

检查数量：全数检查。

检查方法：检查系统试压、冲洗记录表。

对喷头安装的前提条件作了规定，其目的一是为了保护喷头，二是为防止异物堵塞喷头，影响喷头喷水灭火效果。根据国外资料和国内调研情况，自动喷水灭火系统失败的原因中，管网输水不畅和喷头被堵塞占有一定比例，主要是由于施工中管网冲洗不净或是冲洗管网时杂物进入已安装喷头的管件部位造成的。为防止上述情况发生，喷头的安装应在管网试压、冲洗合格后进行。

5.2.2　喷头安装时，不得对喷头进行拆装、改动，并严禁给喷头附加任何装饰性涂层。

检查数量：全数检查。

检查方法：观察检查。

5.2.3　喷头安装应使用专用扳手，严禁利用喷头的框架施拧；喷头的框架、溅水盘产生变形或释放原件损伤时，应采用规格、型号相同的喷头更换。

检查数量：全数检查。

检查方法：观察检查。

此两条对喷头安装时应注意的几个问题提出了要求，目的是为了防止在安装过程中对喷头造成损伤，影响其性能。喷头是自动喷水灭火系统的关键组件，生产厂家按照国标要求经过严格的检验合格后方可出厂供用户使用，因此安装时不得随意拆装、改动。编制组在调研中发现，不少使用单位为了装修方便，给喷头刷漆和喷涂料，这是绝对不允许的。这样做一方面是被覆物将影响喷头的感温动作性能，使其灵敏度降低，另一方面如被覆物属油漆之类，干后牢固地附在释放机构部位还将影响喷头的开启，其后果是相当严重的。上海某饭店曾对被覆后的喷头进行过动作温度试验，结果喷头的动作温度比额定的高20℃左右，个别喷头还不能启动。同时发现有的喷头易熔元件熔掉后，喷头却不能开启，因此严禁给喷头附加任何涂层。

安装喷头应使用厂家提供的专用扳手，可避免喷头安装时遭受损伤，既方便又可靠。国内工程中曾多次发现安装喷头利用其框架拧紧和把喷头框架做支撑架，悬挂其他物品，造成喷头损伤，发生误喷，本规范严禁这样做是非常必要的。安装中发现框架或溅水盘变形、释放元件损伤的，必须更换同规格、型号的新喷头，因为这些元件是喷头的关键性支撑件和功能件，变形、损伤后，尽管其表面检查发现不了大问题，但实际上喷头总体结构已造成了损伤，留下了隐患。

5.2.4 安装在易受机械损伤处的喷头，应加设喷头防护罩。

检查数量：全数检查。

检查方法：观察检查。

规定是为了防止在某些使用场所因正常的运行操作而造成喷头的机械性损伤，在这些场所安装的喷头应加设防护罩。喷头防护罩是由厂家生产的专用产品，而不是施工单位或用户随意制作的。喷头防护罩应符合既保护喷头不遭受机械损伤，又不能影响喷头感温动作和喷水灭火效果的技术要求。

5.2.5 喷头安装时，溅水盘与吊顶、门、窗、洞口或障碍物的距离应符合设计要求。

检查数量：抽查20%，且不得少于5处。

检查方法：对照图纸，尺量检查。

规定目的是安装喷头要确保其设计要求的保护功能。

5.2.6 安装前检查喷头的型号、规格、使用场所应符合设计要求。

检查数量：全数检查。

检查方法：对照图纸，观察检查。

规定目的是要保证喷头的型号、规格、安装场所满足设计要求。

一般项目

5.2.7 当喷头的公称直径小于10mm时，应在配水干管或配水管上安装过滤器。

检查数量：全数检查。

检查方法：观察检查。

规定目的是为了防止水中的杂物堵塞喷头，影响喷头喷水灭火效果。目前小口径喷头在我国还用得很少，小口径低水压的产品很有开发和推广应用价值，有关方面将积极开展这方面的研究工作。

5.2.8 当喷头溅水盘高于附近梁底或高于宽度小于1.2m的通风管道、排管、桥架腹面时，喷头溅水盘高于梁底、通风管道、排管、桥架腹面的最大垂直距离应符合表5.2.8-1～

表 5.2.8-7（本书表 7.5.4～表 7.5.10）的规定［图 5.2.8（本书图 7.5.1）］。

检查数量：全数检查。

检查方法：尺量检查。

喷头溅水盘高于梁底、通风管道腹面的最大垂直距离（直立与下垂喷头）　**表 7.5.4**

喷头与梁、通风管道、排管、桥架的水平距离 a（mm）	喷头溅水盘高于梁底、通风管道、排管、桥架腹面的最大垂直距离 b（mm）	喷头与梁、通风管道、排管、桥架的水平距离 a（mm）	喷头溅水盘高于梁底、通风管道、排管、桥架腹面的最大垂直距离 b（mm）
$a<300$	0	$900\leqslant a<1200$	300
$300\leqslant a<600$	90	$1200\leqslant a<1500$	420
$600\leqslant a<900$	190	$a\geqslant1500$	460

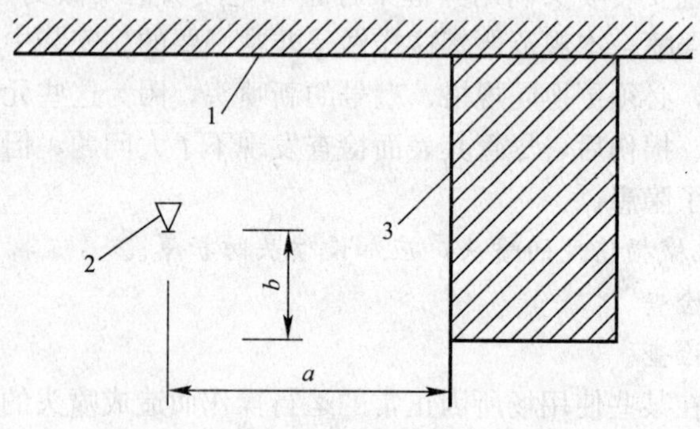

图 7.5.1　喷头与梁等障碍物的距离

1—天花板或屋顶；2—喷头；3—障碍物

喷头溅水盘高于梁底、通风管道腹面的最大垂直距离（边墙型喷头，与障碍物平行）

表 7.5.5

喷头与梁、通风管道、排管、桥架的水平距离 a（mm）	喷头溅水盘高于梁底、通风管道、排管、桥架腹面的最大垂直距离 b（mm）	喷头与梁、通风管道、排管、桥架的水平距离 a（mm）	喷头溅水盘高于梁底、通风管道、排管、桥架腹面的最大垂直距离 b（mm）
$a<150$	25	$1050\leqslant a<1350$	250
$150\leqslant a<450$	80	$1350\leqslant a<1650$	320
$450\leqslant a<750$	150	$1650\leqslant a<1950$	380
$750\leqslant a<1050$	200	$1950\leqslant a<2250$	440

喷头溅水盘高于梁底、通风管道腹面的最大垂直距离（边墙型喷头，与障碍物垂直）

表 7.5.6

喷头与梁、通风管道、排管、桥架的水平距离 a（mm）	喷头溅水盘高于梁底、通风管道、排管、桥架腹面的最大垂直距离 b（mm）	喷头与梁、通风管道、排管、桥架的水平距离 a（mm）	喷头溅水盘高于梁底、通风管道、排管、桥架腹面的最大垂直距离 b（mm）
$a<1200$	不允许	$1800\leqslant a<2100$	150
$1200\leqslant a<1500$	25	$2100\leqslant a<2400$	230
$1500\leqslant a<1800$	80	$a\geqslant2400$	360

喷头溅水盘高于梁底、通风管道腹面的最大垂直距离（扩大覆盖面直立与下垂喷头）

表 7.5.7

喷头与梁、通风管道、排管、桥架的水平距离 a（mm）	喷头溅水盘高于梁底、通风管道、排管、桥架腹面的最大垂直距离 b（mm）	喷头与梁、通风管道、排管、桥架的水平距离 a（mm）	喷头溅水盘高于梁底、通风管道、排管、桥架腹面的最大垂直距离 b（mm）
$a<450$	0	$1350\leqslant a<1800$	180
$450\leqslant a<900$	25	$1800\leqslant a<2250$	280
$900\leqslant a<1350$	125	$a\geqslant 2250$	360

喷头溅水盘高于梁底、通风管道腹面的最大垂直距离（扩大覆盖面边墙型喷头）

表 7.5.8

喷头与梁、通风管道、排管、桥架的水平距离 a（mm）	喷头溅水盘高于梁底、通风管道、排管、桥架腹面的最大垂直距离 b（mm）	喷头与梁、通风管道、排管、桥架的水平距离 a（mm）	喷头溅水盘高于梁底、通风管道、排管、桥架腹面的最大垂直距离 b（mm）
$a<2440$	不允许	$3960\leqslant a<4270$	150
$2440\leqslant a<3050$	25	$4270\leqslant a<4570$	180
$3050\leqslant a<3350$	50	$4570\leqslant a<4880$	230
$3350\leqslant a<3660$	75	$4880\leqslant a<5180$	280
$3660\leqslant a<3960$	100	$a\geqslant 5180$	360

喷头溅水盘高于梁底、通风管道腹面的最大垂直距离（大水滴喷头）　　表 7.5.9

喷头与梁、通风管道、排管、桥架的水平距离 a（mm）	喷头溅水盘高于梁底、通风管道、排管、桥架腹面的最大垂直距离 b（mm）	喷头与梁、通风管道、排管、桥架的水平距离 a（mm）	喷头溅水盘高于梁底、通风管道、排管、桥架腹面的最大垂直距离 b（mm）
$a<300$	0	$1200\leqslant a<1500$	460
$300\leqslant a<600$	80	$1500\leqslant a<1800$	660
$600\leqslant a<900$	200	$a\geqslant 1800$	790
$900\leqslant a<1200$	300		

喷头溅水盘高于梁底、通风管道腹面的最大垂直距离（ESFR 喷头）　　表 7.5.10

喷头与梁、通风管道、排管、桥架的水平距离 a（mm）	喷头溅水盘高于梁底、通风管道、排管、桥架腹面的最大垂直距离 b（mm）	喷头与梁、通风管道、排管、桥架的水平距离 a（mm）	喷头溅水盘高于梁底、通风管道、排管、桥架腹面的最大垂直距离 b（mm）
$a<300$	0	$1200\leqslant a<1500$	460
$300\leqslant a<600$	80	$1500\leqslant a<1800$	660
$600\leqslant a<900$	200	$a\geqslant 1800$	790
$900\leqslant a<1200$	300		

5.2.9　当梁、通风管道、排管、桥架宽度大于 1.2m 时，增设的喷头应安装在其腹面以下部位。

检查数量：全数检查。

检查方法：观察检查。

5.2.10 当喷头安装在不到顶的隔断附近时，喷头与隔断的水平距离和最小垂直距离应符合表 5.2.10-1～表 5.2.10-3（本书表 7.5.11～表 7.5.13）的规定［图 5.2.10（本书图 7.5.2)］。

检查数量：全数检查。

检查方法：尺量检查。

喷头与隔断的水平距离和最小垂直距离（直立与下垂喷头） **表 7.5.11**

喷头与隔断的水平距离 a（mm）	喷头与隔断的最小垂直距离 b（mm）	喷头与隔断的水平距离 a（mm）	喷头与隔断的最小垂直距离 b（mm）
$a<150$	75	$450\leqslant a<600$	320
$150\leqslant a<300$	150	$600\leqslant a<750$	390
$300\leqslant a<450$	240	$a\geqslant 750$	460

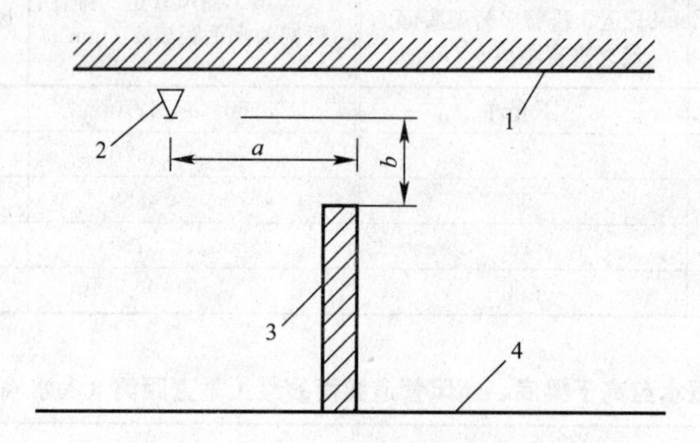

图 7.5.2 喷头与隔断障碍物的距离

1—天花板或屋顶；2—喷头；3—障碍物；4—地板

喷头与隔断的水平距离和最小垂直距离（扩大覆盖面喷头） **表 7.5.12**

喷头与隔断的水平距离 a（mm）	喷头与隔断的最小垂直距离 b（mm）	喷头与隔断的水平距离 a（mm）	喷头与隔断的最小垂直距离 b（mm）
$a<150$	80	$450\leqslant a<600$	320
$150\leqslant a<300$	150	$600\leqslant a<750$	390
$300\leqslant a<450$	240	$a\geqslant 750$	460

喷头与隔断的水平距离和最小垂直距离（大水滴喷头） **表 7.5.13**

喷头与隔断的水平距离 a（mm）	喷头与隔断的最小垂直距离 b（mm）	喷头与隔断的水平距离 a（mm）	喷头与隔断的最小垂直距离 b（mm）
$a<150$	40	$450\leqslant a<600$	130
$150\leqslant a<300$	80	$600\leqslant a<750$	140
$300\leqslant a<450$	100	$750\leqslant a<900$	150

表 7.5.4～表 7.5.13 中数据采用了 NFPA 13（2002 年版）相关条文的规定，分别适用于不同类型的喷头。当喷头靠近梁、通风管道、排管、桥架、不到顶的隔断安装时，应尽量减小这些障碍物对其喷水灭火效果的影响。这些情况是近年来工程上经常遇到的较普遍的问题，过去解决这些问题的方式也是五花八门，实际上是施工单位各行其便，其后果

是不好的，将影响喷水灭火效果，造成不必要的损失。

5.3 报警阀组安装

主控项目

5.3.1 报警阀组的安装应在供水管网试压、冲洗合格后进行。安装时应先安装水源控制阀、报警阀，然后进行报警阀辅助管道的连接。水源控制阀、报警阀与配水干管的连接，应使水流方向一致。报警阀组安装的位置应符合设计要求；当设计无要求时，报警阀组应安装在便于操作的明显位置，距室内地面高度宜为1.2m；两侧与墙的距离不应小于0.5m；正面与墙的距离不应小于1.2m；报警阀组凸出部位之间的距离不应小于0.5m。安装报警阀组的室内地面应有排水设施。

检查数量：全数检查。

检查方法：检查系统试压、冲洗记录表，观察检查和尺量检查。

对报警阀组的安装程序、安装条件和安装位置提出了要求，作了明确规定。

报警阀组是自动喷水灭火系统的关键组件之一，它在系统中起着启动系统、确保灭火用水畅通、发出报警信号的关键作用。过去不少工程在施工时出现报警阀与水源控制阀位置随意调换、报警阀方向与水源水流方向装反、辅助管道紊乱等情况，其结果是报警阀组不能工作、系统调试困难，使系统不能发挥作用。对安装位置的要求，主要是根据报警阀组的工作特点——便于操作和便于维修的原则而作出的规定。因为常用的自动喷水灭火系统在启动喷水灭火后，一般要由保卫人员在确认火灾被扑灭后关闭水源控制阀，以防止后继水害发生。有的工程为了施工方便而不择位置，将报警阀组安装在不易寻找和操作不便的位置，发生火灾后既不易及时得到报警信号，灭火后又不利于断水和维修检查，其教训是深刻的。本条规定还强调了在安装报警阀组的室内应采取相应的排水措施，主要是因为系统功能检查、检修需较大量放水而提出的。放水能及时排走既便于工作，也可保护报警阀组的电器或其他组件因环境潮湿而造成不必要的损害。

5.3.2 报警阀组附件的安装应符合下列要求：

1 压力表应安装在报警阀上便于观测的位置。

检查数量：全数检查。

检查方法：观察检查。

2 排水管和试验阀应安装在便于操作的位置。

检查数量：全数检查。

检查方法：观察检查。

3 水源控制阀安装应便于操作，且应有明显开闭标志和可靠的锁定设施。

检查数量：全数检查。

检查方法：观察检查。

4 在报警阀与管网之间的供水干管上，应安装由控制阀、检测供水压力、流量用的仪表及排水管道组成的系统流量压力检测装置，其过水能力应与系统过水能力一致；干式报警阀组、雨淋报警阀组应安装检测时水流不进入系统管网的信号控制阀门。

检查数量：全数检查。

检查方法：观察检查。

对报警阀的附件安装要求作了规定，这里所指的附件是各种报警阀均需的通用附件。

压力表是报警阀组必须安装的测试仪表，它的作用是监测水源和系统水压，安装时除要确保密封外，主要要求其安装位置应便于观测，系统管理维护人员能随时方便地观测水源和系统的工作压力是否符合要求。排水管和试验阀是自动喷水灭火系统检修、检测系统主要报警装置功能是否正常的两种常用附件，其安装位置必须便于操作，以保证日常检修、试验工作的正常进行。水源控制阀是控制喷水灭火系统供水的开、关阀，安装时既要确保操作方便，又要有开、闭位置的明显标志，它的开启位置是决定系统在喷水灭火时消防用水能否畅通，从而满足要求的关键。在系统调试合格后，系统处于准工作状态时，水源控制阀应处于全开的常开状态，为防止意外和人为关闭控制阀的情况发生，水源控制阀必须设置可靠的锁定装置将其锁定在常开位置；同时还宜设置指示信号设施与消防控制中心或保卫值班室连通，一旦水源控制阀被关闭应及时发出报警信号，值班人员应及时检查原因并使其处于正常状态。在实际应用中，各地曾多次发生因水源控制阀被关闭，当火灾发生时，系统的喷头和控制设备全部正常启动，但管网无水，系统不能发挥灭火功能而造成较大损失，此类事故是应当杜绝的。本规范实施几年来，各地反映较多的问题是，不少工程由于没有设计和安装调试、检测用的阀门和管路，系统调试和检测无法进行。遇到此类工程，一般都是利用末端试水装置进行试验，利用试验结果进行推理式判断，无法测得科学实际的技术数据。这里应指出的是，消防界人士十余年来对末端试水装置存在着夸大其功能的认识误区，普遍认为通过末端试水装置可以检测系统动作功能、系统供水能力、最不利点喷头的压力等，这是造成一般不设计调试、检测试验管道及阀门的一个主要原因。末端试水装置，至今没有统一的标准结构和设计技术要求，设计、安装单位的习惯经验做法是其结构由阀门、压力表、流量测试仪表（标准放水口或流量计）和管道组成，管道一般是用管径为25mm、32mm、40mm的镀锌钢管。开启末端试水装置进行试验时，测试得到的压力和流量数据，只是在测试位置处的流量和压力数据，并没有经验公式能利用此数据科学推算出系统供水能力（压力、流量），更不能判断系统的最不利点压力是否符合设计要求。末端试水装置的真正功能是检验系统启动、报警和利用系统启动后的特性参数组成联动控制装置等的功能是否正常。为使系统调试、检测、消防水泵启动运行试验能按规范要求进行，必须在系统中安装检测试验装置。当自动喷水灭火系统为湿式系统时，检测试验装置后的系统主干管上的控制阀不需要安装紧挨FS的控制阀。

5.3.3 湿式报警阀组的安装应符合下列要求：

1 应使报警阀前后的管道中能顺利充满水；压力波动时，水力警铃不应发生误报警。

检查数量：全数检查。

检查方法：观察检查和开启阀门以小于一个喷头的流量放水。

2 报警水流通路上的过滤器应安装在延迟器前，且便于排渣操作的位置。

检查数量：全数检查。

检查方法：观察检查。

对湿式报警阀组的安装要求作了规定。

湿式报警阀组是自动喷水湿式灭火系统两大关键组件之一。湿式灭火系统因为结构简单、灭火成功率高、成本低、维护简便等优点，是应用最广泛的一种。国外资料报道，湿式系统的应用约占所有自动喷水灭火系统的85%以上；据调查，我国近年来湿式系统的应用约在95%以上。湿式系统应用如此广泛，确保其安装质量就更加重要。

湿式系统在准工作状态时，其报警阀前后管道中均应充满设计要求的压力水，能否顺利充满水，而且在水源压力波动时不发生误报警，是湿式报警阀安装的最基本的要求。湿式报警阀的内部结构特点可以说是一个止回阀和一个在阀瓣开启时能报警的两种作用合为一体的阀门。工程中曾多次发现把报警阀方向装反，辅助功能管件乱装，安装位置及安装时操作不当，致使阀瓣在工作条件下不能正常开启和严密关闭等情况，调试时既不能顺利充满水，使用中压力波动时又经常发生误报警。遇到这类情况，必须经过重装、调整，使其达到要求。报警水流通路上的过滤器是为防止水源中的杂质流入水力警铃堵塞报警进水口，其位置应装在延迟器前，且便于排渣操作。其目的是为了使用中能随时方便地排出沉积渣子，以减小水流阻力，有利于水力警铃报警达到迅速、准确和规定的声响要求。

5.3.4 干式报警阀组的安装应符合下列要求：

1 应安装在不发生冰冻的场所。

2 安装完成后，应向报警阀气室注入高度为50～100mm的清水。

3 充气连接管接口应在报警阀气室充注水位以上部位，且充气连接管的直径不应小于15mm；止回阀、截止阀应安装在充气连接管上。

检查数量：全数检查。

检查方法：观察检查和尺量检查。

4 气源设备的安装应符合设计要求和国家现行有关标准的规定。

5 安全排气阀应安装在气源与报警阀之间，且应靠近报警阀。

检查数量：全数检查。

检查方法：观察检查。

6 加速器应安装在靠近报警阀的位置，且应有防止水进入加速器的措施。

检查数量：全数检查。

检查方法：观察检查。

7 低气压预报警装置应安装在配水干管一侧。

检查数量：全数检查。

检查方法：观察检查。

8 下列部位应安装压力表：

1）报警阀充水一侧和充气一侧；

2）空气压缩机的气泵和储气罐上；

3）加速器上。

检查数量：全数检查。

检查方法：观察检查。

9 管网充气压力应符合设计要求。

对干式报警阀组的安装要求作了规定。这些规定主要参考了NFPA 13自动喷水灭火系统的相关要求，并结合国内实际制定的。

对干式报警阀组安装场所的要求。干式报警阀组是自动喷水干式灭火系统的主要组件，干式灭火系统适用环境温度低于4℃和高于70℃的场所，低温时系统使用场所可能发生冰冻，因此干式报警阀组应安装在不发生冰冻的场所。主要是因为干式报警阀组处于伺服状态时，水源侧的管网内是充满水的，另外干式阀系统侧即气室，为确保其气密性一般也充有设计要求的密封用水。如干式阀的安装场所发生冰冻，干式阀充水部位就可能发生冰冻，尤其是干式阀气室一侧的密封用水较易发生冰冻，轻者影响阀门的开启，严重的则可能使干式阀遭到破坏。

为了确保干式阀的密封性，也可防止因水压波动，水源一侧的压力水进入气室。规定最低高度，主要是确保密封性的下限，其最高水位线不得影响干式阀（差压式）的动作灵敏度。

本条还对干式系统管网内充气的气源、气源设备、充气连接管道等的安装提出了要求。充气管应在充注水位以上部位接入，其目的是要尽量减少充入管网中气体的湿度，另外也是为了防止充入管网中的气体所含水分凝聚后，堵住充气口。充气管道直径和止回阀、截止阀安装位置要求的目的是在尽量减小充气阻力、满足充气速度要求的前提下，尽可能采用较小管径以便于安装。阀门位置要求，主要是为便于调节控制充气速度和充气压力，防止意外。安装止回阀的目的是稳定、保持管网内的气压，减小充气冲击。

加速器的作用，是火灾发生时干式系统喷头动作后，应尽快排出管网中的气体，使干式阀尽快动作，水源水顺利、快速地进入供水管网喷水灭火。其安装位置应靠近干式阀，可加快干式阀的启动速度，并应注意防止水进入加速器，以免影响其功能。

低气压预报警装置的作用是在充气管网内气压接近最低压力值时发出报警信号，提醒管理人员及时给管网充气，否则管网空气气压再下降将可能使干式阀开启，水源的压力水进入管网，这种情况在干式系统处于准工作状态时，保护场所未发生火灾的情况下是绝不允许发生的，如发生此种情况必须采取有效的排水措施，将管网内水排出至干式阀气室侧预充密封水位，否则将可能发生冰冻和不能给管网充气，使干式系统不能处于正常的准工作状态，发生火灾时不能及时动作喷水灭火，造成不必要的损失。

本条对干式报警阀组上安装压力表的部位作了规定。这些规定是根据干式报警阀组的结构特点，工作条件要求，应对其水源水压、管网内气压、气源气压等进行观测而提出的。各部位压力值符合设计要求与否，是检查判定干式报警阀组是否处于准工作状态和正常的工作状态的主要技术参数。

5.3.5 雨淋阀组的安装应符合下列要求：

1 雨淋阀组可采用电动开启、传动管开启或手动开启，开启控制装置的安装应安全可靠。水传动管的安装应符合湿式系统有关要求。

2 预作用系统雨淋阀组后的管道若需充气，其安装应按干式报警阀组有关要求进行。

3 雨淋阀组的观测仪表和操作阀门的安装位置应符合设计要求，并应便于观测和操作。

检查数量：全数检查。

检查方法：观察检查。

4 雨淋阀组手动开启装置的安装位置应符合设计要求，且在发生火灾时应能安全开启和便于操作。

检查数量：全数检查。

检查方法：对照图纸观察检查和开启阀门检查。

5 压力表应安装在雨淋阀的水源一侧。

检查数量：全数检查。

检查方法：观察检查。

对雨淋阀组的安装要求作了规定。雨淋阀组是雨淋系统、喷雾系统、水幕系统、预作用系统的重要组件。雨淋阀组的安装质量，是这些系统在发生火灾时能否正常启动发挥作用的关键，施工中应极其重视。

本条规定主要是针对组成预作用系统的雨淋报警阀组。预作用系统平时在雨淋阀以后的系统管网中可以充一定压力的压缩空气或其他惰性气体，也可以是空管，这主要由设计和使用部门根据使用现场条件来确定。对要求要充气的，雨淋阀组的准工作状态条件和启动原理与干式报警阀组基本相同，其安装要求按干式报警阀组要求即可保证质量。

雨淋阀组组成的雨淋系统、喷雾系统等一般都是用在火灾危险较大、发生火灾后蔓延速度快及其他有特殊要求的场所。一旦使用场所发生火灾则要求启动速度越快越好，因此传导管网的安装质量是确保雨淋阀安全可靠开启的关键。雨淋阀的开启方式一般采用电动、传导管启动、手动几种。电动启动一般是用电磁阀或电动阀作启动执行元件，由火灾报警控制器控制自动启动或手动直接控制启动；传导管启动是用闭式喷头或其他可探测火警的简易结构装置作执行元件启动阀门；手动控制可用电磁阀、电动阀和快开阀作启动执行元件，由操作者控制启动。利用何种执行元件，根据保护场所情况由设计决定。上述几种启动方式的执行元件与雨淋阀门启动室连接，均是用内充设计要求压力水的传导管，尤其是传导管启动方式和机械式的手动启动，其传导管一般较长，布置也较复杂，其准工作状态近似于湿式系统管网状态，安装要求按湿式系统要求是可行的。

本条规定还考虑在使用场所发生火灾后，雨淋阀应操作方便、开启顺利并保障操作者安全。过去有些场所安装手动装置时，对安装位置的问题未引起重视，随意安装。当使用场所发生火灾后，由于操作不便或人员无法接近而不能及时顺利开启雨淋阀启动系统扑灭火灾，结果造成不必要的财产损失和人员伤亡。因此本规范规定雨淋阀组手动装置安装应达到操作方便和火灾时操作人员能安全操作的要求。

5.4 其他组件安装

主控项目

5.4.1 水流指示器的安装应符合下列要求：

1 水流指示器的安装应在管道试压和冲洗合格后进行，水流指示器的规格、型号应符合设计要求。

检查数量：全数检查。

检查方法：对照图纸观察检查和检查管道试压和冲洗记录。

2 水流指示器应使电器元件部位竖直安装在水平管道上侧，其动作方向应和水流方向一致；安装后的水流指示器桨片、膜片应动作灵活，不应与管壁发生碰擦。

检查数量：全数检查。

检查方法：观察检查和开启阀门放水检查。

对水流指示器的安装程序、安装位置、安装技术要求等作了明确规定。

水流指示器是一种由管网内水流作用启动、能发出电讯号的组件，常用于湿式灭火系统中，作电报警设施和区域报警用。

本条规定水流指示器安装应在管道试压、冲洗合格后进行，是为避免试压和冲洗对水流指示器动作机构造成损伤，影响功能。其规格应与安装管道匹配，因为水流指示器安装在系统的供水管网内的管道上，避免水流管道出现通水面积突变而增大阻力和出现气囊等不利现象发生。

水流指示器的作用原理目前主要是采用浆片或膜片感知水流的作用力而带动传动轴动作，开启信号机构发出讯号。为提高灵敏度，其动作机构的传动部位设计制作要求较高。所以在安装时要求电器元件部位水平向上安装在水平管段上，防止管道凝结水滴入电器部位，造成损坏。

5.4.2 控制阀的规格、型号和安装位置均应符合设计要求；安装方向应正确，控制阀内应清洁、无堵塞、无渗漏；主要控制阀应加设启闭标志；隐蔽处的控制阀应在明显处设有指示其位置的标志。

检查数量：全数检查。

检查方法：观察检查。

对自动喷水灭火系统中所使用的各种控制阀门的安装要求作了规定。

控制阀门的规格、型号和安装位置应严格按设计要求，安装方向正确，安装后的阀门应处于要求的正常工作位置状态。特别强调了主控制阀应设置启闭标志，便于随时检查控制阀是否处于要求的启闭位置，以防意外。对安装在隐蔽处的控制阀，应在外部作指示其位置的标志，以便需要开、关此阀时，能及时准确地找出其位置，作应急操作。在以往的工程中，忽视了这个问题，尤其是有些要求较高和系统控制面积又较大的场所，为了美观，系统安装后，装修时将阀门封闭在隐蔽处，发生火灾或其他事故后，需及时关闭阀门，因未作标志，花很多时间也找不到阀门位置，结果造成不必要的损失。今后在施工中，必须对此引起高度重视。

5.4.3 压力开关应竖直安装在通往水力警铃的管道上，且不应在安装中拆装改动。管网上的压力控制装置的安装应符合设计要求。

检查数量：全数检查。

检查方法：观察检查。

对压力开关和压力控制装置的安装位置作了规定。

压力开关是自动喷水灭火系统中常采用的一种较简便的能发出电信号的组件。常与水力警铃配合使用，互为补充，在感知喷水灭火系统启动后，水力报警的水流压力启动发出报警信号。系统除利用它发出电讯号报警外，也可利用它与时间继电器组成消防泵自动启动装置。安装时除严格按使用说明书要求外，应防止随意拆装，以免影响其性能。其安装形式无论现场情况如何都应竖直安装在水力报警水流通路的管道上，应尽量靠近报警阀，以利于启动。

同时，压力开关控制稳压泵，电接点压力表控制消防气压给水设备时，这些压力控制装置的安装应符合设计的要求。

5.4.4 水力警铃应安装在公共通道或值班室附近的外墙上，且应安装检修、测试用的阀门。水力警铃和报警阀的连接应采用热镀锌钢管，当镀锌钢管的公称直径为20mm时，其长度不宜大于20m；安装后的水力警铃启动时，警铃声强度应不小于70dB。

检查数量：全数检查。

检查方法：观察检查、尺量检查和开启阀门放水，水力警铃启动后检查压力表的数值。

对水力警铃的安装位置、辅助设施的设置、传导管道的材质、公称直径、长度等作了规定。

水力警铃是各种类型的自动喷水灭火系统均需配备的通用组件。它是一种在使用中不受外界条件限制和影响，当使用场所发生火灾、自动喷水灭火系统启动后，能及时发出声响报警的安全可靠的报警装置。水力警铃安装总的要求是：保证系统启动后能及时发出设计要求的声强强度的声响报警，其报警能及时被值班人员或保护场所内其他人员发现，平时能够检测水力报警装置功能是否正常。

本条规定内容和要求与设计规范是一致的，考虑到水力警铃的重要作用和通用性，本规范再作明确规定，利于执行和保证安装质量。

5.4.5 末端试水装置和试水阀的安装位置应便于检查、试验，并应有相应排水能力的排水设施。

检查数量：全数检查。

检查方法：观察检查。

末端试水装置是自动喷水灭火系统使用中可检测系统总体功能的一种简易可行的检测试验装置。在湿式、预作用系统中均要求设置。末端试水装置一般由连接管、压力表、控制阀及排水管组成，有条件的也可采用远传压力、流量测试装置和电磁阀组成。总的安装要求是便于检查、试验，检测结果可靠。

关于末端试水装置处应安装排水装置的规定，是根据目前国内相当部分工程施工时，因没安装排水装置，使用时无法操作，有的甚至连位置都找不到，形同虚设。因此作出此规定。

一般项目

5.4.6 信号阀应安装在水流指示器前的管道上，与水流指示器之间的距离不宜小于300mm。

检查数量：全数检查。

检查方法：观察检查和尺量检查。

规定主要是针对自动喷水灭火系统区域控制中同时使用信号阀和水流指示器而言的，这些要求是为了便于检查两种组件的工作情况和便于维修与更换。

5.4.7 排气阀的安装应在系统管网试压和冲洗合格后进行；排气阀应安装在配水干管顶部、配水管的末端，且应确保无渗漏。

检查数量：全数检查。

检查方法：观察检查和检查管道试压和冲洗记录。

对自动排气阀的安装要求作了规定。

自动排气阀是湿式系统上设置的能自动排出管网内气体的专用产品。在湿式系统调试充水过程中，管网内的气体将被自然驱压到最高点，自动排气阀能自动将这些气体排出，当充满水后，该阀会自动关闭。因其排气孔较小、阀塞等零件较精密，为防止损坏和堵塞，自动排气阀应在系统管网冲洗、试压合格后安装，其安装位置应是管网内气体最后集聚处。

5.4.8 节流管和减压孔板的安装应符合设计要求。

检查数量：全数检查。

检查方法：对照图纸观察检查和尺量检查。

减压孔板和节流装置是使自动喷水灭火系统某一局部水压符合规范要求而常采用的压力调节设施。目前国内外已开发了应用方便、性能可靠的自动减压阀，其作用与减压孔板和节流装置相同，安装设置要求与设计规范规定是一致的。

5.4.9 压力开关、信号阀、水流指示器的引出线应用防水套管锁定。

检查数量：全数检查。

检查方法：观察检查。

是为了防止压力开关、信号阀、水流指示器的引出线进水，影响其性能。

5.4.10 减压阀的安装应符合下列要求：

1 减压阀安装应在供水管网试压、冲洗合格后进行。

检查数量：全数检查。

检查方法：检查管道试压和冲洗记录。

2 减压阀安装前应检查：其规格型号应与设计相符；阀外控制管路及导向阀各连接件不应有松动；外观应无机械损伤，并应清除阀内异物。

检查数量：全数检查。

检查方法：对照图纸观察检查和手扳检查。

3 减压阀水流方向应与供水管网水流方向一致。

检查数量：全数检查。

检查方法：观察检查。

4 应在进水侧安装过滤器，并宜在其前后安装控制阀。

检查数量：全数检查。

检查方法：观察检查。

5 可调式减压阀宜水平安装，阀盖应向上。

检查数量：全数检查。

检查方法：观察检查。

6 比例式减压阀宜垂直安装；当水平安装时，单呼吸孔减压阀其孔口应向下，双呼吸孔减压阀其孔口应呈水平位置。

检查数量：全数检查。

检查方法：观察检查。

7 安装自身不带压力表的减压阀时，应在其前后相邻部位安装压力表。

检查数量：全数检查。

检查方法：观察检查。

对可调式减压阀、比例式减压阀的安装程序和安装技术要求作了具体规定。改革开放以来，我国基本建设发展很快，近年来，各种高层、多功能式的建筑越来越多，为满足这些建筑对给排水系统的需求，给排水领域的新产品开发速度很快，尤其是专用阀门，如减压阀、新型泄压阀和止回阀等。这些新产品开发成功后，很快在工程中得到推广应用。在自动喷水灭火系统工程中也已采用，纳入规范是适应国内技术发展和工程需要的。

本条规定，减压阀安装应在系统供水管网试压、冲洗合格后进行，主要是为防止冲洗时对减压阀内部结构造成损伤、同时避免管道中杂物堵塞阀门，影响其功能。对减压阀在安装前应做的主要技术准备工作提出了要求，其目的是防止把不符合设计要求和自身存在质量隐患的阀门安装在系统中，避免工程返工，消除隐患。

减压阀的性能要求水流方向是不能变的。比例式减压阀，如果水流方向改变了，则把减压变成了升压；可调式减压阀如果水流方向反了，则不能工作，减压阀变成了止回阀，因此安装时必须严格按减压阀指示的方向安装，并要求在减压阀进水侧安装过滤网，防止管网中杂物流进减压阀内，堵塞减压阀先导阀通路，或者沉积于减压阀内活动件上，影响其动作，造成减压阀失灵。减压阀前后安装控制阀，主要是便于维修和更换减压阀，在维修、更换减压阀时，减少系统排水时间和停水影响范围。

可调式减压阀的导阀，阀门前后压力表均在阀门阀盖一侧，为便于调试、检修和观察压力情况，安装时阀盖应向上。

比例式减压阀的阀芯为柱体活塞式结构，工作时定位密封是靠阀芯外套的橡胶密封圈与阀体密封的。垂直安装时，阀芯与阀体密封接触面和受力较均匀，有利于确保其工作性能的可靠性和延长使用寿命。如水平安装，其阀芯与阀体中由于重力的原因，易造成下部接触较紧，增加摩擦阻力，影响其减压效果和使用寿命。如水平安装时，单呼吸孔应向下，双呼吸孔应成水平、主要是防止外界杂物堵塞呼吸孔，影响其性能。

安装压力表，主要为了调试时能检查减压阀的减压效果，使用中可随时检查供水压力，减压阀减压后的压力是否符合设计要求，即减压阀工作状态是否正常。

5.4.11 多功能水泵控制阀的安装应符合下列要求：

1 安装应在供水管网试压、冲洗合格后进行。

检查数量：全数检查。

检查方法：检查管道试压和冲洗记录。

2 在安装前应检查：其规格型号应与设计相符；主阀各部件应完好；紧固件应齐全，无松动；各连接管路应完好，接头紧固；外观应无机械损伤，并应清除阀内异物。

检查数量：全数检查。

检查方法：对照图纸观察检查和手扳检查。

3 水流方向应与供水管网水流方向一致。

检查数量：全数检查。

检查方法：观察检查。

4 出口安装其他控制阀时应保持一定间距，以便于维修和管理。

检查数量：全数检查。

检查方法：观察检查。

5 宜水平安装，且阀盖向上。

检查数量：全数检查。

检查方法：观察检查。

6 安装自身不带压力表的多功能水泵控制阀时，应在其前后相邻部位安装压力表。

检查数量：全数检查。

检查方法：观察检查。

7 进口端不宜安装柔性接头。

检查数量：全数检查。

检查方法：观察检查。

对多功能水泵控制阀的安装程序和安装技术要求作了具体规定。

本条规定，多功能水泵控制阀安装应在系统供水管网试压、冲洗合格后进行，主要是为防止冲洗时对多功能水泵控制阀内部结构造成损伤，同时避免管道中杂物堵塞阀门，影响其功能。对多功能水泵控制阀在安装前应做的主要技术准备工作提出了要求，其目的是防止把不符合设计要求和自身存在质量隐患的阀门安装在系统中，避免工程返工，消除隐患。

多功能水泵控制阀的性能要求水流方向是不能变的，因此安装时，应严格按多功能水泵控制阀指示的方向安装。

为便于调试、检修和观察压力情况，多功能水泵控制阀在安装时阀盖宜向上。

5.4.12 倒流防止器的安装应符合下列要求：

1 应在管道冲洗合格以后进行。

检查数量：全数检查。

检查方法：检查管道试压和冲洗记录。

2 不应在倒流防止器的进口前安装过滤器或者使用带过滤器的倒流防止器。

检查数量：全数检查。

检查方法：观察检查。

3 宜安装在水平位置，当竖直安装时，排水口应配备专用弯头。倒流防止器宜安装在便于调试和维护的位置。

检查数量：全数检查。

检查方法：观察检查。

4 倒流防止器两端应分别安装闸阀，而且至少有一端应安装挠性接头。

检查数量：全数检查。

检查方法：观察检查。

5 倒流防止器上的泄水阀不宜反向安装，泄水阀应采取间接排水方式，其排水管不应直接与排水管（沟）连接。

检查数量：全数检查。

检查方法：观察检查。

6 安装完毕后，首次启动使用时，应关闭出水闸阀，缓慢打开进水闸阀。待阀腔充满水后，缓慢打开出水闸阀。

检查数量：全数检查。

检查方法：观察检查。

对倒流防止器的安装作了规定。

管道冲洗以后安装可以减少不必要的麻烦。用在消防管网上的倒流防止器进口前不允许使用过滤器或者使用带过滤器的倒流防止器，是因为过滤器的网眼可能被水中的杂质堵塞而引起紧急情况下的供水中断。安装在水平位置，以便于泄放水顺利排干，必要时也允许竖直安装，但要求排水口配备专用弯头。倒流防止器上的泄水阀一般不允许反向安装，如果需要，应由有资质的技术工人完成，而且还应该保证合适的调试、维修的空间。安装完毕初步启动使用时，为了防止剧烈动作时的O形圈移位和内部组件的损伤，应按一定的步骤进行。

第六节 系统试压和冲洗

6.1 一般规定

6.1.1 管网安装完毕后，应对其进行强度试验、严密性试验和冲洗。

检查数量：全数检查。

检查方法：检查强度试验、严密性试验、冲洗记录表。

强度试验实际是对系统管网的整体结构、所有接口、承载管架等进行的一种超负荷考验。而严密性试验则是对系统管网渗漏程度的测试。实践表明，这两种试验都是必不可少的，也是评定其工程质量和系统功能的重要依据。管网冲洗，是防止系统投入使用后发生堵塞的重要技术措施之一。

6.1.2 强度试验和严密性试验宜用水进行。干式喷水灭火系统、预作用喷水灭火系统应做水压试验和气压试验。

检查数量：全数检查。

检查方法：检查水压试验和气压试验记录表。

水压试验简单易行，效果稳定可信。对于干式、干湿式和预作用系统来讲，投入实施运行后，既要长期承受带压气体的作用，火灾期间又要转换成临时高压水系统，由于水与空气或氮气的特性差异很大，所以只做一种介质的试验，不能代表另一种试验的结果。

在冰冻季节期间，对水压试验应慎重处理，这是为了防止水在管网内结冰而引起爆管事故。

6.1.3 系统试压完成后，应及时拆除所有临时盲板及试验用的管道，并应与记录核对无误，且应按本规范附录C表C.0.2的格式填写记录。

检查数量：全数检查。

检查方法：观察检查。

无遗漏地拆除所有临时盲板，是确保系统能正常投入使用所必须做到的。但当前不少施工单位往往忽视这项工作，结果带来严重后患，故强调必须与原来记录的盲板数量核对无误。按附录C.0.2填写自动喷水灭火系统试压记录表，这是必须具备的交工验收资料内容之一。

6.1.4 管网冲洗应在试压合格后分段进行。冲洗顺序应先室外，后室内；先地下，后地上；室内部分的冲洗应按配水干管、配水管、配水支管的顺序进行。

检查数量：全数检查。

检查方法：观察检查。

系统管网的冲洗工作如能按照此合理的程序进行，即可保证已被冲洗合格的管段，不致因对后面管段的冲洗而再次被弄脏或堵塞。室内部分的冲洗顺序，实际上是使冲洗水流方向与系统灭火时水流方向一致，可确保其冲洗的可靠性。

6.1.5 系统试压前应具备下列条件：

1 埋地管道的位置及管道基础、支墩等经复查应符合设计要求。

检查数量：全数检查。

检查方法：对照图纸观察、尺量检查。

2 试压用的压力表不应少于2只；精度不应低于1.5级，量程应为试验压力值的1.5～2倍。

检查数量：全数检查。

检查方法：观察检查。

3 试压冲洗方案已经批准。

4 对不能参与试压的设备、仪表、阀门及附件应加以隔离或拆除；加设的临时盲板应具有突出于法兰的边耳，且应做明显标志，并记录临时盲板的数量。

检查数量：全数检查。

检查方法：观察检查。

如果在试压合格后又发现埋地管道的坐标、标高、坡度及管道基础、支墩不符合设计要求而需要返工，势必造成返修完成后的再次试验，这是应该避免也是可以避免的。在整个试压过程中，管道的改变方向、分出支管部位和末端处所承受的推力约为其正常工作状况时的1.5倍，故必须达到设计要求才行。

对试压用压力表的精度、量程和数量的要求，系根据国家标准《工业金属管道工程施工规范》（GB 50235）的有关规定而定。

先编制出考虑周到、切实可行的试压冲洗方案，并经施工单位技术负责人审批，可以避免试压过程中的盲目性和随意性。试压应包括分段试验和系统试验，后者应在系统冲洗合格后进行。系统的冲洗应分段进行，事前的准备工作和事后的收尾工作，都必须有条不紊地进行，以防止任何疏忽大意而留下隐患。对不能参与试压的设备、仪表、阀门及附件应加以隔离或拆除，使其免遭损伤。要求在试压前记录下所加设的临时盲板数量，是为了避免在系统复位时，因遗忘而留下少数临时盲板，从而给系统的冲洗带来麻烦，一旦投入使用，其灭火效果更是无法保证。

6.1.6 系统试压过程中，当出现泄漏时，应停止试压，并应放空管网中的试验介质，消除缺陷后，重新再试。

带压进行修理，既无法保证返修质量，又可能造成部件损坏或发生人身安全事故及造成水害，这在任何管道工程的施工中都是绝对禁止的。

6.1.7 管网冲洗宜用水进行。冲洗前，应对系统的仪表采取保护措施。

检查数量：全数检查。

检查方法：观察检查。

水冲洗简单易行，费用低、效果好。系统的仪表若参与冲洗，往往会使其密封性遭到破坏或杂物沉积影响其性能。

6.1.8 冲洗前，应对管道支架、吊架进行检查，必要时应采取加固措施。

检查数量：全数检查。

检查方法：观察、手扳检查。

水冲洗时，冲洗水流速度可高达3m/s，对管网改变方向、引出分支管部位、管道末端等处，将会产生较大的推力，若支架、吊架的牢固性欠佳，即会使管道产生较大的位移、变形，甚至断裂。

6.1.9 对不能经受冲洗的设备和冲洗后可能存留脏物、杂物的管段，应进行清理。

检查数量：全数检查。

检查方法：观察检查。

若不对这些设备和管段采取有效的方法清洗，系统复位后，该部分所残存的污物便会污染整个管网，并可能在局部造成堵塞，使系统部分或完全丧失灭火功能。

6.1.10 冲洗直径大于100mm的管道时，应对其死角和底部进行敲打，但不得损伤管道。

冲洗大直径管道时，对死角和底部应进行敲打，目的是振松死角处和管道底部的杂质及沉淀物，使它们在高速水流的冲刷下呈漂浮状态而被带出管道。

6.1.11 管网冲洗合格后，应按本规范附录C表C.0.3的要求填写记录。

这是对系统管网的冲洗质量进行复查，检验评定其工程质量，也是工程交工验收所必须具备资料之一，同时应避免冲洗合格后的管道再造成污染。

6.1.12 水压试验和水冲洗宜采用生活用水进行，不得使用海水或含有腐蚀性化学物质的水。

检查数量：全数检查。

检查方法：观察检查。

采用符合生活用水标准的水进行冲洗，可以保证被冲洗管道的内壁不致遭受污染和腐蚀。

6.2 水压试验

主控项目

6.2.1 当系统设计工作压力等于或小于1.0MPa时，水压强度试验压力应为设计工作压力的1.5倍，并不应低于1.4MPa；当系统设计工作压力大于1.0MPa时，水压强度试验压力应为该工作压力加0.4MPa。

检查数量：全数检查。

检查方法：观察检查。

参照美国ANSI/NFPA 13相关条文，并结合现行国家规范的有关条文，规定出对系统水压强度试验压力值和试验时间的要求，以保证系统在实际灭火过程中能承受国家标准《自动喷水灭火系统设计规范》(GB 50084) 中规定的10m/s最大流速和1.20MPa最大工作压力。

6.2.2 水压强度试验的测试点应设在系统管网的最低点。对管网注水时，应将管网内的空气排净，并应缓慢升压，达到试验压力后，稳压30min后，管网应无泄漏、无变形，且压力降不应大于0.05MPa。

检查数量：全数检查。

检查方法：观察检查。

测试点选在系统管网的低点，可客观地验证其承压能力；若设在系统高点，则无形中提高了试验压力值，这样往往会使系统管网局部受损，造成试压失败。检查判定方法采用目测，简单易行，也是其他国家现行规范常用的方法。

6.2.3 水压严密性试验应在水压强度试验和管网冲洗合格后进行。试验压力应为设计工作压力，稳压24h，应无泄漏。

检查数量：全数检查。

检查方法：观察检查。

参照国家标准《工业金属管道工程施工规范》（GB 50235）有关条文和美国标准 NFPA 13 中的有关条文。已投入工作的一些系统表明，绝对无泄漏的系统是不存在的，但只要室内安装喷头的管网不出现任何明显渗漏，其他部位不超过正常漏水率，即可保证其正常的运行功能。

一般项目

6.2.4 水压试验时环境温度不宜低于5℃，当低于5℃时，水压试验应采取防冻措施。

检查数量：全数检查。

检查方法：用温度计检查。

环境温度低于5℃时，试压效果不好，如果没有防冻措施，便有可能在试压过程中发生冰冻，试验介质就会因体积膨胀而造成爆管事故。

6.2.5 自动喷水灭火系统的水源干管、进户管和室内埋地管道应在回填前单独或与系统一起进行水压强度试验和水压严密性试验。

检查数量：全数检查。

检查方法：观察和检查水压强度试验和水压严密性试验记录。

参照美国标准 NFPA 13 相关条文改写而成。系统的水源干管、进户管和室内地下管道，均为系统的重要组成部分，其承压能力、严密性均应与系统的地上管网等同，而此项工作常被忽视或遗忘，故需作出明确规定。

6.3 气压试验

主控项目

6.3.1 气压严密性试验压力应为0.28MPa，且稳压24h，压力降不应大于0.01MPa。

检查数量：全数检查。

检查方法：观察检查。

参照美国标准 NFPA 13 的相关规定。要求系统经历24h的气压考验，因漏气而出现的压力下降不超过0.01MPa，这样才能使系统为保持正常气压而不需要频繁地启动空气压缩机组。

一般项目

6.3.2 气压试验的介质宜采用空气或氮气。

检查数量：全数检查。

检查方法：观察检查。

空气或氮气作试验介质，既经济、方便，又安全可靠，且不会产生不良后果。实际施工现场大都采用压缩空气作试验介质。因氮气价格便宜，对金属管道内壁可起到保护作用，故对湿度较大的地区来说，采用氮气作试验介质，也是防止管道内壁锈蚀的有效措施。

6.4 冲洗

主控项目

6.4.1 管网冲洗的水流流速、流量不应小于系统设计的水流流速、流量；管网冲洗宜分区、分段进行；水平管网冲洗时，其排水管位置应低于配水支管。

检查数量：全数检查。

检查方法：使用流量计和观察检查。

水冲洗是自动喷水灭火系统工程施工中一个重要工序，是防止系统堵塞、确保系统灭火效率的措施之一。本规范制定和实施过程对水冲洗的方法和技术条件曾多次组织专题研讨、论证。原条文参照美国 NFPA 13 标准规定的水冲洗的水流流速不宜小于 3m/s 及相应流量。据调查，在规范实施中，实际工程基本上没有按此要求操作，其主要原因是现场条件不允许、搞专门的冲洗供水系统难度较大；一般工程均按系统设计流量进行冲洗，按此条件冲洗清出杂物合格后的系统，是能确保系统在应用中供水管网畅通，不发生堵塞。水压气动冲洗法因专用设备未上市，也未采用。本次修订该条规定应按系统的设计流量进行冲洗，是科学的，符合国内实际且便于实施。

6.4.2　管网冲洗的水流方向应与灭火时管网的水流方向一致。

检查数量：全数检查。

检查方法：观察检查。

明确水冲洗的水流方向，有利于确保整个系统的冲洗效果和质量，同时对安排被冲洗管段的顺序也较为方便。

6.4.3　管网冲洗应连续进行。当出口处水的颜色、透明度与入口处水的颜色、透明度基本一致时，冲洗方可结束。

检查数量：全数检查。

检查方法：观察检查。

与现行国家标准《工业金属管道工程施工规范》（GB 50235）中对管道水冲洗的结果要求和检验方法完全相同。

一般项目

6.4.4　管网冲洗宜设临时专用排水管道，其排放应畅通和安全。排水管道的截面面积不得小于被冲洗管道截面面积的 60%。

检查数量：全数检查。

检查方法：观察和尺量、试水检查。

从系统中排出的冲洗用水，应该及时而顺畅地进入临时专用排水管道，而不应造成任何水害。临时专用排水管道可以现场临时安装，也可采用消火栓水龙带作为临时专用排水管道。本条还对排放管道的截面面积有一定要求，这种要求与目前我国工业管道冲洗的相应要求是一致的。

6.4.5　管网的地上管道与地下管道连接前，应在配水干管底部加设堵头后，对地下管道进行冲洗。

检查数量：全数检查。

检查方法：观察检查。

6.4.6　管网冲洗结束后，应将管网内的水排除干净，必要时可采用压缩空气吹干。

检查数量：全数检查。

检查方法：观察检查。

系统冲洗合格后，及时将存水排净，有利于保护冲洗成果。如系统需经长时间才能投入使用，则应用压缩空气将其管壁吹干，并加以封闭，这样可以避免管内生锈或再次遭受污染。

第七节 系统调试

7.1 一般规定

7.1.1 系统调试应在系统施工完成后进行。

只有在系统已按照设计要求全部安装完毕、工序检验合格后，才可能全面、有效地进行各项调试工作。

7.1.2 系统调试应具备下列条件：

1 消防水池、消防水箱已储存设计要求的水量；

2 系统供电正常；

3 消防气压给水设备的水位、气压符合设计要求；

4 湿式喷水灭火系统管网内已充满水，干式、预作用喷水灭火系统管网内的气压符合设计要求，阀门均无泄漏；

5 与系统配套的火灾自动报警系统处于工作状态。

系统调试的基本条件，要求系统的水源、电源、气源均按设计要求投入运行，这样才能使系统真正进入准工作状态，在此条件下，对系统进行调试所取得的结果，才是真正有代表性和可信的。

7.2 调试内容和要求

主控项目

7.2.1 系统调试应包括下列内容：

1 水源测试；

2 消防水泵调试；

3 稳压泵调试；

4 报警阀调试；

5 排水设施调试；

6 联动试验。

系统调试内容是根据系统正常工作条件、关键组件性能、系统性能等来确定的。本条规定系统调试的内容：水源的充足可靠与否，直接影响系统灭火功能；消防水泵对临时高压管网来讲，是扑灭火灾时的主要供水设施；报警阀为系统的关键组成部件，其动作的准确、灵敏与否，直接关系到灭火的成功率；排水装置是保证系统运行和进行试验时不致产生水害的设施；联动试验实为系统与火灾自动报警系统的联锁动作试验，它可反映出系统各组成部件之间是否协调和配套。

7.2.2 水源测试应符合下列要求：

1 按设计要求核实消防水箱、消防水池的容积，消防水箱设置高度应符合设计要求；消防储水应有不作他用的技术措施。

检查数量：全数检查。

检查方法：对照图纸观察和尺量检查。

2 按设计要求核实消防水泵接合器的数量和供水能力，并通过移动式消防水泵做供水试验进行验证。

检查数量：全数检查。

检查方法：观察检查和进行通水试验。

对水源测试要求作了规定。

第1款 消防水箱、消防水池为系统常备供水设施，消防水箱始终保持系统投入灭火初期10min的用水量，消防水池储存系统总的用水量，二者都是十分关键和重要的。对消防水箱还应考虑到它的容积、高度和保证消防储水量的技术措施等，故应做全面核实。

第2款 消防水泵接合器是系统在火灾时供水设备发生故障，不能保证供给消防用水时的临时供水设施。特别是在室内消防水泵的电源遭到破坏或被保护建筑物已形成大面积火灾，灭火用水不足时，其作用更显得突出，故必须通过试验来验证消防水泵接合器的供水能力。

7.2.3 消防水泵调试应符合下列要求：

1 以自动或手动方式启动消防水泵时，消防水泵应在30s内投入正常运行。

检查数量：全数检查。

检查方法：用秒表检查。

2 以备用电源切换方式或备用泵切换启动消防水泵时，消防水泵应在30s内投入正常运行。

检查数量：全数检查。

检查方法：用秒表检查。

参照原国家标准《消防泵性能要求和试验方法》（GB 6245）中5.10条消防泵组的性能要求拟定的。电动机启动的消防泵系指电源接通后的时间；柴油机启动系指柴油机运行后的时间。主要技术参数为消防泵投入正常运行的时间，试验装置比产品标准延长了10s，投入正常运行时间延长10s，主要是考虑实际工程中，消防水泵接入系统的状态与标准试验装置存在一定差距，如连接管路较长和安装设备较多；其次是调试时操作人员的熟练程度等因素都可能对泵的启动时间造成延时的具体情况。本着既考虑工程实际可适当延时，但应尽可能缩短延时时间的宗旨拟定的。对消防泵投入正常运行的时间严格要求，是出于确保系统的灭火效率。

消防泵启动时间是指从电源接通到消防泵达到额定工况的时间，应为30s。通过试验研究，30s启动消防水泵的时间是可行的。

7.2.4 稳压泵应按设计要求进行调试。当达到设计启动条件时，稳压泵应立即启动；当达到系统设计压力时，稳压泵应自动停止运行；当消防主泵启动时，稳压泵应停止运行。

检查数量：全数检查。

检查方法：观察检查。

稳压泵的功能是使系统能保持准工作状态时的正常水压。美国标准NFPA 20相关条文规定：稳压泵的额定流量，应当大于系统正常的漏水率，泵的出口压力应当是维护系统所需的压力，故它应随着系统压力变化而自动开启和停止。本条规定是根据稳压泵的基本功能提出的要求。

7.2.5 报警阀调试应符合下列要求：

1 湿式报警阀调试时，在试水装置处放水，当湿式报警阀进口水压大于0.14MPa、放水流量大于1L/s时，报警阀应及时启动；带延迟器的水力警铃应在5～90s内发出报警铃声，不带延迟器的水力警铃应在15s内发出报警铃声；压力开关应及时动作，并反馈信号。

检查数量：全数检查。

检查方法：使用压力表、流量计、秒表和观察检查。

2 干式报警阀调试时，开启系统试验阀，报警阀的启动时间、启动点压力、水流到试验装置出口所需时间，均应符合设计要求。

检查数量：全数检查。

检查方法：使用压力表、流量计、秒表、声强计和观察检查。

3 雨淋阀调试宜利用检测、试验管道进行。自动和手动方式启动的雨淋阀，应在15s之内启动；公称直径大于200mm的雨淋阀调试时，应在60s之内启动。雨淋阀调试时，当报警水压为0.05MPa，水力警铃应发出报警铃声。

检查数量：全数检查。

检查方法：使用压力表、流量计、秒表、声强计和观察检查。

是对报警阀调试提出的要求。

第1、2款报警阀的功能是接通水源、启动水力警铃报警、防止系统管网的水倒流。按照本条具体规定进行试验，即可分别有效地验证湿式、干式报警阀及其附件的功能是否符合设计和施工规范要求。

第3款主要对雨淋阀作出规定，雨淋阀的调试要求是参照产品标准《自动喷水灭火系统第5部分：雨淋报警阀》(GB 5135）的规定拟定的。本规范制定时，用雨淋阀组成的雨淋系统，预作用系统、水喷雾和水幕系统应用还较少，加之没有产品标准，雨淋阀产品也比较单一，拟定要求依据不足。规范发布实施几年来，雨淋阀的发展和应用迅速增加，在工程中也积累了不少经验和教训。

一般项目

7.2.6 调试过程中，系统排出的水应通过排水设施全部排走。

检查数量：全数检查。

检查方法：观察检查。

对西南地区成渝两地及全国其他地区的调查结果表明，在设计、安装和维护管理上，忽视系统排水装置的情况较为普遍。已投入使用的系统，有的试水装置被封闭在天棚内，根本未与排水装置接通，有的报警阀处的放水阀也未与排水系统相接，因而根本无法开展对系统的常规试验或放空。现作出明确规定，以引起有关部门充分重视。

7.2.7 联动试验应符合下列要求，并按本规范附录C表C.0.4的要求进行记录。

1 湿式系统的联动试验，启动一只喷头或以0.94～1.5L/s的流量从末端试水装置处放水时，水流指示器、报警阀、压力开关、水力警铃和消防水泵等应及时动作，并发出相应的信号。

检查数量：全数检查。

检查方法：打开阀门放水，使用流量计和观察检查。

2 预作用系统、雨淋系统、水幕系统的联动试验，可采用专用测试仪表或其他方式，对火灾自动报警系统的各种探测器输入模拟火灾信号，火灾自动报警控制器应发出声光报警信号并启动自动喷水灭火系统；采用传动管启动的雨淋系统、水幕系统联动试验时，启动 1 只喷头，雨淋阀打开，压力开关动作，水泵启动。

检查数量：全数检查。

检查方法：观察检查。

3　干式系统的联动试验，启动 1 只喷头或模拟 1 只喷头的排气量排气，报警阀应及时启动，压力开关、水力警铃动作并发出相应信号。

检查数量：全数检查。

检查方法：观察检查。

对自动喷水灭火系统联动试验的要求。

第 1 款是对湿式自动喷水灭火系统联动试验时，各相关部分动作情况的基本要求。当一只喷头启动或从末端试水装置处放水时，水流指示器应有信号返回消防控制中心，湿式报警阀应打开，水力警铃发出报警铃声，压力开关动作，启动消防水泵并向消防控制中心发出火警信号。

第 2 款是对预作用、雨淋、水幕自动喷水灭火系统联动试验时，各相关部分动作情况的基本要求。当采用专用测试仪表或其他方式，对火灾探测器输入模拟信号，火灾报警控制器应能发出信号，并打开雨淋阀，水力警铃发出报警铃声，压力开关动作，启动消防水泵。

当雨淋、水幕自动喷水灭火系统采用传动管启动时，打开末端试水装置（湿式控制）或开启一只喷头（干式控制）后，雨淋阀开启，水力警铃发出报警铃声，压力开关动作，启动消防水泵。

第 3 款是对干式自动喷水灭火系统联动试验时，各相关部分动作情况的基本要求。当一只喷头启动或从末端试水装置处排气时，干式报警阀应打开，水力警铃发出报警铃声，压力开关动作，启动消防水泵并向消防控制中心发出火警信号。

通过上述试验，可验证火灾自动报警系统与本系统投入灭火时的联锁功能，并可较直观地显示两个系统的部件和整体的灵敏度与可靠性是否达到设计要求。

第八节　系统验收

8.0.1　系统竣工后，必须进行工程验收，验收不合格不得投入使用。

本条对自动喷水灭火系统工程验收及要求作了明确规定，是强制性条文。

竣工验收是自动喷水灭火系统工程交付使用前的一项重要技术工作。近年来不少地区已制定了工程竣工验收暂行办法或规定，但各自做法不一，标准更不统一，验收的具体要求不明确，验收工作应如何进行、依据什么评定工程质量等问题较为突出，对验收的工程是否达到了设计功能要求，能否投入正常使用等重大问题心中无数，失去了验收的作用。鉴于上述情况，为确保系统功能，把好竣工验收关，强调工程竣工后必须进行竣工验收，验收不合格不得投入使用，切实做到投资建设的系统能充分起到扑灭火灾、保护人身和财产安全的作用。自动喷水灭火系统施工安装完毕后，应对系统的供水、水源、管网、喷头布置及功能等进行检查和试验，以保证喷水灭火系统正式投入使用后安全可靠，达到减少火灾危害、保护人身和财产安全的目的。我国已安装的自动喷水灭火系统中，或多或少地存在问题。如：有些系统水源不可靠，电源只有一个，管网管径不合理，无末端试水装置，向下安装的喷头带短管很长，备用电源切换不可靠等。这些问题的存在，如不及时采取措施，一旦发生火灾，灭火系统又不能起到及时控火、灭火的作用，反而贻误战机，造成损失，而且将使人们对这一灭火系统产生疑问。所以，自动喷水灭火系统施工安装后，必须进行检查试验，验收合格后才能投入使用。

8.0.2 自动喷水灭火系统工程验收应按本规范附录E的要求填写。

对自动喷水灭火系统工程施工及验收所需要的各种表格及其使用作了基本规定。

8.0.3 系统验收时，施工单位应提供下列资料：

1 竣工验收申请报告、设计变更通知书、竣工图；

2 工程质量事故处理报告；

3 施工现场质量管理检查记录；

4 自动喷水灭火系统施工过程质量管理检查记录；

5 自动喷水灭火系统质量控制检查资料。

规定的系统竣工验收应提供的文件也是系统投入使用后的存档材料，以便今后对系统进行检修、改造等用，并要求有专人负责维护管理。

8.0.4 系统供水水源的验收应符合下列要求：

1 应检查室外给水管网的进水管管径及供水能力，并应检查消防水箱和消防水池容量，均应符合设计要求。

2 当采用天然水源作系统的供水水源时，其水量、水质应符合设计要求，并应检查枯水期最低水位时确保消防用水的技术措施。

检查数量：全数检查。

检查方法：对照设计资料观察检查。

对系统供水水源进行检查验收的要求作了规定。因为自动喷水灭火系统灭火不成功的因素中，供水中断是主要因素之一，所以这一条对三种水源情况既提出了要求，又要实际检查是否符合设计和施工验收规范中关于水源的规定，特别是利用天然水源作为系统水源时，除水量应符合设计要求外，水质必须无杂质、无腐蚀性，以防堵塞管道、喷头，腐蚀管道，即水质应符合工业用水的要求。对于个别地方，用露天水池或河水作临时水源时，为防止杂质进入消防水泵和管网，影响喷头布水，需在水源进入消防水泵前的吸水口处，设有自动除渣功能的固液分离装置，而不能用格栅除渣，因格栅被杂质堵塞后，易造成水源中断。如成都某宾馆的消防水池是露天水池，池中有水草等杂质，消防水泵启动后，因水泵吸水量大，杂质很快将格栅堵死，消防水泵因进水口无水，达不到灭火目的。

8.0.5 消防泵房的验收应符合下列要求：

1 消防泵房的建筑防火要求应符合相应的建筑设计防火规范的规定。

2 消防泵房设置的应急照明、安全出口应符合设计要求。

3 备用电源、自动切换装置的设置应符合设计要求。

检查数量：全数检查。

检查方法：对照图纸观察检查。

在自动喷水灭火系统工程竣工验收时，有不少系统消防泵房设在地下室，且出口不便，又未设放水阀和排水措施，一旦安全阀损坏，泵房有被水淹没的危险。另外，对泵进行启动试验时，有些系统未设放水阀，不好进行试验，有些将试水阀和出水口均放在地下泵房内，无法进行试验，所以本条规定的主要目的是防止以上情况出现。

8.0.6 消防水泵的验收应符合下列要求：

1 工作泵、备用泵、吸水管、出水管及出水管上的泄压阀、水锤消除设施、止回阀、信号阀等的规格、型号、数量，应符合设计要求；吸水管、出水管上的控制阀应锁定在常开位置，并有明显标记。

检查数量：全数检查。

检查方法：对照图纸观察检查。

2 消防水泵应采用自灌式引水或其他可靠的引水措施。

检查数量：全数检查。

检查方法：观察和尺量检查。

3 分别开启系统中的每一个末端试水装置和试水阀，水流指示器、压力开关等信号装置的功能均符合设计要求。

4 打开消防水泵出水管上试水阀，当采用主电源启动消防水泵时，消防水泵应启动正常；关掉主电源，主、备电源应能正常切换。

检查数量：全数检查。

检查方法：观察检查。

5 消防水泵停泵时，水锤消除设施后的压力不应超过水泵出口额定压力的1.3～1.5倍。

检查数量：全数检查。

检查方法：在阀门出口用压力表检查。

6 对消防气压给水设备，当系统气压下降到设计最低压力时，通过压力变化信号应启动稳压泵。

检查数量：全数检查。

检查方法：使用压力表，观察检查。

7 消防水泵启动控制应置于自动启动挡。

检查数量：全数检查。

检查方法：观察检查。

验收的目的是检验消防水泵的动力可靠程度。即通过系统动作信号装置，如压力开关按键等能否启动消防泵，主、备电源切换及启动是否安全可靠。对消火栓箱启动按钮能否直接启动消防水泵的问题，应以确保安全为前提。一般情况下，消火栓箱按钮用24V电源。通过消火栓箱按钮直接启动消防水泵。无控制中心的系统用220V电源。通过消火栓箱按钮直接启动消防水泵时，应有防水、保护罩等安全措施。

对设有气压给水设备稳压的系统，要设定一个压力下限，即在下限压力下，喷水灭火系统最不利点的压力、流量能达到设计要求，当气压给水设备压力下降到设计最低压力时，应能及时启动消防水泵。

8.0.7 报警阀组的验收应符合下列要求：

1 报警阀组的各组件应符合产品标准要求。

检查数量：全数检查。

检查方法：观察检查。

2 打开系统流量压力检测装置放水阀，测试的流量、压力应符合设计要求。

检查数量：全数检查。

检查方法：使用流量计、压力表观察检查。

3 水力警铃的设置位置应正确。测试时，水力警铃喷嘴处压力不应小于0.05MPa，且距水力警铃3m远处警铃声声强不应小于70dB。

检查数量：全数检查。

检查方法：打开阀门放水，使用压力表、声级计和尺量检查。

4 打开手动试水阀或电磁阀时，雨淋阀组动作应可靠。

5 控制阀均应锁定在常开位置。

检查数量：全数检查。

检查方法：观察检查。

6 与空气压缩机或火灾自动报警系统的联动控制，应符合设计要求。

报警阀组是自动喷水灭火系统的关键组件，验收中常见的问题是控制阀安装位置不符合设计要求，不便操作，有些控制阀无试水口和试水排水措施，无法检测报警阀处压力、流量及警铃动作情况。对于使用闸阀又无锁定装置，有些闸阀处于半关闭状态，这是很危险的。所以要求使用闸阀时需有锁定装置，否则应使用信号阀代替闸阀。另外，干式系统和预作用系统等，还需检验空气压缩机与控制阀、报警系统与控制阀的联动是否可靠。

警铃设置位置，应靠近报警阀，使人们容易听到铃声。距警铃3m处，水力警铃喷嘴处压力不小于0.05MPa时，其警铃声强度应不小于70dB。

8.0.8 管网验收应符合下列要求：

1 管道的材质、管径、接头、连接方式及采取的防腐、防冻措施，应符合设计规范及设计要求。

2 管网排水坡度及辅助排水设施，应符合本规范第5.1.10条的规定。

检查方法：水平尺和尺量检查。

3 系统中的末端试水装置、试水阀、排气阀应符合设计要求。

4 管网不同部位安装的报警阀组、闸阀、止回阀、电磁阀、信号阀、水流指示器、减压孔板、节流管、减压阀、柔性接头、排水管、排气阀、泄压阀等，均应符合设计要求。

检查数量：报警阀组、压力开关、止回阀、减压阀、泄压阀、电磁阀全数检查，合格率应为100%；闸阀、信号阀、水流指示器、减压孔板、节流管、柔性接头、排气阀等抽查设计数量30%，数量均不少于5个，合格率应为100%。

检查方法：对照图纸观察检查。

5 干式喷水灭火系统管网容积不大于2900L时，系统允许的最大充水时间不应大于3min；如干式喷水灭火系统管道充水时间不大于1min，系统管网容积允许大于2900L。

预作用喷水灭火系统的管道充水时间不应大于1min。

检查数量：全数检查。

检查方法：通水试验，用秒表检查。

6 报警阀后的管道上不应安装其他用途的支管或水龙头。

检查数量：全数检查。

检查方法：观察检查。

7 配水支管、配水管、配水干管设置的支架、吊架和防晃支架，应符合本规范第5.1.8条的规定。

检查数量：抽查20%，且不得少于5处。

检查方法：尺量检查。

系统管网检查验收内容，是针对已安装的喷水灭火系统通常存在的问题而提出的。如有些系统用的管径、接头不合规定，甚至管网未支撑固定等；有的系统处于有腐蚀气体的环境中而无防腐措施；有的系统冬天最低气温低于4℃也无保温防冻措施，致使喷头爆裂；有的系统没有排水坡度，或有坡度而坡向不合理；有的系统末端排水管用ϕ15的管子；比较多的系统每层末端没有设试水装置；有的系统分区配水干管上没有设信号阀，而用的闸阀处于关闭或半关闭状态；有些系统最末端最上部没有设排气阀，往往在试水时产生强烈晃动甚至拉坏管网支架，充水调试难以达到要求；有些系统的支架、吊架、防晃支架设置不合理、不牢固，试水时易被损坏；有的系统上接消火栓或接洗手水龙头等。这些问题，看起来不是什么严重问题，但会影响系统控火、灭火功能，严重的可能造成系统在关键时候不能发挥作用，形同虚设。本条规定的7款验收内容，主要是防止以上问题发生，而特别强调要进行逐项验收。

第5款是根据美国标准《自动喷水灭火系统安装标准》（NFPA 13）（2002版）的相关内容进行修订的。其7.2.3.1条规定“一个干式阀控制的系统容积应不超过750gal（2839L）。”7.2.3.2条规定“凡从系统维持常气压，并完全开启测试点起，输水到达系统测试点的时间不超过60s时，管道体积允许超过7.2.3.1的要求。”在条文说明中有“当750gal（2839L）的体积限制不超过时，就不要求60s的输水时间限制。容积小于750gal（2839L）的某些干式系统，到测试点的输水时间达3min被认为是可接受的。”据上述内容，我们规定了干式系统的验收要求。

8.0.9 喷头验收应符合下列要求：

1 喷头设置场所、规格、型号、公称动作温度、响应时间指数（RTI）应符合设计要求。

检查数量：抽查设计喷头数量10%，总数不少于40个，合格率应为100%。

检查方法：对照图纸尺量检查。

2 喷头安装间距，喷头与楼板、墙、梁等障碍物的距离应符合设计要求。

检查数量：抽查设计喷头数量5%，总数不少于20个，距离偏差±15mm，合格率不小于95%时为合格。

检验方法：对照图纸尺量检查。

3 有腐蚀性气体的环境和有冰冻危险场所安装的喷头，应采取防护措施。

检查数量：全数检查。

检查方法：观察检查。

4 有碰撞危险场所安装的喷头应加设防护罩。

检查数量：全数检查。

检查方法：观察检查。

5 各种不同规格的喷头均应有一定数量的备用品，其数量不应小于安装总数的1%，且每种备用喷头不应少于10个。

自动喷水灭火系统最常见的违规问题是喷头布水被挡，特别是进行施工设计时，没有考虑喷头布置和装修的协调，致使不少喷头在装修施工后被遮挡或影响喷头布水，所以验收时必须检查喷头布置情况。对有吊顶的房间，因配水支管在闷顶内，三通以下接喷头时中间要加短管，如短管不超过15cm，则系统试验和换水时，短管中水也不能更换。但当短管太长时，不仅会使杂质在短管中沉积，而且形成较多死水，所以三通以下接短管时要求不宜大于15cm，最好三通以下直接接喷头。实在不能满足要求时，支管靠近顶棚布置，三通下接15cm短管，喷头可安装在顶棚贴近处。有些支管布置离顶棚较远，短管超过15cm，可采用带短管的专用喷头，即干式喷头，使水不能进入短管，喷头动作后，短管才充水，这样，就不会形成死水和杂质沉积。有腐蚀介质的场所应用经防腐处理的喷头或玻璃球喷头；有装饰要求的地方，可选用半隐蔽或隐蔽型装饰效果好的喷头；有碰撞危险场所的喷头，加设防护罩。

喷头的动作温度以喷头公称动作温度来表示，该温度一般高于喷头使用环境的最高温度30℃左右，这是多年实际使用和试验研究得出的经验数据。

本规定采用与国家标准《自动喷水灭火系统设计规范》(GB 50084) 相同的备品数量。再强调要求，是要突出此点的重要性，系统投入运行后一定要这样做。

8.0.10 水泵接合器数量及进水管位置应符合设计要求，消防水泵接合器应进行充水试验，且系统最不利点的压力、流量应符合设计要求。

检查数量：全数检查。

检查方法：使用流量计、压力表和观察检查。

凡设有消防水泵接合器的地方均应进行充水试验，以防止回阀方向装错。另外，通过试验，检验通过水泵接合器供水的具体技术参数，使末端试水装置测出的流量、压力达到设计要求，以确保系统在发生火灾时，需利用消防水泵接合器供水时，能达到控火、灭火目的。验收时，还应检验消防水泵接合器数量及位置是否正确，使用是否方便。

8.0.11 系统流量、压力的验收，应通过系统流量压力检测装置进行放水试验，系统流量、压力应符合设计要求。

检查数量：全数检查。

检查方法：观察检查。

对系统的检测试验装置进行了规定。从末端试水装置的结构和功能来分析，通过末端试水装置进行放水试验，只能检验系统启动功能、报警功能及相应联动装置是否处于正常状态，而不能测试和判断系统的流量、压力是否符合要求，此目的只有通过检测试验装置才能达到。

8.0.12 系统应进行系统模拟灭火功能试验，且检查：

1 报警阀动作，水力警铃应鸣响。

检查数量：全数检查。

检查方法：观察检查。

2 水流指示器动作，应有反馈信号显示。

检查数量：全数检查。

检查方法：观察检查。

3　压力开关动作，应启动消防水泵及与其联动的相关设备，并应有反馈信号显示。

检查数量：全数检查。

检查方法：观察检查。

4　电磁阀打开，雨淋阀应开启，并应有反馈信号显示。

检查数量：全数检查。

检查方法：观察检查。

5　消防水泵启动后，应有反馈信号显示。

检查数量：全数检查。

检查方法：观察检查。

6　加速器动作后，应有反馈信号显示。

检查数量：全数检查。

检查方法：观察检查。

7　其他消防联动控制设备启动后，应有反馈信号显示。

检查数量：全数检查。

检查方法：观察检查。

参照建筑工程质量验收标准、产品标准，把工程中不符合相关标准规定的项目，依据对自动喷水灭火系统的主要功能“喷水灭火”影响程度划分为严重缺陷项、重缺陷项、轻缺陷项三类；根据各类缺陷项统计数量，对系统主要功能影响程度，以及国内自动喷水灭火系统施工过程中的实际情况等，综合考虑几方面因素来确定工程合格判定条件。

合格判定条件的确定是根据《钢结构防火涂料》(GB 14907)，《电缆防火涂料通用技术条件》(GA 181) 等产品标准的判定原则而确定的。严重缺陷不合格项不允许出现，重缺陷不合格项允许出现10%，轻缺陷不合格项允许出现20%，据此得到自动喷水灭火系统合格判定条件。

8.0.13　系统工程质量验收判定条件：

1　系统工程质量缺陷应按本规范附录F要求划分为：严重缺陷项(A)，重缺陷项(B)，轻缺陷项(C)。

2　系统验收合格判定应为：A=0，且B≤2，且B+C≤6为合格，否则为不合格。

第九节　维护管理

9.0.1　自动喷水灭火系统应具有管理、检测、维护规程，并应保证系统处于准工作状态。维护管理工作，应按本规范附录G的要求进行。

维护管理是自动喷水灭火系统能否正常发挥作用的关键环节。灭火设施必须在平时的精心维护管理下才能发挥良好的作用。我国已有多起特大火灾事故发生在安装有自动喷水灭火系统的建筑物内，由于系统不符合要求或施工安装完毕投入使用后，没有进行日常维护管理和试验，以致发生火灾时，事故扩大，人员伤亡损失严重。

9.0.2　维护管理人员应经过消防专业培训，应熟悉自动喷水灭火系统的原理、性能和操作维护规程。

自动喷水灭火系统组成的部件较多，系统比较复杂，每个部件的作用和应处于的状态及如何检验、测试都需要具有对系统作用原理了解和熟悉的专业人员来操作、管理。因此为提高维护管理人员的素质，承担这项工作的维护管理人员应当经专业培训，持证上岗。

9.0.3 每年应对水源的供水能力进行一次测定。

水源的水量、水压有无保证，是自动喷水灭火系统能否起到应有作用的关键。由于市政建设的发展、单位建筑的增加。用水量变化等等，水源的供水能力也会有变化，因此，每年应对水源的供水能力测定一次，以便不能达到要求时，及时采取必要的补救措施。

9.0.4 消防水泵或内燃机驱动的消防水泵应每月启动运转一次。当消防水泵为自动控制启动时，应每月模拟自动控制的条件启动运转一次。

消防水泵是供给消防用水的关键设备，必须定期进行试运转，保证发生火灾时启动灵活、不卡壳，电源或内燃机驱动正常，自动启动或电源切换及时无故障。本条试运转间隔时间系参考英、美规范和喜来登集团旅馆系统消防管理指南规定的。

9.0.5 电磁阀应每月检查并应作启动试验，动作失常时应及时更换。

是为保证系统启动的可靠性。电磁阀是启动系统的执行元件，所以每月对电磁阀进行检查、试验，必要时及时更换。

9.0.6 每个季度应对系统所有的末端试水阀和报警阀旁的放水试验阀进行一次放水试验，检查系统启动、报警功能以及出水情况是否正常。

9.0.7 系统上所有的控制阀门均应采用铅封或锁链固定在开启或规定的状态。每月应对铅封、锁链进行一次检查，当有破坏或损坏时应及时修理更换。

9.0.8 室外阀门井中，进水管上的控制阀门应每个季度检查一次，核实其处于全开启状态。

消防给水管路必须保持畅通，报警控制阀在发生火灾时必须及时打开，系统中所配置的阀门都必须处于规定状态。对阀门编号和用标牌标注可以方便检查管理。

9.0.9 自动喷水灭火系统发生故障，需停水进行修理前，应向主管值班人员报告，取得维护负责人的同意，并临场监督，加强防范措施后方能动工。

自动喷水灭火系统的水源供水不应间断。关闭总阀断水后忘记再打开，以致发生火灾时无水，而造成重大损失，在国内外火灾事故中均已发生过。因此，停水修理时，必须向主管人员报告，并应有应急措施和有人临场监督，修理完毕应立即恢复供水。在修理过程中，万一发生火灾，也能及时采取紧急措施。

9.0.10 维护管理人员每天应对水源控制阀、报警阀组进行外观检查，并应保证系统处于无故障状态。

在发生火灾时，自动喷水灭火系统能否及时发挥应有的作用和它的每个部件是否处于正确状态有关，任何应处于开启状态的阀门被关闭、给水水源的压力达不到所需压力等等，都会使系统失效，造成重大损失，由于这种情况在自动喷水灭火系统失效的事故中最多，因此应当每天进行巡视。

9.0.11 消防水池、消防水箱及消防气压给水设备应每月检查一次，并应检查其消防储备水位及消防气压给水设备的气体压力。同时，应采取措施保证消防用水不作他用，并应每月对该措施进行检查，发现故障应及时进行处理。

对消防储备水应保证充足、可靠，应有平时不被他用的措施，应每月进行检查。

9.0.12 消防水池、消防水箱、消防气压给水设备内的水，应根据当地环境、气候条件不定期更换。

消防专用蓄水池或水箱中的水，由于未发生火灾或不进行消防演习试验而长期不动用，成为“死水”，特别在南方气温高、湿度大的地区，微生物和细菌容易繁殖，需要不定期换水。换水时应通知当地消防监督部门，做好此期间万一发生火灾而水箱、水池无水，需要采用其他灭火措施的准备。

9.0.13 寒冷季节，消防储水设备的任何部位均不得结冰。每天应检查设置储水设备的房间，保持室温不低于5℃。

规定的目的，是要确保消防储水设备的任何部位在寒冷季节均不得结冰，以保证灭火时用水。维护管理人员每天应进行检查。

9.0.14 每年应对消防储水设备进行检查，修补缺损和重新油漆。

是为了保证消防储水设备经常处于正常完好状态。

9.0.15 钢板消防水箱和消防气压给水设备的玻璃水位计，两端的角阀在不进行水位观察时应关闭。

消防水箱、消防气压给水设备所配置的玻璃水位计，由于受外力易于碰碎，造成消防储水流失或形成水害，因此在观察过水位后，应将水位计两端的角阀关闭。

9.0.16 消防水泵接合器的接口及附件应每月检查一次，并应保证接口完好、无渗漏、闷盖齐全。

9.0.17 每月应利用末端试水装置对水流指示器进行试验。

9.0.18 每月应对喷头进行一次外观及备用数量检查，发现有不正常的喷头应及时更换；当喷头上有异物时应及时清除。更换或安装喷头均应使用专用扳手。

洒水喷头是系统喷水灭火的功能件，应使每个喷头随时都处于正常状态，所以应当每月检查，更换发现问题的喷头。由于喷头的轭臂宽于底座，在安装、拆卸、拧紧或拧下喷头时，利用轭臂的力矩大于利用底座，安装维修人员会误认为这样省力，但喷头设计是不允许利用底座、轭臂来作扭拧支点的，应当利用方形底座作为拆卸的支点，生产喷头的厂家应提供专用配套的扳手，不至于拧坏喷头轭臂。

9.0.19 建筑物、构筑物的使用性质或贮存物安放位置、堆存高度的改变，影响到系统功能而需要进行修改时，应重新进行设计。

建筑物、构筑物使用性质的改变是常有的事，而且多层、高层综合性大楼的修建，也为各租赁使用单位提供方便。因此，必须强调因建筑、构筑物使用性质改变而影响到自动喷水灭火系统功能时，如需要提高等级或修改，应重新进行设计。

附录A 自动喷水灭火系统验收缺陷项目划分

本附录摘自《自动喷水灭火系统工程》（GB 50261—2005）附录F。

自动喷水灭火系统验收缺陷项目划分应按表F（本书表A）进行。

自动喷水灭火系统验收缺陷项目划分 **表 A**

缺陷分类	严重缺陷（A）	重缺陷（B）	轻缺陷（C）
包含条款	—	—	8.0.3 条第 1～5 款
	8.0.4 条第 1、2 款	—	—
	—	8.0.5 条第 1～3 款	—
	8.0.6 条第 4 款	8.0.6 条第 1、2、3、5、6 款	8.0.6 条第 7 款
	—	8.0.7 条第 1、2、3、4 款	8.0.7 条第 5 款
	8.0.8 条第 1 款	8.0.8 条第 4、5 款	8.0.8 条第 2、3、6、7 款
	8.0.9 条第 1 款	8.0.9 条第 2 款	8.0.9 条第 3～5 款
	—	8.0.10 条	—
	8.0.11 条	—	—
	8.0.12 条第 3、4 款	8.0.12 条第 5～7 款	8.0.12 条第 1、2 款

第八章　建筑电气工程

本章主要依据《建筑电气工程施工质量验收规范》(GB 50303—2002)(以下简称本规范)来编写。本规范是根据建设部要求，由浙江省建设厅组织主编单位浙江省开元安装集团有限公司会同有关单位共同对《建筑电气安装工程质量检验评定标准》(GBJ 303—88)、《电气装置安装工程 1kV 及以下配电工程施工及验收规范》(GB 50258—96)、《电气装置安装工程电气照明装置施工及验收规范》(GB 50259—96) 修订而成的。2002 年 6 月 1 日起实施。

第一节　总　　则

1.0.1　为了加强建筑工程质量管理，统一建筑电气工程施工质量的验收，保证工程质量，制定本规范。

明确规范制定的目的，是为对建筑电气工程施工质量验收时，提供判断质量是否合格的标准，即符合规范合格，反之不合格；换言之，要求施工时，对照规范来执行，因而规范起到保证工程质量的作用。

1.0.2　本规范适用于满足建筑物预期使用功能要求的电气安装工程施工质量验收。适用电压等级为 10kV 及以下。

适用范围、建筑电气工程的含义和适用的电压等级。

1.0.3　本规范应与国家标准《建筑工程施工质量验收统一标准》(GB 50300—2013) 和相应的设计规范配套使用。

在电气分部工程质量验收时，判断技术及技术管理是否符合要求，是以本规范作依据。而验收的程序和组织；单位（子单位）工程、分部（子分部）工程、分项工程和检验批的划分，以及合格判定；发生工程质量不符合规定的处理；以及验收中使用的表格及填写方法等，均必须遵循“统一标准”的规定。具体内容参见本书第二章。

1.0.4　建筑电气工程施工中采用的工程技术文件、承包合同文件对施工质量验收的要求不得低于本规范的规定。

本条是认真执行具体落实《建设工程质量管理条例》规定的体现，也是符合标准化法的规定。即不管哪个层次的标准，其内容不得低于国家标准的规定。

1.0.5　建筑电气工程质量验收除应执行本规范外，尚应符合国家现行有关标准、规范的规定。

第一，虽然制定规范时，已注意到相关法律、法规、技术标准和管理标准的有关规定，使之不违反且协调一致，但不可能全部反映出来，尤其是国家颁发的产品制造技术标准、技术条件中，对安装和使用要求部分，更是难以全部、完整反映。制定规范时，已考虑到这个情况，对新产品安装、新技术应用，其施工质量验收作了比较灵活的描述。

第二，随着我国经济发展和技术进步加快，新的生产力发展迅猛，加入WTO后，经济、技术标准和管理标准必然会更迭或修正，即使本规范也在所难免，这层意思是说明要有动态观念，密切注意变化，才能及时顺利执行本规范。

第二节 术 语

2.0.1 布线系统 wiring system

一根电缆（电线）、多根电缆（电线）或母线以及固定它们的部件的组合。如果需要，布线系统还包括封装电缆（电线）或母线的部件。

2.0.2 电气设备 electrical equipment

发电、变电、输电、配电或用电的任何物件，诸如电机、变压器、电器、测量仪表、保护装置、布线系统的设备、电气用具。

2.0.3 用电设备 current-using equipment

将电能转换成其他形式能量（例如光能、热能、机械能）的设备。

2.0.4 电气装置 electrical installation

为实现一个或几个具体目的且特性相配合的电气设备的组合。

2.0.5 建筑电气工程（装置） electrical installation in building

为实现一个或几个具体目的且特性相配合的，由电气装置、布线系统和用电设备电气部分的组合。这种组合能满足建筑物预期的使用功能和安全要求，也能满足使用建筑物的人的安全需要。

2.0.6 导管 conduit

在电气安装中用来保护电线或电缆的圆型或非圆型的布线系统的一部分，导管有足够的密封性，使电线电缆只能从纵向引入，而不能从横向引入。

2.0.7 金属导管 metal conduit

由金属材料制成的导管。

2.0.8 绝缘导管 insulating conduit

没有任何导电部分（不管是内部金属衬套或是外部金属网、金属涂层等均不存在），由绝缘材料制成的导管。

2.0.9 保护导体（PE） protective conductor（PE）

为防止发生电击危险而与下列部件进行电气连接的一种导体：

——裸露导电部件；

——外部导电部件；

——主接地端子；

——接地电极（接地装置）；

——电源的接地点或人为的中性接点。

2.0.10 中性保护导体（PEN） PEN conductor

一种同时具有中性导体和保护导体功能的接地导体。

2.0.11 可接近的 accessible

（用于配线方式）在不损坏建筑物结构或装修的情况下就能移出或暴露的，或者不是永久性地封装在建筑物的结构或装修中的。

（用于设备）因为没有锁住的门、抬高或其他有效方法用来防护，而许可十分靠近者。

2.0.12 景观照明 landscape lighting

为表现建筑物造型特色、艺术特点、功能特征和周围环境布置的照明工程，这种工程通常在夜间使用。

第三节 基本规定

3.1 一般规定

3.1.1 建筑电气工程施工现场的质量管理，除应符合现行国家标准《建筑工程施工质量验收统一标准》（GB 50300—2013）的3.0.1规定外，尚应符合下列规定：

1 安装电工、焊工、起重吊装工和电气调试人员等，按有关要求持证上岗；

2 安装和调试用各类计量器具，应检定合格，使用时在有效期内。

《建筑工程施工质量验收统一标准》3.0.1对施工现场应有的质量管理体系、制度和遵循的施工技术标准及其检查内容（见本书第二章）作出了明确的规定。

3.1.2 除设计要求外，承力建筑钢结构构件上，不得采用熔焊连接固定电气线路、设备和器具的支架、螺栓等部件；且严禁热加工开孔。

建筑电气工程施工，基本上在建筑结构施工完成以后，才能全面展开。钢结构构件就位前，按设计要求做好电气安装用支架，螺栓等部位的定位和连接，而构件就位，形成整体，处于受力状态，若不管构件大小、受力情况，盲目采用熔焊连接电气安装用的支架、螺栓等部件，会导致构件变形，使受拉构件失去预期承载能力而存在隐患，显然是不允许的。气割开孔等热加工作业和熔焊一样会影响钢结构工程质量。

3.1.3 额定电压交流1kV及以下、直流1.5kV及以下的应为低压电器设备、器具和材料；额定电压大于交流1kV、直流1.5kV的应为高压电器设备、器具和材料。

是对建筑电气工程高低压的定义。与已颁布施行的国家标准《低压成套开关设备和控制设备第1部分：型式试验和部分型式试验成套设备》（GB 7251.1）中的规定是一致的。且与IEC－64的出版物364-1相吻合。是与国际标准相同的。

3.1.4 电气设备上计量仪表和与电气保护有关的仪表应检定合格，当投入试运行时，应在有效期内。

这些仪表的指示或信号准确与否，关系到正确判断电气设备和其他建筑设备的运行状态，以及预期的功能和安全要求。

3.1.5 建筑电气动力工程的空载试运行和建筑电气照明工程的负荷试运行，应按本规范规定执行；建筑电气动力工程的负荷试运行，依据电气设备及相关建筑设备的种类、特性，编制试运行方案或作业指导书，并应经施工单位审查批准、监理单位确认后执行。

电气空载试运行，是指通电，不带负载；照明工程一般不作空载试运行，通电试灯即为负荷试运行。动力工程的空载试运行则有两层含义，一是电动机或其他电动执行机构等与建筑设备脱离，无机械上的连接单独通电运转，这时对电气线路、开关、保护系统等是有载的，不过负荷很小，而电动机或其他电动执行机构等是空载的；二是电动机或其他电动执行机构等与建筑设备相连接，通电运转，但建筑设备既不输入，也不输出，如泵不打水、空压机不输气等。这时建筑设备处于空载状态，如建筑设备有输入输出，则就成为负荷试运行，规范指的负荷试运行就是建筑设备有输入输出情况下的试运行。

负荷试运行方案或作业指导书的审查批准和确认单位，可根据工程具体情况按单位的管理制度实施审查批准和确认，但必须有负责人签字。

3.1.6 动力和照明工程的漏电保护装置应做模拟动作试验。

漏电保护装置，也称残余（冗余）电流保护装置，是当用电设备发生电气故障形成电气设备可接近裸露导体带电时，为避免造成电击伤害人或动物而迅速切断电源的保护装置，故而在安装前或安装后要做模拟动作试验，以保证其灵敏度和可靠性。

3.1.7 接地（PE）或接零（PEN）支线必须单独与接地（PE）或接零（PEN）干线相连接，不得串联连接。

3.1.8 高压的电气设备和布线系统及继电保护系统的交接试验，必须符合现行国家标准《电气装置安装工程电气设备交接试验标准》（GB 50150）的规定。

高压的电气设备和布线系统及继电保护系统，在建筑电气工程中，是电网电力供应的高压终端，在投入运行前必须做交接试验，试验标准统一按现行国家标准《电气装置安装工程电气设备交接试验标准》（GB 50150）执行。

3.1.9 低压的电气设备和布线系统的交接试验，应符合本规范的规定。

低压部分交接试验结合建筑电气工程特点在有的分项工程中作了补充规定。

3.1.10 送至建筑智能化工程变送器的电量信号精度等级应符合设计要求，状态信号应正确；接收建筑智能化工程的指令应使建筑电气工程的自动开关动作符合指令要求，且手动、自动切换功能正常。

建筑智能化工程能正常运转离不开建筑电气工程的配合，条文的规定以明确彼此接口关系。

3.2 主要设备、材料、成品和半成品进场验收

各条款是基于如下情况编写的，一是制造商是按制造标准制造的，供货商（销售商）是依法经营的；二是进场验收的检查要点，是由于产品流通过程中，因保管、运输不当而缺损，目的是及时采取补救措施；三是发生异议的条件，是近期因产品质量低劣而被曝光的有关制造商的产品，经了解在工程使用中因质量不好而发生质量安全事故的同一铭牌的产品，进场验收时发现与同类产品比较或与制造标准比较有明显差异的产品。

3.2.1 主要设备、材料、成品和半成品进场检验结论应有记录，确认符合本规范规定，才能在施工中应用。

主要设备、材料、成品和半成品进场检验工作，是施工管理的停止点，其工作过程、检验结构要有书面证据，所以要有记录，检验工作应有施工单位和监理单位参加，施工单位为主，监理单位确认。

3.2.2 因有异议送有资质试验室进行抽样检测，试验室应出具检测报告，确认符合本规范和相关技术标准规定，才能在施工中应用。

因有异议而送有资质的试验室进行检测，检测的结果描述在检测报告中，经异议各方共同确认是否符合要求，符合要求，才能使用，不符合要求应退货或作其他处理。有资质的试验室是指依照法律、法规规定，经相应政府行政主管部门或其授权机构认可的试验室。

3.2.3 依法定程序批准进入市场的新电气设备、器具和材料进场验收，除符合本规范规定外，尚应提供安装、使用、维修和试验要求等技术文件。

新的电气设备、器具、材料随着技术进步和创新，必然会不断涌现，而被积极推广应用。正因为新，认知的人少，也必然有新的安装技术要求，使用维修保养有特定的规定。为使新设备、器具、材料顺利进入市场，作出此条规定。

3.2.4 进口电气设备、器具和材料进场验收，除符合本规范规定外，尚应提供商检证明和中文的质量合格证明文件、规格、型号、性能检测报告以及中文的安装、使用、维修和试验要求等技术文件。

中国加入WTO后，进口的电气设备、器具、材料日趋增多，按国际惯例应进行商检，且提供中文的相关文件。

3.2.5 经批准的免检产品或认定的名牌产品，当进场验收时，宜不做抽样检测。

3.2.6 变压器、箱式变电所、高压电器及电瓷制品应符合下列规定：

1 查验合格证和随带技术文件，变压器有出厂试验记录；

2 外观检查：有铭牌，附件齐全，绝缘件无缺损、裂纹，充油部分不渗漏，充气高压设备气压指示正常，涂层完整。

合格证表示制造商已做有关试验检测并符合标准，可以出厂进入市场，同时也表明制造商对产品质量的承诺和负有相关质量法律责任。出厂试验记录至关重要，交接试验的结果要与出厂试验记录相对比，用以判断在运输、保管、安装中是否失当，而导致变压器内部结构遭到损坏或变异。

通过对设备、器具和材料表面检查是否有缺损，从而判断到达施工现场前有否因运输、保管不当而遭到损坏，尤其是电瓷、充油、充气的部位要认真检查。

3.2.7 高低压成套配电柜、蓄电池柜、不间断电源柜、控制柜（屏、台）及动力、照明配电箱（盘）应符合下列规定：

1 查验合格证和随带技术文件，实行生产许可证和安全认证制度的产品，有许可证编号和安全认证标志，不间断电源柜有出厂试验记录；

2 外观检查：有铭牌，柜内元器件无损坏丢失、接线无脱落焊，蓄电池柜内电池壳体无碎裂、漏液，充油、充气设备无泄漏，涂层完整，无明显碰撞凹陷。

当前，建筑电气工程使用的设备、器具、材料有的是实行生产许可证的，有的是经安全认证的，有的是经合格认证的。实行生产许可证的是国家强制执行的，而经安全认证或合格认证的产品，是企业为了保证产品质量、提高社会信誉，自愿向认可的认证机构申请，经认证合格，制造商必然会在技术文件中加以说明，产品上会有认证标志。同理，许可证的编号也是会出现在技术文件或铭牌上。但是列入许可证目录的产品是动态的，且随着产品更新换代、制造标准修订变化也大，因而要广收资料、掌握信息、密切注意变化。

不间断电源柜或成套柜要提供出厂试验记录，目的是为了在交接试验时作对比用。

成套配电柜、屏、台、箱、盘在运输过程中，因受振使螺栓松动或导线连接脱落焊是经常发生的，所以进场验收时要注意检查，以利采取措施，使其正确复位。

3.2.8 柴油发电机组应符合下列规定：

1 依据装箱单，核对主机、附件、专用工具、备品备件和随带技术文件，查验合格证和出厂试运行记录，发电机及其控制柜有出厂试验记录；

2 外观检查：有铭牌，机身无缺件，涂层完整。

柴油发电机组供货时，零部件多，要依据装箱单逐一清点。通常发电机是由柴油机厂向电机厂订货后，统一组装成发电机组，有电机制造厂的出厂试验记录，可在交接试验时作对比用。

3.2.9 电动机、电加热器、电动执行机构和低压开关设备等应符合下列规定：

1 查验合格证和随带技术文件，实行生产许可证和安全认证制度的产品，有许可证编号和安全认证标志；

2 外观检查：有铭牌，附件齐全，电气接线端子完好，设备器件无缺损，涂层完整。

3.2.10 照明灯具及附件应符合下列规定：

1 查验合格证，新型气体放电灯具有随带技术文件。

2 外观检查：灯具涂层完整，无损伤，附件齐全。防爆灯具铭牌上有防爆标志和防爆合格证号，普通灯具有安全认证标志。

3 对成套灯具的绝缘电阻、内部接线等性能进行现场抽样检测。灯具的绝缘电阻值不小于2MΩ，内部接线为铜芯绝缘电线，芯线截面积不小于0.5mm^2，橡胶或聚氯乙烯（PVC）绝缘电线的绝缘层厚度不小于0.6mm。对游泳池和类似场所灯具（水下灯及防水灯具）的密闭和绝缘性能有异议时，按批抽样送有资质的试验室检测。

气体放电灯具通常接线比普通灯具复杂，且附件多，有防高温要求，尤其新型气体放电灯具，功率也大，因而需要提供技术文件，以利正确安装。

按现行国家标准《爆炸性环境》（GB 3836）的规定，防爆电气产品获得防爆合格证后方可生产。防爆电气设备的类型、级别、组别和外壳上的“Ex”标志，是其重要特征，验收时要依据设计图纸认真仔细核对。

对成套灯具的使用安全发生异议，以现场抽样检测为主，重点在于导电部分的绝缘电阻和使用的电线芯线大小是否符合要求。由于建筑电气工程中Ⅱ类灯具很少使用，所以未将Ⅱ类灯具的有关要求纳入。

对游泳池和类似场所灯具（水下灯和防水灯具）的质量有异议时，现场不具备抽样检测条件，要送至有资质的试验室抽样检测。

测量绝缘电阻时，兆欧表的电压等级按现行国家标准《电气装置安装工程电气设备交接试验标准》（GB 50150）规定执行，即：

（1）100V以下的电气设备或线路，采用250V兆欧表；

（2）100～500V的电气设备或线路，采用500V兆欧表；

（3）500～3000V的电气设备或线路，采用1000V兆欧表；

（4）3000～10000V的电气设备或线路，采用2500V兆欧表。

本检测方法对用电设备的电气部分绝缘检测同样适用。

3.2.11 开关、插座、接线盒和风扇及其附件应符合下列规定：

1 查验合格证，防爆产品有防爆标志和防爆合格证号，实行安全认证制度的产品有安全认证标志。

2 外观检查：开关、插座的面板及接线盒盒体完整、无碎裂、零件齐全，风扇无损坏，涂层完整，调速器等附件适配。

3 对开关、插座的电气和机械性能进行现场抽样检测。检测规定如下：

1）不同极性带电部件间的电气间隙和爬电距离不小于3mm；

2）绝缘电阻值不小于5MΩ；

3）用自攻锁紧螺钉或自切螺钉安装的，螺钉与软塑固定件旋合长度不小于8mm，软塑固定件在经受10次拧紧退出试验后，无松动或掉渣，螺钉及螺纹无损坏现象；

4）金属间相旋合的螺钉螺母，拧紧后完全退出，反复5次仍能正常使用。

4　对开关、插座、接线盒及其面板等塑料绝缘材料阻燃性能有异议时，按批抽样送有资质的试验室检测。

合格证查验和外观检查如前所述，不再作其他说明（以下各条同）。在《家用和类似用途电器的安全　第1部分：通用要求》[GB 4706.1—2005/IEC60335-1：2004（Ed4.1）]对爬电距离、电器间隙和固体绝缘均作了规定。工作电压大于20～400V不同极性带电部件之间2～4mm，考虑到所述电器为有防止污染物沉积保护的，故取3mm；其绝缘电阻按Ⅱ类器具加以考虑，绝缘电阻值为5MΩ；关于螺钉和螺母的要求和试验，该标准第28章有规定。阻燃性能试验，现场不能满足规定条件时，应送有资质的试验室进行检测。

3.2.12　电线、电缆应符合下列规定：

1　按批查验合格证，合格证有生产许可证编号，按《额定电压450/750V及以下聚乙烯绝缘电缆》（GB 5023.1～5023.7）标准生产的产品有安全认证标志。

2　外观检查：包装完好，抽检的电线绝缘层完整无损，厚度均匀。电缆无压扁、扭曲，铠装不松卷。耐热、阻燃的电线、电缆外护层有明显标识和制造厂标。

3　按制造标准，现场抽样检测绝缘层厚度和圆形线芯的直径；线芯直径误差不大于标称直径的1%；常用的BV型绝缘电线的绝缘层厚度不小于表3.2.12（本书表8.3.1）的规定。

BV型绝缘电线的绝缘层厚度　　**表8.3.1**

序号	1	2	3	4	5	6	7	8	9	10	11	12	13	14	15	16	17
电线芯线标称截面积（mm^2）	1.5	2.5	4	6	10	16	25	35	50	70	95	120	150	185	240	300	400
绝缘层厚度规定值（mm）	0.7	0.8	0.8	0.8	1.0	1.0	1.2	1.2	1.4	1.4	1.6	1.6	1.8	2.0	2.2	2.4	2.6

4　对电线、电缆绝缘性能、导电性能和阻燃性能有异议时，按批抽样送有资质的试验室检测。

通常在进场验收时，对电线、电缆的绝缘层厚度和电线的线芯直径比较关注，数据与国际标准的规定是一致的。

仅从电线、电缆的几何尺寸，不足以说明其导电性能、绝缘性能一定能满足要求。电线、电缆的绝缘性能、导电性能和阻燃性能，除与几何尺寸有关外，更重要的是与构成的化学成分有关，在进场验收时无法判定的，要送有资质的试验室进行检测。

3.2.13　导管应符合下列规定：

1　按批查验合格证。

2　外观检查：钢导管无压扁、内壁光滑。非镀锌钢导管无严重锈蚀，按制造标准油漆出厂的油漆完整；镀锌钢导管镀层覆盖完整、表面无锈斑；绝缘导管及配件不碎裂、表面有阻燃标记和制造厂标。

3 按制造标准现场抽样检测导管的管径、壁厚及均匀度。对绝缘导管及配件的阻燃性能有异议时，按批抽样送有资质的试验室检测。

电气安装用导管也是建筑电气工程中作用的大宗材料，国家推荐性标准《电气安装用导管的技术要求通用要求》（GB/T 13381.1）已作废，现行标准为《电气安装用导管系统第1部分：通用要求》（GB/T 20041.1—2005）。

3.2.14 型钢和电焊条应符合下列规定：

1 按批查验合格证和材质证明书；有异议时，按批抽样送有资质的试验室检测。

2 外观检查：型钢表面无严重锈蚀，无过度扭曲、弯折变形；电焊条包装完整，拆包抽检，焊条尾部无锈斑。

严重锈蚀是指型钢因防护不妥，表面产生鳞片状的氧化物；过度扭曲或弯折变形是指在施工现场用普通手工工具无法以人力矫正的变形。电焊条是弧焊条，如保管存放不妥，会引起受潮、所附焊药变质，通常判断的方法是焊条尾部裸露的钢材是否生锈，这种锈斑形成连续的条或块，表示焊条已经无法在工程上使用。

3.2.15 镀锌制品（支架、横担、接地极、避雷用型钢等）和外线金具应符合下列规定：

1 按批查验合格证或镀锌厂出具的镀锌质量证明书；

2 外观检查：镀锌层覆盖完整、表面无锈斑，金具配件齐全，无砂眼；

3 对镀锌质量有异议时，按批抽样送有资质的试验室检测。

镀锌制品通常有两种供应方法，一种是进入现场时已镀好锌的成品或半成品，只要查验合格证即可；另一种是进货为未镀锌的钢材，经加工后，出场委托进行热浸镀锌质量证明书。

电气工程使用的镀锌制品，在许多产品标准中均规定为热浸镀锌工艺所制成。热浸镀锌的工艺镀层厚，使制品的使用年限长，虽然外观质量比电镀锌工艺差一点，但电气工程中使用的镀锌横担、支架、接地极和避雷线等以使用寿命为主要考虑因素，况且室外和埋入地下较多，故规定要用热浸镀锌的制品。

3.2.16 电缆桥架、线槽应符合下列规定：

1 查验合格证。

2 外观检查：部件齐全，表面光滑、不变形；钢制桥架涂层完整，无锈蚀；玻璃钢制桥架色泽均匀，无破损碎裂；铝合金桥架涂层完整，无扭曲变形，不压扁，表面不划伤。

由于不同材质的电缆桥架应用的环境不同，防腐蚀的性能也不同，所以对外观质量的要求也各有特点。

3.2.17 封闭母线、插接母线应符合下列规定：

1 查验合格证和随带安装技术文件。

2 外观检查：防潮密封良好，各段编号标志清晰，附件齐全，外壳不变形，母线螺栓搭接面平整、镀层覆盖完整、无起皮和麻面；插接母线上的静触头无缺损、表面光滑、镀层完整。

封闭母线、插接母线订货时，除指定导电部分的规格尺寸外，还要根据电气设备布置位置和建筑物层高、母线敷设位置等条件，提出母线外形尺寸的规格和要求，这些是制造商必须满足的，且应在其提供的安装技术文件上作出说明，包括编号或安装顺序号、安装注意事项等。

母线搭接面和插接式母线静触头表面的镀层质量及平整度是导电良好的关键，也是查验的重点。

3.2.18 裸母线、裸导线应符合下列规定：

1 查验合格证；

2 外观检查：包装完好，裸母线平直，表面无明显划痕，测量厚度和宽度符合制造标准；裸导线表面无明显损伤，不松股、扭折和断股（线），测量线径符合制造标准。

裸导线表面无明显损伤，不松股、扭折和断股（线），测量线径符合制造标准。

3.2.19 电缆头部件及接线端子应符合下列规定：

1 查验合格证；

2 外观检查：部件齐全，表面无裂纹和气孔，随带的袋装涂料或填料不泄漏。

3.2.20 钢制灯柱应符合下列规定：

1 按批查验合格证。

2 外观检查：涂层完整，根部接线盒盒盖紧固件和内置熔断器、开关等器件齐全，盒盖密封垫片完整。钢柱内设有专用接地螺栓，地脚螺孔位置按提供的附图尺寸，允许偏差为±2mm。

庭院内的钢制灯柱路灯或其他金属制成的园艺灯具，每套灯具通常备有熔断器等保护装置，有的甚至还有独立的控制开关，这样配置的目的很明显，是为了不因一套灯具发生故障而使同一回路内的所有灯具中断工作，且又方便检修。钢制灯柱或其他金属制成的园艺灯具，其金属部分不宜埋入土中固定，连接部分的混凝土基础要略高于周边地面，以减缓腐蚀损坏。钢制灯柱与基础的连接，常用法兰与基础地脚螺栓相连，因而要规定螺孔的偏位尺寸。

3.2.21 钢筋混凝土电杆和其他混凝土制品应符合下列规定：

1 按批查验合格证。

2 外观检查：表面平整，无缺角露筋，每个制品表面有合格印记；钢筋混凝土电杆表面光滑，无纵向、横向裂纹，杆身平直，弯曲不大于杆长的1/1000。

在工程规模较大时，钢筋混凝土电杆和其他混凝土制品常是分批进场，所以要按批查验。

对混凝土电杆的检验要求，符合《电气装置安装工程 35kV 及以下架空电力线路施工及验收规范》（GB 50173）的规定。

3.3 工序交接确认

3.3.1 架空线路及杆上电气设备安装应按以下程序进行：

1 线路方向和杆位及拉线坑位测量埋桩后，经检查确认，才能挖掘杆坑和拉线坑；

2 杆坑、拉线坑的深度和坑型，经检查确认，才能立杆和埋设拉线盘；

3 杆上高压电气设备交接试验合格，才能通电；

4 架空线路做绝缘检查，且经单相冲击试验合格，才能通电；

5 架空线路的相位经检查确认，才能与接户线连接。

架空线路和架设位置既要考虑地面道路照明、线路与两侧建筑物和树木的安全距离及接户线引接等因素，又要顾及杆坑和拉线坑下有无地下管线，且要留出必要的管线检修移位时因挖土防电杆倒伏的位置，这样才能满足功能要求，也是安全可靠的。因而施工时，线路方向及杆位、拉线坑位的定位是关键工作，如不依据设计图纸位置埋桩确认，后续工作是无法展开的。

杆坑、拉线坑的坑深、坑型关系到线路抗倒伏能力，所以必须按设计图纸或施工大样图的规定进行验收后，才能立杆或埋设拉线盘。

杆上高压电气设备和材料均要按本规范技术规定（即分项工程中的具体规定）进行试验后才能通电，即不经试验不准通电。至于在安装前试验还是安装后试验，可视具体情况而定。通常是在地面试验后再安装就位，但必须注意，安装时应不使电气设备和材料受到撞击和破损，尤其应注意防止电瓷部件的损坏。

架空线路的绝缘检查，主要以目视检查，检查的目的是查看线路上有无如树枝、风筝和其他杂物悬挂在上面。采用单相冲击试验后才能三相同时通电，这一操作要求是为了检查每相对地绝缘是否可靠，在单相合闸的涌流电压作用下是否会击穿绝缘，如首次通电贸然三相同时合闸，万一发生绝缘击穿事故的后果要比单相合闸绝缘击穿大得多。

架空线路相位确定后，接户线接电时不致接错，不使单相 220V 入户的接线错接成 380V 入户，也可对有相序要求的保证相序正确，同时对三相负荷的分配均匀也有好处。

3.3.2 变压器、箱式变电所安装应按以下程序进行：

1 变压器、箱式变电所的基础验收合格，且对埋入基础的电线导管、电缆导管和变压器进、出线预留孔及相关预埋件进行检查，才能安装变压器、箱式变电所；

2 杆上变压器的支架紧固检查后，才能吊装变压器且就位固定；

3 变压器及接地装置交接试验合格，才能通电。

基础验收是土建工作和安装工作的中间工序交接，只有验收合格，才能开展安装工作。验收时应依据施工设计图纸核对形位尺寸，并对是否可以安装（指混凝土强度、基坑回填、集油坑卵石铺设等条件）作出判断。

除杆上变压器可以视具体情况在安装前或安装后做交接试验外，其他的均应在安装就位后做交接试验。

3.3.3 成套配电柜、控制柜（屏、台）和动力、照明配电箱（盘）安装应按以下程序进行：

1 埋设的基础型钢和柜、屏、台下的电缆沟等相关建筑物检查合格，才能安装柜、屏、台。

2 室内外落地动力配电箱的基础验收合格，且对埋入基础的电线导管、电缆导管进行检查，才能安装箱体。

3 墙上明装的动力、照明配电箱（盘）的预埋件（金属埋件、螺栓），在抹灰前预留和预埋；暗装的动力、照明配电箱的预留孔和动力、照明配线的线盒及电线导管等，经检查确认到位，才能安装配电箱（盘）。

4 接地（PE）或接零（PEN）连接完成后，核对柜、屏、台、箱、盘内的元件规格、型号，且交接试验合格，才能投入试运行。

3.3.4 低压电动机、电加热器及电动执行机构应与机械设备完成连接，绝缘电阻测试合格，经手动操作符合工艺要求，才能接线。

这是操作工序，要十分注意电气设备的动作方向符合建筑设备的工艺要求。如电动机正转打开阀门，反转关闭阀门；温度控制器接通，电加热器通电加温，反之断电停止加温。若与工艺要求不一致，轻则不能达到预期功能要求，重则损坏电气设备或其他建筑设备，也可能给智能化系统联动调校带来麻烦。

3.3.5 柴油发电机组安装应按以下程序进行：

1 基础验收合格，才能安装机组；

2 地脚螺栓固定的机组经初平、螺栓孔灌浆、精平、紧固地脚螺栓、二次灌浆等机械安装程序，安放式的机组将底部垫平、垫实；

3 油、气、水冷、风冷、烟气排放等系统和隔振防噪声设施安装完成，按设计要求配置的消防器材齐全到位，发电机静态试验、随机配电盘控制柜接线检查合格，才能空载试运行；

4 发电机空载试运行和试验调整合格，才能负荷试运行；

5 在规定时间内，连续无故障负荷试运行合格，才能投入备用状态。

柴油发电机组的柴油机需空载试运行，经检查无油、水泄漏，且机械运转平稳、转速自动或手动控制符合要求，这时发电机已做过静态试验，才具备条件做下一步的发电机空载和负载试验。为了防止空载试运行时发生意外，燃油外漏，引发火灾事故，所以要按设计要求或消防规定配齐灭火器材，同时还应做好消防灭火预案。

柴油机空载试运行合格，做发电机空载试验，否则盲目带上发电机负荷，是不安全的。

一幢建筑物配有柴油发电机用电源，目的是当市电因故中断供电时，建筑物内的重要用电负荷仍能得到电能，可以持续运行，成为选择备用电源容量的依据。正因为备用电源的重要性和提供人们安全感的需要，所以其投入备用状态前要经可靠的负荷试运行。

3.3.6 不间断电源按产品技术要求试验调整，应检查确认，才能接至馈电网路。

不间断电源主要供给计算机和智能化系统，其输出的电压或电流的质量要求高，要满足需要，所以调试合格后，才能允许接至馈电网络，否则会导致整个智能化系统失灵损坏，甚至崩溃。

3.3.7 低压电气动力设备试验和试运行应按以下程序进行：

1 设备的可接近裸露导体接地（PE）或接零（PEN）连接完成，经检查合格，才能进行试验；

2 动力成套配电（控制）柜、屏、台、箱、盘的交流工频耐压试验、保护装置的动作试验合格，才能通电；

3 控制回路模拟动作试验合格，盘车或手动操作，电气部分与机械部分的转动或动作协调一致，经检查确认，才能空载试运行。

设备的可接近裸露导体即原规范中的非带电金属部分，新的提法比较合理，“可接近”的主体是指人或动物，这与IEC标准的提法与理解是一致的。接地（PE）或接零（PEN）由施工设计选定，只有做好该项工作后进行电气测试、试验，对人身和设备的安全才是有保障的。

规定先试验，合格后通电，是重要的、合理的工作顺序，目的是确保安全。

电气设备的转向或直线运动均是为了给建筑设备提供符合需要的动力，动作方向是否正确是关键，不然建筑设备无法正常工作；不能逆向动作的设备，方向错了会造成损坏。控制回路的模拟动作试验，是指电气线路的主回路开关出线处断开，电动机等电气设备不受电动作；但是控制回路是通电的，可以模拟合闸、分闸，也可以将各个联锁接点（包括电信号和非电信号），进行人工模拟动作而控制主回路开关的动作。

3.3.8 裸母线、封闭母线、插接式母线安装应按以下程序进行：

1 变压器、高低压成套配电柜、穿墙管及绝缘子等安装就位，经检查合格，才能安装变压器和高低压成套配电柜的母线；

2 封闭、插接式母线安装，在结构封顶、室内底层地面施工完成或已确定地面标高、场地清理、层间距离复核后，才能确定支架设施位置；

3 与封闭、插接式母线安装位置有关的管道、空调及建筑装修工程施工基本结束，确认扫尾施工不会影响已安装的母线，才能安装母线；

4 封闭、插接式母线每段母线组对接续前，绝缘电阻测试合格，绝缘电阻值大于20MΩ，才能安装组对；

5 母线支架和封闭、插接式母线的外壳接地（PE）或接零（PEN）连接完成，母线绝缘电阻测试和交流工频耐压试验合格，才能通电。

封闭母线和插接式母线是依据建筑结构和母线布置位置的订货图分段制造，进场验收也依照订货图查验规格尺寸和外观质量。建筑物的实际尺寸和图纸标注尺寸有一定的误差，所以要验证建筑物的实际尺寸，是否与预期尺寸基本一致，若有差异（指超过预期误差）可及时设法处理。

封闭母线和插接式母线外壳比管道包括有些风管在内强度要差一些，所以各专业安装的程序安排为各种管道先装、母线后装。这是因为母线先装，会影响粉刷工程的操作，而使局部位置无法粉刷，后装则可以避免粉刷中对母线外壳的污染。

封闭母线和插接式母线是分段供货，现场组对连接，完成后要检查总体交流工频耐压水平和绝缘程度。为了能顺利通过最终检验，防患于未然，所以安装前要对各段母线进行绝缘检查，包括各相对的和相间的绝缘检查。

3.3.9 电缆桥架安装和桥架内电缆敷设应按以下程序进行：

1 测量定位，安装桥架的支架，经检查确认，才能安装桥架；

2 桥架安装检查合格，才能敷设电缆；

3 电缆敷设前绝缘测试合格，才能敷设；

4 电缆电气交接试验合格，且对接线去向、相位和防火隔堵措施等检查确认，才能通电。

先装支架是合理的工序，如反过来进行施工，不仅会导致电缆桥架损坏，而且要用大量的临时支撑，也是极不经济的。

电缆敷设前要作预试绝缘检查，如合格则可进行敷设，否则最终试验不合格，拆下返工浪费太大。

无论高压低压建筑电气工程，施工的最后阶段，都应做交接试验，合格后才能交付通电，投入运行。这样可以鉴别工程的可靠性和在分、合闸过程中暂存冲击的耐受能力。所以电缆通电前也必须按本规范规定做交接试验。电缆的防火隔堵措施在施工设计中有明确的位置和具体要求，措施未实施，电缆不能通电，以防万一发生电气火灾，导致整幢建筑物受损。

3.3.10 电缆在沟内、竖井内支架上敷设按以下程序进行：

1 电缆沟、电缆竖井内的施工临时设施、模板及建筑材料等清除，测量后定位，才能安装支架；

2 电缆沟、电缆竖井内支架安装及电缆导管敷设结束，接地（PE）或接零（PEN）连接完成，经检查确认，才能敷设电缆；

3 电缆敷设前绝缘测试合格，才能敷设；

4 电缆交接试验合格，且对接线去向、相位和防火隔堵措施等检查确认，才能通电。

电缆在沟内、竖井内支架上敷设，支架要经预制、防腐和安装，且还要焊接接地（PE）或接零（PEN）线，同时对有碍安装或安装后不便清理的建筑垃圾进行清除，具备这样的条件，才可以敷设固定电缆，否则不能施工。

3.3.11 电线导管、电缆导管和线槽敷设应按以下程序进行：

1 除埋入混凝土的非镀锌钢导管外壁不做防腐处理外，其他场所的非镀锌钢导管内外壁均做防腐处理，经检查确认，才能配管；

2 室外直埋导管的路径、沟槽深度、宽度及垫层处理经检查确认，才能埋设导管；

3 现浇混凝土板内配管在底层钢筋绑扎完成，上层钢筋未绑扎前敷设，且检查确认，才能绑扎上层钢筋和浇捣混凝土；

4 现浇混凝土墙体内的钢筋网片绑扎完成，门、窗等位置已放线，经检查确认，才能在墙体内配管；

5 被隐蔽的接线盒和导管在隐蔽前检查合格，才能隐蔽；

6 在梁、板、柱等部位明配管的导管套管、埋件、支架等检查合格，才能配管；

7 吊顶上的灯位及电气器具位置先放样，且与土建及各专业施工单位商定，才能在吊顶内配管；

8 顶棚和墙面的喷浆、油漆或壁纸等基本完成，才能敷设线槽、槽板。

从现行国家推荐性标准《电气安装用导管系统第1部分：通用要求》（GB/T 20041.1—2005）的规定来分析，金属导管的内外表面应有防腐蚀的防护层且根据防腐蚀的能力高低分6个等级。所以对金属导管的内外表面不需作防腐处理的理由是不充分的，问题是选用何种防腐等级或用何种方式防腐，应由施工设计根据导管的使用环境和预期使用寿命作出确定。

明确现浇混凝土楼板内钢筋绑扎与电气配管的关系，是电气安装与建筑工程土建施工合理搭接的工序，这样做，可以既保证钢筋工程质量，又保证电气配管质量。

3.3.12 电线、电缆穿管及线槽敷线应按以下程序进行：

1 接地（PE）或接零（PEN）及其他焊接施工完成，经检查确认，才能穿入电线或电缆以及线槽内敷线；

2 与导管连接的柜、屏、台、箱、盘安装完成，管内积水及杂物清理干净，经检查确认，才能穿入电线、电缆；

3 电缆穿管前绝缘测试合格，才能穿入导管；

4 电线、电缆交接试验合格，且对接线去向和相位等检查确认，才能通电。

电线、电缆的绝缘外保护层是不允许高温灼烤的，否则要影响其绝缘的可靠性和完整性，所以在穿管敷线前应将焊接施工尤其是熔焊施工全部结束。

3.3.13 钢索配管的预埋件及预留孔，应预埋、预留完成；装修工程除地面外基本结束，才能吊装钢索及敷设线路。

3.3.14 电缆头制作和接线应按以下程序进行：

1 电缆连接位置、连接长度和绝缘测试经检查确认，才能制作电缆头；

2 控制电缆绝缘电阻测试和校线合格，才能接线；

3 电线、电缆交接试验和相位校对合格，才能接线。

电缆头制作是电缆安装的关键工序，尤其是芯线截面较大的电力电缆，电缆头的引线与开关设备连接时要注意引线的方向，留有足够的长度，不致使开关设备的连接处受额外引力或发生强行组对一样的强制力，以避免受到振动后使设备损坏。剖开电缆前，应先确认一下连接的开关设备是否符合施工设计的位置。

3.3.15 照明灯具安装应按以下程序进行：

1 安装灯具的预埋螺栓、吊杆和吊顶上嵌入式灯具安装专用骨架等完成，按设计要求做承载试验合格，才能安装灯具；

2 影响灯具安装的模板、脚手架拆除，顶棚和墙面喷浆、油漆或壁纸等及地面清理工作基本完成后，才能安装灯具；

3 导线绝缘测试合格后，才能灯具接线；

4 高空安装的灯具，地面通断电试验合格，才能安装。

安装灯具的预埋件和嵌入式灯具安装专用骨架通常由施工设计图，要注意的是有的可能在土建施工图上，也有的可能在电气安装施工图上，这就要求做好协调分工，特别在图纸会审时给以明确。

3.3.16 明开关、插座、风扇安装：吊扇的吊钩预埋完成；电线绝缘测试应合格，顶棚和墙面的喷浆、油漆或壁纸等基本完成，才能安装开关、插座和风扇。

3.3.17 照明系统的测试和通电试运行应按以下程序进行：

1 电线绝缘电阻测试前电线的连续完成；

2 照明箱（盘）、灯具、开关、插座的绝缘电阻测试在就位前或接线前完成；

3 备用电源或事故照明电源作空载自动投切试验前拆除负荷，空载自动投切试验合格，才能做有载自动投切试验；

4 电气器具及线路绝缘电阻测试合格，才能通电试验；

5 照明全负荷试验必须在本条的1、2、4完成后进行。

照明工程的通电是带电后就有负荷，因而事先的检查要认真仔细，严格按本规范工序执行，同时照明工程在大型公用建筑中起着重要作用，量大面广是其主要特点，所以通电试灯要有序进行。插座等的通电测试也要一个回路一个回路地进行，以防止供电电压失误造成成批灯具烧毁或电气器具损坏。

3.3.18 接地装置安装应按以下程序进行：

1 建筑物基础接地体：底板钢筋敷设完成，按设计要求做接地施工，经检查确认，才能支模或浇捣混凝土；

2 人工接地体：按设计要求位置开挖沟槽，经检查确认，才能打入接地极和敷设地下接地干线；

3　接地模块：按设计位置开挖模块坑，并将地下接地干线引到模块上，经检查确认，才能相互焊接；

4　装置隐蔽：检查验收合格，才能覆土回填。

图纸会审和做好土建施工、电气安装施工协调工作是正确完成这道工序的关键。接地模块与干线焊接位置，要依据模块供货商提供的技术文件，在实施焊接时作一次核对，以检查有无特殊要求。

3.3.19　引下线安装应按以下程序进行：

1　利用建筑物柱内主筋作引下线，在柱内主筋绑扎后，按设计要求施工，经检查确认，才能支模；

2　直接从基础接地体或人工接地体暗敷埋入粉刷层内的引下线，经检查确认不外露，才能贴面砖或刷涂料等；

3　直接从基础接地体或人工接地体引出明敷的引下线，先埋设或安装支架，经检查确认，才能敷设引下线。

3.3.20　等电位联结应按以下程序进行：

1　总等电位联结：对可作导电接地体的金属管道入户处和供总等电位联结的接地干线的位置检查确认，才能安装焊接总等电位联结端子板，按设计要求做总等电位联结；

2　辅助等电位联结：对供辅助等电位联结的接地母线位置检查确认，才能安装焊接辅助等电位联结端子板，按设计要求做辅助等电位联结；

3　对特殊要求的建筑金属屏蔽网箱，网箱施工完成，经检查确认，才能与接地线连接。

3.3.21　接闪器安装：接地装置和引下线应施工完成，才能安装接闪，且与引下线连接。

这是一个重要工序的排列，不准逆反，否则要酿大祸。若先装接闪器，而接地装置尚未施工，引下线也没有连接，会使建筑物遭受雷击的概率大增。

3.3.22　防雷接地系统测试：接地装置施工完成测试应合格；避雷接闪器安装完成，整个防雷接地系统连成回路，才能系统测试。

第四节　架空线路及杆上电气设备安装

4.1　主控项目

4.1.1　电杆坑、拉线坑的深度允许偏差，应不深于设计坑深100mm、不浅于设计坑深50mm。

架空线路的杆型、拉线设置及两者的埋设深度，在施工设计时是依据所在地的气象条件、土壤特性、地形情况等因素加以考虑决定的。埋设深度是否足够，涉及线路的抗风能力和稳固性，太深会使材料浪费。允许偏差的数值与现行国家标准《电气装置安装工程35kV及以下架空电力线路施工及验收规范》(GB 50173）的规定相一致。

4.1.2　架空导线的弧垂值，允许偏差为设计弧垂直的±5%，水平排列的同档导线间弧垂值偏差为±50mm。

规范中要测量的弧垂值，是指档距内的最大弧垂值，因建筑电气工程中的架空线路处于地形平坦处居多，所以最大弧垂值的位置在档距的1/2处。施工设计时依据导线规格大小和架空线路的档距大小，经计算或查表给定弧垂值，但弧垂值的大小与环境温度有关，通常设计标准气温下的，施工中测量要经实际温度下换算修正。为了使导线摆动时不致相互碰线，所以要求导线间弧垂值偏差不大于50mm。允许偏差的数据与现行国家标准《电气装置安装工程35kV及以下架空电力线路施工及验收规范》(GB 50173)的规定相一致。

4.1.3 变压器中性点应与接地装置引出干线直接连接，接地装置的接地电阻值必须符合设计要求。

变压器的中性点即变压器低压侧三相四线输出的中性点（N端子）。为了用电安全，建筑电气设计选用中性点（N端）接地的系统，并规定与其相连的接地装置接地电阻最大值，施工后实测值不允许超过规定值。由接地装置引出的干线，以最近距离直接与变压器中性点（N端子）可靠连接，以确保低压供电系统可靠、安全地运行。

4.1.4 杆上变压器和高压绝缘子、高压隔离开关、跌落式熔断器、避雷器等必须按本规范3.1.8条的规定交接试验合格。

架空线路的绝缘子、高压隔离开头、跌落式熔断器等对地的绝缘电阻，是在安装前逐个（逐相）用2500V兆欧表摇测。高压的绝缘子、高压隔离开关、跌落式熔断器还要做交流工频耐压试验，试验数据和时间按现行国家标准《电气装置安装工程电气设备交接试验标准》(GB 50150)执行。

4.1.5 杆上低压配电箱的电气装置和馈电线路交接试验应符合下列规定：

1 每路配电开关及保护装置的规格、型号，应符合设计要求；

2 相间和相对地间的绝缘电阻值应大于0.5MΩ；

3 电气装置的交流工频耐压试验电压为1kV，当绝缘电阻值大于10MΩ时，可采用2500V兆欧表摇测替代，试验持续时间1min，无击穿闪络现象。

低压部分的交接试验分为线路和装置两个单位，线路仅测量绝缘电阻，装置既要测量绝缘电阻又要做工频耐压试验。测量和试验的目的，是对出厂试验和复核，以使通电前对供电的安全性和可靠性作出判断。

4.2 一般项目

4.2.1 拉线的绝缘子及金具应齐全，位置正确，承力拉线应与线路中心线方向一致，转角拉线应与线路分角线方向一致。拉线应收紧，收紧程度与杆上导线数量规格及弧垂值相适配。

检验方法：观察及量测检查。

拉线是使线路稳固的主要部件之一，且受振动和易受人们不经意的扰动，所以其紧固金具是否齐全是关系到拉线能否正常受力，保持张紧状态，不使电杆因受力不平衡或受风力影响而发生歪斜倾覆的关键。拉线的位置要正确，目的是使电杆横向受力处于平衡状态，理论上说，拉线位置对了，正常情况下，电杆只受到垂直向下的压力。

4.2.2 电杆组立应正直，直线杆横向位移不应大于50mm，杆梢偏移不应大于梢径的1/2，转角杆紧线后不向内角倾斜，向外角倾斜不应大于1个梢径。

本条是对电杆组立的形位要求，目的是在线路架设后，使电杆和线路的受力状态处于合理和允许的情况下，即线路受力正常，电杆受的弯路也是最小。

检验方法：观察及量测检查。

4.2.3 直线杆单横担应装于受电侧，终端杆、转角杆的单横担应装于拉线侧。横担的上下歪斜和左右扭斜，从横担端部测量不应大于20mm。横担等镀锌制品应热浸镀锌。

本条是约定俗成和合理布置相结合的规定。

检验方法：观察检查。

4.2.4 导线无断股、扭绞和死弯，与绝缘子固定可靠，金具规格应与导线规格适配。

检验方法：观察检查。

4.2.5 线路的跳线、过引线、接户线的线间和线对地间的安全距离，电压等级为6～10kV的，应大于300mm；电压等级为1kV及以下的，应大于150mm。用绝缘导线架设的线路，绝缘破口处应修补完整。

检验方法：观察及量测检查。

线路架设中或连接时必须符合安全规定，有两层含义，即确保绝缘可靠和便于带电维修。

4.2.6 杆上电气设备安装应符合下列规定：

1 固定电气设备的支架、紧固件为热浸镀锌制品，紧固件及防松零件齐全。

2 变压器油位正常、附件齐全、无渗油现象、外壳涂层完整。

3 跌落式熔断器安装的相间距离不小于500mm；熔管试操动能自然打开旋下。

4 杆上隔离开关分、合操动灵活，操动机构机械锁定可靠，分合时三相同期性好，分闸后，刀片与静触头间空气间隙距离不小于200mm；地面操作杆的接地（PE）可靠，且有标识。

5 杆上避雷器排列整齐，相间距离不小于350mm，电源侧引线铜线截面积不小于$16mm^2$、铝线截面积不小于$25mm^2$，接地侧引线铜线截面积不小于$25mm^2$，铝线截面积不小于$35mm^2$。与接地装置引出线连接可靠。

检验方法：观察及量测检查。

因考虑到打开跌落熔断器时，有电弧产生，防止在有风天气打开发生飞弧现象而导致相间断路，所以必须大于规定的最小距离。

第五节 变压器、箱式变电所安装

5.1 主控项目

5.1.1 变压器安装应位置正确，附件齐全，油浸变压器油位正常，无渗油现象。

本条是对变压器安装的基本要求，位置正确是指中心线和标高符合设计要求。采用定尺寸的封闭母线做引出入线，则更应控制变压器的安装定位位置。油浸变压器有渗油现象说明密封不好，是不应存在的现象。

5.1.2 接地装置引出的接地干线与变压器的低压侧中性点直接连接；接地干线与箱式变电所的N母线和PE母线直接连接；变压器箱体、干式变压器的支架或外壳应接地（PE）。所有连接应可靠，紧固件及防松零件齐全。

变压器的接地既有高压部分的保护接地，又有低压部分的工作接地；而低压供电系统在建筑电气工程中普遍采用TN-S或TN-C-S系统，即不同形式的保护接零系统。且两者共用同一个接地装置，在变配电室要求接地装置从地下引出的接地干线，以最近的路径直接引至变压器壳体和变压器的零母线N（变压器的中性点）及低压供电系统的PE干线或

PEN 干线，中间尽量栓搭接处，决不允许经其他电气装置接地后，串联连接过来，以确保运行中人身和电气设备的安全。油浸变压器箱体、干式变压器的铁芯和金属件，以及有保护外壳的干式变压器金属箱体，均是电气装置中重要的经常为人接触的非带电可接近裸露导体，为了人身及动物和设备安全，其保护接地要十分可靠。

5.1.3　变压器必须按本规范第 3.1.8 条的规定交接试验合格。

变压器安装好后，必须经交接试验合格，并出具体报告后，才具备通电条件。交接试验的内容和要求，即合格的判定条件是依据现行国家标准《电气装置安装工程电气设备交接试验标准》(GB 50150)。

5.1.4　箱式变电所及落地式配电箱的基础应高于室外地坪，周围排水通畅。用地脚螺栓固定的螺帽齐全，拧紧牢固；自由安放的应垫平放正。金属箱式变电所及落地式配电箱，箱体应接地（PE）或接零（PEN）可靠，且有标识。

箱式变电所在建筑电气工程中以住宅小区室外设置为主要形式，本体有较好的防雨雪和通风性能，但其底部不是全密闭的，故而要注意防积水入侵，其基础的高度及周围排水通道设置应在施工图上加以明确。

5.1.5　箱式变电所的交接试验，必须符合下列规定：

1　由高压成套开关柜、低压成套开关柜和变压器三个独立单元组合成的箱式变电所高压电气设备部分，按本规范第 3.1.8 条的规定交接试验合格；

2　高压开关、熔断器等与变压器组合在同一个密闭油箱内的箱式变电所，交接试验按产品提供的技术文件要求执行；

3　低压成套配电柜交接试验符合本规范第 4.1.5 条的规定。

检验方法：检查交接记录。

目前国内箱式变电所主要有两种产品，前者为高压柜、低压柜、变压器三个独立的单元组合而成，后者为引进技术生产的高压开关设备和变压器设在一个油箱内的箱式变电所。根据产品的技术要求不同，试验的内容和具体的规定也不一样。

5.2　一般项目

5.2.1　有载调压开关的传动部分润滑应良好，动作灵活，点动给定位置与开关实际位置一致，自动调节符合产品的技术文件要求。

检验方法：检查交接试验记录。

为提高供电质量，建筑电气工程经常采用有载调压变压器，而且是以自动调节的为主，通电前除应做电气交接试验外，还应对有载调压开关裸露在（油）箱外的机械传动部分做检查，要在点动试验符合要求后，才能切换到自动位置。自动切换调节的有载调压变压器，由于控制调整的元件不同，调整试验时，还应注意产品技术文件的特殊规定。

5.2.2　绝缘件应无裂纹、缺损和瓷件瓷釉损坏等缺陷，外表清洁，测温仪表指示准确。

检验方法：观察检查。

变压器就位后，要在其上部配装进出入母线和其他有关部件，往往由于工作不慎，在施工中会给变压器外部的绝缘器件损伤，所以交接试验和通电时会有电气故障发生。变压器的测温仪表在安装前应对其准确度进行检定，尤其是带讯号发送的更应这样做。

5.2.3　装有滚轮的变压器就位后，应将滚轮用能拆卸的制动部件固定。

装有滚轮的变压器定位在钢制的轨道（滑道）上，就位找正纵横中心线后，即应按施工图纸装好制动装置，不拆卸滑轮，便于变压器日后退出吊芯和维修。但也有明显的缺点，就是轻度的地震或受到意外的冲力时，变压器很容易发生位移，导致器身和上部外接线损坏而造成电气安全事故，所以安装好制动装置是攸关着变压器的安全运行。

检验方法：对照图纸检查。

5.2.4 变压器应按产品技术文件要求进行检查器身，当满足下列条件之一时，可不检查器身：

1 制造厂规定不检查器身者；

2 就地生产仅做短途运输的变压器，且在运输过程中有效监督，无紧急制动、剧烈振动、冲撞或严重颠簸等异常情况者。

器身不作检查的条件是与《电气装置安装工程电力变压器、油浸电抗器、互感器施工及验收规范》（GBJ 50148）的规定相一致的。从总体来看，变压器在施工现场不作器身检查是发展的趋势，除施工现场条件不如制造厂条件好这一因素外，在产品构造设计和质量管理及货运管理水平日益提高的情况下，器身检查发现的问题日益减少，有些引进的变压器等设备在技术文件中明确不准进行器身检查，是由供货方作出担保的。

5.2.5 箱式变电所内外涂层完整、无损伤，有通风口的风口防护网完好。

检验方法：观察检查。

5.2.6 箱式变电所的高低压柜内部接线完整、低压每个输出回路标记清晰，回路名称准确。

检验方法：观察检查。

5.2.7 装有气体继电器的变压器顶盖，沿气体继电器的气流方向有1.0%～1.5%的升高坡度。

检验方法：观察检查。

气体继电器是油浸变压器保护继电器之一，装在变压器箱体与油枕的连通管水平段中间。当变压器过载或局部故障时，使线圈有机绝缘或变压器油发生气化，升至箱体顶部，为有利气体流向气体继电器发出报警信号，并使气体经油枕泄放，因而要有规定的升高坡度，决不允许倒置。安装无气体继电器的小型油浸变压器，为了同样的理由，使各种原因产生的气体方便经油枕、呼吸器泄放，有升高坡度，是合理的。

第六节 成套配电柜、控制柜（屏、台）和动力、照明配电箱（盘）安装

6.1 主控项目

6.1.1 柜、屏、台、箱、盘的金属框架及基础型钢必须接地（PE）或接零（PEN）可靠；装有电器的可开启门，门和框架的接地端子间应用裸编织铜线连接，且有标识。

检验方法：检查测试记录和观察报告。

对高压柜而言是保护接地。对低压柜而言是接零，因低压供电系统布线或制式不同，有TN-C、TN-C-S、TN-S不同的系统，而将保护地线分别称为PE线和PEN线。显然，在正常情况下PE线内无电流流通，其电位与接地装置的电位相同；而PEN线内当三相供电不平衡时，有电流流通，各点的电位也不相同，靠近接地装置端最低，与接地干线引出

端的电位相同。设计时对此已作了充分考虑，对接地电阻值、PE线和PEN线的大小规格、是否要重复接地、继电保护设置等作出选择安排，而施工时要保证各接地连接可靠，正常情况下不松动，且标识明显，使人身、设备在通电运行中确保安全。施工操作虽工艺简单，但施工质量是至关重要的。

6.1.2 低压成套配电柜、控制柜（屏、台）和动力、照明配电箱（盘）应有可靠的电击保护。柜（屏、台、箱、盘）内保护导体应有裸露的连接外部保护导体的端子，当设计无要求时，柜（屏、台、箱、盘）内保护导体最小截面积 S_p 不应小于表6.1.2（本书表8.6.1）的规定。

保护导体的截面积 **表8.6.1**

相线的截面积 S（mm^2）	相应保护导体的最小截面积 S_p（mm^2）
$S \leqslant 16$	S
$16 < S \leqslant 35$	16
$35 < S \leqslant 400$	$S/2$
$400 < S \leqslant 800$	200
$S > 800$	$S/4$

注：S指柜（屏、台、箱、盘）电源进线相线截面积，且两者（S、S_p）材质相同。

检验方法：观察和尺量检查。

依据现行国家标准《低压成套开关设备》（GB 7251.1idt IEC439-17.4）电击防护规定，低压成套设备中的PE线要符合该标准7.4.3.1.7表4的要求，且指明PE线的导体材料和相线导体材料不同时，要将PE线导体截面积的确定，换算至与表4相同的导电要求，其理由是使载流容量足以承受流过的接地故障电流，使保护器件动作，在保护器件动作电流和时间范围内，不会损坏保护导体或破坏它的电连续性。诚然也不应在发生故障至保护器件动作这个时段内危及人身安全。本条规定的原则是适用于供电系统各级的PE线导体截面积的选择。

6.1.3 手车、抽出式成套配电柜推拉应灵活，无卡阻碰撞现象。动触头与静触头的中心线应一致，且触头接触紧密，投入时，接地触头先于主触头接触；退出时，接地触头后于主触头脱开。

检验方法：观察及量测检查。

本条规定，产品制造是要确保达到的，也是安装后必须检查的项目。动、静触头中心线一致使通电可靠，接地触头的先入后出是保证安全的必要措施，家用电器的插头制造也是遵循保护接地先于电源接通，后于电源断开这一普遍性的安全原则。

6.1.4 高压成套配电柜必须按本规范第3.1.8条的规定交接试验合格，且应符合下列规定：

1 继电保护元器件、逻辑元件、变送器和控制用计算机等单体校验合格，整组试验动作正确，整定参数符合设计要求；

2 凡经法定程序批准，进入市场投入使用的新高压电气设备和继电保护装置，按产品技术文件要求交接试验。

检验方法：检查试验记录。

高压配电柜内的电气设备，要经电气交接试验，并由试验室出具试验报告，判定符合要求后，才能通电试运行。

控制回路的校验、试验与控制回路中的元器件的规格型号有关，整组试验的有关参数通常由设计单位给定，并得到当地供电单位的确认，目的是既保证建筑电气工程本身的稳定可靠运行，又不影响整个供电电网的安全。由于技术进步和创新，高压配电柜内的主回路和二次回路的元器件必然会相继涌现新的产品，因而其试验要求还来不及纳入规范而已在较大范围内推广应用，所以要按新产品提供的技术要求进行试验。

6.1.5　低压成套配电柜交接试验，必须符合本规范第4.1.5条的规定。

6.1.6　柜、屏、台、箱、盘间线路的线间和线对地间绝缘电阻值，馈电线路必须大于0.5MΩ；二次回路必须大于1MΩ。

检验方法：量测检查。

6.1.7　柜、屏、台、箱、盘间二次回路交流工频耐压试验，当绝缘电阻值大于10MΩ时，用2500V兆欧表摇测1min，应无闪络击穿现象；当绝缘电阻值在1～10MΩ时，做1000V交流工频耐压试验，时间1min，应无闪络击穿现象。

检验方法：检查试验记录及量测检查。

试验的要求和规定与现行国家标准《电气装置安装工程电气设备交接试验标准》（GB 50150）的规定一致。

6.1.8　直流屏试验，应将屏内电子器件从线路上退出，检测主回路线间和线对地间绝缘电阻值应大于0.5MΩ，直流屏所附蓄电池组的充、放电应符合产品技术文件要求；整流器的控制调整和输出特性试验应符合产品技术文件要求。

检验方法：检查试验记录及量测检查。

直流屏柜是指蓄电池的充电整流装置、直流电配电开关和蓄电池组合在一起的成套柜，即交流电源送入、直流电源分路送出的成套柜，其投入运行前应按产品技术文件要求做相关试验和操作，并对其主回路的绝缘电阻进行检测。

6.1.9　照明配电箱（盘）安装应符合下列规定：

1　箱（盘）内配线整齐，无铰接现象。导线连接紧密，不伤芯线，不断股。垫圈下螺丝两侧压的导线截面积相同，同一端子上导线连接不多于2根，防松垫圈等零件齐全。

2　箱（盘）内开关动作灵活可靠，带有漏电保护的回路，漏电保护装置动作电流不大于30mA，动作时间不大于0.1s。

3　照明箱（盘）内，分别设置零线（N）和保护地线（PE线）汇流排，零线和保护地线经汇流排配出。

检验方法：观察及量测检查。

每个接线端子上的电线连接不超过2根，是为了连接紧密，不因通电后由于冷热交替等时间因素而过早在检修期内发生松动，同时考虑到方便检修，不使因检修而扩大停电范围。同一垫圈下的螺丝两侧压的电线截面积和线径均应一致，实际上这是一个结构是否合理的问题，如不一致，螺丝既受拉力，又受弯矩，使电线芯线必然一根压紧、另一根稍差，对导电不利。

漏电保护装置的设置和选型由设计确定。本条强调对漏电保护装置的检测，数据要符合要求，本规范所述是指对民用建筑电气工程而言，与《民用建筑电气工程设计规范》

(JGJ/T 16—92）相一致。根据 IEC 出版物 479（1974）提供的《电流通过人体的效应》一文来看，如电流为 30mA、时间 0.1s 是属于②区，即通常为无病理生理危险效应，且离发生危险的③区和④区有着较大的安全空间。

目前在建筑电气工程中，尤其是在照明工程中，TN-S 系统，即三相五线制应用普通，要求 PE 线和 N 线截然分开，所以在照明配电箱内要分设 PE 排和 N 排。这不仅施工时要严格区分，日后维修时注意不能因误接而失去应用的保护作用。

6.2　一般项目

6.2.1　基础型钢安装应符合表 6.2.1（本书表 8.6.2）的规定。

检验方法：尺量检查。

基础型钢安装允许偏差　　**表 8.6.2**

项目	允许偏差	
	(mm/m)	(mm/全长)
不直度	1	5
水平度	1	5
不平行度	—	5

6.2.2　柜、屏、台、箱、盘相互间或与基础型钢应用镀锌螺栓连接，且防松零件齐全。

用螺栓连接固定，既方便拆卸更迭，又避免因焊接固定而造成柜箱壳涂层防腐损坏，使用寿命缩短。

检验方法：尺量检查。

6.2.3　柜、屏、台、箱、盘安装垂直度允许偏差为 1.5‰，相互间接缝不应大于 2mm，成列盘面偏差不应大于 5mm。

原有关标准规范中，除有垂直度、相互间接缝、成列盘面间的安装要求外，还有盘顶的高度差规定。由于盘、柜、屏、台的生产技术从国外引进较多，其标准也不同，尤其表现在盘、柜的高度方面，这样对柜顶标高的控制就失去了实际意义。如订货时并列安装的柜、盘来自同一家制造商，且明确外形尺寸，控制好基础型钢的安装尺寸，盘顶标高一般是自然会形成一致的。

6.2.4　柜、屏、台、箱、盘内检查试验应符合下列规定：

1　控制开关及保护装置的规格、型号符合设计要求；

2　闭锁装置动作准确、可靠；

3　主开关的辅助开关切换动作与主开关动作一致；

4　柜、屏、台、箱、盘上的标识器件标明被控设备编号及名称，或操作位置，接线端子有编号，且清晰、工整、不易脱色；

5　回路中的电子元件不应参加交流工频耐压试验；48V 及以下回路可不做交流工频耐压试验。

检验方法：观察及动作检查。

6.2.5　低压电器组合应符合下列规定：

1　发热元件安装在散热良好的位置；

2　熔断器的熔体规格、自动开关的整定值符合设计要求；

3　切换压板接触良好，相邻压板间有安全距离，切换时，不触及相邻的压板；

4　信号回路的信号灯、按钮、光字牌、电铃、电笛、事故电钟等动作和信号显示准确；

5　外壳需接地（PE）或接零（PEN）的，连接可靠；

6　端子排安装牢固，端子有序号，强电、弱电端子隔离布置，端子规格与芯线截面积大小适配。

6.2.6　柜、屏、台、箱、盘间配线：电流回路应采用额定电压不低于750V、芯线截面积不小于2.5mm^{2}的铜芯绝缘电线或电缆；除电子元件回路或类似回路外，其他回路的电线应采用额定电压不低于750V、芯线截面不小于1.5mm^{2}的铜芯绝缘电线或电缆。

二次回路连线应成束绑扎，不同电压等级、交流、直流线路及计算机控制线路应分别绑扎，且有标识；固定后不应妨碍手车开关或抽出式部件的拉出或推入。

检验方法：检查试验记录。

在施工中检查和施工后检验及试动作的质量要求，这是常规，这样才能确保通电运行正常，安全保护可靠，日后操作维护方便。

6.2.7　连接柜、屏、台、箱、盘面板上的电器及控制台、板等可动部位的电线应符合下列规定：

1　采用多股铜芯软电线，敷设长度留有适当裕量；

2　线束有外套塑料管等加强绝缘保护层；

3　与电器连接时，端部绞紧，且有不开口的终端端子或搪锡，不松散、断股；

4　可转动部位的两端用卡子固定。

检验方法：观察检查。

6.2.8　照明配电箱（盘）安装应符合下列规定：

1　位置正确，部件齐全，箱体开孔与导管管径适配，暗装配电箱箱盖紧贴墙面，箱（盘）涂层完整；

2　箱（盘）内接线整齐，回路编号齐全，标识正确；

3　箱（盘）不采用可燃材料制作；

4　箱（盘）安装牢固，垂直度允许偏差为1.5‰；底边距地面为1.5m，照明配电板底边距地面不小于1.8m。

检验方法：观察及尺量检查。

第七节　低压电动机、电加热器及电动执行机构检查接线

7.1　主控项目

7.1.1　电动机、电加热器及电动执行机构的可接近裸露导体必须接地（PE）或接零（PEN）。

建筑电气的低压动力工程采用何种供电系统，由设计选定，但可接近的裸露导体（即原规范中的非带电金属部分）必须接地或接零，以确保使用安全。

7.1.2　电动机、电加热器及电动执行机构绝缘电阻值应大于0.5MΩ。

7.1.3　100kW以上的电动机，应测量各相直流电阻值，相互差不应大于最小值的2%；

无中性点引出的电动机，测量线间直流电阻值，相互差不应大于最小值的1%。

建筑电气工程中电动机容量一般不大，其启动控制也不甚复杂，所以交接试验内容也不多，主要是绝缘电阻检测和大电机的直流电阻检测。

7.2 一般项目

7.2.1 电气设备安装应牢固，螺栓及防松零件齐全，不松动。防水防潮电气设备的接线入口及接线盒盖等应做密封处理。

检验方法：观察检查。

7.2.2 除电动机随带技术文件说明不允许在施工现场抽芯检查外，有下列情况之一的电动机，应抽芯检查：

1 出厂时间已超过制造厂保证期限，无保证期限的已超过出厂时间一年以上；

2 外观检查、电气试验、手动盘转和试运转，有异常情况。

关于电动机是否要抽芯是有争论的，有的认为施工现场条件没有制造厂车间内条件好，在现场拆卸检查没有好处，况且有的制造厂说明书明确规定不允许拆卸检查（如某些特殊电动机或进口的电动机）；另一种意见认为，电动机安装前应作抽芯检查，只要在施工现场找一个干净通风、湿度在允许范围内的场所即可，尤其是开启电动机一定要抽芯检查。为此现行国家标准《电气装置安装工程旋转电机施工及验收规范》（GB 50170）第3.2.2条对是否要抽芯的条件作出了规定，同时也明确了制造厂不允许抽芯的电动机要另行处理。可以理解为电动机有抽芯检查的必要，而制造厂又明确说明不允许抽芯，则应召集制造厂代表会同协商处理，以明确责任。

7.2.3 电动机抽芯检查应符合下列规定：

1 线圈绝缘层完好、无伤痕，端部绑线不松动，槽楔固定、无断裂，引线焊接饱满，内部清洁，通风孔道无堵塞；

2 轴承无锈斑，注油（脂）的型号、规格和数量正确，转子平衡块紧固，平衡螺丝锁紧，风扇叶片无裂纹；

3 连接用紧固件的防松零件齐全完整；

4 其他指标符合产品技术文件的特有要求。

检验方法：对抽芯检查的部位和要求作相应的检查。

7.2.4 在设备接线盒内裸露的不同相导线间和导线对地间最小距离应大于8mm，否则应采取绝缘防护措施。

第八节 柴油发电机组安装

8.1 主控项目

8.1.1 发电机的试验必须符合本规范附录A的规定。

在建筑电气工程中，自备电源的柴油发电机，均选用380/220V的低压发电机，发电机在制造厂均做出厂试验，合格后柴油发动机组成套供货。安装后应按本规范规定做交接试验。

由于电气交接试验是在空载情况下对发电机性能的考核，而负载情况下的考核要和柴油机有关试验一并进行，包括柴油机的调速特性能否满足供电质量要求等。

8.1.2 发电机组至低压配电柜馈电线路的相间、相对地间的绝缘电阻值应大于0.5MΩ；塑料绝缘电缆馈电线路直流耐压试验为2.4kV，时间15min，泄漏电流稳定，无击穿现象。

检验方法：测量检查。

由柴油发电机至配电室或经配套的控制柜至配电室的馈电线路，以绝缘电线或电力电缆来考虑，通电前应按本条规定进行试验；如馈电线路电封闭母线，则应按本规范对封闭母线的验收规定进行检查和试验。

8.1.3 柴油发电机馈电线路连接后，两端的相序必须与原供电系统的相序一致。

核相是两个电源向同一供电系统供电的必经手续，虽然不出现并列运行，但相序一致才能确保用电设备的性能和安全。

8.1.4 发电机中性线（工作零线）应与接地干线直接连接，螺栓防松零件齐全，且有标识。

检验方法：观察检查。

8.2 一般项目

8.2.1 发电机组随带的控制柜接线应正确，紧固件紧固状态良好，无遗漏脱落。开关、保护装置的型号、规格正确，验证出厂试验的锁定标记应无位移，有位移应重新按制造厂试验标定。

检验方法：观察检查。

有的柴油发电机及其控制柜、配电柜在出厂时已做负载试验，并按产品制造要求对发电机本体保护的各类保护装置做出标定或锁定。考虑到成套供应的柴油发电机，经运输保管和施工安装，有可能随机各柜的紧固件发生松动移位，所以要认真检查，以确保安全运行。

8.2.2 发电机本体和机械部分的可接近裸露导体应接地（PE）或接零（PEN）可靠，且有标识。

检验方法：观察检查。

8.2.3 受电侧低压配电柜的开关设备、自动或手动切换装置和保护装置等试验合格，应按设计的自备电源使用分配预案进行负荷试验，机组连续运行12h无故障。

检验方法：检查试验记录。

与柴油发电机馈电有关的电气线路及其元器件的试验均合格后，才具有作为备用电源的可能性。而其可靠性检验是在建筑物尚未正式投入使用，按设计预案，使柴油发电机带上预定负荷，经12h连续运转，无机械和电气故障，方可认为这个备用电源是可靠的。

《工频柴油发电机组技术条件》（JB/T 10303—2001）对“额定工况下的连续试运行”也明确提出了要求。

第九节 不间断电源安装

9.1 主控项目

9.1.1 不间断电源的整流装置、逆变装置和静态开关装置的规格、型号必须符合设计要求。内部结线连接正确，紧固件齐全，可靠不松动，焊接连接无脱落现象。

检验方法：对照图纸，查质保书，观察检查。

现行国家标准《不间断电源设备》(GB 7260) 中明确，其功能单元由整流装置、逆变装置、静态开关和蓄电池组四个功能单元组成，由制造厂以柜式出厂供货，有的组合在一起，容量大的分柜供应，安装时基本与柜盘安装要求相同。但有其独特性，即供电质量和其他技术指标是由设计根据负荷性质对产品提出特殊要求，因而对规格型号的核对和内部线路的检查显得十分必要。

9.1.2 不间断电源的输入、输出各级保护系统和输出的电压稳定性、波形畸变系数、频率、相位、静态开关的动作等各项技术性能指标试验调整必须符合产品技术文件要求，且符合设计文件要求。

检验方法：对照设计文件检查试验记录。

不间断电源的整流、逆变、静态开关各个功能单元都要单独试验合格，才能进行整个不间断电源试验。这种试验根据供货协议可以在工厂或安装现场进行，以安装现行试验为最佳选择，因为如无特殊说明，在制造厂试验一般使用的是电阻性负载。无论采用何种方式，都必须符合工程设计文件和产品技术条件的要求。

9.1.3 不间断电源装置间连线的线间、线对地间绝缘电阻值应大于0.5MΩ。

9.1.4 不间断电源输出端的中性线 (N极)，必须与由接地装置直接引来的接地干线相连接，做重复接地。

不间断电源输出端的中性线 (N极) 通过接地装置引入干线做重复接地，有利于遏制中心点漂移，使三相电压均衡度提高。同时，当引向不间断电源供电侧的中性线意外断开时，可确保不间断电源输出端不会引起电压升高而损坏由其供电的重要用电设备，以保证整幢建筑物的安全使用。

9.2 一般项目

9.2.1 安放不间断电源的机架组装应横平竖直，水平度、垂直度允许偏差不应大于1.5‰，紧固件齐全。

9.2.2 引入或引出不间断电源装置的主回路电线、电缆和控制电线、电缆应分别穿保护管敷设，在电缆支架上平行敷设应保持150mm的距离；电线、电缆的屏蔽护套接地连接可靠，与接地干线就近连接，紧固件齐全。

检验方法：观察检查。

9.2.3 不间断电源装置的可接近裸露导体应接地 (PE) 或接零 (PEN) 可靠，且有标识。

9.2.4 不间断电源正常运行时产生的A声级噪声，不应大于45dB；输出额定电流为5A及以下的小型不间断电源噪声，不应大于30dB。

检验方法：观察检查。

本条是对噪声的规定。既考核产品制造质量，又维护了环境质量，有利于保护有人值班的变配电室工作人员的身体健康。

第十节 低压电气动力设备试验和试运行

10.1 主控项目

10.1.1 试运行前，相关电气设备和线路应按本规范的规定试验合格。

检验方法：检查试验记录。

建筑电气工程和其他电气工程一样，反映它的施工质量有两个方面，一是静态的检查是否符合本规范的有关规定；另一是动态的空载试运行及与其他建筑设备一起的负荷试运行，试运行符合要求，才能最终判定施工质量为合格。鉴于在整个施工过程中，大量的时间为安装阶段，即静态的验收阶段，而施工的最终阶段为试运行阶段，两个阶段相隔时间很长，用在同一个分项工程中来填表检验很不方便，故而单列这个分项，把动态检查验收分离出来，更具有可操作性。

电气动力设备试运行前，各项电气交接试验均应合格，而安装试验的核心是承受电压冲击的能力，也就是确保了电气装置的绝缘状态良好，各类开关和控制保护动作正确，使在试运行中检验电流承受能力和冲击有可靠的安全保护。

10.1.2 现场单独安装的低压电器交接试验项目应符合本规范附录B的规定。

检验方法：检查试验记录。

在试运行前，要对相关的现场单独安装的各类低压电器进行单体的试验和检测，符合本规范规定，才具有试运行的必备条件。与试运行有关的成套柜、屏、台、箱、盘已在试运行前试验合格。

10.2 一般项目

10.2.1 成套配电（控制）柜、台、箱、盘的运行电压、电流应正常，各种仪表指示正常。

试运行时要检测有关仪表的指示，并作记录，对照电气设备的铭牌标示值有否超标，以判定试运行是否正常。

检验方法：检查运行记录。

10.2.2 电动机应试通电，检查转向和机械转动有无异常情况；可空载试运行的电动机，时间一般为2h，记录空载电流，且检查机身和轴承的温升。

检验方法：检查通电试验记录。

电动机的空载电流一般为额定电流的30％（指异步电动机）以下，机身的温升经2h空载试运行不会太高，重点是考核机械装配质量，尤其要注意噪声是否太大或有异常撞击声响，此外要检查轴承的温度是否正常，如滚动轴承润滑油脂填充量过多，会导致轴承温度过高，且试运行中温度上升急剧。

10.2.3 交流电动机在空载状态下（不投料）可启动次数及间隔时间应符合产品技术条件的要求；无要求时，连续启动2次的时间间隔不应小于5min，再次启动应在电动机冷却至常温下。空载状态（不投料）运行，应记录电流、电压、温度、运行时间等有关数据，且应符合建筑设备或工艺装置的空载状态运行（不投料）要求。

检验方法：检查通电试验记录。

电动机启动瞬时电流要比额定电流大，有的达6～8倍，虽然空载（设备不投料）无负荷，但因被拖动的设备转动惯量大（如风机等），启动电流衰减的速度慢、时间长。为防止因启动频繁造成电动机线圈过热，而作此规定。调频调速启动的电动机要按产品技术文件的规定确定启动的间隔时间。

10.2.4 大容量（630A及以上）导线或母线连接处，在设计计算机负荷运行情况下应做温度抽测记录，温升值稳定且不大于设计值。

检验方法：检查通电试验记录。

在负荷试运行时，随着设备负荷的增大，电气装置主回路的负荷电流也增大，直至达到设计预期的最大值，这时主回路导体的温度随着试运行时间延续而逐渐稳定在允许范围内的最高值，这是正常现象。只要设计选择无失误，主回路的导体本身是不会有问题的，而要出现故障的往往是其各个连接处，所以试运行时要对连接处的发热情况注意检查，防止因过热而发生故障。这也是对导体连接质量的最终检验。过去采用观察连接处导体的颜色变化或用变色漆指示；一般不能用测温仪表直接去测带电导体的温度，可使红外线遥测温度仪进行测量，也是使用单位为日常维护需要通常配备的仪表。通过调研，反馈意见认为以 630A 为较妥。

10.2.5 电动执行机构的动作方向及指示，应与工艺装置的设计要求保持一致。

检验方法：检查试运行记录。

电动执行机构的动作方向，在手动或点动时已经确认与工艺装置要求一致，但在联动试运行时，仍需仔细检查，否则工艺的工况会出现不正常，有的会导致安全事故。

第十一节 裸母线、封闭母线、插接式母线安装

11.1 主控项目

11.1.1 绝缘子的底座、套管的法兰、保护网（罩）及母线支架等可接近裸露导体应接地（PE）或接零（PEN）可靠。不应作为接地（PE）或接零（PEN）的接续导体。

母线是供电主干线，凡与其相关的可接近的裸露导体要接地或接零的理由主要是：发生漏电可导入接地装置，确保接触电压不危及人身安全，同时也给具有保护或讯号的控制回路正确发出讯号提供可能。为防止接地或接零支线线间的串联连接，所以规定不能作为接地或接零的中间导体。

11.1.2 母线与母线或母线与电器界限端子，采用螺栓搭接连接时，应符合下列规定：

1 母线的各类搭接连接的钻孔直径和搭接长度符合本规范附录 C 的规定，用力矩扳手拧紧钢制连接螺栓的力矩值符合本规范录 D 的规定；

2 母线接触面保持清洁，涂电力复合脂，螺栓孔周边无毛刺；

3 连接螺栓两侧有平垫圈，相邻垫圈间有大于 3mm 的间隙，螺母侧装有弹簧垫圈或锁紧螺母；

4 螺栓受力均匀，不使电器的接线端子受额外应力。

检验方法：对照设计文件观察和尺量检查。

建筑电气工程选用的母线均为矩形铜、铝硬母线，不选用软母线和管型母线。本规范仅对矩形母线的安装作出规定。所有规定均与原国家标准《电气装置安装工程母线装置施工及验收规范》（GBJ 149）一致。其中第 3 款对“垫圈间应有大于 3mm 的间隙”是指钢垫圈而言。《电气装置安装工程母线装置施工及验收规范》现行标准的代号为 GB 50149—2010。

11.1.3 封闭、插接式母线安装应符合下列规定：

1 母线与外壳同心，允许偏差为±5mm；

2 当段与段连接时，两相邻段母线及外壳对准，连接后不使母线及外壳受额外应力；

3 母线的连接方法符合产品技术文件要求。

检验方法：对照产品技术文件检查。

由于封闭、插接式母线是定尺寸按施工图订货和供应，制造商提供的安装技术要求文件，指明连接程序、伸缩节设置和连接以及其他说明，所以安装时要注意符合产品技术文件要求。

11.1.4 室内裸母线的最小安全净距应符合本规范附录E的规定。

检验方法：对照附录E进行检查。

安全净距指带电导体与非带电导体间的空间最近距离。保持这个距离可以防止各种原因引起的过电压而发生空气击穿现象，诱发短路事故等电气故障，规定的数值与原国家标准《电气装置安装工程母线装置施工及验收规范》(GBJ 149）一致。

11.1.5 高压母线交流工频耐压试验必须按本规范第3.1.8条的规定交接试验合格。

母线和其他供电线路一样，安装完毕后，要做电气交接试验。必须注意，6kV以上（含6kV）的母线试验时与穿墙套管要断开，因为有时两者的试验电压是不同的。

11.1.6 低压母线交接试验应符合本规范第4.1.5条的规定。

11.2 一般项目

11.2.1 母线的支架与预埋铁件采用焊接固定时，焊缝应饱满；采用膨胀螺栓固定时，选用的螺栓应适配，连接应牢固。

检验方法：观察检查。

11.2.2 母线与母线、母线与电器接线端子搭接，搭接面的处理应符合下列规定：

1 铜与铜：室外、高温且潮湿的室内，搭接面搪锡；干燥的室内，不搪锡。

铜与铜的搭接时，室外、高温且潮湿或对母线有腐蚀性气体的室内应搪锡；在干燥的室内可直接连接。

2 铝与铝：搭接面不做涂层处理。

铝与铝的搭接面可直接连接。

3 钢与钢：搭接面搪锡或镀锌。

钢与钢的搭接面不得直接连接，应搪锡或镀锌后连接。

4 铜与铝：在干燥的室内，铜导体搭接面搪锡；在潮湿场所，铜导体搭接面搪锡，且采用铜铝过渡板与铝导体连接。

室外或空气相对湿度接近100%的室内，应采用铜铝过渡板，铜端应搪锡。

5 钢与铜或铝：钢搭接面搪锡。

检验方法：观察检查。

本条是为防止电化腐蚀而作出的规定。因每种金属的化学活泼程度不同，相互接触表现正负极性也不相同。在潮湿场所会形成电池，而导致金属腐蚀，采用过渡层，可降低接触处的接触电压，而缓解腐蚀速度。而腐蚀速度往往取决于环境的潮湿与否和空气的洁净程度。

考虑到钢及铝容易被腐蚀，钢、铜、铝电导率不同，在潮湿的环境下直接连接在一起，会在接触面间产生电腐蚀，严重影响电气设备或系统的运行安全，因此本条对母线及导体的搭接连接，根据不同材质和使用环境对其搭接面的处理作出了规定，以确保母线连接的可靠性。

11.2.3 母线的相序排列及涂色，当设计无要求时应符合下列规定：

1 上、下布置的交流母线，由上至下排列为A、B、C相；直流母线正极在上，负极在下。

2 水平布置的交流母线，由盘后向盘前排列为A、B、C相；直流母线正极在后，负极在前。

3 面对引下线的交流母线，由左至右排列为A、B、C相；直流母线正极在左，负极在右。

4 母线的涂色：交流，A相为黄色、B相为绿色、C相为红色；直流。正极为赭色、负极为蓝色；在连接处或支持件边缘两侧10mm以内不涂色。

检验方法：观察检查。

是为了鉴别相位而作的规定，以方便维护检修和扩建接线等。

涂刷母线相色标识检查：室外软母线、金属封闭母线外壳、管形母线应在两端做相色标识；单片、多片母线及槽形母线的可见面应涂相色；钢母线应镀锌，可见面应涂相色；相色涂刷应均匀，不易脱落，不得有起层、破皮等缺陷，并应整齐一致。

各类母线刷相色漆的部位及刷漆质量作出规定。母线刷相色漆不但可以方便运行，维护人员识别相位，母线表面刷漆后，还能起到散热作用。刷漆后的铜、铝母线与裸露的母线相比较，其在相同条件下，温升可下降20%～35%。

室外软母线和封闭母线在两端适当部位涂相色漆以标明相序，刷漆的具体部件不作硬性规定，但位置确定后，全厂（站）应一致。

母线在下列各处不应涂刷相色：

1 母线的螺栓连接处及支撑点处、母线与电器的连接处，以及距所有连接处10mm以内的地方；

2 供携带式接地线连接用的接触面上，以及距接触面长度为母线的宽度或直径的地方，且不应小于50mm。

凡是母线接头处或母线与其他电器有电气连接处，都不应刷漆，以免增大接触面的接触电阻，引起连接处过热。

11.2.4 母线在绝缘子上安装应符合下列规定：

1 金具与绝缘子间的固定平整牢固，不使母线受额外应力；

2 交流母线的固定金具或其他支持金具不形成闭合铁磁回路；

3 除固定点外，当母线平置时，母线支持夹板的上部压板与母线间有1～1.5mm的间隙，当母线立置时，上部压板与母线间有1.5～2mm的间隙；

4 母线的固定点，每段设置1个，设置于全长或两母线伸缩节的中点；

5 母线采用螺栓搭接时，连接处距绝缘子的支持夹板边缘不小于50mm。

母线在支柱绝缘子上的固定死点，每一段应设置1个，并宜位于全长或两母线伸缩节中点。

管形母线安装在滑动式支持器上时，支持器的轴座与管母线之间应有1～2mm的间隙。

母线固定装置应无棱角和毛刺。

检验方法：观察检查。

是对矩形母线的支持绝缘子上固定的技术要求，是保证母线通电后，在负荷电流下不发生短路环涡流效应，使母线可自由伸缩，防止局部过热及产生热膨胀后应力增大而影响母线安全运行。

母线在运行中通过的电流是变化的，发热状况也是变化的，所以母线在支柱绝缘子上的固定既要牢固，又要能使母线自由伸缩。为避免交流母线因产生涡流而发热，金具之间不能形成闭合磁路。金具有棱角、毛刺，会产生电晕放电，造成损耗和对弱电的信号干扰。

11.2.5 封闭、插座式母线组装和固定位置应正确，外壳与底座间、外壳各连接部位和母线的连接螺栓应按产品技术文件要求选择正确，连接紧固。

第十二节 电缆桥架安装和桥架内电缆敷设

12.1 主控项目

12.1.1 金属电缆桥架及其支架和引入或引出的金属电缆导管必须接地（PE）或接零（PEN）可靠，且必须符合下列规定：

1 金属电缆桥架及其支架全长应不少于2处与接地（PE）或接零（PEN）干线相连接；

2 非镀锌电缆桥架间连接板的两端跨接铜芯地线，接地线最小允许截面积不小于4mm²；

3 镀锌电缆桥架间连接板的两端不跨接接地线，但连接板两端不少于2个有防松螺帽或防松垫圈的连接固定螺栓。

12.1.2 电缆敷设严禁有绞拧、铠装压扁、护层断裂和表面严重划伤等缺陷。

检验方法：观察检查。

12.2 一般项目

12.2.1 电缆桥架安装应符合下列规定：

1 直线段钢制电缆架长度超过30m、铝合金或玻璃钢制电缆桥架长度超过1.5mm设有伸缩节；电缆桥架跨越建筑物变形缝处设置补偿装置。

2 电缆桥架转弯处的弯曲半径，不小于桥架内电缆最小允许弯曲半径，电缆最小允许弯曲半径见表12.2.1-1（本书表8.12.1）。

电缆最小允许弯曲半径 **表8.12.1**

序号	电缆种类	最小允许弯曲半径
1	无铅包钢铠护套的橡皮绝缘电力电缆	$10D$
2	有钢铠护套的橡皮绝缘电力电缆	$20D$
3	聚氯乙烯绝缘电力电缆	$10D$
4	交联聚氯乙烯绝缘电力电缆	$15D$
5	多芯控制电缆	$10D$

注：D为电缆外径。

3 当设计无要求时，电缆桥架水平安装的支架间距为1.5～3m；垂直安装的支架间距不大于2m。

4 桥架与支架间螺栓、桥架连接板螺栓固定紧固无遗漏，螺母位于桥架外侧；当铝合金桥架与钢支架固定时，有相互间绝缘的防电化腐蚀措施。

5 电缆桥架敷设在易燃易爆气体管道和热力管道的下方，当设计无要求时，与管道的最小净距，符合表12.2.1-2（本书表8.12.2）的规定。

与管道的最小净距（m） **表8.12.2**

管道类别		平行净距	交叉净距
一般工艺管道		0.4	0.3
易燃易爆气体管道		0.5	0.5
热力管道	有保温层	0.5	0.3
	无保温层	1.0	0.5

6 敷设在竖井内和穿越不同防火区的桥架，按设计要求位置，有防火隔堵措施。

7 支架与预埋件焊接固定时，焊缝饱满；膨胀螺栓固定时，选用螺栓适配，连接紧固，防松零件齐全。

检验方法：观察、尺量检查。

12.2.2 桥架内电缆敷设应符合下列规定：

1 大于45°倾斜敷设的电缆每隔2m处设固定点。

2 电缆出入电缆沟、竖井、建筑物、柜（盘）、台处以及管子管口处等做密封处理。

3 电缆敷设排列整齐，水平敷设的电缆，首尾两端、转弯两侧及每隔5～10m处设固定点；敷设于垂直桥架内的电缆固定点间距，不大于表12.2.2（本书表8.12.3）的规定。

电缆固定点的间距（mm） **表8.12.3**

电缆种类		固定点的间距
电力电缆	全塑型	1000
	除全塑型外的电缆	1500
控制电缆		1000

检验方法：观察、尺量检查。

12.2.3 电缆的首端、末端和分支处应设标志牌。

第十三节 电缆沟内和电缆竖井内电缆敷设

13.1 主控项目

13.1.1 金属电缆支架、电缆导管必须接地（PE）或接零（PEN）可靠。

13.1.2 电缆敷设严禁有绞拧、铠装压扁、护层断裂和表面严重划伤等缺陷。

检验方法：观察检查。

13.2 一般项目

13.2.1 电缆支架安装应符合下列规定：

1 当设计无要求时，电缆支架最上层至竖井顶部或楼板的距离不小于150～200mm；

电缆支架最下层至沟底或地面的距离不小于50～100mm。

2 当设计无要求时，电缆支架层间最小允许距离符合表13.2.1（本书表8.13.1）的规定。

电缆支架层间最小允许距离（mm） 表8.13.1

电缆种类	支架层间最小距离
控制电缆	120
10kV及以下电力电缆	150～200

3 支架与预埋件焊接固定时，焊缝饱满；用膨胀螺栓固定时，选用螺栓适配，连接紧固，防松零件齐全。

检验方法：观察、尺量检查。

13.2.2 电缆在支架上敷设，转弯处的最小允许弯曲半径应符合本规范表12.2.1-1的规定。

13.2.3 电缆敷设固定应符合下列规定：

1 垂直敷设或大于45°倾斜敷设的电缆在每个支架上固定。

2 交流单芯电缆或分相后的每相电缆固定用的夹具和支架，不形成闭合铁磁回路。

3 电缆排列整齐，少交叉；当设计无要求时，电缆支持点间距，不大于表13.2.3（本书表8.13.2）的规定。

电缆支持点间距（mm） 表8.13.2

电缆种类		敷设方式	
		水平	垂直
电力电缆	全塑型	400	1000
	除全塑型外的电缆	800	1500
控制电缆		800	1000

4 当设计无要求时，电缆与管道的最小净距，符合本规范表12.2.1-2的规定，且敷设在易燃易爆气体管道和热力管道的下方。

5 敷设电缆的电缆沟和竖井，按设计要求位置，有防火隔堵措施。

检验方法：观察、尺量检查。

13.2.4 电缆的首端、末端和分支处应设标志牌。

检验方法：观察检查。

第十四节　电线导管、电缆导管和线槽敷设

14.1　主控项目

14.1.1 金属的导管和线槽必须接地（PE）或接零（PEN）可靠，并符合下列规定：

1 镀锌的钢导管、可挠性导管和金属线槽不得熔焊跨接接地线，以专用接地卡跨接

的两卡间连线为铜芯软导线，截面积不小于4mm^2。

2　当非镀锌钢导管采用螺纹连接时，连接处的两端焊跨接接地线；当镀锌钢导管采用螺纹连接时，连接处的两端用专用接地卡固定跨接接地线。

3　金属线槽不作设备的接地导体，当设计无要求时，金属线槽全长不少于2处与接地（PE）或接零（PEN）干线连接。

4　非镀锌金属线槽间连接板的两端跨接铜芯接地线，镀锌线槽间连接板的两端不跨接接地线，但连接板两端不少于2个有防松螺帽或防松垫圈的连接固定螺栓。

检验方法：观察、尺量检查。

14.1.2　金属导管严禁对口熔焊连接；镀锌和壁厚小于等于2mm的钢导管不得套管熔焊连接。

14.1.3　防爆导管不应采用倒扣连接；当连接有困难时，应采用防爆活接头，其接合面应严密。

检验方法：观察检查。

14.1.4　当绝缘导管在砌体上剔槽埋设时，应采用强度等级不小于M10的水泥砂浆抹面保护，保护层厚度大于15mm。

检验方法：观察检查。

14.2　一般项目

14.2.1　室外埋地敷设的电缆导管，埋深不应小于0.7m。壁厚小于等于2mm的钢电线导管不应埋设于室外土壤内。

检验方法：观察检查。

14.2.2　室外导管的管口应设置在盒、箱内。在落地式配电箱内的管口，箱底无封板的，管口应高出基础面50～80mm。所有管口在穿入电线、电缆后应做密封处理。由箱式变电所或落地式配电箱引向建筑物的导管，建筑物一侧的导管管口应设在建筑物内。

检验方法：观察尺、量检查。

14.2.3　电缆导管的弯曲半径不应小于电缆最小允许弯曲半径，电缆最小允许弯曲半径应符合本规范表12.2.1-1（本书表8.12.1）的规定。

检验方法：尺量、观察检查。

14.2.4　金属导管内外壁应防腐处理；埋设于混凝土内的导管内壁应做防腐处理，外壁可不做防腐处理。

检验方法：观察检查。

14.2.5　室内进入落地式柜、台、箱、盘内的导管管口，应高出柜、台、箱、盘的基础面50～80mm。

检验方法：尺量、观察检查。

14.2.6　暗配的导管，埋设深度与建筑物、构筑物表面的距离不应小于15mm；明配的导管应排列整齐，固定点间距均匀，安装牢固；在终端、弯头中点或柜、台、箱、盘等边缘的距离150～500mm范围内设有管卡，中间直线段管卡间的最大距离应符合表14.2.6（本书表8.14.1）的规定。

检验方法：尺量、观察检查。

管卡间最大距离　　表 8.14.1

敷设方式	导管种类	导管直径（mm）				
		15～20	25～32	32～40	50～65	65 以上
		管卡间最大距离（m）				
支架或沿墙明敷	壁厚＞2mm 刚性钢导管	1.5	2.0	2.5	2.5	3.5
	壁厚≤2mm 刚性钢导管	1.0	1.5	2.0	—	—
	刚性绝缘导管	1.0	1.5	1.5	2.0	2.0

暗配管要有一定的埋设深度，太深不利于与盒箱连接，有时剔槽太深会影响墙体等建筑物的质量；太浅同样不利于盒箱连接，还会使建筑物表面有裂纹，在某些潮湿场所（如实验室等），钢导管的锈蚀会印显在墙面上，所以埋设深度恰当，既保护导管又不影响建筑物质量。

明配管要合理设置固定点，是为了穿线缆时不发生管子移位、脱落现象，也是为了使电气线路有足够的机械强度，受到冲击（如轻度地震）仍安全可靠地保持使用功能。

14.2.7　线槽应安装牢固，无扭曲变形，紧固件的螺母应在线槽外侧。

线槽内的各种连接螺栓，均要由内向外穿，应尽量使螺栓的头部与线槽内壁平齐，以利敷设，不致敷设线时损坏导线的绝缘护层。

检验方法：观察检查。

14.2.8　防爆导管敷设应符合下列规定：

1　导管间及与灯具、开关、线盒等的螺纹连接处紧密牢固，除设计有特殊要求外，连接处不跨接接地线，在螺纹上涂以电力复合酯或导电性防锈酯；

2　安装牢固顺直，镀锌层锈蚀或剥落处做防腐处理。

检验方法：观察检查。

在建筑电气工程，需要按防爆标准施工的具有爆炸和水灾危险环境的场所，主要是锅炉房和自备柴油发电机组的燃油或燃气供给运转室，以及燃料的小额储备室。其配管应按防爆要求执行。由于防爆线路明确用低压流体镀锌钢管作导管，管子间连接、管子与电气设备器具间连接一律采用螺纹连接，且要在丝扣上涂电力复合酯，使导管具有导电连续性，所以除设计要求外，可以不跨接接地线。同时有些防爆接线盒等器具是铝合金的，也不宜焊接，因而施工设计中通常有专用保护地线（PE 线）与设备、器具等零部件用螺栓连接，使接地可靠连通。

14.2.9　绝缘导管敷设应符合下列规定：

1　管口平整光滑；管与管、管与盒（箱）等器件采用插入法连接时，连接处结合面涂专用胶合剂，接口牢固密封。

2　直埋于地下或楼板内的刚性绝缘导管，在穿出地面或楼板易受机械损伤的一段，采取保护措施。

3　当设计无要求时，埋设在墙内或混凝土内的绝缘导管，采用中型以上的导管。

4　沿建筑物、构筑物表面和在支架上敷设的刚性绝缘导管，按设计要求装设温度补偿装置。

检验方法：观察检查。

刚性绝缘导管可以螺纹连接，更适宜用胶合剂胶接，胶接可方便与设备器具的连接，效率高、质量好、便于施工。

14.2.10 金属、非金属柔性导管敷设应符合下列规定：

1 刚性导管经柔性导管与电气设备、器具连接，柔性导管的长度在动力工程中不大于0.8m，在照明工程中不大于1.2m。

2 可挠金属管或其他柔性导管与刚性导管或电气设置、器具间的连接采用专用接头；复合型可挠金属管或其他柔性导管的连接处密封良好，防液覆盖层完整无损。

3 可挠性金属导管和金属柔性导管不能做接地（PE）或接零（PEN）的连续导体。

检验方法：观察、尺量检查。

在建筑电气工程中，不能将柔性导管用做线路的敷设，仅在刚性导管不能准确配入电气设备器具时，做过渡导管用，所以要限制其长度，且动力工程和照明工程有所不同，其规定的长度是结合工程实际，经向各地调研后取得共识而确定的。

14.2.11 导管和线槽，在建筑物变形缝处，应设补偿装置。

检验方法：观察检查。

第十五节 电线、电缆穿管和线槽敷线

15.1 主控项目

15.1.1 三相或单相的交流单芯电缆，不得单独穿于钢导管内。

本条是为了防止产生涡流效应必须遵守的规定。

15.1.2 不同回路、不同电压等级和交流与直流的电线，不应穿于同一导管内；同一交流回路电线应穿于同一金属导管内，且管内电线不得有接头。

检验方法：观察检查。

是防止相互干扰，避免发生故障时扩大影响面而作出的规定。同一交流回路要穿在同一金属管内的目的，也是为了防止产生涡流效应。回路是指同一个控制开关及保护装置引出的线路，包括相线和中性线或直流正、负2根电线，且线路自始端至用电设备器具之间或至下一级配电箱之间不再设置保护装置。

15.1.3 爆炸危险环境照明线路的电线和电缆额定电压不得低于750V，且电线必须穿于钢导管内。

由于现行国家标准GB 5023.1—5023.7的聚氯乙烯绝缘电缆的额定电压提高为450V/750V，故而将电压提高为750V，其余规定与《电气装置安装工程爆炸和火灾危险环境电气装置施工及验收规范》（GB 50257）相一致。

15.2 一般项目

15.2.1 电线、电缆穿管前，应清除管内杂物和积水。管口应有保护措施，不进入接线盒（箱）的垂直管口穿入电线、电缆后，管口应密封。

检验方法：观察检查。

15.2.2 当采用多相供电时，同一建筑物、构筑物的电线绝缘层颜色选择应一致，即保护地线（PE线）应是黄绿相间色，零线用淡蓝色；相线用：A相——黄色、B相——绿色、C相——红色。

检验方法：观察检查。

电线外护层的颜色不同是为区别其功能不同而设定的，对识别和方便维护检修均有利。PE线的颜色是全世界统一的，其他电线的颜色还未一致起来。要求同一建筑内其不同功能的电线绝缘层颜色有区别是提高服务质量的体现。

15.2.3 线槽敷线应符合下列规定：

1 电线在线槽内有一定余量，不得有接头。电线按回路编号分段绑扎，绑扎点间应大于2m。

2 同一回路的相线和零线，敷设于同一金属线槽内。

3 同一电源的不同回路无抗干扰要求的线路敷设于同一线槽内；敷设于同一线槽内有抗干扰要求的线路用隔板隔离，或采用屏蔽电线且屏蔽护套一端接地。

检验方法：观察、尺量检查。

为方便识别和检修，对每个回路的线槽内进行分段绑扎；由于线槽内电线有相互交叉和平行紧挨现象，所以要注意有抗电磁干扰要求的线路采取屏蔽和隔离措施。

第十六节 槽板配线

16.1 主控项目

16.1.1 槽板内电线无接头，电线连接设在器具处；槽板与各种器具连接时，电线应留有余量，器具底座应压住槽板端部。

检验方法：检查槽内接头。

16.1.2 槽板敷设应紧贴建筑物表面，且横平竖直、固定可靠，严禁用木楔固定；木槽板应经阻燃处理，塑料槽板应有阻燃标识。

检验方法：观察检查。

16.2 一般项目

16.2.1 木槽板无劈裂，塑料槽板无扭曲变形。槽板底板固定点间距应小于500mm；槽板盖板固定点间距小于300mm；底板距终端50mm和盖板距终端30mm处应固定。

检验方法：观察、尺量检查。

16.2.2 槽板的底板接口与盖板接口应错开20mm，盖板在直线段和90°转角处应成45°斜口对接，T形分支处应成三角叉接，盖板应无翘角，接口应严密整齐。

检验方法：观察、尺量检查。

16.2.3 槽板穿过梁、墙和楼板处应有保护套管，跨越建筑物变形缝处槽板应设补偿装置，且与槽板结合严密。

检验方法：观察、尺量检查。

槽板配线在建筑电气工程的照明工程中，随着人们物质生活水平的提高，大型公用建筑已基本不用槽板配线，在一般民用建筑或有些古建筑的修复工程中，以及个别地区仍有较多的使用。

槽板配线除应注意材料的防火外，更应注意敷设牢固和建筑物棱线的协调，使之具有装饰美观的效果。

第十七节 钢索配线

17.1 主控项目

17.1.1 应采用镀锌钢索，不应采用含油芯的钢索。钢索的钢丝直径应小于0.5mm，钢索不应有扭曲和断股等缺陷。

检验方法：查质保书，观察检查。

采用镀锌钢索是为抗锈蚀而延长使用寿命；规定钢索直径是为使钢索柔性好，且在使用中不因经常摆动而发生钢丝过早断裂；不采用含油芯的钢索可以避免积尘，便于清扫。

17.1.2 钢索的终端拉环埋件应牢固可靠，钢索与终端拉环套接处应采用心形环，固定钢索的线卡不应少于2个，钢索端头应用镀锌铁线绑扎紧密，且应接地（PE）或接零（PEN）可靠。

检验方法：观察检查。

固定电气线路的钢索，其端部固定是否可靠是影响安全的关键，所以必须注意。钢索是电气装置的可接近的裸露导体，为防触电危险，故必须接地或接零。

17.1.3 当钢索长度在50m及以下时，应在钢索一端装设花篮螺栓紧固；当钢索长度大于50m时，应在钢索两端装设花篮螺栓紧固。

钢索配线有一个弧垂问题，弧垂的大小应按设计要求调整，装设花篮螺栓的目的是便于调整弧垂值。弧垂值的大小在某些场所是个敏感的事，太小会使钢索超过允许受力值；太大钢索摆幅度大，不利于在其上固定的线路和灯具等正常运行，还要考虑其自由振荡频率与同一场所的其他建筑设备的运转频率的关系，不要产生共振现象，所以要将弧垂值调整适当。

17.2 一般项目

17.2.1 钢索中间吊顶间距不应大于12m，吊架与钢索连接处的吊钩深度不应小于20mm，并应有防止钢索跳出的锁定零件。

检验方法：查质保书，观察检查。

钢索有中间吊架，可改善钢索受力状态。为防止钢索受振动而跳出破坏整条线路，所以在吊架上要有锁定装置，锁定装置是既可打开放入钢索，又可闭合防止钢索跳出，锁定装置和吊架一样，与钢索间无强制性固定。

17.2.2 电线和灯具在钢索上安装后，钢索应承受全部负载，且钢索表面应整洁、无锈蚀。

检验方法：查质保书，观察检查。

17.2.3 钢索配线的零件间和线间距离应符合表17.2.3（本书表8.17.1）的规定。

钢索配线的零件间和线间距离（mm） 表8.17.1

配线类别	支持件之间最大距离	支持件与灯头盒之间最大距离
钢管	1500	200
刚性绝缘导管	1000	150
塑料护套线	200	100

为确保钢索上线路可靠固定制定本规定。其数据与原《电气装置安装 1kV 及以下配线工程施工及验收规范》(GB 50258—96) 的规定一致。

第十八节 电缆头制作、接线和线路绝缘测试

18.1 主控项目

18.1.1 高压电力电缆直流耐压试验必须按本规范第 3.1.8 条的规定交接试验合格。

检验方法：查交接试验记录。

18.1.2 低压电线和电缆，线间和线对地间的绝缘电阻值必须大于 0.5MΩ。

检验方法：测量绝缘电阻。

馈电线路敷设完毕，电缆做好电缆头、电线做好连接端子后，与其他电气设备、器具一样，要做电气交接试验，合格后，方能通电运行。

18.1.3 铠装电力电缆头的接地线应采用铜绞线或镀锡铜编织线，截面积不应小于表 18.1.3（本书表8.18.1）的规定。

电缆芯线和接地线截面积 (mm^2) **表 8.18.1**

电缆芯线截面积	接地线截面积
120 及以下	16
150 及以上	25

注：电缆芯线截面积在 $16mm^2$ 及以下，接地线截面积与电缆芯线截面积相等。

接地线的截面积应按电缆线路故障时接地电流的大小而选定。在建筑电气工程中由于容量比发电厂、大型变电所小，故障电流也较小，加上实际工程也缺乏设计提供的资料，所以表中推荐值为经常选用值，在使用中尚未发现因故障而熔断现象。使用镀锡铜编织线，更有利于方便橡塑电缆头焊接地线，如用铜绞线也应先搪锡再焊接。

18.1.4 电线、电缆接线必须准确，并联运行电线或电缆的型号、规格、长度、相位应一致。

检验方法：观察检查。

接线准确，是指定位准确，不要错接开关的位号或编号，也不要把相位接错，以避免送电时造成失误而引发重大安全事故。并联运行的线路设计通常采用同规格型号，使之处于最经济合理状态，而施工同样要使负荷电流平衡达到设计要求，所以要十分注意长度和连接方法。相位一致是并联运行的基本条件，也是必检项目，否则不可能并联运行。

18.2 一般项目

18.2.1 芯线与电器设备的连接应符合下列规定：

1 截面积在 $10mm^2$ 及以下的单股铜芯线和单股铝芯线直接与设备、器具的端子连接；

2 截面积在 $2.5mm^2$ 及以下的多股铜芯线拧紧搪锡或接续端子后与设备、器具的端子连接；

3 截面积大于 $2.5mm^2$ 的多股铜芯线，除设备自带插接式端子外，接续端子后与设备或器具的端子连接，多股铜芯线与插接式端子连接前，端部拧紧搪锡；

4 多股铝芯线接续端子后与设备、器具的端子连接；

5 每个设备和器具的端子接线不多于2根电线。

检验方法：观察、尺量检查。

为保证导线与设备器具连接可靠，不致通电运行后发生过热效应，并诱发燃烧事故，作此规定。要说明一下，芯线的端子即端部的接头，俗称铜接头、铝接头，也有称接线鼻子的；设备、器具的端子指设备、器具的接线柱、接线螺丝或其他形式的接线处，即俗称的接线桩头；而标示线路符号套在电线端部作标记用的零件称端子头；有些设备内、外部接线的接口零件称端子板。

18.2.2 电线、电缆的芯线连接金具（连接管和端子），规格应与芯线的规格适配，且不得采用开口端子。

大规格金具、端子与小规格芯线连接，如焊接要多用焊料，不经济，如压接更不可取，压接不到位也压不紧，电阻大，运行时要过热而出故障；反之小规格金具、端子与大规格芯线连接，必然要截去部分芯线，同样不能保证连接质量，而在使用中易引发电气故障，所以必须两者适配。开口端子一般用于实验室或调试用的临时线路上，以便拆装，不应用在永久连接的线路上，否则可靠性就无法保证。

18.2.3 电线、电缆的回路标记应清晰，编号准确。

第十九节 普通灯具安装

19.1 主控项目

19.1.1 灯具的固定应符合下列规定：

1 灯具重量大于3kg时，固定在螺栓或预埋吊钩上。

2 软线吊灯，灯具重量在0.5kg及以下时，采用软电线自身吊装；大于0.5kg的灯具采用吊链，且软电线编叉在吊链内，使电线不受力。

3 灯具固定牢固可靠，不使用木楔。每个灯具固定用螺钉或螺栓不少于2个；当绝缘台直径在75mm及以下时，采用1个螺钉或螺栓固定。

检验方法：试验和观察检查。

由于灯具悬于人们日常生活工作的正上方，能否可靠固定，在受外力冲击情况下也不致坠落（如轻度地震等）而危害人身安全，是至关重要的。普通软线吊灯，已大部分由双股塑料软线替代纱包双芯花线，其抗张强度降低，以227IEC06（RV）导线为例，其所用的塑料是PVC/D，交货状态的抗张强度为10N/mm^2，在80℃空气中经一周老化后为10±20%N/mm^2，取下限为8N/mm^2（约可承受质量为0.8kg不被拉断）。而软线吊灯的自重连塑料灯伞、灯头、灯泡在内重量不超过0.5kg，为确保安全，将普通吊线灯的重量规定为0.5kg，超过时要用吊链。

Ⅰ类灯具的防触电保护不仅依靠基本绝缘，而且包括基本的附加措施，即把不带电的外露可导电部分在基本绝缘失效时不致带电。因此这类灯具必须与保护接地线可靠连接，以防触电事故的发生。

灯具的固定装置是由施工单位在现场安装的，其安装形式应符合建筑物的结构特点。为了防止由于安装不可靠或意外因素，发生灯具坠落现象而造成人身伤亡事故，灯具固定装置安装完成、灯具安装前要求在现场做恒定均布载荷强度试验，试验的目的是检验安装质量。灯具所提供的吊环、连接件等附件强度应由灯具制造商在工厂进行过载试验。根据灯具制造标准《灯具第1部分：一般要求与试验》（GB 7000.1—2007）中第4.14.1条的规定，对所有的悬挂灯具应将4倍灯具重量的恒定均布载荷以灯具正常的受载方向加在灯具上，历时1h。试验终了时，悬挂装置（灯具本身）的部件应无明显变形。因此当在灯具上加载4倍灯具重量的载荷时，灯具的固定装置（施工单位现场安装的）须承受5倍灯具重量的载荷。

通过抗拉拔力试验而知，灯具的固定装置（采用金属型钢现场加工，用$\phi 8$的圆钢作马鞍形灯具吊钩）若用2枚M8的金属膨胀螺栓可靠地后锚固在混凝土楼板中，抗拉拔力可达10kN以上且抗拉拔力取决于金属膨胀螺栓的规格大小和安装可靠度；灯具的固定装置若焊接到混凝土楼板的预埋板上，抗拉拔力可达到22kN以上且抗拉拔力取决于装置材料自身的强度。因此对于质量小于10kg的灯具，其固定装置由于材料自身的强度，无论采用后锚固或在预埋铁板上焊接固定，只要安装是可靠的，均可承受5倍灯具重量的载荷。质量大于10kg的灯具，其固定装置应采用在预埋铁板上焊接固定或后锚固（金属螺栓或金属膨胀螺栓）等方式安装，不应采用塑料膨胀螺栓等方式安装，但无论采用哪种安装方式，均应符合建筑物的结构特点要求全数做强度试验，以确保安全。

所有灯具的固定螺丝应固定在建筑物上，预制空心楼板内用专用灯具支架配合土建预埋或用“T”型螺丝固定，现浇混凝土楼板内可预埋金属构件或用金属膨胀螺栓固定。

采用钢管作灯具吊杆时，钢管内径不宜小于10mm，钢管壁厚不应小于1.5mm。

吊灯灯具的重量超过3kg时，应固定在预埋吊钩或螺栓上。软线吊灯限于0.5kg以下，超过者应加吊链。链吊灯具的灯线不应受力，灯线宜与吊链编叉在一起。软线吊灯软线的两端均应作险扣，以防接线端子受力。

灯具的绝缘台直径大于75mm时，应使用2个以上的螺钉或螺栓固定。灯具的固定不得使用木楔，每个灯具固定使用的螺钉或螺栓不少于2个。

灯具在木制品及易燃结构上安装时，灯具周围应采用防火涂料、垫石棉圈隔热等防火隔热措施。灯具宜采用冷光源灯具。

吸顶或墙面上安装的灯具固定用的螺栓或螺钉不应少于2个。室外安装的壁灯其泄水孔应在灯具腔体的底部，绝缘台与墙面接线盒盒口之间应有防水措施。

为保证安装的灯具牢固可靠。室外壁灯的质量参差不齐，但灯具应有泄水孔且应在灯具腔体的底部，以防因积水引起短路。

悬吊式灯具安装检查：

1. 带升降器的软线吊灯在吊线展开后，灯具下沿应高于工作台面0.3m；

2. 质量大于0.5kg的软线吊灯，应增设吊链（绳）；

3. 质量大于3kg的悬吊灯具，应固定在吊钩上，吊钩的圆钢直径不应小于灯具挂销直径，且不应小于6mm。

悬吊式灯具能否可靠固定，对于人身安全是至关重要的。带升降器的软线吊灯具在吊线展开后不应触及工作台面或过于接近台面上的易燃物品，否则容易发生灯具玻璃灯罩或灯管（泡）碰到工作台面爆裂造成人身伤害，且能防止较热光源长时间靠近台面上的易燃物品，烤焦台面物品；普通软线吊灯，大部分已用双绞塑料线取代纱包花线，抗拉强度有所降低，约可承受0.8kg的质量而不被拉断。为确保安全，规定软线吊灯超过0.5kg时，应增设吊链或吊绳；固定悬吊灯具的螺栓或吊钩与灯具是等强度概念，为避免螺栓或吊钩受意外拉力，发生灯具坠落现象，规定了螺栓或吊钩圆钢直径的下限。

嵌入式灯具安装检查：

1. 灯具的边框应紧贴安装面；

2. 多边形灯具应固定在专设的框架或专用吊链（杆）上，固定用的螺钉不应少于4个；

3. 接线盒引向灯具的电线应采用导管保护，电线不得裸露，导管与灯具壳体应采用专用接头连接，当采用金属软管时，其长度不宜大于1.2m。

嵌入式灯具在工程中得到广泛应用，其固定可采用专设框架，也可通过吊链或吊杆固定。

投光灯的底座及支架应固定牢固，枢轴应沿需要的光轴方向拧紧固定。

导轨灯安装前应核对灯具功率和载荷与导轨额定载流量和载荷相匹配。

导轨灯是指灯具嵌入导轨，可在导轨上移动、变换位置和调节投光角度，以实现对目标重点照明的灯具。为避免灯具数量过多，载流量和载荷超过导轨额定载流量和载荷，缩短使用寿命。

19.1.2 花灯吊钩圆钢直径不应小于灯具挂销直径，且不应小于6mm。大型花灯的固定及悬吊装置，应按灯具重量的2倍做过载试验。

固定灯具的吊钩与灯具一致，是等强度概念。若直径小于6mm，吊钩易受意外拉力而变直、发生灯具坠落现象，故规定此下限。大型灯具的固定及悬吊装置由施工设计经计算后出图预埋安装，为检验其牢固程序是否符合图纸要求，故应做过载试验，同样是为了使用安全。

各型花灯安装：

1. 组合式吸顶花灯安装：根据预埋的螺栓和灯头盒的位置，在灯具的托板上用电钻开好安装孔和出线孔，电源线盒灯具导线的连接应包扎严密，塞入灯头盒内；托板与预埋螺栓连接必须牢固，四周和顶棚应紧贴。

2. 吊式花灯安装：将预埋好的吊杆插入灯具内，把吊挂销钉插入后再将其尾部瓣开成燕尾状。接好导线接头，包扎严密，理顺后向上推起扣碗，将接头扣于其内，扣碗应紧贴顶棚，拧紧固定螺丝。

3. 安装在重要场所的大型灯具的玻璃罩，应采取防止玻璃罩碎裂后向下溅落的措施。

19.1.3 当钢管做灯杆时，钢管内径不应小于10mm，钢管厚度不应小于1.5mm。

检验方法：观察、尺量检查。

钢管吊杆与灯具和吊杆上端法兰均为螺纹连接，直径太小，壁厚太薄，均不利套丝，套丝后强度不能保证，受外力冲撞或风吹后易发生螺纹断裂现象，于安全使用不利。

用钢管作灯具吊杆时，如果钢管内径太小，不利于穿线；管壁太薄，不利于套丝，套丝后强度也不能保证。

采用钢管作灯具吊杆时，钢管应有防腐措施。

19.1.4 固定灯具带电部件的绝缘材料以及提供防触电保护的绝缘材料，应耐燃烧和防明火。

施工中在固定灯具或另外提供安装的防触电保护材料同样也要遵守此项规定。

灯具表面及其附件等高温部位靠近可燃物时，应采取隔热、散热等防火保护措施。以卤钨灯或额定功率大于等于100W的白炽灯泡为光源时，其吸顶灯、槽灯、嵌入灯应采用瓷质灯头，引入线应采用瓷管、矿棉等不燃材料作隔热保护。

照明灯具的高温部位靠近可燃物时应采取的保护措施，以预防和减少引发火灾事故。因为这类灯具即使由于元件故障造成过高温度也不会使安装表面过热，即适宜于直接安装在普通可燃材料的表面。

19.1.5 当设计无要求时，灯具的安装高度和使用电压等级应符合下列规定：

1 一般敞开式灯具，灯头对地面距离不小于下列数值（采用安全电压时除外）：

1）室外：2.5m（室外墙上安装）；

2）厂房：2.5m；

3）室内：2m；

4）软吊线带升降器的灯具在吊线展开后：0.8m。

2 危险性较大及特殊危险场所，当灯具距地面高度小于2.4m时，使用额定电压为36V及以下的照明灯具，或有专用保护措施。

检验方法：尺量、观察检查。

在建筑电气照明工程中，灯具的安装位置和高度，以及根据不同场所采用的电压等级，通常由施工设计确定，施工时应严格按设计要求执行。本条仅作设计的补充。

19.1.6 当灯具距地面高度小于2.4m时，灯具的可接近裸露导体必须接地（PE）或接零（PEN）可靠，并应有专用接地螺栓，且有标识。

据统计，人站立时平均伸臂范围最高处约可达2.4m高度，也即是可能碰到可接近的裸露导体的高限，故而当灯具安装高度距地面小于2.4m时，其可接近的裸露导体必须接地或接零，以确保人身安全。

19.2 一般项目

19.2.1 引向每个灯具的导线线芯最小截面积应符合表19.2.1（本书表8.19.1）的规定。

导线线芯最小截面积（mm²） **表8.19.1**

灯具安装的场所及用途		线芯最小截面积		
		铜芯软线	铜线	铝线
灯头线	民用建筑室内	0.5	0.5	2.5
	工业建筑室内	0.5	1.0	2.5
	室外	1.0	1.0	2.5

为保证电线能承受一定的机械应力和可靠地安全运行，根据不同使用场所和电线种类，规定了引向灯具的电线最小允许芯线截面积。由于制造电线的标准已采用IEC 227标准，因此仅对有关规范规定的非推荐性标称截面积作了修正，如0.4mm² 改为0.5mm²、0.8mm² 改为1.0mm²。

19.2.2 灯具的外形、灯头及其接线应符合下列规定：

1 灯具及配件齐全，无机械损伤、变形、涂层剥落和灯罩破裂等缺陷。

2 软线吊灯的软线两端做保护扣，两端芯线搪锡，当装升降器时，套塑料软管，采用安全灯头。

3　除敞开式灯具外，其他各类灯具灯泡容量在100W及以上者采用瓷质灯头。

4　连接灯具的软线盘扣、搪锡压线，当采用螺口灯头时，相线接于螺口灯头中间的端子上。

5　灯头的绝缘外壳不破损和漏电，带有开关的灯头，开关手柄无裸露的金属部分。

检验方法：观察、动作检查。

灯头绝缘外壳不应有破损或裂纹等缺陷；带开关的灯头，开关手柄不应有裸露的金属部分。

连接吊灯灯头的软线应做保护扣，两端芯线应搪锡压线；当采取螺口灯头时，相线应接于灯头中间触点的端子上。

为防止触电，特别是防止更换灯泡时触电而作的技术规定。

成套灯具的带电部分对地绝缘电阻值不应小于2MΩ。

引向单个灯具的电线线芯截面积应与灯具功率相匹配，电线线芯最小允许截面积不应小于1.0mm²。

引向单个灯具的电线是指从配电回路的灯具接线盒引向灯具的这一段线路。这段线路常采用柔性金属导管保护。为了保证电线承受一定的机械应力和可靠安全地运行，《民用建筑电气设计规范》(JGJ 16—2008) 第7.4.2条规定：采用绝缘电线柔性连接布线形式时，电线最小允许截面应大于等于0.75mm²。通过调研，0.75mm²的电线在工程中并不常用，现调整为1.0mm²，比较切合实际，但引向灯具的保护接地线（PE）仍应符合设计和有关规定。现工程中铝线已经很少作为灯头线使用，故删去了铝线作为灯头线的规定。

19.2.3　变电所内，高低压配电设备及裸母线的正上方不应安装灯具。

检验方法：观察检查。

为确保灯具维修时的人身安全，同时也不致因维修需要而使变配电设备正常供电中断，造成不必要的损失，故作此规定。

19.2.4　装有白炽灯泡的吸顶灯具，灯泡不应紧贴灯罩；当灯泡与绝缘台间距离小于5mm时，灯泡与绝缘台间应采取隔热措施。

检验方法：观察检查。

白炽灯泡发热量较大，离绝缘台过近，不管绝缘台是木质的还是塑料制成的，均会因过热而易烤焦或老化，导致燃烧，故应在灯泡与绝缘台间设置隔热阻燃制品，如石棉布等。

19.2.5　安装在重要场所的大型灯具的玻璃罩，应采取防止玻璃罩碎裂后向下溅落的措施。

检验方法：观察检查。

19.2.6　投光灯的底座及支架应固定牢固，枢轴应沿需要的光轴方向拧紧固定。

检验方法：观察检查。

19.2.7　安装在室外的壁灯应有泄水孔，绝缘台与墙面之间应有防水措施。

检验方法：观察检查。

灯具制造标准《灯具　第一部分：一般要求与试验》(GB 7000.1)（相同于IEC 598-1)："防滴、防淋、防溅和防喷灯具应设计得如果灯具内积水能及时有效地排出，比如开一个或多个排水孔”。同样室外的壁灯应防淋，如有积水，应可以及时排放，如灯具本身不会积水，则无开排水孔的需要，也就是说水密型或伞型壁灯可以不开排水孔。制定这条规定是要引起注意检查，施工中查验排水孔是否畅通，没有的话，要加工钻孔。

第二十节　专用灯具安装

20.1　主控项目

20.1.1　36V及以下行灯变压器和行灯安装必须符合下列规定：

1　行灯电压不大于36V，在特殊潮湿场所或导电良好的地面上以及工作地点狭窄、行动不便的场所行灯电压不大于12V；

2　变压器外壳、铁芯和低压侧的任意一端或中性点，接地（PE）或接零（PEN）可靠；

3　行灯变压器为双圈变压器，其电源侧和负荷侧有熔断器保护，熔丝额定电流分别不应大于变压器一次、二次的额定电流；

4　行灯灯体及手柄绝缘良好，坚固耐热耐潮湿，灯头与灯体结合紧固，灯头无开关，灯泡外部有金属保护网、反光罩及悬吊挂钩，挂钩固定在灯具的绝缘手柄上。

检验方法：对照设计文件、观察检查。

在建筑电气工程中，除在有些特殊场所，如电梯井道底坑、技术层的某些部位为检修安全而设置固定的低压照明电源外，大都是作工具用的移动便携式低压电源和灯具。

双圈的行灯变压器次级线圈只要有一点接地或接零即可钳制电压，在任何情况下不会超过安全电压，即使初级线圈因漏电而窜入次级线圈时也能得到有效保护。

变电所内，高低压配电设备及裸母线的正上方不应安装灯具，灯具与裸母线的水平净距不应小于1m。

Ⅰ类灯具的不带电的外露可导电部分必须与保护接地线（PE）可靠连接，且应有标识。

20.1.2　游泳池和类似场所灯具（水下灯及防水灯具）的等电位联结应可靠，且有明确标识，其电源的专用漏电保护装置应全部检测合格。自电源引入灯具的导管必须采用绝缘导管，严禁采用金属或有金属护层的导管。

检验方法：查质保书、观察检查。

游泳池和类似场所灯具采用何种安全防护措施由施工设计确定，但施工时要依据已确定的防护措施按本规范执行。

游泳池和类似场所用灯具，安装前应检查其防护等级。自电源引入灯具的导管必须采用绝缘导管，严禁采用金属或金属护层的导管。

游泳池和类似场所用灯具，按防尘防水分类：与池、槽的水接触的那部分应为加压水密型（IPX8），不接触的那部分至少为防尘和防溅型（IP54）；按防触电保护形式应为Ⅲ类灯具，其外部和内部线路的工作电压应不超过12V。

20.1.3　手术台无影灯安装应符合下列规定：

1　固定灯座的螺栓数量不少于灯具法兰底座上的固定孔数，且螺栓直径与底座孔径相适配，螺栓采用双螺母锁固；

2 在混凝土结构上螺栓与主筋相焊接或将螺栓末端弯曲与主筋绑扎锚固；

3 配电箱内装有专用的总开关及分路开关，电源分别接在两条专用的回路上，开关至灯具的电线采用额定电压不低于750V的铜芯多股绝缘电线。

检验方法：对照设计文件、观察检查。

检查手术台无影灯：

手术台上无影灯重量较大，使用中根据需要经常调节移动，子母式的更是如此，所以其固定和防松是安装的关键。它的供电方式由设计选定，通常由双回路引向灯具，而其专用控制箱由多个电源供电，以确保供电绝对可靠，施工中要注意多电源的识别和连接，如有应急直流供电的话要区别标识。

固定无影灯基座的金属构架应与楼板内预埋件焊接连接，不应采用膨胀螺栓固定。

20.1.4 应急照明灯具安装应符合下列规定：

1 应急照明灯的电源除正常电源外，另有一路电源供电；或者是独立于正常电源的柴油发电机组供电；或由蓄电池柜供电；或选用自带电源型应急灯具。

2 应急照明在正常电源断电后，电源转换时间为：疏散照明≤15s，备用照明≤15s（金融商店交易所≤1.5s）；安全照明≤0.5s。

3 疏散照明由安全出口标志灯和疏散标志灯组成。安全出口标志灯距地高度不低于2m，且安装在疏散出口和楼梯口里侧的上方。

4 疏散标志灯安装在安全出口的顶部，楼梯间、疏散走道及其转角处应安装在1m以下的墙面上。不易安装的部位可安装在上部。疏散通道上的标志灯间距不大于20m（人防工程不大于10m）。

5 疏散标志灯的设置，不影响正常通行，且不在其周围设置容易混同疏散标志灯的其他标志牌等。

6 应急照明灯具、运行中温度大于60℃的灯具，当靠近可燃物时，采取隔热、散热等防火措施。当采用白炽灯、卤钨灯等光源时，不直接安装在可燃装修材料或可燃物件上。

7 应急照明线路在每个防火分区有独立的应急照明回路，穿越不同防火分区的线路有防火隔堵措施。

8 疏散照明线路采用耐火电线、电缆，穿管明敷或在非燃烧体内穿刚性导管暗敷，暗敷保护层厚度不小于30mm。电线采用额定电压不低于750V的铜芯绝缘电线。

检验方法：量测、观察检查。

应急疏散照明是当建筑物处于特殊情况下，如火灾、空袭、市电供电中断等，使建筑物的某些关键位置的照明器具仍能持续工作，并有效指导人群安全撤离，所以是至关重要的。本条所述各项规定虽然应在施工设计中按有关规范作出明确要求，但是均为实际施工中应认真执行的条款，有的还需施工终结时给予试验和检测，以确认是否达到预期的功能要求。

检查应急照明灯具：

1. 应急照明灯具必须采用经消防检测中心检测合格的产品。

2. 安全出口标志灯应设置在疏散方向的里侧上方，灯具底边宜在门框（套）上方0.2m处。地面上的疏散指示灯应有防止被重物或外力损坏的措施。当厅室面积较大，疏散指示灯无法装设在墙面上时，宜装设在顶棚下且距地面高度不宜大于 2.5m 处。

3. 疏散照明灯投入使用后，应检查灯具始终处于点亮状态。

4. 应急照明灯回路的设置除符合设计要求外，尚应符合防火分区设置的要求。

5. 应急照明灯具安装完毕，应检验灯具电源转换时间，其值为：备用照明不应大于 15s；金融商店交易场所不应大于 1.5s；疏散照明不应大于 15s；安全照明不应大于 0.5s。应急照明最少持续供电时间应符合设计要求。

为了有效指示人群安全撤离的照明，因此必须采用经消防检测中心检测合格的产品。由于层高或吊平顶高度的限制，安全出口灯在门框上方无法安装时，可安装在门的左右上方。在大型商场、娱乐场所等为了保持视觉的连续疏散指示标志有时也装在地面上，即有采用灯光疏散指示标志，也有采用蓄光疏散指示标志，但都应有防止被重物或外力损坏的措施。在平时点亮疏散照明灯具有检修灯具的作用。应急照明是当建筑物处于特殊情况下发生停电现象，使某些关键位置的灯具仍能正常的照明。应急照明灯的回路应按照防火分区独立布置，而不应从一个防火分区穿越到另一个防火分区。由于应急照明的重要性，所以检验其电源转换时间和最小持续供电时间的技术参数是至关重要的。《民用建筑电气设计规范》(JGJ 16—2008) 第 13.8.5 条对电源转换时间作了相应规定，施工单位在灯具选用时应引起注意。

20.1.5 防爆灯具安装应符合下列规定：

1 灯具的防爆标志、外壳防护等级和温度组别与爆炸危险环境相适配。当设计无要求时，灯具种类和防爆结构的选型应符合表 20.1.5（本书表 8.20.1）的规定。

灯具种类和防爆结构的选型 **表 8.20.1**

爆炸危险区域防爆结构 / 照明设备种类	Ⅰ区		Ⅱ区	
	隔爆型 d	增安型 e	隔爆型 d	增安型 e
固定式灯	○	×	○	○
移动式灯	△	—	○	—
携带式电池灯	○	—	○	—
镇流器	○	△	○	○

注：○为适用；△为慎用；×为不适用。

2 灯具配套齐全，不用非防爆零件替代灯具配件（金属护网、灯罩、接线盒等）。

3 灯具的安装位置离开释放源，且不在各种管道的泄压口及排放口上下方安装灯具。

4 灯具及开关安装牢固可靠，灯具吊管及开关与线盒螺纹啮合扣数不少于 5 扣，螺纹加工光滑、完整、无锈蚀，并在螺纹上涂以电力复合酯或导电性防锈酯。

5 开关安装位置便于操作，安装高度 1.3m。

检验方法：观察检查。

防爆灯具的安装主要是严格按图纸规定选用规格型号，且不混淆，更不能用非防爆产品替代。各泄放口上下方不得安装灯具，主要因为泄放时有气体冲击，会损坏防爆灯具，如管道放出的是爆炸性气体，更加危险。

20.2 一般项目

20.2.1 36V及以下行灯变压器和行灯安装应符合下列规定：

1 行灯变压器的固定支架牢固，油漆完整；

2 携带式局部照明灯电线采用橡套软线。

检验方法：观察检查。

检查36V及以下行灯变压器及行灯安装：

1. 电压不得超过36V，在特别潮湿场所或导电良好地面上，行动不便（如在锅炉内、金属容器内工作），行灯的电压不得超过12V。

2. 灯体和手柄应绝缘良好，灯头和灯体结合紧固，灯头应无开关。

3. 灯泡外部应有金属保护网，金属网、反光罩及悬吊挂钩均应固定在灯具的绝缘部位上。

4. 携带式局部照明灯电线采用橡套软线。

5. 干式变压器应安装在金属支架上或箱子内。金属支架应刷防腐漆，固定牢固。

6. 降压变压器不得使用自耦变压器，必须采用双线圈型感应变压器。

7. 电源侧和负荷侧应装有短路保护，其保护电器的额定电流不应大于变压器一次、二次的额定电流。

8. 变压器的金属支架、变压器外壳均应接地或接零可靠。

20.2.2 手术台无影灯安装应符合下列规定：

1 底座紧贴顶板，四周无缝隙；

2 表面保持整洁、无污染，灯具镀、涂层完整无划伤。

手术室应是无菌洁净场所，不能积尘，要便于清扫消毒，保持无影灯安装紧密、表面整洁，不仅是给病人一个宁静安谧的观感，更主要是卫生工作的需要。

检查手术台无影灯安装：

1. 手术台无影灯安装应牢固可靠。固定螺栓座与法兰孔数相同。固定无影灯底座的螺栓均须采用双螺母。

2. 在混凝土结构上螺栓与主筋相焊接或将螺栓末端弯曲与主筋绑扎锚固。

3. 手术台无影灯的线路，应有自动投入的备用电源装置。灯具内的灯泡应间隔地接在两条专用回路上。线路应使用额定电压不低于750V的铜芯多股绝缘导线。

20.2.3 应急照明灯具安装应符合下列规定：

1. 疏散照明采用荧光灯或白炽灯；安全照明采用卤钨灯，或采用瞬时可靠点燃的荧光灯。

2. 安全出口标志灯和疏散标志灯装有玻璃或非燃材料的保护罩，面板亮度均匀度为1∶10（最低∶最高），保护罩应完整、无裂纹。

检验方法：通电、观察检查。

应急照明是在特殊情况起关键作用的照明，有争分夺秒的含义，只要通电需瞬时发光，故其灯源不能用延时点燃的高汞灯泡等。疏散指示灯要明亮醒目，且在人群通过时偶尔碰撞也不应有所损坏。

检查应急照明灯具安装：

1. 除正常供电电源外，应另有备用电源供电。

2. 两路电源的转换时间：疏散照明、备用照明≤15s；金融商店交易所备用照明≤1.5s；安全照明≤0.5s。

3. 安全出口标识灯距地高度不低于2m，且安装在疏散出口和楼梯口里侧的上方。

4. 疏散标识灯安装在安全出口的顶部，楼梯间、疏散走道及其转角处应安装在1m以下的墙面上。不易安装的部位可安装在上部。疏散通道上的标识灯间距不大于20m，人防工程内不大于10m。

5. 疏散标识灯的设置，应不影响正常通行，且周围不应有容易混同疏散标识灯的其他标识装置。

6. 应急照明灯具的运行温度大于60℃时，不应直接安装在可燃装修材料或可燃物体上；靠近可燃物时，应采取隔热、散热等措施。

7. 应急照明线路在每个防火分区应有独立的应急照明回路，穿越不同防火分区的线路有防火隔堵措施。

8. 应急照明线路穿管明敷时，管外壁应刷防火涂料处理，或在非燃烧体内穿管暗敷；暗敷保护层厚度不小于30mm。电线采用额定电压不低于750V的铜芯绝缘电线。

20.2.4 防爆灯具安装应符合下列规定：

1 灯具及开关的外壳完整，无损伤、无凹陷或沟槽，灯罩无裂纹，金属护网无扭曲变形，防爆标志清晰；

2 灯具及开关的紧固螺栓无松动、锈蚀，密封垫圈完好。

检验方法：观察检查。

检查防爆灯具安装：

1. 检查灯具的防爆标志、外壳防护等级和温度组别应与爆炸危险环境相匹配。

2. 灯具的外壳应完整，无损伤、凹陷变形，灯罩无裂纹，金属护网无扭曲变形，防爆标志清晰。

3. 灯具的紧固螺栓应无松动、锈蚀现象，密封垫圈完好。

4. 灯具附件应齐全，不得使用非防爆零件代替防爆灯具配件。

5. 灯具的安装位置应离开释放源，且不得在各种管道的泄压口及排放口上方或下方。

6. 导管与防爆灯具、接线盒之间连接应紧密，密封完好；螺纹啮合扣数应不少于5扣，并应在螺纹上涂以电力复合酯或导电性防锈酯。

7. 防爆弯管工矿灯应在弯管处用镀锌链条或型钢拉杆加固。

防爆灯具的安装主要是严格按照设计要求选用产品，不得用非防爆产品代替。各泄压口上方或下方不得安装灯具，主要是因为泄放时有气体冲击，会损坏灯具。

第二十一节　建筑物景观照明灯、航空障碍标志灯和庭院灯安装

21.1　主控项目

21.1.1 建筑物彩灯安装应符合下列规定：

1 建筑物顶部彩灯采用有防雨性能的专用灯具，灯罩要拧紧。

2 彩灯配线管路按明配管敷设，且有防雨功能。管路间、管路与灯头盒间螺纹连接，

金属导管及彩灯的构架、钢索等可接近裸露导体接地（PE）或接零（PEN）可靠。

3 垂直彩灯悬挂挑臂采用不小于 10# 的槽钢。端部吊挂钢索用的吊钩螺栓直径不小于 10mm，螺栓在槽钢上固定，两侧有螺帽，且加平垫及弹簧垫圈紧固。

4 悬挂钢丝绳直径不小于 4.5mm，底把圆钢直径不小于 16mm，地锚采用架空外线用拉线盘，埋设深度大于 1.5m。

5 垂直彩灯采用防水吊线灯头，下端灯头距离地面高于 3m。

检验方法：尺量、观察检查。

检查建筑物彩灯安装：

1. 当建筑物彩灯采用防雨专用灯具时，其灯罩应拧紧，灯具应有泄水孔。

2. 建筑物彩灯宜采用 LED 等节能新型光源，不应采用白炽灯泡。

3. 彩灯配管应为热浸镀锌钢管，按明配敷设，并采用配套的防水接线盒，其密封应完好；管路、管盒间采用螺纹连接，连接处的两端用专用接地卡固定跨接接地线，跨接接地线采用绿/黄双色铜芯软电线，截面积不应小于 $4mm^2$。

建筑物彩灯一般安装在女儿墙、屋脊等建筑物的外部位置，通常依附于建筑物且与建筑物的轮廓线一致，以显示建筑造型。建筑物彩灯由于安装在室外，密闭防水是施工的关键。建筑物彩灯采用 LED 等新型光源符合国家节能减排政策，并已在一些城市得到应用。所有不带电的外露可导电部分均应与保护接地线可靠连接，是为防止人身触电事故的发生。

建筑物彩灯安装核查：

彩灯配线管路按明配管敷设，且有防雨水功能。管路间、管路与灯头盒间螺纹连接，金属导管及彩灯的构架、钢索等可接近裸露导体接地或接零可靠。

21.1.2 霓虹灯安装应符合下列规定：

1 霓虹灯管完好，无破裂。

2 灯管采用专用的绝缘支架固定，且牢固可靠。灯管固定后，与建筑物、构筑物表面的距离不小于 20mm。

3 霓虹灯专用变压器用双圈式，所供灯管长度不大于允许负载长度，露天安装的有防雨措施。

4 霓虹灯专用变压器二次电线和灯管间的连接线采用额定电压大于 15kV 的高压绝缘电线。二次电线与建筑物、构筑物表面的距离不小于 20mm。

检验方法：观察检查。

检查霓虹灯的安装：

1. 霓虹灯灯管长度不应超过允许最大长度。专用变压器在顶棚内安装时，应牢固可靠，有防火措施，并不宜被非检修人员触及；在室外安装时，应有防雨措施。

2. 霓虹灯托架及其附着基面应用难燃或不燃材料制作，固定可靠。室外安装时，应耐风压，安装牢固。

3. 专用变压器采用双圈式，所供灯管长度不大于允许负载长度；安装位置应方便检修，不得安装在吊顶内，应隐蔽在不易被常人触及的场所；露天安装的须有防雨措施，高度不低于 3m，低于 3m 采取防护措施。

霓虹灯为高压气体放电装饰用灯具，通常安装在临街商铺的正面，人行道的正上方，故应特别注意安装牢固可靠，防止高电压泄漏和气体放电而使灯管破碎溅落伤人；专用变压器在吊平顶内安装时，必须固定牢固可靠，有防火措施、安全间距、维修通道。

21.1.3 建筑物景观照明灯具安装应符合下列规定：

1 每套灯具的导电部分对地绝缘电阻值大于2MΩ；

2 在人行道等人员来往密集场所安装的落地式灯具，无围栏防护，安装高度距地面2.5m以上；

3 金属构架和灯具的可接近裸露导体及金属软管的接地（PE）或接零（PEN）可靠，且有标识。

21.1.4 航空障碍标志灯安装应符合下列规定：

1 灯具装设在建筑物或构筑物的最高部位。当最高部位平面面积较大或为建筑群时，除在最高端装设外，还在其外侧转角的顶端分别装设灯具。

2 当灯具在烟囱顶上装设时，安装在低于烟囱口1.5～3m的部位且呈正三角形水平排列。

3 灯具的选型根据安装高度决定；低光强的（距地面60m以下装设时采用）为红色光，其有效光强大于1600cd。高光强的（距地面150m以上装设时采用）为白色光，有效光强随背景亮度而定。

4 灯具的电源按主体建筑中最高负荷等级要求供电。

5 灯具安装牢固可靠，且设置维修和更换光源的措施。

检验方法：查看质保书、观察检查。

检查航空障碍标志灯安装：

1. 灯具安装牢固可靠，且应设置维修和更换光源的设置。

2. 灯具安装在屋面接闪器保护范围外时，应设置避雷小针，并与屋面接闪器可靠连接。

3. 灯具的选型根据设计规定。设计无规定时，应根据安装高度决定：距地面60m以下为红色光，其有效光强大于1600cd；距地面150m以上为白色光，有效光强随背景亮度而定。

4. 灯具的电源按主体建筑中最高负荷等级要求供电，灯具的自动通、断电源控制装置动作准确。

航空障碍标志灯装在建筑物或构筑物的外侧高处，对维护和更换光源不便也不安全，所以要有建筑设计提供专门措施。由于航空障碍灯装在易受雷击的高处，图纸会审时应校核其是否处于接闪器保护范围内，否则应设置避雷针。

21.1.5 庭院灯安装应符合下列规定：

1 每套灯具的导电部分对地绝缘电阻值大于2MΩ。

2 立柱式路灯、落地式路灯、特种园艺灯等灯具与基础固定可靠，地脚螺栓备帽齐全。灯具的接线盒或熔断器盒，盒盖的防水密封垫完整。

3 金属立柱及灯具可接近裸露导体接地（PE）或接零（PEN）可靠。接地线单设干线，干线沿庭院灯布置位置形成环网状，且不少于2处与接地装置引出线连接。由干线引出支线与金属灯柱及灯具的接地端子连接，且有标识。

检验方法：测试绝缘电阻、观察检查。

检查庭院灯安装：

灯具的自动通、断电源控制装置动作准确，每套灯具保护电器齐全，规格与灯具适配。

21.2 一般项目

21.2.1 建筑物彩灯安装应符合下列规定：

1 建筑物顶部彩灯灯罩完整，无碎裂；

2 彩灯电线导管防腐完好，敷设平整、顺直。

检验方法：观察检查。

21.2.2 霓虹灯安装应符合下列规定：

1 当霓虹灯变压器明装时，高度不小于3m；低于3m采取防护措施。

2 霓虹灯变压器的安装位置方便检修，且隐蔽在不易被非检修人触及的场所，不装在吊平顶内。

3 当橱窗内装有霓虹灯时，橱窗门与霓虹灯变压器一次侧开关有联锁装置，确保开门不接通霓虹灯变压器的电源。

4 霓虹灯变压器二次侧的电线采用玻璃制品绝缘支持物固定，支持点距离不大于下列数值：

水平线段：0.5m；

垂直线段：0.75m。

检验方法：尺量、观察检查。

21.2.3 建筑物景观照明灯具构架应固定可靠，地脚螺栓拧紧，备帽齐全；灯具的螺栓紧固、无遗漏。灯具外露的电线或电缆应有柔性金属导管保护。

检验方法：观察检查。

21.2.4 航空障碍标志灯安装应符合下列规定：

1 同一建筑物或建筑群灯具间的水平、垂直距离不大于45m；

2 灯具的自动通、断电源控制装置动作准确。

检验方法：尺量、动作检查。

21.2.5 庭院灯安装应符合下列规定：

1 灯具的自动通、断电源控制装置动作准确，每套灯具熔断器盒内熔丝齐全，规格与灯具适配。

2 架空线路电杆上的路灯，固定可靠，紧固件齐全、拧紧，灯位正确；每套灯具配有熔断器保护。

检验方法：查质保书、观察检查。

第二十二节 开关、插座、风扇安装

22.1 主控项目

22.1.1 当交流、直流或不同电压等级的插座安装在同一场所时，应有明显的区别，且必须选择不同结构、不同规格和不能互换的插座；配套的插头应按交流、直流或不同电压等级区别使用。

22.1.2 插座接线应符合下列规定：

1 单相两孔插座，面对插座的右孔或上孔与相线连接，左孔或下孔与零线连接；单相三孔插座，面对插座的右孔与相线接连，左孔与零线连接。

2 单相三孔、三相四孔及三相五孔插座的接地（PE）或接零（PEN）线接在上孔。插座的接地端子不与零线端子连接。同一场所的三相插座，接线的相序一致。

3 接地（PE）或接零（PEN）线在插座间不串联连接。

22.1.3 特殊情况下插座安装应符合下列规定：

1 当接插有触电危险家用电器的电源时，采用能断开电源的带开关插座，开关断开相线；

2 潮湿场所采用密封型并带保护地线触头的保护型插座，安装高度不低于1.5m。

检验方法：尺量、观察检查。

当设计无要求时，插座底边距地面高度不宜小于0.3m；无障碍场所插座底边距地面高度宜为0.4m，其中厨房、卫生间插座底边距地面高度宜为0.7～0.8m，老年人专用的生活场所插座底边距地面高度宜为0.7～0.8m。

同一室内相同标高的插座高度差不宜大于5mm；并列安装相同型号的插座高度差不宜大于1mm；应急电源插座应有标识。

当设计无要求时，有触电危险的家用电器和频繁插拔的电源插座，宜选用能断开电源的带开关的插座，开关断开相线；插座回路应设置剩余电流动作保护装置；每一回路插座数量不宜超过10个；用于计算机电源的插座数量不宜超过5个（组），并应采用A型剩余电流动作保护装置。

22.1.4 照明开关安装应符合下列规定：

1 同一建筑物、构筑物的开关采用同一系列的产品，开关的通断位置一致，操作灵活、接触可靠；

2 相线经开关控制，民用住宅无软线引至床边的床头开关。

检验方法：观察检查。

检查开关安装：

安装照明开关时，开关的通断应控制相线，即相线应进开关，零线直接连接灯具，使开关断开后灯具上不带电。

开关安装固定应牢固，平直整齐，暗装的开关面板紧贴墙面，四周无缝隙，表面光滑整洁，装饰帽齐全。

22.1.5 吊扇安装应符合下列规定：

1 吊扇挂钩安装牢固，吊扇挂钩的直径不小于吊扇挂销直径，且不小于8mm；有防振橡胶垫；挂销的防松零件齐全、可靠。

2 吊扇扇叶距地高度不小于2.5m。

3 吊扇组装不改变扇叶角度，扇叶固定螺栓防松零件齐全。

4 吊杆间、吊杆与电机间螺纹连接，啮合长度不小于20mm，且防松零件齐全紧固。

5 吊扇接线正确，当运转时扇叶无明显颤动和异常声响。

检验方法：尺量、观察检查。

同一室内并列安装的吊扇开关安装高度应一致，控制有序不错位。

吊扇在运转时有轻微振动，因此其固定和防松装置齐全是安装的关键。吊扇扇叶距地高度低于2.5m，人的手臂有可能触及扇叶，从而发生人身伤害事故，所以安装时应严格执行本条文的规定。

22.1.6 壁扇安装应符合下列规定：

1 壁扇底座采用尼龙塞或膨胀螺栓固定；尼龙塞或膨胀螺栓的数量不少于2个，且直径不小于8mm；固定牢固可靠。

2 壁扇防护罩扣紧，固定可靠，当运转时扇叶和防护罩无明显颤动和异常声响。

检验方法：观察、动作检查。

检查壁扇安装：

1 壁扇底座应采用膨胀螺栓固定，膨胀螺栓的数量不应少于3个，且直径不应小于8mm。底座固定应牢固可靠。

2 壁扇防护罩应扣紧，固定可靠，运转时扇叶和防护罩均应无明显颤动和异常声响。壁扇不带电的外露可导电部分保护接地应可靠。

3 壁扇下侧边缘距地面高度不应小于1.8m。

4 壁扇涂层完整，表面无划痕，防护罩无变形。

是为了壁扇可靠固定和运行安全而作的技术性规定。

22.2 一般项目

22.2.1 插座安装应符合下列规定：

1 当不采用安全型插座时，托儿所、幼儿园及小学等儿童活动场所安装高度不小于1.8m。

2 暗装的插座紧贴墙面，四周无缝隙，安装牢固，表面光滑整洁、无碎裂、划伤，装饰帽齐全。

3 车间及试（实）验室的插座安装高度距地面不小于0.3m；特殊场所暗装的插座不小于0.15m；同一室内插座安装高度一致。

4 地插座面板与地面齐平或紧贴地面，盖板固定牢固，密封良好。

检验方法：观察检查。

22.2.2 照明开关安装应符合下列规定：

1 开关安装位置便于操作，开关边缘距门框边缘的距离0.15～0.2m，开关距地面高度1.3m；拉线开关距地面高度2～3m，层高小于3m时，拉线开关距顶板不小于100mm，拉线出口垂直向下。

2 相同型号并列安装及同一室内开关安装高度一致，且控制有序不错位。并列安装的拉线开关的相邻间距不小于20mm。

3 暗装的开关面板应紧贴墙面，四周无缝隙，安装牢固，表面光滑整洁、无碎裂、划伤，装饰帽齐全。

22.2.3 吊扇安装应符合下列规定：

1 涂层完整，表面无划痕、无污染，吊杆上下扣碗安装牢固到位；

2 同一室内并列安装的吊扇开关高度一致，且控制有序不错位。

检验方法：观察检查。

22.2.4 壁扇安装应符合下列规定：

1 壁扇下侧边缘距地面高度不小于1.8m；

2 涂层完整，表面无划痕、无污染，防护罩无变形。

检验方法：尺量、观察检查。

第二十三节 建筑物照明通电试运行

23.1 主控项目

23.1.1 照明系统通电，灯具回路控制应与照明配电箱及回路的标识一致；开关与灯具控制顺序相对应，风扇的转向及调速开关应正常。

还应检查剩余电流动作保护装置应动作准确。

23.1.2 公用建筑照明系统通电连续试运行时间为24h，民用住宅照明系统通电连续试运行时间应为8h。所有照明灯具均应开启，且每2h记录运行状态1次，连续试运行时间内无故障。

大型公共建筑的照明工程负荷大、灯具数量多，且本身对系统的可靠性要求高，所以需要做连续的全负荷通电运行试验，以检查整个照明工程的发热稳定性和系统运行的安全性。在通电试运行的同时也可以暴露出一些灯具和光源的质量问题，以便于更换。如照明工程有自控要求，则连续运行试验照明的控制方案是不是满足自控系统编程的要求，为自控系统调试的功能性提供依据。民用住宅由于容量较小、可靠性和安全性要求相对较低，故要求的通电试运行时间较短。

照明系统通电试运行后，三相照明配电干线的各相负荷宜分配平衡，其最大相负荷不宜超过三相负荷平均值的115%，最小相负荷不宜小于三相负荷平均值的85%。

电源各相负荷不均衡会影响照明器具的发光效率和使用寿命，造成电能损耗和资源浪费。在建筑物照明通电试运行时开启全部照明负荷，使用三相功率计检测各相负荷的电流、电压和功率，并做好记录。

第二十四节 接地装置安装

24.1 主控项目

24.1.1 人工接地装置或利用建筑物基础钢筋的接地装置必须在地面以上按设计要求位置设测试点。

检验方法：对照设计图纸、观察检查。

由于人工接地装置、利用建筑物基础钢筋的接地装置或两者联合的接地装置，均会随着时间的推移、地下水位的变化、土壤导电率的变化，其接地电阻值也会发生变化。故要对接地电阻值进行检测监视，则每幢有接地装置的建筑物要设置检测点，通常不少于2个。施工中不可遗漏。

24.1.2 测试接地装置的接地电阻值必须符合设计要求。

本条为强制性条文。

建筑电气工程由于对接地装置的使用功能不同，不管是利用建筑基础钢筋的自然接地装置，还是专门埋设的人为接地装置，或两者相连的联合接地装置，设计文件均要指明接地电阻值，施工完成后只能低于设计要求值，不能高于设计要求值。

1. 设定理由。接地装置的接地电阻值是关系到建筑物防雷安全、建筑电气装置安全及功能、建筑智能化工程及其他弱电工程的功能和使用安全，也涉及在建筑物周围和在内活动的人们在特殊情况下的安全（如雷电荷泄放、电气故障等）。所以施工设计时必然根据建筑物的类别和内部配置的建筑设备等具体情况，经选定或计算，确定接地装置的构成形式及其最大允许接地电阻值，以满足功能安全的要求。施工结束必须测定以鉴别是否符合设计要求，不符合则进行处理直至符合。同时接地电阻值测定工作，使用单位要在建筑物投入使用后，按规定期限定时检测，以监控其变异情况。

2. 执行措施。接地装置施工中做隐蔽工程记录，施工完成进行检测，检测方法按所使用的仪器仪表说明执行。在施工设计文件中或现场决定有接地装置安装的建筑物外墙设置不少于2个接地电阻检测点。

3. 检查检验。查阅接地装置接地电阻值测试记录或实测。

24.1.3　防雷接地的人工接地装置的接地干线埋设，经人行通道处埋地深度不应小于1m，且应采取均压措施或在其上方铺设卵石或沥青地面。

检验方法：尺量、观察检查。

在施工设计时，一般尽量避免防雷接地干线穿越人行通道，以防止雷击时跨步电压过高而危及人身安全。

24.1.4　接地模块顶面埋深不应小于0.6m，接地模块间距不应小于模块长度的3～5倍。接地模块埋设基坑，一般为模块外形尺寸的1.2～1.4倍，且在开挖深度内详细记录地层情况。

检验方法：查看隐蔽记录、观察检查。

24.1.5　接地模块应垂直或水平就位，不应倾斜设置，保持与原土层接触良好。

检验方法：观察检查。

接地模块是新型的人工接地体，埋设时除按本规范规定执行外，还要参阅供货商提供的有关技术说明。

24.2　一般项目

24.2.1　当设计无要求时，接地装置顶面埋设深度不应小于0.6m。圆钢、角钢及钢管接地极应垂直埋入地下，间距不应小于5m。接地装置的焊接应采用搭接焊，搭接长度应符合下列规定：

1　扁钢与扁钢搭接为扁钢宽度的2倍，不少于三面施焊；

2　圆钢与圆钢搭接为圆钢直径的6倍，双面施焊；

3　圆钢与扁钢搭接为圆钢直径的6倍，双面施焊；

4　扁钢与钢管，扁钢与角钢焊接，紧贴角钢外侧两面，或紧贴3/4钢管表面，上下两侧施焊；

5　除埋设在混凝土中焊接接头外，有防腐措施。

检验方法：尺量、观察检查。

24.2.2　当设计无要求时，接地装置的材料采用为钢材，热浸镀锌处理，最小允许规格、尺寸应符合表24.2.2（本书表8.24.1）的规定。

最小规格、尺寸 **表 8.24.1**

种类、规格及单位		敷设位置及使用类别			
		地上		地下	
		室内	室外	交流电流回路	直流电流回路
圆钢直径（mm）		6	8	10	12
扁钢	截面（mm^2）	60	100	100	100
	厚度（mm）	3	4	4	6
角钢厚度（mm）		2	2.5	4	6
钢管管壁厚度（mm）		2.5	2.5	3.5	4.5

检验方法：尺量、观察检查。

热浸镀锌层厚，抗腐蚀，有较长的使用寿命，材料使用的最小允许规格的规定与现行国家标准《电气装置安装工程接地装置施工及验收规范》（GB 50169）相一致。但不能作为施工中选择接地体的依据，选择的依据是施工设计，但施工设计也不应选择比最小允许规格还小的规格。

24.2.3 接地模块应集中引线，用干线把接地模块并联焊接成一个环路，干线的材质与接地模块焊接点的材质应相同，钢制的采用热浸镀锌扁钢，引出线不少于2处。

检验方法：查阅质保资料、观察检查。

第二十五节 避雷引下线和变配电室接地干线敷设

25.1 主控项目

25.1.1 暗敷在建筑物抹灰层内的引下线应有卡钉分段固定；明敷的引下线应平直、无急弯，与支架焊接处，油漆防腐，且无遗漏。

检验方法：观察检查。

避雷引下线的敷设方式由施工设计选定，如埋入抹灰层内的引下线则应分段卡牢固定，且紧贴砌体表面，不能有过大的起伏，否则会影响抹灰施工，也不能保证应有的抹灰层厚度。避雷引下线允许焊接连接和专用支架固定，但焊接处要刷油漆防腐，如用专用卡具连接或固定，不破坏锌保护层则更好。

25.1.2 变压器室、高低开关室内的接地干线应有不少于2处与接地装置引出干线连接。

检验方法：观察检查。

为保证供电系统接地可靠和故障电流的流散畅通，故作此规定。

25.1.3 当利用金属构件、金属管道做接地线时，应在构件或管道与接地干线间焊接金属跨接线。

检验方法：观察检查。

25.2 一般项目

25.2.1 钢制接地线的焊接连接应符合本规范第24.2.1条的规定，材料采用及最小允许规格、尺寸应符合本规范第24.2.2条的规定。

25.2.2 明敷接地引下线及室内接地干线的支持件间距应均匀，水平直线部分0.5～1.5m；垂直直线部分1.5～3m；弯曲部分0.3～0.5m。

检验方法：尺量、观察检查。

明敷接地引下线的间距均匀是观感的需要，规定间距的数值是考虑受力和可靠，使线路能顺直；要注意同一条线路的间距均匀一致，可以在给定的数值范围选取一个定值。

25.2.3 接地线在穿越墙壁、楼板和地坪处应加套钢管或其他坚固的保护套管，钢套管应与接地线做电气连通。

检验方法：观察检查。

保护管的作用是避免引下线受到意外冲击而损坏或脱落。钢保护管要与引下线做电气连通，可使雷电泄放电流以最小阻抗向接地装置泄放，不连通的钢管则如一个短路环一样，套在引下线外部，互抗存在，泄放电流受阻，引下线电压升高，易产生反击现象。

25.2.4 变配电室内明敷接地干线安装应符合下列规定：

1 便于检查，敷设位置不妨碍设备的拆卸与检修；

2 当沿建筑物墙壁水平敷设时，距地面高度 250～300mm，与建筑物墙壁间的间隙为 10～15mm；

3 当接地线跨越建筑物变形缝时，设补偿装置；

4 接地线表面沿长度方向，每段为 15～100mm，分别涂以黄色和绿色相间的条纹；

5 变压器室、高压配电室的接地干线上应设置不少于 2 个供临时接地用的接线柱或接地螺栓。

检验方法：观察检查。

25.2.5 当电缆穿过零序电流互感器时，电缆头的接地线应通过零序电流互感器后接地；由电缆头至穿过零序电流互感器的一段电缆金属护层和接地线应对地绝缘。

检验方法：观察检查。

本条是为使零序电流互感器正确反映电缆运行情况，并防止离散电流的影响而使零序保护错误发出讯号或动作而作出的规定。

25.2.6 配电间隔和静止补偿装置的栅栏门及变配电室金属门铰链处的接地连接，应采用编织铜线。变配电室的避雷器应用最短的接地线与接地干线连接。

检验方法：观察检查。

25.2.7 设计要求接地的幕墙金属框架和建筑物的金属门窗，应就近与接地干线连接可靠，连接处不同金属间应有防电化腐蚀措施。

检验方法：观察检查。

第二十六节 接闪器安装

26.1 主控项目

26.1.1 建筑物顶部的避雷针、避雷带等必须与顶部外露的其他金属物体连成一个整体的电气通路，且与避雷引下线连接可靠。

检验方法：观察检查。

形成等电位，可防静电危害。与现行国家标准《电气装置安装工程接地装置施工及验收规范》(GB 50169) 的规定相一致。

26.2 一般项目

26.2.1 避雷针、避雷带应位置正确，焊接固定的焊缝饱满无遗漏，螺栓固定的应备帽等防松零件齐全，焊接部分补刷的防腐油漆完整。

检验方法：观察检查。

26.2.2 避雷带应平正顺直，固定点支持件间距均匀、固定可靠，每个支持件应能承受大于49N（5kg）的垂直拉力。当设计无要求时，支持件间距符合本规范第25.2.2条的规定。

检验方法：拉力试验、观察检查。

本条是为使避雷带顺直、固定可靠，不因受外力作用而发生脱落现象而做出的规定。

第二十七节 建筑物等电位联结

27.1 主控项目

27.1.1 建筑物等电位联结干线应从与接地装置有不少于2处直接连接的接地干线或总等电位箱引出，等电位联结干线或局部等电位箱间的连接线形成环形网络，环形网络应就近与等电位联结干线或局部等电位箱连接。支线间不应串联连接。

检验方法：观察检查。

建筑物是否需要等电位联结、哪些部位或设施需等电位联结、等电位联结干线或等电位箱的布置均应由施工设计来确定。本规范仅对等电位联结施工中应遵守的事项作出规定。主旨是连接可靠合理，不因某个设施的检修而使等电位联结系统开断。

27.1.2 等电位联结的线路最小允许截面应符合表27.1.2（本书表8.27.1）的规定。

线路最小允许截面（mm^2）　　**表 8.27.1**

材料	截面	
	干线	支线
铜	16	6
钢	50	16

检验方法：尺量、观察检查。

27.2 一般项目

27.2.1 等电位联结的可接近裸露导体或其他金属部件、构件与支线连接应可靠。熔焊、钎焊或机械坚固应导通正常。

检验方法：观察检查。

27.2.2 需等电位联结的高级装修金属部件或零件，应有专用接线螺栓与等电位联结支线连接，且有标识；连接处螺帽紧固、防松零件齐全。

检验方法：观察检查。

在高级装修的卫生间内，各种金属部件外观华丽，应在内侧设置专用的等电位连接点与暗敷的等电位连接支线连通，这样就不会因乱接而影响观感质量。

第二十八节　分部（子分部）工程验收

28.0.1　当建筑电气分部工程施工质量检验时，检验批的划分应符合下列规定：

1　室外电气安装工程中分项工程的检验批，依据庭院大小、投运时间先后、功能区块不同划分。

2　变配电室安装工程中分项工程的检验批，主变配电室为1个检验批；有数个分变配电室，且不属于子单位工程的子分部工程，各为1个检验批，其验收记录汇入所有变配电室有关分项工程的验收记录中；如各分变配电室属于各子单位工程的子分部工程，所属分项工程各为1个检验批，其验收记录应为一个分项工程验收记录，经子分部工程验收记录汇入分部工程验收记录中。

3　供电干线安装工程分项工程的检验批，依据供电区段和电气线缆竖井的编号划分。

4　电气动力和电气照明安装工程中分项工程及建筑物等电位联结分项工程的检验批，其划分的界区，应与建筑土建工程一致。

5　备用和不间断电源安装工程中分项工程各自成为1个检验批。

6　防雷及接地装置安装工程中分项工程检验批，人工接地装置和利用建筑物基础钢筋的接地体各为1个检验批，大型基础可按区块划分成几个检验批；避雷引下线安装6层以下的建筑为1个检验批，高层建筑依均压环设置间隔的层数为1个检验批；接闪器安装同一屋面为1个检验批。

28.0.2　当验收建筑电气工程时，应核查下列各项质量控制资料，且检查分项工程质量验收记录和分部（子分部）质量验收记录应正确，责任单位和责任人的签章齐全：

1　建筑电气工程施工图设计文件和图纸会审记录及洽商记录；

2　主要设备、器具、材料的合格证和进场验收记录；

3　隐蔽工程记录；

4　电气设备交接试验记录；

5　接地电阻、绝缘电阻测试记录；

6　空载试运行和负荷试运行记录；

7　建筑照明通电试运行记录；

8　工序交接合格等施工安装记录。

28.0.3　根据单位工程实际情况，检查建筑电气分部（子分部）工程所含分项工程的质量验收记录应无遗漏缺项。

28.0.4　当单位工程质量验收时，建筑电气分部（子分部）工程实物质量的抽检部位如下，且抽检结果应符合本规范规定：

1　大型公用建筑的变配电室，技术层的动力工程，供电干线的竖井，建筑顶部的防雷工程，重要的或大面积活动场所的照明工程，以及5%自然间的建筑电气动力、照明工程；

2　一般民用建筑的配电室和5%自然间的建筑电气照明工程，以及建筑顶部的防雷工程；

3　室外电气工程以变配室为主，且抽检各类灯具的5%。

28.0.5 核查各类技术资料应齐全，且符合工序要求，有可追溯性；各责任人均应签章确认。

28.0.6 为方便检测验收，高低压配电装置的调整试验应提前通知监理和有关监督部门，实行旁站确认。变配电室通电后可抽测的项目主要是：各类电源自动切换或通断装置、馈电线路的绝缘电阻、接地（PE）或接零（PEN）的导通状态、开关插座的接线正确性、漏电保护装置的动作电流和时间、接地装置的接地电阻和由照明设计确定的照度等。抽测的结果应符合本规范规定和设计要求。

28.0.7 检验方法应符合下列规定：

1 电气设备、电缆和继电保护系统的调整试验结果，查阅试验记录或试验时旁站；

2 空载试运行和负荷试运行结果，查阅试运行记录或试运行时旁站；

3 绝缘电阻、接地电阻和接地（PE）或接零（PEN）导通状态及插座接线正确性的测试结果，查阅测试记录或测试时旁站或用适配仪表进行抽测；

4 漏电保护装置动作数据值，查阅测试记录或用适配仪表进行抽测；

5 负荷试运行时大电流节点温升测量用红外线遥测温度仪抽测或查阅负荷试运行记录；

6 螺栓紧固程度用适配工具做拧动试验，有最终拧紧力矩要求的螺栓用扭力扳手抽测；

7 需吊芯、抽芯检查的变压器和大型电动机，吊芯、抽芯时旁站或查阅吊芯、抽芯记录；

8 需做动作试验的电气装置，高压部分不应带电试验，低压部分无负荷试验；

9 水平度用铁水平尺测量，垂直度用线锤吊线尺量，盘面平整度拉线尺量，各种距离的尺寸用塞尺、游标卡尺、钢尺、塔尺或采用其他仪器仪表等测量；

10 外观质量情况目测检查；

11 设备规格型号、标志及接线，对照工程设计图纸及其变更文件检查。

附录A 发电机交接试验

发电机交接试验 **表A**

序号	部位 \ 内容		试验内容	试验结果
1	静态试验	定子电路	测量定子绕组的绝缘电阻和吸收比	绝缘电阻值大于0.5MΩ 沥青浸胶及烘卷云母绝缘吸收比大于1.3 环氧粉云母绝缘吸收比大于1.6
2			在常温下，绕组表面温度与空气温度差在±3℃范围内测量各相直流电阻	各相直流电阻值相互间差值不大于最小值2%，与出厂值在同温度下比差值不大于2%
3			交流工频耐压试验1min	试验电压为1.5Un+750V，无闪络击穿现象，Un为发电机额定电压
4		转子电路	用1000V兆欧表测量转子绝缘电阻	绝缘电阻值大于0.5MΩ
5			在常温下，绕组表面温度与空气温度差在±3℃范围内测量绕组直流电阻	数值与出厂值在同温度下比差值不大于2%
6			交流工频耐压试验1min	用2500V摇表测量绝缘电阻替代

续表

序号	内容 部位		试验内容	试验结果
7	静态试验	励磁电路	退出励磁电路电子器件后，测量励磁电路的线路设备的绝缘电阻	绝缘电阻值大于 0.5MΩ
8			退出励磁电路电子器件后，进行交流工频耐压试验 1min	试验电压 1000V，无击穿闪络现象
9		其他	有绝缘轴承的用 1000V 兆欧表测量轴承绝缘电阻	绝缘电阻值大于 0.5MΩ
10			测量检测计（埋入式）绝缘电阻，校验检温计精度	用 250V 兆欧表检测不短路，精度符合出厂规定
11			测量灭磁电阻，自同步电阻器的直流电阻	与铭牌相比较，其差值为±10%
12	运转试验		发电机空载特性试验	按设备说明书比对，符合要求
13			测量相序	相序与出线标识相符
14			测量空载和负荷后轴电压	按设备说明书比对，符合要求

附录 B　低压电器交接试验

低压电器交接试验　**表 B**

序号	试验内容	试验标准或条件
1	绝缘电阻	用 500V 兆欧表摇测，绝缘电阻值大于等于 1MΩ；潮湿场所，绝缘电阻值大于等于 0.5MΩ
2	低压电器动作情况	除产品另有规定外，电压、液压或气压在额定值的 85%～110%范围内能可靠动作
3	脱扣器的整定值	整定值误差不得超过产品技术条件的规定
4	电阻器和变阻器的直流电阻差值	符合产品技术条件规定

附录 C　母线螺栓搭接尺寸

母线螺栓搭接尺寸　**表 C**

搭接形式	类别	序号	连接尺寸（mm）			钻孔要求		螺栓规格
			b_1	b_2	a	ϕ (mm)	个数	
$b_1/4$, Φ, b_1, b_2, a, $b_1/4$	直线连接	1	125	125	b_1 或 b_2	21	4	M20
		2	100	100	b_1 或 b_2	17	4	M16
		3	80	80	b_1 或 b_2	13	4	M12
		4	63	63	b_1 或 b_2	11	4	M10
		5	50	50	b_1 或 b_2	9	4	M8
		6	45	45	b_1 或 b_2	9	4	M8

续表

搭接形式	类别	序号	连接尺寸（mm）			钻孔要求		螺栓规格
			b_1	b_2	a	ϕ（mm）	个数	
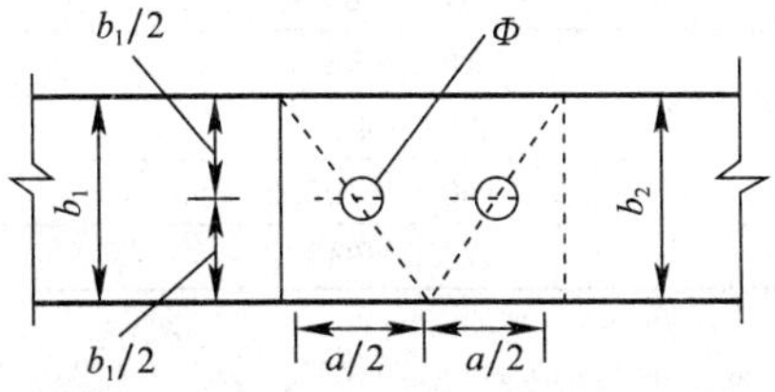	直线连接	7	40	40	80	13	2	M12
		8	31.5	31.5	63	11	2	M10
		9	25	25	50	9	2	M8
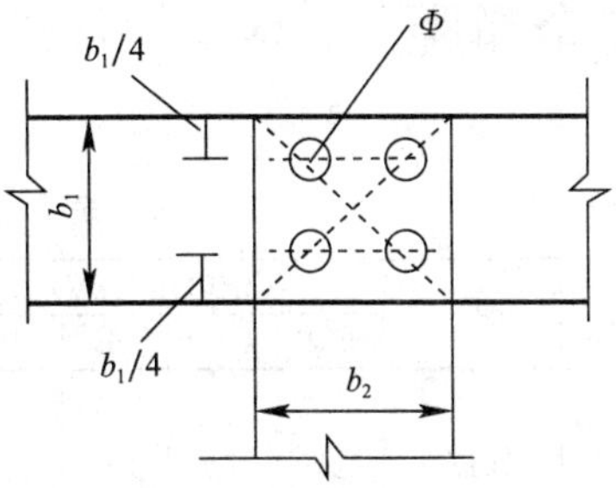	垂直连接	10	125	125	—	21	4	M20
		11	125	100～80	—	17	4	M16
		12	125	63	—	13	4	M12
		13	100	100～80	—	17	4	M16
		14	80	80～63	—	13	4	M12
		15	63	63～50	—	11	4	M10
		16	50	50	—	9	4	M8
		17	45	45	—	9	4	M8
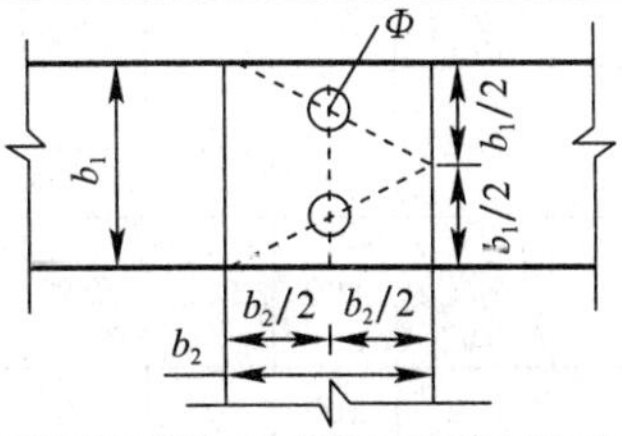		18	125	50～40	—	17	2	M16
		19	100	63～40	—	17	2	M16
		20	80	63～40	—	15	2	M14
		21	63	50～40	—	13	2	M12
		22	50	45～40	—	11	2	M10
		23	63	31.5～25	—	11	2	M10
		24	50	31.5～25	—	9	2	M8
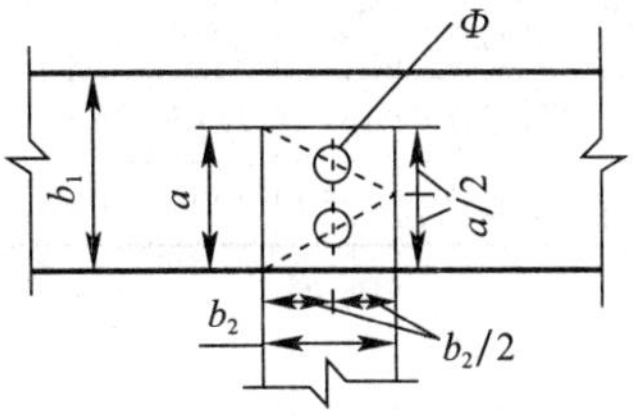		25	125	31.5～25	60	11	2	M10
		26	100	31.5～25	50	9	2	M8
		27	80	31.5～25	50	9	2	M8
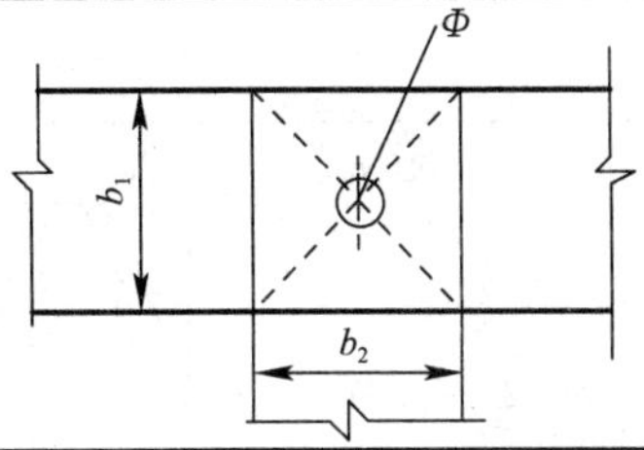		28	40	40～31.5	—	13	1	M12
		29	40	25	—	11	1	M10
		30	31.5	31.5～25	—	11	1	M10
		31	25	22	—	9	1	M8

附录D　母线搭接螺栓的拧紧力矩

母线搭接螺栓的拧紧力矩　　表D

序号	螺栓规格	力矩值（N·m）
1	M8	8.8～10.8
2	M10	17.7～22.6

续表

序号	螺栓规格	力矩值（N·m）
3	M12	31.4～39.2
4	M14	51.0～60.8
5	M16	78.5～98.1
6	M18	98.0～127.4
7	M20	156.9～196.2
8	M24	274.6～343.2

附录E　室内裸母线最小安全净距

室内裸母线最小安全净距（mm）　　**表E**

符号	适用范围	图号	额定电压（kV）			
			0.4	1～3	6	10
A_1	1. 带电部分至接地部分之间 2. 网状和板状遮栏向上延伸线距地2.3m处与遮栏上方带电部分之间	图E.1	20	75	100	125
A_2	1. 不同相的带电部分之间 2. 断路器和隔离开关的断口两侧带电部分之间	图E.1	20	75	100	125
B_1	1. 栅状遮栏至带电部分之间 2. 交叉的不同时停电检修的无遮栏带电部分之间	图E.1 图E.2	800	825	850	875
B_2	网状遮栏至带电部分之间	图E.1	100	175	200	225
C	无遮栏裸导体至地（楼）面之间	图E.1	2300	2375	2400	2425
D	平行的不同时停电检修的无遮栏裸导体之间	图E.1	1875	1875	1900	1925
E	通向室外的出线套管至室外通道的路面	图E.2	3650	4000	4000	4000

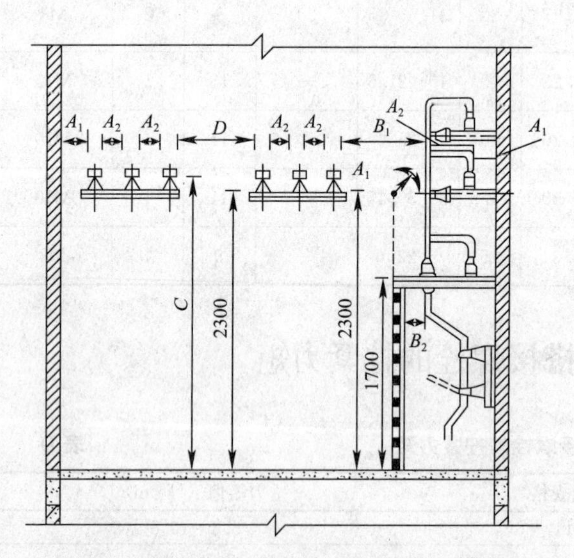

图E.1　室内A_1、A_2、B_1、B_2、C、D值校验

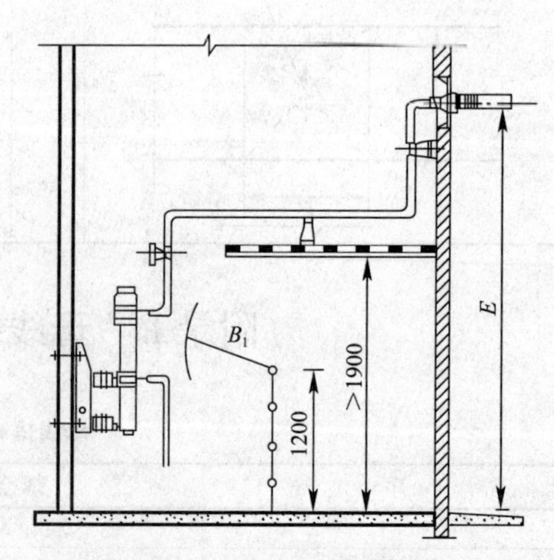

图E.2　室内B_1、E值校验

第二十九节　测量仪器

一、兆欧表

兆欧表（标有“MΩ”）俗称摇表，是一种高电阻表，专门用来检测和测量电气设备和供电线路的绝缘电阻。这是因为绝缘材料常因发热、受潮、老化、污染等原因而使其绝缘电阻值降低，以致损坏，造成漏电或发生事故，因此必须定期检查设备的导电部分之间和导电部分与外壳之间的绝缘电阻。施工中常用的兆欧表有国产ZC—25型、ZC—7型和ZC—11型等几种。目前，数字式兆欧表也得到了应用。

1. 兆欧表的选用

在实际应用中，需根据被测对象选用不同电压和电阻测量范围的兆欧表。在标准未作特殊规定时，应按下列规定执行：100V以下的电气设备或回路，采用250V兆欧表；500V以下至100V的电气设备或回路，采用500V兆欧表；3000V以下至500V的电气设备或回路，采用1000V兆欧表；10000V以下至3000V的电气设备或回路，采用2500V兆欧表；10000V及以上的电气设备或回路，采用2500V或5000V兆欧表。

2. 绝缘电阻的一般要求

按电气安全操作规程，低压线路中每伏工作电压不低于1kΩ，例如380V的供电线路，其绝缘电阻不低于380kΩ；对于电动机要求每千伏工作电压定子绕组的绝缘电阻不低于1MΩ，转子绕组绝缘电阻不低于0.5MΩ。

3. 使用前的校验

兆欧表每次使用前（未接线情况下）都要进行校验，判断其好坏。兆欧表一般有三个接线柱，分别是“L”（线路）、“E”（接地）和“G”（屏蔽）。校验时，首先将兆欧表平放，使L、E两个端钮开路，转动手摇发电机手柄，使其达到额定转速，兆欧表的指针应指在“∞×3”处；停止转动后，用导线将L和E接线柱短接，慢慢地转动兆欧表（转动必须缓慢，以免电流过大而烧坏绕组），若指针能迅速回零，指在“0”处，说明兆欧表是好的，可以测量，否则不能使用。

注意：半导体型兆欧表不宜用短路法进行校核，应参照说明书进行校核。

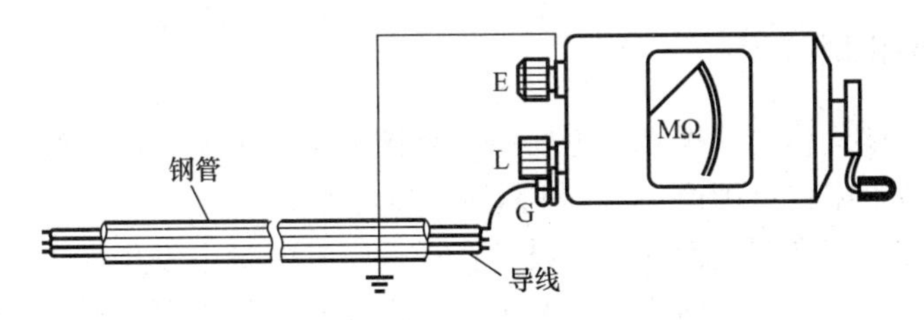

图8.29.1　测量照明线路绝缘电阻接线图

4. 接线方法与测量

测量电气线路或电气设备对地绝缘电阻时，应使“L”接电气线路或电器设备的导电部分，“E”可靠接地（如接设备外壳等）。如图8.29.1所示，测量电缆的绝缘电阻时，为了使测量结果准确，消除线芯绝缘层表面漏电所引起的测量误差，除分别将缆芯和缆壳接

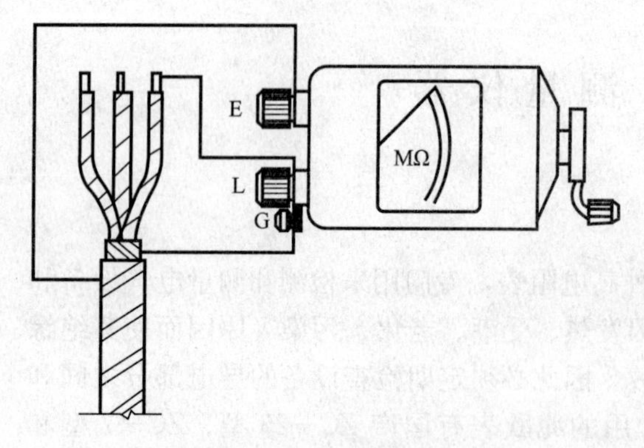

图 8.29.2 测量电缆绝缘电阻接线图

"L"和"E"外，还应将缆芯与缆壳间绝缘层（即绝缘纸）接"G"，以消除因表面漏电引起的误差，如图 8.29.2 所示。

线路接好后，按顺时针转动兆欧表发电机手柄，使发电机发出的电压供测量使用。手柄的转速由慢而快，逐渐稳定到其额定转速（一般为 120r/min），允许 20%的变化，如果被测设备短路，指针指向"0"，则立即停止转动，以免电流过大而损坏仪表。

5. 注意事项

（1）测量电气设备的绝缘电阻时，必须先断电源，然后将设备进行放电，以保证人身安全和测量准确。对于电容量较大的设备（如大型变压器、电容器、电动机、电缆等）其放电时间不应低于 3min，以消除设备残存电荷。

（2）测量前，应了解周围环境的温度和湿度。当温度过高时，应考虑接用屏蔽线；测量时应记录温度，以便对测得的绝缘电阻进行分析换算。

（3）兆欧表接线柱上引出线应用绝缘良好的单芯多股软线，不得使用双股线。两根引线切勿绞缠在一起，以免造成测量数据的不准确。

（4）被测电气设备表面应保持清洁、干燥、无污物，以免漏电影响测量的准确性。

（5）同杆架设的双回路架空线和双母线，当一路带电时，不得测试另一路的绝缘电阻，以防止感应高电压危害人身安全和损坏仪表；对平行线路也要注意感应高电压，若必须在这种状态下测试时，应采取必要的安全措施。

（6）测量电容量较大的电气设备（如电动机、变压器、电缆、电容器等）时，应有一定的充电时间。电容量越大，充电时间越长，一般以兆欧表转动 1min 后的读数为标准。测量完后要立即进行放电，以利安全。放电方法是将测量时使用的地线，由兆欧表上取下，在被测物上短接一下即可。

（7）测量工作一般由两人来完成。在兆欧表未停止转动和被测设备未放电之前，不得用手触摸测量部分和兆欧表接线柱或进行拆除导线工作，以免发生触电事故。

二、接地电阻测试仪

接地电阻测试仪又称接地摇表，主要用来直接测量各种电气设备的接地电阻和土壤电阻率。常用的接地电阻仪有国产 ZC-8 和 ZC-29 等几种。

为了防止绝缘击穿和漏电而使电气设备在运行时外壳带电发生触电事故，一般要把电气设备外壳接地。此外，为了防止雷电袭击，对高大建筑物都要设避雷装置、避雷针或避雷线等，这些装置都要可靠接地。为保证接地装置安全可靠，其接地电阻必须保持在一定范围内（一般不应大于 10Ω），接地电阻的测量是安全用电的一项十分重要的保证。

ZC-8 型接地电阻仪由手摇发电机、电流互感器、调节电位器和一只高灵敏度检流计组成。其量程有两种，一种是 1Ω～10Ω—100Ω，另一种是 0Ω～1Ω～100Ω—1000Ω。它们带有两根探测针，一根是电位探测针，另一根为电流探测针。

1. 使用方法

(1) 测量前，将被测接地极 E′与电位探测针 P′和电流探测针 C′排列成直线，彼此相距 20m，且 P′插于 E′和 C′之间，P′和 C′插入地下 0.5～0.7m，用专用导线分别将 E′、P′和 C′接到仪表相应接线柱上。见图 8.29.3。

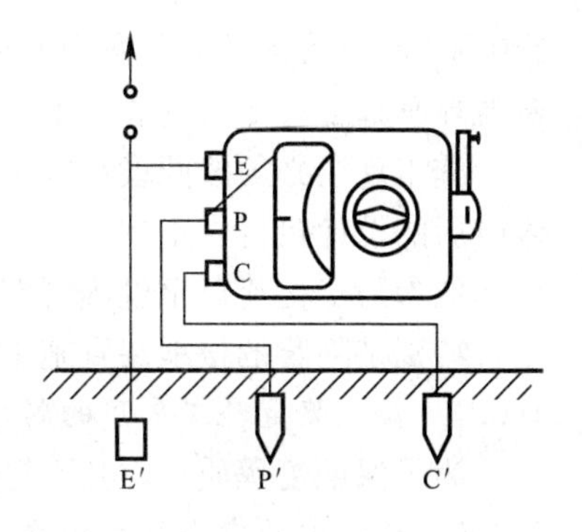

图 8.29.3　测量接地电阻接线方法

(2) 测量时，先把仪表放在水平位置，检查检流计的指针是否指在中心线上。如果未指在中心线上，则可用“调零螺钉”将其调整到中心线上。

(3) 将“倍率标度”置于“最大倍数”，慢慢转动发电机摇柄，同时旋动“测量标度盘”使检流计指针平衡，当指针接近中心线时，加速发电机摇柄转速，达到 120r/min 以上，再调整“测量标度盘”，使指针在中心线上。

(4) 若“测量标度盘”的读数小于 1，应将“倍率标度”置于较小倍数，再重新调整“测量标度盘”，以得到正确的读数。当指针完全平衡到中心线上后，用“测量标度盘”的读数乘以倍率标度，即为所测的电阻值。

2. 使用中应注意的问题

(1) 测量时，接地线路要与被保护的设备断开，以便得到准确的测量数据。

(2) 当检流计的灵敏度过高时，可将电位探测针 P′插入土中浅一些；检流计灵敏度不足时，可沿电位探测针 P′和电流探测针 C′注水使其湿润。

(3) 当接地极 E′和电流探测针 C′间距离大于 20m 时．电位探测针 P′可插在离 E′、C′之间直线几米以外，此时测量误差可以不计，但 E′、C′间距离小于 20m 时，则应将 P′正确地插于 E′和 C′的直线之间。

(4) 如果在测量探测针附近有与被测接地极相连的金属管道或电缆，则整个测量区域的电位将产生一定的均衡作用，从而影响测量结果。在这种情况下，电流探测针 C′与上述金属管道或电缆的距离应大于 100m，电位探测针 P′与它们的距离应大于 50m。若金属管道或电缆与接地回路无连接，则上述距离可减小 1/2～2/3。

第三十节　电气装置安装工程接地装置施工及验收

本节是根据《电气装置安装工程接地装置施工及验收规范》(GB 50169—2006)(以下简称本规范)编制，黑体字标志是强制性条文。

1　总则

1.0.1　为保证接地装置安装工程的施工质量，促进工程施工技术水平的提高，确保接地装置安全运行，制定本规范。

本条简要地阐明了本规范编制的宗旨，是为了保证接地装置的施工和验收质量而制定。

1.0.2　本规范适用于电气装置的接地安装工程的施工及验收。

本条明确了规范的适用范围是电气装置安装工程的接地装置。其他如电子计算机和微波通信等接地工程应按相应的施工及验收规范执行。

1.0.3 接地装置的安装应由工程施工单位按已批准的设计要求施工，工程建设管理单位和监理单位应有专人负责监督。

施工现场必须按照设计施工，不得随意修改设计，必要时需经过设计单位的同意，按修改后的设计执行。工程建设管理单位和监理单位应有专人负责整个施工过程的监督。监理单位参与工程建设全过程管理已成为不可逆转的趋势，电气装置安装工程接地装置的施工，特别是隐蔽的接地装置施工，应有专职的监理或旁站人员监督施工和参与检查验收。

1.0.4 接地装置施工采用的器材应符合国家现行标准的规定，并应有合格证件。

为了保证工程质量，凡不符合国家现行标准的器材，均不得使用和安装。

1.0.5 施工中的安全技术措施，应符合本规范和现行有关安全标准的规定。

本规范内容是以质量标准和工艺要求为主，有关施工安全问题，尚应遵守现行的安全技术规程。

1.0.6 接地装置的安装应配合建筑工程的施工，隐蔽部分必须在覆盖前会同有关单位做好中间检查及验收记录。

电气装置接地工程应及时配合建筑施工，从而减少重复劳动，加快工程进度和提高工程质量。

1.0.7 各种电气装置与主接地网的连接必须可靠，接地装置的焊接质量应符合本规范第3.4.2条的规定，接地、电阻应符合设计规定，扩建接地网与原接地网间应为多点连接。

接地装置的焊接质量应符合规定，尤其近年来接地装置逐渐采用铜、铝等材料，相同或不同材质的材料之间焊接应严格按照本规范或施工工艺进行，以保证施工质量。施工过程必须保证各种电气装置（或其接地引下线）与主接地网可靠连接，电气导通良好。多块接地网或扩建的接地网与原接地网之间应多点连接，设置接地井，且有便于分开的断接卡，以便于测量分块接地电阻，接地井测试项目包括：铜绞线焊接情况检查，判断导体连接情况是否良好的导通性测试，接触电阻测试等。

1.0.8 接地装置验收测试应在土建完工后尽快安排进行；对高土壤电阻率地区的接地装置，在接地电阻难以满足要求时，应由设计确定采取相应措施，验收合格后方可投入运行。

接地装置验收测试应在土建完工后尽快安排进行，以便在投产前有时间对不合格的接地装置进行改造。需要强调的是，近年来对部分新建变电站接地装置交接测试中，多次遇到由于基建工程施工进度安排不合理、投产工期压力或施工方原因，线路架空地线和架空光纤地线（POGW）已引入变电站并完成安装，导致接地电阻测试时无法完全将架空地线与接地装置隔离，其一是光纤地线由于其结构原因难以解除与接地装置的连接，也无法采取有效的隔离措施；其二是施工单位经常有意或无意地将接地装置外延部分与出线终端杆塔或其接地装置进行连接以加强降阻效果，即使解开架空普通地线在构架处与接地装置的连接跳线，也不能保证其与接地装置完全隔离。在这种条件下测量的接地电阻值比实际值是偏小的，而偏差量又无法给出，严重影响测试结果的有效性和对接地工程的评价、验收工作。为此要求：①接地装置交接测试时，必须排除与接地装置连接的接地中性点、架空地线和电缆外皮的分流影响。②合理安排接地装置施工进度和工期，在接地装置敷设完毕后就应进行接地电阻测试，若测试不合格需改造，则改造必须在线路完成安装前（全部架空地线尚未敷设至终端杆塔和变电站构架处）完成，接地装置测试合格后才能将线路架空地线接入变电站接地装置。③施工单位在接地装置外延部分施工或改造过程中，不得将接地装置接地导体与出线终端杆塔本体或其接地装置连接。

对高土壤电阻率地区的接地装置，在接地电阻难以满足要求时，应由设计确定采取相应措施后方可投入运行，这方面可参照电力行业标准《交流电气装置的接地》DL/T 621的要求进行。

1.0.9 接地装置的施工及验收，除应按本规范的规定执行外，尚应符合国家现行的有关标准规范的规定。

2 术语和定义

2.0.1 接地体（极） grounding conductor

埋入地中并直接与大地接触的金属导体，称为接地体（极）。接地体分为水平接地体和垂直接地体。

2.0.2 自然接地体 natural earthing electrode

可利用作为接地用的直接与大地接触的各种金属构件、金属井管、钢筋混凝土建筑的基础、金属管道和设备等，称为自然接地体。

2.0.3 接地线 grounding conductor

电气设备、杆塔的接地端子与接地体或零线连接用的在正常情况下不载流的金属导体，称为接地线。

2.0.4 接地装置 grounding connection

接地体和接地线的总和，称为接地装置。

2.0.5 接地 grounded

将电力系统或建筑物电气装置、设施过电压保护装置用接地线与接地体连接，称为接地。

2.0.6 接地电阻 ground resistance

接地体或自然接地体的对地电阻和接地线电阻的总和，称为接地装置的接地电阻。接地电阻的数值等于接地装置对地电压与通过接地体流入地中电流的比值。

注：本规范中接地电阻系指工频接地电阻。

2.0.7 工频接地电阻 power frequency ground resistance

按通过接地体流入地中工频电流求得的电阻，称为工频接地电阻。

2.0.8 零线 null line

与变压器或发电机直接接地的中性点连接的中性线或直流回路中的接地中性线，称为零线。

2.0.9 保护接零（保护接地） protective ground

中性点直接接地的低压电力网中，电气设备外壳与保护零线连接称为保护接零（或保护接地）。

2.0.10 集中接地装置 concentrated grounding connection

为加强对雷电流的散流作用、降低对地电位而敷设的附加接地装置，如在避雷针附近装设的垂直接地体。

2.0.11 大型接地装置 large-scale grounding connection

110kV及以上电压等级变电所的接地装置，装机容量在200MW以上的火电厂和水电厂的接地装置，或者等效平面面积在 5000m² 以上的接地装置。

2.0.12 安全接地 safe grounding

电气装置的金属外壳、配电装置的构架和线路杆塔等，由于绝缘损坏有可能带电，为防止其危及人身和设备的安全而设的接地。

2.0.13 接地网 grounding grid

由垂直和水平接地体组成的具有汇流和均压作用的网状接地装置。

2.0.14 热剂焊（放热焊接） exothermic welding

热剂焊（放热焊接）也称之火泥熔接，它是利用金属氧化物与铝粉的化学反应热作为热源，通过化学反应还原出来的高温熔融金属，直接或间接加热工件，达到熔接的目的。

3 电气装置的接地

3.1 一般规定

3.1.1 电气装置的下列金属部分，均应接地或接零：

1 电机、变压器、电器、携带式或移动式用电器具等的金属底座和外壳；

2 电气设备的传动装置；

3 屋内外配电装置的金属或钢筋混凝土构架以及靠近带电部分的金属遮栏和金属门；

4 配电、控制、保护用的屏（柜、箱）及操作台等的金属框架和底座；

5 交、直流电力电缆的接头盒、终端头和膨胀器的金属外壳和可触及的电缆金属保护层和穿线的钢管，穿线的钢管之间或钢管和电器设备之间有金属软管过渡的，应保证金属软管段接地畅通；

6 电缆桥架、支架和井架；

7 装有避雷线的电力线路杆塔；

8 装在配电线路杆上的电力设备；

9 在非沥青地面的居民区内，不接地、消弧线圈接地和高电阻接地系统中无避雷线的架空电力线路的金属杆塔和钢筋混凝土杆塔；

10 承载电气设备的构架和金属外壳；

11 发电机中性点柜外壳、发电机出线柜、封闭母线的外壳及其他裸露的金属部分；

12 气体绝缘全封闭组合电器（GIS）的外壳接地端子和箱式变电站的金属箱体；

13 电热设备的金属外壳；

14 铠装控制电缆的金属护层；

15 互感器的二次绕组。

本条规定了哪些电气装置应接地或接零。在原规范基础上充实了部分设备和内容，如本条第 5 款增加了“穿线的钢管之间或钢管和电器设备之间有金属软管过渡的，应保证金属软管段接地畅通”。近年来对施工工艺质量要求的提高，采用金属软管作为电缆保护管的过渡连接较多，金属软管本身不允许作为接地连接使用，特提出“应保证金属软管段接地畅通”，即必须采用其他方式作为接地连接。要求使用软管接头和金属软管封闭电缆应接地，可以保证工艺美观和电缆安全；为保证穿线的钢管和金属软管全线良好接地，需要金属软管段两端的软管接头之间保证良好的电气连接。第 10 款原规范为电除尘器的构架，现改为：“承载电气设备的构架和金属外壳”，修改后使类似电除尘这样的架构全部包含进去。第 14 款系原规范条文，控制电缆的金属护层根据国家标准《工业与民用电力装置的接地设计规范》(GBJ 65)和1985年版《苏联电气装置安装法规》规定而修订。要求控制电缆的铠装层、屏蔽层和接地芯线均应接地，目的是为了保障控制电缆两端连接的电气设备及人身安全。增加了第15款“互感器的二次绕组”。当二次绕组在二次回路中被使用时，回路接线中会有接地点，当二次绕组在二次回路中被作为备用时，可能就被忽视，但是只要互感器一次侧投运，无论二次绕组是否被使用，从安全而言，都必须接地。为引起重视，增加本条文。

3.1.2 电气装置的下列金属部分可不接地或不接零：

1 在木质、沥青等不良导电地面的干燥房间内，交流额定电压为400V及以下或直流额定电压为440V及以下的电气设备的外壳；但当有可能同时触及上述电气设备外壳和已接地的其他物体时，则仍应接地。

2 在干燥场所，交流额定电压为127V及以下或直流额定电压为110V及以下的电气设备的外壳。

3 安装在配电屏、控制屏和配电装置上的电气测量仪表、继电器和其他低压电器等的外壳，以及当发生绝缘损坏时，在支持物上不会引起危险电压的绝缘子的金属底座等。

4 安装在已接地金属构架上的设备，如穿墙套管等。

5 额定电压为220V及以下的蓄电池室内的金属支架。

6 由发电厂、变电所和工业、企业区域内引出的铁路轨道。

7 与已接地的机床、机座之间有可靠电气接触的电动机和电器的外壳。

本条规定了哪些电气装置不需要接地或不需要接零，基本与原规定相同。为同设计规范协调一致，第1款中，在木质、沥青等不良导电地面的干燥房间内，交流额定电压为400V（原规范为380V）及以下的电气设备的外壳，可以不接地或不接零。

3.1.3 需要接地的直流系统的接地装置应符合下列要求：

1 能与地构成闭合回路且经常流过电流的接地线应沿绝缘垫板敷设，不得与金属管道、建筑物和设备的构件有金属的连接；

2 在土壤中含有在电解时能产生腐蚀性物质的地方，不宜敷设接地装置，必要时可采取外引式接地装置或改良土壤的措施；

3 直流电力回路专用的中性线和直流两线制正极的接地体、接地线不得与自然接地体有金属连接。当无绝缘隔离装置时，相互间的距离不应小于1m；

4 三线制直流回路的中性线宜直接接地。

本条与原规范相同，当直流流经在土壤中的接地体时，由于土壤中发生电解作用，可使接地体的接地电阻值增加，同时又可使接地体及附近地下建筑物和金属管道等发生电腐蚀而造成严重的损坏。本条第3款根据日本的技术标准和原东德接地规范的接地体以及接地线的规定，直流电力回路专用的中性线和直流双线制正极如无绝缘装置，相互间的距离不得小于1m。

采用外引接地时，外引接地体的中心与配电装置接地网的距离，根据我国水电厂的试验不宜过大，否则由于引线本身的电阻压降会使外引接地体利用程度大大降低。

注：考虑高压直流输电已自成系统，直流电力网将有专用规范，本条只适用于一般直流系统。

3.1.4 接地线不应作其他用途。

本条与原规范相同，规定接地线一般不应作其他用途，如电缆架构或电缆钢管不应作电焊机零线，以免损伤电缆金属保护层。

3.2 接地装置的选择

3.2.1 各种接地装置应利用直接埋入地中或水中的自然接地体。交流电气设备的接地，可利用直接埋入地中或水中的自然接地体，可以利用的自然接地体如下：

1 埋设在地下的金属管道，但不包括有可燃或有爆炸物质的管道；

2 金属井管；

3 与大地有可靠连接的建筑物的金属结构；

4 水工构筑物及其类似的构筑物的金属管、桩。

本条与原规范基本相同，提示了交流电气设备的接地，可利用直接埋入地中或水中的自然接地体，这几种自然接地体均直接埋入地中或水中，能够很好地起到降低接地电阻、均衡电位的作用，且能节约钢材，提高电气设备运行的可靠性。

3.2.2 交流电气设备的接地线可利用下列自然接地体接地：

1 建筑物的金属结构（梁、柱等）及设计规定的混凝土结构内部的钢筋；

2 生产用的起重机的轨道、走廊、平台、电梯竖井、起重机与升降机的构架、运输皮带的钢梁、电除尘器的构架等金属结构；

3 配线的钢管。

目前已广泛应用建筑物金属结构及满足热稳定要求的混凝土结构内部的非预应力钢筋作为交流电气设备的接地线，能够保证设备的运行可靠性。

3.2.3 发电厂、变电站等大型接地装置除利用自然接地体外，还应敷设人工接地体，即以水平接地体为主的人工接地网，并设置将自然接地体和人工接地体分开的测量井，以便于接地装置的测试。对于3～10kV的变电站和配电所，当采用建筑物的基础作接地体且接地电阻又能满足规定值时，可不另设人工接地体。

本条规定了敷设人工接地网的基本要求，对于发电厂、变电站等大型接地装置，因为接地电阻的要求比较高，为此以敷设人工接地网为主，可利用的自然接地体为辅。尤其在土壤电阻率相对较高的地区，接地电阻值很难达到要求时，通常采用的对策是将地网外延。由于地网敷设在变电站之外，必然导致高电位外引，形成安全隐患；同时也需要附带经济赔偿条件，耗费很大，因而不是很理想的方案。深孔（井）或非单层接地的降阻措施被实践证明从降阻效果和节省费用两方面是有效的，众所周知，平面布置的接地极之间，在近距离内会产生屏蔽作用，深孔（井）接地则利用了三维空间，而且还将高电位引向大地深层。在深孔（井）技术应用中，有几点必须注意的事项：①必须掌握有关的地质结构资料和地下土壤电阻率的分布，以保证深孔（井）接地能在所处位置上收到较好的效果。②国内有关的多层接地极并联的测试表明，深孔（井）接地极之间的屏蔽效应是不可忽视的，实际设计和施工中应予以考虑，以达到最大限度发挥深孔（井）接地作用，又能降低成本的目的。③在发育完整的坚硬岩石地区，可考虑深孔爆破，让降阻剂在孔底呈立体树枝状分布，能在一定程度上改善接地电阻。非单层接地降阻措施可以因“地”制宜地采用如双层接地网、在原址基础上先建一层接地网再回填建第二层接地网等多种形式，可以取得较好的效果。例如，在修建山地变电站的情况下，常常需要削平部分山坡地，而填充到较低山脚处，可以在即将被淹没的原坡地表面，先敷设部分接地网，以便充分利用原来风化的低电阻率土壤，回填之后，再敷设新的接地网，以期达到更好的接地效果。因此，非单层接地降阻可以设计出多种灵活的方案，呈现多种形式。

3.2.4 人工接地网的敷设应符合以下规定：

1 人工接地网的外缘应闭合，外缘各角应做成圆弧形，圆弧的半径不宜小于均压带间距的一半；

2 接地网内应敷设水平均压带，按等间距或不等间距布置；

3 35kV及以上变电站接地网边缘经常有人出入的走道处，应铺设碎石、沥青路面或在地下装设2条与接地网相连的均压带。

为了系统故障时确保人身的安全，条文中所列的敷设人工接地网的3点要求参照了电力行业标准《交流电气装置的接地》(DL/T 621) 的有关条款，以保证均压以及跨步电压和接触电压满足设计和运行要求。虽然这些是设计上应考虑的，本规范中作出这些规定，要求参与建设的各方在施工与验收中给予应有的重视。

3.2.5 除临时接地装置外，接地装置应采用热镀锌钢材，水平敷设的可采用圆钢和扁钢，垂直敷设的可采用角钢和钢管。腐蚀比较严重地区的接地装置，应适当加大截面，或采用阴极保护等措施。

不得采用铝导体作为接地体或接地线。当采用扁铜带、铜绞线、铜棒、铜包钢、铜包钢绞线、钢镀铜、铅包铜等材料作接地装置时，其连接应符合本规范的规定。

我国钢接地体普遍受到了腐蚀和锈蚀，钢接地体（线）耐受腐蚀能力差，钢接地体（线）规格偏小，钢材镀锌后能将耐腐蚀性能提高1倍左右，在我国已取得很好的防腐效果和运行经验，兼顾节约有色金属和接地装置防腐蚀需要，目前我国接地装置已普遍采用热镀锌钢材，已成为最基本的要求。

目前铜质材料的采用有逐渐增多的趋势，铜质材料的选用需要因地制宜，还要做好技术经济比较论证工作。

裸铝导体埋入地下较易腐蚀，强度低、使用寿命较钢材短且价格比钢材贵。规定不得采用铝导体作为接地体或接地线。

3.2.6 接地装置的人工接地体，导体截面应符合热稳定、均压和机械强度的要求，还应考虑腐蚀的影响，一般不小于表3.2.6-1（同本书表8.24.1）和表3.2.6-2（本书表8.30.1）所列规格。

铜接地体的最小规格　　表8.30.1

种类、规格及单位	地上	地下
铜棒直径（mm）	4	6
铜排截面（mm^2）	10	30
铜管管壁厚度（mm）	2	3

注：裸铜绞线一般不作为小型接地装置的接地体用，当作为接地网的接地体时，截面应满足设计要求。

我国钢接地体普遍受到了腐蚀和锈蚀，接地体（线）规格偏小，根据导电性能、热稳定、均压和机械强度的要求，还应考虑腐蚀的影响，提出了钢、铜接地体（线）导体截面的最小规格，编制过程参考了国家标准《工业与民用电力装置的接地设计规范》(GBJ 65) 及1985年版《苏联电气装置安装法规》以及我国钢、铜材规格，并力求与其他规程一致。

铜接地体和铜接地线的最小规格，目前尚无统一的国家标准，条文中规定的为最小规格，在实际施工中应参照设计或以设计意见为主。

执行中应注意：本规范表 3.2.6-1 和表 3.2.6-2 所列的钢、铜接地体（线）规格是最小规格，不能作为施工中选择接地体（线）规格的依据。在实际施工中应根据设计选用接地体（线）的规格实施。但当设计选用的接地体（线）规格小于本书表 8.24.1 和本书表 8.30.1 中所列规格时，实际施工应采用本书表 8.24.1 和本书表 8.30.1 所列的钢、铜接地体（线）规格。

3.2.7 低压电气设备地面上外露的铜接地线的最小截面应符合表 3.2.7（本书表 8.30.2）的规定。

低压电气设备地面上外露的铜接地线的最小截面（mm^2） **表 8.30.2**

名 称	铜
明敷的裸导体	4
绝缘导体	1.5
电缆的接地芯或与相线包在同一保护外壳的多芯导线的接地芯	1

本条主要是针对低压电气设备及控制电缆的接地提出的。根据国家标准《工业与民用电力装置的接地设计规范》（GBJ 65）规定明敷铜、铝接地线的最小截面，不能作为施工中采用接地线截面的依据，实际施工中应根据设计选用接地线的截面实施。

3.2.8 不要求敷设专用接地引下线的电气设备，它的接地线可利用金属构件、普通钢筋混凝土构件的钢筋、穿线的钢管等。利用以上设施作接地线时，应保证其全长为完好的电气通路。

本条规定的这些电气设备，虽不要求专门敷设接地引下线，但仍应保证其接地是良好的，为此应保证其全长为完好的电气通路。

3.2.9 不得利用蛇皮管、管道保温层的金属外皮或金属网、低压照明网络的导线铅皮以及电缆金属护层作接地线。蛇皮管两端应采用自固接头或软管接头，且两端应采用软铜线连接。

蛇皮管、管道保温层的金属外皮或金属网、低压照明网络的导线铅皮以及电缆金属护层等，它们的强度差，又易腐蚀，作接地线很不可靠。本条明确规定不可作为接地线，并对用蛇皮管作保护管时，蛇皮管两端的接地做法，也作了规定，目的是保证连接可靠。增加部分是为了强调金属软管两侧的两个软管接头间保持良好的电气连接的必要性。

3.2.10 在高土壤电阻率地区，接地电阻值很难达到要求时，可采用以下措施降低接地电阻：

1 在变电站附近有较低电阻率的土壤时，可敷设引外接地网或向外延伸接地体；

2 当地下较深处的土壤电阻率较低时，可采用井式或深钻式深埋接地极；

3 填充电阻率较低的物质或压力灌注降阻剂等以改善土壤传导性能；

4 敷设水下接地网，当利用自然接地体和引外接地装置时，应采用不少于 2 根导体在不同地点与接地网相连接；

5 采用新型接地装置，如电解离子接地极；

6 采用多层接地措施。

在高土壤电阻率地区，接地装置的接地电阻值很难达到要求时，采用外扩接地网、深井接地极、压力灌注降阻剂、敷设水下接地网、多层接地或电解离子接地极等措施来降低接地电阻，各地的实践证明有效，但实用中应因地制宜，考虑原来接地装置的状况、周围地形地貌、土壤电阻率等因素，通过技术经济比较论证来合理选取，以获取最佳的降阻效果。

3.2.11 在永冻土地区除可采用本规范第3.2.10条的措施外，还可采用以下措施降低接地电阻：

1 将接地装置敷设在溶化地带或溶化地带的水池或水坑中；

2 敷设深钻式接地极，或充分利用井管或其他深埋地下的金属构件作接地极，还应敷设深度约0.5m的伸长接地极；

3 在房屋溶化盘内敷设接地装置；

4 在接地极周围人工处理土壤，以降低冻结温度和土壤电阻率。

提出对永冻土地区，除可采用3.2.10条的措施外，还可以采用的4条降阻措施。

3.2.12 在深孔（井）技术应用中，敷设深井电极应注意以下事项：

1 应掌握有关的地质结构资料和地下土壤电阻率的分布，以使深孔（井）接地能在所处位置上收到较好的效果；同时要考虑深孔（井）接地极之间的屏蔽效应，以发挥深孔（井）接地作用。

2 在坚硬岩石地区，可考虑深孔爆破，让降阻剂在孔底呈立体树枝状分布，以降低接地电阻。

3 深井电极宜打入地下低阻地层1～2m。

4 深井电极所用的角钢，其搭接长度应为角钢单边宽度的4倍；钢管搭接宜加螺纹套拧紧后两边口再加焊。

5 深井电极应通过圆钢（与水平电极同规格）就近焊接到水平网上，搭接长度为圆钢直径的6倍。

现有的接地装置降阻措施中，外扩接地网的降阻效果虽然效果比较直接，但受到征地赔偿、降阻后站外接地网运行维护管理等因素的制约，深孔（井）技术越来越多地被选用，但影响深孔（井）接地降阻效果的因素很多，不正确实施将难以达到预期的降阻效果，除了正确的设计之外，在施工方面，提出了深孔（井）技术应用中应注意的几个问题，以充分发挥深孔（井）接地的作用。

3.2.13 降阻剂材料选择及施工工艺应符合下列要求：

1 材料的选择应符合设计要求；

2 应选用长效防腐物理性降阻剂；

3 使用的材料必须符合国家现行技术标准，通过国家相应机构对降阻剂的检验测试，并有合格证件；

4 降阻剂的使用，应该因地制宜地用在高电阻率地区、深井灌注、小面积的接地网、射线接地极或接地网外沿；

5 严格按照生产厂家使用说明书规定的操作工艺施工。

降阻剂分为化学降阻剂和物理降阻剂，化学降阻剂自从发现有污染水源和腐蚀接地网的缺陷以后，基本上没有使用了，现在广泛接受的是物理降阻剂（也称为长效型降阻剂）。

尽管近20多年来，国内变电站地网中不乏使用降阻剂取得较好成效的实例，但围绕是否使用降阻剂的问题仍有许多争论，部分是顾虑降阻剂有很大腐蚀作用，加上当前国内降阻材料种类繁多且混乱，且不谈各种牌号的降阻剂如何相互比较，单说一种降阻剂，由于生产条件所限，其本身成分和性能也不一定稳定，导致在不同变电站使用效果迥异，因此对降阻剂产品的监督管理是非常重要的。为防止施工中擅自滥用降阻材料和由于施工不当而造成的不良后果，利用降阻剂降低土壤电阻率时，降阻剂的材料选择及施工工艺应符合本条规定。

3.2.14 接地装置的防腐应符合技术标准的要求。当采用阴极保护方式防腐时，必须经测试合格。

在土壤电阻率相对较低的地区，地网接地电阻值容易满足要求，但腐蚀问题比较突出。在接地装置腐蚀问题比较严重的地区，应采用有效的防腐措施，且接地装置的防腐应符合技术标准的要求。金属腐蚀一般可分为三类，即：电化学腐蚀、杂散电流腐蚀和细菌（微生物）腐蚀。对接地装置来说，电化学腐蚀的影响是最主要的，基于金属原子结构和电化学腐蚀现象中“微电池”和“宏电池”的机理，采用以牺牲性阳极，积极地保护以阴极形式存在的接地装置的主动疏导的牺牲性阳极加防腐导电涂料作为配套技术措施的保护方式，实现延长地网寿命的在国内已证明是有效的对策。采用该措施施工后，应逐一测试保护性电位差、电极输出电流等一系列参数，满足要求方确认合格。

3.3 接地装置的敷设

3.3.1 接地体顶面埋设深度应符合设计规定。当无规定时，不应小于0.6m。角钢、钢管、钢棒、铜管等接地应垂直配置。除接地体外，接地体引出线的垂直部分和接地装置连接（焊接）部位外侧100mm范围内应做防腐处理；在做防腐处理前，表面必须除锈并去掉焊接处残留的焊药。

一般在地表下0.15～0.5m处，是处于土壤干湿交界的地方，接地导体易受腐蚀，因此规定埋深不应小于0.6m，并规定了接地网的引出线在通过地表下0.6m引至地面外的一段需做防腐处理，以延长使用寿命。接地体引出线的垂直部分和接地装置连接（焊接）部位也容易受腐蚀，比如热镀锌钢材焊接时将破坏热镀锌防腐，因此连接（焊接）部位外侧100mm范围内应做防腐处理。

3.3.2 垂直接地体的间距不宜小于其长度的2倍。水平接地体的间距应符合设计规定。当无设计规定时不宜小于5m。

本条主要考虑接地体互相的屏蔽影响而作出距离的规定。

3.3.3 接地线应采取防止发生机械损伤和化学腐蚀的措施。在与公路、铁路或管道等交叉及其他可能使接地线遭受损伤处，均应用钢管或角钢等加以保护。接地线在穿过墙壁、楼板和地坪处应加装钢管或其他坚固的保护套，有化学腐蚀的部位还应采取防腐措施。热镀锌钢材焊接时将破坏热镀锌防腐，应在焊痕处100mm内做防腐处理。

为防止接地线发生机械损伤和化学腐蚀，本条规定经运行经验证明是必要的和可行的。

3.3.4 接地干线应在不同的两点及以上与接地网相连接。自然接地体应在不同的两点及以上与接地干线或接地网相连接。

本条规定目的是为了确保接地的可靠性。

3.3.5 每个电气装置的接地应以单独的接地线与接地汇流排或接地干线相连接，严禁在一个接地线中串接几个需要接地的电气装置。重要设备和设备构架应有两根与主地网不同地点连接的接地引下线，且每根接地引下线均应符合热稳定及机械强度的要求，连接引线应便于定期进行检查测试。

如接地线串联使用，则当一处接地线断开时，造成了后面串接设备接地点均不接地，所以规定禁止串接。近年来，我国电网重要设备和设备构架与主接地装置的连接存在的主要问题，一是只有单根连接线，一旦发生问题，设备将会失地运行；二是接地引下线热容量不够，一旦有接地短路故障便会熔断，亦致使设备失地运行，导致恶性事故。因此规定重要设备和设备构架应有两根与主接地装置不同地点连接的接地引下线，且每根接地引下线均应符合热稳定及机械强度的要求。由于接地引下线的重要性，连接引线要明显、直接和可靠，且便于定期进行检查测试和检查，应符合电力行业标准《交流电气装置的接地》DL/T 621 的规定。具体地讲，如截面（还应考虑防腐）不够应加大，并应首先加大易发生故障设备的接地引下线截面和条数。

3.3.6 接地体敷设完后的土沟其回填土内不应夹有石块和建筑垃圾等；外取的土壤不得有较强的腐蚀性；在回填土时应分层夯实。室外接地回填宜有 100～300mm 高度的防沉层。在山区石质地段或电阻率较高的土质区段应在土沟中至少先回填 100mm 厚的净土垫层，再敷接地体，然后用净土分层夯实回填。

外取回填土时，不重视质量会造成接地不良，故本条明确规定以引起重视。在回填土时应分层夯实，对室外接地、山区石质地段或电阻率较高的土质区段的回填工艺提出明确要求。修改部分强调了接地体敷设前对开挖沟的处理，增强了可操作性和检查依据。

3.3.7 明敷接地线的安装应符合下列要求：

1 接地线的安装位置应合理，便于检查，无碍设备检修和运行巡视；

2 接地线的安装应美观，防止因加工方式造成接地线截面减小、强度减弱、容易生锈；

3 支持件间的距离，在水平直线部分宜为 0.5～1.5m，垂直部分宜为 1.5～3m，转弯部分宜为 0.3～0.5m；

4 接地线应水平或垂直敷设，亦可与建筑物倾斜结构平行敷设，在直线段上，不应有高低起伏及弯曲等现象；

5 接地线沿建筑物墙壁水平敷设时，离地面距离宜为 250～300mm，接地线与建筑物墙壁间的间隙宜为 10～15mm；

6 在接地线跨越建筑物伸缩缝、沉降缝处时，应设置补偿器。补偿器可用接地线本身弯成弧状代替。

3.3.8 明敷接地线，在导体的全长度或区间段及每个连接部位附近的表面，应涂以 15～100mm 宽度相等的绿色和黄色相间的条纹标识。当使用胶带时，应使用双色胶带。中性线宜涂淡蓝色标识。

标志应符合《人机界面标志标识的基本和安全规则 导体颜色或字母数字标识》（GB 7947）的规定。

3.3.9 在接地线引向建筑物的入口处和在检修用临时接地点处，均应刷白色底漆并以黑色标识，其代号为“⏚”。同一接地体不应出现两种不同的标识。

本条主要考虑对生产维护检修带来方便。

3.3.10 在断路器室、配电间、母线分段处、发电机引出线等需临时接地的地方，应引入接地干线，并应设有专供连接临时接地线使用的接地板和螺栓。

本条所述有关场所设立接线板或接地螺栓，为运行维护装设临时接地线提供方便。

3.3.11 当电缆穿过零序电流互感器时，电缆头的接地线应通过零序电流互感器后接地；由电缆头至穿过零序电流互感器的一段电缆金属护层和接地线应对地绝缘。

本条的目的是为了零序保护能正确动作。

3.3.12 发电厂、变电所电气装置下列部位应专门敷设接地线直接与接地体或接地母线连接：

1 发电机机座或外壳、出线柜，中性点柜的金属底座和外壳，封闭母线的外壳；

2 高压配电装置的金属外壳；

3 110kV及以上钢筋混凝土构件支座上电气设备金属外壳；

4 直接接地或经消弧线圈接地的变压器、旋转电机的中性点；

5 高压并联电抗器中性点所接消弧线圈、接地电抗器、电阻器等的接地端子；

6 GIS接地端子；

7 避雷器、避雷针、避雷线等接地端子。

采用单独接地线连接以保证接地的可靠性。在发电厂、变电所电气装置应专门敷设单独接地线直接与接地体或接地母线连接的设备方面，本条文较原规范进行了拓展，增加了6项内容。

3.3.13 避雷器应用最短的接地线与主接地网连接。

连接线短，在雷击时电感量减小，能迅速散流。

3.3.14 全封闭组合电器的外壳应按制造厂规定接地；法兰片间应采用跨接线连接，并应保证良好的电气通路。

全封闭组合电器外壳受电磁场的作用产生感应电势，能危及人身安全，应有可靠的接地。

3.3.15 高压配电间和静止补偿装置的栅栏门铰链处应用软铜线连接，以保持良好接地。

本条规定是为了牢固可靠地接地，避免有悬浮电位产生电火花危及人身安全。

3.3.16 高频感应电热装置的屏蔽网、滤波网、电源装置的金属屏蔽外壳，高频回路中外露导体和电气设备的所有屏蔽部分和与其连接的金属管道均应接地，并宜与接地干线连接。与高频滤波器相连的射频电缆应全程伴随 $100mm^2$ 以上的铜质接地线。

本条根据国家标准《电热设备电力装置设计规范》的有关规定制定。增加了与高频滤波器相连的射频电缆应全程伴随 $100mm^2$ 以上的铜质接地线的规定，是根据原国电公司编"防止电力生产重大事故的二十五项重点要求"制定的。

3.3.17 接地装置由多个分接地装置部分组成时，应按设计要求设置便于分开的断接卡，自然接地体与人工接地体连接处应有便于分开的断接卡。断接卡应有保护措施。扩建接地网时，新、旧接地网连接应通过接地井多点连接。

加装断线卡的目的是为了便于运行、维护和检测接地电阻。接地装置由多个分接地装置组成时，应按设计要求设置接地井，且有便于分开的断接卡，但由于电缆桥架沿线接地，实际上无法分开，结果由于电缆外皮的影响，接地电阻测不准，因此设计时一定要分开，以便真实反映每块接地装置的接地电阻。另外增加扩建接地网时，新、旧接地网的连接通过接地井多点连接，且电气连接要良好，以便真实反映新、旧两块接地网的接地电阻。

3.3.18 电缆桥架、支架由多个区域连通时，在区域连通处电缆桥架、支架接地线应设置便于分开的断接卡，并有明显的标识。

设置便于分开的断接卡目的是为了便于运行、维护和导通检测。

3.3.19 保护屏应装有接地端子，并用截面不小于 4mm² 的多股铜线和接地网直接连通。装设静态保护的保护屏，应装设连接控制电缆屏蔽层的专用接地铜排，各盘的专用接地铜排互相连接成环，与控制室的屏蔽接地网连接。用截面不小于 100mm² 的绝缘导线或电缆将屏蔽电网与一次接地网直接相连。

近年来静态保护已在发电厂及变电所广泛采用，由于保护的重要性，微机保护等相关弱电盘柜的接地越来越重要，设立单独的回流排及单独的接地线引往主接地网，是保证微机保护等相关弱电盘柜可靠接地的有效措施。为防止电磁干扰，每面保护盘都应有良好的接地，且各盘都应装设连接控制电缆屏蔽层的专用接地铜排。各盘的铜排互相连接成环，多点与控制室的屏蔽地网连接，用截面不小于 100mm² 的绝缘导线或电缆将屏蔽电网与一次接地网直接相连，目的是：①尽可能使控制室屏蔽地网和一次接地网之间的接地电阻比较小。各盘的接地铜排上电位接近于地电位。②连接时使用绝缘导线或电缆，免除其他杂散电势窜入。

3.3.20 避雷引下线与暗管敷设的电、光缆最小平行距离应为 1.0m，最小垂直交叉距离应为 0.3m；保护地线与暗管敷设的电、光缆最小平行距离应为 0.05m，最小垂直交叉距离应为 0.02m。

主要考虑避免或减小流经引下线的雷电流或故障电流对暗管内敷设电、光缆运行的感应影响。

3.4 接地体（线）的连接

3.4.1 接地体（线）的连接应采用焊接，焊接必须牢固无虚焊。接至电气设备上的接地线，应用镀锌螺栓连接；有色金属接地线不能采用焊接时，可用螺栓连接、压接、热剂焊（放热焊接）方式连接。用螺栓连接时应设防松螺帽或防松垫片，螺栓连接处的接触面应按现行国家标准《电气装置安装工程母线装置施工及验收规范》（GB 50149—2010）的规定处理。不同材料接地体间的连接应进行处理。

接地线的连接应保证接触可靠。接于电机、电器外壳以及可移动的金属构架等上面的接地线应以镀锌螺栓可靠连接。

3.4.2 接地体（线）的焊接应采用搭接焊，其搭接长度必须符合下列规定：

1 扁钢为其宽度的 2 倍（且至少 3 个棱边焊接）；

2 圆钢为其直径的 6 倍；

3 圆钢为扁钢连接时，其长度为圆钢直径的 6 倍；

4 扁钢与钢管、扁钢与角钢焊接时，为了连接可靠，除应在其接触部位两侧进行焊接外，并应焊以由钢带弯成的弧形（或直角形）卡子或直接由钢带本身弯成弧形（或直角形）与钢管（或角钢）焊接。

对接地体（线）搭接焊的搭接长度作出要求，以保证焊接良好。

3.4.3 接地体（线）为铜与铜或铜与钢的连接工艺采用热剂焊（放热焊接）时，其熔接接头必须符合下列规定：

1 被连接的导体必须完全包在接头里；

2 要保证连接部位的金属完全熔化，连接牢固；

3 热剂焊（放热焊接）接头的表面应平滑；

4 热剂焊（放热焊接）的接头应无贯穿性的气孔。

鉴于铜材的使用越来越频繁，铜材的连接方式（热剂焊）的使用也越来越普及，故在本条文及其他条文中加入相关内容。本条文对热剂焊（放热焊接）工艺的熔接头提出工艺要求。

3.4.4 采用钢绞线、铜绞线等作接地线引下时，宜用压接端子与接地体连接。

钢绞线、铜绞线用压接端子与接地体连接，目的是为了保证电气接触良好。

3.4.5 利用本规范第3.2.2条所述的各种金属构件、金属管道、穿线钢管等作为接地线时，连接处应保证有可靠的电气连接。

本条的目的是为了保证电气接触良好。

3.4.6 沿电缆桥架敷设铜绞线、镀锌扁钢及利用沿桥架构成电气通路的金属构件，如安装托架用的金属构件作为接地干线时，电缆桥架接地时应符合下列规定：

1 电缆桥架全长不大于30m时，不应少于2处与接地干线相连；

2 全长大于30m时，应每隔20～30m增加与接地干线的连接点；

3 电缆桥架的起始端和终点端应与接地网可靠连接。

本条文规定了电缆桥架接地的做法，目的是为了保证电气通路导通性完好以及电气接触良好。电缆桥架的接地，在设计文件或桥架制造厂的说明书中应有规定。当无规定时，至少要符合本条规定。

3.4.7 金属电缆桥架的接地应符合下列规定：

1 电缆桥架连接部位宜采用两端压接镀锡铜鼻子的铜绞线跨接，跨接线最小允许截面积不小于$4mm^2$；

2 镀锌电缆桥架间连接板的两端不跨接接地线时，连接板每端应有不少于2个有防松螺帽或防松垫圈的螺栓固定。

本条文为金属电缆桥架的接地连接要求，目的是为了保证金属电缆桥架接地系统的电气通路导通性完好以及电气接触良好。

3.4.8 发电厂、变电站GIS的接地线及其连接应符合以下要求：

1 GIS基座上的每一根接地母线，应采用分设其两端的接地线与发电厂或变电站的接地装置连接。接地线应与GIS区域环形接地母线连接。接地母线较长时，其中部应另加接地线，并连接至接地网。

2 接地线与GIS接地母线应采用螺栓连接方式。

3 当GIS露天布置或装设在室内与土壤直接接触的地面上时，其接地开关，氧化锌避雷器的专用接地端子与GIS接地母线的连接处，宜装设集中接地装置。

4 GIS室内应敷设环形接地母线，室内各种设备需接地的部位应以最短路径与环形接地母线连接。GIS置于室内楼板上时，其基座下的钢筋混凝土地板中的钢筋应焊接成网，并和环形接地母线连接。

制定本条的目的是为了保证GIS设备主近以最短的电气距离接地，GIS重要设备（接地开关、氧化锌避雷器）接地良好，GIS接地母线与主接地装置连接良好以及电气接触良好。

3.5 避雷针（线、带、网）的接地

3.5.1 避雷针（线、带、网）的接地除应符合本章上述有关规定外，尚应遵守下列规定：

1 避雷针（带）与引下线之间的连接应采用焊接或热剂焊（放热焊接）。

2 避雷针（带）的引下线及接地装置使用的紧固件均应使用镀锌制品。当采用没有镀锌的地脚螺栓时应采取防腐措施。

3 建筑物上的防雷设施采用多根引下线时，应在各引下线距地面1.5～1.8m处设置断接卡，断接卡应加保护措施。

4 装有避雷针的金属筒体，当其厚度不小于4mm时，可作避雷针的引下线。筒体底部应至少有2处与接地体对称连接。

5 独立避雷针及其接地装置与道路或建筑物的出入口等的距离应大于3m。当小于3m时，应采取均压措施或铺设卵石或沥青地面。

6 独立避雷针（线）应设置独立的集中接地装置。当有困难时，该接地装置可与接地网连接，但避雷针与主接地网的地下连接点至35kV及以下设备与主接地网的地下连接点，沿接地体的长度不得小于15m。

7 独立避雷针的接地装置与接地网的地中距离不应小于3m。

8 发电厂、变电站配电装置的架构或屋顶上的避雷针（含悬挂的避雷线的构架）应在其附近装设集中接地装置，并与主接地网连接。

第1款：焊接或热剂焊（放热焊接）时为了安全，应设置断接卡便于测量接地电阻及检查引下线的连接情况，断接卡加保护为防止意外断开。

第2款：目前镀锌制品使用较为普遍，为确保接地装置长期运行可靠，强调了提高材料防腐能力的要求，均应使用镀锌制品。至于地脚螺栓，现在还没有统一规格，无镀锌成品供应，故应采取防腐措施。

第4款：4mm金属筒体不会被雷电流烧穿，故可不另敷接地线。

第5款至第8款是参照《电力设备过电压保护设计技术规程》和国家标准《工业与民用电力装置的接地设计规范》（GBJ 65）制定的。

雷击避雷针时，避雷针接地点的高电位向外传播15m后，在一般情况下衰减到不足以危及35kV及以下设备的绝缘；集中接地装置是为了加强雷电流散流作用，降低对地电压而敷设的附加接地装置。

3.5.2 建筑物上的避雷针或防雷金属网应和建筑物顶部的其他金属物体连接成一个整体。

本条要求是防止静电感应的危害。

3.5.3 装有避雷针和避雷线的构架上的照明灯电源线，必须采用直埋于土壤中的带金属护层的电缆或穿入金属管的导线。电缆的金属护层或金属管必须接地，埋入土壤中的长度应在10m以上，方可与配电装置的接地网相连或与电源线、低压配电装置相连接。

构架上避雷针（线）落雷时，危及人身和设备安全。但将电缆的金属护层或穿金属管的导线在地中埋置长度大于10m时，可将雷击时的高电位衰减到不危险的程度。

3.5.4 发电厂和变电所的避雷线线档内不应有接头。

为防止发电厂和变电所的避雷线断线造成事故，本条规定避雷线档距内不允许有接头。

3.5.5 避雷针（网、带）及其接地装置，应采取自下而上的施工程序。首先安装集中接地装置，后安装引下线，最后安装接闪器。

避雷针（网、带）及其接地装置施工中存在地上防雷装置已安装完，而地下接地装置还未施工的情况。为保证人身、设备及建筑物的安全，规定应采取自下而上的施工程序。

3.6 携带式和移动式电气设备的接地

3.6.1 携带式电气设备应用专用芯线接地，严禁利用其他用电设备的零线接地；零线和接地线应分别与接地装置相连接。

因携带式电气设备经常移动，导线绝缘易损坏或导线折断，危及人身安全。因此要求应有专用芯线接地，严禁利用其他设备的零线接地，以防零线断开后造成设备没有接地。

3.6.2 携带式电气设备的接地线应采用软铜绞线，其截面不小于1.5mm²。

携带式电气设备的接地线应考虑接地方便且不易折断。为了安全可靠，要求采用截面不小于1.5mm²的软铜绞线。该截面是保证安全需要的最低要求，具体截面应根据相导线选择。

3.6.3 由固定的电源或由移动式发电设备供电的移动式机械的金属外壳或底座，应和这些供电电源的接地装置有可靠连接；在中性点不接地的电网中，可在移动式机械附近装设接地装置，以代替敷设接地线，并应首先利用附近的自然接地体。

保证了移动式机械有可靠的保护接地，利用自然接地体能节省人力和钢材。

3.6.4 移动式电气设备和机械的接地应符合固定式电气设备接地的规定，但下列情况可不接地：

1 移动式机械自用的发电设备直接放在机械的同一金属框架上，又不供给其他设备用电；

2 当机械由专用的移动式发电设备供电，机械数量不超过2台，机械距移动式发电设备不超过50m，且发电设备和机械的外壳之间有可靠的金属连接。

条文中的两种情况发生碰壳短路时，人体与大地间无电位差，不会发生触电危险。

3.7 输电线路杆塔的接地

3.7.1 在土壤电阻率$\rho \leqslant 100\Omega \cdot m$的潮湿地区，可利用铁塔和钢筋混凝土杆的自然接地，接地电阻低于10Ω。发电厂、变电站进线段应另设雷电保护接地装置。在居民区，当自然接地电阻符合要求时，可不另设人工接地装置。

3.7.2 在土壤电阻率$100\Omega \cdot m < \rho \leqslant 500\Omega \cdot m$的地区，除利用铁塔和钢筋混凝土杆的自然接地，还应增设人工接地装置，接地极埋设浓度不宜小于0.6m，接地电阻低于15Ω。

3.7.3 在土壤电阻率$500\Omega \cdot m < \rho \leqslant 2000\Omega \cdot m$的地区，可采用水平敷设的接地装置，接地极埋设深度不宜小于0.5m。$500\Omega \cdot m < \rho \leqslant 1000\Omega \cdot m$的地区，接地电阻不超过20Ω。$1000\Omega \cdot m < \rho \leqslant 2000\Omega \cdot m$的地区，接地电阻不超过25Ω。

3.7.4 在土壤电阻率$\rho > 2000\Omega \cdot m$的地区，接地极埋设深度不宜小于0.3m，接地电阻不超过30Ω；若接地电阻很难降到30Ω时，可采用6～8根总长度不超过500m的放射形接地极或连续伸长接地极。

3.7.1～3.7.4这几条是参照现行电力行业标准《交流电气装置的接地》（DL/T 621）

制定的。分别针对不同土质情况和土壤电阻率，规定了高压输电线路杆搭接地装置的几种形式，接地极埋设深度以及对杆搭接地装置接地电阻值的要求。对于土壤电阻率 ρ 超过 2000Ω·m 的高土壤电阻率地区，当经过技术经济比较，接地电阻很难降到 30Ω 时，规定可采用 6～8 根总长度不超过 500m 的放射形接地极或连续伸长接地极。

3.7.5 放射形接地极可采用长短结合的方式，每根的最大长度应符合表 3.7.5（本书表 8.30.3）的要求。

放射形接地极每根的最大长度 **表 8.30.3**

土壤电阻率（Ω·m）	≤500	≤1000	≤2000	≤5000
最大长度（m）	40	60	80	100

接地装置采用放射形接地极时，放射形接地极长度太长，将影响降阻（尤其是冲击接地电阻）和散流效果，本条规定了几种土壤电阻率下，每根放射形接地极的最大长度。

3.7.6 在高土壤电阻率地区采用放射形接地装置时，当在杆塔基础的放射形接地极每根长度的 1.5 倍范围内有土壤电阻率较低的地带时，可部分采用外引接地或其他措施。

本条规定了在高土壤电阻率地区杆塔接地装置降阻的若干方法。

3.7.7 居民区和水田中的接地装置，宜围绕杆塔基础敷设成闭合环形。

在居民区和水田中的接地装置易受外力破坏，敷设成闭合环形一方面是形成连通的接地网，同时也起到了提高可靠性的作用。

3.7.8 对于室外山区等特殊地形，不能按设计图形敷设接地体时，应根据施工实际情况在施工记录上绘制接地装置敷设简图，并标明相对位置和尺寸，作为竣工资料移交。原设计为方形等封闭环形时，应按设计施工，以便于检修维护。

室外山区等特殊地形情况下，特别是放射形接地极很难按照设计的直线进行敷设，因此，应该画上简图记录实际走向，方便运行维护。

3.7.9 在山坡等倾斜地形敷设水平接地体时宜沿等高线开挖，接地沟底面应平整，沟深不得有负误差，并应清除影响接地体与土壤接触的杂物，以防止接地体受雨水冲刷外露，腐蚀生锈；水平接地体敷设应平直，以保证同土壤更好接触。

本条是对在山坡等倾斜地形敷设水平接地体的专门要求，主要目的是考虑线路长期的运行维护工作，防止接地体的外露腐蚀生锈和外力破坏。

3.7.10 接地线与杆塔的连接应接触良好可靠，并应便于打开测量接地电阻。

接地线与杆塔的连接，既要考虑施工又要考虑运行维护，所以应同时考虑接触良好可靠和便于测量接地电阻。

3.7.11 架空线路杆塔的每一腿都应与接地体引下线连接，通过多点接地以保证可靠性。

因为在室外，尤其是耕地、水田、山区等易受外力破坏的地方，经常发生接地引下线被破坏等情况，所以要求架空线路杆塔的每一腿都与接地体引下线连接，通过多点接地以保证可靠性。

3.7.12 混凝土电杆宜通过架空避雷线直接引下，也可通过金属爬梯接地。当接地线直接从架空避雷线引下时，引下线应紧靠杆身，并每隔一定距离与杆身固定一次，以保证电气通路顺畅。

本条款是对混凝土电杆的接地引下方式的要求，直接从架空避雷线引下是为了保证电气通路更加顺畅。

3.8 调度楼、通信站和微波站二次系统的接地

本节是参照《电力系统通信站防雷运行管理规程》(DL 548) 制定的。

3.8.1 调度通信综合楼内的通信站应与同一楼内的动力装置、建筑物避雷装置共用一个接地网。

调度通信综合楼内的通信站与同一楼内的动力装置、建筑物避雷装置共用一个接地网，以避免不同接地网间因流过雷电流或故障电流后地电位不等引起的反击，以及达到均压和屏蔽等目的。

3.8.2 调度通信综合楼及通信机房接地引下线可利用建筑物主体钢筋和金属地板构架等，钢筋自身上、下连接点应采用搭焊接，且其上端应与房顶避雷装置、下端应与接地网、中间应与各层均压网或环形接地母线焊接成电气上连通的笼式接地系统。

为减少外界雷电等电磁干扰，调度通信综合楼及通信机房的建筑钢筋、金属地板构架、机房内环形接地母线等均应相互焊接，形成等电位的电气上连通的法拉第笼式接地系统，作为防电磁屏蔽措施。

3.8.3 位于发电厂、变电站或开关站的通信站的接地装置应至少用2根规格不小于40mm×4mm的镀锌扁钢与厂、站的接地网均压相连。

本条的目的是使发电厂、变电站或开关站的通信站的接地装置与厂、站的接地网更好地连接。

3.8.4 通信机房房顶上应敷设闭合均压网（带）并与接地装置连接，房顶平面任一点到均压带的距离均不应大于5m。

本条规定了通信机房建筑应配置的防直击雷的接地保护措施。

3.8.5 通信机房内应围绕机房敷设环形接地母线，截面应不小于 $90mm^2$ 的铜排或 $120mm^2$ 的镀锌扁钢。围绕机房建筑应敷设闭合环形接地装置。环形接地装置、环形接地母线和房顶合均压带之间，至少用4根对称布置的连接线（或主钢筋）相连，相邻连接线之间的距离不宜超过18m。

规定了围绕机房建筑的闭合环形接地装置和通信机房内环形接地母线的敷设要求，以及保证环形接地装置、环形接地母线和房顶闭合均压带之间可靠电气连接的要求。

3.8.6 机房内各种电缆的金属外皮、设备的金属外壳和框架、进风道、水管等不带电金属部分、门窗等建筑物金属结构以及保护接地、工作接地等，应以最短距离与环形接地母线连接。电缆沟道、竖井内的金属支架至少应两点接地，接地点间距不宜超过30m。

规定了对机房内各种电缆的金属外皮、设备的金属外壳和框架、进风道、水管等不带电金属部分、门窗等建筑物金属结构以及保护接地、工作接地等以最短距离与环形接地母线连接的要求。电缆沟道、竖井内的金属支架应保证沿线与接地装置可靠连接。

3.8.7 各类设备保护地线宜用多股铜导线，其截面应根据最大故障电流确定，一般为 $25\sim95mm^2$；导线屏蔽层的接地线截面面积，应大于屏蔽层截面面积的2倍。接地线的连接应确保电气接触良好，连接点应进行防腐处理。

规定了各类设备保护地线、导线屏蔽层的接地线截面的要求。

3.8.8 连接两个变电站之间的导引电缆的屏蔽层必须在离变电站接地网边沿50～100m处可靠接地，以大地为通路，实施屏蔽层的两点接地。一般可在进变电站前的最后一个工

井处实施导引电缆的屏蔽层接地，接地极的接地电阻 $R \leqslant 4\Omega$。

本条的目的是将连接两个变电站之间的导引电缆的屏蔽层在沿途的雷电、工频或杂散感应电流有效泄放入地。

3.8.9 屏蔽电源电缆、屏蔽通信电缆和金属管道引入室内前应水平直埋10m以上，埋深应大于0.6m，电缆屏蔽层和铁管两端接地，并在入口处接入接地装置。如不能埋入地中，至少应在金属管道室外部分沿长度均匀分布在两处接地，接地电阻应小于10Ω；在高土壤电阻率地区，每处的接地电阻不应大于30Ω，且应适当增加接地处数。

本条的目的是将引入通信机房室内屏蔽电源电缆、屏蔽通信电缆和金属管道沿途的雷电、工频或杂散感应电流有效泄放入地，阻止将上述感应电流引入机房。

3.8.10 微波塔上同轴馈线金属外皮的上端及下端应分别就近与铁塔连接，在机房入口处与接地装置再连接一次；馈线较长时应在中间加一个与塔身的连接点；室外馈线桥始末两端均应和接地装置连接。

本条的目的是将微波塔上同轴馈线金属外皮上沿线的雷电感应电流有效泄放入地，阻止将雷电感应电流引入机房。

3.8.11 微波塔上的航标灯电源线应选用金属外皮电缆或将导线穿入金属管，金属外皮或金属管至少应在上下两端与塔身金属结构连接，进机房前应水平直埋10m以上，埋深应大于0.6m。

本条的目的是保证微波塔上航标灯电源线沿线雷电感应电流有效泄放入地，阻止将雷电感应电流引入机房。

3.8.12 微波塔接地装置应围绕塔基做成闭合环形接地网。微波塔接地装置与机房接地装置之间至少用2根规格不小于40mm×4mm的镀锌扁钢连接。

本条的目的是保证微波塔接地装置与机房接地装置联结良好，成为一个整体，达到均压的目的。

3.8.13 直流电源的“正极”在电源设备侧和通信设备侧均应接地，“负极”在电源机房侧和通信机房侧应接压敏电阻。

3.9 电力电缆终端金属护层的接地

3.9.1 110kV及以上中性点有效接地系统单芯电缆的电缆终端金属护层，应通过接地刀闸直接与变电站接地装置连接。

规定了对110kV及以上中性点有效接地系统单芯电缆的电缆终端金属护层的接地要求。

3.9.2 在110kV及以上电缆终端站内（电缆与架空线转换处），电缆终端头的金属护层宜通过接地刀闸单独接地，设计无要求时，接地电阻 $R \leqslant 4\Omega$。电缆护层的单独接地极与架空避雷线接地体之间，应保持3～5m间距。

3.9.3 安装在架空线杆塔上的110kV及以上电缆终端头，两者的接地装置难以分开时，电缆金属护层通过接地刀闸后与架空避雷线合一接地体，设计无要求时，接地电阻 $R \leqslant 4\Omega$。

3.9.4 110kV以下三芯电缆的电缆终端金属护层应直接与变电站接地装置连接。

3.10 配电电气装置的接地

3.10.1 户外配电变压器等到电气装置的接地装置，宜在地下敷设成围绕变压器台的闭合环形。

3.10.2　配电变压器等电气装置安装在由其供电的建筑物内的配电装置室时，其接地装置应与建筑物基础钢筋等相连。

3.10.3　引入配电装置室的每条架空线路安装的避雷器的接地线，应与配电装置室的接地装置连接，但在入地处应敷设集中接地装置。

3.10.4　配电电气装置的接地电阻值应符合设计要求。

3.11　建筑物电气装置的接地

本节是参照《交流电气装置的接地》(DL/T 621) 制定的。

3.11.1　按照电气装置的要求，安全接地、保护接地或功能接地的接地装置可以采用共用的或分开的接地装置。

3.11.2　建筑物的低压系统接地点、电气装置外露导电部分的保护接地（含与功能接地、保护接地共用的安全接地）、总等电位联结的接地极等可与建筑物的雷电保护接地共用同一接地装置。接地装置的接地电阻应符合其中最小值的要求。

3.11.3　接地装置的安装应符合以下要求：

1　接地极的型式、埋入深度及接地电阻值应符合设计要求；

2　穿过墙、地面、楼板等处应有足够坚固的机械保护措施；

3　接地装置的材质及结构应考虑腐蚀而引起的损伤，必要时采取措施，防止产生电腐蚀。

规定了对建筑物接地装置安装的接地极的型式、埋入深度及接地电阻值、机械和防腐保护措施要求。

3.11.4　电气装置应设置总接地端子或母线，并与接地线、保护线、等电位连接干线和安全、功能共用接地装置的性接地线等相连接。

3.11.5　断开接地线的动能装置应便于安装和测量。

3.11.6　埋入土壤内的接地线的最小截面应符合表3.11.6（本书表8.30.4）的规定。

埋入土壤内的接地线的最小截面（mm^2）　　　　**表8.30.4**

名　称	铜	钢
有防腐蚀保护的（没有采用机械方法保护）	16	16
没有防腐蚀保护的	25	50

3.11.7　等电位联结主母线的最小截面不应小于装置最大保护线截面的一半，并不应小于$6mm^2$。当采用铜线时，其截面不应小于$2.5mm^2$。当采用其他金属时，则其截面应承载与之相当的载流量。

规定了等电位联结主母线的最小截面。

3.11.8　连接两个外露电部分的辅助等电位联结线，其截面不应小于接至该两个外露导电部分的较小保护线的截面。连接外露导电部分与装置外导电部分的辅助等电位联结线，其截面不应小于相应保护线截面的一半。

规定了连接两个外露导电部分和连接外露导电部分与装置外导电部分的辅助等电位联结线的最小截面。

4 工程交接验收

4.0.1 在验收时应按下列要求进行检查：

1 按设计图纸施工完毕，接地施工质量符合本规范要求；

2 整个接地网外露部分的连接可靠，接地线规格正确，防腐层完好，标识齐全明显；

3 避雷针（带）的安装位置及高度符合设计要求；

4 供连接临时接地线用的连接板的数量和位置符合设计要求；

5 接地电阻值及设计要求的其他测试参数符合设计规定。

本条规定了验收时应检查的项目。

第5款要求接地电阻测量应注意测试条件和测试方法符合规定，实测值应符合设计规定值。关于接地装置的电气完整性测试和接地电阻的测试方法应按照国家标准《接地系统的土壤电阻率、接地阻抗和地面电位测量导则》（GB/T 17949.1）、电力行业标准《接地装置工频特性参数的测量导则》（DL 475）执行。电气完整性测试目的是测试接地装置的各部分和各设备之间的电气连接性，分别逐一对两个最近设备的接地引下线之间测量其回路电阻值（即直流电阻值），各种设备与接地装置的连接情况良好率应达到100%，严禁设备失地运行。接地装置验收测试应在土建完工后尽快安排进行，而不宜安排在投产前，以便准确测量接地电阻、接地引下线导通性以及有时间安排改造。多块接地网或扩建的接地网与原地网之间应多点连接，设置接地井，且有便于分开的断接卡，以便于测量分块接地电阻。接地井测试项目包括：铜绞线焊接情况检查，判断导体连接情况是否良好的导通性测试，接触电阻测试等。

原规范第三章第4款要求“雨后不应立即测量接地电阻”虽然在新规范中不再提，但实际验收测试时仍应遵守这一要求。实测经验表明，接地装置的接地电阻值与其本身大小和所外地质环境有关，与土壤的潮湿程度关系不大；但如场区地表电位分布、跨步电势、接触电势等工频特性参数的测试结果则与土壤潮湿程度关系密切。因此接地装置的测试应尽量在干燥季节和土壤潮湿程度关系密切。因此接地装置的测试应尽量在干燥季节和土壤未冻结之前进行，并以此时的测试数据为基本参照。电力行业标准《水力发电厂接地设计技术导则》（DL/T 591）中提及应在“连续天晴3天后测量”，考虑到全国有些地区的气候特点，连绵阴雨而遇到工期紧迫时，如果明确规定几天之后才可测试，实际执行起来恐怕有难度，因此电力行业标准《接地装置工频特性参数的测量导则》（DL 475）只规定不在雨、雪中或雨、雪后立即进行，其他由各地区自行掌握规定。

关于大型接地装置的安全判据问题，目前仍存在较多的讨论。限制接地电阻到一定数值，目的是保障人身和设备的安全，但不是仅仅依靠限制接地电阻值就能达到目的的，应当指出，还必须同时考核跨步电位差和接触电位差才行。为此，在土壤电阻率特别高的地区，不一定要求变电站地网接地电阻非达到某个值（如0.5Ω）不可，可以适当放松一点，在实测跨步电位差和接触电位差满足电力行业标准《交流电气装置的接地》（DL/T 621）要求后，即使接地电阻超过一些，也可视为合格；而对于大型变电站来说，地网接地电阻达到0.5Ω一般不会有困难，可是问题往往出在跨步电位差和接触电位差方面，例如，浙江某超高压变电站，当其地网的接地电阻尚不到设计值（0.5Ω）的一半，跨步电位差和接触电位差已明显不利于人身和设备安全，为了改善跨步电位差和接触电位差，只好在地网的几个局部进行了补充强化接地。

4.0.2 在交接验收时，应向甲方提交下列资料和文件：

1 实际施工的记录图；

2 变更设计的证明文件；

3 安装技术记录（包括隐蔽工程记录等）；

4 测试记录。

本条规定了在验收时应提交的资料和文件。第1款要求完整的实际施工后的竣工图，而不是仅设计变更部分的施工图。第2款变更设计部分的文件包括设计变更单、材料代用和合理化建议经设计批准的证明文件。第4款试验记录注意对总的和分部的接地装置的接地电阻应分别测出。

第九章　建筑物防雷工程

《建筑物防雷工程施工与质量验收规范》(GB 50601—2010) 对建筑物防雷工程的施工与验收做了具体规定，本书主要介绍检查验收的内容，省去施工部分的内容，如需要请参照原规范。建筑物防雷工程作为建筑电气分部工程的一个子分部工程进行验收，其验收程序、验收方法应符合《建筑工程施工质量验收统一标准》(GB 50300) 的规定。

第一节　总　　则

1.0.1　为加强建筑物防雷工程质量监督管理，统一防雷工程施工与质量验收，保证工程质量和建筑物的防雷装置安全运行，制定本规范。

由于防雷工程涉及建筑物的安全，无论是设计还是施工中的不慎或疏漏，均可能造成建筑物的物理损坏、引起火灾、造成人员伤亡或电气系统和电子系统的损害。因此，编制一部建筑物防雷工程施工与质量验收的标准，对加强防雷工程质量监督管理、统一防雷工程施工与质量验收办法是非常必要的。

1.0.2　本规范适用于新建、改建和扩建建筑物防雷工程的施工与质量验收。

明确了适用范围为建筑物防雷工程的施工与质量验收。包括新建、扩建、改建建筑物防雷工程，同时包括新建建筑物中的防雷工程和已建好建筑物内的防雷工程。

1.0.3　建筑物防雷工程施工与质量验收除应符合本规范外，尚应符合国家现行有关标准的规定。

为避免与其他相关标准的矛盾或冲突，同时不宜大量引用现行有关标准内容而造成重复。本条作此原则规定。

第二节　术　　语

2.0.1　防雷装置　lightning protection system (LPS)

用以对建筑物进行雷电防护的整套装置，它由外部防雷装置和内部防雷装置两部分组成。

2.0.2　外部防雷装置　external lightning protection system

由接闪器、引下线和接地线装置组成，主要用以防护直击雷的防雷装置。

2.0.3　内部防雷装置　internal lightning protection system

除外部防雷装置外，所有其他防雷附加设施均为内部防雷装置，如屏蔽、等电位连接、安全距离和电涌保护器 (SPD) 等。主要用来减小雷电流在所需防护空间内产生的电磁效应。

2.0.4　接地体　earth electrode

埋入土壤或混凝土基础中作散流用的导体。

2.0.5　接地线　earthing conductor

从引下线断线接卡或测试点至接地体的连接导体，或从接地端子、等电位连接带至接地体的连接导体。

接地线分人工接地线和自然接地线。人工接地线一般情况下均应采用扁钢或圆钢，并应敷设在易于检查的地方，且应有防止机械损伤及防止化学腐蚀的保护措施。从接地线敷设到用电设备的接地支线的距离越短越好。当接地线与电缆或其他电线交叉时，其间距至少要保持25mm。在接地线与管道、公路、铁路等交叉处及其他可能使接地线遭受机械损伤的地方，均应套钢管或用钢保护。当接地线跨越有震动的地方（如铁路轨道）时，接地线应略加弯曲，以便震动时有伸缩余地，从而避免断裂。自然接地线是指建筑物埋地部分的金属体，它们实际上是钢筋混凝土结构建筑物的一部分钢筋。

2.0.6　共用接地系统　common earthing system

将防雷装置、建筑物基础金属构件、低压配电保护线、设备保护接地、屏蔽体接地、防静电接地和信息技术设备逻辑地等相互连接在一起的接地系统。

2.0.7　电涌保护器　surge protective device (SPD)

用于限制瞬态过电压和分泄电涌电的器件。至少含有一个非线性元件。

2.0.8　后背过电流保护　back-up overcurrent protection

位于电涌保护器外部的前端，作为电气装置的一部分的过电流保护装置。

2.0.9　内部系统　internal system

建筑物内的电气和电子系统。

2.0.10　电气系统　electrical system

由低压供电组合部件构成的系统。

2.0.11　电子系统　electronic system

由通信设备、计算机、控制和仪表系统、无线电系统和电力电子装置构成的系统。

2.0.12　检验批　inspection lot

按同一的生产条件或规定的方式汇总起来供检验用的，由一定的数量样本组成的检验体。

2.0.13　主控项目　dominant item

建筑工程中对安全、卫生、环境保护和公众利益起决定性作用的检验项目。

2.0.14　一般项目　general item

除主控项目以外的检验项目。

第三节　基本规定

3.1　施工现场质量管理

3.1.1　防雷工程施工现场的质量管理，应有相应的施工技术标准、健全的质量管理体系、施工质量检验制度和综合施工质量水平判断评定考核制度。总监理工程师或建设单位项目负责人应逐项检查并填写本规范附录A表A.0.1。

附录A表A.0.1来源于《建筑工程施工质量验收统一标准》（GB 50300—2013），参考第二章，本章省略。

3.1.2　施工人员、资质和计量器具应符合下列规定：

1　施工中的各工种技术、技术人员均应具备相应的资格，并应持证上岗。

2　施工单位应具备相应的施工资质。

3　在安装和调试中使用的各种计量器具，应经法定计量认证机构检定合格，并应在检定合格有效期内使用。

规定了对施工人员、资质和计量器具三方面的要求：

1. 建筑物防雷工程施工项目经理、技术负责人以及各种技工均应具备相应的资质证书并持证上岗。项目经理必须持国家核发的电气专业建造师。技术负责人必须具有省级以上有关部门核发的建筑物防雷工程施工岗位证书。技工必须有县（市）级劳动人事部门核发的技术作业证。

2. 防雷工程施工单位必须在住房和城乡建设部或中国气象局颁发的建筑电气施工资质或防雷工程施工资质规定范围内进行施工。

3. 在建筑物防雷工程施工中所使用的各种计量器具均应由法定计量认证机构检定合格并在有效期内使用。

本条的三方面规定是建筑物防雷施工、监管、管理的重要依据。

3.2　施工质量控制要求

3.2.1　防雷工程采用的主要设备、材料、成品、半成品进场检验结论应有记录，并应在确认符合本规范的规定后再在施工中应用。对依法定程序批准进入市场的新设备、器具和材料进场验收，供应商尚应提供按照、使用、维修和试验要求等技术文件。对进口设备、器具和材料进场验收，供应商尚应提供商检（或国内检测机构）证明和中文的质量合格证明文件，规格、型号、性能检验报告，以及中文的安装、使用、维修和试验要求等技术文件。

当对防雷工程采用的主要设备、材料、成品、半成品存在异议时，应由法定检测机构的试验室进行抽样检测，并应出具检测报告。

主要防雷装置的材料、规格和试验要求宜符合本规范附录B和附录C的规定。

主要针对建筑物防雷工程施工中所使用的设备材料、成品、半成品的具体要求。要求凡进场的主要设备、材料、成品、半成品均应进行检验，且在检验合格、符合要求、做好检验记录后，方能在施工中应用，否则不得使用。对依法定程序批准进入市场的新设备、器具和材料同样如此，进场需进行验收，且应验收合格、符合要求、做好记录。进口设备、器材和材料的供应商还需提供商检（或国内检测机构）证明和中文质量合格证明文件，产品规格、型号、性能检验报告，中文的安装、使用、维修、试验要求等技术文件。当设备、器具材料存在异议时，应由法定检测机构的试验室进行抽样检测，如检测合格，应出具检测报告，确认符合本条要求后方可使用。

3.2.2　各工序应按本规范规定的工序进行质量控制，每道工序完成后，应进行检查。相关各专业工种之间应进行交接检验，并应形成记录，应包括隐蔽工程记录。未经监理工程师或建设单位技术负责人检查确认，不得进行下道工序施工。

是针对建筑物防雷工程施工过程的质量控制的基本要求。明确规定，建筑物防雷工程施工必须按程序进行。且要求每道工序完成后进行自检、互检、交接检。交接检中，项目部负责人、技术负责人、工序段技术负责人、下序段技术负责人、建设单位负责人、监理工程师均应到场，作出合格与不合格判定，并形成记录，参检对象分别签字确认。未经监理工程师或建设单位技术责任人检查确认，不得进入下道工序施工。

3.2.3 除设计要求外，兼做引下线的承力钢结构构件、混凝土梁、柱内钢筋与钢筋的连接，应采用土建施工的绑扎法或螺丝扣的机械连接，严禁热加工连接。

承力钢结构构件，含构件内的钢筋采用焊接连接时会降低建筑物结构的负荷能力。《建筑物防雷设计规范》(GB 50057) 条文说明第 4.3.5 条指出："在交叉点采用金属绑扎在一起……这样一类建筑物具有许许多多钢筋和连接点，它们保证将全部雷电流经过许多次再分流流入大量的并联放电路径"，因此，绑扎可以保证雷电流的泄放。《建筑电气施工质量验收规范》(GB 50303) 中第 3.1.2 条要求"除设计要求外，承力建筑钢结构构造上，不得采用熔焊连接……且严禁热加工开孔"。在《雷电防护 第 3 部分：建筑物的物理损坏和生命危险》(GB/T 21714.3—2008/IEC 62305—3：2006) 的 E.4.3 中多次指出"应与工程承包方协商决定是否与主钢筋焊接"、"仅在建筑设计人员同意后，才可进行主钢筋焊接"。本条提出在建筑物防雷工程施工中，除设计要求外兼做引下线的承力钢结构构件，混凝土梁、柱内钢筋与连接方法宜采用绑扎法或螺丝扣，严禁热加工连接。

第四节 接地装置分项工程

4.1 接地装置安装

4.1.1 主控项目应符合下列规定：

1 利用建筑物桩基、梁、柱内钢筋做接地装置的自然接地体和为接地需要而专门埋设的人工接地体，应在地面以上按设计要求的位置设置可供测量、接人工接地体和做等电位连接用的连接板。

2 接地装置的接地电阻值应符合设计文件的要求。

3 在建筑物外人员可经过或停留的引下线与接地体连接处 3m 范围内，应采用防止跨步电压对人员造成伤害的下列一种或多种方法如下：

1) 铺设使地面电阻率不小于 50kΩ·m 的 5cm 厚的沥青层或 15cm 厚的砾石层。

2) 设立阻止人员进入的护栏或警示牌。

3) 将接地体敷设成水平网络。

4 当工程设计文件对第一类防雷建筑物接地装置设计为独立接地时，独立接地体与建筑物基础地网及与其有联系的管道、电缆等金属物之间的间隔距离，应符合现行国家标准《建筑物防雷设计规范》(GB 50057—2010) 中第 4.2.1 条的规定。

本条主要是针对建筑物防雷工程中的接地装置分项工程的接地装置安装工程的主控项目。本条中提出了 4 项主控项目，一是提出了自然接地体与专门埋设的接地体均应设置可供测量和接人工接地体及等电位连接用的连接板，这是建筑物防雷工程接地装置安装中的必须要求。否则难以检测建筑物防雷工程接地装置状况，同时等电位连接无法实施。二是接地装置的接地电阻值应符合设计文件要求。根据《建筑物防雷设计规范》(GB 50057) 中的规定对第一类防雷建筑物的独立接闪器，其接地电阻值不宜大于 10Ω。在土壤电阻率高的地区，可以放宽到 30Ω 以内。对第二、三类防雷建筑物，当建筑物采用共用接地装置时“共用接地装置的接地电阻应按50Hz电气装置的接地电阻确定，以不大于其按人身安全所确定的接地电阻值为准”。这是由于共用接地的防雷接地、屏蔽体接地和防静电接地所需求的阻值都不是很小（低值），ITE设备的逻辑地有选用S型和M型要求，而无低接地电阻值要求，因此突出了低压电气设备保护接地要求。其要求见《低压配电设计规范》（GB 50054）第四章第四节“接地故障保护”中的相关规定。三是在建筑物外，需要防止跨步电压对人员造成伤害之处，应采用一种或多种方法处置。(1) 本条第3款中的“在建筑物外人员可能停留或经过的区域”一般指建筑物出入口及人行道地下接地体与引下线连接点起3m范围内。防跨步电压的国际标准《雷电防护 第3部分：建筑物的物理损坏和生命危险》（IEC 62305—3：3006 TC81/337/CDV2009-09-18）我国也有相应标准，国家标准代号为GB/T 21714.3—2008，其中第8章规定：“引下线3m范围内土壤地表层的接触电阻不小于100kΩ”，接触电阻指人体两脚与土壤地表层的接触电阻。由于人的脚上可能有绝缘程度不同的鞋，因此接触电阻值很难判定。按《雷电导致的损害危险估计》（IEC 61662）中建议：“R_c是人体一只脚与地表层的接触电阻，其值取$4\rho_s$，ρ_s是土壤地表层的电阻率”。R_c是两脚与土壤地表层接触电阻的2倍，所以$R_c=200k\Omega$，得出在建筑物防雷工程施工中对引下线3m范围内土壤地表层电阻率ρ_s不小于50kΩ·m的要求。(2) 在地面下接地体与引下线连接到3m范围内的地面内的地面电阻率不小于50kΩ·m。可敷设5cm厚的沥青层或15cm厚的砾石层满足标准要求。(3) 使用护栏或警示牌，使人进入伤害区域的可能性减少到最低限度。(4) 用网状接地装置对地面作均衡点位处理，减少伤害。以上多种处理方法在建筑物需防止跨步电压对人员伤害之处必须至少采用一种方法进行处理。(5) 当工程设计文件对第一类防雷建筑物接地装置设计为独立接地时，其与建筑物基础地网及其有联系的管道、电缆等金属物之间的距离应符合现行国家标准《建筑物防雷设计规范》(GB 50057) 中第4.2.1条的规定要求。其目的是防止地电位反击。

4.1.2 一般项目应符合下列规定：

1 当设计无要求时，接地装置顶面埋设深度不应小于0.5m。角钢、钢管、铜棒、铜管等接地体应垂直配置。人工垂直接地体的长度宜为2.5m，人工垂直接地体之间的间距不宜小于5m。人工接地体与建筑物外墙或基础之间的水平距离不宜小于1m。

2 可采取下列方法降低接地电阻：

1）将垂直接地体深埋到低电阻率的土壤中或扩大接地体与土壤的接触面积。

2）置换成低电阻率的土壤。

3）采用降阻剂或者新型接地材料。

4）在永冻土地区和采用深孔（井）技术的降阻方法，应符合现行国家标准《电气装置安装工程 接地装置施工及验收规范》（GB 50169—2006）中第3.2.10条～第3.2.12条的规定。

5）采用多根导体外引，外引长度应不大于现行国家标准《建筑物防雷设计规范》（GB 50057—2010）中第5.4.6条的规定。

3 当接地装置仅用于防雷保护，且当地土壤电阻率较高，难以达到设计要求的接地电阻值时，可采用现行国家标准《雷电防护 第3部分：建筑物的物理损坏和生命危险》（GB/T 21714.3—2008）中第5.4.2条的规定。

4 接地体的连接应采用焊接，并宜采用放热焊接（热剂焊）。当采用通用的焊接方法时，应在焊接处做防腐处理。钢材、铜材的焊接应符合下列规定：

1）导体为钢材时，焊接时的搭接长度及焊接方法要求应符合表4.1.2（本书表9.4.1）的规定。

防雷装置钢材焊接时的搭线长度及焊接方法 **表9.4.1**

焊接材料	搭接长度	焊接方法
扁钢与扁钢	不应少于扁钢宽度的2倍	两个大面不应少于3个棱边焊接
圆钢与圆钢	不应少于圆钢直径的6倍	双面施焊
圆钢与扁钢	不应少于圆钢直径的6倍	双面施焊
扁钢与钢管、扁钢与角钢	紧贴角钢外侧两面或紧贴3/4钢管表面，上、下两侧施焊，并应焊以由扁钢弯成的弧形（或直角形）卡子或直接由扁钢本身弯成弧形或直角形与钢管或角钢焊接	

2）导体为铜材或铜材与钢材时，连接工艺应采用放热焊接，熔接接头应将被连接的导体完全包在接头里，要保证连接部位的金属完全熔化，并应连接牢固。

5 接地线连接要求及防止发生机械损伤和化学腐蚀的措施，应符合现行国家标准《电气装置安装工程 接地装置施工及验收规范》（GB 50169—2006）中第3.2.7、第3.3.1和第3.3.3条的规定。

6 接地装置在地面处与引下线的连接施工图示和不同地基的建筑物基础接地施工图示，可按本规范附录D中的图D.0.1-1～图D.0.1-3。

7 敷设在土壤中的接地体与混凝土基础中的钢材相连接时，宜采用铜材或不锈钢材料。

本款主要是针对建筑物防雷工程接地装置分项工程的接地装置安装的一般性控制项目。一般性控制项目主要有7个方面的控制：

1. 当设计无要求时，接地装置顶面埋设深度不应小于0.5m的规定，见《建筑物防雷设计规范》（GB 50057）中第5.4.4条和《雷电防护 第3部分：建筑物的物理损坏和生命危险》（GB/T 21714.3—2008/IEC 62305—3：2006）中第5.4.3条。在《电气装置安装工程接地装置施工及验收规范》（GB 50169）中第3.3.1条规定的深度为“不应小于0.6m”，因本标准为防雷工程标准，所以遵从0.5m的规定。

在《建筑物防雷设计规范》（GB 50057）中对垂直接地体的间距有如下说明，“当接地装置由多根水平或垂直接地体组成时，为了减小相邻接地体的屏蔽作用，接地体的间距一般为5m，相应的利用系数约为0.75～0.85”。有计算说明，n根垂直接地极并联后的总接地电阻R，要比R/n大些，这是由各垂直接地极间的相互屏蔽所造成的，通常把R/n与R和n之比称为利用系数，其值小于1。

2. 影响接地体接地电阻的因子主要有两个，一是接地极与土壤的接触面积；二是接地极周围土壤的电阻率。因此降低接地电阻的方法主要是将垂直接地体深埋到低电阻率的土壤中或扩大接地体与土壤接触面积。在本条中，第1～4款的方法均围绕着降阻两个因子。近年来，我国市场上出现了一种称为“非金属接地模块”的降阻材料，其实也并非纯非金属物，而是以金属材料（如钢筋）为骨，在其周围浇灌了低电阻率的木炭、高岭土乃至化学物品并干燥成型的材料。其实际上还是降阻剂加金属接地极。因此，还是叫“金属接地模块”为妥。关于外引接地极，是有有效长度的限制的。IEC/TC81/WG4在1984年

1月的进展报告中指出："由于电脉冲在地中的速度是有限的，而且由于冲击雷电流的陡度很高，一接地装置仅有一定的最大延伸长度能有效地将冲击电流散流入地"。该报告附图画出两条线，一条线是接地体延伸最大值 l_{max}，它对应于长波头，即对应闪击对大地的首次雷击；另一条线是接地体延伸最小值 l_{min}，它对应于短波头，即对应于闪击对大地的后续雷击。将这两条线用计算式来表示，为 $l_{max}=4\sqrt{\rho}$ 和 $l_{min}=0.7\sqrt{\rho}$，取其平均值即外引长度的有效值为 $2\sqrt{\rho}$。当水平接地体敷设于不同土壤电阻率的土壤中时，可以分段计算。

3. 当接地装置仅用于防雷保护时，有时因当地土壤电阻率较高，为达到设计的接地电阻（如10Ω或30Ω）要求，可能需要较大的投入且尚难以达到设计要求。按《建筑物防雷设计规范》（GB 50057）和《雷电防护　第3部分：建筑物的物理损坏和生命危险》（GB/T 21714.3—2008/TEC 62305—3：2006）中的规定，可采取加长A型接地装置接地极的长度或B型接地装置包围或覆盖的面积，以使防雷接地电阻值可不作规定。对第一类防雷建筑物：当土壤电阻率不大于500Ω·m时，A型接地装置的接地极的长度应不小于5m；B型接地装置的等效半径应不小于5m。此时，无须补加人工接地体，防雷接地电阻值可不作要求。当土地电阻率大于500Ω·m小于3000Ω·m时，A型接地装置的接地极长度不小于（$11\rho-3600$）/380；B型接地装置的等效半径应不小于（$11\rho-3600$）/380即符合要求。对第二类防雷建筑物：当土壤电阻率不大于800Ω·m时，A型接地装置的接地极的长度应不小于5m；B型接地装置的等效半径应不小于5m即符合要求。当土地电阻率大于800Ω·m至3000Ω·m时，A型接地装置的接地极长度应不小于（$\rho-550$）/50；B型接地装置的等效半径应不小于（$\rho-550$）/50即符合要求。对第三类防雷建筑物：A型接地装置的接地极的长度应不小于5m；B型接地装置的等效半径应不小于5m或环形网状接地包围（覆盖）的面积不小于79m^{2}即符合要求。采用上述施工工艺的最大优点是节约和方便施工。

4. 接地体连接控制。本条第4款提出接地体的连接应采用焊接法，同时提出，接地体的连接方法有条件时最好使用放热焊接，又称热剂焊。如采用通用焊接法，应在焊接处做防腐处理。导体为钢材时，焊接的连接长度及焊接方法应符合表4.1.2的要求。导体为钢材或铜材与钢材连接时，被连接的导体必须完全包在接头里。连接部位的金属完全熔化且放热焊接接头表面平滑无贯穿性气孔。

5. 接地体防化防损控制。本条第5款提出接地体连接要求及防止发生机械损伤和化学腐蚀的措施应当符合国家标准《电气装置安装工程接地装置施工及验收规范》（GB 50169）中3.2.4、3.3.1等要求。

6. 接地装置地面处与引下线连接控制。本条第6款提出按本标准附录D要求，可见附录D中的相关图示。

7. 接地体连接电位差控制。本条第7款的规定是考虑到不同金属连接中产生的化学电池电位差可能造成的腐蚀作用。在《雷电防护 第3部分：建筑物的物理损坏和生命危险》（IEC 62305—3）的E.5.4.3.2中指出："混凝土中的钢筋同土壤中的铜一样在电化学序列中有近似相同的地电位。这一点为钢筋混凝土建筑物设计接地装置提供了一个良好的工程解决方法"。在IEC/TC81/297/CD：2007-11-30中明确为："由于钢材在混凝土中的自然地位，在混凝土外面设置的接地体宜采用铜材或不锈钢材料"。

4.2　接地装置安装工序

4.2.1　自然接地体底板钢筋敷设完成，应按设计要求做接地施工，应经检查确认并做隐蔽工程验收记录后再支模或浇捣混凝土。

本条特指自然接地体，也就是我们通常讲的与大地连接的各种金属构件、金属井管、金属管道（输运易燃易爆液体和气体的管道除外）及建筑物的钢筋混凝土等，称为自然接地体。自然接地体中的各种底板钢构件按设计完成接地施工，并经检查确认，做好隐蔽工程验收记录后，才能进入下道工序，支模或浇灌混凝土。

4.2.2　人工接地体应按设计要求位置开挖沟槽，打入人工垂直接地体或敷设金属接地模块（管）和使用人工水平接地体进行电气连接，应经检查确认并做隐蔽工程验收记录。

人工接地体包括垂直接地体、水平接地体和接地网。本条规定人工接地体按设计要求位置进行开挖沟槽，然后打入人工垂直接地体或敷设水平接地体、进行电气连接，连接后，经检查确认并做隐蔽工程验收记录，方可进入下道工序。

通常讲，无论何种接地体均为金属物质，而最近有一种产品称为“非金属模块”，其在金属材料周围固定了一些降阻剂，已经列入了相关标准。按《建筑电气工程施工质量验收规范》（GB 50303）中3.3.18和《电气装置安装工程接地装置施工及验收规范》（GB 50169）中3.5.1的规定，称为接地模块（管），因此本条称之为金属接地模块（管）。

4.2.3　接地装置隐蔽应经检查验收合格后再覆土回填。

本条提出接地装置的隐蔽部分，施工后，须立即进行查验是否合格，必须经过验收合格后，方可在隐蔽装置接地体上面进行露土或铺设地面绝缘砾石及沥青层等进行回填。

第五节　引下线分项工程

5.1　引下线安装

5.1.1　主控项目应符合下列规定：

1　引下线的安装布置应符合现行国家标准《建筑物防雷设计规范》（GB 50057—2010）的有关规定，第一类、第二类和第三类防雷建筑物专设引下线不应少于两根，并应沿建筑物周围均匀布设，其平均间距不应大于12m、18m和25m。

2　明敷的专用引下线应分段固定，并应以最短路径敷设到接地体，敷设应平正顺直、无急弯。焊接固定的焊缝应饱满无遗漏，螺栓固定应有防松零件（垫圈），焊接部分的防腐应完整。

3　建筑物外的引下线敷设在人员可停留或经过的区域时，应采用下列一种或多种方法，防止接触电压和旁侧闪络电压对人员造成伤害：

1）外露引下线在高2.7m以下部分穿不小于3mm厚的交联聚乙烯管，交联聚乙烯管应能耐受100kV冲击电压（1.2/50μs波形）。

2）应设立组织人员进入的护栏或警示牌。护栏与引下线水平距离不应小于3m。

4　引下线两端应分别与接闪器和接地装置做可靠的电气连接。

5　引下线上应无附着的其他电气线路，在通信塔或其他高耸金属构架起接闪作用的金属物上敷设电气线路时，线路应采用直埋于土壤中的铠装电缆或穿金属管敷设的导线。电缆的金属护层或金属管应两端接地，埋入土壤中的长度不应小于10m。

6　引下线安装与易燃材料的墙壁或墙体保温层间距应大于0.1m。

主要是针对建筑物防雷工程引下线分项工程的引下线安装的主控项目。可分为6个主控项目。

1. 安装布置控制。本条第1款规定，按建筑物防雷分类，各类防雷建筑物引下线的间距要求为，第一类建筑物应不大于12m，第二类建筑物不大于18m，第三类建筑物不大于25m。需要说明的是，此规定为“平均间距”。这是由于有些建（构）筑物在规定间距内无法安装引下线，如火箭发射器的大门宽度远远大于规定的引下线间距。又如某些古建筑的通面阔往往有人经过或停留，安装了明敷引下线可能会造成接触电压或跨步电压伤害，而且对古建筑原貌造成损坏。在《雷电防护　第3部分：建筑物的物理损坏和生命危险》（GB/T 21714.3—2008/IEC 62305—3：2006）的E.5.3.1中规定“引下线应尽可能均匀分布在建筑物四周，并对称”，其间距要求分别为10m、15m和25m。由于我国建筑物的柱距为6m，因此《建筑物防雷设计规范》（GB 50057）将之扩大为12m、18m和25m。同时E.5.3.1中还规定：“如果由于应用限制及建筑物几何形状的限制，某一个侧面不能安装引下线，则应在其他侧面增设引下线来作为补偿”。

2. 明敷引下线安装控制。本条第2款规范了明敷引下线施工中的4个要素：一是提出安装路径走向沿建筑物外墙敷设。二是提出以最短路径敷设到接地体。什么是最短路径，在本规范中没有明确要求，这就需要按照建筑物具体情况去寻求最短路径。三是提出明敷线分段固定，见本标准表5.1.2的要求。四是提出了敷设外观上的具体要求，即敷设平正顺直，无急弯，焊接固定的焊缝饱满无遗漏，螺栓固定应有防松零件（垫圈）。焊接部分防腐完整等具体要求。

3. 引下线的安全控制。本条第3款是针对引下线设置在建筑物外、人员可能停留或经过的区域，为确保人身安全，预防闪击伤害，应采取的措施规定。（1）外露引下线在高2.7m以下部分应采用能耐受100kV冲击电压（1.2/50μs波形）的绝缘层隔离，穿不小于3mm厚的交联聚乙烯管，方能满足其要求。也就是说外露引下线在高度2.7m以下，如不采取措施，则有可能对人体造成雷电伤害。（2）可采用护栏或警示牌使人不得靠近危险区域，一般认为，在3m之外是安全的。

4. 引下线端头直接控制。引下线两端应分别于接闪器和接地装置做可靠的连接，所设可靠连接需按照接地体连接控制要求进行。

5. 引下线防护控制。按照《建筑物防雷设计规范》（GB 50057）中的规定，接闪器和引下线上严禁悬挂各类电线。在通信塔及其他高耸金属构架这些接闪器上肯定会敷设电气线路，此时线路必须按《电气装置安装工程接地装置施工及验收规范》（GB 50169）中第3.5.3条的规定，采用直埋于土地中的铠装电缆或穿金属管敷设的导线，且埋入土地中的长度必须大于10m，方可与配电装置的接地网相连、与电缆线相连，或与低压配电装置相连。通信信号线同样如此。

6. 引下线防火控制。本条第6款的要求引自《雷电防护　第3部分：建筑物的物理损坏和生命危险》（GB/T 21714.3—2008/IEC 62305—3：2006）中第5.3.4条“与受保护建筑物非分离的LPS”，其引下线可按以下方式安装：

（1）如果墙壁为非易燃材料，引下线可安装在墙表面或墙内；

（2）如果墙壁为易燃材料，且雷电流通过时引起的温升不会对墙壁产生危险，引下线可安装在墙面上；

(3) 如果墙壁为易燃材料，且雷电流通过时引起的温升会对墙壁产生危险，安装引下线时，应保证引下线与墙壁间的距离始终大于0.1m，安装支架可与墙壁接触。

当引下线与易燃材料间的距离不能保证大于0.1m时，引下线的横截面不应小于100mm²。

在《雷电防护 第3部分：建筑物的物理损坏和生命危险》（GB/T 21714.3—2008/IEC 62305—3：2006）中D.5.1中要求："如果条件允许，外部LPS的所有部件（接闪器和引下线）至少应远离危险区域1m。如果条件不允许，距危险区0.5m区域内经过的导线应连接，应进行牢固焊接或压接"。此处危险区域指爆炸和火灾危险环境，对第一类防雷建筑物，当建筑物太高或其他原因难以装设独立接闪器时，可按《建筑物防雷设计规范》（GB 50057）规定在建筑物上架设避雷网或网和针的混合LPS，此时LPS的所有导线应电气贯通，防止产生危险的电火花，这种情况下可不受1m的限制。

2010年春节，中央电视台辅楼火灾，主要是因焰火点燃了外墙的非阻燃材料。2010年11月15日上海火灾则是电焊渣点燃了外墙非阻燃材料。因此，本款定为强制性条文。

5.1.2 一般项目应符合下列规定：

1 引下线固定支架应固定可靠，每个固定支架应能承受49N的垂直拉力。固定支架的长度不宜小于150mm，固定支架应均匀，引下线和接闪导体固定支架的间距应符合表5.1.2（本书表9.5.1）的要求。

引下线和接闪导体固定支架的间距 **表9.5.1**

布置方式	扁形导体和绞线固定支架的间距（mm）	单根圆形导体固定支架的间距（mm）
水平面上的水平导体	500	1000
垂直面上的水平导体	500	1000
地面至20m处的垂直导体	1000	1000
从20m处起往上的垂直导体	500	1000

2 引下线可利用建筑物的钢梁、钢柱、消防梯等金属构件作为自然引下线，金属构件之间应电气贯通。当利用混凝土内钢筋、钢柱作为自然引下线并采用基础钢筋接地体时，不宜设置断接卡，但应在室外墙体上留出供测量用的测接地电阻孔洞及与引下线相连的测试点接头。暗敷的自然引下线（柱内钢筋）的施工应符合现行国家标准《混凝土结构工程施工质量验收规范》（GB 50204—2002）中第5章的规定。混凝土柱内钢筋，应按工程设计文件要求采用土建施工的绑扎法、螺丝扣连接等机械连接或对焊、搭焊等焊接连接。

3 当设计要求引下线的连接采用焊接时，焊接要求应符合本规范第4.1.2条第4款的规定。

4 在易受机械损伤之处，地面上1.7m至地面下0.3m的一段接地应采用暗敷保护，也可采用镀锌角钢、改性塑料管或橡胶等保护，并应在每一根引下线上距地面不低于0.3m处设置断接卡连接。

5 引下线不应敷设在下水管道内，并不宜敷设在排水槽沟内。

6 引下线安装中应避免形成环路，引下线与接闪器连接的施工可按本规范附录D中图 D.0.2-1～图 D.0.2-5 和图 D.0.3-2 执行。

是针对建筑物防雷工程引下线分项工程引下线安装中所需控制的一般项目规定，共提出 6 款规定。

1. 引下线支架承力间距控制：本条第 1 款提出引下线固定支架应固定可靠，固定可靠体现在两个方面：(1) 承力。这里的承力主要指垂直拉力，本条款中提出要能够承受 49N (5kgf) 垂直拉力，这是在 10 级台风风荷载拉力中测验出的数据。(2) 固定支架应均匀分布，应符合 5.1.2 中的间距要求。对固定支架高度相应作了规定，固定支架高度不宜小于 150mm。

2. 可采用建筑物的钢梁、钢柱、消防梯、幕墙的金属立柱等金属构件作为自然引下线。以上提出了自然引下线的选择范围。强调了必须是金属构件，不是金属构件不得作引下线，这是第一要素。对此本条款中金属构件之间应电气贯通，电气不贯通不能起到引下线作用效果，这是第二要素。再次，提出了引下线的连接方式，连接方式可采用钢锌合金焊、熔焊、卷边压接、缝接、螺钉或螺栓连接等 6 种方式进行连接，这是第三要素。以上是引下线施工过程控制的一般方式和普通控制项目。对当利用混凝土内钢筋、钢柱作为自然引下线并采用基础钢筋接地体时，不宜设断接头。那么如何进行测试，本规范提出要在高于地面 30cm 处预留供测量用的测接地电阻用的孔洞及于引下线相连的测试点接头。这是其中的一种情况。第二种情况是暗敷的自然引下线（柱内钢筋）施工过程控制，应根据《混凝土结构过程施工质量验收规范》(GB 50204) 中的规定。规定要求，对混凝土内钢筋连接，应按工程设计文件采用土建施工的绑扎法、螺丝扣连接等机械性连接或对焊搭焊等方法连接。

3. 引下线连接焊接控制。本条款提出，当设计要求引下线的连接采用焊接时，其焊接要求，应符合本标准 4.1.2 条第 4 款规定，宜采用放热焊接（热剂焊）。采用通用焊接方法时，应在焊接处做防腐处理。钢材、铜材焊接应符合表 4.1.2（本书表 9.4.1）的要求。

4. 引下线保护控制。本条第 4 款提出当引下线设置在易受机械损伤之处时，也就是通常认为在通道处、机械设备工作处、车辆行驶处等，如何保护引下线，本款规定在地面上 1.7m 至地面下 0.3m 一段应采用暗敷或采用镀锌角钢、改性塑料管、橡胶等进行保护。并在每一根引下线距地面 0.3m 以上处设断接头进行连接，保护引下线，确保引下线发挥作用。

5. 引下线敷设区域控制。本条第 5 款明确规定，引下线不应敷设在下水管道内，不应敷设在排水沟槽内以及化粪池、腐蚀性土壤中等，也就是引下线敷设区域的选择要有利于保护引下线、防止锈蚀。

6. 引下线安装形式控制。主要目的是为了防止发生闪络，见附录 D 的相应图所示。

5.2 引下线安装工序

5.2.1 利用建筑物柱内钢筋作为引下线，在柱内主钢筋绑扎或焊接连接后，应做标志，并应按设计要求施工，应经检查确认记录后再支模。

1 柱内主钢筋绑扎或焊接连接后，用红漆或其他物质做好标记。

2 要按照设计要求，采取绑扎或焊接。

3 检查绑扎的牢实度或焊接的饱满度，进行绑扎的搭接长度、电阻等数值的测试，符合要求后，做好记录进入下道支模工序。

5.2.2 直接从基础接地体或人工接地体引出的专用引下线，应先按设计要求安装固定支架，并应经检查确认后再敷设引下线。

第六节 接闪器分项工程

6.1 接闪器安装

6.1.1 主控项目应符合下列规定：

1 建筑物顶部和外墙上的接闪器必须与建筑物栏杆、旗杆、吊车梁、管道、设备、太阳能热水器、门窗、幕墙支架等外露的金属物进行等电位连接。

2 接闪器的安装布置应符合工程设计文件的要求，并应符合现行国家标准《建筑物防雷设计规范》（GB 50057）中对不同类别防雷建筑物接闪器布置的要求。

3 位于建筑物顶端的接闪导线可按工程设计文件要求暗敷在混凝土女儿墙或混凝土屋面内。当采用暗敷时，作为接闪导线内的钢筋施工应符合现行国家标准《混凝土结构工程施工质量验收规范》（GB 50204—2002）中第5章的规定。高层建筑物的接闪器应采取明敷。在多雷区，宜在屋面拐角处安装短接闪杆。

4 专用接闪杆应能承受0.7kN/m^{2}的基本风压，在经常发生台风和大于11级大风的地区，宜增大接闪杆的尺寸。

5 接闪器上应无附着的其他电气线路或通信线、信号线，设计文件中有其他电气线和通信线敷设在通讯塔上时，应符合本规范第5.1.1条第5款的规定。

建筑物防雷工程施工中，接闪器安装是重要环节，本标准接闪器安装条款中确定了5个主控项目。

1. 建筑物电气连接控制。本条第1款规定建筑物顶部和建筑物外墙上的接闪器必须与建筑物外的金属物进行连接。这一强制性条文引自《建筑物防雷设计规范》（GB 50057）中第5.2.8条、第4.3.2条、第4.4.7条和第6.3.1条的共同要求。其涉及防止雷电流流经引下线和接地装置时产生的高电位对附近人、金属物或电气和电子系统线路的反击；涉及利用建筑物上金属物体作为接闪器；涉及利用这些金属物对建筑物施行大空间磁场屏蔽等方面。其本质是等电位连接。

2. 接闪器安装布置控制。接闪器布置必须符合两个条件要求。（1）要符合设计文件要求。（2）要符合现行国家标准《建筑物防雷设计规范》（GB 50057）中对不同类别防雷建筑物接闪器的布置要求。《建筑物防雷设计规范》（GB 50057）对接闪器的布置要求是，可单独或组合采用独立接闪杆、架空接闪线、架空接闪网，或直接架设在建筑物上的接闪杆、接闪带或接闪网。规定一类防雷建筑物滚球半径取30m，接闪网格不应大于5m×5m或6m×4m。二类防雷建筑物的滚球半径取45m，接闪网格尺寸不应大于10m×10m或12m×8m。三类防雷建筑物的滚球半径取60m，接闪网格尺寸不应大于20m×20m或24m×16m。

3. 暗敷导线控制。本条第3款规定，位于建筑物顶部的接闪导线（避雷网、避雷带）可按工程设计文件暗敷在混凝土女儿墙或混凝土屋面内。但有几个方面规定：（1）必须在设计文件中明确可敷设在混凝土女儿墙或混凝土屋面内，方可暗敷。（2）用作接闪器的钢筋施工要符合现行国家标准《混凝土结构工程施工质量验收规范》（GB 50204）的规定。第 5.1.2 条中规定：在浇筑混凝土之前，应进行钢筋隐蔽工程验收，其内容包括：（1）纵向受力钢筋的品种、规格、数量、位置等；（2）钢筋的连接方式、接头位置、接头数量、接头面积百分率等；（3）箍筋、横向钢筋的品种、规格、数量、间距等；（4）预埋件的规格、数量、位置等。

4. 原材料主控项目钢筋进场时，应按现行国家标准《钢筋混凝土用热轧带肋钢筋》（GB 1499.2）等的规定抽取试件作力学性能检验，其质量必须符合有关规定。

检查数量：按进场的批次和产品的抽样检验方案确定。

检验方法：检查产品合格证、出厂检验报告和进场复验报告。

对有抗震设防要求的框架结构，其纵向受力钢筋的强度应满足设计要求；当设计无具体要求时，对一、二级抗震等级，检验所得的强度实测值检查：

钢筋的抗拉强度实测值与屈服强度实测值的比值不应小于 1.25；钢筋的屈服强度实测值与强度标准值的比值不应大于 1.3。

检查数量：按进场的批次和产品的抽样检验方案确定。

检验方法：检查进场复验报告。

当发现钢筋脆断、焊接性能不良或力学性能显著不正常等现象时，应对该批钢筋进行化学成分检验或其他专项检验。

检验方法：检查化学成分等专项检验报告。

一般项目要求：钢筋应平直、无损伤，表面不得有裂纹、油污、颗粒状或片状老锈。

检查数量：进场时和使用前全数检查。

检查方法：观察。

钢筋加工规定主控项目，受力钢筋的弯钩和弯折检查：

HPB235 级钢筋末端应作 180°弯钩，其弯钩内直径不应小于钢筋直径的 2.5 倍，弯钩的弯后平直部分长度不应小于钢筋直径的 3 倍；当设计要求钢筋末端需作 135°弯钩时，HRB335 级、HRB400 级钢筋的弯弧内直径不应小于钢筋直径的 4 倍，弯钩的弯后平直部分应符合设计要求；钢筋作不大于 90°的弯折时，弯折处的弯弧内直径不应小于钢筋直径的 5 倍。

检查数量：按每工作班同一类型钢筋、同一加工设备抽查不应少于 3 件。

检验方法：钢尺检查。

除焊接封闭环式箍筋外，箍筋的末端应作弯钩，弯钩形式应符合设计要求；当设计无具体要求时，检查：箍筋弯钩的弯弧内直径除应满足本规定第 5.3.1 条的规定外，尚应不小于受力钢筋直径；箍筋弯钩的弯折角度：对一般结构，不应小于 90°；对有抗震等要求的结构，应为 135°；箍筋的弯后平直部分长度：对一般结构，不宜小于箍筋直径的 5 倍；对有抗震等要求的结构，不应小于 3 倍。

检验方法：钢尺检查。

钢筋调直宜采用机械方法，也可采用冷拉方法。当采用冷拉方法调直钢筋时，HPB235 级钢筋的冷拉率不宜大于 4%，HRB335 级、HRB400 级钢筋的冷拉率不宜大于 1%。

检查数量：按每工作班同一类型钢筋、同一加工设备抽查不应少于 3 件。

检验方法：观察、钢尺检查。

钢筋加工的形状、尺寸应符合设计要求，其偏差应符合《钢筋混凝土用热轧带肋钢筋》(GB 1499.2）中表 5.3.4（本书表 9.6.1）的规定。

检验方法：钢尺检查。

钢筋加工的允许偏差 **表 9.6.1**

项　目	允许偏差（mm）
受力钢筋顺长度方向全长的净尺寸	±10
弯起钢筋的弯折位置	±25
箍筋内净尺寸	±5

专用接闪杆承力控制，本条第 4 款对专用接闪杆作了基本规定，一般地区应能承受 0.7kN/m^2。基本风压。发生台风应能承受 4kN/m^2 风压。

5. 接闪器附着电气控制。接闪器上应无附着其他电气线路或通信线、信号线。设计文件中如有其他电气线和通信线敷设在通风塔上，应符合本规范 5.1.1 中的第 5 款的要求。

6.1.2　一般项目应符合下列规定：

1　当利用建筑物金属屋面、旗杆、铁塔等金属物做闪接器时，建筑物金属屋面、旗杆、铁塔等金属物的材料、规格应符合本规范附录 B 的有关规定。

2　专用接闪杆位置应正确，焊接固定的焊缝应饱满无遗漏，焊接部分防腐应完整。接闪导线应位置正确、平正顺直、无急弯。焊接的焊缝应饱满无遗漏，螺栓固定的应有防松零件。

3　接闪导线焊接时的搭接长度及焊接方法应符合本规范第 4.1.2 条第 4 款的规定。

4　固定接闪导线的固定支架应固定可靠，每个固定支架应能承受 49N 的垂直压力。固定支架应均匀，并应符合本规范表 5.1.2 的要求。

5　接闪器在建筑物伸缩缝处的跨接及坡屋面上施工可按本规范附录 D 中图 D.0.3-1～图D.0.3-3执行。

针对建筑物防雷工程施工中的接闪器安装分项工程中除主控项目以外的一般性需要控制的项目。共有 5 项需要控制的项目。

1. 自然接闪器材料控制。本条第 1 款规定当利用建筑物金属屋面、旗杆、铁塔等金属做接闪器时，其材料规格应符合本规范附录 B 中的要求。建筑物的金属屋面、旗杆、铁塔称为建筑物自然接闪器。这里称的自然接闪器，特指不是专用专设的接闪器。

2. 专用接闪杆施工控制。专用接闪杆位置应正确，并应符合设计要求。焊接应焊缝饱满，饱满度 96%以上，螺栓固定应有防松垫圈，确保稳合固定。

3. 接闪导线长度方法控制。本条第 3 款规定，接闪导线焊接长度及方法应符合本规范 4.1.2 中第 4 款的要求，也就是导体为钢材时，焊接长度及焊接方法应符合表 4.1.2 的要求。导体为钢材与铜材或钢材与钢材连接工艺应采用放热焊接，其熔接头被连接导体必须在接头里，金属部位完全熔化，连接牢固，表面应平滑无气孔等。

4. 固定支架承力分布控制。本条第 4 款提出固定接闪导线的固定支架应稳固可靠，具有一定的承载力，支架分布要均匀，规范中规定应能承受 49N（5kgf）垂直拉力，固定支架应均匀，按本规范 5.1.2 规定的间距要求，高度不小于 150mm。

5. 建筑物伸缩跨越处接闪器安装控制。建筑物伸缩处是指建筑物工程根据建筑材料热胀冷缩原理，在施工中所留的伸缩处空隙。跨越处是指接闪器必须安装在建筑物伸缩缝两侧，跨越伸缩缝，称为跨越处。坡屋面，即坡形屋面，也就是在建筑物伸缩跨越处及坡屋面安装接闪器。

关于接闪杆的接闪端头在《建筑物防雷设计规范》(GB 50057) 中第 5.2.3 条建议宜做成半球状，弯曲半径为 4.8～12.7mm 之间，该数值是按照国际标准确定的。在本标准中未作明确要求。

是针对建筑物防雷工程中暗敷在建筑物混凝土中的接闪导线安装程序提出的规定要求。对此，我们首先要了解为何要进行接闪导线的暗敷。由于明装接闪带、网不甚美观，在施工方面也会带来困难，同时还会增加额外的工程投资。混凝土结构工程中，暗装的防雷网一般为笼式结构，是将金属网格引下线和接地体组合成一个立体金属笼网，将整个建筑物罩住。这种笼式网可以全方位接闪，保护其建筑物。其既可以防止建筑物顶部遭受雷击，又可以防止侧面遭受雷击。另外，笼式网还可以看作是一个拉法第笼，它同时具有屏蔽和均衡暂态对地悬浮电压两种功能。笼式网的这些防护效果与笼体的大小及其网格尺寸有关，笼体越小且其网格尺寸越小，防雷效果就越好。有些建筑物的防水和保温层较厚，钢筋距屋面厚度大于 20cm 时，需要另敷设补助防雷网。另处，在建筑物顶部常有一些金属突出物必须与防雷网连接，以形成统一的接闪系统。在完成上述施工程序后，按本条规定经检查确认，并做好隐蔽工程记录，方可支模浇筑混凝土。实际上本条规范规定了暗敷设接闪导线（网、带）安装工序，即：把握施工设计进行各层面电气连接→做好标记→检查验收→支模浇捣混凝土，完成暗敷设，建筑物接闪导线安装工程。

6.2 接闪器安装工序

6.2.1 暗敷在建筑物混凝土中的接闪导线，在主筋绑扎或认定主筋进行焊接，并做好标志后，应按设计要求施工，并应经检查确认隐蔽工程验收记录后再支模或浇捣混凝土；

6.2.2 明敷在建筑物上的接闪器应在接地装置和引下线施工完成后再安装，并应与引下线施工完成后再安装，并应与引下线电气连接。

对明敷在建筑物上的接闪器施工程序作了规定。在建筑物上明敷或安装接闪器必须在接地装置和引下线施工完成后，在验收合格、做好记录的基础上，再进行明敷。

第七节 等电位连接分项工程

7.1 等电位连接安装

7.1.1 主控项目应符合下列规定：

1 除应符合本规范第 6.1.1 条第 1 款的规定，尚应按现行国家标准《建筑物防雷设计规范》(GB 50057) 中有关对各类防雷建筑物的规定，对进出建筑物的金属管线做等电位连接。

2 在建筑物入户处应做总等电位连接。建筑物等电位连接干线与接地装置应有不少于 2 处的直接连接。

3 第一类防雷建筑物和具有 1 区、2 区、21 区及 22 区爆炸危险场所的第二类防雷建筑物内、外的金属管道、构架和电缆金属外皮等长金属物的跨接，应符合现行国家标准《建筑物防雷设计规范》(GB 50057) 的有关规定。

1. 等电位大尺寸金属物控制。本条第1款提出除应按本规范6.1.1中第1款要求将建筑物外露的大尺寸金属物做等电位连接外，尚应按现行国家标准《建筑物防雷设计规范》(GB 50057) 对各类防雷建筑物的不同要求，对进出建筑物的金属管线进行等电位连接。也就是说，等电位连接方式必须按本规范6.1.1中第1款要求，要把建筑物顶部和外墙上的接闪器（接闪杆、接闪导线、均压环等）与建筑物的栏杆、旗杆、吊车梁、管道、设备、太阳能热水器、门窗、幕墙支架等外露的大尺寸金属物进行电气连接。我们所讲的外露大尺寸金属物是指明显的金属物，主要是栏杆、旗杆、吊车架等。本条规范要求必须进行连接。同时要按现行国家标准《建筑物防雷设计规范》(GB 50057) 对各类防雷建筑物的不同要求，对进出建筑物的金属管线进行等电位连接。现行国家标准《建筑物防雷设计规范》(GB 50057) 第6.3.4条规定，穿过各防雷区界面的金属物和建筑物内系统以及在一个防雷区内部的金属物和系统均应在界面处做等电位连接。所谓界面处首先是指金属管线进出建筑物处。

2. 本条第2款的要求，见现行国家标准《建筑电气工程施工质量验收规范》(GB 50303) 中第27.1.1条“建筑物等电位联结干线应从与接地装置由不少于2处直接连接的接地干线或总等电位箱引出”。

7.1.2 一般项目应符合下列规定：

1 等电位连接可采取焊接、螺钉或螺栓连接等。当采用焊接时，应符合本规范4.1.2条第4款的规定。

2 在建筑物后续防雷区界面处的等电位连接应符合现行国家标准《建筑物防雷设计规范》(GB 50057) 的有关规定。

3 电子系统设备机房的等电位连接应根据电子系统的工作频率分别采用星形结构（S型）或网形结构（M型）。工作频率小于300kHz的模拟线路，可采用星形结构等电位连接网络；频率为兆赫（MHz）级的数字线路，应采用网形结构等电位连接网络。

4 建筑物入户处等电位连接施工和屋面金属管入户等电位连接施工可按本规范附录D中图D.0.2-5、图D.0.3-3和图D.0.4-1～D.0.4-5执行。

是针对建筑物防雷工程等电位连接工程中的主控项目四个方面的要求。

1. 等电位连接方法控制。本条第1款规定，等电位连接方法可以采用焊接、螺钉或螺栓连接方式。但采用焊接时应符合本标准4.1.2条中第4款要求，也就是采用放热焊接(热剂焊)。如采用通焊法应在焊接处做防腐处理。扁钢与扁钢焊接，焊接宽度为扁钢的2倍，棱边焊接不少于3个。圆钢与圆钢焊接，焊接长度为圆钢直径的6倍，双面施焊。圆钢与扁钢焊接，焊接长度为圆钢直径的6倍，双面施焊。扁钢与钢管或角钢焊接，应在角钢外侧两面或紧贴3/4钢管表面上下两侧施焊，并应焊以由扁钢弯成的弧形（或直角形）卡子或直接由扁钢本身弯成弧形或直角形与钢管或角钢焊接。导体为铜材与钢材或铜材与铜材连接工艺时，应采用热焊接，被连接的导体必须完全包在接头里，表面光滑无贯穿性气孔规定要求。

2. 后续防雷区界面等电位连接控制。本条第2款规定，在建筑物后续防雷区界面处的等电位连接，应符合现行国家标准《建筑物防雷设计规范》(GB 50057) 中的要求。《建筑物防雷设计规范》(GB 50057) 第6.3.4条第1款中规定了各种连接导体的截面要求，这是基于该规范附录F中的附表的雷电参量的规定，如表9.7.1～表9.7.3所示。

首次雷击的雷电流参量 **表 9.7.1**

雷电流参数	防雷建筑物类别		
	一类	二类	三类
I 幅值（kA）	200	150	100
T_1 波头时间（μs）	10	10	10
T_2 半值时间（μs）	350	350	350
Q_s 电荷量（C）	100	75	50
W/R 单位能量（MJ/Q）	10	5.6	2.5

注：1 因为全部电荷量 Q_s 的本质部分包括在首次雷击中，故所规定的值考虑合并了所有短时间雷击的电荷量。
2 由于单位能量 W/R 的本质部分包括在首次雷击中，故所规定的值考虑合并了所有短时间雷击的单位能量。

首次以后雷击的雷电流参量 **表 9.7.2**

雷电流参数	防雷建筑物类别		
	一类	二类	三类
I 幅值（kA）	50	37.5	25
T_1 波头时间（μs）	0.25	0.25	0.25
T_2 半值时间（μs）	100	100	100
I/T_1 平均陡度（kA/μs）	200	150	100

长时间雷击的雷电流参量 **表 9.7.3**

雷电流参数	防雷建筑物类别		
	一类	二类	三类
Q_l 电荷量（C）	200	150	100
T 时间（s）	0.5	0.5	0.5

当无法估算时，可按以下方法确定：全部雷电流的50%流入建筑物防雷装置的接地装置。其另外50%，即分配于引入建筑物的各种外来导电物、电力线、通信线等设施。流入每一设施的电流，为上述设施的个数。流经无屏蔽电缆芯线的电流，等于电流除以芯线数，即对有屏蔽的电缆，绝大部分的电流将沿屏蔽层流走，尚应考虑沿各种设施引入建筑物的雷电流，应采用以上两值的较大者。

后续防雷区界面处的等电位连接做法可按《等电位联结安装》（02D501-2）的图示做各种 LPZ 界面处的等电位连接。需注意的是：在建筑物入口处凡是做了阴极保护的可燃气（液）体管道，需摘一段绝缘段或绝缘法兰盘后，管道才允许与建筑物进行等电位连接，在绝缘段（或法兰盘）两端应跨接防爆型放电间隙。

3. 电子设备机房等电位连接控制。本条第3款规定，对工作频率小于300kHz的模拟线路采用S型等电位连接网络。对频率为MHz级的数字线路，应采用M型等电位连接网络。S型与M型的具体做法按《建筑物防雷设计规范》（GB 50057）的要求。

当采用S型等电位连接网络时，电子系统的所有金属组件，除等电位连接点外，应与共用接地系统的各组件有大于10kV、1.2/50μs 绝缘。

通常，S型等电位连接网络可用于相对较小、限定于局部的系统，而且所有设施管线和电缆宜从 ERP 处附近进入该系统。

S型等电位连接网络应仅通过唯一的一点，即接地基准点 ERP 组合到共用接地系统

中以形成 S_s 型等电位连接。在这种情况下，设备之间的所有线路和电缆当无屏蔽时宜按星形结构与各等电位连接线平行敷设，以免产生感应环路。用于限制从线路传导来的过电压的电涌保护器，其引线的连接点应使加到被保护设备上的电涌电压最小，见图 9.7.1。

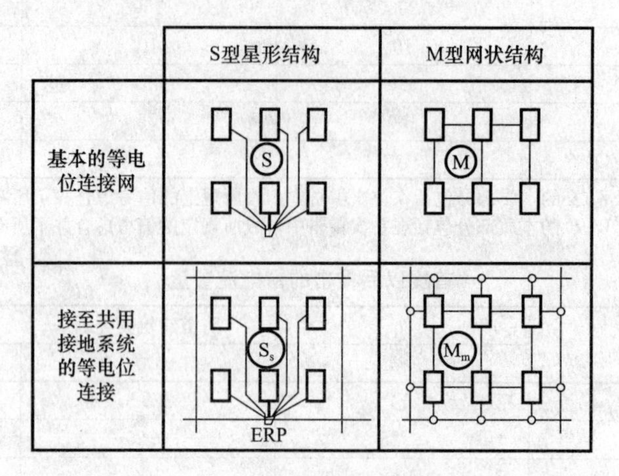

图 9.7.1　等电位连接网络示意图

—建筑物的共用接地系统；—等电位连接网；□设备；·等电位连接网与共用接地系统的连接 ERP 接地基准点

当采用 M 型等电位连接网络时，同一系统的各金属组件不应与共用接地系统各组件绝缘。M 型等电位连接网络应通过多点连接组合到共用接地系统中，并形成：M_m 型等电位连接。

通常，M 型等电位连接网络宜用于延伸较大的开环系统，而且在设备之间敷设许多线路和电缆，以及设施和电缆从若干处进入该电子系统。

在复杂系统中，M 型和 S 型等电位连接网络这两种类型的优点可组合在一起。一个 S 型局部等电位连接网络可与一个 M 型网状结构组合在一起。一个 M 型局部等电位连接网络可仅经一接地基准点。ERP 与共用接地系统连接，该网络的所有金属组件和设备应与共用接地系统各组件有大于 10kV、1.2/50μs 的绝缘，而且所有设施和电缆应从接地基准点附近进入该信息系统，低频率和杂散分布电容起次要影响的系统可采用这种方法。

需要说明的是：当 11E 机房面积较大而 ITE 设备占用面积并不是很大时，M 型网络可仅敷设在 ITE 设备的地板上。具体做法按本规范方法操作。

4. 等电位户外连接控制。是指某一建筑物的电气设备、金属体接至入户处的接地体导线或不同区域建筑物的电气、金属体连接在同一接地体导线上，称为总等电位连接。在进行总电位连接时，首先要对入户金属管线和总等电位连接板的位置进行检查确认，选择最小路径再设置（如焊接）与接地装置的总等电位连接板，然后按设计要求作等电位连接。附录 D 中的图本书略，必要时查规范。

7.2　等电位连接安装工程

7.2.1　在建筑物入户处的总等电位连接，应对入户金属管线和总等电位连接板的位置检查确认后再设置与接地装置连接的总等电位连接板，并应按设计要求做等电位连接。

7.2.2　在后续防雷区交界处，应对供连接用的等电位连接板和需要连接的金属物体的位置检查确认记录后再设置与建筑物主筋连接的等电位连接板，并应按设计要求做等电位连接。

在LPZ1和LPZ2区交界处，在本区内的各物体不可能遭到直接雷击，流经各导体的电流比LPZOB区更小。本区内的电磁场强度的衰减取决于屏蔽措施。该防雷区称为LPZ1区。在LPZ1区基础上，需进一步减少流入的电流和电磁场强度时，应增设后续防雷区，并按需要保护的对象所要求的环境选择后续防雷区的要求条件。此区为LPZ（n+1）后续防雷区。本条提出在LPZ1和LPZ2交界处的等电位连接要求。规定对供连接用的等电位连接板和需要连接的金属物体的位置要进行检查确认记录，测试等电位连接板的电阻值，检查连接质量效果等。并要求查验需要连接的金属位置是否科学合理，是否符合设计要求，经测试检查符合规范要求并做好记录的基础上，设置（如焊接或螺栓连接）与建筑物主筋连接的等电位连接板，并按设计要求作等电位连接。

7.2.3　在确认网形结构等电位连接网与建筑物内钢筋或钢构件连接点的位置、信息技术设备的位置后，应按设计要求施工。网形结构等电位连接网的周边宜每隔5m与建筑物内的钢筋或钢结构连接一次。电子系统模拟线路工作频率小于300kHz时，可在选择与接地系统最接近的位置设置接地基准点后，再按星形结构等电位连接网设计要求施工。

根据《建筑物防雷设计规范》（GB 50057）中第6.3.4条的规定，电子系统的各种箱体、壳体、机架等金属组件与建筑物共用接地系统的等电位连接应采用S型结构或M型结构。确定使用M型等电位连接网与建筑物内钢筋或钢构件连接点位置（相隔不宜大于5m）、信息技术设备（ITE）的位置后，按设计要求施工。如电子系统模拟线路工作频率小于300kHz，可在选择与接地系统最近的位置设置接地基准点（ERP）后，按设计要求施工。

第八节　屏蔽分项工程

8.1　屏蔽装置安装

8.1.1　主控项目应符合下列规定：

1　当工程设计文件要求为了防止雷击电磁脉冲对室内电子设备产生损害或干扰而需采取屏蔽措施时，屏蔽工程施工应符合工程设计文件和现行国家标准《电子信息系统机房施工及验收规范》（GB 50462）的有关规定。

2　当工程设计文件有防雷专用屏蔽室时，屏蔽壳体、屏蔽门、各类滤波器、截止通风导窗、屏蔽玻璃窗、屏蔽暗箱的安装，应符合工程设计文件的要求。屏蔽室的等电位连接应符合本规范第7.1.2条第3款的规定。

第1款规定当工程设计文件要求为防雷及电磁脉冲（LEMP）对室内电子设备产生损害或干扰而采取屏蔽措施时，屏蔽工程施工要符合两个方面规定要求：其一，要符合设计文件规定要求；其二，要符合现行国家标准《电子信息系统机房施工及验收规范》（GB 50462）中第12章的要求。按照防雷基本原理，雷击时，产生电磁脉冲（LEMP），而电磁脉冲将对室内电子设备（电视机、电脑等）产生损害或干扰。所以，要采取屏蔽措施。某些项目工程，特别是电子计算机机房等建筑物，在工程项目设计文件中，明确规定了采取屏蔽措施，并提出屏蔽的具体方法和要求，所以本款规定，必须按照设计文件规定进行施工。《电子信息系统机房施工及验收规范》（GB 50462）中第12章规定了七个方面的要求，具体要求如下：

1. 一般性要求。电子计算机机房电磁屏蔽工程的施工及验收应包括屏蔽壳体、屏蔽门、各类滤波器、截止通风波导窗、屏蔽玻璃窗、信号接口板、室内电气、室内装饰等工程的施工和屏蔽效能的检测。安装电磁屏蔽室的建筑墙地面应坚硬、平整，并应保持干燥。屏蔽壳体安装前，围护结构内的预埋件、管道施工及预留空洞应完成。施工中所有焊接应牢固、可靠；焊缝应光滑、致密，不得有熔渣、裂纹、气泡、气孔和虚焊。焊接后应对全部焊缝进行除锈防腐处理。安装电磁屏蔽室时不宜与其他专业交叉施工。

2. 壳体安装要求。壳体安装应包括可拆卸式电磁屏蔽室、自撑式电磁屏蔽室和直贴式电磁屏蔽室壳体的安装。可拆卸式电磁屏蔽室壳体的安装检查：①应按设计核对壁板的规格、尺寸和数量；②在建筑地面上应铺设防潮、绝缘层；③对壁板的连接面应进行导电清洁处理；④壁板拼装应按设计或产品技术文件的顺序进行；⑤安装中应保证导电衬垫接触良好，接缝应密闭可靠。自撑式电磁屏蔽室壳体的安装检查：焊接前应对焊接点清洁处理；应按设计位置进行地梁、侧梁、顶梁的拼装焊接，并应随时校核尺寸；焊接宜为电焊，梁体不得有明显的变形，平面度不应大于3/1000；壁板之间的连接应为连续焊接；在安装电磁屏蔽室装饰结构件时应进行点焊，不得将板体焊穿。直贴式电磁屏蔽室壳体的安装检查：应在建筑墙面和顶面上安装龙骨，安装应牢固、可靠；应按设计将壁板固定在龙骨上；壁板在安装前应先对其焊接边进行导电清洁处理；壁板的焊缝应为连续焊接。

3. 屏蔽门安装要求。铰链屏蔽门安装检查：在焊接或拼装门框时，不得使门框变形，门框平面度不应大于2/1000；门框安装后应进行操作机构的调试和试运行，并应在无误后进行门扇安装；安装门扇时，门扇上的刀口号门框上的簧片接触应均匀一致。平移屏蔽门的安装检查：焊接后的变形量及间距应符合设计要求。门扇、门框平面度不应大于1.5/1000，门扇对中位移不应大于1.5mm。在安装气密屏蔽门扇时，应保证内外气囊压力均匀一致，充气压力不应小于0.15MPa，气管连接处不应漏气。

4. 滤波器、截止波导通风窗及屏蔽玻璃的安装要求。滤波器安装检查：在安装滤波器时，应将壁板和滤波器接触面的油漆清除干净，滤波器接触面的导电性应保持良好；应按设计要求在滤波器接触面放置导电衬垫，并应用螺栓固定、压紧，接触面应严密滤波器应按设计位置安装；不同型号、不同参数的滤波器不得混用；滤波器的支架安装应牢固可靠，并应与壁板有良好的电气连接。截止波导通风窗安装检查：波导芯、波导围框表面油脂污垢应清除，并应用锡钎焊将波导芯、波导围框焊成一体；焊接应可靠、无松动，不得使波导芯焊缝开裂；截止波导通风窗与壁板的连接应牢固、可靠、导电密封；采用焊接时，截止波导通风窗焊缝不得开裂；严禁在截止波导通风窗上打孔；风管连接宜采用非金属软连接，连接孔应在围框的上端。屏蔽玻璃安装检查：屏蔽玻璃四周外延的金属网平整无破损；屏蔽玻璃四周的金属网和屏蔽玻璃框连接处应进行去锈除污处理，并应采用压接方式将二者连接成一体。连接应可靠、无松动，导电密封应良好；安装屏蔽玻璃时用力应适度，屏蔽玻璃与壳体的连接处不得破碎。

5. 屏蔽效能自检要求。电磁屏蔽室安装完成后用电磁屏蔽检漏仪对所有接缝、屏蔽门、截止波导通风窗、滤波器等屏蔽接口件进行连续检漏，不得漏检，不合格处应修补。电磁屏蔽室的全频段检测检查：电磁屏蔽室的全频段检测应在屏蔽壳体完成后，室内装饰前进行；在自检中应分别对屏蔽门、壳体接缝、波导窗、滤波器等所有接口点进行屏蔽效能检测，检测指标均应满足设计要求。

6. 其他施工要求。电磁屏蔽室内的供配电、空气调节、给水排水、综合布线、监控及安全防范系统、消防系统、室内装饰装修等专业施工应在屏蔽壳体检测合格后进行，施工时严禁破坏屏蔽层。所有出处屏蔽室的信号线缆必须进行屏蔽滤波处理。所有出入屏蔽室的气管和液管必须通过屏蔽波导。屏蔽壳体应按设计进行良好接地，接地电阻应符合设计要求。

7. 施工验收要求，验收应由建设单位组织监理单位、设计单位、测试单位、施工单位共同进行。验收应按《电子信息系统机房施工及验收规范》(GB 50462) 的附录G的内容进行，并应按附录G填写《电磁屏蔽室工程验收表》。电磁屏蔽室屏蔽效能的检测应由国家认可的机构进行；检测的方法和技术指标应符合现行国家标准《电磁屏蔽室屏蔽效能测量方法》(GB/T 12190) 的有关规定或国家相关部门规定的检测标准。检测后应按附录F填写《电磁屏蔽室屏蔽效能测试记录表》。电磁屏蔽室内的其他各专业施工的验收均应按本规范中有关验收的规定进行，电磁屏蔽包括：屏蔽壳体、屏蔽门、各类滤波器、截止通风波导窗、屏蔽玻璃窗、信号接口板的专用屏蔽体等内容。而防雷工程首先利用了钢筋混凝土结构建筑物内的钢筋进行格栅形大空间屏蔽，并规定当雷电直接击中LPZ0区的格栅形大空间屏蔽或与其连接的接闪器时，通过格栅形大空间屏蔽对雷击磁场的衰减后的磁场强度为H1，并将H1与电子系统ITE设备额定耐受磁场强度值（对首次雷击而言，该值分为1000A/m、300A/m和100A/m三个等级）相比较，只有在H1大于ITE额定耐受磁场强度值时，才考虑进一步的屏蔽措施。

8.1.2 一般项目应符合下列规定：

1 设有电磁屏蔽室的机房，建筑结构应满足屏蔽结构对荷载的要求。

2 电磁屏蔽室与建筑物内墙之间宜预留维修通道。

8.2 屏蔽装置安装工序

8.2.1 建筑物格栅形大空间屏蔽工程安装工序应符合下列规定：

1 应按工程设计文件要求选用金属导体在建筑物六面体上敷设，对金属导体本身或其与建筑物内的钢筋构成的网络尺寸，应经检查确认后再进行电气连接。

2 支模或进行内装修时，应使屏蔽网格埋在混凝土或装修材料之中。

针对建筑物防雷工程中，建筑物格栅形大空间屏蔽工程安装工序作出的基本规定，所谓建筑物格栅形大空间屏蔽工程，根据现行国家标准《建筑物防雷设计规范》(GB 50057) 第6.3.2条规定，当建筑物或房间的大空间屏蔽是由诸如金属支撑物、金属框架或钢筋混凝土的钢筋等自然构件组成时，这些构件构成一个格栅形大空间屏蔽。对穿入这类屏蔽的导电金属物应就近与其作等电位连接的过程为建筑物格栅大空间屏蔽工程安装。根据本条规定，其安装工序为：金属导体敷设支模或进行内装修。本条第1款规定金属导体敷设程序为：把握设计文件→选用金属导体→建筑物六面体上敷设金属导体→对金属导体本身或与建筑物内的钢筋构成的网格尺寸进行检查确认→电气连接。本条第1款就规定建筑物格栅形大空间屏蔽工程安装中的电气连接条件包括四方面要素：其一，符合设计要求；其二，选择合格的金属导体；其三，科学敷设；其四，对金属导体或与建筑物内的钢筋构成的网格尺寸进行检查确认。本条第2款规定支模或进行内装修，使屏蔽网格埋在其中。这里讲的支模或进行内装修是指在电气连接基础上，并做好金属导体或其与建筑物内的钢筋构成的网格尺寸固定基础上进行支模或内装修，使屏蔽网格埋在其中。另外，当建筑物位于底层时，地面可不再敷设屏蔽网。同样当工作机房的顶和地板内有符合屏蔽要求的金属网格时，仅需在四壁敷设格栅形大空间屏蔽网格。

8.2.2 专用屏蔽室安装工序应符合下列规定：

1 应将模块式的可拆式屏蔽室在房间内按设计要求安装，并应预留出等电位连接端子。

2 应将屏蔽室预留等电位连接端子与建筑物内等电位连接带进行电气连接，并应经检查确认后再进行屏蔽室固定和外部装修。

3 应安装屏蔽门、屏蔽窗和滤波器，并应检查屏蔽焊缝的严密和牢固。

专用屏蔽室总体安装工序按照本条规定应为：可拆式屏蔽室安装，连接端子与等电位连接带进行电气连接，门、窗滤波器安装。

可拆式屏蔽室见安装，安装人员首先要熟透设计文件，并按要求放线固点、装配、安装、锚固、完成可拆式屏蔽安装。同时在安装中要注意两个问题：(1) 要符合设计要求；(2) 要预留等电位连接端子。

连接端子与等电位连接带进行电气连接。根据本条第 2 款规定，要将屏蔽室预留的等电位连接端子与建筑物内等电位连接带进行电气连接，在连接时首先检查连接端子与建筑物连接带的规格、过渡电阻等情况，并经检查测试合格，按照电气连接要求进行连接。连接后按照本规范中关于电气连接的检查项目进行检查，在合格后做好记录的基础上，进入下道工序。本款规定核心是预留等电位连接端子与建筑物内的等电位连接后，要按照电气连接要求进行测试、检查合格并做好记录基础上，才能进入下道工序。

门、窗滤波器安装，必须在上位工程验收合格基础上方可施工，所谓上位工程，这里主要是指连接端子与等电位连接带进行电气连接，然后按照设计要求配置合格的门、窗及滤波器进行安装，安装后检查焊缝的严密和相对牢固程度。

第九节 综合布线分项工程

9.1 综合布线安装

9.1.1 主控项目应符合下列规定：

1 低压配电线路（三相或单相）的单芯线缆不应单独穿于金属管内。

2 不同回路、不同电压等级的交流和直流电线不应穿于同一金属管中，同一交流回路的电线应穿于同一金属管中，管内电线不得有接头。

3 爆炸危险场所所使用的电线（电缆）的额定耐受电压值不应低于 750V，且应穿在金属管中。

低压配电线路（三相或单相）的单芯线缆不应独穿于金属管内，也就是说当低压配电线路如使用单芯线，则无论是三相四线或单相二线，不能统一穿于同一金属导管内。按照《建筑电气工程施工质量验收规范》GB 50303 第 15 章电线、电缆穿管和线槽敷线的 15.1 主控项目中规定，不得穿于同一金属导管内，且管内电线不得有接头。同一交流回路的电线应穿于同一金属导管内。本条第 2 款明确规定，不同回路、不同电压等级的交流和直流电线，不应穿于同一金属管内，同一交流回流的电线应穿于同一管中，管内的电线不得有接头。一般如所有的导体的绝缘均能耐受可能出现的最高标称电压，则允许在同一管道或槽盒内敷设多个回路。本款就非同路压等级缆线问题确定了控制要素。(1) 不同回路的缆线不得穿在同一金属管中，且不同回路，是指交流和直流不同的回路。(2) 不同电压等级缆线不得穿在同一金属管中。(3) 同一交流电回路应穿在同一金属管中。(4) 管内电线不得有接头。另外本款还作了补充性规定：假如所有导体绝缘均能耐受可能出现的最高标称电压，则允许在同一管内或槽盒敷设多个回路。本条第3款规定，爆炸危险场所线缆保护，所使用的电线（缆线）额定耐受电压值不应低于750V，且必须穿在金属管中。本款中针对爆炸危险场所电线的贯穿控制作出的规定，从本款中解释为两大要素：(1) 耐受电压值为750V；(2) 必须穿在金属管中。根据GB 50303第15章15.1.3主控项目中的规定，爆炸危险环境照明线路的电线和电缆的额定电压不得低于750V，且电线必须穿于钢导管内。《爆炸和火灾危险环境电力装置设计规范》(GB 50058) 与《建筑电气工程施工质量验收规范》(GB 50303) 的区别是：其第2.5.8条第五款"爆炸性气体环境内，低压电力、照明线路用的绝缘导线和电缆的额定电压，必须不低于工作电压，且不低于500V"。第2.5.10条"在1区内电缆线路严禁有中间接头，在2区内不应有中间接头"。在《建筑物电气装置 第5部分：电气设备的选择和安装 第52章：布线系统》(GB 16895.6—2000) 中"52.1.6管道和槽盒系统"中规定"假如所有导体的绝缘均能耐受可能出现的最高标称电压，则允许在同一管道或槽盒内敷设多个回路"。但是并未给出"可能出现的最高标称电压"值。

9.1.2 一般项目应符合下列规定：

1 建筑物内传输网络的综合布线施工应符合现行国家标准《综合布线系统工程验收规范》(GB 50312) 的有关规定。

2 当信息技术电缆与供配电电缆同属一个电缆管理系统和同一路由时，其布线应符合下列规定：

1) 电缆布线系统的全部外露可导电部分，均应按本规范第7.1节的要求进行等电位连接。

2) 由分线箱引出的信息技术电缆与供配电电缆平行敷设的长度大于35m时，从分线箱起的20m内应采取隔离措施，也可保持两线缆之间有大于30mm的间距，或在槽盒中加金属板隔开。

3) 在条件许可时，宜采用多层走线槽盒，强、弱电线路宜分层布设。

3 低压配电系统的电线色标应符合相线采用黄、绿、红色，中性线用浅蓝色，保护线用绿/黄双色线的要求。

1. 传输网络布线控制。本条第1款规定，建筑物内传输网络的综合布线施工应符合现行国家标准《综合布线系统工程验收规范》(GB 50312) 的要求。

2. 多功能缆线同路布线控制。本条第2款规定，当信息技术电缆与供配电电缆同属一个电缆管理系统和同一路由时，其布线要符合三个方面要求。也就是信息技术电缆与供配电缆，同一管理系统，同一路由时要符合三个方面要求，即：(1) 缆线外露导电部分按本规范7.1中的要求进行等电位连接；(2) 分线箱引出的信息技术电缆与供配电电缆平行敷设长度大于35m时，分线箱的20m内应采取隔离措施，或保持两线缆之间有大于30mm的间距，或在槽盒内用金属板隔开；(3) 宜采用多层走线槽盒，将供配电电缆辅助回路电缆、信息技术电缆和敏感回路电缆分层布设。

3. 低压配电线色选择控制。本条第 3 款规定，在低压配电系统中的电线色标作了规定，相线采用黄、绿、红三种线色，中性线采用浅蓝色，保护线采用绿黄双色。

9.2 综合布线安装工序

9.2.1 信息技术设备应按设计要求确认安装位置，并应按设备主次逐个安装机柜、机架。

根据《综合布线系统工程设计规范》（GB 50311）、《综合布线系统工程验收规范》（GB 50312）的规定设计确认设备的安装位置，安装机柜、机架。安装前熟悉设计要求，机架设备排列位置和设备朝向都应按设计安装，并符合实际测定后的机房平面布置图要求。安装完工后，其水平度和垂直度都应符合厂家规定，若无规定时，其前后左右垂直度偏差均不应大于 3mm，且机架、设备安装牢固可靠，并符合抗震要求。机架和设备应预留 1.5m 的过道。其背面距墙面应大于 0.8m，相邻机架设备应相互靠近，机面排列整齐。配线架的底座与缆线的上线孔必须相对应，以利缆线平直顺畅引入架中。多个直列上下两端的垂直倾斜落差不应大于 3mm，底座水平落差不应大于 2mm，跳线环等设备装置牢固，其位置横竖、上下、前后均匀平直一致。

9.2.2 各类配线的额定电压值、色标应符合本规范第 9.1 节和设计文件的要求，并应经检查确认后备用。

确认额定电压值、色标，按额定电压值、色标准备各类配线，并在此基础上进行外观检查和特性测试。外观检查主要是检查缆线外护层有无破损，配线设备和其他接插件均必须符合我国现行标准要求。特性测试是对缆线的技术性能和各项参数应作测试和汇总，测试缆线的衰减、近端串音衰减、绝缘电阻以及光导传输特性指标等。当各项指标符合标准要求时方可进入下道工序。

9.2.3 敷设各类配线的线槽（盒）、桥架或金属管应符合设计文件的要求，并应经检查确认后，再按设计文件的位置和走向安装固定。

主要是布线走向、布线走向位置，要按本条规定及设计要求确认。要符合保证综合性、兼容性好、灵活性、适应性强、扩建维护方便、技术经济合理的原则，同时要求线槽（盒）电缆桥架或金属管安装符合本规范 9.1.1、9.1.2 的要求，且经检验合格后方可进入下道工序。

9.2.4 已安装固定的线槽（盒）、桥架或金属管应与建筑物内的等电位连接带进行电气连接，连接处的过渡电阻不应大于 0.24Ω。

当综合布线走向位置确定，线槽（盒）电缆桥架或金属管安装到位后，要进行线槽（盒）电缆桥架或金属管的等电位连接位置的确认。等电位连接位置应按照《建筑物防雷设计规范》GB 50057 中的相关规定进行确认，将其与建筑物内等电位连接带进行电气连接。

9.2.5 各类配线应按设计文件要求分别布设到线槽（盒）、桥架或金属管内，经检查确认后，再与低压配电系统和信息技术设备相连接。

首先，要在管、槽穿放电缆，进行检验，抽测电缆，并清理管槽（暗槽）、制作穿线端头（钩），穿放引线，穿放电缆，作标记、封堵出口等。桥架、线槽网络地板内明布敷设必须进行检验，抽测缆线，清理槽道布线，绑扎电缆，作标记、封堵出口等。管道、暗槽内穿放电缆，主要进行检验测试光缆，清理管（暗槽）制作穿线端头（钩）穿放引线，出口衬垫作标记，封堵出口等工作。桥架、线槽、网络地板内明布光缆主要进行：检验、测试光缆、清理槽道、布放、绑扎光缆、加垫套、作标记、封堵出口等工作。布放光缆护套主要进行：清理槽道、布放、绑扎光缆护套、加垫套、作标记、封堵出口等工作。

气流法布放光纤束主要进行：检验、测试光纤、检查护套、气吹布放光纤束、作标记、封堵出口等工作。缆线终接和终接部件安装包括：(1) 卡接对绞电缆：编扎固定对绞缆线、卡线、作屏蔽、核对线序、安装固定接线模块（跳线盘）、作标记等；(2) 安装8位模块式信息插座：固定对绞线、核对线序、卡线、作屏蔽、安装固定面板及插座、作标记等；(3) 安装光纤信息插座：编扎固定光纤、安装光纤连接器及面板、作标记等；(4) 安装光纤连接盘：安装插座及连接盘、作标记等；(5) 光纤连接：端面处理、纤芯连接、测试、包封护套、盘绕、固定光纤等；(6) 制作光纤连接器：制装接头、磨制、测试等。

第十节　电涌保护器分项工程

10.1　电涌保护器安装

10.1.1　主控项目应符合下列规定：

1　低压配电系统中SPD的安装布置应符合工程设计文件的要求，并应符合现行国家标准《建筑物电气装置 第5-53部分：电气设备的选择和安装 隔离、开关和控制设备 第534节：过电压保护电器》(GB 16895.22)、《低压配电系统的电涌保护器（SPD）　第12部分：选择和使用导则》(GB/T 18802.12) 和《建筑物防雷设计规范》(GB 50057) 的有关规定。

2　电子系统信号网络中的SPD安装布置应符合工程设计文件的要求，并应符合现行国家标准《低压电涌保护器 第22部分：电信和信号网络的电涌保护器（SPD）选择和使用导则》(GB/T 18802.22) 和《建筑物防雷设计规范》(GB 50057) 的有关规定。

3　当建筑物上有外部防雷装置，或建筑物上虽未敷设外部防雷装置，但与之临近的建筑物上有外部防雷装置且两建筑物之间有电气联系时，有外部防雷装置的建筑物和有电气联系的建筑物内总配电柜上安装的SPD应符合下列规定：

1）应当使用Ⅰ级分类试验的SPD。

2）低压配电系统的SPD的主要性能参数：冲击电流应不小于12.5kA（10/350ps），电压保护水平不应大于2.5kV，最大持续运行电压应根据低压配电系统的接地方式选取。

4　当SPD内部未设计热脱扣装置时，对失效状态为短路型的SPD，应在其前端安装熔丝、热熔线圈或断路器进行后备过电流保护。

电涌保护器（SPD，又称浪涌保护器，过去叫电压保护器，一些不规范的名称有：低压避雷器、防雷保安器等）的选择和安装在现行国家标准、行业标准中规定并不一致。本标准选取等同采用IEC标准的IEC 61643和《建筑物防雷设计规范》(GB 50057)。因其属设计范畴，不在此展开。

第1款针对低压配电系统中电涌保护器（SPD）的安装布置规定，规定提出了四个方面要求：第一，要符合工程设计文件。第二，要符合现行国家标准《建筑电气装置　第5-53部分：电气设备的选择和安装　隔离、开关和控制设备　第534节：过电压保护电器》(GB 16895.22)。第三，要符合《低压配电系统的电涌保护器（SPD）　第12部分：选择和使用导则》(GB/T 18802.12) 要求。第四，要符合《建筑物防雷设计规范》(GB 50057)

中对电涌保护器中的要求。

当电源采用TN系统时，从建筑物内总配电盘（箱）开始引出的配电线路和分支线路必须采用TN-S系统。要在各防雷区界面处做等电位连接，但由于工艺要求或其他原因，被保护设备的安装位置不会正好设在界面处而是设在其附近，在这种情况下，当线路能承受所发生的电涌电压时，电涌保护器可安装在被保护设备处，而线路的金属保护管或屏蔽层宜首先于界面处作一次等电位连接。

电涌保护器必须能承受预期通过它们的雷电流，并应符合以下两个附加要求：通过电涌时的最大钳压，有能力熄灭在雷电流通过后产生的工频续流。

在建筑物进线处和其他防雷区界面处的最大电涌电压，即电涌保护器的最大钳压加上其两端引线的感应电压与所属系统的基本绝缘水平和设备允许的最大电涌电压协调一致。为使最大电涌电压足够低，其两端的引线应做到最短。

在不同界面上的各电涌保护器还应与其相应的能量承受能力相一致。

10.1.2 一般项目应符合下列规定：

1 当低压配电系统中安装的第一级SPD与被保护设备之间关系无法满足下列条件时，应在靠近被保护设备的分配电盘或设备前端安装第二级SPD：

1）第一级SPD的有效电压保护水平低于设备的耐过电压额定值时。

2）第一级SPD与被保护设备之间的线路长度小于10cm时。

3）在建筑物内部不存在雷击放电或内部干扰源产生的电磁场干扰时。

2 第二级SPD无法满足本条第1款的条件时，应安装第3级SPD。

3 无明确的产品安装指南时，开关型SPD与限压型SPD之间的线路长度不宜小于10m，限压型SPD之间的线路不宜小于5m。当SPD之间的线路长度小于10m或5m时应加装退耦的电感（或电阻）元件。生产厂明确在其产品中已有能量配合的措施时，可不再接退耦元件。

4 在电子信号网络中安装的第一级SPD应安装在建筑物入户处的配线架上，当传输电缆直接接至被保护设备的接口时，宜安装在设备接口上。

5 在电子信号网络中安装第二级、第三级SPD的方法符合本条第1～3款的规定。

6 SPD两端连线的材料和最小截面要求应符合本规范附录B中表B.2.2的规定。连线应短且直，总连线长度不宜大于0.5m，如有实际困难，可按本规范附录D中图D.0.7-2所示采用V形连接。

7 SPD在低压配电系统中和电子系统中安装施工可按本规范附录D中图D.0.5－1～图D.0.5-5、图D.0.6-1、图D.0.6-2和图D.0.8-1～图D.0.8-3执行。

对电涌保护器的选择有可选用或不可选用两种方法。对于不属于第一、二、三类防雷建筑物的电气系统，如果供电线路是埋地引入建筑物时，入户处低压总配电柜上可不选用SPD。即使供电线路是架空引入建筑物时，如果建筑物所在地的年平均雷暴日数低于25d，入户处配电柜上也同样可不选用SPD。只有在线路为架空和建筑物所在地的年平均装置雷暴日数不小于25d的情况下，才在预期雷击在低压电气系统上电涌过电流分析的基础上选用SPD。如预期雷电直击到架空线上（S3型），第一、二、三类防雷建筑物入户处配电柜上应选用Ⅰ级分类试验的SPD，其冲击电流值分别应大于10kA、7.5kA和5kA（10/350μs）。如预期雷击在架空线附近（S4型），第一、二、三类防雷建筑物入户处配电柜上可选用Ⅱ

级分类试验的SPD，其标称放电电流值分别应大于5kA、3.75kA和2.5kA。此值指雷击在靠近建筑物的最后一根电杆上的情况下。对S1和S2型下的选择应见《建筑物防雷设计规范》GB 50057中的规定。

关于是否需要在第一级电涌保护器SPD1后边加装第二级、第三级乃至第四级SPD（SPD2～SPD4）。在《建筑物防雷设计规范》（GB 50057）和《低压电涌保护器》（IEC 61643）中均规定首先要考虑SPD的电压保护水平$U\text{p}$与被保护电气设备的耐过电额定值$U\text{w}$的关系，一般要求，$U\text{p}$应低于$0.8U\text{w}$。由于SPD两端连线长度会使$U\text{p}$值增大，因此定义了SPD的有效电压保护水平$U\text{p}/f$这样一个概念。$U\text{p}/f$对限压型SPD，$U\text{p}/f=U\text{p}+\Delta U$；对开关型SPD，$U\text{p}/f$取$U\text{p}$或$\Delta U$中较大者。$\Delta U$是SPD两端引线的感应电压，户外线路进入建筑物处可按每米1kV计算。只有在不满足本规范10.1.2中第1款三个条件时才需增加SPD2，否则一方面增加了防护的成本，另一方面还可能因多级SPD的能量配合不妥当而产生“盲区”，反而不能保护设备。实际上本条是针对电涌保护器安装工程除主控项目外，提出的一般性控制项目6类不同情况的安装控制规定。

本条第1款是针对低压配电系统中安装第一级电涌保护器SPD与被保护设备之间关系作出规定，应满足三个要素条件。

1. SPD1的有效电压保护水平U_O/f低于设备的耐过电压额定值U_O。

2. SPD1与保护设备之间的线路长度小于10m。

3. 在建筑物内不存在雷击放电或内部干扰源产生电磁场干扰。如SPD2不能满足以上三个条件要素，应安装第三级电涌保护器SPD3使之满足。

本条第2款是针对如何实现多级SPD的能量配合作出规定。规定要求在无明确的产品安装指南情况下，开关型SPD与限压型SPD之间的线路长度不宜小于10m；限压型SPD与限压型SPD之间长度不宜小于5m；如果开关型SPD与限压型SPD之间的线路长度小于10m和限压型SPD之间的线路长度小于5m时，规定中要求加装退耦电感（或电阻）元件。如果所使用的SPD其产品安装指南中，已明确已有能量配合措施，如自动触发组织型SPD，则不需要串联退耦元件。

本条第3款是针对电子信息网络中安装第一级电涌保护器SPD所作的规定。规定要求在电子信息网络中，第一级电涌保护器应安装在建筑物入户处的配线架上，如传输电缆应直接接至被保护的接口，也就是要安装在设备接口上。

本条第4款是针对电子信号网络中安装SPD2、SPD3、……的方法所作的规定。规定则要求按本条第1.2款规定。同时注明本规范中建筑物入户处特指LPZ0A或LPZ0B，与LPZ1的界面处。

本条第5款是针对SPD两端连线材料所作的规定。规定了最小截面面积要求，最小截面面积按本规范附录B执行。规定了连接线要尽可能短直，总连线长度不宜大于0.5m。如果有实际困难，连线长度大于0.5m，可按照本规范附录D中的图示，采用凯文接线方式。

本条第6款是针对低压配电线路中和电子系统SPD安装施工提出的要求，要求按本规范附录D图示施工。本书略去附录D的图，必要时查原规范。

10.2 电涌保护器安装工序

10.2.1 低压配电系统中的SPD安装，应在对配电系统接地型式、SPD安装位置、SPD

的后备过电流保护安装位置及SPD两端连线位置检查确认后，首先安装SPD，在确认安装牢固后，将SPD的接地线与等电位连接带连接后再与带电导线进行连接。

针对低压配电系统安装SPD作出的工序规定，本条规定在低压配电系统中SPD安装应按如下顺序：确定配电系统接地形式→SPD安装位置→后备过流保护安装位置→两端连线位置安装接地体→安装SPD→安装后备过流保护装置→敷设两端连线→电气连接。各工序过程施工均应按相关规定进行。

10.2.2 电信和信号网络中的SPD安装，应在SPD安装位置和SPD两端连接件及接地线位置检查确认后，首先安装SPD，再确认安装牢固后，应将SPD的接地线与等电位连接带连接后再接入网络。

电子系统的电信和信号网络线路选择和安装符合《低压电涌保护器（SPD） 第21部分：电信和信号网络的电涌保护器（SPD）——性能要求和试验方法》(GB/T 18802.21）的SPD，除了在配线架上安装外，在传输电缆上的安装从外表看大都是在电缆接头两端的，因而有的SPD生产厂家将其生产的这种SPD称为“串联型”SPD，这是一种误解。按《低压配电系统的电涌保护器（SP1） 第1部分：性能要求和试验方法》GB 18802.1和《低压电涌保护器（SP1） 第21部分：电信和信号网络的电涌保护器（SPD）——性能要求和试验方法》（GB/T 18802.21）中限压元件的定义，其在正常工作电压下呈高阻状况，只有在其两端出了大于U_c的过电压状况时，才能迅速转呈低阻状况。如果SPD的限压元件串在受保护线路中，线路无法传导工频（或直流）电流。因此只能说这种安装方式叫“串接连线方式”，而不能称为“串联型SPD”。

第十一节 工程质量验收

11.1 一般规定

11.1.1 建筑物防雷工程施工质量验收应符合本规范和现行国家标准《建筑工程施工质量验收统一标准》(GB 50300）的规定，并应符合施工所依据的工程技术文件的要求。

本条规定建筑物防雷工程验收：依据一，本规范；依据二，现行国家标准《建筑工程施工质量验收统一标准》(GB 50300)；依据三，其他相关标准规定；依据四，工程技术文件、勘察文件、设计文件等。也就是说，当本规范中有明确要求的以本规范为主，如无明确规定则以《建筑工程施工质量验收统一标准》(GB 50300)，依次类推。

11.1.2 检验批及分项工程应由监理工程师或建设单位项目技术负责人组织具备资质的防雷技术服务机构和施工单位项目专业质量（技术）负责人进行验收。隐蔽工程在隐蔽前应由施工单位通知监理工程师或建设单位项目技术负责人、防雷技术服务机构项目负责人共同进行验收，并应形成验收文件。检验批及分项工程验收前，施工单位应进行自行检查。

11.1.3 防雷工程（子分部工程）应由总监理工程师或建设单位项目负责人组织施工单位项目负责人和技术、质量负责人，防雷主管单位项目负责人共同进行工程验收。

11.1.4 检验批合格质量应符合下列规定：

1 主控项目和一般项目的质量应经抽样检验合格。

2 应具有完整的施工操作依据、质量检查记录。

3 检验批的质量检验抽样方案应符合现行国家标准《建筑工程施工质量验收统一标

准》（GB 50300）中第3.0.4条的规定。对生产方错判概率，主控项目和一般项目的合格质量水平的错判概率值不宜超过5%；对使用方漏判概率，主控项目的合格质量水平的错判概率不宜超过5%，一般项目的合格质量水平的漏判概率不宜超过10%。

4 检验批的质量验收记录表格样式可按本规范附录E执行。

关于验收表格，按照江苏省住房和城乡建设厅的规定，工程资料应进入“江苏省工程档案资料管理系统”（http://www.jsgcda.com）建立电子档案，该系统中验收表格基本齐全，本书省去检验批、分项工程和子分部工程验收表格。

11.1.5 分项工程质量验收合格应符合下列规定：

1 分项工程所含的检验批均应符合本规范第11.1.4条的规定。

2 分项工程所含的检验批的质量验收记录应完整。分项工程质量验收表格样式可按本规范附录E执行。

11.1.6 防雷工程（子分部工程）质量验收合格应符合下列规定：

1 防雷工程所含的分项工程的质量均应验收合格。

2 质量控制资料应符合本规范第3.2.1和第3.2.2条的要求，并应完整齐全。

3 施工现场质量管理检查记录表的填写应完整。

4 工程的观感质量验收应经验收人员通过现场检查，并应共同确认。

5 防雷工程（子分部工程）质量验收记录表格可按本规范附录E执行。

11.2 防雷工程中各分项工程的检验批划分和检测要求

11.2.1 接地装置安装工程的检验批划分和验收应符合下列规定：

1 接地装置安装工程应按人工接地装置和利用建筑物基础钢筋的自然接地体各分为1个检验批，大型接地网可按区域划分为几个检验批进行质量验收和记录。

2 主控项目和一般项目应进行下列检测：

1）供测量和等电位连接用的连接板（测量点）的数量和位置是否符合设计要求。

2）测试接地装置的接地电阻值。

3）检查在建筑物外人员可停留或经过的区域需要防跨步电压的措施。

4）检查第一类防雷建筑物接地装置及与其有电气联系的金属管线与独立接闪器接地装置的安全距离。

5）检查整个接地网外露部分接地线的规格、防腐、标识和防机械损伤等措施。测试与同一接地网连接的各相邻设备连接线的电气贯通状况，其间直流过渡电阻不应大于0.2Ω。

针对建筑物防雷工程接地装置安装工程检验批划分和验收内容作出的规定。本条第1款主要是针对接地装置安装工程检验批作出规定。第1款规定接地装置安装工程批划分，一般为两个检验批，人工接地装置和利用建筑物基础钢筋的自然接地体各分为1个检验批。大型接地网可按区域划分几个检验批。

关于大型接网的概念，目前国内标准尚无统一的定义。在《电气装置安装工程 电气设备交接试验标准》（GB 50150）中术语“2.0.17大型接地装置：110kV以上电压等级变电所、装机容量在200MW及以上的火电厂和水电厂或者等效面积在5000m^{2}及以上的接地装置”。在《接地装置工频特性参数的测量导则》（DL 475—92）中未对该概念定义，只是指出“当被测接地装置的最大对角线D较大”时的测量方法。在《接地系统的土壤电阻率、接地阻抗和地面电位测量　第1部分：常规测量》(GB/T 17949.1) 中13.5规定了“大型变电站的测量”，但未对大地网定义；在8.1.1中称小型接地网的面积小于50m，未对“大面积接地网”定义。

本条第2款主要是对建筑物防雷工程接地装置安装工程所需进行的主控项目和一般性项目所需进行检验的项目内容作出的规定。共规定了5项检测项目内容：(1) 检测量和等电位连接用的连接板的检测、检查数量、位置两个要素。(2) 对照设计文件是否符合接地装置的接地电阻值。(3) 检查在建筑物外人员可能停留或经过的区域其防跨步电压措施的到位情况并判定是否合格，不到位判定不合格（仅需措施之一，如警示标志或围栏等)。(4) 检查第一类防雷建筑物接地装置及与其有电气联系的金属管线与独立接闪器接地装置的安全距离，符合安全距离要求判定合格，不符合安全距离判定不合格。(5) 检查整个接地网外露部分接地线规格、防腐、标注和防机械损伤等措施，措施到位为合格反之则不合格。另外要测试与同一接地网连接的各相邻接线的电气贯通状况，其间直流过渡电阻不应大于0.2Ω［检测等电位连接有效性的指标，“其间直流电阻不应大于0.2Ω”的要求引自《电气装置安装工程　电气设备交接试验标准》(GB 50150) 中26.0.2条］。

11.2.2　引下线安装工程的检验批划分和验收应符合下列规定：

1　引下线安装工程应按专用引下线、自然引下线和利用建筑物柱内钢筋各分1个检验批进行质量验收和记录。

2　主控项目和一般项目应该进行下列检测：

1) 检测引下线的平均间距。当利用建筑物的柱内钢筋作为引下线且无隐蔽工程记录可查时，宜按现行行业标准《混凝土内钢筋检测技术规程》(JGJ/T 152) 的有关规定进行检测。

2) 检查引下线的敷设、固定、防腐、防机械损伤措施。

3) 检查明敷引下线防接触电压、闪络电压危害的措施。检查引下线与易燃材料的墙壁或保温层的安全间距。

4) 测量引下线两端和引下线连接处的电气连接状况，其间直流过渡电阻值不应大于0.2Ω。

5) 检测在引下线上附着其他电气线路的防雷电波引入措施。

第1款规定引下线工程检验批划分按照引下线状态进行划分，即专用引下线、自然引下线。建筑物柱内钢筋引下线各分为1个检验批，进行质量验收和记录。

本条第2款主要针对引下线安装工程质量检验项目内容包括主控项目、一般项目所作的规定。本款对引下线安装工程所须检验项目规定了5个方面的项目内容：

1. 检测引下线的平均间距，引下线的间距规定按本规范5.1.1第6款、5.1.2第1款执行。这是通常情况，而当利用建筑物柱内钢筋作为引下线是无隐蔽工程记录可查时，应按国家行业标准《混凝土钢筋检测技术规程》(JGJ/T 152) 规定进行检测。

2. 检查引下线的敷设、固定、防腐、防机械损伤措施，并按照国家现行标准《建筑地面设计规范》(GB 50037) 第4.2.5条要求和本规范5.1.1条、5.1.2条规定进行检查。

3. 检查明敷引下线防接触电压、闪络电压的危害措施。主要是现场有无围栏或警示牌以及其他防护措施。检查引下线与易燃材料的墙皮、保温层的安全距离，根据为本规范5.1.1条第6款规定“引下线与易燃材料的墙壁或墙体保温层间距应大于0.1m。”当难以实行 0.1m 要求时，引下线截面不应小于 $100mm^2$ 按照此要求进行测量，看是否满足要求。

4. 主要是测量引下线两端和引下线连接处的电气连接情况，主要通过测量连接度以及直流过渡电阻值，其直接过渡电阻值不应大于 0.2Ω。

5. 在引下线上附着其他电气线路的防雷电上引入措施检查，依据主要是按照本规范 5.1.1 条第 5 款进行检查，检查是否采用直埋土壤中的铠装电缆或穿金属管敷设的导线。电缆的金属护层或金属管有否两端接地，埋入土壤中的长度是否达到 10m 以上等方面，符合要求为合格，否则为不合格。

11.2.3　接闪器安装工程的检验批划分和验收应符合下列规定：

1　接闪器安装工程应按专用接闪器和自然接闪器各分为 1 个检验批，一幢建筑物上在多个高度上分别敷设接闪器时，可按安装高度划分为几个检验批进行质量验收和记录。

2　主控项目和一般项目应进行下列检测：

1）检查接闪器与大尺寸金属物体的电气连接情况，其间直流过渡电阻值不应大于 0.2Ω。

2）检查明敷接闪器的布置，接闪导线（避雷网）的网络尺寸是否大于第一类防雷建筑物 5m×5m 或 4m×6m、第二类防雷建筑物 10m×10m 或 8m×12m、第三类防雷建筑物 20m×20m 或 16m×24m 的要求。

3）检查暗敷接闪器的敷设情况，当无隐蔽工程记录可查时，宜按本规范第 11.2.2 条第 2 款的要求进行检测。

4）检查接闪器的焊接、螺栓固定的应备帽、焊接处防锈状况。

5）检查接闪接线的平正顺直、无急弯和固定支架的状况。

6）检查接闪器上附着其他电气线路或其他导电物是否有防雷电波引入措施和与易燃易爆物品之间的安全间距。

本款规定按照接闪器性质进行划分，专用性接闪器为 1 个检验批，自然性接闪器为 1 个检验批。另外一幢建筑物上在多个高度上分别敷设接闪器时，按照相等高度划分为检验批，进行质量验收和记录。本条第 2 款是针对接闪器安装工程所须检测的项目作出的规定，本款作了 6 项规定：

1. 检查接闪器与大尺寸金属物体的电气连接情况。

2. 检查明敷接闪器的布置。采取实测方法，测量第一类防雷建筑物的接闪导线网络尺寸是否大于 5m×5m 或 4m×6m。第二类防雷建筑物的接闪导线网络尺寸是否大于 20m×20m 或 16m×24m。接闪杆的设置是否将被保护物置于直击防雷区 LPZ0B 内。

3. 检查暗敷接闪器的敷设情况，查阅隐蔽工程记录，当无隐蔽工程记录时，宜按本规范 11.2.2 条中提供的检测方法进行检测。

4. 进行实地现场观感检查接闪器的焊接，螺栓固定的后备帽，焊接处防锈措施是否到位。

5. 用钢尺检测接闪导线的平正顺直，要求无急弯，固定支架牢固。

6. 检查接闪器上附着其他电气线路或其他导电物是否有防雷电波引入措施和与易燃易燥物品之间的安全间距。

11.2.4　等电位连接工程的检验批划分和验收应符合下列规定：

1　等电位连接工程应按建筑物外大尺寸金属物等电位连接、金属管线等电位连接、各防雷区等电位连接和电子系统设备机房各分为1个检验批进行质量验收和记录。

2 等电位连接的有效性可通过等电位连接导体之间的电阻值测试来确定，第一类防雷建筑物中长金属物的弯头、阀门、法兰盘等连接处的过渡电阻不应大于0.03Ω；连在额定值为16A的断路器线路中，同是触及的外露可导电部分和装置外可导电部分不应大于0.24Ω；等电位连接带与连接范围内的金属管道等金属体末端之间的直流过渡电阻值不应大于3Ω。

在等电位连接工程中应划定以下检验批：（1）建筑物外大尺寸金属物等电位连接；（2）金属管线等电位连接；（3）各防雷区（LPZ）；（4）电子系统设备机房等电位连接共四个检验批次。本条第2款主要是针对等电位连接验收提出的具体规定要求。等电位连接的有效性主要是通过等电位连接导体之间的电阻值来判定，作为验收是否合格的界定。第一类防雷建筑物中长金属的弯头、阀门、法兰盘等连接处的过渡电阻不应大于0.03Ω的规定引自《建筑物防雷设计规范》（GB 50057），该标准中尚说明在非腐蚀环境下，如有不少于5根螺栓连接的法兰盘（含弯头、阀门），当过渡电阻大于0.03Ω时，可不采取跨接措施。连在额定值为16A的断路器线路中，同时触及的外露可导电部分与装置外可导电部分之间的直流过渡电阻应小于0.24Ω的规定引自《等电位联结安装》（02C501-2）中的说明3.3。3Ω要求也是引自《等电位联结安装》（02D501-2）中的说明7。

11.2.5 屏蔽装置工程的检验批划分和验收应符合下列规定：

1 屏蔽装置工程应按建筑物格栅形大空间屏蔽和专用屏蔽室各分为1个检验批进行质量验收和记录。

2 防雷电磁屏蔽室的主控项目和一般项目应进行下列检测：

1）对壳体的所有接缝、屏蔽门、截止波导通风窗、滤波器等屏蔽接口使用电磁屏蔽检漏仪进行连续检漏。

2）检查壳体的等电位连接状况，其间直流过渡电阻值不应大于0.2Ω。

3）屏蔽效能的测试应符合现行国家标准《电磁屏蔽室屏蔽效能的测量方法》（GB/T 12190）的有关规定。

本条第1款主要是确定检验批，屏蔽工程的检验批，在本款中规定为两个检验批次：第一批次为建筑物格栅形大空间屏蔽；第二批次为专用屏蔽室。本条第2款主要是针对防雷电磁屏蔽室的主控项目和一般项目应进行检测的项目事项。主要作了三个方面的规定：

1. 对壳体的所有屏蔽接口，采用电磁屏蔽检漏仪进行检漏。

2. 对壳体的等电位连接状况测试直流过渡电阻值，并要求其直流过渡电阻值不应大于0.2Ω。

3. 屏蔽效能的测试按照国家现行标准《电磁屏蔽效能的测量方法》（GB 12190）的规定进行检测。

11.2.6 综合布线工程的检验批划分和验收应符合下列规定：

1 综合布线工程应为1个检验批，当建筑工程有若干独立的建筑时，可按建筑物的数量分为几个检验批进行质量验收和记录。

2 对工程主控项目和一般项目应逐项进行检查和测量。

3 综合布线工程电气测试应符合现行国家标准《综合布线系统工程验收规范》（GB 50312）的有关规定。

本条第1款是针对综合布线工程的检验批所作的规定，规定中明确综合布线工程为1个检验批。当建筑工程中有若干独立建筑时可按每一独立建筑物设置检验批，也可相邻两个或两个以上独立建筑设一个检验批。按检验批进行质量验收和记录。本条第2款是对建筑物防雷工程综合布线工程检验内容进行了规定，综合布线工程中应对工程主控项目和一般项目逐项进行检查测量，并做好记录。本条第3款是针对综合布线工程电气测试提出的具体要求，本规定要求综合布线工程电气测试应符合现行国家标准《综合布线系统工程验收规范》（GB 50312）中第7章的规定。

11.2.7 SPD安装工程的检验批划分和验收应符合下列规定：

1 SPD安装工程可作为1个检验批，也可按低压配电系统和电子系统中的安装分为2个检验批进行质量验收和记录。

2 对主控项目和一般项目应逐项进行检查。

3 SPD的主要性能参数测试应符合现行国家标准《建筑物防雷装置检测技术规范》（GB/T 21431—2008）第5.8.2条和第5.8.3条的规定。

本条第1款主要是针对建筑物防雷工程电涌保护器安装工程检验批划分的界定。本款规定电涌保护器安装工程的检验批划分原则上为1个检验批，但也可以按低压配电系统安装和电子系统安装各为一个检验批，也就是说可以划分为两个检验批，实施质量验收和记录。本条第2款是针对电涌保护器质量检查验收项目所作的规定，本款规定凡主控项目和一般项目均列入检查验收项目，并做好记录。本条第3款是SPD性能参数所作的规定，测试参数应符合现行国家标准《建筑物防雷装置检测技术规范》（GB/T 21431—2008）中第5.8.2条和5.8.3条的规定。

其中5.8.2条规定了SPD的检查：

“用N-PE环路电阻测试仪。测试从总配电盘（箱）引出的分支线路上的中性线（N）与保护线（PE）之间的阻值，确认线路为TN-C或TN-C-S或TT或IT系统。

检查并记录各级SPD的安装位置，安装数量、型号、主要性能参数（如U_c、I_n、I_{max}、I_{imp}、U_p等）和安装工艺（连接导体的材质和导线截面，连接导线的色标，连接牢固程度）。

对SPD进行外观检查：SPD的表面应平整、光洁、无划伤、无裂痕和烧灼痕或变形，SPD的标志应完整和清晰。

测量多级SPD之间的距离和SPD两端引线的长度，应符合本标准5.8.1.1.6和5.8.1.3.4的要求。

检查SPD是否具有状态指示器。如有，则需确认状态指示应与生产厂家说明相一致。

检查安装在电路上的SPD限压元件前端是否有脱离器。如SPD无脱离器，则检查是否有过电流保护器，检查安装的过电流保护器是否符合本标准5.8.1.3.5的要求。

检查安装在配电系统中的SPD的Uc值应符合表4（此处略）的规定要求。

检查安装的电信、信号SPD的Uc值应符合本标准5.8.1.1.6的规定要求。

检查SPD安装工艺和接地线与等电位连接带之间的过渡电阻。”

其中5.8.3条规定了电源SPD的测试：

“SPD运行期间，会因长时间工作或因处在恶劣环境中而老化，也可能因受雷击电涌而引起性能下降、失效等故障，因此需定期进行检查。如测试结果表明SPD劣化，或状态指示指出 SPD 失效，应及时更换。

泄漏电流 Iie 的测试：

除电压开关型外，SPD 在并联接入电网后都会有微安级的电流通过，如果此值偏大，说明 SPD 性能劣化，应及时更换。可使用防雷元件测试仪或泄漏电流测试表对限压型 SPD 的 Iie 值进行静态试验。规定在 0.75U1mA 下测试。

首先应取下可插拔式 SPD 的模块或将线中上两端连线拆除，多组 SPD 应按图 2（此处略）所示连接逐一进行测试。测试仪器使用方法见仪器使用说明书。

合格判定：当实测值大于生产厂标称的最大值时，判定为不合格，如生产厂未标定出 Iie 值时，一般不应大于 20μA。

注：SPD 泄漏电流在线测试方法在研究中，一般认为由于存在阻性电流和容性电流，其值应在 1mA 级范围内。

直流参考电压（U1mA）的测试：

a）本试验仅适用于以金属氧化物压敏电阻（MOV）为限压元件且无其他并联元件的 SPD。主要测量在 MOV 通过 1mA 直流电流时，其两端的电压值。

b）将 SPD 的可插拔模块取下测试，按测试仪器说明书连接进行测试。如 SPD 为一件多组并联，应用图 2（此处略）所示方法测试，SPD 上有其他并联元件时，测试时不对其接通。

c）将测试仪器的输出电压值按仪器使用说明及试品的标称值选定，并逐渐提高，直到测到通过 1mA 直流时的压敏电压。

d）对内部带有滤波或限流元件的 SPD，应不带滤波器或限流元件进行测试。

注：带滤波或限流元件的 SPD 测试方法在研究中。

e）合格判定：当 U1mA 值不低于交流电路中 Uo 值 1.86 倍时，在直流电路中为直流电压 1.33～1.6 倍时，在脉冲电路中为脉冲初始峰值电压 1.4～2.0 倍时，可判定为合格。也可与生产厂家提供的允许公差范围表对比判定。”

电信和信号网的 SPD 特性参数的测试方法在研究中。SPD 实测限制电压的现场测试方法在研究中。

第十章 通风与空调工程

本章主要依据《通风与空调工程施工质量验收规范》（GB 50243—2002）（以下简称本规范）编写。规范附录C为通风与空调工程施工质量验收记录用表，由于江苏省住房和城乡建设厅规定工程档案资料应建立电子档案，参建各方应使用“江苏省工程档案资料管理系统”（网址：http://www.jsgcda.com），该系统中工程质量验收记录用表基本齐全，并且为江苏省统一用表，因此本书省略所有验收用表，登录“江苏省工程档案资料管理系统”即可。

第一节 总 则

1.0.1 为了加强建筑工程质量管理，统一通风与空调工程施工质量的验收，保证工程质量，制定本规范。

1.0.2 本规范适用于建筑工程通风与空调工程施工质量的验收。

1.0.3 本规范应与现行国家标准《建筑工程施工质量验收统一标准》（GB 50300—2001）配套使用。

本条文说明了本规范与《建筑工程施工质量验收统一标准》（GB 50300）的隶属关系，强调了在进行通风与空调工程施工质量验收时，还应执行上述标准的规定。

1.0.4 通风与空调工程施工中采用的工程技术文件、承包合同文件对施工质量的要求不得低于本规范的规定。

本条文规定了通风与空调工程施工质量验收的依据为本规范，为保证工程的使用安全、节能和整体质量，强调了有关工程施工合同的主要技术指标，不得低于本规范的规定。

1.0.5 通风与空调工程施工质量的验收除应执行本规范的规定外，尚应符合国家现行有关标准规范的规定。

通风与空调工程施工质量的验收，涉及较多的工程技术和设备，本规范不可能包括全部的内容。为满足和完善工程的验收标准，规定除应执行本规范的规定外，尚应符合现行国家有关标准、规范的规定。

第二节 术 语

2.0.1 风管 air duct

采用金属、非金属薄板或其他材料制作而成，用于空气流通的管道。

2.0.2 风道 air channel

采用混凝土、砖等建筑材料砌筑而成，用于空气流通的通道。

2.0.3　通风工程　ventilation works

送风、排风、除尘、气力输送以及防、排烟系统工程的统称。

2.0.4　空调工程　air conditioning works

空气调节、空气净化与洁净室空调系统的总称。

2.0.5　风管配件　duct fittings

风管系统中的弯管、三通、四通、各类变径及异形管、导流叶片和法兰等。

2.0.6　风管部件　duct accessory

通风、空调风管系统中的各类风口、阀门、排气罩、风帽、检查门和测定孔等。

2.0.7　咬口　seam

金属薄板边缘弯曲成一定形状，用于相互固定连接的构造。

2.0.8　漏风量　air leakage rate

风管系统中，在某一静压下通过风管本体结构及其接口，单位时间内泄出或渗入的空气体积量。

2.0.9　系统风管允许漏风量　air system permissible leakage rate

接风管系统类别所规定平均单位面积、单位时间内的最大允许漏风量。

2.0.10　测风率　air system leakage ratio

空调设备、除尘器等，在工作压力下空气渗入或泄漏量与其额定风量的比值。

2.0.11　净化空调系统　air cleaning system

用于洁净空间的空气调节、空气净化系统。

2.0.12　漏光检测　air leak check with lighting

用强光源对风管的咬口、接缝、法兰及其他连接处进行透光检查，确定孔洞、缝隙等渗漏部位及数量的方法。

2.0.13　整体式制冷设备　packaged refrigerating unit

制冷机、冷凝器、蒸发器及系统辅助部件组装在同一机座上，而构成整体形式的制冷设备。

2.0.14　组装式制冷设备　assembling refrigerating unit

制冷机、冷凝器、蒸发器及辅助设备采用部分集中、部分分开安装形式的制冷设备。

2.0.15　风管系统的工作压力　design working pressure

指系统风管总风管处设计的最大的工作压力。

2.0.16　空气洁净度等级　air cleanliness class

洁净空间单位体积空气中，以大于或等于被考虑粒径的粒子最大浓度限值进行划分的等级标准。

2.0.17　角件　corner pieces

用于金属薄钢板法兰风管四角连接的直角型专用构件。

2.0.18　风机过滤器单元（FFU、FMU）　fan filter (module) unit

由风机箱和高效过滤器等组成的用于洁净空间的单元式送风机组。

2.0.19　空态　as-built

洁净室的设施已经建成，所有动力接通并运行，但无生产设备、材料及人员在场。

2.0.20　静态　at-rest

洁净室的设施已经建成，生产设备已经安装，并按业主及供应商同意的方式运行，但无生产人员。

2.0.21 动态 operational

洁净室的设施以规定的方式运行及规定的人员数量在场，生产设备按业主及供应商双方商定的状态下进行工作。

2.0.22 非金属材料风管 nonmetallic duct

采用硬聚氯乙烯、有机玻璃钢、无机玻璃钢等非金属无机材料制成的风管。

2.0.23 复合材料风管 foil-insulant composite duct

采用不燃材料面层复合绝热材料板制成的风管。

2.0.24 防火风管 refractory duct

采用不燃、耐火材料制成，能满足一定耐火极限的风管。

本章给出的24个术语，是在规范GB 50243—2002中所引用的。规范GB 50243—2002的术语是从规范的角度赋予其相应涵义的，但涵义不一定是术语的定义。同时，对中文术语还给出了相应的推荐性英文术语，该英文术语不一定是国际上的标准术语，仅供参考。

第三节 基本规定

3.0.1 通风与空调工程施工质量的验收，除应符合本规范的规定外，还应按照被批准的设计图纸、合同约定的内容和相关技术标准的规定进行。施工图纸修改必须有设计单位的设计变更通知书或技术核定签证。

通风与空调工程施工验收的依据作出了规定：一是被批准的设计图纸，二是相关的技术标准。

按被批准的设计图纸进行工程的施工，是质量验收最基本的条件。工程施工是让设计意图转化成为现实，故施工单位无权任意修改设计图纸。因此，本条文明确规定修改设计必须有设计变更的正式手续。这对保证工程质量有重要作用。

主要技术标准是指工程中约定的施工及质量验收标准，包括本规范、相关国家标准、行业标准、地方标准与企业标准。其中本规范和相关国家标准为最低标准，必须采纳。工程施工也可以全部或部分采纳高于国家标准的行业、地方或企业标准。

施工图变更需经原设计单位认可，当施工图变更涉及通风与空调工程的使用效果和节能效果时，该项变更应经原施工图设计文件审查机构审查，在实施前应办理变更手续，并应经得监理和建设单位的确认。

施工中，施工图的变更是不可避免的，但不能任意改动施工图，如改动必须经过设计单位同意；当施工图改动影响到使用效果和节能效果时，应视为建筑功能发生重要改变，此时不能只由设计单位同意即可，应经审查机构审查同意，并经监理和建设单位认可后，再办理变更手续。是为了强调设计及使用功能和节能效果的重要性。

3.0.2 承担通风与空调工程项目的施工企业，应具有相应工程施工承包的资质等级及相应质量管理体系。

在不同的建筑项目施工中，通风与空调工程实际的情况差异很大。无论是工程实物量，工程施工的内容与难度，以及对工程施工管理和技术管理的要求，都会有所不同，不可能处于同一个水平层次。虽然从国际上来说，工程承包并没有严格的企业资质规定，但是，这并不符合当前我国建筑企业按施工的能力划分资质等级的建筑市场管理模式规定的现实。同时也应该看到，我国不同等级的企业，除极个别情况之外，也确实能体现相应层次的工程管理及工程施工的技术水平。为了更好地保证工程施工质量，规范规定施工企业具有相应的资质，还是符合目前我国建筑市场实际状况的。

承担通风与空调工程施工的企业应具有相应的施工资质；施工现场具有相应的技术标准。

通风与空调工程专业性较强，施工企业应具备相应的施工技术水平，未取得相应施工资质的施工企业不能承担通风与空调工程施工。目前在我国的施工资质管理中，取得机电施工资质的企业可以承担通风与空调工程的施工，但承担规模要和资质上规定的内容相符。施工现场要求具有相应的施工技术标准，包括国家及地方颁布的现行标准、规范，行业及企业标准，经审批的施工组织设计或方案。

3.0.3　施工企业承担通风与空调工程施工图纸深化设计及施工时，还必须具有相应的设计资质及其质量管理体系，并应取得原设计单位的书面同意或签字认可。

随着我国建筑业市场经济的进一步发展，通风与空调工程的施工承包将逐渐向国际惯例靠拢。目前，少数有相当技术基础的大、中型施工企业，已经具有符合国际惯例的施工图深化和施工的能力，但大部分的中、小施工单位是不具备此项能力的，为了保证工程质量与国际市场的正常接轨。

施工图深化设计是对原施工图的补充和完善，也是施工图变更的一种形式，所以应经过原设计单位确认。

3.0.4　通风与空调工程施工现场的质量管理应符合《建筑工程施工质量验收统一标准》(GB 50300—2001) 第 3.0.1 条的规定。

3.0.5　通风与空调工程所使用的主要原材料、成品、半成品和设备的进场，必须对其进行验收。验收应经监理工程师认可，并应形成相应的质量记录。

通风与空调工程所使用的主要原材料、成品、半成品和设备的质量，将直接影响到工程的整体质量。所以在进入施工现场后，必须对其进行实物到货验收。验收一般应由供货商、监理、施工单位的代表共同参加。验收必须得到监理工程师的认可，并形成文件。

通风与空调工程所使用的材料与设备应有中文质量证明文件，并齐全有效。质量证明文件应反映材料与设备的品种、规格、数量和性能指标，并与实际进场材料和设备相符。设备的型式检验报告应为该产品系列，并应在有效期内。

1. 本条所指材料包括工程中使用的材料、成品、半成品及设备等。

2. 质量证明文件是指产品合格证、质量合格证、检验报告、试验报告、产品生产许可证和质量保证书等的总称。

3. 各类管材、板材等型材应有材质检测报告。

4. 风管部件、水管管件、法兰等应有出厂合格证。

5. 焊接材料和胶粘剂等应有出厂合格证、使用期限及检验报告。

6. 阀门、开（闭）式水箱、分水器、除污器、过滤器、软接头、绝热材料、衬垫等应有产品出厂合格证及相应检验报告。

7. 制冷机组、空调机组、风机、水泵、热交换器、冷却塔、风机盘管、诱导器、水处理设备、加湿器、空气幕、消声器、补偿器、防火阀、防排烟风口等应有产品合格证和型式检验报告，型式检验报告应为同系列定型产品，不同系列的产品应分别具有该系列产品的型式检验报告。

8. 压力表、温度计、湿度计、流量计、传感器等应有产品合格证和有效检测报告。

9. 主要设备应有中文安装使用说明书。

通风与空调工程采用的新技术、新工艺、新材料、新设备，应按有关规定进行评审、鉴定及备案。施工前应对新的或首次采用的施工工艺制定专项的施工技术方案。

工程中采用的新技术、新设备、新材料、新工艺，因为没有相应的标准可以依据，应采取慎重的态度对待。在通风与空调工程施工安装中应当遵守国家制定的关于“四新”技术应用的一些规定。当施工中采用的施工工艺或本单位首次使用的施工工艺时，为了能熟练掌握施工操作内容，施工前应对施工人员进行详细的技术交底，并制定专项技术方案，保证该施工工艺的贯彻落实。

产品技术文件是指材料与设备的使用技术要求等文件，是材料与设备生产企业配套供应的质量证明文件。在选择材料与设备时，应按设计要求的技术参数进行选择，同时应满足现行国家标准 GB 50243 和 GB 50411 等国家标准的要求，有些材料与设备，行业主管部门也出台了相应的产品技术标准，所以，在选用上，也要符合该产品技术标准的规定。

通风与空调工程使用的绝热材料和风机盘管进场时，应按现行国家标准《建筑节能工程施工质量验收规范》（GB 50411）的有关要求进行见证取样检验。

3.0.6 通风与空调工程的施工，应把每一个分项施工工序作为工序交接检验点，并形成相应的质量记录。

通风与空调工程对每一个具体的工程，有着不同的内容和要求。本条文从施工实际出发，强制制定了承担通风与空调工程的施工企业，应针对所施工的特定工程情况制定相应的工艺文件的技术措施，并规定以分项工程和本规范条文中所规定需验证的工序完毕后，均应作为工序检验的交接点，并应留有相应的质量记录。这个规定强调了施工过程的质量控制和施工过程质量的可追溯性，应予以执行。

施工组织设计的重要性，施工组织设计未被批准不能进行施工。单位技术负责人是指工程施工合同单位的技术负责人，而不是施工项目的技术负责人。

技术交底通常按照工程施工的规模、难易程度等情况，在不同层次的施工人员范围内进行，技术交底的内容与深度也各不相同，技术交底一般分为设计交底、施工组织设计交底、专项施工方案交底、分项工程施工技术交底、四新技术交底和设计变更技术交底。分项工程施工技术交底，也就是专业工长向各作业班组长和各工种作业人员进行技术交底，是技术交底的重要环节。

3.0.7 通风与空调工程施工过程中发现设计文件有差错的，应及时提出修改意见或更正建议，并形成书面文件及归档。

是对施工企业提出的要求。在通风与空调工程施工过程中，由施工人员发现工程施工图纸实施中的问题和部分差错，是正常的。我们要求按正规的手续，反映情况和及时更正，并将文件归档，这符合工程管理的基本规定。在这里要说明的是，对工程施工图的预审很重要，应予提倡。

通风与空调工程施工前，建设单位应组织设计、施工、监理等单位对设计文件进行交底和会审，形成书面记录，并应由参与会审的各方签字确认。

设计交底及施工图会审是工程施工前的一项技术工作，由建设单位、监理、设计和施工单位有关人员共同参建。通过设计交底和施工图会审，可以有效解决施工图本身以及施工图中各工种之间存在的问题，设计交底及施工图会审记录可以作为以后办理变更洽商的依据。

3.0.8 当通风与空调工程作为建筑工程的分部工程施工时，其子分部与分项工程的划分应按表3.0.8（本书表10.3.1）的规定执行。当通风与空调工程作为单位工程独立验收时，子分部上升为分部，分项工程的划分同上。

通风与空调分部工程的子分部划分　　表10.3.1

<table>
<tr><th>子分部工程</th><th colspan="2">分项工程</th></tr>
<tr><td>送、排风系统</td><td rowspan="5">风管与配件制作
部件制作
风管系统安装
风管与设备防腐
风机安装
系统测试</td><td>通风设备安装，消声设备制作与安装</td></tr>
<tr><td>防、排烟系统</td><td>排烟风口、常闭正压风口与设备安装</td></tr>
<tr><td>除尘系统</td><td>除尘器与排污设备安装</td></tr>
<tr><td>空调系统</td><td>空调设备安装，消声设备制作与安装，风管与设备绝热</td></tr>
<tr><td>净化空调系统</td><td>空调设备安装，消声设备制作与安装，风管与设备绝热，高效过滤器安装，净化设备安装</td></tr>
<tr><td>制冷系统</td><td colspan="2">制冷机组安装，制冷剂管道及配件安装，制冷附属设备安装，管道及设备的防腐与绝热，系统调试</td></tr>
<tr><td>空调水系统</td><td colspan="2">冷热水管道系统安装，冷却水管道系统安装，冷凝水管道系统安装，阀门及部件安装，冷却塔安装，水泵及附属设备安装，管道与设备的防腐与绝热，系统调试</td></tr>
</table>

通风与空调工程在整个建筑工程中，是属于一个分部工程。本规范根据通风与空调工程中各类系统的功能特性不同，划分为七个独立的子分部工程，以便于工程施工质量的监督和验收。在表3.0.8中对每个子分部，已经列举出相应的分项工程，分部工程验收应按此规定执行。当通风与空调工程以独立的单项工程的形式进行施工承包时，则本条文规定的通风与空调分部工程上升为单位工程，子分部工程上升为分部工程，其分项工程的内容不发生变化。

3.0.9 通风与空调工程的施工应按规定的程序进行，并与土建及其他专业工种互相配合；与通风与空调系统有关的土建工程施工完毕后，应由建设或总承包、监理、设计及施工单位共同会检。会检的组织宜由建设、监理或总承包单位负责。

通风与空调工程应按正确的、规定的施工程序进行，并与土建及其他专业工种的施工相互配合，通过对上道工程的质量交接验收，共同保证工程质量，以避免质量隐患或不必要的重复劳动。“质量交接会检”是施工过程中的重要环节，是对上道工序质量认可及分清责任的有效手段，符合建设工程质量管理的基本原则和我国建设工程的实际情况，应予以加强。条文较明确地规定了组织会检的责任者，有利于执行。

3.0.10 通风与空调工程分项工程施工质量的验收，应按本规范对应分项的具体条文规定执行。子分部中的各个分项，可根据施工工程的实际情况一次验收或数次验收。

通风与空调工程分项工程验收的规定，是按照相同施工工艺的内容，进行分项编写的。同一个分项内容中，可能包含了不同子分部类似工艺的规定。因此，执行时必须按照规范对应分项中具体条文的详细内容，一一对照执行。如风管制作分项，它包括了多种材料风管的质量规定，如金属、非金属与复合材料风管的内容；也包括送风、排烟、空调、净化空调与除尘系统等子分部系统的风管。因为它们同为风管，具有基本的属性，故考虑放在同一章节中叙述比较合理。所以，对于各种材料、各个子分部工程中风管质量验收的具体规定，如风管的严密性、清洁度、加工的连接质量规定等，只能分列在具体的条文之中，要求执行时不能搞错。另外，条文对分项工程质量的验收规定为根据工程量的大小、施工工期的长短或加工批，可分别采取一个分项一次验收或分数次验收的方法。

3.0.11　*通风与空调工程中的隐蔽工程，在隐蔽必须经监理人员验收及认可签证。*

通风与空调工程系统中的风管或管道，被安装于封闭的部位或埋设于结构内或直接埋地时，均属于隐蔽工程。在结构永久性封闭前，必须对该部分将被隐蔽的风管或管道工程施工质量进行验收，且必须得到现场监理人员认可的合格签证，否则不得进行封闭作业。

隐蔽工程在隐蔽前，应经施工项目技术（质量）负责人、专业工长及专职质量检查员共同参加的质量检查，检查合格后再报监理工程师（建设单位代表）进行检查验收，填写隐蔽工程验收记录，重要部位还应附必要的图像资料。

隐蔽工程检查部位及检查内容：

1. 绝热的风管和水管。检查内容应包括管道、部件、附件、阀门、控制装置等的材质与规格尺寸，安装位置，连接方式；管道防腐；水管道坡度；支吊架形式及安装位置，防腐处理；水管道强度及严密性试验，冲洗试验；风管严密性试验等。

2. 封闭竖井内、吊顶内及其他安装部位的风管、水管和相关设备。风管及水管的检查内容同上；设备检查内容包括设备型号、安装位置、支吊架形式、设备与管道连接方式、附件的安装。

3. 安装的风管、水管和相关设备的绝热层及防潮层，检查内容包括绝热材料的材质、规格及厚度，绝热层与管道的粘贴，绝热层的接缝及表面平整度，防潮层与绝热层的粘贴，穿套管处绝热层的连续性等。

4. 出外墙的防水套管。检查内容包括套管形式、做法、尺寸及安装位置。

隐蔽的设备及阀门应设置检修口，并应满足检修和维护需要。阀门包含风阀和水阀。

3.0.12　*通风与空调工程中从事管道焊接施工的焊工，必须具备操作资格证书和相应类别管道焊接的考核合格证书。*

在通风与空调工程施工中，金属管道采用焊接连接是一种常规的施工工艺之一。管道焊接的质量，将直接影响到系统的安全使用和工程的质量。根据《现场设备、工业管道焊接工程施工规范》（GB 50236—2011）对焊工资格规定："从事相应的管道焊接工作，必须具有相应焊接方法考试项目合格证书，并在有效期内"的规定，通风与空调工程中施工的管道，包括多种焊接方法与质量等级，为保证工程施工质量，故作出本规定。

3.0.13　*通风与空调工程竣工的系统调试，应在建设和监理单位的共同参与下进行，施工企业应具有专业检测人员和符合有关标准规定的测试仪器。*

通风与空调工程竣工的系统调试，是工程施工的一部分。它是将施工完毕的工程系统进行正确的调整，直至符合设计规定要求的过程。同时，系统调试也是对工程施工质量进行全面检验的过程。因此，本条文强调建设和监理单位共同参与，既能起到监督的作用，又能提高对工程系统的全面了解，利于将来运行的管理。

通风与空调工程竣工阶段的系统调试，是一项技术要求很高的工作，必须具有相应的专业技术人员和测试仪器，否则是不可能很好完成此项工作及达到预期效果的。

系统检测与试验。要求施工单位在检测与试验、试运行与调试前编制技术方案，并经审查批准，审查流程同施工组织设计。

用于检查、试验和调试的器具、仪器及仪表应检定合格，并应在有效期内。器具，仪器及仪表应定期检定，其本身精度误差应符合相关要求。

3.0.14　通风与空调工程施工质量的保修期限，自竣工验收合格日起计算为二个供暖期、供冷期。在保修期内发生施工质量问题的，施工企业应履行保修职责，责任方承担相应的经济责任。

通风与空调工程的保修期限为两个供暖期和供冷期。此段时间内，在工程使用过程中如发现一些问题，应是正常的。问题可能是由于施工设备与材料的原因，也可能是业主或设计原因造成的。因此，应对产生的问题进行调查分析，找出原因，分清责任，然后进行整改，由责任方承担经济损失。规定通风与空调工程质量以两个供暖期和供冷期为保修期限，这对设计和施工质量提出了比较高的要求，但有利于本行业技术水平的进步，应予以认真执行。

3.0.15　净化空调系统洁净室（区域）的洁净度等级应符合设计的要求。洁净度等级的检测应按本规范附录B第B.4条的规定，洁净度等级与空气中悬浮粒子的最大浓度限值（C_n）的规定，见本规范附录B表B.4.6-1。

净化空调系统洁净度等级的划分，应执行标准的规定。我国过去对净化空调系统洁净室等级的划分，是按照209b执行的，已经不能符合当前洁净室技术发展的需要。现在采用的标准为新修编的《洁净厂房设计规范》（GB 50073—2013）的规定，已与国际标准的划分相一致。工程的施工、调试、质量验收应统一以此为标准。

3.0.16　分项工程检验批验收合格质量应符合下列规定：

1　具有施工单位相应分项合格质量的验收记录；

2　主控项目的质量抽样检验应全数合格；

3　一般项目的质量抽样检验，除有特殊要求外，计数合格率不应小于80%，且不得有严重缺陷。

第四节　风 管 制 作

4.1　一般规定

4.1.1　本章适用于建筑工程通风与空调工程中，使用的金属、非金属风管与复合材料风管或风道的加工、制作质量的检验与验收。

工业与民用建筑通风与空调工程中所使用的金属与非金属风管，其加工和制作质量，进行质量的检验和验收。

4.1.2　对风管制作质量的验收，应按其材料、系统类别和使用场所的不同分别进行，主要包括风管的材质、规格、强度、严密性与成品外观质量等项内容。

风管应按材料与不同分项规定的加工质量验收，一是要按风管的类别，是高压系统、中压系统，还是低压系统进行验收；二是要按风管属于哪个子分部进行验收。

检查金属风管与配件的制作：

1. 表面应平整无明显扭曲及翘角，凹凸不应大于 10mm。

2. 风管边长（直径）小于或等于 300mm 时，边长（直径）的允许偏差为±2mm；风管边长（直径）大于 300mm 时，边长（直径）的允许偏差为±13mm。

3. 管口应平整，其平面度的允许偏差为 2mm。

4. 矩形风管两条对角线长度之差不应大于 3mm；圆形风管口任意正交两直径之差不应大于 2mm。

风管制作在批量加工前，应对加工工艺进行验证，并应进行强度与严密性试验。

成品风管由工厂加工完成，应进行型式检验，进场时应核查其强度和严密性检验报告；对于非采购的现场加工（含施工现场制作、委托加工及其他场地加工）制作风管，因受加工工艺及加工场地、加工方法、加工设备、操作人员的不同，其质量情况会有所不同，为检验其加工工艺是否满足施工要求，在风管批 量加工前，应对现场加工制作的风管进行强度和严密性试验，试验结果应符合《通风与空调工程施工质量验收规范》（GB 50243）的要求。

检查风管板材拼接及接缝：

1. 风管板材拼接的咬口缝应错开，不应形成十字形交叉缝；

2. 洁净空调系统风管不应采用横向拼缝。

风管板材拼接采用铆接连接时，应根据风管板材的材质选择铆钉。

风管板材采用咬口连接检查：

1. 画线核查无误并剪切完成的片料应采用咬口机轧制或手工敲制成需要的咬口形状。折方或卷圆后的板料用合口机或手工进行合缝，端面应平齐。操作时，用力应均匀，不宜过重。板材咬合缝应紧密，宽度一致，折角应平直。

2. 空气洁净度等级为 1～5 级的洁净风管不应采用按扣式咬口连接，铆接时不应采用抽芯铆钉。

风管焊接连接检查：

1. 板厚大于 1.5mm 的风管可采用电焊，氩弧焊等。

2. 焊接前，应采用点焊的方式将需要焊接的风管板材进行成型固定。

3. 焊接时宜采用间断跨越焊形式，间距宜为 100～150mm，焊缝长度宜为 30～50mm，依次循环。焊材应与母材相匹配，焊缝应满焊、均匀。焊接完成后，应对焊缝除渣、防腐，板材校平。焊缝形式应根据风管的接缝形式、强度要求和焊接方法确定。

检查风管法兰制作：

1. 矩形风管法兰宜采用风管长边加长两倍角钢立面、短边不变的形式进行下料制作。

2. 圆形风管法兰可选用扁钢或角钢，采用机械卷圆与手工调整的方式制作。

3. 法兰的焊缝应熔合良好、饱满，无夹渣和孔洞；矩形法兰四角处应设螺栓孔，孔心应位于中心线上。同一批量加工的相同规格法兰，其螺栓孔排列方式、间距应统一，且应具有互换性。

检查风管与法兰组合成型：

1. 圆风管与扁钢法兰连接时，应采用直接翻边，预留翻边量不应小于 6mm，且不应影响螺栓紧固。

2. 板厚小于或等于 1.2mm 的风管与角钢法兰连接时，应采用翻边铆接。风管的翻边应紧贴法兰，翻边量均匀、宽度应一致，不应小于 6mm，且不应大于 9mm。铆接应牢固，铆钉间距宜为 100～120mm，且数量不宜少于 4 个。

3. 板厚大于 1.2mm 的风管与角钢法兰连接时，可采用间断焊或连续焊。管壁与法兰内侧应紧贴。风管端面不应凸出法兰接口平面，间断焊的焊缝长度宜为 30～50mm，间距不应大于 50mm。点焊时，法兰与管壁外表面贴合；满焊时，法兰应伸出风管管口 4～5mm。焊接完成后，应对施焊处进行相应的防腐处理。

4. 不锈钢风管与法兰铆接时，应采用不锈钢铆钉；法兰及连接螺栓为碳素钢时，其表面应采用镀铬或镀锌等防腐措施。

5. 铝板风管与法兰连接时，宜采用铝铆钉；法兰为碳素钢时，其表面应按设计要求作防腐处理。

薄钢板法兰风管制作检查：

1. 薄钢板法兰应采用机械加工；薄钢板法兰应平直，机械应力造成的弯曲度不应大于 5%。

2. 薄钢板法兰与风管连接时，宜采用冲压连接或铆接。低、中压风管与法兰的铆（压）接点间距宜为 120～150mm；高压风管与法兰的铆（压）接点间距宜为 80～100mm。

3. 薄钢板法兰弹簧夹的材质应与风管板材相同，形状和规格应与薄钢板法兰相匹配，厚度不应小于 1.0mm，长度宜为 130～150mm。

成型的矩形风管薄钢板法兰检查：

1. 薄钢板法兰风管连接端接口处应平整，接口四角处应有固定角件，其材质为镀锌钢板，板厚不应小于 1.0mm。固定角件与法兰连接处应采用密封胶进行密封。

2. 薄钢板法兰可采用铆接或本体压接进行固定。中压系统风管铆接或压接间距宜为 120～150mm；高压系统风管铆接或压接间距宜为 80～100mm。低压系统风管长边尺寸大于 1500mm，中压系统风管长边尺寸大于 1350mm 时，可采用顶丝卡连接。顶丝卡宽度宜为 25～30mm，厚度不应小于 3mm，顶丝宜为 M8 镀锌螺钉。

普通型薄钢板法兰本身强度相对较低，单边尺寸过大，强度降低。为保证风管在受压状态下减少变形量，提出长边尺寸大于 1500mm 时应对法兰进行补强，补强形式可采用法兰加强框或管内支撑。同时对弹簧夹长度等要求进行了规定。

检查矩形风管 C 形、S 形插条制作和连接：

1. C 形、S 形插条应采用专业机械轧制。C 形、S 形插条与风管插口的宽度应匹配，C 形插条的两端延长量宜大于或等于 20mm。

2. 采用 C 形平插条、S 形平插条连接的风管边长不应大于 630mm。S 形平插条单独使用时，在连接处应有固定措施，C 形直角插条可用于支管与主干管连接。

3. 采用 C 形立插条、S 形立插条连接的风管边长不宜大于 1250mm。S 形立插条与风管壁连接处应采用小于 150mm 的间距铆接。

4. 插条与风管插口连接处应平整、严密。水平插条长度与风管宽度应一致，垂直插条的两端各延长不应少于 20mm，插接完成后应折角。

5. 铝板矩形风管不宜采用 C 形、S 形平插条连接。

由于C形、S形插条连接工艺的特殊性，只能采用机械加工。同时对C形、S形插条的配合使用方式及要求进行了规定。S形插条无法实现自有紧固，因而不允许单独使用。

矩形风管采用立咬口或包边立咬口连接时，其立筋的高度应大于或等于角钢法兰的高度，同一规格风管的立咬口或包边立咬口的高度应一致，咬口采用铆钉紧固时，其间距不应大于150mm。

立咬口或包边立咬口相对于角钢法兰的强度要小，因而提出其高度不应小于同种规格角钢法兰的高度。

风管采用芯管连接时，芯管板厚度应大于或等于风管壁厚度，芯管外径与风管内径偏差应小于3mm。

风管的弯头、三通、四通、变径管、异形管、导流叶片、三通拉杆阀等主要配件所用材料的厚度及制作要求应符合风管制作的有关规定。

矩形风管的弯头可采用直角、弧形或内斜线形，宜采用内外同心弧形，曲率半径宜为一个平面边长。

检查矩形风管弯头的导流叶片设置：

1. 边长大于或等于500mm，且内弧半径与弯头端口边长比小于或等于0.25时，应设置导流叶片。导流叶片宜采用单片式、月牙式两种类型。

2. 导流叶片内弧应与弯管同心，导流叶片应与风管内弧等弦长。

3. 导流叶片间距L可采用等距或渐变设置的方式，最小叶片间距不宜小于200mm，导流叶片的数量可采用平面边长除以500的倍数来确定，最多不宜超过4片。导流叶片应与风管固定牢固，固定方式可采用螺栓或铆钉。

内外同心弧型弯头的阻力小，优先采用。弯头的曲率半径越大，风阻越小，但往往会受安装条件限制，无法做到随意加大弯头制作的曲率半径时，增加导流叶片可适当减小弯头的风阻，所以提出在无法保证曲率半径的前提下加设导流叶片。

变径管单面变径的夹角宜小于30°，双面变径的夹角宜小于60°。圆形风管三通、四通、支管与总管夹角宜为15°～60°。

4.1.3 风管制作质量的验收，按设计图纸与本规范的规定执行。工程中所选用的外购风管，还必须提供相应的产品合格证明文件或进行强度和严密性的验证，符合要求的方可使用。

风管验收的依据是本规范的规定和设计要求。一般情况下，风管的质量可以直接引用本规范。但当设计根据工程的需要，认为风管施工质量标准需要高于本规范的规定时，可以提出更严格的要求。此时，施工单位应按较高的标准进行施工，监理按照高标准旁站检查。目前，风管的加工已经有向产品化发展的趋势，值得提倡。作为产品（成品）必须提供相应的产品合格证书或进行强度和严密性的验证，以证明所提供风管的加工工艺水平和质量。对工程中所选用的外购风管，应按要求进行查对，符合要求的方可同意使用。

4.1.4 通风管道规格的验收，风管以外径或外边长为准，风道以内径或内边长为准。通风管道的规格按照表4.1.4-1（本书表10.4.1）、表4.1.4-2（本书表10.4.2）的规定。圆形风管应优先采用基本系列。非规则椭圆型风管参照矩形风管，并以长径平面边长及短径尺寸为准。

圆形风管规格（mm）　　表 10.4.1

风管直径 D			
基本系列	辅助系列	基本系列	辅助系列
100	80	500	480
	90	560	530
120	110	630	600
140	130	700	670
160	150	800	750
180	170	900	850
200	190	1000	950
220	210	1120	1060
250	240	1250	1180
280	260	1400	1320
320	300	1600	1500
360	340	1800	1700
400	380	2000	1900
450	420		

矩形风管规格（mm）　　表 10.4.2

风管边长				
120	320	800	2000	4000
160	400	1000	2500	—
200	500	1250	3000	—
250	630	1600	3500	—

风管的规格尺寸以外径或外边长为准；建筑风道以内径或内边长为准。风管板材的厚度较薄，以外径或外边长为准对风管的截面积影响很小，且与风管法兰以内径或内边长为准可相匹配。建筑风道的壁厚较厚，以内径或内边长为准可以正确控制风道的内截面面积。

条文对圆形风管规定了基本和辅助两个系列。一般送、排风及空调系统应采用基本系列。除尘与气力输送系统的风管，管内流速高，管径对系统的阻力损失影响较大，在优先采用基本系列的前提下，可以采用辅助系列。本规范强调采用基本系列的目的是在满足工程使用需要的前提下，实行工程的标准化施工。

对于矩形风管的口径尺寸，从工程施工的情况来看，规格数量繁多，不便于明确规定。因此，本条文采用规定边长规格，按需要组合的表达方法。

4.1.5　风管系统按其系统的工作压力划分为三个类别，其类别划分应符合表 4.1.5（本书表 10.4.3）的规定。

风管系统类别划分　　表 10.4.3

系统类别	系统工作压力 P（Pa）	密封要求
低压系统	$P \leqslant 500$	接缝和接管连接处严密
中压系统	$500 < P \leqslant 1500$	接缝和接管连接处增加密封措施
高压系统	$P > 1500$	所有的拼接缝和接管连接处，均应采取密封措施

通风与空调工程中的风管，应按系统性质及工作压力划分为三个等级，即低压系统、中压系统与高压系统。不同压力等级的风管，可以适用于不同类别的风管系统，如一般通风、空调和净化空调等系统。这是根据当前通风与空调工程技术发展的需要和风管制作技术水平状况而提出的。表 4.1.5 中还列举了三个等级的密封要求，供在实际工程中选用。

4.1.6 镀锌钢板及各类含有复合保护层的钢板，应采用咬口连接或铆接，不得采用影响其保护层防腐性能的焊接连接方法。

镀锌钢板及含有各类复合保护层的钢板，优良的抗防腐蚀性能主要依靠这层保护薄膜。如果采用电焊或气焊熔焊焊接的连接方法，由于高温不仅使焊缝处的镀锌层被烧蚀，而且会造成大于数倍以上焊缝范围板面的保护层遭到破坏。被破坏了保护层后的复合钢板，可能由于发生电化学的作用，会使其焊缝范围处腐蚀的速度成倍增长。因此，规定镀锌钢板及含有各类复合保护层的钢板，在正常情况下不得采用破坏保护层的熔焊焊接连接方法。

4.1.7 风管的密封，应以板材连接的密封为主，可采用密封胶嵌缝和其他方法密封。密封胶性能应符合使用环境的要求，密封面宜设在风管的正压侧。

4.2 主控项目

4.2.1 金属风管的材料品种、规格、性能与厚度等应符合设计和现行国家产品标准的规定。当设计无规定时，应按本规范执行。钢板或镀锌钢板的厚度不得小于表 4.2.1-1（本书表 10.4.4）的规定；不锈钢板的厚度不得小于表 4.2.1-2（本书表 10.4.5）的规定；铝板的厚度不得小于表 4.2.1-3（本书表 10.4.6）的规定。

钢板风管板材厚度（mm） **表 10.4.4**

类别 风管直径 D 或长边尺寸 b	圆形风管	矩形风管		除尘系统风管
		中、低压系统	高压系统	
D (b) ≤320	0.5	0.5	0.75	1.5
320<D (b) ≤450	0.6	0.6	0.75	1.5
450<D (b) ≤630	0.75	0.6	0.75	2.0
630<D (b) ≤1000	0.75	0.75	1.0	2.0
1000<D (b) ≤1250	1.0	1.0	1.0	2.0
1250<D (b) ≤2000	1.2	1.0	1.2	按设计
2000<D (b) ≤4000	按设计	1.2	按设计	

注：1 螺旋风管的钢板厚度可适当减小 10%～15%。
2 排烟系统风管钢板厚度可按高压系统。
3 特殊除尘系统风管钢板厚度应符合设计要求。
4 不适用于地下人防与防火隔墙的预埋管。

高、中、低压系统不锈钢板风管板材厚度（mm） **表 10.4.5**

风管长边尺寸 b	不锈钢板厚度
b≤500	0.5
500<b≤1120	0.75
1120<b≤2000	1.0
2000<b≤4000	1.2

中、低压系统铝板风管板材厚度（mm）　　表 10.4.6

风管直径或长边尺寸 b	铝板厚度
$b \leqslant 320$	1.0
$320 < b \leqslant 630$	1.5
$630 < b \leqslant 2000$	2.0
$2000 < b \leqslant 4000$	按设计

检查数量：按材料与风管加工批数量抽查10%，不得少于5件。

检查方法：查验材料质量合格证明文件、性能检测报告，尺量、观察检查。

4.2.2　非金属风管的材料品种、规格、性能与厚度等应符合设计和现行国家产品标准的规定。当设计无规定时，应按本规范执行。硬聚氯乙烯风管板材的厚度，不得小于表4.2.2-1或表4.2.2-2（本书表10.4.7、表10.4.8）的规定；有机玻璃钢风管板材的厚度，不得小于表4.2.2-3（本书表10.4.9）的规定；无机玻璃钢风管板材的厚度应符合表4.2.2-4（本书表10.4.10）的规定，相应的玻璃布层数不应少于表4.2.2-5（本书表10.4.11）的规定，其表面不得出现返卤或严重泛霜。

用于高压风管系统的非金属风管厚度应按设计规定。

中、低压系统硬聚氯乙烯圆形风管板材厚度（mm）　　表 10.4.7

风管直径 D	板材厚度
$D \leqslant 320$	3.0
$320 < D \leqslant 630$	4.0
$630 < D \leqslant 1000$	5.0
$1000 < D \leqslant 2000$	6.0

中、低压系统硬聚氯乙烯矩形风管板材厚度（mm）　　表 10.4.8

风管长边尺寸 b	板材厚度
$b \leqslant 320$	3.0
$320 < b \leqslant 500$	4.0
$500 < b \leqslant 800$	5.0
$800 < b \leqslant 1250$	6.0
$1250 < b \leqslant 2000$	8.0

中、低压系统有机玻璃钢风管板材厚度（mm）　　表 10.4.9

圆形风管直径 D 或矩形风管长边尺寸 b	壁　厚
D (b) $\leqslant 200$	2.5
$200 < D$ (b) $\leqslant 400$	3.2
$400 < D$ (b) $\leqslant 630$	4.0
$630 < D$ (b) $\leqslant 1000$	4.8
$1000 < D$ (b) $\leqslant 2000$	6.2

中、低压系统无机玻璃钢风管板材厚度（mm）　　表 10.4.10

圆形风管直径 D 或矩形风管长边 b	壁　厚
D (b) $\leqslant 300$	2.5～3.5
$300 < D$ (b) $\leqslant 500$	3.5～4.5

续表

圆形风管直径 D 或矩形风管长边 b	壁　厚
500＜D（b）≤1000	4.5～5.5
1000＜D（b）≤1500	5.5～6.5
1500＜D（b）≤2000	6.5～7.5
D（b）＞2000	7.5～8.5

中、低压系统无机玻璃钢风管玻璃纤维布厚度与层数（mm）　　**表 10.4.11**

圆形风管直径 D 或矩形风管长边 b	风管管体玻璃纤维布厚度		风管法兰玻璃纤维布厚度	
	0.3	0.4	0.3	0.4
	玻璃布层数			
D（b）≤300	5	4	8	7
300＜D（b）≤500	7	5	10	8
500＜D（b）≤1000	8	6	13	9
1000＜D（b）≤1500	9	7	14	10
1500＜D（b）≤2000	12	8	16	14
D（b）＞2000	14	9	20	16

检查数量：按材料与风管加工批数量抽查10%，不得少于5件。

检查方法：查验材料质量合格证明文件、性能检测报告，尺量、观察检查。

风管板材的厚度，以满足功能的需要为前提，过厚或过薄都不利于工程的使用。本条文从保证工程风管质量的角度出发，对常用材料风管的厚度，主要是对最低厚度进行了规定；而对无机玻璃风管则是规定了一个厚度范围，均不得违反。

无机玻璃钢风管是以中碱或无碱玻璃布为增强材料，无机胶凝材料为胶结材料制成的通风管道。对于无机玻璃钢风管质量控制的要点是本体的材料质量（包括强度和耐腐蚀性）与加工的外观质量。对一般水硬性胶凝材料的无机玻璃钢风管，主要是控制玻璃布的层数和加工的外观质量。对气硬性胶凝材料的无机玻璃钢风管，除了应控制玻璃布的层数和加工的外观质量外，还得注意其胶凝材料的质量。在加工过程中以胶结材料和玻璃纤维的性能、层数和两者的结合质量为关键。在实际的工程中，我们应该注意不使用一些加工质量较差，仅加厚无机材料涂层的风管。那样的风管既加重了风管的重量，又不能提高风管的强度和质量。故条文规定无机玻璃钢风管的厚度，为一个合理的区间范围。另外，无机玻璃钢风管如发生泛卤或严重泛霜，则表明胶结材料不符合风管使用性能的要求，不得应用于工程之中。

4.2.3　防火风管的本体、框架与固定材料、密封垫料必须为不燃材料，其耐火等级应符合设计的规定。

检查数量：按材料与风管加工批数量抽查10%，不应少于5件。

检查方法：查验材料质量合格证明文件、性能检测报告，观察检查与点燃试验。

防火风管为建筑中的安全救生系统，是指建筑物局部起火后，仍能维持一定时间正常功能的风管。它们主要应用于火灾时的排烟和正压送风的救生保障系统，一般可分为1h、2h、4h等的不同要求级别。建筑物内的风管，需要具有一定时间的防火能力，这也是近年来，通过建筑物火灾发生后的教训而得来的。为了保证工程的质量和防火功能的正常发挥，规范规定了防火风管的本体、框架与固定、密封垫料不仅必须为不燃材料，而且其耐火性能还要满足设计防火等级的规定。

4.2.4 复合材料风管的覆面材料必须为不燃材料，内部的绝热材料应为不燃或难燃 B_1 级，且对人体无害的材料。

检查数量：按材料与风管加工批数量抽查10%，不应少于5件。

检查方法：查验材料质量合格证明文件、性能检测报告，观察检查与点燃试验。

复合材料风管的板材，一般由两种或两种以上不同性能的材料所组成，它具有重量轻、导热系数小、施工操作方便等特点，具有较大推广应用的前景。复合材料风管中的绝热材料可以为多种性能的材料，为了保障在工程中风管使用的安全防火性能，规范规定其内部的绝热材料必须为不燃或难燃 B_1 级，且是对人体无害的材料。工程中使用复合材料风管的板材需经卫生检疫机构提供的检测报告。

检查非金属与复合风管板材的适用范围。

不同类型玻镁复合风管板材的适用场合：

普通型：用于制作安装在同一防火分区内，没有保温要求的矩形通风管道。

节能型：用于制作安装在同一防火分区内，需达到节能保温要求的空调系统的矩形风管。

低温节能型：用于制作安装在同一防火分区内，需达到节能保温要求的低温送风空调系统的矩形风管。

洁净型：用于制作洁净空调系统风管。

排烟型：用于制作室内消防排烟风管。

防火型：用于制作火灾时需持续送、排风1.5h的风管。

耐火型：用于制作火灾时需持续送、排风2.0h的风管。

4.2.5 风管必须通过工艺性的检测或验证，其强度和严密性要求应符合设计或下列规定：

1 风管的强度应能满足在1.5倍工作压力下接缝处无开裂。

2 矩形风管的允许漏风量应符合以下规定：

低压系统风管 $Q_L \leqslant 0.1056P^{0.65}$

中压系统风管 $Q_M \leqslant 0.0352P^{0.65}$

高压系统风管 $Q_H \leqslant 0.0117P^{0.65}$

式中 Q_L、Q_M、Q_H——系统风管在相应工作压力下，单位面积风管单位时间内的允许漏风量 [$m^3/(h \cdot m^2)$]；

P——风管系统的工作压力（Pa）。

3 低压、中压圆形金属风管、复合材料风管以及采用非法兰形式的非金属风管的允许漏风量，应为矩形风管规定值的50%。

4 砖、混凝土风道的允许漏风量不应大于矩形低压系统风管规定值的1.5倍。

5 排烟、除尘、低温送风系统按中压系统风管的规定，1～5级净化空调系统按高压系统风管的规定。

检查数量：按风管系统的类别和材质分别抽查，不得少于3件及15m²。

检查方法：检查产品合格证明文件和测试报告，或进行风管强度和漏风量测试（见本规范附录A）。

风管的强度和严密性能，是风管加工和制作质量的重要指标之一，必须达到。风管强度的检测主要检查风管的耐压能力，以保证系统安全运行的性能。验收合格的规定，为在1.5倍的工作压力下，风管的咬口或其他连接处没有张口、开裂等损坏的现象。

风管系统由于结构的原因，少量漏风是正常的，也可以说是不可避免的。但是过量的漏风，则会影响整个系统功能的实现和能源的大量浪费。因此，本条文对不同系统类别及功能风管的允许漏风量进行了明确的规定。允许漏风量是指在系统工作压力条件下，系统风管的单位表面积、在单位时间内允许空气泄漏的最大数量。这个规定对于风管严密性能的检验是比较科学的，它与国际上的通用标准相一致。条文还根据不同材料风管的连接特征，规定了相应的指标值，更有利于质量的监督和应用。

4.2.6 金属风管的连接应符合下列规定：

1 风管板材拼接的咬口缝应错开，不得有十字形拼接缝。

2 金属风管法兰材料规格不应小于表4.2.6-1（本书表10.4.12）或表4.2.6-2（本书表10.4.13）的规定。中、低压系统风管法兰的螺栓及铆钉孔的孔距不得大于150mm；高压系统风管不得大于100mm。矩形风管法兰的四角部应设有螺孔。

当采用加固方法提高了风管法兰部位的强度时，其法兰材料规格相应的使用条件可适当放宽。

无法连接风管的薄钢板法兰高度应参照金属法兰风管的规定执行。

金属圆形风管法兰及螺栓规格（mm）　　**表10.4.12**

风管直径 D	法兰材料规格		螺栓规格
	扁钢	角钢	
$D\leqslant140$	20×4	—	M6
$140<D\leqslant280$	25×4	—	
$280<D\leqslant630$	—	25×3	
$630<D\leqslant1250$	—	30×4	M8
$1250<D\leqslant2000$	—	40×4	

金属矩形风管法兰及螺栓规格（mm）　　**表10.4.13**

风管长边尺寸 b	法兰材料规格（角钢）	螺栓规格
$b\leqslant630$	25×3	M6
$630<b\leqslant1500$	30×3	M8
$1500<b\leqslant2500$	40×4	
$2500<b\leqslant4000$	50×5	M10

检查数量：按加工批数量抽查5%，不得少于5件。

检查方法：尺量、观察检查。

4.2.7 非金属（硬聚氯乙烯、有机、无机玻璃钢）风管的连接还应符合下列规定：

1 法兰的规格应分别符合表4.2.7-1、4.2.7-2、4.2.7-3（本书表10.4.14～表10.4.16）的规定，其螺栓孔的间距不得大于120mm；矩形风管法兰的四角处，应设有螺孔。

硬聚氯乙烯圆形风管法兰规格（mm）　　表 10.4.14

风管直径 D	材料规格（宽×厚）	连接螺栓	风管直径 D	材料规格（宽×厚）	连接螺栓
$D \leqslant 180$	35×6	M6	$800 < D \leqslant 1400$	45×12	M10
$180 < D \leqslant 400$	35×8	M8	$1400 < D \leqslant 1600$	50×15	
$400 < D \leqslant 500$	35×10		$1600 < D \leqslant 2000$	60×15	
$500 < D \leqslant 800$	40×10		$D > 2000$	按设计	

硬聚氯乙烯矩形风管法兰规格（mm）　　表 10.4.15

风管边长 b	材料规格（宽×厚）	连接螺栓	风管边长 b	材料规格（宽×厚）	连接螺栓
$b \leqslant 160$	35×6	M6	$800 < b \leqslant 1250$	45×12	M10
$160 < b \leqslant 400$	35×8	M8	$1250 < b \leqslant 1600$	50×15	
$400 < b \leqslant 500$	35×10		$1600 < b \leqslant 2000$	60×18	
$500 < b \leqslant 800$	40×10	M10	$b > 2000$	按设计	

有机、无机玻璃钢风管法兰规格（mm）　　表 10.4.16

风管直径 D 或风管边长 b	材料规格（宽×厚）	连接螺栓
$D\ (b) \leqslant 400$	30×4	M8
$400 < D\ (b) \leqslant 1000$	40×6	
$1000 < D\ (b) \leqslant 2000$	50×8	M10

2　采用套管连接时，套管厚度不得小于风管板材厚度。

检查数量：按加工批数量抽查5%，不得少于5件。

检查方法：尺量、观察检查。

4.2.8　复合材料风管采用法兰连接时，法兰与风管板材的连接应可靠，其绝热层不得外露，不得采用降低板材强度和绝热性能的连接方法。

检查数量：按加工批数量抽查5%，不得少于5件。

检查方法：尺量、观察检查。

4.2.9　砖、混凝土风道的变形缝，应符合设计要求，不应渗水和漏风。

检查数量：全数检查。

检查方法：观察检查。

4.2.10　金属风管的加固应符合下列规定：

1　圆形风管（不包括螺旋风管）直径大于等于800mm，且其管段长度大于1250mm或总表面积大于4m^{2}均应采取加固措施；

2　矩形风管边长大于630mm、保温风管边长大于800mm，管段长度大于1250mm或低压风管单边平面积大于1.2m^2，中、高压风管大于1.0m^2，均应采取加固措施；

3　非规则椭圆风管的加固，应参照矩形风管执行。

检查数量：按加工批数量抽查5%，不得少于5件。

检查方法：尺量、观察检查。

圆形风管与矩形风管必须采取加固措施的范围和基本质量要求。条文将风管的加固与风管的口径、管段长度及表面积三者统一考虑是比较合理的，且便于执行，符合工程的实际情况。

在我国，非规则椭圆风管也已经开始应用，它主要采用螺旋风管的生产工艺，再经过定型加工而成。风管除去两侧的圆弧部分外，另两侧中间的平面部分与矩形风管相类似，故对其的加固也应执行与矩形风管相同的规定。

风管可采用管内或管外加固件、管壁压制加强筋等形式进行加固。矩形风管加固件宜采用角钢、轻钢型材或钢板折叠；圆形风管加固件宜采用角钢。

边长小于或等于800mm的风管宜采用压筋加固。边长在400～630mm之间，长度小于1000mm的风管也可采用压制十字交叉筋的方式加固。

中、高压风管的管段长度大于1250mm时，应采用加固框的形式加固。高压系统风管的单咬口缝应有防止咬口缝胀裂的加固措施。

洁净空调系统的风管不应采用内加固措施或加固筋，风管内部的加固点或法兰铆接点周围应采用密封胶进行密封。

风管加固应排列整齐，间隔应均匀对称，与风管的连接应牢固，铆接间距不应大于220mm。风管压筋加固间距不应大于300mm，靠近法兰端面的压筋与法兰间距不应大于200mm；风管管壁压筋的凸出部分应在风管外表面。

风管采用镀锌螺杆内支撑时，镀锌加固垫圈应置于管壁内外两侧。正压时密封圈置于风管外侧，负压时密封圈置于风管内侧，风管四个壁面均加固时，两根支撑杆交叉成十字状。采用钢管内支撑时，可在钢管两端设置内螺母。

铝板矩形风管采用碳素钢材料进行内、外加固时，应按设计要求作防腐处理；采用铝材进行内、外加固时，其选用材料的规格及加固间距应进行校核计算。

4.2.11 非金属风管的加固，除应符合本规范第4.2.10条的规定外还应符合下列规定：

1 硬聚氯乙烯风管的直径或边长大于500mm时，其风管与法兰的连接处应设加强板，且间距不得大于450mm；

2 有机及无机玻璃钢风管的加固，应为本体材料或防腐性能相同的材料，并与风管成一整体。

检查数量：按加工批抽查5%，不得少于5件。

检查方法：尺量、观察检查。

4.2.12 矩形风管弯管的制作，一般应采用曲率半径为一个平面边长的内外同心弧形弯管。当采用其他形式的弯管，平面边长大于500mm时，必须设置弯管导流片。

检查数量：其他形式的弯管抽查20%，不得少于2件。

检查方法：观察检查。

为了降低风管系统的局部阻力，它主要依据为《全国通用通风管道配件图表》矩形弯管局部阻力系数的结论数据。

4.2.13 净化空调系统风管还应符合下列规定：

1 矩形风管边长小于或等于900mm时，底面板不应有拼接缝；大于900mm时，不应有横向拼接缝。

2 风管所用的螺栓、螺母、垫圈和铆钉均应采用与管材性能相匹配、不会产生电化学腐蚀的材料，或采取镀锌或其他防腐措施，并不得采用抽芯铆钉。

3 不应在风管内设加固框及加固筋，风管无法兰连接不得使用S形插条、直角形插条及立联合角形插条等形式。

4　空气洁净度等级为1～5级的净化空调系统风管不得采用按扣式咬口。

5　风管的清洗不得用对人体和材质有危害的清洁剂。

6　镀锌钢板风管不得有镀锌层严重损坏的现象，如表层大面积白花、锌层粉化等。

检查数量：按风管数抽查20%，每个系统不得少于5个。

检查方法：查阅材料质量合格证明文件和观察检查，白绸布擦拭。

空气净化空调系统与一般通风、空调系统风管之间的区别，主要是体现在对风管的清洁度和严密性能要求上的差异。本条文就是针对这个特点，对其在加工制作时应做到的具体内容作出了规定。

空气净化空调系统风管的制作，一是应去除风管内壁的油污及积尘，为了预防二次污染和对施工人员的保护，规定了清洗剂应为对人和板材无危害的材料。二是对镀锌钢板的质量作出了明确的规定，即表面镀锌层产生严重损坏的板材（如观察到板材表层镀锌层有大面积白花、用手抹有粉末掉落现象）不得使用。三是对风管加工的一些工序要求作出了硬性的规定，如1～5级的净化空调系统风管不得采用按扣式咬口，不得采用抽芯铆钉等，应予执行。

4.3　一般项目

4.3.1　金属风管的制作应符合下列规定：

1　圆形弯管的曲率半径（以中心线计）和最少分节数量应符合表4.3.1-1（本书表10.4.17）的规定。圆形弯管的弯曲角度及圆形三通、四通支管与总管夹角的制作偏差不应大于3°。

圆形弯管曲率半径和最少节数　　　表10.4.17

弯管直径 D（mm）	曲率半径 R	弯管角度和最少节数							
		90°		60°		45°		30°	
		中节	端节	中节	端节	中节	端节	中节	端节
80～220	≥1.5D	2	2	1	2	1	2	—	2
220～450	D～1.5D	3	2	2	2	1	2	—	2
450～800	D～1.5D	4	2	2	2	1	2	1	2
800～1400	D	5	2	3	2	2	2	1	2
1400～2000	D	8	2	5	2	3	2	2	2

2　风管与配件的咬口缝应紧密、宽度应一致；折角应平直，圆弧应均匀；两端面平行。风管无明显扭曲与翘角；表面应平整，凹凸不大于10mm。

3　风管外径或外边长的允许偏差：当小于或等于300mm时，为2mm；当大于300mm时，为3mm。管口平面度的允许偏差为2mm，矩形风管两条对角线长度之差不应大于3mm；圆形法兰任意正交两直径之差不应大于2mm。

4　焊接风管的焊缝应平整，不应有裂缝、凸瘤、穿透的夹渣、气孔及其他缺陷等，焊接后板材的变形应矫正，并将焊渣及飞溅物清除干净。

检查数量：通风与空调工程按制作数量10%抽查，不得少于5件；净化空调工程按制作数量抽查20%，不得少于5件。

检查方法：查验测试记录，进行装配试验，尺量、观察检查。

4.3.2 金属法兰连接风管的制作还应符合下列规定：

1 风管法兰的焊缝应熔合良好、饱满，无假焊和孔洞；法兰平面度的允许偏差为2mm，同一批量加工的相同规格法兰的螺孔排列应一致，并具有互换性。

2 风管与法兰采用铆接连接时，铆接应牢固、不应有脱铆和漏铆现象；翻边应平整、紧贴法兰，其宽度应一致，且不应小于6mm；咬缝与四角处不应有开裂与孔洞。

3 风管与法兰采用焊接连接时，风管端面不得高于法兰接口平面。除尘系统的风管，宜采用内侧满焊、外侧间断焊形式，风管端面距法兰接口平面不应小于5mm。

当风管与法兰采用点焊固定连接时，焊点应融合良好，间距不应大于100mm；法兰与风管应紧贴，不应有穿透的缝隙或孔洞。

4 当不锈钢板或铝板风管的法兰采用碳素钢时，其规格应符合本规范表4.2.6-1、表4.2.6-2的规定，并应根据设计要求做防腐处理；铆钉应采用与风管材质相同或不产生电化学腐蚀的材料。

检查数量：通风与空调工程按制作数量抽查10%，不得少于5件；净化空调工程按制作数量抽查20%，不得少于5件。

检查方法：查验测试记录，进行装配试验，尺量、观察检查。

金属法兰风管的制作质量作出的规定。验收时应先验收法兰的质量，后验收风管的整体质量。

4.3.3 无法兰连接风管的制作还应符合下列规定：

1 法兰连接风管的接口及连接件，应符合表4.3.3-1、表4.3.3-2（本书表10.4.18、表10.4.19）的要求。圆形风管的芯管连接应符合表4.3.3-3（本书表10.4.20）的要求。

2 钢板法兰矩形风管的附件，其尺寸应准确，形状应规则，接口处应严密。

薄钢板法兰的折边（或法兰条）应平直，弯曲度不应大于5/1000；弹性插条或弹簧夹应与薄钢板法兰相匹配；角件与风管薄钢板法兰四角接口的固定应稳固、紧贴，端面应平整、相连处不应有缝隙大于2mm的连续穿透缝。

3 用C、S形插条连接的矩形风管，其边长不应大于630mm；插条与风管加工插口的宽度应匹配一致，其允许偏差为2mm；连接应平整、严密，插条两端压倒长度不应小于20mm。

4 采用立咬口、包边立咬口连接的矩形风管，其立筋的高度应大于或等于同规格风管的角钢法兰宽度。同一规格风管的立咬口、包边立咬口的高度应一致，折角应倾角、直线度允许偏差为5/1000；咬口连接铆钉的间距不应大于150mm，间隔应均匀；立咬口四角连接处的铆固，应紧密、无孔洞。

圆形风管无法兰连接形式 **表10.4.18**

无法兰连接形式		附件板厚（mm）	接口要求	使用范围
承插连接	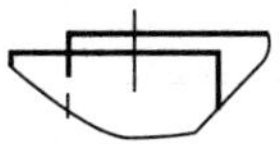	—	插入深度≥30mm，有密封要求	低压风管直径＜700mm
带加强筋承插	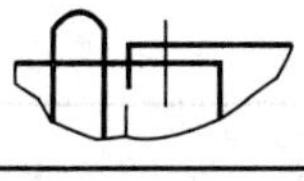	—	插入深度≥20mm，有密封要求	中、低压风管

续表

无法兰连接形式		附件板厚（mm）	接口要求	使用范围
角钢加固承插	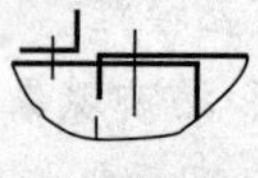	—	插入深度≥20mm，有密封要求	中、低压风管
芯管连接	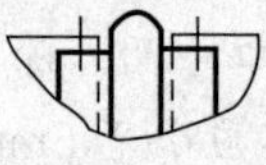	≥管板厚	插入深度≥20mm，有密封要求	中、低压风管
立筋抱箍连接	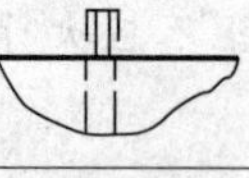	≥管板厚	翻边与楞筋匹配一致，紧固严密	中、低压风管
抱箍连接	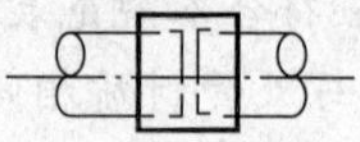	≥管板厚	对口尽量靠近不重叠，抱箍应居中	中、低压风管 宽度≥100mm

矩形风管无法兰连接形式　　表 10.4.19

无法兰连接形式		附件板厚（mm）	使用范围
S形插条	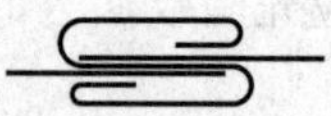	≥0.7	低压风管单独使用连接处必须有固定措施
C形插条		≥0.7	中、低压风管
立插条		≥0.7	中、低压风管
立咬口	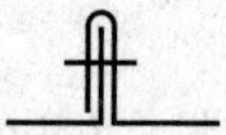	≥0.7	中、低压风管
包边立咬口		≥0.7	中、低压风管
薄钢板法兰插条		≥1.0	中、低压风管
薄钢板法兰弹簧夹		≥1.0	中、低压风管
直角形平插条		≥0.7	低压风管
立联合角形插条		≥0.8	低压风管

注：薄钢板法兰风管也可采用铆接法兰条连接的方法。

圆形风管的芯管连接 **表 10.4.20**

风管直径 D（mm）	芯管长度 l（mm）	自攻螺丝或抽芯铆钉数量（个）	外径允许偏差（mm）	
			圆管	芯管
120	120	3×2	−1～0	−3～−4
300	160	4×2		
400	200	4×2	−2～0	−4～−5
700	200	6×2		
900	200	8×2		
1000	200	8×2		

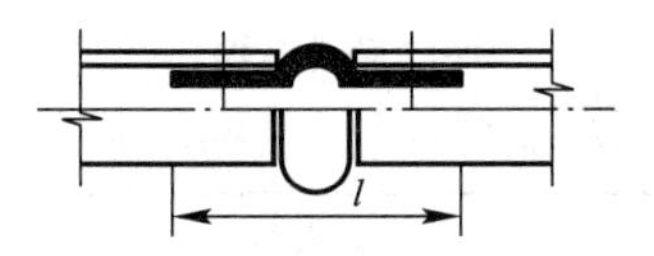

检查数量：按制作数量抽查 10%，不得少于 5 件；净化空调工程抽查 20%，均不得少于 5 件。

检查方法：查验测试记录，进行装配试验，尺量、观察检查。

金属无法兰风管的制作质量作出的规定。金属无法兰风管与法兰风管相比，虽在加工工艺上存在着较大的差别，但对其整体质量的要求应是相同的。因此本条文只是针对不同无法兰结构形式特点的质量验收内容，进行了叙述和规定。

4.3.4　风管的加固应符合下列规定：

1　风管的加固可采用楞筋、立筋、角钢（内、外加固）、扁钢、加固筋和管内支撑等形式，如图 4.3.4（本书图 10.4.1）；

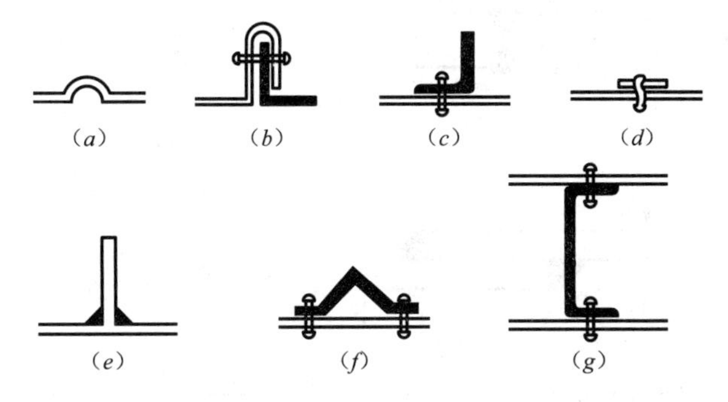

图 10.4.1　风管的加固形式

(*a*) 楞筋；(*b*) 立筋；(*c*) 角钢加固；(*d*) 扁钢平加固；(*e*) 扁钢立加固；(*f*) 加固筋；(*g*) 管内支撑

2　楞筋或楞线的加固，排列应规则，间隔应均匀，板面不应有明显的变形；

3　角钢、加固筋的加固，应排列整齐、均匀对称，其高度应小于或等于风管的法兰宽度。角钢、加固筋与风管的铆接应牢固、间隔应均匀，不应大于 220mm；两相交处应连接成一体；

4　管内支撑与风管的固定应牢固，各支撑点之间或与风管的边沿或法兰的间距应均匀，不应大于 950mm；

5　中压和高压系统风管的管段，其长度大于 1250mm 时，还应有加固框补强，高压系统金属风管的单咬口缝，还应有防止咬口缝胀裂的加固或补强措施。

检查数量：按制作数量抽查10%，净化空调系统抽查20%，均不得少于5件。

检查方法：查验测试记录，进行装配试验，观察和尺量检查。

4.3.5 硬聚氯乙烯风管除应执行本规范第4.3.1条第1、3款和第4.3.2条第1款外，还应符合下列规定：

1 风管的两端面平行，无明显扭曲，外径或外边长的允许偏差为2mm；表面平整、圆弧均匀，凹凸不应大于5mm。

2 焊缝的坡口形式和角度应符合表4.3.5（本书表10.4.21）。

焊缝形式及坡口 **表10.4.21**

焊缝形式	焊缝名称	图形	焊缝高度（mm）	板材厚度（mm）	焊缝坡口张角α（°）
对接焊缝	V形单面焊		2～3	3～5	70～90
	V形双面焊		2～3	5～8	70～90
	X形双面焊		2～3	≥8	70～90
搭接焊缝	搭接焊		≥最小板厚	3～10	—
填角焊缝	填角焊无坡角		≥最小板厚	6～18	—
			≥最小板厚	≥3	—

续表

焊缝形式	焊缝名称	图　形	焊缝高度（mm）	板材厚度（mm）	焊缝坡口张角 α（°）
对角焊缝	V形对角焊	1~1.5　α	≥最小板厚	3～5	70～90
对角焊缝	V形对角焊	1~1.5　α	≥最小板厚	5～8	70～90
	V形对角焊	3~5　α	≥最小板厚	6～15	70～90

3　焊缝应饱满，焊条排列应整齐，无焦黄、断裂现象。

4　用于洁净室时，还应按本规范第4.3.11条的有关规定执行。

检查数量：按风管总数抽查10%，法兰数抽查5%，不得少于5件。

检查方法：尺量、观察检查。

4.3.6　有机玻璃钢风管除应执行本规范第4.3.1条第1～3款和第4.3.2条第1款外，还应符合下列规定：

1　风管不应有明显扭曲，内表面应平整光滑，外表面应整齐美观，厚度应均匀，且边缘无毛刺，并无气泡及分层现象。

2　风管的外径或外边长尺寸的允许偏差为3mm，圆形风管的任意正交两直径之差不应大于5mm；矩形风管的两对角线之差不应大于5mm。

3　法兰应与风管成一整体，并应有过渡圆弧，并与风管轴线成直角，管口平面度的允许偏差为3mm；螺孔的排列应均匀，至管壁的距离应一致，允许偏差为2mm。

4　矩形风管的边长大于900mm，且管段长度大于1250mm时，应加固。加固筋的分布应均匀、整齐。

检查数量：按风管总数抽查10%，法兰数抽查5%，不得少于5件。

检查方法：尺量、观察检查。

4.3.7　无机玻璃钢风管除应执行本规范第4.3.1条第1～3款和第4.3.2条第1款外，还应符合下列规定：

1　风管的表面应光洁、无裂纹、无明显泛霜和分层现象；

2　风管的外形尺寸的允许偏差应符合表4.3.7（本书表10.4.22）的规定；

3　风管法兰的规定与有机玻璃钢法兰相同。

检查数量：按风管总数抽查10%，法兰数抽查5%，不得少于5件。

检查方法：尺量、观察检查。

无机玻璃钢风管外形尺寸（mm） 表 10.4.22

直径或大边长	矩形风管外表平面度	矩形风管管口对角线之差	法兰平面度	圆形风管两直径之差
≤300	≤3	≤3	≤2	≤3
301～500	≤3	≤4	≤2	≤3
501～1000	≤4	≤5	≤2	≤4
1001～1500	≤4	≤6	≤3	≤5
1501～2000	≤5	≤7	≤3	≤5
＞2000	≤6	≤8	≤3	≤5

4.3.8 砖、混凝土风道内表面水泥砂浆应抹平整、无裂缝，不渗水。

检查数量：按风道总数抽查10%，不得少于一段。

检查方法：观察检查。

砖、混凝土风道内表面的质量直接影响到风管系统的使用性能，故对其施工质量的验收作出了规定。

4.3.9 双面铝箔绝热板风管除应执行本规范第4.3.1条第2、3款和第4.3.2条第2款外，还应符合下列规定：

1 板材拼接宜采用专用的连接构件，连接后板面平面度的允许偏差为5mm；

2 风管的折角应平直，拼缝黏结应牢固、平整，风管的黏结材料宜为难燃材料；

3 风管采用法兰连接时，其连接应牢固，法兰平面度的允许偏差为2mm；

4 风管的加固应根据系统工作压力及产品技术标准的规定执行。

检查数量：按风管总数抽查10%，法兰数抽查5%，不得少于5件。

检查方法：尺量、观察检查。

聚氨酯铝箔与酚醛铝箔复合风管底边尺寸大于1600mm时，复合风管应采用专用连接件拼接，而不允许采用胶粘剂直接粘结，这主要是考虑铝锚复合风管强度太弱，采用专用连接件进行拼接起加固作用，以增强大型风管的整体强度和刚度。

4.3.10 铝箔玻璃纤维板风管除应执行本规范第4.3.1条第2、3款和第4.3.2条第2款外，还应符合下列规定：

1 风管的离心玻璃纤维板材应干燥、平整；板外表面的铝箔隔气保护层应与内芯玻璃纤维材料黏合牢固；内表面应有防纤维脱落的保护层，并应对人体无危害。

2 当风管连接采用插入接口形式时，接缝处的黏结应严密、牢固，外表面铝箔胶带密封的每一边粘贴宽度不应小于25mm，并应有辅助的连接固定措施。

当风管的连接采用法兰形式时，法兰与风管的连接应牢固，并应能防止板材纤维逸出和冷桥。

3 风管表面应平整、两端面平行，无明显凹穴、变形、起泡，铝箔无破损等。

4 风管的加固，应根据系统工作压力及产品技术标准的规定执行。

检查数量：按风管总数抽查10%，不得少于5件。

检查方法：尺量、观察检查。

玻璃纤维复合矩形风管宜采用直径不小于6mm的镀锌螺杆作内支撑加固。风管长边尺寸大于或等于1000mm或系统设计工作压力大于500Pa时，应增设金属槽形框外加固，并应与内支撑固定牢固。负压风管加固时，金属槽形框应设在风管的内侧。内支撑件穿管壁处应密封处理。

玻璃纤维复合矩形风管采用外套角钢法兰或C形插接法兰连接时，法兰处可作为一加固点；风管采用其他连接方式，其边长大于1200mm时。应在连接后的风管一侧距连接件150mm内设横向加固；采用承插阶梯粘结的风管，应在距粘结口100mm内设横向加固。

玻镁复合矩形风管宜采用直径不小于10mm的镀锌螺杆作内支撑加固。内支撑件穿管壁处应密封处理。负压风管的内支撑高度大于800mm时，应采用镀锌钢管内支撑。

复合材料风管都是以产品供应的形式，应用于工程的。故本条文仅规定了一些基本的质量要求。在实际工程应用中，除应符合风管的一般质量要求外，还需根据产品技术标准的详细规定进行施工和验收。

4.3.11 净化空调系统风管还应符合以下规定：

1 现场应保持清洁，存放时应避免积尘和受潮。风管的咬口缝、折边和铆接等处有损坏时，应做防腐处理。

2 风管法兰铆钉孔的间距，当系统洁净度的等级为1～5级时，不应大于65mm；为6～9级时，不应大于100mm。

3 静压箱本体、箱内固定高效过滤器的框架及固定件应做镀锌、镀镍等防腐处理。

4 制作完成的风管，应进行第二次清洗，经检查达到清洁要求后应及时封口。

检查数量：按风管总数抽查20%，法兰数抽查10%，不得少于5件。

检查方法：观察检查，查阅风管清洗记录，用白绸布擦拭。

净化空调系统风管施工质量验收的特殊内容作出了规定。净化空调系统风管的洁净度等级不同，对风管的严密性要求亦不同。为了能保证其相对的质量，故对系统洁净等级为6～9级风管法兰铆钉的间距，规定为不应大于100mm；1～5级风管法兰铆钉的间距不应大于65mm。在工程施工中对制作完毕的净化空调系统风管，进行二次清洗和及时封口，可以较好地保持系统内部的清洁，很有必要。

第五节 风管部件与消声器制作

5.1 一般规定

5.1.1 本条适用于通风与空调工程中风口、风阀、排风罩等其他部件及消声器的加工制作或产成品质量的验收。

5.1.2 一般风量调节阀按设计文件和风阀制作的要求进行验收。

本节规定了通风与空调工程中风管部件验收的一般规定。风管部件有施工企业按工程的需要自行加工的，也有外购的产成品。按我国工程施工发展的趋势，风管部件以产品生产为主的格局正在逐步形成。规定对一般风量调节阀按制作风阀的要求验收，其他的宜按外购产成品的质量进行验收。一般风量调节阀是指用于系统中，不要求严密关断的阀门，如三通调节阀、系统支管的调节阀等。

5.2 主控项目

5.2.1 手动单叶片或多叶片调节风阀的手轮或扳手，应以顺时针方向转动为关闭，其调节范围及开启角度指示应与叶片开启角度相一致。

用于除尘系统间歇工作点的风阀，关闭时应能密封。

检查数量：按批抽查10%，不得少于1个。

检查方法：手动操作、观察检查。

手动调节阀应以顺时针方向转动为关闭，调节开度指示应与叶片开度相一致，叶片的搭接应贴合整齐，叶片与阀体的间隙应小于2mm。手动调节阀包括单叶和多叶调节阀。

5.2.2 电动、气动调节风阀的驱动装置，动作应可靠，在最大工作压力下工作正常。

检查数量：按批抽查10%，不得少于1个。

检查方法：核对产品的合格证明文件、性能检测报告，观察或测试。

调节风阀电动、气动驱动装置可靠性的验收。

电动、气动调节风阀应进行驱动装置的动作试验，试验结果应符合产品技术文件的要求，并应在最大设计工作压力下工作正常。

电动、气动调节风阀进场应按产品说明书的要求进行驱动装置的试验，在最大设计工作压力下，执行机构启闭灵活。

5.2.3 防火阀和排烟阀（排烟口）必须符合有关消防产品标准的规定，并具有相应的产品合格证明文件。

检查数量：按种类、批抽查10%，不得少于2个。

检查方法：核对产品的合格证明文件、性能检测报告。

防火阀与排烟阀是使用于建筑工程中的救生系统，其质量必须符合消防产品的规定。

5.2.4 防爆风阀的制作材料必须符合设计规定，不得自行替换。

检查数量：全数检查。

检查方法：核对材料品种、规格，观察检查。

防爆风阀主要使用于易燃、易爆的系统和场所，其材料使用不当，会造成严重的后果，故在验收时必须严格执行。

5.2.5 净化空调系统的风阀，其活动件、固定件以及坚固件均应采取镀锌或作其他防腐处理（如喷塑或烤漆）；阀体与外界相通的缝隙处，应有可靠的密封措施。

检查数量：按批抽查10%，不得少于1个。

检查方法：核对产品的材料，手动操作、观察。

5.2.6 工作压力大于1000Pa的调节风阀，生产厂应提供（在1.5倍工作压力下能自由开关）强度测试合格的证书（或试验报告）。

检查数量：按批抽查10%，不得少于1个。

检查方法：核对产品的合格证明文件、性能检测报告。

高压调节风阀动作可靠性的验收。

5.2.7 防排烟系统柔性短管的制作材料必须为不燃材料。

检查数量：全数检查。

检查方法：核对材料品种的合格证明文件。

当火灾发生防排烟系统应用时，其管内或管外的空气温度都比较高，如应用普通可燃材料制作的柔性短管，在高温的烘烤下，极易造成破损或被引燃，会使系统功能失效。为此，本条文规定防排烟系统的柔性短管，必须用不燃材料做成。

5.2.8 消声弯管的平面边长大于800mm时，应加设吸声导流片；消声器内直接迎风面的布质覆面层应有保护措施；净化空调系统消声器内的覆面应为不易产尘的材料。

检查数量：全数检查。

检查方法：观察检查、核对产品的合格证明文件。

当消声弯管的平面边长大于800mm时，其消声效果呈加速下降，而阻力反呈上升趋势。因此，条文作出规定，应加设吸声导流片，以改善气流组织，提高消声性能。阻性消声弯管和消声器内表面的覆面材料，大都为玻璃纤维织布材料，在管内气流长时间的冲击下，易使织面松动、纤维断裂而造成布面破损、吸声材料飞散。因此，本条文规定消声器内直接迎风面的布质覆面层应有保护措施。

净化空调系统对风管内的洁净要求很高，连接在系统中的消声器不应该是个发尘源，消声器内的覆面材料应为不产尘或不易产尘的材料。

5.3 一般项目

5.3.1 手动单叶片或多叶片调节风阀应符合下列规定：

1 结构应牢固，启闭应灵活，法兰应与相应材质风管的相一致；

2 叶片的搭接应贴合一致，与阀体缝隙应小于2mm；

3 截面积大于1.2m^2的风阀应实施分组调节。

检查数量：按类别、批抽查10%，不得少于1个。

检查方法：手动操作，尺量、观察检查。

5.3.2 止回风阀应符合下列规定：

1 启闭灵活，关闭时应严密；

2 阀叶的转轴、铰链应采用不易锈蚀的材料制作，保证转动灵活、耐用；

3 阀片的强度应保证在最大负荷压力下不弯曲变形；

4 水平安装的止回风阀应有可靠的平衡调节机构。

检查数量：按类别、批抽查10%，不得少于1个。

检查方法：观察、尺量，手动操作试验与核对产品的合格证明文件。

止回风阀应检查其构件是否齐全，并应进行最大设计工作压力下的强度试验，在关闭状态下阀片不变形，严密不漏风；水平安装的止回风阀应有可靠的平衡调节机构。

止回风阀进场时，应进行强度试验，在最大设计工作压力下不弯曲变形。

5.3.3 插板风阀应符合下列规定：

1 壳体应严密，内壁应作防腐处理；

2 插板应平整，启闭灵活，并有可靠的定位固定装置；

3 斜插板风阀的上下接管应成一直线。

检查数量：按类别、批抽查10%，不得少于1个。

检查方法：手动操作，尺量、观察检查。

5.3.4 三通调节风阀应符合下列规定：

1 拉杆或手柄的转轴与风管的结合处应严密；

2 拉杆可在任意位置上固定，手柄开关应标明调节的角度；

3 阀板调节方便，并不与风管相碰擦。

检查数量：按类别、批分别抽查10%，不得少于1个。

检查方法：观察、尺量，手动操作试验。

三通调节风阀手柄开关应标明调节的角度；阀板应调节方便，且不与风管相碰擦。

5.3.5 风量平衡阀应符合产品技术文件的规定。

检查数量：按类别、批分别抽查10%，不得少于1个。

检查方法：观察、尺量，核对产品的合格证明文件。

风量平衡阀是一个精度较高的风阀，都由专业工厂生产，故强调按产品标准进行验收。

5.3.6 风罩的制作应符合下列规定：

1 尺寸正确、连接牢固、形状规则、表面平整光滑，其外壳不应有尖锐边角；

2 槽边侧吸罩、条缝抽风罩尺寸应正确，转角处弧度均匀、形状规则，吸入口平整，罩口加强板分隔间距应一致；

3 厨房锅灶排烟罩应采用不易锈蚀材料制作，其下部集水槽应严密不漏水，并坡向排放口，罩内油烟过滤器应便于拆卸和清洗。

检查数量：每批抽查10%，不得少于1个。

检查方法：尺量、观察检查。

5.3.7 风帽的制作应符合下列规定：

1 尺寸应正确，结构牢靠，风帽接管尺寸的允许偏差同风管的规定一致；

2 伞形风帽伞盖的边缘应有加固措施，支撑高度尺寸应一致；

3 锥形风帽内外锥体的中心应同心，锥体组合的连接缝应顺水，下部排水应畅通；

4 筒形风帽的形状应规则，外筒体的上下沿口应加固，其不圆度不应大于直径的2%，伞盖边缘与外筒体的距离应一致，挡风圈的位置应正确；

5 三叉形风帽三个支管的夹角应一致，与主管的连接应严密，主管与支管的锥度应为3°～4°。

检查数量：按批抽查10%，不得少于1个。

检查方法：尺量、观察检查。

风帽的检查：

风罩与风帽制作时，应根据其形式和使用要求，按施工图对所选用材料放样后，进行下料加工，可采用咬口连接、焊接等连接方式。

风罩与风帽没有风管尺寸规整，加工前应放样，以保证加工的准确性。

现场制作的风罩尺寸及构造应满足设计及相关产品技术文件要求，并检查：

1 风罩应结构牢固，形状规则，内外表面平整、光滑，外壳无尖锐边角；

2 厨房锅灶的排烟罩下部应设置集水槽；用于排出蒸汽或其他潮湿气体的伞形罩，在罩口内侧也应设置排出凝结液体的集水槽，集水槽应进行通水试验，排水畅通，不渗漏；

3 槽边侧吸罩、条缝抽风罩的吸入口应平整，转角处应弧度均匀，罩口加强板的分隔间距应一致；

4 厨房锅灶排烟罩的油烟过滤非应便于拆卸和清洗。

现场制作的风帽尺寸及构造应满足设计及相关技术文件的要求，风帽应结构牢固，内、外形状规则，表面平整，并检查：

1　伞形风帽的伞盖边缘应进行加固，支撑高度一致；

2　锥形风帽锥体组合的连接缝应顺水，保证下部排水畅通；

3　筒形风帽外筒体的上下沿口应加固，伞盖边缘与外筒体的距离应一致，挡风圈的位置应正确；

4　三叉形风帽支管与主管的连接应严密，夹角一致。

5.3.8　矩形弯管导流叶片的迎风侧边缘应圆滑，固定应牢固。导流片的弧度应与弯管的角度相一致。导流片的分布应符合设计规定。当导流叶片的长度超过1250mm时，应有加强措施。

检查数量：按批抽查10%，不得少于1个。

检查方法：核对材料，尺量、观察检查。

弯管内设导流片可起到降低弯管局部阻力的作用。导流片的加工可以有多种形式和方法。现在已逐步向定型产品方向发展，导流片置于矩形弯管内，迎风侧尖锐的边缘易产生噪声，不利于在系统中使用。导流片的安装可分为等距排列安装和非等距排列安装两种。等距排列的安装比较方便，且符合产品批量生产的特点；非等距排列安装需根据风管的口径进行计算，定位、安装比较复杂。另外，矩形弯管导流片还可以按气流特性进行全程分割。

5.3.9　柔性短管应符合下列规定：

1　应选用防腐、防潮、不透气、不易霉变的柔性材料。用于空调系统的应采取防止结露的措施；用于净化空调系统的还应是内壁光滑、不易产生尘埃的材料。

2　柔性短管的长度，一般宜为150～300mm，其连接处应严密、牢固可靠。

3　柔性短管不宜作为找正、找平的异径连接管。

4　设于结构变形缝的柔性短管，其长度宜为变形缝的宽度加100mm及以上。

检查数量：按数量抽查10%，不得少于1个。

检查方法：尺量、观察检查。

柔性短管的主要作用是隔振，常应用于风机或带有动力的空调设备的进出口处，作为风管系统中的连接管；有时也用于建筑物的沉降缝处，作为伸缩管使用。因此，对其的材质、连接质量和相应的长度进行规定和控制都是必要的。

软接风管包括柔性短管和柔性风管，软接风管接缝连接处应严密。

柔性风管是指可伸缩性金属或非金属软风管，柔性风管阻力大，因此不能随意加长使用。

软接风管材料的选用及制作检查：

1. 应采用防腐、防潮、不透气、不易霉变的柔性材料。

2. 软接风管材料与胶粘剂的防火性能应满足设计要求。

3. 用于空调系统时，应采取防止结露的措施，外保温软管应包覆防潮层。

4. 用于洁净空调系统时，应不易产尘、不透气、内壁光滑。

5. 柔性短管不应制作成变径管，柔性短管两端面形状应大小一致，两侧法兰应平行。

6. 柔性短管与角钢法兰组装时，可采用条形镀锌钢板压条的方式，通过铆接连接压条翻边宜为6～9mm，紧贴法兰，铆接平顺；铆钉间距宜为60～80mm。

7. 柔性短管的法兰规格应与风管的法兰规格相同。

8. 柔性风管的截面尺寸、壁厚、长度等。

9. 柔性短管的安装宜采用法兰接口形式。

10. 风管与设备相连处应设置长度为150～300mm的柔性短管，柔性短管安装后应松紧适度，不应扭曲，并不应作为找正、找平的异径连接管。

11. 风管穿越建筑物变形缝空间时，应设置长度为200～300mm的柔性短管：风管穿越建筑物变形缝墙体时，应设置钢制套管。风臂与套管之间应采用柔性防水材料填塞密实。穿越建筑物变形缝墙体的风管两端外侧应设置长度为150～300mm的柔性短管，柔性短管距变形缝墙体的距离宜为150～200mm，柔性短管的保温性能应符合风管系统功能要求。

12. 金属圆形柔性风管与风管连接时，宜采用卡箍（抱箍）连接，柔性风管的插接长度应大于50mm。当连接风管直径小于或等于300mm时，宜用不少于3个自攻螺钉在卡箍紧固件圆周上均布紧固；当连接风管直径大于300mm时，宜用不少于5个自攻螺钉紧固。

13. 柔性风管转弯处的截面不应缩小，弯曲长度不宜超过2m，弯曲形成的角度应大于90°。

14. 柔性风管安装时长度应小于2m，并不应有死弯或塌凹。

5.3.10 消声器的制作应符合下列规定：

1 选用的材料，应符合设计的规定，如防火、防腐、防潮和卫生性能等要求。

2 外壳应牢固、严密，其漏风量应符合本规范第4.2.5条的规定。

3 充填的消声材料，应按规定的密度均匀铺设，并应有防止下沉的措施。消声材料的覆面层不得破损，搭接应顺气流，且应拉紧，界面无毛边。

4 隔板与壁板结合处应紧贴、严密；穿孔板应平整、无毛刺，其孔径和穿孔率应符合设计要求。

检查数量：按批抽查10%，不得少于1个。

检查方法：尺量、观察检查，核对材料合格的证明文件。

一般阻性、抗性与阻抗复合式等消声器制作质量检查：

1. 框架应牢固，壳体不漏风；框、内盖板、隔板、法兰制作及铆接、咬口连接。内外尺寸应准确，连接应牢固，其外壳不应有锐边。

2. 金属穿孔板的孔径和穿孔率应符合设计要求。穿孔板孔口的毛刺应锉平，避免将覆面织布划破。

3. 消声片单体安装时，应排列规则，上下两端应装有固定消声片的框架，框架应固定牢固，不应松动。

消声材料应具备防腐、防潮功能，其卫生性能、密度、导热系数、燃烧等级应符合国家有关技术标准的规定。消声材料应按设计及相关技术文件要求的单位密度均匀敷设，需粘贴的部分应按规定的厚度粘贴牢固，拼缝密实，表面平整。

消声材料填充后，应采用透气的覆面材料覆盖。覆面材料的拼接应顺气流方向、拼缝密实、表面平整、拉紧，不应有凹凸不平。

消声器、消声风管、消声弯头及消声静压箱的内外金属构件表面应进行防腐处理，表面平整。

消声器、消声风管、消声弯头及消声静压箱制作完成后，应进行规格、方向标识，并通过专业检测。

5.3.11 检查门应平整、启闭灵活、关闭严密，其与风管或空气处理室的连接处应采取密封措施，无明显渗漏。

净化空调系统风管检查门的密封垫料，宜采用成型密封胶带或软橡胶条制作。

检查数量：按数量抽查20%，不得少于1个。

检查方法：观察检查。

5.3.12 风口的验收，规格以颈部外径与外边长为准，其尺寸的允许偏差值应符合表5.3.12（本书表10.5.1）的规定。风口的外表装饰面应平整，叶片或扩散环的分布应匀称、颜色应一致、无明显的划伤和压痕；调节装置转动应灵活、可靠，定位后应无明显自由松动。

检查数量：按类别、批分别抽查5%，不得少于1个。

检查方法：尺量、观察检查，核对材料合格的证明文件与手动操作检查。

风口尺寸允许偏差（mm） **表 10.5.1**

圆形风口			
直径	≤250	>250	
允许偏差	0～−2	0～−3	
矩形风口			
边长	<300	300～800	>800
允许偏差	0～−1	0～−2	0～−3
对角线长度	<300	300～500	>500
对角线长度之差	≤1	≤2	≤3

成品风口应结构牢固，外表面平整，叶片分布均匀，颜色一致，无划痕和变形，符合产品技术标准的规定。表面应经过防腐处理，并应满足设计及使用要求。风口的转动调节部分应灵活、可靠，定位后应无松动现象。

百叶风口叶片两端轴的中心应在同一直线上，叶片平直，与边框无碰擦。

散流器的扩散环和调节环应同轴，轴向环片间距应分布均匀。

孔板风口的孔口不应有毛刺，孔径一致，孔距均匀，并应符合设计要求。

旋转式风口活动件应轻便灵活，与固定框接合严密，叶片角度调节范围应符合设计要求。

球形风口内外球面间的配合应松紧适度、转动自如、定位后无松动。

铝合金风口外露表面部分严禁用任何螺栓固定；铝合金风口水平安装在墙体上，采用木框固定风口，其木框的宽和高应比风口外径尺寸均大于5mm；铝合金风口应在顶棚上单独固定，不得固定在垂直风管上，风口与顶棚固定宜用木框或轻质龙骨，顶棚的孔洞不得大于风口的外边尺寸。

风口安装位置应正确，转动部分灵活；外露部分应平整，同一房间内标高应一致，排列整齐；与风管的连接应牢固；风口安装水平度允许偏差5mm；固定螺钉应选用铝制，或者镀锌螺钉从风口侧面与木框固定。

防火风口安装：防火风口是由铝合金单（双）层百页风口和超薄型防火调节阀组合而成；安装时先将两部分拆开，将防火调节阀用拉铆钉或自攻螺钉固定在连接法兰上，再将百页风口与防火阀重新连接；安装于吊顶风管上及风管断头，确保防火风口安装牢固可靠。

第六节 风管系统安装

6.1 一般规定

6.1.1 本章适用于通风与空调工程中的金属和非金属风管系统安装质量的检验和验收。

6.1.2 风管系统安装后，必须进行严密性检验，合格后方能交付下道工序。风管系统严密性检验以主、干管为主。在加工工艺得到保证的前提下，低压风管系统可采用漏光法检测。

风管系统安装通用的施工内容作出了相应的规定。如风管系统严密性的检验和测试，风管吊、支架膨胀螺栓锚固的规定等。工程中风管系统的严密性检验，是一项比较困难的工作。如一个风管系统常可能跨越多个楼层和房间，支管口的封堵比较困难，以及工程的交叉施工影响等。另外，从风管系统漏风的机理来分析，系统末端的静压小，相对的漏风量亦小。只要按工艺要求对支管的安装质量进行严格的检查控制，就能比较有效地控制它的漏风量。因此，在第 6.1.2 条中明确规定风管系统的严密性检验为主、干管为主。

6.1.3 风管系统吊、支架采用膨胀螺栓等胀锚方法固定时，必须符合其相应技术文件的规定。

支、吊架固定所采用的膨胀螺栓等应是符合国标的正规产品，其强度应能满足管道及设备的安装要求，并应进行拉拔试验。采用膨胀螺栓固定支、吊架时，应符合膨胀螺栓使用技术条件的规定，螺栓至混凝土构件边缘的距离不应小于 8 倍的螺栓直径；螺栓间距不小于 10 倍的螺栓直径。装配式管道吊架和 快速吊装组合支、吊架应符合相关产品标准，并有质量合格证明文件。连接和固定装配式管道吊架，装配式管道吊架应按设计要求及相关技术标准选用。装配式管道吊架进行综合排布安装时，吊架的组合方式应根据组合管道数量、承载负荷进行综合选配，并应单独绘制施工图，经原设计单位签字确认后，再进行安装。装配式管道吊架各配件的连接应牢固，并应有防松动措施。支吊架的预埋件或膨胀螺栓埋入部分不得油漆，并应除去油污。

用膨胀螺栓固定支、吊架时，应符合膨胀螺栓使用技术条件的规定。砖墙不得使用膨胀螺栓固定支、吊架。

6.2 主控项目

6.2.1 在风管穿过需要封闭的防火、防爆的墙体或楼板时，应设预埋管或防护套管，其钢板厚度不应小于 1.6mm。风管与防护套管之间，应用不燃且对人体无危害的柔性材料封堵。

检查数量：按数量抽查 20%，不得少于 1 个系统。

检查方法：尺量、观察检查。

6.2.2 风管安装必须符合下列规定：

1 风管内严禁其他管线穿越；

2 输送含有易燃、易爆气体或安装在易燃、易爆环境的风管系统应有良好的接地，通过生活区或其他辅助生产房间时必须严密，并不得设置接口；

3　室外立管的固定拉索严禁拉在避雷针或避雷网上。

检查数量：按数量抽查20%，不得少于1个系统。

检查方法：手扳、尺量、观察检查。

6.2.3　输送空气温度高于80℃的风管，应按设计规定采取防护措施。

检查数量：按数量抽查20%，不得少于1个系统。

检查方法：观察检查。

风管系统工程中必须遵守的强制性项目内容。如不按规定施工都会有可能带来严重后果，因此必须遵守。

6.2.4　风管部件安装必须符合下列规定：

1　各类风管部件及操作机构的安装，应能保证其正常的使用功能，并便于操作。

2　斜插板风阀的安装，阀板必须为向上拉启；水平安装时，阀板还应为顺气流方向插入。

3　止回风阀、自动排气活门的安装方向应正确。

检查数量：按数量抽查20%，不得少于5件。

检查方法：尺量、观察检查，动作试验。

风管系统中一般部件安装应验收的主控项目内容。

6.2.5　防火阀、排烟阀（口）的安装方向、位置应正确。防火分区隔墙两侧的防火阀，距墙表面不应大于200mm。

检查数量：按数量抽查20%，不得少于5件。

检查方法：尺量、观察检查，动作试验。

防火阀、排烟阀的安装方向、位置会影响阀门功能的正常发挥，故必须正确。防火墙两侧的防火阀离墙越远，对过墙管的耐火性能要求越高，阀门的功能作用越差，故条文对此作出了规定。

6.2.6　净化空调系统风管的安装还应符合下列规定：

1　风管、静压箱及其他部件，必须擦拭干净，做到无油污和浮尘，当施工停顿或完毕时，端口应封好。

2　法兰垫料应为不产尘、不易老化和具有一定强度和弹性的材料，厚度为5～8mm，不得采用乳胶海绵；法兰垫片应尽量减少拼接，并不允许直缝对接连接，严禁在垫料表面涂涂料。

3　风管与洁净室吊顶、隔墙等围护结构的接缝处应严密。

检查数量：按数量抽查20%，不得少于1个系统。

检查方法：观察、用白绸布擦拭。

净化空调风管系统安装应验收的主控项目内容。

6.2.7　集中式真空吸尘系统的安装应符合下列规定：

1　真空吸尘系统弯管的曲率半径不应小于4倍管径，弯管的内壁面应光滑，不得采用褶皱弯管。

2　真空吸尘系统三通的夹角不得大于45°；四通制作应采用两个斜三通的做法。

检查数量：按数量抽查20%，不得少于2件。

检查方法：尺量、观察检查。

6.2.8 风管系统安装完毕后，应按系统类别进行严密性检验，漏风量应符合设计与本规范第4.2.5条的规定。风管系统的严密性检验，应符合下列规定：

1 低压系统风管的严密性检验应采用抽检，抽检率为5%，且不得少于1个系统。在加工工艺得到保证的前提下，采用漏光法检测。检测不合格时，应按规定的抽检率做漏风量测试。

中压系统风管的严密性检验，应在漏光法检测合格后，对系统漏风量测试进行抽检，抽检率为20%，且不得少于1个系统。

高压系统风管的严密性检验，为全数进行漏风量测试。

系统风管严密性检验的被抽检系统，应全数合格，则视为通过；如有不合格时，则应再加倍抽检，直至全数合格。

2 净化空调系统风管的严密性检验，1～5级的系统按高压系统风管的规定执行；6～9级的系统按本规范第4.2.5条的规定执行。

检查数量：按条文中的规定。

检查方法：按本规范附录A的规定进行严密性测试。

风管系统安装后，必须进行严密性的检测。风管系统的严密性测试，是根据通风与空调工程发展需要而决定，它与国际上技术先进国家的标准要求相一致。同时，风管系统的漏量测试又是一件在操作上具有一定难度的工作。测试需要一些专业的检测仪器、仪表和设备；还需要对系统中的开口进行封堵，并要与工程的施工进度及其他工种施工相协调。因此，本规范根据我国通风与空调工程施工的实际情况，将工程的风管系统严密性的检验分为三个等级，分别规定了抽检数量和方法。

高压风管系统的泄漏，对系统的正常运行会产生较大的影响，应进行全数检测。

中压风管系统大都为低级别的净化空调系统、恒温恒湿与排烟系统等，对风管的质量有较高的要求，应进行系统漏风量的抽查检测。

低压系统在通风与空调工程中占有最大的数量，大都为一般的通风、排气和舒适性空调系统。它们对系统的严密性要求相对较低，少量的漏风对系统的正常运行影响不太大，不宜动用大量人力、物力进行现场系统的漏风量测定，宜采用严格施工工艺的监督，用附录A规定的漏光方法来替代。在漏光检测时，风管系统没有明显的、众多的漏光点，可以说明工艺质量是稳定可靠的，就认为风管的漏风量符合规范的规定要求，可不再进行漏风量的测试。当漏光检测时，发现大量的、明显的漏光，则说明风管加工工艺质量存在问题，其漏风量会很大，那必须用漏风量的测试来进行验证。

1～5级的净化空调系统风管的过量泄漏，会严重影响洁净度目标的实现，故规定以高压系统的要求进行验收。

6.2.9 手动密闭阀安装，阀门上标志的箭头方向必须与受冲击波方向一致。

检查数量：全数检查。

检查方法：观察、核对检查。

手动密闭阀是为了防止高压冲击波对人体的伤害而设置的，安装方向必须正确。

6.3 一般项目

6.3.1 风管的安装应符合下列规定：

1 风管安装前，应清除内、外杂物，并做好清洁和保护工作。

2　风管安装的位置、标高、走向，应符合设计要求。现场风管接口的配置，不得缩小其有效截面。

3　连接法兰的螺栓应均匀拧紧，其螺母宜在同一侧。

4　风管接口的连接应严密、牢固。风管法兰的垫片材质应符合系统功能的要求，厚度不应小于3mm。垫片不应凸入管内，亦不宜突出法兰外。

5　柔性短管的安装，应松紧适度，无明显扭曲。

6　可伸缩性金属或非金属软风管的长度不宜超过2m，并不应有死弯或塌凹。

7　风管与砖、混凝土风道的连接接口，应顺着气流方向插入，并应采取密封措施。风管穿出屋面处应设有防雨装置。

8　不锈钢板、铝板风管与碳素钢支架的接触处，应有隔绝或防腐绝缘措施。

检查数量：按数量抽查10%，不得少于1个系统。

检查方法：尺量、观察检查。

风管系统安装中检查，如现场安装的风管接口、返弯或异径管等，由于配置不当、截面缩小过甚，往往会影响系统的正常运行，其中以连接风机和空调设备处的接口影响最为严重。

风管安装前检查：

1. 外观：外表面无粉尘，管内无杂物；金属风管不应有变形、扭曲、开裂、孔洞、法兰脱薄、焊口开裂、漏钢、缺孔等缺陷。非金属风管与复合风管表面平整、光滑、厚度均匀，无毛刺、气泡、气孔、分层，无扭曲变形及裂纹等缺陷。

2. 加工质量：风管与法兰翻边应平整度一致，四角没有裂缝，断面应在同一平面；法兰与风管管壁连接应严密牢固，法兰与风管应垂直；法兰螺栓孔间距符合要求，螺栓孔应能互换。硬聚氯乙烯风管焊接不应出现焦黄、断裂等缺陷，焊缝应饱满、平整。

3. 非金属风管包括无机玻璃钢风管和硬聚氯乙烯风管，宜采用成品风管，成品风管在进场时，安装前应检查其合格证或强度及严密性等技术性能证明资料。

无机玻璃钢风管外购预制成品应按有关标准要求制作，并标明生产企业名称、商标、生产日期、燃烧性能等级等标记。现场组装前验收时，重点检查表面裂纹、四角垂直度、法兰螺栓孔间距与定位尺寸等内容。

4. 风管连成管段后，即要按照施工方案确定的吊装方法，按照先干管后支管的安装程序进行吊装。风管吊装前，应对安装好的支、吊、托架进一步检查看其位置是否正确，强度是否可靠。

5. 吊装方法根据现场条件确定，吊装前应对吊具进行检查，牢固绑扎好风管，进行吊装。开始起吊时，先慢慢拉近麻绳，当风管稍离地时，应停止起吊，再次检查受力点和所绑扎的麻绳，绳扣是否牢固，风管是否平稳，确认无误后，再继续起吊到安装高度。把风管放在支架或吊架上，加以调整稳固后，解开绳扣即可。

风管安装后的调整和检查：

1. 水平安装的风管可以用吊架上的调节螺栓来找正水平。有保温垫块的风管允许用垫块的厚薄来稍许调整。但不能因调整而取消垫块。风管出现扭曲时，只能用重新装配法兰的办法调整，不能用在法兰的某边多塞垫料的办法来调整，风管的水平或坡度用水平尺检查。风管连接的平直情况用线绳检查，垂直风管用线锤吊线的办法来检查。水平风管一般以10m为一个检查单位，垂直风管可以每层为单位。水平干管找平找正后，就可进行支、立管的安装。

2. 水平管道的坡度，若设计无规定，输送正常温度的空气是，可不考虑坡度；输送相对湿度大于60%的空气时，应有1%～7.5%的坡度，坡度坡向排水装置。

3. 输送易产生冷凝水空气的风管，应按设计要求的坡度安装。风管底部不宜设纵向接缝，如有接缝应进行密封处理。

4. 钢板风管与砖、混凝土风道的插接应顺气流方向，风管插入与风道表面齐平并应进行密封处理。

5. 输送易燃易爆气体的风管必须符合下列要求：

1）安装易燃易爆气体的风管机安装在易燃易爆介质环境内的通风系统都必须设置有良好的接地装置，且风管应保持严密不泄漏。接地装置的做法是：在法兰两侧的铁皮风管上钻孔，装上镀锌垫片和M8×25螺栓，并用螺帽拧紧，待风管法兰盘连接完毕后，再在两外露的螺杆处跨接直径不小于4mm的裸铜导线，再用螺帽拧紧，接地点距离不超过25m；每个跨接点电阻不大于10Ω；接地极的做法应符合国家现行《电气装置安装工程施工及验收规范》。

2）易燃易爆系统宜减少接口，通风系统通过易燃易爆环境内亦应尽量减少接口；

3）易燃易爆系统通过生活间或其他辅助生产车间必须保持严密，并不得设置接口。

6. 风管穿出屋面的要求：

1）应要求设计上设置井口并设置防雨罩，与风管连接处应用腻子（桐油拌石膏粉）或设防水密封胶泥进行密封，以阻止雨水顺风管下流。

2）风管超过屋面1.5m高，应设拉索一层，超出3～8m，应设二层拉索，最上一层必须固定在风帽法兰下的单独抱托上。每层应不少于三根拉索（拉索根据风管大小选用ϕ4～ϕ8mm圆钢）。

3）拉索不得固定在风管法兰上，严禁拉在避雷针或避雷网上。

7. 硬质聚氯乙烯风管：

1）塑料风管与热力管道之间应有足够的距离，以防止风管受热变形（最小间距不小于0.5m）。

2）塑料风管在温度变化时易产生伸缩，应每隔15～20m设一个伸缩节，相邻的支管应设软接头。

3）法兰垫料宜采用3～5mm的耐酸橡胶板或软聚氯乙烯板。法兰连接螺栓应采用镀锌螺栓或增强尼龙螺栓，并且要有镀锌垫片衬垫。

4）风管穿墙（或楼板时）必须用金属套管加以保护。套管和风管之间，应有5～10mm的间隙；套管与墙体或楼板之间，应用砂浆填平。穿过楼板时，应设混凝土保护圈，防止漏水和风管受意外撞击。

预埋套管的内径尺寸应以能穿过风管的法兰及保温层为准，其壁厚不应小于2mm，外表面应配有肋板焊接牢固，不进行防腐处理。预埋在楼板中至少应高出楼面20mm。预埋在墙体内应与墙体表面齐平。

5）风管安装时，应轻拿轻放。吊装时，应绑控制绳，防止碰撞造成损坏。

6）矩形塑料风管与卡箍之间应垫以3～5mm的塑料垫片；圆形塑料风管与卡箍之间

应垫软聚氯乙烯，卡箍不宜卡得太紧，以便风管自由伸缩。

7）风管上所用的金属附件和部件，应按设计要求进行防腐处理。

8）支、吊、托架，最大间距不超过 3m。支、吊、托架与风管的接触处应垫厚度为 3mm 的橡胶板。不得将支管的重量承于干管上。

8. 不锈钢风管与普通碳素钢支架接触处，应按设计的要求在支架上喷刷涂料或在支架与风管之间垫以 3～5mm 的橡胶板、塑料板垫板，防止碳素钢生锈，损坏不锈钢表面钝化膜。

9. 铝板风管：

1）铝板风管法兰应与风管材料相同，法兰连接应采用镀锌螺栓并在法兰两侧垫镀锌垫片；

2）铝板风管的支、吊、托架应镀锌或按设计要求进行防腐绝缘处理，并垫以 5mm 厚的橡胶板，以防止接触时产生电化学腐蚀。

10. 玻璃钢（包括无机玻璃钢）风管：

1）风管不得扭曲、树脂破裂、脱落及界皮分层等，破损处应及时修复；

2）支架的形式、宽度与间距应符合设计要求；

3）连接法兰的螺栓两侧应加镀锌垫圈；

4）在运输及安装过程中严禁敲打、撞击，如有破损应及时修补；

5）所有支架安装应保持水平；

6）防护套管的内径尺寸应略大于所保护风管的法兰及保温层，套管应牢固地预埋在墙体或楼板内。钢制套管的壁厚不应小于 2mm。

6.3.2 无法兰连接风管的安装还应符合下列规定：

1 风管的连接处，应完整无缺损、表面应平整，无明显扭曲。

2 承插式风管的四周缝隙应一致，无明显的弯曲或褶皱；内涂的密封胶应完整，外黏的密封胶带，应粘贴牢固、完整无缺损。

3 薄钢板法兰形式风管的连接，弹性插条、弹簧夹或紧固螺栓的间隔不应大于 150mm，且分布均匀，无松动现象。

4 插条连接的矩形风管，连接后的板面应平整、无明显弯曲。

检查数量：按数量抽查 10%，不得少于 1 个系统。

检查方法：尺量、观察检查。

按类别对无法兰连接风管安装中基本的质量验收要求作出了规定。

6.3.3 风管的连接应平直、不扭曲。明装风管水平安装，水平度的允许偏差为 3/1000，总偏差不应大于 20mm。明装风管垂直安装，垂直度的允许偏差为 2/1000，总偏差不应大于 20mm。暗装风管的位置，应正确、无明显偏差。

除尘系统的风管，宜垂直或倾斜敷设，与水平夹角宜大于或等于 45°，小坡度和水平管应尽量短。

对含有凝结水或其他液体的风管，坡度应符合设计要求，并在最低处设排液装置。

检查数量：按数量抽查 10%，但不得少于 1 个系统。

检查方法：尺量、观察检查。

6.3.4 风管支、吊架的安装应符合下列规定：

1 风管水平安装，直径或长边尺寸小于等于400mm，间距不应大于4m；大于400mm，不应大于3m。螺旋风管的支、吊架间距可分别延长至5m和3.75m；对于薄钢板法兰的风管，其支、吊架间距不应大于3m。

2 风管垂直安装，间距不应大于4m，单根直管至少应有2个固定点。

3 风管支、吊架宜按国标图集与规范选用强度和刚度相适应的形式和规格。对于直径或边长大于2500mm的超宽、超重等特殊风管的支、吊架应按设计规定。

4 支、吊架不宜设置在风口、阀门、检查门及自控机构处，离风口或插接管的距离不宜小于200mm。

5 当水平悬吊的主、干风管长度超过20m时，应设置防止摆动的固定点，每个系统不应少于1个。

6 吊架的螺孔应采用机械加工。吊杆应平直，螺纹完整、光洁。安装后各副支、吊架的受力应均匀，无明显变形。

风管或空调设备使用的可调隔振支、吊架的拉伸或压缩量应按设计的要求进行调整。

7 抱箍支架，折角应平直，抱箍应紧贴并箍紧风管。安装在支架上的圆形风管应设托座和抱箍，其圆弧应均匀，且与风管外径相一致。

检查数量：按数量抽查10%，不得少于1个系统。

检查方法：尺量、观察检查。

风管系统支、吊架安装质量的验收要求。风管安装后，还应立即对其进行调整，以避免出现各副支、吊架受力不匀或风管局部变形。

支、吊架的固定方式及配件的使用应根据建筑物结构和固定位置确定：

1. 所使用的材料：支、吊架的悬臂、斜支撑采用角钢或槽钢制作。支、吊架的吊架根部采用钢板、角钢或槽钢与墙柱固定：悬臂、斜支撑、吊臂及吊杆采用角钢、槽钢或圆钢制作；横担采用角钢、槽钢制作；抱箍采用圆钢或扁钢制作。支、吊架的固定件与墙、柱采用焊接或膨胀螺栓固定。

2. 支、吊架应满足其承重要求。

3. 支、吊架应固定在可靠的建筑结构上，不应影响结构安全。

4. 靠墙或靠柱安装的水平风管宜悬臂支架或有斜撑支架，支架埋入砖墙内尺寸不小于120mm，用水泥砂浆填实，支架应水平，其垂直于墙面；不靠墙、柱安装的水平风管宜用托底吊架。直径或长边小于400mm的风管可采用吊带式吊架。靠墙安装的垂直风管应用悬臂托架或有斜支撑支架，不靠墙、柱的垂直风管宜用抱箍支架，室外或屋面安装的立管应采用井架或拉索固定。

5. 严禁将支、吊架焊接在承重结构从屋架的钢筋上。

6. 在钢结构上设置固定件时，钢梁下翼宜安装钢梁夹或钢吊夹，预留螺栓连接点、专用吊架型钢；吊架应与钢结构固定牢固，并应不影响钢结构安全。

7. 埋设支架的水泥砂浆应在达到强度后，再搁置管道。

8. 吊架的吊杆应平直，不得扭曲，螺纹应完整、光洁。吊杆加长可采用螺纹连接或焊接连接。螺纹连接任一端的连接螺纹均应长于吊杆直径，并有防松动措施；吊杆圆钢应根据风管安装标高适当截取。套丝不宜过长，丝扣末端不宜超出托架最低点，不妨碍装饰吊顶的施工；焊接连接宜采用搭接，搭接长度不少于吊杆直径的6倍，并于在两侧焊接；

焊缝应饱满，不得有咬肉、夹渣、结瘤等现象。焊缝表面严禁有裂纹。

9. 支、吊架的卡箍用扁钢制作时，其尺寸应与风管断面相符，卡牢后，其两边与风管仍保持 5mm 左右的缝隙，卡箍侧面应保持在一个平面上，不得扭曲。方箍应四角平整，各为 90°角；圆箍圆弧应均匀。支吊架上的卡箍螺栓，应等法兰盘拴紧固后，再进行拧紧。

10. 支、吊架焊接应采用角焊缝满焊，焊缝高度应与较薄焊接件厚度相同，焊缝饱满、均匀，不应出现漏焊、夹渣、裂纹、咬肉等现象。采用圆钢吊杆时，与吊架根部焊接长度应大于 6 倍的吊杆直径。

支、吊架的顶埋件位置应正确、牢固可靠，埋入结构部分应除锈、除油污，并不应涂漆，外露部分应进行防腐处理。

支、吊架安装检查：

1. 按风管的中心线找出吊杆安装位置，单吊杆在风管的中心线上；双吊杆可按托架的螺孔间距或风管的中心线对称安装，吊杆上都可采用预埋设法、膨胀螺栓法、射钉枪法与楼板、梁或屋架连接固定；吊杆与吊件应进行安全可靠的固定，对焊接后的部位应补刷油漆。

2. 立管管卡安装时，应先把最上面的一个管件固定好，在用线坠在中心处吊线，下面的风管即可进行固定。

3. 当风管较长要安装成排支架时，先把两端安好，然后以两端的支架为基准，用拉线法找出中间各支架的标高进行安装。

4. 风管水平安装，直径或长边小于等于 400mm，支、吊架的间距不应大于 4m；直径或长边大于 400mm 时，不大于 3m。螺旋风管的支、吊架可分别延长至 5m 和 3.75m；对于薄钢板无法兰的风管，其支、吊架间距不大于 3m。当水平悬吊的主干风管程度超过 20m 时，应设置防止摆动的固定点，每个系统不少于 1 个。风管垂直安装，支、吊架间距不应大于 4m；单根直管至少有 2 个固定点。

5. 支、吊架不得设置在风口、阀门、检查门及自控机构处，离风口或插接管的距离不宜小于 200mm。

6. 抱箍支架，折角应平直，抱箍应紧贴并抱紧分管。安装在支架上的圆形风管应设托座和抱箍，其圆弧应均匀且与风管外径相一致。

7. 保温风管的支、吊架装置宜放在保温层外部，保温风管不得与支、吊架直接接触，应垫上紧固的隔热防腐材料，其保温厚度与保温层相同，防止产生“冷桥”。

8. 在砖墙或混凝土上预埋支架时，洞口内外应一致，水泥砂浆捣固应密实，表面应平整，预埋应牢固。

空调风管和冷热水管的支、吊架选用的绝热衬垫检查：

1. 绝热衬垫厚度不应小于管道绝热层厚度，宽度应大于支、吊架支承面宽度，衬垫应完整，与绝热材料之间应密实、无空隙。

2. 绝热衬垫应满足其承压能力，安装后不变形。

3. 采用本质材料作为绝热衬垫时，应进行防腐处理。

4. 绝热衬垫应形状规则，表面平整，无缺损。

5. 不锈钢板、铝板风管与碳素钢支、吊架直接接触时，在潮湿环境中会发生电化学反应，碳素钢会迅速腐蚀，因此不锈钢板、铝板风管与碳素钢支、吊架之间要采取电绝缘措施。可采用加衬垫的方法，使支、吊架与风管隔开。衬垫可采用 3～5mm 的橡胶垫或 10～20mm 的木托。

6.3.5 非金属风管的安装还应符合下列规定：

1 风管连接两法兰端面应平行、严密，法兰螺栓两侧应加镀锌垫圈。

2 应适当增加支、吊架与水平风管的接触面积。

3 硬聚氯乙烯风管的直段连续长度大于 20m，应按设计要求设置伸缩节；支管的重量不得由干管来承受，必须自行设置支、吊架。

4 风管垂直安装，支架间距不应大于 3m。

检查数量：按数量抽查 10%，不得少于 1 个系统。

检查方法：尺量、观察检查。

6.3.6 复合材料风管的安装还应符合下列规定：

1 复合材料风管的连接处，接缝应牢固，无孔洞和开裂。当采用插接连接时，接口应匹配、无松动，端口缝隙不应大于 5mm。

2 采用法兰连接时，应有防冷桥的措施。

3 支、吊架的安装宜按产品标准的规定执行。

检查数量：按数量抽查 10%，但不得少于 1 个系统。

检查方法：尺量、观察检查。

复合风管连接检查：

1. 承插阶梯粘结时，应根据管内介质流向，上游的管段接口应设置为内凸插口，下游管段接口为内凹承口，且承口表层玻璃纤维布翻边折成 90°。清扫粘结口结合面，在密封面连续，均匀涂抹胶粘剂，晾干一定的时间后，将承插口粘合，清理连接处挤压出的余胶，并进行临时固定，在外接缝处应采用扒钉加固，间距不宜大于 50mm，并用宽度大于或等于 50mm 的压敏胶带沿接合缝两边宽度均等进行密封，也可采用电熨斗加热热敏胶带粘结密封。临时固定应在风管接口牢固后才能拆除。

2. 错位对接粘结时，应先将风管错口连接处的保温层刮磨平整，然后试装。贴合严密后涂胶粘剂，提升到支、吊架上对接，其他安装要求同承插阶梯粘结。

3. 工形插接连接时，应先在风管四角横截面上粘贴镀锌板直角垫片，然后涂胶粘剂粘结法兰，胶粘剂凝固后，插入工形插件，最后在插条墙头填抹密封胶，四角装入护角。

4. 空调风管采用 PVC 及铝合金插件连接时，应采取防冷桥措施。在 PVC 及铝合金插件接口凹槽内可填满橡胶海绵、玻璃纤维等碎料，应采用胶粘剂粘结在凹槽内，碎料四周外部应采用绝热材料覆盖，绝热材料在风管上搭接长度应大于 20mm。中、高压风管的插接法兰之间应加密封垫料或采取其他密封措施。

5. 风管预制的长度不宜超过 2800mm。

在管内侧按介质流向，上游接口设置为内凸插口，下游为内四承口，可以减少漏风。内层为玻璃纤维布时，将下游内凹承口的内层玻璃纤维布翻边折成 90°，可以防止内层被迎风吹起脱落。

对于溶剂型胶粘剂，晾置几分钟到数十分钟，使胶粘剂中的溶剂大部分挥发，有利于提高初黏力，这是必要的工序。

铝锚热敏胶带表面设有感温色点，当热敏铝箔上带色光点全部变成黑灰色即可停止加热，以此控制加温，保证粘结质量。错位对接粘结连接方式主要适用于刚性较大的极材制作的风管，该连接方式漏风量较大，因此，应在地面试装，检查接缝严密后，再涂胶粘结。

6. 法兰连接时，应以单节形式提升管段至安装位置，在支、吊架上临时定位，侧面插入密封垫料，套上带镀锌垫圈的螺栓，检查密封垫料无偏斜后，做两次以上对称旋紧螺母，并检查间隙均匀一致。在风管与支吊架横担间应设置宽于支撑面、厚1.2mm的钢制垫板。

7. 插接连接时，应逐段顺序插接，在插口处涂专用胶，并应用自攻螺钉固定。

6.3.7 集中式真空吸尘系统的安装应符合下列规定：

1 吸尘管道的坡度宜为5/1000，并坡向立管或吸尘点；

2 吸尘嘴与管道的连接，应牢固、严密。

检查数量：按数量抽查20%，不得少于5件。

检查方法：尺量、观察检查。

6.3.8 各类风阀应安装在便于操作及检修的部位，安装后的手动或电动操作装置应灵活、可靠，阀板关闭应保持严密。

防火阀直径或长边尺寸大于等于630mm时，宜设独立支、吊架。

排烟阀（排烟口）及手控装置（包括预埋套管）的位置应符合设计要求。预埋套管不得有死弯及瘪陷。

除尘系统吸入管段的调节阀，宜安装在垂直管段上。

检查数量：按数量抽查10%，不得少于5件。

检查方法：尺量、观察检查。

风管系统中各类风阀安装质量检查：

防火阀直径或长边尺寸大于等于630mm时，宜设独立支、吊架。

排烟阀（排烟口）及手控装置（包括预埋套管）的位置应符合设计要求。预埋套管不得有死弯及瘪陷。

防火阀安装应符合设计要求的方向位置，易熔件应迎气流方向，不得反装，且应在系统安装后装入。若远距离操作，其钢丝绳套管宜用DN20钢管，套管转弯处不得多于两处，其弯曲半径应大于300mm，防火阀要单独设支吊架。防火阀安装后应做动作试验，其阀板的启闭应灵活，动作应可靠。

排烟阀（排烟口）及手控装置（包括预埋导管）的位置应符合设计要求，预埋管不应有死弯及瘪陷。

穿过防火（隔）墙、伸缩缝、防火楼板、防火阀的安装，板式排烟口在吊顶风管上安装，多叶排烟口在墙上安装，远距离控制装置的安装必须符合设计规定，无设计规定时，可参照《防火排烟系统末端设备安装图集》（苏N9701）。

阀门安装时，阀门四周要留有一定的建筑空间，以便于维修和更换零部件。

6.3.9 风帽安装必须牢固，连接风管与屋面或墙面的交接处不应渗水。

检查数量：按数量抽查10%，不得少于5件。

检查方法：尺量、观察检查。

风管系统中风帽安装的最基本的质量要求是牢固和不渗漏。

6.3.10　排、吸风罩的安装位置应正确，排列整齐，牢固可靠。

检查数量：按数量抽查10%，不得少于5件。

检查方法：尺量、观察检查。

6.3.11　风口与风管的连接应严密、牢固，与装饰面相紧贴；表面平整、不变形，调节灵活、可靠。条形风口的安装，接缝处应衔接自然，无明显缝隙。同一厅室、房间内的相同风口的安装高度应一致，排列应整齐。

明装无吊顶的风口，安装位置和标高偏差不应大于10mm。

风口水平安装，水平度的偏差不应大于3/1000。

风口垂直安装，垂直度的偏差不应大于2/1000。

检查数量：按数量抽查10%，不得少于1个系统或不少于5件和2个房间的风口。

检查方法：尺量、观察检查。

风管系统中风口安装检查内容。风口安装质量应以连接的严密性和观感的舒适、美观为主。

风管与风口连接宜采用法兰连接，也可采用槽形或工形插接连接。风口不应直接安装在主风管上，风口与主风管间应通过短管连接。

风口安装位置应正确，调节装置定位后应无明显自由松动。室内安装的同类型风口应规整，与装饰面应贴合严密。

吊顶风口可直接固定在装饰在龙骨上，当有特殊要求或风口较重时，应设置独立的支、吊架。

6.3.12　净化空调系统风口安装还应符合下列规定：

1　风口安装前应清扫干净，其边框与建筑顶棚或墙面间的接缝处应加设密封垫料或密封胶，不应漏风；

2　带高效过滤器的送风口，应采用可分别调节高度的吊杆。

检查数量：按数量抽查20%，不得少于1个系统或不少于5件和2个房间的风口。

检查方法：尺量、观察检查。

净化空调系统风口安装有较高的要求。

第七节　通风与空调设备安装

7.1　一般规定

7.1.1　本章适用于工作压力不大于5kPa的通风机与空调设备安装质量的检验与验收。

7.1.2　通风与空调设备应有装箱清单、设备说明书、产品质量合格证书和产品性能检测报告等随机文件，进口设备还应具有商检合格的证明文件。

7.1.3　设备安装前，应进行开箱检查，并形成验收文字记录。参加人员为建设、监理、施工和厂商等方单位的代表。

7.1.4　设备就位前应对其基础进行验收，合格后方能安装。

7.1.5　设备的搬运和吊装必须符合产品说明书的有关规定，并应做好设备的保护工作，防止因搬运或吊装而造成设备损伤。

通风与空调工程风管系统设备安装的通用要求。

设备的随机文件既代表了产品质量，又是安装、使用的说明书和技术指导资料，必须加以重视。随着国际交往的不断发展，国内工程中安装进口设备会有所增加。我们应该根据国际惯例，对所安装的设备规定必须通过国家商检部门的鉴定，并具有检验合格的证明文件。

通风与空调工程中大型、高空或特殊场合的设备吊装，是工程施工中一个特殊的工序，并具有较大的危险性，稍有疏忽就可能造成机毁人伤，因此必须加以重视。第7.1.5条就是为了保证安全施工所作出的规定。

7.2 主控项目

7.2.1 通风机的安装应符合下列规定：

1 型号、规格应符合设计规定，其出口方向应正确；

2 叶轮旋转应平稳，停转后不应每次停留在同一位置上；

3 固定通风机的地脚螺栓应拧紧，并有防松动措施。

检查数量：全数检查。

检查方法：依据设计图核对、观察检查。

通风机安装验收的主控项目内容。施工现场对风机叶轮安装的质量和平衡性的检查，最有效、粗略的方法就是盘动叶轮，观察它的转动情况和是否会停留在同一个位置。

风机安装前应根据设计图纸对设备基础进行全面检查，坐标、标高及尺寸应符合设备安装要求。将设备基础表面的油污、泥土杂物清除和地脚螺栓预留孔内的杂物清除干净。风机安装前，应在基础表面铲出麻面，以使二次浇灌的混凝土或水泥能与基础紧密结合。通风机的基础，各部件尺寸应符合设计要求。预留孔灌浆前应清除杂物，灌浆应用细石混凝土，其强度等级应比基础的混凝土高一级，并应捣固密实，地脚螺栓不得歪斜。固定通风机的地脚螺栓，除应带有垫圈外，并应有防松装置。

整体安装的风机吊至基础上后，用垫铁找平，垫铁一般应放在地脚螺栓两侧，斜垫铁必须成对使用。风机安装好后，同一组垫铁应点焊在一起，以免受力时松动。通风机的进风管、出风管等装置应有单独的支撑并与基础或其他建筑物连接牢固；风管与风机连接时，不得强迫对口，机壳不应承受其他部件的重量。

7.2.2 通风机传动装置的外露部位以及直通大气的进、出口，必须装设防护罩（网）或采取其他安全设施。

检查数量：全数检查。

检查方法：依据设计图核对、观察检查。

为防止由于风机对人的意外伤害，通风机转动件的外露部分和敞口作了强制的保护性措施。通风机的进风口或风管之间应加装柔性短管。

7.2.3 空调机组的安装应符合下列规定：

1 型号、规格、方向和技术参数应符合设计要求；

2 现场组装的组合式空气调节机组应做漏风量的检测，其漏风量必须符合现行国家标准《组合式空调机组》(GB/T 14294) 的规定。

检查数量：按总数抽检20%，不得少于1台。净化空调系统的机组，1～5级全数检查，6～9级抽查50%。

检查方法：依据设计图核对，检查测试记录。

空调机组安装验收主控项目的内容。一般大型空调机组由于体积大，不便于整体运输，常采用散装或组装功能段运至现场进行整体拼装的施工方法。由于加工质量和组装水平的不同，组装后机组的密封性能存在着较大的差异，严重的漏风将影响系统的使用功能。同时，空调机组整机的漏风量测试也是工程设备验收的必要步骤之一。因此，现场组装的机组在安装完毕后，应进行漏风量的测试。

7.2.4 除尘器的安装应符合下列规定：

1 型号、规格、进出口方向必须符合设计要求；

2 现场组装的除尘器壳体应做漏风量检测，在设计工作压力下允许漏风率为5%，其中离心式除尘器为3%；

3 布袋除尘器、电除尘器的壳体及辅助设备接地应可靠。

检查数量：按总数抽查20%，不得少于1台；接地全数检查。

检查方法：按图核对、检查测试记录和观察检查。

除尘器安装验收主控项目的内容。现场组装的除尘器，在安装完毕后，应进行机组的漏风量测试，设计工作压力下除尘器的允许漏风率。

7.2.5 高效过滤器应在洁净室及净化空调系统进行全面清扫和系统连续试车12h以上后，在现场拆开包装并进行安装。

安装前需进行外观检查和仪器检漏。目测不得有变形、脱落、断裂等破损现象；仪器抽检检漏应符合产品质量文件的规定。

合格后立即安装，其方向必须正确，安装后的高效过滤器四周及接口，应严密不漏；在调试前应进行扫描检漏。

检查数量：高效过滤器的仪器抽检检漏按批抽5%，不得少于1台。

检查方法：观察检查、按本规范附录B规定扫描检测或查看检测记录。

高效过滤器安装验收主控项目的内容。高效过滤器主要运用于洁净室及净化空调系统之中，其安装质量的好坏将直接影响到室内空气洁净度等级的实现。

7.2.6 净化空调设备的安装还应符合下列规定：

1 净化空调设备与洁净室围护结构相连的接缝必须密封；

2 风机过滤器单元（FFU与FMU空气净化装置）应在清洁的现场进行外观检查，目测不得有变形、锈蚀、漆膜脱落、拼接板破损等现象；在系统试运转时，必须在进风口处加装临时中效过滤器作为保护。

检查数量：全数检查。

检查方法：按设计图核对、观察检查。

净化空调设备安装验收主控项目的内容。净化空调设备指的是空气净化系统应用的专用设备，安装时应达到清洁、严密。对于风机过滤器单元，还强调规定了系统试运行时，必须加装中效过滤器作为保护。

7.2.7 静电空气过滤器金属外壳接地必须良好。

检查数量：按总数抽查20%，不得少于1台。

检查方法：核对材料、观察检查或电阻测定。

静电空气处理设备安装必须可靠接地的要求。

7.2.8 电加热器的安装必须符合下列规定：

1 电加热器与钢构架间的绝热层必须为不燃材料，接线柱外露的应加设安全防护罩；

2　电加热器的金属外壳接地必须良好；

3　连接电加热器的风管的法兰垫片，应采用耐热不燃材料。

检查数量：按总数抽查20%，不得少于1台。

检查方法：核对材料、观察检查或电阻测定。

电加热器安装必须可靠接地和防止燃烧的要求。

电加热器必须在通风情况下才能通电使用。电加热器与通风机启闭装置应联锁，应有良好的接地装置。

7.2.9　干蒸汽加湿器的安装，蒸汽喷管不应朝下。

检查数量：全数检查。

检查方法：观察检查。

干蒸汽加湿器安装、验收的主控项目内容。干蒸汽加湿器的喷气管如果向下安装，会使产生干蒸汽的工作环境遭到破坏。

7.2.10　过滤吸收器的安装方向必须正确，并应设独立支架，与室外的连接管段不得泄漏。

检查数量：全数检查。

检查方法：观察或检测。

过滤吸收器安装检查。过滤吸收器是人防工程中一个重要的空气处理装置，具有过滤、吸附有毒有害气体，保障人身安全的作用。如果安装发生差错，将会使过滤吸收器的功能失效，无法保证系统的安全使用。

过滤吸收器外壳不应有损伤、穿孔或大的擦痕。主要部位碰伤凹陷大于10mm、次要部位大于15mm时，不得安装使用。

过滤吸收器与管道连接严禁泄漏，各部位的螺丝连接应牢固，不得有松动现象。

过滤吸收器应按标明的气流方向安装，并应设独立支架。

存放3年以上的过滤吸收器，必须经有关部门检查其性能，合格后才允许安装使用。

7.3　一般项目

7.3.1　通风机的安装应符合下列规定：

1　通风机的安装，应符合表7.3.1（本书表10.7.1）的规定，叶轮转子与机壳的组装位置应正确；叶轮进风口插入风机机壳进风口或密封圈的深度，应符合设备技术文件的规定，或为叶轮外径值的1/100。

通风机安装的允许偏差　　表10.7.1

项　次	项　目		允许偏差	检验方法
1	中心线的平面位移		10mm	经纬仪或拉线和尺量检查
2	标高		±10mm	水准仪或水平仪、直尺、拉线和尺量检查
3	皮带轮轮宽中心平面偏移		1mm	在主、从动皮带轮端面拉线和尺量检查
4	传动轴水平度		纵向0.2/1000 横向0.3/1000	在轴或皮带轮0°和180°的两个位置上，用水平仪检查
5	联轴器	两轴芯径向位移	0.05mm	在联轴器互相垂直的四个位置上，用百分表检查
		两轴线倾斜	0.2/1000	

2 现场组装的轴流风机叶片安装角度应一致，达到在同一平面内运转，叶轮与筒体之间的间隙应均匀，水平度允许偏差为1/1000。

3 安装隔振器的地面应平整，各组隔振器承受荷载的压缩量应均匀，高度误差应小于2mm。

4 安装风机的隔振钢支、吊架，其结构形式和外形尺寸应符合设计或设备技术文件的规定；焊接应牢固，焊缝应饱满、均匀。

检查数量：按总数抽查20%，不得少于1台。

检查方法：尺量、观察或检查施工记录。

离心式通风机安装检查：

1. 通风机底座若设有减振衬垫，应先将减振衬垫安好，然后将通风机底座按基础上的安装基准线准确地放在减振衬垫上。

2. 在支架上或基础上固定通风机或机组所用的螺栓，应加防松螺母或弹簧垫圈。

3. 轴承座与底座应紧密结合，纵向水平度不应超过0.2/1000，用水平仪在主轴上测量；横向水平度不应超过0.3/1000，用水平仪在轴承座的水平中分面上测量。

4. 机壳大的找正应以转子轴心线为基准找正，并将叶轮进气口与机壳进气口间的轴向和径向间隙调整至设备技术文件规定的范围内，如设备技术文件无规定时，一般间隙应为叶轮外径的1/100，径向间隙应均匀分布，其数值应为叶轮外径的1.5/1000～3/1000（外径小者取大值）。调整时力求间隙值小一些，以提高风机效率。

5. 风机轴与电动机轴的同轴度：径向位移不应超过0.05mm，倾斜不应超过0.2/1000。

轴流式通风机在墙洞内安装检查：

1. 依照施工图检查建筑物上预留墙洞的坐标位置、标高及几何尺寸并应符合要求。

2. 依照图纸检查挡板框和支座的各项尺寸和预埋质量并应符合要求。

3. 通风机安装应用垫铁找平找正，找好后应将地脚螺栓拧紧并应与挡板连接牢固。

4. 通风机出风口处宜设45°的防雨、雪弯头。

5. 轴向风机组装，叶轮与主体风筒的间隙应均匀分布。

6. 大型轴流风机组装应根据随机文件的要求进行，叶片安装角度应一致，并达到在同一平面内运转平稳的要求。

管道风机的安装检查：

1. 管道风机在安装前应检查叶轮与机壳间的间隙是否符合设备技术文件的要求。

2. 管道风机的支、吊、托架应设隔振装置，并安装牢固。

3. 依照图纸检查通风机支架应符合要求，并核对支架上地脚螺栓孔与通风机地脚螺栓孔的位置、尺寸应相符。

4. 通风机放在支架上时应垫以厚度为4～5mm的橡胶垫板，穿上螺栓，稍加找正找中，最后用螺栓固定。

5. 检查叶片根部应无损伤，紧固螺母应无松动。

6. 留出检查和接线用的孔。

隔振支、吊架的安装检查：

1）隔振支、吊架的结构形式和外形尺寸应符合设计要求或设备技术文件规定。

2）钢隔振支架焊接应符合现行国家标准《钢结构工程施工质量验收规范》（GB 50205）的有关规定，焊接后必须矫正。

3）使用隔振吊架不得超过其最大额定载荷量。

4）为防止隔振器移位，规定安装隔振器地面应平整。同一机座的隔振器压缩量应一致，使隔振器受力均匀。

5）安装风机的隔振器和钢支、吊架应按其荷载和使用场合进行选用，并应符合设计和设备技术文件的规定，以防造成隔振器失效。

6）安装隔振器的地面应平整，各组隔振器承受荷载的压缩量应均匀，不得偏心；隔振器安装完毕，在其使用前应采取防止位移及过载等保护措施。

7.3.2 组合式空调机组及柜式空调机组的安装应符合下列规定：

1 组合式空调机组各功能段的组装，应符合设计规定的顺序和要求；各功能段之间的连接应严密，整体应平直。

2 机组与供回水管的连接应正确，机组下部冷凝水排放管的水封高度应符合设计要求。

3 机组应清扫干净，箱体内应无杂物、垃圾和积尘。

4 机组内空气过滤器（网）和空气热交换器翅片应清洁、完好。

检查数量：按总数抽查20%，不得少于1台。

检查方法：观察检查。

组合式空调机组安装的检查：

组合式空调机的组装、功能段的排序应符合设计规定，还要求达到机组外观整体平直、功能段之间的连接严密、保持清洁及做好设备保护工作等质量要求。

组合式空调机组的安装检查：

1. 机组应放在平整的基础上，基础应高于机房地平面。从空调机组的一端开始逐一将段体抬上底座就位找正，加衬垫将相邻两个段体用螺栓连接牢固严密，每连接一个段体前，将内部清扫干净。组合式空调机组各功能段间连接后，整体应平直，检查门要灵活，水路畅通。

2. 加热段与相邻段体间采用耐热材料作为垫片。

3. 喷淋段连接处要严密、牢固可靠，喷淋段不得渗水，喷淋段的检视门不得漏水。积水槽应清理干净，保证冷凝水畅通不溢水。凝结水管应设置水封，水封高度根据机外余压确定，防止空气调节器内空气外漏或室外空气进来。

4. 组合式空调机组各功能段之间的连接应严密，整体应平直，检查门开启应灵活，水路应畅通。

7.3.3 空气处理室的安装应符合下列规定：

1 金属空气处理室壁板及各段的组装位置应正确，表面平整，连接严密、牢固。

2 喷水段的本体及其检查门不得漏水，喷水管和喷嘴的排列、规格应符合设计的规定。

3 表面式换热器的散热面应保持清洁、完好。当用于冷却空气时，在下部应设有排水装置，冷凝水的引流管或槽应畅通，冷凝水不外溢。

4 表面式换热器与围护结构间的缝隙，以及表面式热交换器之间的缝隙，应封堵严密。

5 换热器与系统供回水管的连接应正确，且严密不漏。

检查数量：按总数抽查20%，不得少于1台。

检查方法：观察检查。

现场组装的空气处理室安装的检查：

现场组装空气处理室容易发生渗漏水的部位，主要是检查门、水管接口以及喷水段的组装接缝等处，施工质量验收时，应引起重视。目前，国内喷水式空气处理室，应用的数量虽然比较少，但是作为一种有效的空气处理形式，还是有实用的价值。

表面式换热器的金属翅片在运输与安装过程中易被损坏和沾染污物，会增加空气阻力，影响热交换效率。所以条文也作了相应的规定，以防止类似情况的发生。

空气处理室的安装检查：

1. 预埋在砖、混凝土墙体内空气处理室的供、回水短管应焊防水肋板，管端应配制法兰或螺纹，距处理室墙面应为100～150mm。

2. 表面式换热器应具有合格证明，并在技术文件规定的期限内，外表无损伤安装前可不做水压试验，否则应做水压试验。试验压力等于系统工作压力的1.5倍，且不得小于0.4MPa。水压试验的观测时间为3min，压力不得下降。

3. 金属空气处理室各段组装前，应先按设计图核对各部尺寸，偏差过大的应作矫正处理。

4. 安装位置必须符合设计要求，法兰连接严密，不得渗漏。

表面式热交换器安装检查：

1）表面式热交换器的散热面应保持清洁、完好，安装前应作通水和水压试验，检查是否堵塞和渗漏。

2）试验压力等于系统最高压力的1.5倍，同时不得小于0.6MPa，水压试验的观测时间为2～3min，压力不得下降并做好记录。

3）表面式热交换器与围护结构的缝隙，以及交换器之间的缝隙，应用耐热材料堵严。

4）表面式热交换器用于冷却空气时，下部排水装置应畅通。

7.3.4 单元式空调机组的安装应符合下列规定：

1 分体式空调机组的室外机和风冷整体式空调机组的安装，固定应牢固、可靠；除应满足冷却风循环空间的要求外，还应符合环境卫生保护有关法规的规定。

2 分体式空调机组的室内机的位置应正确、并保持水平，冷凝水排放应畅通。管道穿墙处必须密封，不得有雨水渗入。

3 整体式空调机组管道的连接应严密、无渗漏，四周应留有相应的维修空间。

检查数量：按总数抽查20%，不得少于1台。

检查方法：观察检查。

分体式空调机和风冷整体式空调机组的安装检查。

风冷分体与整体式空调机组的安装检查：

1. 室内机组安装应位置正确，目测应呈水平，冷凝水排放应畅通。

2. 制冷剂管道连接必须严密无渗漏。

3. 管道穿过的墙孔必须密封，雨水不得渗入。

7.3.5 除尘设备的安装应符合下列规定：

1 除尘器的安装位置应正确、牢固平稳，允许误差应符合表7.3.5（本书表10.7.2）

的规定。

除尘器安装允许偏差和检验方法　　表 10.7.2

项　次	项　目		允许偏差（mm）	检验方法
1	平面位移		≤10	用经纬仪或拉线、尺量检查
2	标高		±10	用水准仪、直尺、拉线和尺量检查
3	垂直度	每米	≤2	吊线和尺量检查
		总偏差	≤10	

2　除尘器的活动或转动部件的动作应灵活、可靠，并应符合设计要求。

3　除尘器的排灰阀、卸料阀、排泥阀的安装应严密，并便于操作与维护修理。

检查数量：按总数抽查 20%，不得少于 1 台。

检查方法：尺量、观察检查及检查施工记录。

各类除尘器安装检查：

除尘器安装位置正确，可保证风管镶接的顺利进行。除尘器的安装质量与除尘效率有着密切关系。本条文对除尘器安装的允许偏差和检验方法作了具体规定。

除尘器的活动或转动部位为清灰的主要部件，故强调其动作应灵活、可靠。

除尘器的排灰阀、卸料阀、排泥阀的安装应严密，以防止产生粉尘泄漏、污染环境和影响除尘效率。

除尘器基础验收。除尘器安装前，对设备基础进行全面的检查，外形尺寸、标高、坐标应符合设计，基础螺栓预留孔位置、尺寸应正确。基础表面应铲除麻面，以便二次灌浆。大型除尘器的钢筋混凝土基础及支柱应提交耐压试验单，验收合格后方可进行设备安装。

7.3.6　现场组装的静电除尘器的安装，还应符合设备技术文件及下列规定：

1　阳极板组合后的阳极排平面度允许偏差为 5mm，其对角线允许偏差为 10mm。

2　阴极小框架组合后主平面的平面度允许偏差为 5mm，其对角线允许偏差为 10mm。

3　阴极大框架的整体平面度允许偏差为 15mm，整体对角线允许偏差为 10mm。

4　阳极板高度小于或等于 7m 的电除尘器，阴、阳极间距允许偏差为 5mm。阳极板高度大于 7m 的电除尘器，阴、阳极间距允许偏差为 10mm。

5　振打锤装置的固定，应可靠；振打锤的转动，应灵活。锤头方向应正确；振打锤头与振打砧之间应保持良好的线接触状态，接触长度应大于锤头厚度的 0.7 倍。

检查数量：按总数抽查 20%，不得少于 1 组。

检查方法：尺量、观察检查及检查施工记录。

7.3.7　现场组装布袋除尘器的安装，还应符合下列规定：

1　外壳应严密、不漏，布袋接口应牢固。

2　分室反吹袋式除尘器的滤袋安装，必须平直。每条滤袋的拉紧力应保持在 25～35N/m；与滤袋连接接触的短管和袋帽应无毛刺。

3　机械回转扁袋袋式除尘器的旋臂，转动应灵活可靠，净气室上部的顶盖，应密封不漏气，旋转应灵活，无卡阻现象。

4 脉冲袋式除尘器的喷吹孔，应对准文氏管的中心，同心度允许偏差为2mm。

检查数量：按总数抽查20%，不得少于1台。

检查方法：尺量、观察检查及检查施工记录。

现场组装布袋除尘器的验收，主要应控制其外壳、布袋与机械落灰装置的安装质量。

7.3.8 洁净室空气净化设备的安装，应符合下列规定：

1 带有通风机的气闸室、吹淋室与地面间应有隔振垫。

2 机械式余压阀的安装，阀体、阀板的转轴均应水平，允许偏差为2/1000。余压阀的安装位置应在室内气流的下风侧，并不应在工作面高度范围内。

3 传递窗的安装，应牢固、垂直，与墙体的连接处应密封。

检查数量：按总数抽查20%，不得少于1件。

检查方法：尺量、观察检查。

带有通风机的气闸室、吹淋室的振动会对洁净室的环境带来不利影响，因此，要求垫隔振垫。

条文对机械式余压阀、传递窗安装质量的验收，强调的是水平度和密封性。

7.3.9 装配式洁净室的安装应符合下列规定：

1 洁净室的顶板和壁板（包括夹芯材料）应为不燃材料。

2 洁净室的地面应干燥、平整，平整度允许偏差为1/1000。

3 壁板的构配件和辅助材料的开箱，应在清洁的室内进行，安装前应严格检查其规格和质量。壁板应垂直安装，底部宜采用圆弧或钝角交接；安装后的壁板之间、壁板与顶板间的拼缝，应平整严密，墙板的垂直允许偏差为2/1000，顶板水平度的允许偏差与每个单间的几何尺寸的允许偏差均为2/1000。

4 洁净室吊顶在受荷载后应保持平直，压条全部紧贴。洁净室壁板若为上、下槽形板时，其接头应平整、严密；组装完毕的洁净室所有拼接缝，包括与建筑的接缝，均应采取密封措施，做到不脱落，密封良好。

检查数量：按总数抽查20%，不得少于5处。

检查方法：尺量、观察检查及检查施工记录。

为保障装配式洁净室的安全使用，故规定其顶板和壁板为不燃材料。

洁净室干燥、平整的地面，才能满足其表面涂料与铺贴材料施工质量的需要。为控制洁净室的拼装质量，条文还对壁板、墙板安装的垂直度、顶板的水平度以及每个单间几何尺寸的允许偏差作出了规定。

对装配式洁净室的吊顶、壁板的接口等，强调接缝整齐、严密，并在承重后保持平整。装配式洁净室接缝的密封措施和操作质量，将直接影响洁净室的洁净等级和压差控制目标的实现，故需特别引起重视。

7.3.10 洁净层流罩的安装应符合下列规定：

1 应设独立的吊杆，并有防晃动的固定措施；

2 层流罩安装的水平度允许偏差为1/1000，高度的允许偏差为±1mm；

3 层流罩安装在吊顶上，其四周与顶板之间应设有密封及隔振措施。

检查数量：按总数抽查20%，且不得少于5件。

检查方法：尺量、观察检查及检查施工记录。

7.3.11　风机过滤器单元（FFU、FMU）的安装应符合下列规定：

1　风机过滤器单元的高效过滤器安装前应按本规范第7.2.5条的规定检漏，合格后进行安装，方向必须正确；安装后的FFU或FMU机组应便于检修。

2　安装后的FFU风机过滤器单元应保持整体平整，与吊顶衔接良好。风机箱与过滤器之间的连接，过滤器单元与吊顶框架间应有可靠的密封措施。

检查数量：按总数抽查20%，且不得少于2个。

检查方法：尺量、观察检查及检查施工记录。

7.3.12　高效过滤器的安装应符合下列规定：

1　高效过滤器采用机械密封时，须采用密封垫料，其厚度为6～8mm，并定位贴在过滤器边框上，安装后垫料的压缩应均匀，压缩率为25%～50%；

2　采用液槽密封时，槽架安装应水平，不得有渗漏现象，槽内无污物和水分，槽内密封液高度宜为2/3槽深，密封液的熔点宜高于50℃。

检查数量：按总数抽查20%，且不得少于5个。

检查方法：尺量、观察检查。

高效过滤器采用机械密封时，密封垫料的厚度及安装的接缝处理非常重要，厚度应按条文的规定执行，接缝不应为直接连接。

当高效过滤器采用液槽密封时，密封液深度以2/3槽深为宜，过少会使插入端口处不易密封，过多会造成密封液外溢。

7.3.13　消声器的安装应符合下列规定：

1　消声器安装前应保持干净，做到无油污和浮尘。

2　消声器安装的位置、方向应正确，与风管的连接应严密，不得有损坏与受潮。两组同类型消声器不宜直接串联。

3　现场安装的组合式消声器，消声组件的排列、方向和位置应符合设计要求。单个消声器组件的固定应牢固。

4　消声器、消声弯管均应设独立支、吊架。

检查数量：整体安装的消声器，按总数抽查10%，且不得少于5台。现场组装的消声器全数检查。

检查方法：手扳和观察检查、核对安装记录。

强调消声器安装前，应做外观检查；安装过程中，应注意保护与防潮。不少消声器安装是具有方向要求的，不能反方向安装。消声器、消声弯管的体积、重量大，应设置单独支、吊架，不应使用风管承受消声器和消声弯管的重量。这样可以方便消声器或消声弯管的维修与更换。

7.3.14　空气过滤器的安装应符合下列规定：

1　安装平整、牢固，方向正确。过滤器与框架、框架与围护结构之间应严密无穿透缝。

2　框架式或粗效、中效袋式空气过滤器的安装，过滤器四周与框架应均匀压紧，无可见缝隙，并应便于拆卸和更换滤料。

3　卷绕式过滤器的安装，框架应平整，展开的滤料应，松紧适度、上下筒体应平行。

检查数量：按总数抽查10%，且不得少于1台。

检查方法：观察检查。

空气过滤器与框架、框架与围护结构之间堵封得不严，会影响过滤器的滤尘效果，所以要求安装时无穿透的缝隙。

卷绕式过滤器的安装应平整，上下筒体应平行，以达到滤料的松紧一致，使用时不发生跑料。

7.3.15 风机盘管机组的安装应符合下列规定：

1 机组安装前宜进行单机三速试运转及水压检漏试验。试验压力为系统工作压力的1.5倍，试验观察时间为2min，不渗漏为合格。

2 机组应设独立支、吊架，安装的位置、高度及坡度应正确、固定牢固。

3 机组与风管、回风箱或风口的连接应严密、可靠。

检查数量：按总数抽查10%，且不得少于1台。

检查方法：观察检查、查阅检查试验记录。

风机盘管机组安装前宜对产品的质量进行抽查，这样可使工程质量得到有效的控制，避免安装后发现问题再返工。风机盘管机组的安装，还应注意水平坡度的控制，坡度不当，会影响凝结水的正常排放。

风机盘管机组与风管、回风箱或风口的连接，在工程施工中常存在不到位、空缝等不良现象。

7.3.16 转轮式换热器安装的位置、转轮旋转方向及接管应正确，运转应平稳。

检查数量：按总数抽查20%，且不得少于1台。

检查方法：观察检查。

强调了风管连接不能搞错，以防止功能失效和系统空气的污染。

7.3.17 转轮去湿机安装应牢固，转轮及传动部件应灵活、可靠，方向正确；处理空气与再生空气接管应正确；排风水平管须保持一定的坡度，并坡向排出方向。

检查数量：按总数抽查20%，且不得少于1台。

检查方法：观察检查。

7.3.18 蒸汽加湿器的安装应设置独立支架，并固定牢固；接管尺寸正确、无渗漏。

检查数量：全数检查。

检查方法：观察检查。

为防止蒸汽加湿器使用过程中产生不必要的振动，应设置独立支架，并固定牢固。

蒸汽加湿器安装应设置独立支架，并固定牢固；接管尺寸正确，无泄漏；干蒸汽加湿器喷汽管宜采用水平或垂直向上安装等形式，不得向下安装。

7.3.19 空气风幕机的安装，位置方向应正确、牢固可靠，纵向垂直度与横向水平度的偏差均不应大于2/1000。

检查数量：按总数10%的比例抽查，且不得少于1台。

检查方法：观察检查。

为避免空气风幕机运转时发生不正常的振动，因此规定其安装应牢固可靠。风幕机常为明露安装，故对垂直度、水平度的允许偏差作出了规定。

风幕机、热风幕机的安装，底板或支架的安装应牢固可靠，机体安装后，应锁紧下部的压紧螺钉；整机安装前，应用手拨动叶轮，检查是否有碰壳现象，机壳应按要求接地；

热媒为热水或蒸汽的热风幕机，安装前应做水压试验，试验压力为系统最高工作压力的1.5倍，同时不得小于0.4MPa，无渗漏；风幕机、热风幕机安装应水平，其纵、横向水平度的偏差不应大于2/1000；空气幕安装位置和标高必须正确，空气幕与墙体螺栓连接应牢固、平稳，且不得影响其回风口过滤网的拆卸和清洗。

7.3.20　变风量末端装置的安装，应设单独支、吊架，与风管连接前宜做动作试验。

检查数量：按总数抽查10%，且不得少于1台。

检查方法：观察检查、查阅检查试验记录。

变风量末端装置应设置单独支、吊架，以便于调整和检修；与风管连接前宜做动作试验，确认运行正常后再封口，可以保证安装后设备的正常运行。

第八节　空调制冷系统安装

8.1　一般规定

8.1.1　本章适用于空调工程中工作压力不高于2.5MPa，工作温度在－20～150℃的整体式、组装式及单元式制冷设备（包括热泵）、制冷附属设备、其他配套设备和管路系统安装工程施工质量的检验和验收。

适用于空调工程制冷系统的工作范围，定为工作压力不高于2.5MPa，工作温度在－20～150℃的整体式、组装式及单元式制冷设备、制冷附属设备、其他配套设备和管路系统的安装工程，不包括空气分离、速冻、深冷等的制冷设备及系统。

8.1.2　制冷设备、制冷附属设备、管道、管件及阀门的型号、规格、性能及技术参数等必须符合设计要求。设备机组的外表应无损伤、密封应良好，随机文件和配件应齐全。

空调制冷是一个完整的循环系统，要求其机组、附属设备、管道和阀门等，均必须相互匹配、完好。为此，本条文特作出了规定，要求它们的型号、规格和技术参数必须符合设计的规定，不能任意调换。

8.1.3　与制冷机组配套的蒸汽、燃油、燃气供应系统和蓄冷系统的安装，还应符合设计文件、有关消防规范与产品技术文件的规定。

现在，空调制冷系统制冷机组的动力源，不再是仅使用单一的电能，已经发展成为多种能源的新格局。空调制冷设备新能源，如燃油、燃气与蒸汽的安装，都具有较大的特殊性。为此，本条文强调应按设计文件、有关的规范和产品技术文件的规定执行。

8.1.4　空调用制冷设备的搬运和吊装，应符合产品技术文件和本规范第7.1.5条的规定。

制冷设备种类繁多、形状各一，其重量及体积差异很大，且装有相互关联的配件、仪表、电器和自控装置等，对搬运与吊装的要求较高。制冷机组的吊装就位，也是设备安装的主要工序之一。本条文强调吊装不使设备变形、受损是关键。对大型、高空和特殊场合的设备吊装，应编制吊装施工方案。

8.1.5　制冷机组本体的安装、试验、试运转及验收还应符合现行国家标准《制冷设备、空气分离设备安装工程施工及验收规范》（GB 50274）有关条文的规定。

8.2　主控项目

8.2.1　制冷设备与制冷附属设备的安装应符合下列规定：

1　制冷设备、制冷附属设备的型号、规格和技术参数必须符合设计要求，并具有产品合格证书、产品性能检验报告。

2 设备的混凝土基础必须进行质量交接验收，合格后方可安装。

3 设备安装的位置、标高和管口方向必须符合设计要求。用地脚螺栓固定的制冷设备或制冷附属设备，其垫铁的放置位置应正确、接触紧密；螺栓必须拧紧，并有防松动措施。

检查数量：全数检查。

检查方法：查阅图纸核对设备型号、规格；产品质量合格证书和性能检验报告。

制冷设备及制冷附属设备安装质量的验收应符合的主控项目内容。

8.2.2 直接膨胀表面式冷却器的外表应保持清洁、完整，空气与制冷剂应呈逆向流动；表面式冷却器与外壳四周的缝隙应堵严，冷凝水排放应畅通。

检查数量：全数检查。

检查方法：观察检查。

直接膨胀表面式换热器的换热效率，与换热器内、外两侧的传热状态条件有关，设备安装时应保持换热器外表面清洁、空气与制冷剂呈逆向流动的状态。

8.2.3 燃油系统的设备与管道，以及储油罐以及日用油箱的安装，位置和连接方法应符合设计与消防要求。

燃气系统设备的安装应符合设计和消防要求。调压装置、过滤器的安装和调节应符合设备技术文件的规定，且应可靠接地。

检查数量：全数检查。

检查方法：按图纸核对、观察、查阅接地测试记录。

燃油与燃气系统的设备安装，消防安全是第一位的要求，故条文特别强调位置和连接方法应符合设计和消防的要求，并按设计规定可靠接地。

8.2.4 制冷设备的各项严密性试验和试运行的技术数据，均应符合设备技术文件的规定。对组装式的制冷机组和现场充注制冷剂的机组，必须进行吹污、气密性试验、真空试验和充注制冷剂检漏试验，其相应的技术数据必须符合产品技术文件和有关现行国家标准、规范的规定。

检查数量：全数检查。

检查方法：旁站检查、检查和查阅试运行记录。

制冷设备各项严密性试验和试运行的过程，是对设备本体质量与安装质量验收的依据，必须引起重视。故本条文把它作为验收的主控项目。对于组装式的制冷设备，试验的项目应符合条文中所列举项目的全部，并均应符合相应技术标准规定的指标。

8.2.5 制冷系统管道、管件和阀门的安装应符合下列规定：

1 制冷系统的管道、管件和阀门的型号、材质及工作压力等必须符合设计要求，并应具有出厂合格证、质量证明书。

2 法兰、螺纹等处的密封材料应与管内的介质性能相适应。

3 制冷剂液体管不得向上装成“Ω”形，气体管道不得向下装成“Ʊ”形（特殊回油管除外）。液体支管引出时，必须从干管底部或侧面接出；气体支管引出时，必须从干管顶部或侧面接出；有两根以上的支管从干管引出时，连接部位应错开，间距不应小于2倍支管直径，且不小于200mm。

4　制冷机与附属设备之间制冷剂管道的连接，其坡度与坡向应符合设计及设备技术文件要求。当设计无规定时，应符合表 8.2.5（本书表 10.8.1）的规定。

制冷剂管道坡度、坡向　　　　表 10.8.1

管道名称	坡　向	坡　度
压缩机吸气水平管（氟）	压缩机	≥10/1000
压缩机吸气水平管（氨）	蒸发器	≥3/1000
压缩机排气水平管	油分离器	≥10/1000
冷凝器水平供液管	贮液器	(1～3)/1000
油分离器至冷凝器水平管	油分离器	(3～5)/1000

5　制冷系统投入运行前，应对安全阀进行调试校核，其开启和回座压力应符合设备技术文件的要求。

检查数量：按总数抽检 20%，且不得少于 5 件。第 5 款全数检查。

检查方法：核查合格证明文件、观察、水平仪测量、查阅调校记录。

钢管与不锈钢管外壁应光滑、平整，无气泡、裂口、裂纹、脱皮、分层和严重的冷斑及明显的痕纹、凹陷等缺陷；铜管内外表面应光滑、清洁，不应有针孔、裂纹、分层、夹渣、气泡等缺陷。管材外径、壁厚公差应符合有关标准要求。法兰不应有砂眼、裂纹，表面应光滑，并应清楚密封面上的铁锈、油污等。阀门规格、型号和适用温度、压力满足设计和使用功能要求，外观无毛刺、无裂纹、开关灵活、丝扣和手轮无损伤。

8.2.6　燃油管道系统必须设置可靠的防静电接地装置，其管道法兰应采用镀锌螺栓连接或在法兰处用铜导线进行跨接，且接合良好。

检查数量：系统全数检查。

检查方法：观察检查、查阅试验记录。

燃油管道系统的静电火花，可能会造成很大的危害，必须杜绝。

8.2.7　燃气系统管道与机组的连接不得使用非金属软管。燃气管道的吹扫和压力试验应为压缩空气或氮气，严禁用水。当燃气供气管道压力大于 0.005MPa 时，焊缝的无损检测的执行标准应按设计规定。当设计无规定，且采用超声波探伤时，应全数检测，以质量不低于Ⅱ级为合格。

检查数量：系统全数检查。

检查方法：观察检查、查阅探伤报告和试验记录。

制冷设备应用的燃气管道可分为低压和中压两个类别。当接入管道的压力大于 0.005MPa 时，属于中压燃气系统，为了保障使用的安全，其管道施工质量必须符合本条文的规定，如管道焊缝的焊接质量，应按设计的规定进行无损检测的验证，管道与设备的连接不得采用非金属软管，压力试验不得用水等。燃气系统管道焊缝的焊接质量，采用无损检测的方法来进行质量的验证，要求是比较高的。但是，必须这样做，尤其对天然气类的管道，因为它们一旦泄漏燃烧、爆炸，将对建筑和人体造成严重危害。

8.2.8　氨制冷剂系统管道、附件、阀门及填料不得采用铜或铜合金材料（磷青铜除外），管内不得镀锌。氨系统的管道焊缝应进行射线照相检验，抽检率为 10%，以质量不低于Ⅲ级为合格。在不易进行射线照相检验操作的场合，可用超声波检验代替，以不低于Ⅱ级为合格。

检查数量：系统全数检查。

检查方法：观察检查、查阅探伤报告和试验记录。

氨属于有毒、有害气体，但又是性能良好的制冷介质。为了保障使用的安全，本条文对氨制冷系统的管道及其部件安装的密封要求作出了严格的规定，必须遵守。

8.2.9 输送乙二醇溶液的管道系统，不得使用内镀锌管道及配件。

检查数量：按系统的管段抽查20%，且不得少于5件。

检查方法：观察检查、查阅安装记录。

乙二醇溶液与锌易产生不利于管道使用的化学反应，故规定不得使用镀锌管道和配件。

8.2.10 制冷管道系统应进行强度、气密性试验及真空试验，且必须合格。

检查数量：系统全数检查。

检查方法：旁站、观察检查和查阅试验记录。

制冷管路系统，主要是指现场安装的制冷剂管路，包括气管、液管及配件。它们的强度、气密性与真空试验必须合格。这属于制冷管路系统施工验收中一个最基本的主控项目。

8.3 一般项目

8.3.1 制冷机组与制冷附属设备的安装应符合下列规定：

1 制冷设备及制冷附属设备安装位置、标高的允许偏差，应符合表8.3.1（本书表10.8.2）的规定。

制冷设备与制冷附属设备安装允许偏差和检验方法　　表10.8.2

项　次	项　目	允许偏差（mm）	检验方法
1	平面位移	10	经纬仪或拉线和尺量检查
2	标高	±10	水准仪或经纬仪、拉线和尺量检查

2 整体安装的制冷机组，其机身纵、横向水平度的允许偏差为1/1000，并应符合设备技术文件的规定。

3 制冷附属设备安装的水平度或垂直度允许偏差为1/1000，并应符合设备技术文件的规定。

4 采用隔振措施的制冷设备或制冷附属设备，其隔振器安装位置应正确；各个隔振器的压缩量应均匀一致，偏差不应大于2mm。

5 设置弹簧隔振的制冷机组，应设有防止机组运行时水平位移的定位装置。

检查数量：全数检查。

检查方法：在机座或指定的基准面上用水平仪、水准仪等检测、尺量与观察检查。

不论是容积式制冷机组，还是吸收式制冷设备，它们对机体的水平度、垂直度等安装质量都有要求，否则会给机组的运行带来不良影响。本条文对其验收要求作出了规定。

蒸汽压缩式制冷（热泵）机组的基础应满足设计要求，并检查：

1. 型钢或混凝土基础的规格和尺寸应与机组匹配。

2. 基础表面应平整，无蜂窝、裂纹、麻面和露筋。

3. 基础应坚固，强度经测试满足机组运行时的荷载要求。

4. 混凝土基础预留螺栓孔的位置、深度、垂直度应满足螺栓安装要求，基础预埋件应无损坏，表面光滑平整。

5. 基础四周应有排水设施。

6. 基础位置应满足操作及检修的空间要求。

蒸汽压缩式制冷（热泵）机组就位安装检查：

1. 机组安装位置应符合设计要求，同规格设备成排就位时，尺寸应一致。

2. 减振装置的种类、规格、数量及安装位置应符合产品技术文件的要求；采用弹簧隔振器时，应设有防止机组运行时水平位移的定位装置。

3. 机组应水平，当采用垫铁调整机组水平度时，垫铁放置位置应正确、接触紧密，每组不超过 3 块。

蒸汽压缩式制冷（热泵）机组配管检查：

1. 机组与管道连接应在管道冲（吹）洗合格后进行。

2. 与机组连接的管路上应按设计及产品技术文件的要求安装过滤、阀门、部件、仪表等，位置应正确、排列应规整。

3. 机组与管道连接时，应设置软接头，管道应设独立的支、吊架。

4. 压力表距阀门位置不宜小于 200mm。

空气源热泵机组安装检查：

1. 机组安装在屋面或室外平台上时，机组与基础间的隔振装置应符合设计要求，并应采取防雷措施和可靠的接地措施。

2. 机组配管与室内机安装应同步进行。

吸收式制冷机组就位安装检查：

1. 分体机组运至施工现场后，应及时进入机房进行组装，并抽真空。

2. 吸收式制冷机组的真空泵就位后，应找正、找平。抽气连接管宜采用直径与真空泵进口直径相同的金属管，采用橡胶管时，宜采用真空胶管，并对管接头处采取密封措施。

3. 吸收式制冷机组的屏蔽泵就位后，应找正、找平，线接头处应采取防水密封。

4. 吸收式机组安装后，应对设备内部进行清洗。

燃油吸收式制冷机组安装检查：

1. 燃油系统管道及附件安装位置及连接方法应符合设计与消防的要求。

2. 油箱上不应采用玻璃管式油位计。

3. 油管道系统应设置可靠的防静电接地装置，其管道法兰应采用镀锌螺栓连接或在法兰处用铜导线进行跨接，且接合良好。油管道与机组的连接不应采用非金属软管。

4. 燃烧重油的吸收式制冷机组就位安装时，轻、重油油箱的相对位置应符合设计要求。

5. 直燃型吸收式制冷机组的排烟管出口应按设计要求设置防雨帽、避雷针和防风罩等。

基础检查验收：会同土建、监理和建设单位共同对基础质量进行检查，确认合格后进行中间交接，检查内容主要包括：外形尺寸、平面的水平度、中心线、标高、地脚螺栓孔的深度和间距、埋设件等。

活塞式制冷机组：

1. 就位找正和初平：

1）根据施工图纸按照建筑物的定位轴线弹出设备基础的纵横向中心线，利用铲车、人字扒杆将设备吊至设备基础上进行就位。应注意设备管口方向应符合设计要求，将设备的水平度调整到接近要求的程度。

2）利用平垫铁或斜垫铁对设备进行初平，垫铁的放置位置和数量应符合设备安装要求。

2. 精平和基础抹面：

1）设备初平合格后，应对地脚螺栓孔进行二次灌浆，所用的细石混凝土或水泥砂浆的强度等级，应比基础等级高1～2级。灌浆前应清理孔内的污物、泥土等杂物。每个孔洞灌浆必须一次灌成，分层捣实，并保持螺栓处于垂直状态。待其强度达到70%以上时，方能拧紧地脚螺栓。

2）设备精平后应及时电焊垫铁，设备底座与基础表面间的空隙应用混凝土填满，并将垫铁埋在混凝土内，灌浆层上表面应略有坡度，以防油、水流入设备底座，抹面砂浆应密实、表面光滑美观。

3）利用水平仪法或铅垂线法在气缸加工面、底座或与底座平行的加工面上测量，对设备进行精平，使机身纵、横向水平度的允许偏差为1/1000，并应符合设备技术文件的规定。

3. 制冷设备的拆卸和清洗：

1）用油封的活塞式制冷机，如在技术文件规定期限内，外观良好，机身无损坏和锈蚀等现象，仅拆洗缸盖、活塞、气缸内壁、吸排气阀、曲轴箱等均应清洗干净，油系统应畅通，检查紧固件是否牢固，并更换曲轴箱的润滑油。如在技术文件规定期限外，或有机体损伤和锈蚀等现场，则必须全面检查，并按设备技术文件的规定拆洗装配，调整各部位间隙，并做好记录。

2）冲入保护气体的机组在设备技术文件规定的期限内，外观完整和氮封压力无变化的情况下，不作内部清洗，仅作外表擦洗，如需清洗时，严禁混入水汽。

3）制冷系统中的浮球阀和过滤器均应检查和清洗。

4. 制冷机的辅助设备，单体安装前必须吹污，并保持内壁清洁。承受压力的辅助设备，应在制造厂进行抢答试验，并具有合格证在技术文件规定的期限内，设备无损伤和锈蚀现象条件下，可不做强度试验。

5. 辅助设备安装：

1）辅助设备安装位置应正确，各管口必须畅通；

2）立式设备的垂直度，卧式设备的水平度允许偏差均为1/1000；

3）卧式冷凝器、管壳式蒸汽器和贮液器，应坡向集油的一端其倾斜度为1/1000～2/1000；

4）贮液器及洗涤式油氨分离器的进液口均应低于冷凝器的出液口。

6. 直接膨胀表面式冷却器，表面应保持清洁、完整，安装时空气与制冷剂应呈逆向流动，冷却器四周的缝隙应堵严，冷凝水排除应畅通。

7. 卧式及组合式冷凝器、贮液器在室外露天布置时，应有遮阳与防冻措施。

螺杆式制冷机组：

1. 螺杆式制冷机组的基础检查、就位找正初平的方法同活塞式制冷机组，机组安装的纵向和横向水平偏差均应不大于1/1000，并应在底座或底座平行的加工面上测量。

2. 脱开电动机与压缩机间的联轴器，点动电动机，检查电动机的转向是否符合压缩机的要求。

3. 设备地脚螺栓孔的灌浆强度达到要求后，对设备进行精平，利用百分表在联轴器的断面和圆周上进行测量、找正，其允许偏差应符合设备技术文件的规定。

机组接管前，应先清洗吸、排气管道，合格后方能连接。接管不得影响电机与压缩机的同轴度。

离心式制冷机组：

1. 离心式制冷机组的安装方法与活塞式制冷机组基本相同，机组安装的纵向和横向水平偏差均不得大于1/1000，并应在底座或底座平行的加工面上测量。

2. 机组吊装时，钢丝绳要设在蒸发器和冷凝器的筒体外侧，不要使钢丝绳在仪表盘、管路上受力，钢丝绳与设备的接触点应垫木板。

3. 机组在连接压缩机进气管前，应从吸气口观察导向叶片和执行机构、叶片开度与指示位置，按设备技术文件的要求调整一致并定位最后连接电动执行机构。

4. 安装时设备基础底板应平整，底座安装应设置隔振器，隔振器的压缩量应一致。

溴化锂吸收式制冷机组：

1. 安装前，设备的内压应符合设备技术文件规定的出厂压力。

2. 机组在房间内布置时，应在机组周围留出可进行保养作业的空间。多台机组布置时，两机组间的距离应保持在1.5～2m。

3. 溴化锂制冷机组的就位后的初平及精平方法与活塞式制冷机组基本相同。

4. 机组安装的纵向和横向水平偏差不应大于1/1000，并应按设备技术文件规定的基准面上测量。水平偏差的测量可采用U形管法或其他方法。

8.3.2　模块式冷水机组单元多台并联组合时，接口应牢固，且严密不漏。连接后机组的外表应平整、完好，无明显的扭曲。

检查数量：全数检查。

检查方法：尺量、观察检查。

模块式制冷机组是按一定结构尺寸和形式，将制冷机、蒸发器、冷凝器、水泵及控制机构组成一个完整的制冷系统单元（即模块）。它既可以单独使用，又可以多个并联组成大容量冷水机组组合使用。模块与模块之间的管道，常采用V形夹固定连接。

设备基础平面的水平度、外形尺寸应满足设备安装技术文件的要求。设备安装时，在基础上垫以橡胶减振块，并对设备进行找平找正，使模块式制冷机组的纵横向水平度偏差不超过1/1000。

多台模块式冷水机组并联组合时应在基础上增加型钢底座，并将机组牢固地固定在底座上。连接后的模块机组外壳应保持完好无损、表面平整，并连接成统一整体。

模块式冷水机组的进、出水管连接位置应正确，严密不漏。

风冷模块式冷水机组的周围，应按设备技术文件要求留有一定的通风空间。

8.3.3 燃油系统油泵和蓄冷系统载冷剂泵的安装，纵、横向水平度允许偏差为1/1000，联轴器两轴芯轴向倾斜允许偏差为0.2/1000，径向位移为0.05mm。

检查数量：全数检查。

检查方法：在机座或指定的基准面上，用水平仪、水准仪等检测，尺量、观察检查。

8.3.4 制冷系统管道、管件的安装应符合下列规定：

1 管道、管件的内外壁应清洁、干燥；铜管管道支吊架的型式、位置、间距及管道安装标高应符合设计要求，连接制冷机的吸、排气管道应设单独支架；管径小于等于20mm的铜管道，在阀门外应设置支架；管道上下平行敷设时，吸气管应在下方。

2 制冷剂管道弯管的弯曲半径不应小于3.5*D*（*D*为管道直径），其最大外径与最小外径之差不应大于0.08*D*，且不应使用焊接弯管及皱褶弯管。

3 制冷剂管道分支管应按介质流向弯成90°弧度与主管连接，不宜使用弯曲半径小于1.5*D*的压制弯管。

4 铜管切口应平整，不得有毛刺、凹凸等缺陷，切口允许倾斜偏差为管径的1%，管口翻边后应保持同心，不得有开裂及皱褶，并应有良好的密封面。

5 采用承插钎焊焊接连接的铜管，其插接深度应符合表8.3.4（本书表10.8.3）的规定，承插的扩口方向应迎介质流向。当采用套接钎焊焊接连接时，其插接深度应不小于承插连接的规定。

采用对接焊缝组对管道的内壁应齐平，错边量不大于0.1倍壁厚，且不大于1mm。

承插式焊接的铜管承口的扩口深度表（mm） **表10.8.3**

铜管规格	≤*DN*15	*DN*20	*DN*25	*DN*32	*DN*40	*DN*50	*DN*65
承插口的扩口深度	9～12	12～15	15～18	17～20	21～24	24～26	26～30

6 管道穿越墙体或楼板时，管道的支吊架和钢管的焊接应按本规范第9章的有关规定执行。

检查数量：按系统抽查20%，且不得少于5件。

检查方法：尺量、观察检查。

制冷剂管道与附件安装检查：

1. 管道安装位置，坡度及坡向应符合设计要求。

2. 制冷剂系统的液体管道不应有局部上凸现象和局部下凹现象。

3. 液体干管引出支管时，应从干管底部或侧面接出，气体干管引出支管时，应从干管上部或侧面接出。有两根以上的支管从干管引出时，连接部位应错开，间距不应小于支管管径的2倍，且不应小于200mm。

4. 管道三通连接时，应将支管按制冷剂流向弯成弧形再进行焊接，当支管与干管直径相同且管道内径小于50mm时，应在干管的连接部位换上大一号管径的管段，再进行焊接。

5. 不同管径的管道直接焊接时，应同心。

6. 制冷剂管道弯曲半径不应小于管道直径的4倍。铜管揻弯可采用热弯或冷弯，椭圆率不应大于8%。

7. 制冷剂管道与附件安装的成品保护措施：

1）不锈钢管道搬运和存放时，不应与其他金属直接接触；

2）制冷剂管道安装完成后，应刷漆标识。

制冷剂系统管道支、吊架的安装检查：

1. 与设备连接的管道应设独立的支、吊架；

2. 管径小于或等于20mm的铜管道，在阀门处应设置支、吊架；

3. 不锈钢管、铜管与碳素钢支、吊架接触处应采取防电化学腐蚀措施。

8.3.5 制冷系统阀门的安装应符合下列规定：

1 制冷剂阀门安装前应进行强度和严密性试验。强度试验压力为阀门公称压力的1.5倍，时间不得少于5min；严密性试验压力为阀门公称压力的1.1倍，持续时间30s不漏为合格。合格后应保持阀体内干燥。如阀门进、出口封闭破损或阀体锈蚀的还应保持解体清洁。

2 位置、方向和高度应符合设计要求。

3 水平管道上的阀门的手柄不应朝下；垂直管道上的阀门手柄应朝向便于操作的地方。

4 自控阀门安装的位置应符合设计要求。电磁阀、调节阀、热力膨胀阀、升降式止回阀等的阀头均应向上；热力膨胀阀的安装位置应高于感温包，感温包应装在蒸发器末端的回气管上，与管道接触良好，绑扎紧密。

5 安全阀应垂直安装在便于检修的位置，其排气管的出口应朝向安全地带，排液管应装在泄水管上。

检查数量：按系统抽查20%，且不得少于5件。

检查方法：尺量、观察检查、旁站或查阅试验记录。

制冷系统中应有的阀门，在安装前均应进行严格的检查和验收。凡具有产品合格证明文件，进出口封闭良好，且在技术文件规定期限内的阀门，可不作解体清洗。如不符合上述条件的阀门应全面拆卸检查，除污、除锈、清洗、更换垫料，然后重新组装，进行强度和密封性试验。同时，根据阀门的特性要求，条文对一些阀门的安装方向作出了规定。

8.3.6 制冷系统的吹扫排污应采用压力为0.6MPa的干燥压缩空气或氮气，以浅色布检查5min，无污物为合格。系统吹扫干净后，应将系统中阀门的阀芯拆下清洗干净。

检查数量：全数检查。

检查方法：观察、旁站或查阅试验记录。

管路系统吹扫排污，应采用压力为0.6MPa干燥压缩空气或氮气，为的是控制管内的流速不致过大，又能满足管路清洁、安全施工的目的。

制冷系统安装后应采用洁净干燥的空气对整个系统进行吹污，将残存在系统内部的污物吹净。

制冷系统吹污检查：

1. 管道吹污前，应将孔板、喷嘴、滤网、阀门的阀芯等拆掉，妥善保管或采取流经旁路方法。

2. 对不允许参加吹污的仪表及管道附件应采取安全可靠的隔离措施。

3. 吹污前应选择在系统的最低点设排污口，采用压力为0.6MPa的干燥空气或氮气进行吹扫；系统管道较长时，可采用几个排污口进行分段排污，用白布检查，5min无污物为合格。

系统内污物吹净后，应对整个系统（包括设备，阀件）进行气密性试验。

系统气密性试验检查：

1. 制冷剂为氨的系统，应采用压缩空气进行试验。制冷剂为氟利昂的系统，应采用瓶装压缩氮气进行试验，较大的制冷系统可采用经干燥处理后的压缩空气进行试验。

2. 应采用肥皂水对系统所有焊缝、阀门、法兰等连接部件进行涂抹检漏。

3. 试验过程中发现泄漏时，应做好标记，应在泄压后进行检修，禁止带压修补。

4. 应在试验压力下，经稳压 24h 后观察压力值，压力无变化为合格。因环境温度变化而引起的压力误差应进行修正。记录压力数值时，应每隔 1h 记录一次室温和压力值。

5. 溴化锂吸收式制冷系统的气密性试验应符合产品技术文件要求。无要求时，气密性试验正压为 0.2MPa（表压力）保持 24h，压力下降不大于 66.5Pa 为合格。

系统气密性试验应在管道系统吹污完成后进行。

第九节　空调水系统管道与设备安装

9.1　一般规定

9.1.1　本章适用于空调工程水系统安装子分部工程，包括冷（热）水、冷却水、凝结水系统的设备（不包括末端设备）、管道及附件施工质量的检验及验收。

9.1.2　镀锌钢管应采用螺纹连接。当管径大于 *DN*100 时，可采用卡箍式、法兰或焊接连接，但应对焊缝及热影响区的表面进行防腐处理。

9.1.3　从事金属管道焊接的企业，应具有相应项目的焊接工艺评定，焊工应持有相应类别焊接的焊工合格证书。

9.1.4　空调用蒸汽管道的安装，应按现行国家标准《建筑给水、排水及供暖工程施工质量验收规范》(GB 50242—2002) 的规定执行。

9.2　主控项目

9.2.1　空调工程水系统的设备与附属设备、管道、管配件及阀门的型号、规格、材质及连接形式应符合设计规定。

检查数量：按总数抽查 10%，且不得少于 5 件。

检查方法：观察检查外观质量并检查产品质量证明文件、材料进场验收记录。

材料进场检验包括以下主要内容：

1. 各类管材、型钢等应有材质检测报告；管件、法兰等应有出厂合格证；焊接材料和胶黏剂等应有出厂合格证、使用期限及检验报告；阀门、除污器、过滤器、软接头、补偿器、绝热材料、衬垫等应有产品出厂合格证及相应检验报告。

2. 钢管外壁应光滑、平整、无气泡、裂口、裂纹、脱皮、分层和严重的冷斑及明显的痕纹、凹陷等缺陷；塑料管材、管件颜色应一致，无色泽不均匀及分解变色线。管件应完整、无缺损、变形规整、无开裂。管材外径、壁厚公差应符合有关标准的要求。法兰不应有砂眼、裂纹，表面应光滑，并应清除密封面上的铁锈、油污等。阀门的规格、型号和适用温度、压力满足设计和使用功能要求，外观无毛刺、无裂纹，开关灵活，丝扣和手轮无损伤，阀杆应灵活，无卡位或歪斜现象。沟槽式连接橡胶密封圈应选择天然橡胶、乙丙橡胶等材质，并应满足输送介质的要求。

9.2.2 管道安装应符合下列规定：

1 隐蔽管道必须按本规范第3.0.11条的规定执行。

2 焊接钢管、镀锌钢管不得采用热煨弯。

3 管道与设备的连接，应在设备安装完毕后进行，与水泵、制冷机组的接管必须为柔性接口。柔性短管不得强行对口连接，与其连接的管道应设置独立支架。

4 冷热水及冷却水系统应在系统冲洗、排污合格（目测：以排出口的水色和透明度与入水口对比相近，无可见杂物），再循环试运行2h以上，且水质正常后才能与制冷机组、空调设备相贯通。

5 固定在建筑结构上的管道支、吊架，不得影响结构的安全。管道穿越墙体或楼板处应设钢制套管，管道接口不得置于套管内，钢制套管应与墙体饰面或楼板底部平齐，上部应高出楼层地面20～50mm，并不得将套管作为管道支撑。

保温管道与套管四周间隙应使用不燃绝热材料填塞紧密。

检查数量：系统全数检查。每个系统管道、部件数量抽查10%，且不得少于5件。

检查方法：尺量、观察检查，旁站或查阅实验记录、隐蔽工程记录。

管道穿过地下室或地下构筑物外墙时，应采取防水措施，并应符合设计要求。对有严格防水要求的建筑物，必须采用柔性防水套管。

地下构筑物主要指地下水池，防水措施一般指安装刚性或柔性防水套管，柔性防水套管一般适用于管道穿墙处有振动或有严密防水要求的构筑物；刚性防水套管一般适用于管道穿墙处要求一般防水的构筑物，忽略此条内容或不够重视将造成质量问题，且此部位维修困难。

1. 管道穿楼板和墙体处应设置套管：

1）管道应设置在套管中心，套管不应作为管道支撑；管道接口不应设置在套管内，管道与套管之间应用不燃绝热材料填塞密实。

2）管道的绝热层应连续不间断穿过套管，绝热层与套管之间应采用不燃材料填实，不应有空隙。

3）设置在墙体内的套管应与墙体两侧饰面相平，设置在楼板内的套管，其顶部应高出装饰地面20mm，设置在卫生间或厨房内的穿楼板套管，其顶部应高出装饰地面50mm，底部应与楼板相平。

管道穿越结构变形缝处应设置金属柔性短管，金属柔性短管长度宜为150～300mm并应满足结构变形缝的要求。

结构变形缝见是指各种结构伸缩缝、防震缝及沉降缝，设置金属柔性短管是为了防止因建筑结构变形导致管道扭曲破裂。

2. 管道弯曲半径检查：

1）热弯时不应小于管道直径的3.5倍，冷弯时不应小于管道直径的4倍；

2）焊接弯头的弯曲半径不应小于管道直径的1.5倍；

3）采用冲压弯头进行焊接时，其弯曲半径不应小于管道外径，并且冲压弯头外径应与管道外径相同。

弯头的弯曲半径越大，阻力越小。受到施工安装条件限制，无法做到随意加大弯头制作的弯曲半径，所以对弯头的弯曲半径作出限制。

3. 水管系统支、吊架的安装检查：

1）设有补偿器的管道应设置固定支架和导向支架，其形式和位置应符合设计要求。

2）支、吊架安装应平整、牢固，与管道接触紧密。支、吊架与管道焊缝的距离应大于100mm。

3）管道与设备连接处，应设独立的支、吊架，并应有减振措施。

4）水平管道采用单杆吊架时，应在管道起始点，阀门、弯头、三通部位及长度在15m内的直管段上设置防晃支、吊架。

5）无热位移的管道吊架，其吊杆应垂直安装；有热位移的管道吊架，其吊架应向热膨胀或冷收缩的反方向偏移安装，偏移量为1/2的膨胀值或收缩值。

6）塑料管道与金属支、吊架之间应有柔性垫料。

7）沟槽连接的管道，水平管道接头和管件两侧应设置支、吊架，支、吊架与接头的间距不宜小于150mm，且不宜大于300mm。

设备连接处的管道要单独安装支、吊架，一方面防止管道及部件重量传递给设备，另一方面防止系统运行时产生的冲力对管道或部件的连接接口造成损坏。

管道安装完毕外观检查合格后，应进行水压试验；提前隐蔽的管道应单独进行水压试验。

管道与设备连接前应进行冲洗试验。

管道冲洗前，对不允许参加冲洗的系统，管道附件应采取安全可靠的隔离措施。

冲洗试验应以水为介质，温度应在5～40℃之间。

4. 冲洗试验可按下列要求进行：

1）检查管道系统各环路阀门，启闭应灵活、可靠，临时供水装置运转应正常，冲洗流速不低于管道介质工作流速；冲洗水排出时有排放条件。

2）首先冲洗系统最低处干管，后冲洗水平于管、立管、支管。在系统入口设置的控制阀前接上临时水源，向系统供水关闭其他立、支管控制阀门，只开启干管末端最低处冲洗阀门，至排水管道；向系统加压，由专人观察出水口水质、水量情况，以排出口的颜色和透明度与入口水目测一致为合格。

3）冲洗出水口处管径宜比被冲洗管道的管径小1号。

4）冲洗出水口流速，如设计无要求，不应小于1.5m/s且不宜大于2m/s。

5）低处主干管冲洗合格后，应按顺序冲洗其他各干、立、支管，直至全系统管道冲洗完毕为止。

6）冲洗合格后，应如实填写记录，然后将拆下的仪表等复位。

冲洗时应保证有一定流速及压力。流速过大，不容易观察水质情况，流速过小，冲洗无力。冲洗应先冲洗大管，后冲洗小管；先冲洗横干管，然后冲洗立管，再冲洗支管。严禁以水压试验过程中的放水代替管道冲洗。

5. 空调水系统管道与附件安装的成品保护措施应包括下列内容：

1）管道安装间断时，应及时将各管口封闭。

2）管道不应作为吊装或支撑的受力点。

3）安装完成后的管道、附件、仪表等应有防止损坏的措施。

4）管道调直时，严禁在阀门处加力，以免损坏阀体。

空调水系统管道、管道部件和阀门的施工，必须执行的主控项目内容和质量要求。

在实际工程中，空调工程水系统的管道存在有局部埋地或隐蔽铺设时，在为其实施覆土、浇捣混凝土或其他隐蔽施工之前，必须进行水压试验并合格。如有防腐及绝热施工的，则应该完成全部施工，并经过现场监理的认可和签字，办妥手续后，方可进行下道隐蔽工程的施工。这是强制性的规定，必须遵守。

管道与空调设备的连接，应在设备定位和管道冲洗合格后进行。一是可以保证接管的质量，二是可以防止管路内的垃圾堵塞空调设备。

9.2.3 管道系统安装完毕，外观检查合格后，应按设计要求进行水压试验。当设计无规定时，应符合下列规定：

1 冷热水、冷却水系统的试验压力，当工作压力小于等于1.0MPa时，为1.5倍工作压力，但最低不小于0.6MPa；当工作压力大于1.0MPa，为工作压力加0.5MPa。

2 对于大型或高层建筑垂直位差较大的冷（热）媒水、冷却水管道系统宜采用分区、分层试压和系统试压相结合的方法。一般建筑可采用系统试压方法。

分区、分层试压：对相对独立的局部区域的管道进行试压。在试验压力下，稳压10min，压力不得下降，再将系统压力降至工作压力，在60min内压力不得下降、外观检查无渗漏为合格。

系统试压：在各分区管道与系统主、干管全部连通后，对整个系统的管道进行系统的试压。试验压力以最低点的压力为准，但最低点的压力不得超过管道与组成件的承受压力。压力试验升至试验压力后，稳压10min，压力下降不得大于0.02MPa，再将系统压力降至工作压力，外观检查无渗漏为合格。

3 各类耐压塑料管的强度试验压力为1.5倍工作压力，严密性工作压力为1.15倍的设计工作压力。

4 凝结水系统采用充水试验，应以不渗漏为合格。

检查数量：系统全数检查。

检查方法：旁站观察或查阅试验记录。

对于大型或高层建筑的空调水系统，其系统下部受静水压力的影响，工作压力往往很高，采用常规1.5倍工作压力的试验方法极易造成设备和零部件损坏。因此，对于工作压力大于1.0MPa的空调水系统，条文规定试验压力为工作压力加上0.5MPa。这是因为现在空调水系统绝大多数采用闭式循环系统，目的是为了节约水泵的运行能耗，这也就决定了因各种原因造成管道内压力上升不会大于0.5MPa。这种试压方法在国内高层建筑工程中试用过，效果良好，符合工程实际情况。

试压压力是以系统最高处还是最低处的压力为准，这个问题以前一直没有明确过，本条文明确了应以最低处的压力为准。这是因为，如果以系统最高处压力试压，那么系统最低处的试验压力等于1.5倍的工作压力再加上高度差引起的静压差值。这在高层建筑中最低处压力甚至会再增加几个MPa，将远远超出了管配件的承压能力。所以，取点为最高处是不合适的。此外，在系统设计时，计算系统最高压力也是在系统最低处，随着管道位置的提高，内部的压力也逐步降低。在系统实际运行时，高度-压力变化关系同样是这样；因此一个系统只要最低处的试验压力比工作压力高出一个ΔP，那么系统管道的任意处的试验压力也比该处的工作压力同样高出一个 ΔP，也就是说，系统管道的任意处都是有安全保证的。所以条文明确了这一点。

对于各类耐压非金属（塑料）管道系统的试验压力规定为 1.5 倍的工作压力，（试验）工作压力为1.15 倍的设计工作压力，这是考虑非金属管道的强度，随着温度的上升而下降，故适当提高了（试验）工作压力的压力值。

水系统管道水压试验可分为强度试验和严密性试验，包括分区域、分段的水压试验和整个管道系统的水压试验。试验压力应满足设计要求，当设计无要求时：

1. 设计工作压力小于或等于 1.0MPa 时，金属管道及金属复合管道的强度试验压力应为设计工作压力的 1.5 倍，但不应小于 0.6MPa；设计工作压力大于 1.0MPa 时，强度试验压力应为设计工作压力加上 0.5MPa。严密性试验压力应为设计工作压力。

2. 塑料管道的强度试验压力应为设计工作压力的 1.5 倍；严密性试验压力应为设计工作压力的1.15倍。

分区域分段水压试验检查：

1. 检查各类阀门的开、关状态。试压管路的阀门应全部打开，试验段与非试验段连接处的阀门应隔断。

2. 打开试验管道的给水阀门向区域系统中注水，同时开启区域系统上各高点处的排气阀，排尽试压区域管道内的空气。待水注满后，关闭排气阀和进水阀。

3. 打开连接加压泵的阀门，用电动或手压泵向系统加压，宜分 2～3 次升至试验压力。在此过程中，每加至一定压力数值时，应对系统进行全面检查，无异常现象时再继续加压。先缓慢升压至设计工作压力，停泵检查。观察各部位无渗漏，压力不降后，再升压至试验压力，停泵稳压，进行全面检查。10min 内管道压力不应下降且无渗漏、变形等异常现象，则强度试验合格。

4. 应将试验压力降至严密性试验压力进行试验，在试验压力下对管道进行全面检查，60min 内区域管道系统无渗漏，严密性试验为合格。

对于系统较大或提前隐蔽的系统管道，应分区域进行试验。

系统管路水压试验检查：

1. 在各分区、分段管道与系统主、干管全部连通后，应对整个系统的管道进行水压试验。最低点的压力不应超过管道与管件的承受压力。

2. 试验过程同分区域、分段水压试验。管道压力升至试验压力后，稳压 10min，压力下降不应大于 0.02MPa，管道系统无渗漏，强度试验合格。

3. 试验压力降至严密性试验压力，外观检查无渗漏，严密性试验为合格。

系统水压试验应在管道系统全部完成后进行。

9.2.4 阀门的安装应符合下列规定：

1 阀门的安装位置、高度、进出口方向必须符合设计要求，连接应牢固紧密。

2 安装在保温管道上的各类手动阀门，手柄均不得向下。

3 阀门安装前必须进行外观检查，阀门的铭牌应符合现行国家标准《通用阀门标志》(GB 12220) 的规定。对于工作压力大于 1.0MPa 及在主干管上起到切断作用的阀门，应进行强度和严密性试验，合格后方准使用。其他阀门可不单独进行试验，待在系统试压中检验。

强度试验时，试验压力为公称压力的 1.5 倍，持续时间不少于 5min，阀门的壳体、填料应无渗漏。

严密性试验时，试验压力为公称压力的 1.1 倍；试验压力在试验持续的时间内应保持不变，时间应符合表 9.2.4（本书表 10.9.1）的规定，以阀瓣密封面无渗漏为合格。

阀门压力持续时间 **表 10.9.1**

公称直径 *DN*（mm）	最短试验持续时间（mm）	
	严密性试验	
	金属密封	非金属密封
≤50	15	15
65～200	30	15
250～450	60	30
≥500	120	60

检查数量：1、2 款抽查 5%，且不得少于 1 个。水压试验以每批（同牌号、同规格、同型号）数量中抽查 20%，且不得少于 1 个。对于安装在主干管上起切断作用的闭路阀门，全数检查。

检查方法：按设计图核对、观察检查；旁站或查阅试验记录。

空调水系统中的阀门质量，是系统工程质量验收的一个重要项目。但是，从国家整体质量管理的角度来说，阀门的本体质量应归属于产品的范畴，不能因为产品质量的问题而要求在工程施工中负责产品内的检验工作。本规范从职责范围和工程施工的要求出发，对阀门的检验规定为阀门安装前必须进行外观检查，其外表应无损伤、阀体无锈蚀，阀体的铭牌应符合《通用阀门标志》（GB 12220）的规定。

管道阀门的强度试验过去一直是参照《采暖与卫生工程施工及验收规范》（GBJ 242—82）中的通用规定，抽查 10%数量的阀门进行试验。由于在一个较大工程中的阀门数量很大，要进行 10%的阀门的强度试验，其工作量也是惊人的，何况阀门的规格也相当多，试验很困难，不应在施工过程中占用大量的人力和物力。为此，修编后的条文将根据各种阀门的不同要求予以区别对待：

1. 对于工作压力高于 1.0MPa 的阀门规定抽查 20%，这个要求比原抽查 10%严格了。

2. 对于安装在主干管上起切断作用的阀门，条文规定按全数检查。

3. 其他阀门的强度检验工作可结合管道的强度试验工作一起进行。条文规定的阀门强度试验压力（1.5 倍的工作压力）和压力持续时间（5min）均符合国家行业标准《阀门检验与管理规程》（SH 3518—2000）的规定。

这样，不但减少了阀门检验的工作量，而且也提高了检验的要求。既保证了工程质量，又易于实施。

阀门与附件的安装位置检查，应便于操作和观察。

阀门安装检查：

1. 阀门安装时应清理干净与阀门连接的管道。

2. 阀门安装进、出口方向应正确，直埋于地下或地沟内管道上的阀门，应设检查井（室）。

3. 安装螺纹阀门时，严禁填料进入阀门内。

4. 安装法兰阀门时，应将阀门关闭，对称均匀地拧紧螺母。阀门法兰与管道法兰应平行。

5. 与管道焊接的阀门应先点焊，再将关闭件全开，然后施焊。

6. 阀门前后应有直管段，严禁阀门直接与管件相连。水平管道上安装阀门时，不应将阀门手轮朝下安装。

7. 阀门连接应牢固、紧密，启闭灵活，朝向合理，并排水平管设计间距过小时，阀门应错开安装，并排垂直管道上的阀门应安装于同一高度上，手轮之间的净距不应小于100m。

8. 水平管道上的阀门，阀杆宜垂直向上或向左右偏45°，也可水平安装，但不宜向下；垂直管道上的阀杆，必须顺着操作巡回线方向安装。

9. 搬运阀门时，不允许随手抛掷；吊装时，绳索应拴在阀体与阀盖的法兰连接处，不得拴在手轮或阀杆上。

10. 阀门安装时应保持关闭状态，并注意阀门的特性及介质流动方向。

11. 阀门与管道连接时，不得强行拧紧其法兰上的连接螺栓；对螺纹连接的阀门，其螺纹应完整无缺，拧紧时宜用扳手卡住阀门一端的六角体。

12. 安装螺纹连接阀门时，一般应在阀门的出口端加设一个活接头保证螺纹完整无缺。

13. 对带操作机构和传动装置的阀门，应在阀门安装好后，再安装操作机械传动装置。且在安装前先对它们进行清洗，安装完后还应进行调整，使其动作灵活、指示准确。

14. 减压阀、疏水阀、止回阀等特殊阀门的安装应严格按图示位置安装。

9.2.5 补偿器的补偿量和安装位置必须符合设计及产品技术文件的要求，并应根据设计计算的补偿量进行预拉伸或预压缩。

设有补偿器（膨胀节）的管道应设置固定支架，其结构形式和固定位置应符合设计要求，并应在补偿器的预拉伸（或预压缩）前固定；导向支架的设置应符合所安装产品技术文件的要求。

检查数量：抽查20%，且不得少于1个。

检查方法：观察检查，旁站或查阅补偿器的预拉伸或预压缩记录。

补偿器的补偿量和安装检查：

1. 应根据安装时施工现场的环境温度计算出该管段的实时补偿量，进行补偿量的预拉伸或预压缩。

2. 设有补偿器的管道应设置固定支架和导向支架，其结构形式和固定位置应符合设计要求。

3. 管道系统水压试验后，应及时松开波纹补偿器调整螺杆上的螺母，使补偿器处于自由状态。

4. 补偿器水平安装时，垂直臂应呈水平，平行臂应与管道坡向一致；垂直安装时，应有排气和泄水阀。

预拉伸或预压缩量应由施工人员根据施工现场的环境温度计算出管道的实时补偿量，然后进行补偿器的预拉伸或预压缩数值计算。

9.2.6 冷却塔的型号、规格、技术参数必须符合设计要求。对含有易燃材料冷却塔的安装，必须严格执行施工防火安全的规定。

检查数量：全数检查。

检查方法：按图纸核对，监督执行防火规定。

空调水系统中冷却塔的安装，必须遵守主控项目的内容。玻璃钢冷却塔虽然具有重量轻、耐化学腐蚀、性能高的特点，在工程中得到广泛应用，但是，玻璃钢外壳以及塑料点波片或蜂窝片大都是易燃物品。在系统运行的过程中，被水不断的冲淋，不可能发生燃烧，但是，在安装施工的过程中却是非常容易被引燃的。因此，本条文特别提出规定，必须严格遵守施工防火安全管理的规定。

9.2.7 水泵的规格、型号、技术参数应符合设计要求和产品性能指标。水泵正常连续试运行的时间，不应少于2h。

检查数量：全数检查。

检查方法：按图纸核对，实测或查阅水泵试运行记录。

空调水系统中的水泵安装必须遵守的主控项目的内容。

9.2.8 水箱、集水缸、分水缸、储冷罐的满水试验或水压试验必须符合设计要求。储冷罐内壁防腐涂层的材质、涂抹质量、厚度必须符合设计或产品技术文件要求，储冷罐与底座必须进行绝热处理。

检查数量：全数检查。

检查方法：尺量、观察，查阅试验记录。

空调水系统其他附属设备安装必须遵守的主控项目的内容。

9.3 一般项目

9.3.1 当空调水系统的管道，采用建筑用硬聚氯乙烯（PVC-U）、聚丙烯（PP-R）、聚丁烯（PB）与交联聚乙烯（PEX）等有机材料管道时，其连接方法应符合设计和产品技术要求的规定。

检查数量：按总数抽查20%，且不得少于2处。

检查方法：尺量、观察检查，验证产品合格证书和试验记录。

根据当前有机类化学新型材料管道的发展，为了适应工程新材料施工质量的监督和检验，本条文对非金属管道和管道部件安装的基本质量要求作出了规定。

9.3.2 金属管道的焊接应符合下列规定：

1 管道焊接材料的品种、规格、性能应符合设计要求。管道对接焊口的组对和坡口形式等应符合表9.3.2（本书表10.9.2）的规定；对口的平直度为1/100，全长不大于10mm。管道的固定焊口应远离设备，且不宜与设备接口中心线相重合。管道对接焊缝与支、吊架的距离应大于50mm。

2 管道焊缝表面应清理干净，并进行外观质量的检查。焊缝外观质量不得低于现行国家标准《现场设备、工业管道焊接工程施工及验收规范》（GB 50236）中第11.3.3条的Ⅳ级规定（氨管为Ⅲ级）。

检查数量：按总数抽查20%，且不得少于1处。

检查方法：尺量、观察检查。

金属管道的焊接质量，直接影响空调水系统工程的正常运行的安全使用，故本条文对

管道焊接坡口形式和尺寸　　表 10.9.2

项次	厚度 T（mm）	坡口名称	坡口形式	坡口尺寸			备注
				间隙 C（mm）	钝边 P（mm）	坡口角度 α（°）	
1	1～3	Ⅰ型坡口		0～1.5	—	—	内壁错边量 ≤0.1T，且 ≤2mm；外壁≤3mm
	3～6			1～2.5			
2	6～9	V型坡口		0～2.0	0～2	65～75	
	9～26			0～3.0	0～3	55～65	
3	2～30	T型坡口		0～2.0	—	—	

空调水系统金属管道安装焊接的基本质量要求作出了规定。

管道焊接检查：

1. 管道坡口应表面整齐、光洁，不合格的管口不应进行对口焊接。

2. 管道对口、管道与管件对口时，外壁应平齐。

3. 管道对口后进行点焊，点焊高度不超过管道壁厚的70%，其焊缝根部应焊透，点焊位置应均匀对称。

4. 采用多层焊时，在焊下层之前，应将上一层的焊渣及金属飞溅物清理干净。各层的引弧点和熄弧点均应错开20mm。

5. 管材与法兰焊接时，应先将管材插入法兰内，先点焊2～3点，用角尺找正、找平后再焊接。法兰应两面焊接，其内侧焊缝不应凸出法兰密封面。

6. 焊缝应满焊。高度不应低于母材表面，并应与母材圆滑过渡。焊接后应立刻清除焊缝上的焊渣、氧化物等。焊缝外观质量不应低于现行国家标准《现场设备、工业管道焊接工程施工规范》（GB 50236）的有关规定。

焊缝的位置检查：

1. 直管段管径大于或等于 *DN*150 时，焊缝间距不应小于150mm；管径小于 *DN*150 时，焊缝间距不应小于管道外径。

2. 管道弯曲部位不应有焊缝。

3. 管道接口焊缝距支、吊架边缘不应小于100mm。

4. 焊缝不应紧贴墙壁和楼板，并严禁置于套管内。

9.3.3 螺纹连接的管道，螺纹应清洁、规整，断丝或缺丝不大于螺纹全扣数的10%；连接牢固；接口处根部外露螺纹为2～3扣，无外露填料；镀锌管道的镀锌层应注意保护，对局部的破损处，应做防腐处理。

检查数量：按总数抽查5%，且不得少于5处。

检查方法：尺量、观察检查。

管道螺纹连接检查：

1. 管道与管件连接应采用标准螺纹，管道与阀门连接应采用短螺纹，管道与设备连接应采用长螺纹。

2. 螺纹应规整，不应有毛刺、乱丝，不应有超过10%的断丝或缺扣。

3. 管道螺纹应留有足够的装配余量可供拧紧，不应用填料来补充螺纹的松紧度。

4. 填料应按顺时针方向薄而均匀地紧贴缠绕在外螺纹上，上管件时，不应将填料挤出。

5. 螺纹连接应紧密牢固。管道螺纹应一次拧紧，不应倒回。螺纹连接后管螺纹根部应有 2～3 扣的外露螺纹。多余的填料应清理干净，并做好外露螺纹的防腐处理。

管道螺纹连接一般采用圆锥形外螺纹与圆柱形内螺纹连接，称为锥接柱。

空调水系统管道连接检查：

1. 管径小于或等于 $DN32$ 的焊接钢管宜采用螺纹连接，管径大于 $DN32$ 的焊接钢管宜采用焊接。

2. 管径小于或等于 $DN100$ 的镀锌钢管宜采用螺纹连接，管径大于 $DN100$ 的镀锌钢管可采用沟槽式或法兰连接。采用螺纹连接或沟槽连接时，镀锌层破坏的表面及外露螺纹部分应进行防腐处理；采用焊接法兰连接时，对焊缝及热影响地区的表面应进行二次镀锌或防腐处理。

3. 塑料管及复合管道的连接方法应符合产品技术标准的要求，管材及配件应为同一厂家的配套产品。

管径小于或等于 $DN32$ 的管道多用于连接空调末端支管。拆卸相对较多，且截面积较小，施焊时，易使其截面缩小，因此应采用螺纹连接。镀锌钢管表面的镀锌层是管道防腐的主要保护层，为了不破坏镀锌层，故提倡采用螺纹连接，并强调镀锌层破坏的表面及外露螺纹部分应进行防腐处理。根据国内工程的施工情况，当管径大于 $DN100$ 时，螺纹加工与连接质量不太稳定，采用沟槽、法兰或其他连接方法更为合适。对于闭式循环运行的冷冻水系统、管道内部的腐蚀性相对较弱，对被破坏的表面进行局部防腐处理可以满足需要。但是，对于开式运行的冷却水系统，则应采取二次镀锌。

9.3.4 *法兰连接的管道，法兰面应与管道中心线垂直，并同心。法兰对接应平行，其偏差不应大于其外径的 1.5/1000，且不得大于 2mm；连接螺栓长度应一致、螺母在同侧、均匀拧紧。螺栓紧固后不应低于螺母平面。法兰的衬垫规格、品种与厚度应符合设计的要求。*

检查数量：按总数抽查 5%，且不得少于 5 处。

检查方法：尺量、观察检查。

法兰连接检查：

1. 法兰应焊接在长度大于 100mm 的直管段上，不应焊接在弯管或弯头上。

2. 支管上的法兰与主管外壁净距应大于 100mm，穿墙管道上的法兰与墙面净距应大于 200mm。

3. 法兰不应埋入地下或安装在套管中，埋地管道或不通行地沟内的法兰处应设检查井。

4. 法兰垫片应放在法兰的中心位置，不应偏斜，且不应凸入管内，其外边缘宜接近螺栓孔。除设计要求外，不应使用双层、多层或倾斜形垫片。拆卸重新连接法兰时，应更换新垫片。

5. 法兰对接应平行、紧密，与管道中心线垂直，连接法兰的螺栓应长短一致，朝向相同，螺栓露出螺母部分不应大于螺栓直径的一半。

9.3.5　钢制管道的安装应符合下列规定：

1　管道和管件在安装前，应将其内、外壁的污物和锈蚀清除干净。当管道安装间断时，应及时封闭敞开的管口。

2　管道弯制弯管的弯曲半径，热弯不应小于管道外径的 3.5 倍、冷弯不应小于 4 倍；焊接弯管不应小于 1.5 倍；冲压弯管不应小于 1 倍。弯管的最大外径与最小外径的差不应大于管道外径的 8/100，管壁减薄率不应大于 15%。

3　冷凝水排水管坡度，应符合设计文件的规定。当设计无规定时，其坡度宜大于或等于 8‰；软管连接的长充，不宜大于 150mm。

4　冷热水管道与支、吊架之间，应有绝热衬垫（承压强度能满足管道重量的不燃、难燃硬质绝热材料或经防腐处理的木衬垫），其厚度不应小于绝热层厚度，宽度应大于支、吊架支承面的宽度。衬垫的表面应平整、衬垫接合面的空隙应填实。

5　管道安装的坐标、标高和纵、横向的弯曲度应符合表 9.3.5（本书表 10.9.3）的规定。在吊顶内等暗装管道的位置应正确，无明显偏差。

管道安装的允许偏差和检验方法　　　　**表 10.9.3**

项目			允许偏差（mm）	检查方法
坐标	架空及地沟	室外	25	按系统检查管道的起点、终点、分支点和变向点及各点之间的直管 用经纬仪、水准仪、液体连通器、水平仪、拉线和尺量检查
		室内	15	
	埋地		60	
标高	架空及地沟	室外	±20	
		室内	±15	
	埋地		±25	
水平管道平直度		$DN\leqslant100$mm	$2L$%，最大 40	用直尺、拉线和尺量检查
		$DN>100$mm	$3L$%，最大 60	
立管垂直度			$5L$%，最大 25	用直尺、线锤、拉线和尺量检查
成排管段间距			15	用直尺尺量检查
成排管段或成排阀门在同一平面上			3	用直尺、拉线和尺量检查

注：L——管道的有效长度（mm）。

检查数量：按总数抽查 10%，且不得少于 5 处。

检查方法：尺量、观察检查。

空调水系统钢制管道、管道部件等施工质量验收的一般要求作出了规定。对于管道安装的允许偏差和支、吊架衬垫的检查方法也作了说明。

9.3.6　钢塑复合管道的安装，当系统工作压力不大于 1.0MPa 时，可采用涂（衬）塑焊接钢管螺纹连接，与管道配件的连接深度和扭矩应符合表 9.3.6-1（本书表 10.9.4）的规定；当系统工作压力为 1.0～2.5MPa时，可采用涂（衬）塑无缝钢管法兰连接或沟槽式连接，管道配件均为无缝钢管涂（衬）塑管件。

沟槽式连接的管道，其沟槽与橡胶密封圈和卡箍套必须为配套合格产品；支、吊架的间距应符合表 9.3.6-2（本书表 10.9.5）的规定。

钢塑复合管螺纹连接深度及紧固扭矩　　表 10.9.4

公称直径（mm）		15	20	25	32	40	50	65	80	100
螺纹连接	深度（mm）	11	13	15	17	18	20	23	27	33
	牙数	6.0	6.5	7.0	7.5	8.0	9.0	10.0	11.5	13.5
扭矩（N·m）		40	60	100	120	150	200	250	300	400

沟槽式连接管道的沟槽及支、吊架的间距　　表 10.9.5

公称直径（mm）	沟槽深度（mm）	允许偏差（mm）	支、吊架的间距（m）	端面垂直度允许偏差（mm）
65～100	2.20	0～+0.3	3.5	1.0
125～150	2.20	0～+0.3	4.2	1.5
200	2.50	0～+0.3	4.2	
225～250	2.50	0～+0.3	5.0	
300	3.0	0～+0.5	5.0	

注：1　连接管端面应平整光滑、无毛刺；沟槽过深，应作为废品，不得使用。
　　2　支、吊架不得支承在连接头上，水平管的任意两个连接头之间必须有支、吊架。

检查数量：按总数抽查 10%，且不得少于 5 处。

检查方法：尺量、观察检查、查阅产品合格证明文件。

钢塑复合管道既具有钢管的强度，又具有塑料管耐腐蚀的特性，是一种空调水系统中应用较理想的材料。但是，如果在施工过程中处理不当，管内的涂塑层遭到破坏，则会丧失其优良的防腐蚀性能。故本条文规定当系统工作压力小于等于 1.0MPa 时，宜采用涂（衬）塑无缝钢管法兰连接或沟槽式连接，管道的配件也为无缝钢管涂（衬）塑管件。沟槽式连接管道的沟槽与连接使用的橡胶密封圈和卡箍套也必须为配套合格产品。这点应该引起重视，否则不易保证施工质量。

管道的沟槽式连接为弹性连接，不具有刚性管道的特性，故规定支、吊架不得支承在连接卡箍上，其间距应符合本规范条文中表 9.3.6-2（本书表 10.9.5）的规定。水平管的任两个连接卡箍之间必须设有支、吊架。

沟槽连接检查：

1. 沟槽式管接头应采用专门的滚槽机加工成型，可在施工现场按配管长度进行沟槽加工。

2. 现场滚槽加工时，管道应处在水平位置上，严禁管道出现纵向位移和角位移，不应损坏管道的镀锌层及内壁各种涂层或内衬层。

3. 沟槽接头安装前应检查密封圈规格正确，并应在密封圈外部和内部密封唇上涂薄薄一层润滑剂，在对接管道的两侧定位。

4. 密封圈外侧应安装卡箍，并应将卡箍凸边卡进沟槽内。安装时应压紧上下卡箍，在卡箍螺孔位置穿上螺栓，检查确认卡箍凸边全部卡进沟槽内，并应均匀轮换拧紧螺母润滑剂可采用肥皂水等，不应采用油润滑剂。

9.3.7　风机盘管机组及其他空调设备与管道的连接，宜采用弹性接管或软接管（金属或非金属软管），其耐压值应大于等于 1.5 倍的工作压力。软管的连接应牢固，不应有强扭和瘪管。

检查数量：按总数抽查 10%，且不得少于 5 处。

检查方法：观察、查阅产品合格证明文件。

9.3.8 金属管道的支、吊架的型式、位置、间距、标高应符合设计或有关技术标准的要求。设计无规定时，应符合下列规定：

1 支、吊架的安装应平整牢固，与管道接触紧密。管道与设备连接处，应设独立支、吊架。

2 冷（热）媒水、冷却水系统管道机房内总、干管的支、吊架，应采用承重防晃管架；与设备连接的管道管架宜有减振措施。当水平支管的管架采用单杆吊架时，应在管道起始点、阀门、三通、弯头及长度每隔15m设置承重防晃支、吊架。

3 无热位移的管道吊架，其吊杆应垂直安装；有热位移的，其吊杆应向热膨胀（或冷收缩）的反方向偏移安装，偏移量按计算确定。

4 滑动支架的滑动面应清洁、平整，其安装位置应从支承面中心向位移反方向偏移1/2位移值或符合设计文件规定。

5 竖井内的立管，每隔2～3层应设导向支架。在建筑结构负重允许的情况下，水平安装管道支、吊架的间距应符合表9.3.8（本书表10.9.6）的规定。

钢管道支、吊架的最大间距 **表10.9.6**

公称直径（mm）		15	20	25	32	40	50	70	80	100	125	150	200	250	300
支架的最大间距（m）	L_1	1.5	2.0	2.5	2.5	3.0	3.5	4.0	5.0	5.0	5.5	6.5	7.5	8.5	9.5
	L_2	2.5	3.0	3.5	4.0	4.5	5.0	6.0	6.5	6.5	7.5	7.5	9.0	9.5	10.5
	对大于300mm的管道可参考300mm管道														

注：1 适用于工作压力不大于2.0MPa，不保温或保温材料密度不大于200kg/m³的管道系统。

2 L_1用于保温管道，L_2用于不保温管道。

6 管道支、吊架的焊接应由合格持证焊工施焊，并不得有漏焊、欠焊或焊接裂纹等缺陷。支架与管道焊接时，管道侧的咬边量应小于0.1管壁厚。

检查数量：按系统支架数量抽查5%，且不得少于5个。

检查方法：尺量、观察检查。

空调水系统管道支、吊架安装的基本质量要求。以往管道系统支、吊架的间距和要求，一直套用《采暖与卫生工程施工及验收规范》（GBJ 242—82）的规定。它与当前的技术发展存在较大的差距，因而进行了计算和新编。本条文规定的金属管道的支、吊架的最大跨距，是以工作压力不大于2.0MPa现在工程常用的绝热材料和管道的口径为条件的。支、吊架条文表9.3.8中规定的最大口径为*DN*300，保温管道的间距为9.5m。对于大于*DN*300的管道口径也按这个间距执行。这是因为空调水系统的管道，绝大多数为室内管道，更长的支、吊架距离不符合施工现场的条件。

沟槽式连接管道的支、吊架距离，不得执行本条文的规定。

9.3.9 采用建筑用硬聚氯乙烯（PVC-U）、聚丙烯（PP-R）与交联聚乙烯（PEX）等管道时，管道与金属支、吊架之间应有隔绝措施，不可直接接触。当为热水管道时，还应加宽其接触的面积。支、吊架的间距应符合设计和产品技术要求的规定。

检查数量：按系统支架数量抽查5%，且不得少于5个。

检查方法：观察检查。

空调水系统的非金属管道支、吊架安装的基本质量要求。热水系统的非金属管道，其强度与温度成反比，故要求增加其支、吊架支承面的面积，一般宜加倍。

9.3.10 阀门、集气罐、自动排气装置、除污器（水过滤器）等管道部件的安装应符合设计要求，并应符合下列规定：

1 阀门安装的位置、进出口方向应正确，并便于操作；接连应牢固紧密，启闭灵活；成排阀门的排列应整齐美观，在同一平面上的允许偏差为 3mm。

2 电动、气动等自控阀门在安装前应进行单体的调试，包括开启、关闭等动作试验。

3 冷冻水和冷却水的除污器（水过滤器）应安装在进机组前的管道上，方向正确且便于清污；与管道连接牢固、严密，其安装位置应便于滤网的拆装和清洗。过滤器滤网的材质、规格和包扎方法应符合设计要求。

4 闭式系统管路应在系统最高处及所有可能积聚空气的高点设置排气阀，在管路最低点应设置排水管及排水阀。

检查数量：按规格、型号抽查 10%，且不得少于 2 个。

检查方法：对照设计文件尺量、观察和操作检查。

电动阀门安装检查：

1. 电动阀安装前，应进行模拟动作和压力试验。执行机构行程、开关动作及最大关紧力应符合设计和产品技术文件的要求。

2. 阀门的供电电压、控制信号及接线方式应符合系统功能和产品技术文件的要求。

3. 电动阀门安装时，应将执行机构与阀体一体安装，执行机构和控制装置应灵敏可靠，无松动或卡涩现象。

4. 有阀位指示装置的电磁阀，其阀位指示装置应面向便于观察的方向。

安全阀安装检查：

1. 安全阀应由专业检测机构校验，外观应无损伤，铅封应完好。

2. 安全阀应安装在便于检修的地方，并垂直安装；管道、压力容器与安全阀之间应保持通畅。

3. 与安全阀连接的管道直径不应小于阀的接口直径。

4. 螺纹连接的安全阀，其连接短管长度不宜超过 100mm；法兰连接的安全阀，其连接短管长度不宜超过 120mm。

5. 安全阀排放管应引向室外或安全地带，并应固定牢固。

6. 设备运行前，应对安全阀进行调整校正，开启和回座压力应符合设计要求。调整校正时，每个安全阀启闭试验不应少于 3 次。安全阀经调整后，在设计工作压力下不应有泄漏。

9.3.11 冷却塔安装应符合下列规定：

1 基础标高应符合设计的规定，允许误差为±20mm。冷却塔地脚螺栓与预埋件的连接或固定应牢固，各连接部件应采用热镀锌或不锈钢螺栓，其紧固力应一致、均匀。

2 冷却塔安装应水平，单台冷却塔安装水平度和垂直度允许偏差均为 2/1000。同一冷却水系统的多台冷却塔安装时，各台冷却塔的水面高度应一致，高差不应大于 30mm。

3 冷却塔的出水口及喷嘴的方向和位置应正确，积水盘应严密无渗漏；分水器布水均匀。带转动布水器的冷却塔，其转动部分应灵活，喷水出口按设计或产品要求，方向应一致。

4 冷却塔风机叶片端部与塔体四周的径向间隙应均匀。对于可调整角度的叶片，角度应一致。

检查数量：全数检查。

检查方法：尺量、观察检查，积水盘做充水试验或查阅试验记录。

空调系统应用的冷却塔及附属设备安装的基本质量要求。冷却塔安装的位置大都在建筑顶部，一般需要设置专用的基础或支座。冷却塔属于大型的轻型结构设备，运行时既有水的循环，又有风的循环。因此，在设备安装验收时，应强调的固定质量和连接质量。

冷却塔安装检查：

1. 冷却塔的安装位置应符合设计要求。

2. 冷却塔与基础预埋件应连接牢固，连接件应采用热镀锌或不锈钢螺栓，其紧固力应一致、均匀。

3. 冷却塔的积水盘应无渗漏，布水器应布水均匀。

4. 组装的冷却塔，其填料的安装应在所有电、气焊接作业完成后进行。

5. 冷却塔安装应平稳，地脚螺栓固定牢固。

6. 冷却塔的出水管口及喷嘴的方向和位置应正确，布水均匀。有转动布水器的冷却塔，其转动部分必须灵活，喷水出口宜向下与水平呈30°夹角，且方向一致，不应垂直向下。

7. 玻璃钢冷却塔和塑料制品作填料的冷却塔，安装应严格执行防火规定。

8. 收水器安装后片体不得有变形，集水盘的拼接缝处应严密不渗漏。

9. 冷却塔的填料安装应疏密适中、间距均匀，四周要与冷却塔内壁紧贴，块体之间无空隙。

9.3.12 水泵及附属设备的安装应符合下列规定：

1 水泵的平面位置和标高允许偏差为±10mm，安装的地脚螺栓应垂直、拧紧，且与设备底座接触紧密。

2 垫铁组放置位置正确、平稳，接触紧密，每组不超过3块。

3 整体安装的泵，纵向水平偏差不应大于0.1/1000，横向水平偏差不应大于0.20/1000；解体安装的泵纵、横向安装水平偏差均不应大于0.05/1000；水泵与电机采用联轴器连接时，联轴器两轴芯的允许偏差，轴向倾斜不应大于0.2/1000，径向位移不应大于0.05mm；小型整体安装的管道水泵不应有明显偏斜。

4 减震器与水泵基础连接牢固、平稳、接触紧密。

检查数量：全数检查。

检查方法：扳手试拧、观察检查，用水平仪和塞尺测量或查阅设备安装记录。

水泵安装施工质量验收的一般要求。

9.3.13 水箱、集水器、分水器、储冷罐等设备的安装，支架或底座的尺寸、位置符合设计要求。设备与支架或底座接触紧密，安装平正、牢固。平面位置允许偏差为15mm，标高允许偏差为±5mm，垂直度允许偏差为1/1000。

膨胀水箱安装的位置及接管的连接，应符合设计文件的要求。

检查数量：全数检查。

检查方法：尺量、观察检查，旁站或查阅试验记录。

第十节 防腐与绝热

10.1 一般规定

10.1.1 风管与部件及空调设备绝热工程施工应在风管系统严密性检验合格后进行。

风管与部件及空调设备绝热工程施工的前提条件，是在风管系统严密性检验合格后才能进行。风管系统的严密性检验，是指对风管系统所进行的漏光检测或漏风量测定。

10.1.2 空调工程的制冷系统管道，包括制冷剂和空调水系统绝热工程的施工，应在管路系统强度与严密性检验合格和防腐处理结束后进行。

空调制冷剂管道和空调水系统管道的绝热施工条件的规定。管道的绝热施工是管道安装工程的后道工序，只有当前道工序完成，并被验证合格后才能进行。

10.1.3 普通薄钢板在制作风管前，宜预涂防锈漆一遍。

普通薄钢板风管防腐处理，可采取两种方法，即先加工成型后刷防腐漆和先刷防腐漆后再加工成型。两者相比，后者的施工工效高，并对咬口缝和法兰铆接处的防腐效果要好得多。为了提高风管的防腐性能，保障工程质量，故作此规定。

10.1.4 支、吊架的防腐处理应与风管或管道相一致，其明装部分必须涂面漆。

在一般情况下，支、吊架与风管或管道同为黑色金属材料，并处于同一环境。因此，它们的防腐处理理应与风管或管道相一致。而在有些含有酸、碱或其他腐蚀性其他的建筑厂房。风管或管道采用聚氯乙烯、玻璃钢或不锈钢板（管）时，则支、吊架的防腐处理应与风管、管道的抗腐蚀性能相同或按设计的规定执行。

油漆可分为底漆和面漆。底漆以附着和防锈蚀的性能为主，面漆以保护底漆、增加抗老化性能和调节表面色泽为主。非隐蔽明装部分的支、吊架，如不刷面漆会使防腐底漆很快老化失效，且不美观。

10.1.5 油漆施工时，应采取防火、防冻、防雨等措施，并不应在低温或潮湿环境下作业。明装部分的最后一遍色漆，宜在安装完毕后进行。

油漆施工时，应采用防火、防冻、防雨等措施，这是一般油漆工程施工必须做到的基本要求。但是有些操作人员并不重视这方面的工作，不但会影响油漆质量，还可能引发火灾事故。另外，大部分的油漆在低温时（通常在5℃以下）黏度增大，喷漆不易进行，造成厚薄不匀、不易干燥等缺陷，影响防腐效果。如果在潮湿的环境下（一般指相对湿度大于85％）进行防腐施工，由于金属表面聚集了一定量的水汽，易使涂膜附着能力降低和产生气孔等，故作此规定。

10.2 主控项目

10.2.1 风管和管道的绝热，应采用不燃或难燃材料，其材质、密度、规格与厚度应符合设计要求。如采用难燃材料时，应对其难燃性进行检查，合格后方可使用。

检查数量：按批随机抽查1个。

检查方法：观察检查、检查材料合格证，并做点燃试验。

空调工程系统风管和管道使用的绝热材料，必须是不燃或难燃材料，不得为可燃材料。从防火的角度出发，绝热材料应尽量采用不燃的材料。但是，从绝热的使用效果、性能等诸条件来对比，难燃材料还有其相对的长处，在工程中还占有一定的比例。难燃材料一般用易燃材料作基材，采用添加阻燃剂或浸涂阻燃材料而制成。它们的外型与易燃材料差异不大，很易混淆。无论是国内、还是国外，都发生过空调工程中绝热材料被引燃后造成恶果。为此，条文明确规定，当工程绝热材料为难燃材料时，必须对其难燃性能进行验证，合格后方准使用。

10.2.2 防腐涂料和油漆，必须是在有效保质期限内的合格产品。

检查数量：按批检查。

检查方法：观察、检查材料合格证。

防腐涂料和油漆都有一定的有效期，超过期限后，其性能会发生很大的变化。工程中当然不得使用过期的和不合格的产品。

选用的防腐涂料应符合设计要求，配制及涂刷方法已明确，施工方案已批准，采用的技术标准和质量控制措施文件齐全；管道与设备面层涂料与底层涂料的品种宜相同，当不同时，应确认其亲溶性，合格后再施工；从事防腐施工的作业人员应经过技术培训，合格后再上岗；防腐施工的环境温度宜在5℃以上，相对湿度宜在85％以下。

防腐施工前应对金属表面进行除锈、清洁处理，可选用人工除锈或喷砂除锈的方法。喷砂除锈宜在具备除灰降尘条件的车间进行。

管道与设备表面除锈后不应有残留锈斑、焊渣和积尘，除锈等级应符合设计及防腐涂料产品技术文件的要求。

管道与设备的油污宜采用碱性溶剂清除，清洗后擦净晾干。

10.2.3 在下列场合必须使用不燃绝热材料：

1 电加热器前后800mm的风管和绝热层；

2 穿越防火隔墙两侧2m范围内风管、管道和绝热层。

检查数量：全数检查。

检查方法：观察、检查材料合格证与做点燃试验。

电加热器前后800mm和防火墙两侧2m范围内风管的绝热材料，必须为不燃材料。这主要是为了防止电加热器可能引起绝热材料的自燃和杜绝邻室火灾通过风管或管道绝热材料传递的通道。

10.2.4 输送介质温度低于周围空气露点温度的管道，当采用非闭孔性绝热材料时，隔汽层（防潮层）必须完整，且封闭良好。

检查数量：按数量抽查10％，且不得少于5段。

检查方法：观察检查。

空调冷媒水系统的管道，当采用通孔性的绝热材料时，隔汽层（防潮层）必须完整、密封。通孔性绝热材料由疏松的纤维材料和空气层组成，空气时热的不良导体，两者结合构成了良好的绝热性能。这个性能的前提条件是要求空气层为静止的或流动非常缓慢。所以，使用通孔性绝热材料作为绝热材料时，外表面必须加设隔汽层（防潮层），且隔汽层应完整，并封闭良好。当使用于输送介质温度低于周围空气露点温度的管道时，隔汽层的开口之处与绝热材料内层的空气产生对流，空气中的水蒸气遇到过冷的管道将被凝结、析出。凝结水的产生将进一步降低材料的热阻，加速空气的对流，随着时间的推迟最终导致绝热层失效。

10.2.5 位于洁净室内的风管及管道的绝热，不应采用易产生尘的材料（如玻璃纤维、短纤维矿棉等）。

检查数量：全数检查。

检查方法：观察检查。

洁净室控制的主要对象就是空气中的浮尘数量，室内风管与管道的绝热材料如采用易产生尘的材料（如玻璃纤维、短纤维矿棉等），显然对洁净室的洁净度达标不利。故条文规定不应采用易产生尘的材料。

10.3 一般项目

10.3.1 喷、涂油漆的漆膜，应均匀、无堆积、皱纹、气泡、掺杂、混色与漏涂等缺陷。

检查数量：按面积检查10%。

检查方法：观察检查。

涂刷防腐涂料时，应控制涂刷厚度，保持均匀，不应出现漏涂、起泡等现象，并应检查：

1. 手工涂刷涂料时，应根据涂刷部位选用相应的刷子，宜采用纵、横交叉涂抹的作业方法。快干涂料不宜采用手工涂刷。

2. 底层涂料与金属表面结合应紧密其他层涂料涂刷应精细，不宜过厚。面层涂料为调和漆或磁漆时，涂刷应薄而均匀。每一层漆干燥后再涂下一层。

3. 机械喷涂时，涂料射流应垂直喷漆面。漆面为平面时，喷嘴与漆面距离宜为250～350mm，漆面为曲面时，喷嘴与漆面的距离宜为400mm。喷嘴的移动应均匀，速度宜保持在13～18m/min。喷漆使用的压缩空气压力宜为0.3～0.4MPa。

4. 多道涂层的数量应满足设计要求．不应加厚涂层或减少涂刷次数。

10.3.2 各类空调设备、部件的油漆喷、涂，不得遮盖铭牌标志和影响部件的功能使用。

检查数量：按数量检查10%，且不得少于2个。

检查方法：观察检查。

空调工程施工中，一些空调设备或风管与管道的部件，需要进行油漆修补或重新涂刷。在操作中不注意对设备标志的保护与对风口等的转动轴、叶片活动面的防护，会造成标志无法辨认或叶片粘连影响正常使用等问题。

防腐与绝热施工完成后，应按设计要求进行标识，当设计无要求时，按下序检查：

1. 设备机房、管道层、管道井、吊顶内等部位的主干管道，应在管道的起点、终点、交叉点、转弯处、阀门、穿墙管道两侧以及其他需要标识的部位进行管道标识。直管道上标识间隔宜为10m。

2. 管道标识应采用文字和箭头。文字应注明介质种类，箭头应指向介质流动方向，文字和箭头尺寸应与管径大小相匹配，文字应在箭头尾部。

3. 空调冷热水管道色标宜用黄色，空调冷却水管道色标宜用蓝色，空调冷凝水管道及空调补水管道的色标宜用淡绿色，蒸汽管道色标宜用红色，空调通风管道色标宜为白色，防排烟管道色标宜为黑色。

10.3.3 风管系统部件的绝热，不得影响其操作功能。

检查数量：按数量检查10%，且不得少于2个。

检查方法：观察检查。

10.3.4 绝热材料层应密实，无裂缝、空隙等缺陷。表面应平整，应采用卷材或板材时，允许偏差为5mm；采用涂抹或其他方式时，允许偏差为10mm。防潮层（包括绝热层的端部）应完整，且封闭良好，其搭接缝应顺水。

检查数量：管道按轴线长度抽查10%，部件、阀门抽查10%，且不得少于2个。

检查方法：观察检查、用钢丝刺入保温层、尺量。

10.3.5 风管绝热层采用粘结方法固定时，施工应符合下列规定：

1 粘结剂的性能应符合使用温度和环境卫生的要求，并与绝热材料相匹配。

2 粘结材料宜均匀地涂在风管、部件或设备的外表面上，绝热材料与风管、部件及设备表面应紧密贴合，无空隙。

3 绝热层纵、横向的连缝，应错开。

4 绝热层粘贴后，如进行包扎或捆扎，包扎的搭接处应均匀、贴紧；捆扎的应松紧适度，不得损坏绝热层。

检查数量：按数量抽查10%。

检查方法：观察检查和检查材料合格证。

空调工程的绝热，采用粘结方法固定施工时，为控制其基本质量作出了规定。当前，通风与空调工程绝热施工中可使用的粘结材料品种繁多，他们的理化性能各不相同。因此，我们规定粘结剂的选择，必须符合环境卫生的要求，并与绝热材料相匹配，不应发生熔蚀、产生毒气体等不良现象。对于采用粘结的部分绝热材料，随着时间的推移，有可能发生分层、脱胶等现象。为了提高其使用的质量和寿命，可采用打包捆扎或包扎。捆扎的应松紧适度，不得损坏绝热层；包扎的搭接处应均匀、贴紧。

10.3.6 风管绝热层采用保温钉连接固定时，应符合下列规定：

1 保温钉与风管、部件及设备表面的连接，可采用粘接或焊接，结合应牢固，不得脱落；焊接后应保持风管的平整，并不应影响镀锌钢板的防腐性能。

2 矩形风管或设备保温钉的分布应均匀，其数量底面每平方米不应少于16个，侧面不应少于10个，顶面不应少于8个。首行保温钉至保温材料边沿的距离应小于120mm。

3 风管法兰部位的绝热层的厚度，不应低于风管绝热层的0.8倍。

4 有防潮隔汽层绝热材料的拼缝处，应用粘胶带封严，粘胶带的宽度不应小于50mm。粘胶带应牢固地粘贴在防潮面层上，不得有胀裂和脱落。

检查数量：按数量抽查10%，且不得少于5处。

检查方法：观察检查。

空调风管绝热层采用保温钉进行固定连接施工的基本质量要求。采用保温钉固定绝热层的施工方法，其钉的固定极为关键。在工程中保温钉脱落的现象时有发生。保温钉不牢固的主要原因，有粘结剂选择不当、粘结处不清洁（有油污、灰尘或水汽等），粘结剂过期失效或粘结后未完全固化等。粘结应牢固，不得脱落。

如果保温钉的连接采用焊接固定的方法，则要求固定牢固，能在拉力下不脱落。同时，应在保温钉焊接后，仍保持风管的平整。当保温钉焊接连接应用于镀锌钢板时，应达到不影响其防腐性能。一般宜采用螺柱焊焊接的技术和方法。

选用的绝热材料与其他辅助材料应符合设计要求，胶粘剂应为环保产品，施工方法已明确，风管系统严密性试验合格。

镀锌钢板风管绝热施工前应进行表面去油、清洁处理，冷轧板金属风管绝热施工前应进行表面除锈，清洁处理，并涂防腐层。

风管绝热层采用保温钉固定检查：

1. 保温钉与风管、部件及设备表面的连接宜采用粘结，结合应牢固，不应脱落。

2. 固定保温钉的胶粘剂宜为不燃材料，其粘结力应大于 $25N/cm^2$。

3. 保温钉粘结后应保证相应的固化时间，宜为 12～24h，然后再铺覆绝热材料。

4. 风管的圆弧转角段或几何形状急剧变化的部位，保温钉的布置应适当加密。

风管绝热材料应按长边加 2 个绝热层厚度，短边为净尺寸的方法下料。绝热材料应尽量减少拼接缝，风管的底面不应有纵向拼缝，小块绝热材料可铺覆在风管上平面。

10.3.7 绝热涂料作绝热层时，应分层涂抹，厚度均匀，不得有气泡和漏涂等缺陷，表面固化层应光滑，牢固无缝隙。

检查数量：按数量抽查 10%。

检查方法：观察检查。

绝热涂料是一种新型的不燃绝热材料，施工时直接涂抹在风管、管道或设备的表面，经干燥固化后即形成绝热层。该材料的施工，主要是涂抹性的湿作业，故规定要涂层均匀，不应有气泡和漏涂等缺陷。当涂层较厚时，应分层施工。

10.3.8 当采用玻璃纤维布作绝热保护层时，搭接的宽度应均匀，宜为 30～50mm，且松紧适度。

检查数量：按数量抽查 10%，且不得少于 $10m^2$。

检查方法：尺量、观察检查。

保护层施工检查：

1. 采用玻璃纤维布缠裹时，端头应采用卡子卡牢或用胶粘剂粘牢。立管应自下而上，水平管道应从最低点向最高点进行缠裹。玻璃纤维布缠裹应严密，搭接宽度应均匀，宜为 1/2 布宽或 30～50mm，表面应平整，无松脱、翻边、皱褶或鼓包。

2. 采用玻璃纤维布外刷涂料作防水与密封保护时，施工前应清除表面的尘土、油污，涂层应将玻璃纤维布的网孔堵密。

10.3.9 管道阀门、过滤器及法兰部位的绝热结构应能单独拆卸。

检查数量：按数量抽查 10%，且不得少于 5 个。

检查方法：观察检查。

10.3.10 管道绝热层的施工，应符合下列规定：

1 绝热产品的材质和规格应符合设计要求，管壳的粘贴应牢固、铺设应平整；绑扎应紧密，无滑动、松弛与断裂现象。

2 硬质或半硬质绝热管壳的拼接缝隙，保温时不应大于 5mm、保冷时不应大于 2mm，并用黏结材料勾缝填满；纵缝应错开，外层的水平接缝应设在侧下方。当绝热层的厚度大于 100mm 时，应分层铺设，层间应压缝。

3 硬质或半硬质绝热管壳应用金属丝或难腐织带捆扎，其间距为 300～350mm，且每节至少捆扎 2 道。

4 松散或软质绝热材料应按规定的密度压缩其体积，疏密应均匀。毡类材料在管道上包扎时，搭接处不应有空隙。

检查数量：按数量抽查 10%，且不得少于 10 段。

检查方法：尺量、观察检查及查阅施工记录。

选用的绝热材料与其他辅助材料应符合设计要求，胶黏剂应为环保产品，施工方法已明确。管道系统水压试验合格，钢制管道防腐施工已完成。

常用的绝热材料包括下列类型：

1. 板材：岩棉板、铝箔岩棉板、超细玻璃棉毡、铝箔超细玻璃棉板、自熄性聚苯乙烯泡沫塑料板、阻燃聚氨酯泡沫塑料板、发泡橡塑板、铝镁质隔热板。

2. 管壳制品：岩棉、矿渣棉、玻璃棉、硬聚氨酯泡沫塑料管壳、铝箔超细玻璃棉管壳、发泡橡塑管壳、聚苯乙烯泡沫塑料管壳、预制瓦块（泡沫混凝土、珍珠岩、蛭石）等。

3. 卷材：聚苯乙烯泡沫塑料、岩棉、发泡橡塑、铝箔超细玻璃棉等。

常用的防潮层材料有：树脂玻璃布、聚乙烯薄膜、夹筋铝箔（兼保护层）等。

常用的保护层材料有：镀锌钢丝网、玻璃丝布、铝板、镀锌铁板、不锈钢板、铝箔纸等。

其他材料有：铝箔胶带、胶粘剂、防火涂料、保温钉。

空调水系统管道与设备的绝热施工：

空调水系统管道与设备绝热施工前应进行表面清洁处理，防腐层损坏的应补涂完整。

涂刷胶粘剂和粘结固定保温钉应符合下列规定：

1. 应控制胶粘剂的涂刷厚度，涂刷应均匀，不宜多遍涂刷。

2. 保温钉的长度应满足压紧绝热层固定压片的要求。保温钉与管道和设备的粘结应牢固可靠，其数量应满足绝热层固定要求。在设备上粘结固定保温钉时，底面每平方米不应少于16个，侧面每平方米不应少于10个，顶面每平方米不应少于8个。首行保温钉距绝热材料边沿应小于120mm。

空调水系统管道与设备绝热层检查：

1. 绝热材料粘结时，固定宜一次完成，并应按胶粘剂的种类，保持相应的稳定时间。

2. 绝热材料厚度大于80mm时，应采用分层施工，同层的拼缝应错开，且层间的拼缝应相压，搭接间距不应小于130mm。

3. 绝热管壳的粘贴应牢固，铺设应平整；每节硬质或半硬质的绝热管壳应用防腐金属丝捆扎或专用胶带粘贴不少于2道，其间距宜为300～350mm，捆扎或粘贴应紧密，无滑动、松弛与断裂现象。

4. 硬质或半硬质绝热管壳用于热水管道时拼接缝隙不应大于5mm，用于冷水管道时不应大于2m，并用粘结材料勾缝填满；纵缝应错开，外层的水平接缝应设在侧下方。

5. 松散或软质保温材料应按规定的密度压缩其体积，疏密应均匀。毡类材料在管道上包扎时，搭接处不应有空隙。

6. 管道阀门过滤器及法兰部位的绝热结构应能单独拆卸，且不应影响其操作功能。

7. 补偿器绝热施工时，应分层施工，内层紧贴补偿器，外层需沿补偿方向预留相应的补偿距离。

8. 空调冷热水管道穿楼板或穿墙处的绝热层应连续不间断。

防潮层与绝热层应结合紧密，封闭良好。不应有虚粘、气泡，皱褶，裂缝等缺陷。

10.3.11 管道防潮层的施工应符合下列规定：

1 防潮层应紧密粘贴在绝热层上，封闭良好，不得有虚黏、气泡、褶皱、裂缝等缺陷。

2　立管的防潮层，应由管道的低端向高端敷设，环向搭接的缝口应朝向低端；纵向的搭接缝应位于管道的侧面，并顺水。

3　卷材防潮层采用螺旋形缠绕的方式施工时，卷材的搭接宽度宜为30～50mm。

检查数量：按数量抽查10%，且不得少于10m。

检查方法：尺量、观察检查。

防潮层检查：

1. 防潮层（包括绝热层的端部）应完整，且封闭良好。水平管道防潮层施工时，纵向搭接缝应位于管道的侧下方，并顺水；立管的防潮层施工时，应自下而上施工，环向搭接缝应朝下。

2. 采用卷材防潮材料螺旋形缠绕施工时，卷材的搭接宽度宜为30～50mm。

3. 采用玻璃钢防潮层时，与绝热层应结合紧密，封闭良好不应有虚粘、气泡、皱褶、裂缝等缺陷。

4. 带有防潮层、隔汽层绝热材料的拼缝处胶带的宽度不应小于50mm。

10.3.12　金属保护壳的施工，应符合下列规定：

1　应紧贴绝热层，不得有脱壳、褶皱、强行接口等现象。接口的搭接应顺水，并有凸筋加强，搭接尺寸为20～25mm。采用自攻螺丝固定时，螺钉间距应匀称，并不得刺破防潮层。

2　户外金属保护壳的纵、横向接缝应顺水，其纵向接缝应位于管道的侧面。金属保护壳与外墙面或屋顶的交接处应加设泛水。

检查数量：按数量抽查10%。

检查方法：观察检查。

保护层施工检查：

1. 采用玻璃纤维布缠裹时，端头应采用卡子卡牢或用胶粘剂粘牢。立管应自下而上，水平管道应从最低点向最高点进行缠裹。玻璃纤维布缠裹应严密，搭接宽度应均匀，宜为1/2布宽或30～50mm，表面应平整，无松脱、翻边、皱褶或鼓包。

2. 采用玻璃纤维布外刷涂料作防水与密封保护时，施工前应清除表面的尘土、油污，涂层应将玻璃纤维布的网孔堵密。

3. 采用金属材料作保护壳时，保护壳应平整，紧贴防潮层，不应有脱壳、皱褶、强行接口现象，保护壳端头应封闭；采用平搭接时，搭接宽度宜为30～40m；采用凸筋加强搭接时，搭接宽度宜为20～25mm；采用自攻螺钉固定时，螺钉间距应匀称，不应刺破防潮层。

4. 立管的金属保护壳应自下而上进行施工，环向搭接缝应朝下；水平管道的金属保护壳应从管道低处向高处进行施工，环向搭接缝口应朝向低端，纵向搭接缝应位于管道的侧下方，并顺水。

10.3.13　冷热源机房内制冷系统管道的外表面应做色标。

检查数量：按数量抽查10%。

检查方法：观察检查。

为了方便系统的管理和维修，应根据国家有关规定作出标识。

第十一节　系统调试

11.1　一般规定

11.1.1　系统调试所使用的测试仪器和仪表，性能应稳定可靠，其精度等级及最小分度值应能满足测定的要求，并应符合国家有关计量法规及检定规程的规定。

应用于通风与空调工程调试的仪器、仪表性能和精度要求。

11.1.2　通风与空调工程的系统调试，应由施工单位负责、监理单位监督，设计单位与建设单位参与和配合。系统调试的实施可以是施工企业本身或委托给具有调试能力的其他单位。

通风与空调工程完工后的系统调试，应以施工企业为主，监理单位旁站，设计单位、建设单位参与配合。设计单位的参与，除应提供工程设计的参数外，还应对调试过程中出现的问题提出明确的修改意见；监理、建设单位参加调试，既可起到工程的协调作用，又有助于工程的管理和质量的验收。

对有的施工企业，本身不具备工程系统调试的能力，则可以采用委托给具有相应调试能力的其他单位。

11.1.3　系统调试前，承包单位应编制调试方案，报送专业监理工程师审核批准；调试结束后，必须提供完整的调试资料和报告。

通风与空调工程的调试，编制调试方案的规定。通风与空调工程的系统调试是一项技术性很强的工作，调试的质量会直接影响到工程系统功能的实现。因此，调试前必须编制调试方案，方案可指导调试人员按规定的程序、正确方法与进度实施调试，同时，也利于监理对调试过程的监督。

11.1.4　通风与空调工程系统无生产负荷的联合试运转及调试，应在制冷设备和通风与空调设备单机试运转合格后进行。空调系统带冷（热）源的正常联合试运转不应少于 8h，当竣工季节与设计条件相差较大时，仅做不带冷（热）源试运转。通风、除尘系统的连续试运转不应少于 2h。

通风与空调工程系统无生产负荷的联合试运转及调试，无故障正常运转的时间要求。

11.1.5　净化空调系统运行前应在回风、新风的吸入口处和粗、中效过滤器前设置临时用过滤器（如无纺布等），实行对系统的保护。净化空调系统的检测和调整，应在系统进行全面清扫，且已运行 24h 及以上达到稳定后进行。

洁净室洁净度的检测，应在空态或静态下进行或按合约规定。室内洁净度检测时，人员不宜多于 3 人，均必须穿与洁净室洁净度等级相适应的洁净工作服。

11.2　主控项目

11.2.1　通风与空调工程安装完毕，必须进行系统的测定和调整（简称调试）。系统调试应包括下列项目：

1　设备单机试运转及调试；

2　系统无生产负荷下的联合试运转及调试。

检查数量：全数检查。

检查方法：观察、旁站、查阅调试记录。

通风与空调工程完工后，为了使工程达到预期的目标，规定必须进行系统的测定和调整（简称调试）。它包括设备的单机试运转和调试及无生产负荷下的联合试运转及调试两大内容。这是必须进行的强制性规定。其中系统无生产负荷下的联合试运转及调试，还可分为子分部系统的联合试运转与调试及整个分部工程系统的平衡与调整。

11.2.2 设备单机试运转及调试应符合下列规定：

1 通风机、空调机组中的风机，叶轮旋转方向正确、运转平稳、无异常振动与声响，其电机运行功率应符合设备技术文件的规定。在额定转速下连续运转2h后，滑动轴承外壳最高温度不得超过70℃；滚动轴承不得超过80℃。

2 水泵叶轮旋转方向正确，无异常振动和声响，紧固连接部位无松动，其电机运行功率值符合设备技术文件的规定。水泵连续运转2h后，滑动轴承外壳最高温度不得超过70℃，滚动轴承不得超过75℃。

3 冷却塔本体应稳固、无异常振动，其噪声应符合设备技术文件的规定。风机试运转按本条第1款的规定。

冷却塔风机与冷却水系统循环试运行不少于2h，运行应无异常情况。

4 制冷机组、单元式空调机组的试运转，应符合设备技术文件和现行国家标准《制冷设备、空气分离设备安装工程施工及验收规范》(GB 50274)的有关规定，正常运转不应少于8h。

5 电控防火、防排烟风阀（口）的手动、电动操作应灵活、可靠，信号输出正确。

检查数量：第1款按风机数量抽查10%，且不得少于1台；第2、3、4款全数检查；第5款按系统中风阀的数量抽查20%，且不得少于5件。

检查方法：观察、旁站、用声级计测定、查阅试运转记录及有关文件。

11.2.3 系统无生产负荷的联合试运转及调试应符合下列规定：

1 系统总风量调试结果与设计风量的偏差不应大于10%。

2 空调冷热水、冷却水总流量测试结果与设计流量的偏差不应大于10%。

3 舒适空调的温度、相对湿度应符合设计的要求。恒温、恒湿房间室内空气温度、相对湿度及波动范围应符合设计规定。

检查数量：按风管系统数量抽查10%，且不得少于1个系统。

检查方法：观察、旁站、查阅调试记录。

空调工程系统无生产负荷的联动试运转及调试，应达到的主要控制项目及要求。

11.2.4 防排烟系统联合试运行与调试的结果（风量及正压），必须符合设计与消防的规定。

检查数量：按总数抽查10%，且不得少于2个楼层。

检查方法：观察、旁站、查阅调试记录。

通风与空调工程中的防排烟系统是建筑内的安全保障救生设备系统，必须符合设计和消防设备的验收规定。属于强制性条文。

11.2.5 净化空调系统还应符合下列规定：

1 单向流洁净室系统的系统总风量调试结果与设计风量的允许偏差为0～20%，室内各风口风量与设计风量的允许偏差为15%。

新风量与设计新风量的允许偏差为10%。

2 单向流洁净室系统的室内截面平均风速的允许偏差为0～20%，且截面风速不均匀度不应大于0.25。

新风量和设计新风量的允许偏差为10%。

3 相邻不同级别洁净室之间和洁净室与非洁净室之间的静压不应小于5Pa，洁净室与室外的静压差不应小于10Pa。

4 室内空气洁净度等级必须符合设计规定的等级或在商定验收状态下的等级要求。

高于等于5级的单向流洁净室，在门开启的状态下，测定距离门0.6m室内侧工作高度处空气的含尘浓度，亦不应超过室内洁净度等级上限的规定。

检查数量：调试记录全数检查，测点抽查5%，且不得少于1点。

检查方法：检查、验证调试记录，按本规范附录B进行测试校核。

洁净空调工程系统无生产负荷的联运试运转及调试应达到的主控项目及要求。洁净室洁净度的测定，一般应以空态或静态为主，并应符合设计的规定等级，另外，工程也可以采用与业主商定验收状态条件下，进行室内的洁净度的测定和验证。

11.3 一般项目

11.3.1 设备单机试运转及调试应符合下列规定：

1 水泵运行时不应有异常振动和声响，壳体密封处不得渗漏、紧固连接部位不应松动、轴封的温升应正常；在无特殊要求的情况下，普通填料泄漏量不应大于60mL/h，机械密封的不应大于5mL/h。

2 风机、空调机组、风冷热泵等设备运行时，产生的噪声不宜超过产品性能说明书的规定值。

3 风机盘管机组的三速、温控开关的动作应正确，并与机组运行状态一一对应。

检查数量：第1、2款抽查20%，且不得少于1台；第3款抽查10%，且不得少于5台。

检查方法：观察、旁站、查阅试运转记录。

11.3.2 通风工程系统无生产负荷联动试运转及调试应符合下列规定：

1 系统联动试运转中，设备及主要部件的联动必须符合设计要求，动作协调、正确，无异常现象；

2 系统经过平衡调整，各风口或吸风罩的风量与设计风量的允许偏差不应大于15%；

3 湿式除尘器的供水与排水系统运行应正常。

11.3.3 空调工程系统无生产负荷联动试运转及调试还应符合下列规定：

1 空调工程水系统应冲洗干净、不含杂物，并排除管道系统中的空气；系统连续运行应达到正常、平稳；水泵的压力和水泵电机的电流不应出现大幅波动。系统平衡调整后，各空调机组的水流量应符合设计要求，允许偏差为20%。

2 各种自动计量检测元件和执行机构的工作应正常，满足建筑设备自动化（BA、FA等）系统对被测定参数进行检测和控制的要求。

3 多台冷却塔并联运行时，各冷却塔的进、出水量应达到均衡一致。

4 空调室内噪声应符合设计规定要求。

5 有压差要求的房间、厅堂与其他相邻房间之间的压差，舒适性空调正压为0～25Pa；工艺性的空调应符合设计的规定。

6　有环境噪声要求的场所，制冷、空调机组应按现行国家标准《供暖通风与空气调节设备噪声声功率级的测定——工程法》(GB 9068) 的规定进行测定。洁净室内的噪声应符合设计的规定。

检查数量：按系统数量抽查10%，且不得少于1个系统或1间。

检查方法：观察、用仪表测量检查及查阅调试记录。

GB 9068是原机械工业联合会发布的，代号为GB/T 9068—1988，现在在用。

11.3.4　通风与空调工程的控制和监测设备，应能与系统的检测元件和执行机构正常沟通，系统的状态参数应能正确显示，设备联锁、自动调节、自动保护应能正确动作。

检查数量：按系统或监测系统总数抽查30%，且不得少于1个系统。

检查方法：旁站观察，查阅调试记录。

通风、空调工程的控制和监测设备，与系统的检测元件和执行机构的沟通，以及整个自控系统正常运行的基本质量要求作出了规定。

第十二节　竣工验收

12.0.1　通风与空调工程的竣工验收，是在工程施工质量得到有效监控的前提下，施工单位通过整个分部工程的无生产负荷系统联合试运转与调试和观感质量的检查，按本规范要求将质量合格的分部工程移交建设单位的验收过程。

通风与空调工程的竣工验收强调为一个交接的验收过程。

12.0.2　通风与空调工程的竣工验收，应由建设单位负责，组织施工、设计、监理等单位共同进行，合格后即应办理竣工验收手续。

通风与空调工程的竣工验收，应由建设单位负责，组织施工、设计、监理等单位（项目）负责人及技术、质量负责人、监理工程师共同参加的对本分部工程进行的竣工验收，合格后即应办理验收手续。

12.0.3　通风与空调工程竣工验收时，应检查竣工验收的资料，一般包括下列文件及记录：

1　图纸会审记录、设计变更通知书和竣工图；

2　主要材料、设备、成品、半成品和仪表的出厂合格证明及进场检（试）验报告；

3　隐蔽工程检查验收记录；

4　工程设备、风管系统、管道系统安装及检验记录；

5　管道试验记录；

6　设备单机试运转记录；

7　系统无生产负荷联合试运转与调试记录；

8　分部（子分部）工程质量验收记录；

9　观感质量综合检查记录；

10　安全和功能检验资料的核查记录。

12.0.4　观感质量检查应包括以下项目：

1　风管表面应平整、无损坏；接管合理，风管的连接以及风管与设备或调节装置的连接无明显缺陷。

2 风口表面应平整，颜色一致，安装位置正确，风口可调节部件应能正常动作。

3 各类调节装置的制作和安装应正确牢固，调节灵活，操作方便。防火及排烟阀等关闭严密，动作可靠。

4 制冷及水管系统的管道、阀门及仪表安装位置正确，系统无渗漏。

5 风管、部件及管道的支、吊架型式、位置及间距应符合本规范要求。

6 风管、管道的软性接管位置应符合设计要求，接管正确、牢固，自然无强扭。

7 通风机、制冷机、水泵、风机盘管机组的安装应正确牢固。

8 组合式空气调节机组外表平整光滑、接缝严密、组装顺序正确，喷水室外表面无渗漏。

9 除尘器、积尘室安装应牢固、接口严密。

10 消声器安装方向正确，外表面应平整无损坏。

11 风管、部件、管道及支架的油漆应附着牢固，漆膜厚度均匀，油漆颜色与标志符合设计要求。

12 绝热层的材质、厚度应符合设计要求；表面平整、无断裂和脱落；室外防潮层或保护壳应顺水搭接、无渗漏。

检查数量：风管、管道各按系统抽查10%，且不得少于1个系统。各类部件、阀门及仪表抽检5%，且不得少于10件。

检查方法：尺量、观察检查。

通风与空调工程有时按独立单位工程的形式进行工程的验收，甚至仅以本规范所划分的一个子分部作为一个独立的单位工程，那时可以将通风与空调工程分部或子分部作为一个独立验收单位，但必须有相应工程内容完整的验收资料。

12.0.5 净化空调系统的观感质量检查还应包括下列项目：

1 空调机组、风机、净化空调机组、风机过滤器单元和空气吹淋室等的安装位置应正确、固定牢固、连接严密，其偏差应符合本规范有关条文的规定；

2 高效过滤器与风管、风管与设备的连接处应有可靠密封；

3 净化空调机组、静压箱、风管及送回风口清洁无积尘；

4 装配式洁净室的内墙面、吊顶和地面应光滑、平整、色泽均匀、不起灰尘，地板静电值应低于设计规定；

5 送回风口、各类末端装置以及各类管道等与洁净室内表面的连接处密封处理应可靠、严密。

检查数量：按数量抽查20%，且不得少于1个。

检查方法：尺量、观察检查。

第十三节　综合效能的测定与调整

13.0.1 通风与空调工程交工前，应进行系统生产负荷的综合效能试验的测定与调整。

13.0.2 通风与空调工程带生产负荷的综合效能试验与调整，应在已具备生产试运行的条件下进行，由建设单位负责，设计、施工单位配合。

13.0.3 通风、空调系统带生产负荷的综合效能试验测定与调整的项目，应由建设单位根据工程性质、工艺和设计的要求进行确定。

13.0.4 通风、除尘系统综合效能试验可包括下列项目：

1 室内空气中含尘浓度或有害气体浓度与排放浓度的测定；

2 吸气罩罩口气流特性的测定；

3 除尘器阻力和除尘效率的测定；

4 空气油烟、酸雾过滤装置净化效率的测定。

13.0.5 空调系统综合效能试验可包括下列项目：

1 送回风口空气状态参数的测定与调整；

2 空气调节机组性能参数的测定与调整；

3 室内噪声的测定；

4 室内空气温度和相对湿度的测定与调整；

5 对气流有特殊要求的空调区域做气流速度的测定。

13.0.6 恒温恒湿空调系统除应包括空调系统综合效能试验项目外，尚可增加下列项目：

1 室内静压的测定和调整；

2 空调机组各功能段性能的测定和调整；

3 室内温度、相对湿度场的测定和调整；

4 室内气流组织的测定。

13.0.7 净化空调系统除应包括恒温恒湿空调系统综合效能试验项目外，尚可增加下列项目：

1 生产负荷状态下室内空气洁净度等级的测定；

2 室内浮游菌和沉降菌的测定；

3 室内自净时间的测定；

4 空气洁净度高于5级的洁净室，除应进行净化空调系统综合效能试验项目外，尚应增加设备泄漏、防止污染扩散等特定项目的测定；

5 洁净度等级高于等于5级的洁净室，可进行单向气流流线平行度的检测，在工作区内气流流向偏离规定方向的角度不大于15°。

13.0.8 防排烟系统综合效能试验的测定项目，为模拟状态下安全区正压变化测定及烟雾扩散试验等。

13.0.9 净化空调系统的综合效能检测单位和检测状态，宜由建设、设计和施工单位三方协商确定。

本章将通风与空调工程综合效能测定和调整的项目和要求进行了规定，以完善整个工程的验收。

工程系统的综合效能测定和调整是对通风与空调工程整体质量的检验和验证。但是，它的实施需要一定的条件，其中最基本的就是要满足生产负荷的工况，并在此条件下进行测试和调整，最后作出评价。因此，这项工作只能由建设单位或业主来组织和实施。

系统效能测试与生产有联系又有矛盾，尤其进入正式产品生产后，矛盾更为突出。为了能保证工程投资效益的正常发挥，这项工作最好在工程试运行或试生产阶段，或正式投产前进行。

工程系统的综合效能测定和调整的具体项目内容的选定，应由建设单位或业主根据产品工艺的要求进行综合衡量为好。一般应以适用为准则，不宜提出过高的要求。在调试过程中，设计和施工单位应参与配合。

净化空调系统的综合效能测定和调整与洁净室的运行状态密切相关。因此，需要由建设单位、供应商、设计和施工多方对检测的状态进行协商后确定。

附录 A 漏光法检测与漏风量测试

A.1 漏光法检测

A.1.1 漏光法检测是利用光线对小孔的强穿透力，对系统风管严密程度进行检测的方法。

A.1.2 检测应采用具有一定强度的安全光源。手持移动光源可采用不低于 100W 带保护罩的低压照明灯，或其他低压光源。

A.1.3 系统风管漏光检测时，光源可置于风管内侧或外侧，但其相对侧应为暗黑环境。检测光源应沿着被检测接口部位与接缝作缓慢移动，在另一侧进行观察，当发现有光线射出，则说明查到明显漏风处，并应做好记录。

A.1.4 对系统风管的检测，宜采用分段检测、汇总分析的方法。在严格安装质量管理的基础上，系统风管的检测以总管和干管为主。当采用漏光法检测系统的严密性时，低压系统风管以每 10m 接缝，漏光点不大于 2 处，且 100m 接缝平均不大于 16 处为合格；中压系统风管每 10m 接缝，漏光点不大于 1 处，且 100m 接缝平均不大于 8 处为合格。

A.1.5 漏光检测中对发现的条缝形漏光，应作密封处理。

A.2 测试装置

A.2.1 漏风量测试应采用经检验合格的专用测量仪器，或采用符合现行国家标准《流量测量节流装置》规定的计量元件搭设的测量装置。

A.2.2 漏风量测试装置可采用风管式或风室式。风管式测试装置采用孔板做计量元件；风室式测试装置采用喷嘴做计量元件。

A.2.3 漏风量测试装置的风机，其风压和风量应选择分别大于被测定系统或设备的规定试验压力及最大允许漏风量的 1.2 倍。

A.2.4 漏风量测试装置试验压力的调节，可采用调整风机转速的方法，也可采用控制节流装置开度的方法。漏风量值必须在系统经调整后，保持稳压的条件下测得。

A.2.5 漏风量测试装置的压差测定应采用微压计，其最小读数分格不应大于 2.0Pa。

A.2.6 风管式漏风量测试装置：

1 风管式漏风量测试装置由风机、连接风管、测压仪器、整流栅、节流器和标准孔板等组成（图 A.2.6-1，本书图 A.1）。

2 本装置采用角接取压的标准孔板。孔板 β 值范围为 0.22～0.7（$\beta=d/D$）；孔板至前、后整流栅及整流栅外直管段距离，应分别符合大于 10 倍和 5 倍圆管直径 D 的规定。

3 本装置的连接风管均为光滑圆管。孔板至上游 $2D$ 范围内其圆度允许偏差为 0.3%；下游为 2%。

4 孔板与风管连接，其前端与管道轴线垂直度允许偏差为 1°；孔板与风管同心度允许偏差为 $0.015D$。

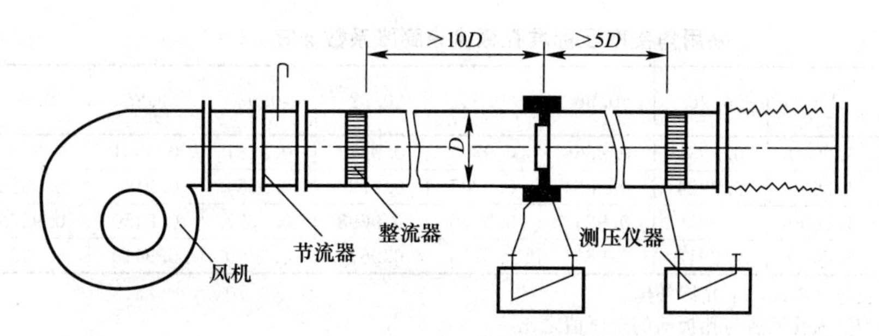

图 A.1　正压风管式漏风量测试装置

5　在第一整流栅后，所有连接部分应该严密不漏。

6　用下列公式计算漏风量：

$$Q = 3600\varepsilon \cdot \alpha \cdot A_n \sqrt{\frac{2}{\rho}\Delta P}$$

式中　Q——漏风量（m^3/h）；

ε——空气流束膨胀系数；

α——孔板的流量系数；

A_n——孔板开口面积（m^2）；

ρ——空气密度（kg/m^3）；

ΔP——孔板压差（Pa）。

7　孔板的流量系数与β值的关系根据图 A.2.6-2（本书图 A.2）确定，其适用范围应满足下列条件，在此范围内，不计管道粗糙度对流量系数的影响：

$$10^5 < Re < 2.0 \times 10^6$$

$$0.05 < \beta^2 \leqslant 0.49$$

$$50mm < D \leqslant 1000mm$$

雷诺数小于 10^5 时，则应按现行国家标准《流量测量节流装置》求得流量系数α。

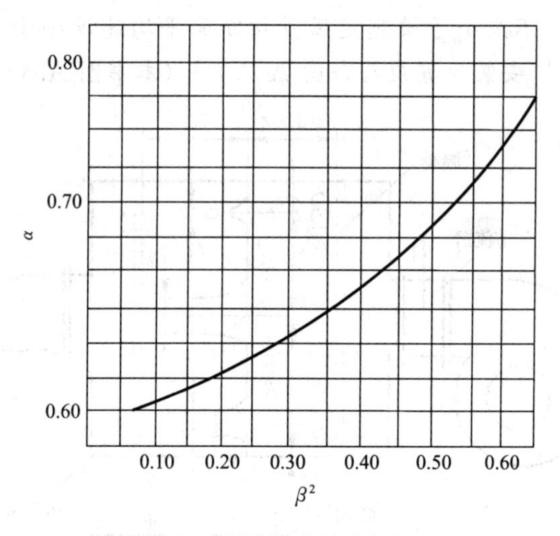

图 A.2　孔板流量系数图

8　孔板的空气流束膨胀系数ε值可根据表 A.2.6（本书表 A.1）查得。

采用角接取压标准孔板流束膨胀系数 ε 值（$k=1.4$）　　表 A.1

P_2/P_1 \ β^4	1.0	0.98	0.96	0.94	0.92	0.90	0.85	0.80	0.75
0.08	1.0000	0.9930	0.9866	0.9803	0.9742	0.9681	0.9531	0.9381	0.9232
0.1	1.0000	0.9924	0.9854	0.9787	0.9720	0.9654	0.9491	0.9328	0.9166
0.2	1.0000	0.9918	0.9843	0.9770	0.9698	0.9627	0.9450	0.9275	0.9100
0.3	1.0000	0.9912	0.9831	0.9753	0.9676	0.9599	0.9410	0.9222	0.9034

注：1　本表允许内插，不允许外延。
　　2　P_2/P_1 为孔板后与孔板前的全压值之比。

9　当测试系统或设备负压条件下的漏风量时，装置连接应符合图 A.2.6-3（本书图 A.3）的规定。

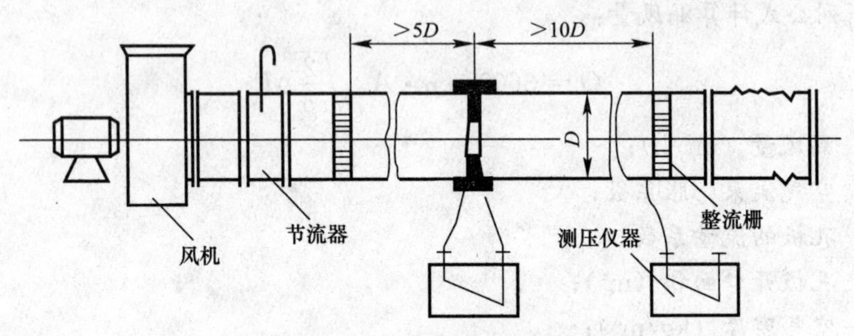

图 A.3　负压风管式漏风量测试装置

A.2.7　风室式漏风量测试装置：

1　风室式漏风量测试装置由风机、连接风管、测压仪器、均流板、节流器、风室、隔板和喷嘴等组成，如图 A.2.7-1（本书图 A.4）所示。

2　测试装置采用标准长颈喷嘴（图 A.2.7-2，本书图 A.5）。喷嘴必须按图 A.2.7-1 的要求安装在隔板上，数量可为单个或多个。两个喷嘴之间的中心距离不得小于较大喷嘴喉部直径的 3 倍；任一喷嘴中心到风室最近侧壁的距离不得小于其喷嘴喉部直径的 1.5 倍。

3　风室的断面面积不应小于被测定风量按断面平均速度小于 0.75m/s 时的断面积。风室内均流板（多孔板）安装位置应符合图 A.2.7-1（本书图 A.4）的规定。

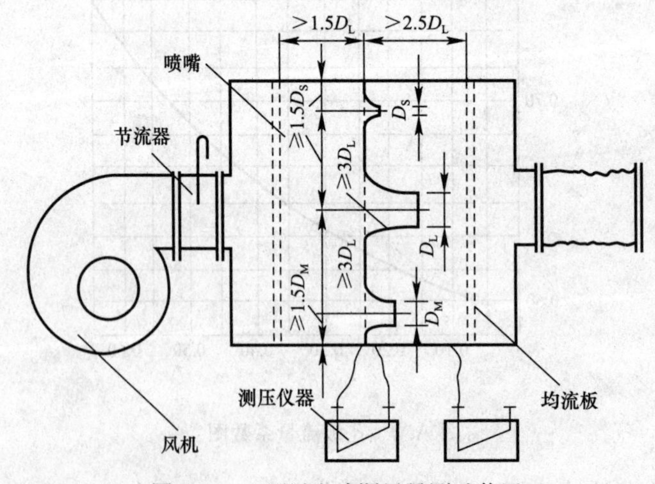

图 A.4　正压风室式漏风量测试装置

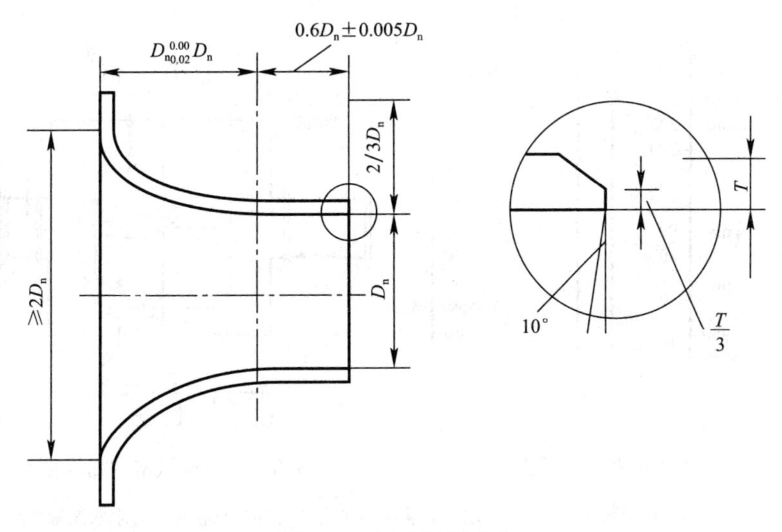

图 A.5　标准长颈喷嘴

4　风室中喷嘴两端的静压取压接口，应为多个且均布于四壁。静压取压接口至喷嘴隔板的距离不得大于最小喷嘴喉部直径的 1.5 倍。然后，并联成静压环，再与测压仪器相接。

5　采用本装置测定漏风量时，通过喷嘴喉部的流速应控制在 15～35m/s 范围内。

6　本装置要求风室中喷嘴隔板后的所有连接部分应严密不漏。

7　用下列公式计算单个喷嘴风量：

$$Q_n = 3600C_d \cdot A_d\sqrt{\frac{2}{\rho}\Delta P}$$

多个喷嘴风量：

$$Q = \sum Q_n$$

式中　Q_n——单个喷嘴漏风量（m^3/h）；

C_d——喷嘴的流量系数［直径 127mm 以上取 0.99，小于 127mm 可按表 A.2.7（本书表 A.2）或图 A.2.7-3（本书图 A.6）查取］；

A_d——喷嘴的喉部面积（m^2）；

ΔP——喷嘴前后的静压差（Pa）。

喷嘴流量系数表　　**表 A.2**

Re	流量系数 C_d	*Re*	流量系数 C_d	*Re*	流量系数 C_d	*Re*	流量系数 C_d
12000	0.950	40000	0.973	80000	0.983	200000	0.991
16000	0.956	50000	0.977	90000	0.984	250000	0.993
20000	0.961	60000	0.979	100000	0.985	300000	0.994
30000	0.969	70000	0.981	150000	0.989	350000	0.994

注：不计温度系数。

8　当测试系统或设备负压条件下的漏风量时，装置连接应符合图 A.2.7-4（本书图 A.7）的规定。

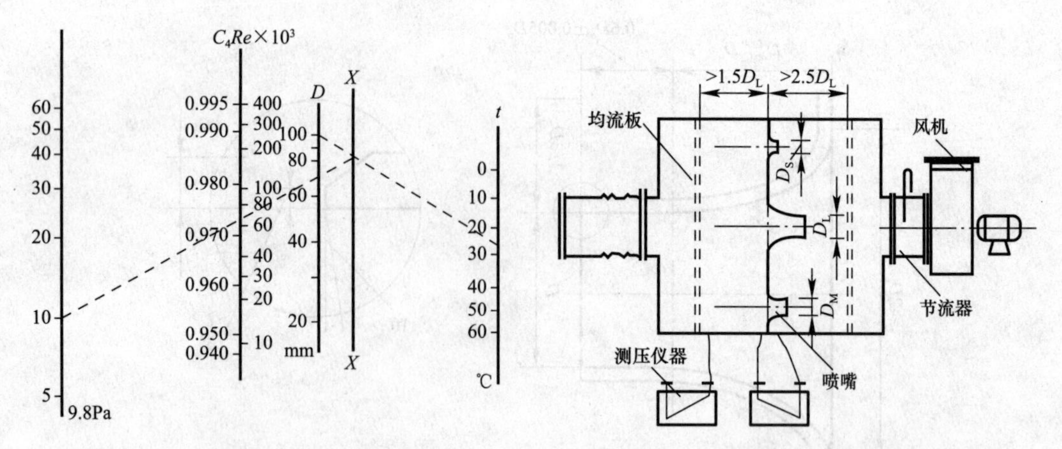

图 A.6　喷嘴流量系数推算图

图 A.7　负压风室式漏风量测试装置

注：先用直径与温度标尺在指数标尺（X）上求点，再将指数与压力标尺点相连，可求取流量系数值。

A.3　漏风量测试

A.3.1　正压或负压系统风管与设备的漏风量测试，分正压试验和负压试验两类。一般可采用正压条件下的测试来检验。

A.3.2　系统漏风量测试可以整体或分段进行。测试时，被测系统的所有开口均应封闭，不应漏风。

A.3.3　被测系统的漏风量超过设计和本规范的规定时，应查出漏风部位（可用听、摸、观察、水或烟检漏），做好标记；修补完工后，重新测试，直至合格。

A.3.4　漏风量测定值一般应为规定测试压力下的实测数值。特殊条件下，也可用相近或大于规定压力下的测试代替，其漏风量可按下式换算：

$$Q_0 = Q(P_0/P)^{0.65}$$

式中　P_0——规定试验压力，500Pa；

Q_0——规定试验压力下的漏风量［$m^3/(h\cdot m^2)$］；

P——风管工作压力（Pa）；

Q——工作压力下的漏风量［$m^3/(h\cdot m^2)$］。

附录B　洁净室测试方法

B.1　风量或风速的检测

B.1.1　对于单向流洁净室，采用室截面平均风速和截面积乘积的方法确定送风量。离高效过滤器0.3m，垂直于气流的截面作为采样测试截面，截面上测点间距不宜大于0.6m，测点数不应少于5个，以所有测点风速读数的算术平均值作为平均风速。

B.1.2　对于非单向流洁净室，采用风口法或风管法确定送风量，做法如下：

1　风口法是在安装有高效过滤器的风口处，根据风口形状连接辅助风管进行测量。即用镀锌钢板或其他不产尘材料做成与风口形状及内截面相同，长度等于2倍风口长边长的直管段，连接于风口外部。在辅助风管出口平面上，按最少测点数不少于6点均匀布置，使用热球式风速仪测定各测点之风速。然后，以求取的风口截面平均风速乘以风口净截面积求取测定风量。

2　对于风口上风侧有较长的支管段，且已经或可以钻孔时，可以用风管法确定风量。测量断面应位于大于或等于局部阻力部件前3倍管径或长边长，局部阻力部件后5倍管径或长边长的部位。

对于矩形风管，是将测定截面分割成若干个相等的小截面。每个小截面尽可能接近正方形，边长不应大于200mm，测点应位于小截面中心，但整个截面上的测点数不宜少于3个。

对于圆形风管，应根据管径大小，将截面划分成若干个面积相同的同心圆环，每个圆环测4点。根据管径确定圆环数量，不宜少于3个。

B.2　静压差的检测

B.2.1　静压差的测定应在所有的门关闭的条件下，由高压向低压，由平面布置上与外界最远的里间房间开始，依次向外测定。

B.2.2　采用的微差压力计，其灵敏度不应低于2.0Pa。

B.2.3　有孔洞相通的不同等级相邻的洁净室，其洞口处应有合理的气流流向。洞口的平均风速大于等于0.2m/s时，可用热球风速仪检测。

B.3　空气过滤器泄漏测试

B.3.1　高效过滤器的检漏，应使用采样速率大于1L/min的光学粒子计数器。D类高效过滤器宜使用激光粒子计数器或凝结核计数器。

B.3.2　采用粒子计数器检漏高效过滤器，其上风侧应引入均匀浓度的大气尘或含其他气溶胶尘的空气。对大于等于0.5μm尘粒，浓度应大于或等于3.5×10^5pc/m^3；或对大于或等于0.1μm尘粒，浓度应大于或等于3.5×10^7pc/m^3；若检测D类高效过滤器，对大于或等于0.1μm尘粒，浓度应大于或等于3.5×10^9pc/m^3。

B.3.3　高效过滤器的检测采用扫描法，即在过滤器下风侧用粒子计数器的等动力采样头，放在距离被检部位表面20～30mm处，以5～20mm/s的速度，对过滤器的表面、边框和封头胶处进行移动扫描检查。

B.3.4　泄漏率的检测应在接近设计风速的条件下进行。将受检高效过滤器下风侧测得的泄漏浓度换算成透过率，高效过滤器不得大于出厂合格透过率的2倍；D类高效过滤器不得大于出厂合格透过率的3倍。

B.3.5　在移动扫描检测工程中，应对计数突然递增的部位进行定点检验。

B.4　室内空气洁净度等级的检测

B.4.1　空气洁净度等级的检测应在设计指定的占用状态（空态、静态、动态）下进行。

B.4.2　检测仪器的选用：应使用采样速率大于1L/min的光学粒子计数器，在仪器选用时应考虑粒径鉴别能力、粒子浓度适用范围和计数效率。仪表应有有效的标定合格证书。

B.4.3　采样点的规定：

1　最低限度的采样点数N_L，见表B.4.3（本书表B.1）。

2　采样点应均匀分布于整个面积内，并位于工作区的高度（距地坪0.8m的水平面），或设计单位、业主特指的位置。

B.4.4　采样量的确定：

1　每次采样的最少采样量见表B.4.4（本书表B.2）。

最低限度的采样点数 N_L 表 **表 B.1**

测点数 N_L	2	3	4	5	6	7	8	9	10
洁净区面积 A（m²）	2.1～6.0	6.1～12.0	12.1～20.0	20.1～30.0	30.1～42.0	42.1～56.0	56.1～72.0	72.1～90.0	90.1～110.0

注：1 在水平单向流时，面积 A 为与气流方向呈垂直的流动空气截面的面积。

2 最低限度的采样点数 N_L 按公式 $N_L=A^{0.5}$ 计算（四舍五入取整数）。

每次采样的最少采样量 V_S（L）表 **表 B.2**

洁净度等级	粒径（μm）					
	0.1	0.2	0.3	0.5	1.0	5.0
1	2000	8400	—	—	—	—
2	200	840	1960	5680	—	—
3	20	84	196	568	2400	—
4	2	8	20	57	240	—
5	2	2	2	6	24	680
6	2	2	2	2	2	68
7	—	—	—	2	2	7
8	—	—	—	2	2	2
9	—	—	—	2	2	2

2 每个采样点的最少采样时间为 1min，采样量至少为 2L。

3 每个洁净室（区）最少采样次数为 3 次。当洁净区仅有一个采样点时，则在该点至少采样 3 次。

4 对预期空气洁净度等级达到 4 级或更洁净的环境，采样量很大，可采用 ISO 14644—1 附录 F 规定的顺序采样法。

B.4.5 检测采样的规定：

1 采样时采样口处的气流速度，应尽可能接近室内的设计气流速度。

2 对单向流洁净室，其粒子计数器的采样管口应迎着气流方向；对于非单向流洁净室，采样管口宜向上。

3 采样管必须干净，连接处不得有渗漏。采样管的长度应根据允许长度确定，如果无规定时，不宜大于 1.5m。

4 室内的测定人员必须穿洁净工作服，且不宜超过 3 名，并应远离或位于采样点的下风侧静止不动或微动。

B.4.6 记录数据评价。空气洁净度测试中，当全室（区）测点为 2～9 点时，必须计算每个采样点的平均粒子浓度 C_i 值、全部采样点的平均粒子浓度 N 及其标准差，导出 95%置信上限值；采样点超过 9 点时，可采用算术平均值 N 作为置信上限值。

1 每个采样点的平均粒子浓度 C_i 应小于或等于洁净度等级规定的限值，见表 B.4.6-1（本书表 B.3）。

洁净度等级及悬浮粒子浓度限值 **表 B.3**

洁净度等级	大于或等于表中粒径 D 的最大浓度 C_n（pc/m³）					
	0.1μm	0.2μm	0.3μm	0.5μm	1.0μm	5.0μm
1	10	2	—	—	—	—

续表

洁净度等级	大于或等于表中粒径 D 的最大浓度 C_n（pc/m³）					
	0.1μm	0.2μm	0.3μm	0.5μm	1.0μm	5.0μm
2	100	24	10	4	—	—
3	1000	237	102	35	8	—
4	10000	2370	1020	352	83	—
5	100000	23700	10200	3520	832	29
6	1000000	237000	102000	35200	8320	293
7	—	—	—	352000	83200	2930
8	—	—	—	3520000	832000	29300
9	—	—	—	35200000	8320000	293000

注：1 本表仅表示了整数值的洁净度等级（N）悬浮粒子最大浓度的限值。

2 对于非整数洁净度等级，其对应于粒子粒径 D（μm）的最大浓度限值（C_n），应按下列公式计算求取：

$$C_n = 10^N \times \left(\frac{0.1}{D}\right)^{2.08}$$

3 洁净度等级定级的粒径范围为0.1～5.0μm，用于定级的粒径数不应大于3个，且其粒径的顺序级差不应小于1.5倍。

2 全部采样点的平均粒子浓度 N 的95%置信上限值，应小于或等于洁净度等级规定的限值。即：

$$(N + t \times s/\sqrt{n}) \leqslant \text{级别规定的限值}$$

式中 N——室内各测点平均含尘浓度，$N=\sum C_i/n$；

n——测点数；

s——室内各测点平均含尘浓度 N 的标准差：$s=\sqrt{\frac{(C_i-N)^2}{n-1}}$；

t——置信度上限为95%时，单侧 t 分布的系数，见表B.4.6-2（本书表B.4）。

t 系数 **表B.4**

点数	2	3	4	5	6	7～9
t	6.3	2.9	2.4	2.1	2.0	1.9

B.4.7 每次测试应做记录，并提交性能合格或不合格的测试报告。测试报告应包括以下内容：

1 测试机构的名称、地址；

2 测试日期和测试者签名；

3 执行标准的编号及标准实施日期；

4 被测试的洁净室或洁净区的地址、采样点的特定编号及坐标图；

5 被测洁净室或洁净区的空气洁净度等级、被测粒径（或沉降菌、浮游菌）、被测洁净室所处的状态、气流流型和静压差；

6 测量用的仪器的编号和标定证书，测试方法细则及测试中的特殊情况；

7 测试结果包括在全部采样点坐标图上注明所测的粒子浓度（或沉降菌、浮游菌的菌落数）；

8 对异常测试值进行说明及数据处理。

B.5 室内浮游菌和沉降菌的检测

B.5.1 微生物检测方法有空气悬浮微生物法和沉降微生物法两种，采样后的基片（或平皿）经过恒温箱内37℃、48h的培养生成菌落后进行计数。使用的采样器皿和培养液必须进行消毒灭菌处理。采样点可均匀布置或取代表性地域布置。

B.5.2 悬浮微生物法应采用离心式、狭缝式和针孔式等碰击式采样器，采样时间应根据空气中微生物浓度来决定，采样点数可与测定空气洁净度测点数相同。各种采样器应按仪器说明书规定的方法使用。

沉降微生物法，应采用直径为90mm培养皿，在采样点上沉降30min后进行采样，培养皿最少采样数应符合表B.5.2（本书表B.5）的规定。

最少培养皿数 **表B.5**

空气洁净度级别	培养皿数
＜5	44
5	14
6	5
≥7	2

B.5.3 制药厂洁净室（包括生物洁净室）室内浮游菌和沉降菌测试，也可采用按协议确定的采样方案。

B.5.4 用培养皿测定沉降菌，用碰撞式采样器或过滤采样器测定浮游菌，还应遵守以下规定：

1 采样装置采样前的准备及采样后的处理，均应在设有高效空气过滤器排风的负压实验室进行操作，该实验室的温度应为22±2℃，相对湿度应为50%±10%；

2 采样仪器应消毒灭菌；

3 采样器选择应审核其精度和效率，并有合格证书；

4 采样装置的排气不应污染洁净室；

5 沉降皿个数及采样点、培养基及培养温度、培养时间应按有关规范的规定执行；

6 浮游菌采样器的采样率宜大于100L/min；

7 碰撞培养基的空气速度应小于20m/s。

B.6 室内空气温度和相对湿度的检测

B.6.1 根据温度和相对湿度波动范围，应选择相应的具有足够精度的仪表进行测定。每次测定间隔不应大于30min。

B.6.2 室内测点布置：

1 送回风口处；

2 恒温工作区具有代表性的地点（如沿着工艺设备周围布置或等距离布置）；

3 没有恒温要求的洁净室中心；

4 测点一般应布置在距外墙表面大于0.5m，离地面0.8m的同一高度上，也可以根据恒温区的大小，分别布置在离地不同高度的几个平面上。

B.6.3 测点数应符合表B.6.3（本书表B.6）的规定。

温、湿度测点数　　表 B.6

波动范围	室面积≤50m²	每增加 20～50m²
Δt=±0.5～±2℃	5 个	增加 3～5 个
ΔRH=±5%～±10%		
Δt≤±0.5℃	点间距不应大于 2m，点数不应少于 5 个	
ΔRH≤±5%		

B.6.4　有恒温恒湿要求的洁净室。室温波动范围按各测点的各次温度中偏差控制点温度的最大值，占测点总数的百分比整理成累积统计曲线。如 90%以上测点偏差值在室温波动范围内，为符合设计要求，反之，为不合格。

区域温度以各测点中最低的一次测试温度为基准，各测点平均温度与超偏差值的点数，占测点总数的百分比整理成累计统计曲线，90%以上测点所达到的偏差值为区域温差，应符合设计要求。相对温度波动范围可按室温波动范围的规定执行。

B.7　单向流洁净室截面平均速度，速度不均匀度的检测

B.7.1　洁净室垂直单向流和非单向流应选择距墙或围护结构内表面大于 0.5m，离地面高度 0.5～1.5m 作为工作区。水平单向流以距送风墙或围护结构内表面 0.5m 处的纵断面为第一工作面。

B.7.2　测定截面的测点数和测定仪器应符合本规范第 B.6.3 条的规定。

B.7.3　测定风速应用测定架固定风速仪，以避免人体干扰。不得不用手持风速仪测定时，手臂应伸至最长位置，尽量使人体远离测头。

B.7.4　室内气流流形的测定，宜采用发烟或悬挂丝线的方法，进行观察测量与记录。然后，标在记录的送风平面的气流流形图上。一般每台过滤器至少对应 1 个观察点。

风速的不均匀度 β_0 按下列公式计算，一般 β_0 值不应大于 0.25。

$$\beta_0 = \frac{s}{v}$$

式中　v——各测点风速的平均值；

　　　s——标准差。

B.8　室内噪声的检测

B.8.1　测噪声仪器应采用带倍频程分析的声级计。

B.8.2　测点布置应按洁净室面积均分，每 50m² 设一点。测点位于其中心，距地面 1.1～1.5m 高度处或按工艺要求设定。

第十一章 电梯工程

本章主要依据《电梯工程施工质量验收规范》(GB 50310—2002)(以下简称本规范)来编写。本规范是根据建设部要求，由中国建筑科学研究院建筑机械化研究分院会同有关单位共同对《电梯安装工程质量检验评定标准》(GBJ 310—88)修订而成的。2002年6月1日起实施。

第一节 总 则

1.0.1 为了加强建筑工程质量管理，统一电梯安装工程施工质量的验收，保证工程质量，制订本规范。

本条说明制定本规范的目的。

电梯作为重要的建筑设备，其总装配是在施工现场完成，电梯安装工程质量对于提高工程的整体质量水平至关重要。《电梯工程施工质量验收规范》是十四个工程质量验收规范的重要组成部分，是与《建设工程质量管理条例》系列配套的标准规范。

由于电梯安装工程技术的发展、电梯产品标准的修订及工程标准体系的改革，原来的电梯安装工程标准《电梯安装工程质量检验评定标准》(GBJ 310—88)、《电气装置安装工程电梯电气装置施工及验收规范》(GB 50182—93)已不能满足电梯安装工程的需要。另外，对于液压电梯子分部工程及自动扶梯、自动人行道子分部工程还没有制定安装工程质量验收依据，因此，本规范的制定在提高工程的整体质量、减少质量纠纷、保证电梯产品正常使用、延长电梯使用寿命等方面均具有重要意义。

1.0.2 本规范适用于电力驱动的曳引式或强制式电梯、液压电梯、自动扶梯和自动人行道安装工程质量的验收；本规范不适用于杂物电梯安装工程质量的验收。

1.0.3 本规范应与国家标准《建筑工程施工质量验收统一标准》(GB 50300—2001)配套使用。

1.0.4 本规范是对电梯安装工程质量的最低要求，所规定的项目都必须达到合格。

1.0.5 电梯安装工程质量验收除应执行本规范外，尚应符合现行有关国家标准的规定。

第二节 术 语

2.0.1 电梯安装工程 installation of lifts，escalators and passenger conveyors

电梯生产单位出厂后的产品，在施工现场装配成整机至交付使用的过程。

注：本规范中的“电梯”是指电力驱动的曳引式或强制式电梯、液压电梯、自动扶梯和自动人行道。

2.0.2 电梯安装工程质量验收 acceptance of installation quality of lifts，escalators and passenger conveyors

电梯安装的各项工程在履行质量检验的基础上，由监理单位（或建设单位）、土建施工单位、安装单位等几方共同对安装工程的质量控制资料、隐蔽工程和施工检查记录等档案材料进行审查，对安装工程进行普查和整机运行考核，并对主控项目全验和一般项目抽验，根据本规范以书面形式对电梯安装工程质量的检验结果作出确认。

2.0.3 土建交接检验 handing over inspection of machine rooms and wells

电梯安装前，应由监理单位（或建设单位）、土建施工单位、安装单位共同对电梯井道和机房（如果有）按本规范的要求进行检查，对电梯安装条件作出确认。

2.0.1～2.0.3 列出了理解和执行本规范应掌握的几个基本的术语。本规范中的“电梯”是电力驱动的曳引式或强制式电梯、液压电梯及自动扶梯和自动人行道的总称。

第三节 基本规定

3.0.1 安装单位施工现场的质量管理应符合下列规定：

1 具有完善的验收标准、安装工艺及施工操作规程。

1. 验收标准。验收标准是指企业根据有关国家标准结合具体产品所编制的电梯安装工程质量验收依据、安装验收手册或企业标准。有关国家标准主要指：《电梯制造与安装安全规范》（GB 7588—2003）、《自动扶梯和自动人行道的制造与安装安全规范》（GB 16899—2011）、《电梯工程施工质量验收规范》（GB 50310—2002）和《液压电梯制造与安装安全规范》（GB 21240—2007）。

企业验收标准必须高于国家标准的要求；安装施工单位必须遵从企业标准要求来实施电梯工程的安装、自检；监理单位（或建设单位）和质量管理部门对电梯工程的验收应按《电梯工程施工质量验收规范》（GB 50310—2002）的规定或按合同约定进行。

2. 安装工艺。安装工艺是指电梯生产企业为保证电梯部件的安装能达到设计要求而编制的指导现场施工人员完成作业的技术文件，也可称为电梯安装手册、安装说明书或调试说明等技术文件。这些技术文件应对所安装的电梯具有可操作性，能有效地指导安装工程施工并使之达到产品设计要求。关键项目应尽量给出量化指标，以便指导操作和控制工程质量。例如，导轨支架的连接安装，应确定导轨压板螺栓的紧固力矩，以避免因操作的人为因素而造成安装质量参差不齐。

3. 施工操作规程。施工操作规程是指电梯安装施工过程为实现安装工艺要求和确保施工安全，由企业所制定的施工规则和程序。

施工规则应包括下述 9 项：

（1）施工现场的安全规程。

（2）施工现场的管理。

（3）班前工作会议。

（4）起重设备、电焊机、工具设备等的检修。

（5）脚手架、安全网、梯子等设备的牢固性、可靠性检查。

（6）电气设备的雷击防护。

(7) 电气工具设备的电击防护。

(8) 预留孔洞的防护盖检查。

(9) 各分项工程施工前的准备要求、注意事项等内容。

另外，施工操作规程还应包括对特殊工序的施工操作人员的要求，这些施工人员必须经过专业技术培训并取得特殊工种操作证，持证上岗。例如电气焊工、电工等工种，其从业人员所持操作证应是合格的，并应在有效期内。

2 具有健全的安装过程控制制度。

电梯安装过程控制制度是指电梯安装单位为了实现过程控制所制订的上、下段工序之间质量检查验收的规程应包括以下相关内容。

1. 电梯安装施工人员应严格按照电梯安装工艺文件规定的施工程序进行电梯安装施工。

2. 安装工序完成后施工人员应进行质量自检，并记录；分项工程完成后，由项目负责人填写电梯安装分项工程检查记录，并进行自检。

3. 对检查中发现的不合格项目，应要求进行返修并限期完成，返修完成后经项目负责人复查合格后确认。上道工序没有验收合格前，不能进行下一道工序。

4. 分项工程质量自检合格后，应报请监理工程师（或建设单位项目负责人）进行分项工程验收。

5. 子分部工程质量自检合格后，应总监理工程师（或建设单位项目负责人）进行子分部工程质量验收。

3.0.2 电梯安装工程施工质量控制应符合下列规定：

1 电梯安装前应按本规范进行土建交接检验，可按附录A表A记录。

2 电梯安装前应按本规范进行电梯设备进场验收，可按附录B表B记录。

3 电梯安装的各分项工程应按企业标准进行质量控制，每个分项工程应有自检记录。

3.0.3 电梯安装工程质量验收应符合下列规定：

1 参加安装工程施工和质量验收人员应具备相应的资格。

电梯是机、光、电一体化产品，技术含量较高，是安全可靠性要求严格的运输设备，对参加工程施工的操作人员及质量验收人员应有相应的资格要求，这是为了保证安装工程质量，减少安全事故。该要求主要指以下几个方面：

1. 安装工程施工的特殊工序操作人员必须到经政府主管部门授权的、具有相应资质的单位进行专业技术培训，并获得相应资格证，持证上岗，如气焊证、电工证，且必须在审定有效期内。

2. 现场管理人员及非特殊工序操作人员必须经相应的技能培训并取得合格资格，例如经企业培训合格，并获得合格证，方可上岗。

3. 电梯安装质量验收人员应具备与电梯有关的专业理论和现场实践知识，并熟知相关的电梯国家标准知识，还应取得政府主管部门授权的、有资质的机构颁发的资格证书。资格证书应在审定有效期内。

2 承担有关安全性能检测的单位，必须具有相应资质。仪器设备应满足精度要求，并应在检定有效期内。

为保证检测的数据可靠和结果的可比性，以及检测的规范性，承担安全性能检测的单位，必须经过政府部门考核授权，取得相应资质，操作人员应持有上岗证，有必要的检测程序、管理制度及审核制度，有相应的检查方法标准，有相应的检测仪器、设备及条件。检测仪器、设备应通过计量认可，必须满足精度要求，并在检定有效期内。

3　分项工程质量验收均应在电梯安装单位自检合格的基础上进行。

分项工程完成后，首先安装单位项目负责人组织施工人员按企业标准进行自检并记录，然后在安装单位自检合格后，由监理工程师（或建设单位项目技术负责人）按本规范（或合同约定）检验、记录。

4　分项工程质量应分别按主控项目和一般项目检查验收。

5　隐蔽工程应在电梯安装单位检查合格后，于隐蔽前通知有关单位检查验收，并形成验收文件。

隐蔽工程因在隐蔽完工后难以再对隐蔽的结构进行质量检查，如有质量问题必留下危险隐患，应在隐蔽前进行质量检查确认。隐蔽应于隐蔽前首先由安装单位、土建施工单位项目负责人对隐蔽工程进行自检，符合要求后，填好验收表格记录自检数据及有关内容，然后通知监理工程师（或建设单位项目技术负责人）验收，并签字认可，形成验收文件，以备查。

第四节　电力驱动的曳引式或强制式电梯安装工程质量验收

4.1　设备进场验收

设备进场验收是保证电梯安装工程质量的重要环节之一。全面、准确地进行进场验收能够及时发现问题、解决问题，为即将开始的电梯安装工程奠定良好的基础，也是体现过程控制的必要手段。

主控项目

4.1.1　随机文件必须包括下列资料：

1　土建布置图；

2　产品出厂合格证；

3　门锁装置、限速器、安全钳及缓冲器的型式试验证书复印件。

随机文件是电梯产品供应商移交给建设单位的文件，这些文件应针对所安装的电梯产品，应能指导电梯安装人员顺利、准确地进行安装作业，是保证电梯安装工程质量的基础。

因为门锁装置、限速器、安全钳、缓冲器是保证电梯安全的部件，因此在设备进场阶段必须提供由国家指定部门出具的型式试验合格证复印件。

一般项目

4.1.2　随机文件还应包括下列资料：

1　装箱单；

2　安装、使用维护说明书；

3　动力电路和安全电路的电气原理图。

电气原理图是电气装置分项工程安装、接线、调试及交付使用后维修必备的文件。

4.1.3　设备零部件应与装箱单内容相符。

4.1.4 设备外观不应存在明显的损坏。

本条规定电梯设备进场时应进行观感检查，损坏是指因人为或意外而造成明显的凹凸、断裂、永久变形、表面涂层脱落等缺陷。

检查方法：逐项对照检查。

4.2 土建交接检验

土建交接验收由土建施工单位、安装单位、建设（监理）单位共同对土建工程的交接验收，是保证电梯安装工程顺利进行和确保电梯安装质量的重要保证。

主控项目

4.2.1 机房（如果有）内部、井道土建（钢架）结构及布置必须符合电梯土建布置图的要求。

检查方法：对照土建布置进行检查。主要检查机房和井道的布置及几何尺寸。

4.2.2 主电源开关必须符合下列规定：

1 主电源开关应能够切断电梯正常使用情况下最大电流；

2 对有机房电梯该开关应能从机房入口处方便地接近；

3 对无机房电梯该开关应设置在井道外工作人员方便接近的地方，且应具有必要的安全防护。

检查方法：逐项对照检查。

4.2.3 井道必须符合下列规定：

1 当底坑底面下有人员能到达的空间存在，且对重（或平衡重）上未设有安全钳装置时，对重缓冲器必须能安装在（或平衡重运行区域的下边必须）一直延伸到坚固地面上的实心桩墩上。

2 电梯安装之前，所有层门预留孔必须设有高度不小于1.2m的安全保护围封，并应保证有足够的强度。

3 当相邻两层门地坎间的距离大于11m时，其间必须设置井道安全门，井道安全门严禁向井道内开启，且必须装有安全门处于关闭时电梯才能运行的电气安全装置。当相邻轿厢间有相互救援用轿厢安全门时，可不执行本款。

本条为强制性条文。

第1款是指底坑底面下有人员能到达的空间存在及对重（或平衡重）上未设有安全钳装置这两个条件同时存在时，对底坑土建结构的要求。底坑底面下有人员能到达的空间是指地下室、地下停车库、存储间等任何可以供人员进入的空间。当有人员能达底坑底面下，无论对重（或平衡重）是否装设有安全钳装置，底坑地面至少应按5000N/m^2载荷进行土建结构设计、施工。对曳引式电梯本款主要是考虑电梯发生故障时速度失控或曳引钢丝绳断裂时对重撞击缓冲器，对强制式电梯、液压电梯本款主要是考虑悬挂钢丝绳断裂时平衡重撞击底坑地面，如果对重缓冲器没有安装在（或平衡重运行区域的下边不是）一直延伸到坚固地面上的实心桩墩上，则会导致底坑地面塌陷，此时底坑下方若有人员滞留，势必造成人员伤亡。

1. 达到条文规定的措施

当对重（或平衡重）上未设有安全钳装置时，达到本款规定的措施有两个：

其一，对底坑底面下的空间采取隔墙、隔障等防护措施，使人员不能到达此空间。隔墙、隔障等防护措施应是永久的、不可移动的，应从此空间地面起向上延伸至底坑底面不小于2.5m的高度，如果此空间的高度小于2.5m，则应延伸至底坑底面（即：将此空间封闭）。如采用由建筑材料砌成的隔墙，则应符合《砌体工程施工质量验收规范》（GB 50203）相应规定；如采用隔障，隔障栏杆的横杆间距应小于380mm（最底部横杆与地面间隙为10～20mm）、立柱间距应小于1000mm；横杆应采用不小于25mm×4mm扁钢或不小于ϕ16mm圆钢；立柱应采用不小于50mm×50mm×4mm角钢或不小于直径33.5mm钢管，并且采用符合《机电在一般环境下的使用的湿热试验要求》（GB 12665—2008）中的规定筛子或2mm厚的钢板自下至上封闭，横杆、立柱、筛子、钢板之间宜采用焊接，也可采用螺栓连接，立柱必须与建筑物牢固连接，顶部横杆承受水平方向的垂直载荷不应小于500N/m，另外所有表面应除锈及采用防腐涂装。

其二，如果因为建筑物功能需要（如设有地下停车库、地下室等），在底坑之下存在人员能够到达的空间，则曳引式电梯的对重缓冲器必须能安装在一直延伸到坚固地面上的实心桩墩上，强制式电梯、液压电梯的平衡重运行区域一边必须一直延伸到坚固地面上的实心桩墩上，且底坑的底面至少应按5000N/m^{2}载荷进行土建结构设计、施工，实心桩墩的结构和材料应能足以承受对重（平衡重）撞击时所产生的冲击力，支撑实心柱墩的地面也应具有足够的强度，以防在桩墩受到撞击时被压进支撑它的地面导致对重（平衡重）对人员造成伤害。

2. 对条文规定进行检查

在土建交接检验时，不仅要检查与井道底坑相关部分的建筑物土建施工图、施工记录，而且要到建筑物现场检查底坑下方是否存在能够供人员进入的空间。如果是采用隔墙、隔障等防护措施使此空间不存在，则应观察或用线坠、钢卷尺测量隔墙、隔障是否满足上述要求。如果此空间存在，则土建施工图应要求底坑的底面至少能承受5000N/m^{2}载荷；如果此空间存在且对重（或平衡重）上未设有安全钳装置，则应设有上述的实心桩墩，检查建筑物土建施工图所要求实心桩墩及支撑实心桩墩的地面的强度是否能承受电梯土建布置图所提供的冲击力，还应观察或用线坠、钢卷尺测量实心桩墩位置是否在对重缓冲器（平衡重运行区域）的下边。

第2款是为了防止电梯安装前，建筑物内施工人员从层门预留孔无意中跌入井道发生伤亡事故，土建施工中往往容易疏忽在层门预留孔安装安全围封，本款规定正是为了杜绝施工人员在层门预留孔附近施工时的安全隐患。安全保护围封应从层门预留孔底面起向上延伸至不小于1.2m的高度，应采用木质及金属材料制作，且应采用可拆除结构，为了防止其他人员将其移走或翻倒，它应与建筑物连接。保护围封的栏杆任何处，应能承受向井道内任何方向的1000N的力，目的是施工人员意外依靠安全保护围封时，能有效地阻止其坠入井道内。

1. 达到条文规定的措施

为了防止建筑物内施工人员从层门预留孔跌入井道，在井道土建施工完成后，就应安装本款要求的安全保护围封。电梯安装工程施工人员在没有安装该层层门前，不得拆除该层安全保护围封。安全保护围封应采用黄色或装有提醒人们注意的警示性标语。

安全保护围封的材料、结构、强度要求宜符合《建筑施工高处作业安全技术规范》（JGJ 80）第三章的相应规定。

2. 对条文规定进行检查

在土建交接检验时，检查人员应逐层检验安全保护围封：观察或用钢卷尺测量围封的高度应从该层地面起延伸 1.2m 以上，如采用栏杆或网孔型结构，栏杆之间的间隙或网孔应满足上述要求；用手应不能移动围封。对围封的强度，检查人员站稳后，试推围封并观察其变形情况，感官判断是否具有足够的强度，也可用测力仪器（如弹簧压力计、弹簧拉力计等）按条文解释中的方法测定。

检验方法：观察，钢卷尺，测力仪器（如弹簧压力计、弹簧拉力计等）测量。

第 3 款井道安全门或轿厢安全门的作用是电梯发生故障轿厢停在两个层站之间时，可通过他们救援被困在轿厢中的乘客。当相邻轿厢间没有能够相互援救的轿厢安全门时，只能通过层门或井道安全门来援救乘客，如相邻的两层门地坎间之间的距离大于 11m 时，不利于救援人员的操作及紧急情况的处理，救援时间的延长会引起轿内乘客恐慌或引发意外事故，因此这种情况下要求设置井道安全门，以保证安全援救。

井道安全门和轿厢安全门的高度不应小于 1.8m，宽度不应小于 0.35m；将 300N 的力以垂直于安全门表面的方向均匀分布在 $5cm^2$ 的圆形面积（或方形）上，安全门应无永久变形且弹性变形不应大于 15mm。

1. 达到条文规定的措施

当相邻轿厢间没有设置能够相互援救的轿厢安全门或为单一电梯时，建筑物土建设计施工应尽量避免电梯相邻的两层门地坎间之间的距离大于 11m，以避免设置安全门所带来的隐患。如果因建筑物功能需要相邻的两层门地坎间之间的距离大于 11m，安全门应优先设置在出来很容易踏到楼面的位置上，以免在安全门前面设置上述的通道、梯子和平台。

2. 对条文规定进行检查

首先应检查土建施工图和施工记录并逐一观察、测量相邻的两层门地坎间之间的距离，如大于 11m 且需要设井道安全门时，应检查安全门的尺寸、强度、开启方向、钥匙开启的锁、自行关闭、设置的位置是否满足上述要求。开、关安全门观察上述要求的电气安全装置的位置是否正确、是否可靠的动作，这里的动作只是指电气安全装置自身的闭合与断开（注：若电气安全装置由电梯生产厂家提供，此项可在安装完毕后检查，检查前须先将电梯停止）。

检查仪器：观察，线坠，钢卷尺，测力计。

一般项目

4.2.4 机房（如果有）还应符合下列规定：

1 机房内应设有固定的电气照明，地板表面上的照度不应小于 200lx。机房内应设置一个或多个电源插座。在机房内靠近入口的适当高度处应设有一个开关或类似装置控制机房照明电源。

2 机房内应通风，从建筑物其他部分抽出的陈腐空气，不得排入机房内。

3 应根据产品供应商的要求，提供设备进场所需要的通道和搬运空间。

4 电梯工作人员应能方便地进入机房或滑轮间，而不需要临时借助于其他辅助设施。

5 机房应采用经久耐用且不易产生灰尘的材料建造，机房内的地板应采用防滑材料。

注：此项可在电梯安装后验收。

6 在一个机房内，当有两个以上不同平面的工作平台，且相邻平台高度差大于 0.5m

时，应设置楼梯或台阶，并应设置高度不小于0.9m的安全防护栏杆。当机房地面有深度大于0.5m的凹坑或槽坑时，均应盖住。供人员活动空间和工作台面以上的净高度不应小于1.8m。

7 供人员进出的检修活板门应有不小于0.8m×0.8m的净通道，开门到位后应能自行保持在开启位置。检修活板门关闭后应能支撑两个人的重量（每个人按在门的任意0.2m×0.2m面积上作用1000N的力计算），不得有永久性变形。

8 门或检修活板门应装有带钥匙的锁，它应从机房内不用钥匙打开。只供运送器材的活板门，可只在机房内部锁住。

9 电源零线和接地线应分开。机房内接地装置的接地电阻值不应大于4Ω。

10 机房应有良好的防渗、防漏水保护。

检查方法：逐条检查。

4.2.5 井道还应符合下列规定：

1 井道尺寸是指垂直于电梯设计运行方向的井道截面沿电梯设计运行方向投影所测定的井道最小净空尺寸，该尺寸应和土建布置图所要求的一致，允许偏差应符合下列规定：

1）当电梯行程高度小于等于30m时为0～+25mm；

2）当电梯行程高度大于30m且小于等于60m时为0～+35mm；

3）当电梯行程高度大于60m且小于等于90m时为0～+50mm；

4）当电梯行程高度大于90m时，允许偏差应符合土建布置图要求。

2 全封闭或部分封闭的井道，井道的隔离保护、井道壁、底坑底面和顶板应具有安装电梯部件所需要的足够强度，应采用非燃烧材料建造，且应不易产生灰尘。

3 当底坑深度大于2.5m且建筑物布置允许时，应设置一个符合安全门要求的底坑进口；当没有进入底坑的其他通道时，应设置一个从层门进入底坑的永久性装置，且此装置不得凸入电梯运行空间。

4 井道应为电梯专用，井道内不得装设与电梯无关的设备、电缆等。井道可装设供暖设备，但不得采用蒸汽和水作为热源，且供暖设备的控制与调节装置应装在井道外面。

5 井道内应设置永久性电气照明，井道内照度应不得小于50lx，井道最高点和最低点0.5m以内应各装一盏灯，再设中间灯，并分别在机房和底坑设置一控制开关。

6 装有多台电梯的井道内各电梯的底坑之间应设置最低点离底坑地面不大于0.3m，且至少延伸到最低层站楼面以上2.5m高度的隔障，在隔障宽度方向上隔障与井道壁之间的间隙不应大于150mm。

当轿顶边缘和相邻电梯运动部件（轿厢、对重或平衡重）之间的水平距离小于0.5m时，隔障应延长贯穿整个井道的高度。隔障的宽度不得小于被保护的运动部件（或其部分）的宽度每边再各加0.1m。

7 底坑内应有良好的防渗、防漏水保护，底坑内不得有积水。

8 每层楼面应有水平面基准标识。

检查方法：观察、尺量，逐条检查。

4.3 驱动主机

主控项目

4.3.1 紧急操作装置动作必须正常。可拆卸的装置必须置于驱动主机附近易接近处，紧急救援操作说明必须贴于紧急操作时易见处。

为了紧急救援操作时，正确、安全、方便地进行救援工作。

驱动主机是包含制动器、承重架电动机在内的用于驱动和停止电梯的装置。它的种类有很多，如按驱动方式可分为曳引式或强制式；按传动方式可分为有齿传动、无齿传动或带传动。对于有机房电梯，驱动主机安装在机房内，机房位置一般多在井道上部，少数在井道下部；对于无机房电梯，驱动主机安装在井道内，一般在井道顶部、地坑、靠近底层附近或安装在轿厢上。驱动主机的位置、型式、安装要求由电梯产品设计确定，因此安装施工人员应严格按照生产厂提供的安装说明书进行施工。

一般项目

4.3.2 当驱动主机承重梁需埋入承重墙时，埋入端长度应超过墙厚中心至少 20mm，且支承长度不应小于 75mm。

检查方法：检查外观不应有弯曲。对于快、低速电梯，承重梁一般用工字钢；对于高速电梯，为了提高承重梁的刚度，常用两条槽钢为一组构成。

承重梁设置在机房楼板上面时，承重梁与楼板间应留有适当间隙，以预防电梯起动时，承重梁弯曲变形时冲击楼板。检查间隙尺寸 5mm。

承重梁设置在机房楼板下面时，承重梁预埋件与楼板浇注时注意尺寸准确，不得松动。

承重梁用混凝土台座是在机房高度 2.5m 以上时采用。施工中检查台座钢筋与楼板钢筋连接是否符合设计图纸。

无论采用哪种方法设置承重梁，应使钢梁起到承受曳引机自重和负载的作用。埋入承重墙内时，埋入深度应超过墙厚中心 20mm，且不应小于 75mm。在检查时注意，砖墙梁下应垫能承受其重量的钢筋混凝土过梁或金属过梁。混凝土强度及几何尺寸应符合设计要求。

承重梁一般为三根，由于曳引机的规格和绳轮方向不同，设置钢梁的方向和互相距离也不同，所以，在设置钢梁时应按设计图样施工。

承重梁的水平度，以曳引机绳轮中心和导向轮中心的连接线为准，互相平行。承重梁要在同一水平，其水平度在长度方向应与 2‰以内。

承重梁定位后，检查两端用钢板或钢筋连接焊接的质量，应成一体。混凝土灌注要牢固，不得有位移。以保证曳引机水平。

4.3.3 制动器动作应灵活，制动间隙调整应符合产品设计要求。

检查方法：检查制动器动作灵活可靠，销轴润滑良好；制动器闸瓦与制动轮工作表面清洁；制动器制动时，两侧闸瓦紧密、均匀地贴在制动轮工作表面上，松闸时两侧闸瓦应同时离开，其间隙不大于 0.7mm；制动闸瓦的压力必须有导向的压缩弹簧或坠重施加；制动应至少由两块闸瓦、衬垫或制动臂作用在制动轮（或制动盘）上来实现；制动衬应是不易燃的。当轿厢载有 125％额定载荷并以额定速度运行时，制动器应能使曳引机停止转动。在上述情况下，轿厢的减速度不应超过安全钳动作或轿厢落在缓冲器上所产生的减速度。制动轮应与曳引轮连接；正常运行时，制动器应在持续通电下保持松开状态。

电梯的运行正常，与制动器制动闸瓦同制动轮之间隙调整是否符合规定有着很大关系，还应注意检查制动器制动力矩的调整。如制动力过大会使制动过度，影响电梯平层的平稳性；过小又会使制动力矩不足，因此弹簧的压缩量调节应适当。将制动臂内侧的主弹簧压紧螺母松开，外侧螺母拧进，可减缩弹簧长度。调好后应拧紧内侧的压紧螺帽。调节时两边主弹簧长度应相等，制动力矩大小适当，以起到制动弹簧对制动瓦所提供的压紧力：在电梯作静载试验时，压紧力应足以克服电梯的差重；在作超载运行时，能使电梯可靠制动。对制动轮与闸瓦间间隙的检查，应将闸瓦松开，用塞尺测量每片闸瓦两侧上、下四点。制动器的动作应灵活可靠，不应出现明显的松闸滞后现象及电磁铁吸合冲击现象。

闸瓦应紧密地合于制动轮的工作表面上，松闸时无摩擦，间隙均匀。

4.3.4　驱动主机、驱动主机底座与承重梁的安装应符合产品设计要求。

检查方法：观察检查。

4.3.5　驱动主机减速箱（如果有）内油量应在油标所限定的范围内。

检查方法：观察检查。

4.3.6　机房内钢丝绳与楼板孔洞边间隙应为 20～40mm，通向井道的孔洞四周应设置高度不小于 50mm 的台缘。

检查方法：尺量检查。

4.4　导轨

主控项目

4.4.1　导轨安装位置必须符合土建布置图要求。

检查方法：对照土建图检查。

导轨多用钢材制造，应有足够的强度，还要有足够的韧性，遇到突发性冲击时，不致产生断裂。导轨材料应符合《碳素结构钢》GB/T 700 中 A3 钢的要求；导轨是为轿厢和对重提供导向的部件，导轨工作面的粗糙度，对电梯运行中的平稳有重要的影响，高速电梯运行时特别显著。对机械加工的导轨，加工纹的形状与方向也会影响电梯的运行。实践证明，导轨宜采用刨削加工，其加工痕向与电梯运行方向一致，而不宜采用铣加工。

对工作面粗糙度未作规定的导轨，只适用在载货梯。

导轨的几何形状误差主要指工作面的直线度和扭曲。导轨工作面的粗糙度是工作平面的微观不平，但直线度偏差却是工作面的宏观性不平，对电梯的运行平稳影响更大。

每根导轨至少应有 2 个导轨支架，其间距不大于 2.5m，特别情况，应有措施保证导轨安装满足GB 7588规定的弯曲强度要求。导轨支架水平度不大于 1.5%，导轨支架的地脚螺栓或支架直接埋入墙的埋入深度不应小于 120mm。如果用焊接支架其焊缝应是连接的，并应双面焊牢。

当电梯冲顶时，导靴不应越出导轨。

导轨应用压板固定在导轨架上，不应采用焊接或螺栓直接连接。

轿厢导轨与设有安全钳的对重导轨的下端应支承在地面坚固的导轨座上。

导轨安装牢固检查，应注意导轨和导轨架之间的调整垫片的厚度，如垫片厚度超过 5mm 应在垫片与导轨架之间点焊。压板压紧应紧密，螺栓的被拧紧程度均匀。拧紧力的确定，应综合电梯的规格、导轨上下端的支承形式等因素，并且当井道下沉，导轨热胀冷缩后，导轨受到拉伸力超出压板的压紧力时，导轨能相对移动，避免弯曲变形作用。

在检查导轨内表面间距的同时应进行相对两导轨的侧工作面平行度的检查。

一般项目

4.4.2 两列导轨顶面间的距离偏差应为：轿厢导轨 0～+2mm；对重导轨 0～+3mm。

检查方法：全数检查安装记录或用专用工具检查。

检查两条导轨的相互偏差，内容包括在整个全高上，导轨侧工作面之间的偏差与端工作面之间的偏差。在安装后，检查两条导轨同一方向上的侧工作面，应在整个安装高度中位于同一个铅垂平面上，防止因偏差太大影响导向；避免因局部偏差超过导靴的侧面调节量时（对固定滑动导靴，为靴衬与导轨的配合间隙）卡住电梯。检查端工作面的距离偏差，安装后的两条导轨端工作面间的距离，在整个安装高度上应一致，以保证电梯在运行中，导靴不会卡住，也不会脱出。

4.4.3 导轨支架在井道壁上的安装应固定可靠。预埋件应符合土建布置图要求。锚栓（如膨胀螺栓等）固定应在井道壁的混凝土构件上使用，其连接强度与承受振动的能力应满足电梯产品设计要求，混凝土构件的压缩强度应符合土建布置图要求。

检查方法：混凝土的强度必须符合设计要求，并符合土建图的要求。

根据技术的发展，增加了用锚栓（如膨胀螺栓等）固定导轨支架的安装方式。

4.4.4 每列导轨工作面（包括侧面与顶面）与安装基准线每 5m 的偏差均不应大于下列数值：

轿厢导轨和设有安全钳的对重（平衡重）导轨为 0.6mm；不设安全钳的对重（平衡重）导轨为 1.0mm。

检查方法：尺量检查。

4.4.5 轿厢导轨和设有安全钳的对重（平衡重）导轨工作面接头处不应有连续缝隙，导轨接头处台阶不应大于 0.05mm。如超过应修平，修平长度应大于 150mm。

检查方法：尺量检查。

4.4.6 不设安全钳的对重（平衡重）导轨接头处缝隙不应大于 1.0mm，导轨工作面接头处台阶不应大于 0.15mm。

4.5 门系统

主控项目

4.5.1 层门地坎至轿厢地坎之间的水平距离偏差为 0～+3mm，且最大距离严禁超过 35mm。

用钢直尺，各层在轿厢与楼面平齐时测量，每层地坎量两边，轿厢地坎下有护脚板，测量应从护脚板量起，并逐层做记录。轿箱地坎安装在轿厢底入口处，地坎一般用铝型材料制成。层门地坎是指导层门入口处的地坎。护脚板是设置在轿厢门地坎处，垂直向下延伸的光滑安全挡板。

检查方法：脚踏检查，不应有松动。

4.5.2 层门强迫关门装置必须动作正常。

本条为强制性条文。

层门安装完成后，已开启层门在开启方向上如没有外力作用，强迫关门装置应能使层门自行关闭。本条是防止人员坠入井道发生伤亡事故。

层门强迫关门装置是否动作正常，不仅仅取决于层门强迫关门装置自身的安装与调整，层门其他部件（如门头、门导轨、门吊板、门靴、地坎等）的安装施工质量对此装置的正常动作也具有一定的影响，如这些部件发生刮、卡现象，则势必影响其功能实现，因此它的动作是层门系统施工质量的综合体现。

1. 达到条文规定的措施

强迫关门装置一般有重锤式、弹簧式（卷簧、拉簧或压簧）两种结构形式，应按安装、维护使用说明书中的要求安装、调整。重锤式应注意调整重锤与其导向装置的相对位置，使重锤在导向装置内（上）能自由滑动，不得有卡住现象；调整悬挂重锤的钢丝绳的长度，在层门开关行程范围内，重锤不得脱离导向装置，且不应撞击层门其他部件（如门头组件及重锤行程限位件）；悬挂重锤的钢丝绳与门头之间及与重锤之间应可靠连接，除人为拆下外，不得相互脱开；防止万一断绳后重锤落入井道的装置（行程限位件）的连接应可靠且位置正确。弹簧式应注意调整弹簧位置与长度，使弹簧在伸长（压缩）过程，不得有卡住现象；在层门开关行程范围内，弹簧不应碰撞层门上金属部件；弹簧端部固定应牢固，除人为拆下外，不得与连接部位相互脱开。

值得注意的是：强迫关门装置只是层门系统一部分，层门系统其他部件的安装施工质量对其正常动作非常重要，因此在施工中应注意层门系统每个工序的施工质量，以确保达到本条的规定。

2. 对条文规定进行检查

应检验每层层门的强迫关门装置的动作情况。检查人员将层门打开到1/3行程、1/2行程、全行程处将外力取消，层门均应自行关闭。在门开关过程中，观察重锤式的重锤是否在导向装置内（上）、是否撞击层门其他部件（如门头组件及重锤行程限位件）；观察弹簧式的弹簧运动时是否有卡住现象、是否碰撞层门上金属部件；观察和利用扳手、螺丝刀等工具检验强迫关门装置连接部位是否牢靠。

检验仪器：观察，用扳手、螺丝刀等工具检验。

4.5.3 动力操纵的水平滑动门在关门开始的1/3行程之后，阻止关门的力严禁超过150N。

检查方法：阻止关门的力严禁超过150N，可用测力器检查。

4.5.4 层门锁钩必须动作灵活，在证实锁紧的电气安全装置动作之前，锁紧元件的最小啮合长度为7mm。

本条为强制性条文。

层门锁钩动作灵活其一是指除外力作用的情况外，锁钩应能从任何位置快速地回到设计要求的锁紧位置；其二是指轿门门刀带动门锁或用三解钥匙开锁时，锁钩组件应实现开锁动作且在设计要求的运动范围内应没有卡阻现象。证实门锁锁紧的电气安全装置动作前，锁紧元件之间应达到了最小的7mm啮合尺寸（如图4.5.4，本书图11.4.1所示），反之当用门刀或三角钥匙开门锁时，锁紧元件之间脱离啮合之前，电气安全装置应已动作。

1）达到条文规定的措施。每层门锁在水平方向上应采用同一垂直基准安装、调整。门锁锁钩锁紧元件啮合深度（≥7mm）、门锁滚轮与轿门地坎的间隙（≥5mm）、电气安全装置动作顺序、轿门门刀与门锁的相互位置、三角钥匙开门组件与门锁运动部件的相互位

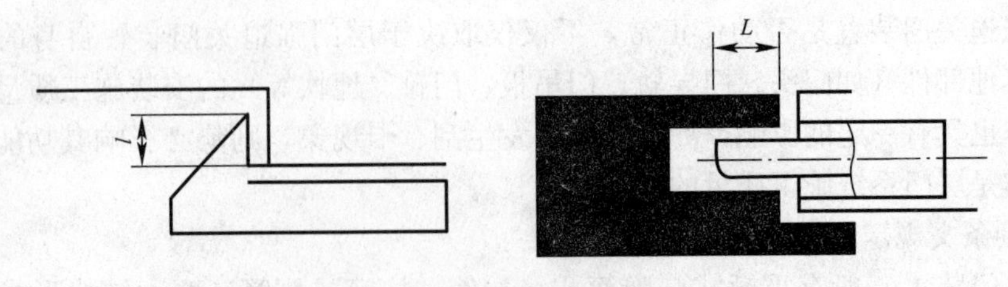

图 11.4.1 锁紧元件示例

置的安装、调整应按安装、维护使用说明书中的要求进行，调整完毕后应及时安装门锁防护。

2）对条文规定进行检查。检验人员站在轿顶或（和）轿内使电梯检修运行，逐层停在容易观察、测量门锁的位置。用手打开门锁钩并将层门扒开后，往打开的方向转动锁钩，观察锁钩回位是否灵活，将扒门的手松开，观察、测量证实锁紧的电气安全装置动作前，锁紧元件是否已达到最小啮合长度 7mm；用游标卡尺、钢板尺测量门锁与门刀的间隙、门锁滚轮与轿门地坎的间隙（≥5mm）是否达到安装、维护使用说书中的要求；让门刀带动门锁开、关门，观察锁钩动作是否灵活。

检验仪器：观察，用游标卡尺、钢板尺测量。

一般项目

4.5.5 门刀与层门地坎、门锁滚轮与轿厢地坎间隙不应小于 5mm。

要求安装人员应将门刀与地坎、门锁滚轮与地坎间隙调整正确，避免在电梯运行时出现摩擦、碰撞。

检查方法：尺量检查。

4.5.6 层门地坎水平度不得大于 2/1000，地坎应高出装修地面 2～5mm。

检查方法：用坡度尺检查。

4.5.7 层门指示灯盒、召唤盒和消防开关盒应安装正确，其面板与墙面贴实，横竖端正。

检查方法：观察检查。

检查指示灯盒、按钮箱盒是否平整，盒口不应突出装饰面，周边已紧贴墙面，间隙应均匀。箱盒不应有明显歪斜。召唤和消防按钮箱应装在厅门外距地 1.3～1.5m 的右侧墙壁上，盒边距离厅门面 0.2～0.3m，群控、集选电梯应装在两台电梯的中间位置。

指示灯应正确反映信号，数字应明亮清晰，反应灵敏，还应清洁美观。按钮的动作灵活，指示灯明亮。

4.5.8 门扇与门扇、门扇与门套、门扇与门楣、门扇与门口处轿壁、门扇下端与地坎的间隙，乘客电梯不应大于 6mm，载货电梯不应大于 8mm。

检查方法：每层、每门都应检查。

4.6 轿厢

主控项目

4.6.1 当距轿底面在 1.1m 以下使用玻璃轿壁时，必须在距轿底面 0.9～1.1m 的高度安装扶手，且扶手必须独立地固定，不得与玻璃有关。

为了保证厢内人员安全，玻璃扶手必须独立固定安装牢固，具有一定的强度、刚度。

一般项目

4.6.2 当轿厢有反绳轮时，反绳轮应设置防护装置和挡绳装置。

4.6.3 当轿顶外侧边缘至井道壁水平方向的自由距离大于0.3m时，轿顶应装设防护栏及警示性标识。

为保证人员安全，当轿顶外侧边缘至井道壁水平方向的自由检查距离大于0.3m时，轿顶应装设防护栏及警示性标识。检查距离和是否设防护栏及警示标志。

电梯轿厢是运载乘客和其他载荷的电梯部件，监理工程师及质检员应熟悉轿厢的有关技术要求：轿厢内部净高度至少为2m；轿壁、地板和顶板须有足够的机械强度；轿厢的每个壁应具有这样的机械强度，即当施加一个300N的力，从轿厢内向外垂直作用于轿壁的任何位置，并使该力均匀分布在面积为5cm^{2}的圆形或方形截面上时，轿厢壁能够承受住而没有永久变形和没有大于15mm的弹性变形；轿壁、轿厢地板和顶板不得使用易燃材料制作。

警示性标识可采用警示性颜色或警示性标语、标牌。

4.7 对重（平衡重）

一般项目

4.7.1 当对重（平衡重）架有反绳轮，反绳轮应设置防护装置和挡绳装置。

4.7.2 对重（平衡重）块应可靠固定。

4.8 安全部件

主控项目

4.8.1 限速器动作速度整定封记必须完好，且无拆动痕迹。

本条是强制性条文，是为了防止其他人员调整限速器，改变动作速度，造成安全钳误动作或达到动作速度而不能动作。

4.8.2 当安全钳可调节时，整定封记应完好，且无拆动痕迹。

本条是强制性条文，是为了防止其他人员调整安全钳，造成其失去应有作用。

安全部件是用来防止电梯发生可能出现的重大安全事故的重要构件。安全部件是指限速器、安全钳、缓冲器。

限速器是当电梯的运行速度超过额定速度一定值时，其动作能导致安全钳起作用的安全装置；安全钳装置是限速器动作时，使对重或轿厢停止运行、保持静止状态，并能夹紧在导轨上的一种机械安全装置：缓冲器是位于行程端部，用来吸收轿厢动能的一种弹性缓冲装置。电梯在生产厂组装、调定后，限速器、安全钳、缓冲器分别整体出厂，除特殊要求外，现场安装时不允许对其调定结构进行调整。

一般项目

4.8.3 限速器张紧装置与其限位开关相对位置安装应正确。

检查方法：观察与尺量检查。

4.8.4 安全钳与导轨的间隙应符合产品设计要求。

检查方法：观察与尺量检查。

4.8.5 轿厢在两端站平层位置时，轿厢、对重的缓冲器撞板与缓冲器顶面间的距离应符合土建布置图要求。轿厢、对重的缓冲器撞板中心与缓冲器中心的偏差不应大于20mm。

检查方法：对照图纸观察与尺量检查。

4.8.6　液压缓冲器柱塞铅垂度不应大于0.5%，充液量应正确。

检查方法：观察与尺量检查。

4.9　悬挂装置、随行电缆、补偿装置

主控项目

4.9.1　绳头组合必须安全可靠，且每个绳头组合必须安装防螺母松动和脱落的装置。

本条为强制性条文。

电梯悬挂装置通常由端接装置、钢丝绳、张力调节装置组成，绳头组合是指端接装置和钢丝绳端部的组合体。绳头组合必须安全可靠，其一指端接装置自身的结构、强度应满足要求；其二指钢丝绳与端接装置的结合处应至少能承受钢丝绳最小破断载荷的80%，以避免绳头组合断裂，导致重大伤亡事故。由于绳头组合端部的固定通常采用螺纹连接，因此要求必须安装防止螺母松动以防止螺母脱落的装置，绳头组合的松动或脱落将影响钢丝绳受力均衡，使钢丝绳和曳引轮磨损加剧，严重时同样会导致钢丝绳或绳头组合的断裂，造成严重事故。应提供与所使用绳头组合同类的绳头组合的型式试验证书。

1. 达到条文规定的措施

钢丝绳与绳头组合的连接制作应严格按照安装说明书的工艺要求进行，不得损坏钢丝绳外层钢丝。钢丝绳与其端接装置连接必须采用金属或树脂充填的绳套、自锁紧楔形绳套、至少带有三个合适绳夹的鸡心环套、手工捻接绳环、带绳孔的金属吊杆、环圈（套筒）压紧式绳环或具有同等安全的任何其他装置。

如采用钢丝绳绳压，应把夹座扣在钢丝绳的工作段上，U形螺栓扣在钢丝绳尾段上；钢丝绳夹间的距离应为6～7倍的钢丝绳直径；离环套最远的绳夹不得首先单独紧固，离环套最近的绳夹应尽可能靠近套环。其要求与使用方法应符合《钢丝绳夹》GB/T 5976的要求。

绳头组合应固定在轿厢、对重或悬挂部位上。防螺母松动装置通常采用防松螺母，安装时应把防松螺母拧紧在固定螺母上以使其起到防松作用。防螺母脱落装置通常采用开口销，防松螺母安装完成后，就应安装开口销。

2. 对条文规定进行检查

观察绳头组合上的钢绳是否有断丝；如采用钢丝绳绳夹，观察绳夹的使用方法是否正确、绳头间的距离是否满足安装说明书的要求、绳夹的数量是否够（≥3）、用力矩扳手检查绳夹是否正确拧紧；用手不应拧动防松螺母；观察开口销的安装是否正确，或用手活动开口销，不应从绳头组合中拔出，绳头组合的种类应与提供的型式试验证书上的相符。

检查方法：观察，力矩扳手检查。

4.9.2　钢丝绳严禁有死弯。

检查方法：观察检查。

4.9.3　当轿厢悬挂在两根钢丝绳或链条上，且其中一根钢丝绳或链条发生异常相对伸长时，为此装设的电气安全开关应动作可靠。

检查方法：检查电气开关是否可靠。

4.9.4　随行电缆严禁有打结和波浪扭曲现象。

检查方法：观察检查。

电缆与电缆架固定、轿底电缆绑扎符合要求；软电缆安装前要预先自由悬吊，充分退扭，安装后，不应有打结和波浪扭曲现象；电缆绑扎均匀，牢固可靠，其绑扎长度为30～70mm；软电缆端头用截面1mm^{2}或0.75mm^{2}铜芯塑料线绑扎；软电缆的不动部分（提升高度1/2辊1.5m以上）应采用卡子固定；支架用扁钢－40×4mm或30×4mm；间距每2m一挡；电缆下垂末端的移动弯曲半径，8芯电缆不小于250mm，16～24芯电缆不小于400mm；电梯电缆移动部分自上而下用塑料铁扎线（16$^{\#}$）或其他材料均匀牢固编连，编连间距为1m，编连电缆之间的距离，要尽可能小，防止运行过程中摆动：软电缆在轿厢极限位置时，电缆下垂驰度应离地≥500mm；电缆不运动部分（提升高度1/2高1.5m以上）应用卡子固定。

一般项目

4.9.5 每根钢丝绳张力与平均值偏差不应大于5%。

检查方法：观察与尺量检查。

当轿厢处于井道的2/3高度处时，人在轿厢顶部用50～100N的弹簧秤以同等拉开距离测拉对重侧各曳引绳张力，取其平均值。再将各绳张力的相互差值与该平均值进行比较。

以四根曳引绳为例，测得各绳张力（弹簧秤上实际读数）分别为：F_1，F_2，F_3，F_4，则平均值为$F_{平}=(F_1+F_2+F_3+F_4)/4$。

各绳张力相互差值分别为：

$$F_{12}=|F_1-F_2|,\ F_{13}=|F_1-F_3|,\ F_{14}=|F_1-F_4|$$
$$F_{23}=|F_2-F_3|,\ F_{24}=|F_2-F_4|,\ F_{34}=|F_3-F_4|。$$

即
$$\frac{F_{12}}{F_{平}},\ \frac{F_{13}}{F_{平}},\ \cdots,\ \frac{F_{34}}{F_{平}}\leqslant 5\%$$

其中任一个差值与平均值之比应小于5%。

由于测量的是相对差值，对弹簧秤的精度不作具体规定。

4.9.6 随行电缆的安装应符合下列规定：

1 随行电缆端部应固定可靠。

2 随行电缆在运行中应避免与井道内其他部件干涉。当轿厢完全压在缓冲器上时，随行电缆不得与底坑地面接触。

检查方法：观察检查。

4.9.7 补偿绳、链、缆等补偿装置的端部应固定可靠。

检查方法：观察检查。

4.9.8 对补偿绳的张紧轮，验证补偿绳张紧的电气安全开关应动作可靠。张紧轮应安装防护装置。

检查方法：开关动作观察检查。

4.10 电气装置

主控项目

4.10.1 电气设备接地必须符合下列规定：

1　所有电气设备及导管、线槽的外露可导电部分均必须可靠接地（PE）；

2　接地支线应分别直接接至接地干线接线柱上，不得互相连接后再接地。

本条是强制性条文。

第1款是为了保护人身安全和避免损坏设备。所有电气设备是电气装置和由电气设备组成部件的统称，如：控制柜、轿厢接线盒、曳引机、开门机、指示器、操纵盘、风扇、电气安全装置以及由电气安全装置组成的层门、限速器、耗能型缓冲器等，由于使用36V安全电压的电气设备即使漏电也不会造成人身安全事故，因此可以不考虑接地保护。如果电气设备的外壳导电，则应设有易于识别的接地端标志。导管和线槽是防止软线或电缆等电气设备遭受机械损伤而装设的，如果被保护电气设备的外露部分导电，则保护它的导管或线槽的外露部分也导电，因此也必须可靠接地。

如果电气设备的外壳及导管、线槽的外露部分不导电，则其可以不进行保护性接地连接，这些外壳及导管、线槽的材料应是非燃烧材料，且应符合环保要求。

供电线路从进入机房或电梯开关起（注：无机房电梯从进入电梯开关起），零线（N）与接地线（PE）应始终分开，接地线应为黄绿相间绝缘电线，零线也称为中性线（Neutral Conductor）。通常有以下几种情况：

对中性线与保护性接地线是始终分开的三相五线制（TN－S）供电系统，如图11.4.2所示，在正常情况下，保护性接地线上没有电流。这种供电线路进入电梯控制系统前中性线与保护性接地线已经分开。

对中性线与地线共用的三相五线制（TN－C－S）的供电线路，供电系统变压器的输出端，中性线与保护性接地线是共用PEN，在进入电气设备之前分开，因此进入电梯控制系统之前，应将中性线与保护性接一线分开，提供L1、L2、L3、N、PE，如图11.4.3所示。

对三相四线制（TN－C）的供电线路，提供的是L1、L2、L3、N，要求电气设备采用接零线（中性线）保护，但进入电梯控制系统前，应将零线和接地线分开，供电电源应由TN－C系统改为TN－C－S系统，如图11.4.4所示。

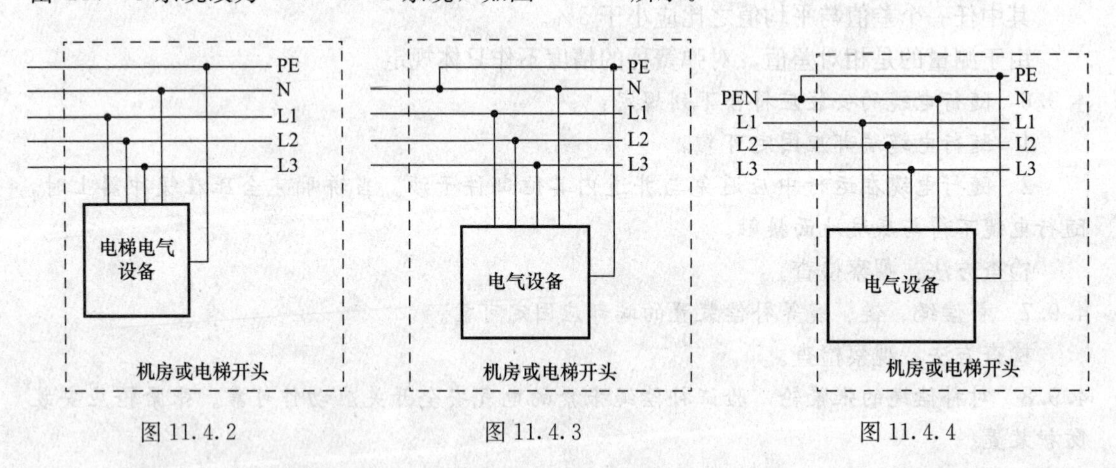

图11.4.2　　图11.4.3　　图11.4.4

1. 达到条文规定的措施

可采用电气安全保护设备，如漏电保护开关或断路器等装置，对电气设备和人员进行安全保护，当电气设备、导管及线槽的外露部分导电且可靠接地时，具有电势的导体与这些部位连接时，会对地形成故障电流，故障电流引起电气保护装置动作，切断电气设备供电，阻止事故进一步发生。

用作接地支线的导线，其绝缘层应黄绿相间颜色，宜采用单股或多股铜芯导线。如果接地支线通过螺纹紧固件与需要接地的部件连接时，应配有合适的线鼻子，线鼻子与接地导线之间的压接强度应满足产品安装说明书要求，如果采用插接方式连接接地，插接元件的强度及插接元件和接地干线、插接元件和接地导线的压接强度也应满足安装说明书要求；如果采用接地端子连接，则接地端子宜采用借助于工具才能拆下导线的形式。

2. 对条文规定进行检查

按安装说明书或原理图，观察电气设备是按安装说明书要求的位置接地。将控制系统断电，用手用适当的力拉接地的连接点，观察是否牢固，观察接地支线是否有断裂或绝缘层破损。

检查方法：观察。

第 2 款对每个电气设备接地支线与接地干线柱之间的连接进行了规定，每个接地支线必须直接与接地干线可靠连接，如图 11.4.5、图 11.4.6 所示。如接地支线之间互相连接后再与接地干线连接，则会造成如下后果：离接地干线接线柱最远端的接地电阻较大，在发生漏电时，较大的接地电阻则不能产生足够的故障电流，可能造成漏电保护开关或断路器等保护装置无法可靠断开，另外如有人员触及，有可能通过人体的电流较大，危及人身安全；如前端某个接地支线因故断线，则造成其后端电气设备接地支线与接地干线之间也断开，增大了出现危险事故概率；如前端某个电气设备被拆除，则很容易造成其后端电气设备接地支线与接地干线之间断开，使其后得不到接地保护。

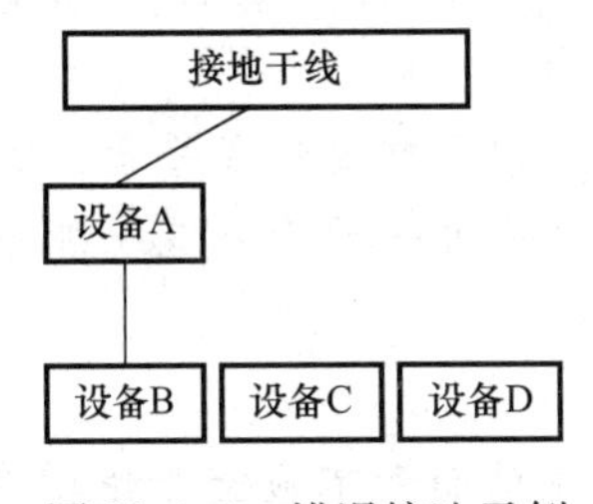

图 11.4.5　错误接法示例

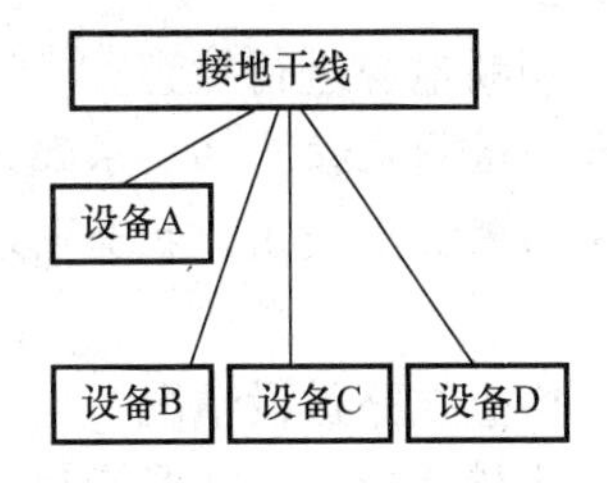

图 11.4.6　正确接法示例

1. 达到条文规定的措施

接地干线接线柱应有明显的标示，且宜采用单、多股铜线（铝线）或铜排（铝排）。接地支线与其之间的连接应按安装说明书进行。

对金属线槽（导管），可将一列线槽作为整体用一个接地支线与接地干线接线柱连接，但各节线槽（导管）之间必须可靠的直接机械和电气连接。

2. 对条文规定进行检查

观察接地干线接线柱是否有明显的标志；根据安装说明书和电气原理图，观察每个接地支线是否直接接在接地干线接线柱上。

检查方法：观察。

4.10.2　导体之间和导体对地之间的绝缘电阻必须大于 1000Ω/V，且其值不得小于：

1）动力电路和电气安全装置电路：0.5MΩ；

2）其他电路（控制、照明、信号等）：0.25MΩ。

电梯电气设备和电气线路均应做绝缘电阻测试。

1. 所测部位。曳引电机、门电机、制动器、电抗器、主回路、照明回路、控制回路。

2. 检测时的注意事项。每一回路均应测试，并应有监理工程师（建设单位项目专业人员）在场，对每一回路都应做记录，电气绝缘电阻测试所用的兆欧表应按电气设备电压等级选用；电梯电压回路选用500V兆欧表，所用兆欧表应有被认可的检验合格证，有效期应在规定日期内，兆欧表的连线必须绝缘良好。在检测时注意应把下列电器拆除，所有控制回路熔断丝的拆除，主回路电机快、慢车熔断丝全部拆除，门电机 M_1、M_2 接线拆除，制动器 ZC_1、ZC_2 接线拆除，测量相对相，相对地绝缘电阻值必须大于0.5MΩ，测量电脑、集中板电梯回路，严禁使用兆欧表进行绝缘电阻测试，可采用高阻抗万用表进行绝缘电阻测试，但绝缘电阻值必须大于0.5MΩ。主回路绝缘电阻不应小于0.5MΩ，控制回路绝缘电阻不应小于0.25MΩ，照明回路绝缘电阻不应小于0.25MΩ，信号回路绝缘电阻不应小于0.25MΩ，门机回路绝缘电阻不应小于0.25MΩ，整流回路绝缘电阻不应小于0.25MΩ。

一般项目

4.10.3 主电源开关不应切断下列供电电路：

1 轿厢照明和通风；

2 机房和滑轮间照明；

3 机房、轿顶和底坑的电源插座；

4 井道照明；

5 报警装置。

检查方法：切断电源进行检查。

4.10.4 机房和井道内应按产品要求配线。软线和无护套电缆应在导管、线槽或能确保起到等效防护作用的装置中使用。护套电缆和橡套软电缆可明敷于井道或机房内使用，但不得明敷于地面。

检查方法：检查线路敷设情况。

4.10.5 导管、线槽的敷设应整齐牢固。线槽内导线总面积不应大于线槽净面积的60%；导管内导线总面积不应大于导管内净面积的40%；软管固定间距不应大于1m，端头固定间距不应大于0.1m。

检查方法：逐项进行检查。

电线管的固定应牢靠，每根固定点不应小于2挡；电线管用丝接连接紧密，并焊有跨接线；电线管连接正确、稳固垂直偏差不大于5/1000mm；电线管进盒箱应固定，管口露出盒箱应小于5mm。

1. 电线管表面的检查。线管不应有折扁、裂缝，管内铁屑污物及毛刺，切断口应锉平；电线管口光滑，无毛刺，护套齐全；钢管配线的总截面积不应超过管内净面积的40%。

2. 检查布局走向，依据设计、规范要求核对下列内容：

动力和控制线路应分别敷设。

电管穿梁时，距电管外表面应有50mm间隙。

井道内配管和线槽应便于检修，垂直总管（槽）宜安装在召唤按钮较近的井道壁上。

控制柜、屏内配线管口排列整齐，高低差不大于10mm，高度不宜低于200mm。

电线管路的弯曲处不应有折皱、凹穴和裂缝，弯扁程度不应大于管外径的10%。

明配管弯曲率一般不小于管外径的6倍，如只有一个弯时，可不小于管外径4倍。

检查电线槽，线槽连接应采用连接片与螺栓连接，螺栓由内向外穿，螺母在外侧。线槽连接处用镀锡铜片作接地线跨接，线槽出线口应无毛刺，位置正确，导线受力处应有绝缘衬垫加以保护，线槽应用机械开孔，不准用电、气焊开孔和切断；线槽内导线总截面积不应超过槽内净面积的60%。线槽垂直配线应适当固定，间隔约2000mm为宜，线槽盖板齐全，固定可靠，线槽应可靠接地；线槽支架间距不应大于2m，水平和垂直偏差不应大于2/1000，全长垂直度偏差不大于20mm。

3. 检查与箱盒及设备连接。管线槽与设备相连接应采用金属软管，并使用专用软管接头；金属软管其长度宜短。软管用卡子固定，固定点间距不应大于1m。井道内严禁使用可燃性材料制成的管配线。

安装牢固，无损伤，布局走向合理，出线口准确，槽盖齐全无翘角，与箱、盒及设备连接正确。

4.10.6 接地支线应采用黄绿相间的绝缘导线。

检查方法：观察检查。

4.10.7 控制柜（屏）的安装位置应符合电梯土建布置图中的要求。

对照土建布置图中的要求检查，同时检查下列内容：

门、窗与控制柜、屏正面距离不小于600mm。

控制柜、屏的维修侧与墙壁的距离不小于600mm，封闭侧不小于50mm。

双面维护的屏柜成排安装时，其宽度超过5m，两侧宜留有出入通道，通道宽度不小于600mm。

控制屏、柜其底座应高出地面，装有型钢底座，但不宜超过100mm。

控制屏、柜安装应平整、牢固，并用螺栓固定，不应用电焊焊接。

控制屏、柜、盘底座必须可靠接地或接零保护、接地地线在指定标志位置，接地线截面积宜选用6mm^{2}铜芯绝缘线。

4.11 整机安装验收

主控项目

4.11.1 安全保护验收必须符合下列规定：

1 必须检查以下安全装置或功能：

1）断相、错相保护装置或功能

当控制柜三相电源中任何一相断开或任何二相错接时，断相、错相保护装置或功能应使电梯不发生危险故障。

注：当错相不影响电梯正常运行时可没有错相保护装置或功能。

2）短路、过载保护装置

动力电路、控制电路、安全电路必须有与负载匹配的短路保护装置；动力电路必须有过载保护装置。

3）限速器

限速器上的轿厢（对重、平衡重）下行标志必须与轿厢（对重、平衡重）的实际下行方向相符。限速器铭牌上的额定速度、动作速度必须与被检电梯相符。限速器必须与其型式试验证书相符。

4）安全钳

安全钳必须与其型式试验证书相符。

5）缓冲器

缓冲器必须与其型式试验证书相符。

6）门锁装置

门锁装置必须与其型式试验证书相符。

7）上、下极限开关

上、下极限开关必须是安全触点，在端站位置进行动作试验时必须动作正常。在轿厢或对重（如果有）接触缓冲器之前必须动作，且缓冲器完全压缩时，保持动作状态。

8）轿顶、机房（如果有）、滑轮间（如果有）、底坑停止装置

位于轿顶、机房（如果有）、滑轮间（如果有）、底坑的停止装置的动作必须正常。

2　下列安全开关，必须动作可靠：

1）限速器绳张紧开关；

2）液压缓冲器复位开关；

3）有补偿张紧轮时，补偿绳张紧开关；

4）当额定速度大于3.5m/s时，补偿绳轮防跳开关；

5）轿厢安全窗（如果有）开关；

6）安全门、底坑门、检修活板门（如果有）的开关；

7）对可拆卸式紧急操作装置所需要的安全开关；

8）悬挂钢丝绳（链条）为两根时，防松动安全开关。

检查方法：安全保护验收按照验收要求逐项对照检查，安全钳、缓冲器、门锁装置对照型式试验证书检查，型式试验证书是由厂方提供。

4.11.2　限速器安全钳联动试验必须符合下列规定：

1　限速器与安全钳电气开关在联动试验中必须动作可靠，且应使驱动主机立即制动。

2　对瞬时式安全钳，轿厢应载有均匀分布的额定载重量；对渐进式安全钳，轿厢应载有均匀分布的125%额定载重量。当短接限速器及安全钳电气开关，轿厢以检修速度下行，人为使限速器机械动作时，安全钳应可靠动作，轿厢必须可靠制动，且轿底倾斜度不应大于5%。

检查方法：检验限速器安全钳的功能。

安全钳试验时，轿厢空载，同时安全钳联动开关应切断控制回路，轿厢在空载时以检修速度下降，机房内用手动使限速器夹住钢绳，检查安全钳是否动作，夹住轿厢，同时轿厢顶上、安全钳的杠杆是否确实切断控制回路，应反复进行试验。试验时注意机房、轿顶要有人共同配合。试验后还应检查导轨上被安全钳楔块夹损情况。

4.11.3　层门与轿门的试验必须符合下列规定：

1　每层层门必须能够用三角钥匙正常开启；

2　当一个层门或轿门（在多扇门中任何一扇门）非正常打开时，电梯严禁启动或继续运行。

本条是强制性条文。

第1款要求每层层门必须从井道外使用一个三解钥匙将层门开启，在以下两种情况均应实现上述操作：其一，轿厢不在平层区开启层门；其二，轿厢在平层区，层门与轿门联动，在开门机断电的情况下，开启层门和轿门。三角钥匙应符合《电梯制造与安装安全规范》(GB 7588—2003) 要求，层门上的三角钥匙孔应与其相匹配。三角钥匙应附带有"注意使用此钥匙可能引起的危险，并在层门关闭后应注意确认已锁住"内容的提示牌。本款目的是为援救、安装、检修等提供操作条件。

1. 达到条文规定的措施

层门上和三角钥匙相配的开锁组件与门锁的相对位置应按安装、调试说明进行。在使用和保管三角钥匙过程中不应损坏提示牌。由于三角钥匙管理不善，造成的伤亡事故占电梯事故的比例较大，因此三角钥匙应由经过批准的人员保管和使用，且安装施工单位应对三角钥匙有明确的管理规定。

2. 如何对条文规定进行检查

轿厢在检修状态，逐一检查每一层站。轿厢停在某一层站开锁区内，断开开门机电源，检验人员在井道外用三角钥匙开锁，感觉锁钩是否有卡住及是否有三角钥匙与层门上开锁组件不匹配的现象，应能将层门、轿门扒开，检查完毕人为将层门关闭，确认该层层门不能再用手扒开后，进行下一层站的检验。检查三解钥匙附带的提示牌上内容是否完整、是否被损坏。

检验仪器：观察，相匹配的三角钥匙。

门区是电梯事故发生概率比较大的部位，第2款是防止轿厢开门运行时剪切人员或轿厢驶离开锁区域时人员坠入井道发生伤亡事故。层门和轿门正常打开且允许运行（以规定速度）指以下两种情况：其一轿厢在相应楼层的开锁区域内，开门进行平层和再平层；其一满足 GB 7588 中 7.7.2.2b 要求的装卸货物操作。除以上两种情况外，在正常操作情况下，如层门或轿门（在多扇门中任何一扇门）打开时，应不能启动电梯或保持电梯继续运行。

1. 达到条文规定的措施

用来验证门的锁闭状态、闭合状态的电气安全装置及验证门扇闭合状态的电气安全装置的位置应严格按照安装、调试说明书进行。

对常用的机械连接的多扇滑动层门，当门扇是直接由机械连接时，可只锁紧其中一门扇，但此门扇应能防止其他门扇的打开，且将验证层门闭合的装置装在一个门扇上；当门扇是由间接机械连接时（如用绳、链条或带），可只锁住一门扇，但此单一锁住应能防止其他门扇的打开，且这些门扇上均未装配手柄，未被锁紧装置锁住的其他门扇的闭合位置应装设电气安全装置来证实。

对常用的机械连接的多扇滑动轿门，当门扇是直接由机械连接时，验证轿门闭合的电气安全装置应装设在一个门扇上（对重叠门应为快门），如门的驱动元件与门扇是直接连接时，也可以装在驱动元件上，另外对 GB 7588 中 5.4.3.2.2 规定的情况下，可只锁住一个门扇，但应满足虽单一锁住该门扇也能防止其他门扇打开。当门扇是由间接机械连接时（如电绳、链条或带），验证轿门闭合的电气安全装置不应装设在被驱动门扇上，且被驱动门扇与门的驱动元件应是直接连接的。

2. 对条文规定进行检查

在检修运行情况下，逐层用三角钥匙开门，观察电梯是否停止运行和不能再启动。

对门扇间直接机械连接多扇滑动层门，将轿厢停在便于观察直接机械连接装置的位置上，用螺丝刀、扳手检查直接机械连接是否牢固可靠及安装位置是否满足产品要求；对门扇间间接机械连接的多扇滑动层门，将轿厢停在便于观察验证层门门扇闭合状态的电气安全装置的位置上，打开层门，观察此装置是否动作，人为地断开此装置，电梯应不能启动。

对门扇间机械连接多扇滑动轿门，将轿厢停在两层门之间，观察验证轿门闭合的电气安全装置的安装位置是否正确，打开轿门，观察此装置是否动作，人为地断开此装置，电梯应不能启动。如被驱动门扇与门的驱动元件是直接连接的，应利用螺丝刀、扳手检查两者之间的连接装置安装是否牢固可靠。对门扇间直接机械连接多扇滑动轿门，如需要锁住，应检查防止没有锁住门扇打开的装置的安装位置是否满足安装、调试说明书要求及连接否牢固可靠。

检验仪器：观察，力矩扳手，螺丝刀。

4.11.4 曳引式电梯的曳引能力试验必须符合下列规定：

1 轿厢在行程上部范围空载上行及行程下部范围载有125%额定载重量下行，分别停层3次以上，轿厢必须可靠地制停（空载上行工况应平层）。轿厢载有125%额定载重量以正常运行速度下行时，切断电动机与制动器供电，电梯必须可靠制动。

2 当对重完全压在缓冲器上，且驱动主机按轿厢上行方向连续运转时，空载轿厢严禁向上提升。

检查方法：进行试运行检查。

整机安装后，应根据上述主控项目逐条核对检查，同时对下列内容应再作检查：

1. 电梯起动、运行的停止，轿厢内无较大振动和冲击，制动器可靠。在试验前，质检员应检查试运转方案是否按程序进行编制，是否已作系统的检查及有关模拟试验。例如：检查曳引机变速机构注油，电机的接线相序，绳头组合螺母，每条曳引绳受力情况；按原理图检查点电源开关与控制柜进线相序，系统核对主电路、控制电路、信号电路、照明电路、门机电路、整流电路的接线情况；检查限速器转动是否灵活，润滑是否良好，选层器的运触头盘（杆）运动灵活情况，润滑油数量是否符合要求；检查动静触头的接触可靠性及压紧力，触头应清洁，传动链条受力适度；检查导靴与导轨的吻合情况，对配有滑动导靴的导轨渍毛毡的伸出量是否合适，清洁；检查极限开关等能否可靠地断开主电源；轿门、厅门开关灵活情况，厅门联动装置工作情况；对于钢丝绳式联动机构，发现钢丝绳松弛，应张紧，对于其他方式，应使各转动关节处转动灵活，固定处不发生松动，如出现厅门与轿门动作不一致时，应对机构进行调整；检查轿厢操纵箱的各钥匙开关、急停按钮动作情况，安全触板和各安全开关的可靠性，为了减小电梯运行当中的振动和噪音，应对一些部件的坚固程度，减振垫、弹簧等进行必要的调整。

2. 减速箱的检查：箱体内的油量应保持在油针或油镜的标定范围，油的要求应符合规定。制动器活动关节部位清洁，动作灵活可靠，制动闸瓦间隙过大时应调整，制动器有打滑现象时，应调整制动弹簧。检查曳引绳槽内是否清洁，绳槽中不得有油。曳引电机各部分清洁，电机内部无水和油浸入，无灰尘；对使用滑动轴砂的电机，应检查油槽内的油量是否达到油线，同时应保持油的清洁。检查曳引绳子与绳头组合，检查曳引绳的张力是否保持一致，如发现松紧不一，应通过绳头弹簧加以调整，注意曳引绳有否机械损伤、锈蚀，曳引绳子表面应清洁，如有沙尘异物，应用煤油擦干净。检查自动门机，当门在开关时的速度变化异常时，应作调整。

3. 缓冲器的检查：弹簧缓冲器表面不出现锈斑，油压缓冲器，油的高度符合要求，柱塞外露部分应清洁，并涂抹防锈油脂。

4. 控制屏的检查：如屏体和电器件上有灰尘用吹风机或软刷进行清扫，接触器、继电器触头接触应良好，导线与接线柱应无松动现象。检查机房和井道不得有雨浸入机房，通风情况良好，机房内无易燃、易爆物品，与机房无关的设备及杂物，照明开关设置在机房入口处，机房通风良好，能保证室内最高温度不超过40℃，如有排风扇通风，安装高度较低应有防护网。

5. 底坑的检查：底坑内不应有水渗入和积水，应保持干燥，底坑检修箱的检查，箱上应有监视用的灯和插座，其电压不超过36V，还应设有明显标志的220V三线插座，箱上应设有非自动复位的急停开关。

6. 通过对机构部分和电气系统的检查调整，符合要求后，作必要部位的模拟动作试验也符合要求后进行下列各种试验：不通电的手摇试车，使轿厢下行一段距离或全程，检查卡阻及位置不当情况，轿厢和对重导靴与导轨吻合情况，轿厢地坎与各层厅门门锁滚轮的距离，开门刀与各层厅门地坎之间的距离，开门刀与各层厅门开门滚轮的情况，选层器钢带、限速器钢丝绳随轿厢运行情况，轿厢随线与井道中的接线盒管、槽的距离等。经检验无误确定符合要求，检查试车用电源，应可靠，电压、容量、频率均符合要求后进行试车。

7. 规范规定：轿厢内分别载以空载、额定载重量的50%、额定载重量的100%，在通电持续率40%的情况下，往复上升，各自历时1.5小时；试车程序先空载、再50%额定载荷，后100%额定载荷。先慢车后快车，逐步进行。先后以检修速度开慢车，控制轿厢作上下升降的往返运行，监理工程师、质检员与施工人员进行逐层的开关门试验和平层试验。

8. 试验上、下端站的限位开关和极限开关的动作情况。试验限速器动作时，轿厢空载由两层以慢速向下运行，用手扳动限速器制动机构，轿厢上的安全钳应可靠地刹车，联动开关能切断控制回路。经慢车试验检查测定结果均符合有关技术要求后，进行快车试验。检查额定速度时，试验信号系统和选层的准确性；试验各种安全装置是否灵敏；注意电梯快速运行时的振动和噪声；对比调整制动器与平层准确度，作平屋准确度调整时，电梯应分别以空载、满载，作上、下运行，以达同一层站，测量平层误差取其最大值。

9. 电梯起动、运行和停止时轿厢内的检查：对客梯通过加速度和水平振动加速度的检测来判定，电梯加减速度运行过程中的最大加减速度不应超过规定值，不大于1.5m/s^2。交流快速电梯平均加、减速度不小于0.5m/s^2。另外起动振动、制动振动均应检查。起动振动，电梯在起动时的瞬时加速度不大于规定值，起动振动应小于电梯的加速度最大值。制动振动，电梯在制动时的瞬时减速度不应大于规定值，对交流双速梯，允许略大于电梯的减速度最大值；对于交流调整及直流梯，均应小于减速度最大值。

一般项目

4.11.5 曳引式电梯的平衡系数应为0.4～0.5。

平衡系数按平衡系数公式计算调整，测量顶站和底坑缓冲行程 s 值，按有关图表进行校对调整。

4.11.6 电梯安装后应进行运行试验；轿厢分别在空载、额定载荷工况下，按产品设计规定的每小时启动次数和负载持续率各运行1000次（每天不少于8h），电梯应运行平稳、制动可靠、连续运行无故障。

检查方法：运行试验时检查。

4.11.7 噪声检验应符合下列规定：

1 机房噪声：对额定速度小于等于4m/s的电梯，不应大于80dB（A）；对额定速度大于4m/s的电梯，不应大于85dB（A）。

机房噪声测试：当电梯正常运行时，传感器距地面1.5m，距声源1m外进行测试，测试点不少于3点，取最大值为依据。

2 乘客电梯和病床电梯运行中轿内噪声：对额定速度小于等于4m/s的电梯，不应大于55dB（A）；对额定速度大于4m/s的电梯，不应大于60dB（A）。

运行中轿厢内噪声测试：传感器置于轿厢内中央距轿厢地面高度1.5m时，取最大值为依据。

3 乘客电梯和病床电梯的开关门过程噪声不应大于65dB（A）。

开关门过程噪声测试：传感器分别置于层门和轿门宽度的中央，距门0.24m，距地面高1.5m，取最大值为依据。

4.11.8 平层准确度检验应符合下列规定：

1 额定速度小于等于0.63m/s的交流双速电梯，应在±15mm的范围内；

2 额定速度大于0.63m/s且小于等于1.0m/s的交流双速电梯，应在±30mm的范围内；

3 其他调速方式的电梯，应在±15mm的范围内。

检查方法：逐层检查平层准确度。

4.11.9 运行速度检验应符合下列规定：

当电源为额定频率和额定电压、轿厢载有50%额定载荷时，向下运行至行程中段（除去加速加减速段）时的速度，不应大于额定速度的105%，且不应小于额定速度的92%。

检查方法：用秒表检查运行速度。

4.11.10 观感检查应符合下列规定：

1 轿门带动层门开、关运行，门扇与门扇、门扇与门套、门扇与门楣、门扇与门口处轿壁、门扇下端与地坎应无刮碰现象；

2 门扇与门扇、门扇与门套、门扇与门楣、门扇与门口处轿壁、门扇下端与地坎之间各自的间隙在整个长度上应基本一致；

3 对机房（如果有）、导轨支架、底坑、轿顶、轿内、轿门、层门及门地坎等部位应进行清理。

检查方法：观察检查。

第五节　液压电梯安装工程质量验收

5.1　设备进场验收

主控项目

5.1.1　随机文件必须包括下列资料：

1　土建布置图；

2　产品出厂合格证；

3　门锁装置、限速器（如果有）、安全钳（如果有）及缓冲器（如果有）的型式试验合格证书复印件。

检查方法：检查资料。

一般项目

5.1.2　随机文件还应包括下列资料：

1　装箱单；

2　安装、使用维护说明书；

3　动力电路和安全电路的电气原理图；

4　液压系统原理图。

液压系统原理图是液压系统工作原理的示意图，图中各液压元件用符号表示。这些符号应符合《流体传动系统及元件图形符号和回路图 第1部分：用于常规用途和数据处理的图形符合》（GB/T 786.1—2009）中的相应规定，它们只表示元件的职能，连接系统的通路，并不表示元件的参数和具体结构。当无法用职能符号表示，或者有必要特别说明系统中某一重要元件的结构及动作原理时，也可采用结构简图表示。液压系统原理图是液压系统安装、调试、检修等工作中必不可少的技术文件。

5.1.3　设备零部件应与装箱单内容相符。

5.1.4　设备外观不应存在明显的损坏。

5.2　土建交接检验

5.2.1　土建交接检验应符合本规范第4.2节的规定。

5.3　液压系统

主控项目

5.3.1　液压泵站及液压顶升机构的安装必须按土建布置图进行。顶升机构必须安装牢固，缸体垂直度严禁大于0.4‰。

检查方法：尺量检查。

一般项目

5.3.2　液压管路应可靠连接，且无渗漏现象。

检查方法：观察检查。

5.3.3　液压泵站油位显示应清晰、准确。

检查方法：观察检查。

5.3.4　显示系统工作压力的压力表应清晰、准确。

检查方法：观察检查及检查压力表的检验证。

5.4 导轨

5.4.1 导轨安装应符合本规范第4.4节的规定。

5.5 门系统

5.5.1 门系统安装应符合本规范第4.5节的规定。

5.6 轿厢

5.6.1 轿厢安装应符合本规范第4.6节的规定。

5.7 平衡重

5.7.1 如果有平衡重，应符合本规范第4.7节的规定。

5.8 安全部件

5.8.1 如果有限速器、安全钳或缓冲器，应符合本规范第4.8节的有关规定。

5.9 悬挂装置、随行电缆

主控项目

5.9.1 如果有绳头组合，必须符合本规范第4.9.1条的规定。

5.9.2 如果有钢丝绳，严禁有死弯。

检查方法：观察钢丝绳，必须顺直，严禁死弯。

5.9.3 当轿厢悬挂在两根钢丝绳或链条上，其中一根钢丝绳或链条发生异常相对伸长时，为此装设的电气安全开关必须动作可靠。对具有两个或多个液压顶升机构的液压电梯，每一组悬挂钢丝绳均应符合上述要求。

检查方法：开关动作检查。

5.9.4 随行电缆严禁有打结和波浪扭曲现象。

检查方法：观察检查。

一般项目

5.9.5 如果有钢丝绳或链条，每根张力与平均值偏差不应大于5%。

检查方法：如果有钢丝绳和链条，平均值偏差的检查方法参见第一节电力电梯悬挂装置一般项目第一项的要求。

5.9.6 随行电缆的安装还应符合下列规定：

1 随行电缆端部应固定可靠。

2 随行电缆在运行中应避免与井道内其他部件干涉。当轿厢完全压在缓冲器上时，随行电缆不得与底坑地面接触。

检查方法：观察检查电缆运行的情况。

5.10 电气装置

5.10.1 电气装置安装应符合本规范第4.10节的规定。

5.11 整机安装验收

主控项目

5.11.1 液压电梯安全保护验收必须符合下列规定：

1 必须检查以下安全装置或功能：

1）断相、错相保护装置或功能

当控制柜三相电源中任何一相断开或任何二相错接时，断相、错相保护装置或功能应使电梯不发生危险故障。

注：当错相不影响电梯正常运行时可没有错相保护装置或功能。

2）短路、过载保护装置

动力电路、控制电路、安全电路必须有与负载匹配的短路保护装置；动力电路必须有过载保护装置。

3）防止轿厢坠落、超速下降的装置

液压电梯必须装有防止轿厢坠落、超速下降的装置，且各装置必须与其型式试验证书相符。

4）门锁装置

门锁装置必须与其型式试验证书相符。

5）上极限开关

上极限开关必须是安全触点，在端站位置进行动作试验时必须动作正常。它必须在柱塞接触到其缓冲制停装置之前动作，且柱塞处于缓冲制停区时保持动作状态。

6）机房、滑轮间（如果有）、轿顶、底坑停止装置

位于轿顶、机房、滑轮间（如果有）、底坑的停止装置的动作必须正常。

7）液压油温升保护装置

当液压油达到产品设计温度时，温升保护装置必须动作，使液压电梯停止运行。

8）移动轿厢的装置

在停电或电气系统发生故障时，移动轿厢的装置必须能移动轿厢上行或下行，且下行时还必须装设防止顶升机构与轿厢运动相脱离的装置。

2 下列安全开关，必须动作可靠：

1）限速器（如果有）张紧开关；

2）液压缓冲器（如果有）复位开关；

3）轿厢安全窗（如果有）开关；

4）安全门、底坑门、检修活板门（如果有）的开关；

5）悬挂钢丝绳（链条）为两根时，防松动安全开关。

5.11.2 限速器（安全绳）安全钳联动试验必须符合下列规定：

1 限速器（安全绳）与安全钳电气开关在联动试验中必须动作可靠，且应使电梯停止运行。

2 联动试验时轿厢载荷及速度应符合下列规定：

1）当液压电梯额定载重量与轿厢最大有效面积符合表5.11.2（本书表11.5.1）的规定时，轿厢应载有均匀分布的额定载重量；当液压电梯额定载重量小于表5.11.2（本书表11.5.1）规定的轿厢最大有效面积对应的额定载重量时，轿厢应载有均匀分布的125%的液压电梯额定载重量，但该载荷不应超过表5.11.2（本书表11.5.1）规定的轿厢最大有效面积对应的额定载重量。

2）对瞬时式安全钳，轿厢应以额定速度下行；对渐进式安全钳，轿厢应以检修速度下行。

3 当装有限速器安全钳时，使下行阀保持开启状态（直到钢丝绳松弛为止）的同时，人为使限速器机械动作，安全钳应可靠动作，轿厢必须可靠制动，且轿底倾斜度不应大于5%。

4 当装有安全绳安全钳时，使下行阀保持开启状态（直到钢丝绳松弛为止）的同时，人为使安全绳机械动作，安全钳应可靠动作，轿厢必须可靠制动，且轿底倾斜度不应大于5%。

额定载重量与轿厢最大有效面积之间的关系 表11.5.1

额定载重量（kg）	轿厢最大有效面积（m^2）	额定载重量（kg）	轿厢最大有效面积（m^2）	额定载重量（kg）	轿厢最大有效面积（m^2）	额定载重量（kg）	轿厢最大有效面积（m^2）
100①	0.37	525	1.45	900	2.20	1275	2.95
180②	0.58	600	1.60	975	2.35	1350	3.10
225	0.70	630	1.66	1000	2.40	1425	3.25
300	0.90	675	1.75	1050	2.50	1500	3.40
375	1.10	750	1.90	1125	2.65	1600	3.56
400	1.17	800	2.00	1200	2.80	2000	4.20
450	1.30	825	2.05	1250	2.90	2500③	5.00

① 一人电梯的最小值。
② 二人电梯的最小值。
③ 额定载重量超过2500kg时，每增加100kg面积增加0.16m^2，对中间的载重量其面积由线性插入法确定。

5.11.3 层门与轿门的试验应符合下列规定：

层门与轿门的试验必须符合本规范第4.11.3条的规定。

检查方法：逐项运行检查。

5.11.4 超载试验必须符合下列规定：

当轿厢载有120%额定载荷时液压电梯严禁启动。

一般项目

5.11.5 液压电梯安装后应进行运行试验；轿厢在额定载重量工况下，按产品设计规定的每小时启动次数运行1000次（每天不少于8h），液压电梯应平稳、制动可靠、连续运行无故障。

检查方法：电梯每完成一个启动、正常运行、停止过程计数一次。逐项对照检查。

5.11.6 噪声检验应符合下列规定：

1 液压电梯的机房噪声不应大于85dB（A）；

2 乘客液压电梯和病床液压电梯运行中轿内噪声不应大于55dB（A）；

3 乘客液压电梯和病床液压电梯的开关门过程噪声不应大于65dB（A）。

（1）机房噪声

声级计的传声器在水平面上距驱动主机中心1.0m，且距地面1.5m位置，取前、后、左、右同圆4点，在驱动主机上取1点，共计5点。分别测量上述5点的噪声值并记录，然后取平均值。

（2）运行中轿内噪声

声级计的传声器在轿厢内深度与宽度的中央，且距轿厢底面1.5m，分别测量轿厢上行和下行两个方向直驶时的噪声并同时记录，取最大值。如果轿厢装有风扇，测量时应将风扇关闭。

（3）开关门噪声的测量

声级计的传声器分别置于层门和轿门宽度的中央，且距门 0.24m，距地面 1.5m，在候梯厅和轿内分别测量开、关门过程的噪声并同时记录，取最大值。

5.11.7　平层准确度检验应符合下列规定：

液压电梯平层准确度应在±15mm 范围内。

（1）调整制动器弹簧压力精度，使其制动器闸瓦间隙四周均匀，且不小于 0.7mm。

（2）调小制动弹簧的压力，使其闸瓦的间隙四周均匀，保持间隙为 0.5mm 左右，控制在 0.7mm 之内。

（3）配重系统的配重块测重量校核平衡系数为 40%～50%。准确度、精度值必须符合设计规定的量化值。

（4）调整低速启动延时继电器，减少低速绕组电抗器抽头匝数，使其延迟动作时间缩短。

5.11.8　运行速度检验应符合下列规定：

空载轿厢上行速度与上行额定速度的差值不应大于上行额定速度的 8%；载有额定载重量的轿厢下行速度与下行额定速度的差值不应大于下行额定速度的 8%。

5.11.9　额定载重量沉降量试验应符合下列规定：

载有额定载重量的轿厢停靠在最高层站时，停梯 10min，沉降量不应大于 10mm，但因油温变化而引起的油体积缩小所造成的沉降不包括在 10mm 内。

5.11.10　液压泵站溢流阀压力检查应符合下列规定：

液压泵站上的溢流阀应设定在系统压力为满载压力的 140%～170%时动作。

5.11.11　超压静载试验应符合下列规定：

轿厢停靠在最高层站，在液压顶升机构和截止阀之间施加 200%的满载压力，持续 5min 后，液压系统应完好无损。

5.11.12　观感检查应符合本规范第 4.11.10 条的规定。

第六节　自动扶梯、自动人行道安装工程质量验收

6.1　设备进场验收

设备进场验收记录表按规范附录 B（本书表 11.6.1）进行填写。

设备进场验收记录表　　**表 11.6.1**

工程名称			
安装地点			
产品合同号/安装合同号		梯号	
电梯供应商		代表	
安装单位		项目负责人	
监理（建设）单位		监理工程师/项目负责人	
执行标准名称及编号			

续表

<table>
<tr><td colspan="2" rowspan="2">检验项目</td><td colspan="2">检验结果</td></tr>
<tr><td>合格</td><td>不合格</td></tr>
<tr><td rowspan="2">主控项目</td><td></td><td></td><td></td></tr>
<tr><td></td><td></td><td></td></tr>
<tr><td rowspan="2">一般项目</td><td></td><td></td><td></td></tr>
<tr><td></td><td></td><td></td></tr>
<tr><td colspan="4">验收结论</td></tr>
<tr><td rowspan="2">参加验收单位</td><td>电梯供应商</td><td>安装单位</td><td>监理（建设）单位</td></tr>
<tr><td>代表：
年　月　日</td><td>项目负责人：
年　月　日</td><td>监理工程师：
（项目负责人）
年　月　日</td></tr>
</table>

主控项目

6.1.1 必须提供以下资料：

1 技术资料

1）梯级或踏板的型式试验报告复印件，或胶带的断裂强度证明文件复印件；

2）对公共交通型自动扶梯、自动人行道应有扶手带的断裂强度证书复印件。

2 随机文件

1）土建布置图；

2）产品出厂合格证。

梯级、踏板或胶带是直接运输乘客和承受乘客质量的部件，如果在自动扶梯、自动人行道运行过程中发生损坏（如断裂或塌陷），则会造成人身伤害事故，因此规范要求应提供它们的型式试验报告或断裂强度证明文件的复印件。这些技术文件应与所安装的产品相符，也就是对于自动扶梯，应提供所用梯级的型式试验报告复印件；对于采用踏板的自动人行道，应提供所用踏板的型式检验报告复印件；对于采用胶带的自动人行道，应提供所用胶带的断裂强度证明文件复印件。

公共交通型自动扶梯和自动人行道应满足以下条件：

（1）属于一个公共交通系统的组成部分，包括入口或出口；

（2）每周约正常运行 140h，且在任何 3h 的时间间隔内，达到 100%制动荷载，持续运行的时间不少于 0.5h。

公共交通型自动扶梯、自动人行道比普通型（非公共交通型）的使用位置重要、工作强度大，若发生扶手带断裂，造成的危害也比较大，因此要求公共交通型自动扶梯、自动人行道应提供扶手带破断荷载至少为 25kN 的断裂强度证明书复印件。根据《自动扶梯和自动人行道的制造与安装安全规范》(GB 16899—2011)，如果没有提供此款要求的技术文件，则应装设在扶手带断裂时能使公共交通型自动扶梯、自动人行道停止运行的装置（扶手带断裂检测装置）。

一般项目

6.1.2 随机文件还应提供以下资料：

1　装箱单；

2　安装、使用维护说明书；

3　动力电路和安全电路的电气原理图。

6.1.3　设备零部件应与装箱单内容相符。

6.1.4　设备外观不应存在明显的损坏。

6.2　土建交接检验

土建交接验收记录可按规范附录A土建交接验收记录表（本书表11.6.2）填写。土建交接验收由土建施工单位、安装单位、建设（监理）单位共同对土建工程的交接验收，是保证电梯安装工程顺利进行和确保电梯安装工程质量的重要保证。

土建交接检验记录表　　**表11.6.2**

<table>
<tr><td colspan="2">工程名称</td><td colspan="4"></td></tr>
<tr><td colspan="2">安装地点</td><td colspan="4"></td></tr>
<tr><td colspan="2">产品合同号/安装合同号</td><td></td><td>梯号</td><td colspan="2"></td></tr>
<tr><td colspan="2">施工单位</td><td></td><td>项目负责人</td><td colspan="2"></td></tr>
<tr><td colspan="2">安装单位</td><td></td><td>项目负责人</td><td colspan="2"></td></tr>
<tr><td colspan="2">监理（建设）单位</td><td></td><td>监理工程师/
项目负责人</td><td colspan="2"></td></tr>
<tr><td colspan="2">执行标准名称及编号</td><td colspan="4"></td></tr>
<tr><td colspan="3" rowspan="2">检验项目</td><td colspan="3">检验结果</td></tr>
<tr><td>合格</td><td colspan="2">不合格</td></tr>
<tr><td rowspan="2">主控
项目</td><td colspan="2"></td><td></td><td colspan="2"></td></tr>
<tr><td colspan="2"></td><td></td><td colspan="2"></td></tr>
<tr><td rowspan="2">一般
项目</td><td colspan="2"></td><td></td><td colspan="2"></td></tr>
<tr><td colspan="2"></td><td></td><td colspan="2"></td></tr>
<tr><td colspan="6">验收结论</td></tr>
<tr><td rowspan="2">参
加
验
收
单
位</td><td colspan="2">施工单位</td><td colspan="2">安装单位</td><td>监理（建设）单位</td></tr>
<tr><td colspan="2">项目负责人：
年　月　日</td><td colspan="2">项目负责人：
年　月　日</td><td>监理工程师：
（项目负责人）
年　月　日</td></tr>
</table>

主控项目

6.2.1　自动扶梯的梯级或自动人行道的踏板或胶带上空，垂直净高度严禁小于2.3m。

检查方法：对照电梯土建布置图进行检查，主要检查扶梯或自动人行道必须有足够的净空高度，满足设备的安装。

6.2.2　在安装之前，井道周围必须设有保证安全的栏杆或屏障，其高度严禁小于1.2m。

此条为强制性条文。

1）安全栏杆或屏障应从楼层地面起不大于0.15m的高度向上延伸至不小于1.2m，应采用可拆除结构，但应与建筑物连接，目的是防止其他人员将其移走或翻到。

2）电梯安装工程施工人员在没有安装该楼层层门前，不得拆除该层安全栏杆或屏障。安全栏杆或屏障应采用黄色或设有提醒人们注意的警示性标语。

3）安全栏杆或屏障的杆件材料规格及连接、结构宜符合《建筑施工高处作业安全技术规范》（JGJ 80—1991）第三章的相应规定。

一般项目

6.2.3 土建工程应按照土建布置图进行施工，且其主要尺寸允许误差应为：

提升高度－15～＋15mm；跨度 0～＋15mm。

检查方法：尺量检查。保证预留的提升高度和跨度在要求的范围内。

6.2.4 根据产品供应商的要求应提供设备进场所需的通道和搬运空间。

6.2.5 在安装之前，土建施工单位应提供明显的水平基准线标识。

检查方法：由土建施工方提供，在建设（监理）单位确认下，办理有关交接验收手续后，由电梯安装单位接受。

6.2.6 电源零线和接地线应始终分开。接地装置的接地电阻值不应大于 4Ω。

检查方法：在进行交接试验时，由电源和接地装置的施工责任方交电梯安装施工单位。

6.3 整机安装验收

主控项目

6.3.1 在下列情况下，自动扶梯、自动人行道必须自动停止运行，且第 4 款至第 11 款情况下的开关断开的动作必须通过安全触点或安全电路来完成：

1 无控制电压；

2 电路接地的故障；

3 过载；

4 控制装置在超速和运行方向非操纵逆转下动作；

5 附加制动器（如果有）动作；

6 直接驱动梯级、踏板或胶带的部件（如链条或齿条）断裂或过分伸长；

7 驱动装置与转向装置之间的距离（无意性）缩短；

8 梯级、踏板或胶带进入梳齿板处有异物夹住，且产生损坏梯级、踏板或胶带支撑结构；

9 无中间出口的连续安装的多台自动扶梯、自动人行道中的一台停止运行；

10 扶手带入口保护装置动作；

11 梯级或踏板下陷。

6.3.2 应测量不同回路导线对地的绝缘电阻。测量时，电子元件应断开。导体之间和导体对地之间的绝缘电阻应大于 1000Ω/V，且其值必须大于：

1 动力电路和电气安全装置电路 0.5MΩ；

2 其他电路（控制、照明、信号等）0.25MΩ。

6.3.3 电气设备接地必须符合本规范第 4.10.1 条的规定。

一般项目

6.3.4 整机安装检查应符合下列规定：

1 梯级、踏板、胶带的楞齿及梳齿板应完整、光滑。

2 在自动扶梯、自动人行道入口处应设置使用须知的标牌。

3 内盖板、外盖板、围裙板、扶手支架、扶手导轨、护壁板接缝应平整。接缝处的凸台不应大于0.5mm。

4 梳齿板梳齿与踏板面齿槽的啮合深度不应小于 6mm。

5 梳齿板梳齿与踏板面齿槽的间隙不应小于4mm。

6 围裙板与梯级、踏板或胶带任何一侧的水平间隙不应大于4mm，两边的间隙之和不应大于7mm。当自动人行道的围裙板设置在踏板或胶带之上时，踏板表面与围裙板下端之间的垂直间隙不应大于4mm。当踏板或胶带有横向摆动时，踏板或胶带的侧边与围裙板垂直投影之间不得产生间隙。

7 梯级间或踏板间的间隙在工作区段内的任何位置，从踏面测得的两个相邻梯级或两个相邻踏板之间的间隙不应大于6mm。在自动人行道过渡曲线区段，踏板的前缘和相邻踏板的后缘啮合，其间隙不应大于8mm。

8 护壁板之间的空隙不应大于4mm。

检查方法：逐项检查。

6.3.5 性能试验应符合下列规定：

1 在额定频率和额定电压下，梯级、踏板或胶带沿运行方向空载时的速度与额定速度之间的允许偏差为±5%。

在直线运行段，用秒表、卷尺测量空载运行时的时间和距离，并计算运行速度，检查是否符合要求。也可用转速表测量梯级踏板或胶带的速度，然后计算。

2 扶手带的运行速度相对梯级、踏板或胶带的速度允许偏差为0～+2%。

检查方法：逐项检查。

在直线运行段取长度L，在运行起点用线坠确定左、右扶手带与梯级踏板或胶带的对应测量点。运行长度L后，再用线坠和直尺测量左、右扶手与梯级、踏板或胶带对应测量点在倾斜面上的直线错位距离1，计算并检查$1/L\times100\%$是否符合要求（扶手带应超前）。也可用转速表分别测量左右扶手带和梯级速度，然后计算。

6.3.6 自动扶梯、自动人行道制动试验应符合下列规定：

1 自动扶梯、自动人行道应进行空载制动试验，制停距离应符合表6.3.6-1（本书表11.6.3）的规定。

制停距离 **表11.6.3**

额定速度（m/s）	制停距离范围（m）	
	自动扶梯	自动人行道
0.5	0.20～1.00	0.20～1.00
0.65	0.30～1.30	0.30～1.30
0.75	0.35～1.50	0.35～1.50
0.90	—	0.40～1.70

注：若速度在上述数值之间，制停距离用插入法计算。制停距离应从电气制动装置动作开始测量。

2 自动扶梯应进行载有制动载荷的制停距离试验（除非制停距离可以通过其他方法检验），制动载荷应符合表6.3.6-2（本书表11.6.4）的规定，制停距离应符合表6.3.6-1（本书表11.6.3）的规定；对自动人行道，制造商应提供按载有表6.3.6-2（本书表11.6.4）规定的制动载荷计算的制停距离，且制停距离应符合表6.3.6-1（本书表11.6.3）的规定。

制动载荷　　表 11.6.4

梯级、踏板或胶带的名义宽度（m）	自动扶梯每个梯级上的载荷（kg）	自动人行道每 0.4m 长度上的载荷（kg）
$z \leqslant 0.6$	60	50
$0.6 < z \leqslant 0.8$	90	75
$0.8 < z \leqslant 1.1$	120	100

注：1　自动扶梯受载的梯级数量由提升高度除以最大可见梯级踢板高度求得，在试验时允许将总制动载荷分布在所求得的 2/3 的梯级上。

2　当自动人行道倾斜角不大于 6°，踏板或胶带的名义宽度大于 1.1m 时，宽度每增加 0.3m，制动载荷应在每 0.4m 长度上增加 25kg；

3　当自动人行道在长度范围内有多个不同倾斜角度（高度不同）时，制动载荷应仅考虑到那些组合成最不利载荷的水平区段和倾斜区段。

检查方法：逐项检查。对于倾斜角度大于 6°的自动人行道，踏板或胶带的名义宽度不应大于1.1m。

6.3.7　电气装置还应符合下列规定：

1　主电源开关不应切断电源插座、检修和维护所必需的照明电源。

2　配线应符合本规范第 4.10.4、4.10.5、4.10.6 条的规定。

检查方法：逐项检查。

6.3.8　观感检查应符合下列规定：

1　上行和下行自动扶梯、自动人行道，梯级、踏板或胶带与围裙板之间应无刮碰现象（梯级、踏板或胶带上的导向部分与围裙板接触除外），扶手带外表面应无刮痕。

2　对梯级（踏板或胶带）、梳齿板、扶手带、护壁板、围裙板、内外盖板、前沿板及活动盖板等部位的外表面应进行清理。

检查方法：逐项检查。

第七节　分部（子分部）工程质量验收

7.0.1　分项工程质量验收合格应符合下列规定：

1　各分项工程中的主控项目应进行全验，一般项目应进行抽验，且均应符合合格质量规定。可按附录 C 表 C 记录。

2　应具有完整的施工操作依据、质量检查记录。

7.0.2　分部（子分部）工程质量验收合格应符合下列规定：

1　子分部工程所含分项工程的质量均应验收合格且验收记录应完整。子分部可按附录 D 表 D 记录。

2　分部工程所含子分部工程的质量均应验收合格。分部工程质量验收可按附录 E 表 E 记录汇总。

3　质量控制资料应完整。

质量控制资料主要包括下列内容：

(1) 土建布置图纸会审、设计变更、洽商记录；

(2) 设备出厂合格证书及开箱检验记录；

(3) 隐蔽工程验收记录；

(4) 施工记录；

(5) 接地、绝缘电阻测试记录；

(6) 负荷试验、安全装置检查记录；

(7) 分项、分部工程质量验收记录。

4 观感质量应符合本规范要求。

具体要求如下：

(1) 轿门带动层门开、关运行，门扇与门扇、门扇与门套、门扇与门楣、门扇与门口处轿壁、门扇下端与地坎应无刮碰现象；

(2) 门扇与门扇、门扇与门套、门扇与门楣、门扇与门口处轿壁、门扇下端与地坎之间各自的间隙在整个长度上应基本一致；

(3) 对机房（如果有）、导轨支架、底坑、轿顶、轿内、轿门、层门及门地坎等部位应进行清理。

7.0.3 当电梯安装工程质量不合格时，应按下列规定处理：

1 经返工重做、调整或更换部件的分项工程，应重新验收；

2 通过以上措施仍不能达到本规范要求的电梯安装工程，不得验收合格。

表C、表D、表E分别为分项工程、子分部工程、分部工程质量验收记录，根据江苏省地方标准《房屋建筑和市政基础设施工程档案资料管理规范》（DGJ 32/TJ 143—2012）的要求，江苏省已建立了“江苏省档案资料管理系统”（网址：http://www.jsgcda.com），该系统中已有相应表格。本书略去相应表格。

第十二章　智能建筑工程

本章根据《智能建筑工程质量验收规范》（GB 50339—2013）及相关标准编写。

《智能建筑工程质量验收规范》（GB 50339—2013）是在 GB 50339—2003 的基础上进行修编的，于 2014 年 2 月 1 日实施。主要内容是：智能化集成系统、信息接入系统、用户电话交换系统、信息网络系统、综合布线系统、移动通信室内信号覆盖系统、卫星通信系统、有线电视及卫星电视接收系统、公共广播系统、会议系统、信息导引及发布系统、时钟系统、信息化应用系统、建筑设备监控系统、火灾自动报警系统、安全技术防范系统、应急响应系统、机房工程、防雷与接地。

第一节　基本规定

1.0.1　为加强智能建筑工程质量管理，规范智能建筑工程质量验收，规定智能建筑工程质量检测和验收的组织程序和合格评定标准，保证智能建筑工程质量，制定本规范。

明确规范制定的目的。本规范中智能建筑工程是指建筑智能化系统工程。

智能建筑工程是建筑工程中不可缺少的组成部分，需要一套规范来指导我国智能建筑工程建设的质量验收。本规范修订中坚持了“验评分离、强化验收、完善手段、过程控制”的指导思想，规定了智能建筑工程质量的验收方法、程序和质量指标。

1.0.2　本规范适用于新建、扩建和改建工程中的智能建筑工程的质量验收。

1.0.3　智能建筑工程的质量验收除应符合本规范外，尚应符合国家现行有关标准的规定。

1. 规范根据《建筑工程施工质量验收统一标准》（GB 50300）规定的原则编制，执行本规范时还应与《智能建筑设计标准》（GB/T 50314）和《智能建筑工程施工规范》（GB 50606）配套使用；

2. 规范所引用的国家现行标准是指现行的工程建设国家标准和行业标准；

3. 合同和工程文件中要求采用国际标准时，应按要求采用适用的国际标准，但不应低于本规范的规定。

第二节　术语和符号

2.1　术　语

2.1.1　系统检测 system checking and measuring

建筑智能化系统安装、调试、自检完成并经过试运行后，采用特定的方法和仪器设备对系统功能和性能进行全面检查和测试并给出结论。

2.1.2　整改 rectification

对工程中的不合格项进行修改和调整，使其达到合格的要求。

2.1.3 试运行 trial running

建筑智能化系统安装、调试和自检完成后，系统按规定时间进行连续运行的过程。

2.1.4 项目监理机构 project supervision

监理单位派驻工程项目负责履行委托监理合同的组织机构。

2.1.5 验收小组 acceptance group

工程验收时，建设单位组织相关人员形成的、承担验收工作的临时机构。

2.2 符号

HFC——混合光纤同轴网

ICMP——因特网控制报文协议

IP——网络互联协议

PCM——脉冲编码调制

QoS——服务质量保证

VLAN——虚拟局域网

第三节 基本规定

3.1 一般规定

3.1.1 智能建筑工程质量验收应包括工程实施的质量控制、系统检测和工程验收。

为贯彻"验评分离、强化验收、完善手段、过程控制"的十六字方针，根据智能建筑的特点，将智能建筑工程质量验收过程划分为"工程实施的质量控制"、"系统检测"和"工程验收"三个阶段。

根据工程实践的经验，占绝大多数的不合格工程都是由于设备、材料不合格造成的，因此在工程中把好设备、材料的质量关是非常重要的。其主要办法就是在设备、器材进场时进行验收。而智能化系统涉及的产品种类繁多，因此对其质量检查单独进行规定。

3.1.2 智能建筑工程的子分部工程和分项工程划分应符合表3.1.2（本书表12.3.1）的规定。

智能建筑工程的子分部工程和分项工程划分　　表12.3.1

子分部工程	分项工程
智能化集成系统	设备安装，软件安装，接口及系统调试，试运行
信息接入系统	安装场地检查
用户电话交换系统	线缆敷设，设备安装，软件安装，接口及系统调试，试运行
信息网络系统	计算机网络设备安装，计算机网络软件安装，网络安全设备安装，网络安全软件安装，系统调试，试运行
综合布线系统	梯架、托盘、槽盒和导管安装，线缆敷设，机柜、机架、配线架的安装，信息插座安装，链路或信道测试，软件安装，系统调试，试运行
移动通信室内信号覆盖系统	安装场地检查
卫星通信系统	安装场地检查

续表

子分部工程	分项工程
有线电视及卫星电视接收系统	梯架、托盘、槽盒和导管安装，线缆敷设，设备安装，软件安装，系统调试，试运行
公共广播系统	梯架、托盘、槽盒和导管安装，线缆敷设，设备安装，软件安装，系统调试，试运行
会议系统	梯架、托盘、槽盒和导管安装，线缆敷设，设备安装，软件安装，系统调试，试运行
信息导引及发布系统	梯架、托盘、槽盒和导管安装，线缆敷设，显示设备安装，机房设备安装，软件安装，系统调试，试运行
时钟系统	梯架、托盘、槽盒和导管安装，线缆敷设，设备安装，软件安装，系统调试，试运行
信息化应用系统	梯架、托盘、槽盒和导管安装，线缆敷设，设备安装，软件安装，系统调试，试运行
建筑设备监控系统	梯架、托盘、槽盒和导管安装，线缆敷设，传感器安装，执行器安装，控制器、箱安装，中央管理工作站和操作分站设备安装，软件安装，系统调试，试运行
火灾自动报警系统	梯架、托盘、槽盒和导管安装，线缆敷设，探测器类设备安装，控制器类设备安装，其他设备安装，软件安装，系统调试，试运行
安全技术防范系统	梯架、托盘、槽盒和导管安装，线缆敷设，设备安装，软件安装，系统调试，试运行
应急响应系统	设备安装，软件安装，系统调试，试运行
机房工程	供配电系统，防雷与接地系统，空气调节系统，给水排水系统，综合布线系统，监控与安全防范系统，消防系统，室内装饰装修，电磁屏蔽，系统调试，试运行
防雷与接地	接地装置，接地线，等电位联结，屏蔽设施，电涌保护器，线缆敷设，系统调试，试运行

对于单位建筑工程，智能建筑工程为其中的一个分部工程。根据智能建筑工程的特点，本规范按照专业系统及类别划分为若干子分部工程，再按照主要工种、材料、施工工艺和设备类别等划分为若干分项工程。

不同功能的建筑还可能配置其他相关的专业系统，如医院的呼叫对讲系统、体育场馆的升旗系统、售验票系统等等，可根据工程项目内容补充作为子分部工程进行验收。

《建筑工程施工质量验收统一标准》(GB 50300—2013) 对智能建筑工程的分项也进行了划分，但与《智能建筑工程质量验收规范》(GB 50339—2013) 分项工程的划分并不一致，由于《智能建筑工程质量验收规范》(GB 50339—2013) 是专业验收规范，对其划分的分项工程规定了具体的验收内容，应执行，当专业验收规范没有规定具体内容而验收确实需要时，按《建筑工程施工质量验收统一标准》(GB 50300—2013) 第 3.0.5 条规定"当专业验收规范对工程中的验收项目未做出相应规定时，应由建设单位组织监理、设计、施工等相关单位制定专项验收要求。涉及安全、节能、环境保护等项目的专项验收要求应由建设单位组织专家论证。"

3.1.3 系统试运行应连续进行 120h。试运行中出现系统故障时，应重新开始计时，直至连续运行满 120h。

工程施工完成后，通电进行试运行是对系统运行稳定性观察的重要阶段，也是对设备选用、系统设计和实际施工质量的直接检验。

各系统应在调试自检完成后进行一段时间连续不中断的试运行，当有联动功能时需要联动试运行。试运行中如出现系统故障，应在排除故障后，重新开始试运行直至满 120h。

3.2 工程实施的质量控制

3.2.1 工程实施的质量控制应检查下列内容：

1 施工现场质量管理检查记录；

2 图纸会审记录；存在设计变更和工程洽商时，还应检查设计变更记录和工程洽商记录；

3 设备材料进场检验记录和设备开箱检验记录；

4 隐蔽工程（随工检查）验收记录；

5 安装质量及观感质量验收记录；

6 自检记录；

7 分项工程质量验收记录；

8 试运行记录。

关于工程实施的质量控制检查内容的规定。

施工过程的质量控制应符合现行国家标准《建筑工程施工质量验收统一标准》（GB 50300）和《智能建筑工程施工规范》（GB 50606）的规定。验收时应检查施工过程中形成的记录。

3.2.2 施工现场质量管理检查记录应由施工单位填写、项目监理机构总监理工程师（或建设单位项目负责人）作出检查结论，且记录的格式应符合本规范附录 A（本书表 12.3.2）的规定。

施工现场质量管理检查记录 **表 12.3.2**

<table>
<tr><td colspan="3"></td><td colspan="2">资料编号</td><td></td></tr>
<tr><td>工程名称</td><td colspan="2"></td><td colspan="2">施工许可证（开工证）</td><td></td></tr>
<tr><td>建设单位</td><td colspan="2"></td><td colspan="2">项目负责人</td><td></td></tr>
<tr><td>设计单位</td><td colspan="2"></td><td colspan="2">项目负责人</td><td></td></tr>
<tr><td>监理单位</td><td colspan="2"></td><td colspan="2">总监理工程师</td><td></td></tr>
<tr><td>施工单位</td><td></td><td>项目经理</td><td></td><td>项目技术负责人</td><td></td></tr>
<tr><td>序 号</td><td colspan="2">项 目</td><td colspan="3">内 容</td></tr>
<tr><td>1</td><td colspan="2">现场质量管理制度</td><td colspan="3"></td></tr>
<tr><td>2</td><td colspan="2">质量责任制</td><td colspan="3"></td></tr>
<tr><td>3</td><td colspan="2">施工安全技术措施</td><td colspan="3"></td></tr>
<tr><td>4</td><td colspan="2">主要专业工种操作上岗证书</td><td colspan="3"></td></tr>
<tr><td>5</td><td colspan="2">施工单位资质与管理制度</td><td colspan="3"></td></tr>
<tr><td>6</td><td colspan="2">施工图审查情况</td><td colspan="3"></td></tr>
<tr><td>7</td><td colspan="2">施工组织设计、施工方案及审批</td><td colspan="3"></td></tr>
<tr><td>8</td><td colspan="2">施工技术标准</td><td colspan="3"></td></tr>
<tr><td>9</td><td colspan="2">工程质量检验制度</td><td colspan="3"></td></tr>
</table>

续表

序号	项目	内容
10	现场设备、材料存放与管理	
11	检测设备、计量仪表检验	
检查结论： 总监理工程师 （建设单位项目负责人）　　　　年　月　日		

施工现场质量管理检查方法及要求参考《建筑工程施工质量验收统一标准》（GB 50300—2013）第3.0.1条或本书第二章。

3.2.3　图纸会审记录、设计变更记录和工程洽商记录应符合现行国家标准《智能建筑工程施工规范》（GB 50606）的规定。

3.2.4　设备材料进场检验记录和设备开箱检验记录应符合下列规定：

1　设备材料进场检验记录应由施工单位填写、监理（建设）单位的监理工程师（项目专业工程师）作出检查结论，且记录的格式应符合本规范附录B的表B.0.1的规定；

2　设备开箱检验记录应符合现行国家标准《智能建筑工程施工规范》（GB 50606）的规定。

附录B工程实施的质量控制记录中的“智能建筑的设备材料进场检验记录”应按表B.0.1（本书表12.3.3）执行。

设备材料进场检验记录　　　　**表12.3.3**

工程名称					资料编号		
					检验日期		
序号	名称	规格型号	进场数量	生产厂家 合格证号	检验项目	检验结果	备注
检验结论：							
签字栏	施工单位			专业质检员	专业工长		检验员
	监理（建设）单位				专业工程师		

3.2.5 隐蔽工程（随工检查）验收记录应由施工单位填写、监理（建设）单位的监理工程师（项目专业工程师）作出检查结论，且记录的格式应符合本规范附录B的表B.0.2的规定。

智能建筑的隐蔽工程（随工检查）验收记录应按表B.0.2（本书表12.3.4）执行。

隐蔽工程（随工检查）验收记录　　表12.3.4

<table>
<tr><td colspan="5"></td><td colspan="2">资料编号</td><td colspan="2"></td></tr>
<tr><td colspan="2">工程名称</td><td colspan="7"></td></tr>
<tr><td colspan="2">隐检项目</td><td colspan="3"></td><td colspan="2">检验日期</td><td colspan="2"></td></tr>
<tr><td colspan="2">隐检部位</td><td colspan="7">层　　轴线　　标高</td></tr>
<tr><td colspan="9">隐检依据：施工图图号____________，设计变更/洽商（编号____________）及有关国家现行标准等。
主要材料名称及规格/型号：________________________________
________________________________</td></tr>
<tr><td colspan="9">隐检内容：

申报人：</td></tr>
<tr><td colspan="9">检查意见：
检查结论：□同意隐检　　□不同意，修改后进行复查</td></tr>
<tr><td colspan="9">复查结论：
复查人：　　复查日期：</td></tr>
<tr><td rowspan="3">签字栏</td><td colspan="2" rowspan="2">施工单位</td><td rowspan="2"></td><td colspan="2">专业技术负责人</td><td colspan="2">专业质检员</td><td>专业工长</td></tr>
<tr><td colspan="2"></td><td colspan="2"></td><td></td></tr>
<tr><td colspan="2">监理（建设）单位</td><td colspan="3"></td><td colspan="2">专业工程师</td><td></td></tr>
</table>

3.2.6 安装质量及观感质量验收记录应由施工单位填写、监理（建设）单位的监理工程师（项目专业工程师）作出检查结论，且记录的格式应符合本规范附录B的表B.0.3的规定。

智能建筑的安装质量及观感质量验收记录应按表B.0.3（本书表12.3.5）执行。

安装质量及观感质量验收记录 表 12.3.5

									资料编号						
工程名称															
系统名称									检查日期						
检查项目 检查部位	1	2	3	4	5	1	2	3	4	5	1	2	3	4	5
检查结论：															

签字栏	单位		专业技术负责人	专业质检员	专业工长
签字栏	施工单位				
	监理（建设）单位			专业工程师	

3.2.7 自检记录由施工单位填写、施工单位的专业技术负责人作出检查结论，且记录的格式应符合本规范附录 B 的表 B.0.4 的规定。

智能建筑的自检记录应按表 B.0.4（本书表 12.3.6）执行。

自检记录 表 12.3.6

工程名称		编号		
系统名称		检测部位		
施工单位		项目经理		
执行标准名称及编号				
主控项目	自检内容	自检结果		备注
		合格	不合格	
一般项目				
强制性条文				
施工单位的自检结论 专业技术负责人 年 月 日				

注：1 自检结果栏中，左列打“√”为合格，右列打“√”为不合格；
2 备注栏内填写自检时出现的问题。

3.2.8 分项工程质量验收记录应由施工单位填写、施工单位的专业技术负责人作出检查结论、监理（建设）单位的监理工程师（项目专业技术负责人）作出验收结论，且记录的格式应符合本规范附录 B 的表 B.0.5 的规定。

智能建筑的分项工程质量验收记录应按表 B.0.5（本书表 12.3.7）执行

___________分项工程质量验收记录表　　　　表 12.3.7

工程名称		结构类型	
分部（子分部）工程名称		检验批数	
施工单位		项目经理	
序　号	检验批名称、部位、区段	施工单位检查评定结果	监理（建设）单位验收结论
1			
2			
3			
说明			
检查结论	施工单位专业技术负责人： 年　月　日	验收结论	监理工程师： （建设单位项目专业技术负责人） 年　月　日

3.2.9　试运行记录应由施工单位填写、监理（建设）单位的监理工程师（项目专业工程师）作出检查结论，且记录的格式应符合本规范附录 B 的表 B.0.6 的规定。

智能建筑的试运行记录应按表 B.0.6（本书表 12.3.8）执行。

试运行记录　　　　表 12.3.8

			资料编号	
工程名称				
系统名称			试运行部位	
序号	日期/时间	系统试运转记录	值班人	备注
				系统试运转记录栏中，注明正常/不正常，并每班至少填写一次；不正常的要说明情况（包括修复日期）
结论：				
签字栏	施工单位	专业技术负责人	专业质检员	施工员
	监理（建设）单位		专业工程师	

3.2.10　软件产品的质量控制除应检查本规范第 3.2.4 条规定的内容外，尚应检查文档资料和技术指标，并应符合下列规定：

1　商业软件的使用许可证和使用范围应符合合同要求；

2　针对工程项目编制的应用软件，测试报告中的功能和性能测试结果应符合工程项目的合同要求。

软件产品分为商业软件和针对项目编制的应用软件两类。商业软件包括：操作系统软件、数据库软件、应用系统软件、信息安全软件和网管软件等；商业化的软件应提供完整的文档，包括：安装手册、使用和维护手册等。

针对项目编制的应用软件包括：用户应用软件、用户组态软件及接口软件等；针对项目编制的软件应提供完整的文档，包括：软件需求规格说明、安装手册、使用和维护手册及软件测试报告等。

3.2.11 接口的质量控制除应检查本规范第3.2.4条规定的内容外，尚应符合下列规定：

1 接口技术文件应符合合同要求；接口技术文件应包括接口概述、接口框图、接口位置、接口类型与数量、接口通信协议、数据流向和接口责任边界等内容；

2 根据工程项目实际情况修订的接口技术文件应经过建设单位、设计单位、接口提供单位和施工单位签字确认；

3 接口测试文件应符合设计要求；接口测试文件应包括测试链路搭建、测试用仪器仪表、测试方法、测试内容和测试结果评判等内容；

4 接口测试应符合接口测试文件要求，测试结果记录应由接口提供单位、施工单位、建设单位和项目监理机构签字确认。

接口通常由接口设备及与之配套的接口软件构成，实现系统之间的信息交互。接口是智能建筑工程中出现问题最多的环节，因此本条对接口的检测验收程序和要求作了专门规定。

由于接口涉及智能建筑工程施工单位和接口提供单位，且需要多方配合完成，建设单位（项目监理机构）在设计阶段应组织相关单位提交接口技术文件和接口测试文件，这两个文件均需各方确认，在接口测试阶段应检查接口双方签字确认的测试结果记录，以保证接口的制造质量。

3.3 系统检测

3.3.1 系统检测应在系统试运行合格后进行。

3.3.2 系统检测前应提交下列资料：

1 工程技术文件；

2 设备材料进场检验记录和设备开箱检验记录；

3 自检记录；

4 分项工程质量验收记录；

5 试运行记录。

3.3.3 系统检测的组织应符合下列规定：

1 建设单位应组织项目检测小组；

2 项目检测小组应指定检测负责人；

3 公共机构的项目检测小组应由有资质的检测单位组成。

系统检测应由建设单位组织专人进行。因为智能建筑与信息技术密切相关，应用新技术和新产品多，且技术发展迅速，进行智能建筑工程的系统检测应有合格的检测人员和相关的检测设备。

公共机构是指全部或部分使用财政性资金的国家机关、事业单位和团体组织；为保证工程质量，也由于智能建筑工程各系的专业性，系统检测应由建设单位委托具有相关资质的专业检测机构实施。

智能建筑工程专业检测机构的资质目前有几种：1. 通过智能建筑工程检测的计量（CMA）认证，取得《计量认证证书》；2. 省（市）以上政府建设行政主管部门颁发的《智能建筑工程检测资质证书》；3. 中国合格评定国家认可委员会（CNAS）实验室认可评审的《实验室认可证书》和《检查机构认可证书》，通过认可的检查机构既可以出具《智能建筑工程检测报告》，也可以出具《智能建筑工程检查/鉴定报告》。

3.3.4 系统检测应符合下列规定：

1 应依据工程技术文件和本规范规定的检测项目、检测数量及检测方法编制系统检测方案，检测方案应经建设单位或项目监理机构批准后实施；

2 应按系统检测方案所列检测项目进行检测，系统检测的主控项目和一般项目应符合本规范附录C的规定；

3 系统检测应按照先分项工程，再子分部工程，最后分部工程的顺序进行，并填写《分项工程检测记录》、《子分部工程检测记录》和《分部工程检测汇总记录》；

4 分项工程检测记录由检测小组填写，检测负责人作出检测结论，监理（建设）单位的监理工程师（项目专业技术负责人）签字确认，且记录的格式应符合本规范附录c的表C.0.1的规定；

5 子分部工程检测记录由检测小组填写，检测负责人作出检测结论，监理（建设）单位的监理工程师（项目专业技术负责人）签字确认，且记录的格式应符合本规范附录C的表C.0.2～表C.0.16的规定；

6 分部工程检测汇总记录由检测小组填写，检测负责人作出检测结论，监理（建设）单位的监理工程师（项目专业技术负责人）签字确认，且记录的格式应符合本规范附录C的表C.0.17的规定。

应根据工程技术文件以及本规范的相关规定来编制系统检测方案，项目如有特殊要求应在工程设计说明中包括系统功能及性能的要求。本条规定体现了动态跟进技术发展的思想，既能跟上技术的发展，又能做到检测要求合理和保证工程质量。

子分部中的分项工程含有其他分项工程的设备和材料时，应参照相关分项的规定进行。例如，其他系统中的光缆敷设应按照本规范第8章的规定进行检测，网络设备和应用软件应分别按照本规范第7章（本收第七节）和第16章（本书第十六节）的规定进行检测。

附录C规定了分项工程检测记录、系统子分部工程检测记录、智能建筑分部工程检测汇总记录、系统检测的主控项目和一般项目，并规定了记录的格式。

智能建筑的分项工程检测记录应按表C.0.1（本书表12.3.9）执行。

分项工程检测记录 **表12.3.9**

工程名称		编号	
子分部工程			
分项工程名称		验收部位	
施工单位		项目经理	
施工执行标准名称及编号			

续表

检测项目及抽检数	检测记录	备注
检测结论： 监理工程师签字 （建设单位项目专业技术负责人）　　　年　月　日		检测负责人签字 年　月　日

智能化集成系统子分部工程检测记录应按表C.0.2（本书表12.3.10）执行。

表C.0.2～表C.0.16为各个子分部工程的主控项目和一般项目的检测内容和规范条款及表头和表尾组成，其表格的格式均和表C.0.2（本书表12.3.10）一致，本书列出表C.0.2（表12.3.10），其他表格不一一列出，仅列出主控项目、一般项目和规范条款。

智能化集成系统子分部工程检测记录　　　表12.3.10

工程名称			编号		
子分部名称	智能化集成系统		检测部位		
施工单位			项目经理		
执行标准名称及编号					

	检测内容	规范条款	检测结果记录	结果评价		备注
				合格	不合格	
主控项目	接口功能	4.0.4				
	集中监视、储存和统计功能	4.0.5				
	报警监视及处理功能	4.0.6				
	控制和调节功能	4.0.7				
	联动配置及管理功能	4.0.8				
	权限管理功能	4.0.9				
	冗余功能	4.0.10				
一般项目	文件报表生成和打印功能	4.0.11				
	数据分析功能	4.0.12				
检测结论： 监理工程师签字 （建设单位项目专业技术负责人）　　　年　月　日				检测负责人签字 年　月　日		

注：1　结果评价栏中，左列打“√”为合格，右列打“√”为不合格；
　　2　备注栏内填写检测时出现的问题。

C.0.3　用户电话交换系统子分部工程检测

主控项目：6.0.5条业务测试、信令方式测试、系统互通测试、网络管理测试、计费功能测试。

C.0.4　信息网络系统子分部工程检测

主控项目：7.2.3条计算机网络系统连通性，7.2.4条计算机网络系统传输时延和丢包率，7.2.5条计算机网络系统路由，7.2.6条计算机网络系统组播功能，7.2.7条计算机网络系统QoS功能，7.2.8条计算机网络系统容错功能，7.2.9条计算机网络系统无线局域网的功能，7.3.2条网络安全系统安全保护技术措施，7.3.3条网络安全系统安全审计功能，7.3.4条网络安全系统有物理隔离要求的网络的物理隔离检测，7.3.5条网络安全系统无线接入认证的控制策略。

一般项目：7.2.10条计界机网络系统网络管理功能，7.3.6网络安全系统远程管理时，防窃听措施。

C.0.5　综合布线系统子分部工程检测

主控项目：8.0.5条对绞电缆链路或信道和光纤链路或信道的检测。

一般项目：8.0.6条标签和标识检测，综合布线管理软件功能，8.0.7条电子配线架管理软件。

C.0.6　有线电视及卫星电视接收系统子分部工程检测

主控项目：11.0.3条客观测试，11.0.4主观评价。

一般项目：11.0.5条HFC网络和双向数字电视系统下行测试，11.0.6条HFC网络和双向数字电视系统上行测试，11.0.7条有线数字电视主观评价。

C.0.7　公共广播系统子分部工程检测

主控项目：12.0.4条公共广播系统的应备声压级，12.0.5条主观评价，12.0.6紧急广播的功能和性能。

一般项目：12.0.7条业务广播和背景广播的功能，12.0.8条公共广播系统的声场不均匀度、漏出声衰减及系统设备信噪比，12.0.9条公共广播系统的扬声器分布。

强制性条文：12.0.2条当紧急广播系统具有火灾应急广播功能时，应检查传输线缆、槽盒和导管的防火保护措施。

C.0.8　会议系统子分部工程检测

主控项目：13.0.5条会议扩声系统声学特性指标，13.0.6条会议视频显示系统显示特性指标，13.0.7具有会议电视功能的会议灯光系统的平均照度值，13.0.8与火灾自动报警系统的联动功能。

一般项目：13.0.9条会议电视系统检测，13.0.10条其他系统检测。

C.0.9　信息导引及发布系统子分部工程检测

主控项目：14.0.3条系统功能，14.0.4条显示性能。

一般项目：14.0.5条自动恢复功能，14.0.6条系统终端设备的远程控制功能，14.0.7图像质量主观评价。

C.0.10　时钟系统子分部工程检测

主控项目：15.0.3条母钟与时标信号接收器同步、母钟对子钟同步校时的功能，15.0.4条平均瞬时日差指标，15.0.5条时钟显示的同步偏差，15.0.6条授时校准功能。

一般项目：15.0.7条母钟、子钟和时间服务器等运行状态的监测功能，15.0.8条自动恢复功能，15.0.9条系统的使用可靠性，15.0.10条有日历显示的时钟换历功能。

C.0.11　信息化应用系统子分部工程检测

主控项目：16.0.4条检查设备的性能指标，16.0.5条业务功能和业务流程，16.0.6条应用软件功能和性能测试，16.0.7应用软件修改后回归测试。

一般项目：16.0.8条应用软件功能和性能测试，16.0.9条运行软件产品的设备中与应用软件无关的软件检查。

C.0.12　建筑设备监控系统子分部工程检测

主控项目：17.0.5条暖通空调监控系统的功能，17.0.6条变配电监测系统的功能，17.0.7条公共照明监控系统的功能，17.0.8条给排水监控系统的功能，17.0.9条电梯和自动扶梯监测系统启停、上下行、位置、故障等运行状态显示功能，17.0.10条能耗监测系统能耗数据的显示、记录、统计、汇总及趋势分析等功能，17.0.11条中央管理工作站与操作分站功能及权限，17.0.12条系统实时性，17.0.13条系统可靠性。

一般项目：17.0.14条系统可维护性，17.0.15条系统性能评测项目。

C.0.13　安全技术防范系统子分部工程检测

主控项目：19.0.5条安全防范综合管理系统的功能，19.0.6条视频安防监控系统控制功能、监视功能、显示功能、存储功能、回放功能、报警联动功能和图像丢失报警功能，19.0.7条入侵报警系统的入侵报警功能、防破坏及故障报警功能、记录及显示功能、系统自检功能、系统报费响应时间、报警复核功能、报警声级、报警优先功能，19.0.8条出入口控制系统的出入目标识读装置功能、信息处理/控制设备功能、执行机构功能、报警功能和访客对讲功能，19.0.9条电子巡查系统的巡查设置功能、记录打印功能、管理功能，19.0.10条停车库（场）管理系统的识别功能、控制功能、报警功能、出票验票功能、管理功能和显示功能。

一般项目：19.0.11条监控中心管理软件中电子地图显示的设备位置，19.0.12条安全性及电磁兼容性。

C.0.14　应急响应系统子分部工程检测

主控项目：20.0.2条功能检测。

C.0.15　机房工程子分部工程检测

主控项目：21.0.4条供配电系统的输出电能质量，21.0.5条不间断电源的供电时延，21.0.6条静电防护措施，21.0.7条弱电间检测，21.0.8条机房供配电系统、防雷与接地系统、空气调节系统、给水排水系统、综合布线系统、监控与安全防范系统、消防系统、室内装饰装修和电磁屏蔽等系统检测。

C.0.16　防雷与接地子分部工程检测

主控项目：22.0.3条接地装置与接地连接点安装，22.0.3条接地导体的规格、敷设方法和连接方法，22.0.3条等电位联结带的规格、联结方法和安装位置，22.0.3条屏蔽设施的安装，22.0.3条电涌保护器的性能参数、安装位置、安装方式和连接导线规格。

强制性条文：22.0.4条智能建筑的接地系统必须保证建筑内各智能化系统的正常运行和人身、设备安全。

C.0.17 智能建筑分部工程检测汇总记录

应按表C.0.17（本书表12.3.11）执行。

分部工程检测汇总记录　　表12.3.11

<table>
<tr><td>工程名称</td><td colspan="3"></td><td>编号</td><td colspan="2"></td></tr>
<tr><td>设计单位</td><td colspan="2"></td><td>施工单位</td><td colspan="3"></td></tr>
<tr><td rowspan="2">子分部名称</td><td rowspan="2">序号</td><td colspan="3" rowspan="2">内容及问题</td><td colspan="2">检测结果</td></tr>
<tr><td>合格</td><td>不合格</td></tr>
<tr><td></td><td></td><td colspan="3"></td><td></td><td></td></tr>
<tr><td></td><td></td><td colspan="3"></td><td></td><td></td></tr>
<tr><td></td><td></td><td colspan="3"></td><td></td><td></td></tr>
<tr><td colspan="7">检测结论：

检测负责人签字
年　月　日</td></tr>
</table>

注：在检测结果栏，按实际情况在相应空格内打“√”（左列打“√”为合格，右列打“√”为不合格）。

3.3.5 检测结论与处理应符合下列规定：

1 检测结论应分为合格和不合格；

2 主控项目有一项及以上不合格的，系统检测结论应为不合格；一般项目有两项及以上不合格的，系统检测结论应为不合格；

3 被集成系统接口检测不合格的，被集成系统和集成系统的系统检测结论均应为不合格；

4 系统检测不合格时，应限期对不合格项进行整改，并重新检测，直至检测合格。重新检测时抽检应扩大范围。

本条对检测结论与处理只做原则性规定，各系统将根据其自身特点和质量控制要求作出具体规定。

第3款由于智能建筑工程通常接口遇到的问题较多为保证各方对接口的重视，做此规定。凡是被集成系统接口检测不合格的，则判定为该系统和集成系统的系统检测均不合格。

3.4 分部（子分部）工程验收

3.4.1 建设单位应按合同进度要求组织人员进行工程验收。

3.4.2 工程验收应具备下列条件：

1 按经批准的工程技术文件施工完毕；

2 完成调试及自检，并出具系统自检记录；

3 分项工程质量验收合格，并出具分项工程质量验收记录；

4 完成系统试运行，并出具系统试运行报告；

5 系统检测合格，并出具系统检测记录；

6 完成技术培训，并出具培训记录。

3.4.3 工程验收的组织应符合下列规定：

1 建设单位应组织工程验收小组负责工程验收；

2 工程验收小组的人员应根据项目的性质、特点和管理要求确定，并应推荐组长和副组长；验收人员的总数应为单数，其中专业技术人员的数量不应低于验收人员总数的50％；

3 验收小组应对工程实体和资料进行检查，并作出正确、公正、客观的验收结论。

3.4.4 工程验收文件应包括下列内容：

1 竣工图纸；

2 设计变更记录和工程洽商记录；

3 设备材料进场检验记录和设备开箱检验记录；

4 分项工程质量验收记录；

5 试运行记录；

6 系统检测记录；

7 培训记录和培训资料。

第1款竣工图纸包括系统设计说明、系统结构图、施工平面图和设备材料清单等内容。各系统如有特殊要求详见各章的相关规定。

第7款培训一般有现场操作、系统操作和使用维护等内容，根据各系统情况编制培训资料。

3.4.5 工程验收小组的工作应包括下列内容：

1 检查验收文件；

2 检查观感质量；

3 抽检和复核系统检测项目。

本条所列验收内容是各系统在验收时应进行认真查验的内容，但不限于此内容。

第2款主要是对在系统检测和试运行中发现问题的子系统或项目部分进行复检。

第3款观感质量包括设备的布局合理性、使用方便性及外观等内容。

3.4.6 工程验收的记录应符合下列规定：

1 应由施工单位填写《分部（子分部）工程质量验收记录》，设计单位的项目负责人和项目监理机构总监理工程师（建设单位项目专业负责人）作出检查结论，且记录的格式应符合本规范附录D的表D.0.1的规定；

2 应由施工单位填写《工程验收资料审查记录》，项目监理机构总监理工程师（建设单位项目负责人）作出检查结论，且记录的格式应符合本规范附录D的表D.0.2的规定；

3 应由施工单位按表填写《验收结论汇总记录》，验收小组作出检查结论，且记录的格式应符合本规范附录D的表D.0.3的规定。

3.4.7 工程验收结论与处理应符合下列规定：

1 工程验收结论应分为合格和不合格；

2 本规范第3.4.4条规定的工程验收文件齐全、观感质量符合要求且检测项目合格时，工程验收结论应为合格，否则应为不合格；

3 当工程验收结论为不合格时，施工单位应限期整改，直到重新验收合格；整改后仍无法满足使用要求的，不得通过工程验收。

D. 0. 1 条规定智能建筑分部（子分部）工程质量验收记录应按表 D. 0. 1（本书表 12. 3. 12）执行。

________分部（子分部）工程质量验收记录　　表 12. 3. 12

<table>
<tr><td>工程名称</td><td colspan="2"></td><td>结构类型</td><td></td><td>层数</td><td></td></tr>
<tr><td>施工单位</td><td colspan="2"></td><td>技术负责人</td><td></td><td>质量负责人</td><td></td></tr>
<tr><td>序　号</td><td colspan="2">子分部（分项）工程名称</td><td>分项工程（检验批）数</td><td>施工单位检查评定</td><td colspan="2">验收意见</td></tr>
<tr><td rowspan="3">1</td><td></td><td></td><td></td><td></td><td colspan="2" rowspan="3"></td></tr>
<tr><td></td><td></td><td></td><td></td></tr>
<tr><td></td><td></td><td></td><td></td></tr>
<tr><td>2</td><td colspan="2">质量控制资料</td><td colspan="2"></td><td colspan="2"></td></tr>
<tr><td>3</td><td colspan="2">安全和功能
检验（检测）报告</td><td colspan="2"></td><td colspan="2"></td></tr>
<tr><td>4</td><td colspan="2">观感质量验收</td><td colspan="2"></td><td colspan="2"></td></tr>
<tr><td rowspan="3">验收
单位</td><td colspan="2">施工单位</td><td>项目经理</td><td></td><td colspan="2">年　月　日</td></tr>
<tr><td colspan="2">设计单位</td><td>项目负责人</td><td></td><td colspan="2">年　月　日</td></tr>
<tr><td colspan="2">监理（建设）单位</td><td colspan="4"></td></tr>
</table>

D. 0. 2 条规定智能建筑工程验收资料审查记录应按表 D. 0. 2（本书表 12. 3. 13）执行

工程验收资料审查记录　　表 12. 3. 13

<table>
<tr><td>工程名称</td><td></td><td>施工单位</td><td colspan="2"></td></tr>
<tr><td>序　号</td><td>资料名称</td><td>份数</td><td>审核意见</td><td>审核人</td></tr>
<tr><td>1</td><td>图纸会审、设计变更、洽商记录、竣工图及设计说明</td><td></td><td></td><td></td></tr>
<tr><td>2</td><td>材料、设备出厂合格证及技术文件及进场检（试）验报告</td><td></td><td></td><td></td></tr>
<tr><td>3</td><td>隐蔽工程验收记录</td><td></td><td></td><td></td></tr>
<tr><td>4</td><td>系统功能测定及设备调试记录</td><td></td><td></td><td></td></tr>
<tr><td>5</td><td>系统技术、操作和维护手册</td><td></td><td></td><td></td></tr>
<tr><td>6</td><td>系统管理、操作人员培训记录</td><td></td><td></td><td></td></tr>
<tr><td>7</td><td>系统检测报告</td><td></td><td></td><td></td></tr>
<tr><td>8</td><td>工程质量验收记录</td><td></td><td></td><td></td></tr>
<tr><td colspan="5">结论

施工单位项目经理：　　　　　　　　　　总监理工程师：
　　　　　　　　　　　　　　　　　　　（建设单位项目负责人）

　　　　　　年　月　日　　　　　　　　　　　　　　年　月　日</td></tr>
</table>

D. 0. 3 条规定智能建筑工程质量验收结论汇总记录应按表 D. 0. 3（本书表 12. 3. 14）执行。

验收结论汇总记录 **表 12.3.14**

工程名称		编号	
设计单位		施工单位	
工程实施的质量控制检验结论			验收人签名： 年 月 日
系统检测结论			验收人签名： 年 月 日
系统检测抽检结果			抽检人签名： 年 月 日
观感质量验收			验收人签名： 年 月 日
资料审查结论			审查人签名： 年 月 日
人员培训考评结论			考评人签名： 年 月 日
运行管理队伍及规章制度审查			审查人签名： 年 月 日
设计等级要求评定			评定人签名： 年 月 日
系统验收结论			验收小组组长签名： 日期：
建议与要求： 验收组长、副组长签名：			

注：1 本汇总表须附本附录所有表格、行业要求的其他文件及出席验收会与验收机构人员名单（签到）。
2 验收结论一律填写“合格”或“不合格”。

第四节 智能化集成系统

4.0.1 智能化集成系统的设备、软件和接口等的检测和验收范围应根据设计要求确定。

本系统的设备包括：集成系统平台与被集成子系统连通需要的综合布线设备、网络交换机、计算机网卡、硬线连接、服务器、工作站、网络安全、存储、协议转换设备等。

软件包括：集成系统平台软件（各子系统进行信息交互的平台，可进行持续开发和扩展功能，具有开放架构的成熟的应用软件）及基于平台的定制功能软件、数据库软件、操作系统、防病毒软件、网络安全软件、网管软件等。

接口是指被集成子系统与集成平台软件进行数据互通的通信接口。

集成功能包括下列内容：

1. 数据集中监视、统计和储存

通过统一的人机界面显示子系统各种数据并进行统计和存档，数据显示与被集成子系统一致，数据响应时间满足使用要求。能够支持的同时在线设备数量及用户数量、并发访问能力满足使用要求。

2. 报警监视及处理

通过统一的人机界面实现对各系统中报警数据的显示，并能提供画面和声光报警。可根据各种设备的有关性能指标，指定相应的报警规则，通过电脑显示器，显示报警具体信息并打印，同时可按照预先设置发送给相应管理人员。报警数据显示与被集成子系统一致，数据响应时间满足使用要求。

3. 文件报表生成和打印能将报警、数据统计、操作日志等按用户定制格式生成和打印报表。

4. 控制和调节通过集成系统设置参数，调节和控制子系统设备。控制响应时间满足使用要求。

5. 联动配置及管理通过集成系统配置子系统之间的联动策略，实现跨系统之间的联动控制等。控制响应时间满足使用要求。

6. 数据分析

提供历史数据分析，为第三方软件，例如：物业管理软件、办公管理软件、节能管理软件等提供设备运行情况、设备维护预警、节能管理等方面的标准化数据以及决策依据。

安全性包括：

1. 权限管理

具有集中统一的用户注册管理功能，并根据注册用户的权限，开放不同的功能。权限级别至少具有管理级、操作级、浏览级等。

2. 冗余

双机备份及切换、数据库备份、备用电源及切换和通信链路的冗余切换、故障自诊断、事故情况下的安全保障措施。

4.0.2 智能化集成系统检测应在被集成系统检测完成后进行。

4.0.3 智能化集成系统检测应在服务器和客户端分别进行，检测点应包括每个被集成系统。

关于系统检测的总体规定。其中检测点应包括各被集成系统，抽检比例或点数详见后续规定。

4.0.4 接口功能应符合接口技术文件和接口测试文件的要求，各接口均应检测，全部符合设计要求的应为检测合格。

4.0.5 检测集中监视、储存和统计功能时，应符合下列规定：

1 显示界面应为中文；

2 信息显示应正确，响应时间、储存时间、数据分类统计等性能指标应符合设计要求；

3 每个被集成系统的抽检数量宜为该系统信息点数的5%，且抽检点数不应少于20点，当信息点数少于20点时应全部检测；

4 智能化集成系统抽检总点数不宜超过1000点；

5 抽检结果全部符合设计要求的，应为检测合格。

关于抽检数量的确定，以大型公共建筑的智能化集成系统进行测算。大型公共建筑一般指建筑面积2万m^2以上的办公建筑、商业建筑、旅游建筑、科教文卫建筑、通信建筑以及交通运输用房。对于2万m^2的公共建筑，被集成系统通常包括：建筑设备监控系统，安全技术防范系统，火灾自动报警系统，公共广播系统，综合布线系统等。集成的信息包括数值、语音和图像等，总信息点数约为2000（不同功能建筑的系统配置会有不同），按5%比例的抽检点数约为100点，考虑到每个被集成系统都要抽检，规定每个被集成系统的抽检点数下限为20点。20万m^2的大型公共建筑或集成信息点为2万的集成系统抽检总点数约为1000点，已涵盖绝大多数实际工程的使用范围，而且考虑到系统检测的周期和经费等问题，推荐抽检总点数不超过1000点。

4.0.6 检测报警监视及处理功能时，应现场模拟报警信号，报警信息显示应正确，信息显示响应时间应符合设计要求。每个被集成系统的抽检数量不应少于该系统报警信息点数的10%。抽检结果全部符合设计要求的，应为检测合格。

考虑到报警信息比较重要而且报警点也相对较少，抽检比例比第4.0.5条的规定增加一倍。

4.0.7 检测控制和调节功能时，应在服务器和客户端分别输入设置参数，调节和控制效果应符合设计要求。各被集成系统应全部检测，全部符合设计要求的应为检测合格。

考虑到控制和调节点很少且重要，因此规定进行全检。

4.0.8 检测联动配置及管理功能时，应现场逐项模拟触发信号，所有被集成系统的联动动作均应安全、正确、及时和无冲突。

与第4.0.7条类似，联动功能很重要，因此规定进行全检。

4.0.9 权限管理功能检测应符合设计要求。

冗余功能包括双机备份及切换、数据库备份、备用电源及切换和通信链路冗余切换、故障自诊断，事故情况下的安全保障措施。

4.0.10 冗余功能检测应符合设计要求。

4.0.11 文件报表生成和打印功能应逐项检测。全部符合设计要求的应为检测合格。

4.0.12 数据分析功能应对各被集成系统逐项检测。全部符合设计要求的应为检测合格。

4.0.13 验收文件除应符合本规范第3.4.4条的规定外，尚应包括下列内容：

1 针对项目编制的应用软件文档；

2 接口技术文件；

3 接口测试文件。

第五节 信息接入系统

5.0.1 本章适用于对铜缆接入网系统、光缆接入网系统和无线接入网系统等信息接入系统设备安装场地的检查。

目前，智能建筑工程中信息接人系统大多由电信运营商或建设单位测试验收。本章仅为保障信息接入系统的通信畅通，对通信设备安装场地的检查提出技术要求。

5.0.2 信息接入系统的检查和验收范围应根据设计要求确定。

5.0.3 机房的净高、地面防静电、电源、照明、温湿度、防尘、防水、消防和接地等应符合通信工程设计要求。

5.0.4 预留孔洞位置、尺寸和承重荷载应符合通信工程设计要求。

第六节 用户电话交换系统

6.0.1 本章适用于用户电话交换系统、调度系统、会议电话系统和呼叫中心的工程实施的质量控制、系统检测和竣工验收。

6.0.2 用户电话交换系统的检测和验收范围应根据设计要求确定。

考虑到用户电话交换设备本身可以具备调度功能、会议电话功能和呼叫中心功能，在用户容量较大时，可单独设置调度系统、会议电话系统和呼叫中心。因此本章用户电话交换系统工程的验收还适用于调度系统、会议电话系统和呼叫中心的验收内容和要求。

6.0.3　用户电话交换系统的机房接地应符合现行国家标准《通信局（站）防雷与接地工程设计规范》GB 50689的有关规定。

6.0.4　对于抗震设防的地区，用户电话交换系统的设备安装应符合现行行业标准《电信设备安装抗震设计规范》YD 5059的有关规定。

6.0.5　用户电话交换系统工程实施的质量控制除应符合本规范第3章的规定外，尚应检查电信设备入网许可证。

6.0.6　用户电话交换系统的业务测试、信令方式测试、系统互通测试、网络管理及计费功能测试等检测结果，应满足系统的设计要求。

考虑到在测试阶段一般不具备接入设备容量20%以上的用户终端设备或电路的条件，为了满足整个智能建筑工程验收的进度要求，系统检测合格后，可进入智能建筑工程验收阶段。

待智能化系统通过验收，用户入驻，当接入的用户终端设备与电路容量满足试运转条件后，方可进行系统的试运转。系统试运转时间不应小于3个月，试运转期间设备运行应满足下列要求：

1. 试运转期间，因元器件损坏等原因，需要更换印制板的次数每月不应大于0.04次/100户及0.004次/30路PCM。

2. 试运转期间，因软件编程错误造成的故障不应大于2件/月。

3. 呼叫测试：

局内接通率测试应符合下列规定：

a处理器正常工作时，接通率不应小于99%，b处理器超负荷20%时，接通率不应小于95%

局间接通率测试应符合下列规定：

a处理器正常工作时，接通率不应小于99.5%，b处理器超负荷20%时，接通率不应小于97.5%。

第七节　信息网络系统

7.1　一般规定

7.1.1　信息网络系统可根据设备的构成，分为计算机网络系统和网络安全系统。信息网络系统的检测和验收范围应根据设计要求确定。

本条对信息网络系统所涉及的具体检测和验收范围进行界定。由于信息网络系统的含义较为宽泛，而智能建筑工程中一般只包括计算机网络系统和网络安全系统。因为信息网络系统是通信承载平台，会因承载业务和传输介质的不同而有不同的功能及检测要求，所以本章对信息网络系统进行了不同层次的划分以便于验收的实施。根据承载业务的不同，分为业务办公网和智能化设备网；根据传输介质的不同，分为有线网和无线网。

当前建筑智能化系统中存在大量采用IP网络架构的设备，本章规定了智能化设备网的验收内容。智能化设备网是指在建筑物内构建相对独立的IP网络，用于承载安全技术防范系统、建筑设备监控系统、公共广播系统、信息导引及发布系统等业务。智能化设备网可采用单独组网或统一组网的网络架构，并根据各系统的业务需求和数据特征，通过 VLAN、QoS 等保障策略对数据流量提供高可靠、高实时和高安全的传输承载服务。因智能化设备网承载的业务对网络性能具有特殊要求，故验收标准应与业务办公网有所差异。

根据国家标准《信息安全技术信息系统安全等级保护基本要求》（GB/T 22239—2008）的规定，广义的信息安全包括物理安全、网络安全、主机安全、数据安全和应用安全五个层面，本章中提到的网络安全只是其中的一个层面。

7.1.2 对于涉及国家秘密的网络安全系统，应按国家保密管理的相关规定进行验收。

7.1.3 网络安全设备除应符合本规范第 3 章的规定外，尚应检查公安部计算机管理监察部门审批颁发的安全保护等信息系统安全专用产品销售许可证。

本规定根据公安部 1997 年 12 月 12 日下发的《计算机信息系统安全专用产品检测和销售许可证管理办法》制订。

7.1.4 信息网络系统验收文件除应符合本规范第 3.4.4 条的规定外，尚应包括下列内容：

1 交换机、路由器、防火墙等设备的配置文件；

2 QoS 规划方案；

3 安全控制策略；

4 网络管理软件的相关文档；

5 网络安全软件的相关文档。

7.2 计算机网络系统检测

7.2.1 计算机网络系统的检测可包括连通性、传输时延、丢包率、路由、容错功能、网络管理功能和无线局域网功能检测等。采用融合承载通信架构的智能化设备网，还应进行组播功能检测和 QoS 功能检测。

智能化设备网需承载音视频等多媒体业务，对延时和丢包等网络性能要求较高，尤其公共广播系统经常通过组播功能发送数据，因此，智能化设备网应具备组播功能和一定的 QoS 功能。

7.2.2 计算机网络系统的检测方法应根据设计要求选择，可采用输入测试命令进行测试或使用相应的网络测试仪器。

7.2.3 计算机网络系统的连通性检测应符合下列规定：

1 网管工作站和网络设备之间的通信应符合设计要求，并且各用户终端应根据安全访问规则只能访问特定的网络与特定的服务器；

2 同一 VLAN 内的计算机之间应能交换数据包，不在同一 VLAN 内的计算机之间不应交换数据包；

3 应按接入层设备总数的 10％进行抽样测试，且抽样数不应少于 10 台；接入层设备少于 10 台的，应全部测试；

4 抽检结果全部符合设计要求的，应为检测合格。

系统连通性的测试方法及测试合格指标，可按《基于以太网技术的局域网系统验收测评规范》（GB/T 21671—2008）第 7.1.1 条的相关规定执行。

7.2.4 计算机网络系统的传输时延和丢包率的检测应符合下列规定：

1 应检测从发送端口到目的端口的最大延时和丢包率等数值；

2　对于核心层的骨干链路、汇聚层到核心层的上联链路，应进行全部检测；对接入层到汇聚层的上联链路，应按不低于10%的比例进行抽样测试，且抽样数不应少于10条；上联链路数不足10条的，应全部检测；

3　抽检结果全部符合设计要求的，应为检测合格。

传输时延和丢包率的测试方法及测试合格指标，可依照国家标准《基于以太网技术的局域网系统验收测评规范》（GB/T 21671—2008）第7.1.4条和第7.1.5条的相关规定执行。

7.2.5　计算机网络系统的路由检测应包括路由设置的正确性和路由的可达性，并应根据核心设备路由表采用路由测试工具或软件进行测试。检测结果符合设计要求的，应为检测合格。

路由检测的方法及测试合格指标，可依照《具有路由功能的以太网交换机测试方法》YD/T 1287的相关规定执行。

7.2.6　计算机网络系统的组播功能检测应采用模拟软件生成组播流。组播流的发送和接收检测结果符合设计要求的，应为检测合格。

建筑智能化系统中的视频安防监控、公共广播、信息导引及发布系统的部分业务流需采用组播功能。

7.2.7　计算机网络系统的QoS功能应检测队列调度机制。能够区分业务流并保障关键业务数据优先发送的，应为检测合格。

通过QoS，网络系统能够对报警数据、视频流等对实时性要求较高的数据提供优先服务，从而保证较低的时延。

7.2.8　计算机网络系统的容错功能应采用人为设置网络故障的方法进行检测，并应符合下列规定：

1　对具备容错能力的计算机网络系统，应具有错误恢复和故障隔离功能，并在出现故障时自动切换；

2　对有链路冗余配置的计算机网络系统，当其中的某条链路断开或有故障发生时，整个系统仍应保持正常工作，并在故障恢复后应能自动切换回主系统运行；

3　容错功能应全部检测，且全部结果符合设计要求的应为检测合格。

7.2.9　无线局域网的功能检测除应符合本规范第7.2.3～7.2.8条的规定外，尚应符合下列规定：

1　在覆盖范围内接入点的信道信号强度应不低于－75dBm；

2　网络传输速率不应低于5.5Mbit/s；

3　应采用不少于100个ICMP 64Byte帧长的测试数据包，不少于95%路径的数据包丢失率应小于5%；

4　应采用不少于100个ICMP 64Byte帧长的测试数据包，不小于95%且跳数小于6的路径的传输时延应小于20ms；

5　应按无线接入点总数的10%进行抽样测试，抽样数不应少于10个；无线接入点少于10个的，应全部测试。抽检结果全部符合本条第1～4款要求的，应为检测合格。

第1款是对无线网络覆盖范围内的接入信号强度作出的规定。dBm是无线通信领域内的常用单位，表示相对于1毫瓦的分贝数，中文名称为分贝毫瓦，在各国移动通信技术规范中广泛使用 dBm 单位对无线信号强度和设备发射功率进行描述。

第 5 款无线接入点的抽测比例按照国家标准《基于以太网技术的局域网系统验收测评规范》（GB/T 21671—2008）中的抽测比例规定执行。

7.2.10 计算机网络系统的网络管理功能应在网管工作站检测，并应符合下列规定：

1 应搜索整个计算机网络系统的拓扑结构图和网络设备连接图；

2 应检测自诊断功能；

3 应检测对网络设备进行远程配置的功能，当具备远程配置功能时，应检测网络性能参数含网络节点的流量、广播率和错误率等；

4 检测结果符合设计要求的，应为检测合格。

7.3 网络安全系统检测

7.3.1 网络安全系统检测宜包括结构安全、访问控制、安全审计、边界完整性检查、入侵防范、恶意代码防范和网络设备防护等安全保护能力的检测。检测方法应依据设计确定的信息系统安全防护等级进行制定，检测内容应按现行国家标准《信息安全技术 信息系统安全等级保护基本要求》（GB/T 22239）执行。

根据国家标准《信息安全技术 信息系统安全等级保护基本要求》（GB/T 22239—2008），信息系统安全基本技术要求从物理安全、网络安全、主机安全、应用安全和数据安全五个层面提出，本标准仅限于网络安全层面。

根据信息安全技术的国家标准，信息系统安全采用等级保护体系，共设置五级安全保护等级。在每一级安全保护等级中，对网络安全内容进行了明确规定。建筑智能化工程中的网络安全系统检测，应符合信息系统安全等级保护体系的要求，严格按照设计确定的防护等级进行相关项目检测。

7.3.2 业务办公网及智能化设备网与互联网连接时，应检测安全保护技术措施。检测结果符合设计要求的，应为检测合格。

本条制定的依据来自于公安部第 82 号令《互联网安全保护技术措施规定》，互联网服务提供者和联网使用单位应当落实下列互联网安全保护技术措施：防范计算机病毒、网络入侵和攻击破坏等危害网络安全事项或者行为的技术措施；重要数据库和系统主要设备的冗灾备份等措施。尤其智能化设备网所承载的视频安防监控、出入口控制、信息导引及发布、建筑设备监控、公共广播等智能化系统关乎人们生命财产安全及建筑物正常运行，因此该网络系统在与互联网连接，应采取安全保护技术措施以保障该网络的高可靠运行。

7.3.3 业务办公网及智能化设备网与互联网连接时，网络安全系统应检测安全审计功能，并应具有至少保存 60d 记录备份的功能。检测结果符合设计要求的，应为检测合格。

本条制定的依据来自于公安部第 82 号令《互联网安全保护技术措施规定》，提供互联网接入服务的单位，其网络安全系统应具有安全审计功能，能够记录、跟踪网络运行状态，监测、记录网络安全事件等。

7.3.4 对于要求物理隔离的网络，应进行物理隔离检测，且检测结果符合下列规定的应为检测合格：

1 物理实体上应完全分开；

2 不应存在共享的物理设备；

3 不应有任何链路上的连接。

7.3.5　无线接入认证的控制策略应符合设计要求，并应按设计要求的认证方式进行检测，且应抽取网络覆盖区域内不同地点进行20次认证。认证失败次数不超过1次的，应为检测合格。

7.3.6　当对网络设备进行远程管理时，应检测防窃听措施。检测结果符合设计要求的，应为检测合格。

当对网络设备进行远程管理时，应防止鉴别信息在网络传输过程中被窃听，通常可采用加密算法对传输信息进行有效加密。

第八节　综合布线系统

8.0.1　综合布线系统检测应包括电缆系统和光缆系统的性能测试，且电缆系统测试项目应根据布线信道或链路的设计等级和布线系统的类别要求确定。

8.0.2　综合布线系统测试方法应按现行国家标准《综合布线系统工程验收规范》GB 50312的规定执行。

8.0.3　综合布线系统检测单项合格判定应符合下列规定：

1　一个及以上被测项目的技术参数测试结果不合格的，该项目应判为不合格；某一被测项目的检测结果与相应规定的差值在仪表准确度范围内的，该被测项目应判为合格；

2　采用4对对绞电缆作为水平电缆或主干电缆，所组成的链路或信道有一项及以上指标测试结果不合格的，该链路或信道应判为不合格；

3　主干布线大对数电缆中按4对对绞线对组成的链路一项及以上测试指标不合格的，该线对应判为不合格；

4　光纤链路或信道测试结果不满足设计要求的，该光纤链路或信道应判为不合格；

5　未通过检测的链路或信道应在修复后复检。

8.0.4　综合布线系统检测的综合合格判定应符合下列规定：

1　对绞电缆布线全部检测时，无法修复的链路、信道或不合格线对数量有一项及以上超过被测总数的1%的，结论应判为不合格；光缆布线检测时，有一条及以上光纤链路或信道无法修复的，应判为不合格；

2　对于抽样检测，被抽样检测点（线对）不合格比例不大于被测总数1%的，抽样检测应判为合格，且不合格点（线对）应予以修复并复检；被抽样检测点（线对）不合格比例大于的，应判为一次抽样检测不合格，并应进行加倍抽样，加倍抽样不合格比例不大于1%的，抽样检测应判为合格；不合格比例仍大于1%的，抽样检测应判为不合格，且应进行全部检测，并按全部检测要求进行判定；

3　全部检测或抽样检测结论为合格的，系统检测的结论应为合格；全部检测结论为不合格的，系统检测的结论应为不合格。

8.0.5　对绞电缆链路或信道和光纤链路或信道的检测应符合下列规定：

1　自检记录应包括全部链路或信道的检测结果；

2　自检记录中各单项指标全部合格时，应判为检测合格；

3　自检记录中各单项指标中有一项及以上不合格时，应抽检，且抽样比例不应低于10%，抽样点应包括最远布线点；抽检结果的判定应符合本规范第8.0.4条的规定。

信道测试应在完成链路测试的基础上实施，主要是测试设备线缆与跳线的质量，该测试对布线系统在高速计算机网络中的应用尤为重要。

8.0.6 综合布线的标签和标识应按10%抽检，综合布线管理软件功能应全部检测。检测结果符合设计要求的，应判为检测合格。

综合布线管理软件的显示、监测、管理和扩容等功能应根据厂商提供的产品手册内容进行系统检测。

8.0.7 电子配线架应检测管理软件中显示的链路连接关系与链路的物理连接的一致性，并应按10%抽检。检测结果全部一致的，应判为检测合格。

8.0.8 综合布线系统的验收文件除应符合本规范第3.4.4条的规定外，尚应包括综合布线管理软件的相关文档。

第九节 移动通信室内信号覆盖系统

9.0.1 本章适用于对移动通信室内信号覆盖系统设备安装场地的检查。

目前，智能建筑工程中移动通信室内信号覆盖系统大多由电信运营商或建设单位测试验收。本章仅为保障移动通信室内信号覆盖系统的通信畅通，对通信设备安装场地的检查提出技术要求。

9.0.2 机房的净高、地面防静电、电源、照明、温湿度、防尘、防水、消防和接地等，应符合通信工程设计要求。

9.0.3 预留孔洞位置和尺寸应符合设计要求。

第十节 卫星通信系统

10.0.1 本章适用于对卫星通信系统设备安装场地的检查。

目前，智能建筑工程中卫星通信系统大多由电信运营商或建设单位测试验收。本章仅为保障卫星通信系统的通信畅通，对通信设备安装场地的检查提出技术要求。

10.0.2 机房的净高、地面防静电、电源、照明、温湿度、防尘、防水、消防和接地等，应符合通信工程设计要求。

10.0.3 预留孔洞位置、尺寸及承重荷载和屋顶楼板孔洞防水处理应符合设计要求。

10.0.4 预埋天线的安装加固件、防雷和接地装置的位置和尺寸应符合设计要求。

第十一节 有线电视及卫星电视接收系统

11.0.1 有线电视及卫星电视接收系统的设备及器材的进场验收，除应符合本规范第3章的规定外，尚应检查国家广播电视总局或有资质检测机构颁发的有效认定标识。

本条提出的设备及器材验收主要依据《广播电视设备器材入网认定管理办法》的规定，包括的设备及器材有：有线电视系统前端设备器材；有线电视干线传输设备器材；用户分配网络的各种设备器材；广播电视中心节目制作和播出设备器材；广播电视信号无线发射与传输设备器材；广播电视信号加解扰、加解密设备器材；卫星广播设备器材；广播电视系统专用电源产品；广播电视监测、监控设备器材；其他法律、行政法规规定应进行入网认定的设备器材。另外，有线电视设备也属于国家广播电影电视总局强制入网认证的广播电视设备。

11.0.2 对有线电视及卫星电视接收系统进行主观评价和客观测试时，应选用标准测试点，并应符合下列规定：

1 系统的输出端口数量小于1000时，测试点不得少于2个；系统的输出端口数量大于等于1000时，每1000点应选取（2～3）个测试点；

2 对于基于HFC或同轴传输的双向数字电视系统，主观评价的测试点数应符合本条第1款规定，客观测试点的数量不应少于系统输出端口数量的5%，测试点数不应少于20个；

3 测试点应至少有一个位于系统中主干线的最后一个分配放大器之后的点。

标准测试点应是典型的系统输出口或其等效终端。等效终端的信号应和正常的系统输出口信号在电性能上等同。标准测试点应选择噪声、互调失真、交调失真、交流声调制以及本地台直接窜入等影响最大的点。

第2款因为双向数字电视系统具有数字传输功能，可作上网等应用，因此对于传输网络的要求较高，作此规定。

第3款为保证测试点选取具有代表性，作此规定。

11.0.3 客观测试应包括下列内容，且检测结果符合设计要求应判定为合格：

1 应测试卫星接收电视系统的接收频段、视频系统指标及音频系统指标；

2 应测量有线电视系统的终端输出电平。

11.0.4 模拟信号的有线电视系统主观评价应符合下列规定：

1 模拟电视主要技术指标应符合表11.0.4-1（本书表12.11.1）的规定；

模拟电视主要技术指标 **表12.11.1**

序 号	项目名称	测试频道	主观评价标准
1	系统载噪比	系统总频道的10%且不少于5个，不足5个全检，且分布于整个工作频段的高、中、低段	无噪波，即无“雪花干扰”
2	载波互调比	系统总频道的10%且不少于5个，不足5个全检，且分布于整个工作频段的高、中、低段	图像中无垂直、倾斜或水平条纹
3	交扰调制比	系统总频道的10%且不少于5个，不足5个全检，且分布于整个工作频段的高、中、低段	图像中无移动、垂直或斜图案，即无“窜台”
4	回波值	系统总频道的10%且不少于5个，不足5个全检，且分布于整个工作频段的高、中、低段	图像中无沿水平方向分布在右边一条或多条轮廓线，即无“重影”
5	色/亮度时延差	系统总频道的10%且不少于5个，不足5个全检，且分布于整个工作频段的高、中、低段	图像中色、亮信息对齐，即无“彩色鬼影”

续表

序 号	项目名称	测试频道	主观评价标准
6	载波交流声	系统总频道的10%且不少于5个，不足5个全检，且分布于整个工作频段的高、中、低段	图像中无上下移动的水平条纹，即无“滚道”现象
7	伴音和调频广播的声音	系统总频道的10%且不少于5个，不足5个全检，且分布于整个工作频段的高、中、低段	无背景噪声，如丝丝声、哼声、蜂鸣声和串音等

2 图像质量的主观评价应符合下列规定：

1）图像质量主观评价评分应符合表11.0.4-2（本书表12.11.2）的规定：

图像质量主观评价评分 **表12.11.2**

图像质量主观评价	评分值（等级）
图像质量极佳，十分满意	5分（优）
图像质量好，比较满意	4分（良）
图像质量一般，尚可接受	3分（中）
图像质量差，勉强能看	2分（差）
图像质量低劣，无法看清	1分（劣）

2）评价项目可包括图像清晰度、亮度、对比度、色彩还原性、图像色彩及色饱和度等内容；

3）评价人员数量不宜少于5个，各评价人员应独立评分，并应取算术平均值为评价结果；

4）评价项目的得分值不低于4分的应判定为合格。

第2款关于图像质量的主观评价，本次修订做了调整。现行国家标准《有线电视系统工程技术规范》（GB 50200）中采用五级损伤制评定，五级损伤制评分分级见表12.11.3的规定。

五级损伤制评分分级 **表12.11.3**

图像质量损伤的主观评价	评分分级
图像上不觉察有损伤或干扰存在	5
图像上有稍可觉察的损伤或干扰，但不令人讨厌	4
图像上有明显觉察的损伤或干扰，令人讨厌	3
图像上损伤或干扰较严重，令人相当讨厌	2
图像上损伤或干扰极严重，不能观看	1

注：本表摘自《智能建筑工程质量验收规范》（GB 50339—2013）条文说明。

11.0.5 对于基于HFC或同轴传输的双向数字电视系统下行指标的测试，检测结果符合设计要求的应判定为合格。

基于HFC或同轴传输的双向数字电视系统的下行测试指标，可以依据行业标准《有线广播电视系统技术规范》（GY/T 106—1999）和《有线数字电视系统技术要求和测量方法》（GY/T 221—2005）有关规定，主要技术要求见表 12.11.4。

系统下行输出口技术要求　　表 12.11.4

序　号	测试内容		技术要求
1	模拟频道输出口电平		60dBμV～80dBμV
2	数字频道输出口电平		50dBμV～75dBμV
3	频道间电平差	相邻频道电平差	≤3dB
		任意模拟/数字频道间	≤10dB
		模拟频道与数字频道间电平差	0dB～10dB
4	MER	64QAM，均衡关闭	≥24dB
5	BER（误码率）	24H，Rs 解码后	1X10E-6
6	C/N（模拟频道）		≥43dB
7	载波交流声比（HUM）（模拟）		≤3%
8	数字射频信号与噪声功率比 SD，RF/N		≥26dB（64QAM）
9	载波复合二次差拍比（C/CSO）		≥54dB
10	载波复合三次差拍比（C/CTB）		≥54dB

注：本表摘自《智能建筑工程质量验收规范》（GB 50339—2013）条文说明。

11.0.6　对于基于 HFC 或同轴传输的双向数字电视系统上行指标的测试，检测结果符合设计要求的应判定为合格。

基于 HFC 或同轴传输的双向数字电视系统上行测试指标，可以依据行业标准《HFC 网络上行传输物理通道技术规范》（GY/T 180—2001）有关规定，主要技术要求见表 12.11.5。

系统上行技术要求　　表 12.11.5

序　号	测试内容	技术要求
1	上行通道频率范围	（5～65）MHz
2	标称上行端口输入电平	100dBμV
3	上行传输路由增益差	≤10dB
4	上行通道频串响应	≤l0dB（7.4MHz～61.8MHz）
		≤1.5dB（7.4MHz～61.8MHz 任意 3.2MHz 范围内）
5	信号交流声调制比	≤7%
6	载波/汇集噪声	≥20dB（Ra 波段）
		≥26dB（Rb、Rc 波段）

注：本表摘自《智能建筑工程质量验收规范》（GB 50339—2013）条文说明。

11.0.7　数字信号的有线电视系统主观评价的项目和要求应符合表 11.0.7（本书表 12.11.6）的规定。且测试时应选择源图像和源声音均较好的节目频道。

数字信号的有线电视系统主观评价的项目和要求　　表 12.11.6

项　目	技术要求	备　注
图像质量	图像清晰，色彩鲜艳，无马赛克或图像停顿	符合本规范第 11.0.4 条第 2 款要求
声音质量	对白清晰；音质无明显失真；不应出现明显的噪声和杂音	—

续表

项　目	技术要求	备　注
唇音同步	无明显的图像滞后或超前于声音的现象	—
节目频道切换	节目频道切换时不能出现严重的马赛克或长时间黑屏现象； 节目切换平均等待时间应小于 2.5s，最大不应超过 3.5s	包括加密频道和不在同一射频频点的节目频道
字幕	清晰、可识别	—

关于数字信号的有线电视系统的主观评价的项目和要求，依据行业标准《有线数字电视系统技术要求和测量方法》（GY/T 221—2006）确定。

11.0.8　验收文件除应符合本规范第 3.4.4 条的规定外，尚应包括用户分配电平图。

第十二节　公共广播系统

12.0.1　公共广播系统可包括业务广播、背景广播和紧急广播。检测和验收的范围应根据设计要求确定。

公共广播系统工程包括电声部分和建筑声学工程两个部分。本规范中涉及的智能建筑工程安装的公共广播系统工程，只针对电声工程部分。

根据国家标准《公共广播系统工程技术规范》（GB 50526—2010）的规定，业务广播是指公共广播系统向服务区播送的、需要被全部或部分听众收听的日常广播，包括发布通知、新闻、信息、语声文件、寻呼、报时等。背景广播是指公共广播系统向其服务区播送渲染环境气氛的广播，包括背景音乐和各种场合的背景音响（包括环境模拟声）等。紧急广播是指公共广播系统为应对突发公共事件而向其服务区发布广播，包括警报信号、指导公众疏散的信息和有关部门进行现场指挥的命令等。

12.0.2　当紧急广播系统具有火灾应急广播功能时，应检查传输线缆、槽盒和导管的防火保护措施。

本条为强制性条文。

为保证火灾发生初期火灾应急广播系统的线路不被破坏，能够正常向相关防火分区播放警示信号（含警笛）、警报语声文件或实时指挥语声，协助人员逃生制定本条文。否则，火灾发生时，火灾应急广播系统的线路烧毁，不能利用火灾应急广播有效疏导人流，直接危及火灾现场人员生命。

国家标准《公共广播系统工程技术规范》（GB 50526—2010）中第 3.5.6 条和《智能建筑工程施工规范》（GB 50606—2010）第 9.2.1 条第 3 款均为强制性条款，对火灾应急广播系统传输线缆、槽盒和导管的选材及施工作出了规定，本规范强调的是一验。

在施工验收过程中，为保证火灾应急广播系统传输线路可靠、安全，该传输线路需要采取防火保护措施。防火保护措施包括传输线路中线缆、槽盒和导管的选材及安装等。

火灾应急广播系统传输线路需要满足火灾前期连续工作的要求，验收时重点检查下列内容：

1. 明敷时（包括敷设在吊顶内）需要穿金属导管或金属槽盒，并在金属管或金属槽盒上涂防火涂料进行保护；

2. 暗敷时，需要穿导管，并且敷设在不燃烧体结构内且保护层厚度不小于 30mm；

3. 当采用阻燃或耐火电缆时，敷设在电缆井、电缆沟内时，可以不采取防火保护措施。

12.0.3 公共广播系统检测时，应打开广播分区的全部广播扬声器，测量点宜均匀布置，且不应在广播扬声器附近和其声辐射轴线上。

12.0.4 公共广播系统检测时，应检测公共广播系统的应备声压级，检测结果符合设计要求的应判定为合格。

公共广播系统的电声性能指标，在国家标准《公共广播系统工程技术规范》（GB 50526—2010）中有相关规定，见表 12.12.1。

公共广播系统电声性能指标　　表 12.12.1

性能 指标 / 分类	应备声压级	声场不均匀度（室内）	漏出声衰减	系统设备信噪比	扩声系统语言传输指数	传输效率特性（室内）
一级业务广播系统	≥83dB	≤10dB	≥15dB	≥70dB	0.55	图 1
二级业务广播系统		≤12dB	≥12dB	≥65dB	0.45	图 2
三级业务广播系统		—	—	—	≥0.40	图 3
一级背景广播系统	≥80dB	≤10dB	≥15dB	≥70dB	—	图 1
二级背景广播系统		≤12dB	≥12dB	≥65dB	—	图 2
三级背景广播系统		—	—	—	—	—
一级紧急广播系统	≥86dB	—	≥15dB	≥70dB	≥0.55	—
二级紧急广播系统		—	≥12dB	≥65dB	≥0.45	—
三级紧急广播系统		—	—	—	≥0.40	—

注：1 紧急广播的应备声压级尚应符合：以现场环境噪声为基准，紧急广播的信噪比应等于或大于 12dB。
2 本表摘自《智能建筑工程质量验收规范》（GB 50339—2013）条文说明。
3 表中传输频率特性图 1、图 2、图 3 本书略。

12.0.5 主观评价时应对广播分区逐个进行检测和试听，并应符合下列规定：

1 语言清晰度主观评价评分应符合表 12.0.5（本书 12.12.2）的规定：

语言清晰度主观评价评分　　表 12.12.2

主观评价	评分值（等级）
语言清晰度极佳，十分满意	5 分（优）
语言清晰度好，比较满意	4 分（良）
语言清晰度一般，尚可接受	3 分（中）
语言清晰度差，勉强能听	2 分（差）
语言清晰度低劣，无法接受	1 分（劣）

2 评价人员应独立评价打分，评价结果应取所有评价人员打分的算术平均值；

3 评价结果不低于 4 分的应判定为合格。

12.0.6 公共广播系统检测时，应检测紧急广播的功能和性能，检测结果符合设计要求的应判定为合格。当紧急广播包括火灾应急广播功能时，还应检测下列内容：

1 紧急广播具有最高级别的优先权；

2 警报信号触发后，紧急广播向相关广播区播放警示信号、警报语声文件或实时指挥语声的响应时间；

3　音量自动调节功能；

4　手动发布紧急广播的一键到位功能；

5　设备的热备用功能、定时自检和故障自动告警功能；

6　备用电源的切换时间；

7　广播分区与建筑防火分区匹配。

12.0.7　公共广播系统检测时，应检测业务广播和背景广播的功能，符合设计要求的应判定为合格。

12.0.8　公共广播系统检测时，应检测公共广播系统的声场不均匀度、漏出声衰减及系统设备信噪比，检测结果符合设计要求的应判定为合格。

12.0.9　公共广播系统检测时，应检查公共广播系统的扬声器位置，分布合理、符合设计要求的应判定为合格。

第十三节　会议系统

13.0.1　会议系统可包括会议扩声系统、会议视频显示系统、会议灯光系统、会议同声传译系统、会议讨论系统、会议电视系统、会议表决系统、会议集中控制系统、会议摄像系统、会议录播系统和会议签到管理系统等。检测和验收的范围应根据设计要求确定。

13.0.2　会议系统检测时，应根据系统规模和实际所选用功能和系统，以及会议室的重要性和设备复杂性确定检测内容和验收项目。

13.0.3　会议系统检测前，宜检查会议系统引入电源和会场建声的检测记录。

会议系统设备对供电质量要求较高，电源干扰容易影响音、视频的质量，故提出本条要求。供电电源质量包括供电的电压、相位、频率和接地等。

在会议系统工程实施中，常常将会场装修与系统设备进行分开招标实施，为了避免招标文件对建声指标无要求也不作测试导致影响会场使用效果，所以会议系统进行系统检测前宜提供合格的会场建声检测记录。建声指标和电声指标是两个同等重要声学指标。

会场建声检测主要内容有：混响时间、本底噪声和隔声量。混响时间可以按照国家《剧场、电影院和多用途厅堂建筑声学设计规范》（GB/T 50356）的相关规定进行检测。会议系统以语言扩声为主，会场混响时间适当短些，一般参考值为1.0±0.2s，具有会议电视功能的会议室混响时间更短些，宜为0.6±0.1s。同时提倡低频不上升的混响时间频率特性，应该尽可能在63～4000Hz范围内低频不上升，减少低频的掩蔽效应，对提高语言清晰度大有益处。

13.0.4　会议系统检测应符合下列规定：

1　功能检测应采用现场模拟的方法，根据设计要求逐项检测；

2　性能检测可采用客观测量或主观评价方法进行。

第2款系统性能检测有两种方法：客观测量和主观评价，同等重要，可根据实际情况选择。会议系统最终效果是以人们现场主观感觉来评价，语言信息靠人耳试听、图像信息靠视觉感知、整体效果需通过试运行来综合评判。

13.0.5　会议扩声系统的检测应符合下列规定：

1　声学特性指标可检测语言传输指数，或直接检测下列内容：

1）最大声压级；

2）传输频率特性；

3）传声增益；

4）声场不均匀度；

5）系统总噪声级。

2　声学特性指标的测量方法应符合现行国家标准《厅堂扩声特性测量方法》GB/T 4959 的规定，检测结果符合设计要求的应判定为合格。

3　主观评价应符合下列规定：

1）声源应包括语言和音乐两类；

2）评价方法和评分标准应符合本规范第 12.0.5 条的规定。

第1款为会议声学特性指标的规定。国家标准《厅堂扩声系统设计规范》(GB 50371—2006) 中对会议类扩声系统声学特性指标：最大声压级、传输频率特性、传声增益、声场不均匀度和系统总噪声级都有了明确规定（俗称五大指标）。国家标准《会议电视会场系统工程设计规范》(GB 50635—2010) 中增加了扩声系统语言传输指数（ST1PA）的要求，并且制定了定量标准，一级大于等于 0.60、二级大于等于 0.50。

对于扩声系统的语言传输指数（STIPA），即常讲的语言清晰度（亦有称语言可懂度），这里作为主控项目，意指非常重要。只要 STIPΛ 达到了设计要求，其他五大指标基本也会达标。语言传输指数（STIPA）测试值是指会场具有代表性的多个测量点的测试数据的平均值。

13.0.6　会议视频显示系统的检测应符合下列规定：

1　显示特性指标的检测应包括下列内容：

1）显示屏亮度；

2）图像对比度；

3）亮度均匀性；

4）图像水平清晰度；

5）色域覆盖率；

6）水平视角、垂直视角。

2　显示特性指标的测量方法应符合现行国家标准《视频显示系统工程测量规范》(GB/T 50525) 的规定。检测结果符合设计要求的应判定为合格。

3　主观评价应符合本规范第 11.0.4 条第 2 款的规定。

因为灯光照射到投影幕布上会对显示图像产生干扰，降低对比度，所以在本系统检测中要开启会议灯光，观察环境光对屏幕图像显示质量的影响程度。会议系统中应将这种影响缩小到最低程度。

13.0.7　具有会议电视功能的会议灯光系统，应检测平均照度值。检测结果符合设计要求的应判定为合格。

具有会议电视功能的系统对照度要求较高，国家标准《会议电视会场系统工程设计规范》(GB 50635—2010) 规定的会议电视灯光平均照度值见表 12.13.1。

会议电视灯光平均照度值　　表 12.13.1

照明区域	垂直照度（lx）	参考平面	水平照度（lx）	参考平面
主席台座席区	≥400	1.40m 垂直面	≥600	0.75m 水平面
听众摄像区	≥300	1.40m 垂直面	≥500	0.75m 水平面

注：本表摘自《智能建筑工程质量验收规范》（GB 50339—2013）条文说明。

13.0.8　会议讨论系统和会议同声传译系统应检测与火灾自动报警系统的联动功能。检测结果符合设计要求的应判定为合格。

系统与火灾自动报警的联动功能是指，一旦消防中心有联动信号发送过来，系统可立即自动终止会议，同时会议讨论系统的会议单元及翻译单元可显示报警提示，并自动切换到报警信号，让与会人员通过耳机、会议单元扬声器或会场扩声系统听到紧急广播。

13.0.9　会议电视系统的检测应符合下列规定：

1　应对主会场和分会场功能分别进行检测；

2　性能评价的检测宜包括声音延时、声像同步、会议电视回声、图像清晰度和图像连续性；

3　会议灯光系统的检测宜包括照度、色温和显色指数；

4　检测结果符合设计要求的应判定为合格。

第 1 款会议电视系统的会场功能有：主会场与分会场。在设计中往往比较注重主会场功能设计，常常忽视分会场功能设计，造成在作为分会场使用时效果很差。尤其是会议灯光系统要有明显不同的两个工作模式：主会场灯光工作模式、分会场灯光工作模式，才能保证会议电视会场使用效果。

13.0.10　其他系统的检测应符合下列规定：

1　会议同声传译系统的检测应按现行国家标准《红外线同声传译系统工程技术规范》（GB 50524）的规定执行；

2　会议签到管理系统应测试签到的准确性和报表功能；

3　会议表决系统应测试表决速度和准确性；

4　会议集中控制系统的检测应采用现场功能演示的方法，逐项进行功能检测；

5　会议录播系统应对现场视频、音频、计算机数字信号的处理、录制和播放功能进行检测，并检验其信号处理和录播系统的质量；

6　具备自动跟踪功能的会议摄像系统应与会议讨论系统相配合，检查摄像机的预置位调用功能；

7　检测结果符合设计要求的应判定为合格。

第十四节　信息导引及发布系统

14.0.1　信息引导及发布系统可由信息播控设备、传输网络、信息显示屏（信息标识牌）和信息导引设施或查询终端等组成，检测和验收的范围应根据设计要求确定。

14.0.2　信息引导及发布系统检测应以系统功能检测为主，图像质量主观评价为辅。

14.0.3　信息引导及发布系统功能检测应符合下列规定：

1　应根据设计要求对系统功能逐项检测；

2　软件操作界面应显示准确、有效；

3　检测结果符合设计要求的应判定为合格。

信息导引及发布系统的功能主要包括网络播放控制、系统配置管理和日志信息管理等，根据设计要求确定检测项目。

14.0.4　信息引导及发布系统检测时，应检测显示性能，且结果符合设计要求的应判定为合格。

视频显示系统，包括LED视频显示系统、投影型视频显示系统和电视型视频显示系统，其性能和指标需符合国家标准《视频显示系统工程技术规范》（GB 50464—2008）第3章"视频显示系统工程的分类和分级"的规定，检测方法需符合现行国家标准《视频显示系统工程测量规范》（GB/T 50525）的规定。

14.0.5　信息引导及发布系统检测时，应检查系统断电后再次恢复供电时的自动恢复功能，且结果符合设计要求的应判定为合格。

14.0.6　信息引导及发布系统检测时，应检测系统终端设备的远程控制功能，且结果符合设计要求的应判定为合格。

14.0.7　信息导引及发布系统的图像质量主观评价，应符合本规范第11.0.4条第2款的规定。

图像质量的主观评价项目，可以按国家标准《视频显示系统工程技术规范》（GB 50464—2008）第7.4.9条和第7.4.10条执行。

第十五节　时钟系统

15.0.1　时钟系统测试方法应符合现行行业标准《时间同步系统》（QB/T 4054）的相关规定。

15.0.2　时钟系统检测应以接收及授时功能为主，其他功能为辅。

15.0.3　时钟系统检测时，应检测母钟与时标信号接收器同步、母钟对子钟同步校时的功能，检测结果符合设计要求的应判定为合格。

15.0.4　时钟系统检测时，应检测平均瞬时日差指标，检测结果符合下列条件的应判定为合格：

1　石英谐振器一级母钟的平均瞬时日差不大于0.01s/d；

2　石英谐振器二级母钟的平均瞬时日差不大于0.1s/d；

3　子钟的平均瞬时日差在（−1.00～+1.00）s/d.

行业标准《时间同步系统》（QB/T 4054—2010）规定的平均瞬时日差指标见表12.15.1。

平均瞬时日差指标　　表12.15.1

类别	平均瞬时日差（s/d）		
	优等	一等	合格
石英谐振器一级母钟	0.001	0.005	0.01
石英谐振器二级母钟	0.01	0.05	0.1
子钟	−0.50～+0.50		−1.00～+1.00

15.0.5 时钟系统检测时，应检测时钟显示的同步偏差，检测结果符合下列条件的应判定为合格：

1 母钟的输出口同步偏差不大于50ms；

2 子钟与母钟的时间显示偏差不大于1s。

15.0.6 时钟系统检测时，应检测授时校准功能，检测结果符合下列条件的应判定为合格：

1 一级母钟能可靠接收标准时间信号及显示标准时间，并向各二级母钟输出标准时间信号；无标准时间信号时，一级母钟能正常运行；

2 二级母钟能可靠接收一级母钟提供的标准时间信号，并向子钟输出标准时间信号；无一级母钟时间信号时，二级母钟能正常运行；

3 子钟能可靠接收二级母钟提供的标准时间信号；无二级母钟时间信号时，子钟能正常工作，并能单独调时。

15.0.7 时钟系统检测时，应检测母钟、子钟和时间服务器等运行状况的监测功能，结果符合设计要求的应判定为合格。

15.0.8 时钟系统检测时，应检查时钟系统断电后再次恢复供电时的自动恢复功能，结果符合设计要求的应判定为合格。

15.0.9 时钟系统检测时，应检查时钟系统的使用可靠性，符合下列条件的应判定为合格：

1 母钟在正常使用条件下不停走；

2 子钟在正常使用条件下不停走，时间显示正常且清楚。

15.0.10 时钟系统检测时，应检查有日历显示的时钟换历功能，结果符合设计要求的应判定为合格。

15.0.11 时钟系统检测时，应检查时钟系统对其他系统主机的校时和授时功能，结果符合设计要求的应判定为合格。

第十六节 信息化应用系统

16.0.1 信息化应用系统可包括专业业务系统、信息设施运行管理系统、物业管理系统、通用业务系统、公众信息系统、智能卡应用系统和信息安全管理系统等，检测和验收的范围应根据设计要求确定。

16.0.2 信息化应用系统按构成要素分为设备和软件，系统检测应先检查设备，后检测应用软件。

16.0.3 应用软件测试应按软件需求规格说明编制测试大纲，并确定测试内容和测试用例，且宜采用黑盒法进行。

应用软件的测试内容包括基本功能、界面操作的标准性、系统可扩展性、管理功能和业务应用功能等，根据软件需求规格说明的要求确定。

黑盒法是指测试不涉及软件的结构及编码等，只要求规定的输入能够获得预定的输出。

16.0.4 信息化应用系统检测时，应检查设备的性能指标，结果符合设计要求的应判定为合格。对于智能卡设备还应检测下列内容：

1 智能卡与读写设备间的有效作用距离；

2　智能卡与读写设备间的通信传输速率和读写验证处理时间；

3　智能卡序号的唯一性。

16.0.5　信息化应用系统检测时，应测试业务功能和业务流程，结果符合软件需求规格说明的应判定为合格。

16.0.6　信息化应用系统检测时，应用软件的重要功能和性能测试应包括下列内容，结果符合软件需求规格说明的应判定为合格：

1　重要数据删除的警告和确认提示；

2　输入非法值的处理；

3　密钥存储方式；

4　对用户操作进行记录并保存的功能；

5　各种权限用户的分配；

6　数据备份和恢复功能；

7　响应时间。

16.0.7　应用软件修改后，应进行回归测试，修改后的应用软件能满足软件需求规格说明的应判定为合格。

应用软件修改后进行回归测试，主要是验证是否因修改引出新的错误，修改后的应用软件仍需满足软件需求规格说明的要求。

16.0.8　应用软件的一般功能和性能测试应包括下列内容，结果符合软件需求规格说明的应判定为合格：

1　用户界面采用的语言；

2　提示信息；

3　可扩展性。

16.0.9　信息化应用系统检测时，应检查运行软件产品的设备中安装的软件，没有安装与业务应用无关的软件的应判定为合格。

16.0.10　信息化应用系统验收文件除应符合本规范第3.4.4条的规定外，尚应包括应用软件的软件需求规格说明、安装手册、操作手册、维护手册和测试报告。

第十七节　建筑设备监控系统

17.0.1　建筑设备监控系统可包括暖通空调监控系统、变配电监测系统、公共照明监控系统、给排水监控系统、电梯和自动扶梯监测系统及能耗监测系统等。检测和验收的范围应根据设计要求确定。

建筑设备监控系统主要是用于对智能建筑内各类机电设备进行监测和控制，以达到安全、可靠、节能和集中管理的目的。监测和控制的范围及方式等与具体项目及其设备配置相关，因此应根据设计要求确定检测和验收的范围。

17.0.2　建筑设备监控系统工程实施的质量控制除应符合本规范第3章的规定外，用于能耗结算的水、电、气和冷/热量表等，尚应检查制造计量器具许可证。

17.0.3　建筑设备监控系统检测应以系统功能测试为主，系统性能评测为辅。

建筑设备监控系统功能检测主要体现在：

1. 监视功能。系统设备状态、参数及其变化在中央管理工作站和操作分站的显示功能。

2. 报警功能。系统设备故障和设备超过参数限定值运行时在中央管理工作站和操作分站报警功能。

3. 控制功能。水泵、风机等系统动力设备，风阀、水阀等可调节设备在中央管理工作站和操作分站远程控制功能。

17.0.4 建筑设备监控系统检测应采用中央管理工作站显示与现场实际情况对比的方法进行。

17.0.5 暖通空调监控系统的功能检测应符合下列规定：

1 检测内容应按设计要求确定；

2 冷热源的监测参数应全部检测；空调、新风机组的监测参数应按总数的20%抽检，且不应少于5台，不足5台时应全部检测；各种类型传感器、执行器应按10%抽检，且不应少于5只，不足5只时应全部检测；

3 抽检结果全部符合设计要求的应判定为合格。

17.0.6 变配电监测系统的功能检测应符合下列规定：

1 检测内容应按设计要求确定；

2 对高低压配电柜的运行状态、变压器的温度、储油罐的液位、各种备用电源的工作状态和联锁控制功能等应全部检测；各种电气参数检测数量应按每类参数抽20%，且数量不应少于20点，数量少于20点时应全部检测；

3 抽检结果全部符合设计要求的应判定为合格。

建筑设备监控系统对变配电系统一般只监不控，因此对变配电系统的检测，重点是核对条文要求的各项参数在中央管理工作站显示与现场实际数值的一致性。

17.0.7 公共照明监控系统的功能检测应符合下列规定：

1 检测内容应按设计要求确定；

2 应按照明回路总数的10%抽检，数量不应少于10路，总数少于10路时应全部检测；

3 抽检结果全部符合设计要求的应判定为合格。

可以针对工程选定的具体控制方式，模拟现场参数变化，检验系统自动控制功能和中央站远程控制功能。

17.0.8 给排水监控系统的功能检测应符合下列规定：

1 检测内容应按设计要求确定；

2 给水和中水监控系统应全部检测；排水监控系统应抽检50%，且不得少于5套，总数少于5套时应全部检测；

3 抽检结果全部符合设计要求的应判定为合格。

17.0.9 电梯和自动扶梯监测系统应检测启停、上下行、位置、故障等运行状态显示功能。检测结果符合设计要求的应判定为合格。

建筑设备监控系统对电梯和自动扶梯系统一般只监不控。对电梯和自动扶梯监测系统的检测，一般要求核对电梯和自动扶梯的各项参数在中央管理工作站显示与现场实际数值的一致性。

17.0.10 能耗监测系统应检测能耗数据的显示、记录、统计、汇总及趋势分析等功能。检测结果符合设计要求的应判定为合格。

能耗监测、统计和趋势分析适应国家节能减排政策的需要。建筑设备监控系统的应用，例如各设备的运行时间累计、耗电量统计和能效分析等可以为建筑中设备的运行管理和节能工作的量化和优化发挥巨大作用。近年来，随着住房和城乡建设部在全国主要省市进行远程能耗监管平台的建设，本系统还可为其提供基本数据的远传，为国家建筑节能工作做出贡献。由于该部分功能与建筑业主的需求和国家与地方的政策密切相关，因此本条文要求做能耗管理功能的检查，以符合设计要求为合格的判据。

17.0.11 中央管理工作站与操作分站的检测应符合下列规定：

1 中央管理工作站的功能检测应包括下列内容：

1）运行状态和测量数据的显示功能；

2）故障报警信息的报告应及时准确，有提示信号；

3）系统运行参数的设定及修改功能；

4）控制命令应无冲突执行；

5）系统运行数据的记录、存储和处理功能；

6）操作权限；

7）人机界面应为中文。

2 操作分站的功能应检测监控管理权限及数据显示与中央管理工作站的一致性；

3 中央管理工作站功能应全部检测，操作分站应抽检20%，且不得少于5个，不足5个时应全部检测；

4 检测结果符合设计要求的应判定为合格。

对中央管理工作站和操作分站的检测以功能检查为主，所有功能和各管理界面全检。

17.0.12 建筑设备监控系统实时性的检测应符合下列规定：

1 检测内容应包括控制命令响应时间和报警信号响应时间；

2 应抽检10%且不得少于10台，少于10台时应全部检测；

3 抽测结果全部符合设计要求的应判定为合格。

系统控制命令响应时间是指从系统控制命令发出到现场执行器开始动作的这一段时间。系统报警信号响应时间是指从现场报警信号达到其设定值到控制中心出现报警信号的这一段时间。上述两种响应时间受系统规模大小、网络架构、选用设备的灵敏度和系统控制软件等因素影响很大，当设计无明确要求时，一般实际工程在秒级是可以接受的。

17.0.13 建筑设备监控系统可靠性的检测应符合下列规定：

1 检测内容应包括系统运行的抗干扰性能和电源切换时系统运行的稳定性；

2 应通过系统正常运行时，启停现场设备或投切备用电源，观察系统的工作情况进行检测；

3 检测结果符合设计要求的应判定为合格。

17.0.14 建筑设备监控系统可维护性的检测应符合下列规定：

1 检测内容应包括：

1）应用软件的在线编程和参数修改功能；

2）设备和网络通信故障的自检测功能。

2 应通过现场模拟修改参数和设置故障的方法检测；

3 检测结果符合设计要求的应判定为合格。

17.0.15 建筑设备监控系统性能评测项目的检测应符合下列规定：

1 检测宜包括下列内容：

1）控制网络和数据库的标准化、开放性；

2）系统的冗余配置；

3）系统可扩展性；

4）节能措施。

2 检测方法应根据设备配置和运行情况确定；

3 检测结果符合设计要求的应判定为合格。

第2款系统的冗余配置主要是指控制网络、工作站、服务器、数据库和电源等设备的配置；

第3款系统的可扩展性是指现场控制器输入/输出口的备用量；

第4款目前常用的节能措施有空调设备的优化控制、冷热源负荷自动调节、照明设备自动控制、水泵和风机的变频调速等。进行节能评价是一项重要的工作，具体评价方法可参见相关标准要求。因为节能评测是一项多专业、多系统的综合工作，本条款推荐在条件适宜情况下进行此项评测，需要根据设备配置情况确定评测内容。

17.0.16 建筑设备监控系统验收文件除应符合本规范第3.4.4条的规定外，还应包括下列内容：

1 中央管理工作站软件的安装手册、使用和维护手册；

2 控制器箱内接线图。

第十八节 火灾自动报警系统

18.0.1 火灾自动报警系统提供的接口功能应符合设计要求。

18.0.2 火灾自动报警系统工程实施的质量控制、系统检测和工程验收应符合现行国家标准《火灾自动报警系统施工及验收规范》(GB 50166) 的规定。

第十九节 安全技术防范系统

19.0.1 安全技术防范系统可包括安全防范综合管理系统、入侵报警系统、视频安防监控系统、出入口控制系统、电子巡查系统和停车库（场）管理系统等子系统。检测和验收的范围应根据设计要求确定。

本规定中所列安全技术防范系统的范围是目前通用型公共建筑物广泛采用的系统。

19.0.2 高风险对象的安全技术防范系统除应符合本规范的规定外，尚应符合国家现行有关标准的规定。

在现行国家标准《安全防范工程技术规范》(GB 50348) 中，高风险建筑包括文物保护单位和博物馆、银行营业场所、民用机场、铁路车站、重要物资储存库等。由于这类建筑的使用功能对于安全的要求较高，因此应执行专业标准和特殊行业的相关标准。

19.0.3 安全技术防范系统工程实施的质量控制除应符合本规范第3章的规定外，对于列入国家强制性认证产品目录的安全防范产品尚应检查产品的认证证书或检测报告。

列入国家安全技术防范产品强制性认证目录的产品需要取得CCC认证证书；列入国

家安全技术防范产品登记目录的产品需要取得生产登记批准书。

19.0.4 安全技术防范系统检测应符合下列规定：

1 子系统功能应按设计要求逐项检测；

2 摄像机、探测器、出入口识读设备、电子巡查信息识读器等设备抽检的数量不应低于20%，且不应少于3台，数量少于3台时应全部检测；

3 抽检结果全部符合设计要求的，应判定子系统检测合格。

4 全部子系统功能检测均合格的，系统检测应判定为合格。

19.0.5 安全防范综合管理系统的功能检测应包括下列内容：

1 布防、撤防功能；

2 监控图像、报警信息以及其他信息记录的质量和保存时间；

3 安全技术防范系统中的各子系统之间的联动；

4 与火灾自动报警系统和应急响应系统的联动、报警信号的输出接口；

5 安全技术防范系统中的各子系统对监控中心控制命令的响应准确性和实时性；

6 监控中心对安全技术防范系统中的各子系统工作状态的显示、报警信息的准确性和实时性。

综合管理系统是指对各安防子系统进行集成管理的综合管理软硬件平台。检查综合管理系统时，集成管理平台上显示的各项信息（如工作状态和报警信息等）和各子系统自身的管理计算机（或管理主机）上所显示的各项信息内容应一致，并能真实反映各子系统的实际工作状态；对集成管理平台可进行控制的子系统，从集成管理平台和子系统管理计算机（或管理主机）上发出的指令，子系统均应正确响应。具体的集成管理功能和性能指标应按设计要求逐项进行检查。

19.0.6 视频安防监控系统的检测应符合下列规定：

1 应检测系统控制功能、监视功能、显示功能、记录功能、回放功能、报警联动功能和图像丢失报警功能等，并应按现行国家标准《安全防范工程技术规范》GB 50348中有关视频安防监控系统检验项目、检验要求及测试方法的规定执行；

2 对于数字视频安防监控系统，还应检测下列内容：

1）具有前端存储功能的网络摄像机及编码设备进行图像信息的存储；

2）视频智能分析功能；

3）音视频存储、回放和检索功能；

4）报警预录和音视频同步功能；

5）图像质量的稳定性和显示延迟。

第2款对于数字视频安防监控系统的检测内容的补充要求。其中第3）项：音视频存储功能检测包括存储格式（如H.264、MPE04等）、存储方式（如集中存储、分布存储等）、存储质量（如高清、标清等）、存储容量和存储帧率等。对存储设备进行回放试验，检查其试运行中存储的图像最大容量、记录速度（掉帧情况）等。通过操作试验，对检测记录进行检索、回放等，检测其功能。

19.0.7 入侵报警系统的检测应包括入侵报警功能、防破坏及故障报警功能、记录及显示功能、系统自检功能、系统报警响应时间、报警复核功能、报警声级、报警优先功能等，并应按现行国家标准《安全防范工程技术规范》（GB 50348）中有关入侵报警系统检验项目、检验要求及测试方法的规定执行。

19.0.8 出入口控制系统的检测应包括出入目标识读装置功能、信息处理/控制设备功能、执行机构功能、报警功能和访客对讲功能等，并应按现行国家标准《安全防范工程技术规范》(GB 50348) 中有关出入口控制系统检验项目、检验要求及测试方法的规定执行。

19.0.9 电子巡查系统的检测应包括巡查设置功能、记录打印功能、管理功能等，并应按现行国家标准《安全防范工程技术规范》(GB 50348) 中有关电子巡查系统检验项目、检验要求及测试方法的规定执行。

19.0.10 停车库（场）管理系统的检测应符合下列规定：

1 应检测识别功能、控制功能、报警功能、出票验票功能、管理功能和显示功能等，并应按现行国家标准《安全防范工程技术规范》(GB 50348) 中有关停车库（场）管理系统检验项目、检验要求及测试方法的规定执行；

2 应检测紧急情况下的人工开闸功能。

19.0.11 安全技术防范系统检测时，应检查监控中心管理软件中电子地图显示的设备位置，且与现场位置一致的应判定为合格。

19.0.12 安全技术防范系统的安全性及电磁兼容性检测应符合现行国家标准《安全防范工程技术规范》(GB 50348) 的有关规定。

19.0.13 安全技术防范系统中的各子系统可分别进行验收。

各子系统可独立建设，并可由不同施工单位实施，可根据合同约定分别进行验收。

第二十节 应急响应系统

20.0.1 应急响应系统检测应在火灾自动报警系统、安全技术防范系统、智能化集成系统和其他关联智能化系统等通过系统检测后进行。

本规范所称的应急响应系统是指以智能化集成系统、火灾自动报警系统、安全技术防范系统或其他智能化系统为基础，综合公共广播系统、信息导引及发布系统、建筑设备监控系统等，所构建的对各类突发公共安全事件具有报警响应和联动功能的综合性集成系统，以维护公共建筑物（群）区域内的公共安全。

20.0.2 应急响应系统检测应按设计要求逐项进行功能检测。检测结果符合设计要求的应判定为合格。

第二十一节 机房工程

21.0.1 机房工程宜包括供配电系统、防雷与接地系统、空气调节系统、给水排水系统、综合布线系统、监控与安全防范系统、消防系统、室内装饰装修和电磁屏蔽等。检测和验收的范围应根据设计要求确定。

智能建筑工程中的机房包括信息接入机房、有线电视前端机房、智能化总控室、信息网络机房、用户电话交换机房、信息设施系统总配线机房、消防控制室、安防监控中心、应急响应中心、弱电间和电信间等。

21.0.2 机房工程实施的质量控制除应符合本规范第3章的规定外，有防火性能要求的装饰装修材料还应检查防火性能证明文件和产品合格证。

21.0.3 机房工程系统检测前，宜检查机房工程的引入电源质量的检测记录。

机房所用电源包括：智能化系统交、直流供电设备；智能化系统配备的不间断供电设备、蓄电池组和充电设备；以及供电传输、操作、保护和改善电能质量的设备和装置。

21.0.4 机房工程验收时，应检测供配电系统的输出电能质量，检测结果符合设计要求的应判定为合格。

21.0.5 机房工程验收时，应检测不间断电源的供电时延，检测结果符合设计要求的应判定为合格。

21.0.6 机房工程验收时，应检测静电防护措施，检测结果符合设计要求的应判定为合格。

21.0.7 弱电间检测应符合下列规定：

1 室内装饰装修应检测下列内容，检测结果符合设计要求的应判定为合格：

1）房间面积、门的宽度及高度和室内顶棚净高；

2）墙、顶和地的装修面层材料；

3）地板铺装；

4）降噪隔声措施。

2 线缆路由的冗余应符合设计要求。

3 供配电系统的检测应符合下列规定：

1）电气装置的型号、规格和安装方式应符合设计要求；

2）电气装置与其他系统联锁动作的顺序及响应时间应符合设计要求；

3）电线、电缆的相序、敷设方式、标志和保护等应符合设计要求；

4）不间断电源装置支架应安装平整、稳固，内部接线应连接正确，紧固件应齐全、可靠不松动，焊接连接不应有脱落现象；

5）配电柜（屏）的金属框架及基础型钢接地应可靠；

6）不同回路、不同电压等级和交流与直流的电线的敷设应符合设计要求；

7）工作面水平照度应符合设计要求。

4 空调通风系统应检测下列内容，检测结果符合设计要求的应判定为合格：

1）室内温度和湿度；

2）室内洁净度；

3）房间内与房间外的压差值。

5 防雷与接地的检测应按本规范第22章的规定执行。

6 消防系统的检测应按本规范第18章的规定执行。

智能化系统弱电间除布放线缆外，还需要放置很多电子信息系统的设备，如安防设备、网络设备等，机房工程的质量对电子信息系统设备的正常运行有影响。因此在本条中单独列出对智能化系统弱电间的检测规定，加强对弱电间的工程质量控制。

第2款线缆路由主要指敷设线缆的梯架、槽盒、托盘和导管的空间。检测冗余度的主要原因是便于智能化系统今后的扩展性和灵活调整性，确保后期改造和扩展的空间冗余。

21.0.8 对于本规范第21.0.7条规定的弱电间以外的机房，应按现行国家标准《电子信息系统机房施工及验收规范》（GB 50462）中有关供配电系统、防雷与接地系统、空气调节系统、给水排水系统、综合布线系统、监控与安全防范系统、消防系统、室内装饰装修和电磁屏蔽等系统的检验项目、检验要求及测试方法的规定执行，检测结果符合设计要求的应判定为合格。

21.0.9 机房工程验收文件除应符合本规范第3.4.4条的规定外，尚应包括机柜设备装配图。

第二十二节 防雷与接地

22.0.1 防雷与接地宜包括智能化系统的接地装置、接地线、等电位联结、屏蔽设施和电涌保护器。检测和验收的范围应根据设计要求确定。

22.0.2 智能建筑的防雷与接地系统检测前，宜检查建筑物防雷工程的质量验收记录。

22.0.3 智能建筑的防雷与接地系统检测应检查下列内容，结果符合设计要求的应判定为合格：

1 接地装置及接地连接点的安装；

2 接地电阻的阻值；

3 接地导体的规格、敷设方法和连接方法；

4 等电位联结带的规格、联结方法和安装位置；

5 屏蔽设施的安装；

6 电涌保护器的性能参数、安装位置、安装方式和连接导线规格。

22.0.4 智能建筑的接地系统必须保证建筑内各智能化系统的正常运行和人身、设备安全。

本条为强制性条文。

为了防止由于雷电、静电和电源接地故障等原因导致建筑智能化系统的操作维护人员电击伤亡以及设备损坏，故作此强制性规定。建筑智能化系统工程中有大量安装在室外的设备（如安全技术防范系统的室外报警设备和摄像机、有线电视系统的天线、信息导引系统的室外终端设备、时钟系统的室外子钟等，还有机房中的主机设备如网络交换机等）需可靠地与接地系统连接，保证雷击、静电和电源接地故障产生的危害不影响人身安全及智能化设备的运行。

智能化系统电子设备的接地系统，一般可分为功能性接地、直流接地、保护性接地和防雷接地，接地系统的设置直接影响到智能化系统的正常运行和人身安全。当接地系统采用共用接地方式时，其接地电阻应采用接地系统中要求最小的接地电阻值。

检测建筑智能化系统工程中的接地装置、接地线、接地电阻和等电位联结符合设计的要求，并检测电涌保护器、屏蔽设施、静电防护设施、智能化系统设备及线路可靠接地。接地电阻值除另有规定外，电子设备接地电阻值不应大于4Ω，接地系统共用接地电阻不应大于1Ω。当电子设备接地与防雷接地系统分开时，两接地装置的距离不应小于20m。

22.0.5 智能建筑的防雷与接地系统的验收文件除应符合本规范第3.4.4条的规定外，尚应包括防雷保护设备的一览表。

第十三章　建筑节能工程

《建筑节能工程施工质量验收规范》(GB 50411—2007) 是国家标准，自 2007 年 10 月 1 日起施行。该规范共有强制性条文二十条，其中设备安装专业九条，必须严格执行。本章主要介绍该规范中涉及的设备安装工程，条文编号仍按原规范编写，与设备安装无关的内容本书略，由于建筑节能的内容很多，如建筑外遮阳、地源热泵、太阳能热水系统、太阳能光伏等，本书不能一一介绍，本书仅以《建筑节能工程施工质量验收规范》(GB 50411—2007) 和《建筑节能工程施工质量验收规程》(DGJ32/J 19—2007) 为主线进行介绍。而江苏省地方标准《建筑节能工程施工质量验收规程》(DGJ32/J 19—2007) 是以土建工程为主，未涉及安装工程，对基本要求作了规定，在施工质量验收时，首先应执行地方标准，而后为行业标准、国家标准。

关于建筑节能的验收资料，2007 年国家和省关于建筑节能验收标准颁布后，江苏省住房和城乡建设厅于 2007 年印发了建筑节能的全省统一验收资料，由于信息化建设的需要，江苏省住房和城乡建设厅要求 2013 年 1 月 1 日以后开工的工程要建立电子档案，使用“江苏省工程档案资料管理系统”(网址：http：//www. jsgcda. com)，该系统中验收记录表格基本齐全，能满足工程验收的需要。

《建筑节能工程施工质量验收规范》(GB 50411—2007) 正在修编，已通过审查，注意新规范的实施。

第一节和第二节 [其中部分内容选自《建筑节能工程施工质量验收规范》(GB 50411—2007)] 为江苏省地方标准《建筑节能工程施工质量验收规程》(DGJ32/J 19—2007) 的内容，其他为国家标准《建筑节能工程施工质量验收规范》(GB 50411—2007) 的内容。本章的条款号均按原规范或规程的条款号编排，节名按本书顺序编排。

第一节　总　　则

1.0.1　为贯彻国家节约能源政策，加强工程质量管理，统一建筑节能工程的质量验收，制定本规程。

1.0.2　本规程适用于江苏省范围内的新建、扩建、改建等建筑节能工程质量控制和验收。

1.0.3　建筑节能工程中采用的工程技术文件、合同及约定文件等对节能工程质量控制及验收的要求不得低于本规程的规定。

1.0.4　建筑节能工程质量的验收除执行本规程外，还应符合现行国家标准《建筑工程施工质量验收统一标准》(GB 50300) 及配套的验收规范、《建筑节能工程施工质量验收规范》(GB 50411)、《外墙外保温工程技术规程》(JGJ 144)、《膨胀聚苯板薄抹灰外墙外保温系统》(JG 149)、《胶粉聚苯颗粒外墙外保温系统》(JGJ 158) 和江苏省建设工程的有关标准及规定。

1.0.5 本规程未明确项目按相关技术标准执行。

第二节 基本规定

3.1 基本要求

3.1.1 本规程所指建筑节能工程主要包括：墙体、建筑幕墙、外门窗、屋面及地面节能工程，本规程未包括的分项工程应符合《建筑节能工程施工质量验收规范》(GB 50411)的规定。

3.1.2 建筑节能保温材料、外门窗、部品配件等材料必须符合国家及江苏省现行工程建设标准、产品标准，且应与建筑主体结构及功能的要求相一致。

3.1.3 建筑节能材料或产品进入施工现场时，应具有中文标识的出厂质量合格证、产品出厂检验报告、有效期内的型式检验报告（包括外保温系统耐候性试验）等。

3.1.4 建筑节能工程应优先选用国家或省推广应用的建筑节能技术和产品，严禁采用国家或省明令淘汰的技术和产品。

3.1.5 建筑节能常用材料性能指标应符合附录A的要求。

3.1.6 建筑节能常用材料应进行现场验收，凡涉及安全和使用功能的应按本规程规定进行复验或实体检测，复验项目或实体检测项目及取样频率（复验批次）应符合附录A的要求。复验及现场实体检测为见证检测。

3.1.7 型式检验应包括产品标准的全部项目，项目内容与指标不应低于附录B的要求，并应包括系统耐候性试验。

附录B无安装内容，所以本书未列出。

3.1.8 建筑节能工程质量的过程控制，除按本规程要求外尚应按现行国家标准《建筑工程施工质量验收统一标准》(GB 50300)及配套的验收规范执行。单位工程竣工验收应在建筑节能分部工程验收合格后进行。

3.1.9 建筑节能工程验收文件应单独填写验收记录，节能验收资料应单独组卷并作为城市建设工程档案。

3.1.10 建筑节能分项工程的划分应符合《建筑节能工程施工质量验收规范》(GB 50411)的规定。

3.2 质量控制

3.2.1 建筑节能工程的质量控制采取资料完善、过程控制与结果抽验相结合的原则。

3.2.2 建筑节能工程施工应按照经审查合格的设计文件和经审查批准的施工方案施工。建筑节能工程现场的质量控制应符合下列要求：

1 建筑节能工程采用的材料、部品、配件等应符合设计要求，进场验收检查产品生产日期、出厂检验报告、产品执行标准、技术性能检测报告和型式检验报告等资料。

2 建筑节能工程采用的材料在进入施工现场后应按规定进行抽样复验。

3 建筑节能工程的施工应在基层质量验收合格后进行。

4 各工序应按施工技术标准进行质量控制，每道工序完成后，应进行检查，工序之间应进行交接检查。隐蔽工程隐蔽前应由施工单位通知有关单位进行验收，并做好隐蔽工程验收记录。隐蔽工程验收应有详细的文字记录和必要的图像资料。

3.2.3　设计变更不得降低建筑节能效果。当设计变更涉及建筑节能效果时，应经原施工图设计审查机构审查，在实施前应办理设计变更手续，并获得监理或建设单位的确认。

此条为《建筑节能工程施工质量验收规范》（GB 50411—2007）第3.1.2条，为强制性条文。

由于材料供应、工艺改变等原因，建筑工程施工中可能需要改变节能设计，为了避免这些改变影响节能效果，本条对涉及节能的设计变更严格加以限制。

本条规定有三层含义：第一，任何有关节能的设计变更，均须事前办理设计变更手续；第二，有关节能的设计变更不应降低节能效果；第三，涉及节能效果的设计变更，除应由原设计单位认可外，还应报原负责节能设计审查机构审查方可确定。确定变更后并应获得监理或建设单位的确认。

本条的设定增加了节能设计变更的难度，是为了尽可能维护应经审查确定的节能设计要求，减少不必要的节能设计变更。

3.2.4　建筑节能工程为单位建筑工程的一个分部工程。其分项工程和检验批的划分，应符合下列规定：

1　建筑节能分项工程应按照表3.4.1（本书表13.2.1）划分。

2　建筑节能工程应按照分项工程进行验收。当建筑节能分项工程的工程量较大时，可以将分项工程划分为若干个检验批进行验收。

3　当建筑节能工程验收无法按照上述要求划分分项工程或检验批时，可由建设、监理、施工等各方协商进行划分。但验收项目、验收内容、验收标准和验收记录均应遵守本规范的规定。

4　建筑节能分项工程和检验批的验收应单独填写验收记录，节能验收资料应单独组卷。

建筑节能分项工程划分　　　　**表13.2.1**

序号	分项工程	主要验收内容
1	墙体节能工程	主体结构；保温材料；饰面层等
2	幕墙节能工程	主体结构基层；隔热材料；保温材料；隔汽层；幕墙玻璃；单元式幕墙板块；通风换气系统；遮阳设施；冷凝水收集排放系统等
3	门窗节能工程	门；窗；玻璃；遮阳设施等
4	屋面节能工程	基层；保温隔热层；保护层；防水层；面层等
5	地面节能工程	基层；保温层；保护层；面层等
6	供暖节能工程	系统制式；散热器；阀门与仪表；热力入口装置；保温材料；调试等
7	通风与空气调节节能工程	系统制式；通风与空调设备；阀门与仪表；绝热材料；调试等
8	空调与供暖系统的冷热源及管网节能工程	系统制式；冷热源设备；辅助设备；管网；阀门与仪表；绝热、保温材料；调试等
9	配电与照明节能工程	低压配电电源；照明光源、灯具；附属装置；控制功能；调试等
10	监测与控制节能工程	冷、热源系统的监测控制系统；空调水系统的监测控制系统；通风与空调系统的监测控制系统；监测与计量装置；供配电的监测控制系统；照明自动控制系统；综合控制系统等

此条为《建筑节能工程施工质量验收规范》(GB 50411—2007) 第3.4.1条。

本条给出了建筑节能验收与其他已有的各个分部分项工程验收的关系，确定了节能验收在总体验收中的定位，故称之为验收的划分。

建筑节能验收本来属于专业验收范畴，其许多验收内容与原有建筑工程的分部分项验收有交叉与重复，故建筑节能工程验收的定位有一定困难。为了与已有的《建筑工程施工质量验收统一标准》(GB 50300) 和各专业验收规范一致，规范将建筑节能工程作为单位建筑工程的一个分部工程来进行划分和验收，并规定了其包含的各分项工程划分的原则，主要有四项规定：

一是直接将节能分部工程划分为10个分项工程，给出了这10个分项工程名称及需要验收的主要内容。划分这些分项工程的原则与《建筑工程施工质量验收统一标准》(GB 50300) 及各专业工程施工质量验收规范原有划分尽量一致。表3.4.1（本书表13.2.1）中的各个分项工程，是指其“节能性能”，这样就能够与原有的分部工程协调一致，在新项目、新工艺不断出现的今天，可能还会有新的分项工程，可依有关标准执行。

二是明确节能工程应按分项工程验收。由于节能工程验收内容复杂，综合性较强，验收内容如果对检验批直接给出易造成分散和混乱。故规范的各项验收要求均直接对分项工程提出。当分项工程较大时，可以划分成若干检验批验收，其验收要求不变。

三是考虑到某些特殊情况下，节能验收的实际内容或情况难以按上述要求进行划分和验收，如遇到某建筑物分期或局部进行节能改造时，不易划分分部、分项工程，此时允许采取建设、监理、设计、施工等各方协商一致的划分方式进行节能工程的验收。但验收项目、验收标准和验收记录均应遵守规范的规定。

四是规定有关节能的项目应单独填写检查验收表格，作出节能项目验收记录并单独组卷，与住房城乡建设部要求节能审图单列的规定一致。

第三节　供暖节能工程

9.1　一般规定

9.1.1　本章适用于温度不超过95℃室内集中热水采暖系统节能工程施工质量的验收。

所述内容，是指包括热力入口装置在内的室内集中热水供暖系统。本条根据目前国内室内集中供暖系统的热水温度现状，对本章的适用范围作出了规定。从节能的角度出发，对室内集中热水供暖系统中与节能有关的项目的施工质量进行验收，称之为供暖节能工程施工质量验收。

供暖节能工程施工质量验收的主要内容包括：系统制式、散热设备、阀门与仪表、热力入口装置、保温材料、系统调试等。

目前，我国供暖区域的供暖方式大都以热水为热媒的集中供暖方式。“集中供暖”是指热源和散热设备分别设置，由热源通过管道向各个房间或各个建筑物供给热量的供暖方式。目前，供暖主要是以城市热网、区域供热厂、小区锅炉房或单幢建筑物锅炉房为热源的集中供暖方式，也有以单元燃气炉或电热水炉等为分户独立热源的供暖方式。从节省能源、供热质量、环保、消防安全和卫生条件等方面来看，以热水作为热媒的集中供暖更为合理。因此，凡有集中供暖条件的地区，其幼儿园、养老院、中小学校、医疗机构、办公、住宅等建筑，均宜采用集中供暖方式。

9.1.2 采暖系统节能工程的验收，可按系统、楼层等进行，并应符合本规范第 3.4.1 条的规定。

给出了供暖系统节能工程验收的划分原则和方法。

供暖系统节能工程的验收，应根据工程的实际情况，结合本专业特点，可以按供暖系统节能分项工程进行验收；对于规模比较大的，也可分为若干个检验批进行验收，可分别按系统、楼层等进行。

对于设有多个供暖系统热力入口的多层建筑工程，可以按每个热力入口作为一个检验批进行验收。

对于垂直方向分区供暖的高层建筑供暖系统，可按照供暖系统不同的设计分区分别进行验收；对于系统大且层数多的工程，可以按 5～7 层作为一个检验批进行验收。

9.2 主控项目

9.2.1 采暖系统节能工程采用的散热设备、阀门、仪表、管材、保温材料等产品进场时，应按设计要求对其类型、材质、规格及外观等进行验收，并应经监理工程师（建设单位代表）检查认可，且应形成相应的验收记录。各种产品和设备的质量证明文件和相关技术资料应齐全，并应符合国家现行有关标准和规定。

检验方法：观察检查；核查质量证明文件和相关技术资料。

检查数量：全数检查。

是参考《建筑给水排水及采暖工程施工质量验收规范》（GB 50242—2002）第 3.2.1 条的内容“建筑给水、排水及采暖工程所使用的主要材料、成品半成品、配件、器具和设备必须具有中文质量合格证明文件，规格、型号及性能检测报告应符合国家技术标准或设计要求。进场时应作检查验收，并经监理工程师核查确认”而编制的。突出强调了供暖工程中与节能有关的散热设备、阀门、仪表、管材、保温材料等产品 进场时，应按设计要求对其类型、材质、规格及外观等进行逐一核对验收。验收一般应由供货商、监理、施工单位的代表共同参加，并应经监理工程师（建设单位代表）检查认可，形成相应的验收记录。

由于进场验收只能核查材料和设备的外观质量，其内在质量则需由各种质量证明文件和 技术资料加以证明。故进场验收的一项重要内容，是对材料和设备附带的质量证明文件和技术资料进行核查。材料和设备的质量证明文件和技术资料应按其出场检验批进行，不同检验批的材料和设备应对每个检验批的质量证明文件和技术资料进行核查。所有的证明文件和技术资料均应符合现行国家有关标准和规定并应齐全，主要包括产品质量合格证、中文说明书、产品标识及相关性能检测报告等。进口材料和设备还应按规定进行出入境商品检验。

检查内容包括：设备、材料出厂质量证明文件及检测报告是否齐全；实际进场设备。

材料的类型、材质、规格、数量等是否满足设计和施工要求；设备、材料外观质量是否满足设计要求或有关标准的规定。

合格证明文件必须是中文的表示形式，应具备产品名称、规格、型号、国家质量标准代号、出厂日期、生产厂家的名称、地址、出厂产品检验证明或代号、必要的测试报告；对于进口产品，必须有商检合格报告。同种材料、同一种规格、同一批生产的要有一份原件，如无原件应有复印件并指明原件存放处。

重点检查以下方面：

(1) 各类管材应有产品质量证明文件；散热设备应有出厂性能检测报告。

(2) 阀门、仪表等应有产品质量合格证及相关性能检验报告。

(3) 保温材料应有产品质量合格证和材质检测报告，检测报告必须是有效期内的抽样检测报告。使用到建筑物内的保温材料还要有防火等级的检验报告。

(4) 散热器和恒温阀应有产品说明书及安装使用说明书，重点是技术性能参数。

9.2.2 采暖系统节能工程采用的散热器和保温材料等进场时，应对其下列技术性能参数进行复验，复验应为见证取样送检：

1 散热器的单位散热量、金属热强度；

2 保温材料的导热系数、密度、吸水率。

检验方法：现场随机抽样送检；核查复验报告。

检查数量：同一厂家同一规格的散热器按其数量的1%进行见证取样送检，但不得少于2组；同一厂家同材质的保温材料见证取样送检的次数不得少于2次。

目前，市场上散热器和保温材料的种类比较多，质量参差不齐，难免鱼目混珠，特别是保温材料，其质量情况更让人担忧。通过调研发现，在相关标准没有规定对保温材料进场验收时，供应商提供的大都是送样检测报告，并只对来样负责，而且缺乏时效性，送到现场的产品品质很难保证。许多情况是开始供货提供的是合格的样品和检测报告，但到大批量进场时，就换成了质量差的甚至是冒牌的产品。然而，散热器的单位散热量、金属热强度和保温材料的导热系数、材料密度、吸水率等技术参数是供暖系统节能工程中的重要性能参数，它是否符合设计要求，将直接影响供暖系统的运行及节能效果。因此，为了确保散热器和保温材料的性能和质量，本条要求，对于这两种产品在进场时应对其热工等技术性能参数进行复验。复验应采取见证取样送检的方式，即在监理工程师或建设单位代表见证下，按照有关规定从施工现场随机抽取试样，送至有见证检测资质的检测机构进行检测，并应形成相应的复验报告。根据建设部141号令第12条规定，见证取样试验应由建设单位委托具备见证资质的检测机构进行。采取复验的手段，在不同程度上也能提高生产企业、供货商及订货方的质量意识。

复验方式可以分两个步骤进行：首先，要检查其有效期内的抽样检测报告，如果确认其符合要求，方可准许进场；其次，还要对不同批次进场的保温材料和散热器进行现场随机见证取样送检复验，如果某一批次复验的产品合格，说明该批次的产品符合要求，准许使用；否则，判定该批次的产品不合格，应全部退货，供应商应承担一切损失费用。这样做的目的，是为了确保供应商供应的产品货真价实，也是确保供暖系统节能的重要措施。

一、检查

1. 检测数量

同一厂家相同材质和规格的散热器按其数量的1%进行见证取样送检，但不得少于2组；如果是不同厂家或不同材质或不同规格的散热器，则应分别按其数量的1%进行见证取样送检，且不得少于2组。

同一厂家相同材质的保温材料见证取样送检的次数不得少于2次；不同厂家或不同材质的保温材料应分别见证取样送检，且次数不得少于2次。取样应在不同的生产批次中进行。考虑到保温材料品种的多样性，以及供货渠道的复杂性，抽取不少于2次是比较合理的。现场可以根据工程的大小，在方案中确定抽检的次数，并得到监理的认可，但不得少于2次。对于分批次进场的，抽取的时间可以定在首次大批量进场时以及供货后期；如果是一次性进场，现场应随机抽检不少于2个测试样品进行检验。

2. 检查内容

1）核查散热器复验报告中的单位散热量、金属热强度等技术性能参数，是否与设计要求及散热器进场时提供的产品检验报告中的技术性能参数一致；

2）核查保温材料的导热系数、密度、吸水率等技术性能参数，是否与设计要求及保温材料进场时提供的产品检验报告中的技术性能参数一致。

二、验收

1. 验收条件

根据规范要求对散热器和保温料进行了复验，且复验检验（测）报告的结果符合设计要求，并与进场时提供的产品检验报告中的技术性能参数一致。

对进场产品实行现场随机见证取样送检复验，具有一定的代表性，但也存在一定的风险。因为对散热器和保温材料的复验，只对已进场的产品负责。如果是一次性进场，送检复验的样品中只要有一个被检验（测）不合格，则判定全部产品不合格；对于分批次进场的，第一次复验合格，只能说明本次及以前进场的产品合格。如果在第二次复验不合格，则截止到第一次复验之后进场的产品均判定为不合格。对于不合格的产品不允许使用到供暖节能工程中，要全部退货处理。

2. 验收结论

参加验收的人员包括：监理工程师，建设单位项目专业技术负责人，供应商代表，施工单位项目专业质量（技术）负责人。

满足验收条件的产品为合格，可以通过验收；否则，为不合格，不能通过验收。验收合格后必须形成文字记录，填写进场复验记录，验收人员签字应齐全。

9.2.3 采暖系统的安装应符合下列规定：

1 采暖系统的制式，应符合设计要求；

2 散热设备、阀门、过滤器、温度计及仪表应按设计要求安装齐全，不得随意增减和更换；

3 室内温度调控装置、热计量装置、水力平衡装置以及热力入口装置的安装位置和方向应符合设计要求，并便于观察、操作和调试；

4 温度调控装置和热计量装置安装后，采暖系统应能实现设计要求的分室（区）温度调控、分栋热计量和分户或分室（区）热量分摊的功能。

检验方法：观察检查。

检查数量：全数检查。

本条为强制性条文。

对供暖系统节能效果密切相关的系统制式、散热设备、室内温度调控装置、热计量装置、水力平衡装置等的设置、安装、调试及功能实现等，作出了强制性的规定。

1. 供暖系统的制式也就是管道的系统形式，是经过设计人员周密考虑而设计的。供暖系统的制式设计得合理，供暖系统才能具备节能功能；但是，如果在施工过程中擅自改变了供暖系统的设计制式，就有可能影响供暖系统的正常运行和节能效果。因此，要求施工单位必须按照设计的供暖系统制式进行施工。

选择供暖系统制式的主要原则有：一是供暖系统应能保证各个房间（楼梯间除外）的室内温度能进行独立调控；二是便于实现分户或分室（区）热量（费）分摊的功能；三是管路系统简单、管材消耗量少、节省初投资。

新建和既有改造建筑室内热水集中供暖系统的制式，在保证室温可调控、满足热计量要求且方便运行管理的前提下，可采用下列任一制式：

1）新建住宅采用共用立管的分户独立系统时，常用的室内供暖系统制式有：

（1）下供下回（下分式）水平双管系统；

（2）上供上回（上分式）水平双管系统；

（3）下供下回（下分式）全带跨越管的水平单管系统；

（4）放射式（章鱼式）系统；

（5）低温热水地面辐射供暖系统。

2）新建公共建筑常用的室内供暖系统形式如下：

（1）上供下回垂直双管系统；

（2）下供下回垂直双管系统；

（3）下供下回水平双管系统；

（4）上供下回垂直单双管系统；

（5）上供下回全带跨越管（或装置 H 分配阀）的垂直单管系统；

（6）下供下回全带跨越管的水平单管系统；

（7）低温热水地面辐射供暖系统。

3）既有住宅和既有公共建筑的室内供暖系统改造可采用以下几种形式：

（1）原系统为垂直单管顺流系统时，宜改造为在每组散热器的供回水管之间均设跨越管（或装置 H 分配阀）的系统。

（2）原系统为垂直双管系统时，宜维持原系统形式。

（3）原系统为单双管系统时，既有住宅宜改造为垂直双管系统，或改造为在每组散热器的供回水管之间均设跨越管（或装置 H 分配阀）的垂直单管系统；既有公共建筑宜维持原系统形式。

（4）当室内管道更新时，既有住宅的以上三种原有系统形式也可改造为设共用立管的分户独立系统。

（5）原系统为低温热水地面辐射式供暖系统时，应需在每一分支环路上设置室内远传型自力式恒温阀或电子式恒温控制阀等温控装置。

2. 供暖系统选用节能型的散热设备和必要的自控阀门与仪表等，并能根据设计要求的类型、规格等全部安装到位，是实现供暖系统节能运行的必要条件。因此，要求在进行供暖节能工程施工时，必须根据施工图设计要求进行，未经设计同意，不得随意增减和更换有关的节能设备和自控阀门与仪表等。

1）室内热水集中供暖系统的散热器应采用高效节能型产品，其单位发热量和传热系数等热工参数是衡量散热器性能优劣的标志，改变其数量、规格及安装方式，都会对系统的可靠运行及节能造成很大的影响。散热器的选型及安装，一般应遵循下列原则：

（1）散热器的工作压力应满足系统的工作压力，并符合国家现行有关产品标准的规定。

（2）散热器要有好的传热性能，散热器的外表面应涂刷非金属性涂料。

（3）民用建筑宜采用外形美观、易于清扫的散热器；放散粉尘或防尘要求较高的工业建筑，应采用易于清扫的散热器；具有腐蚀性气体的工业建筑或相对湿度较大的房间，应采用耐腐蚀的散热器。

（4）选用钢制散热器、铝合金散热器时，应有可靠的内防腐处理，并满足产品对水质的要求。

（5）采用铸铁散热器时，应选用内腔无粘砂型散热器。

（6）采用热分配表进行热计量时，所选用的散热器应具备安装热分配表的条件。强制对流式散热器不适合热分配表的安装和计量。

（7）散热器宜布置在外墙窗台下，当布置在内墙时，应与室内设施和家具的布置协调。两道外门之间的门斗内，不应设置散热器。

（8）散热器宜明装，非特殊要求散热器不应设置装饰罩。暗装时装饰罩应有合理的气流通道和足够的通道面积，并方便维修。

（9）散热器的布置应尽可能缩短户内管系的长度。

（10）每组散热器上应设手动或自动跑风门。有冻结危险场所的散热器前不得设置调节阀。

2）对新建住宅和公建的热水集中供暖系统，应设置热量计量装置和室温调控装置，并应根据水力平衡要求设置水力平衡装置。本条文中所讲的阀门与仪表，主要是指供暖系统中散热器恒温控制阀（简称恒温阀）、热计量装置、水力平衡阀、过滤器、温度计、压力表等。由于它们都是关系到供暖系统能否实现规范所要求的热量计量、室温调控、水力平衡，从而达到节能运行的关键装置和配件，所以施工过程中必须全部安装到位。但是，通过现场调查发现，许多供暖工程为了降低工程造价，根本不考虑日后的节能运行和减少运行费用等问题，未经设计单位同意，就擅自去掉一些自控阀门与仪表，或将自控阀门更换为不节能的设备及手动阀门，导致了系统无法实现设计要求的热量计量和节能运行，使能耗及运行费用大大增加。

（1）恒温阀是一种自力式调节控制阀，用户可根据对室温高低的要求，设定并调节室温。这样恒温控制阀就确保了各房间的室温，避免了立管水量不平衡，以及双管系统上热下冷的垂直失调问题。同时，更重要的是当室内获得“自由热”（Free Heat，又称“免费热”，如阳光照射，室内热源——炊事、照明、电器及人体等散发的热量）而使室温有升高趋势时，恒温阀会及时减少流经散热器的水量，不仅保持室温合适，同时达到节能目的。恒温阀的选型及安装一般应遵循下列原则：

① 新建和改造等工程中散热器的进水支管上均应安装恒温阀。

② 恒温阀的特性及其选用，应遵循《散热器恒温控制阀》（JG/T 195—2006）的规定，且应根据室内供暖系统制式选择恒温阀的类型，垂直单管系统应采用低阻力恒温阀，垂直双管系统应采用高阻力恒温阀。

③ 垂直单管系统可采用两通恒温阀，也可采用三通恒温阀，垂直双管系统应采用两通恒温阀。

④ 采用低温热水地面辐射供暖系统时，每一分支环路应设置室内远传型自力式恒温

阀或电子式恒温控制阀等温控装置，也可在各房间加热管上设置自力式恒温阀。

⑤ 恒温阀感温元件类型应与散热器安装情况相适应。散热器明装时，恒温阀感温元件应采用内置型；散热器暗装时，应采用外置型。

⑥ 恒温阀选型时，应按通过恒温阀的水量和压差确定规格。

⑦ 恒温阀应具备防冻设定功能。

⑧ 明装散热器的恒温阀不应被窗帘或其他障碍物遮挡，且恒温阀的阀头（温度设定器）应水平安装；暗装散热器恒温阀的外置型感温元件应安装在空气流通、且能正确反映房间温度的位置。

⑨ 低温热水地面辐射供暖系统室内温控阀的温控器应安装在避开阳光直射和有发热设备且距地面 1.4m 处的内墙面上。

（2）热计量装置，主要是指建筑物楼前的总热量表和户内的热量分摊装置。对于住宅建筑，楼前的总热量表是该栋楼耗热量的结算依据，而楼内住户应理解热量分摊，当然，每户应该有相应的装置，作为对整栋楼的耗热量进行户间分摊的依据。目前在国内已有应用的热计量方法大致有温度法、热量分配表法、户用热量表法和面积法等。为了便于检查及验收，需了解已应用的热计量方法的种类。

① 温度法：按户设置温度传感器，通过测量室内温度，并结合建筑面积和楼栋总热量表测出的供热量进行热量（费）分摊。温度法供暖热计量分配系统是在每户住户内的内门上侧安装一个温度传感器，用来对室内温度进行测量，通过采集器采集的室内温度经通信线路送到热量采集显示器。热量采集显示器接收来自采集器的信号，并将采集器送来的用户室温送至热量计算分配器；热量计算分配器接收采集显示器或热量表送来的信号后，按照规定的程序将热量进行分摊。这种方法的出发点是：按照住户的等舒适度分摊热费，认为室温与住户的舒适是一致的，如果供暖期的室温维持较高，那么该住户分摊的热费也应该较多。遵循的分摊原则是：同一栋建筑物内的用户，如果供暖面积相同，在相同的时间内，相同的舒适度应缴纳相同的热费。它与住户在楼内的位置没有关系，不必进行住户位置的修正。因为节能是同一建筑物内各个热用户共同的责任。温度法可以做到根据受益来交费，可以解决热用户的位置差别及户间传热引起的热费不公平问题。另外，温度法与目前的传统垂直室内管路系统没有直接联系，可用于新建和既有改造住宅的任何供暖系统制式的热计量收费。

② 热量分配表法：在每组散热器上设置蒸发式或电子式热量分配表，通过对散热器散发热量的测量，并结合楼栋总热量表测出的供热量进行热量（费）分摊。此法适合于住宅建筑中采用散热器供暖的任何供暖系统制式。热量分配表法简单，分配表价格低廉，测量精度够用。但由于每户居民在整幢建筑中所处位置不同，即便同样住户面积，保持同样室温，散热器热量分配表上显示的数字却是不相同的。比如顶层住户会有屋顶，与中间层住户相比多了一个屋顶散热面，为了保持同样室温，散热器必然要多散发出热量来；同样，对于有山墙的住户会比没有山墙的住户在保持同样室温时多耗热量。所以，需要将每户根据散热器热量分配表分摊的热量，并根据楼内每户居民在整幢建筑中所处位置折算成当量热量后，才能进行收费。散热器热量分配表对既有供暖系统的热计量收费改造比较方便，比如将原有垂直单管顺流系统，加装跨越管就可以，不需要改为每一户的水平系统。

③ 户用热量表法：按户设置户用热量表，通过测量流量和供、回水温差进行住户的

热量计量，并结合楼栋总热量表测出的供热量进行热量（费）分摊。户用热量表安装在每户供暖环路中，可以测量每个住户的供暖耗热量，但是，我们原有的、传统的垂直室内供暖系统需要改为每一户的水平系统。这种方法与散热器热量分配表一样，需要将各个住户的热量表显示的数据进行折算，使其做到“相同面积的用户，在相同的舒适度的条件下，交相同的热费”。这种方法仅适合于住宅建筑中共用立管的分户独立供暖系统形式（包括地面辐射供暖系统），但对于既有建筑中应用垂直的供暖管路系统进行“热改”时，不太适用。

④ 面积法：根据热力入口处楼前总热量表的热量，结合各住户的建筑面积进行热费分摊。

尽管这种方法是按照住户面积作为分摊热量（费）的依据，但不同于“热改”前的概念。这种方法的前提是该栋楼前必须安装总热量表，是一栋楼内的热量分摊方式。此法适合于资金紧张的既有住宅中的任何供暖系统形式的热改。

当住宅建筑的类型、围护结构相同、分户热量（费）分摊装置一致时，不必每栋住宅都设楼栋总热量表，可几栋住宅共用一块总热量表。住宅建筑中需供暖的公共用房和公用空间，应设置单独的供暖系统和热计量装置。

对于公共建筑的热计量，应在每栋公共建筑物的热力入口处设置总热量表，且公共建筑内部归属不同单位的各部分，在保证能分室（区）进行温度调控的前提下，宜分别设置热量计量装置。

（3）供热系统水力不平衡的现象现在依然很严重，而水力不平衡是造成供热能耗浪费的主要原因之一，同时，水力平衡又是保证其他节能措施能够可靠实施的前提。因此，对系统节能而言，首先应该做到水力平衡，而且必须强制要求系统达到水力平衡。除规模较小的供热系统经过计算可以满足水力平衡外，一般室外供热管线较长，计算不易达到水力平衡。为了避免设计不当造成水力不平衡，一般供热系统均应在建筑物的热力入口处设置手动水力平衡阀和水过滤器，并应根据建筑物内供暖系统所采用的调节方式，决定是否还要设置自力式流量控制阀（对定流量水系统而言）或自力式压差控制阀（对变流量水系统而言），否则，出现不平衡问题时将无法调节。平衡阀是最基本的平衡元件，实践证明，在系统进行第一次调试平衡后，在设置了供热量自动控制装置进行质调节的情况下，室内散热器恒温阀的动作引起系统压差的变化不会太大，因此，只在某些条件下才需要设置自力式流量控制阀或自力式压差控制阀。

手动水力平衡阀选用原则：手动水力平衡阀是用于消除环路剩余压头、限定环路水流量用的，为了合理地选取平衡阀的型号，在设计水系统时，一定仍要进行管网水力计算及环网平衡计算，按管径选取平衡阀的口径（型号）。

尽管自力式流量控制阀具有在一定范围内自动稳定环路流量的特点，但是其水流阻力也比较大，因此即使是针对定流量系统，对设计人员的要求也首先是通过管路和系统设计来实现各环路的水力平衡（即“设计平衡”）；当由于管径、流速等原因的确无法做到“设计平衡”时，才应考虑采用手动水力平衡阀通过初调试来实现水力平衡的方式；只有当设计认为系统可能出现由于运行管理原因（例如水泵运行台数的变化等等）有可能导致的水量较大波动时，才宜采用阀权度要求较高、阻力较大的自力式流量控制阀。但是，对于变流量系统来说，除了某些需要特定定流量的场所（例如为了保护特定设备的正常运行或特殊要求）外，不应在系统中设置自力式流量控制阀，而应设置自力式压差控制阀。

（4）在许多工程中，发现热力入口处没有安装水过滤器，这对以往旧的不节能供暖系统影响不大，但在节能供暖系统中，由于设置了温控和热计量及水力平衡装置等，对水质要求很严格，安装过滤器能起到保护这些装置不被堵塞而安全运行的作用。因此，设置过滤器是必需的，同时，数量和规格也必须符合设计要求。

（5）温度计及压力表等是正确反映系统运行参数的仪表。在许多工程中，这些仪表并没有安装到位，也就无法判定系统的运行状态，更无法去进行系统平衡调节，因此，也就无法判断系统是否节能。

3. 室内温度调控装置、热计量装置、水力平衡装置以及热力入口装置的安装位置和方向关系到系统能否正常地运行，应符合设计要求，同时这些装置应便于观察、操作和调试。在实际工程中，室内温控装置经常被遮挡或安装方向不正确，无法真正反映室内真实温度，不能起到有效的调节作用。有很多供暖系统的热力入口只有总开关阀门和旁通阀门，没有按照设计要求安装热力入口装置，起不到过滤、热计量及水力平衡等作用，从而达不到节能运行的目的。有的工程虽然安装了，但空间狭窄，过滤器和水力平衡阀无法操作，热计量装置、压力表、温度计等仪表很难观察读取，保证不了其读数的准确性。通过调研，还发现现有许多建筑室外热力入口的土建做法不符合设计要求，只是做了一个简单的阀门井，根本无法安装所有的入口装置，同时由于空间狭小，维修人员很难下去操作，更无从调节。

4. 本条强制性规定设有温度调控装置和热计量装置的供暖系统安装完毕后，应能实现设计要求的分室（区）温度调控和分栋热计量及分户或分室（区）热量（费）分摊。如果某供暖工程竣工后能够达到此要求，就表明该供暖工程能够真正地实现节能运行；反之，亦然。当然，如果工程设计无此规定，那么对安装完毕的供暖系统也就无此功能要求了。

分户分室（区）温度调控和实现分栋分户（区）热量计量，一方面是为了通过对各场所室温的调节达到舒适度要求；另一方面是为了通过调节室温而达到节能的目的。对有分栋、分室（区）热计量要求的建筑物，要求其供暖系统安装完毕后，能够通过热量计量装置实现热计量。量化管理是节约能源的重要手段，按照用热量的多少来收取供暖费用，既公平合理，更有利于提高用户的节能意识。

一、检查

检查内容

（1）查看供暖系统安装的制式、管道的走向、坡度、管道分支位置、管径大小等，并与工程设计图纸进行核对。

（2）逐一检查散热设备、阀门、过滤器、温度计及仪表安装的数量和位置，并与施工图纸进行核对。

（3）检查室内温度调控装置、热计量装置、水力平衡装置以及热力入口装置的安装位置和方向，并与施工图纸核对。进行实地操作调试，看是否方便。

（4）现场实地操作，检查设有温度调控装置和热计量装置的供暖系统安装完毕后，能否实现设计要求的分室（区）温度调控、分栋热计量和分户或分室（区）热量（费）分摊的功能。

二、验收

1. 验收条件

(1) 供暖系统安装制式符合设计要求；

(2) 散热设备、阀门、过滤器、温度计及仪表的安装数量、规格均符合设计要求；

(3) 室内温度调控装置、热计量装置、水力平衡装置以及热力入口装置的安装位置和方向符合设计要求，并便于观察、操作和调试；

(4) 设有温度调控装置和热计量装置的供暖系统安装完毕后，能够实现设计要求的分室（区）温度调控、分栋热计量和分户或分室（区）热量（费）分摊的功能。

2. 验收结论

本条文的内容要作为专项验收内容。

9.2.4 散热器及其安装应符合下列规定：

1 每组散热器的规格、数量及安装方式应符合设计要求；

2 散热器外表面应刷非金属性涂料。

检验方法：观察检查。

检查数量：按散热器组数抽查5%，不得少于5组。

目前，对散热器的安装存在不少误区，常常会出现散热器的规格、数量及安装方式与设计不符等情况，如把散热器全包起来暗装，仅留很少一点通道，或随意减少散热器的数量，以致每组散热器的散热量不能达到设计要求，而影响供暖系统的运行效果。

散热器暗装时，由于空气的自然对流受限，热辐射被遮挡，使散热效率大都比明装时低。同时，散热器暗装时，它周围的空气温度，远远高于明装时的温度，这将导致局部围护结构的温差传热量增大。而且，散热器暗装时，不仅要增加建造费用，还必须占用一部分建筑面积，并且还会影响温控阀的正常工作。因此，散热器宜明装。

但必须指出，有些建筑如幼儿园、托儿所，为了防止幼儿烫伤，采用暗装还是必要的。但是，必须注意以下三点：一是在暗装时，必须选择散热量损失少的暗装构造形式；二是对散热器后部的外墙增加保温措施；三是要注意散热器罩内的空气温度并不代表室内供暖计算温度，所以这时应该选择采用带外置式温度传感器的恒温阀，以确保恒温阀能根据设定的室内温度正常地进行工作。

散热器布置在外墙的窗台下，从散热器上升的对流热气流能阻止从玻璃窗下降的冷气流，使流经生活区和工作区的空气比较暖和，给人以舒适的感觉；如果把散热器布置在内墙，流经人们经常停留地区的是较冷的空气，使人感到不舒适，也会增加墙壁积尘的可能，因此应把散热器布置在外墙的窗台下。考虑到分户热计量时，为了有利于户内管道的布置，也可以靠内墙安装。

从我国最早使用的铸铁散热器开始，散热器表面涂饰，基本为含金属的涂料，其中尤以银粉漆为最普遍。对于散热器表面状况对散热量的影响，国内外研究结论早已证明：采用含有金属粉末的涂料来涂饰散热器表面，将降低散热器的散热能力。但是，这个问题在实际的工程实践中，没有受到应有的重视。散热器表面涂刷金属涂料如银粉漆的现象，至今仍很普遍。

实验结果证实，若将柱型铸铁散热器的表面涂料由传统的银粉漆改为非金属涂料，就可提高散热能力13%～16%。这是一种简单易行的节能措施，无疑应予以大力推广。因此，本规范在用词时采用了“应”字，即要求在正常情况下均应这样做。这里特别需要指出的是，以上分析是针对表面具有辐射散热能力的散热器进行的，对于对流型散热器，因其基本依靠对流换热，表面辐射散热成分很小，上述效应则不很明显。

一、检查

检查内容

(1) 所抽查散热器每组的规格，包括散热器的宽度、长度（片数）、高度；

(2) 散热器的安装位置及方式，有无遮挡；

(3) 散热器表面刷涂料的情况。

二、验收

验收条件

散热器安装的类型、规格、数量以及安装的方式和位置，应符合设计要求；散热器表面应刷非金属涂料。

9.2.5 散热器恒温阀及其安装应符合下列规定：

1 恒温阀的规格、数量应符合设计要求；

2 明装散热器恒温阀不应安装在狭小和封闭空间，其恒温阀阀头应水平安装，且不应被散热器、窗帘或其他障碍物遮挡；

3 暗装散热器的恒温阀应采用外置式温度传感器，并应安装在空气流通且能正确反映房间温度的位置上。

检验方法：观察检查。

检查数量：按总数抽查5%，不得少于5个。

散热器恒温阀（又称温控阀、恒温器）安装在每组散热器的进水管上，它是一种自力式调节控制阀，其核心作用是保证能分室（区）进行室温调控。因为能分室（区）进行室内温度调控，是实现供暖节能的基础，离开了室内温度的调控，供暖节能也就无从谈起。同时提供房间温度在一定范围内自主调节控制的条件，也是提高供暖舒适度和节能的需要。恒温阀的规格、数量符合设计要求，是发挥其作用的重要条件。

恒温阀在实现每组散热器单独调控温度，大大提高居室舒适度的同时，还可通过利用自由热和用户根据需要调节设定温度来大幅度降低供暖能耗。自由热即除固定热源散热器之外的热源，如朝阳房间的太阳光辐射及室内人体、电器等散发出来的热量等。当自由热导致室温上升时，恒温阀会减少散热器热水供应，从而降低供暖能耗。此外，用户根据需求即时调节设定温度，可以避免不必要的高室温造成的能源浪费。大量恒温阀应用实践表明，使用恒温阀平均可节省能源15%～30%。

散热器恒温阀头如果垂直安装或安装时被散热器、窗帘或其他障碍物遮挡，恒温阀将不能真实反映出室内温度，也就不能及时调节进入散热器的水流量，从而达不到节能的目的。恒温阀应具有人工调节和设定室内温度的功能，并通过感应室温自动调节流经散热器的热水流量，实现室温自动恒定。对于安装在装饰罩内的恒温阀，则必须采用外置传感器，传感器应设在能正确反映房间温度的位置上。

一、检查

检查内容：

(1) 检查被抽查的恒温阀的规格、数量；

（2）明装散热器恒温阀安装的位置，恒温阀阀头的安装状态，恒温阀阀头被遮挡情况；

（3）暗装散热器的恒温阀是否采用了外置式温度传感器，以及安装位置是否正确。

二、验收

验收条件：

（1）恒温阀的规格、数量应符合设计要求；

（2）明装散热器恒温阀没有安装在狭小和封闭空间，其恒温阀阀头均水平安装，且不被任何障碍物遮挡；

（3）暗装散热器的恒温阀，其温度传感器采用的是外置式，并安装在空气流通且能正确反映房间温度的位置上，一般设在内墙上。

9.2.6 地温热水地面辐射采暖系统的安装除了应符合本规范第 9.2.3 条的规定外，尚应符合下列规定：

1 防潮层和绝热层的做法及绝热层的厚度应符合设计要求；

2 室内温控装置的传感器应安装在避开阳光直射和有发热设备且距地 1.4m 处的内墙面上。

检验方法：防潮层和绝热层隐蔽前观察检查；用钢针刺入绝热层、尺量；观察检查、尺量室内温控装置传感器的安装高度。

检查数量：防潮层和绝热层按检验批抽查 5 处，每处检查不少于 5 点；温控装置按每个检验批抽查 10 个。

低温热水地面辐射供暖通常是一种将化学管材敷设在地面或楼面现浇垫层内，以工作压力不大于 0.8MPa、温度不高于 60℃的热水为热媒，在加热管内循环流动加热地板，通过地面以辐射和对流的传热方式向室内供热的供暖系统。该系统以整个地面作为散热面，地板在通过对流换热加热周围空气的同时，还与人体、家具及四周的维护结构进行辐射换热，从而使其表面温度提高，其辐射换热量约占总换热量的 50%以上，是一种理想、节能的供暖系统，可以有效地解决散热器供暖系统存在的有关问题。

但是由于它毕竟与传统的供暖方式不同，造成了在设计和施工中出现了一些问题，如负荷计算、管道材料选择、地板加热盘管的间距、管路布置形式、塑料管热胀性等，致使在使用中出现了这样或那样的问题。地面辐射供暖系统在设计、施工、运行中常出现的问题如下：

1. 设计中存在的问题

地面辐射供暖设计的步骤大致是：计算建筑热负荷，选择加热盘管的规格和布置型式，计算敷设间距，进行水力计算平衡管路，绘制施工图。在以上各环节中，应在以下几个环节引起注意：

1）热负荷计算中的问题

为了计算方便起见，有许多资料推荐了建筑热负荷单位面积、体积热指标。而对于地面辐射供暖系统，热负荷计算存在以下几个方面的问题需要分析：

一方面是由于室内温度场分布均匀且主要是辐射热，可以将室内计算温度降低 2℃计算，也就是说，可以适当降低建筑物热负荷；另一方面是地面辐射供暖系统是以地板盘管经地面向室内散热，在地板散热模型的建立中一般均未考虑地板被家具遮挡而增加的热阻的影响，特别是在住宅建筑中，卧室及起居室内床、衣橱、电视机橱、沙发等家具的遮挡率占房间面积的30%～50%，高则占80%，这样就大大降低了地板盘管向室内散出的热量，也就是说应适当增加建筑物的热负荷；另外地板装饰层的厚度、材料也会影响建筑物的散热量，这也应当进行适当的考虑。设计计算建筑物热负荷时应对以上问题进行综合分析，确定出符合工程实际情况的热负荷值。

2）地板加热盘管敷设型式及间距选择问题

地面辐射供暖的散热主体为加热盘管，而加热盘管的间距是控制加热盘管散热多少的重要参数，在现有资料中大多推荐了诸如150mm、200mm、250mm等数据的计算方法。事实上，加热盘管宜采用回字形，且加热盘管间距宜在外墙处密集，远离外墙处则应较疏。有关具体间距需经过计算确定。

3）分、集水器的位置选择

分、集水器是地面辐射供暖中各水环路的分合部件，它具有对各供暖区域分配水流的作用。同时它还是金属部件与塑料管的连接转换处，以及系统冲洗、水压试验的泄水口，因此其位置选择是否合适，对整个供暖系统非常重要，宜设在便于控制，且有排水管道处，如厕所、厨房等处，不宜设于卧室、起居室，更不宜设于贮藏间内。

4）室内温控装置的选择

采用低温热水地面辐射供暖系统时，每一分支环路应设置室内温控装置，以调控室温和降低能耗。适合该供暖方式的室内温控装置有远传型自力式恒温阀、有线型电动式恒温控制阀、无线电子式恒温控制阀以及设置在各房间加热管上的自力式恒温阀等。

5）地面辐射供暖系统管材的选用

塑料管道具有热膨胀性较大的特点，其线性膨胀系数为：PEX，0.2mm/(m·℃)；PPR，0.18mm/(m·℃)；XPAP，0.025mm/(m·℃)；PB，0.13 mm/(m·℃)。因此，对于明装的塑料管，很难保证其安装后不出现弯曲、蛇形等现象，所以，对于干、立等明装管宜采用热镀锌钢管，也可采用铜管。

6）防潮层和绝热层的设置

对地面辐射供暖系统无地下室的一层地面、卫生间等处，应分别设置防潮层和绝热层。绝热层采用聚苯乙烯泡沫塑料板［导热系数为≤0.041W（m·K），密度≥20.0kg/m^3］时，其厚度不应小于30mm；直接与室外空气相邻的楼板应设绝热层。绝热层采用聚苯乙烯泡沫塑料板［导热系数为≤0.041W/(m·K)，密度≥20.0kg/m^3］时，其厚度不应小于40mm。当采用其他绝热材料时，可根据热阻相当的原则确定厚度。

7）过滤器的选用

地面辐射供暖加热盘管一般为*De*16或*De*20的塑料管，其内径只有十几毫米，一旦有异物堵塞，则整个环路将失去散热功能，因此保证其畅通特别重要，所以在每个分进水管上应设置过滤器。

8）各环路的平衡问题

根据流体力学的理论，对于并联环路的流量分配与其环路的阻力有关。

保持各环路长度相等或长度相近，也就是保证各环路流量平衡，但是由于各环路所承担的热负荷不同，而管路短、阻力小的环路，虽然承担的热负荷小，但是根据上式可知，其流量反而较大，因此在确有困难平衡环路长度时，应在各环路上增设调节装置。

2. 施工中存在的问题

在地面辐射供暖系统施工中应特别注意检查以下几点：

1）室内温控装置的传感器的设置高度

距地 1.4m 高度处的室温，与人体的舒适度有较大关系。为了不因室温过高而浪费能源、过低而影响舒适度，室内温控装置的传感器应安装在距地面 1.4m 的内墙面上（或与室内照明开关并排设置），并应避开阳光直射和发热设备，以免产生控制上的误差。

2）在加热盘管的上部或下部宜布置钢丝网

对地面辐射供暖的室内温度场研究表明，在布管处散热相对较强，而管与管之间则散热较弱。为了减小这种强弱明显的散热效果，宜在加热盘管的上部敷设一层钢丝网，以均衡地板表面的散热。同时，加设钢丝网还可增强地板的抗裂性。

3）试压及排水

安装完毕后对系统进行水压试验是《建筑给水排水及采暖工程施工质量验收规范》（GB 50242—2002）中作为工程安装合格的基本要求，对于地面辐射供暖系统也不例外，关键是地面辐射供暖系统试压后并不像其他供暖空调系统，打开泄水阀和排气阀系统就可将水完全泄掉，而是有相当一部分水，即加热盘管中存的水不能泄掉，尤其在冬季施工时，如果加热盘管中的水不能彻底及时排走，则很可能因水结冰而破坏整个加热盘管（事实上，此类现象在实际工程中时有发生），因此在试压或冲洗后，应采用压缩空气将加热盘管中的水全部吹出，以防冻坏管路。

4）地板预留伸缩缝

为了确保地面在供暖工程中正常工作，当房间的跨度大于 6m 后应设地面伸缩缝，缝宽以≥5mm 为宜，且加热盘管穿越伸缩缝时，应设长度不小于 100mm 的柔性套管。

一、检查

检查内容：

（1）检查绝热层和防潮层的做法，必要时剖开检查；

（2）检查绝热层的厚度；

（3）室内温控装置传感器的安装位置及安装高度。

二、验收

验收条件：

（1）防潮层和绝热层的做法符合设计要求；

（2）绝热层的厚度应符合设计要求，不得有负偏差；

（3）室内温控装置的传感器安装在避开阳光直射和有发热设备且距地 1.4m 处的内墙面上，距地高度偏差在±20mm 以内。

9.2.7 采暖系统热力入口装置的安装应符合下列规定：

1 热力入口装置中各种部件的规格、数量，应符合设计要求。

2 热计量装置、过滤器、压力表、温度计的安装位置、方向应正确，并便于观察、维护。

3 水力平衡装置及各类阀门的安装位置、方向应正确，并便于操作和调试。安装完毕后，应根据系统水力平衡要求进行调试并做出标志。

检验方法：观察检查；核查进场验收记录和调试报告。

检查数量：全数检查。

热力入口是指室外热网与室内供暖系统的连接点及其相应的入口装置，一般是设在建筑物楼前的暖气沟内或地下室等处，热力入口装置通常包括阀门、水力平衡阀、总热计量表、过滤器、压力表、温度计等。

在实际工程中有很多供暖系统的热力入口只有总开关阀门和旁通阀门，没有按照设计要求安装水力平衡阀、热计量装置、过滤器、压力表、温度计等入口装置；有的工程虽然安装了入口装置，但空间狭窄，过滤器和阀门无法操作，热计量装置、压力表、温度计等仪表很难观察读取。因此，热力入口装置常常起不到其过滤、热能计量及调节水力平衡等功能，从而起不到节能的作用。

1. 新建集中供暖系统热力入口的要求

1）热力入口供、回水管均应设置过滤器。供水管应设两级过滤器，顺水流方向第一级为粗滤，滤网孔径不宜大于 $\phi 3.0$mm，第二级为精过滤，滤网规格宜为 60 目；进入热计量装置流量计前的回水管上应设过滤器，滤网规格不宜小于 60 目。

2）供、回水管应设置必要的压力表或压力表管口。

3）无地下室的建筑，宜在室外管沟入口或楼梯间下部设置小室，室外管沟小室宜有防水和排水措施。小室净高应不低于 1.4m，操作面净宽应不小于 0.7m。

4）有地下室的建筑，宜设在地下室可锁闭的专用空间内，空间净高度应不低于 2.0m，操作面净宽应不小于 0.7m。

2. 关于平衡阀

1）平衡阀的工作原理

平衡阀属于调节阀范畴，它的工作原理是通过改变阀芯与阀座的间隙（开度），来改变流经阀门的流动阻力，以达到调节流量的目的。从流体力学观点看，平衡阀相当于一个局部阻力可以改变的节流元件，实际上就是一种有开度指示的手动调节阀。

平衡阀与普通阀门的不同之处在于有开度指示、开度锁定装置及阀体上有两个测压小阀。管网系统安装完毕，并具备测试条件后，对管网进行平衡调试，用软管将被调试的平衡阀测压小阀与专用智能仪表连接，仪表能显示出流经阀门的流量值（及压降值），经与仪表人机对话向仪表输入该平衡阀处要求的流量值后，仪表经计算、分析，可显示出管路系统达到水力平衡时该阀门的开度值，将各阀门开度锁定，使管网实现水力工况平衡。因此，设在热力入口处的平衡阀，其作用相当于调节阀和等效孔板流量仪的组合，使各个热用户的流量分配达到要求。当总循环泵变速运行时，各个热用户的流量分配比例保持不变。

2）平衡阀的特性

（1）流量好。这一特性对方便准确地调整系统平衡具有重要意义。

（2）有清晰、准确的阀门开度指示。

（3）平衡调试后，阀门锁定功能使开度值不能随便地被变更。通过阀门上的特殊装置锁定了阀门开度后，无关人员不能随便开大阀门开度。如果管网环路需要检修，仍可以关闭平衡阀，待修复后开启阀门，但最大只能开启至原设定位置为止。

（4）平衡阀阀体上有两个测压小阀，在管网平衡调试时，用软管与专用智能仪表相连，能由仪表显示出流量值及计算出该阀门在设计流量时的开度值。

3）平衡阀的选型及安装位置要求

（1）室内供暖为垂直单管跨越式系统，热力入口的平衡阀应选用自力式流量控制阀。

（2）室内供暖为双管系统，热力入口的平衡阀应选用自力式压差控制阀。

（3）自力式压差控制阀或流量控制阀两端压差不宜大于 100kPa，不应小于 8.0kPa，具体规格应由计算确定。

（4）管网系统中所有需要保证设计流量的热力入口处均应安装一只平衡阀，可安在供水管路上，也可安在回水管路上，设计如无特殊要求，从降低工作温度，延长其工作寿命等角度考虑，一般安装在回水管路上。

3. 关于热计量装置

1）热计量装置的选型

本规范 9.2.3 条的条文要点中指出，无论是住宅建筑还是公共建筑，无论建筑物中采用何种热计量方式，其热力入口处均应设置热计量装置——总热量表，作为房屋产权单位（物业公司）的住户结算式分摊热费的依据。从防堵塞和提高计量的准确度等方面考虑，该表宜采用超声波型热量表。

2）热量计量装置的安装和维护

（1）热力入口装置中总热量表的流量传感器宜装在回水管上，以延长其寿命、降低故障率、降低计量成本；进入热量计量装置流量计前的回水管上应设置滤网规格不宜小于60目的过滤器。

（2）总热量表应严格按产品说明书的要求安装。

（3）对总热量表要定期进行检查维护，内容为：检查铅封是否完好；检查仪表工作是否正常；检查有无水滴落在仪表上，或将仪表浸没；检查所有的仪表电缆是否连接牢固可靠，是否因环境温度过高或其他原因导致电缆损坏或失效；根据需要检查、清洗或更换过滤器；检查环境温度是否在仪表使用范围内。

一、检查

1. 检查方法

现场实地观察检查，检查热力入口各装置部件的规格、数量及其安装与设计图纸的符合性；核查热力入口各装置部件的进场验收记录及平衡阀的调试报告。

2. 检查内容

（1）对照设计施工图纸，检查热力入口各装置部件的数量、规格型号、安装方向、安装位置；

（2）实地操作、观察；

（3）调试标记和调试记录。

二、验收

验收条件

（1）热力入口各装置部件的规格、数量应符合设计要求，安装位置、方向应正确；

（2）热计量装置、压力表、温度计观察方便、维护更换容易；

（3）水力平衡装置能方便调试，调试后能满足系统平衡要求，并有调试标记和调试合格记录。

9.2.8　采暖管道保温层和防潮层的施工应符合下列规定：

1　保温层应采用不燃或难燃材料，其材质、规格及厚度等应符合设计要求。

2　保温管壳的粘贴应牢固、铺设应平整；硬质或半硬质的保温管壳每节至少应用防腐金属丝或难腐织带或专用胶带进行捆扎或粘贴 2 道，其间距为 300～350mm，且捆扎、粘贴应紧密，无滑动、松弛及断裂现象。

3　硬质或半硬质保温管壳的拼接缝隙不应大于 5mm，并用黏结材料勾缝填满；纵缝应错开，外层的水平接缝应设在侧下方。

4　松散或软质保温材料应按规定的密度压缩其体积，疏密应均匀；毡类材料在管道上包扎时，搭接处不应有空隙。

5　防潮层应紧密粘贴在保温层上，封闭良好，不得有虚粘、气泡、皱褶、裂缝等缺陷。

6　防潮层的立管应由管道的低端向高端敷设，环向搭接缝应朝向低端；纵向搭接缝应位于管道的侧面，并顺水。

7　卷材防潮层采用螺旋形缠绕的方式施工时，卷材的搭接宽度宜为 30～50mm。

8　阀门及法兰部位的保温层结构应严密，且能单独拆卸并不得影响其操作功能。

检验方法：观察检查；用钢针刺入保温层、尺量。

检查数量：按数量抽查 10%，且保温层不得少于 10 段、防潮层不得少于 10m、阀门等配件不得少于 5 个。

涉及的是供暖管道保温方面的问题，对供暖管道及其部、配件保温层和防潮层施工的基本质量要求做出了规定。供暖管道保温厚度是由设计人员依据保温材料的导热系数、密度和供暖管道允许的温降等条件计算得出的。如果管道的保温厚度等技术性能达不到设计要求，或者保温层与管道粘贴得不紧密、牢固，或者设在地沟及潮湿环境内的保温管道不做防潮层以及防潮层做得不完整或有缝隙，都将会严重影响供暖管道的保温节能效果。因此，除了要把好保温材料的质量关之外，还必须对供暖管道保温层和防潮层的施工质量引起重视。

供暖管道常用保温材料有岩棉、矿棉管壳、玻璃棉壳及聚氨酯硬质泡沫保温管等。我国保温材料工业发展迅速，岩棉和玻璃棉保温材料生产量已有较大规模。聚氨酯硬质泡沫塑料保温管（直埋管）近几年发展很快，它保温性能优良，虽然目前价格较高，但随着技术进步和产量增加，将在工程中得到广泛应用。

岩棉是以精选的玄武岩或辉绿岩为主要原料，经高温熔融制成的无机人造纤维，纤维直径在 4～7μm。在岩棉中加入一定量的胶粘剂、防尘油、憎水剂，经固化、切割、贴面等工序，可制成岩棉板、缝毡、保温带、管壳等制品。岩棉制品具有良好的保温、隔热、吸声、耐热、不燃等性能和良好的化学稳定性。

矿棉是利用高炉矿渣或铜矿渣、铝矿渣等工业矿渣为主要原料，经熔化，用高速离心法或喷吹法工艺制成的棉丝状无机纤维，纤维直径为 4～7μm。在矿渣棉中加入一定量的胶粘剂、憎水剂、防尘剂等，经固化、切割、烘干等工序，可制成矿棉板、缝毡、保温带、管壳等制品。矿渣棉制品具有良好的保温、隔热、吸声、不燃、防蛀等性能，以及较好的化学稳定性。

玻璃棉是以硅砂、石灰石、萤石等矿物为主要原料，经熔化，用火焰法、离心法或高压载能气体喷吹法等工艺将熔融玻璃液制成的无机纤维。纤维平均直径：1 号玻璃棉≤

5.0μm；2 号玻璃棉≤8μm；3 号玻璃棉≤13.0μm。在玻璃纤维中加入一定量的胶粘剂和其他添加剂，经固化、切割、贴面等工序，可制成玻璃棉毡、玻璃棉板、玻璃棉管壳。玻璃棉制品具有良好的保温、隔热、吸声、不燃、耐腐蚀等性能。

聚氨酯泡沫塑料是把含有羟基的聚醚或聚酯树脂与异氰酸酯反应构成聚氨酯主体，并由异氰酸酯与水反应生成的二氧化碳或用低沸点的氟氢化烷烃为发泡剂发泡，生产内部具有无数小气孔的一种塑料制品。聚氨酯泡沫塑料可分为软质、半硬质、硬质三类，软质聚氨酯泡沫塑料在建筑中应用尚少，只用在要求严格隔音的场合以及管道弯头的保温等处；半硬质制品的主要用途是车辆，在建筑业中可用来填塞波纹板屋顶及作填充外墙板端部空隙的芯材，其用途也较为有限；硬质聚氨酯泡沫塑料，近年来，作为一种新型隔热保温材料，在建筑上得到了广泛的应用。

管道保温层的施工基本要求：

1. 管道穿墙、穿楼板套管处的保温，应用相近效果的软散材料填实。

2. 保温层采用保温涂料时，应分层涂抹，厚度均匀，不得有气泡和漏涂，表面固化层应光滑，牢固无缝隙，并且不得影响阀门正常操作。

3. 保温层的材质及厚度应符合设计要求。

检查数量及检查方法：

1. 检查数量

对于供暖管道的保温层、防潮层及配件，分别按其数量抽查 10%。保温层不得小于 10 段；防潮层应在不同的部位进行抽查检查，每个部位不大于 1m，抽查总长度不得小于 10m；阀门、过滤器及法兰等配件的保温是个薄弱环节，在抽查时，应在不同的检验批中分别抽查，抽查总数不能少于 5 个；管道穿套管处不得少于 5 处。

2. 检查方法

（1）检查保温层防火检测报告；与施工图纸对照，检查施工完成后的保温材料材质、规格及厚度。

（2）对于保温管壳，用手扳，检查粘贴和捆扎得是否牢固、紧密，观察表面平整度。

（3）对于硬质或半硬质的保温管壳，检查拼接缝情况。

（4）如保温材料采用松散或软质保温材料时，按其密度要求检查其疏密度，检查搭接缝隙。

（5）检查防潮层施工顺序、搭接缝朝向及其密封和平整情况。

（6）检查阀门等部件的保温层结构，实际操作保温层结构，看其是否能单独拆卸。

9.2.9　采暖系统应随施工进度对于节能有关的隐蔽部位或内容进行验收，并应有详细的文字记录和必要的图像资料。

检验方法：观察检查；核查隐蔽工程验收记录。

检查数量：全数检查。

供暖管道及配件等，被安装于封闭的部位或直接埋地时，均属于隐蔽工程。在结构进行封闭之前，必须对隐蔽工程的施工质量进行验收。对供暖管道应进行水压试验，如有防腐及保温施工的，则必须在水压试验合格且得到现场监理人员认可的合格签证后，方可进行，否则，不得进行保温、封闭作业和进入下道隐蔽工程的施工。必要时，应对隐蔽工程的施工情况进行拍照或录像并存档，以便于质量验收和追溯。

对隐蔽工程的验收，是由建设单位、监理及施工方共同参加的对于与节能有关的施工工程隐蔽之前进行的检查，是在施工方自检的基础上，由施工方对自己所施工的隐蔽工程质量做出合格判断后所进行的工作。因此，对隐蔽工程的验收，不能在没有通过施工方自检达到合格之前，就由其他方进行验收检查。施工方应对隐蔽工程的自检情况做好记录，以备验收时核查。

隐蔽工程的验收检查，可分为以下几个方面的内容：

(1) 对暗埋敷设于沟槽、管井、吊顶内及不进入的设备层内的供暖管道和相关设备，应检查管材、管件、阀门、设备的材质与型号、安装位置、标高、坡度；管道连接做法及质量；附件的使用，支架的固定，防腐处理，以及是否已按设计要求及施工规范验收规定完成强度、严密性、冲洗等试验。管道安装验收合格后，再对保温情况做隐蔽验收。

(2) 对直埋于地下或垫层中的供暖管道，在保温层、保护层完成后，所在部位进行回填之前，应进行隐蔽验收检查，检查管道的安装位置、标高、坡度；支架做法；保温层、防潮层及保护层设置；水压试验结果及冲洗情况。

(3) 对于低温热水地面辐射供暖系统的地面防潮层和绝热层在铺设管道前还要单独进行隐蔽检查验收。

检查方法、数量及内容

1. 检查方法。观察、尺量检查；核查隐蔽工程的自检记录。

2. 检查数量。对隐蔽部位全部检查。

3. 检查内容。检查被隐蔽部位的管道、设备、阀门等配件的安装情况及保温情况，且安装和保温应分两次验收；对于直埋保温管道进行一次验收。

9.2.10 采暖系统安装完毕后，应在采暖期内与热源进行联合试运转和调试。联合试运转和调试结果应符合设计要求，采暖房间温度相对于设计计算温度不得低于2℃，且不高于1℃。

检验方法：检查室内采暖系统试运转和调试记录。

检查数量：全数检查。

本条为强制性条文。是参考《建筑给水排水及采暖工程施工质量验收规范》（GB 50242—2002）第8.6.3条“系统冲洗完毕应充水、加热，进行试运行和调试”而编制的。在此基础上，本条又增加了对供暖房间温度的调试及要求，即室内温度不得低于设计计算温度2℃，且不应高于1℃。虽然供暖房间的温度越低越有利于节能，但是为了确保供热单位的供热质量，保证居住、办公等供暖房间具有一定的温度（一般不低于16℃）和舒适度，本条文强制规定供暖房间的温度不得低于设计计算温度2℃；对房间温度之所以规定一个不高于设计值1℃的限值，其目的是为了满足某些高标准建筑物对室内供暖温度的特殊要求，这样既可适当提高其室温标准，又不至于因室温过高而造成能源浪费。

供暖系统工程安装完工后，为了使供暖系统达到正常运行和节能的预期目标，规定必须在供暖期与热源连接进行系统联合试运转和调试。进行系统联合试运转和调试，是对供暖系统功能的检验，其结果应满足设计要求。由于系统联合试运转和调试受到竣工时间、热源条件、室内外环境、建筑结构特性、系统设置、设备质量、运行状态、工程质量、调试人员技术水平和调试仪器等诸多条件的影响和制约，又是一项季节性、时间性、技术性较强的工作，所以很难不折不扣地执行；但是，由于它非常重要，会直接影响到供暖系统能否正常运行、能否达到节能目标，所以又是一项必须完成好的工程施工任务。

供暖系统工程竣工如果是在非供暖期或虽然在供暖期却还不具备热源条件时，应对供暖系统进行水压试验，试验压力应符合设计要求。但是，这种水压试验，并不代表系统已进行了调试并达到平衡，不能保证供暖房间的室内温度能达到设计要求。因此，施工单位和建设单位应在工程（保修）合同中进行约定，在具备热源条件后的第一个供暖期间再补做联合试运转及调试。补做的联合试运转及调试报告应经监理工程师（建设单位代表）设计签字确认后，以补充完善验收资料。

9.3 一般项目

9.3.1 采暖系统过滤器等配件的保温层应密实、无空隙，且不得影响其操作功能。

检验方法：观察检查。

检查数量：按类别数量抽查10%，且不得少于2件。

过滤器向下的滤芯外部要做活体保温，同样以利于检修、拆卸的方便。

遇到三通处应先做主干管，后分支管。凡穿过建筑物保温管道套管与管子四周间隙应用保温材料填塞紧密。

第四节 通风与空调节能工程

10.1 一般规定

10.1.1 本章适用于通风与空调系统节能工程施工质量的验收。

明确了本章适用的范围。本条文所讲的通风系统是指包括风机、消声器、风口、风管、风阀等部件在内的整个送、排风系统。空调系统包括空调风系统和空调水系统，前者是指包括空调末端设备、消声器、风管、风阀、风口等部件在内的整个空调送、回风系统；后者是指除了空调冷热源和其辅助设备与管道及室外管网以外的空调水系统。

10.1.2 通风与空调系统节能工程的验收，可按系统、楼层等进行，并应符合本规范第3.4.1条的规定。

通风与空调系统节能工程的验收，应根据工程的实际情况、结合本专业特点，分别按系统、楼层等进行。

空调冷（热）水系统的验收，可与供暖系统验收相同，一般应按系统分区进行，划分成若干个检验批。对于系统大且层数多的空调冷（热）水系统工程，可分别按6～9个楼层作为一个检验批进行验收；通风与空调的风系统，可按风机或空调机组等所各自负担的风系统分别进行验收。

10.2 主控项目

10.2.1 通风与空调系统节能工程所使用的设备、管道、阀门、仪表、绝热材料等产品进场时，应按设计要求对其类型、材质、规格及外观等进行验收，并应对下列产品的技术性能参数进行核查。验收与核查的结果应经监理工程师（建设单位代表）检查认可，并应形成相应的验收、核查记录。各种产品和设备的质量证明文件和相关技术资料应齐全，并应符合有关国家现行标准和规定。

1 组合式空调机组、柜式空调机组、新风机组、单元式空调机组、热回收装置等设备的冷量、热量、风量、风压、功率及额定热回收效率。

2　风机的风量、风压、功率及其单位风量耗功率。

3　成品风管的技术性能参数。

4　自控阀门与仪表的技术性能参数。

检验方法：观察检查；技术资料和性能检测报告等质量证明文件与实物核对。

检查数量：全数检查。

通风与空调系统所使用的设备、管道、阀门、仪表、绝热材料等产品是否相互匹配、完好，是决定其节能效果好坏的重要因素。本条是对其进场验收的规定，这种进场验收主要是根据设计要求对有关材料和设备的类型、材质、规格及外观等“可视质量”和技术资料进行检查验收，并应经监理工程师（建设单位代表）核准。进场验收应形成相应的验收记录。事实表明，许多通风与空调工程，由于在产品的采购过程中擅自改变有关设备、绝热材料等的设计类型、材质或规格等，结果造成了设备的外形尺寸偏大、设备重量超重、设备耗电功率大、绝热材料绝热效果差等不良后果，从而降低了通风与空调系统的节能效果，给设备的安装和维修带来了不便，给建筑物的安全带来了隐患。

在执行本条文时，有以下几点要求：

(1) 由于进场验收只能核查材料和设备的外观质量，其内在质量则需由各种质量证明文件和技术资料加以证明。故进场验收的一项重要内容，是对材料和设备附带的质量证明文件和技术资料进行检查。这些文件和资料应符合现行国家有关标准和规定并应齐全，主要包括质量合格证明文件、中文说明书及相关性能检测报告。进口材料和设备还应按规定进行出入境商品检验。

(2) 组合式空调机组、柜式空调机组、新风机组、单元式空调机组、热回收装置等设备的冷量、热量、风量、风压、功率及额定热回收效率等技术性能参数，关系到空调设备自身的质量性能，也是检验该设备节能优劣的重要指标。因此，在设备进场开箱检验时，对这些设备的性能参数要进行仔细的核查，看其是否符合工程设计要求。

事实表明，许多空调工程，由于所选用空调末端设备的冷量、热量、风量、风压及功率高于或低于设计要求，而造成了空调系统能耗高或空调效果差等不良后果。

(3) 风机是空调与通风系统运行的动力，如果选择不当，就有可能加大其动力和单位风量的耗功率，造成能源浪费。所以，风机在采购过程中，未经设计人员同意，都不应擅自改变风机的技术性能参数，并应保证其单位风量耗功率满足国家现行有关标准的规定。

在对风机进场检验时，往往只核查风机的风量、风压、功率，但对其包含风机、电机及传动效率在内的总效率却没有引起重视，该参数是计算风机单位风量耗功率的重要参数，在进场时应一并对其进行核查。因此，要求在设备选型和订货时，不能只比较风量、风压、功率以及价格，更要保证其总效率和单位风量耗功率满足设计要求的数值。

(4) 成品风管的技术性能参数，包括风管的强度及严密性等。风管分为金属风管、非金属风管及复合风管。这些风管大都是在车间加工好成品运到现场进行组装。风管的强度和严密性能，是风管加工和制作质量的重要指标之一，必须达到。作为产品（成品）必须提供相应的产品合格证书或进行强度和严密性的验证，以证明所提供风管的加工工艺水平和质量。对工程中所选用的外购风管，应按有关规定对其强度和严密性进行核查，符合要求的方可使用。

根据目前实际情况，对于成品风管在进场检验时，一般只检查其材质厚度、几何尺寸，对于风管的严密性几乎无人过问。因此，对于进场的成品风管应严格检查，一方面要检查是否具备产品合格证书；另一方面必要时应进行现场抽查，检测其强度和严密性是否符合工程设计要求或有关现行国家标准的规定。

对成品风管强度的检测主要检查风管的耐压能力，以保证风系统能安全运行。验收合格的规定为在1.5倍的工作压力下，风管的咬口或其他连接处没有张口、开裂等损坏的现象。

成品风管系统由于结构的原因，少量漏风是正常的，也可以说是不可避免的。但是，过量的漏风则会影响整个系统功能的实现和能源的大量浪费。不同系统类别及功能的成品风管是允许有一定的漏风量，允许漏风量是指在系统工作压力条件下，系统风管的单位表面积在单位时间内允许空气泄漏的最大量。

对于成品风管的强度和严密性的要求及检测，应按照《通风与空调工程施工质量验收规范》（GB 50243—2002）第4.2.5条的有关规定执行。

（5）自控阀门与仪表在通风与空调的风系统和水系统中占有很重要的位置，除了能满足系统设备的自控需求外，还与系统风量、水量的平衡及系统的节能运行有很大的关系。因此，要求对其技术性能参数是否符合设计要求进行核查。

检查设备、材料出厂质量证明文件及检测报告是否齐全；实际进场设备、材料的类型、材质、规格、数量等是否满足设计和施工要求；设备、材料的外观质量是否满足设计要求或有关标准的规定。

合格证明文件必须是中文的表示形式，应具备产品名称、规格、型号、国家质量标准代号、出厂日期及生产厂家的名称、地址、出厂产品检验证明或代号、必要的测试报告；对于进口产品，必须有商检合格报告。同种材料、同一种规格、同一批生产的要有一份原件，如无原件应有复印件并指明原件存放处。

重点检查以下内容：

（1）各类管材应有产品质量证明文件；成品风管应有出厂性能检测报告，如无出厂检测报告，除查看加工工艺以外，还要对进入现场的风管进行强度和严密性试验。

（2）阀门、仪表等应有产品质量合格证及相关性能检验报告。

（3）绝热材料应有产品质量合格证和材质检测报告，检测报告必须是有效期内的抽样检测报告。使用到建筑物内的绝热材料还要有防火等级的检验报告。

（4）设备应有产品说明书及安装使用说明书，重点要有技术性能参数，如空调机组等设备的冷量、热量、风量、风压、功率及额定热回收效率，风机的风量、风压、功率及其单位风量耗功率。

10.2.2 风机盘管机组和绝热材料进场时，应对其下列技术性能参数进行复验，复验应为见证取样送检。

1 风机盘管机组的供冷量、供热量、风量、出口静压、噪声及功率。

2 绝热材料的导热系数、密度、吸水率。

检验方法：现场随机抽样送检；核查复验报告。

检查数量：同一厂家的风机盘管机组按数量复验2%，但不得少于2台；同一厂家同材质的绝热材料复验次数不得少于2次。

与供暖节能工程一样，通风与空调节能工程中风机盘管机组的冷量、热量、风量、风压、功率和绝热材料的导热系数、材料密度、吸水率等技术性能参数是否符合设计要求，会直接影响通风与空调节能工程的节能效果和运行的可靠性。因此，在风机盘管机组和绝热材料进场时，应对其热工等技术性能参数进行复验。复验应采取见证取样送检的方式，即在监理工程师或建设单位代表见证下，按照有关规定从施工现场随机抽取试样，送至有见证检测资质的检测机构进行检测，并应形成相应的复验报告。

根据建设部 141 号令第 12 条规定，见证取样检测应由建设单位委托具备见证资质的检测机构进行。

复验方式可以分两个步骤进行：首先，要检查其有效期内的抽样检测报告，如果确认其符合要求，方可准许进场；其次，还要对不同批次进场的绝热材料和风机盘管机组进行现场随机见证取样送检复验，如果某一批次复验的产品合格，说明该批次的产品符合要求，准许使用，否则，判定该批次的产品不合格，应全部退货。这样做的目的，是为了确保供应商供应的产品货真价实，也是确保空调系统节能的重要措施。

检查内容：(1) 风机盘管机组的供冷量、供热量、风量、出口静压、噪声及功率。(2) 绝热材料的导热系数、密度、吸水率。

根据规范要求对风机盘管和绝热材料进行了复验，且复验检验（测）报告的结果符合设计要求，并与进场时提供的产品检验（测）报告中的技术性能参数一致。对进场产品实行现场随机见证取样送检复验，具有一定的代表性，但也存在一定的缺陷。因为对风机盘管和绝热材料的复验，只对已进场的产品负责。如果是一次性进场，送检复验的样品中只要有一个被检验（测）不合格，则判定全部产品材料不合格；对于分批次进场的，第一次复验合格，只能说明本次及以前进场的产品合格。如果在第二次复验不合格，则截止到第一次复验之后进场的产品均判定为不合格。对于不合格的产品不允许使用到通风与空调节能工程中。

10.2.3 通风与空调节能工程中的送、排风系统及空调风系统、空调水系统的安装应符合下列规定：

1 各系统的制式，应符合设计要求。

2 各种设备、自控阀门与仪表应按设计要求安装齐全，不得随意增减和更换。

3 水系统各分支管路水力平衡装置、温控装置与仪表的安装位置、方向应符合设计要求，并便于观察、操作和调试。

4 空调系统应能实现设计要求的分室（区）温度调控功能。对设计要求分栋、分区或分户（室）冷、热计量的建筑物，空调系统应能实现相应的计量功能。

检验方法：观察检查。

检查数量：全数检查。

本条为强制性条文。对通风与空调系统节能效果密切相关的系统制式、各种设备、水力平衡装置、温控装置与仪表的设置、安装、调试及功能实现等，作出了强制性的规定。

1. 为保证通风与空调节能工程中送、排风系统及空调风系统、空调水系统具有节能效果，首先将其设计成具有节能功能的系统；其次要求在各系统中要选用节能设备和设置一些必要的自控阀门和仪表，并安装齐全到位。这些节能要求，必然会增加工程的初投资。有的工程为了降低工程造价，根本不考虑日后的节能运行和减少运行费用等问题，在产品采购或施工过程中擅自改变了系统的制式并去掉一些节能设备和自控阀门与仪表，或将节能设备及自控阀门更换为不节能的设备及手动阀门导致了系统无法实现节能运行，能耗及运行费用大大增加。

为避免上述现象的发生，保证以上各系统的节能效果，在制定本条文时，强制规定：通风与空调节能工程中送、排风系统及空调风系统、空调水系统的安装制式应符合设计要求，且各种节能设备、自控阀门与仪表应全部安装到位，不得随意增加、减少和更换。

2. 水力平衡装置，其作用是可以通过对系统水力分布的调整与设定，保持系统的水力平衡，保证获得预期的空调效果。为使其发挥正常的功能，在施工时，要求其安装位置、方向应正确，并便于调试操作。

3. 与供暖系统一样，空调系统安装完毕后也应能实现设计要求的分室（区）温度调控。其目的一方面是为了通过对各空调场所室温的调节达到一定的舒适度要求；另一方面是为了通过调节室温而达到节能的目的。对有分栋、分室（区）冷、热计量要求的建筑物，要求其空调系统安装完毕后，能够通过冷、热量计量装置实现冷、热计量。量化管理是节约能源的重要手段，按照用冷、热量的多少来计收空调费用，既公平合理，更有利于提高用户的节能意识。

一、检查

检查内容

（1）现场查看通风与空调各系统安装的制式、管道的走向、坡度、管道分支位置、管径等，并与工程设计图纸进行核对。

（2）逐一检查设备、自控阀门与仪表安装的数量以及安装位置，并与工程设计图纸核对。

（3）检查水系统各分支管路水力平衡装置、温控装置与仪表的安装位置、方向，并与工程设计图纸核对；进行实地操作调试，操作灵活方便。

（4）检查安装的温控装置和热计量装置，看其能否实现设计要求的分室（区）温度调控及冷、热计量功能。

二、验收

验收条件

对各系统的安装制式和安装实物与工程设计图纸逐一进行核对，均安装到位、符合设计要求，且便于操作调试、维护，并能实现设计要求的分室（区）温度调控及冷、热计量功能。

10.2.4 风管的制作与安装应符合下列规定：

1 风管的材质、断面尺寸及厚度应符合设计要求。

2 风管与部件、风管与土建风道及风管间的连接应严密、牢固。

3 风管的严密性及风管系统的严密性检验和漏风量，应符合设计要求或现行国家标准《通风与空调工程施工质量验收规范》(GB 50243—2002) 的有关规定。

4 需要绝热的风管与金属支架的接触处、复合风管及需要绝热的非金属风管的连接和内部支撑加固等处，应有防热桥的措施，并应符合设计要求。

检验方法：观察、尺量检查；核查风管及风管系统严密性检验记录。

检查数量：按数量抽查10%，且不得少于1个系统。

制定本条的目的是为了保证通风与空调系统所用风管的质量和风管系统安装严密，以减少因漏风和热桥作用等带来的能量损失，保证系统安全可靠地运行。

1. 工程实践表明，许多通风与空调工程中的风管并没有严格按照设计和有关现行，国家标准的要求去制作和安装，造成了风管品质差、断面积小、厚度薄等不良现象，严重影响了风管系统的安全运行。

2. 风管与部件、风管与土建风道及风管间的连接应严密、牢固，是减少系统的漏风量，保证风管系统安全、正常、节能运行的重要措施。

3. 对于风管的严密性，《通风与空调工程施工质量验收规范》（GB 50243—2002）第4.2.5条规定必须通过工艺性的检测或验证，并应符合设计要求或下列规定：

（1）矩形风管的允许漏风量应符合以下规定：

低压系统风管　$Q_L \leqslant 0.1056P^{0.65}$

中压系统风管　$Q_M \leqslant 0.0352P^{0.65}$

高压系统风管　$Q_H \leqslant 0.0117P^{0.65}$

式中 Q_L、Q_M、Q_H 为系统风管在相应工作压力下单位面积风管单位时间内的允许漏风量 $[m^3/(h \cdot m^2)]$；P 指风管系统的工作压力（Pa）。

（2）低压、中压圆形金属风管、复合材料风管以及采用非法兰形式的非金属风管的允许漏风量，应为矩形风管规定值的50%。

（3）排烟、除尘、低温送风系统按中压系统风管的规定，1～5级净化空调系统按高压系统风管的规定。

风管系统的严密性测试，是根据通风与空调工程发展需要而决定，它与国际上技术先进国家的标准相一致。同时，风管系统的漏风量测试又是一件在操作上具有一定难度的工作。测试需要一些专业的检测仪器、仪表和设备，还需要对系统中的开口进行封堵，并要与工程的施工进度及其他工种相协调。因此，根据《通风与空调工程施工质量验收规范》（GB 50243—2002）的有关规定，将工程的风管系统严密性的检验分为三个等级，分别规定了抽检数量和方法：

（1）高压风管系统的泄漏，对系统的正常运行会产生较大的影响，应进行全数检测。

（2）中压风管系统大都为低级别的净化空调系统、恒温恒湿与排烟系统等，对风管的质量有较高的要求，应进行系统漏风量的抽查检测。

（3）低压系统在通风与空调工程中占有最大的数量，大都为一般的通风、排气和舒适性空调系统。它们对系统的严密性要求相对较低，少量的漏风对系统的正常运行影响不太大，不宜动用大量人力、物力进行现场系统的漏风量测定，宜采用严格施工工艺的监督，用漏光方法来替代。在漏光检测时，风管系统没有明显的、众多的漏光点，可以说明工艺质量是稳定可靠的，就认为风管的漏风量符合规范要求，可不再进行漏风量的测试。当漏光检测时发现大量的、明显的漏光，则说明风管加工工艺质量存在问题，其漏风量会很大，那必须用漏风量的测试来进行验证。

（4）1～5级的净化空调系统风管的过量泄漏，会严重影响洁净度目标的实现，故规定以高压系统的要求进行验收。

4. 防热桥的措施一般是在需要绝热的风管与金属支、吊架之间设置绝热衬垫（承压强度能满足管道重量的不燃、难燃硬质绝热材料或经防腐处理的木衬垫），其厚度不应小于绝热层厚度，宽度应大于支、吊架支承面的宽度。衬垫的表面应平整，衬垫与绝热材料间应填实无空隙；复合风管及需要绝热的非金属风管的连接和内部支撑加固处的热桥，通过外部敷设的符合设计要求的绝热层就可防止产生。

检查

1. 检查数量

需要说明的是，因本条文对风管与风管系统严密性检验的内容在《通风与空调工程施工质量验收规范》(GB 50243—2002) 中已有规定，且要求按风管系统的类别和材质分别抽查。因此，在本规范中，对于风管与风管系统严密性检验，不再规定按系统类别和材质分别抽查，仅按风管系统总数的10%且不得少于1个系统进行抽查即可。本条之所以这样规定，是因为对风管与风管系统的严密性检验是一项较为复杂的工作，特别是对架空或隐蔽安装的风管系统来说，进行这项工作就更困难了，所以应尽量减少其工作量；但是，由于风管与风管系统的严密性对通风与空调系统的节能效果影响很大，所以，对其检验又是一项必须进行的工作。

2. 检查内容

(1) 检查风管的材质、断面尺寸及厚度；

(2) 检查风管与部件、风管与土建风道及风管间的连接情况。

(3) 对风管及风管系统的严密性进行检验，同时核查已检验过的风管及风管系统的严密性检验记录；

(4) 检查绝热风管防热桥的措施。

10.2.5 组合式空调机组、柜式空调机组、新风机组、单元式空调机组的安装应符合下列规定：

1 各种空调机组的规格、数量应符合设计要求。

2 安装位置和方向应正确，且与风管、送风静压箱、回风箱的连接应严密可靠。

3 现场组装的组合式空调机组各功能段之间连接应严密，并应作漏风量的检测，其漏风量应符合现行国家标准《组合式空调机组》(GB/T 14294) 的规定。

4 机组内的空气热交换器翅片和空气过滤器应清洁、完好，且安装位置和方向必须正确，并便于维护和清理。当设计未注明过滤器的阻力时，应满足粗效过滤器的初阻力≤50Pa（粒径≥5.0μm，效率：80%>E≥20%）；中效过滤器的初阻力≤80Pa（粒径≥1.0μm，效率：70%>E≥20%）的要求。

检验方法：观察检查；核查漏风量测试记录。

检查数量：按同类产品的数量抽查20%，且不得少于1台。

1. 组合式空调机组、柜式空调机组、单元式空调机组是空调系统中的重要末端设备，其规格、台数是否符合设计要求，将直接影响其能耗大小和空调场所的空调效果。事实表明，许多工程在设备采购或安装过程中，由于某些原因而擅自更改了空调末端设备的规格。目前，设备采购都要按照一定的招标采购程序进行，特别是公开招标的时候，由于不能对产品及其生产质量管理体系结构和可靠性进行实地考察，价格的因素就往往在设备招标中占有很大的分量，谁的报价低，谁的设备就有可能中标。其后果是因设备台数减少或规格及性能参数与设计不符而造成了空调及节能效果不佳；有的是工程中标后，为了降低工程成本而减少、调换等偷工减料或偷梁换柱，改变了设备的台数、规格、型号及性能参数，同样会造成空调及节能效果达不到设计要求。

2. 施工安装的主要依据是设计图纸，但通过调研发现，许多工程的通风与空调设备安装及接管随意性较大，不符合设计要求。本条文要求各种空调机组的安装位置和方向应正确，并要求机组与风管、送风静压箱、回风箱的连接应严密可靠，其目的就是为了减少管道交叉、方便施工、减少漏风量，进而保证工程质量，满足设计和使用要求，降低能耗。

3. 一般大型空调机组由于体积大，不便于整体运输，常采用散装或组装功能段运至现场进行整体拼装的施工方法。由于加工质量和组装水平的不同，组装后机组的密封性能存在较大的差异，严重的漏风量不仅影响系统的使用功能，而且增加了能耗。同时，空调机组的漏风量测试也是工程设备验收的必要步骤之一。因此，现场组装的机组在安装完毕后，应逐台进行漏风量的测试。

4. 空气热交换器翅片在运输与安装过程中易被损坏和沾染污物，会增加空气阻力，影响热交换效率，增加系统的能耗。对粗、中效空气过滤器的阻力参数做出要求，主要目的是对空气过滤器的初阻力有所控制，以保证节能要求。

10.2.6 风机盘管机组的安装应符合下列规定：

1 规格、数量应符合设计要求。

2 位置、高度、方向应正确，并便于维护、保养。

3 机组与风管、回风箱及风口的连接应严密、可靠。

4 空气过滤器的安装应便于拆卸和清理。

检验方法：观察检查。

检查数量：按总数抽查10%，且不得少于5台。

风机盘管机组是建筑物中最常用的空调末端设备之一，其规格、台数及安装位置和高度是否符合设计要求，将直接影响其能耗和空调场所的空调效果。事实表明，许多工程在安装过程中擅自改变风机盘管的设计台数和安装位置、高度及方向等，其后果是所采用的风机盘管机组的耗电功率、风量、风压、冷量、热量等设计不匹配，气流组织不合理，空调效果差且能耗增大。

有的工程，风机盘管机组的冷媒管与机组接管采用不锈钢波纹管及过滤器、阀门，但未进行绝热保温，不但会产生凝结水、还会带来能耗。还有的工程，其风机检修口位置不当，造成机组维护、保养不方便，影响了运行的可靠性。

风机盘管机组与风管、回风箱或风口的连接，在工程施工中常存在不到位或通过吊顶间接连接风口等不良现象，使直接送入房间的风量减少、风压降低、能耗增大、空气品质下降，最终影响了空调效果。

风机盘管机组的回风口上一般都设有空气过滤器，其作用是保持风机清洁，以保证良好的传热性能，同时也能提高室内空气的洁净度。为了减少阻力，保证回风畅通，空气过滤器的安装应便于拆卸和清理。

10.2.7 通风与空调系统中风机的安装应符合下列规定：

1 规格、数量应符合设计要求；

2 安装位置及进、出口方向应正确，与风管的连接应严密、可靠。

检验方法：观察检查。

检查数量：全数检查。

工程实践表明，空调机组或风机出风口与风管系统不合理的连接，可能会造成风系统阻力的增大，进而引起风机性能急剧地变坏。风机与风管连接时使空气在进出风机时尽可能均匀一致，且不要有方向或速度的突然变化，则可大大减小风系统的阻力，进而减小风机的全压和耗电功率。因此，风机的安装位置及出口方向应正确是最基本的要求。

10.2.8 带热回收功能的双向换气装置和集中排风系统中的排风热回收装置的安装应符合下列规定：

1 规格、数量及安装位置应符合设计要求。

2 进、排风管的连接应正确、严密、可靠。

3 室外进、排风口的安装位置、高度及水平距离应符合设计要求。

检验方法：观察检查。

检查数量：按总数抽检20%，且不得少于1台。

在建筑物的空调负荷中，新风负荷所占比例较大，一般占空调总负荷的20%～30%。为保证室内环境卫生，空调运行时要排走室内部分空气必然会带走部分能量，而同时又要投入能量对新风进行处理。如果在系统中安装能量回收装置，用排风中的能量来处理新风，就可减少处理新风所需的能量，降低机组负荷，提高空调系统的经济性。

在选择热回收装置时，应当结合当地气候条件、经济状况、工程的实际状况、排风中有害气体的情况等多种因素综合考虑，以确定选用合适的热回收装置，从而达到花较少的投资，回收较多热（冷）量的目的。换热器的布置形式和气流方式对换热性能也有影响，热回收系统设计要充分考虑其安装尺寸、运行的安全可靠性以及设备配置的合理性；同时还要保证热回收系统的清洁度。热回收设备可以与不同的系统结合起来使用，利用冷凝热，以节约能源。

目前热回收设备主要有两类：一类是间接式，如热泵等；第二类是直接式，常见的有转轮式、板翅式、热管式和热回路式等，是利用热回收换热器回收能量的。

由于节能的需要，热回收装置在许多空调系统工程中被应用。在施工安装时，要求双向换气装置和排风热回收装置的规格、数量应符合设计要求，是为了保证对系统排风的热回收效率（全热和显热）不低于60%；同时，对它的安装和进、排风口位置、高度、水平距离及接管应正确，是为了防止功能失效和污浊的排风对系统的新风引起污染。

10.2.9 空调机组回水管上的电动两通调节阀、风机盘管机组回水管上的电动两通（调节）阀、空调冷热水系统中的水力平衡阀、冷（热）量计量装置等自控阀门与仪表的安装应符合下列规定：

1 规格、数量应符合设计要求。

2 方向应正确，位置应便于操作和观察。

检验方法：观察检查。

检查数量：按类型数量抽查10%，且均不得少于1个。

在空调系统中设置自控阀门和仪表，是实现系统节能运行等的必要条件。

当空调场所的空调负荷发生变化时，电动两通调节阀和电动两通阀，可以根据已设定的温度通过调节流经空调机组的水流量，使空调冷热水系统实现变流量的节能运行。

水力平衡装置，可以通过对系统水力分布的调整与设定，保持系统的水力平衡，保证获得预期的空调效果。

冷（热）量计量装置，是实现量化管理节约能源的重要手段，按照用冷、热量的多少来计收空调费用，既公平合理，更有利于提高用户的节能意识。

通过调研，发现许多工程为了降低造价，不考虑日后的节能运行和减少运行费用等问题，未经设计人员同意，就擅自去掉一些自控阀门与仪表，或将自控阀门更换为不具备主动节能功能的手动阀门，或将平衡阀、热计量装置去掉；有的工程虽然安装了自控阀门与仪表，但是其进、出口方向和安装位置却不符合产品及设计要求。这些不良做法，导致了空调系统无法进行节能运行和水力平衡及冷（热）量计量，能耗及运行费用大大增加。

10.2.10 空调风管系统及部件的绝热层和防潮层施工应符合下列规定：

1 绝热层应采用不燃或难燃材料，其材质、规格及厚度等应符合设计要求。

2 绝热层与风管、部件及设备应紧密贴合，无裂缝、空隙等缺陷，且纵、横向的接缝应错开。

3 绝热层表面应平整，当采用卷材或板材时，其厚度允许偏差为5mm，采用涂抹或其他方式时，其厚度允许偏差为10mm。

4 风管法兰部位绝热层的厚度，不应低于风管绝热层厚度的80%。

5 风管穿楼板和穿墙处的绝热层应连续不间断。

6 防潮层（包括绝热层的端部）应完整，且封闭良好，其搭接缝应顺水。

7 带有防潮层隔汽层绝热材料的拼缝处，应用胶带封严，黏胶带的宽度不应小于50mm。

8 风管系统部件的绝热，不得影响其操作功能。

检验方法：观察检查；用钢针刺入绝热层、尺量检查。

检查数量：管道按轴线长度抽查10%；风管穿楼板和穿墙处及阀门等配件抽查10%，且不得少于2个。

10.2.11 空调水系统管道及配件的绝热层和防潮层施工，应符合下列规定：

1 绝热层应采用不燃或难燃材料，其材质、规格及厚度等应符合设计要求。

2 绝热管壳的粘贴应牢固、铺设应平整；硬质或半硬质的绝热管壳每节至少应用防腐金属丝或难腐织带或专用胶带进行捆扎或粘贴2道，其间距为300～350mm，且捆扎、粘贴应紧密，无滑动、松弛与断裂现象。

3 硬质或半硬质绝热管壳的拼接缝隙，保温时不应大于5mm、保冷时不应大于2mm，并用黏结材料勾缝填满，纵缝应错开，外层的水平接缝应设在侧下方。

4 松散或软质保温材料应按规定的密度压缩其体积，疏密应均匀；毡类材料在管道上包扎时，搭接处不应有空隙。

5 防潮层与绝热层应结合紧密，封闭良好，不得有虚粘、气泡、皱褶、裂缝等缺陷。

6 防潮层的立管应由管道的低端向高端敷设，环向搭接缝应朝向低端，纵向搭接缝应位于管道的侧面，并顺水。

7 卷材防潮层采用螺旋形缠绕的方式施工时，卷材的搭接宽度宜为30～50mm。

8 空调冷热水管穿楼板和穿墙处的绝热层应连续不间断，且绝热层与穿楼板和穿墙处的套管之间应用不燃材料填实，不得有空隙，套管两端应进行密封封堵。

9 管道阀门、过滤器及法兰部位的绝热结构应能单独拆卸，且不得影响其操作功能。

检验方法：观察检查；用钢针刺入绝热层、尺量检查。

检查数量：按数量抽查10%，且绝热层不得少于10段、防潮层不得少于10m、阀门等配件不得少于5个。

第10.2.10条及第10.2.11条涉及的都是管道绝热方面的问题，对空调风、水系统管道及其部、配件绝热层和防潮层施工的基本质量要求作出了规定。

绝热节能效果的好坏除了与绝热材料的材质、密度、导热系数、热阻等有着密切的关系外，还与绝热层的厚度有直接的关系。绝热层的厚度越大，热阻就越大，管道的冷（热）损失也就越少，绝热节能效果就好。工程实践表明，许多空调工程因绝热层的厚度等不符合设计要求而降低了绝热材料的热阻，导致绝热失败，浪费了大量的能源。空调冷热水管的绝热厚度，应按现行国家标准《设备及管道绝热设计导则》(GB/T 8175）的经济厚度和防表面结露厚度的方法计算。建筑物内空调冷热水管道的绝热厚度可按表13.4.1选用。

建筑物内空调冷热水管道的绝热厚度　　表13.4.1

绝热材料	离心玻璃		柔性泡沫橡塑	
管道类型	公称直径（mm）	厚度（mm）	公称直径（mm）	厚度（mm）
单冷管道（管内介质温度7℃～常温）	≤DN32	25	按防结露要求计算	
	DN40～DN100	30		
	≥DN125	35		
热或冷热合用管道（管内介质温度5～60℃）	≤DN40	35	≤DN50	25
	DN50～DN100	40	DN70～DN150	28
	DN125～DN250	45	≥DN200	32
	≥DN300	50		
热或冷热合用管道（管内介质温度0～95℃）	≤DN50	50	不适宜使用	
	DN70～DN150	60		
	≥DN200	70		

注：1　绝热材料的导热系数λ：

离心玻璃棉：　λm=0.033+0.00023tm [W/(m·k)]

柔性泡沫橡塑：λm=0.03375+0.0001375tm [W/(m·k)]

式中　tm——绝热层的平均温度（℃）。

2　单冷管道和柔性泡沫橡塑保冷的管道均应进行防结露要求验算。

按照表13.4.1的绝热厚度的要求，每100m冷水管的平均温升可控制在0.06℃以内；每100m热水管的平均温降控制在0.12℃以内，相当于一个500m长的供回水管路，控制管内介质的温升不超过0.3℃（或温降不超过0.6℃），也就是不超过常用的供、回水温差的6%左右。如果实际管道超过500m，应按照空调管道（或管网）能量损失不大于6%的原则，通过计算采用更好（或更厚）的保温材料以保证达到减少管道冷（热）损失的效果。

另外，从防火的角度出发，绝热材料应尽量采用不燃的材料。但是，从目前生产绝热材料品种的构成，以及绝热材料的使用效果、性能等诸多条件来对比，难燃材料还有其相对的长处，在工程中还占有一定的比例。无论是国内还是国外，都发生过空调工程中的绝热材料因防火性能不符合设计要求被引燃后而造成恶果的案例。因此，风管和空调水系统管道的绝热应采用不燃或难燃材料，其材质、密度、导热系数、规格与厚度等应符合设计要求。

空调风管和冷热水管穿楼板和穿墙处的绝热层应连续不间断，均是为了保证绝热效果，以防止产生凝结水并导致能量损失；绝热层与穿楼板和穿墙处的套管之间应用不燃材料填实不得有空隙、套管两端应进行密封封堵，是出于防火、防水及隔声的考虑；空调风管系统部件的绝热不得影响其操作功能，以及空调水管道的阀门、过滤器及法兰部位的绝热结构应能单独拆卸且不得影响其操作功能，均是为了方便维修保养和运行管理。

通过调研，许多工程的绝热层在套管中是间断的，有的没有用不燃材料填实，套管两端也没有进行密封封堵，其主要原因是由于套管设置的型号小造成的。所以，要保证空调风管和冷热水管穿楼板和穿墙处的绝热层连续不间断，套管的尺寸就要大于绝热完成后的管道直径，同时在施工时，也要保证该处管道的防潮层、保护层完善。

10.2.12　空调水系统的冷热水管道与支、吊架之间应设置绝热衬垫，其厚度不应小于绝热层厚度，宽度应大于支、吊架支承面的宽度。衬垫的表面应平整，衬垫与绝热材料之间应填实无空隙。

检验方法：观察、尺量检查。

检查数量：按数量抽检5%，且不得少于5处。

本条是参照《通风与空调工程施工质量验收规范》（GB 50243—2002）第9.3.5条第4款进行规定的。

在空调水系统的冷热水管道与支、吊架之间应设置绝热衬垫（承压强度能满足管道重量的不燃、难燃硬质绝热材料或经防腐处理的木衬垫），是防止产生热桥作用而造成能量损失的重要措施。

许多空调工程的冷热水管道与支、吊架之间由于没有设置绝热衬垫，或设置不合格的绝热衬垫，造成管道与支、吊架直接接触而形成了热桥，导致了能量损失并且产生了凝结水。因此，本条对空调水系统的冷热水管道与支、吊架之间应设置绝热衬垫，目的也是为了让施工、监理及验收人员在通风与空调节能工程的施工和验收过程中，对此给予高度重视。

10.2.13　通风与空调系统应随施工进度对与节能有关的隐蔽部位或内容进行验收，并应有详细的文字记录和必要的图像资料。

检验方法：观察检查；核查隐蔽工程验收记录。

检查数量：全数检查。

在施工过程中，通风与空调工程系统中的风管或水管道等，被安装于封闭的部位或埋设于建筑结构内或直接埋地时，均属于隐蔽工程。在建筑结构进行封闭之前，必须对该部分将被隐蔽的风管、水管道等管道设施的施工质量进行验收。风管应作严密性试验，水管必须进行水压试验，如有防腐及绝热施工的，则必须在严密性试验或水压试验合格且得到现场监理人员认可的合格签证后，方可进行，否则，不得进行防腐、绝热、封闭作业和进入下道隐蔽工程的施工。必要时，应对隐蔽工程的施工情况进行拍照或录像并存档以便于质量验收和追溯。

对隐蔽工程的验收，是由建设单位、监理及施工方共同参加的对于与节能有关的施工工程隐蔽之前进行的检查，是在施工方自检的基础上，由施工方对自己所施工的隐蔽工程质量作出合格判断后所进行的工作。

由于通风与空调系统中与节能有关的隐蔽部位或内容位置特殊，一旦出现质量问题后不易发现和修复，要求质量验收应随施工的进度对其及时进行验收。通常主要的隐蔽部位或内容有：地沟和吊顶内部管道及配件的安装、绝热层附着的基层及其表面处理、绝热材料黏结或固定、绝热板材的板缝及构造节点、热桥部位的处理等。

一、检查

检查内容

检查被隐蔽部位的管道、设备、阀部件的安装情况及绝热情况，且安装和绝热应分两次验收；对于直埋绝热管道进行一次验收。

二、验收

1. 验收条件

隐蔽部位的管道及设备、阀部件安装，应符合本规范有关内容；绝热层及防潮层的施工，应符合本规范条文第 10.2.11～10.2.12 条的验收条件。

2. 验收结论

参加验收的人员包括：监理工程师，施工单位项目专业质量（技术）负责人，施工单位项目专业质量检查员，专业工长。

隐蔽验收时，被检查部位均符合验收条件为合格，可以通过验收；否则为不合格，不能通过验收。验收合格后，填写检查验收记录，验收人员签字应齐全。对隐蔽部位施工情况的拍照或录像，应随检查验收记录一起存放。

10.2.14　通风与空调系统安装完毕，应进行通风机和空调机组等设备的单机试运转和调试，并应进行系统的风量平衡调试。单机试运转和调试结果应符合设计要求；系统的总风量与设计风量的允许偏差不应大于 10%，风口的风量与设计风量的允许偏差不应大于 15%。

检验方法：观察检查；核查试运转和调试记录。

检查数量：全数检查。

本条为强制性条文。是参照《通风与空调工程施工质量验收规范》（GB 50243）第 11.2.1 条、第 11.2.3 条以及第 11.3.2 条第 2 款的有关内容编制的。通风与空调节能工程安装完工后，为了达到系统正常运行和节能的预期目标，规定必须进行通风机和空调机组等设备的单机试运转和调试及系统的风量平衡调试。单机试运转和调试结果应符合设计要求，通风与空调系统的总风量与设计风量的允许偏差不应大于 10%，各风口的风量与设计风量的允许偏差不应大于 15%。该条作为强制性条文，必须严格执行。

通风与空调工程的节能效果好坏，是与系统调试紧密相关的。许多工程施工没有严格执行《通风与空调工程施工质量验收规范》（GB 50243—2002）的有关条文规定，或根本不进行调试。许多施工安装单位，连最起码的风量测试仪器都没有，对风能不进行测试，也就无法保证系统达到平衡，结果造成系统冷热不均，这是系统运行高的原因之一。

通风与空调节能工程完工后的系统调试，应以施工企业为主监理单位旁站检查，设计单位参与配合。设计单位的参与，除应提供工程设计的参数外，还应对调试过程中出现的问题提出明确的处理意见。监理、建设单位参加调试，既可起到工程的协调作用，又有助于工程的管理和质量的验收。

通风与空调工程的调试，首先应编制调试方案。调试方案可指导调试人员按规定的程序、正确方法与进度实施调试，同时，也利于监理对调试过程的平行检验、旁站检查。通风与空调工程的系统调试是一项技术性很强的工作，调试的质量会直接影响到工程系统功能的实现及节能效果，必须认真进行。

一、检查

检查内容

检查施工单位对通风机和空调机组等设备及系统的试运转和调试方案，观察调试情况，核查有关设备和系统调试运转及调试记录。

二、验收

1. 验收条件

单机试运转和调试结果应符合设计要求；系统的总风量与设计风量的允许偏差不应大于10%，风口的风量与设计风量的允许偏差不应大于15%。

2. 验收结论

参加验收的人员包括：监理工程师，施工单位项目专业（技术）负责人，施工单位项目专业质量（技术）负责人，施工单位项目专业质量检查员，专业工长。

本条只是对通风系统的平衡及调试作出的验收。调试结果符合验收条件为合格，可以通过验收；调试结果任何一处超出允许偏差为不合格，不得通过验收。验收合格后，填写验收记录，验收人员签字应齐全。

10.3 一般项目

10.3.1 空气风幕机的规格、数量、安装位置和方向应正确，纵向垂直度和横向水平度的偏差均不应大于2/1000。

检验方法：观察检查。

检查数量：按总数量抽查10%，且不得少于1台。

空气风幕机的作用是通过其出风口送出具有一定风速的气流并形成一道风幕屏障，来阻挡由于室内外温差而引起的室内外冷（热）量交换，以此达到节能的目的的，带有电热装置或能通过热媒加热送出热风的空气风幕机，被称作热空气幕。公共建筑中的空气风幕机，一般应安装在经常开启且不设门斗及前室外门的上方，并且宜采用由上向下的送风方式，出口风速应通过计算确定，一般不宜大于6m/s。空气风幕机的台数，应保证其总长度略大于或等于外门的宽度。

实际工程中，经常发现安装的空气风幕机其规格和数量不符合设计要求，安装位置和方向也不正确。如：有的设计选型是热空气幕，但安装的却是一般的自然风空气风幕机；有的安装在内门的上方，起不到应有的作用；有的采用暗装，但却未设置回风口，无法保证出口风速；有的总长度小于外门的宽度，难以阻挡屏障全部的室内外冷（热）量交换，节能效果不明显。

一、检查

检查内容

检查空气风幕机的规格、数量、安装位置和方向，纵向垂直度和横向水平度。

二、验收

验收条件

空气幕机的规格、数量、安装位置和方向应正确，纵向垂直和横向水平度的偏差不大于2/1000。

10.3.2　变风量末端装置与风管连接前宜做动作试验，确认运行正常后再封口。

检验方法：观察检查。

检查数量：按总数量抽查10%，且不得少于2台。

变风量末端装置是变风量空调系统的重要部件，其规格和技术性能参数是否符合设计要求、动作是否可靠，将直接关系到变风量空调系统能否正常运行和节能效果的好坏，最终影响空调效果。因此要求变风量末端装置与风管连接前宜做动作试验，确认运行正常后再封口。

第五节　空调与供暖系统冷热源及管网节能工程

11.1　一般规定

11.1.1　本章适用于空调与采暖系统中冷热源设备、辅助设备及其管道和室外管网系统节能工程施工质量的验收。

明确了本章的适用范围，适用与空调与供暖系统中的冷热源设备（冷机、锅炉、换热器等）、辅助设备（水、风机、冷却塔等）与管道及室外管网等节能工程施工质量的验收。

11.1.2　空调与采暖系统冷热源设备、辅助设备及其管道和管网系统节能工程的验收，可分别按冷源和热源系统及室外管网进行，并应符合本规范第3.4.1条的规定。

给出了供暖与空调系统冷热源、辅助设备及其管道和管网系统节能工程验收的划分原则和方法。

空调的冷源系统，包括冷源设备及其辅助设备（含冷却塔、换热器、水泵等）和管道；空调与供暖的热源系统，包括热源设备及其辅助设备（含换热器、水泵等）和管道。

不同的冷源或热源系统，应分别进行验收；室外管网应单独验收，不同的系统应分别进行。

11.2　主控项目

11.2.1　空调与采暖系统冷热源设备及其辅助设备、阀门、仪表、绝热材料等产品进场时，应按设计要求对其类型、规格和外观等进行检查验收，并应对下列产品的技术性能参数进行核查。验收与核查的结果应经监理工程师（建设单位代表）检查认可，并应形成相应的验收、核查记录。各种产品和设备的质量证明文件和相关技术资料应齐全，并应符合国家现行标准和规定。

1　锅炉的单台容量及其额定热效率。

2　热交换器的单台换热量。

3　电机驱动压缩机的蒸汽压缩循环冷水（热泵）机组的额定制冷量（制热量）、输入功率、性能系数（COP）及综合部分负荷性能系数（IPLV）。

4　电机驱动压缩机的单元式空气调节机、风管送风式和屋顶式空气调节机组的名义制冷量、输入功率及能效比（EER）。

5　蒸汽和热水型溴化锂吸收式机组及直燃型溴化锂吸收式冷（温）水机组的名义制冷量、供热量、输入功率及性能系数。

6　集中采暖系统热水循环水泵的流量、扬程、电机功率及耗电输热比（HER）。

7　空调冷热水系统循环水泵的流量、扬程、电机功率及输送能效比（ER）。

8 冷却塔的流量及电机功率。

9 自控阀门与仪表的技术性能参数。

检验方法：观察检查；技术资料和性能检测报告等质量证明文件与实物核对。

检查数量：全数检查。

是对空调与供暖系统冷热源设备及其辅助设备、阀门、仪表、绝热材料等产品进场验收及核查的规定。

空调与供暖系统在建筑物中是能耗大户，而其冷热源和辅助设备又是空调与供暖系统中的主要设备，其能耗量占整个空调与供暖系统总能耗量的大部分，其选型是否合理，热工等技术性能参数是否符合设计要求，将直接影响空调与供暖系统的总能耗及使用效果。事实表明，许多工程基于降低空调与供暖系统冷热源及其辅助设备的初投资，在采购过程中擅自改变了有关设备的类型和规格，使其制冷量、制热量、额定热效率、流量、扬程、输入功率等性能系数不符合设计要求。因此，为保证空调与供暖系统冷热源及管网节能工程的质量，本条文做出了在空调与供暖系统的冷热源及其辅助设备进场时，应对其热工等技术性能进行核查，并应形成相应的核查记录的规定。对有关设备等的核查，应根据设计要求对其技术资料和相关性能检测报告等所表示的热工等技术性能参数进行一一核对。

检查内容包括：设备、材料出厂质量证明文件及检测报告是否齐全；实际进场设备、材料的类型、材质、规格、数量等是否满足设计和施工要求；设备、材料外观质量是否满足设计要求或有关标准的规定。

合格证明文件必须是中文的表示形式，应具备产品名称、规格、型号、国家质量标准代号、出厂日期、生产厂家的名称、地址、出厂产品检验证明或代号、必要的测试报告；对于进口产品，必须有商检合格报告。同种材料、同一种规格、同一批生产的要有一份原件，如无原件应有复印件并指明原件存放处。

重点检查以下内容：

（1）阀门、仪表等应有产品质量合格证及相关性能检验报告。

（2）绝热材料应有产品质量合格证和材质检测报告，检测报告必须是有效期内的抽样检测报告。使用到建筑物内的绝热材料还要有防火等级的检验报告。

（3）锅炉的单台容量及其额定热效率。

（4）热交换器的单台换热量。

（5）电机驱动压缩机的蒸汽压缩循环冷水（热泵）机组的额定制冷量（制热量）、输入功率、性能系数（COP）及综合部分负荷性能系数（IPLV）。

（6）电机驱动压缩机的单元式空气调节机、风管送风式和屋顶式空气调节机组的名义制冷量、输入功率及能效比（EER）。

（7）蒸汽和热水型溴化锂吸收式机组及直燃型溴化锂吸收式冷（温）水机组的名义制冷量、供热量、输入功率及性能系数。

（8）集中供暖系统热水循环水泵的流量、扬程、电机功率及耗电输热比（EHR）。

（9）空调冷热水系统循环水泵的流量、扬程、电机功率及输送能效比（ER）。

（10）冷却塔的流量及电机功率。

（11）自控阀门与仪表的技术性能参数。

11.2.2 空调与采暖系统冷热源及管网节能工程的绝热管道、绝热材料进场时，应对绝热材料的导热系数、密度、吸水率等技术性能参数进行复验，复验应为见证取样送检。

检验方法：现场随机抽样送检；核查复验报告。

检查数量：同一厂家同材质的绝热材料复验次数不得少于2次。

检查与验收同第9.2.2条的内容。

11.2.3 空调与采暖系统冷热源设备和辅助设备及其管网系统的安装，应符合下列规定：

1 管道系统的制式，应符合设计要求。

2 各种设备、自控阀门与仪表应按设计要求安装齐全，不得随意增减和更换。

3 空调冷（热）水系统，应能实现设计要求的变流量或定流量运行。

4 供热系统应能根据热负荷及室外温度变化实现设计要求的集中质调节、量调节或质一量调节相结合的运行。

检验方法：观察检查。

检查数量：全数检查。

为强制性条文。为保证空调与供暖系统具有良好的节能效果，首先要求将冷、热源机房、换热站内的管道系统设计成具有节能功能的系统制式；其次要求所选用的省电节能型冷、热源设备及其辅助设备，均要安装齐全、到位；另外在各系统中要设置一些必要的自控阀门和仪表，是系统实现自动化、节能运行的必要条件。为了保证以上各系统的节能效果符合设计要求、各种设备和自控阀门与仪表应安装齐全且不得随意增减和更换的强制性规定。

本条文规定的空调冷（热）水系统应能实现设计要求的变流量或定流量运行，以及热水供暖系统应能实现根据热负荷及室外温度的变化实现设计要求的集中质调节、量调节或质-量调节相结合的运行，是空调与供暖系统最终达到节能目的的有效运行方式。为此，本条文做出了强制性的规定，要求安装完毕的空调与供热工程，应能实现满足工程设计的节能运行方式。

一、检查

检查内容

（1）现场查看管道系统安装的制式、管道的走向、坡度、管道分支位置、管径等，并与工程设计图纸进行核对。

（2）逐一检查设备、自控阀门与仪表的安装数量及安装位置，并与工程设计图纸核对。

（3）检查空调冷（热）水系统，看其能否实现设计要求的运行方式（变流量或定流量运行）。

（4）检查供热系统，是否具备能根据热负荷及室外温度变化实现设计要求的调节运行（集中质调节、量调节或质—量调节相结合的运行）。

二、验收

1. 验收条件

本条文的内容要作为专项验收内容。

（1）管道系统的安装制式应符合设计要求；

（2）各种设备、自控阀门与仪表的安装数量、规格均符合设计要求；

（3）空调冷（热）水系统，能实现设计要求的变流量或定流量运行；

（4）供热系统能根据热负荷及室外温度变化实现设计要求的集中质调节、量调节或质—

量调节相结合的运行。

2. 验收结论

参加验收的人员包括：监理工程师，建设单位项目专业技术负责人，施工单位项目专业质量（技术）负责人，施工单位项目专业质量员。

满足验收条件的为合格，可以通过验收；否则为不合格，不能通过验收。验收合格后必须形成文字记录，填写检查验收记录，验收人员签字应齐全。

11.2.4　空调与采暖系统冷热源和辅助设备及其管道和室外管网系统，应随施工进度对与节能有关的隐蔽部位或内容进行验收，并应有详细的文字记录和必要的图像资料。

检验方法：观察检查；核查隐蔽工程验收记录。

检查数量：全数检查。

参见第10.2.13条的有关内容。

11.2.5　冷热源侧的电动两通调节阀、水力平衡阀及冷（热）量计量装置等自控阀门与仪表的安装，应符合下列规定：

1　规格、数量应符合设计要求。

2　方向应正确，位置应便于操作和观察。

检验方法：观察检查。

检查数量：全数检查。

11.2.6　锅炉、热交换器、电机驱动压缩机的蒸汽压缩循环冷水（热泵）机组、蒸汽或热水型溴化锂吸收式冷水机组及直燃型溴化锂吸收式冷（温）水机组等设备的安装，应符合下列要求：

1　规格、数量应符合设计要求。

2　安装位置及管道连接应正确。

检验方法：观察检查。

检查数量：全数检查。

空调与供暖系统在建筑物中是能耗大户，而锅炉、热交换器压缩机的蒸汽压缩循环冷水（热泵）机组、蒸汽或热水型溴化锂吸收式冷水机组及直燃型溴化锂吸收式冷（温）水机组等设备又是空调与供暖系统中的主要设备，其能耗量占整个空调与供暖系统总能耗量的大部分，其规格、台数是否符合设计要求，安装位置及管道连接是否合理、正确，将直接影响空调与供暖系统的总能耗及空调场所的空调效果。

工程实践表明，许多工程在安装过程中未经设计人员同意，擅自改变了有关设备的规格、台数及安装位置，有的甚至将管道接错。其后果是或因设备台数增加而增大了设备的能耗，给设备的安装带来了不便，也给建筑物的安全带来了隐患；或因设备台数减少而降低了系统运行的可靠性，满足不了工程使用要求。

一、检查

检查内容

检查设备的规格、数量，安装位置及管道连接。

二、验收

1. 验收条件

安装设备的规格、数量全部符合设计要求；设备安装位置及管道连接正确。

2. 验收结论

参加验收的人员包括：监理工程师，建设单位项目专业技术负责人，施工单位项目专业质量（技术）负责人，施工单位项目专业质量检查员。

满足验收条件的为合格，可以通过验收；否则为不合格，不能通过验收。验收合格后必须形成文字记录，填写检查验收记录，验收人员签字应齐全。

11.2.7 冷却塔、水泵等辅助设备的安装，应符合下列要求：

1 规格、数量应符合设计要求；

2 冷却塔设置位置应通风良好，并应远离厨房排风等高温气体；

3 管道连接应正确。

检验方法：观察检查。

检查数量：全数检查。

冷却塔、水泵（冷热水循环泵、冷却水循环泵、补水泵）等辅助设备的规格及数量应符合设计要求，是保证空调与供暖系统冷热源可靠运行的重要条件，必须做到。但是工程实践表明，许多工程在安装过程中，未经设计人员同意，擅自改变了冷却塔、循环水泵等辅助设备的规格及台数，其后果因辅助设备与冷热源主机不匹配或选型偏大而降低了系统运行的可靠性，且增大了能耗。因此，本条文对此进行了强调。

冷却塔安装位置应保持通风良好。通过调研发现，有许多工程冷却塔冷却效果不好，达不到设计要求的效果，其主要原因就是位置设置不合理，或因后期业主自行改造，遮挡了冷却塔，使冷却效率降低；另外还发现有的冷却塔靠近烟道，这也直接影响到冷却塔的冷却效果。

设备的管道连接应正确，要求进出口方向及接管尺寸大小也应符合设计要求。

11.2.8 空调冷热源水系统管道及配件绝热层和防潮层的施工要求，可按照本规范第10.2.11条的规定执行。

11.2.9 当输送介质温度低于周围空气露点温度的管道，采用非封闭孔绝热材料作绝热层时，其防潮层和保护层应完整，且封闭良好。

检验方法：观察检查。

检查数量：全数检查。

本条是对供冷管道采用非闭孔绝热材料作绝热层时的情况，对其防潮层和保护层的做法提出了要求。

保冷管道的绝热层外设置防潮层（隔汽层），是防止凝露、保证绝热效果的有效措施。保护层是用来保护隔汽层的（具有隔汽性的闭孔绝热材料，可认为是隔汽层和保护层）。冷输送介质温度低于周围空气露点温度的管道，当采用非闭孔性绝热材料绝热而不设防潮层（隔汽层）和保护层或者虽然设了但不完整、有缝隙时，空气中的水蒸气就极易被暴露的非闭孔性绝热材料吸收或从缝隙中流入绝热层而产生凝结水，使绝热材料的导热系数急剧增大，不但起不到绝热的作用，反而使绝热性能降低、冷量损失加大。要求非闭孔性绝热材料的防潮层（隔汽层）和保护层必须完整，且封闭良好。

检查与验收参考第10.2.10条的内容。

11.2.10 冷热源机房、换热站内部空调冷热水管道与支、吊架之间绝热衬垫的施工可按照本规范第10.2.12条执行。

11.2.11 空调与采暖系统冷热源和辅助设备及其管道和管网系统安装完毕后，系统试运转及调试必须符合下列规定：

1 冷热源和辅助设备必须进行单机试运转及调试。

2 冷热源和辅助设备必须同建筑物内空调或采暖系统进行联合试运转及调试。

3 联合试运转及调试结果应符合设计要求，且允许偏差或规定值应符合表 11.2.11（本书表13.5.1）的有关规定。当联合试运转及调试不在制冷期或采暖期时，应先对表 11.2.11（本书表 13.5.1）中序号 2、3、5、6 四个项目进行检测，并在第一个制冷期或采暖期内，带冷（热）源补做序号 1、4 两个项目的检测。

联合试运转及调试检测项目与允许偏差或规定值　　表 13.5.1

序号	检测项目	允许偏差或规定值
1	室内温度	冬季不得低于设计计算温度 2℃，且不应高于 1℃ 夏季不得高于设计计算温度 2℃，且不应低于 1℃
2	供热系统室外管网的水力平衡度	0.9～1.2
3	供热系统的补水率	≤0.5%
4	室外管网的热输送效率	≥0.92
5	空调机组的水流量	≤20%
6	空调系统冷热水、冷却水总流量	≤10%

检验方法：观察检查；核查试运转和调试记录。

检查数量：全数检查。

本条为强制性条文，要求的内容与本规范第 9.2.10 条及第 10.2.14 条的内容是一致的。室内供暖系统的调试及空调水系统的调试都是在冷热源具备的情况下进行的。本条强制规定，也是为了检验空调与供暖系统安装完成后，看其空调和供暖效果能否达到设计要求。

空调与供暖系统的冷、热源和辅助设备及其管道和室外管网系统安装完毕后，为了达到系统正常运行和节能的预期目标，规定必须进行空调与供暖系统冷、热源和辅助设备的单机试运转及调试和系统的联合试运转及调试。调试必须编制调试方案。

单机试运转及调试是工程施工完毕后进行系统联合试运转及调试的先决条件，是一个较容易执行的项目。只有单机试运转及调试合格后才能进行联合试运行及调试。

系统的联合试运转及调试，是指系统在有冷热负荷和冷热源的实际工况下的试运行和调试。联合试运转及调试结果应满足本规范表 11.2.11 中的相关要求。当建筑物室内空调与供暖系统工程竣工不在空调制冷期或供暖期时，联合试运转及调试只能进行表 11.2.11 中序号为 2、3、5、6 的四项内容。因此，施工单位和建设单位应在工程（保修）合同中进行约定，在具备冷热源条件后的第一个空调期或供暖期内再进行联合试运转及调试，并补做本规范表 11.2.11 中序号为 1、4 的两项内容。补做的联合试运转及调试报告应经监理工程师（建设单位代表）设计签字确认后，以补充完善验收资料。

由于各系统的联合试运转受到工程竣工时间、冷热源条件、室内外环境、建筑结构特性、系统设置、设备质量、运行状态、工程质量、调试人员技术水平和调试仪器等诸多条件的影响和制约，是一项技术性较强、很难不折不扣地执行的工作。但是，它又是非常重要、必须完成好的工程施工任务。因此，本条对此进行了强制性规定。

对空调与供暖系统冷热源和辅助设备的单机试运转及调试和系统的联合试运转及调试

的具体要求，可详见《通风与空调工程施工质量验收规范》（GB 50243—2002）的有关规定。

供暖期或制冷期时的工程调试结果满足验收条件的为合格，可以通过验收；非供暖期或制冷期竣工的工程，应办理延期调试手续，并予以注明，在第一个供暖季节或制冷期内补未做完成的项目，合格后完善验收资料。验收合格后填写记录，验收人员签字应齐全。

11.3　一般项目

11.3.1　空调与采暖系统的冷热源设备及其辅助设备、配件的绝热，不得影响其操作功能。

检验方法：观察检查。

检查数量：全数检查。

本条是对空调与供暖系统的冷、热源设备及其辅助设备、配件绝热施工的基本质量要求做出了规定。

参见本规范第10.2.11条的有关内容。

第六节　配电与照明节能工程

12.1　一般规定

12.1.1　本章适用于建筑节能工程配电与照明的施工质量验收。

本条指明了施工质量验收的适用范围。它适用于建筑物内的低压配电（380/220V）和照明系统，以及与建筑物配套的道路照明、小区照明、泛光照明等。

12.1.2　建筑配电与照明节能工程验收的检验批划分应按本规范第3.4.1条的规定执行。当需要重新划分检验批时，可按照系统、楼层、建筑分区划分为若干个检验批。

本条给出了配电与照明节能工程验收检验批的划分原则和方法。

12.1.3　建筑配电与照明节能工程的施工质量验收，应符合本规范和《建筑电气工程施工质量验收规范》(GB 50303）的有关规定、已批准的设计图纸、相关技术规定和合同约定内容的要求。

给出了配电与照明节能工程验收的依据。

12.2　主控项目

12.2.1　照明光源、灯具及其附属装置的选择必须符合设计要求，进场验收时应对下列技术性能进行核查，并经监理工程师（建设单位代表）检查认可，形成相应的验收、核查记录。质量证明文件和相关技术资料应齐全，并应符合国家现行有关标准和规定。

1　荧光灯灯具和高强度气体放电灯灯具的效率不应低于表12.2.1-1（本书表13.6.1）的规定。

荧光灯灯具和高强度气体放电灯灯具的效率允许值　　表13.6.1

灯具出光口形式	开敞式	保护罩（玻璃或塑料）		格栅	格栅或透光罩
		透明	磨砂、棱镜		
荧光灯灯具	75%	65%	55%	60%	—
高强度气体放电灯灯具	75%	—	—	60%	60%

2 管型荧光灯镇流器能效限定值应不小于表 12.2.1-2（本书表 13.6.2）的规定。

镇流器能效限定值 **表 13.6.2**

标称功率（W）		18	20	22	30	32	36	40
镇流器能效因素（*BEF*）	电感型	3.154	2.952	2.770	2.232	2.146	2.030	1.992
	电子型	4.778	4.370	3.998	2.870	2.678	2.402	2.270

3 照明设备谐波含量限值应符合表 12.2.1-3（本书表 13.6.3）的规定。

照明设备谐波含量的限值 **表 13.6.3**

谐波次数 n	基波频率下输入电流百分比数表示的最大允许谐波电流（%）
2	2
3	30×λ
5	10
7	7
9	5
$11 \leqslant n \leqslant 39$（仅有奇次谐波）	3

注：λ 是电路功率因数。

检验方法：观察检查；技术资料和性能检测报告等质量证明文件与实物核对。

检查数量：全数检查。

照明节能主要与以下几个方面有关：(1) 光源光效；(2) 灯具效率；(3) 气体放电灯启动设备质量；(4) 照明方式；(5) 灯具控制方案；(6) 日常维护管理。按设计选用节能的高效光源、灯具和其附属装置，根据《建筑照明设计标准》(GB 50034) 中第 3.3.2 条、《管型荧光灯镇流器能效限定值及能效等级》(GB 17896) 中第 5.3 条和《电磁兼容限值谐波电流发射限值（设备每相输入电流≤16A）》（GB 17625.1—2003/IEC 61000－3－2：2001）中第 7.3 条之规定编写了本条。照明光源应符合现行国家标准所规定的能效限定值。为了防止使用不合格或劣质光源、灯具和配件，根据现行的部分国家标准中与照明节能相关的技术参数对工程项目中使用的产品进行重点核查，以保证照明系统最终达到节能的目的。

1. 定义

灯具效率：在标准条件下测得的灯具光通量与此条件下的裸光源（灯具内所包含的光源）的光通量之和的比值。

2. 测试精度和误差

(1) 系统误差；

(2) 随机误差；

(3) 光学性能测试仪器和方法的选用。

3. 测试仪器和实验室条件

标准条件：环境温度 25±2℃，光源和灯具附近的空气应静止，悬挂式安装，灯具悬挂在指定的实际工作位置。

实际测试条件：裸光源和灯具的广度测试虽然不可能在绝对的标准条件下进行，但应尽可能在理想的实验室条件下进行。

(1) 环境温度条件；

(2) 气流条件；

(3) 光源和灯具的非标准定位。

供电电源：

(1) 电压和频率；

(2) 谐波电压限制。

电性能测量

杂散光的遮挡

光电池的要求

分布光度计要求

4. 测试用光源和被测灯具的要求

5. 测试方法和过程

6. 测试报告

《管型荧光灯镇流器能效限定值及能效等级》(GB 17896—2012) 规定的镇流器类型为：标称功率在18～40W的管型荧光灯所用独立式电感镇流器和电子镇流器，不适用于非预热启动的电子镇流器。

检验规则：

1. 出厂检验——给出能效限定值；

2. 型式检验——给出能效限定值和节能评价值。

《低压电气及电子设备发出的谐波电流限值（设备每相输入电流≤16A)》(GB 17625.1—2003/IEC 61000－3－2：2001)，适用于标准中的C类设备——照明设备。

12.2.2 低压配电系统选择的电缆、电线截面不得低于设计值，进场时应对其截面和每芯导体电阻值进行见证取样送检。每芯导体电阻值应符合表12.2.2（本书表13.6.4）的规定。

不同标称截面的电缆、电线每芯导体最大电阻值　　表13.6.4

标称截面 (mm^2)	20℃时导体最大电阻 (Ω/km)	标称截面 (mm^2)	20℃时导体最大电阻 (Ω/km)
	圆铜导体（不镀金属）		圆铜导体（不镀金属）
0.5	36	35	0.524
0.75	24.5	50	0.387
1.0	18.1	70	0.268
1.5	12.1	95	0.193
2.5	7.41	120	0.153
4	4.61	150	0.124
6	3.08	185	0.0991
10	1.83	240	0.0754
16	1.15	300	0.0601
25	0.727		

检验方法：进场时抽样送检，验收时核查检验报告。

检查数量：同厂家各种规格总数的10%，且不少于2个规格。

本条为强制性条文。本条是参考《电缆的导体》（GB/T 3956—1997）第 4.1.4 条（实心导体）和第4.2.4条（非紧压绞合圆形导体）制定的，导体的材料均应为不镀金属的退火铜线。制定本条的目的是加强对建筑物内配电大量使用的电线电缆质量的监控，防止在施工过程中使用不合格的电线电缆。由于目前铜金属等价格的上涨造成电线电缆价格升高，有些生产商为了降低成本，偷工减料，造成电线电缆的导体截面变小，导体电阻不符合产品标准的要求。有些施工单位明知这种电线电缆有问题，但为了节省开支也购买这类产品，这样不但会造成严重的安全隐患，还会使电线电缆在输送电能的过程中发热，增加电能的损耗。因此应采取有效措施杜绝这类现象的发生。

一、检查

1. 检验方法

施工单位应按照有关材料设备进场的规定提交监理或甲方相关资料，得到认可后购进电线电缆，并在监理或甲方的旁站下进行见证取样，送到具有国家认可检验资质的检验机构进行检验，并出具检验报告。

2. 检验数量

规格的分类依据电线电缆内导体的材料类型，按照表 12.2.2 中的分类，相同截面、相同材料（如不镀金属、镀金属、圆或成型铝导体、铝导体）导体和相同芯数为同规格，如 VV3×1185 与 YJV3×185 为同规格，BV6.0 与 BVV6.0 为同规格。

3. 检验内容

测量导体电阻可以在整根长度的电缆上或至少 1m 长的试样上进行，把测量值除以其长度后，检验是否符合表 12.2.2（本书表 13.6.4）中规定的导体电阻最大值。

如果需要可采用下列公式校正到 20℃和 1km 长度时的导体电阻：

$$R_{20}=R_t\times K_t\times 1000/L$$

式中 R_{20}——20℃时电阻（Ω/km）；

R_t——t℃时 L_m 长电缆实测电阻值（Ω）；

K_t——t℃时的电阻温度校正系数；

L——电缆长度（m）。

温度校正系数 K_t 的近似公式为：

$$K_t=250/(230+t)$$

式中 t——测量时导体温度（℃）。

二、验收

1. 验收条件

（1）电线电缆出厂质量证明文件及检测报告齐全，实际进场数量、规格等满足设计和施工要求。

（2）电线电缆外观质量应满足设计要求或有关标准的规定。

（3）送检的电线电缆应全部合格，并由检测单位出具检验报告。

2. 验收结论

验收由建设单位或使用方组织。

参加验收的人员包括：监理工程师，建设单位（或使用方）专业负责人，供应商代表，施工单位技术质量负责人，施工单位专业质量员、材料员。

满足验收条件的可以通过验收，否则不能通过验收。验收合格后必须形成文字记录，填写进场检验报告。验收人员签字齐全。

12.2.3 工程安装完成后应对低压配电系统进行调试，调试合格后应对低压配电电源质量进行检测。其中：

1 供电电压允许偏差：三相供电电压允许偏差为标称系统电压的±7%；单相220V为+7%、-10%。

2 公共电网谐波电压限值为：380V的电网标称电压，电压总谐波畸变率（THDu）为5%，奇次（1～25次）谐波含有率为4%，偶次（2～24次）谐波含有率为2%。

3 谐波电流不应超过表12.2.3（本书表13.6.5）中规定的允许值。

谐波电流允许值 **表13.6.5**

标准电压（kV）	基准短路容量（MVA）	谐波次数及谐波电流允许值（A）											
		2	3	4	5	6	7	8	9	10	11	12	13
0.38	10	78	62	39	62	26	44	19	21	16	28	13	24
		谐波次数及谐波电流允许值（A）											
		14	15	16	17	18	19	20	21	22	23	24	25
		11	12	9.7	18	8.6	16	7.8	8.9	7.1	14	6.5	12

4 三相电压不平衡度允许值为2%，短时不得超过4%。

检验方法：在已安装的变频和照明等可产生谐波的用电设备均可投入的情况下，使用三相电能质量分析仪在变压器的低压侧测量。

检查数量：全部检测。

随着高科技产业的发展，用户对供电质量和可靠性越来越敏感，电器设备使用寿命都与之息息相关。目前电能质量问题主要由负荷方面引起。例如冲击性无功负载会使电网电压产生剧烈波动，降低供电质量。随着电子技术的发展，它既给现代建筑带来节能和能量变换积极的一面，同时电子装置的广泛应用又对电能质量带来新的更严重的损害，已成为电网的主要谐波污染源。谐波使电能的生产、传输和利用的效率降低，使电气设备过热、产生振动和噪声，使绝缘老化，寿命缩短，甚至发生故障会引起电力系统局部发生并联谐振或串联谐振，使谐波含量被放大，致使电容器等设备烧毁。

谐波是由与电网相连接的各种非线性负载产生的。在建筑物中引起谐波的主要谐波源有：铁磁设备、电弧设备以及电力电子设备。铁磁设备包括变压器，旋转电机等；电弧设备包括放电型照明设备（荧光灯等）。这两种都是无源型的，其非线性是由铁心和电弧的物理特性导致的。电力电子设备的非线性是由半导体器件的开关导致的，属于有源型。电力电子设备主要包括电机调速用变频器、直流开关电源、计算机、不间断电源和其他整流逆变设备，目前这部分所产生的谐波所占比重也越来越大，已成为电力系统的主要谐波污源。

谐波对电力系统和其他用电设备可以带来非常严重的影响：

1）大大增加了系统谐振的可能性使谐波容易使电网与补偿电容器之间发生并联谐振或串联谐振，使谐波电流放大几倍甚至数十倍，造成过电流，引起电容器、与之相连接电抗器和电阻器的损坏。

2）使电网中的设备产生附加谐波损失，降低输电及用电设备的使用效率，增加电网线损。在三相四线制系统中，零线电流会由于流过大量的3次及其倍数次谐波电流造成零线过热，甚至引发火灾。

3）谐波会产生额外的热效应从而引起用电设备发热，使绝缘老化，降低设备的使用寿命。

4）谐波会引起一些保护设备误动作，如继电保护、熔断器等。

5）谐波会导致电气测量仪表计量不准确。

6）谐波通过电磁感应和传导耦合等方式对电子设备和通信系统产生干扰，如医院的大型电子诊疗设备，计算机数据中心，商场超市的电子扫描结算系统，通信系统终端等，降低数据传输质量，破坏数据的正常传递。

目前针对电能质量的改善有以下几种方式：

1）对谐波的抑止方法

增加LC滤波装置，它即可过滤谐波又可补偿无功功率。滤波装置又分成无源滤波和有源滤波两种，前者针对特定谐波进行过滤，如果控制不当容易与电网发生串联和并联谐振。后者可对多次谐波进行过滤，一般不会与电网产生谐振。

2）无功功率的补偿方法

采用自换相变流电路的静止型无功补偿装置——静止无功发生器SVG（Static Var Generator）。它与传统的静止无功补偿装置需要大量的电抗器、电容器等储能元件不同，SVG在其直流侧只需要较小容量的电容器维持其电压即可。SVG通过不同的控制，使其发出无功功率，呈电容性，也可使其吸收无功功率，呈电感性。

3）负序电流的抑止方法

不对称负载会产生负序电流从而造成三相不平衡，通常使用晶闸管控制电抗器配合晶闸管投切电容器来抑止负序电流，但会引起谐波放大问题。

4）有源电力滤波器对电能质量进行综合治理

有源电力滤波器是一种可以动态抑止谐波、负序和补偿无功的新型电力电子装置，它能对变化的谐波、无功和负序进行补偿。与传统的电能质量补偿方式相比，它的调节响应更加快速、灵活。

检查方法：在变压器低压出线或低压配电总进线柜进行检测，检测人员应注意采取有效的安全措施，使用耐压大于500V的绝缘手套、帽子、鞋，绝缘物品应在标定期内使用。

使用的三相电能质量分析仪应具备以下功能：

(1) 符合低压配电系统中所有连接的安全要求。

(2) 符合国家有关电能质量标准中参数测量和计算的要求。

(3) 测量电压准确度0.5%标称电压。

(4) 测量参数为：电压、电流真有效值和峰值，频率，基波和真功率因数、功率、电量，至少达25次谐波。

(5) 电流总谐波畸变率（THDv），电压总谐波畸变率（THDu）。

(6) 测量仪器的峰值因数cf>3。cf=峰值/有效值。

(7) 电压不平衡度测量的绝对误差≤0.2%；电流不平衡度测量的绝对误差≤1%。

(8) 可设置参数记录间隔时间。自动存储容量应满足要求记录参数的最小容量。具有统计和计算功能，可直接给出测量参数值。

12.2.4 在通电试运行中，应测试并记录照明系统的照度和功率密度值。

1 照度值不得小于设计值的90%；

2 功率密度值应符合《建筑照明设计标准》(GB 50034) 中的规定。

检验方法：在无外界光源的情况下，检测被检区域内平均照度和功率密度。

检查数量：每种功能区检查不少于2处。

应重点对公共建筑和建筑的公共部分的照明进行检查。考虑到住宅项目（部分）中住户的个性使用情况偏差较大，一般不建议对住宅内的测试结果作为判断的依据。

1. 检查方法

照明与功率密度值检验：按照国家标准《照明测量方法》(GB/T 5700— 2008) 中规定的方法进行。此标准中规定了测量仪器的性能和检定周期，以及照度测量的测点布置、测量平面、测量条件和测量方法等。

照度值检验应与功率密度检验同时进行，按照标准中规定检测方法测量照度值，当被检测区域内的平均照度值不小于《建筑照明设计标准》中规定的设计标准值90%时，判定照度指标为合格。被检测区域内发光灯具的安装总功率除以被检测区域面积，即可得出被检测区域的照明功率密度值，当检测值不大于《建筑照明设计标准》中规定的设计值时，判定照明功率密度指标为合格。若照度值高于或低于其对应的照度标准值时，其照明功率密度值也按比例提高或折减。

2. 检查数量

每种功能区检查不少于2处。例如办公楼中的走道和公共大堂由于设计的照度值不同，使用方式不同，因此属于不同的功能区，独立办公室和开敞办公室由于办公人数不同，因此灯具设置的数量和位置也不同，也属于不同的功能区，按照检验数量的规定即走道、大堂各抽测至少2处。独立办公室原则上按检验数量抽测2处，但如果面积狭小且设置了局部照明，则可根据情况测定其中具有代表性的一点，而开敞办公区一般面积较大，因此应至少抽测2处。

3. 检查内容

一般照明，局部照明。

12.3 一般项目

12.3.1 母线与母线或母线与电器接线端子，当采用螺栓搭接连接时，应采用力矩扳手拧紧，制作应符合《建筑电气工程施工质量验收规范》(GB 50303) 中的有关规定。

检验方法：使用力矩扳手对压接螺栓进行力矩检测。

检查数量：母线按检验批抽查10%。

本条是参考《建筑电气工程施工质量验收规范》(GB 50303—2002) 第11.1.2条制定的。关于母线压接头制作的部分原文如下：

母线与母线或母线与电器接线端子，当采用螺栓搭接连接时，应符合下列规定：

母线的各类搭接连接的钻孔直径和搭接长度符合本规范附录C的规定，用力矩扳手拧紧钢制连接螺栓的力矩值符合本规范附录D的规定。

强调母线压接头的制作质量，防止压接头虚接而造成局部发热，造成无用的能源消耗，严重时发生安全事故。

一、检查

1. 检查方法

在建筑物配电系统通电前，安装单位使用力矩扳手检验。使用的力矩扳手应该符合国家标准《手用扭力扳手通用技术条件》（GB/T 15729—2008）和《扭矩扳子检定规程》（JJG 707—2003）的要求，并在其有效检定期内，应采用可预置扭矩并具有显示功能。将力矩扳手卡在钢制螺栓上，力矩扳手预置力设置在小于规定值的范围内，如 M8 的螺栓规定力矩值为 8.8～10.8（N·m），力矩扳手预置力可设置为小于 8.8，例如 7.8，然后转动扳手，观察螺栓是否转动，如果在 7.8 的预置力内没有转动，则上调力矩扳手预置力，直至螺栓开锁转动，此时力矩扳手上显示的力矩值即为安装完成时的数值，以此判定是否符合母线搭接螺栓的拧紧力矩。

用力矩扳手拧紧钢制连接螺栓的力矩值符合《建筑电气工程施工质量验收规范》（GB 50303）中附录 D（本书表 13.6.6）的规定。

母线搭接螺栓的拧紧力矩 **表 13.6.6**

序号	螺栓规格	力矩值（N·m）	序号	螺栓规格	力矩值（N·m）
1	M8	8.8～10.8	5	M16	78.5～98.1
2	M10	17.7～22.6	6	M18	98.0～127.4
3	M12	31.4～39.2	7	M20	156.9～196.2
4	M14	51.0～60.8	8	M24	274.6～343.2

2. 检查数量

按照检验批的划分原则划分出批次，然后按 10%的比例抽测，例如变配电室划分为 1 个批次，变压器出线侧母线搭接共有 10 处，则抽查 1 处即可。

3. 检查内容

二、验收

验收条件

抽测工作可由施工单位自行负责，并形成抽测记录。当建设单位对抽测结果有疑问时，可委托具有国家认可资质的检测单位进行检测。抽测的所有母线压接头全部合格方可进行验收。

12.3.2 交流单芯电缆或分相后的每相电缆宜品字型（三叶型）敷设，且不得形成闭合铁磁回路。

检验方法：观察检查。

检查数量：全数检查。

本条是参考《建筑电气工程施工质量验收规范》（GB 50303—2001）第 13.2.3 条制定的。制定本条的目的是强调单芯电缆的敷设方式。尤其是在采用预制电缆头做分支连接时，要防止分支处电缆芯线单相固定时，采用的夹具和支架形成闭合铁磁回路。建议采用铝合金金具线夹，减少由于涡流和磁滞损耗产生的能耗。目前在施工中发现有些单位把这些单芯电缆也像三相电缆那样并排敷设，尤其是地下直埋电缆，经常造成单芯电缆周围发热，造成无用的能源消耗，严重时还会发生安全事故。

1. 检查方法

观察检查。固定电缆用电力金具和支架是否形成闭合面。交流单芯电力电缆应布置在同侧支架上，并加以固定。当按紧贴正三角形排列时，应每隔一定距离用绑带扎牢，以免其松散。

2. 检查数量

在低压配电室和电缆夹层对电缆敷设和电缆固定用电力金具和支架，全部检查。

12.3.3 三相照明配电干线的各相负荷宜分配平衡，其最大相负荷不宜超过三相负荷平均值的115%，最小相负荷不宜小于三相负荷平均值的85%。

检验方法：在建筑物照明通电试运行时开启全部照明负荷，使用三相功率计检测各相负载电流、电压和功率。

检查数量：全部检查。

电源各相负载不均衡会影响照明器具的发光效率和使用寿命，造成电能损耗和资源浪费。为了验证设计和施工的质量情况，特别加设本项检查内容。刚竣工的项目只要施工按设计进行，一般都较容易达到规范要求。但竣工项目投入使用后，因为使用情况的不确定性而往往达不到规范的要求，这就给我们的检测与控制提出了更高的要求。

第七节 监测与控制节能工程

13.1 一般规定

13.1.1 本章适用于建筑节能工程监测与控制系统的施工质量验收。

本条对监测与控制系统的适用范围作出了规定。

严格地说，监测与控制系统不是一个独立的专门用于建筑节能的子分部工程，它是智能建筑的一个功能部分，包括在智能建筑的建筑设备监控（BAS）和智能建筑系统集成子分部中。仅因为建筑节能工程施工质量验收的需要，将其列为一个子分部工程。

13.1.2 监测与控制系统施工质量的验收应执行《智能建筑工程质量验收规范》（GB 50339）相关章节的规定和本规范的规定。

建筑节能工程监测与控制系统的施工验收应在智能建筑的建筑设备监控系统的检测验收基础上，按《智能建筑工程质量验收规范》（GB 50339）的检测验收流程进行。

13.1.3 监测与控制系统验收的主要对象应为采暖、通风与空气调节和配电与照明所采用的监测与控制系统，能耗计量系统以及建筑能源管理系统。建筑节能工程所涉及的可再生能源利用、建筑冷热电联供系统、能源回收利用以及其他与节能有关的建筑设备监控部分的验收，应参照本章的相关规定执行。

建筑节能工程涉及很多内容，因建筑类别、自然条件不同，节能重点也应有所差别。在各类建筑能耗中，供暖、通风与空气调节、供配电及照明系统是主要的建筑耗能大户；建筑节能工程应按不同设备、不同耗能用户设置检测计量系统，便于实施对建筑能耗的计量管理，故列为检测验收的重点内容。建筑能源管理系统（BEMS，building energy management system）是指用于建筑能源管理的管理策略和软件系统。建筑冷热电联供系统（BCHP，building cooling heating & power）指建筑物提供电、冷、热的现场能源系统。

13.1.4 监测与控制系统的施工单位应依据国家相关标准的规定，对施工图设计进行复核。当复核结果不能满足节能要求时，应向设计单位提出修改建议，由设计单位进行设计变更，并经原节能设计审查机构批准。

监测与控制系统的施工图设计、控制流程和软件通常由施工单位完成，是保证施工质量的重要环节，应对原设计单位的施工图进行复核，并在此基础上进行深化设计和必要的设计变更。

13.1.5 施工单位应依据设计文件制定系统控制流程图和节能工程施工验收大纲。

监测与控制系统的检测验收是按监测与控制网路进行的。本条要求施工单位按监测与控制回路制定控制流程图和相应的节能工程施工验收大纲，提交监理工程师批准，在检测验收过程中按施工验收大纲实施。

施工验收大纲应包括下列内容：

(1) 模拟量控制回路：控制回路名称，过程量属性（DI/AI）及检测仪表，被控量属性（AO/DO）及控制对象，设定值的确定方法，控制稳定性检测方法及合格性判定方法，控制策略说明（SAMA图或控制逻辑图），编程说明。

(2) 顺序控制或连锁控制回路：控制网路名称，过程量属性（DI/AI）及检测仪表，被控量属性及控制对象，控制逻辑图，编程说明，检测方法及合格性判定方法。

(3) 监测与计量回路：监测与计量回路名称，监测与计量现场仪表，变送器型号、规格，被测参数估计值，检测仪表规格及型号，检测方法及合格性判定方法。

(4) 报警回路：检测对象及阀值，报警方式。

(5) 建筑能源管理系统：功能列表，检测方法及合格性判定方法。

施工验收大纲中检测方法应分试运行检测和模拟检测。

13.1.6 监测与控制系统的验收分为工程实施和系统检测两个阶段。

根据13.1.2条的规定，监测与控制系统的验收流程应与GB 50339一致，以免造成重复和混乱。

在智能建筑的检测验收中已经做过的内容，在建筑节能工程施工验收时，可直接引用，但验收人员应认真审查并在其复印件上签字认可。本规范规定的与节能有关的项目，必须按本规范规定执行。

13.1.7 工程实施由施工单位和监理单位随工程实施过程进行，分别对施工质量管理文件、设计符合性、产品质量、安装质量进行检查，及时对隐蔽工程和相关接口进行检查，同时，应有详细的文字和图像资料，并对监测与控制系统进行不少于168h的不间断试运行。

工程实施工程过程检查将直接采用智能建筑子分部工程中“建筑设备监控系统”的检测结果。

13.1.8 系统检测内容应包括对工程实施文件和系统自检文件的复核，对监测与控制系统的安装质量、系统节能监控功能、能源计量及建筑能源管理等进行检查和检测。

系统检测内容分为主控项目和一般项目，系统检测结果是监测与控制系统的验收依据。

GB 50339规定，智能建筑系统验收分为工程实施（系统自检）和系统检测。

这两条列出了系统检查和系统检测中，针对建筑节能工程应重点检测验收的内容。

节能检测主要是进行功能检测，系统性能检测在智能建筑检测验收中是主控项目，在本规范中列入一般项目。

本条修改了 GB 50339 规定的一个完整供冷和供暖季不少于 3 个月的试运行规定，而改为 168h 不间断试运行。

13.1.9 对不具备试运行条件的项目，应在审核调试记录的基础上进行模拟检测，以检测监测与控制系统的节能监控功能。

因为空调、供暖为季节性运行设备，有时在工程验收阶段无法进行不间断试运行，只有通过模拟检测对其功能和性能进行测试。具体测试应按施工单位提交的施工验收大纲进行。

模拟检测分为两种：

(1) 有些计算机控制系统自带用于调试和检测的仿真模拟程序，将该程序与被检测系统对接，并人为设置试验项目，即可完成系统的模拟测试。

(2) 人工输入相关参数或事件，观察记录系统运行情况，进行模拟测试。

13.2 主控项目

13.2.1 监测与控制系统采用的设备、材料及附属产品进场时，应按照设计要求对其品种、规格、型号、外观和性能等进行检查验收，并应经监理工程师（建设单位代表）检查认可，且应形成相应的质量记录。各种设备、材料和产品附带的质量证明文件和相关技术资料应齐全，并应符合国家现行有关标准和规定。

检验方法：进行外观检查；对照设计要求核查质量证明文件和相关技术资料。

检查数量：全数检查。

设备材料的进场检查应执行 GB 50339 和本规范 3.2 节的有关规定。

建筑上用的监测控制系统，不做复检。

设备和材料等均应具有产品合格证，各设备和装置应有清晰的永久铭牌，安装使用说明书等文件应齐全。

13.2.2 监测与控制系统安装质量应符合以下规定：

1 传感器的安装质量应符合《自动化仪表工程施工及质量验收规范》(GB 50093—2013) 的有关规定；

2 阀门型号和参数应符合设计要求，其安装位置、阀前后直管段长度、流体方向等应符合产品安装要求；

3 压力和压差仪表的取压点、仪表配套的阀门安装应符合产品要求；

4 流量仪表的型号和参数、仪表前后的直管段长度等应符合产品要求；

5 温度传感器的安装位置、插入深度应符合产品要求；

6 变频器安装位置、电源回路敷设、控制回路敷设应符合设计要求；

7 智能化变风量末端装置的温度设定器安装位置应符合产品要求；

8 涉及节能控制的关键传感器应预留检测孔或检测位置，管道保温时应做明显标注。

检验方法：对照图纸或产品说明书目测和尺量检查。

检查数量：每种仪表按 20% 抽检，不足 10 台全部检查。

监测与控制系统的现场仪表安装质量对监测与控制系统的功能发挥和系统节能运行影响较大，本条要求对现场仪表的安装质量进行重点检查。

一、检查

1. 检查内容

(1) 电动调节阀的口径应有设计计算说明书。电动调节阀应选用等百分比特性的阀门。阀门控制精度应优于1%，调节阀的阻力应为系统总阻力的10%～30%。系统断电时阀门位置应保持不变，应具备手动功能，其自动/手动状态应能被计算机测出并显示；在安装自动调节阀的回路上不允许同时安装自力式调节阀。安装位置正确，阀前阀后直管段长度应符合设计要求。

(2) 压力和差压仪表的取压点应符合设计要求，压力传感器应通过带有缓冲功能的环形管针阀与被测管道连接，差压仪表应带三阀组；同一楼层内的所有压力仪表应安装在同一高度上。

(3) 流量仪表的准确度应优于满量程的1%，量程选择应与该管段最大流量一致；必须满足流量传感器产品要求的安装直管段长度。涡街流量计的选用口径应小于其安装管道的口径。热量表的最大使用温度应高于实际出现的最高热水温度，且其累计值应大于被测管路在一个供暖季的总累计值。保证安装直管段要求，并正确安装测温装置。

(4) 温度传感器的安装位置、插入深度应符合设计要求，管道上安装的温度传感器应保证冷桥现象导致的温差小于0.05℃，当热电偶直接与计算机监控系统的温度输入模块连接时，其配置的补偿导线应与所用传感器的分度号保持一致，且必须采用铜导线连接，并单独穿管。测量空调系统的温度传感器的安装位置必须严格按设计施工图执行。

(5) 变频器在其最大频率下的输出功率应大于此转速下水泵的最大功率，转速反馈信号可被监控系统测知并显示，现场可手动调速或与市电切换。

2. 检查数量

每种仪表按20%抽检，不足10台全部检查。

二、验收

1. 验收条件

复查智能建筑工程质量验收中的工程实施检验记录，并按检查数量要求进行抽查。

2. 验收结论

符合本地规范要求的为合格；被检项目的合格率应为100%。

13.2.3 对经过试运行的项目，其系统的投入情况、监控功能、故障报警连锁控制及数据采集等功能，应符合设计要求。

检验方法：调用节能监控系统的历史数据、控制流程图和试运行记录，对数据进行分析。

检查数量：检查全部进行过试运行的系统。

在试运行中，对各监控回路分别进行自动控制投入、自动控制稳定性、监测控制各项功能、系统连锁和各种故障报警试验，调出计算机内的全部试运行历史数据，通过查阅现场试运行记录和对试运行历史数据进行分析，确定监控系统是否符合设计要求。

一、检查

1. 检查方法与内容

(1) 关于168h不间断试运行的要求：

必须完成168h不间断试运行，因各种原因导致试运行间断时，必须在故障排除后重新进行，直到完成为止。

(2) 在试运行期间，模拟量控制必须自始至终能投入自动运行并正常自动运行。

(3) 建议在试运行期间进行不少于3次的控制稳定性试验，通过人为在输入端输入不小于设定值105%的扰动，检查系统是否在检测验收大纲规定的时间内稳定下来。

(4) 检查从全部控制回路投入到全系统稳定运行所用的时间是否在检测验收大纲规定时间间隔范围内。

(5) 进行不少于3次试验，检查连锁控制功能。

(6) 在现场用标准仪表检测运行参数并与计算机控制系统显示值比较，判断是否符合设计要求。

(7) 人为设置故障，检查报警功能。

(8) 启停实验检查的依据为系统的历史数据。

2. 检查数量

试运行项目所包含的全部监测与控制回路全部检查。

二、验收

1. 验收条件

检查的依据为施工单位提交的检测验收大纲和试运行中系统的历史数据。通过对数据的分析，判断是否符合设计要求。

2. 验收结论

全部试运行项目完成，被检测项目符合设计要求为合格，被检测项目的合格率应为100%。

13.2.4 空调与采暖的冷、热源空调水系统的监测控制系统应成功运行，控制及故障报警功能应符合设计要求。

检验方法：在中央工作站使用检测系统软件，或采用在直接数字控制器或冷热源系统自带控制器上改变参数设定值和输入参数值，检测控制系统的投入情况及控制功能；在工作站或现场模拟故障，检测故障监视、记录和报警功能。

检查数量：全部检测。

验收时，冷、热源空调水系统因季节原因无法进行不间断试运行时，按此条规定执行。黑盒法是一种系统检测方法，这种测试方法不涉及内部过程，只要求规定的输入得到预定的输出。

也可用系统自带模拟仿真程序进行模拟检测。

1. 检查方法

(1) 通过工作站或现场控制器改变参数设定预定时间功能等；检测热源和热交换系统的自动控制功能；

(2) 在工作站设置或现场模拟故障进行故障监视、记录与报警功能检测；

(3) 核实热源和热交换系统能耗计量与统计资料；

(4) 通过工作站或现场控制器改变参数设定，检测制冷机、冷冻和冷却水系统的自动控制功能，预定时间功能等；

(5) 在工作站设置或现场模拟故障，进行故障监视、记录与报警功能检测；

(6) 核实冷冻和冷却水系统能耗计量与统计资料。

2. 检查内容

(1) 热源系统

① 热源系统各类参数；

② 热源系统燃烧系统自动调节；
③ 锅炉、水泵等设备顺序启/停控制；
④ 锅炉房可燃气体、有害物质浓度检测报警；
⑤ 烟道温度超限报警和蒸汽压力超限报警；
⑥ 设备故障报警和安全保护功能；
⑦ 燃料消耗量统计记录。
(2) 热交换系统
① 系统各类监控参数；
② 系统负荷自动调节功能；
③ 系统设备顺序启/停控制功能；
④ 管网超压报警、循环泵故障报警和安全保护功能；
⑤ 能量消耗统计记录。
(3) 冷冻水系统
① 各类监控参数；
② 冷冻水系统设备启/停控制，顺序控制，设备联动控制功能；
③ 冷冻水旁通阀压差控制；
④ 冷冻水泵过载报警。
(4) 冷却水系统
① 系统监控参数；
② 冷却水系统设备启/停控制、顺序控制、设备联动控制功能；
③ 冷却塔风机台数或冷却塔风机速度控制；
④ 冷却水泵、冷却塔风机过载报警。
(5) 制冷机组检测
① 各类监控参数；
② 制冷机启/停控制、顺序控制、设备联动控制功能。

13.2.5　通风与空调监测控制系统的控制功能及故障报警功能应符合设计要求。

检验方法：在中央工作站使用检测系统软件，或采用在直接数字控制器或通风与空调系统自带控制器上改变参数设定值和输入参数值，检测控制系统的投入情况及控制功能；在工作站或现场模拟故障，检测故障监视、记录和报警功能。

检查数量：按总数的20%抽样检测，不足5台全部检测。

本条为强制性条文。验收时，通风与空调系统因季节原因无法进行不间断试运行时，按此条规定执行。

也可用系统自带模拟仿真程序进行模拟检测。

检查方法：

(1) 在中央工作站或现场控制器（DDC）检查温度、相对湿度测量值，核对其数据是否正确。用便携式或其他类型的温湿度仪器测量值、相对湿度值进行比对；检查风压开关、防冻开关工作状态；检查风机及相应冷/热水调节阀工作状态；检查风阀开关状态。

(2) 在中央工作站或现场控制器（DDC）改变温度设定值，记录温度控制过程，检查控制效果、系统稳定性，同时检查系统运行历史记录。

(3) 在中央工作站或现场控制器（DDC）改变相对湿度设定值，进行相对湿度调节，观察运行工况的稳定性、系统响应时间和控制效果，同时检查系统运行历史记录。

(4) 在中央工作站改变预定时间表设定，检测空调系统自动启/停功能。

(5) 变风量空调系统送风量控制（静压法、压差法、总风量法）检测，改变设定值，使之大于或小于测量值，变频风机转速应随之升高或降低，测量值应逐步趋于设定值。

(6) 新风量控制检测，通过改变新风量（或风速、空气质量）设定值，与新风量（或风速、空气质量）测量值比较，进行新风量调节。

(7) 启动/关闭新风空调系统，风量空调系统、变风量空调系统，检查各设备的连锁功能。

(8) 防冻保护功能检测可采用改变防冻开关动作设定值的方法，模拟进行。

(9) 人为设置故障，在中央工作站检测系统故障报警功能，包括过滤器压差开关报警、风机故障报警、送风温度传感器故障报警及处理。

13.2.6 监测与计量装置的检测计量数据应准确，并符合系统对测量准确度的要求。

检验方法：用标准仪器仪表在现场实测数据，将此数据分别与直接数字控制器和中央工作站显示数据进行比对。

检查数量：按20％抽样检测，不足10台全部检测。

主要适用于监测与控制系统联网的监测与计量仪表的检测。

13.2.7 供配电的监测与数据采集系统应符合设计要求。

检验方法：试运行时，监测供配电系统的运行工况，在中央工作站检查运行数据和报警功能。

检查数量：全部检测。

当供配电系统与监测与控制系统联网时，应满足本条所提出的功能要求。

主要检测用电量监测计量系统及各种用电参数、谐波情况；功率因数改善控制，自备电源负荷分配控制，变压器台数控制。

1. 检查方法

(1) 利用中央工作站读取数据与现场使用仪器仪表测量的数据进行比较。

(2) 将中央工作站所显示的设备工作状态、报警状态与现场实际情况比较。

2. 检查内容

(1) 变配电设备各高低压开关运行状况及故障报警。

(2) 电源进线及主供电回路电流、电压、功率因数测量、电能计量等。

(3) 电力变压器温度测量及超温报警。

(4) 应急发电机组供电电流、电压及频率及储油罐液位监视。

(5) 不间断电源、蓄电池组、充电设备工作及切换状态检测。

13.2.8 照明自动控制系统的功能应符合设计要求，当设计无要求时应实现下列控制功能：

1 大型公共建筑的公用照明区应采用集中控制并应按照建筑使用条件和天然采光状况采取分区、分组控制措施，并按需要采用调光或降低照度的控制措施。

2 旅馆的每间（套）客房应设置节能控制型开关。

3 居住建筑有天然采光的楼梯间、走道的一般照明，应采用节能自熄开关。

4 房间或场所设有两列或多列灯具时，应按下列方式控制：

1）所控灯列与侧窗平行；

2）电教室、会议室、多功能厅、报告厅等场所，按靠近或远离讲台分组。

检验方法：

1 现场操作检查控制方式；

2 依据施工图，按回路分组，在中央工作站上进行被检回路的开关控制，观察相应回路的动作情况；

3 在中央工作站改变时间表控制程序的设定，观察相应回路的动作情况；

4 在中央工作站采用改变光照度设定值、室内人员分布等方式，观察相应回路的控制情况；

5 在中央工作站改变场景控制方式，观察相应的控制情况。

检查数量：现场操作检查为全数检查，在中央工作站上检查按照明控制箱总数的5%检测，不足5台全部检测。

照明控制是建筑节能的主要环节，照明控制应满足本条所规定的各项功能要求。

主要检测照明系统定时开关控制、工作人员感应控制、根据室外自然光照度进行的减光控制和多种模式的场景控制等功能。

当系统使用独立的照明控制系统时，参考本章13.2.5的做法进行检测。

1. 检查方法

(1) 依据施工图设计文件，按照明回路分组，在中央工作站上设定回路的开与关，观察相应照明回路动作情况。

(2) 启动时间表，改变时间控制程序，观察相应照明回路动作情况。

(3) 对采用光照度、红外线探测等方式开/关时，观察相应照明回路动作情况。

2. 检查内容

(1) 照明设施及回路按分区与时间开/关控制功能。

(2) 照明设施或回路按室外照度、室内有人与否进行开/关或照度控制功能。

(3) 中央工作站对照明设施或回路的运行状态监视、用电量及用电费用统计等管理功能。

(4) 当市电停电或有突发事件发生时，相应照明回路的联动配合功能。

(5) 检查公共照明手动开关功能。

13.2.9 综合控制系统应对以下项目进行功能检测，检测结果应满足设计要求：

1 建筑能源系统的协调功能；

2 采暖、通风与空调系统的优化监控。

检验方法：采用人为输入数据的方法进行模拟测试，按不同的运行工况检测协调控制和优化监控功能。

检查数量：全部检测。

综合控制系统的功能包括建筑能源系统的协调控制及供暖、通风与空调系统的优化监控。

建筑能源系统的协调控制是指将整个建筑物看成一个能源系统，综合考虑建筑物中的所有耗能设备和系统，包括建筑物内的人员。以建筑物中的环境要求为目标，实现所有建筑设备的协调控制，使所有设备和系统在不同的运行工况下尽可能高效运行，实现节能的目标。因涉及建筑物内的多种系统之间的协调动作，故称之为协调控制。

供暖、通风与空调系统的优化监控是根据建筑环境的需求，合理控制系统中的各种设备，使其尽可能运行在设备的高效率区内，实现节能运行。如时间表控制、一次泵变流量单控制等控制策略。

人为输入的数据可以是通过仿真模拟系统产生的数据，也可以是同类建筑运行的历史数据。模拟测试应由施工单位或系统供货厂商提出方案并执行测试。

13.2.10 建筑能源管理系统的能耗数据采集与分析功能，设备管理和运行管理功能，优化能源调度功能，数据集成功能应符合设计要求。

检验方法：对管理软件进行功能检测。

检查数量：全部检查。

监测与控制系统应设置建筑能源管理系统，以保证建筑设备通过优化运行、维护、管理实现节能。建筑能源管理系按时间（月或年），根据检测、计量和计算的数据，做出统计分析，绘制成图表；或按建筑物内各分区或用户，或按建筑节能工程的不同系统，绘制能流图；用于指导管理者实现建筑的节能运行。

13.3 一般项目

13.3.1 检测监测与控制系统的可靠性、实时性、可维护性等系统性能，主要包括下列内容：

1 控制设备的有效性，执行器动作应与控制系统的指令一致，控制系统性能稳定符合设计要求；

2 控制系统的采样速度、操作响应时间、报警反应速度应符合设计要求；

3 冗余设备的故障检测正确性及其切换时间和切换功能应符合设计要求；

4 应用软件的在线编程（组态）、参数修改、下载功能、设备及网络故障自检测功能应符合设计要求；

5 控制器的数据存储能力和所占存储容量应符合设计要求；

6 故障检测与诊断系统的报警和显示功能应符合设计要求；

7 设备启动和停止功能及状态显示应正确；

8 被控设备的顺序控制和连锁功能应可靠；

9 应具备自动控制/远程控制/现场控制模式下的命令冲突检测功能；

10 人机界面及可视化检查。

检验方法：分别在中央工作站、现场控制器和现场利用参数设定、程序下载、故障设定、数据修改和事件设定等方法，通过与设定的显示要求对照，进行上述系统的性能检测。

检查数量：全部检测。

所列系统性能检测是实现节能的重要保证。这部分检测内容一般已在建筑设备监控系统的验收中完成，进行建筑节能工程检测验收时，以复核已有的检测结果为主，故列为一般项目。

这部分主要是对系统进行系统性能检测。

第八节　建筑节能工程现场检验

14.1　围护结构现场实体检验

14.1.1　建筑围护结构施工完成后，应对围护结构的外墙节能构造和严寒、寒冷、夏热冬冷地区的外窗气密性进行现场实体检测。当条件具备时，也可直接对围护结构的传热系数进行检测。

14.1.2　外墙节能构造的现场实体检验方法见本规范附录C。其检验目的是：

1　验证墙体保温材料的种类是否符合设计要求；

2　验证保温层厚度是否符合设计要求；

3　检查保温层构造做法是否符合设计和施工方案要求。

14.1.3　严寒、寒冷、夏热冬冷地区的外窗现场实体检测应按照国家现行有关标准的规定执行。其检验目的是验证建筑外窗气密性是否符合节能设计要求和国家有关标准的规定。

14.1.4　外墙节能构造和外窗气密性的现场实体检验，其抽样数量可以在合同中约定，但合同中约定的数量不应低于本规范的要求。当无合同约定时应按照下列规定抽样：

1　每个单位工程的外墙至少抽查3处，每处一个检查点；当一个单位工程外墙有2种以上节能保温做法时，每种节能做法的外墙应抽查不少于3处。

2　每个单位工程的外窗至少抽查3樘。当一个单位工程外窗有2种以上品种、类型和开启方式时，每种品种、类型和开启方式的外窗应抽查不少于3樘。

14.1.5　外墙节能构造的现场实体检验应在监理（建设）人员见证下实施，可委托有资质的检测机构实施，也可由施工单位实施。

14.1.6　外窗气密性的现场实体检测应在监理（建设）人员见证下抽样，委托有资质的检测机构实施。

14.1.7　当对围护结构的传热系数进行检测时，应由建设单位委托具备检测资质的检测机构承担；其监测方法、抽样数量、检测部位和合格判定标准等可在合同中约定。

14.1.8　当外墙节能构造或外窗气密性现场实体检验出现不符合设计要求和标准规定的情况时，应委托有资质的检测机构扩大一倍数量抽样，对不符合要求的项目或参数再次检验。仍然不符合要求时应给出“不符合设计要求”的结论。

对于不符合设计要求的围护结构节能构造应查找原因，对因此造成的对建筑节能的影响程度进行计算或评估，采取技术措施予以弥补或消除后重新进行检测，合格后方可通过验收。

对于建筑外窗气密性不符合设计要求和国家现行标准规定的，应查找原因进行修理，使其达到要求后重新进行检测，合格后方可通过验收。

14.2　系统节能性能检测

14.2.1　采暖、通风与空调、配电与照明工程安装完成后，应进行系统节能性能的检测，且应由建设单位委托具有相应检测资质的检测机构检测并出具报告。受季节影响未进行的节能性能检测项目，应在保修期内补做。

14.2.2　采暖、通风与空调、配电与照明系统节能性能检测的主要项目及要求见表14.2.2（本书表13.8.1），其检测方法应按国家现行有关标准规定执行。

系统节能性能检测主要项目及要求 **表 13.8.1**

序号	检测项目	抽样数量	允许偏差或规定值
1	室内温度	居住建筑每户抽测卧室或起居室 1 间，其他建筑按房间总数抽测 10%	冬季不得低于设计计算温度 2℃，且不应高于 1℃； 夏季不得高于设计计算温度 2℃，且不应低于 1℃
2	供热系统室外管网的水力平衡度	每个热源与换热站均不少于 1 个独立的供热系统	0.9～1.2
3	供热系统的补水率	每个热源与换热站均不少于 1 个独立的供热系统	0.5%～1%
4	室外管网的热输送效率	每个热源与换热站均不少于 1 个独立的供热系统	≥0.92
5	各风口的风量	按风管系统数量抽查 10%，且不得少于 1 个系统	≤15%
6	通风与空调系统的总风量	按风管系统数量抽查 10%，且不得少于 1 个系统	≤10%
7	空调机组的水流量	按系统数量抽查 10%，且不得少于 1 个系统	≤20%
8	空调系统冷热水、冷却水总流量	全数	≤10%
9	平均照度与照明功率密度	按同一功能区不少于 2 处	≤10%

14.2.3 系统节能性能检测的项目和抽样数量也可以在工程合同中约定，必要时可增加其他检测项目，但合同中约定的检测项目和数量不应低于本规范的规定。

第九节 建筑节能分部工程质量验收

15.0.1 建筑节能分部工程的质量验收，应在检验批、分项工程全部验收合格的基础上，进行外墙节能构造实体检验，严寒、寒冷和夏热冬冷地区的外窗气密性现场检测，以及系统节能性能检测和系统联合试运转与调试，确认建筑节能工程质量达到验收条件后方可进行。

15.0.2 建筑节能工程验收的程序和组织应遵守《建筑工程施工质量验收统一标准》(GB 50300) 的要求，并应符合下列规定：

1 节能工程的检验批验收和隐蔽工程验收应由监理工程师主持，施工单位相关专业的质量检查员与施工员参加。

2 节能分项工程验收应由监理工程师主持，施工单位项目技术负责人和相关专业的质量检查员、施工员参加；必要时可邀请设计单位相关专业的人员参加。

3 节能分部工程验收应由总监理工程师（建设单位项目负责人）主持，施工单位项目经理、项目技术负责人和相关专业的质量检查员、施工员参加；施工单位的质量或技术负责人应参加；设计单位节能设计人员应参加。

15.0.3 建筑节能工程的检验批质量验收合格，应符合下列规定：

1 检验批应按主控项目和一般项目验收。

2 主控项目应全部合格。

3 一般项目应合格；当采用计数检验时，至少应有90%以上的检查点合格，且其余检查点不得有严重缺陷。

4 应具有完整的施工操作依据和质量验收记录。

15.0.4 建筑节能分项工程质量验收合格，应符合下列规定：

1 分项工程所含的检验批均应合格。

2 分项工程所含检验批的质量验收记录应完整。

15.0.5 建筑节能分部工程质量验收合格，应符合下列规定：

1 分项工程应全部合格。

2 质量控制资料应完整。

3 外墙节能构造现场实体检验结果应符合设计要求。

4 严寒、寒冷和夏热冬冷地区的外窗气密性现场实体检测结果应合格。

5 建筑设备工程系统节能性能检测结果应合格。

15.0.6 建筑节能工程验收时应对下列资料核查，并纳入竣工技术档案：

1 设计文件、图纸会审记录、设计变更和洽商。

2 主要材料、设备和构件的质量证明文件、进场检验记录、进场核查记录、进场复验报告、见证试验报告。

3 隐蔽工程验收记录和相关图像资料。

4 分项工程质量验收记录；必要时应核查检验批验收记录。

5 建筑围护结构节能构造现场实体检验记录。

6 严寒、寒冷和夏热冬冷地区外窗气密性现场检测报告。

7 风管及系统严密性检验记录。

8 现场组装的组合式空调机组的漏风量测试记录。

9 设备单机试运转及调试记录。

10 系统联合试运转及调试记录。

11 系统节能性能检验报告。

12 其他对工程质量有影响的重要技术资料。

15.0.7 建筑节能工程分部、分项工程和检验批的质量验收表见本规范附录B。

1 分部工程质量验收表见本规范附录B中表B.0.1。

2 分项工程质量验收表见本规范附录B中表B.0.2。

3 检验批质量验收表见本规范附录B中表B.0.3。

附录B中分部、分项、检验批表格“江苏省工程档案资料管理系统”中已制成电子表，通过互联网（网址：http://www.jsgcda.com）在该系统中使用就可以了，此处略去具体表格。

附录A　建筑节能工程进场材料和设备的复验项目

A.0.1　建筑节能工程进场材料和设备的复验项目应符合表A.0.1（本书表A.1）的规定。

建筑节能工程进场材料和设备的复验项目　　**表A.1**

章号	分项工程	复验项目
4	墙体节能工程	1　保温材料的导热系数、密度、抗压强度或压缩强度； 2　粘结材料的粘结强度； 3　增强网的力学性能、抗腐蚀性能
5	幕墙节能工程	1　保温材料：导热系数、密度； 2　幕墙玻璃：可见光透射比、传热系数、遮阳系数、中空玻璃露点； 3　隔热型材：抗拉强度、抗剪强度
6	门窗节能工程	1　严寒、寒冷地区：气密性、传热系数和中空玻璃露点； 2　夏热冬冷地区：气密性、传热系数、玻璃遮阳系数、可见光透射比、中空玻璃露点； 3　夏热冬暖地区：气密性、玻璃遮阳系数、可见光透射比、中空玻璃露点
7	屋面节能工程	保温隔热材料的导热系数、密度、抗压强度或压缩强度
8	地面节能工程	保温材料的导热系数、密度、抗压强度或压缩强度
9	采暖节能工程	1　散热器的单位散热量、金属热强度； 2　保温材料的导热系数、密度、吸水率
10	通风与空调节能工程	1　风机盘管机组的供冷量、供热量、风量、出口静压、噪声及功率； 2　绝热材料的导热系数、密度、吸水率
11	空调与采暖系统冷、热源及管网节能工程	绝热材料的导热系数、密度、吸水率
12	配电与照明节能工程	电缆、电线截面和每芯导体电阻值

注：本表摘自江苏省地方标准《建筑节能工程施工质量验收规程》（DGJ32/J 19—2007）。